普通高等教育“十二五”规划教材

冶金与材料热力学

李　钒　李文超　编著

北　京
冶　金　工　业　出　版　社
2012

内 容 提 要

本书在系统阐述冶金与材料热力学基本理论的基础上，介绍热力学参数计算方法，力求突出冶金和材料合成的热力学分析与应用实例，使热力学理论与应用密切结合。为扩展教材的深度与广度，各章均配备了较多例题，并强化对材料制备的理论分析，以期读者加深对基本理论的理解，更好地掌握运用理论解决问题的方法和技巧。

本书可作为材料类专业的研究生教材，也可供化学化工等相关专业研究生教学和材料工程领域的科技工作者参考。

图书在版编目(CIP)数据

冶金与材料热力学/李钒，李文超编著．—北京：冶金工业出版社，2012.7

普通高等教育“十二五”规划教材

ISBN 978-7-5024-5816-4

Ⅰ.①冶… Ⅱ.①李… ②李… Ⅲ.①冶金—材料力学—热力学—高等学校—教材 Ⅳ.①TF01

中国版本图书馆 CIP 数据核字(2012)第144686号

出 版 人　曹胜利
地　　址　北京北河沿大街嵩祝院北巷39号，邮编100009
电　　话　(010)64027926　电子信箱　yjcbs@cnmip.com.cn
责任编辑　宋　良　美术编辑　李　新　版式设计　孙跃红
责任校对　王贺兰　责任印制　牛晓波
ISBN 978-7-5024-5816-4
北京百善印刷厂印刷；冶金工业出版社出版发行；各地新华书店经销
2012年7月第1版，2012年7月第1次印刷
787mm×1092mm　1/16；32.5印张；787千字；504页
65.00元
冶金工业出版社投稿电话：(010)64027932　投稿信箱：tougao@cnmip.com.cn
冶金工业出版社发行部　电话：(010)64044283　传真：(010)64027893
冶金书店　地址：北京东四西大街46号(100010)　电话：(010)65289081(兼传真)
(本书如有印装质量问题，本社发行部负责退换)

前　言

热力学为原理性的理论，是分析和解决冶金和材料制备过程中基本问题的依据。然而，一些科技工作者和研究生在科研实际应用中，常常遇到一些问题，而在分析时也会出现某些问题，不能正确判断和解决。本书针对类似的情况，总结编者在科研和教学中的一些体会，在简要叙述热力学理论的基础上，特别突出并加强热力学计算和应用实例的分析，以供冶金和材料科学与工程专业研究生和教师深入理解原理和运用分析问题时参考，也可供化学化工等相关专业师生和科技工作者参考。

随着科学技术的发展，传统的冶金学科（实际上也是材料制备的科学与技术）发展的新特点，一是与新兴学科交叉，相继出现了微生物冶金、等离子体冶金、纳米冶金等，于是冶金和材料物理化学必须在发挥已有热力学研究的优势基础上，开拓新的研究领域，探索特殊条件下物质的物理化学性质与变化规律；二是计算机技术的发展、普及与应用，推动了冶金和材料设计、制备工艺的技术进步，目前网络化的冶金和材料设计软科学已成为冶金和材料物理化学的重要内容之一；三是随着科学技术的发展，冶金和材料物理化学本身也在不断发展，20 世纪 70 年代后出现了计算冶金和材料物理化学，目前，人们开始研究纳米材料物理化学。因此，考虑到冶金与材料物理化学发展现状，本书在经典热力学基础上增加了近年来发展较成熟的新内容，特别注意热力学理论在冶金和材料合成实践中的应用，以期对冶金和材料科学与工程的科技工作者有所帮助。

众所周知，材料是人类文明发展的支柱之一。材料的发展带动了产业革命和科学技术的进步，而科学技术的进步又推动了材料科学的发展。材料制备和工艺技术发展的理论基础之一是材料热力学，20 世纪 90 年代后，随着计算机技术的发展出现了材料的物理化学设计。材料的物理化学设计的出现使新材料制备的研究实现了节省人力、物力和时间，更易获得理想的成果。热力学是材料的物理化学设计的重要基础。

本书在对原《冶金热力学》（冶金工业出版社，1995 年）认真校核的基础上，结合本学科发展的现状，对相关内容进行了补充、调整，并增加了材料热力学方面的内容和有关应用实例。

对本书中一些评估、提取热力学参数方法和实例中涉及编者多年得到国家自然科学基金资助的研究工作成果，也包括了近年来的国家自然科学基金项目（No. 51172007，No. 50974006）；以及北京市自然科学基金项目（No. 2120001，No. 2102004）；第 39 批教育部留学回国人员科研启动基金和绿色化学化工北京市创新团队项目（No. PHR201107104）等研究的一些新成果，在此向所有资助单位表示衷心感谢。

虽然编者作了较大的努力，限于水平，书中难免有不妥之处，敬请读者指正。

编 者

2012 年 2 月

本书主要符号

1　物理量符号和名称

符号	名称
a	活度；阳极；点阵常数
A	指前因子；化学反应亲和势
A_r	相对原子质量
a_H	亨利标准态时的亨利活度
a_R	拉乌尔活度
$a_{\%}$	$w[i]=1\%$ 标准态时的亨利活度
B	任意物质；溶剂；二组分体系中一个组分
C	库仑
C	热容；质量热容（比热容），J/(kg·K)；独立组分数
c	物质的量浓度，mol/m^3；阴极
C_V	定容热容，J/K；质量定容热容，J/(kg·K)
C_p	定压热容，J/K；质量定压热容，J/(kg·K)
$C_{p,m}$	摩尔定压热容，J/(mol·K)
d	距离；直径，m
D	解理能；体积扩散率；扩散系数，m^2/s
D_0	扩散的指前因子，m^2/s
D_i	i 组元扩散系数，m^2/s
$\tilde{D}$	互扩散系数，m^2/s
e^-	电子
e	电子电荷；自然对数的底
E	弹性模量；电动势，V；活化能，J/mol
E_a	阿累尼乌斯活化能，J/mol
E_D	扩散活化能，J/mol
e_i^j	$w[i]=1\%$ 标准态时，j 对 i 的活度相互作用系数
f	自由度；逸度；亨利活度系数；力
f_H	亨利标准态时的亨利活度系数
$f_{\%}$	$w[i]=1\%$ 标准态时的亨利活度系数
f_i^j	j 组元对 i 组元活度系数影响
fef	吉布斯自由能函数，J/(mol·K)
G	吉布斯自由能
$\Delta_f G^\ominus$	标准生成吉布斯自由能，kJ/mol
$\Delta_{fus} G^\ominus$	标准熔化吉布斯自由能，kJ/mol
$\Delta_{mix} G$	体系的混合吉布斯自由能，kJ/mol
$\Delta_{mix} G_m$	体系的摩尔混合吉布斯自由能，kJ/mol
$\Delta_f G^{\ominus *}$	摩尔组元标准生成吉布斯自由能，kJ/(mol component)
$\Delta_r G^{\ominus *}$	摩尔组元反应标准吉布斯自由能，kJ/(mol component)
$\Delta_{mix} G_m^E$	体系的超额摩尔混合吉布斯自由能，kJ/mol
$G_{i,m}$	组元 i 的偏摩尔吉布斯自由能，kJ/mol
$\Delta_{mix} G_{i,m}$	组元 i 的偏摩尔混合吉布斯自由能，kJ/mol
$\Delta_{mix} G_{i,m}^E$	组元 i 的超额偏摩尔混合吉布斯自由能，kJ/mol
$\Delta_{sol} G_i^\ominus$	组元 i 的标准溶解吉布斯自由能，kJ/mol
$\Delta_r G^\ominus$	化学反应标准吉布斯自由能变化，kJ/mol
$\Delta_r G$	化学反应吉布斯自由能变化，kJ/mol
$\Delta_f H^\ominus$	标准生成焓，kJ/mol
$\Delta_f H_{298}^\ominus$	298K 时标准生成焓，kJ/mol
$\Delta_{fus} H^\ominus$	标准熔化焓，kJ/mol
$\Delta_{mix} H_m^E$	体系的超额摩尔混合焓，kJ/mol
$\Delta_{mix} H_{i,m}^E$	组元 i 的超额偏摩尔混合焓，kJ/mol
I	电流，A；离子强度
I_0	交换电流，A
j_0	交换电流密度，A/m^2

符号	含义
J	摩尔扩散流密度，摩尔扩散通量，mol/(m^2·s)
k	亨利常数；
K	平衡常数；平衡分配系数
$K^{\ominus}$	标准平衡常数
K'	化学反应平衡值
k_H	亨利标准态时的亨利常数
$k_{\%}$	$w[i]=1\%$ 标准态时的亨利常数
M	摩尔质量，kg/mol，$1M=10^{-3}M_r$
M_r	相对分子质量
m	质量，kg；质量摩尔浓度，mol/kg
M_B	物质 B 的摩尔质量，kg/mol
n	物质的量，mol
N	粒子个数；体系中分子数
p	蒸气压；压力，Pa
P	功率，W；点阵中原子占位概率
$p^{\ominus}$	标准压力，0.1MPa(101.325kPa)
p_i^*	纯组元 i 的饱和蒸气压，Pa
Q	实际条件下参与反应物质的活度比或压力比；电量，C；热量，J
r	内阻，Ω；半径，m
R	电阻，Ω；摩尔气体常数，8.314J/(mol·K)
S	面积，m^2；熵；化学物种数
S^*	有效面积
$\Delta_f S^{\ominus}$	标准生成熵，J/(mol·K)
$S_{298}^{\ominus}$	298K 时标准绝对熵，J/(mol·K)
$\Delta_{fus} S^{\ominus}$	标准熔化熵，J/(mol·K)
$\Delta_{mix} S_m^E$	体系的超额摩尔混合熵，J/(mol·K)
$\Delta_{mix} S_{i,m}^E$	组元 i 的超额偏摩尔混合熵，J/(mol·K)
t	时间，s；离子迁移数；摄氏温度，℃
T	热力学温度，K
$T_{M,i}^*$	纯组元 i 的熔点，K
$T_{b,i}^*$	纯组元 i 的沸点，K
T_{tr}	相变温度，K
U	电压，V；内能，kJ；晶格能，kJ
ν	化学反应速率；泊松比
V	体积，m^3
$V_m(B)$	物质 B 的摩尔体积
$V_{B,m}$	物质 B 的偏摩尔体积
W	功，J
$w[i]$	金属熔体中组元 i 的质量分数
$w(i)$	熔渣中组元 i 的质量分数
x	物质的量分数（摩尔分数）
x_B	物质 B 的摩尔分数
x_i^0	$w[i]_{\%}=1$ 对应的摩尔分数
z	反应得失电子数或离子价数；配位数；溶液中原子平均最近邻配位数；电极反应中电子的计量系数
α	线膨胀系数；体积膨胀系数；转化率；解理度；过饱和度；阿尔法函数
β	体积压缩系数
γ	拉乌尔活度系数；表面张力
γ^0	稀溶液中溶质的拉乌尔活度系数
γ_i^j	$w[i]=1\%$ 标准态时，j 对 i 的二阶活度相互作用系数
$\gamma_i^{j,k}$	$w[i]=1\%$ 标准态时，j、k 对 i 的二阶交叉活度相互作用系数
$\gamma_{\pm}$	平均活度系数
δ	非状态函数的微小变化量；边界层厚度，m；稳定化能，J
Δ	状态函数变化量
ε_i^j	纯物质标准态时，j 对 i 的活度相互作用系数
η	超电势，V；黏度，Pa·s；有序度
κ	电导率，S/m；平均表面曲率；压缩系数
λ	波长
λ_{ij}	组元 i 和 j 相互作用参数
Λ_m	摩尔电导，S·m^2/mol
μ	化学势，J/mol
$\mu^{\ominus}$	标准化学势，J/mol
μ_i^*	纯物质 i 的化学势，J/mol

ν_B	参与反应物质 B 的化学计量数
π	相数
ξ	反应进度，mol
$\dot{\xi}$	化学反应速率，mol/s
ρ	密度，kg/m^3；电阻率，Ω · m
ρ_i^j	纯物质标准态时，j 对 i 的二阶活度相互作用系数
$\rho_i^{j,k}$	纯物质标准态时，j、k 对 i 的二阶交叉活度作用系数
φ	电极电势，V；体积分数
$\varphi^{\ominus}$	标准电极电势，V
σ	表面能
σ_{tw}	孪晶界面能
χ	短程有序修正因子
Ω	微观状态数；系统状态的热力学概率
Ω_{ij}	原子间相互作用参数
ϵ	键能（键焓）

2　上下标

aq	水溶液
abs	绝对的
b	沸腾
c	临界，化学
ch	化学
cr	晶体
dil	膨胀；稀释
dis(或 d)	解离
E	超额
eq	平衡
exp	实验的
f	生成
fr	凝固
fus	熔化
g	气态
id	理想
i	溶液中的某组元
in	充电；嵌入
l	液态，液相
m	摩尔
M	熔化
mic	微裂纹
mix	混合
mol	摩尔
out	放电，脱出
r	化学反应
re	实际
red	氧化还原
reg	正规溶液
s	固态，固相
sat	饱和
shr	切变
sl	熔渣
st	钢水
sln	溶液
sol	溶解
ss	固溶体
str	应变
sur	表面
sub	升华
ter	三元
tr	相变
tot	总的
tw	孪晶
vap	蒸发
⊖	标准态
*	纯物质
∞	无限稀薄；时间为无穷大
∏	连乘号
Σ	加和号
±	离子平均
+	阳离子；正电荷
−	阴离子；负电荷

3　常数

e	一个质子电荷的电量，1.602×10^{-19}C
π	圆周率 3. 14159265359，近似为：3. 14
ln10	2. 302585，近似为：2. 303

目　录

绪　论

经典热力学是以实验总结出的热力学三个定律为基础逐渐发展起来的原理性的理论。回顾热力学发展史，对其做出了突出贡献的学者有：1840 年，俄国科学院士赫斯（Гесс）根据能量守恒原理提出了焓的概念及其计算方式；1842 年，英国科学家焦耳（Joule）提出了热功当量的转换与计算；1847 年，德国科学家亥姆霍兹（Helmholtz）在赫斯和焦耳等研究成果的基础上，提出了热力学第一定律；在法国科学家卡诺（Carnot）和克拉贝龙（Clapeyron）研究热机的可逆循环过程，得到卡诺循环的结论后，1850 年，德国物理学家克劳修斯（Clausius）和英国的开尔文（Kelvin）共同提出了热力学第二定律；1906 年，能斯特（Nernst）提出了热力学第三定律；1901 年，英国化学家亨利（Henry）和 1885 年法国化学家拉乌尔（Raoult）分别提出了稀溶液的基本定律，从而奠定了溶液的理论基础；1873 年美国科学家吉布斯（Gibbs）和 1887 年荷兰化学家鲁泽布姆（Roozeboom）提出了相平衡和相律。直到 1930 年，德国科学家普朗克（Planck）系统总结了前人的研究工作，出版了热力学专著。这标志着热力学已经发展成为物理化学中重要的学科分支。

冶金和材料热力学是材料物理化学的一个重要组成部分。它是运用热力学的基本原理来研究冶金和材料制备过程中所发生的物理变化和化学反应宏观规律的科学。

冶金和材料热力学是以实验为基础发展起来的一门科学。它主要研究冶金和材料制备体系中反应进行的方向和限度，以及影响反应进行的各种因素，其目的在于控制反应向所需要的方向进行，从而探索新工艺、新流程、新方法和新产品，并改革旧的材料制备工艺，分析解决冶金和材料研制中的应用理论问题，为科研和生产服务。

冶金和材料热力学的任务有三：

第一，确定冶金和材料制备体系状态变化前后能量变化关系，诸如焓、熵及吉布斯自由能等热力学参数的变化。

第二，确定冶金和材料制备过程中各种反应进行的条件和方向。

第三，确定冶金和材料制备体系从一个状态到另一个状态时，过程进行的限度和影响变化大小程度的因素。标准平衡常数（$K^\ominus$）是用来计算在一定条件下（如温度、压力恒定）反应能进行的限度和生成物的理论最高产量。

冶金和材料热力学与冶金和材料动力学是分析解决冶金和材料制备过程中化学反应问题的两个重要理论基础。冶金和材料热力学只研究化学反应的始末态，预言反应进行的可能性，并不涉及反应进行的途径和步骤，即不考虑冶金和材料制备过程中反应的时间和速度问题。关于制备过程中化学反应的时间和速度方面的内容，属于冶金和材料动力学研究的范畴，在此不赘述。

冶金和材料热力学与冶金和材料动力学两者研究内容不同，但它们是相辅相成、相互补充的。

冶金和材料热力学的发展，从 1925 年至今已有 80 多年的历史，按学科发展规律 10 ~

20 年为一个发展周期，大致分为开拓期、发展期和深化期三个阶段。

1925 ~ 1948 年为开拓期。在此阶段，有十几篇公认为“划时代的文献”问世。这些论文对冶金和材料热力学的发展起到了开拓性的作用。其中，美国的著名学者奇普曼（Chipman）测定了 $CaO-SiO_2-FeO$ 三元系中组元的活度，为炼钢炉渣中各类反应的计算提供了重要参数；前苏联学者焦姆金和施瓦茨曼（Тёмкин-Шварцман）提出的熔渣完全离子溶液理论，不仅揭示了熔渣的本质，也为定量计算低 SiO_2 熔渣体系热力学参数提供了方法。

1948 ~ 1970 年为发展期。1948 年，法拉第协会在英国伦敦召开了第一届冶金物理化学学术会议，世界各国著名的物理化学专家都参加了这次会议。值得指出的是，对热力学和统计热力学做出了突出贡献的古根海姆（Guggenheim）也出席了讨论会。从此冶金和材料热力学进入了朝气蓬勃发展的新阶段。这一时期具有代表性的成果有：埃林汉-理查森（Ellingham-Richardson）图，它是提取冶金的理论基础；达肯（Darken）的三元系活度计算，这不仅是对冶金和材料热力学的重大贡献，也为经典热力学的发展做出了突出贡献。1950 年发表的吉布斯-杜亥姆（Gibbs-Duhem）方程，使从已知一组元的活度求其他各组元活度有方法可依。此外，还有希尔德布兰德（Hildebrand）提出的正规溶液模型，古根海姆提出的准化学平衡模型等，为溶液热力学的发展奠定了理论基础。

1974 年以后为深化期。“固体电解质的应用”被誉为冶金和材料制备发展史上的三大发明之一。它开创了用固体电解质浓差电池系统地测量冶金和材料制备体系热力学参数的新纪元。此后，热力学数据评估和预测，相图计算，智能化冶金和材料热力学数据库、知识库、专家系统等相继出现，冶金和材料热力学进入了运用计算机技术和近代物理和化学测试方法深化研究的新阶段，进而出现了计算物理化学、材料物理化学等学科新分支。

综上所述，冶金和材料热力学的发展，指导了冶金和材料制备工艺的设计和实践；而制备工艺的发展，又向冶金和材料热力学提出了新课题。冶金和材料热力学与冶金和材料制备过程的发展是互为依靠、相互促进、共同发展的。

1 反应焓的计算方法及应用

研究化学反应、溶液生成、物态变化（晶体转变、熔化或蒸发等），以及其他物理和化学变化过程产生热效应的分支，称为热化学。冶金与材料制备过程化学反应焓的计算实际上是热化学的组成部分。

为方便处理热化学问题，热力学上把物质的焓定义为 $U + pV$，并用 H 表示（参见公式1-1a）。其数值由体系的状态决定，具有能量的量纲，但没有确切的物理意义。定义中，U 是热力学能（内能），指体系内以原子和分子的动能（平动能、转动能和振动能）和位能以及电子和核的能量的形式存在的能量总和；pV 是压强与体积的乘积项。根据能量守恒和合理的近似（凝聚态中 pV 项的差可忽略），无论构成热力学能的各项的相对量各占多少比例，对某一状态某一给定量的物质，它们焓的总和保持恒定。因此，体系在等压下变化时放出或吸收的热等于其焓变。在研究冶金和材料制备的过程中，除核反应（已不属经典热力学范畴）外，不但需要在各种条件下（高温、高压、低温）精确地测定物质的焓数据，还必须计算过程的焓变。

冶金和材料制备反应的特点往往是高温、多相和过程复杂。为了获得高温，需依赖于物理热和化学热，以及电能和化学能转变为热能等。金属的提取和材料的制备过程的化学变化一般都伴随有吸热或放热现象。因此，为掌握、控制过程中的变化以及设计制备工艺，计算冶金和材料制备过程中的化学反应焓变，不仅有理论意义，更有实际意义。

1.1 焓变计算方法

由于人们不能确定体系热力学能的绝对值，因此也不能确定焓的绝对值。但通过在等压或等容条件下对过程热的测量，可以获得一系列重要的基础热数据（如热容、相变焓等）。有了这些热数据，才能计算过程的焓变，并应用其解决相关的热力学问题。

化学反应焓变是最基本的热力学参数，由它可以计算出化学反应的其他热力学参数。在提取冶金与材料制备过程中占有很重要的地位。除此以外，物态变化的焓变（相变焓）等在冶金与材料制备过程中也会经常遇到。

1.1.1 物理热的计算

通常纯物质的焓变计算，一要利用热容；二要应用相对焓。

1.1.1.1 利用定压热容计算纯物质的焓变

一定量的物质升高一度所吸收的热量，称为热容（C），单位为 J/K 或 kJ/K。1kg 物质的热容称为质量热容（比热容）(specific heat)，单位是 J/(kg · K)。1mol 物质的热容，则称为摩尔热容，用 C_m 表示，单位是 J/(mol · K)。若加上标“ * ”表示是纯物质（不是特别强调时，通常省略 * ）。对于成分不变的均相体系，在等压过程中的热容称为定压

（等压）热容（C_p），在等容过程中的热容称为定容（等容）热容（C_V）。通常有关热容的数据表给出的是摩尔定压热容，符号中也省略了下标“m”，除特别强调外，行文中一般也省略“定压”二字。热容的计算式为

$$C = \frac{\delta Q}{\mathrm{d}T} \quad (\text{此}\frac{\delta Q}{\mathrm{d}T}\text{不是导数})$$

$$H = U + pV \tag{1-1a}$$

$$C_p = \frac{\delta Q_p}{\mathrm{d}T} = \left(\frac{\partial H}{\partial T}\right)_p \tag{1-1b}$$

$$C_V = \frac{\delta Q_V}{\mathrm{d}T} = \left(\frac{\partial U}{\partial T}\right)_V \quad (\mathrm{d}V = 0,\text{非体积功 } W' = 0) \tag{1-1c}$$

式中，H 为焓，J；U 为热力学能（旧称内能），J；p 为压力，Pa；V 为体积，m^3。

在等压下加热某物质，温度由 T_1 升高到 T_2，积分式（1-1a），即得到该物质加热过程中所吸收的物理热

$$\Delta H = Q_p = \int_{T_1}^{T_2} C_p \mathrm{d}T \tag{1-2}$$

当物质在加热过程中发生相变时，必须考虑相变焓（$\Delta_{tr}H$）。在等压条件下，纯物质的相变温度为恒定值。此外，相变前后同一物质的定压热容不同。因此，物理热的计算公式需在式(1-2)的基础上改写成

$$\Delta H = \int_{T_1}^{T_{tr}} C_{p(s)} \mathrm{d}T + \Delta_{tr}H + \int_{T_{tr}}^{T_2} C'_{p(s)} \mathrm{d}T \tag{1-3}$$

式中，T_{tr}、$\Delta_{tr}H$ 分别为纯物质的相变温度和相变焓；C_p、C'_p 分别为相变前后纯物质的定压热容。

一定量的物质在等温、等压下发生相变时与环境交换的热，称为相变焓。相变焓有：固态物质由一种晶型转变成另一种晶型，称为晶型转变焓（固相转化焓）；固体变为液体，或液体变为固体，称为熔化焓或凝固焓，它们的数值相同，但符号相反；由液体变为气体，或气体变为液体，称为蒸发焓（气化焓）$\Delta_l^g H(\Delta_l H)$，或冷凝焓；由固体直接变成气体，或由气体直接变为固体，称为升华焓 $\Delta_s^g H$，或凝华焓。

由此可见，在等压条件下将固态的 1mol 纯物质，由室温加热经液体变为 TK 气体时，其全部热量的计算式为

$$\Delta H_m = \int_{298}^{T_{tr}} C_{p,m(s)} \mathrm{d}T + \Delta_{tr}H_m + \int_{T_{tr}}^{T_M} C'_{p,m(s)} \mathrm{d}T + \Delta_s^l H_m + \int_{T_M}^{T_b} C_{p,m(l)} \mathrm{d}T + \Delta_l^g H_m + \int_{T_b}^{T} C_{p,m(g)} \mathrm{d}T \tag{1-4}$$

式中，T_{tr}、T_M、T_b 分别为晶型转变温度、熔点和沸点；$C_{p,m(s)}$、$C_{p,m(l)}$、$C_{p,m(g)}$ 分别为物质在固、液、气体状态下的摩尔定压热容。

1.1.1.2 计算摩尔标准相对焓（$H^\ominus_{m,T} - H^\ominus_{m,298}$）

在绝大多数情况下，通过量热可以得到纯物质在室温（25℃）时的热化学常数。因此，式（1-2）中的积分下限 T_1 常数定为 298.15K，为简化本书均写为 298K。于是有

$$H_{m,T}^{\ominus} - H_{m,298}^{\ominus} = \int_{298}^{T} C_{p,m} dT \tag{1-5}$$

式中，$H_{m,T}^{\ominus} - H_{m,298}^{\ominus}$称为摩尔标准相对焓，即在标准压力（100kPa）下1mol物质从298K加热到T(K)时所吸收的热量。焓为物质的容量性质，而相对焓却为强度性质。若物质的量为$n$mol，其相对焓为

$$n(H_{m,T}^{\ominus} - H_{m,298}^{\ominus}) = n\int_{298}^{T} C_{p,m} dT \tag{1-6}$$

若该物质在常温下为固体，且有固态相变，则相对焓

$$H_{m,T}^{\ominus} - H_{m,298}^{\ominus} = \int_{298}^{T_{tr}} C_{p,m(s)} dT + \Delta_{tr} H_m + \int_{T_{tr}}^{T} C'_{p,m(s)} dT \tag{1-7}$$

若该物质在所研究温度下为液态，则相对焓

$$H_{m,T}^{\ominus} - H_{m,298}^{\ominus} = \int_{298}^{T_{tr}} C_{p,m(s)} dT + \Delta_{tr} H_m + \int_{T_{tr}}^{T_M} C'_{p,m(s)} dT + \Delta_s^l H_m + \int_{T_M}^{T} C_{p,m(l)} dT \tag{1-8}$$

若该物质在所研究温度下为气态，则相对焓为

$$H_{m,T}^{\ominus} - H_{m,298}^{\ominus} = \int_{298}^{T_{tr}} C_{p,m(s)} dT + \Delta_{tr} H_m + \int_{T_{tr}}^{T_M} C'_{p,m(s)} dT + \Delta_s^l H_m + \int_{T_M}^{T_b} C_{p,m(l)} dT + \Delta_l^g H_m + \int_{T_b}^{T} C_{p,m(g)} dT \tag{1-9}$$

由物质的热容计算相对焓，可直接从热力学数据手册查到。

1.1.2 化学反应焓的计算

化学反应进行时，往往有放热和吸热的现象，化学反应所吸收和放出的热量，称为过程的焓变，又称化学反应焓变$\Delta_r H$。一个化学反应的焓变取决于反应的进度（ξ）。定义：反应进度为1mol时的焓变为反应的摩尔焓变$\Delta_r H_m = \frac{\Delta_r H}{\xi}$；对纯固体或纯液体处于标准压力（$p^{\ominus}=100$kPa）和温度$T$的状态为标准态；对具有理想气体性质的纯气体处于标准压力（$p^{\ominus}=100$kPa）和温度T的状态为标准态。习惯上若不注明压力和温度，则都是指压力为标准压力，温度为298.15K（室温25℃）的情况。如果参加反应的各物质都处于标准状态，此时反应焓变就称为标准焓变，用$\Delta_r H^{\ominus}$表示。对反应进度ξ为1mol时的标准摩尔焓变，记为$\Delta_r H_m^{\ominus}$。

化学反应焓变可以用量热法、测量平衡常数与温度关系和测量原电池电动势与温度关系等方法进行实验测定。然而，化学反应的种类和数量极多，不可能一一测量，且有些化学反应或反应速度极慢，或反应温度太高，或伴有副反应等等，使测量难以实现。因此，需要利用已知化合物的热力学数据进行计算，而且许多化合物298.15K时的标准生成焓是有数据表可查的。

1.1.2.1 利用赫斯定律计算化学反应焓变

1840年，赫斯（Гесс）总结了大量的实验结果，提出了一条定律：“在等温等压或等温等容条件下，化学反应的焓变只取决于反应的始末态，而与过程的具体途径无关。亦即，化学反应不管是一步完成或分几步完成，其反应焓变相同”。

赫斯定律奠定了热化学的基础，它使热化学方程式可以像代数方程式那样进行运算，从而可以根据已经准确测定的反应焓变来计算难以测定甚至是不能测定的反应焓变。例如，已知2000K时，反应

$$C(s) + O_2 = CO_2; \quad \Delta_r H_1 = -395.31\text{kJ}$$

$$CO + \frac{1}{2}O_2 = CO_2; \quad \Delta_r H_2 = -277.56\text{kJ}$$

求反应 $C(s) + \frac{1}{2}O_2 = CO$ 的焓变（$\Delta_r H_3$）。

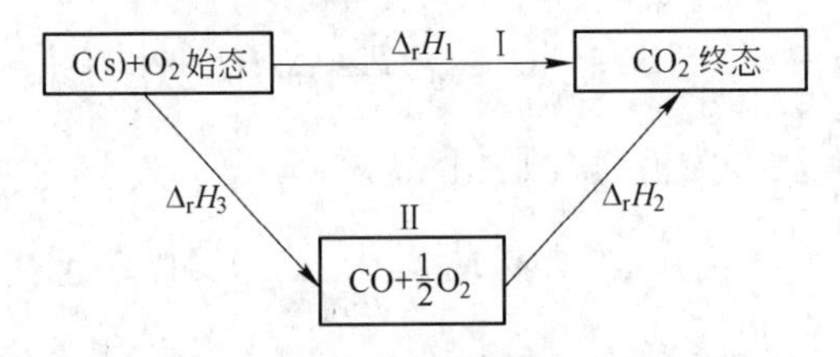

根据赫斯定律，在等温、等压下，途径Ⅰ和Ⅱ的反应焓变相同，于是

$$\Delta_r H_1 = \Delta_r H_2 + \Delta_r H_3$$

$$\Delta_r H_3 = \Delta_r H_1 - \Delta_r H_2 = -117.75\text{kJ}$$

众所周知，碳燃烧总是同时产生 CO 和 CO_2，很难控制其只生成 CO，而不继续氧化生成 CO_2。然而，从上面例题计算可看出，利用赫斯定律通过已准确测定的反应焓变 $\Delta_r H_1$ 和 $\Delta_r H_2$，可计算出由实验不能测定的碳氧化只生成 CO 的反应焓变 $\Delta_r H_3$。

应该提醒的是，运用赫斯定律时，已知反应焓变测量值的误差是加和的，因而会产生较大的相对误差。

多数氧化物、氯化物和一氮化物合成反应速度很快，因此可以用量热法直接测定它们的生成焓。然而，多数硫化物和碳化物合成反应速度较慢，或难以直接测定，或测量的准确度相对较低，故多采用燃烧法间接测定。即先测定其燃烧焓（指在标准压力下，1mol 物质完全燃烧所放出的热量），而后用赫斯定律计算生成焓。

例 1-1 已知测定的 Al_4C_3 的燃烧焓

$Al_4C_3(s) + 6O_2(g) = 2Al_2O_3(s) + 3CO_2(g), \Delta_{comb}H^{\ominus}_{298K, Al_4C_3} = -4332.11\text{kJ/mol};$

又知 $2Al(s) + \frac{3}{2}O_2(g) = Al_2O_3(s), \Delta_r H^{\ominus}_{298K, Al_2O_3} = -1673.60\text{kJ/mol};$

$C(s) + O_2(g) = CO_2(g)$，$\Delta_r H^{\ominus}_{298K} = -393.51\text{kJ/mol}$，试通过赫斯定律计算 Al_4C_3 的生成焓。

解 依据赫斯定律计算 Al_4C_3 的生成焓为

$$\begin{aligned}\Delta_r H^{\ominus}_{298K, Al_4C_3} &= 2\Delta_r H^{\ominus}_{298K, Al_2O_3} + 3\Delta_r H^{\ominus}_{298K, CO_2} - \Delta_{comb} H^{\ominus}_{298K, Al_4C_3} \\ &= 2\times(-1673.60) + 3\times(-393.51) - (-4332.11) = -195.62\text{kJ/mol}\end{aligned}$$

另外，还可以利用1919年哈伯-波恩（Haber-Born）提出的热化学循环法计算化合物的生成焓。实际上，这也是赫斯定律的直接应用。例如，离子晶体 LaOF(s)的生成焓可由下述过程能量的变化算出（参见图 1-1）。具体计算步骤为：

（1）使金属 La 升华成气体，所需升华焓 $\Delta_s^g H^{\ominus}=430.95\text{kJ/mol}$；

（2）使气态金属 La 原子变成气态 La^{3+} 离子所需要电离能为第一、二、三级电离能相加（打掉第一个电子所需能量称为第一电离能，打掉第二个电子所需能量称为第二电离能，依此类推），得到的总电离能

$$\Sigma I = I_1 + I_2 + I_3 = 3480.25\text{kJ/mol}$$

（3）使双原子氧、双原子氟解离成单原子氧、原子氟的解离焓

$$\frac{1}{2}\Delta_d H_{O_2}^{\ominus} = 249.37\text{kJ/mol};\quad \frac{1}{2}\Delta_d H_{F_2}^{\ominus} = 79.08\text{kJ/mol}$$

（4）使原子氧、原子氟变成气态负离子，放出的电子亲和能（即气态原子得到一个电子放出的能量）

$$e_{F^-} = -379.91\text{kJ/mol};\quad \Sigma e_{O^{2-}} = e_1 + e_2 = -525.93\text{kJ/mol}$$

（5）使气态镧正离子 $La^{3+}(g)$，气态氧负离子 $O^{2-}(g)$、气态氟负离子 $F^{-1}(g)$ 从无穷远聚集分布在一个晶体的一定晶格位置上，形成 LaOF(s) 晶体，放出晶格能 $U=-6610.72\text{kJ/mol}$，其计算公式为

$$U = 1201.64 \times \frac{z_a z_c \Sigma n}{r_a + r_c}\left(1 - \frac{0.345}{r_a + r_c}\right)\text{kJ/mol} \tag{1-10}$$

式中，1201.64 为马德隆常数；r_a、r_c 分别为阳离子、阴离子半径（$r_{La^{3+}}=0.115\text{nm}$；$r_{OF^{3-}}=0.167\text{nm}$）；$z_a$、$z_c$ 分别为阳离子与阴离子的电价；Σn 为阳离子与阴离子数的总和。

由图 1-1 可以看出，当完成一个循环后，可以求出 LaOF(s) 的标准生成焓

$$\Delta_f H_{298,\text{LaOF}}^{\ominus} = \Delta_s^g H_{La}^{\ominus} + \frac{1}{2}\Delta_d H_{O_2}^{\ominus} + \frac{1}{2}\Delta_d H_{F_2}^{\ominus} + \Sigma I_{La^{3+}} + \Sigma e_{O^{2-}} + e_{F^-} + U_{\text{LaOF}}$$

$$= -3276.91\text{kJ/mol}$$

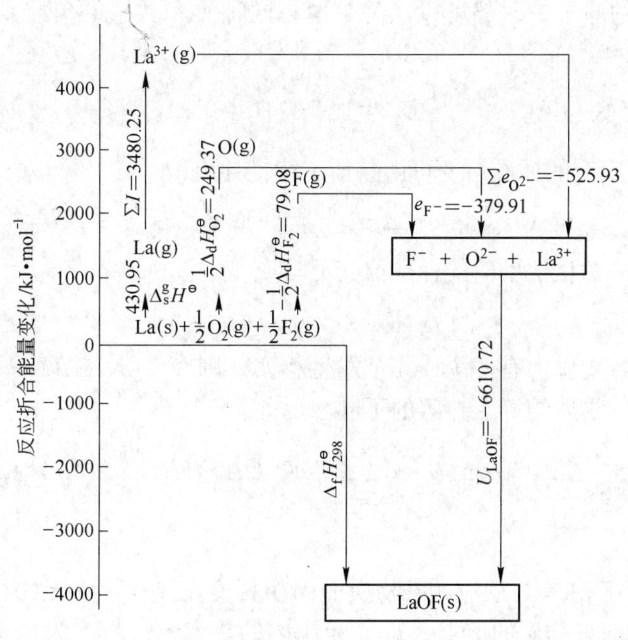

图 1-1　哈伯-波恩热化学循环法计算离子晶体 LaOF 的生成焓

1.1.2.2 利用基尔霍夫（Kirchhoff）公式积分计算化学反应的焓变

基尔霍夫公式
$$\left(\frac{\partial \Delta_r H}{\partial T}\right)_p = \Delta_r C_p \tag{1-11}$$

式中，$\Delta_r C_p$ 称为反应的热容差，即生成物的热容总和减去反应物的热容总和

$$\Delta_r C_p = \Sigma \nu_i C_{pi} \tag{1-12}$$

式中，ν_i 为化学反应计量系数，反应物取负号，生成物取正号。

基尔霍夫公式表示某一化学反应焓随温度变化，是由生成物和反应物的热容不同所引起的。即反应焓随温度的变化率等于反应的热容差。与此类似，对前面讨论过的纯物质来说，其焓随温度的变化率等于该物质的定压热容（或定容热容），这也可以称为基尔霍夫公式，参见式(1-1)。由

$$C_p = a + bT + cT^{-2} + dT^2 + eT^{-3}$$
$$\Delta C_p = A + BT + CT^{-2} + DT^2 + ET^{-3} \tag{1-13}$$

式中，$A = \Sigma \nu_i a_i$；$B = \Sigma \nu_i b_i$；C、D、E 依次类推。

若反应物及生成物从 298K 变成 TK 时，各物质均无相变，式(1-11)的定积分得

$$\Delta_r H_T^{\ominus} = \Delta_r H_{298}^{\ominus} + \int_{298}^{T} \Delta_r C_p \mathrm{d}T \tag{1-14}$$

式中，$\Delta_r H_{298}^{\ominus}$ 为标准反应焓，可由纯物质的标准生成焓计算。

通常规定在标准压力（$p^{\ominus}=100\text{kPa}$）及进行反应的温度时，由最稳定的单质元素生成标准状态下 1mol 化合物的反应焓变（反应焓），称做该化合物的标准摩尔生成焓（又称标准生成焓），用 $\Delta_f H_m^{\ominus}$（有时为简化用 $\Delta_f H^{\ominus}$）表示。

化学反应是原子之间键的重排。因此，任何化学反应中的生成物和反应物都应含有相同种类和相同数量的原子，即都可以认为是由相同种类和数量的单质元素生成的。例如，当温度高于 843K 时，$Fe_3O_4(s) + CO = 3FeO(s) + CO_2$ 反应中，可视为 Fe_3O_4 由 $3Fe(s) + 2O_2$ 生成；CO 由 $C(s) + \frac{1}{2}O_2$ 生成；FeO 由 $Fe(s) + \frac{1}{2}O_2$ 生成；CO_2 由 $C(s) + O_2$ 生成。因此，该反应的标准焓变可由赫斯定律推导出

$$\Delta_r H_{298}^{\ominus} = \Delta_f H_{298(FeO)}^{\ominus} + \Delta_f H_{298(CO_2)}^{\ominus} - \Delta_f H_{298(Fe_3O_4)}^{\ominus} - \Delta_f H_{298(CO)}^{\ominus}$$

由此可见，对任意化学反应的标准焓变可写成

$$\Delta_r H_{298}^{\ominus} = \Sigma \nu_i \Delta_f H_{298(i)}^{\ominus} \tag{1-15}$$

若参与反应的各物质中有一个或几个发生相变，则在 T(K)温度时该反应的焓变应考虑相变焓和相变前后物质的等压热容的不同。因此，

$$\Delta_r H_T^{\ominus} = \Delta_r H_{298}^{\ominus} + \int_{298}^{T_{tr}} \Delta C_p \mathrm{d}T + \Delta_{tr} H + \int_{T_{tr}}^{T_M} \Delta C'_p \mathrm{d}T + \Delta_{fus} H + \int_{T_M}^{T_b} \Delta C''_p \mathrm{d}T + \Delta_b H + \int_{T_b}^{T} \Delta C'''_p \mathrm{d}T \tag{1-16}$$

式中，ΔC_p 为从 298K 到参与反应的某物质的固相相变温度（T_{tr}）范围内的热容差；$\Delta C'_p$ 为从 T_{tr} 到参与反应的某物质的熔点（T_M）范围内的热容差；$\Delta C''_p$ 为从 T_M 到参与反应的某物质的沸点（T_b）范围内的热容差；$\Delta_{tr}H$、$\Delta_{fus}H$、$\Delta_b H$ 分别为固态晶型转变焓、熔化焓和

蒸发焓。生成物质发生相变取正号，反应物发生相变取负号。

例 1-2 四氯化钛镁还原法制取金属钛反应式为

$$TiCl_4(g) + 2Mg(s) \xlongequal{} Ti(s) + 2MgCl_2(s)$$

试计算 $TiCl_4$ 和 Mg 在 1000K 时反应焓变（已知下表所列数据）。

物 质	$\Delta_f H^{\ominus}_{m,298}$ /kJ · mol^{-1}	相变温度/K	相变焓 /kJ · mol^{-1}	等压热容 $C_{p,m}$/J · (mol · K)$^{-1}$	适用温度/K
α-Ti(s)		$T_{tr}=1155$	4.14	$22.13+10.25\times10^{-3}T$	298 ~ 1155
β-Ti(s)		$T_M=1933$	18.62	$19.83+7.91\times10^{-3}T$	1155 ~ 1933
Ti(l)				35.56	1933 ~ 3575
$MgCl_2$(s)	−641.4	$T_M=987$	43.10	$79.10+5.94\times10^{-3}T-8.62\times10^5T^{-2}$	298 ~ 987
$MgCl_2$(l)		$T_b=1691$	156.23	92.47	987 ~ 1691
$MgCl_2$(g)				$57.61+0.29\times10^{-3}T-5.31\times10^5T^{-2}$	298 ~ 2000
$TiCl_4$(g)	−763.2			$107.15+0.46\times10^{-3}T-10.54\times10^5T^{-2}$	298 ~ 2000
Mg(s)		$T_M=923$	8.95	$22.30+10.25\times10^{-3}T-0.42\times10^5T^{-2}$	298 ~ 923
Mg(l)		$T_b=1378$	127.61	31.80	923 ~ 1378
Mg(g)				20.75	298 ~ 2000

解 根据已知数据，在 1000K 以前经过了两个相变点，即 923K Mg 熔化；987K $MgCl_2$ 熔化。因此，相应的热容差有：ΔC_{p1}（298 ~ 923K），ΔC_{p2}（923 ~ 987K），ΔC_{p3}（987 ~ 1155K）。首先计算上述三个热容差：

$$\Delta C_{p1} = 28.53 + 1.17 \times 10^{-3}T - 5.86 \times 10^5 T^{-2} \quad \text{J/(mol·K)}$$

$$\Delta C_{p2} = 9.54 + 21.67 \times 10^{-3}T - 6.69 \times 10^5 T^{-2} \quad \text{J/(mol·K)}$$

$$\Delta C_{p3} = 36.32 + 9.79 \times 10^{-3}T + 10.54 \times 10^5 T^{-2} \quad \text{J/(mol·K)}$$

该反应在常温下的焓变 $\Delta_r H^{\ominus}_{298}$ 为

$$\Delta_r H^{\ominus}_{298} = 2 \times \Delta_f H^{\ominus}_{298(MgCl_2)} - \Delta_f H^{\ominus}_{298(TiCl_4)} = -519650\text{J/mol}$$

第二步计算 $\Delta_r H^{\ominus}_T$

$$\Delta_r H^{\ominus}_T = \Delta_r H^{\ominus}_{298} + \int_{298}^{927} \Delta C_{p1} \mathrm{d}T - 2\Delta_{fus} H_{(Mg)} + \int_{923}^{987} \Delta C_{p2} \mathrm{d}T + 2\Delta_{fus} H_{(MgCl_2)} + \int_{987}^{T} \Delta C_{p3} \mathrm{d}T$$

将第一步得到的数据代入上式，得

$$\Delta_r H^{\ominus}_T = -519650 + \int_{298}^{923} (28.53 + 1.17 \times 10^{-3}T - 5.86 \times 10^5 T^{-2}) \mathrm{d}T - 2 \times 8950 +$$

$$\int_{923}^{987} (9.54 + 21.67 \times 10^{-3}T - 6.69 \times 10^5 T^{-2}) \mathrm{d}T + 2 \times 43100 +$$

$$\int_{987}^{T} (36.32 + 9.79 \times 10^{-3}T + 10.54 \times 10^5 T^{-2}) \mathrm{d}T$$

$$= -472090 + 36.32T + 4.90 \times 10^{-3}T^2 - 10.54 \times 10^5 T^{-2} \quad \text{J/mol}$$

该式适用于 987 ~ 1155K 范围内，计算任一温度下镁热还原 $TiCl_4$ 焓变。

将 $T = 1000K$ 代入上式，即可求出镁还原四氯化钛 1000K 的反应焓变，$\Delta_r H^\ominus_{1000} = -431.93kJ/mol$。

总之，对于计算化学反应焓变，式（1-16）十分重要。但是，计算时要根据实际情况灵活运用。

1.1.2.3 利用相对焓（$H^\ominus_T - H^\ominus_{298}$）计算化学反应焓变

焓变的计算比较繁琐，利用相对焓进行计算，可简化计算过程。目前已有的热力学数据手册，已列出 1233 种物质的相对焓（$H^\ominus_T - H^\ominus_{298}$）。表 1-1 给出一些物质的相对焓。利用相对焓计算某温度下反应的焓变公式为

$$\Delta_r H^\ominus_T = \Delta_r H^\ominus_{298} + \Sigma \nu_i (H^\ominus_T - H^\ominus_{298})_i \tag{1-17}$$

式中，ν_i 为化学反应计量系数，反应物取负号，生成物取正号。

表 1-1 不同温度下一些物质的相对焓（$H^\ominus_T - H^\ominus_{298}$） kJ/mol

温度/K	C(s)	CO(g)	CO_2(g)	O_2(g)	H_2(g)	H_2O(g)	HCl(g)
298	0	0	0	0	0	0	0
500	2.39	6.00	8.49	6.17	5.85	6.97	5.88
800	7.66	15.29	22.86	15.84	14.71	18.08	14.82
1000	11.82	21.70	33.10	22.55	19.63	26.02	20.98
1200	16.23	28.28	43.77	29.43	26.94	34.38	27.31
1500	23.20	38.46	60.53	40.09	36.46	47.73	37.15
1800	30.39	49.00	78.16	51.12	46.26	62.03	47.40
2000	35.26	56.24	90.37	58.70	52.96	72.10	54.46
2500	47.63	75.05	122.52	78.37	70.28	99.16	
温度/K	$TiCl_4$(g)	Ti(s)	Mg	$MgCl_2$	W(s)	WO_2(s)	WO_3(s)
298	0	0	0	0	0	0	0
500	20.26	5.30	5.28	15.28	5.00	12.86	16.64
800	51.71	13.94	13.94	39.52	12.78	34.48	44.78
1000	72.96	20.21	29.16	99.39	18.20	49.68	64.78
1200	94.31	30.81	35.52	117.88	23.81	65.46	86.25
1500	126.47	39.96	171.32	145.62	32.58	90.41	117.16
1800	158.72	49.83	177.55		41.76	117.23	
2000	180.27	75.42			48.12		
2500					64.84		

例 1-3 用氢还原三氧化钨制取钨粉的反应为

$$WO_3(s) + H_2(g) = WO_2(s) + H_2O \tag{1}$$

$$WO_2(s) + 2H_2(g) = W(s) + 2H_2O \tag{2}$$

已知各物质在 1100K 时的相对焓列于表 1-2，试计算 1100K 时各反应的焓变。

表 1-2 1100K 时各物质的相对焓

相对焓和标准生成焓	WO_3(s)	WO_2(s)	W(s)	H_2(g)	H_2O(g)
$H^\ominus_{1100} - H^\ominus_{298}$/kJ·mol^{-1}	76.28	57.49	20.99	23.84	30.15
$\Delta_f H^\ominus_{298}$/kJ·mol^{-1}	-842.91	-589.69	0	0	-242.46

解 根据式(1-17)计算反应(1)，得

$$\Delta_r H^{\ominus}_{1100(1)} = \Delta_r H^{\ominus}_{298(1)} + \Sigma(H^{\ominus}_{1100} - H^{\ominus}_{298})_{生成物(1)} - \Sigma(H^{\ominus}_{1100} - H^{\ominus}_{298})_{反应物(1)}$$

$$= [(-589.69 - 242.46) - (-842.91)] + (57.49 + 30.15) - (76.28 + 23.84)$$

$$= -1.72\text{kJ/mol}$$

同理，计算反应(2)

$$\Delta_r H^{\ominus}_{1100(2)} = (-242.46 \times 2 + 589.69) + (2 \times 30.15 + 20.99) - (57.49 + 2 \times 23.84)$$

$$= 80.89\text{kJ/mol}$$

由上述计算结果不难看出，用氢还原钨的氧化物制取钨粉为吸热反应。因此，在还原工艺过程中，必须采取必要的供热措施。

1.2 其他方法计算化合物的标准生成焓

1.2.1 利用溶解焓计算化合物的标准生成焓

一定量的某物质溶于一定量的溶剂中所产生的热效应称为该物质的溶解焓。在列有热力学数据的书中，常可见到一些物质在水溶液中的标准溶解焓数据，如表1-3所示。在缺少数据时，可以根据赫斯定律，利用化合物在溶剂中的溶解焓和其组成元素在同一溶剂中的溶解焓，计算化合物的生成焓。具体步骤见例1-4。

表1-3 一些物质在水溶液中的标准溶解焓

物 质	$\Delta_{sol}H^{\ominus}_{298K}$/kJ·mol^{-1}	物 质	$\Delta_{sol}H^{\ominus}_{298K}$/kJ·mol^{-1}
$MgSO_4$	-91.21	$FeCl_2$	-81.59
$NiSO_4$	-80.33	$CaCl_2$	-82.93
$FeSO_4$	-64.85	KOH	-55.23
$CuSO_4$	-73.22	$Ca(OH)_2$	-16.23

例1-4 已知标准溶解焓的数据

反应1 $Mg(s) + 2HCl(aq) = MgCl_2(aq) + H_2(g)$，$\Delta_{sol}H^{\ominus}_{298K,1} = -465.771\text{kJ/mol}$；

反应2 $MgCl_2(s) = MgCl_2(aq)$，$\Delta_{sol}H^{\ominus}_{298K,2} = -153.01\text{kJ/mol}$；

反应3 $H_2(g) + Cl_2(g) = 2HCl(aq)$，$\Delta_{sol}H^{\ominus}_{298K,3} = -328.28\text{kJ/mol}$；

反应4 $Mg(s) + Cl_2(g) = MgCl_2(s)$。

试计算 $MgCl_2$ 的标准生成焓。

解 运用赫斯定律，由反应1－反应2＋反应3得到反应4，并代入已知标准溶解焓的数据，得

$$Mg(s) + Cl_2(g) = MgCl_2(s)$$

$$\Delta_r H^{\ominus}_{298K,MgCl_2} = -465.771 + 153.01 - 328.28 = -641.04\text{kJ/mol}$$

$MgCl_2$ 的标准生成焓为 -641.04kJ/mol。

1.2.2 利用电池电动势计算化合物的标准生成焓

在等压条件下，根据吉布斯-亥姆霍兹公式和标准电动势与电池反应的标准自由能变化的关系式，可得到

$$\Delta_r H_T^{\ominus} = -zE^{\ominus}F + zFT\frac{\partial E^{\ominus}}{\partial T} = zF\left(T\frac{\partial E^{\ominus}}{\partial T} - E^{\ominus}\right)$$

式中，F 为法拉第常数，96.48kC/V；z 为参与反应的电子计量数；$E^{\ominus}$ 为电池的标准电动势，V；$\frac{dE^{\ominus}}{dT}$为电池电动势与温度的关系。

如果化合物的生成反应可以构成电池，测量原电池电动势和其与温度关系$\left(\frac{dE^{\ominus}}{dT}\right)_p$，进而可计算一定温度范围内化合物的标准生成焓。

例 1-5 已知 AgCl(s)的生成反应为 $Ag(s)+0.5Cl_2(g)$ ══ AgCl(s)，试求 AgCl(s)在 623K 下的标准生成焓 $\Delta_f H_{623K}^{\ominus}$。

解 将反应体系构成电池

$$(-)Ag(s)\,|\,AgCl(s)HCl(1)\,|\,Cl_2(0.1MPa, Pt)(+)$$

电池反应为

$$Ag(s) + 0.5Cl_2(g) = Ag^+ + Cl^- = AgCl(s)$$

$$\Delta_f H^{\ominus} = zF\left(T\frac{dE^{\ominus}}{dT} - E^{\ominus}\right)$$

在 393 ~ 723K 温度范围内，实验测得电池电动势与温度的关系为

$$E^{\ominus} = 0.98 + 5.7\times10^{-4}(723 - T), V$$

由此算得

$$\frac{dE^{\ominus}}{dT} = -5.7\times10^{-4}V/K;\quad E^{\ominus} = 0.98V$$

于是

$$\Delta_f H_{623K}^{\ominus} = 1\times96.48\times[(-5.7\times10^{-4})\times623 - 0.98] = -128.81kJ/mol$$

AgCl（s）在 623K 下的标准生成焓 $\Delta_f H_{623K}^{\ominus}$ 为 −128.81kJ/mol。

1.2.3 利用离子标准生成焓计算化合物的标准生成焓

对有离子参加的反应，若已知各种离子的标准生成焓，便可通过计算此类反应的标准反应焓得到化合物的标准生成焓，也可以利用一些离子在无限稀水溶液中的标准生成焓和化合物（无机盐）在水溶液的溶解焓计算化合物的标准生成焓。表 1-4 列出一些离子在无限稀水溶液中的标准生成焓。

表 1-4 一些离子在无限稀水溶液中的标准生成焓

离 子	$\Delta_{ion}H_{298K}^{\ominus}$/kJ · mol^{-1}	离 子	$\Delta_{ion}H_{298K}^{\ominus}$/kJ · mol^{-1}
Al^{3+}	−524.67	Ni^{2+}	−64.02
Ca^{2+}	−542.66	Cl^-	−167.36
Cu^{2+}	−64.43	CO_3^{2-}	−676.13
Fe^{2+}	−87.86	OH^-	−299.91
Mg^{2+}	−461.91	SO_4^{2-}	−907.51

例 1-6 已知离子标准生成焓的数据：

反应 1 $Ba(s) = Ba^{2+}(aq\infty)$，$\Delta H^{\ominus}_{298K,Ba^{2+}} = -538.06kJ/mol$；

反应 2 $Cl_2(g) = 2Cl^-(aq\infty)$，$\Delta H^{\ominus}_{298K,Cl^-} = -334.72kJ/mol$；

反应 3 $BaCl_2(s) = Ba^{2+}(aq\infty) + 2Cl^-(aq\infty)$，$\Delta H^{\ominus}_{298K,3} = -13.22kJ/mol$；

试计算 $BaCl_2$ 的标准生成焓。

解 运用赫斯定律由反应 1 + 反应 2 − 反应 3，得到反应

$$Ba(s) + Cl_2(g) = BaCl_2(s)$$

代入已知的离子标准生成焓的数据

$$\begin{aligned}\Delta_r H^{\ominus}_{298K,BaCl_2} &= \Delta H^{\ominus}_{298K,Ba^{2+}} + \Delta H^{\ominus}_{298K,Cl^-} - \Delta H^{\ominus}_{298K,3} \\ &= -538.06 - 334.72 + 13.22 \\ &= -859.56kJ/mol\end{aligned}$$

得到 $BaCl_2$ 的标准生成焓为 −859.56kJ/mol

1.2.4 利用平衡常数与温度的关系计算反应生成物的标准生成焓

由吉布斯-亥姆霍兹方程可以推导出

$$\frac{\partial \ln K}{\partial T} = \frac{\Delta H}{RT^2}$$

参与反应的物质均处在标准状态下，则可写为

$$\frac{\partial \lg K^{\ominus}}{\partial T} = \frac{\Delta_r H^{\ominus}}{2.303RT^2}$$

这就是计算不同温度下标准平衡常数 $K^{\ominus}$ 的基本方程，范特霍夫（Van′t Hoff）方程。

通过测定在定压条件下反应平衡常数的温度系数，可利用上面关系式计算反应产物（只生成一种产物）的标准生成焓或反应焓变。具体步骤，当温度 T 间隔不太大时，$\Delta_r H^{\ominus}$ 可视为常数，于是上式积分得到

$$\lg K^{\ominus} = -\frac{\Delta_r H^{\ominus}}{19.15T} + I$$

由此可见，作 $\lg K^{\ominus} \sim \frac{1}{T}$ 图，再依据直线的斜率可求出产物的标准生成焓或反应焓变 $\Delta_r H^{\ominus}$。

当已知两个温度 T_1 和 T_2 对应的标准平衡常数 $K_1^{\ominus}$ 和 $K_2^{\ominus}$，且两个温度差不太大时，可用 $\lg K_1^{\ominus} - \lg K_2^{\ominus} = \frac{\Delta_r H^{\ominus}}{19.15}\left(\frac{1}{T_2} - \frac{1}{T_1}\right)$，即 $\Delta_r H^{\ominus} = \frac{19.15(\lg K_1^{\ominus} - \lg K_2^{\ominus})}{\left(\frac{1}{T_2} - \frac{1}{T_1}\right)}$ 来估算 $\Delta_r H^{\ominus}$（实际是 T_1 和 T_2 反应焓变的平均值）。

例 1-7 由示于表 1-5 的平衡实验数据求反应 $H_2(g) + 0.5S_2(g) = H_2S(g)$ 的标准生成焓。

表 1-5 实验测定 $H_2(g) + 0.5S_2(g) = H_2S(g)$ 反应的平衡常数随温度变化值

T/K	1023	1218	1362	1479	1667
$K_p^{\ominus}$	105.93	20.18	7.98	4.40	1.81

解 由表1-5计算，并作 $\lg K_p^\ominus \sim \dfrac{1}{T}$ 图。

$\dfrac{1}{T}\times 10^3$	0.9775	0.8210	0.7342	0.6761	0.5999
$\lg K_p^\ominus$	2.025	1.305	0.902	0.643	0.257

求得斜率为 4.67×10^3；则反应 $H_2(g)+0.5S_2(g)$ ══ $H_2S(g)$ 的标准生成焓

$$\Delta_r H^\ominus = -19.15\times 4670 = -89.43\text{kJ/mol}$$

1.3 热容和标准生成焓的近似计算

目前虽然已建立了智能无机化学数据库，但在实际运用时发现，仍有诸多化合物的热容和标准生成焓等热力学数据尚缺乏实验数据或经过评估的情况。此时，只能用一些经验或半经验方程估算或近似计算其热物性数据，显然这有助于解决实际问题所需。熟悉一些常用的估算和近似计算方法，这对一些需要热力学计算又缺少必要数据的情况是非常有益的。

有机物的热物性基本上是可以加和的，主要的决定性因素有：基团的性质，基团的数目和基团的空间结构。而后一个因素的影响较小。因此有机物的热容和焓近似计算的准确度相对较高。

无机物的热物性比较复杂，表现在：无机物元素及基团种类多；除少数气体及液体外，结构复杂，往往还有多个相变点，因此无机物热物性的规律也比较复杂；且也存在提纯及热物性的测定比较困难的情况。所幸国内外有一些学者多年来一直在研究一些物质与它们的热性质间的关系，发现了一些规律。借此规律和热力学的原理，可以估算或近似计算一些缺少的热力学数据。对那些给出数据的误差范围的近似计算方法，对热力学参数计算更是有益的。

1.3.1 热容 C_p 和 C_V 的近似计算

热容 C_p 和 C_V 的性质是热化学和热力学参数计算的基础，经常会遇到。基于前人研究的总结与归纳，近似计算气体、液体和固体物的热容的方法是不相同的。下面分别简单介绍一些近似计算（估算）的方法，需要时可根据实际情况选用。

1.3.1.1 气体热容的近似计算

A 单原子气体

对惰性气体以及金属的蒸气之类单原子气体，依据克劳修斯（Clausius）定律

$$C_V = 3/2R = 8.3145\times 1.5 = 12.472\text{J/(mol·K)}$$

$$C_p = C_V + R = 8.3145\times 2.5 = 20.786\text{J/(mol·K)}$$

B 双原子气体

双原子气体比单原子气体增加了两个旋转自由度，室温 C_p 的理论值为 29.288 J/(mol·K)。但在较高温度下，由于两个原子间的振动，其最大值有时可以达到 37.656 J/(mol·K)，质量相似的双原子组成的气体（氢化物除外），其热容随温度升高而逐渐增

加，从室温值29.288增加到37.656J/(mol·K)。通常相对分子质量在40以下的较轻双原子气体，温度在300~2300K范围内，可用 $C_p = 28.033 + 4.184 \times 10^{-3} T$ J/(mol·K)来计算。

当相对分子质量超过100，温度在300~2300范围内，C_p 值可取37.656J/(mol·K)。

C 多原子分子气体

对于多原子分子气体，例如三原子分子，如果为线形结构，转动及平动自由度仍然为5，但原子间振动很复杂，可以用下式近似计算，

$$C_p = (6 + 4 \times z) \times 4.184\text{J/(mol·K)} \qquad \text{非线形分子}$$

$$C_p = (5 + 4 \times z) \times 4.184\text{J/(mol·K)} \qquad \text{线形分子}$$

式中，z 为原子间的键数。

例如，O═C═O 气体的 $C_p = (5 + 4 \times 2) \times 4.184 = 54.392$J/(mol·K)；

O═Al—O—Al═O 气体的 $C_p = (6 + 4 \times 3) \times 4.184 = 75.312$J/(mol·K)。

1.3.1.2 固体的 C_V 近似计算和预报

A 爱因斯坦（Einstein）近似计算 C_V 公式

爱因斯坦从量子理论解释晶体的热容，认为晶体中所有原子都以相同频率独立振动，依此得到一个近似计算 C_V 的公式

$$C_V = \frac{\mathrm{d}U}{\mathrm{d}T} = \frac{\mathrm{d}}{\mathrm{d}T}\left(\frac{3N_A h\nu}{\mathrm{e}^{h\nu/kT} - 1}\right) = 3R\left(\frac{\Theta_E}{T}\right)^2 \frac{\mathrm{e}^{\Theta_E/T}}{(\mathrm{e}^{\Theta_E/T} - 1)^2}$$

式中，U 为内能；N_A 为阿伏加德罗常数；$R = N_A k$ 为摩尔气体常数；$\Theta_E = h\nu/k$ 为爱因斯坦温度；ν 为振动频率；k 为玻耳兹曼常数。

B 德拜（Debye）近似计算 C_V 公式

德拜为改进爱因斯坦模型把晶格看作是各向同性的连续介质，晶格振动波是弹性波，且假定横向波与纵向波的波速相等，依此得到近似计算 C_V 的公式

$$C_V = 9R\left(\frac{T}{\Theta_D}\right)^3 \int_0^{\Theta_D/T} \frac{\mathrm{e}^x x^4}{(\mathrm{e}^x - 1)^2}\mathrm{d}x$$

式中，$\Theta_D = h\nu/k$ 为德拜温度；$x = h\nu/kT$。

一些金属的德拜温度 Θ_D 值可以从数据手册中查到。

C_p 与 C_V 间的关系可近似地表示为

$$C_p - C_V = \frac{VT\alpha^2}{\beta}$$

等压膨胀时，$\alpha = \frac{1}{V}\left(\frac{\partial V}{\partial T}\right)_p$；等温压缩时，$\beta = -\frac{1}{V}\left(\frac{\partial V}{\partial p}\right)_T$

式中，α 为体积膨胀系数；β 为体积压缩系数；V 为摩尔体积；T 为绝对温度。

C 杜隆-珀替（Dulong-Petit）规则

杜隆-珀替规则是一条经验定律，认为固体物的摩尔热容大致相等。

在一般温度下，近似计算固体的热容表达式为

$$C_V = 3R = 24.94\text{J/(mol}\cdot\text{K)}$$

$$C_p = C_V + \Delta\delta \quad (\Delta\delta\text{一般在}0.84 \sim 2.09\text{之间})。$$

通常 C_p 和 C_V 的数值随温度升高而增加，到第一个相变点时，C_p 值变为 29.29 ~ 30.33J/(mol·K)左右。

应注意：杜隆-珀替规则不适用低温情况。

D　利用加和规则近似计算金属间化合物的热容

在组成金属间化合物的两种原子差别不太大时，可以利用原子热容加和方法求出该化合物的 C_p。

例如，若镍和硅的热容分别为：$2C_{p,\beta\text{-Ni}} = 47.53 + 17.15 \times 10^{-3}T$ J/(mol·K) 和 $C_{p,\text{Si}} = 23.85 + 4.27 \times 10^{-3}T - 4.44 \times 10^5 T^{-2}$ J/(mol·K)。计算 Ni_2Si 金属间化合物的热容为

$$C_{p,\text{Ni}_2\text{Si}} = 2C_{p,\text{Ni}} + C_{p,\text{Si}} = 71.38 + 21.42 \times 10^{-3}T - 4.44 \times 10^5 T^{-2} \text{ J/(mol}\cdot\text{K)}$$

而实验测得 Ni_2Si 的热容表达式为：$C_{p,\text{Ni}_2\text{Si}} = 66.73 + 20.08 \times 10^{-3}T$ J/(mol·K)。

为作比较，分别利用近似式和实验测定的表达式计算 1000K 时 Ni_2Si 的热容：近似计算值为 92.36J/(mol·K)和实验值为 86.82J/(mol·K)，误差约为 6.4%。两者基本吻合。在没有数据时，也可采用此方法来估算。

1.3.1.3　液体 C_p 的近似计算方法

一般液体 C_p 大多在 29.29 ~ 33.47J/(mol·K)之间，其平均值约为 30.33J/(mol·K)。液体 C_p 与温度 T 的关系仍不十分清楚，但变化不大。目前习惯上认为，一般温度下 C_p 为常数。

有文献给出固体和液体物质热容的经验计算式

$$C_p = \Sigma C_i n_i$$

式中，n_i 为分子中的第 i 种原子的数目；C_i 为第 i 种原子的原子热容。

表 1-6 列出一些原子热容数据。

表 1-6　一些原子热容 C_i 数据　　J/(mol·K)

元　素	C	H	B	Be	O	Si	F	S	P	其他元素
固态物质	7.53	9.62	11.72	15.90	16.74	20.08	20.92	22.59	23.01	25.94 ~ 26.78
液态物质	11.72	17.99	19.66	—	25.10	24.27	29.29	30.96	29.29	33.47

对合金、矿渣、玻璃的质量热容（比热容）近似计算式为

$$C = w(g_1)C_1 + w(g_2)C_2 + \cdots \times 1000\text{J/(kg}\cdot\text{K)}$$

式中，$w(g_1)$，$w(g_2)$，…为物质中各组元的质量分数；C_1，C_2…为各组元的质量热容。

例 1-8　试计算室温下，合金（含 $w(\text{Bi}) = 50\%$，$w(\text{Pb}) = 30\%$，$w(\text{Sn}) = 20\%$）的质量热容和摩尔热容。

解　利用表 1-6 中原子热容计算室温下合金的摩尔热容

$$C_{p,\text{m,Alloy}} = 0.5 \times 26.78 + 0.3 \times 26.78 + 0.2 \times 25.94 = 26.61\text{J/(mol}\cdot\text{K)}。$$

计算合金的质量热容，将原子热容换算成质量热容

$$C_{p,\mathrm{Bi}} = \frac{26.78}{209} \times 1000 = 128.134\mathrm{J/(kg \cdot K)}$$

$$C_{p,\mathrm{Pb}} = \frac{26.78}{207.2} \times 1000 = 129.247\mathrm{J/(kg \cdot K)}$$

$$C_{p,\mathrm{Sn}} = \frac{25.94}{118.7} \times 1000 = 218.534\mathrm{J/(kg \cdot K)}$$

$$C_{p,\mathrm{Alloy}} = \frac{128.134 \times 50 + 129.247 \times 30 + 218.534 \times 20}{100} = 146.55\mathrm{J/(kg \cdot K)}$$

例 1-9　某钢厂的高炉渣组成及 298K 时各组元的摩尔热容列于下表

组　元	SiO_2	Al_2O_3	CaO	MgO
$w(i)/\%$	35.8	14.5	41.2	8.5
$C_{p,(i)}/\mathrm{J \cdot (mol \cdot K)^{-1}}$	44.565	78.920	43.148	37.026

试计算 SiO_2、Al_2O_3、CaO 和 MgO 以及此高炉渣 298K 时的质量热容。

解　将 SiO_2、Al_2O_3、CaO 和 MgO 的摩尔热容分别换算为质量热容

$$C_{p,\mathrm{SiO_2}} = \frac{44.565}{60.09} \times 1000 = 741.64\mathrm{J/(kg \cdot K)}$$

$$C_{p,\mathrm{Al_2O_3}} = \frac{78.92}{101.96} \times 1000 = 774.03\mathrm{J/(kg \cdot K)}$$

$$C_{p,\mathrm{CaO}} = \frac{43.138}{56.08} \times 1000 = 769.40\mathrm{J/(kg \cdot K)}$$

$$C_{p,\mathrm{MgO}} = \frac{37.06}{40.08} \times 1000 = 918.53\mathrm{J/(kg \cdot K)}$$

高炉渣的质量热容为

$$C_p = \frac{741.64 \times 35.8 + 774.03 \times 14.5 + 769.40 \times 41.2 + 918.53 \times 8.5}{100} = 772.81\mathrm{J/(kg \cdot K)}$$

1.3.2　无机化合物标准生成焓的近似计算

1.3.2.1　电负性法近似计算无机化合物标准生成焓

鲍林（Pauling）提出一个利用电负性近似计算无机离子化合物室温标准生成焓的简易方法，计算公式为

$$-\Delta_f H_{298}^{\ominus} = 96.51z(\varepsilon_A - \varepsilon_B)^2 \mathrm{kJ/mol} \tag{1-18}$$

式中，z 为配位数；ε_A 和 ε_B 分别为元素 A 和 B 的电负性值。

所需元素的电负性可以从鲍林电负性表（表 1-7）中查到。

表 1-7　鲍林电负性表

Li	Be				H						B	C	N	O	F
1.0	1.5				2.1						2.0	2.5	3.0	3.5	4.0
Na	Mg										Al	Si	P	S	Cl
0.9	1.2										1.5	1.8	2.1	2.5	3.0

续表 1-7

K	Ca	Sc	Ti	V	Cr	Mn	Fe	Co	Ni	Cu	Zn	Ga	Ge	As	Se	Br
0.8	1.0	1.3	1.5	1.6	1.6	1.5	1.8	1.9	1.9	1.9	1.6	1.6	1.8	2.0	2.4	2.8
Rb	Sr	Y	Zr	Nb	Mo	Tc	Ru	Rh	Pd	Ag	Cd	In	Sn	Sb	Te	I
0.8	1.0	1.2	1.4	1.6	1.8	1.9	2.2	2.2	2.2	1.9	1.7	1.7	1.8	1.9	2.1	2.5
Cs	Ba	La ~ Lu	Hf	Ta	W	Re	Os	Ir	Pt	Au	Hg	Tl	Pb	Bi	Po	At
0.7	0.9	1.0 ~ 1.2	1.3	1.5	1.7	1.9	2.2	2.2	2.2	2.4	1.9	1.8	1.9	1.9	2.0	2.2
Fr	Ra	Ac	Th	Pa	U	Np ~ No										
0.7	0.9	1.1	1.3	1.4	1.4	1.4 ~ 1.3										

例 1-10　试用电负性法估算 $MgCl_2$ 和 MgS，室温（298K）标准生成焓，并与实验测定值 $\Delta_f H^{\ominus}_{298,MgCl_2} = -641.83$kJ/mol 和 $\Delta_f H^{\ominus}_{298,MgS} = -347.27$kJ/mol 相比较。

解　由鲍林电负性表查知 $\varepsilon_{Mg} = 1.2$，$\varepsilon_{Cl} = 3.0$，$\varepsilon_S = 2.5$，将相应的数据代入式（1-18），计算得到

$$\Delta_f H^{\ominus}_{298,MgCl_2} = -96.51 \times 2 \times (1.2 - 3.0)^2 = -625.39\text{kJ/mol}$$

$$\Delta_f H^{\ominus}_{298,MgS} = -96.51 \times 2 \times (1.2 - 2.5)^2 = -326.20\text{kJ/mol}$$

将用电负性法估算的 $MgCl_2$、MgS、室温（298K）标准生成焓与实验测定值相比较，对 $MgCl_2$ 误差为 2.6%，对 MgS 误差为 6.1%。由此可以看出，对离子无机化合物在没有室温（298K）标准生成焓的情况下，电负性法估算是可行的。

1.3.2.2　劳斯（Roth）方法

劳斯（Roth）方法是依据同系物质的标准生成焓与原子序数有关，在已知相关物质的标准生成焓基础上，进行纵横的外延和内插法近似计算未知物质的标准生成焓的。下面的例题给出了具体运用计算的过程。

例 1-11　已知 CaTe 所在族和周期中的相关物质的标准生成焓（参见数据表 1-8），试利用外延和内插法近似计算 CaTe 的 $\Delta_f H^{\ominus}_{298,CaTe}$。

解　在表 1-8 中，由 CaO 纵向下延至 CaSe，外延得 $\Delta_f H^{\ominus}_{298,CaTe} \approx 112.97 \sim 142.26$ kJ/mol component；由 Ca_2Sn 横向至 CaI_2 内插得 $\Delta_f H^{\ominus}_{298,CaTe} \approx 146.44 \sim 175.73$kJ/mol component。Roth 根据外延和内插的数据，再参考了 Mg_2Sn-MgTe-MgI 系列中 MgTe 的数据，决定采用 146.44kJ/mol component 值，最后预报了 CaTe 的 $\Delta_f H^{\ominus}_{298,CaTe} = 292.88$kJ/mol。

表 1-8　一些同系物的标准生成焓 $\Delta_f H^{\ominus}_{298K}$　　kJ/(mol component)

Ⅳ		Ⅴ		Ⅵ		Ⅶ	
—		Mg_3N_2	92.47	MgO	300.83	MgF_2	373.63
Mg_2Si	26.36	Mg_3P_2		MgS	173.64	$MgCl_2$	213.80
Mg_2Ge		Mg_3As_2		MgSe		$MgBr_2$	172.80
Mg_2Sn	25.52	Mg_3Sb_2	66.11	MgTe	104.60	MgI_2	120.08
Mg_2Pb	17.57	Mg_3Bi_2	33.89				

续表 1-8

Ⅳ		Ⅴ		Ⅵ		Ⅶ	
—		Ca_3N_2	87.86	CaO	317.98	CaF_2	405.01
Ca_2Si	69.04	Ca_3P_2	100.42	CaS	241.42	$CaCl_2$	264.43
Ca_2Ge		Ca_3As_2		CaSe	156.48	$CaBr_2$	225.10
Ca_2Sn	104.60	Ca_3Sb_2	145.60	CaTe		CaI_2	178.24
Ca_2Pb	71.97	Ca_3Bi_2	105.44				
—		Ba_3N_2	72.80	BaO	278.24	BaF_2	398.74
Ba_2Si		Ba_3P_2		BaS	221.75	$BaCl_2$	286.19
Ba_2Ge		Ba_3As_2		BaSe	155.23	$BaBr_2$	251.46
Ba_2Sn	125.52	Ba_3Sb_2	146.44	BaTe		BaI_2	200.83
Ba_2Pb	96.23	Ba_3Bi_2	133.89				

1.3.2.3 由键焓法近似计算生成焓

键焓是指拆散一个化合物各键所需要的平均能量，是计算过程中的假设数据。依据鲍林（Pauling）化学键理论，假设一个分子的总键焓是各个单键焓之和，且单键焓是由键的类型所决定的。因此，由单键焓的数据便可以获得由气态的原子结合成气态化合物的反应焓，再由各元素的气态单原子相对应的标准态的焓变，最后计算化合物的标准生成焓。

例 1-12 由手册中可以查到：La-O 单键焓为 799kJ/mol；La-F 单键焓为 598kJ/mol。试用自键焓法计算 LaOF 的标准生成焓。

解 先计算由气态的原子合成气态化合物的反应焓变

$$\mathrm{La(g) + O(g) + F(g) = LaOF(g)}$$

LaOF 有两个 La—O 键和一个 La—F 键，所以

$$\Delta H_{\mathrm{LaOF(g)}} = -(2\times 799 + 1\times 598) = -2196\mathrm{kJ/mol}$$

将参与反应的各元素气态原子转换成其相对应的标准态的焓变

$$\mathrm{La(s) = La(g)} \quad \Delta H_{298} = 422.5\mathrm{kJ/mol}$$

$$\frac{1}{2}\mathrm{O_2(g) = O(g)} \quad \Delta H_{298} = 249.4\mathrm{kJ/mol}$$

$$\frac{1}{2}\mathrm{F_2(g) = F(g)} \quad \Delta H_{298} = 79.08\mathrm{kJ/mol}$$

于是得到 $\Delta H_{298} = \Sigma\Delta H^{\ominus}_{298,i} = 422.5 + 249.4 + 79.08 = 750.98\mathrm{kJ/mol}$

最后计算氟氧化镧的标准生成焓

$$\mathrm{La(s)} + \frac{1}{2}\mathrm{O_2(g)} + \frac{1}{2}\mathrm{F_2(g) = LaOF(s)}$$

$$\Delta_f H^{\ominus}_{298,\mathrm{LaOF(s)}} = -2196 + 750.98 = -1444.02\mathrm{kJ/mol}$$

1.3.2.4 利用点阵能近似计算标准生成焓

菲勒曼（A. E. Фереман）提出，同一种离子在不同离子化合物的点阵能（U）中所作

的贡献基本相同，可视为常数，称为能量常数（$Э\kappa$），即在 1071.5kJ/(mol·ion)(每摩尔离子千焦)摩尔离子单位中作为该离子的一个常数表示出来。由此对化合物的点阵能表示为

$$U = 1071.5 \times (n_{+} \cdot Э\kappa_{+} + n_{-} \cdot Э\kappa_{-})\,\mathrm{kJ/mol}$$

式中，n_{+}、n_{-}分别为化合物中正负离子数；$Э\kappa_{+}$、$Э\kappa_{-}$分别为正负离子的能量常数，其值一般取决于离子的电价和半径。

因此，对一个多元离子化合物其点阵能可写为

$$U = 1071.5 \times (n_1 \cdot Э\kappa_1 + n_2 \cdot Э\kappa_2 + n_3 \cdot Э\kappa_3 + \cdots)$$

例 1-13 由手册中可以查到：$Э\kappa_{La^{3+}} = 3.58$；$Э\kappa_{O^{2-}} = 1.55$；$Э\kappa_{F^-} = 0.37$。试用点阵能法计算 LaOF 的标准生成焓。

解 先用菲勒曼（A. E. Фереман）提出的方法，根据已知数据计算点阵能

$$U_{LaOF} = 1071.5 \times (3.58 + 1.55 + 0.37) = 5893.25\,\mathrm{kJ/mol}$$

再根据哈伯-波恩（Haber-Born）热化学循环法，由已知点阵能计算标准生成焓

$$\begin{aligned}\Delta_f H^{\ominus}_{298,LaOF} &= \Delta_s^g H_{La} + \frac{1}{2}\Delta_d H_{O_2} + \frac{1}{2}\Delta_d H_{F_2} + \Sigma I_{La^{3+}} + \Sigma e_{O^{2-}} + e_{F^-} + U_{LaOF} \\ &= 430.95 + 3480.25 + 249.37 + 79.08 - 525.93 - 379.91 - 5893.25 \\ &= -2559.44\,\mathrm{kJ/mol}\end{aligned}$$

综上所述，在近似计算过程中：一要注意方法的选择；二要充分考虑数据的可靠性。尽管用不同近似计算方法得到的结果差异较大，但尚可认为计算结果在误差范围之内。本章分别用三种方法近似计算了 LaOF 的标准生成焓，显然利用点阵能两步法计算 LaOF 的标准生成焓的误差相对较大，实际上它是两个近似计算方法误差的叠加。

1.4 热化学在冶金和材料制备过程中的应用实例

冶金和材料制备过程的物理变化和化学反应错综复杂，故各类反应的焓变计算也比较复杂，往往需要把一些条件进行简化才能进行运算。本节通过一些实例，介绍热化学如何在冶金与材料制备过程中应用。

1.4.1 理论热平衡计算最高反应温度（理论温度）

利用基尔霍夫公式计算化学反应焓变，前提是反应物与生成物的温度相同。为了使化学反应温度保持恒定，过程放出的热需及时散发；对吸热反应，则必须及时供给热量。如果已知在绝热条件下化学反应的焓变，以及生成物的热容随温度的变化规律，就能计算该体系的最终温度。该温度称为最高反应温度（也称理论最高温度），对燃烧反应称为理论燃烧温度。绝热过程是理想过程，实际上和环境发生能量交换总是不可避免的。因此，反应所能达到的实际温度，总是低于理想最高温度。

计算放热反应的理论最高温度，实际上是非等温过程焓变的计算。一般假定反应按化学计量比发生，反应结束时反应器中不再有反应物。因此，可认为反应热全部用于加热生

成物，使生成物温度升高。实际上，反应结束时总还有残留未反应的反应物，也证实了实际能达到的温度比理论最高温度低。

计算理论最高温度的方法就是计算反应系统理论热平衡。下面用例1-14说明这一点。

例1-14 镁还原制钛的总反应为

$$TiCl_4(g) + 2Mg(s) \xlongequal{\quad} Ti(s) + 2MgCl_2(s)$$

试用第1.1.2.2节的数据表，用试算法计算在下面条件下的最高反应温度：

（1）当反应在298K、恒压下发生；

（2）当反应物 $TiCl_4$ 和 Mg 均预热至1000K，再使它们接触发生反应。

解 （1）计算反应 $TiCl_4(g) + 2Mg(s) \xlongequal{\quad} Ti(s) + 2MgCl_2(s)$ 在298K发生反应时，能达到的最高温度。

该反应在298K时的反应焓为 $\Delta_r H^\ominus_{298} = -519.65\text{kJ/mol}$。此反应焓全部用于加热生成物Ti和 $MgCl_2(s)$，在其温度升至 T 时，运用理论热平衡方程得

$$\int_{298}^{T} C_{p.\,m(Ti)}\,dT + 2\int_{298}^{T} C_{p.\,m(MgCl_2)}\,dT = 519.65\text{kJ/mol}$$

由相对焓定义式(1-5)，积分可得到各个纯物质的相对焓。

钛的相对焓计算如下：

$$(H^\ominus_{m,T} - H^\ominus_{m,298})_{\alpha\text{-Ti}} = 22.13\times10^{-3}T + 5.15\times10^{-6}T^2 - 7.05\text{kJ/mol} \quad (298 \sim 1155\text{K})$$

当 $T = 1155\text{K}$ 时，α-Ti转变成β-Ti，$\Delta_{tr}H_m = 4.14\text{kJ/mol}$

$$H^\ominus_{m,1155} - H^\ominus_{m,298} = 25.38\text{kJ/mol}$$

$$(H^\ominus_{m,T} - H^\ominus_{m,298})_{\beta\text{-Ti}} = 1.32 + 19.83\times10^{-3}T + 3.95\times10^{-6}T^2 \quad (1155 \sim 1933\text{K})$$

当 $T = 1933\text{K}$ 时，β-Ti熔化 $\Delta_s^l H_m = 18.62\text{kJ/mol}$

$$(H^\ominus_{m,1933} - H^\ominus_{m,298}) = 54.43\text{kJ/mol}$$

$$(H^\ominus_{m,T} - H^\ominus_{m,298})_{Ti(l)} = 4.30 + 35.6\times10^{-3}T \quad \text{kJ/mol} \quad (1933 \sim 3575\text{K})$$

$MgCl_2$ 的相对焓计算如下：

$$(H^\ominus_{m,T} - H^\ominus_{m,298})_{MgCl_2(s)} = -26.72 + 79.1\times10^{-3}T + 2.97\times10^{-6}T^2 + 8.62\times10^{2}T^{-1} \quad \text{kJ/mol} \quad (298 \sim 987\text{K})$$

当 $T = 987\text{K}$ 时，

$$H^\ominus_{m,987} - H^\ominus_{m,298} = 55.10\text{kJ/mol}$$

$$(H^\ominus_{m,T} - H^\ominus_{m,298})_{MgCl_2(l)} = 6.93 + 92.47\times10^{-3}T \quad \text{kJ/mol} \quad (987 \sim 1691\text{K})$$

当 $T = 1691\text{K}$ 时，

$$H^\ominus_{m,1691} - H^\ominus_{m,298} = 163.29\text{kJ/mol}$$

$$(H^\ominus_{m,T} - H^\ominus_{m,298})_{MgCl_2(g)} = 221.36 + 57.6\times10^{-3}T + 0.15\times10^{-6}T^2 + 5.31\times10^{2}T^{-1} \quad \text{kJ/mol} \quad (1691 \sim 2000\text{K})$$

计算生成物相对焓之和

$$\Sigma\nu_i(H^\ominus_{m,T} - H^\ominus_{m,298})_{i生成物} = (H^\ominus_{m,T} - H^\ominus_{m,298})_{Ti} + 2(H^\ominus_{m,T} - H^\ominus_{m,298})_{MgCl_2}$$

$$= -60.49 + 180.33 \times 10^{-3}T + 11.09 \times 10^{-3}T^2 + 17.24 \times 10^2 T^{-1} \quad \text{kJ/mol} \quad (298 \sim 987\text{K})$$

当 $T=987\text{K}$ 时，$\Sigma\nu_i(H^{\ominus}_{m,987} - H^{\ominus}_{m,298})_{i生成物} = 130.01\text{kJ/mol}$

$$\Sigma\nu_i(H^{\ominus}_{m,T} - H^{\ominus}_{m,298})_{i生成物} = 6.81 + 207.07 \times 10^{-3}T + 5.15 \times 10^{-6}T^2 \quad \text{kJ/mol} \quad (987 \sim 1155\text{K})$$

当 $T=1155\text{K}$ 时，$\Sigma\nu_i(H^{\ominus}_{m,1155} - H^{\ominus}_{m,298})_{i生成物} = 257.17\text{kJ/mol}$

$$\Sigma\nu_i(H^{\ominus}_{m,T} - H^{\ominus}_{m,298})_{i生成物} = 15.18 + 204.77 \times 10^{-3}T + 3.95 \times 10^{-6}T^2 \quad \text{kJ/mol} \quad (1155 \sim 1691\text{K})$$

当 $T=1691\text{K}$ 时，$\Sigma\nu_i(H^{\ominus}_{m,1691} - H^{\ominus}_{m,298})_{i生成物} = 372.73\text{kJ/mol}$

$$\Sigma\nu_i(H^{\ominus}_{m,T} - H^{\ominus}_{m,298})_{i生成物} = 444.04 + 135.03 \times 10^{-3}T + 4.25 \times 10^{-6}T^2 + 10.62 \times 10^2 T^{-1} \quad \text{kJ/mol} \quad (1691 \sim 1933\text{K})$$

当 $T=1691\text{K}$ 时，$\Sigma\nu_i(H^{\ominus}_{m,1691} - H^{\ominus}_{m,298})_{i生成物} = 685.68\text{kJ/mol}$。

由上述计算可以看出，298K 时 Mg(s)还原 $TiCl_4$(g)反应放出的热量值（519.65kJ）大于加热生成物 $2MgCl_2$(l)和 β-Ti 到 1691K 所吸收的热量（372.73kJ），但小于加热生成物 β-Ti 和 $2MgCl_2$(g)到 1961K 气化所需吸收的热量（685.68kJ）。因此，最高反应温度介于 $MgCl_2$ 液态与气化温度之间，即生成焓的最终温度为 1691K。下面用线性内插法说明这点。

$$T_{max} = \frac{519.65 - 372.73}{685.68 - 372.73}(1691 - 1691) + 1691 = 1691\text{K}$$

（2）计算先将 $TiCl_4$(g)和 Mg 预热到 1000K，再使它们接触引发反应，所能达到的最高反应温度。在此条件下，可设想已加热到 1000K 的反应物冷却至 298K，此时放出的热量应等于加热所需的热量。此热平衡方程为

$$\Sigma\nu_i(H^{\ominus}_{m,T} - H^{\ominus}_{m,298})_{i生成物} = \Sigma\nu_i(H^{\ominus}_{m,T} - H^{\ominus}_{m,298})_{i反应物} - \Delta H^{\ominus}_{298}$$

利用所给热容数据计算反应物在 1000K 的相对焓之和

$$\Sigma\nu_i(H^{\ominus}_{m,1000} - H^{\ominus}_{m,298})_{i反应物} = (H^{\ominus}_{m,1000} - H^{\ominus}_{m,298})_{TiCl_4} + 2(H^{\ominus}_{m,1000} - H^{\ominus}_{m,298})_{Mg} = 131.27\text{kJ/mol}$$

根据前面热平衡方程，计算可供加热的热量

$$\begin{aligned}\Sigma\nu_i(H^{\ominus}_{m,T} - H^{\ominus}_{m,298})_{i生成物} &= (H^{\ominus}_{m,T} - H^{\ominus}_{m,298})_{Ti} + 2(H^{\ominus}_{m,T} - H^{\ominus}_{m,298})_{MgCl_2} \\ &= \Sigma\nu_i(H^{\ominus}_{m,T} - H^{\ominus}_{m,298})_{i反应物} - \Delta H^{\ominus}_{298} \\ &= 131.27 + 519.65 \\ &= 650.92\text{kJ/mol}\end{aligned}$$

用试算法计算最高反应温度。若生成物加热至 $T=1600\text{K}$ 时，则

$(H^{\ominus}_{m,1600} - H^{\ominus}_{m,298})_{Ti} + 2(H^{\ominus}_{m,1600} - H^{\ominus}_{m,298})_{MgCl_2} = 353.06\text{kJ/mol}$，此值小于 650.92kJ/mol。若生成物加热至 $T=1700\text{K}$ 时，则

$(H^{\ominus}_{m,1700} - H^{\ominus}_{m,298})_{Ti} + 2(H^{\ominus}_{m,1700} - H^{\ominus}_{m,298})_{MgCl_2} = 686.54\text{kJ/mol}$，此值大于 650.93kJ/mol。因此，生成物的最高反应温度必定在 1600～1700K 之间，用线性内插法计算此温度

$$T_{max} = \frac{650.93 - 353.06}{686.54 - 353.06}(1700 - 1600) + 1600$$

$$\approx 1689\text{K}$$

从上述计算可以看出，镁热还原 $TiCl_4$ 制取海绵钛的反应，若不排解余热，反应所能达到的最高理论温度已接近 $MgCl_2$ 的沸点（1691K），远超过了 Mg 的沸点。因此，反应开始后，排解余热是控制工艺过程的重要条件之一。在生产实践中，防止了镁的蒸发和高温下 Ti 与反应器作用生成 Fe-Ti 合金，镁热还原 $TiCl_4$ 工艺通常将温度控制在 900℃左右。

1.4.2 炼钢过程中元素氧化发热能力计算

氧气转炉炼钢过程所需的热量来源，除了加入转炉内 1350℃左右的铁水带来的物理热外，主要还是在吹炼过程中，铁水中各元素［C］、［Si］、［Mn］、［P］、［Fe］等的氧化反应放出的化学热。虽然炉渣、炉气、炉衬等升温要消耗一定热量，但过程产生的化学热仍过剩。因此，在氧气转炉炼钢过程中要加入冷却剂，借以消耗多余的热量。

要计算铁水中发生氧化反应的总化学热，必须了解各元素氧化发热能力。当转炉开始吹炼后，吹入 298K 的氧，使溶解在铁水中的［Si］、［Mn］优先氧化，并释放化学热，使铁水温度升高。当温度达到 1400℃左右时，大量溶解在铁水当中的［C］开始氧化，约 90% 的［C］被氧化成 CO，10% 的［C］被氧化成 CO_2。现以［C］氧化成 CO 为例，计算当铁水中含 $w[C]=1\%$，氧化 $w[C]=0.1\%$ 将使炼钢熔池升高多少度？并计算添加废钢的冷却效果。

此计算属非等温条件下焓变的计算。

（1）计算［C］氧化放出的热量。

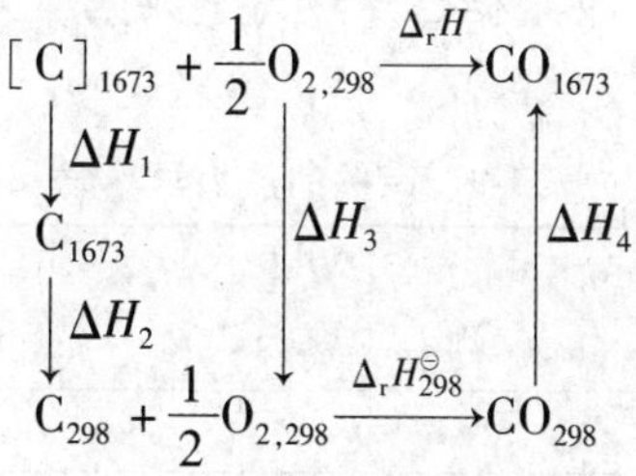

$$[C]_{1673} + \frac{1}{2}O_{2,298} \xrightarrow{\Delta_r H} CO_{1673}$$

$$\downarrow \Delta H_1 \qquad\qquad \downarrow \Delta H_3 \qquad\qquad \uparrow \Delta H_4$$

$$C_{1673}$$

$$\downarrow \Delta H_2$$

$$C_{298} + \frac{1}{2}O_{2,298} \xrightarrow{\Delta_r H^{\ominus}_{298}} CO_{298}$$

$$\Delta_r H = \Delta H_1 + \Delta H_2 + \Delta H_3 + \Delta_r H^{\ominus}_{298} + \Delta H_4$$

由热力学数据表查得：$\Delta H_1 = -21.34\text{kJ/mol}$；由表中 1400K、1800K 的数据用线性内插法求出 $\Delta H_2 = -27.57\text{kJ/mol}$；$\Delta H_3 = 0$；$\Delta_r H^{\ominus}_{298} = -110.46\text{kJ/mol}$；$\Delta H_4 = 45.06\text{kJ/mol}$。将这些数据代入上式计算得 $\Delta_r H = -114.31\text{kJ/mol}$。将 1mol［C］氧化放热量折合成 1kg［C］的放热量

$$\Delta_r H' = -114.31 \times \frac{1000}{12} = -9539.52\text{kJ/kg}$$

（2）计算氧化 $w[C]=1\%$ 时，炼钢熔池的温升值。

碳氧化所产生的化学热不仅使钢水升温，而且也使炉渣、炉衬同时升温，通常，渣量（Q_{sl}）约为钢水量（Q_{Fe}）的 15%，被熔池加热部分的炉衬（Q_{fr}）约为钢水量的 10%，并忽略其他的热损失。

已知：钢水质量热容 $C_{p钢水} = 0.837\text{kJ/(kg·K)}$；废钢质量热容 $C_{p废} = 0.699\text{kJ/(kg·K)}$；

渣与炉衬的质量热容 $C_{p渣衬}=1.23\text{kJ/(kg·K)}$。

热平衡方程为

$$\Delta_r H' = Q_{Fe}C_{p钢水}\Delta T + (Q_{sl}+Q_{fr})C_{p渣衬}\Delta T$$

将有关数据代入上式，得：$\Delta T=84\text{K}$。即氧化 $w[C]=1\%$ 可使炼钢熔池的温度升高84K。因此，氧化 $w[C]=0.1\%$ 时可使熔池温度升高8.4K。

同理可以计算［Si］、［Mn］等元素氧化的发热能力及对炼钢熔池的提温作用。

（3）计算冷却剂的冷却效应。

炼钢过程中通常使用的冷却剂有废钢、矿石、氧化铁皮等。冷却效应是指加入1kg冷却剂后，在熔池内吸收的热量。下面计算加入1kg(298K)的废钢并使之升温到炼钢温度1873K所需吸收的热量（$\Delta H''$）。

已知：废钢质量热容 $C_{p废}=0.699\text{kJ/(kg·K)}$；钢水质量热容 $C_{p钢}=0.837\text{kJ/(kg·K)}$，废钢在1773K熔化，其熔化焓

$$\Delta_{fus}H_m = 271.96\text{kJ/mol}$$

需吸收热量 $\Delta H'' = C_{p废}(T_M-298)+\Delta_{fus}H_m + C_{p钢}(T-T_M)$。

$$\Delta H'' = 1386.69\text{kJ/kg}$$

最后得：加入1kg(298K)废钢升温到炼钢温度1873K所需吸收的热量为1386.69 kJ/kg。

1.4.3 热化学计算用于提取冶金工艺的建立与选择

1.4.3.1 返回料吹氧法冶炼铬不锈钢热化学计算

不锈钢发展史中，第二阶段是返回吹氧法的建立。为什么用返回料冶炼不锈钢必须吹氧氧化，而不能用矿石氧化呢？现根据已知热力学数据（列于表1-9）进行冶金热力学计算，来回答这个问题。

表1-9 有关的热力学参数

参与反应的物质	相对分子(原子)质量	$C_{p,m,1800}$ /J·(mol·K)$^{-1}$	$H^{\ominus}_{m,1800}-H^{\ominus}_{m,298}$ /kJ·mol^{-1}	$C_p=f(T)$ /J·(mol·K)$^{-1}$	$C_{p,m,298}$ /J·(mol·K)$^{-1}$
Cr_3O_4	220.03	131.8			
Fe_2O_3	159.7	158.16	217.07		
Cr	52.01	45.10			83.68
Fe	55.85	43.93			
C	12.01	24.89	30.54		
Co	28.01	35.94		$28.41+4.10\times10^{-3}T$	
O_2	32	37.24	51.70		

A 计算用矿石氧化溶解于钢水中的C引起钢水温度的变化

$$\frac{1}{3}Fe_2O_3(s)_{298K}+[C]_{1800K}\longrightarrow\frac{2}{3}Fe(l)_{1800K}+CO(g)_{1800K}$$

$$\downarrow\Delta H_4 \qquad \downarrow\Delta H_1 \qquad \uparrow\Delta H_2 \qquad \uparrow\Delta H_3$$

$$\frac{1}{3}Fe_2O_3(s)_{298K}+[C]_{298K}\xrightarrow{\Delta_r H_{298}}\frac{2}{3}Fe(l)_{298K}+CO(g)_{298K}$$

利用矿石氧化的反应吸热为 $\Delta_r H_{298}=136.71\text{kJ/mol}$。对 12g $w[\text{C}]=1\%$ 的钢水（含铁为99%），相当于1mol C 与 $21.3\left(\frac{12\times99}{55.85}\approx21.3\right)$mol Fe 混合成的熔体，产物温度变化由加入矿石的温升和反应的吸热引起，其热平衡关系式为

$$\Delta T\left[\left(21.3+\frac{2}{3}\right)C_{p,\text{m},\text{Fe1800K}}+1C_{p,\text{m},\text{CO1800K}}\right]$$

$$=-\Delta_r H_{298}-\frac{1}{3}(H^{\ominus}_{\text{m},1800\text{K}}-H^{\ominus}_{\text{m},298\text{K}})_{\text{Fe}_2\text{O}_3}$$

将已知数据代入，得 $\Delta T=\dfrac{-\left(136.71+\frac{1}{3}\times217.07\right)\times1000}{\left(21.3+\frac{2}{3}\right)\times43.93+1\times35.94}=-209.07\text{K}$

$$\Delta T\approx-209\text{K}$$

由此可见，用矿石氧化熔于钢水中 $w[\text{C}]=0.1\%$ 的碳，使钢水温度下降约 21K。为了保持熔池温度不变，只能用铬的氧化提温来补偿。

B 计算用矿石氧化熔于钢水中 $w[\text{Cr}]=1\%$ 引起钢水温度的变化

$$\frac{2}{3}\text{Fe}_2\text{O}_3(\text{s})_{298\text{K}}+\frac{3}{2}[\text{Cr}]_{1800\text{K}}\xrightarrow{\Delta_r H}\frac{4}{3}\text{Fe}(\text{l})_{1800\text{K}}+\frac{1}{2}\text{Cr}_3\text{O}_4(\text{s})_{1800\text{K}}$$

室温反应放热为 $\Delta H=-193.93\text{kJ/mol}$。含铬为1%的钢水，相当于$\frac{2}{3}$mol Cr 与 138mol Fe 混合成的熔体。由热平衡方程式代入已知数据，计算得到 $\Delta T=8\text{K}$。用加入铁矿石来氧化熔于钢水中 $w[\text{Cr}]=1\%$ 的 Cr，仅能提高钢水温度 8K。

上述计算得出，用矿石氧化 $w[\text{C}]=0.1\%$，使炼钢熔池降温 21K。而氧化期通常要脱去 $w[\text{C}]=0.3\%$，由此造成 63K 降温。在用返还料冶炼不锈钢时，需氧化$w[\text{Cr}]=8\%$才能补偿熔池的热损失。由于采用矿石氧化法，结果致使返回料中的铬几乎全部被氧化而进入炉渣。因此，由于电炉炼钢碳电极的存在，冶炼过程中使熔池增碳，无法得到合格的低碳不锈钢。这就是在发明氧气吹炼之前，人们长期不能使用返回料冶炼不锈钢的原因。

C 计算吹氧氧化钢水中的碳对炉温的影响

$$[\text{C}]_{1800\text{K}}+\frac{1}{2}\text{O}_{2,298\text{K}}\longrightarrow\text{CO}_{1800\text{K}}\qquad\Delta_r H_{1800\text{K}}$$

碳的氧化由以下几步组成：

$$\text{C}(\text{s})_{298\text{K}}+\frac{1}{2}\text{O}_2(\text{g})_{298\text{K}}=\!=\!=\text{CO}(\text{g})_{298\text{K}}\qquad\Delta_r H^{\ominus}_{\text{m},298\text{K}}=-110.54\text{kJ/mol}$$

$$\text{C}(\text{s})_{298\text{K}}=\!=\!=\text{C}(\text{s})_{1800\text{K}}\qquad\Delta H_{\text{m},1}=30.67\text{kJ/mol}\tag{1}$$

$$\text{C}(\text{s})_{1800\text{K}}=\!=\!=[\text{C}]_{1800\text{K}}\qquad\Delta H_{\text{m},2}=21.34\text{kJ/mol}\tag{2}$$

$$\text{CO}(\text{g})_{298\text{K}}=\!=\!=\text{CO}(\text{g})_{1800\text{K}}\qquad\Delta H_{\text{m},3}=49.12\text{kJ/mol}\tag{3}$$

所以，$\Delta_r H_{1800} = \Delta_r H^{\ominus}_{m,298} - \Delta H_{m,1} - \Delta H_{m,2} + \Delta H_{m,3} = -113.43$kJ/mol。

对含碳为 $w[C]=1\%$ 的钢水（含铁为99%），相当于1mol C 与21.3mol Fe 混合成的熔体，根据热平衡关系，算出吹氧氧化钢液中的 $w[C]=1\%$ 的碳，钢液温升 $\Delta T=117$K。所以，用氧直接氧化 $w[C]=0.1\%$，可使钢水升温约12K。同理可以计算用 O_2 氧化 $w[Cr]=1\%$ 可使钢水升温113K。

由上述的计算可以看出，用氧氧化可以迅速提高炼钢熔池的温度。当熔池达到一定温度之后，钢水中的碳将优先氧化，从而保护了铬，防止其氧化烧失。在过去的较长一个时期，因炼钢过程采用矿石氧化，而不能使用返回料冶炼不锈钢。氧气吹炼发明之后，使返回吹氧法冶炼不锈钢得以实现。

1.4.3.2 热化学计算选择制备 $ZrCl_4$ 的工艺

锆是原子能工业用的重要材料之一。生产海绵锆的基本方法是在1000K下用 Mg 还原 $ZrCl_4$。如何制取中间产物 $ZrCl_4$ 是该工艺流程中的重要环节之一。ZrO_2 的热力学性质非常稳定，直接用 Cl_2 氯化难以实现，反应

$$ZrO_2(s) + 2Cl_2(g) \longrightarrow ZrCl_4(l) + O_2(g)$$

在1000K、标准压力（100kPa）下，其 $K_p^{\ominus} = 2.2\times10^{-8}$，$p_{ZrCl_4} = 0.151\times10^{-4}$ MPa。显然，反应向右进行的可能性很小。为了使反应向右进行，可能的途径：一是降低系统的氧分压（抽真空），但生产工艺有困难；二是将 ZrO_2 转化成 ZrC 再氯化；三是利用高温下 C、CO 对氧亲和力大的性质，实现还原氯化。现从冶金热化学考虑进行计算，比较各途径的可取性。

A 用碳作还原剂还原氯化

在有固体碳存在时，碳氧化反应受布都尔（Boudouard）反应控制（参见图1-2）。在常压下，温度低于673K 主要生成 CO_2；温度高于1273K 主要生成 CO。而氯化反应多在873～1173K 范围内进行。此时碳氧化反应产物既有 CO，又有 CO_2，且 CO/CO_2 比值随温度不同而不同（参见表1-10），反应的焓变也不同，相应的配碳比也不同。为了简化计算，取反应温度为1000K。

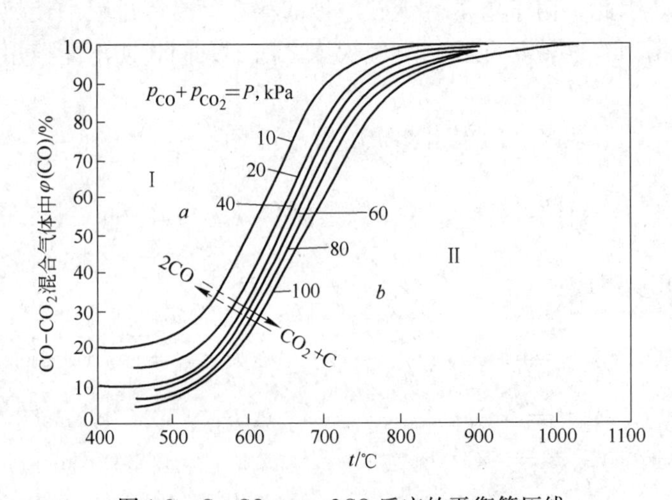

图1-2 $C + CO_2 \longrightarrow 2CO$ 反应的平衡等压线

表 1-10 $C + CO_2 \longrightarrow 2CO$ 反应在高温下气体的平衡组成

T/K	气体平衡组成(体积)/%		T/K	气体平衡组成(体积)/%	
	CO	CO_2		CO	CO_2
1200	98.2	1.8	1400	99.84	0.16
1300	99.5	0.5	1500	99.94	0.06

ZrO_2 还原氯化反应可写成

$$ZrO_2(s) + 2C(s) + 2Cl_2(g) \longrightarrow ZrCl_4(g) + 2CO(g) \qquad \Delta_r H_1 \tag{1}$$

$$ZrO_2(s) + C(s) + 2Cl_2(g) \longrightarrow ZrCl_4(g) + CO_2(g) \qquad \Delta_r H_2 \tag{2}$$

设反应的理论比率对反应（1）为 x，则对反应（2）为（$1-x$）。那么反应（1）、反应（2）的综合式可写成

$$ZrO_2(s) + (1+x)C(s) + 2Cl_2(g) \longrightarrow ZrCl_4(g) + 2xCO(g) + (1-x)CO_2(g) \tag{3}$$

$$\Delta_r H_3 = x\Delta_r H_1 + (1-x)\Delta_r H_2 \tag{4}$$

反应物从 298K 升温到 T 所吸收的热为

$$\Delta H_{吸} = \int_{298}^{T} [C_{p,m(ZrO_2)} + (1+x)C_{p,m(C)} + 2C_{p,m(Cl_2)}]dT$$

反应的余热为

$$\Delta H_{余} = \Delta_r H_3 + \Delta H_{吸}$$

由热力学数据表查得：

$$\Delta_f H^{\ominus}_{298(ZrO_2)} = -1097.46\text{kJ/mol} \qquad \Delta_f H^{\ominus}_{298(ZrCl_4)} = -981.57\text{kJ/mol}$$

$$\Delta_f H^{\ominus}_{298(CO)} = -105.60\text{kJ/mol} \qquad \Delta_f H^{\ominus}_{298(CO_2)} = -393.51\text{kJ/mol}$$

$$C_{p,m(ZrO_2)} = 69.62 + 753.12 \times 10^{-3}T \quad \text{J/(mol·K)}$$

$$C_{p,m(C)} = 0.11 + 38.94 \times 10^{-3}T \quad \text{J/(mol·K)}$$

$$C_{p,m(Cl_2)} = 36.90 + 0.25 \times 10^{-3}T \quad \text{J/(mol·K)}$$

由化学平衡可以计算出反应的理论比率（x）；再利用已知数据，算出 ZrO_2 加碳还原氯化反应的焓变等的值。计算结果列于表 1-11。

表 1-11 ZrO_2 的 C 还原氯化反应的理论比率、焓变与温度关系

温度/K	800	900	1000	1100
对反应（1）x	0.07	0.26	0.62	0.89
对反应(2)($1-x$)	0.93	0.74	0.38	0.11
配碳量（$1+x$）	1.07	1.26	1.62	1.89
$x\Delta H_1$/kJ	0	0	0	-2.09
$(1-x)\Delta H_2$/kJ	-156.90	-126.36	-65.27	-18.83
ΔH_3/kJ	-156.90	-126.36	-65.27	-20.92
$\Delta H_{吸}$/kJ	76.15	97.49	118.83	140.16
$\Delta H_{余}$/kJ	-80.75	-28.87	53.56	119.24

由表 1-11 可以看出，在绝热条件下，用 C-Cl_2 作还原氯化剂氯化 ZrO_2 时，当温度低于 1000K，反应速度慢，氯化反应放热大于物料升温吸收的热量；当温度高于 1000K，反应速度快，但反应放出的热量小于加热物料所需的热量，不能实现自热氯化。

B 用 CO-Cl_2 作还原氯化剂

用 CO-Cl_2 作还原氯化剂的反应为

$$ZrO_2(s) + 2Cl_2(g) + 2CO(g) \xlongequal{} ZrCl_4(g) + 2CO_2(g)$$

此反应标准平衡常数 $K_p^{\ominus}$ 与温度 T 的关系由表 1-12 给出。由表可以看出，该反应在通常氯化反应的温度范围内，进行得相当完全。反应焓变为

$$\Delta_r H_T^{\ominus} = \Sigma(\nu_i \Delta H_i^{\ominus}) = \Delta_f H_{ZrCl_4}^{\ominus} + 2\Delta_f H_{CO_2}^{\ominus} - \Delta_f H_{ZrO_2}^{\ominus} - 2\Delta_f H_{CO}^{\ominus}$$

而 $\Delta H_T = -343090 - 4.85T + 1.26 \times 10^{-3}T^2 + 4.94 \times 10^5 T^{-1} \quad (604 \sim 1150\text{K}) \quad \text{(a)}$

将反应物加热至反应温度所吸收的热为

$$\Delta H_{T吸} = (H_{m,T}^{\ominus} - H_{m,298}^{\ominus})_{ZrO_2} + 2(H_{m,T}^{\ominus} - H_{m,298}^{\ominus})_{CO} + 2(H_{m,T}^{\ominus} - H_{m,298}^{\ominus})_{Cl_2} \quad \text{(b)}$$

反应的余热为

$$\Delta H_{T余} = \Delta H_T + \Delta H_{T吸} \quad \text{(c)}$$

利用式(a)、式(b)、式(c)进行计算，结果列于表 1-13。

表 1-12 CO-Cl_2 还原氯化剂氯化 ZrO_2 反应平衡常数与温度关系

T/K	700	800	900	1000
$K_p^{\ominus}$	3.02×10^{20}	1.95×10^{17}	6.17×10^{14}	6.31×10^{12}

表 1-13 用 CO-Cl_2 还原氯化 ZrO_2 的焓变与温度关系

反应温度/K	700	800	900	1000
ΔH_T/kJ	-345.18	-345.60	-346.02	-346.02
$\Delta H_{T吸}$/kJ	79.08	100.42	122.17	143.09
$\Delta H_{T余}$/kJ	-266.10	-245.18	-223.84	-202.92

由表 1-13 可以看出，用 CO-Cl_2 作为还原氯化剂，氯化 ZrO_2 低温反应有足够的热量，可以自热氯化，反应物与生成物易于分离，故可以实现低温沸腾氯化。

C 用氯气直接氯化 ZrC

用氯气直接氯化 ZrC 的反应为

$$ZrC(s) + 2Cl_2(g) \xlongequal{} ZrCl_4(g) + C(s)$$

在 1000K 氯化时，反应平衡常数 $K_p^{\ominus} = 2.5 \times 10^{30}$。当总压为 $p = 0.101325\text{MPa}$ 时，$p_{ZrCl_4} = 0.101325\text{MPa}$，$p_{Cl_2} = 6.383 \times 10^{-16}\text{MPa}$。显然，氯化反应进行得很完全。反应焓变可用下式计算

$$\Delta_r H_T = \Delta H_{ZrCl_4} - \Delta H_{ZrC}$$

$$= -650.57 - 0.0048T + 1.13 \times 10^{-6}T^2 - 98.83 \times 10^2 T^{-1} \quad \text{kJ/mol} \quad \text{(a)}$$

加热反应物吸热为

$$\Delta H_{T吸} = \int_{298}^{T} (C_{p,m(ZrC)} + 2C_{p,m(Cl_2)}) dT$$

$$= \int_{298}^{T} (124.92 + 3.88 \times 10^{-3} T - 18.68 \times 10^{5} T^{-2}) dT \quad (b)$$

$$\Delta H_{T_余} = \Delta H_T + \Delta H_{T_吸} \quad (c)$$

由式(a)、式(b)、式(c)计算的结果列于表1-14。

表1-14 ZrC直接氯化焓变与温度的关系

反应温度/K	700	800	900	1000	1100
ΔH_T/kJ	-667.35	-666.09	-664.84	-664.00	-662.75
$\Delta H_{T吸}$/kJ	29.71	41.00	52.3	64.02	75.31
$\Delta H_{T余}$/kJ	-637.64	-625.09	-612.54	-599.99	-587.43

由计算结果可以看出，ZrC直接氯化反应焓变，除加热反应物外，尚余9%左右的焓变。因此，可实现自热氯化。

综上所述，三种方法之中，CO-Cl_2 作为还原氯化剂氯化 ZrO_2，可以实现沸腾氯化，是较为先进的方法。用ZrC直接氯化也能较好地满足沸腾氯化条件，但需要在电炉中制取ZrC。用C-Cl_2 作为还原氯化剂氯化 ZrO_2，需补充热量，诸如：加强保温措施；预热氯气至600~900K；用含氢的石油焦代替固体碳，使之生成HCl放热；物料预热，等等。

1.4.4 Al-TiO_2-C-ZrO_2(nm)体系燃烧合成刀具材料的绝热温度计算

如果化学反应在绝热条件下进行，或因反应进行得快，过程所放出的热量不能及时传出，此时也可视为绝热过程。在绝热条件下发生的化学反应，反应体系的温度将发生变化。对于吸热反应，生成物将吸收过程放出的热，使自身温度高于反应温度。对于放热反应，生成物的温度将提高。对绝热过程体系的最终温度，称为最高理论反应温度（又称绝热反应温度）；对燃烧反应，则称为理论燃烧温度。如果已知反应焓和产物的热容随温度的变化，即可求出体系的最高温度。绝热过程是理想过程，实际上和环境发生能量交换总是不可避免的。因此，反应所能达到的实际温度总是低于理论最高温度。

Al_2O_3-TiC复合陶瓷是重要的切削刀具材料，为了提高其强韧性，降低成本，用纳米 ZrO_2 颗粒等对 Al_2O_3-TiC复合陶瓷进行改性。利用Al、TiO_2 和C粉末为原料，添加纳米 ZrO_2 颗粒，燃烧合成 Al_2O_3-TiC-ZrO_2 纳米复合陶瓷。

燃烧合成是利用反应自身放热合成材料。对于某一反应体系，首先要了解反应放热能力，以判断该体系能否自维持燃烧，并保证合成的产物为目标产物。

1.4.4.1 不同质量比体系的绝热燃烧温度 T_{ad} 计算

绝热燃烧温度 T_{ad} 是反应体系在绝热条件下进行燃烧反应，达到平衡时的最高温度。即假定反应是在绝热条件下进行，且反应物完全按化学计量发生反应，所放出的能量全部用于加热生成物，计算出的理论温度即为绝热燃烧温度 T_{ad}。它是衡量体系放热能力的一个重要参数，也是燃烧合成热力学理论的一个重要参数。根据米尔扎诺夫（Merzhanov A G）半经验判据，对大多数无机合成反应，只有 T_{ad} >1800K时，燃烧波才可以自我维持。同时绝热燃烧温度 T_{ad} 的高低也影响到合成产物的显微组织形貌和性能。为此对Al-TiO_2-C-

ZrO_2 体系不同成分的试样分别计算 T_{ad}。计算过程中假设 ZrO_2 可以稳定存在，燃烧合成反应式为

$$4Al(s) + 3TiO_2(s) + 3C(s) \xlongequal{} 3TiC(s) + 2Al_2O_3(s)$$

由文献查得：$\Delta_f H^{\ominus}_{298,Al} = 0$，$\Delta_f H^{\ominus}_{298,TiO_2} = -933.0kJ/mol$（锐钛矿型），$\Delta_f H^{\ominus}_{298,C} = 0$，$\Delta_f H^{\ominus}_{298,TiC} = -184.1kJ/mol$，则上述反应式的 $\Delta_r H^{\ominus}_{298} = -1103.75kJ/mol$。

$$C_{p\,\alpha-ZrO_2} = 69.62 + 7.53 \times 10^{-3}T - 14.06 \times 10^5 T^2 \quad J/(mol \cdot K) \quad (298 \sim 1487K)$$

$$C_{p\,\beta-ZrO_2} = 74.475J/(mol \cdot K) \quad (1478 \sim 2950K)$$

对 ZrO_2　$T_{tr} = 1478K$　$\Delta_{tr}H_{ZrO_2} = 5.941kJ/mol$

$$C_{p\,Al_2O_3(s)} = 103.85 + 26.27 \times 10^{-3}T - 29.09 \times 10^5 T^{-2} \quad J/(mol \cdot K) \quad (298 \sim 800K)$$

$$C_{p\,Al_2O_3(s)} = 120.52 + 9.19 \times 10^{-3}T - 48.37 \times 10^5 T^{-2} \quad J/(mol \cdot K) \quad (800 \sim 2327K)$$

$$C_{p\,Al_2O_3(l)} = 144.86J/(mol \cdot K) \quad (2327 \sim 3500K)$$

对 Al_2O_3，$T_M = 2327K$，$\Delta_{fus}H_{Al_2O_3} = 118.407kJ/mol$。

因是在绝热条件下发生反应，根据反应体系热平衡原理，采用试算法对不同成分试样体系的绝热燃烧温度进行估算。

（1）对试样1：物质的量的比值为 Al：TiO_2：C = 4：3：3（$w(ZrO_2) = 0\%$）。

采用试算法，若使系统产物达 $T = 2327K$（即 Al_2O_3 的熔点并完全熔化），所需热焓为

$$\begin{aligned}\Delta H^{\ominus}_{2327} &= 2\left(\int_{298}^{800} C_{p\,Al_2O_3}dT + \int_{800}^{2327} C_{p\,Al_2O_3}dT\right) + \Delta_{fus}H_{Al_2O_3} + 3\int_{298}^{2327} C_{p\,TiC}dT \\ &= 1069.93(kJ/mol) < -\Delta_r H^{\ominus}_{298}\end{aligned}$$

式中，$\Delta H^{\ominus}_{2327}$ 为使产物系统达到 2327K 时所需热焓；$\Delta_{fus}H_{Al_2O_3}$ 为 Al_2O_3 熔化焓；C_p 为定压热容。

同样方法计算使系统产物达 $T = 2400K$ 时所需热焓 $\Delta H^{\ominus}_{2400} = 1104.78kJ/mol > -\Delta_r H^{\ominus}_{298}$。

用内插法计算 T_{ad}：

$$T_{ad} = \frac{1103.75 - 1069.93}{1104.78 - 1069.93} \times (2400 - 2327) + 2327 \approx 2398K$$

（2）对试样2：物质的量的比值为 Al：TiO_2：C：ZrO_2 = 4：3：3：0.164（$w(ZrO_2) = 5\%$）。

同样采用试算法，设 $T = 2327K$（Al_2O_3 的熔点并完全熔化），则所需

$$\begin{aligned}\Delta H^{\ominus}_{2327} &= 1069.93 + 0.164 \times 10^{-3}\left(\int_{298}^{1478} C_{p\,ZrO_2}dT + \Delta_{tr}H_{ZrO_2} + \int_{1478}^{2327} C_{p\,ZrO_2}dT\right) \\ &= 1095.42(kJ/mol) < -\Delta_r H^{\ominus}_{298}\end{aligned}$$

式中，$\Delta_{tr}H_{ZrO_2}$ 为 ZrO_2 的相变焓。

同样方法计算 $T = 2400K$ $\Delta H^{\ominus}_{2400} = 1130.270kJ/mol > -\Delta_r H^{\ominus}_{298}$。用内插法计算 T_{ad}

$$T_{ad} = \frac{1103.90 - 1095.42}{1130.27 - 1095.42} \times (2400 - 2327) + 2327 \approx 2345K$$

（3）对试样 3：物质的量的比值：Al∶TiO_2∶C∶ZrO_2 = 4∶3∶3∶0.346（$w(ZrO_2)$ = 10%）。

同样采用试算法，设 T = 2327K（Al_2O_3 的熔点并完全熔化），则所需

$$\Delta H^{\ominus}_{2327} = 1069.93 + 0.346 \times 10^{-3}\left(\int_{298}^{1478} C_{p\,ZrO_2}\mathrm{d}T + \Delta_{tr}H_{ZrO_2} + \int_{1478}^{2327} C_{p\,ZrO_2}\mathrm{d}T\right)$$

$$= 1123.71\mathrm{kJ/mol} > -\Delta_r H^{\ominus}_{298}$$

计算结果表明，反应焓不能使体系中产物 Al_2O_3 完全熔化。若产物体系中的 Al_2O_3 没有发生熔化，仅达到 2327K，则所需

$$\Delta H^{\ominus}_{2327} = 1069.93 + 0.346 \times 10^{-3}\left(\int_{298}^{1478} C_{p\,ZrO_2}\mathrm{d}T + \Delta_{tr}H_{ZrO_2} + \int_{1478}^{2327} C_{p\,ZrO_2}\mathrm{d}T\right) - 2\Delta_{fus}H_{Al_2O_3}$$

$$= 886.89\mathrm{kJ/mol} < -\Delta_r H^{\ominus}_{298}$$

此结果表明：此时 T_{ad} 为 2327K，Al_2O_3 部分熔化。

计算 Al_2O_3 熔化的百分比：

$$\frac{1103.75 - 886.89}{118.41 \times 2} \approx 92\%$$

（4）对试样 4：物质的量的比值：Al∶TiO_2∶C∶ZrO_2 = 4∶3∶3∶0.549（$w(ZrO_2)$ = 15%）。

采用试算法，设 T = 2327K（Al_2O_3 的熔点并完全熔化），则所需

$$\Delta H^{\ominus}_{2327} = 1069.93 + 0.549 \times 10^{-3}\left(\int_{298}^{1478} C_{p\,ZrO_2}\mathrm{d}T + \Delta_{tr}H_{ZrO_2} + \int_{1478}^{2327} C_{p\,ZrO_2}\mathrm{d}T\right)$$

$$= 1155.27\mathrm{kJ/mol} > -\Delta_r H^{\ominus}_{298}$$

计算结果表明，反应焓不能使体系中产物 Al_2O_3 完全熔化。若产物体系中的 Al_2O_3 没有发生熔化仅达到 2327K，则所需

$$\Delta H^{\ominus}_{2327} = 1069.93 + 0.549 \times 10^{-3}\left(\int_{298}^{1478} C_{p\,ZrO_2}\mathrm{d}T + \Delta_{tr}H_{ZrO_2} + \int_{1478}^{2327} C_{p\,ZrO_2}\mathrm{d}T\right) - 2\Delta_{fus}H_{Al_2O_3}$$

$$= 918.45\mathrm{kJ/mol} < -\Delta_r H^{\ominus}_{298}$$

此时，T_{ad} 为 2327K，Al_2O_3 部分熔化。

计算 Al_2O_3 熔化的百分比：

$$\frac{1103.75 - 918.45}{118.41 \times 2} \times 100\% \approx 78\%$$

1.4.4.2　实验验证

图 1-3 为不同体系的绝热燃烧温度 T_{ad}、实测燃烧温度 T_c 和 Al_2O_3 熔化百分比的比较图，可以看出，T_{ad} 高于 T_c，而且随着 ZrO_2 纳米粒子添加量的增多，燃烧温度和 Al_2O_3 熔化的百分比均呈下降趋势。分析认为，T_{ad} 高于 T_c 的原因在于燃烧反应不可能在完全绝热的条件下进行，因而有热量的损失。

由实验的结果可以看出，上述计算预示的结果可信。

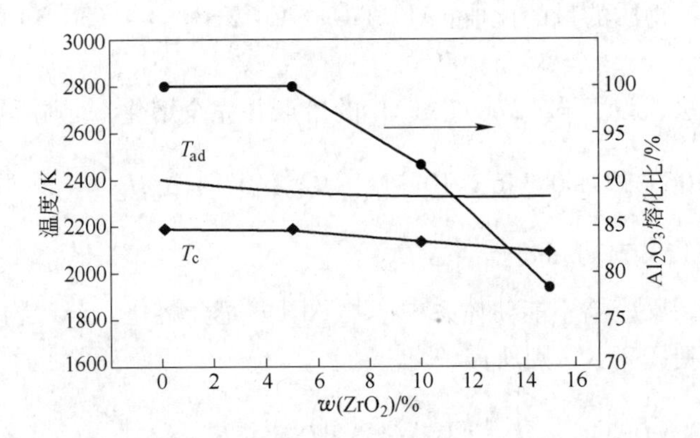

图 1-3　Al-TiO_2-C-ZrO_2 体系的 T_{ad}、T_c 和 Al_2O_3 熔化比与 ZrO_2 量的关系

本 章 例 题

例题 I　计算绝热反应温度

若在 298K 和标准大气压下，把甲烷和理论量的空气（$O_2 : N_2 = 1 : 4$）混合，在恒压下完全燃烧，试计算：（1）体系所能达到的最高温度；（2）如果氧过量 20%，可能达到的最高火焰温度？

解　甲烷燃烧反应进行很快，可以看做是绝热过程，其反应为

$$CH_4(g) + 2O_2(g) = CO_2(g) + 2H_2O(g)$$

（1）计算甲烷和理论量的空气（$O_2 : N_2 = 1 : 4$）混合燃烧，体系能达到的最高温度。由燃烧反应可知，1mol 的甲烷燃烧需要 2mol 的氧，即折合 10mol 的空气，8mol 的氮气，氮气虽不参与反应，但存在于产物中。即反应可写成

$$CH_4(g) + 2O_2(g) + 8N_2(g) = CO_2(g) + 2H_2O(g) + 8N_2(g)$$

查得各物质的热化学数据：

$$C_{p,H_2O(g)} = 0.023 + 10.71 \times 10^{-6}T + 0.335 \times 10^{2}T^{-2} \quad kJ/(mol \cdot K)$$

$$C_{p,CO_2} = 0.0442 + 9.037 \times 10^{-6}T - 8.54 \times 10^{2}T^{-2} \quad kJ/(mol \cdot K)$$

$$C_{p,N_2} = 0.0279 + 4.27 \times 10^{-6}T \quad kJ/(mol \cdot K)$$

$$C_{p,O_2} = 0.030 + 4.184 \times 10^{-6}T - 1.67 \times 10^{2}T^{-2} \quad kJ/(mol \cdot K)$$

$$C_{p,CH_4(g)} = 0.0124 + 76.69 \times 10^{-6}T + 1.42 \times 10^{2}T^{-2} \quad kJ/(mol \cdot K)$$

$$\Delta_f H^{\ominus}_{H_2O,298} = -242.46kJ/mol$$

$$\Delta_f H^{\ominus}_{CO_2,298} = -393.51kJ/mol$$

$$\Delta_f H^{\ominus}_{N_2,298} = 0$$

$$\Delta_f H^{\ominus}_{O_2,298} = 0$$

$$\Delta_f H^{\ominus}_{CH_4,298} = -74.81kJ/mol$$

于是有

$$\Delta_r H^{\ominus}_{298K} = 2 \times (-242.46) - 393.51 + 74.81 = -803.62\text{kJ/mol}$$

认为是完全燃烧，即燃烧结束后反应物完全消失，燃烧放出的热量全部用于加热产物，使其温度升高。根据反应热平衡计算理论最高温度

$$\int_{298K}^{T} (C_{p,CO_2} + 2C_{p,H_2O(g)} + 8C_{p,N_2})\,\mathrm{d}T = 803.62\text{kJ/mol}$$

将热容代入上式，得

$$\int_{298K}^{T} 2 \times (0.023 + 10.71 \times 10^{-6}T + 0.335 \times 10^{2}T^{-2}) + (0.0442 + 9.037 \times 10^{-6}T - 8.54 \times 10^{3}T^{-2}) + 8 \times (0.0279 + 4.27 \times 10^{-6}T)\,\mathrm{d}T$$
$$= Q\ \text{kJ/mol}$$

用试算法求 T

设 $T = 2200\text{K}$，则 $Q = 747.00\text{kJ/mol}$，小于 803.62kJ/mol；

设 $T = 2300\text{K}$，则 $Q = 793.18\text{kJ/mol}$，小于 803.62kJ/mol；

设 $T = 2350\text{K}$，则 $Q = 803.39\text{kJ/mol}$，小于 803.62kJ/mol；

设 $T = 2400\text{K}$，则 $Q = 839.68\text{kJ/mol}$，大于 803.62kJ/mol。

由此可见，最高燃烧温度在 2350～2400K 之间，用内插法求此值

$$T_{max} = \frac{2400 - 2350}{839.68 - 803.39}(803.62 - 803.39) + 2350 \approx 2350\text{K}$$

（2）计算在氧气过量 20% 条件下甲烷燃烧，体系能达到的最高温度。

在氧气过量 20% 条件下，则体系中产物量为：

$$O_2 = 2 \times 0.2 = 0.4\text{mol}; N_2 = 8 \times 1.2 = 9.6\text{mol}; H_2O(g) = 2\text{mol}; CO_2 = 1\text{mol}$$

此时燃烧放出的热量全部用于加热体系中的产物，体系热平衡式为

$$Q_{O_2} = \int_{298K}^{T} 2C_{p,H_2O} + C_{p,CO_2} + 9.6C_{p,N_2} + 0.4C_{p,O_2})\,\mathrm{d}T = 803.62\text{kJ/mol}$$

将热容代入上式，得

$$Q_{O_2} = \int_{298K}^{T} 2 \times (0.023 + 10.71 \times 10^{-6}T + 0.335 \times 10^{2}T^{-2}) + (0.0442 + 9.037 \times 10^{-6}T - 8.54 \times 10^{2}T^{-2}) + 9.6 \times (0.0279 + 4.27 \times 10^{-6}T) + 0.4 \times (0.030 + 4.184 \times 10^{-6}T - 1.67 \times 10^{2}T^{-2})\,\mathrm{d}T$$
$$= 803.62\text{kJ/mol}$$

用试算法求 T：

设 $T = 2000\text{K}$，则 $Q = 770.36\text{kJ/mol}$，小于 803.62kJ/mol；

设 $T = 2100\text{K}$，则 $Q = 822.33\text{kJ/mol}$，大于 803.62kJ/mol。

由此可见，最高燃烧温度在 2200～2300K 之间，用内插法求此值

$$T_{max} = \frac{2100 - 2000}{822.33 - 770.36}(803.62 - 770.36) + 2000 = 2064\text{K}$$

由计算结果可以看出：当过量氧存在时，最高燃烧温度下降。

例题Ⅱ 计算凝固分数

在金属的凝固过程中，可通过焓变来计算金属的凝固分数。

已知锡的熔点 $T_{M,Sn}=505K$，熔化焓为 7.071kJ/mol，锡的固态和液态热容分别为

$$C_{p,Sn(l)}=0.0347-9.20\times10^{-6}T \quad kJ/(mol\cdot K)$$

$$C_{p,Sn(s)}=0.0185+26.36\times10^{-6}T \quad kJ/(mol\cdot K)$$

试计算锡在绝热条件下冷却到 495K 时的凝固分数。

解 由热力学可知，在锡的熔点 $T_{M,Sn}=505K$ 时，固、液两相平衡共存；由于是绝热体系，焓值保持不变。当温度下降到 495K 时，部分液态锡凝固，并放出热量。令凝固分数为 x，其焓变值与使它从固态变成液态的焓变值相等，具体值为

$$\begin{aligned}\Delta H_{Sn}&=\int_{495}^{505}C_{p,Sn(l)}\,dT\\&=\int_{495}^{505}(0.0347-9.20\times10^{-6}T)\,dT=0.301kJ/mol\end{aligned}$$

由此可以计算锡的凝固摩尔分数

$$x_{Sn}=\frac{0.301}{7.071}=0.0425$$

液态锡在绝热条件下冷却到 495K 时，已凝固的锡为 4.25%。

例题Ⅲ 计算过冷条件下凝固的焓变

已知在标准压力下液态铅的热容为 $C_{p,Pb(l)}=0.0324-3.10\times10^{-6}T$ kJ/(mol · K)；固态铅的热容为 $C_{p,Pb(s)}=0.0236+9.75\times10^{-6}T$ kJ/(mol · K)；铅的熔点为 $T_{M,Pb}=600K$，铅的凝固焓为 $\Delta_{fr}H=-4.812$kJ/mol，试计算液态铅过冷至 590K 凝固为固态铅时的焓变。

解 根据赫斯定律，并代入相关数据得到

$$\begin{aligned}\Delta H_{590K,Pb(l)\to590K,Pb(s)}&=\Delta H_{590K,Pb(l)\to600K,Pb(l)}+\Delta H_{600K,Pb(l)\to600K,Pb(s)}+\Delta H_{600K,Pb(s)\to590K,Pb(s)}\\&=\int_{590K}^{600K}(0.0324-3.1\times10^{-6}T)\,dT+\Delta_{fr}H_{Pb}+\int_{600K}^{590K}(0.0236+9.75\times10^{-6}T)\,dT\\&=0.306-4.812-0.294\\&=-4.212kJ/mol\end{aligned}$$

液态铅过冷至 590K 凝固为固态铅时的焓变为放热 4.212kJ/mol。

例题Ⅳ 计算反应焓变

已知反应 $SiO_2+2C(s)═Si+2CO(g)$ 的 $\Delta_r H^{\ominus}_{298K}=650.61$kJ/mol，$\Delta_{fus}H^{\ominus}_{Si(s\to l),1700K}=46.44$ kJ/mol，$\Delta_{tr}H^{\ominus}_{848K,SiO_2\alpha\text{-}q\to\beta\text{-}q}=1.213$kJ/mol，$\Delta_{tr}H_{1743K,SiO_2\beta\text{-}q\to\beta\text{-}cr}=6.067$kJ/mol，$\Delta_{fus}H^{\ominus}_{SiO_2(s)\to SiO_2(l),1990K}=8.368$kJ/mol，以及在不同温度范围内的反应热容变化：

$$\Delta C_{p,298\sim848K}=-0.209\times10^{-3}-0.0323\times10^{-3}T+0.0234\times10^{5}T^{-2} \quad kJ/(mol\cdot K)$$

$$\Delta C_{p,848\sim1700K}=-0.0143-0.00611\times10^{-3}T+0.0121\times10^{5}T^{-2} \quad kJ/(mol\cdot K)$$

$$\Delta C_{p,1700\sim1743K}=-0.0032-0.0346\times10^{-3}T+0.002795\times10^{5}T^{-2} \quad kJ/(mol\cdot K)$$

$$\Delta C_{p,1743\sim1990K}=-0.0214-0.00222\times10^{-3}T+0.0542\times10^{5}T^{-2} \quad kJ/(mol\cdot K)$$

$$\Delta C_{p,>1900\text{K}} = -0.0209 - 0.335 \times 10^{-6}T + 0.0167 \times 10^{5}T^{-2} \quad \text{kJ/(mol·K)}$$

$$\Delta C_{p,T>1990\text{K},SiO_2(l)} = 0.0711\text{kJ/(mol·K)}$$

试求不同温度范围内反应 $SiO_2 + 2C(s) \xlongequal{} Si + 2CO(g)$ 的焓变。

解　(1) 298～848K，反应为 $SiO_2(\alpha\text{-q}) + 2C(s) \xlongequal{} Si(s) + 2CO(g)$，其焓变

$$\Delta_r H_{848\text{K}} = 650.61 + (-0.209 \times 10^{-3}T - 0.5 \times 0.0323 \times 10^{-3}T^2 - 0.0234 \times 10^5 T^{-1})_{298\text{K}}^{848\text{K}}$$
$$= 645.41\text{kJ/mol}$$

(2) 在848K，α-石英转变为β-石英，$\Delta_{tr}H^{\ominus}_{848\text{K},SiO_2\beta\text{-q}\to\alpha\text{-q}} = -1.213\text{kJ/mol}$

反应 $SiO_2(\beta\text{-q}) + 2C(s) \xlongequal{} Si(s) + 2CO(g)$ 的焓变

$$\Delta_r H_{848\text{K}} = \Delta_r H_{848\text{K}} + \Delta_{tr}H_{SiO_2(\beta\to\alpha)} = 645.41 - 1.213 = 644.20\text{kJ/mol}$$

(3) 848～1700K

$$\Delta_r H_{1700\text{K}} = 644.20 + (-0.0136T - 0.5 \times 0.00611 \times 10^{-3}T^2 - 0.0121 \times 10^5 T^{-1})_{848\text{K}}^{1700\text{K}}$$
$$= 626.70\text{kJ/mol}$$

在1700K，金属硅熔化，反应 $SiO_2(\beta\text{-q}) + 2C(s) \xlongequal{} Si(l) + 2CO(g)$ 的焓变

$$\Delta_r H_{1700\text{K}} = \Delta_r H_{1700\text{K}} + \Delta_{fus}H_{1700\text{K},Si(s\to l)} = 626.70 + 46.44 = 673.14\text{kJ/mol}$$

(4) 1700～1743K

$$\Delta_r H_{1743\text{K}} = 673.14 + (-0.0032T - 0.5 \times 0.0346 \times 10^{-3}T^2 - 0.002795 \times 10^5 T^{-1})_{1700\text{K}}^{1743\text{K}}$$
$$= 669.21\text{kJ/mol}$$

在1743K，β-石英转变为β-方石英，$\Delta_{tr}H_{1743\text{K},SiO_2\beta\text{-cr}\to\beta\text{-q}} = -6.067\text{kJ/mol}$

反应 $SiO_2(\beta\text{-cr}) + 2C(s) \xlongequal{} Si(l) + 2CO(g)$ 的焓变

$$\Delta_r H_{1743\text{K}} = \Delta_r H_{1743\text{K}} + \Delta_{tr}H_{1743\text{K},SiO_2(\beta\text{-cr}\to\beta\text{-q})} = 669.21 - 6.067 = 663.14\text{kJ/mol}$$

(5) 1743～1990K

$$\Delta_r H_{1990\text{K}} = 663.14 + (-0.0214T - 0.5 \times 0.00222 \times 10^{-3}T^2 - 0.0542 \times 10^5 T^{-1})_{1743\text{K}}^{1990\text{K}}$$
$$= 657.22\text{kJ/mol}$$

在1990K，β-方石英熔化，反应 $SiO_2(l) + 2C(s) \xlongequal{} Si(l) + 2CO(g)$ 的焓变

$$\Delta_r H_{1990\text{K}} = \Delta_r H_{1990\text{K}} + \Delta_{fr}H_{1990\text{K},SiO_2(l\to\beta\text{-cr})} = 657.22 - 8.368 = 648.85\text{kJ/mol}$$

(6) 高于1990K，反应 $SiO_2(l) + 2C(s) \xlongequal{} Si(l) + 2CO(g)$ 的焓变

$$\Delta_r H_{>1990\text{K}} = 648.85 + (-0.0209T - 0.5 \times 0.335 \times 10^{-6}T^2 - 0.0167 \times 10^5 T^{-1})_{1990\text{K}}^{T\text{K}}\text{kJ/mol}$$

习　题

1-1　计算氧气转炉炼钢熔池（受热炉衬为钢水量的10%）中，每氧化 $w[Si] = 0.1\%$ 使钢水升温的效果。若氧化后 SiO_2 与 CaO 成渣生成 $2CaO \cdot SiO_2$（渣量为钢水量的15%），需加入多少石灰（石灰中的有效灰占80%），才能保持碱度不变（0.81kg），即 $R = \dfrac{w(CaO)}{w(SiO_2)} = 3$；增加的石灰吸热多少（1092.02kJ/mol）？欲保持炉温不变，还需加入多少矿石（111.11kg）？

已知：$SiO_2(s) + 2CaO(s) \xlongequal{} 2CaO \cdot SiO_2(s)$；$\Delta_r H^{\ominus}_{298} = -97.07\text{kJ/mol}$

钢液的质量热容 $C_{p,\mathrm{steel}}=0.84\mathrm{kJ/(kg \cdot K)}$；炉渣和炉衬的质量热容 $C_{p,\mathrm{slag,ref}}=1.23\mathrm{kJ/(kg \cdot K)}$；石灰的质量热容 $C_{p,\mathrm{lime}}=0.90\mathrm{kJ/(kg \cdot K)}$。

1-2　实验测得 NaCl(s) 的标准生成焓 $\Delta_f H_{298}^{\ominus}=-410.87\mathrm{kJ/mol}$，试用哈伯-波恩热化学循环法计算反应 $Na(s)+\frac{1}{2}Cl_2(g) \xlongequal{} NaCl(s)$ 的标准生成焓，并与实验值加以比较。

已知：钠的升华热 $\Delta_{sub} H_{Na}^{\ominus}=108.78\mathrm{kJ/mol}$；双原子氯的解离焓 $\Delta_{dis} H_{Cl_2}^{\ominus}=241.81\mathrm{kJ/mol}$。

1-3　已知表 1-15 数据，试计算 1800K 碳不完全燃烧生成 CO 反应的焓变（$\Delta_r H_{1800}=-117.54\mathrm{kJ/mol}$）。

表 1-15　不同温度时物质的摩尔焓　　kJ/mol

温度/K	物质					
	C(石墨)	$O_2(g)$	CO(g)	$CO_2(g)$	$H_2(g)$	$H_2O(g)$
298	0	0	-110.50	-393.40	0	-242.50
400	1.051	3.059	-107.50	-389.40	2.937	-239.00
500	2.393	6.159	-104.60	-385.00	5.837	-235.50
1000	11.820	22.540	-88.820	-260.40	20.750	-216.50
1100	13.990	25.960	-85.570	-355.10	23.830	-212.30
1800	30.420	51.130	-61.550	-315.40	46.270	-180.50

2 标准吉布斯自由能计算及其在冶金和材料制备过程中的应用

2.1 标准吉布斯自由能变化的计算

标准吉布斯自由能的计算在冶金和材料热力学分析中占有十分重要的地位，它是判断和控制反应发生的趋势、方向及达到平衡的重要参数。在通常情况下，冶金和材料制备过程可近似看做是在恒温、恒压条件下进行的。通常用范特霍夫化学反应等温式（Van't Hoff isotherm）判断过程进行的方向，计算实际条件下反应系统的吉布斯自由能变化 $\Delta_r G$：

$$\Delta_r G = \Delta_r G^{\ominus} + RT\ln Q$$

$$\Delta_r G^{\ominus} = -RT\ln K^{\ominus}$$

或

$$\Delta_r G^{\ominus} = \Delta_r H^{\ominus} - T\Delta_r S^{\ominus} \tag{2-1}$$

式中 Q 为实际条件下反应前后物质的压力或浓度（活度）之比；$K^{\ominus}$ 为标准平衡常数；$\Delta G^{\ominus}$ 为标准状态下系统吉布斯自由能的变化。

$\Delta_r G$ 负值愈大，反应向指定方向进行的可能性就愈大。由式(2-1)可知，要计算 $\Delta_r G$，必须先计算 $\Delta_r G^{\ominus}$。

$\Delta G^{\ominus}$ 可以是在标准状态下化学反应吉布斯自由能 $\Delta_r G^{\ominus}$，也可以是物质（化合物）的标准生成吉布斯自由能 $\Delta_f G^{\ominus}$。由稳定的单质元素生成 1mol 的化合物，称之为化合物的标准生成吉布斯自由能 $\Delta_f G^{\ominus}$；$\Delta_r G^{\ominus}$ 的负值愈大，生成的化合物愈稳定，也表示在标准状态下反应自发进行的可能性越大。由 $\Delta_r G^{\ominus}$ 可以求出标准平衡常数 $K^{\ominus}$，从而知道反应进行的程度。所以，计算 $\Delta_r G^{\ominus}$ 具有重要的实际意义，但也有其一定的局限性。

计算室温纯物质化学反应标准吉布斯自由能的最直接方法是，由生成物的标准吉布斯自由能之和减去反应物标准吉布斯自由能之和得到，即 $\Delta_r G^{\ominus}_{298} = \Sigma(\nu_i \Delta_f G^{\ominus}_{i,298})_{生成物} - \Sigma(\nu_j \Delta_f G^{\ominus}_{j,298})_{反应物}$。在一些热力学数据手册中，通常都给出各种纯物质 298K 的标准生成吉布斯自由能，用来计算室温反应标准吉布斯自由能非常方便。然而，冶金和材料制备过程的反应通常在高温下进行，不能依据室温的反应标准吉布斯自由能来分析判断反应进行的情况。因此必须知道反应标准吉布斯自由能与温度的关系，计算指定温度下反应标准吉布斯自由能，由此才能作为判据使用。下面介绍一些计算标准吉布斯自由能与温度关系的方法，读者可根据各自遇到的情况选用。

2.1.1 定积分法计算标准吉布斯自由能 $\Delta G^{\ominus}$——焦姆金-施瓦尔兹曼方程

计算化合物的标准生成吉布斯自由能 $\Delta_f G^{\ominus}$ 或化学反应的标准自由能变化 $\Delta_r G^{\ominus}$ 与温度的关系可采用焦姆金-施瓦尔兹曼（Тёмкин-Шварцман）方程。具体的公式推导如下：

根据吉尔霍夫（Kirchhoff）定律

$$\left[\frac{\partial(\Delta H_T^{\ominus})}{\partial T}\right]_p = \Delta C_p$$

可得到反应的标准焓与温度的关系 $\Delta_r H_T^{\ominus} = \Delta_r H_{298}^{\ominus} + \int_{298}^{T} \Delta C_p \mathrm{d}T$

和反应的标准熵与温度的关系 $\Delta_r S_T^{\ominus} = \Delta_r S_{298}^{\ominus} + \int_{298}^{T} \frac{\Delta C_p}{T} \mathrm{d}T$

式中，ΔC_p 为生成物热容之和减去反应物热容之和的差。

因为 $\Delta G_T^{\ominus} = \Delta H_T^{\ominus} - T\Delta S_T^{\ominus}$，所以反应的标准自由能与温度关系为

$$\Delta_r G_T^{\ominus} = \Delta_r H_{298}^{\ominus} - T\Delta_r S_{298}^{\ominus} + \int_{298}^{T} \Delta C_p \mathrm{d}T - T\int_{298}^{T} \frac{\Delta C_p}{T} \mathrm{d}T \tag{2-2}$$

式中 $\Delta C_p = \Delta a + \Delta b \times 10^{-3} T + \Delta c \times 10^5 T^{-2} + \Delta d \times 10^{-6} T^2$

积分后得

$$\Delta_r G_T^{\ominus} = \Delta_r H_{298}^{\ominus} - T\Delta_r S_{298}^{\ominus} - T(\Delta a M_0 + \Delta b M_1 + \Delta c M_{-2} + \Delta d M_2) \tag{2-3}$$

式中 $M_0 = \ln\frac{T}{298} + \frac{298}{T} - 1$； $M_1 = \frac{(T-298)^2}{2T} \times 10^{-3}$

$$M_{-2} = \frac{(T-298)^2}{2 \times (298T)^2} \times 10^5; \quad M_2 = \frac{1}{6}\left(T^2 + \frac{2 \times 298^3}{T} - 3 \times 298^2\right) \times 10^{-6}$$

式（2-3）称为焦姆金-施瓦尔兹曼公式，可直接计算在标准状态下 298K ~ T 温度范围内没有相变的反应吉布斯自由能。不同温度下的 M_0、M_1、M_{-2}及 M_2 值，可从一些热力学手册中查出。表 2-1 给出部分 M_0、M_1、M_{-2}及 M_2 值，在例题中将会用到。

表 2-1 焦姆金-施瓦尔兹公式中 M_0、M_1、M_{-2}及 M_2 在不同温度下的值

T/K	M_0	M_1	M_{-2}	M_2
300	0. 0000	0. 0000	0. 0000	0. 0000
400	0. 0392	0. 0130	0. 0364	0. 0043
500	0. 1133	0. 0407	0. 0916	0. 0149
600	0. 1962	0. 0759	0. 1423	0. 0303
700	0. 2794	0. 1153	0. 1853	0. 0498
800	0. 3597	0. 1574	0. 2213	0. 0733
900	0. 4361	0. 2012	0. 2521	0. 1004
1000	0. 5088	0. 2463	0. 2783	0. 1310
1100	0. 5765	0. 2922	0. 2988	0. 1652
1200	0. 6410	0. 3389	0. 3176	0. 2029
1300	0. 7019	0. 3860	0. 3340	0. 2440
1400	0. 7595	0. 4336	0. 3483	0. 2886
1500	0. 8141	0. 4814	0. 3610	0. 3362
1600	0. 8665	0. 5296	0. 3723	0. 3877

续表 2-1

T/K	M_0	M_1	M_{-2}	M_2
1700	0.9162	0.5780	0.3824	0.4424
1800	0.9635	0.6265	0.3915	0.5005
1900	1.0090	0.6752	0.3998	0.5619
2000	1.0525	0.7240	0.4072	0.6265
2100	1.0940	0.7730	0.4140	0.6948
2200	1.1340	0.8220	0.4203	0.7662
2300	1.1730	0.8711	0.4260	0.8411
2400	1.2100	0.9203	0.4314	0.9192
2500	1.2460	0.9696	0.4363	1.0008

在计算过程中要特别注意：（1）参与反应物质的摩尔数；（2）在计算的温度范围内，参与反应物质如发生相变，诸如晶型转变、熔化、气化等，则必须考虑相应的相变焓（晶型转变焓、熔化焓、蒸发焓等），以及热容的变化。

若在温度范围中遇有一个相变时，计算用

$$\Delta_r G_T^{\ominus} = \Delta_r H_{298}^{\ominus} - T\Delta_r S_{298}^{\ominus} + \int_{298}^{T_{tr}} \Delta C_p \mathrm{d}T + \Delta_{tr} H^{\ominus} + \int_{T_{tr}}^{T} \Delta C'_p \mathrm{d}T - T\int_{298}^{T_{tr}} \frac{\Delta C_p}{T}\mathrm{d}T - T\left(\frac{\Delta_{tr} H^{\ominus}}{T}\right) - T\int_{T_{tr}}^{T} \frac{\Delta C'_p}{T}\mathrm{d}T \tag{2-4}$$

式中，ΔC_p 为相变前的产物与反应物的热容差；$\Delta C'_p$ 为相变后的产物与反应物的热容差。

例 2-1 已知下表数据

物 质	$\Delta_f H_{298}^{\ominus}$ /J·mol^{-1}	$S_{298}^{\ominus}$ /J·(mol·K)$^{-1}$	$C_p = a + b\times10^{-3}T + c\times10^5T^{-2}$/J·(mol·K)$^{-1}$			适用范围/K
			a	b	c	
Fe(α-s)	0	27.15	17.49	24.77	0	273 ~ 1033
O_2(g)	0	205.02	29.96	4.184	-1.67	298 ~ 3000
FeO(s)	-272043.68	60.75	50.79	8.62	-3.31	298 ~ 1650

试用焦姆金-施瓦尔兹曼公式计算反应 Fe(α-s) + 0.5O_2(g)══FeO(s)在 298 ~ 1073K 温度范围反应标准吉布斯自由能的温度关系式，并给出 870K 和 1000K 时反应标准自由能值。

解 运用焦姆金-施瓦尔兹曼公式和已知数据，针对反应 Fe(α-s) + 0.5O_2(g)══FeO(s)，计算焦姆金-施瓦尔兹曼公式中各项

$$\Delta_r H_{298}^{\ominus} = -272043.68\text{J/mol}$$

$$\Delta_r S_{298}^{\ominus} = 60.75 - (27.15 + 0.5\times205.02) = -68.91\text{J/(mol·K)}$$

$$\Delta a = 50.79 - (17.49 + 0.5\times29.96) = 18.32$$

$$\Delta b = 8.62 - (24.77 + 0.5\times4.184) = -18.24$$

$$\Delta c = -3.31 - [0 + 0.5\times(-1.67)] = -2.47$$

$$\Delta C_p = 18.32 - 18.24 \times 10^{-3} T - 2.47 \times 10^5 T^{-2}$$

将上述数据代入公式中得

$$\Delta_r G_T^\ominus = -272042.68 + 68.91T - 18.32TM_0 + 18.24TM_1 + 2.47TM_{-2} \quad \text{J/mol}$$

计算式中有 M_0、M_1、M_{-2}的三项，并将结果代入上式，有

$$-18.32TM_0 = -18.32T\left(\ln\frac{T}{298} + \frac{298}{T} - 1\right) = -18.32T\ln T + 122.69T - 5459.36$$

$$18.24TM_1 = 18.24T\frac{(T-298)^2}{2T} \times 10^{-3} = 9.12 \times 10^{-3}T^2 - 5.44T + 809.89$$

$$2.47TM_{-2} = 2.47T\frac{(T-298)^2}{2(298T)^2} \times 10^5 = 1.39T + 1.24 \times 10^5 T^{-1} - 414.44$$

得到反应的标准吉布斯自由能与温度的关系式

$$\Delta_r G_T^\ominus = -277106.79 - 18.32T\ln T + 187.55T + 9.12 \times 10^{-3}T^2 + 1.24 \times 10^5 T^{-1} \quad \text{J/mol}$$

将温度 T=870K 和 1000K 分别代入上式，得到相应温度的反应标准吉布斯自由能：$\Delta_r G_{870}^\ominus = -214.77\text{kJ/mol}$；$\Delta_r G_{1000}^\ominus = -206.86\text{kJ/mol}$。

在计算某一具体温度的反应标准吉布斯自由能时，也可以由 M_0、M_1、M_{-2}表中查出相应温度的值代入。表中没有的温度值，可用内插法求出。上面例题计算 T = 870K 和 1000K 反应标准吉布斯自由能也可按此方法进行。如由表查出 1000K 时的 M_0、M_1、M_{-2}的值代入，得

$$\begin{aligned}\Delta_r G_{1000}^\ominus &= -272043.68 + 68.91 \times 1000 - 1000 \times \\ &\quad (18.32 \times 0.5088 - 18.24 \times 0.2463 - 2.47 \times 0.2783) \\ &= -207.27\text{kJ/mol}\end{aligned}$$

因表中没有对应 870K 的数值，用内插法求出 870K M_0、M_1、M_{-2}的值。具体做法是，由表查出 900K 和 800K 的 M_0、M_1、M_{-2}值，用内插法得

$$M_0 = 0.3597 + \frac{0.4361 - 0.3597}{900 - 800} \times (870 - 900) = 0.41318$$

$$M_1 = 0.1574 + \frac{0.2012 - 0.1574}{900 - 800} \times (870 - 900) = 0.18806$$

$$M_{-2} = 0.2213 + \frac{0.2521 - 0.2213}{900 - 800} \times (870 - 900) = 0.24286$$

将得到的 M_0、M_1、M_{-2}值代入，得

$$\begin{aligned}\Delta_r G_{870}^\ominus &= -272043.68 + 68.91 \times 870 - 870 \times \\ &\quad (18.32 \times 0.41318 - 18.24 \times 0.18806 - 2.47 \times 0.24286) \\ &= -215.17\text{kJ/mol}\end{aligned}$$

从上面计算结果可以看出，两种方法结果一致，而后一种方法简便些。

例题 2-2　已知 Al_2O_3 的生成反应为 $2Al(s) + 1.5O_2(g) = Al_2O_3(s)$，$Al_2O_3$ 标准生成焓 $\Delta_f H_{298,Al_2O_3}^\ominus = -1673.6\text{kJ/mol}$；铝的熔化焓为 $2\Delta_{fus} H_{932,Al(s\to l)}^\ominus = 20.92\text{kJ/mol}$。

各物质的有关标准熵分别为

$S^{\ominus}_{298,Al_2O_3} = 0.051 kJ/(mol \cdot K)$；$2S^{\ominus}_{298,Al} = 0.0567 kJ/(mol \cdot K)$；

$1.5S^{\ominus}_{298,O_2} = 0.308 kJ/(mol \cdot K)$；铝的熔化熵为 $2\Delta_{fus}S^{\ominus}_{932,Al(s\text{-}l)} = 0.0224 kJ/(mol \cdot K)$。

各物质的热容分别为

$$1.5C_{p,O_2} = 0.0449 + 0.006276 \times 10^{-3}T - 0.00251 \times 10^{5}T^{-2} \quad kJ/(mol \cdot K);$$

$$2C_{p,Al(s)} = 0.0413 + 0.0248 \times 10^{-3}T \quad kJ/(mol \cdot K);$$

$$2C_{p,Al(l)} = 0.0586 kJ/(mol \cdot K);$$

$$C_{p,Al_2O_3} = 0.1148 + 0.0128 \times 10^{-3}T - 0.0354 \times 10^{5}T^{-2} \quad kJ/(mol \cdot K)。$$

试计算 298 ~ 1273K 温度范围内，反应 $2Al(s) + 1.5O_2(g) = Al_2O_3(s)$ 的标准自由能变化。

解 因铝熔点为 932K，反应(a) $2Al(s) + 1.5O_2(g) = Al_2O_3(s)$ 的标准吉布斯自由能变化需分段计算。首先计算 298 ~ 932K 温度范围（没发生相变）反应焓变。由已知反应物和产物的热容计算反应热容变化，

$$\Delta C_p = \sum_i \nu_i C_{p,i} = 0.0286 - 0.0183 \times 10^{-3}T - 0.0329 \times 10^{5}T^{-2} \quad kJ/(mol \cdot K)$$

由 $\Delta_r H^{\ominus}_T = \int_{298}^{T} \Delta C_p$ 得到在此温度范围反应的焓变与温度关系；

$$\Delta_r H^{\ominus}_T = 0.0286T - 0.00912 \times 10^{-3}T^2 + 0.0329 \times 10^{5}T^{-1} - 0.176 \quad kJ/mol$$

反应的熵变与温度关系为

$$\Delta_r S^{\ominus}_T = \int_{298}^{T} \frac{\Delta C_p}{T} = 0.0286\ln T - 0.0183 \times 10^{-3}T + 0.0165 \times 10^{5}T^{-2} - 0.176 \quad kJ/(mol \cdot K)$$

由已知数据计算 Al_2O_3 的 298K 时标准生成熵

$$\Delta_f S^{\ominus}_{298,Al_2O_3} = S^{\ominus}_{298,Al_2O_3} - 2S^{\ominus}_{298,Al} - 1.5S^{\ominus}_{298,O_2}$$
$$= 0.051 - 0.0567 - 0.308 = -0.3137 kJ/(mol \cdot K)$$

将上面计算结果代入 $\Delta_r G^{\ominus}_T = \Delta_r H^{\ominus}_{298} - T\Delta_r S^{\ominus}_{298} + \int_{298}^{T} \Delta C_p dT - T\int_{298}^{T} \frac{\Delta C_p}{T} dT$，得到

$$\Delta_{r,a} G^{\ominus}_T = -1692.33 - 0.0286T\ln T + 0.5182T + 0.00912 \times 10^{-3}T^2 + 0.0164 \times 10^{5}T^{-1} \quad kJ/mol$$

升温时，铝在 932K 熔化，$2\Delta_{fus}H^{\ominus}_{932,Al(s\rightarrow l)} = 20.92 kJ/mol$

$$熔化熵\ \Delta_{fus}S^{\ominus} = \frac{\Delta_{fus}H^{\ominus}}{T_{fus}} = \frac{10.46}{932} = 0.0112 kJ/(mol \cdot K)$$

降温时，铝在 932K 凝固，$2\Delta_{freez}H^{\ominus}_{932,Al(l\rightarrow s)} = -20.92 kJ/mol$

$$\Delta_{freez}S^{\ominus} = \frac{\Delta_{freez}H^{\ominus}}{T_{freez}} = \frac{-10.46}{932} = -0.0112 kJ/(mol \cdot K)$$

$$2\Delta_{freez}S^{\ominus} = -0.0224 kJ/(mol \cdot K)$$

对反应(b) $2Al(l) = 2Al(s)$

$$\Delta C_p = 0.0413 + 0.0248 \times 10^{-3}T - 0.0586$$
$$= -0.0173 + 0.0248 \times 10^{-3}T \quad kJ/(mol \cdot K)$$

$$\Delta_r H_{932}^T = \int_{932}^T \Delta C_p \mathrm{d}T = -0.0173T + 0.0124 \times 10^{-3} + 5.312\text{kJ/mol}$$

$$\Delta_r S_T^{\ominus} = \int_{932}^T \frac{\Delta C_p}{T}\mathrm{d}T = -0.0173\ln T + 0.0248 \times 10^{-3} + 0.0948$$

反应（b）在 932 ~ 1273K 温度范围

$$\Delta_r G_T^{\ominus} = 2\Delta H_{932} - 2T\Delta S_{932} + \int_{932}^T \Delta C_p \mathrm{d}T - T\int_{932}^T \frac{\Delta C_p}{T}\mathrm{d}T$$

$$\Delta_{r,b} G_T^{\ominus} = -15.611 + 0.0173T\ln T - 0.0917T - 0.0124 \times 10^{-3}T^2 \quad \text{kJ/mol}$$

将反应(a) + 反应(b)得到反应（c）$2Al(l) + 1.5O_2(g) = Al_2O_3(s)$

反应（c）在 932 ~ 1273K 温度范围 $\Delta_{r,c}G_T^{\ominus} = \Delta_{r,a}G_T^{\ominus} + \Delta_{r,b}G_T^{\ominus}$

所以,

$$\Delta_{r,c} G_T^{\ominus} = -1707.941 - 0.0113T\ln T + 0.4265T - 0.00328 \times 10^{-3}T^2 + 0.0164 \times 10^5 T^{-1} \quad \text{kJ/mol}$$

2.1.2 不定积分法计算标准吉布斯自由能 $\Delta G^{\ominus}$——吉布斯-亥姆霍兹方程

由 $\Delta G = \Delta H - T\Delta S$ 和恒温下反应吉布斯自由能 ΔG 与反应熵变的关系 $\left(\frac{\partial \Delta G}{\partial T}\right)_p = -\Delta S$，可得吉布斯-亥姆霍兹（Gibbs-Helmholtz）方程

$$\frac{\mathrm{d}\left(\frac{\Delta G}{T}\right)_p}{\mathrm{d}\left(\frac{1}{T}\right)} = \Delta H$$

或省去下标，反应体系中反应物和产物都处于标准态，则写成

$$\mathrm{d}\left(\frac{\Delta G^{\ominus}}{T}\right) = -\frac{\Delta H^{\ominus}}{T^2}\mathrm{d}T \tag{2-5}$$

不定积分式(2-5)

$$\frac{\Delta G^{\ominus}}{T} = -\int \frac{\Delta H^{\ominus}}{T^2}\mathrm{d}T + I \tag{2-6}$$

式中，$\Delta H^{\ominus}$ 为反应标准焓；I 为积分常数。

由吉尔霍夫定律 $\mathrm{d}\Delta H^{\ominus} = \Delta C_p \mathrm{d}T$ 或 $\Delta H^{\ominus} = \int_{T_1}^{T_2} \Delta C_p \mathrm{d}T$，从已知反应前后各物质的热容计算热容的变化，可表示为

$$\Delta C_p = \Delta a + \Delta b \times 10^{-3}T + \Delta c \times 10^5 T^{-2} + \Delta d \times 10^{-6}T^2 \quad \text{J/(mol·K)}$$

式中，$\Delta a = \sum_i n_i a_{生成物} - \sum_i n_i a_{反应物}$；$\Delta b = \sum_i n_i b_{生成物} - \sum_i n_i b_{反应物}$；

$\Delta c = \sum_i n_i c_{生成物} - \sum_i n_i c_{反应物}$；$\Delta d = \sum_i n_i d_{生成物} - \sum_i n_i d_{反应物}$。

由此得

$$\mathrm{d}\Delta H^{\ominus} = \Delta a \mathrm{d}T + \Delta b \times 10^{-3} T\mathrm{d}T + \Delta c \times 10^5 T^{-2}\mathrm{d}T + \Delta d \times 10^{-6}T^2\mathrm{d}T$$

积分得到

$$\Delta H^{\ominus} = \Delta H_0 + \Delta a T + \frac{\Delta b}{2} \times 10^{-3} T^2 - \frac{\Delta c \times 10^5}{T} + \frac{\Delta d}{3} \times 10^{-6} T^3$$

式中，H_0 为积分常数，可由已知边界温度下的焓变求得。如已知 298K 反应的 $\Delta H^{\ominus}$，将 $T = 298\text{K}$ 代入即可求得。

将焓变和 $\mathrm{d}\left(\frac{1}{T}\right) = -\frac{\mathrm{d}T}{T^2}$ 代入式(2-5)，得

$$\mathrm{d}\left(\frac{\Delta G^{\ominus}}{T}\right) = \Delta H_0 \mathrm{d}\left(\frac{1}{T}\right) - \Delta a \frac{\mathrm{d}T}{T} - \frac{\Delta b \times 10^{-3}}{2} \mathrm{d}T - \frac{\Delta c}{3} \times 10^{-6} T \mathrm{d}T + \Delta d \times 10^5 T^{-3} \mathrm{d}T$$

积分此式得到

$$\Delta G^{\ominus} = \Delta H_0 - \Delta a T \ln T - \frac{\Delta b}{2} \times 10^{-3} T^2 - \frac{\Delta c}{2} \times 10^5 T^{-1} - \frac{\Delta d}{6} \times 10^{-6} T^3 + IT \quad \text{J/mol} \tag{2-7}$$

式中，I 为积分常数。

积分常数 I 可由已知边界温度下的吉布斯自由能变化和前面计算得到的 H_0 求得。如已知 298K 反应的 $\Delta G^{\ominus}$ 和前面计算得到的 H_0，将这些数据和 $T = 298\text{K}$ 代入，即可得到积分常数 I 的值。

对于一个化学反应，在求得积分常数 H_0 和 I 之后，就可以计算这个反应在温度 T 时的标准吉布斯自由能变化。应该提醒的是，式(2-7)仅适用于反应物和产物都没有相变的情况。若参与反应各物质发生相变，则按相变点分段求得反应焓变 $\Delta H^{\ominus}$，再把各温度段内的 $\Delta H^{\ominus}$ 分别代入吉布斯-亥姆霍兹方程积分，即可得到各温度段内反应的标准吉布斯自由能变化的计算方程。

例 2-3 已知液态锌的热容和固体锌的热容分别为

$$C_{p,\mathrm{Zn(l)}} = 0.0297 + 4.81 \times 10^{-6} T \quad \text{kJ/(mol} \cdot \text{K)} \quad (692.5 \sim 1123\text{K})$$

$$C_{p,\mathrm{Zn(s)}} = 0.0221 + 11.05 \times 10^{-6} T \quad \text{kJ/(mol} \cdot \text{K)}$$

锌的熔点为 692.5K，熔化焓 $\Delta_{\text{fus}} H_{\text{Zn}}^{\ominus} = 6.590\text{kJ/mol}$，试计算在固-液相温度范围内标准吉布斯自由能的变化。

解 先计算固-液相之间热容的变化

$$C_{p,\mathrm{Zn(s \to l)}} = 0.0076 - 6.24 \times 10^{-6} T \quad \text{kJ/(mol} \cdot \text{K)}$$

计算焓变

$$\Delta H^{\ominus} = \Delta H_0 + 0.0076T - 0.5(6.24 \times 10^{-6}) T^2 \quad \text{kJ/mol}$$

将边界条件熔点 692.5K 和熔化焓 $\Delta_{\text{fus}} H_{\text{Zn}}^{\ominus} = 6.590\text{kJ/mol}$ 代入求积分常数得 $\Delta H_0 = 2.823\text{kJ/mol}$。于是得到在固-液相温度范围内标准焓变与温度关系式

$$\Delta H^{\ominus} = 2.823 + 0.0075T - 3.12 \times 10^{-6} T^2 \quad \text{kJ/mol}$$

计算在固-液相温度范围内标准吉布斯自由能与温度的关系式为

$$\Delta G^{\ominus} = 2.823 - 0.0075 T \ln T + 3.12 \times 10^{-6} T^2 + IT \quad \text{kJ/mol}$$

在锌的熔点，吉布斯自由能变化为 0；由此计算积分常数 $I = 0.043$。最后得到在固-液相温

度范围内标准吉布斯自由能变化的关系式

$$\Delta G^{\ominus} = 2.823 - 0.0075T\ln T + 3.12 \times 10^{-6}T^{2} + 0.043\text{kJ/mol}$$

2.2 标准吉布斯自由能变化与温度的关系式

2.2.1 $\Delta G^{\ominus}$与温度 T 关系的多项式

若已知各反应物质 i 的标准生成焓 $\Delta_f H^{\ominus}_{298,i}$，标准熵 $S^{\ominus}_{298,i}$ 及其 $C_{p,i}$ 与温度的关系式，由吉布斯-亥姆霍兹方程式（Gibbs-Helmholtz equation）可以求出反应 $\Delta G^{\ominus}$ -T 的多项式。

已知

$$\Delta H^{\ominus}_{298} = \sum_i \nu_i \Delta_f H^{\ominus}_{298,i}$$

$$\Delta S^{\ominus}_{298} = \sum_i \nu_i S^{\ominus}_{298,i}$$

$$\Delta C_p = \Delta a + \Delta b \times 10^{-3}T + \Delta c \times 10^{5}T^{-2} + \Delta d \times 10^{-6}T^{2} \quad \text{J/(mol·K)}$$

可求得

$$\Delta G^{\ominus} = \Delta H_0 - \Delta a T\ln T - \frac{\Delta b}{2} \times 10^{-3}T^{2} - \frac{\Delta c}{2} \times 10^{5}T^{-1} - \frac{\Delta d}{6} \times 10^{-6}T^{3} + IT \quad \text{J/mol} \tag{2-8}$$

式中，H_0 和 I 为积分常数。

积分常数 H_0 和 I 可用将 $T=298.15\text{K}$（为简化取 $T=298\text{K}$）代入，分别得到

$$\Delta H_0 = \Delta H^{\ominus}_{298} - \Delta a \times 298 - \frac{\Delta b}{2} \times 10^{-3} \times (298)^{2} + \frac{\Delta c \times 10^{5}}{298} - \frac{\Delta d}{3} \times 10^{-6} \times (298)^{3} \tag{2-9}$$

$$I = \frac{\Delta G^{\ominus}_{298}}{298} - \frac{\Delta H_0}{298} + \Delta a\ln 298 + \frac{\Delta b}{2} \times 10^{-3} \times (298) + \frac{\Delta c \times 10^{5}}{2 \times (298)^{2}} + \frac{\Delta d}{6} \times 10^{-6} \times (298)^{2} \tag{2-10}$$

例 2-4 已知化学反应 $4/3\text{Al(s)} + O_2\text{(g)} = 2/3Al_2O_3\text{(s)}$中各物质的热容、标准熵和标准焓等数据：

$$C_{p,Al_2O_3} = 114.76 + 12.80 \times 10^{-3}T - 35.44 \times 10^{5}T^{-2} \quad \text{J/(mol·K)} \quad (298 \sim 1700\text{K})$$

$$C_{p,O_2} = 29.96 + 4.184 \times 10^{-3}T - 1.67 \times 10^{5}T^{-2} \quad \text{J/(mol·K)} \quad (298 \sim 3000\text{K})$$

$$C_{p,Al} = 20.67 + 12.38 \times 10^{-3}T \quad \text{J/(mol·K)} \quad (298 \sim 932\text{K})$$

$\Delta_f H^{\ominus}_{298,O_2} = 0$；　$\Delta_f H^{\ominus}_{298,Al} = 0$；　$\Delta_f H^{\ominus}_{298,Al_2O_3} = -1673.60\text{kJ/mol}$；

$S^{\ominus}_{298,Al_2O_3} = 50.99\text{J/(mol·K)}$；　$S^{\ominus}_{298,O_2} = 205.04\text{J/(mol·K)}$；

$S^{\ominus}_{298,Al} = 28.34\text{J/(mol·K)}$。

试求反应 $4/3\text{Al(s)} + O_2 = 2/3Al_2O_3\text{(s)}$的 $\Delta_r G^{\ominus}$ -T 关系的多项式。

解 先求 289.15K 此反应的标准吉布斯自由能：

$$\Delta_r H_{298}^{\ominus} = \sum_i \nu_i \Delta_f H_{298,i}^{\ominus} = -1115.73\text{kJ}$$

$$\Delta_r S_{298}^{\ominus} = \sum_i \nu_i S_{298,i}^{\ominus} = -0.209\text{kJ/K}$$

$$\Delta_r G_{298}^{\ominus} = \Delta_r H_{298}^{\ominus} - 298.15\Delta_r S_{298}^{\ominus} = -1115.73 + 298.15 \times 0.209 = -1053.46\text{kJ}$$

再计算反应的吉布斯自由能与 T 关系式。反应的热容差

$$\Delta C_p = \frac{2}{3}C_{p,Al_2O_3} - \frac{4}{3}C_{p,Al} - C_{p,O_2} = 18.99 - 12.16 \times 10^{-3}T - 21.96 \times 10^5 T^{-2}$$

所以　$\Delta a = 18.99$；$\Delta b = -12.16$；$\Delta c = -21.96$。

将以上数据和 $T=298.15$K（为简便可用298K）代入式(2-9)

$$\Delta H_0 = -1115.73 \times 10^3 - 18.99 \times 298.15 - \frac{-12.16}{2} \times 10^{-3} \times (298.15)^2 + \frac{-21.96 \times 10^5}{298.15}$$

$$= -1128.22\text{kJ}$$

将 $\Delta_r G_{298}^{\ominus}$、$\Delta H_0$、$\Delta a$、$\Delta b$、$\Delta c$ 及 $T=298.15$K 代入式(2-10)，得

$$I = \frac{-1053.42 \times 10^3}{298.15} - \frac{-1128.22 \times 10^3}{298.15} + 18.99\ln 298.15 +$$

$$\frac{-12.16}{2} \times 10^3 \times 298.15 + \frac{-21.96 \times 10^5}{2 \times 298.15^2}$$

$$= 344.92\text{J} \approx 0.35\text{kJ}$$

将上面计算的结果代入式(2-8)，从而得到在 298～932K 温度范围，反应 $4/3\text{Al(s)} + O_2 \xlongequal{} 2/3Al_2O_3\text{(s)}$ 的 $\Delta_r G^{\ominus}$-T 关系式为

$$\Delta_r G^{\ominus} = -1128.22 - 18.99 \times 10^{-3} T\ln T + 6.08 \times 10^{-6} T^2 +$$

$$10.48 \times 10^2 T^{-1} + 0.35T \quad \text{kJ}$$

如果采用计算机编程计算，则大大简化了计算过程。由数据库检索有关数据，计算 $\Delta H_{298}^{\ominus}$ 和 $\Delta S_{298}^{\ominus}$。然后计算 $\Delta_r G_{298}^{\ominus}$ 以及 $\Delta_r G^{\ominus}$ 与 T 的关系式。若欲求标准平衡常数 K^q，在输入温度值后，由下面公式算出

$$K^{\ominus} = \exp[-(\Delta_r G^{\ominus} / RT)] \tag{2-11}$$

用 TB 语言编制的简单的计算程序如下。

设变量为：

NN 反应体系物质数；

N(I)物质 i 的化学计量系数 ν_i；

HF(I)物质 i 的标准生成焓 $\Delta_f H_{298,i}^{\ominus}$；

S(I)物质 i 的标准熵 $S_{298,i}^{\ominus}$；

A(I)物质 i 热容方程常数 a_i；

B(I)物质 i 热容方程常数 b_i；

C(I)物质 i 热容方程常数 c_i；

D(I)物质 i 热容方程常数 d_i；

DA　Δa；　　　GL $\Delta_r G_{298}^{\ominus}$；

DB　Δb；　　　HO ΔH_0；

DC　Δc；　　　I 积分常数 I；

DD　Δd；　　　M 要计算的温度个数（求 $K^{\ominus}$用）；

S1　$\Delta_r S_{298}^{\ominus}$；　　T(M)温度值（K）(求 $K^{\ominus}$值用)；

H1　$\Delta_r H_{298}^{\ominus}$；　　GT(M)温度 T 时的 $\Delta_r G^{\ominus}/T$ 值；

KP(M)平衡常数 $K^{\ominus}$值。

程序

```
1010：CLEAR：COLOR
      O：CSIZF2
1020：RESTORE  1320
1030：READ NN
1040：DIM  N (NN),  HF (NN),  S (NN),  A (NN),  B (NN),  C (NN),  D (NN)
1050：DA =0,  DB =0,  DC =0,  DD =0
1060：S1 =0,  H1 =0
1080：For L =1  TO  NN
1095：READ N (L),  HF (L),  S (L),  A (L),  B (L),  C (L),  D (L)
1100：DA = DA + N (L) * A (L)
1110：DB = DB + N (L) * B (L)
1120：DC = DC + N (L) * C (L)
1130：DD = DD + N (L) * D (L)
1140：S1 = S1 + N (L) * S (L)
1150：H1 = H1 + N (L) * HF (L)
1160：NEXT  L
1170：G1 = H1 - S1 ×298. 15
1180：HO = H1 - DA ×298. 15 - DB ×1. 0E - 3 * 298. 15 ∧2/2 + DD * 1. 0E05/298. 15
1200：I = G1/298. 15 +10/298. 15 + DA * LN (298. 15) + DB * 1. 0E - 3 * 298. 15/2
1210：I = I + DC * 1. 0E - 6 * 298. 15 ∧2/6 + DD * 1. 0E05/2/298. 15 ∧2：
```

以下用于求 $K^{\ominus}$

```
1220：INPUT "Temp-number =";  M
1230：DIM  T (M),  GT (M),  KP (M)
1240：LPRINT  TAB3；"(T/K)"；TAB11，"KP"
1250：For L =1  TO  M
1255：BEEP8
1260：INPUT "T (K) =";  T (L)
1270：GT (L) = HO/T (L) - DA * LN (T (L)) - DB * 1. 0E - 3 * T (L) /2
1280：GT (L) = GT (L) - DC * 1. 0E - 6 * T (L) ∧2/6 - DD * 1. 0E05/2/T (L) ∧2 +1
1290：KP (L) = EXP ( - GT (L) /8. 314)
1300：LPRINT  USING "####,  ##";  T (L)
              USING "####,  ##";  KP (L)
1310：NEXT  L
1315：END
```

2.2.2 $\Delta G^{\ominus}$与温度 T 关系的近似式

在冶金和材料制备科学计算中常用近似式求 $\Delta G^{\ominus}$，即用 $\Delta G^{\ominus}$与 T 关系的二项式。如果将 $\Delta G^{\ominus}$与 T 关系的曲线近似地视为直线，则可以用二项式取代多项式，即

$$\Delta G^{\ominus} = b + aT \tag{2-12}$$

式中，b 为平均热焓；a 为平均熵变。

2.2.2.1 回归分析法求算 $\Delta G^{\ominus}$与 T 关系的二项式

从多项式求出 n 个温度时 $\Delta G^{\ominus}$的值，而后按二元回归方程将数据代入求出 a 和 b。在指定的温度范围内，n 的个数越多回归分析求出的 $\Delta G^{\ominus}$二项式就越准确。

设 $\Delta G^{\ominus} = b + aT$，换写成 $y = b + ax$

由回归分析得到，

$$a = \frac{\Sigma(x - \bar{x})(y - \bar{y})}{\Sigma(x - \bar{x})^2}; \quad b = \bar{y} - a\bar{x}$$

相关系数为

$$\gamma = \frac{\Sigma(x - \bar{x})(y - \bar{y})}{\sqrt{\Sigma(x - \bar{x})^2 \cdot \Sigma(y - \bar{y})^2}}$$

式中，$\bar{x}$为 x 的平均值；$\bar{y}$为 y 的平均值。

例 2-5 已知二氧化钛加碳氯化制备四氯化钛反应 $TiO_2(s) + C(s) + Cl_2(g) = TiCl_4(l) + CO_2(g)$的标准自由能多项式为

$$\Delta_r G_T^{\ominus} = -213.14 + 0.0223T + 0.0206 \times 10^{-3}T^2 + 0.979 \times 10^2 T^{-1} - 2.90 \times 10^{-9}T^3 - 0.0146T\ln T \quad \text{kJ/mol}$$

试用回归分析法求出 700 ~ 1100K 温度范围内，该反应的标准吉布斯自由能二项式，并将用二项式计算的结果与由多项式计算的结果进行比较。

解 由 $\Delta_r G_T^{\ominus}$ 的多项式计算指定温度范围内不同温度下氧化钛还原氯化反应的 $\Delta_r G^{\ominus}$，结果示于表 2-2。计算标准吉布斯自由能二项式回归分析的有关值，结果示于表 2-3。根据表 2-3 可以得到 $a = -0.0617$；$b = -212.151$。

表 2-2 不同温度下氧化钛还原氯化反应的 $\Delta_r G^{\ominus}$

T/K	700	800	900	1000	1100
$\Delta_r G_T^{\ominus}$/kJ · mol^{-1}	−255.242	−261.560	−267.767	−273.912	−279.923

表 2-3 标准自由能二项式回归分析的有关值

$x(T)$/K	$x-\bar{x}$/K	$y(\Delta_r G_T^{\ominus})$ /kJ · mol^{-1}	$(y-\bar{y})$ /kJ · mol^{-1}	$(x-\bar{x})^2$	$(y-\bar{y})^2$	$(x-\bar{x})(y-\bar{y})$
700	−200	−255.242	12.439	40000	154.729	−2487.8
800	−100	−261.560	6.121	10000	37.467	−612.1
900	0	−267.767	−0.086	0	0.0074	0
1000	100	−273.912	−6.231	10000	38.825	−623.1
1100	200	−279.923	−12.242	40000	149.867	−2448.4
Σ4500		$\Sigma y = 1338.404$		Σ100000	Σ380.895	Σ −6171.4
$\bar{x} = 900$		$\bar{y} = -267.681$				

所以反应的标准吉布斯自由能二项式为 $\Delta_r G_T^{\ominus} = -212.151 - 0.0617T$ kJ/mol，相关系数 $\gamma = 0.9999$。

由多项式和二项式计算反应标准吉布斯自由能 $\Delta_r G^{\ominus}$ 的结果比较，列于表 2-4。

表 2-4　二氧化钛加碳氯化反应 $\Delta_r G^{\ominus}$ 由多项式和二项式计算结果的比较

T/K	$\Delta_r G^{\ominus}$ 计算值/kJ · mol^{-1}		$\Delta_r G^{\ominus}$ 的差值/kJ · mol^{-1}
	由二项式计算	由多项式计算	
700	−255.341	−255.242	+0.099
800	−261.511	−261.560	−0.049
900	−267.681	−267.767	−0.086
1000	−273.851	−273.912	−0.061
1100	−280.021	−279.923	+0.098

由表 2-4 可以看出，二项式计算的结果在允许的误差范围之内。

2.2.2.2　$\Delta G^{\ominus}$ 与 T 关系的半经验二项式

从多项式得到的二项式中常数项含有较大误差。为了对它进行校正，往往需要根据实验所得平衡常数加以修正。具体做法以 Fe_2O_3 的分解反应为例说明。

Fe_2O_3 的分解反应为

$$3Fe_2O_3(s) = 2Fe_3O_4(s) + \frac{1}{2}O_2 \quad \Delta_r H_{298}^{\ominus} = 232.88\text{kJ/mol}$$

从多项式得到的二项式为

$$\Delta_r G^{\ominus} = 236.75 - 0.147T \quad \text{kJ/mol}$$

从该式得 Fe_2O_3 的分解压力为 101325Pa（或 1×10^5 Pa）时，反应的平衡温度为 1611K（1338℃）。从实验知道，当分解压力 $p_{O_2} = 1 \times 10^5$Pa 时，反应平衡温度为 1723K，由此得 $b - 0.147 \times 1723 = 0$，$b = 253.28$。将得到的 b 值代替原二项式中的常数项，则得到根据实验得到的修正二项式为

$$\Delta_r G^{\ominus} = 253.28 - 0.147T \quad \text{kJ/mol}$$

2.2.2.3　吉布斯自由能函数法求 $\Delta G^{\ominus}$ 与 T 的关系式

由

$$G_T^{\ominus} = H_T^{\ominus} - TS^{\ominus}$$

得

$$\frac{G_T^{\ominus} - H_T^{\ominus}}{T} = -S_T^{\ominus} \tag{2-13}$$

若选择 T_R 为参考温度，那么当温度从 T_R 变到 T 时，物质的焓变则为 $H_T^{\ominus} - H_R^{\ominus}$，将此项除以 T，则得

$$\frac{H_T^{\ominus} - H_R^{\ominus}}{T}$$

该式称为“焓函数”。将该式加到式（2-13）的两边

$$\frac{G_T^\ominus - H_T^\ominus}{T} + \frac{H_T^\ominus - H_R^\ominus}{T} = -S_T^\ominus + \frac{H_T^\ominus - H_R^\ominus}{T}$$

整理后得

$$\frac{G_T^\ominus - H_R^\ominus}{T} = -S_T^\ominus + \frac{H_T^\ominus - H_R^\ominus}{T} \tag{2-14}$$

这里，$\left(\frac{G_T^\ominus - H_R^\ominus}{T}\right)$称为“吉布斯自由能函数”（1955 年提出的概念），简写为 *fef*。

关于参考温度 T_R，则随物质的聚集状态而异。对气态物质，参考温度取 0K，所以有

$$\frac{G_T^\ominus - H_0^\ominus}{T} = -S_T^\ominus + \frac{H_T^\ominus - H_0^\ominus}{T} \tag{2-15}$$

该式的右边可用气体的分子光谱或统计力学方法算出。对凝聚态（固态或液态）物质，一般取 298K 作为参考温度。因此凝聚态物质的吉布斯自由能函数为

$$fef = \frac{G_T^\ominus - H_{298}^\ominus}{T} \tag{2-16}$$

气态与凝聚状态物质的 *fef* 互换公式为

$$\frac{(G_T^\ominus - H_{298}^\ominus)}{T} + \frac{H_{298}^\ominus - H_0^\ominus}{T} = \frac{G_T^\ominus - H_0^\ominus}{T}$$

$$(fef)_{气态} = \frac{G_T^\ominus - H_0^\ominus}{T}$$

$$(fef)_{凝聚态} = (fef)_{气态} - \frac{H_{298}^\ominus - H_0^\ominus}{T} \tag{2-17}$$

上式右边第二项可以从相关热力学数据表中查出，从而由气态物质的 *fef* 求出相应物质在凝聚态时的 *fef*。

对一个反应来讲，反应前后系统的吉布斯自由能函数的变化为

$$\Delta fef = (\Sigma fef)_{生成物} - (\Sigma fef)_{反应物}$$

或

$$\Delta fef = \Delta\left(\frac{G_T^\ominus - H_{298}^\ominus}{T}\right) = \frac{\Delta G_T^\ominus}{T} - \frac{\Delta H_{298}^\ominus}{T}$$

$$\Delta G_T^\ominus = \Delta H_{298}^\ominus + T\Delta fef \tag{2-18}$$

应当注意，当反应中既有固态（或液态）物质又有气态物质时，必须使各物质选取相同的参考温度。

用 *fef* 求算 $\Delta G^\ominus$ -T 关系二项式有两种方法：

（1）取指定温度范围内 Δfef 的平均值，即

$$\Delta G_T^\ominus = \Delta H_{298}^\ominus + T\Delta\overline{fef} \tag{2-19}$$

（2）从 *fef* 求出若干个温度下的 $\Delta G_T^\ominus$ 值，用回归法求出二项式 $\Delta G_T^\ominus = a + bT$。

例 2-6 已知数据示于表 2-5，用吉布斯自由能函数法求反应 $TiO_2(s) + 2Cl_2(g) + C(s) \!=\!=\!= TiCl_4(g) + CO_2(g)$ 的 $\Delta_r G^\ominus$ -T 关系二项式。

表 2-5　参与反应各物质的有关热力学数据

温度/K	TiO_2		Cl_2		C		$TiCl_4$		CO_2	
	fef/J·(mol·K)$^{-1}$	$\Delta_f H_{298}^{\ominus}$/kJ·mol^{-1}	fef/J·(mol·K)$^{-1}$	$\Delta_f H_{298}^{\ominus}$/kJ·mol^{-1}	fef/J·(mol·K)$^{-1}$	$\Delta_f H_{298}^{\ominus}$/kJ·mol^{-1}	fef/J·(mol·K)$^{-1}$	$\Delta_f H_{298}^{\ominus}$/kJ·mol^{-1}	fef/J·(mol·K)$^{-1}$	$\Delta_f H_{298}^{\ominus}$/kJ·mol^{-1}
700	-67.36	-944.75	-232.80	0	-9.21	0	-382.84	-763.16	-225.52	-393.51
800	-72.55		-235.69		-10.38		-391.16		-229.16	
900	-77.53		-238.40		-11.59		-399.03		-232.67	
1000	-82.34		-241.04		-12.76		-406.52		-236.02	
1100	-86.94		-243.51		-13.93		-413.63		-239.28	

注：气态物质的 fef 均已换算为与凝聚态参考温度相同的 fef。

解　计算在298K时的反应焓

$$\Delta_r H_{298}^{\ominus} = (\Sigma\Delta_f H_{298}^{\ominus})_{生成物} - (\Sigma\Delta_f H_{298}^{\ominus})_{反应物} = -211.92\text{kJ/mol}$$

计算不同温度下反应的 Δfef 和 $\Delta_r G_T^{\ominus}$，结果列于表2-6。

表 2-6　不同温度的钛还原氯化反应的 Δfef 和 $\Delta_r G_T^{\ominus}$

T/K	700	800	900	1000	1100
Δfef/J·(mol·K)$^{-1}$	-66.19	-66.01	-65.78	-65.36	-65.02
$\Delta_r G_T^{\ominus}$/kJ·mol^{-1}	-258.25	-264.73	-271.12	-277.28	-283.44

（1）从平均 Δfef 求二项式将上面温度范围内 Δfef 取平均值得

$$\Delta\overline{fef} = -65.672\text{J/(mol·K)};\quad \Delta_r H_{298}^{\ominus} = -211.92\text{kJ/mol}$$

所得二项式为　$\Delta_r G_T^{\ominus} = -211.92 - 0.0657T$　kJ/mol

（2）用回归法求二项式

令 $x = T$；$y = \Delta G$，根据上面计算的各温度的 $\Delta_r G$，计算系数 a 和 b。

x	y	$(x-\bar{x})$	$(y-\bar{y})$	$(x-\bar{x})^2$	$(y-\bar{y})^2$	$(x-\bar{x})(y-\bar{y})$
700	-258.25	-200	+12.714	40000	161.646	-2542.8
800	-264.73	-100	+6.234	10000	38.683	-623.4
900	-271.12	0	-0.156	0	0.0243	0
1000	-277.28	+100	-6.316	10000	39.892	-613.6
1100	-283.44	+200	-12.476	40000	155.651	-2495.2
$\Sigma x = 4500$	$\Sigma y = -1354.82$			$\Sigma = 100000$	$\Sigma = 396.086$	$\Sigma = -6275$
$\bar{x} = 900$	$\bar{y} = -270.96$					

回归计算得　$a = -0.06275$；$b = -214.49$

所以，　$\Delta_r G_T^{\ominus} = -214.49 - 0.0628T$　kJ/mol

可以看出，两种求二项式的结果相差不大。

2.2.2.4　电动势法求算 $\Delta G^{\ominus}$ 与 T 关系的二项式

若体系可以做成电池，测定电池的电动势即可求出体系吉布斯自由能的变化

$$\Delta G = -96.487nE\quad \text{kJ/mol}$$

若电池反应中各物质都处于标准状态，即体系处于标准状态，则有

$$\Delta G^{\ominus} = -96.487nE^{\ominus} \quad \text{kJ/mol} \tag{2-20}$$

式中，$E^{\ominus}$为所有参与反应的物质都处于标准状态时的电动势；n 为电极反应中电子的计量数。

从测定的电动势由上式可求出各个温度下的 $\Delta G^{\ominus}$，从而求出 $\Delta G^{\ominus}$与 T 的关系式。

例 2-7 利用固体电解质定氧电池，求 CoO 的标准生成吉布斯自由能 $\Delta_f G^{\ominus}_{CoO}$ 与 T 关系的二项式。

解 设参比电极为 Ni + NiO，回路电极为 Co + CoO。

已知 $\Delta_f G^{\ominus}_{NiO} = -238.49 + 85.77 \times 10^{-3} T \quad \text{kJ/mol}$

电池 $Pt \mid Co + CoO \parallel ZrO_2 \cdot CaO \parallel Ni + NiO \mid Pt$

（1）正极反应

$$NiO(s) = Ni(s) + \frac{1}{2}O_2 \qquad \Delta_f G^{\ominus}_{NiO} = 238.49 - 85.77 \times 10^{-3} T \quad \text{kJ/mol}$$

$$\frac{1}{2}O_2 + 2e^- \longrightarrow O^{2-}$$

（2）负极反应

$$O^{2-} \longrightarrow \frac{1}{2}O_2 + 2e^-$$

$$Co(s) + \frac{1}{2}O_2 \longrightarrow CoO(s) \qquad \Delta_f G^{\ominus}_{CoO} = ?$$

下面求未知的氧化钴的标准生成吉布斯自由能 $\Delta_f G^{\ominus}_{CoO}$。

电池的总反应

$$Co(s) + NiO(s) = CoO(s) + Ni(s)$$

$$\Delta G_{总} = \Delta G^{\ominus}_{总} + RT\ln \frac{a_{CoO} \cdot a_{Ni}}{a_{Co} \cdot a_{NiO}}$$

各物质都处于标准状态，所以

$$\Delta G_{总} = \Delta G^{\ominus}_{总}$$

$$\Delta G^{\ominus}_{总} = \Delta_f G^{\ominus}_{NiO} + \Delta_f G^{\ominus}_{CoO} = -96.487nE^{\ominus} \quad \text{kJ/mol}$$

$$\Delta_f G^{\ominus}_{CoO} = -96.487nE^{\ominus} - \Delta_f G^{\ominus}_{NiO}$$

测知各个温度下电池的 $E^{\ominus}$，根据该式就可以求出不同温度下的 $\Delta_f G^{\ominus}_{CoO}$，然后用回归法求出二项式的 a 和 b，得到

$$\Delta_f G^{\ominus}_{CoO} = -238.28 + 73.39 \times 10^{-3} T \quad \text{kJ/mol}$$

2.2.2.5 用键焓求 $\Delta G^{\ominus}$与 T 关系的二项式

利用键焓可以求出某些新发现或文献中尚缺的化合物的标准生成吉布斯自由能 $\Delta_f G^{\ominus}$。虽然不甚精确，但用来近似计算化合物的热力学性质还是可行的。

下面以用键焓求算 LaOF 的 $\Delta G^{\ominus}$与 T 关系的二项式，来说明运用此法的具体步骤。

（1）从键焓求 LaOF 的标准生成焓 $\Delta_f H^{\ominus}_{298}$。

在第1章计算标准生成焓的近似方法中已介绍了键焓法，并在方法应用例题中具体计算了 LaOF 的标准生成焓为 $\Delta_f H_{298}^{\ominus} = -1445.02\text{kJ/mol}$。

（2）从半经验式计算 LaOF 的标准生成熵 $\Delta S_{298}^{\ominus}$。

利用单一气体离子的标准熵与晶体离子熵计算公式，可以计算出 LaOF 的标准生成熵

$$S_{298} = \frac{3}{2}R\ln A_{r,i} - 1.5\frac{z_i^2}{r_i} \tag{2-21}$$

式中，R 为摩尔气体常数；$A_{r,i}$ 为 i 元素的相对原子质量；z_i 为 i 离子的价数；r_i 为 i 离子的半径。

$$La(s) + \frac{1}{2}O_2(g) + \frac{1}{2}F_2(g) \xlongequal{} LaOF(s)$$

$$\begin{aligned}\Delta S_{298}^{\ominus} &= S_{298,LaOF}^{\ominus} - S_{298,La}^{\ominus} - \frac{1}{2}S_{298,O_2}^{\ominus} - \frac{1}{2}S_{298,F_2}^{\ominus} \\ &= (S_{298,La^{3+}}^{\ominus} + S_{298,O^{2-}}^{\ominus} + S_{298,F^-}^{\ominus}) - \left(S_{298,La}^{\ominus} + \frac{1}{2}S_{298,O_2}^{\ominus} + \frac{1}{2}S_{298,F_2}^{\ominus}\right)\end{aligned}$$

将 $A_{r,La} = 138.9$，$z_{La^{3+}} = 3$，$r_{La^{3+}} = 1.22$（10^{-10}m）代入式2-21，得

$$S_{298,La^{3+}}^{\ominus} = 15.06 \times 10^{-3}\ \text{kJ/(mol·K)}$$

同理得到 $S_{298,O^{2-}}^{\ominus} = 20.50 \times 10^{-3}\ \text{kJ/(mol·K)}$；$S_{298,F^-}^{\ominus} = 24.27 \times 10^{-3}\ \text{kJ/(mol·K)}$

从热力学表中查得 $\frac{1}{2}S_{298,O_2}^{\ominus} = 102.51 \times 10^{-3}\ \text{kJ/(mol·K)}$；$\frac{1}{2}S_{298,F_2}^{\ominus} = 101.67 \times 10^{-3}$ kJ/(mol·K)；$S_{298,La}^{\ominus} = 56.9 \times 10^{-3}\ \text{kJ/(mol·K)}$；$\Delta S_{298,LaOF}^{\ominus} = -201.24 \times 10^{-3}\ \text{kJ/(mol·K)}$。

所以用键焓法求得 LaOF 的 $\Delta_f G^{\ominus}$ 与 T 关系的二项式为

$$\Delta_f G_{LaOF}^{\ominus} = -1445.02 + 201.24 \times 10^{-3}T \quad \text{kJ/mol}$$

2.2.2.6 近似熵法求算 $\Delta G^{\ominus}$ 与 T 关系的二项式

假定反应前后物质定压热容的差为0，即 $\Delta C_p = 0$。由基尔霍夫方程 $d\Delta H_T^{\ominus} = \Delta C_p dT$，得 $d\Delta H_T^{\ominus} = 0$。

所以 $\int_{298}^{T} d\Delta H_T^{\ominus} = 0$，亦即 $\Delta H_T^{\ominus} = \Delta H_{298}^{\ominus}$。将此式代入吉布斯-赫姆霍茨方程，积分得

$$\Delta G^{\ominus} = \Delta H_{298}^{\ominus} + I_0 T$$

在已知 $T = 298$K 时的 $\Delta G_{298}^{\ominus}$，可以求得积分常数

$$I_0 = \frac{\Delta G_{298}^{\ominus} - \Delta H_{298}^{\ominus}}{298} = -\Delta S_{298}^{\ominus}$$

于是得

$$\Delta G^{\ominus} = \Delta H_{298}^{\ominus} - T\Delta S_{298}^{\ominus} \tag{2-22}$$

式（2-22）也称为乌利希（ULieh）第一近似式。

这里应该指出，若在指定温度范围内参与反应各物质中有相变发生，不能直接应用式（2-22），而应该用考虑了相变的近似公式

$$\Delta G_T^{\ominus} = \Delta H_{298}^{\ominus} \pm \sum_{i=1}^{n} \Delta_{tr} H_i^{\ominus} - T\left(\Delta S_{298}^{\ominus} \pm \sum_{i=1}^{n} \frac{\Delta_{tr} H_i^{\ominus}}{T_{tr,i}}\right) \tag{2-23}$$

式中，n 为相变次数；$T_{tr,i}$ 为 i 物质的相变温度；$\Delta_{tr} H_i^{\ominus}$ 为 i 物质的相变焓；$\frac{\Delta_{tr} H_i^{\ominus}}{T_{tr,i}}$ 为 i 物质的相变熵。发生相变的物质是生成物则取正号，是反应物则取负号。

必须指出，对每个相变温度，上式中都有相应的 $\Delta_{tr} H_i = T_{tr,i} \frac{\Delta_{tr} H_i}{T_{tr,i}}$ 的关系存在，即在相变温度，上式中的 $\Delta_{tr} H_i^{\ominus}$ 和 $T_{tr,i} \frac{\Delta_{tr} H_i^{\ominus}}{T_{tr,i}}$ 有不同的符号，两者相消。所以每个相变的 $\Delta G^{\ominus}$ 仅计入其后下一个温度段的 $\Delta G^{\ominus}$ 中。

除以上各种求算 $\Delta G^{\ominus}$ 与 T 关系的二项式的方法外，还有另外一些方法，如从平衡常数与温度的关系求 $\Delta G^{\ominus}$ 与 T 关系的二项式等。

在采用二项式近似计算中，由于省略了热容与温度关系的多项式，大大简化了计算过程，这在一定条件下（接近特定温度的范围内，或反应的自由能变化值比较大或比较小）是可行的，如估算反应在指定条件下的可行性等。

应该提到的是，有时因二项式误差太大而使用三项式，如

$$\Delta G^{\ominus} = A + BT\ln T + CT \tag{2-24}$$

或乌利希的第二近似式

$$\Delta G^{\ominus} = \Delta H_{298}^{\ominus} - T\Delta S_{298}^{\ominus} - TM_a \tag{2-25}$$

$$M_a = \ln\frac{T}{298} + \frac{298}{T} - 1$$

不过，在高温、多相变、多组元的系统中，影响因素很多，往往彼此互相抵消或相互补偿。在这种情况下，二项式已足敷应用（不致引起太大的误差）。

例 2-8 已知 0.1MPa 下液态铅的热容和固体铅的热容分别为

$$C_{p,Pb(l)} = 0.0324 - 3.10 \times 10^{-6} T \quad kJ/(mol \cdot K)$$

$$C_{p,Pb(s)} = 0.0236 + 9.75 \times 10^{-6} T \quad kJ/(mol \cdot K)$$

铅的熔点为 $T_M = 600K$，凝固焓 $\Delta_{fr} H_{Pb(l\to s)}^{\ominus} = -4.812kJ/mol$，凝固熵变 $\Delta_{fr} S_{Pb}^{\ominus} = -0.00802kJ/(mol \cdot K)$。

试用近似熵法计算铅在固-液相温度范围内（液态铅过冷至 590K 变成 590K 固态铅）标准自由能的变化。

解 首先计算 590K 的液态铅变为 600K 液态铅的焓变

$$\Delta H_{Pb(l)}^{\ominus} = \int_{590}^{600} (0.0324 - 3.10 \times 10^{-6} T)\,dT = 0.306kJ/mol$$

计算 600K 的固态铅变为 590K 固态铅时的焓变

$$\Delta H_{Pb(s)}^{\ominus} = \int_{600}^{590} C_{p,Pb}\,dT = \int_{600}^{590} (0.0236 + 9.75 \times 10^{-6} T)\,dT = -0.294kJ/mol$$

因此，液态铅过冷至 590K 变成 590K 固态铅过程的焓变为

$$\Delta H^{\ominus}_{proc} = 0.306 - 4.812 - 0.294 = -4.80\text{kJ/mol}$$

计算590K的液态铅变为600K液态铅的熵变

$$\Delta S^{\ominus}_{Pb(l)} = \int_{590}^{600}\left(\frac{0.0324}{T} - 3.10\times10^{-6}\right)dT = 0.00059\text{kJ/(mol}\cdot\text{K)}$$

计算600K的固态铅变为590K固态铅时的熵变

$$\Delta S^{\ominus}_{Pb(s)} = \int_{600}^{590}\frac{C_{p,Pb(l)}dT}{T} = \int_{600}^{590}\left(\frac{0.0236}{T} + 9.75\times10^{-6}T\right)dT$$
$$= -0.00057\text{kJ/(mol}\cdot\text{K)}$$

因此，此过程的熵变为$\Delta S^{\ominus}_{proc} = 0.00059 - 0.00802 - 0.00057 = -0.008\text{kJ/(mol}\cdot\text{K)}$。

最后，计算在固-液相温度范围内标准吉布斯自由能的变化

$$\Delta G^{\ominus}_{Pb,590K} = \Delta H^{\ominus}_{Pb,590K} - T\Delta S^{\ominus}_{Pb,590K} = -4.8 + (590\times0.008) = -0.08\text{kJ/mol}$$

另外，在过冷度$(T_M - T)$不太大，且过程焓变与凝固焓值相差不太大时，可以将$\Delta G = \Delta H - T\Delta S$简化成$\Delta G = \Delta H - T\left(\frac{\Delta H}{T_M}\right) = \frac{\Delta H}{T_M}\Delta T$

再用凝固焓计算过程的吉布斯自由能进行验证

$$\Delta G^{\ominus}_{Pb,590K} = \frac{\Delta_{fus}H^{\ominus}}{T_M}\Delta T = -\frac{4.812}{600}\times10 = 0.0802\text{kJ/mol}$$

由此可见，在过冷度不大时，两种计算结果基本一致。

例2-9 已知热力学数据（参见表2-7），试计算在298～1773K温度范围内铁氧化反应$Fe(s) + \frac{1}{2}O_2(g) = FeO(s,l)$的标准自由能变化。

表2-7 铁氧化反应的热力学数据

物质	物质状态	$-\Delta H^{\ominus}_{298}$ /kJ·mol^{-1}	$S^{\ominus}_{298}$ /kJ·(mol·K)$^{-1}$	T_{tr}		$\Delta_{tr}H^{\ominus}$ /kJ·mol^{-1}
				℃	K	
Fe	α	0	0.0272	760	1033	
	γ		0.0272	911	1184	0.900
	δ		0.0272	1392	1665	0.837
	l		100.267×10^{-3}	1536	1809	13.807
FeO	s	272.044	0.060752	1377	1650	24.058
	l	272.044	0.060752			
O_2	g	0	0.205			

解 由于在298～1773K温度范围内铁和氧化铁存在多个相变，故采用分段计算自由能的变化。依据式（2-23）

$$\Delta_r G^{\ominus} = \Delta H^{\ominus}_{298} \pm \sum_{i=1}^{n}\Delta_{tr}H^{\ominus} - T\left(\Delta_r S^{\ominus}_{298} \pm \sum_{i=1}^{n}\frac{\Delta_{tr}H^{\ominus}_i}{T_{tr,i}}\right)$$

由数据表知 $\Delta_r H^{\ominus}_{298} = -272.044\text{kJ/mol}$

标准反应熵 $\Delta_r S^{\ominus}_{298} = 0.061 - (0.0272 + 0.5 \times 0.205)$

$= -0.069\text{kJ/(mol}\cdot\text{K)}$

于是 $\Delta_r G^{\ominus}_{298} = -272.044 - 298 \times (-0.069)$

$= -292.60\text{kJ/mol}$

$$\Delta_r G^{\ominus}_{1184\text{K},\alpha\to\gamma} = -272.044 - 1184 \times (-0.069)$$
$$= -190.35\text{kJ/mol}$$

$$\Delta_r G^{\ominus}_{1650\text{K},\text{S}\to\text{l}} = -272.044 - 0.900 - 1650 \times \left(-0.069 - \frac{0.900}{1184}\right)$$
$$= -157.84\text{kJ/mol}$$

$$\Delta_r G^{\ominus}_{1673\text{K},\gamma\to\delta} = -272.044 - 0.900 + 24.058 - 1665 \times \left(-0.06976 + \frac{24.058}{1650}\right)$$
$$= -156.98\text{kJ/mol}$$

$$\Delta_r G^{\ominus}_{1773\text{K},\delta\text{-Fe}} = -272.044 - 0.900 + 24.058 - 0.837 - 1773 \times \left(-0.0552 - \frac{0.837}{1665}\right)$$
$$= -150.96\text{kJ/mol}$$

2.3 标准吉布斯自由能的估算方法

此前介绍的有关标准吉布斯自由能的各种计算或近似计算方法，是建立在已知物质的热容、焓等数据的基础上的。然而，有时会遇到研究的反应体系中缺少一些必要的热力学数据。如可以检索到相当一部分金属的熵，而有关合金、金属间化合物的熵的数据却很少。因此，在研究冶金和材料制备过程中进行热力学分析时，有时不得不进行必要的估算。下面介绍在缺少必要热力学数据时一些较成熟的近似计算（估算）方法，特别是物质标准熵的近似计算。掌握了标准熵的近似计算（估算）方法和第1章介绍的焓的近似计算（估算）方法，就可以用其近似计算（估算）物质（或反应）的吉布斯自由能。

2.3.1 固态物质标准熵的估算方法

2.3.1.1 固体化合物组元标准熵的加和法

对于有序合金可利用固体化合物的组元标准熵的加和，误差不大，在多数情况下是可行的。对二元无序合金虽也可以采用加和法，但要考虑有序度（σ）部分的影响，即

$$\sigma = -R(x_1 \ln x_1 + x_2 \ln x_2)$$

当合金组元的摩尔分数相等 $x_1 = x_2 = 0.5$ 时，σ 的值最大：$\sigma = 5.86 \times 10^{-3}\text{kJ/mol}$；多数情况下，$\sigma$ 值可以忽略不计。

2.3.1.2 离子化合物标准熵的估算

离子化合物标准熵的估算方法中采用阳离子和阴离子组成标准熵值加和的同时，还考虑到离子的尺寸、离子质量和离子电荷等的影响。表2-8 和表2-9 分别列出考虑了这些影

响的负离子和金属阳离子的标准熵的修正值。

表 2-8　298K 下固态化合物中负离子作用的标准熵值　　J/(mol·K)

负离子	正离子上的电荷			
	+1	+2	+3	+4
F^-	22.175	18.410	16.736	19.246
Cl^-	40.585	33.890	28.870	33.890
Br^-	54.392	45.606	41.422	44.769
I^-	61.086	56.902	52.300	54.392
OH^-	20.920	18.828	12.552	—
O^{2-}	5.439	2.092	2.092	4.184
S^{2-}	33.472	20.920	21.548	15.272
SO_4^{2-}	92.048	71.965	57.321	41.840
Se^{2-}	42.258	29.706	33.472	32.635
Te^{2-}	45.606	42.677	43.095	36.819
CO_3^{2-}	63.597	47.698	33.472	—
SiO_3^{2-}	60.668	43.932	29.288	—
PO_4^{2-}	100.416	71.128	50.208	—

表 2-9　298K 下固态离子化合物中各元素的标准熵值　　J/(mol·K)

元 素	熵 值	元 素	熵 值	元 素	熵 值	元 素	熵 值
Ag	53.555	Eu	58.994	Nb	51.045	Sm	58.994
Al	33.472	Fe	43.514	Nd	58.158	Sn	54.810
As	47.907	Ga	46.861	Ni	43.932	Sr	50.208
Au	64.015	Gd	59.831	Os	63.178	Ta	62.342
B	20.502	Ge	47.279	Pb	64.852	Tb	59.831
Ba	57.321	Hf	61.923	Pd	53.137	Te	56.066
Be	17.991	Hg	64.434	Pr	57.739	Th	66.526
Bi	65.270	Ho	60.668	Pt	63.597	Ti	41.003
C	21.755	In	54.392	Ra	66.107	Tl	64.434
Ca	38.911	Ir	63.597	Rb	49.790	U	66.944
Cd	53.974	K	38.493	Re	62.760	V	42.258
Ce	57.739	La	57.739	Rh	52.300	W	62.760
Co	44.350	Li	14.644	Ru	52.300	Y	50.208
Cr	42.677	Lu	61.923	S	35.564	Yb	61.505
Cs	56.902	Mg	31.798	Sb	55.229	Zn	45.606
Cu	45.187	Mn	43.095	Sc	40.585	Zr	50.626
Dy	60.250	Mo	51.463	Se	48.534		
Er	60.688	Na	31.380	Si	33.890		

由表2-9中数据查出化合物中相应的负离子和金属离子的标准熵值，乘以其在化合物中的相应个数，两者相加，就可求出离子型固体化合物标准熵。应该指出，化合物的离子键越弱，估算的标准熵的偏差就越大。例如对强共价键的过渡金属硫化物，估算的标准熵值就偏高。

例2-10 试依据表2-8和表2-9中的数据计算离子化合物 $Al_2(SO_4)_3$ 的标准熵。

解 离子反应为

$$Al_2(SO_4)_3 \xlongequal{} 2Al^{3+} + 3SO_4^{2-}$$

由表2-9查得 $S^{\ominus}_{298,Al^{3+}} = 33.472J/(mol \cdot K)$，由表2-8查得 $S^{\ominus}_{298,SO_4^{2-}} = 57.321J/(mol \cdot K)$，由此可计算

$$S^{\ominus}_{298,Al_2(SO_4)_3} = 2 \times 0.0335 + 3 \times 0.0573 = 0.239kJ/(mol \cdot K)$$

2.3.1.3 尖晶石类氧化物 $(M_xX_{1-x})[M_{1-x}X_{1+x}]_2O_4$ 阳离子混合标准熵的计算

$$S^{\ominus} = -R\left[x\ln x + (1-x)\ln(1-x) + (1-x)\ln\frac{(1-x)}{2} + (1+x)\ln\frac{(1+x)}{2}\right] J/(mol \cdot K)$$

对于某一特定的尖晶石，x 值是固定的；对变组成的化合物类的尖晶石，也可根据交换反应的平衡常数计算 x 值。

2.3.1.4 碳化物标准生成熵的近似计算

一般碳化物的标准生成熵比较小，生成间隙碳化物标准熵值减小，而生成复杂碳化物标准熵值增加。过渡金属碳化物标准生成熵的经验表达式为

$$\Delta_f S^{\ominus}_{298} = -25.104 \times 10^{-3} + 25.104\left(\frac{T_{M,Me}}{T_{M,MeC}}\right) \times 10^{-3} \ kJ/(mol \cdot K)$$

式中，$T_{M,Me}$ 和 $T_{M,MeC}$ 分别为金属和碳化物的熔点。

2.3.1.5 固体无机物标准熵的近似计算

对氧化物、硫化物、卤化物等可用如下经验式进行固体无机物标准熵的近似计算

$$S^{\ominus}_{298} = a\lg M_r + b \quad kJ/(mol \cdot K)$$

式中，M_r 为相对分子质量；a 和 b 为不同类型化合物的性质常数（见表2-10）。

表2-10 不同类型化合物的性质常数

化合物类型	$a \times 10^3$	$b \times 10^3$	化合物类型	$a \times 10^3$	$b \times 10^3$
Me_2O	87.446	−87.446	MeX①	62.760	−38.074
MeO	60.668	−70.710	MeX_2	136.819	−185.351
Me_2O_3	138.490	−227.610	$MeXO_3$	35.982	68.200
MeO_2	64.015	−68.618	MeS	69.873	−73.220
Me_2O_5	133.051	−209.200	$MeNO_3$	90.793	−60.668

① X代表卤化物。

例2-11 试根据表2-10近似计算氧化铁FeO的标准熵。

解 $S^{\ominus}_{298} = a\lg M_r + b = (60.668\lg 72 - 70.71) \times 10^{-3} = 0.042kJ/(mol \cdot K)$

实验数据为0.058kJ/(mol·K)，误差27.6%，作为估算还是可用的。

2.3.1.6 固体有机物标准熵的近似计算

固体有机物标准熵的一般近似计算式为

$$S_{298}^{\ominus} = 4.602C_p \quad J/(mol \cdot K)$$

对一般固体烷烃计算式为 $S_{298}^{\ominus} = 75.312 + 24.267n \quad J/(mol \cdot K)$

式中，n 为分子中碳原子数。

2.3.2 液态物质标准熵的估算方法

(1) 液态有机物标准熵的近似计算方法。

液态有机物标准熵的近似计算，可采用下式

$$S_{298}^{\ominus} = 5.858C_p \quad J/(mol \cdot K)$$

(2) 液态烷烃与芳香烃标准熵的估算方法。

估算液态烷烃（包括支链）、环状与芳香烃（包括支链）的标准熵可用下式

$$S_{298}^{\ominus} = 104.6 + 32.22n - 18.83r + 81.59p_1 + 110.88p_2 \quad J/(mol \cdot K)$$

式中，n 为环外碳的原子数；p_1 为苯基数；p_2 为饱和环、环戊烷或环己烷数；r 为直链上的支链数，或连于脂肪链上的任何碳原子的烃基数减 2（脂肪烃、芳香烃或环烃）。

如：三苯甲烷 $n=3$，$r=3-2=1$，$p_1=3$；叔丁基苯 $n=4$，$r=4-2=2$，$p_1=1$。

(3) 水溶液中单原子的离子标准熵近似计算方法。

水溶液中单原子的离子标准熵近似计算

$$S_{298}^{\ominus} = \frac{3}{2}R\ln A_r - \frac{1129.68z}{(r+x)^2} + 154.81 \ J/(mol \cdot K)$$

式中，A_r 为相对原子质量；r 为离子半径；x 为常数，对正离子为 2，对负离子为 1；z 为离子电荷数。

2.3.3 气态物质标准熵的近似计算方法

2.3.3.1 气态无机物标准熵的近似计算

A 由分子常数近似计算气态无机物标准熵

从标准熵与相对分子质量（M_r）的关系得到计算气态无机物标准熵的经验式为

$$\lg S_{298}^{\ominus} = A\lg M_r + \lg B \quad J/(mol \cdot K) \qquad 或 \qquad S_{298}^{\ominus} = BM_r^A \quad J/(mol \cdot K)$$

式中，M_r 为相对分子质量；A 和 B 为与分子中原子数有关的分子常数，参见表 2-11。

表 2-11 不同原子数组成的气态物质的分子常数

气态物质分子的原子数	A	B	$\lg B$
2	0.569	124.683	2.096
3	0.883	101.671	2.007
4	0.925	104.182	2.018
5	0.891	102.508	2.011
6	1.230	82.425	1.916

B 计算气态无机物标准熵的简化经验式

库巴谢夫斯基（O. Kubaschewski）在研究一些物质的标准熵与相对分子质量（M_r）及

分子中原子数目的关系后，总结出与分子中原子数有关的近似计算气态无机物标准熵的经验关系式，示于表2-12。

表2-12 近似计算气态无机物标准熵的经验式

分子中原子数	$S^{\ominus}_{298K}$/J·(mol·K)$^{-1}$
1	$110.876+33.054\lg M_r$，（±6.694）
2	$101.253+68.199\lg M_r$，（±5.858）
3	$37.656+111.713\lg M_r$，（±7.531）
4	$-7.531+146.44\lg M_r$，（±6.694）
5或超过5	$-131.796+207.108\lg M_r$，（±11.297）

2.3.3.2 气体烷烃标准熵的近似计算

考虑到一般烷烃中碳原子数对标准熵影响较大，得到气体烷烃标准熵的近似计算的经验式

$$S^{\ominus}_{298} = 142.256 + 41.84n \quad \text{J/(mol·K)}$$

式中，n为分子中碳原子数。

至此，本章分别讨论了物质热容、标准焓、标准熵的近似计算（估算）方法，在近似计算了标准焓和标准熵的基础上，便可以近似计算物质的标准吉布斯自由能。

例2-12 文献中和数据库中均检索不到左旋葡萄糖（$C_6H_{12}O_6$）的热力学数据，试用近似的方法计算其标准生成吉布斯自由能值。已知键焓的数据，见表2-13。

表2-13 键焓的数据 kJ

C—C	C—O	O—H	C—H
348	360	463	412

解 首先用键焓法近似计算左旋葡萄糖的标准生焓$\Delta_f H^{\ominus}_{298}$。左旋葡萄糖由5个C—C、7个C—O、5个O—H、7个C—H键组成，于是计算得到

$$\Delta_{f1} H = -9459\text{kJ/mol}$$

已知下列反应的焓变：

$$C(s) \longrightarrow C(g) \qquad \Delta_f H^{\ominus} = 716.68\text{kJ/mol}$$

$$0.5O_2(g) \longrightarrow O(g) \qquad \Delta_f H^{\ominus} = 249.17\text{kJ/mol}$$

$$0.5H_2(g) \longrightarrow H(g) \qquad \Delta_f H^{\ominus} = 217.97\text{kJ/mol}$$

因此，得到

$$\Delta_{f2} H = 8410.74\text{kJ/mol}$$

据此可以得到左旋葡萄糖的标准生成焓，即

$$\Delta_{f,\text{glouse}} H^{\ominus}_{298} = \Delta_{f1} H + \Delta_{f2} H = -1049.26\text{kJ/mol}$$

然后，由热容近似计算左旋葡萄糖的标准生成熵。左旋葡萄糖的热容

$$C_p = \Sigma C_i \cdot n_i$$

$$C_{p,\text{glouse}} = 0.261\text{kJ/(mol·K)}$$

由已知热容估算左旋葡萄糖的绝对熵

$$S_{298}^{\ominus} = 1.1C_p = 0.287\text{kJ/(mol} \cdot \text{K)}$$

由绝对熵的数据，计算左旋葡萄糖的标准生成熵为

$$\Delta_f S_{298}^{\ominus} = S_{298}^{\ominus} - (6S_{C(s),298K}^{\ominus} + 6S_{H_2(g),298K}^{\ominus} + 3S_{O_2(g),298K}^{\ominus}) = -1.15\text{kJ/(mol} \cdot \text{K)}$$

即

$$\Delta_f S_{298}^{\ominus} = -1.15\text{kJ/(mol} \cdot \text{K)}$$

最后，用近似熵法计算左旋葡萄糖的标准生成吉布斯自由能与温度的关系式

$$\Delta_f G_{glouse}^{\ominus} = \Delta_{f,glouse} H_{298}^{\ominus} - T\Delta_f S_{298}^{\ominus}$$

于是得到

$$\Delta_f G^{\ominus} = -1048.26 + 1.15T \quad \text{kJ/mol}$$

2.4 运用 $\Delta_r G^{\ominus}$ 时应注意的几个问题

为了正确运用化学反应标准吉布斯自由能计算的结果，分析冶金与材料制备过程中的化学反应问题，必须注意以下三个问题。

2.4.1 用 $\Delta_r G^{\ominus}$ 判断化学反应方向的数值界限

首先要了解 $\Delta_r G^{\ominus}$ 数值的精度。按数值误差范围，$\Delta_r G^{\ominus}$ 数值精度大体可分为四个等级：

A 级的误差大约在 ±0.8kJ/mol 以内；$\Delta_r G^{\ominus}$ 值已足够精确，实验得到结果可用，毋须重做实验测定，由二项式计算得到的结果可信。

B 级的误差大约在 ±2 ~ 4kJ/mol 之间；数据尚属较好，还是可用也可信，也不一定去做重复实验。

C 级的误差大约在 ±10 ~ 20kJ/mol 之内；数据尚可应用，对 $\lg K^{\ominus}$ 带来的误差约在 ±0.5以内。若有可能，最好重新测定相关的数据。

D 级的误差大约在 ±40kJ/mol 以内，这类数据仅供参考，在严格的热力学计算中，相关数据必须重新测定。

对于一个化学反应，在某些情况下，可简单地用 $\Delta_r G^{\ominus}$ 代替 $\Delta_r G$ 来判断反应进行的方向。一般认为 $|\Delta_r G^{\ominus}| > 41.8$kJ/mol 时，其 $\Delta_r G^{\ominus}$ 的正负号基本上决定了 $\Delta_r G$ 的符号，此时很难再通过改变 Q 值来使 $\Delta_r G$ 改变符号。然而，在高温下情况就有些不同了。假设某个反应的 $\Delta_r G^{\ominus} = 41.8$kJ/mol，在常温下可以认为该反应不能发生；但在高温下，只要 $Q < 0.068$，就可使 $\Delta_r G$ 变为负值，反应则可进行。由于焓、熵与吉布斯自由能都是状态函数，反应的 ΔH、ΔS 和 ΔG 值由反应的始末态决定，与反应的途径无关。因此在热力学计算中，常将几个反应互相加减，作线性组合后得出另一个反应，依此计算反应的 ΔH、ΔS 和 ΔG。应该提醒的是：在线性组合时，各反应中相同的物质只有状态相同（分压及浓度）才可以互相消去。另外，对于不同单质的物质做相同价态氧化物的稳定性分析时，必须在标准状态下与 1mol O_2 的反应进行比较才有意义。

2.4.2 $\Delta_r G^{\ominus}$ 与平衡问题

一个反应的 $\Delta_r G^{\ominus}$ 有两层含义：其一是在标准状态下判断化学反应进行的方向。在等

温方程式 $\Delta_r G = \Delta_r G^{\ominus} + RT\ln Q$ 中，Q 是生成物与反应物的活度比或压力比。当参加反应的物质均处在标准状态时，则 Q 一项的比值为 1，$\Delta_r G = \Delta_r G^{\ominus}$。此时，依 $\Delta_r G^{\ominus}$ 的正负号就可判断反应进行的方向。其二是与标准平衡常数 $K^{\ominus}$ 的关系，即由 $\Delta_r G^{\ominus} = -RT\ln K^{\ominus}$ 可计算出化学反应的 $K^{\ominus}$。对于一个化学反应，若参与反应的物质（反应物及产物）中有任意两个物质不能平衡共存时，则该反应就未达到平衡。判断参与反应的各物质之间是否存在热力学平衡，可采用下面三种方法：

（1）由相图分析相关系；

（2）利用热力学参数状态图分析相关相区的稳定性；

（3）通过热力学计算 $\Delta_r G^{\ominus}$ 进行判断。

2.4.3 $\Delta_r G^{\ominus}$与逐级还原（或逐级氧化）规则

变价的金属化合物在还原（或氧化）时，都遵从逐级还原（逐级氧化）的规则。例如，钛的几种主要氧化物逐级还原顺序为：$TiO_2 \rightarrow Ti_3O_5 \rightarrow Ti_2O_3 \rightarrow TiO \rightarrow Ti$；钒的几种主要氧化物逐级还原顺序为：$V_2O_5 \rightarrow VO_2 \rightarrow V_2O_3 \rightarrow VO \rightarrow V$。当不同价态的化合物以及金属均以纯凝聚相参与反应时，必须考虑逐级还原的顺序。在 1500 ~ 1940K 范围内，令 Ti 与 1mol O_2 生成各种不同价态的氧化物，其 $\Delta_r G^{\ominus}$ 分别为

$$Ti(s) + O_2(g) = TiO_2(s) \qquad \Delta_r G^{\ominus}_{TiO_2} = -935.12 + 0.174T \quad kJ/mol$$

$$\frac{6}{5}Ti(s) + O_2(g) = \frac{2}{5}Ti_3O_5(s) \qquad \Delta_r G^{\ominus}_{Ti_3O_5} = -966.50 + 0.163T \quad kJ/mol$$

$$\frac{4}{3}Ti(s) + O_2(g) = \frac{2}{3}Ti_2O_3(s) \qquad \Delta_r G^{\ominus}_{T_2O_3} = -987.42 + 0.163T \quad kJ/mol$$

$$2Ti(s) + O_2(g) = 2TiO(s) \qquad \Delta_r G^{\ominus}_{TiO} = -1005.00 + 0.166T \quad kJ/mol$$

若温度 T 为 1773K，则生成相应钛的氧化物的吉布斯自由能值分别为

$$\Delta_r G^{\ominus}_{TiO_2} = -626.62 kJ/mol; \quad \Delta_r G^{\ominus}_{Ti_3O_5} = -677.50 kJ/mol;$$

$$\Delta_r G^{\ominus}_{Ti_2O_3} = -698.42 kJ/mol; \quad \Delta_r G^{\ominus}_{TiO} = -710.68 kJ/mol$$

由此可见，在 1773K 时，钛的逐级氧化生成氧化物的顺序为 TiO、Ti_2O_3、Ti_3O_5、TiO_2。当不同价态的化合物不是单一凝聚相，而有气相或溶解态时，生成此物的化学势与其分压及浓度有关，不再受逐级氧化（还原）顺序规则的约束。如

$$Si(s) + SiO_2(s) = 2SiO(g) \quad \Delta_r G^{\ominus} = 683.46 - 0.33T \quad kJ/mol$$

该反应的产物是气态 SiO，根据相律 $f = 1$，是个单变量反应，即该反应的 $\Delta_r G$ 与 p_{SiO} 有关。由实际条件下反应的吉布斯自由能与温度关系

$$\Delta_r G = 683.46 - 0.33T + RT\ln(p_{SiO}/p^{\ominus})^2$$

在 $\Delta_r G = 0$，得到 $T = 1673K$ 时，$p_{SiO} = 882Pa$。即当温度为 1673K 并有 Si 存在时，$SiO_2(s)$与压力为 882Pa 时的气态 SiO 的稳定性是相同的。在此温度下，$SiO_2(s)$还原为 Si(s)，不遵从逐级还原顺序的规则。

2.4.4 $\Delta_r G^{\ominus}$判断化学反应方向的局限性

利用 $\Delta_r G^{\ominus}$可以判断化学反应能否进行，多个化学反应中那个优先进行，以及元素氧

化还原的顺序。但它只适用于标准状态下，即参与反应的气体压力为0.1MPa，参与反应的物质均为纯物质，溶于金属液元素的标准态为 $w(i)=1\%$ 的溶液，溶于渣中的氧化物的标准态为纯物质。这就是用 $\Delta_r G^\ominus$ 判断反应进行方向的局限性。例如，用标准吉布斯自由能 $\Delta_r G^\ominus$ 进行热力学计算：

$$\mathrm{Si(s)+O_2(g)=\!=\!=SiO_2(s)} \qquad \Delta_f G^\ominus = -905.84+0.176T \quad \mathrm{kJ/mol} \tag{1}$$

$$\mathrm{2Mg(g)+O_2(g)=\!=\!=2MgO(s)} \qquad \Delta_r G^\ominus = -1428.84+0.387T \quad \mathrm{kJ/mol} \tag{2}$$

令反应（1）减反应（2），得

$$\mathrm{Si(s)+2MgO(s)=\!=\!=2Mg(g)+SiO_2(s)} \qquad \Delta_r G^\ominus = 523.0-0.211T \quad \mathrm{kJ/mol}$$

可以看出：只有在温度高于2479K时，Si才可以还原MgO。显然，硅热还原氧化镁提取镁是不可能的。同理可以计算金属（硅、镁、铝等）热还原难熔金属氧化物和氧化硼制备难熔金属硼化物陶瓷的反应

$$\mathrm{2MeO(s)+B_2O_3(l)+\frac{5}{2}Si(Al,Mg)(l)=\!=\!=2MeB(s)+\frac{5}{2}SiO_2(s)}$$

$$\mathrm{2MeO(s)+B_2O_3(l)+\frac{10}{3}Al(l)=\!=\!=2MeB(s)+\frac{5}{3}Al_2O_3(s)}$$

$$\mathrm{2MeO(s)+B_2O_3(l)+5Mg(g)=\!=\!=2MeB(s)+5MgO(s)}$$

的 $\Delta_r G^\ominus$，结论也是不可能的。然而，工业上就是采用在1200℃下硅热还原白云石提取金属镁；而金属（硅、镁、铝等）热还原难熔金属氧化物和氧化硼制备难熔金属硼化物陶瓷，也是常用的方法之一，只是制备过程采用的实际反应条件不同于标准状态下的反应条件。因此，对非标准状态下的反应，必须用化学反应等温方程式计算反应的 $\Delta_r G$ 作为判据。

2.5　$\Delta_r G^\ominus$ 和 $\Delta_r G$ 在冶金和材料制备过程中的应用

标准吉布斯自由能 $\Delta_r G^\ominus$ 和吉布斯自由能 $\Delta_r G$ 是恒压条件下确定过程进行方向的主要热力学量。用标准吉布斯自由能 $\Delta_r G^\ominus$ 和吉布斯自由能 $\Delta_r G$ 的计算结果，可以预测冶金和材料制备过程中反应的基本规律，亦可作为改进旧工艺、设计新工艺的理论依据。

2.5.1　高炉冶炼中元素还原的热力学分析

高炉冶炼主要是还原过程。还原剂是焦炭和CO，还有少量的 H_2 及其他还原性气体。主要冶炼反应是铁氧化物的还原，其次是 P_2O_5、MnO、SiO_2 等的还原，以及造渣、渗碳、去硫反应等。若矿石含有铬、镍、钒、钛等氧化物，还将发生这些氧化物的还原反应。铁氧化物根据其氧势的高低逐级还原，直到还原成铁。依据铁氧化物的热力学数据，可以绘制CO还原铁氧化物的热力学平衡图（参见图2-1）。

由图看出，按照稳定温度范围，铁氧化物还原有两种顺序。

当 $T>843\mathrm{K}$（570℃），还原顺序为

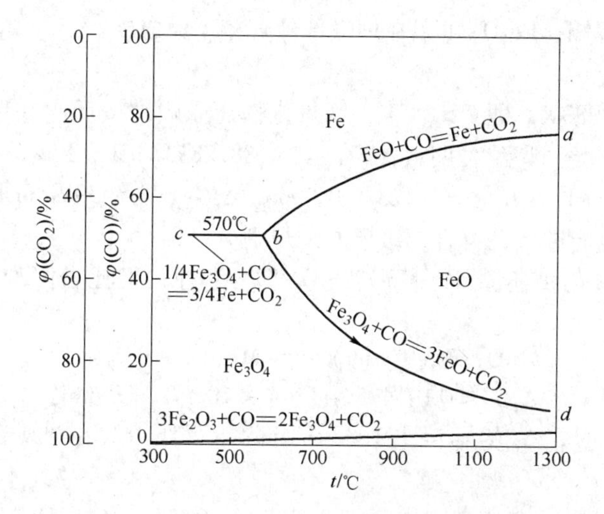

图 2-1 CO 还原铁氧化物的热力学平衡图

$$3Fe_2O_3(s) + CO(g) \xlongequal{} 2Fe_3O_4(s) + CO_2(g)$$

$$\Delta_r G^\ominus_{(1)} = -26.52 - 57.03 \times 10^{-3} T \quad kJ/mol \tag{1}$$

$$Fe_3O_4(s) + CO(g) \xlongequal{} 3FeO(s) + CO_2(g)$$

$$\Delta_r G^\ominus_{(2)} = 35.10 - 41.49 \times 10^{-3} T \quad kJ/mol \tag{2}$$

$$FeO(s) + CO(g) \xlongequal{} Fe(s) + CO_2(g)$$

$$\Delta_r G^\ominus_{(3)} = -17.49 + 21.13 \times 10^{-3} T \quad kJ/mol \tag{3}$$

当 $T<843K$（570℃），还原顺序为

$$3Fe_2O_3(s) + CO(g) \xlongequal{} 2Fe_3O_4(s) + CO_2(g)$$

$$\Delta_r G^\ominus_{(1)} = -26.52 - 57.03 \times 10^{-3} T \quad kJ/mol \tag{1}$$

$$\frac{1}{4}Fe_3O_4(s) + CO(g) \xlongequal{} \frac{3}{4}Fe(s) + CO_2(g)$$

$$\Delta_r G^\ominus_{(4)} = -2.51 + 0.833 \times 10^{-3} T \quad kJ/mol \tag{4}$$

现根据逐级还原的规则，讨论高炉中有关部位铁氧化物的还原规律。

A 炉喉

此区域温度 $T=623K$，低于 570℃，FeO 不能稳定存在。反应只能按（1）和（4）的顺序进行。实际条件下，

$$3Fe_2O_3(s) + CO(g) \xlongequal{} 2Fe_3O_4(s) + CO_2(g) \quad \Delta_r G^\ominus_{623K} = -62.05kJ/mol$$

$$\begin{aligned}\Delta_r G_{(1)} &= \Delta_r G^\ominus_{(1)} + 0.01915 \times 623\lg(27.78/72.22)\\ &= \Delta_r G^\ominus_{623K} + 11.93\lg0.385\\ &= -62.05 - 4.95 = -67.00kJ/mol\end{aligned}$$

反应（1）可以进行。对反应（4）

$$\frac{1}{4}Fe_3O_4(s) + CO(g) \xlongequal{} \frac{3}{4}Fe(s) + CO_2(g) \quad \Delta_r G^\ominus_{623K} = -1.99kJ/mol$$

而实际条件下的反应吉布斯自由能为 $\Delta_r G_{(4)} = -6.94kJ/mol$。

根据计算结果可知，Fe_3O_4 可以在炉喉部位直接还原成铁。

B 炉身上部

此区域温度为1083K，即 $T>843K$，铁氧化物还原顺序按反应（1）、反应（2）和反应（3）逐级进行。经计算表明：$\Delta_r G^{\ominus}_{(1)} = -88.28kJ/mol$，$\Delta_r G_{(1)} = -102.79kJ/mol$；$\Delta_r G^{\ominus}_{(2)} = -9.34kJ/mol$，$\Delta_r G_{(2)} = -23.93kJ/mol$；$\Delta_r G^{\ominus}_{(3)} = 5.39kJ/mol$，$\Delta_r G_{(3)} = -10.58 kJ/mol$。三个反应均能进行，符合逐级还原的规则。

在高炉中除铁氧化物还原外，MnO、SiO_2 部分还原，但比较困难。原因以 MnO 还原为例予以说明。

$$MnO(s) + CO(g) \longrightarrow Mn(l) + CO_2(g)$$

$$\Delta_r G^{\ominus} = 119.475 + 1.04 \times 10^{-3}T \quad kJ/mol$$

当 $T = 1773K$ 时，$\Delta_r G^{\ominus}_{1773K} = 121.32kJ/mol$。1773K 已达到炉缸温度，此时 $p_{CO_2}/p_{CO} = 0.0056$，

$$\Delta_r G_{1773K} = \Delta_r G^{\ominus}_{1773K} + 0.01915 \times 1773\lg 0.0056 = 44.86kJ/mol > 0$$

所以，即使在炉缸温度下，MnO 也不可能被 CO 还原。但在炉缸条件下存在反应

$$C(s) + CO_2(g) \longrightarrow 2CO(g)$$

$$\Delta_r G^{\ominus} = 170.70 - 174.52 \times 10^{-3}T \quad kJ/mol$$

在这种情况下，将发生直接还原：

$$MnO(s) + C(s) \longrightarrow Mn(l) + CO(g)$$

$$\Delta_r G^{\ominus} = 290.175 - 173.48 \times 10^{-3}T \quad kJ/mol$$

当 $T=1800K$ 时，$\Delta_r G^{\ominus} = -22.09kJ/mol$；又由于此时 p_{CO}/p_{CO_2} 比值很大，所以

$$\Delta_r G_{1800K} = \Delta_r G^{\ominus}_{1800K} + 0.01915T\lg\left(\frac{p_{CO_2}}{p_{CO}}\right) \ll 0$$

故氧化锰能部分被还原。对于那些稳定性较高的氧化物如 SiO_2 等，基本上也都是如此，即能部分被还原。而其他氧化物诸如 CaO、MgO、Al_2O_3 等，在高炉条件下均不可能被还原，故进入炉渣中。

2.5.2 共生矿综合利用的热力学分析

我国有丰富的共生矿资源，它们多数含有宝贵的有价元素，如钒、钛、铌、镍、钴、稀土等。将这些有价元素分别提取出来，是综合利用复杂共生矿的重要课题。

2.5.2.1 红土矿的选择性还原焙烧

红土矿含有 Fe、Co、Ni、Cr 等有价元素。根据理查森—杰弗斯图，显然这种矿是不能直接进入高炉炼铁。因此，在炼铁前应该进行还原焙烧，将 Ni、Co 等易还原元素与 Fe 分离开来。生成的含 Ni、Co、Fe 的金属相，按照对氧作用能力的不同进行吹氧处理，Fe 被选择性氧化成 Fe_2O_3 和 FeO，而 Ni-Co 合金被电解，分离 Ni 和 Co。铁含量提高了的焙砂，方可进入高炉炼铁。

还原焙烧过程必须使 NiO、CoO 全部或绝大部分还原，而铁的氧化物则不被还原或少还原。此过程的决定性环节是炉温及 CO/CO_2 压力比（或 H_2/H_2O 压力比）。从图2-1 和图2-2可以看出，为了避免生成金属铁，炉温应低于570℃，CO/CO_2 压力比应小于1；用 H_2 还原，则 H_2/H_2O 压力比应小于$\frac{1}{2}$。

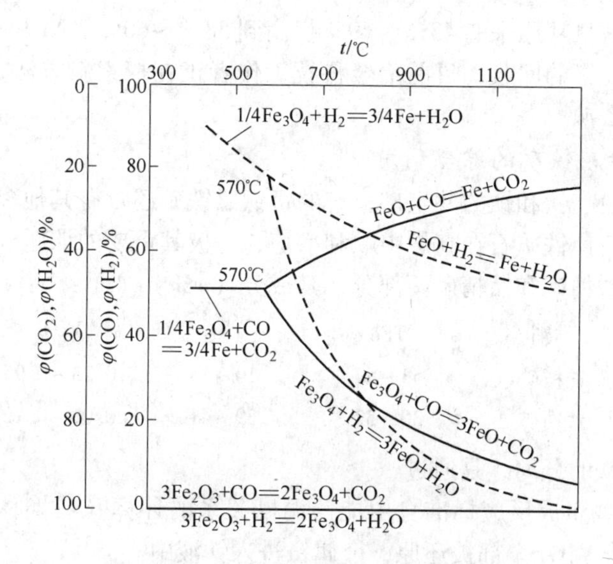

图2-2　CO，H_2还原铁氧化物的平衡相图

由于温度低，还原速率太小，为此，温度可以提高到800℃以下。这时CO/CO_2压力比应小于$\frac{1}{2}$，H_2/H_2O压力比应小于1。

在上述温度和气氛下，稳定相是Fe_3O_4和FeO，不会生成铁。NiO、CoO可以被全部还原。这种情况从下面热力学数据即可看出

$$NiO(s) + CO(g) \xlongequal{} Ni(s) + CO_2(g)$$

$$\Delta_r G^\ominus_{NiO\text{-}CO} = -44.14 + 2.51 \times 10^{-3} T \quad kJ/mol$$

$$CoO(s) + CO(g) \xlongequal{} Co(s) + CO_2(g)$$

$$\Delta_r G^\ominus_{CoO\text{-}CO} = -43.73 + 0.84 \times 10^{-3} T \quad kJ/mol$$

$$NiO(s) + H_2(g) \xlongequal{} Ni(s) + H_2O(g)$$

$$\Delta_r G^\ominus_{NiO\text{-}H_2} = -8.37 - 27.41 \times 10^{-3} T \quad kJ/mol$$

$$CoO(s) + H_2(g) \xlongequal{} Co(s) + H_2O(g)$$

$$\Delta_r G^\ominus_{CoO\text{-}H_2} = -7.95 - 30.03 T \quad kJ/mol$$

在500K（227℃）和1000K（727℃）时，平衡气相组成示于表2-14。

表2-14　NiO、CoO还原的平衡气相组成

T/K	p_{CO_2}/p_{CO}		p_{H_2O}/p_{H_2}	
	NiO	CoO	NiO	CoO
500	2.95×10^4	3.35×10^4	5.19×10^2	2.35×10^2
1000	1.49×10^4	1.92×10^2	8.28×10	9.62×10

还原焙烧使用两个沸腾炉，一个用来加热矿石，一个用来还原焙烧。使用发生炉煤气，采用在图2-2中求出的CO/CO_2或H_2/H_2O的体积比值时，750℃下可以顺利进行焙

烧，得到的焙砂含铁量从原来的43%～49%提高到58%～60%，Ni 和 Co 几乎全部还原。

为了提高有价元素的回收，目前冶金科技工作者正在探索新方法、新技术，以高效、充分地利用红土矿资源。

2.5.2.2 钒钛磁铁矿的综合利用

钒钛磁铁矿是钒、钛和铁的共生矿；有的钒钛磁铁矿还含有其他多种有价金属。如何将钒和钛分离出来，使铁矿石在高炉中顺利冶炼，是极其重要的课题。通常做法是将矿石经粉碎、磁选分为铁精矿和钛精矿两部分，其成分（w%）如下：

类别	TFe	TiO_2	V_2O_5
铁精矿	53～57	10～15	0.73～0.95
钛精矿	30～32	39～41	0.06～0.12

铁精矿中钒与铁的分离，是通过

（1）依据氧化物生成反应标准自由能与温度关系的计算（或埃林汉图）可知，在高炉 CO_2/CO 气氛下，V_2O_5 全部被还原，金属钒进入铁液中。

（2）1873K 时，与 V_2O_3 平衡的氧压 $p=10^{-10}$Pa。用空气吹炼时，气相氧压为 2.13×10^4Pa，所以铁液中的钒将被氧化而进入转炉炉渣中，从而与铁分离。

钛精矿中钛与铁的分离，是通过将 $w(Fe)=30\%$ 的钛精矿与适量碳粉混合，在电炉内还原来实现的。精矿中 95% 以上的铁将进入生铁，98% 的钛会进入炉渣（$w(TiO_2)>70\%$）。生铁用于提钒，高钛渣经氯化处理提钛。

A 铁精矿中氧化钒的提取

由铁精矿提取钒的过程有湿法提钒和火法提钒两种工艺。

a 湿法提钒

为了提取 V_2O_5，将铁精矿粉与钠盐（Na_2SO_4 或苏打）混匀造球，在链箅机上干燥预热（800～900℃）30min；然后装入回转窑或竖窑，在 1200℃ 下氧化焙烧，使精矿中的钒转化为可溶性偏钒酸钠（$NaVO_3$）。与此同时，球团得到固结。这个过程中发生的反应有

$$V_2O_3(s)+O_2(g)=\!=\!=V_2O_5(s)$$

$$Na_2SO_4(s)=\!=\!=Na_2O(s)+SO_3(g)$$

$$Na_2CO_3(s)=\!=\!=Na_2O(s)+CO_2(g)$$

$$2NaCl(s)+\frac{1}{2}O_2(g)=\!=\!=Na_2O(s)+Cl_2(g)$$

$$V_2O_5(s)+Na_2O(s)=\!=\!=2NaVO_3(s)$$

偏钒酸钠溶于热水（95℃），生成水溶液；水溶液中加入硫酸（1.5kg/kg V_2O_5），使 $NaVO_3$ 转化为 V_2O_5；然后加 $(NH_4)_2SO_4$（0.45kg/kg V_2O_5），使 V_2O_5 以 NH_4VO_3 形式从溶液中沉淀出来

$$2NaVO_3+(NH_3)_2SO_4\longrightarrow Na_2SO_4+2NH_4VO_3\downarrow$$

提钒后的球团送往高炉炼铁，或代替铁矿石在炼钢时作为氧化剂。

b 火法提钒的热力学分析

火法提钒的基础是将含钒铁水在转炉中用空气（$p_{O_2}=2.13\times10^4$Pa）或纯氧吹炼，使铁水中的钒氧化进入炉渣，生成钒渣。

向转炉内含钒铁水中吹氧提钒的重要环节是保碳去钒，关键是确定碳和钒氧化还原的转化温度。下面介绍确定转化温度的计算步骤。

若已知铁水和炉渣的主要成分（质量分数 w）如下，

铁水：　~4.0% C　　~0.4% V　　~0.8% Si　　~0.60% P

炉渣：　~55.15% FeO　~19.10% SiO_2　~6.89% V_2O_3（$x_{V_2O_3}=0.041$）

钒、碳与氧的反应分别为

$$\frac{4}{3}[V]+O_2 = \frac{2}{3}(V_2O_3)$$

$$\Delta_r G_V^\ominus = -779.00+211.42\times10^{-3}T \quad kJ/mol$$

$$\Delta_r G_V = -779.00+211.42\times10^{-3}T+19.147\times10^{-3}T\lg\frac{\gamma_{V_2O_3}^{\frac{2}{3}}\cdot x_{mV_2O_3}^{\frac{2}{3}}}{f_V^{\frac{4}{3}}\cdot w[V]_{\%}^{\frac{4}{3}}\cdot(p_{O_2}/p^\ominus)} \quad kJ/mol$$

$$2[C]+O_2 = 2CO$$

$$\Delta_r G_C^\ominus = -278.65-85.02\times10^{-3}T \quad kJ/mol$$

$$\Delta_r G_C = -278.65-85.07\times10^{-3}T+19.147T\lg\frac{(p_{O_2}/p^\ominus)^2}{f_C^2\cdot w[C]_{\%}^2\cdot p_{O_2}/p^\ominus} \quad kJ/mol$$

在标准状态下，碳、钒氧化顺序的转化温度由 $\Delta_r G_V^\ominus=\Delta_r G_C^\ominus$ 求得

$$T_{转} = 1691K(1418℃)$$

在实际条件下的转化温度由 $\Delta_r G_V=\Delta_r G_C$ 求得。

设 $p_{CO}=p^\ominus=0.1MPa$，则

$$19.147\times10^{-3}T\lg\frac{\gamma_{V_2O_3}\cdot x_{V_2O_3}\cdot f_C^3\cdot w[C]_{\%}^3}{f_V^2\cdot w[V]_{\%}^2} = 750.53-444.66\times10^{-3}T \quad kJ/mol$$

式中，$w[V]_{\%}$为铁水中钒的质量百分数；$w[C]_{\%}$为铁水中碳的质量百分数；f_V 为铁水中钒的活度系数；f_C 为铁水中碳的活度系数；$x_{V_2O_3}$为炉渣中 V_2O_3 的摩尔分数；$\gamma_{V_2O_3}$为炉渣中 V_2O_3 的活度系数。

该式表明，转化温度与氧压无关。又查得活度相互作用系数 $e_C^C=0.22$；$e_C^{Si}=0.107$；$e_C^V=-0.038$；$e_C^P=0.042$；$e_V^V=0.02$；$e_V^{Si}=0.27$；$e_V^C=-0.17$；$e_V^P=-0.008$。从而求出 $f_C=9.45$；$f_V=0.346$；设 $\gamma_{V_2O_3}=10^{-5}$，代入前式求得

$$T_{转} = 1683K(1410℃)$$

亦即吹炼温度不能高于 1410℃，否则碳将被氧化。但由于碳浓度很高，即使在 $T<1410℃$时，仍不可避免有少量碳被氧化。由此可见：

（1）$w[V]$越低越难保碳，吹炼温度应越低，但为了半钢冶炼，温度应较高。这就导致碳的部分氧化。

（2）磷含量越高碳越易氧化。为使余钒低，而又保持一定的碳量，高磷铁水吹炼温度应当低些。

（3）高硅铁水吹炼时，应当加入冷却剂，以免钢液温度过高。

同理可以计算钒间接氧化时的转化温度：

$$\frac{4}{3}[\mathrm{V}]+2[\mathrm{O}] = \frac{2}{3}(\mathrm{V_2O_3})$$

$$\Delta_r G_V^{\ominus} = -545.59 + 217.19 \times 10^{-3}T \quad \mathrm{kJ/mol}$$

$$2[\mathrm{C}]+2[\mathrm{O}] = 2\mathrm{CO_2}$$

$$\Delta_r G_C^{\ominus} = -44.35 - 79.25 \times 10^{-3}T \quad \mathrm{kJ/mol}$$

令

$$\Delta_r G_{\text{V-O}} = \Delta_r G_{\text{C-O}}$$

则有

$$19.147 \times 10^{-3}T \lg \frac{\gamma_{\mathrm{V_2O_3}}^{\frac{2}{3}} \cdot x_{\mathrm{V_2O_3}}^{\frac{2}{3}} \cdot f_C^2 \cdot w[\mathrm{C}]_{\%}^2}{f_V^{\frac{4}{3}} \cdot w[\mathrm{V}]_{\%}^{\frac{4}{3}}} = 501.24 - 296.43 \times 10^{-3}T \quad \mathrm{kJ/mol}$$

此式表明，提钒的转化温度仍与钢液氧含量无关。即使是通过炉渣中（FeO）进行的间接氧化，转化温度也与之无关。

火法提钒的实践证明：

（1）半钢中余硅愈高，余钒就愈高，欲使钒充分氧化，必须使硅充分氧化；

（2）Si/V 比增大，渣中 $w(\mathrm{V_2O_5})$降低。通常要求 Si/V 之比小于2.5。

B　高炉冶炼铁精矿中炉渣黏稠分析

铁精矿中，$w(\mathrm{TiO_2})$ =10% ~15%。$\mathrm{TiO_2}$ 是以 $\mathrm{FeO \cdot TiO_2}$、$\mathrm{2FeO \cdot TiO_2}$ 和 $\mathrm{Fe_2O_3 \cdot TiO_2}$ 的形式存在的。冶炼过程中常常发生炉渣黏稠现象，从而需要经常调整炉渣黏度，以使炉况正常。这种情况的存在与 $\mathrm{TiO_2}$ 的还原有关。

（1）实验证明，下面的反应在673K（400℃）时即可进行

$$\mathrm{FeO \cdot TiO_2(s) + CO(g) = Fe(s) + TiO_2(s) + CO_2(g)}$$

反应产物是 Fe 和 $\mathrm{TiO_2}$，不是钛的低价氧化物。

（2）从现有热力学数据可知，在高炉冶炼环境中，下面反应不能进行：

$$\mathrm{3TiO_2(s) + CO(g) = Ti_3O_5(s) + CO_2(g)}$$

$$\Delta_r G^{\ominus} = 92.05 + 5.02 \times 10^{-3}T \quad \mathrm{kJ/mol}$$

$$\mathrm{2Ti_3O_5(s) + CO(g) = 3Ti_2O_3(s) + CO_2(g)}$$

$$\Delta_r G^{\ominus} = 43.51 + 6.44 \times 10^{-3}T \quad \mathrm{kJ/mol}$$

$$\mathrm{Ti_2O_3(s) + CO(g) = 2TiO(s) + CO_2(g)}$$

$$\Delta_r G^{\ominus} = 196.86 + 39.41 \times 10^{-3}T \quad \mathrm{kJ/mol}$$

$$\mathrm{TiO(s) + CO(g) = Ti(s) + CO_2(g)}$$

$$\Delta_r G^{\ominus} = 236.56 + 4.27 \times 10^{-3}T \quad \mathrm{kJ/mol}$$

（3）当 $\mathrm{TiO_2}$ 进入炉渣与 CaO、MgO、$\mathrm{Al_2O_3}$ 等形成复杂的钛酸盐时，$\mathrm{TiO_2}$ 更难还原成金属钛。

同理，从直接还原也可看到 $\mathrm{FeO \cdot TiO_2}$ 不能还原成 Ti：

$$\mathrm{FeO \cdot TiO_2(s) + C(s) = Fe(s) + TiO_2(s) + CO(g)}$$

$$\Delta_r G^\ominus = 152.72 - 161.54 \times 10^{-3} T \quad \text{kJ/mol}$$

$$\frac{3}{4}FeO \cdot TiO_2(s) + C(s) = \frac{3}{4}Fe(s) + \frac{1}{4}Ti_3O_5(s) + CO(g)$$

$$\Delta_r G^\ominus = 181.00 - 167.24 \times 10^{-3} T \quad \text{kJ/mol}$$

$$\frac{2}{3}FeO \cdot TiO_2(s) + C(s) = \frac{2}{3}Fe(s) + \frac{1}{3}Ti_2O_3(s) + CO(g)$$

$$\Delta_r G^\ominus = 187.99 - 166.19 \times 10^{-3} T \quad \text{kJ/mol}$$

$$\frac{1}{2}FeO \cdot TiO_2(s) + C(s) = \frac{1}{2}Fe(s) + \frac{1}{2}TiO(s) + CO(g)$$

$$\Delta_r G^\ominus = 233.80 - 168.57 \times 10^{-3} T \quad \text{kJ/mol}$$

（4）从下面四种钛氧化物用碳还原的热力学分析来看，也可得到相类似的结果：

$$3TiO_2(s) + C(s) = Ti_3O_5(s) + CO(g)$$

$$\Delta_r G^\ominus = 193.72 - 183.89 \times 10^{-3} T \quad \text{kJ/mol}$$

$$2Ti_3O_5(s) + C(s) = 3Ti_2O_3(s) + CO(g)$$

$$\Delta_r G^\ominus = 258.57 - 10.88 \times 10^{-3} T \quad \text{kJ/mol}$$

$$Ti_2O_3(s) + C(s) = 2TiO(s) + CO(g)$$

$$\Delta_r G^\ominus = 365.89 - 167.36 \times 10^{-3} T \quad \text{kJ/mol}$$

$$TiO(s) + C(s) = Ti(s) + CO(g)$$

$$\Delta_r G^\ominus = 399.99 - 176.77 \times 10^{-3} T \quad \text{kJ/mol}$$

前两个反应开始还原的温度，分别为1050K和1520K，都在高炉冶炼温度范围内。但后两个反应开始进行的温度，分别为2186K（1913℃）和2263K（1990℃），故后两个反应在高炉内很难实现。

事实表明，高钛炉渣内从未发现TiO及Ti的存在。这说明TiO_2用C或CO的还原的顺序不是$TiO_2 \rightarrow Ti_3O_5 \rightarrow Ti_2O_3 \rightarrow TiO \rightarrow Ti$，即还原最终产物不是Ti，而是钛的碳化物。

从热力学数据求出下面反应的$\Delta_r G^\ominus$-T关系

$$Ti_3O_5(s) + 8C(s) = 3TiC(s) + 5CO(g)$$

$$\Delta_r G^\ominus = 1354.57 - 885.21 \times 10^{-3} T \quad \text{kJ/mol}$$

$$T = 1330\text{K}(1057℃)$$

显然在高炉冶炼条件下该反应更易进行，故还原产物为TiC。另外

$$TiO_2(s) + 3C(s) = TiC(s) + 2CO(g)$$

$$\Delta_r G^\ominus = 539.74 - 351.83 \times 10^{-3} T \quad \text{kJ/mol}$$

$$T = 1534\text{K}(1261℃)$$

由此可见，在$T > 1260$℃时，TiO_2可以直接还原成TiC。事实证明，Ti_3O_5还原的平衡相是钛的碳氧化物（$TiC_{0.67}O_{0.33}$）或TiC，而不是Ti_2O_3、TiO及Ti。所以可以认为TiO_2被C还原顺序应该是：$TiO_2 \rightarrow Ti_3O_5 \rightarrow TiC_xO_y \rightarrow TiC$。因此，铁水中不应有溶解态的Ti。但相

分析表明，生铁样中除 TiC 及少量 TiN 外，还有溶解态的 Ti。温度越高，钛的浓度越高。这表明钛氧化物的还原还可能有另一条途径。

用固体碳还原铁渣（或钛精矿）中 TiO_2 的反应为

$$(TiO_2) + 2C(s) = [Ti] + 2CO(g)$$

$$\Delta_r G^\ominus = 679.73 - 391.83T \quad kJ/mol$$

而在实际条件下

$$\Delta_r G = 679.73 - 391.83 \times 10^{-3}T + 19.147 \times 10^{-3}T\lg\frac{f_{Ti} \cdot w[Ti]_{\%} \cdot (p_{CO}/p^\ominus)^2}{\gamma_{TiO_2} \cdot x_{TiO_2}} \quad kJ/mol$$

式中，$w[Ti]_{\%}$为铁液中钛的质量百分数；x_{TiO_2}为渣中 TiO_2 的摩尔分数；f_{Ti}为铁液中钛的活度系数；γ_{TiO_2}为渣中 TiO_2 的活度系数；p_{CO}为炉内 CO 的压力，Pa；$p^\ominus$为标准状态的压力，0.1MPa。

设 $\gamma_{TiO_2}=1$，则有

$$\lg w[Ti]_{\%} = \frac{-35.51}{T} + 0.0205 - \lg f_{Ti} + \lg x_{TiO_2} - 2\lg(p_{CO}/p^\ominus)$$

已知铁水及炉渣成分（参见表 2-15 和表 2-16），并查得：$e_{Ti}^{C} = -0.3$；$e_{Ti}^{Si} = -0.8$；$e_{Ti}^{P} = -0.01$；$e_{Ti}^{S} = -0.08$；$e_{Ti}^{Ti} = 0.048$。

表 2-15 铁水成分，$w[i]_{\%}$

炉 号	Ti	Si	Mn	P	S	C	V
3	0.19	0.165	0.3	0.16	0.060	4.24	0.42
1	0.17	0.105	0.3	0.16	0.064	4.24	0.34

表 2-16 渣成分，$w(i)_{\%}$

炉 号	TiO_2	SiO_2	CaO	MgO	Al_2O_3	V_2O_5	FeO	MnO	S
3	25.52	24.89	25.98	7.60	15.0	0.27	—	—	0.42
1	24.2	23.3	25.98	7.67	15.12	0.36	1.01	0.54	0.39

由以上数据算出 $\lg f_{Ti}$、x_{TiO_2} 及反应开始温度，结果列于表 2-17。由表可看出：

（1）温度在 1698K（1425℃）以上时反应存在；

（2）数据证明有溶解钛的存在；

（3）反应说明钛铁精矿的还原顺序为：$TiO_2 \rightarrow [Ti] \rightarrow TiC$。

表 2-17 计算结果

炉 号	风压/Pa	$\lg f_{Ti}$	x_{TiO_2}	p_{CO}/Pa	反应开始温度/℃
3	1.83×10^5	−1.2596	0.2065	2.39×10^5	1417
1	2.31×10^5	−1.2652	0.1912	2.76×10^5	1425

上面数据及计算表明，在高炉冶炼含钛铁精矿时，常发生炉渣黏稠、渣内裹铁珠等现象。这与 TiO_2 的还原产物和碳、氮存在时钛的平衡浓度有关。碳、氮存在时，TiO_2 的还原反应为

$$(TiO_2) + 3C(s) = TiC(s) + 2CO(g)$$

$$\Delta_r G^\ominus = 539.74 - 351.83 \times 10^{-3} T \quad \text{kJ/mol}$$

$$T_{\text{Star}} = 1533\text{K}(1260℃)$$

$$(TiO_2) + 2C(s) + \frac{1}{2}N_2(g) = TiN(s) + 2CO(g)$$

$$\Delta_r G^\ominus = 352.13 - 255.02 \times 10^{-3} T \quad \text{kJ/mol}$$

$$T_{\text{Star}} = 1380\text{K}(1107℃)$$

$$(Ti_3O_5) + 5C(s) + \frac{3}{2}N_2(g) = 3TiN(s) + 5CO(g)$$

$$\Delta G^\ominus = 892.28 - 550.50 \times 10^{-3} T \quad \text{kJ/mol}$$

$$T_{\text{Star}} = 1410\text{K}(1137℃)$$

这些反应都可在较低温度下进行。在温度更高、氧势较低、氮势较高的情况下，生成钛的碳化物或氮化物的可能性更大，炉渣也很容易变黏稠。实践证明，如果炉温升高，渣的流动性变差。因此，冶炼中控制温度并喷吹天然矿石粉，会使渣况得到改善。

现场生铁取样分析表明，除固溶钛以外，生铁中还含有一定量的 TiC 相。这说明溶解钛与 TiC 之间存在平衡关系：

$$[Ti] + C(s) = TiC(s)$$

$$\Delta G^\ominus = -155.48 + 58.2 \times 10^{-3} T \quad \text{kJ/mol}$$

$$\Delta_r G_{Ti} = \Delta_r G_{Ti}^\ominus - RT\ln f_{Ti} \cdot w[Ti]_\%$$

$$\lg w[Ti]_\% = \frac{-8.122}{T} + 0.00304 - \lg f_{Ti}$$

若只考虑碳的影响，则 $\lg f_{Ti} = e_{Ti}^{C} \cdot w[C]_\%$。设 $w[C]_\% = 4.3$，而 $e_{Ti}^{C} = 0.30$，则 $\lg f_{Ti} = -1.29$。所以，计算不同温度下溶解钛的平衡浓度式为

$$\lg w[Ti]_\% = \frac{-8.122}{T} + 0.0043$$

当 $w[Ti]_\%$ 超过平衡浓度时，铁液中将析出固体 TiC 相。

当炉气中含有氮气时，存在如下反应

$$[Ti] + \frac{1}{2}N_2(g) = TiN(s)$$

$$\Delta G^\ominus = -304.64 + 138.41 \times 10^{-3} T \quad \text{kJ/mol}$$

$$\lg w[Ti]_\% = \frac{-15.91}{T} + 0.00855 - \frac{1}{2}\lg(p_{N_2}/p^\ominus)$$

显然，温度 T 一定时，p_{N_2} 增大，$w[Ti]_\%$ 减小；p_{N_2} 一定时，T 愈高，$w[Ti]_\%$ 愈高。所以在一定温度下，p_{N_2} 越大，铁液中越容易析出固体 TiN 颗粒。

根据上述结果，降低高炉渣的黏度应采取的措施是：温度适当；提高气相或渣相的氧势；降低炉气中氮的分压；控制 Si 的还原程度。

C 高钛渣的氯化

从电炉或高炉冶炼得到的高钛渣，在氯化炉内进行氯化，以便用生成的 $TiCl_4$ 制取金

属钛。

高钛渣内的主要化合物是 TiO_2（电炉渣）和 $FeTiO_3$（高炉渣），此外有少量的 CaO、Al_2O_3、MgO、MnO、SiO_2 及 V_2O_5。氯化处理的温度在 800 ~ 900℃之间。从这些氧化物与氯反应的 $\Delta_r G^\ominus$-T 关系可知，除了 CaO 和 MnO 及 FeO 以外，其他氧化物均不能被氯化。然而，在有添加剂碳存在的情况下，多数氧化物可以被氯气氯化（称为还原氯化）。其原因可由下面的热力学分析解释知晓。

由没有碳存在的情况下 TiO_2 的氯化反应

$$\frac{1}{2}TiO_2(s) + Cl_2(g) = \frac{1}{2}TiCl_4(g) + \frac{1}{2}O_2(g)$$

$$\Delta_r G^\ominus = 92.26 - 28.87 \times 10^{-3} T \quad kJ/mol$$

得到 $T_{Star} = 3196K(2923℃)$。开始反应的温度很高，难以实现如此高的温度。TiO_2 之所以不能被氯气氯化，是因反应产物中氧势（p_{O_2}）太高（10^5Pa）；若能降低产物中氧的化学势，氯化反应便能进行。若添加固体碳降低氧势，其反应为

$$\frac{1}{2}TiO_2(s) + Cl_2(g) = \frac{1}{2}TiCl_4(g) + \frac{1}{2}O_2(g)$$

$$\Delta_r G^\ominus = 92.26 - 28.87 \times 10^{-3} T \quad kJ/mol$$

$$C(s) + \frac{1}{2}O_2(g) = CO(g)$$

$$\Delta_r G^\ominus = -116.32 - 83.89 \times 10^{-3} T \quad kJ/mol$$

$$\frac{1}{2}TiO_2(s) + Cl_2(g) + C(s) = \frac{1}{2}TiCl_4(g) + CO(g)$$

$$\Delta_r G^\ominus = -24.06 - 112.76 \times 10^{-3} T \quad kJ/mol$$

任何温度下反应的 $\Delta_r G^\ominus$ 都是负值，说明该反应很易进行。对其他氧化物同样也可这样进行分析。

高钛渣中的氧化物在碳存在时，氯化反应的 $\Delta_r G^\ominus$-T 关系（参见图 2-3）如下：

$$\frac{1}{3}V_2O_5(s) + Cl_2(g) + C(s) = \frac{2}{3}VOCl_3(g) + CO(g)$$

$$\Delta_r G^\ominus = -150.49 - 291.58 \times 10^{-3} T \quad kJ/mol$$

$$\frac{1}{2}SiO_2(s) + Cl_2(g) + C(s) = \frac{1}{2}SiCl_4(g) + CO(g)$$

$$\Delta_r G^\ominus = 29.50 - 83.05 \times 10^{-3} T \quad kJ/mol$$

$$CaO(s) + Cl_2(g) + C(s) = CaCl_2(l) + CO(g)$$

$$\Delta_r G^\ominus = -272.38 - 46.44 \times 10^{-3} T \quad kJ/mol$$

$$MgO(s) + Cl_2(g) + C(s) = MgCl_2(l) + CO(g)$$

$$\Delta_r G^\ominus = -128.87 - 316.94 \times 10^{-3} T \quad kJ/mol$$

$$MnO(s) + Cl_2(g) + C(s) = MnCl_2(l) + CO(g)$$

$$\Delta_r G^\ominus = -49.15 - 157.95 \times 10^{-3} T \quad kJ/mol$$

由图2-3可以看出，除Al_2O_3外，其他氧化物均可被氯化。生成的氯化物为两类：挥发性的与不挥发的。挥发性的如$VOCl_3$、$TiCl_4$、$SiCl_4$；不挥发的如$CaCl_2$、$MgCl_2$、$MnCl_2$。

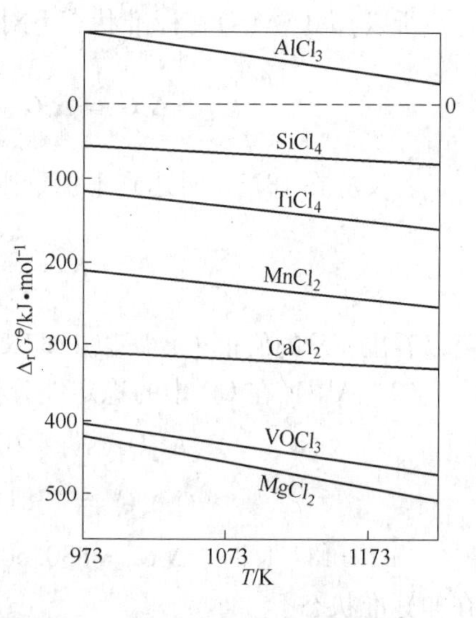

图2-3　有碳存在时氧化物氯化反应的$\Delta_r G^\ominus$-T关系图

$TiCl_4$很容易与不挥发的三个氯化物分离，而与$VOCl_3$及$SiCl_4$的分离则需通过蒸馏。蒸馏过程中，第一步在70～100℃时去除$SiCl_4$，因$SiCl_4$的沸点为57.6℃；第二步去除$VOCl_3$，在放有铜网丝的蒸馏釜中于138～140℃蒸馏去钒；第三步将第二段的蒸馏液再在140℃精馏，得到纯度达99.9%的$TiCl_4$。然后，$TiCl_4$在还原釜内还原，制取海绵钛。釜内事先装有镁锭，抽真空充Ar气，加热到800℃使Mg熔化。而后从炉子上部滴入$TiCl_4$，经Mg还原生成海绵钛。还原结束，将含有Mg和$MgCl_2$的海绵钛放置在真空蒸馏炉（压力为10^2Pa）内，将Mg及$MgCl_2$蒸发去除，最后得到纯度为99.5%～99.7%的金属钛。

近年来，国内已有学者研究用亚熔盐法处理高钛渣，分离各有价元素，取得了较好的效果。此外，还有学者对高钛渣进行热处理，使含钛组分选择性长大，而后经湿法分离，达到提取TiO_2的目的，取得了新的进展。关于这些新技术的热力学基础，可查阅相关文献。

2.5.3　坩埚反应与坩埚选择的热力学分析

火法冶金过程是在高温下进行的，耐火材料很易受到熔体的侵蚀（包括物理侵蚀和化学侵蚀），在真空中或者使用活泼金属Ca、Mg、RE元素处理时更是如此。因此，选择耐火材料的基本原则是，在使用条件下，材料对接触介质必须具有热力学稳定性。

2.5.3.1　氧化物耐火材料的稳定性

CaO、MgO、Al_2O_3（刚玉）、ZrO_2、BeO、SiO_2等是当前用得最多的氧化物耐火材料；其次是复合氧化物耐火材料如白云石、铬镁砖或铝镁砖等，以及近年来开始使用的氧化物与氮化物、氧化物与碳化物、氧化物与硼化物等复合新型耐火材料。不管使用哪种耐火材料，都必须考虑其在使用气氛下的热力学稳定性。

氧化物耐火材料的稳定性与使用气氛有关。一些耐火材料如CaO、MgO、La_2O_3、BeO等会与水气反应生成氢氧化物，从而在使用过程中失去效用。CaO、BeO、La_2O_3及MgO等在高温下会有挥发现象。而Al_2O_3、SiO_2、ZrO_2无论在高温或低温下，对水气都是稳定的。它们对还原气氛H_2或CO的稳定性，可以通过热力学计算来确定。

（1）Al_2O_3（刚玉）在H_2中的稳定性分析，已知

$$Al_2O_3(s) + 2H_2(g) = Al_2O(g) + 2H_2O(g)$$

$$\Delta_r G^\ominus = 990.77 - 0.266.65 \times 10^{-3} T \quad kJ/mol$$

当 $T=1873\text{K}$ 时，$\Delta_r G^\ominus_{1873\text{K}}=491.33\text{kJ/mol}$

所以，$Al_2O_3(s)$在标准状态下对 H_2 是稳定的。然而在非标准状态下

$$\Delta_r G = \Delta_r G^\ominus + RT\ln\frac{(p_{Al_2O}/p^\ominus)\cdot(p_{H_2O}/p^\ominus)^2}{(p_{H_2}/p^\ominus)^2}$$

若反应在 1873K 时达到平衡，则 $\Delta_r G=0$。可以求得

$$K=\frac{p_{Al_2O}\cdot p_{H_2O}^2}{p^\ominus\cdot p_{H_2}^2}=3.43\times10^{-15}$$

可以看出，K 的值很小，所以 1837K 时，Al_2O_3 对 H_2 是稳定的。

（2）Al_2O_3 在 CO 中的稳定性分析：

$$Al_2O_3(s)+2CO(g) = Al_2O(g)+2CO_2(g)$$

$$\Delta_r G^\ominus = 1381.75-294.26\times10^{-3}T \quad \text{kJ/mol}$$

当 $T=1873\text{K}$ 时，$\Delta_r G^\ominus=830.60\text{kJ/mol}$，因而，在标准状态下 Al_2O_3 是稳定的；而且在非标准状态下

$$\Delta_r G = \Delta_r G^\ominus + RT\ln\frac{(p_{Al_2O}/p^\ominus)\cdot(p_{CO_2}/p^\ominus)^2}{(p_{CO}/p^\ominus)^2}$$

当反应达到平衡时，$\Delta_r G=0$。同理可以求得

$$K=\frac{p_{Al_2O}\cdot p_{CO_2}^2}{p^\ominus\cdot p_{CO}^2}=3.54\times10^{-25}$$

由此可见，在 CO 气氛中，Al_2O_3 仍是稳定的。

（3）分析石英（SiO_2）在 H_2 气氛中的稳定性。在 $T>1773\text{K}$ 时

$$SiO_2(s)+H_2(g) = SiO(g)+H_2O(g)$$

$$\Delta_r G^\ominus = 529.28-181.78\times10^{-3}T \quad \text{kJ/mol}$$

当 $T=1873\text{K}$ 时，$\Delta_r G^\ominus=188.81\text{kJ/mol}$

所以在标准状态下，SiO_2 对 H_2 是稳定的，而且在非标准状态下

$$\Delta_r G = \Delta_r G^\ominus + 19.147\times10^{-3}T\lg\frac{(p_{SiO}/p^\ominus)\cdot(p_{H_2O}/p^\ominus)}{(p_{H_2}/p^\ominus)} \quad \text{kJ/mol}$$

当达到平衡时，$\Delta_r G=0$，可以求得

$$K=\frac{p_{SiO}\cdot p_{H_2O}}{p^\ominus\cdot p_{H_2}}=2.76\times10^{-6}$$

$T<1773\text{K}$ 时：

$$SiO_2(s)+2H_2(g) = Si(s)+2H_2O(g)$$

$$\Delta_r G^\ominus = 448.53-84.52\times10^{-3}T \quad \text{kJ/mol}$$

当 $T=1673\text{K}$（1400℃），$\Delta_r G^\ominus=307.13\text{kJ/mol}$。可见在标准状态下，$SiO_2$ 在 H_2 气氛中是稳定的。若在非标准状态，可求得

$$K=\left(\frac{p_{H_2O}}{p_{H_2}}\right)^2=1.61\times10^{-5}$$

从计算结果看出，在H_2气氛中，SiO_2在一定程度上因还原而受到侵蚀。只有在温度低于1273K时（$K=(p_{H_2O}/p_{H_2})^2=6.3\times10^{-8}$）才相对稳定。用类似的计算可以证明，$SiO_2$在CO气氛中是稳定的。

用同样的方法进行热力学分析，可以得到在N_2或HCl气氛下Al_2O_3是稳定的。但Al_2O_3可与HF反应生成AlF_3挥发。MgO在N_2气氛中是稳定的，而在SO_2或卤素气氛中会受到侵蚀。SiO_2在SO_2气氛中不稳定。

一些金属和合金的冶炼，有时会采用真空熔炼工艺。虽然真空熔炼有利于去除金属或合金中的气体或夹杂物，但要充分考虑坩埚反应的影响，防止坩埚反应使金属受到污染，影响金属和合金的纯净性及其物理和机械性能。因此，分析氧化物耐火材料在真空中的稳定性具有实际意义。

（1）如何考虑真空熔炼时的坩埚反应，以MgO-Al_2O_3坩埚为例说明：

MgO坩埚在真空中反应可写为

$$MgO(s) = Mg(g) + [O]$$

$$\Delta_r G^{\ominus} = 614.03 - 208.38\times10^{-3}T \quad kJ/mol$$

当$T=1873K$时，$\Delta_r G^{\ominus}=223.73kJ/mol$。在非标准状态下，反应在1873K平衡时，则$K=(p_{Mg}/p^{\ominus})\cdot w[O]_{\%}=6.96\times10^{-7}$。若系统真空度为1.13Pa，可以算得$w[O]_{\%}=6.96\times10^{-7}\times0.1\times10^{6}/1.13=6.16\times10^{-2}$。计算结果表明，在常压下MgO是稳定的，而在真空下则不稳定。因此，MgO不宜作真空炉的炉衬和冶炼坩埚。在真空条件下，若有碳存在，MgO更容易挥发。因为

$$MgO(s) + C(s) = Mg(g) + CO(g)$$

$$\Delta_r G^{\ominus} = 613.17 - 289.74\times10^{-3}T \quad kJ/mol$$

在标准状态下，反应开始进行的温度为$T=2116K$（1843℃）。若系统压力为13.2Pa，反应开始进行的温度可由等温方程求出

$$\Delta_r G = \Delta_r G^{\ominus} + 19.147\times10^{-3}T\lg\frac{p_{Mg}\cdot p_{CO}}{(p^{\ominus})^2} = 613.17 - 438.49\times10^{-3}T \quad kJ/mol$$

系统达到平衡时，$\Delta_r G=0$，所以$T=1398K$（1125℃）。显然，在系统压力很小时，MgO很容易被碳还原。

（2）在真空环境下，Al_2O_3（刚玉）坩埚处在温度为1500～2000K时有下面反应

$$Al_2O_3(s) = Al_2O(g) + O_2(g)$$

$$\Delta_r G^{\ominus} = 1483.23 - 376.49\times10^{-3}T \quad kJ/mol \tag{1}$$

$$O_2(g) = 2[O]$$

$$\Delta_{sol} G^{\ominus} = -234.30 - 5.78T\times10^{-3} \quad kJ/mol \tag{2}$$

反应(1)+反应(2)得

$$Al_2O_3(s) = Al_2O(g) + 2[O]$$

$$\Delta_r G^{\ominus} = 1248.93 - 382.21\times10^{-3}T \quad kJ/mol \tag{3}$$

反应（3）在$T=1873K$时，$\Delta_r G^{\ominus}_{1873K}=533.05kJ/mol$。

这表明在标准状态下，刚玉是稳定的。在非标准状态下，1873K 系统平衡时，若系统真空度为1.13Pa，可以算得 $w[O]_{\%} = 1.11 \times 10^{-5}$。可见即使在1873K，真空度为1.13Pa时，刚玉坩埚也是比较稳定的。

2.5.3.2 碳化物和氮化物耐火材料的稳定性

碳化物和氮化物的熔点都很高。有些碳化物还可以形成固溶体，其熔点可达4000℃以上，常用做高温陶瓷材料，用于高科技、军工等诸多领域。它们的热力学稳定性与使用条件有关。

(1) 以 TiC 为例分析碳化物在氧气气氛中的稳定性。TiC 氧化反应为

$$\mathrm{TiC(s)} + \frac{3}{2}\mathrm{O_2(g)} = \mathrm{TiO_2(s)} + \mathrm{CO(g)}$$

且知

$$\Delta_f G^\ominus_{\mathrm{TiO_2}} = -943.50 + 179.08 \times 10^{-3} T \quad \mathrm{kJ/mol}$$

$$\Delta_f G^\ominus_{\mathrm{TiC}} = -186.61 + 13.22 \times 10^{-3} T \quad \mathrm{kJ/mol}$$

$$\Delta_r G^\ominus_{\mathrm{CO}} = -116.32 - 83.89 T \quad \mathrm{kJ/mol}$$

则 TiC 氧化反应的 $\Delta_r G^\ominus$ 与 T 关系式为

$$\Delta_r G^\ominus = -873.21 + 81.97 \times 10^{-3} T \quad \mathrm{kJ/mol}$$

当 $T = 2000\mathrm{K}$ 时，$\Delta_r G^\ominus_{2000\mathrm{K}} = -709.27\mathrm{kJ/mol}$。

因此，高温下 TiC 在氧气气氛中很容易氧化。但因 TiC 表面形成一层氧化物（TiO_2）薄膜，可阻止 TiC 的进一步氧化。

下面分析 TiC 在空气中的稳定性。已知

$$\mathrm{TiC(s)} + \frac{3}{2}\mathrm{O_2(g)} = \mathrm{TiO_2(s)} + \mathrm{CO(g)}$$

$$\Delta_r G^\ominus = -873.20 + 81.79 T \quad \mathrm{kJ/mol}$$

$$\Delta_r G = \Delta_r G^\ominus + 19.147 \times 10^{-3} T \lg \frac{(p_{\mathrm{CO}}/p^\ominus)}{(p_{\mathrm{O_2}}/p^\ominus)^{\frac{3}{2}}} \quad \mathrm{kJ/mol}$$

空气中 $p_{\mathrm{O_2}} = 0.21 \times 10^5 \mathrm{Pa}$，又 $p^\ominus = 0.1\mathrm{MPa}$，则

$$\Delta_r G = \Delta_r G^\ominus + 19.47 \times 10^{-3} T + 19.147 \times 10^{-3} T \lg(p_{\mathrm{CO}}/p^\ominus) \quad \mathrm{kJ/mol}$$

设 $p_{\mathrm{CO}} = p^\ominus = 0.1\mathrm{MPa}$，则

$$\Delta_r G = -873.21 + 101.44 \times 10^{-3} T \quad \mathrm{kJ/mol}$$

当 $T = 2000\mathrm{K}$ 时，$\Delta_r G = -670.33\mathrm{kJ/mol}$。

显然，高温下 TiC 在空气中即使 CO 分压为0.1MPa 也是不稳定的。CO 分压越低，就越不稳定。

由于碳化物的蒸气压很低，所以在真空中一般是稳定的。

(2) 关于氮化物在真空环境中的稳定性分析，现以 BN、TiN 为例说明。

对 BN，已知

$$\mathrm{B(s)} + \frac{1}{2}\mathrm{N_2(g)} = \mathrm{BN(s)}$$

$$\Delta_r G^{\ominus} = -253.55 + 91.21 \times 10^{-3} T \quad \text{kJ/mol}$$

当$T=2000\text{K}$时，$\Delta_r G^{\ominus} = -71.13\text{kJ/mol}$，可求出其分解压$p_{N_2}=19.52\text{Pa}$。

在真空度为2.63～5.26Pa时，BN很容易挥发。

对TiN，已知

$$\text{Ti(s)} + \frac{1}{2}\text{N}_2\text{(g)} \xlongequal{\quad} \text{TiN(s)}$$

$$\Delta_r G^{\ominus} = -334.72 + 92.93 \times 10^{-3} T \quad \text{kJ/mol}$$

当$T=2000\text{K}$时，$\Delta_r G^{\ominus} = -148.86\text{kJ/mol}$，可求出其分解压$p_{N_2}=1.72\times10^{-3}\text{Pa}$。TiN分解压力很低，在真空和高温下比BN稳定得多。

在高温下碳化物比氮化物稳定，因而氮化物与碳接触发生反应，生成碳化物析出氮。但氮化物与Ca、Mg等活泼金属之间却很难反应。因此，常用氮化物作为火法提取这些金属的坩埚材料。

总之，不与系统发生作用的理想耐火材料是不存在的。因而，选择耐火材料时，首先要进行热力学分析，即在计算材料化学稳定性基础上，进行初步筛选。最终还需实验验证，以确定最适宜的耐火材料。

2.5.4 氮化硅陶瓷材料的热力学稳定性分析

氮化硅陶瓷材料是一种很有发展前途的高温结构材料，具有耐磨、耐腐蚀等优点，同时机械强度及抗热震性较好，可作为高温结构陶瓷在许多特殊场合下使用。但要注意氮化硅在含氧环境和高温条件下的氧化问题。已有实验表明，Si_3N_4在高氧分压下，Si_3N_4的氧化产物主要为SiO_2及N_2气，此外还有少量NO气体及Si_2N_2O；而在低氧分压下，氧化产物主要为SiO_2及SiO气体，此外还有少量N_2气。根据热力学计算，Si_3N_4在高温下的氧化反应主要有以下10种：

(1)
$$\text{Si}_3\text{N}_4\text{(s)} + 3\text{O}_2\text{(g)} \xlongequal{\quad} 3\text{SiO}_2\text{(s)} + 2\text{N}_2\text{(g)}$$

$$\Delta_r G_1^{\ominus} = -1991.33 + 207.94 \times 10^{-3} T \quad \text{kJ/mol}$$

(2)
$$\text{Si}_3\text{N}_4\text{(s)} + 5\text{O}_2\text{(g)} \xlongequal{\quad} 3\text{SiO}_2\text{(s)} + 4\text{NO(g)}$$

$$\Delta_r G_2^{\ominus} = -1587.45 + 158.16 \times 10^{-3} T \quad \text{kJ/mol}$$

(3)
$$\text{Si}_3\text{N}_4\text{(s)} + \frac{3}{2}\text{O}_2\text{(g)} \xlongequal{\quad} 3\text{SiO(g)} + 2\text{N}_2\text{(g)}$$

$$\Delta_r G_3^{\ominus} = 445.09 - 767.60 \times 10^{-3} T \quad \text{kJ/mol}$$

(4)
$$\text{Si}_3\text{N}_4\text{(s)} + \frac{7}{2}\text{O}_2\text{(g)} \xlongequal{\quad} 3\text{SiO(g)} + 4\text{NO(g)}$$

$$\Delta_r G_4^{\ominus} = 848.98 - 817.39 \times 10^{-3} T \quad \text{kJ/mol}$$

(5)
$$\text{Si}_3\text{N}_4\text{(s)} + \frac{3}{4}\text{O}_2\text{(g)} \xlongequal{\quad} \frac{3}{2}\text{Si}_2\text{N}_2\text{O(s)} + \frac{1}{2}\text{N}_2\text{(g)}$$

$$\Delta_r G_5^{\ominus} = -631.91 + 28.66 \times 10^{-3} T \quad \text{kJ/mol}$$

(6)
$$\text{Si}_3\text{N}_4\text{(s)} + \frac{5}{4}\text{O}_2\text{(g)} \xlongequal{\quad} \frac{3}{2}\text{Si}_2\text{N}_2\text{O(s)} + \text{NO(g)}$$

$$\Delta_r G_6^{\ominus} = -530.95 + 16.19 \times 10^{-3} T \quad \text{kJ/mol}$$

(7) $$Si_2N_2O(s) + \frac{3}{2}O_2(g) \xlongequal{\quad} 2SiO_2(s) + N_2(g)$$

$$\Delta_r G_7^{\ominus} = -903.12 + 119.45T \quad \text{kJ/mol}$$

(8) $$SiO_2(s) \xlongequal{\quad} Si(s) + O_2(g)$$

$$\Delta_r G_8^{\ominus} = 909.69 - 181.17 \times 10^{-3} T \quad \text{kJ/mol}$$

(9) $$Si_3N_4(s) \xlongequal{\quad} 3Si(s) + 2N_2(g)$$

$$\Delta_r G_9^{\ominus} = 743.71 - 338.23 \times 10^{-3} T \quad \text{kJ/mol}$$

(10) $$Si_2N_2O(s) \xlongequal{\quad} 2Si(s) + N_2(g) + \frac{1}{2}O_2(g)$$

$$\Delta_r G_{10}^{\ominus} = 917.05 - 244.05 \times 10^{-3} T \quad \text{kJ/mol}$$

将上述各反应在 1000 ~ 1800K 范围内的 $\Delta_r G^{\ominus}$ 与温度的关系绘制成图 2-4，可以看出，在标准状态下或者在高氧分压下，反应(8)、(9)和(10)在该温度范围内的 $\Delta_r G^{\ominus}$ 值均大于零，因此这三个反应很难进行。当温度超过 1039K 时，反应（4）可以发生，其他反应在该温度范围内 $\Delta_r G^{\ominus}$ 均为负值，因此也可以发生。

在几个反应中，反应（1）及反应（2）的 $\Delta_r G^{\ominus}$ 值最负，且反应（1）的 $\Delta_r G^{\ominus}$ 值比反应（2）更负。因此，在高氧分压下，Si_3N_4 的氧化基本按这两个反应进行，且产物主要为 SiO_2 及 N_2 气，同时存在少量 NO 气体。

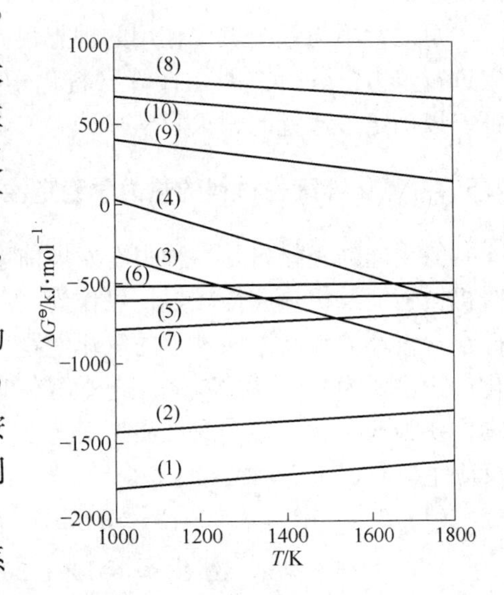

图 2-4 Si-N-O 系化合物的 $\Delta_r G^{\ominus}$-T 关系图

此外，根据文献所给数据，可求得 Si-N-O 系中有关凝聚相与气相的关系及气相中的平衡氧分压。具体反应及相应气相的分压为

$$Si(s) + O_2(g) \xlongequal{\quad} SiO_2(s) \quad \lg(p_{O_2}/p^{\ominus}) = -22.449$$

$$3Si(s) + 2N_2(g) \xlongequal{\quad} Si_3N_4(s) \quad \lg(p_{N_2}/p^{\ominus}) = -4.341$$

$$4Si_3N_4(s) + 3O_2(g) \xlongequal{\quad} 6Si_2N_2O(s) + 2N_2(g)$$

$$\lg(p_{N_2}/p^{\ominus}) = \frac{3}{2}\lg(p_{O_2}/p^{\ominus}) + 37.616$$

$$2Si_2N_2O(s) \xlongequal{\quad} 4Si(s) + 2N_2(g) + O_2(g)$$

$$\lg(p_{N_2}/p^{\ominus}) = -\frac{1}{2}\lg(p_{O_2}/p^{\ominus}) - 18.326$$

$$2Si_2N_2O(s) + 3O_2(g) \xlongequal{\quad} 4SiO_2(s) + 2N_2(g)$$

$$\lg(p_{N_2}/p^{\ominus}) = \frac{3}{2}\lg(p_{O_2}/p^{\ominus}) + 26.572$$

$$Si_3N_4(s) + 3O_2(g) = 3SiO_2(s) + 2N_2(g)$$

$$\lg(p_{N_2}/p^\ominus) = \frac{3}{2}\lg(p_{O_2}/p^\ominus) + 29.333$$

根据上述各反应的气相分压关系式绘制出 Si-O-N 体系的优势区图，示于图 2-5。从图可以看出，在 Si_3N_4 与 SiO_2 的界面处可能发生如下反应而生成 Si_2N_2O：

$$4Si_3N_4(s) + 3O_2(g) = 6Si_2N_2O(s) + 2N_2(g)$$

结合图 2-4 还可以看出，Si_2N_2O 还可以继续氧化，

$$2Si_2N_2O(s) + 3O_2(g) = 4SiO_2(s) + 2N_2(g)$$

从理论上讲，Si_3N_4 长时间处在氧化性气氛下，氧化产物 Si_2N_2O 最终可完全被氧化。所以在高氧分压下，氧化产物主要为 SiO_2，且气相主要为 N_2。然而在低氧分压下，氧化产物中气相主要为 SiO 气体及少量 N_2：

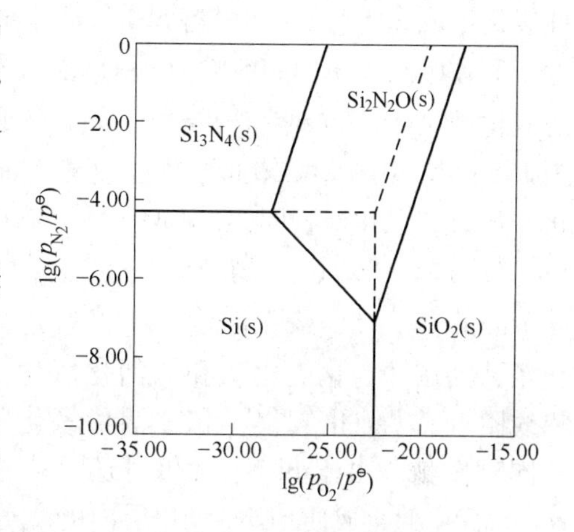

图 2-5　Si-O-N 体系的优势区图

$$Si_3N_4(s) + \frac{3}{2}O_2(g) = 3SiO(g) + 2N_2(g)$$

$$\Delta_r G^\ominus = 445.09 - 767.60 \times 10^{-3}T \quad kJ/mol$$

$$Si_3N_4(s) + 3O_2(g) = 3SiO_2(s) + 2N_2(g)$$

$$\Delta_r G^\ominus = -1991.33 + 207.94 \times 10^{-3}T \quad kJ/mol$$

由上述反应可以看出：若反应生成气态的 SiO，则可加速 Si_3N_4 的氧化，称为“活化氧化”；而若反应生成固态 SiO_2，形成保护膜，则称为“钝化氧化”。将上述两反应相减并整理可得

$$SiO_2(s) = SiO(g) + \frac{1}{2}O_2(g)$$

$$\Delta_r G^\ominus = 812.14 - 325.18 \times 10^{-3}T \quad kJ/mol$$

假设当 $p_{O_2} > p_{SiO}$时发生“钝化氧化”，当 $p_{O_2} < p_{SiO}$时发生“活化氧化”，则“钝化氧化”与“活化氧化”的转变条件为 $p_{SiO} = p_{O_2}$。将此条件代入合并后的反应，得到平衡常数为

$$K^\ominus = (p_{SiO}/p^\ominus) \cdot (p_{O_2}/p^\ominus)^{1/2}$$

$$\Delta_r G^\ominus = -RT\ln K^\ominus = -RT\ln[(p_{SiO}/p^\ominus) \cdot (p_{O_2}/p^\ominus)^{1/2}]$$

所以

$$\lg(p_{O_2}/p^\ominus) = -\frac{28276}{T} + 11.32$$

根据此式作氧分压与温度关系图，得到 Si_3N_4 氧化的氧势温度图，示于图 2-6。由图可知，当温度增加或氧分压减小时，有利于“活化氧化”发生，反之有利于“钝化氧化”

发生。例如在空气中氧化时，$\lg(p_{O_2}/p^{\ominus})=-0.68$，氧化温度在1100℃～1400℃之间，由图2-6知此时处在"钝化氧化"区域，故氮化硅氧化生成$SiO_2(s)$，而没有SiO气体生成。

对在$(p_{O_2}/p^{\ominus})=0.05$的$H_2+O_2$混合气体中的氮化硅氧化，$\lg(p_{O_2}/p^{\ominus})=-1.30$，氧化温度为1350℃。由图2-6知此条件也处于"钝化氧化"区域，氧化产物同样是$SiO_2(s)$。然而对在$(p_{O_2}/p^{\ominus})=1\times10^{-5}$的$N_2$气氛中的氧化，$\lg(p_{O_2}/p^{\ominus})=-5$，氧化温度1350℃。这时的氧化条件处在"钝化氧化"和"活化氧化"的分界线附近，"钝化氧化"和"活化氧化"可能会同时发生。由于Si_3N_4氧化时还会生成部分N_2，而N_2的生成使Si_3N_4氧化层内的氧分压进一步减小，使氧化反应的条件向"活化氧化"区域移动。

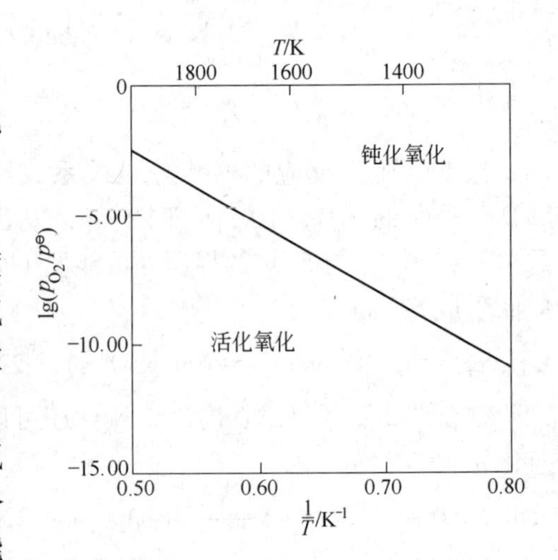

图2-6 Si_3N_4氧化的氧势温度图

综上所述，通过热力学分析，可以得到如下结论：在含氧的环境下，高技术陶瓷Si_3N_4是不稳定的，在高温高氧分压条件下表面会形成$SiO_2(s)$保护膜，为保护性氧化。生成$SiO_2(s)$保护膜的反应有

$$Si_3N_4(s)+3O_2(g)=\!=\!=3SiO_2(s)+2N_2(g)$$

其次为

$$Si_3N_4(s)+5O_2(g)=\!=\!=3SiO_2(s)+4NO(g)$$

在高温低氧分压条件下，由于生成SiO(g)气体，Si_3N_4属非保护性的氧化，为"活化氧化"，反应为

$$Si_3N_4(s)+\frac{3}{2}O_2(g)=\!=\!=3SiO(g)+2N_2(g)$$

2.5.5 锆刚玉莫来石/氮化硼复合材料制备的热力学分析

在常压下合成新型耐火材料锆刚玉莫来石/氮化硼复合材料，应如何选择适宜的烧结气氛，是材料研究者关注的问题。这里首先分别讨论氧化、弱氧化、还原以及中性气氛下的常压烧结热力学，然后根据条件，分析、比较选择最适宜的烧结条件。

在氧化和弱氧化气氛下，BN均被氧化为B_2O_3，氧化硼在450℃即变为液相，且高温时挥发。BN的氧化反应为

$$4BN(s)+3O_2(g)=\!=\!=2B_2O_3(s)+2N_2(g)$$

$$\Delta_rG^{\ominus}=-2804.1+0.26T\ln T-0.82T\quad kJ/mol$$

当$T=1948K$时，空气中的$p_{O_2}=0.0213MPa$，$p_{N_2}=0.079MPa$，则有

$$\Delta_rG=\Delta_rG^{\ominus}+RT\ln(p_{N_2}^2p^{\ominus}/p_{O_2}^3)=-592.2kJ/mol$$

计算结果证实了，含BN材料不宜在氧化气氛下烧结。

在还原（CO）气氛下，莫来石从1000℃开始分解，其反应为

$$3Al_2O_3 \cdot 2SiO_2(s) + 2CO(g) = 3Al_2O_3(s) + 2SiO(g) + 2CO_2(g)$$

$$\Delta_r G^{\ominus} = 1028.8 - 0.337T \quad kJ/mol$$

在1800K时，如果空气中的氧全都与碳反应，则

$$p_{CO} = 0.035MPa; \quad p_{N_2} = 0.065MPa;$$

$$p_{SiO} = 3.2 \times 10^{-4}MPa; \quad p_{CO_2} = 3.04 \times 10^{-6}MPa$$

计算得

$$\Delta_r G_{1800K} = \Delta_r G^{\ominus} + RT\ln(p^2_{CO_2}p^2_{SiO}/p^2_{CO}(p^{\ominus})^2) = -27.2kJ/mol$$

计算结果表明，在还原甚至是弱还原的条件下，莫来石发生分解。

由此可见，要合成锆刚玉莫来石/BN，只有在中性气氛下（埋粉，通N_2）方能实现。

本 章 例 题

例题Ⅰ 已知液态锌的热容 $C_{p,Zn(l)} = 0.0297 + 4.81 \times 10^{-6}T$ kJ/(mol·K)，固态锌的热容 $C_{p,Zn(s)} = 0.0221 + 11.05 \times 10^{-6}T$ kJ/(mol·K)，以及锌的熔点 $T_{M,Zn} = 692.6K$、熔化焓 $\Delta_{fus}H^{\ominus}_{Zn} = 6.590kJ/mol$，试求298～1123K温度区间内，锌的标准自由能随温度变化的多项式。

解 锌从固态转变为液态热容的变化

$$\Delta C_{p,Zn(s\to l)} = 0.00753 - 6.23 \times 10^{-6}T \quad kJ/(mol \cdot K)$$

其标准焓变为 $$\int d\Delta H^{\ominus}_{Zn(s\to l)} = \int (0.00753 - 6.23 \times 10^{-6}T)dT$$

积分得到 $$\Delta H^{\ominus}_{Zn(s\to l)} = \Delta H_0 + 0.00753T - 3.115 \times 10^{-6}T^2$$

将锌的熔点温度和熔化焓代入，即可求出积分常数 $\Delta H_0 = 2.869kJ/mol$

于是 $$\Delta H^{\ominus}_{Zn(s\to l)} = 2.869 + 0.00753T - 3.115 \times 10^{-6}T^2 + IT \quad kJ/mol$$

由吉布斯-亥姆霍茨方程知 $$\Delta G^{\ominus} = \Delta H_0 - \Delta aT\ln T - \frac{\Delta b}{2}T^2 + IT$$

于是有 $$\Delta G^{\ominus}_{Zn(s\to l)} = 2.869 - 0.00753T\ln T + 3.115 \times 10^{-6}T^2 + IT \quad kJ/mol$$

在熔点温度下 $\Delta G^{\ominus}_{Zn} = 0$；将熔点温度代入上式，即可求出积分常数 $I = 0.043$；最终得到锌从固态转变为液态的标准自由能随温度变化的多项式

$$\Delta G^{\ominus}_{Zn(s\to l)} = 2.869 - 0.00753T\ln T + 3.115 \times 10^{-6}T^2 + 0.043T \quad kJ/mol \quad (298 \sim 1123K)$$

例题Ⅱ 已知 γ-Al_2O_3 和 α-Al_2O_3 的标准生成焓、标准生成吉布斯自由能和热容的数据，

晶 型	$\Delta_f H^{\ominus}_{298K}$ /kJ·mol^{-1}	$\Delta_f G^{\ominus}_{298K}$ /kJ·mol^{-1}	$C_p = a + bT + cT^{-2}$/kJ·(mol·K)$^{-1}$		
			a	b	c
γ-Al_2O_3	-1637.20	-1541.39	0.06849	0.04644×10^{-3}	—
α-Al_2O_3	-1669.83	-1576.53	0.11477	0.01280×10^{-3}	-35.44×10^2

试计算在400~1700K温度范围内，$\gamma\text{-}Al_2O_3$ 转变为 $\alpha\text{-}Al_2O_3$ 晶型转变吉布斯自由能与温度的关系式。

解 首先计算298K $\gamma\text{-}Al_2O_3 \rightarrow \alpha\text{-}Al_2O_3$ 相变过程中的标准焓变

$$\Delta_{tr}H^{\ominus}_{298K,\gamma\rightarrow\alpha} = -1669.83 + 1637.20 = -32.63\text{kJ/mol}$$

再计算298K $\gamma\text{-}Al_2O_3 \rightarrow \alpha\text{-}Al_2O_3$ 相变过程中的标准自由能变化

$$\Delta_{tr}G^{\ominus}_{\gamma\rightarrow\alpha} = -1576.53 + 1541.39 = -35.14\text{kJ/mol}$$

接下来计算 $\gamma\text{-}Al_2O_3 \rightarrow \alpha\text{-}Al_2O_3$ 相变过程中的热容变化

$$\Delta C_{p,\gamma\rightarrow\alpha} = 0.04628 - 0.03364 \times 10^{-3}T - 0.03544 \times 10^{5}T^{-2} \quad \text{kJ/(mol} \cdot \text{K)}$$

所以 $\Delta a = 0.04628; \Delta b = -0.03364 \times 10^{-3}; \Delta c = 0.03544 \times 10^{5}$

由298K时 $\Delta H^{\ominus}_{298}$ 再计算积分常数 ΔH_0

$$\Delta H_0 = -32.63 - 0.04628 \times 298 + 0.5 \times 0.03364 \times 10^{-3} \times (298)^2 - 0.03544 \times 10^{5} \times (298)^{-1} = -56.82\text{kJ/mol}$$

已知298K相变自由能 $\Delta_{tr}G^{\ominus}_{\gamma\rightarrow\alpha}$ -35.14kJ/mol，求积分常数 I

$$\Delta_{tr}G^{\ominus}_{\gamma\rightarrow\alpha} = -56.82 - \Delta a \cdot 298\ln 298 - 0.5\Delta b(298)^2 - 0.5\Delta c(298)^{-1} + 298I$$

$$I = 0.312$$

最后计算 $\gamma\text{-}Al_2O_3 \rightarrow \alpha\text{-}Al_2O_3$ 时，$\Delta G^{\ominus}_{T,\gamma\rightarrow\alpha}\text{-}T$ 的关系式

$$\Delta G^{\ominus}_{T,\gamma\rightarrow\alpha} = -56.82 - 0.0463T\ln T + 0.0168 \times 10^{-3}T^2 + 0.0177 \times 10^{5}T^{-1} + 0.312T \quad \text{kJ/mol}$$

现将400~1700K温度区间内 $\gamma\text{-}Al_2O_3 \rightarrow \alpha\text{-}Al_2O_3$ 的吉布斯自由能变化列入下表：

T/K	298	400	800	1200	1600	1700
$\Delta G^{\ominus}_T$/kJ · mol^{-1}	-35.14	-35.81	-41.84	-50.68	-60.05	-62.30

例题Ⅲ 已知铅的凝固点 T_{fr} = 590K，凝固焓为 $\Delta_{fr}H^{\ominus} = -4.80$kJ/mol，凝固熵变为 $\Delta_{fr}S^{\ominus} = -0.008$kJ/(mol · K)，过冷10K时的凝固焓为 $\Delta_{fr}H_{600K} = 4.812$kJ/mol，试近似计算过冷10K凝固时的自由能变化。

解 由式 $\Delta_{fr}G^{\ominus} = \Delta_{fr}H^{\ominus} - T\Delta_{fr}S^{\ominus}$

将已知数据代入，得

$$\Delta_{fr}G^{\ominus}_{590K} = -4.80 + 590 \times 0.008 = -0.08\text{kJ/mol}$$

再由式 $\Delta_{fr}G^{\ominus}_T = \dfrac{\Delta_{fr}H^{\ominus}_T}{T}\Delta T$，将已知：$\Delta_{fr}H_{600K} = 4.812$kJ/mol，$T = 600$K，$\Delta T = 10$K 代入上式得到

$$\Delta_{fr}G^{\ominus}_T = -\frac{4.812 \times 10}{600} = -0.0802\text{kJ/mol}$$

由上面的计算可以看出，两种计算的结果仅差0.0002kJ/mol，表明近似计算是可信的。

习　题

2-1　用 Fe-C-O 和 Fe-H-O 平衡图（图 2-7）求 1200℃时，CO_2-O_2-CO 系中在以下情况下 CO/CO_2 比值。

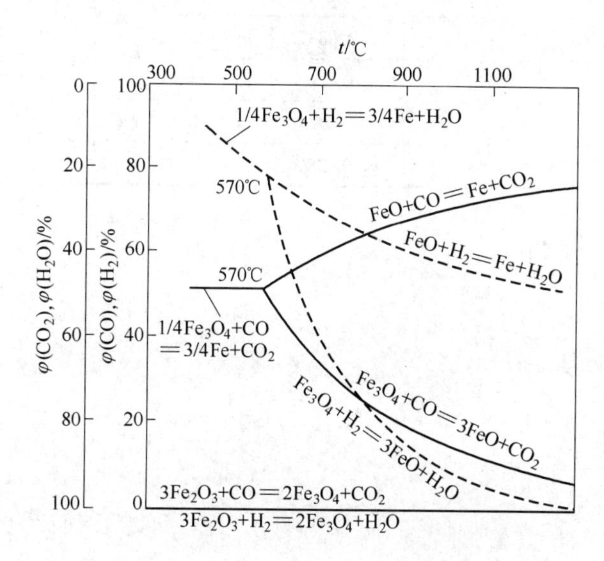

图 2-7　Fe-C-O 和 Fe-H-O 平衡图

已知

（1）氧分压 p_{O_2} 为 0.1MPa；

（2）$p_{O_2}=10^{-7}$MPa；

（3）$p_{O_2}=10^{-21}$MPa。

$$2CO + O_2 \xlongequal{} 2CO_2 \quad \Delta_r G^{\ominus} = -564.84 + 173.64 \times 10^{-3}T \quad kJ/mol$$

将从图中求出的值与计算值加以对比。

2-2　若 $T=2000$K，$p_{O_2}=10^{-10}$MPa，求 H_2-O_2-H_2O 系中 p_{H_2}/p_{H_2O} 比值。

已知　$H_2+\frac{1}{2}O_2 \xlongequal{} H_2O(g) \quad \Delta_r G^{\ominus} = -239.53 + 0.0187T\lg T - 0.0093T \quad kJ/mol$。

将计算值与从 Fe-C-O 和 Fe-H-O 平衡图中获得的值进行对比。

2-3　在 1500K 时，总压为 1.01325×10^5Pa 的 CO-CO_2 混合气中 Ni 不发生氧化的最高 CO_2 分压是多少？

已知　$NiO(s) + CO \xlongequal{} Ni(s) + CO_2 \quad \Delta_r G^{\ominus} = -37.87 - 0.0117T \quad kJ/mol$。

2-4　在分压为 1013.25Pa 的 CO_2 气氛中，欲使 $MgCO_3$ 的分解应加热到多高温度？

已知　$MgO(s) + CO_2 \xlongequal{} MgCO_3(s) \quad \Delta_r G^{\ominus} = -117.60 + 0.170T \quad kJ/mol(298 \sim 1000K)$。

2-5　用 Fe-C-O 和 Fe-H-O 平衡图，求下面反应在 298K 时标准熵变 $\Delta S^{\ominus}$ 的近似值。

（1）$2Ni(s) + O_2 \xlongequal{} 2NiO(s) \quad \Delta_r G^{\ominus} = -489.1 + 0.197T \quad kJ/mol(298 \sim 1725K)$；

（2）$2C(s) + O_2 \xlongequal{} 2CO \quad \Delta_r G^{\ominus} = -223.40 - 0.1753T \quad kJ/mol(298 \sim 2500K)$。

将所得结果与由查表得到的 $S^{\ominus}_{298}$ 值计算出的 $\Delta S^{\ominus}_{298}$ 值进行比较。

2-6　已知 $Cr_2O_3(s) + 3H_2 \xlongequal{} 2Cr(s) + 3H_2O \quad \Delta_r G^{\ominus} = 408.75 - 0.1197T \quad kJ/mol$。

（1）在 101325Pa 纯氢中有水蒸气存在，求 1500K 时，铬不被氧化的最大水蒸气压力；

（2）水蒸气将 Cr 氧化的反应是放热还是吸热？

2-7　已知相关的热力学数据（见下表），试分析在含氢（氢的分压为 1.013×10^5Pa）还原气氛中，从 1000 ~ 2100K 氧化锆陶瓷的稳定性。

化合物	$\Delta H^{\ominus}_{298K}$/kJ · mol^{-1}	$-\frac{G^{\ominus}_T - H^{\ominus}_T}{T}$/kJ · mol^{-1}			
		1000K	1400K	1800K	2100K
ZrO_2(s)	-1098.2	0.0837	0.101	0.117	0.127
Zr(s)	0	0.053	0.0612	0.068	0.0723
H_2(g)	0	0.287	0.153	0.159	0.163
H_2O(g)	-242.63	0.207	0.216	0.225	0.230

3 热力学参数状态图及其应用

冶金与材料热力学的主要作用之一，是对冶金和材料制备过程反应进行热力学分析，判断过程中化学反应的趋势即限度。用大量的热力学平衡数据绘制的热力学参数状态图（含有化学反应的广义化的相图）是进行热力学分析的一种简单、直观的方法，它是以图解方式表明各独立的热力学参数与体系中平衡共存相之间的关系。其特点是比较直观，能在较小篇幅内概括较大量的平衡信息，直接得到有关体系的热力学性质等。它和用热力学数据进行运算，推算冶金和材料制备反应的平衡数据，以及推测冶金和材料制备体系的其他有关性质是一致的，两者互为补充，都在科研和生产实际中有着广泛的应用。

广义而言，凡能明确描绘出处于热力学平衡的单元及多元体系中各相的稳定存在区域的几何图形，都统称为相图。而习惯上，狭义地把恒压下的温度与组成相关系图称为相图。因此，将除这以外的相图均称为热力学参数状态图，简称状态图。

1944 年，埃林汉（Ellingham）第一次绘制出标准吉布斯自由能（$\Delta G^{\ominus}$）对温度图（又称氧势图）。1966 年，波贝克斯（Pourbaix）绘制了化学反应吉布斯自由能对温度图（又称波贝克斯-埃林汉图）。随后相继出现了各种热力学参数状态图，包括埃林汉图、氧势-硫势图、优势区图、平衡常数对温度图、蒸气压对温度图、电势-pH 图、极图和平衡常数对氧分压图等等。

绘制热力学参数状态图时，可直接用变量作坐标，也可以用变量的特定函数作坐标，以使某些曲线在状态图上变为直线，便于直观地判断体系的平衡关系。

3.1 热力学参数状态图的种类

原则上，以任意两个或三个热力学参数为坐标绘制的几何图形统称为热力学参数状态图（又称广义相图）。因此，热力学参数状态图种类很多，且随热力学理论的不断发展和在科研、生产实际中应用面的不断扩展，还在不断增加。但在冶金和材料制备过程中常用的热力学参数状态图主要有八种，即：

（1）氧势图，又叫埃林汉图或称化合物（或化学反应）标准吉布斯自由能 $\Delta_r G^{\ominus}$ 对温度图；

（2）化学反应吉布斯自由能 $\Delta_r G$ 对 $RT\ln J$ 图，J 为等温方程式中的活度（压力）积；

（3）化学反应吉布斯自由能 $\Delta_r G$ 对温度图；

（4）化学反应平衡常数（$\lg K^{\ominus}$）对温度$\left(\frac{1}{T}\right)$图；

（5）反应的优势区图（$\lg(p_{SO_2}/p^{\ominus})$ 对 $\lg(p_{O_2}/p^{\ominus}$ 图），$\lg(p_{N_2}/p^{\ominus})$ 对 $\lg(p_{O_2}/p^{\ominus})$ 图）；

（6）氧势-硫势图（$\lg(p_{O_2}/p^{\ominus})$ 对 $\lg(p_{S_2}/p^{\ominus})$ 图）；

（7）化学反应平衡常数 $\lg K^{\ominus}$ 对 $\lg(p_{O_2}/p^{\ominus})$ 图；

（8）电化学反应的电势-pH 图。

3.1.1 化合物（或化学反应）标准吉布斯自由能与温度的关系图

化合物标准生成吉布斯自由能 $\Delta_r G^\ominus$ 是指在某温度及标准状态下，由稳定的单质元素生成 1mol 化合物时的标准吉布斯自由能变化。氧化物生成反应的标准吉布斯自由能与温度的关系图称为氧势图。硫化物、氯化物等生成反应的标准吉布斯自由能与温度的关系图，分别称之为硫势图和氯势图。以此类推，还有氟势图…，等等。由于各种氧化物、硫化物或氯化物的化学成分不同，为了方便相互比较，通常将相应化合物的标准生成吉布斯自由能相应折合成 1mol O_2，1mol S_2 或 1mol Cl_2 的数值。也有人将此称为化合物生成反应的标准吉布斯自由能变化，以区别于化合物的标准生成吉布斯自由能。应注意两者吉布斯自由能的单位不同，前者为 kJ/mol O_2 或 S_2 或 Cl_2，而后者为 kJ/mol 化合物。氧化物生成反应的氧势图，硫化物、氯化物、氟化物等生成反应的硫势图、氯势图和氟势图等，是提取冶金和材料制备的理论基础。

3.1.1.1 埃林汉（Ellingham）图

为了能从直观上考查化合物的稳定性，了解元素的氧化和还原作用，埃林汉（Ellingham）将氧化物（硫化物及氯化物等）生成反应的标准吉布斯自由能 $\Delta_r G^\ominus$ 与 T 的关系绘制成图，称为埃林汉图，示于图 3-1。

埃林汉图以 1mol 氧替代生成 1mol 氧化物所需的氧作为比较的基准，判别各种氧化物的相对稳定性。这样，从图上线的位置就可以看出化合物的相对稳定顺序。因此，根据图中的直线及直线间的关系，就能帮助分析冶金与材料制备过程中的一些化学反应的热力学问题。

A 直线的意义

（1）直线的斜率。由 $\Delta_r G^\ominus$ 与 T 关系二项式对 T 微分得

$$(\partial \Delta_r G^\ominus / \partial T)_p = \alpha = -\Delta_r S^\ominus$$

此式表明图 3-1 中直线的斜率就是该氧化物的标准熵变（或标准生成熵）。它之所以是负值，是由于多数氧化物生成时反应的熵值减小。

（2）直线的位置。图 3-1 中直线的位置高低表示：

1）位置低的氧化物负值大，它的稳定性较大。

2）直线的相对位置随温度而改变，说明各种氧化物的相对稳定性随温度而改变。如在 1523K（1250℃）时，$\Delta_r G^\ominus_{Cr_2O_3} = \Delta_r G^\ominus_{CO}$，表明此时 Cr_2O_3 和 V_2O_3 的稳定性相同。当温度 $T<1523$K 时，Cr_2O_3 的 $\Delta_r G^\ominus$ 比 CO 的 $\Delta_r G^\ominus$ 负值更大，表明此时 Cr_2O_3 比 CO 更稳定。$T>1523$K 时，情况则完全相反。这种稳定性的转变温度（1523K）称为“转化温度”。

（3）相变对直线的影响。图 3-1 中直线的斜率决定直线的走向，若反应中有物质发生相变，直线斜率也会发生改变，直线在相变温度处发生转折，即出现拐点。

B 直线间的关系

图 3-1 中直线间的关系可以说明如下情况：

（1）氧化顺序。在一定温度下，几种元素同时与氧相遇，氧化顺序则按直线位置的高低而定，位置最低的元素首先被氧化。

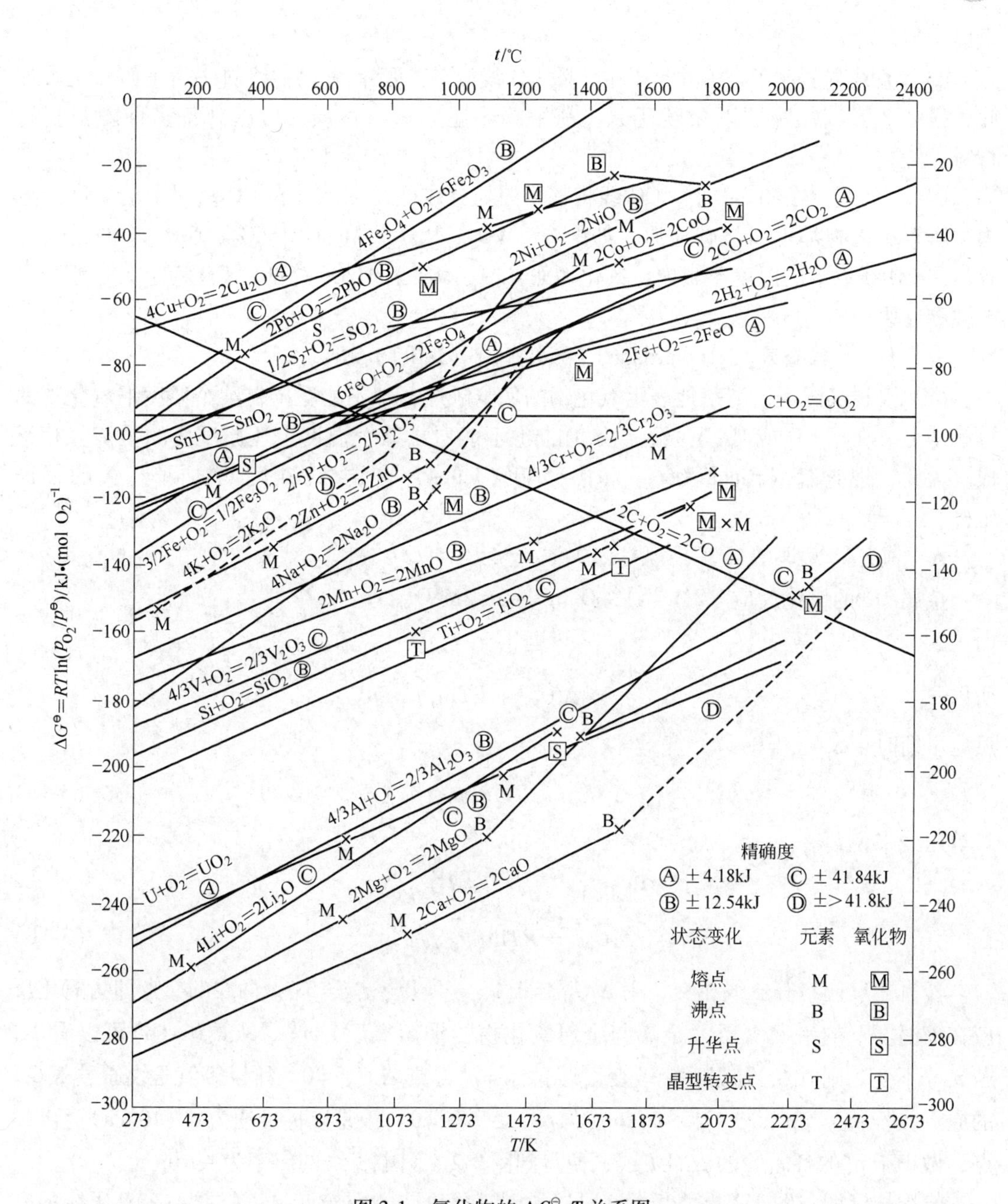

图 3-1　氧化物的 $\Delta G^{\ominus}$-T 关系图

（2）氧化还原关系。直线位置低的元素可以还原直线位置高的氧化物。如在 1873K（1600℃）时，Ca 可以还原 Al_2O_3 得到液态铝

$$2Ca(l)+\frac{2}{3}Al_2O_3(s) = 2CaO(s)+\frac{4}{3}Al(l)$$

$$\Delta_r G^{\ominus} = -158.99 - 2.51\times10^{-3}T \quad kJ/mol$$

$$\Delta_r G^{\ominus}_{1873K} = -163.69kJ/mol$$

这个结果说明，有 Ca 参与的平衡实验或新材料的制备，均不能使用纯 Al_2O_3 或刚玉

坩埚。

(3) 直线的斜率值。在图3-1中，除CO线以外，所有氧化物线斜率为正值。正因如此，很多金属氧化物可以用碳还原。利用碳热还原这一性质，可以制备多种陶瓷复合材料。

(4) CO线。在图3-1中，CO线将整个图划分成两个区域：在CO线以上的温度区域内，所有氧化物都可以被碳还原，如FeO、WO_3、P_2O_5、MoO_3、SnO_2、NiO、CoO、Cu_2O等。在CO线以下的温度区域内，氧化物如CaO、MgO、Al_2O_3等都比CO稳定，一般均不能被碳还原。

3.1.1.2 理查森（Richardson）和杰弗斯（Jeffes）图

虽然埃林汉图可以清楚地表示氧化物的稳定顺序，却不能看出在某个温度下氧化物的分解压力。在用CO或H_2还原氧化物时，也不能看出某个温度下还原反应的平衡气相组成。为此，理查森（Richardson）和杰弗斯（Jeffes）在埃林汉图上增加了相关的辅助坐标。

A 氧压标尺与等氧压线

金属Me的氧化反应 $2Me(s)+O_2(g)=\!=\!=2MeO(s)$

因
$$a_{Me}=a_{MeO}=1$$

所以
$$\Delta_r G_{Me}=\Delta_r G^{\ominus}_{Me}+RT\ln(p^{\ominus}/p_{O_2})$$

反应平衡时，$\Delta_r G_{Me}=0$

$$\Delta_r G^{\ominus}_{Me}=RT\ln(p_{O_2}/p^{\ominus}) \tag{3-1a}$$

对等压线来说，有

$$O_2(p_{O_2始}=p^{\ominus})=O_2(p_{O_2末})$$

$$\Delta_r G_{O_2}=RT\ln(p_{O_2末}/p^{\ominus}) \tag{3-1b}$$

若氧化反应与等压线相交，则$\Delta_r G_{Me}=\Delta_r G_{O_2}$，所以$p_{O_2末}=p^{平}_{O_2}$；两线的交点即为氧化反应在该温度下的平衡氧压（金属与金属氧化物的平衡氧压）$p^{平}_{O_2}$。从式(3-1b)可以看出，若$p_{O_2末}$不变，则$\Delta_r G_{O_2}$随温度而改变。若$p_{O_2末}=p^{\ominus}$，则$\Delta_r G_{O_2}=0$。所以等氧压线通过$\Delta_r G_{O_2}$的原点。若$p_{O_2末}>p^{\ominus}$，$\Delta_r G_{O_2}>0$；$p_{O_2末}<p^{\ominus}$，$\Delta_r G_{O_2}<0$。于是以标准压力$p^{\ominus}$(10^5Pa)为出发点，做小于$p^{\ominus}$的各$p_{O_2末}$的$\Delta_r G$-T线，便得到图3-2。图中直线的斜率为$-R\ln(p_{O_2}/p^{\ominus})$。

将埃林汉图与图3-2重叠相置，可以得到氧化反应的吉布斯自由能线与等氧压线的交点；交点温度即为MeO、Me平衡的氧压$p^{平}_{O_2}$，亦即MeO在该温度下的分解压力p_{O_2}。

B 埃林汉图的CO/CO_2标尺

CO是重要的还原性气体，在冶金和材料制备过程中具有重要的作用。其氧化反应为

$$2CO(g)+O_2(g)=\!=\!=CO_2(g)$$

$$\Delta_r G^{\ominus}=-564.80+173.64\times10^{-3}T\quad kJ/mol$$

或
$$\Delta_r G^{\ominus}=-564.80+173.64\times10^{-3}T=RT\ln\frac{p_{O_2}}{p^{\ominus}}+2RT\ln\frac{\varphi(CO)}{\varphi(CO_2)}\quad kJ/mol$$

显然，$\frac{\varphi(CO)}{\varphi(CO_2)}$比值不同，其 $\Delta_r G^{\ominus}$ 随温度变化的趋势也不同。对$\frac{\varphi(CO)}{\varphi(CO_2)}$为任何比值，在 $T=0K$ 时，$\Delta_r G^{\ominus}=-564.8kJ/mol$，即纵坐标上的 C 点。这样便得到一簇以 C 为起点的等 $\varphi(CO)/\varphi(CO_2)$ 比线，如图 3-3 所示。

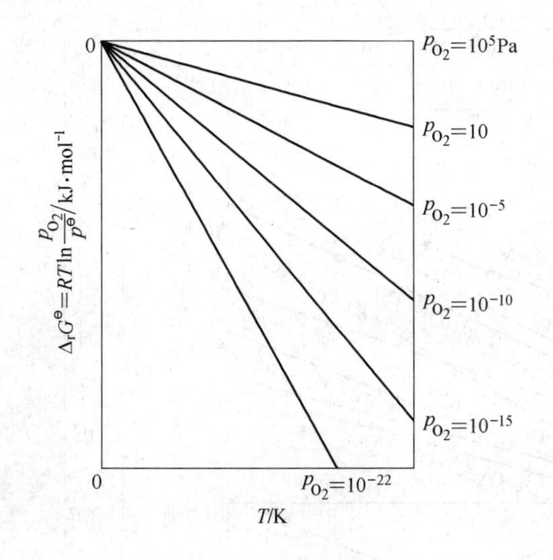

图 3-2 等氧压线图

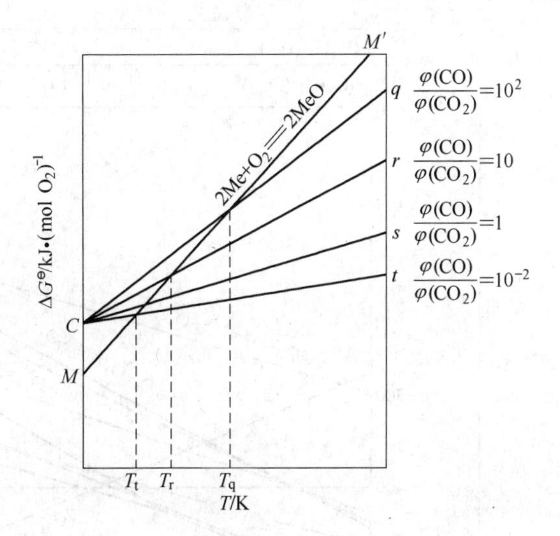

图 3-3 $\frac{\varphi(CO)}{\varphi(CO_2)}$比对 CO 还原氧化物反应平衡温度的影响

将 MeO 的 $\Delta_r G^{\ominus}=RT\ln(p_{O_2}/p^{\ominus})$ 线 MM′画在图 3-3 上，分别与 q、r 和 t 等 $\varphi(CO)/\varphi(CO_2)$ 比线相交，交点的温度分别为 T_q、T_r 和 T_t。交点温度标志着下面反应在相应的 $\varphi(CO)/\varphi(CO_2)$ 比下达到平衡

$$MeO(s)+CO(g)=\!=\!=Me(s)+CO_2(g)$$

$$\Delta_r G=\Delta_r G^{\ominus}+RT\ln\frac{p_{CO_2}}{p_{CO}}$$

即 $\Delta_r G=0$ 时，

$$\Delta_r G^{\ominus}=RT\ln\frac{p_{CO}}{p_{CO_2}}=RT\ln\frac{\varphi(CO)}{\varphi(CO_2)}$$

这里，等比线的 $\varphi(CO)/\varphi(CO_2)$ 比为该温度下还原反应的平衡气相成分之比。温度不同，$\varphi(CO)/\varphi(CO_2)$ 比也不同。

同理可以讨论 H_2/H_2O 的标尺

$$2H_2(g)+O_2(g)=\!=\!=2H_2O(g)$$

$$\Delta_r G^{\ominus}=-492.80+109.6T\quad kJ/mol$$

$$\Delta_r G^{\ominus}=-492.80+109.6\times10^{-3}T=RT\ln\frac{p_{O_2}}{p^{\ominus}}+2RT\ln\frac{\varphi(H_2)}{\varphi(H_2O)}\quad kJ/mol$$

根据此式可以画出一簇等 $\varphi(H_2)/\varphi(H_2O)$ 比线。$T=0$ 时，$\Delta_r G^{\ominus}=-492.80kJ/mol$，该点

以“H”点表示。

将等氧压、等 $\varphi(CO)/\varphi(CO_2)$ 比和等 $\varphi(H_2)/\varphi(H_2O)$ 比线所代表的氧压、$\varphi(CO)/\varphi(CO_2)$ 比值，$\varphi(H_2)/\varphi(H_2O)$ 比值作为标尺，分别画在埃林汉图上，得到理查森-杰弗斯图，示于图 3-4。

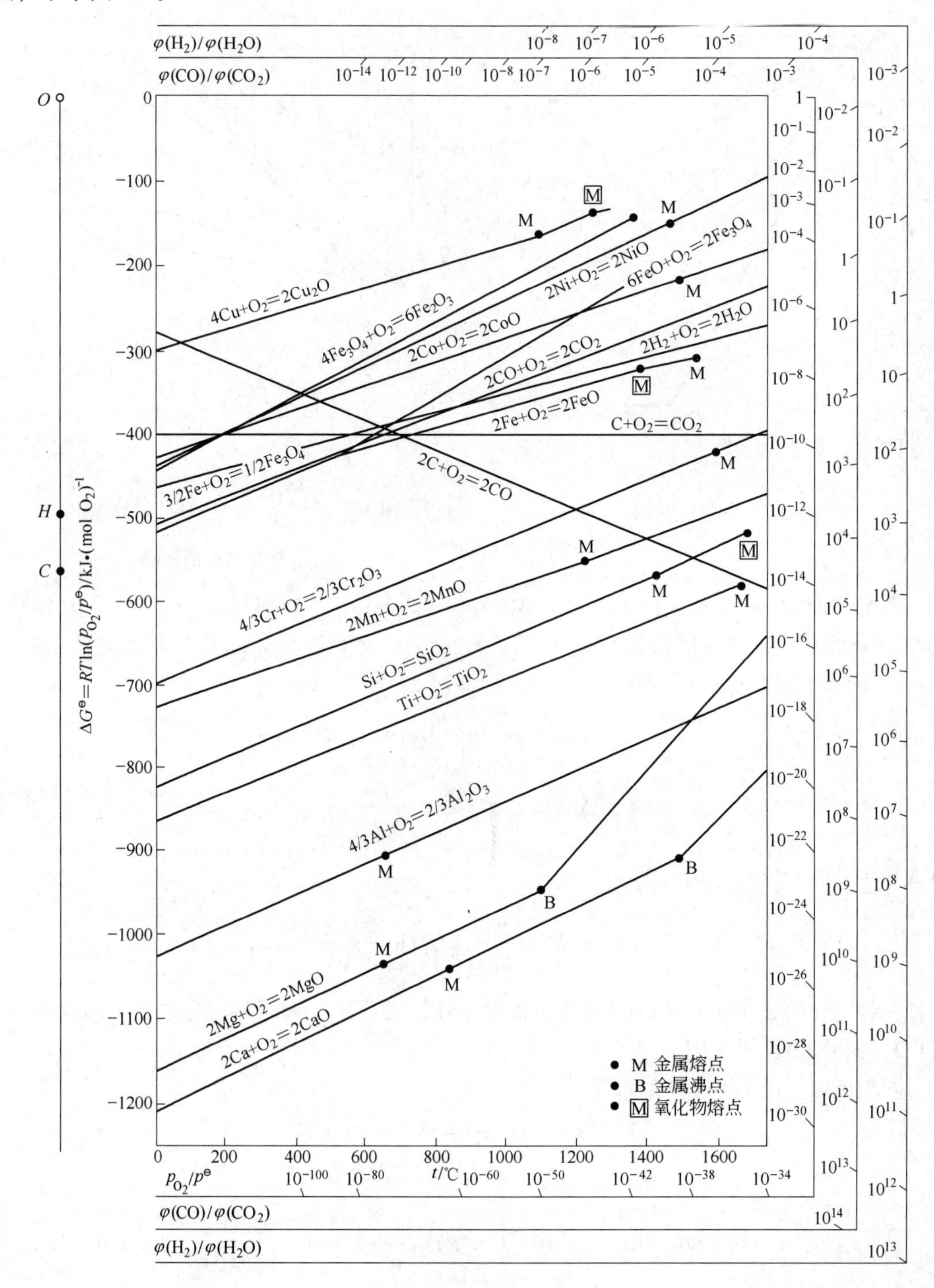

图 3-4 理查森-杰弗斯图

图中，左边纵坐标轴上的 O、C 和 H 点分别是 0K 时等氧压线、等 $\varphi(CO)/\varphi(CO_2)$ 比线及等 $\varphi(H_2)/\varphi(H_2O)$ 比线的起点。

C 标尺的用途

a p_{O_2}标尺

p_{O_2}标尺有以下用途：

（1）利用 p_{O_2}标尺可以直接求出某一温度下金属氧化物的分解压力。具体做法是，在指定温度下做垂线，与该金属氧化反应的 $\Delta G^\ominus = A + BT$ 线相交，连接交点与“氧点”并延长与 p_{O_2}标尺相交，标尺上的交点读数即为该氧化物在指定温度下的分解压力，或称金属氧化物的平衡氧分压。

（2）在指定氧分压下，可直接求出氧化物的分解平衡温度。具体做法是，在 p_{O_2}标尺上找出指定氧分压数，并与“氧点”连成直线，该直线与金属氧化物的 $\Delta G^\ominus = A + BT$ 线的交点所对应的温度，即为金属与指定氧分压的平衡温度。

（3）在指定温度及指定氧分压下，可判断气氛对金属的氧化还原性质。具体做法是，先求出指定温度下平衡氧分压，再将指定氧分压与平衡氧分压比较，若大于平衡氧分压，则气氛是氧化性的，会发生金属的氧化反应；反之发生金属氧化物的还原反应。

b $\varphi(CO)/\varphi(CO_2)$标尺

$\varphi(CO)/\varphi(CO_2)$标尺也称碳标尺，该标尺可用来分析 CO 气体还原金属氧化物的还原反应。具体用途为：

（1）给定温度后，可直接求出金属氧化物被 CO 还原达到平衡时的 $\varphi(CO)/\varphi(CO_2)$ 比。方法是，在指定温度下作垂线，与金属氧化物的 $\Delta G^\ominus = A + BT$ 相交，连接交点与“C”并延长至 $\varphi(CO)/\varphi(CO_2)$标尺线，交点所对应的 $\varphi(CO)/\varphi(CO_2)$ 比值即为所求的平衡 $\varphi(CO)/\varphi(CO_2)$ 比。

（2）给定 $\varphi(CO)/\varphi(CO_2)$ 比，可直接求出被 CO 还原的温度。方法是，在 $\varphi(CO)/\varphi(CO_2)$ 标尺上找出所给 $\varphi(CO)/\varphi(CO_2)$ 比值点，将该点与“C”相连，所连直线与 $\Delta G^\ominus = A + BT$ 线相交，交点的温度就是还原温度。

（3）在给定温度和 $\varphi(CO)/\varphi(CO_2)$ 比值条件下，判断气氛对金属的氧化还原性质。方法是，先求出指定温度下的平衡 $\varphi(CO)/\varphi(CO_2)$ 比，然后将指定的 $\varphi(CO)/\varphi(CO_2)$ 比值与 $\varphi(CO)/\varphi(CO_2)$ 的平衡值比较，若指定 $\varphi(CO)/\varphi(CO_2)$ 比值大于平衡的值，则气氛对金属讲是还原性的，可以发生金属氧化物被 CO 还原的反应。若指定的 $\varphi(CO)/\varphi(CO_2)$ 比值小于平衡的值，则发生金属被 CO_2 氧化的反应。

c $\varphi(H_2)/\varphi(H_2O)$ 标尺的用途

该标尺可用来分析 H_2 气体还原金属氧化物的还原反应。用途和具体方法与 $\varphi(CO)/\varphi(CO_2)$ 标尺的类似，此处不再赘述。

D 理查森-杰弗斯图的应用实例。

例 3-1 求 700℃（973K）时碳还原 FeO 的平衡气相成分。已知

$$FeO(s) + CO(g) \longrightarrow Fe(s) + CO_2(g) \qquad (1)$$

$$\Delta_r G^\ominus_{(1)} = -22.80 + 24.26 \times 10^{-3} T \quad \text{kJ/mol}$$

$$FeO(s) + C(s) \longrightarrow Fe(s) + CO(g) \qquad (2)$$

$$\Delta_r G^{\ominus}_{(2)} = 147.90 - 150.2 \times 10^{-3} T \quad \text{kJ/mol}$$

$$2C(s) + O_2(g) = 2CO(g) \tag{3}$$

$$\Delta_r G^{\ominus}_{(3)} = -223.40 - 175.3 \times 10^{-3} T \quad \text{kJ/mol}$$

$$2CO(g) + O_2(g) = 2CO_2(g) \tag{4}$$

$$\Delta_r G^{\ominus}_{(4)} = -564.80 + 173.64 \times 10^{-3} T \quad \text{kJ/mol}$$

$$CO_2(g) + C(s) = 2CO(g) \tag{5}$$

$$\Delta_r G^{\ominus}_{(5)} = 170.70 - 174.5 \times 10^{-3} T \quad \text{kJ/mol}$$

$$2Fe(s) + O_2(g) = 2FeO(s) \tag{6}$$

$$\Delta_r G^{\ominus}_{(6)} = -519.20 + 125.1 \times 10^{-3} T \quad \text{kJ/mol}$$

解 图 3-5 中 FeO 和 CO 线交于 a 点，a 点是反应(1) ~ 反应(6)同时平衡的温度 700℃(973K)。从反应(1)和反应(2)可以求出平衡氧压和 $\varphi(CO)/\varphi(CO_2)$ 之比值。

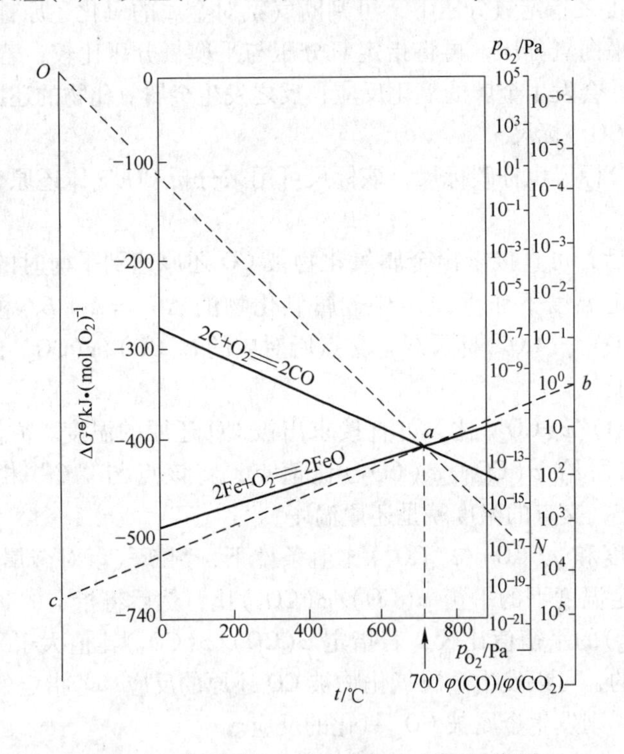

图 3-5　碳还原 FeO 的吉布斯自由能-温度图

(1) 求 700℃(973K)时的平衡氧压

从图 3-5 的"O"点向 a 点引线，与 FeO 线交于 a，并延长与氧压标尺交于 N 点，该点即为 700℃(973K)时 FeO 的分解压力。

采用计算方法，则根据反应

$$FeO(s) = Fe(s) + 0.5O_2(g)$$

$$\Delta_r G^{\ominus}_{973K} = 201.87 \text{kJ/mol}$$

$$201.87 = -0.008314 \times 973 \times 2.303 \times 0.5 \lg(p_{O_2}/p^{\ominus}) = -9.315 \lg(p_{O_2}/p^{\ominus})$$

$$p_{O_2} = 2.13 \times 10^{-17}\text{Pa}$$

即氧压标尺上 N 点所示氧压。

(2) 求700℃(973K)下还原反应的 $\varphi(CO)/\varphi(CO_2)$ 比。

采用计算方法，则根据反应

$$FeO(s) + C(s) = Fe(s) + CO(g)$$

$$\Delta_r G^{\ominus}_{973K} = 1.75\text{kJ/mol}$$

得到 $p_{CO} = 8.06 \times 10^4\text{Pa}$。

再计算与 p_{CO} 平衡的 p_{CO_2}。已知

$$C(s) + CO_2(g) = 2CO(g)$$

$$\Delta_r G^{\ominus}_{973K} = 0.91\text{kJ/mol}$$

计算得到

$$\frac{p^2_{CO}}{p_{CO_2} \cdot p^{\ominus}} = 8.94 \times 10^{-1}$$

$$p_{CO_2} = 7.27 \times 10^4\text{Pa}$$

所以，700℃(973K)下还原反应的 $\varphi(CO)/\varphi(CO_2) = 8.06 \times 10^4/7.27 \times 10^4 = 1.11$，即图3-5上的 b 点。

若从图3-5求 $\varphi(CO)/\varphi(CO_2)$ 比时，先从"C"点向 a 点连线，并向 $\varphi(CO)/\varphi(CO_2)$ 标尺延长交于 b 点。b 点的 $\varphi(CO)/\varphi(CO_2)$ 比就是在 a 点温度下 FeO 还原时，气相中平衡的 CO 和 CO_2 之比。

3.1.1.3 氧势图、硫势图、氯势图和氟势图的应用分析

对氧化物生成反应的氧势图的分析方法，同样可用于讨论硫化物、氯化物、氟化物等生成反应的硫势图（图3-6）、氯势图（图3-7）和氟势图（图3-8）。本节将介绍如何应用它们对相应化合物在标准状态、非标准状态和溶液状态下的稳定性以及选择性氧化还原性进行分析。

氧化物、硫化物、氯化物和氟化物的 $\Delta G^{\ominus}$ 与 T 关系图可用于下述几个方面。

A 在标准状态下判定氧化物、硫化物、氯化物和氟化物的稳定性和相对稳定性

在标准状态下，氧势、硫势、氯势和氟势的负值越大的化合物，其稳定性就越好。例如图3-6中硫势线越低的硫化物，稳定性越好。任意两个硫化物，硫势线较低或低价硫化物，能从硫势线高的硫化物中夺取硫，将其中的元素还原出来。这表明硫势低的元素可充当硫势高的硫化物的还原剂。在该条件下，由两条硫势线之间距离所表示出的还原反应标准吉布斯自由能 $\Delta_r G^{\ominus}_T$ 为负值。

若任意两种硫化物的硫势线的斜率差别较大时，则两线必定相交。在交点温度下，两个硫化物的硫势相等，稳定性相同，即交点温度为它们平衡共存的温度，称之为转化温度。利用图中的转化温度，可从氧势图、硫势图、氯势图、氟势图上，选择氧化-还原反应向所需方向进行的温度条件。

B 在非标准状态下氧化物、硫化物、氯化物和氟化物的稳定性分析

以氧化物为例，介绍具体做法。由于氧势图所描绘的 $\Delta_r G^{\ominus}_T$ 线是在标准状态

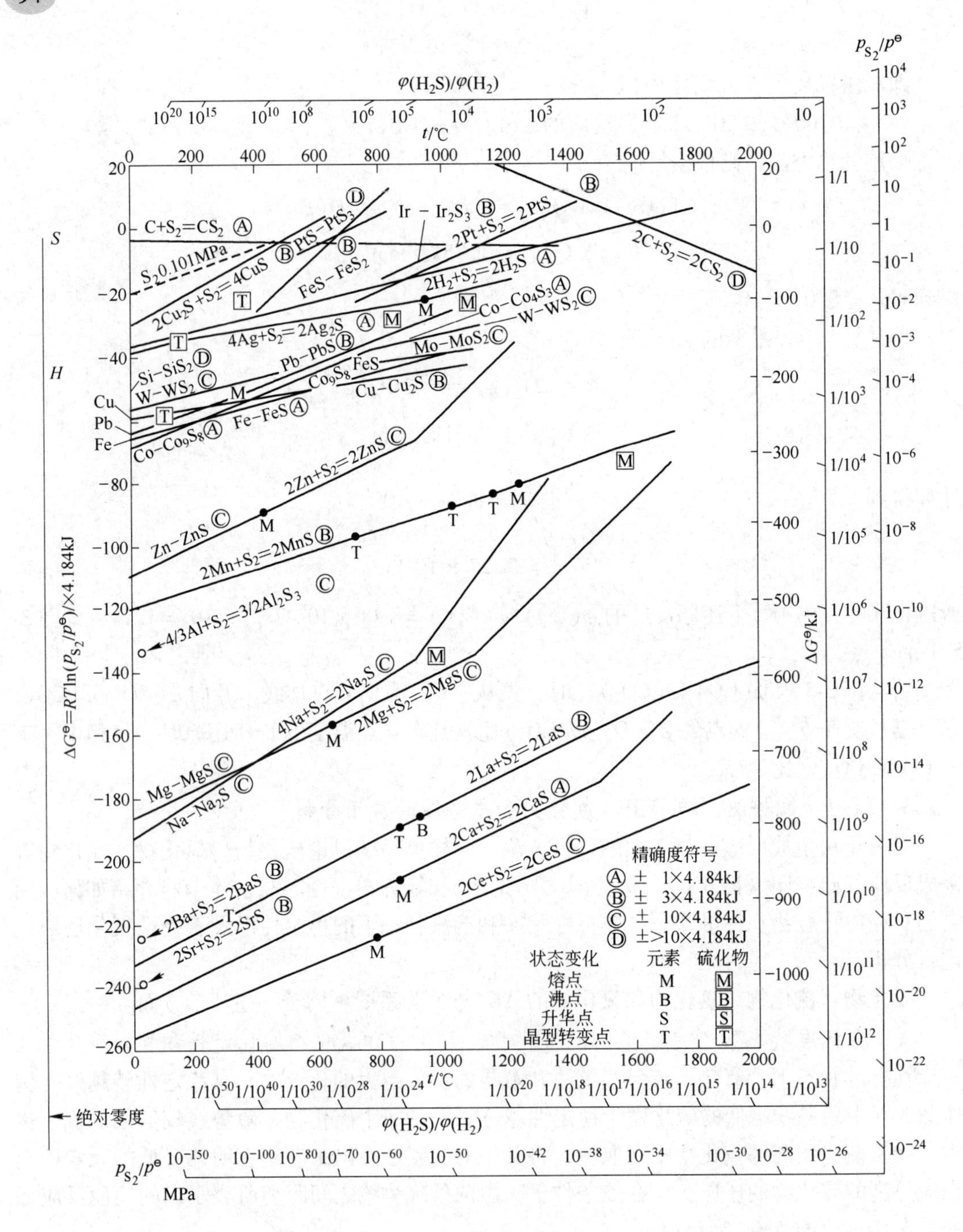

图 3-6　硫化物生成反应的 $\Delta_r G^\ominus$ 与温度的关系（折合成 1mol S_2）

$\left(\frac{p_{O_2}}{p^\ominus}=1\right)$下生成氧化物的标准吉布斯自由能与温度的关系，若氧化物在非标准状态$\left(\frac{p_{O_2}}{p^\ominus}\neq 1\right)$下生成，则氧化物的稳定性分析必须依据等温方程。如对反应

$$\frac{2x}{y}M(s) + O_2(g) \xlongequal{\quad} \frac{2}{y}M_xO_y(s)$$

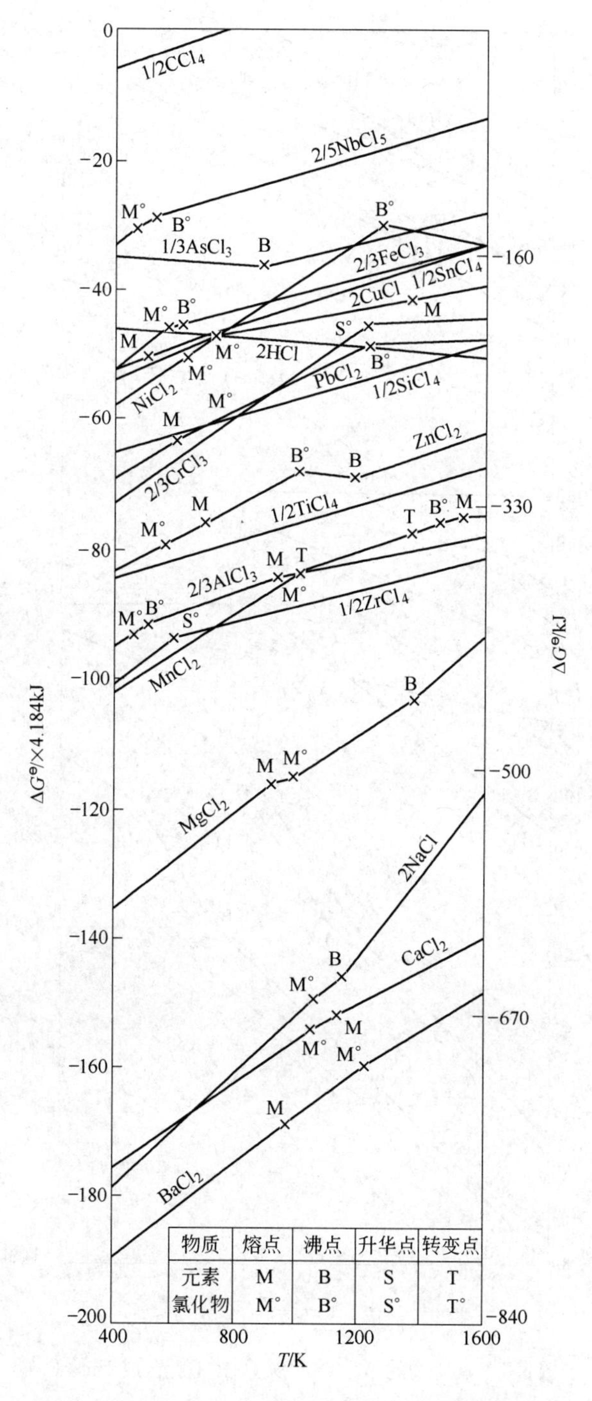

图 3-7 氯化物的 $\Delta G^{\ominus}$ 与 T 关系图（折合成 1mol Cl_2）

有
$$\Delta_r G_T = \Delta_r G_T^{\ominus} + RT\ln J = \Delta_r G_T^{\ominus} - RT\ln \frac{p_{O_2}}{p^{\ominus}}$$

当 $\frac{p_{O_2}}{p^{\ominus}} < 1$ 时，$\Delta_r G_T$ 比 $\Delta_r G_T^{\ominus}$ 更正，则生成物（M_xO_y）的稳定性减小，在氧势图中

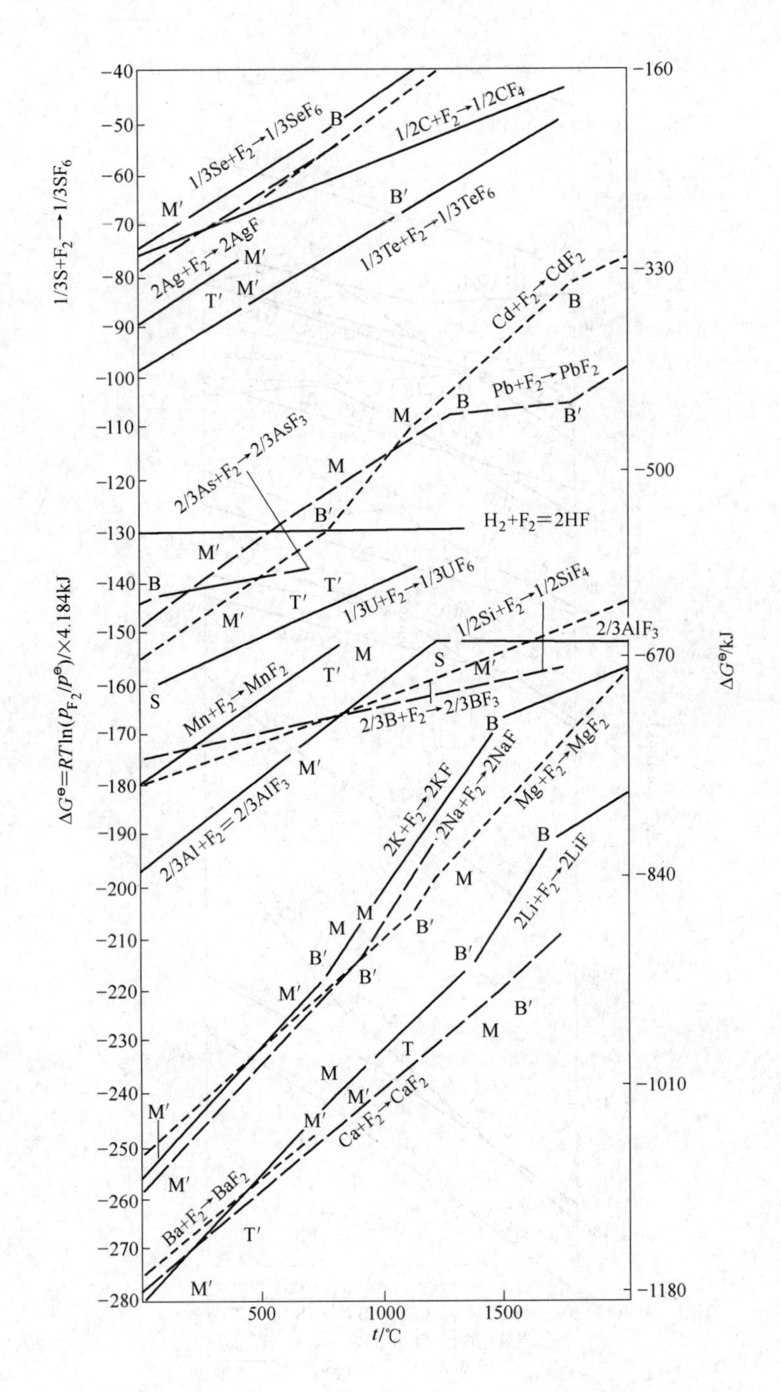

图 3-8　氟化物的 $\Delta G^{\ominus}$ 与 T 关系图（折合成 1mol F_2）

M_xO_y 线的位置将上移。反之，当$\frac{p_{O_2}}{p^{\ominus}}>1$ 时，M_xO_y 的稳定性增加，在氧势图中 M_xO_y 线将下移。

对在非标准状态下氯化物、硫化物和氟化物的稳定性分析与氧化物的分析方法相同，不再赘述。

C 选择性氧化、氯化、硫化和氟化的分析

以反应 $\frac{2x}{y}M(s)+O_2(g)=\!=\!=\frac{2}{y}M_xO_y(s)$ 和 $2C(s)+O_2(g)=\!=\!=2CO(g)$ 为例，介绍反应稳定相相区的划分并分析选择性氧化的稳定相区图（参见图3-9）。根据前面的分析可以判定，图中实线的下方是反应物稳定存在的区域，而实线的上方为生成物稳定存在的区域。由两个反应的标准吉布斯自由能可以求出 $T_{转}$。$T_{转}$ 把实线上方分为两个区域。左边处于反应 $\frac{2x}{y}M(s)+O_2(g)=\!=\!=\frac{2}{y}M_xO_y(s)$ 平衡线之上，稳定相之一为 $M_xO_y(s)$。另外，在温度低于 $T_{转}$ 时，$M_xO_y(s)$ 比 CO 的 $\Delta_rG_T^{\ominus}$ 更负。因此，C(s)不能还原 $M_xO_y(s)$，在该区内 C(s)将稳定存在。所以，整个左边区域内为 $M_xO_y(s)$ 与 C(s)的稳定区。同理可以分析得出右边区域内为 M(s)和 CO 的稳定相区。

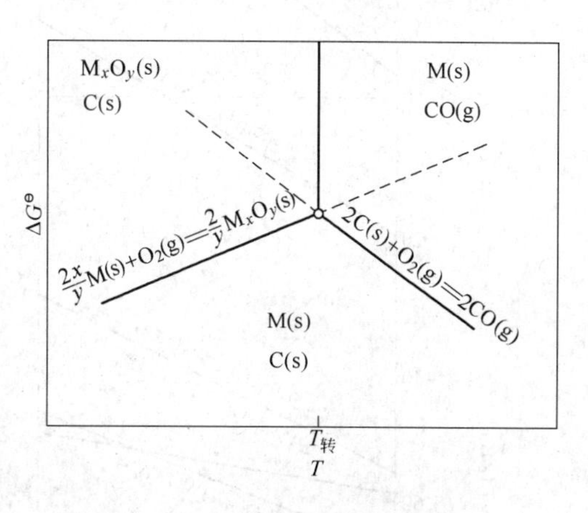

图3-9 选择性氧化反应的稳定相区分布

对氯化物、硫化物和氟化物的选择性氯化、硫化或氟化稳定相区的划分方法与氧化物相同，不再赘述。

D 溶液中元素氧化的氧势图

前面讨论的氧势图（图3-1），由于反应物和生成物都是纯物质，所以它仅适用于纯物质参与的氧化还原反应的分析，如高炉还原、反射炉还原以及其他在材料制备过程中纯物质间发生的反应。对火法冶金，诸如炼钢、铜镍精炼等以及湿法冶金过程中溶解元素的氧化反应不适用。在这些条件下，必须考虑元素相互溶解形成金属熔体（溶液）的因素（即考虑其溶解吉布斯自由能）。现对铁液中杂质元素氧化的氧势图进行分析（参见图3-10(a)、(b)和图3-11(a)、(b)），以此来说明溶液中元素氧化的氧势图的运用方法。

铁液中元素被氧气直接氧化的氧势图（示于图3-10a）和常见的埃林汉图相比，更能实际地反映出炼钢过程中常见元素被 O_2 直接氧化的先后顺序。由该图可得到如下结论：

(1) [Cu]、[Ni]、[Mo]、[W] 氧化的 $\Delta_rG_T^{\ominus}$ 线均在 [Fe] 氧化的 $\Delta_rG_T^{\ominus}$ 线之上，所以在炼钢吹氧过程中铁的氧化将保护了 [Cu]、[Ni]、[Mo]、[W] 不被氧化。

(2) 磷氧化的 $\Delta_rG_T^{\ominus}$ 线在 [Fe] 氧化的 $\Delta_rG_T^{\ominus}$ 线之上，应不被氧化。但因造碱性渣才实现了脱磷。

(3) [Cr]、[Mn]、[V]、[Nb] 等元素的氧化趋势随温度升高而降低，它们都与碳氧化的 $\Delta_rG_T^{\ominus}$ 线相交，即有转化温度 $T_{转}$。温度低于 $T_{转}$，元素优先被氧化；温度高于 $T_{转}$，碳优先被氧化。

(4) [Si]、[B]、[Ti]、[Al]、[Ce] 最易被氧化，它们是钢水的强脱氧剂。在图3-10中 $\Delta_rG_T^{\ominus}$ 线越低的元素，其脱氧能力越强。

由此可见，图3-10 决定了元素氧化顺序，它与冶金过程和金属材料的制备直接相关，

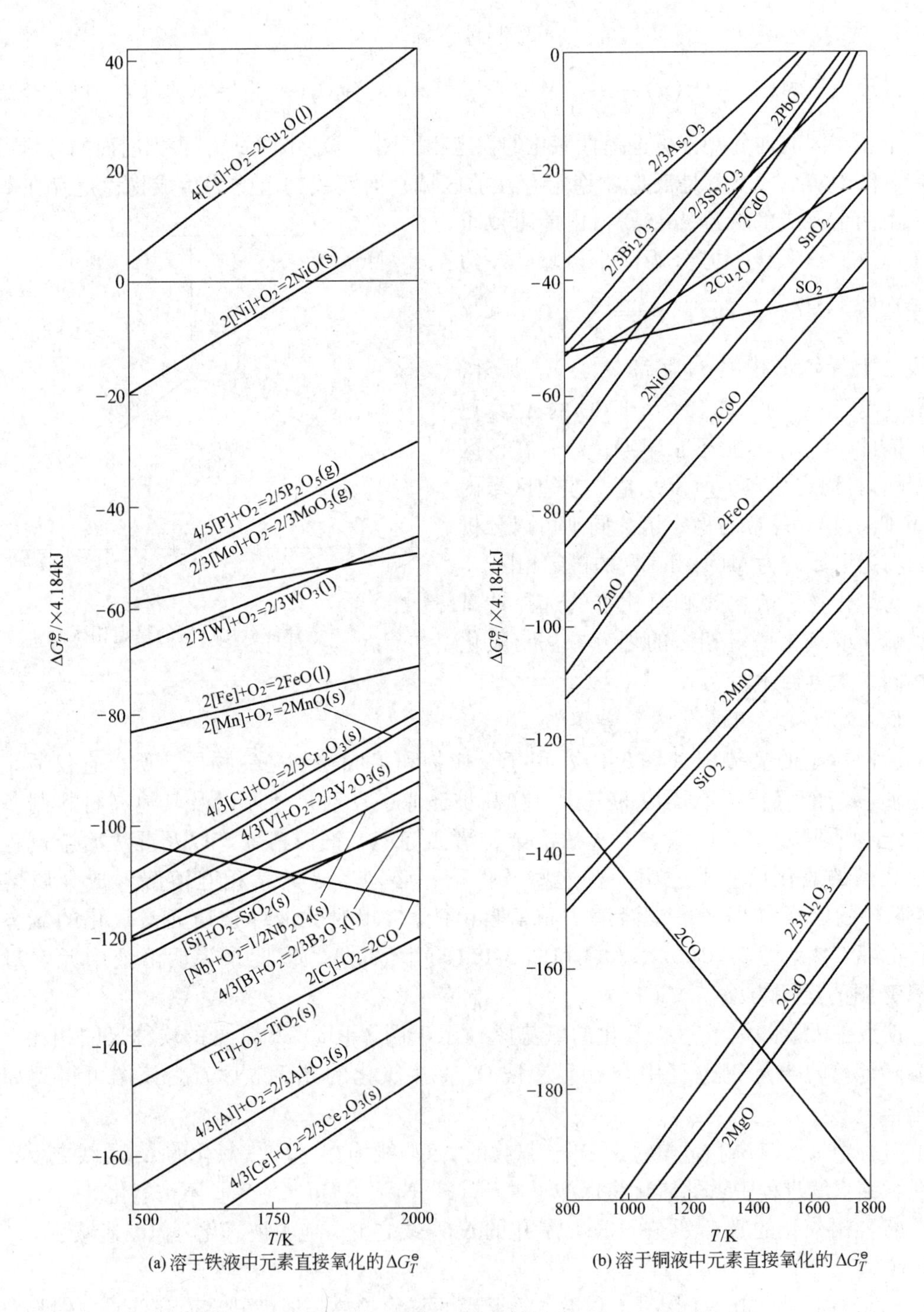

图 3-10　铁液、铜液中元素直接氧化的 $\Delta G_T^{\ominus}$（折合成 1mol O_2）

诸如原料或合金元素加入顺序，脱氧剂的加入的先后等步骤，都必须遵守这一规律。

铁液中的元素被溶解的［O］或者是钢渣界面上的（FeO）氧化的氧势图一并示于图 3-11。把图 3-11 与图 3-10(a) 相比，可以看出图中元素的氧化顺序完全相同，只是由于 $\Delta_r G_T^{\ominus}$ 的负值减少，图 3-11 中各 $\Delta_r G_T^{\ominus}$ 线在图中的位置相应提高。因此，由直接氧化的氧势图得到的四条结论也完全可以用来讨论间接氧化。

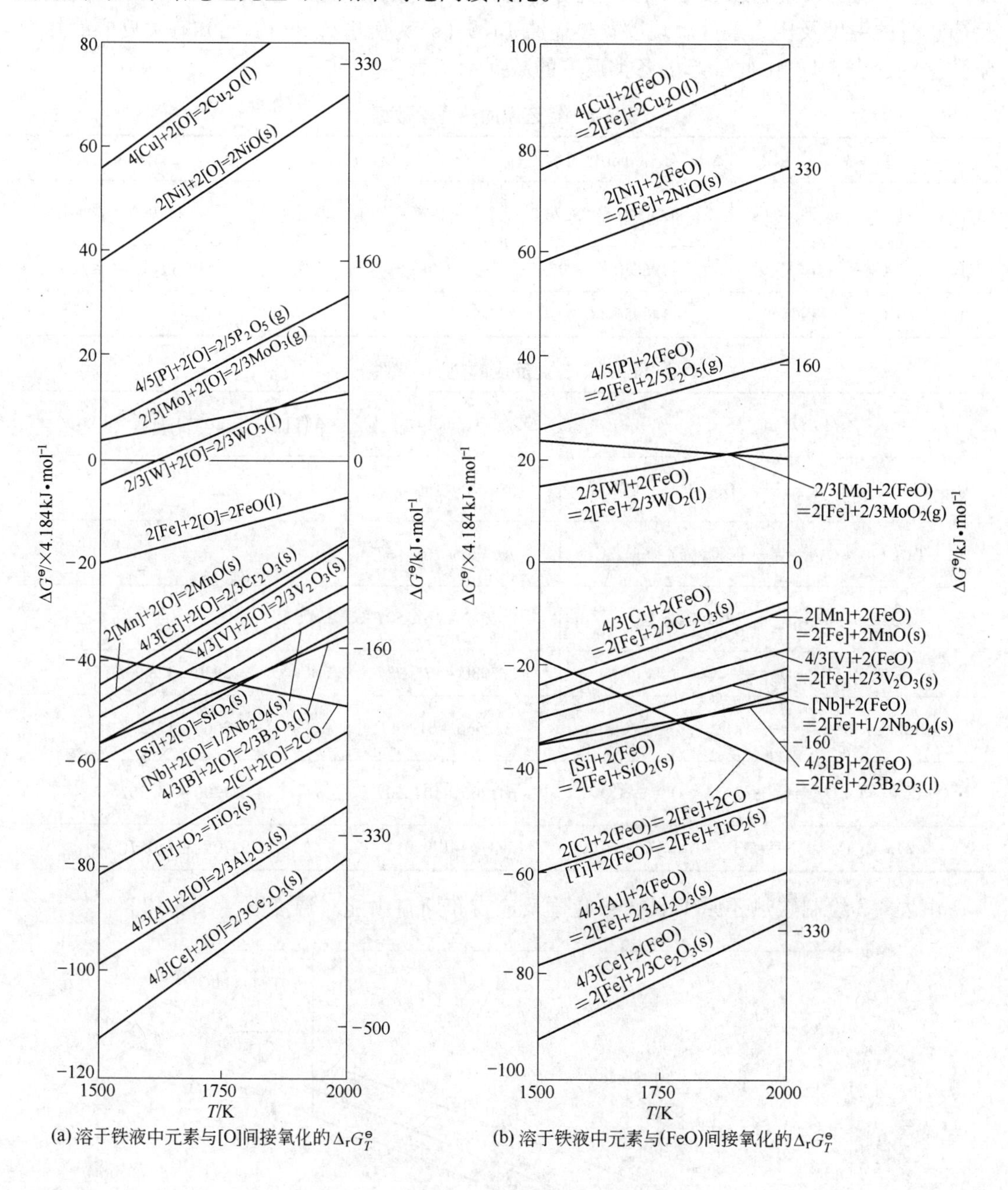

图 3-11　铁液中元素间接氧化的 $\Delta_r G_T^{\ominus}$

3.1.2　化学反应吉布斯自由能对温度图（又称波贝克斯-埃林汉图）

碳热还原法是利用碳还原金属氧化物制取纯金属或金属碳化物的方法之一。在工艺过程中，金属易与碳生成碳化物，且在一定条件下生成的 CO 可按布都尔（Boudouard）$2CO(g) = C(s) + CO_2(g)$ 反应进行分解。这使还原反应复杂化。若将各还原反应的

$\Delta_r G$ 与温度的关系绘制成 $\Delta_r G$-T 图，就可直观地看出还原反应的先后顺序，并可以读出各反应进行的温度及压力条件。现以碳热还原 $Ta_2O_5(s)$ 为例进行分析。已知有关反应的热力学数据示于表 3-1，由此计算的各类反应的数据示于表 3-2。

表 3-1　钽还原的热力学数据

反　应	$\Delta_f G_T^\ominus$/J·(mol 化合物)$^{-1}$	反　应	$\Delta_f G_T^\ominus$/J·(mol 化合物)$^{-1}$
$2Ta(s)+\frac{5}{2}O_2 = Ta_2O_5(s)$	$-2008320+403.76T$	$C(s)+\frac{1}{2}O_2 = CO$	$-111960-87.86T$
$2Ta(s)+C(s) = Ta_2C(s)$	$-196650+2.09T$	$C(s)+O_2 = CO_2$	$-394380-1.26T$
$Ta(s)+C(s) = TaC(s)$	$-148950+6.69T$		

表 3-2　各类反应的热力学数据

反　应	$\Delta G_T^\ominus$/J·(mol O_2)$^{-1}$	$\Delta G_T\left(\frac{p_{CO}}{p^\ominus}=10^{-4}\right)$/J·(mol O_2)$^{-1}$
① $\frac{4}{5}TaC(s)+O_2 = \frac{2}{5}Ta_2O_5(s)+\frac{4}{5}C(s)$	$-684170+156.15T$	
② $\frac{4}{5}Ta_2C(s)+O_2 = \frac{2}{5}Ta_2O_5(s)+\frac{4}{5}TaC(s)$	$-765170+165.18T$	
③ $\frac{4}{5}Ta(s)+O_2 = \frac{2}{5}Ta_2O_5(s)$	$-803330+161.50T$	
④ $2C(s)+O_2 = 2CO$	$-223930-175.73T$	④′　$-223930-328.86T$
⑤ $\frac{4}{7}TaC(s)+O_2 = \frac{2}{7}Ta_2O_5(s)+\frac{4}{7}CO$	$-552660+61.34T$	⑤′　$-552660+17.57T$
⑥ $\frac{1}{3}Ta_2C(s)+O_2 = \frac{1}{3}Ta_2O_5(s)+\frac{1}{3}CO$	$-641200+104.60T$	⑥′　$-641200+83.26T$
⑦ $2Ta_2C(s)+O_2 = 4Ta(s)+2CO$	$169370-179.91T$	⑦′　$169370-333.05T$

由表 3-2 绘制碳热还原 $Ta_2O_5(s)$ 化学反应吉布斯自由能对温度图（图 3-12）。

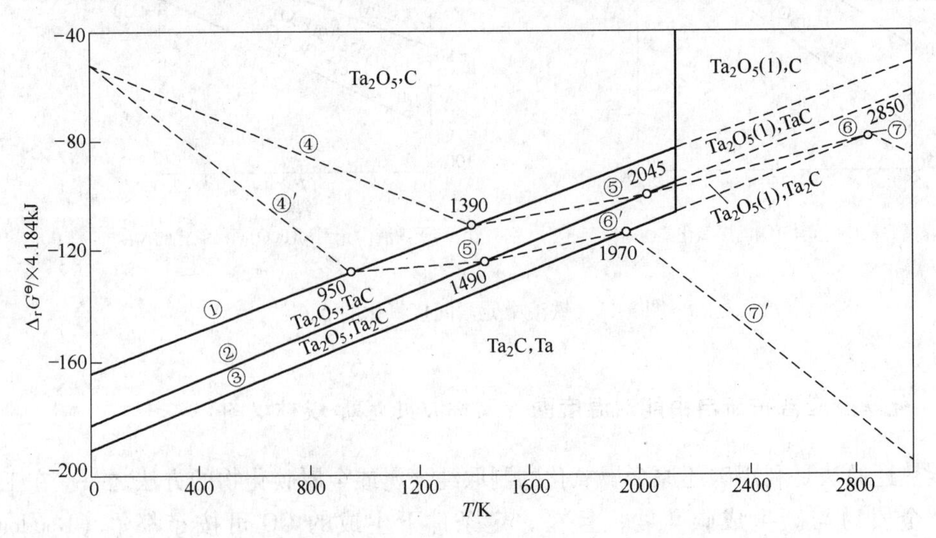

图 3-12　碳热法还原 Ta_2O_5 的 $\Delta_r G$-T 图

由图看出，在 $\frac{p_{CO}}{p^{\ominus}}=1$ 时，用 C(s)还原 Ta_2O_5(s)获得 Ta(s)，要求温度必须超过 2850K，这在工业上是很难实现的。当 $\frac{p_{CO}}{p^{\ominus}}=10^{-4}$ 时，各有关反应 $\Delta_r G$ 线相交点温度即为最低还原温度。由图可看到，还原获得 Ta(s)的最低温度已降到 1970K，制备高温陶瓷 TaC 的温度也降到了 1490K。显然，碳热法还原 Ta_2O_5(s)制取金属 Ta 或高温陶瓷 TaC，必须在真空条件下才能实现。

3.1.3 化学反应吉布斯自由能 $\Delta_r G$-$RT\ln J$ 图（又称极图）

由等温方程 $\Delta_r G=\Delta_r G^{\ominus}+RT\ln J=\Delta_r H^{\ominus}-T\Delta_r S^{\ominus}+RT\ln J$ 知，在某一指定温度下（即当温度确定后），一个反应的 $\Delta_r G^{\ominus}$（$\Delta_r H^{\ominus}$、$\Delta_r S^{\ominus}$）就为常数。因此，$\Delta_r G$ 与 $RT\ln J$ 呈一直线关系。这样可根据表 3-3 和表 3-4 的数据绘制碳和硅的氧化反应的极图（图 3-13）。

$$2C(s)+O_2(g)=\!=\!=2CO(g) \tag{3-2a}$$

$$\Delta_r G^{\ominus}=-223.93-175.73\times10^{-3}T\quad \text{kJ/mol}$$

$$Si(s)+O_2(g)=\!=\!=SiO_2(s) \tag{3-2b}$$

$$\Delta_f G^{\ominus}=-905.81+175.73\times10^{-3}T\quad \text{kJ/mol}\quad (298\sim1685\text{K})$$

表 3-3 碳氧化反应的 $\Delta_r G$ 值　　J/mol

$\frac{p_{CO}}{p^{\ominus}}$	$R\ln J=2R\ln\frac{p_{CO}}{p^{\ominus}}$	$\Delta G=\Delta G^{\ominus}+2RT\ln(p_{CO}/p^{\ominus})$			
		1000K	1200K	1400K	1600K
1	0	−399660	−434720	−469860	−505090
10^{-1}	−9.15	−437940	—	—	—
10^{-2}	−18.30	−476220	—	—	—

表 3-4 硅氧化反应的 $\Delta_r G$ 值　　J/mol

a_{SiO_2}	$R\ln J=R\ln a_{SiO_2}$	$\Delta G=\Delta G^{\ominus}+RT\ln a_{SiO_2}$			
		1000K	1200K	1400K	1600K
1	0	−730110	−694960	−659820	−624670
10^{-1}	−19.14	−749270	—	—	—
10^{-2}	−38.28	−768390	—	—	—
10^{-3}	−57.43	−787510	—	—	—

由图 3-13 可以看出，对硅的氧化反应 $R\ln J$ 的值为零时，$\Delta_r G=\Delta_r G^{\ominus}$。将直线 a 延长到 $\Delta_r G=\Delta_r H^{\ominus}$ 点，用“Si”表示，并称为极点。由等温方程 $\Delta_r G=\Delta_r H^{\ominus}-T\Delta_r S^{\ominus}+RT\ln a_{SiO_2}$，当 $\Delta_r G=\Delta_r H^{\ominus}$ 时，则 $R\ln a_{SiO_2}=\Delta_r S^{\ominus}=-175.73\times10^{-3}\text{kJ/(mol}\cdot\text{K)}$。因此，“Si”极点 $R\ln a_{SiO_2}=-175.73\times10^{-3}$，且与温度无关。同理，延长 e 线，可以得到碳氧化反应的极点“C”。通过极点各条 $\Delta_r G$ 线的斜率，为该反应的温度。以 a 线为例，其斜率

$$T_{反}=\frac{\Delta_r H^{\ominus}-\Delta_r G^{\ominus}}{\Delta_r S^{\ominus}}=\frac{-905.84-(-730.11)}{-175.73\times10^{-3}}=1000\text{K}$$

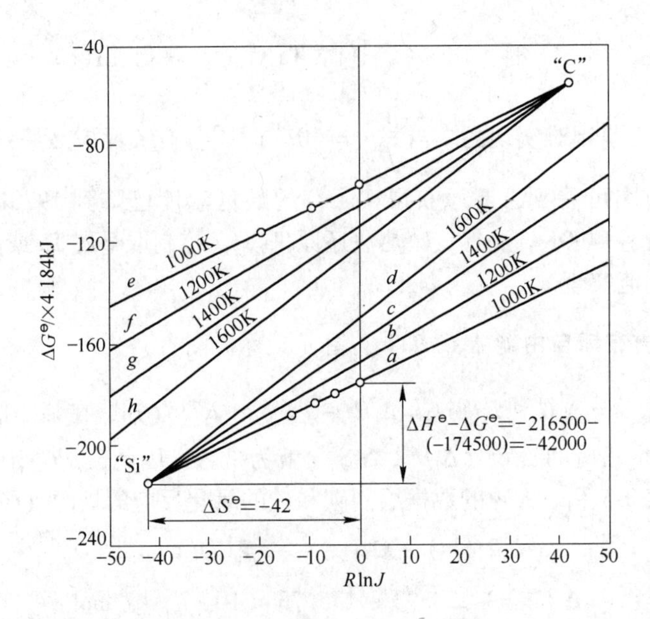

图 3-13 硅和碳氧化反应的极图

而连接两极点的直线的斜率即为两个反应的转化温度 $T_{转}$。以"C"—"Si"线（即图 3-14 中 m 线）为例，其斜率为

$$T_{转} = \frac{\Delta_r H^{\ominus}_{(3\text{-}2b)} - \Delta_r H^{\ominus}_{(3\text{-}2a)}}{\Delta_r S^{\ominus}_{(3\text{-}2b)} - \Delta_r S^{\ominus}_{(3\text{-}2a)}} = \frac{-905.84 - (223.93)}{(-175.73 - 175.73) \times 10^{-3}} = 1940\text{K}$$

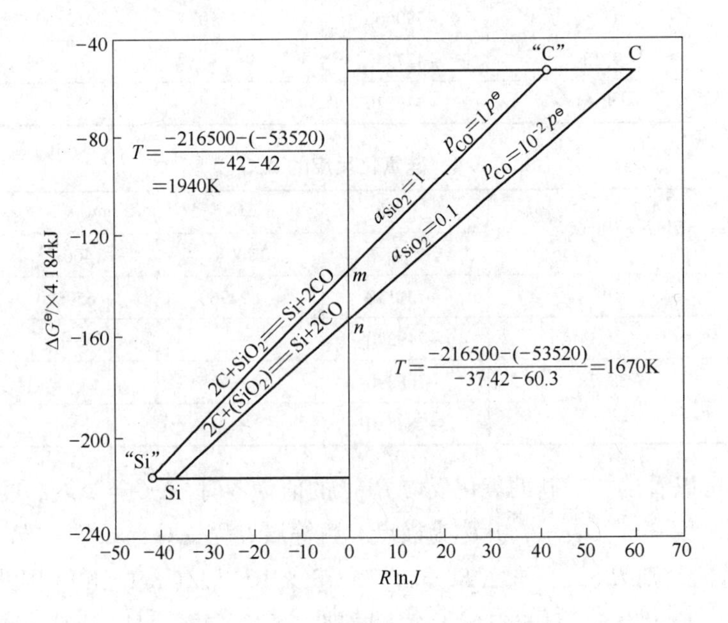

图 3-14 由极点求转化温度

这里的 $T_{转}$ 为在标准状态下（即在 $p_{CO}/p^{\ominus} = 1$，$a_{SiO_2} = 1$）求得。若状态改变了，则需求出新状态下的极点。新极点间的连线的斜率仍为两个反应的转化温度。如图 3-14 中的 n

线为在非标准状态下（$p_{CO}/p^{\ominus} = 10^{-2}$，$a_{SiO_2} = 10^{-1}$）的斜率 $T_{转} = 1670K$。利用极图与下面反应的计算比较。

$$2C(s) + SiO_2(s) \xlongequal{} Si(s) + CO(g) \tag{3-3}$$

$$\Delta_r G^{\ominus} = -681.91 + 351.46 \times 10^{-3}T \quad kJ/mol$$

$$\Delta_r G = \Delta_r G^{\ominus} + RT\ln J = -681.91 + 408.86 \times 10^{-3}T \quad kJ/mol;\ T = 1668K$$

计算结果1668K与由极图得到的结果1670K一致。由此可见，利用极图可以计算两个反应的进行温度和它们的转化温度。

3.1.4 化学反应的平衡常数-温度$\left(\lg K^{\ominus}-\frac{1}{T}\right)$图

对任何化学反应，若已知标准吉布斯自由能 $\Delta_r G^{\ominus}$，便可导出标准平衡常数 $K^{\ominus}$ 与温度 T 的关系，从而绘制 $\lg K^{\ominus} - \frac{1}{T}$ 图，在图上可以直观地看到参与反应各物质的稳定区域及稳定条件。这类图可分为两种类型：化合物分解与生成反应的 $\lg K^{\ominus} - \frac{1}{T}$ 图和交互反应的 $\lg K^{\ominus} - \frac{1}{T}$ 图。

以FeS分解为例讨论分解反应的 $\lg K^{\ominus} - \frac{1}{T}$ 图。

$$2FeS(s) \xlongequal{} 2Fe(s) + S_2(g) \tag{3-4a}$$

$$\Delta_r G_T^{\ominus} = 304.60 - 156.90 \times 10^{-3}T \quad kJ/mol$$

由

$$\Delta_r G_T^{\ominus} = -RT\ln K_p^{\ominus} = -RT\ln \frac{p_{S_2}}{p^{\ominus}}$$

所以

$$\lg \frac{p_{S_2}}{p^{\ominus}} = -\frac{15908.38}{T} + 8.19 \tag{3-4b}$$

根据式（3-4b）可作出图3-15。由于FeS的熔点为1468K，铁的熔点为1809K，故满足反应（3-4a）的温度应低于1468K，所以图中最高温度为1450K。直线上方区域内任一温度下，实际硫分压 p'_{S_2} 高于平衡线上相同温度时的平衡硫分压 p_{S_2}。由等温方程

$$\Delta_r G_T = -RT\ln \frac{p_{S_2}}{p^{\ominus}} + RT\ln \frac{p'_{S_2}}{p^{\ominus}}$$

可知，由于 $p'_{S_2} > p_{S_2}$，故 $\Delta_r G > 0$，反应（3-4a）向左进行生成FeS。因此，平衡线上方区域为FeS的稳定区。在平衡线下方区域内 $p'_{S_2} < p_{S_2}$，则反应（3-4a）向右进行生成铁，故平衡线下方区域为Fe的稳定区。

由此可以得出结论：对于分解反应，在平衡线上方为反应物稳定区，下方为生成物稳定区；对生成反应则相反，平衡线上方为生成物稳定区，下方为反应物稳定区。

以NiO的生成反应为例分析，并对反应物和生成物有相变时 $\lg K^{\ominus} - \frac{1}{T}$ 图上的表示方法（见图3-16）给以介绍。NiO的生成反应为

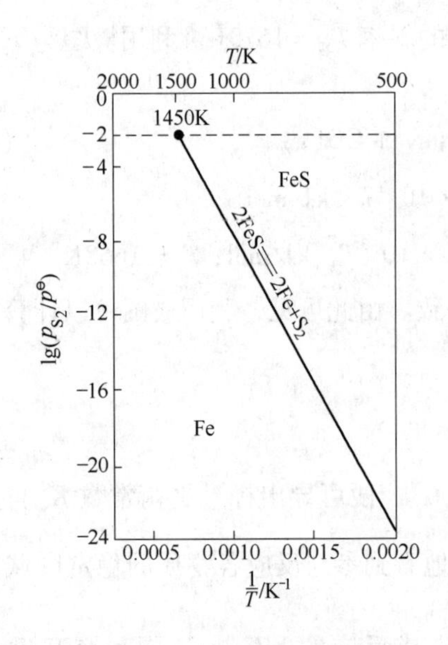

图 3-15 Fe-S 系平衡图

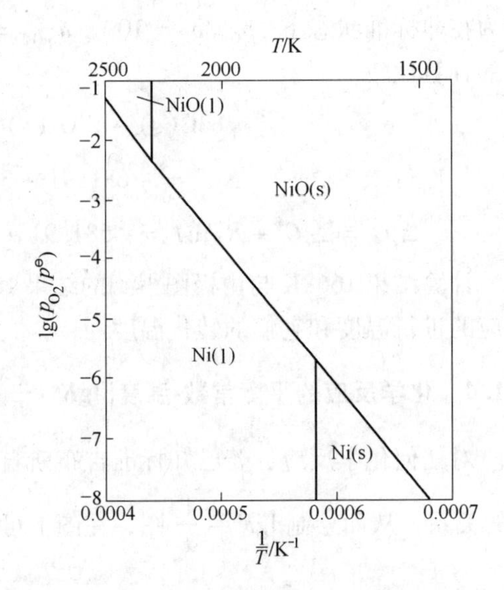

图 3-16 Ni-O 系平衡图

$$2Ni(s) + O_2(g) \xlongequal{} 2NiO(s) \tag{3-5a}$$

$$\Delta_r G_T^{\ominus} = -476.98 + 168.62 \times 10^{-3} T \quad kJ/mol \quad (298 \sim 1725K)$$

$$\Delta G_T^{\ominus} = -RT\ln K_p^{\ominus} = -RT\ln \frac{p^{\ominus}}{p_{O_2}} = RT\ln \frac{p_{O_2}}{p^{\ominus}}$$

所以

$$\lg \frac{p_{O_2}}{p^{\ominus}} = -\frac{24911.29}{T} + 8.81 \tag{3-5b}$$

$$2Ni(l) + O_2(g) \xlongequal{} 2NiO(s) \tag{3-5c}$$

$$\Delta_r G_T^{\ominus} = -457.31 + 157.32 \times 10^{-3} T \quad kJ/mol \quad (1725 \sim 2257K)$$

$$\lg \frac{p_{O_2}}{p^{\ominus}} = -\frac{23883.98}{T} + 8.22 \tag{3-5d}$$

$$2Ni(l) + O_2(g) \xlongequal{} 2NiO(l) \tag{3-5e}$$

$$\Delta_r G_T^{\ominus} = -471.54 + 163.59 \times 10^{-3} T \quad kJ/mol$$

$$\lg \frac{p_{O_2}}{p^{\ominus}} = -\frac{24627.17}{T} + 8.54 \tag{3-5f}$$

图 3-16 中绘出了两个相变点，即 1725K 时镍的熔点和 2257K 时 NiO 的熔点；以及 Ni(s)、Ni(l)、NiO(s)、NiO(l)的稳定区。由该图可以判定各物质稳定存在的条件。例如，在 1400K 下，要使 Ni 不被氧化，$\lg \frac{p_{O_2}}{p^{\ominus}} < 1.02 \times 10^{-9}$，即氧分压 $p_{O_2} < 1.02 \times 10^{-10}$MPa。

再以 FeO 被 CO 还原为例，讨论交互反应的 $\lg K^{\ominus}$ - $\frac{1}{T}$ 图（参见图 3-17）。由附录 7 氧化物的标准吉布斯自由能 $\Delta G^{\ominus}$ 的数据，先求出 CO 燃烧反应的标准吉布斯自由能。

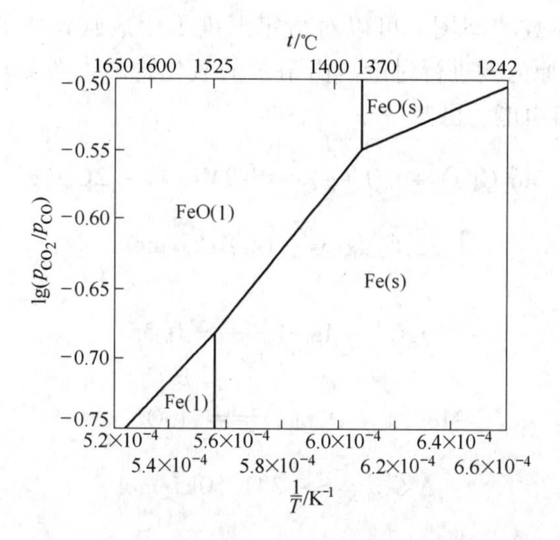

图 3-17 $FeO + CO \xlongequal{} Fe + CO_2$ 反应的平衡图

$$2CO(g) + O_2(g) \xlongequal{} 2CO_2(g) \tag{3-6a}$$

$$\Delta_r G_T^{\ominus} = -556.14 + 165.52 \times 10^{-3}T \quad kJ/mol$$

再利用反应（3-6a）与 FeO 生成反应相减得到

$$FeO(s) + CO(g) \xlongequal{} Fe(s) + CO_2(g) \tag{3-6b}$$

$$\Delta_r G_T^{\ominus} = -16.15 + 19.25 \times 10^{-3}T \quad kJ/mol \quad (298 \sim 1650K)$$

$$\lg K_p^{\ominus} = \frac{843.47}{T} - 1.01$$

$$FeO(l) + CO(g) \xlongequal{} Fe(s) + CO_2(g) \tag{3-6c}$$

$$\Delta_r G_T^{\ominus} = -48.58 + 38.95 \times 10^{-3}T \quad kJ/mol \quad (1650 \sim 1809K)$$

$$\lg K_p^{\ominus} = \frac{2537.19}{T} - 2.03$$

$$FeO(l) + CO(g) \xlongequal{} Fe(l) + CO_2(g) \tag{3-6d}$$

$$\Delta_r G_T^{\ominus} = -40.00 + 33.31 \times 10^{-3}T \quad kJ/mol \quad (1809 \sim 2000K)$$

$$\lg K_p^{\ominus} = \frac{2089.08}{T} - 1.74$$

根据式(3-6b) ~ 式(3-6d)，便可绘出图 3-17，再依据等温方程，可以判定参与反应各物质的稳定区域。由图可以看出，在标准状态下，上述各反应的平衡常数均小于 1，即 FeO 不可能被 CO 还原，而可以被 CO_2 氧化。

绘制化学反应的 $\lg K^{\ominus}$ -T 类热力学参数状态图，可以直观地判断在材料制备过程中反应物和生成物的稳定相区，以及表示它们的相变过程等。

3.1.5 化学反应的 $\lg K^{\ominus}$-$\lg \frac{p_{O_2}}{p^{\ominus}}$ 图

利用 CO/CO_2 混合气体可以进行碳热还原金属氧化物制取金属碳化物或金属。绘制这类化学反应的热力学参数状态图，可以对指定温度下生成碳化物的条件进行分析。现以 1400K 下 MoO_2 碳热还原为例进行讨论。由附录的氧化物的吉布斯自由能数据可以算出有关反应的标准吉布斯自由能。已知

$$Mo_2C(s) + CO_2(g) = 2Mo(s) + 2CO(g) \tag{3-7a}$$

$$\Delta_r G^{\ominus}_{1400K} = -14.81\text{kJ/mol}$$

$$\lg K^{\ominus}_p = \lg \frac{p^2_{CO}}{p^{\ominus} p_{CO_2}} = 0.55$$

$$Mo(s) + O_2(g) = MoO_2(s) \tag{3-7b}$$

$$\Delta_r G^{\ominus}_{1400K} = -341.50\text{kJ/mol}$$

$$\lg K^{\ominus}_p = -\lg \frac{p_{O_2}}{p^{\ominus}} = 12.74$$

$$2MoO_2(s) + 2CO(g) = Mo_2C(s) + CO_2(g) + 2O_2(g) \tag{3-7c}$$

$$\Delta_r G^{\ominus}_{1400K} = 697.81\text{kJ/mol}$$

$$\lg \frac{p^2_{CO}}{p^{\ominus} p_{CO_2}} = 2\lg \frac{p_{O_2}}{p^{\ominus}} + 26.03$$

$$CO_2(g) = CO(g) + \frac{1}{2}O_2(g) \tag{3-7d}$$

$$\Delta_r G^{\ominus}_{1400K} = 161.17\text{kJ/mol}$$

令 $R = \frac{p_{CO}}{p_{CO_2}}$，则

$$\lg R = -\frac{1}{2}\lg \frac{p_{O_2}}{p^{\ominus}} - 6.01$$

令系统总压 $p_t = p_{CO} + p_{CO_2}$，于是有

$$\frac{p^2_{CO}}{p^{\ominus} p_{CO_2}} = \frac{R^2 p_t}{(R+1)p^{\ominus}}$$

即

$$\lg \frac{p^2_{CO}}{p^{\ominus} p_{CO_2}} = 2\lg R - \lg(R-1) + \lg \frac{p_t}{p^{\ominus}} \tag{3-8}$$

利用式(3-7a)～式(3-7c)可以绘制出图 3-18，得到三个稳定相区。

再由式（3-8），令 $\frac{p_t}{p^{\ominus}}$ 分别为 1、0.1，即可作出 $\frac{p^2_{CO}}{p^{\ominus} p_{CO_2}}$ 对 $\lg R$ 的曲线 d 和 e。由图可以看出，如在常压下还原 $MoO_2(s)$，只要 $\lg \frac{p_{O_2}}{p^{\ominus}} < -12.76$ 或 $\lg \frac{p_{CO}}{p_{CO_2}} > 0.36$，就很容易获得 Mo_2C；但要制备纯金属钼，必须把 $\varphi(CO)/\varphi(CO_2)$ 比控制在很窄范围内，方可抑制 Mo_2C

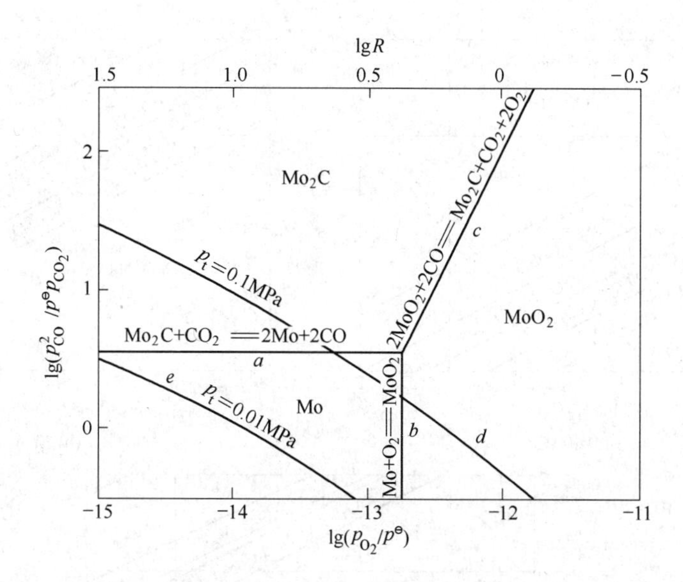

图 3-18　Mo-C-O 系 1400K 的平衡图

的生成。若采用真空碳热还原，则 $\lg\frac{p_{CO}}{p_{CO_2}}$ 变化在0.5至1.5范围内均不可能生成 Mo_2C，才能获得纯金属钼。这就是真空碳热还原制取金属钼及其他难熔金属的理论依据。

3.1.6 硫化物焙烧反应的优势区图 $\left(\lg\frac{p_{SO_2}}{p^{\ominus}}\text{-}\lg\frac{p_{O_2}}{p^{\ominus}}\text{图}\right)$

金属硫化物在中温氧化焙烧时，可以产生硫酸盐或氧化物。因此，热力学分析对金属硫化矿，尤其是多金属硫化矿焙烧条件的选择至关重要。最方便的途径是作 $\lg\frac{p_{SO_2}}{p^{\ominus}}\text{-}\lg\frac{p_{O_2}}{p^{\ominus}}$ 图，它可以指出物质稳定存在的区域，称之为优势区图。

首先讨论含铜、镍、钴、铁多金属硫化矿选择性焙烧，分离铁的优势区图（参见图3-19）。

在一定温度和一定炉气组成下焙烧矿石，可使 Fe 死烧为 $Fe_2O_3(s)$，而 Cu、Ni、Co 保持为硫酸盐存在于焙烧砂中。在随后水浸焙烧砂的过程中，Cu、Ni、Co 转入溶液，而 $Fe_2O_3(s)$ 留在残渣中，从而达到除 Fe 的目的。已知热力学数据列于表3-5。

表 3-5　有关反应的标准吉布斯自由能

序号	反　应	$\Delta_r G_T^{\ominus}$/kJ · mol^{-1}
1	$SO_3(g)═══SO_2(g)+\frac{1}{2}O_2(g)$	$104.64+23.26\times10^{-3}T\lg T-169.54\times10^{-3}T$
2	$CoSO_4(s)═══CoO(s)+SO_3(g)$	$289.66+115.60\times10^{-3}T\lg T-573.96\times10^{-3}T$
3	$NiSO_4(s)═══NiO(s)+SO_3(g)$	$248.07-198.82\times10^{-3}T$
4	$2CuSO_4(s)═══CuO\cdot CuSO_4(s)+SO_3(g)$	$216.65+21.59\times10^{-3}T\lg T-253.55\times10^{-3}T$
5	$CuO\cdot CuSO_4(s)═══2CuO(s)+SO_3(g)$	$217.69+21.59\times10^{-3}T\lg T-240.95\times10^{-3}T$
6	$\frac{1}{3}Fe_2(SO_4)_3(s)═══\frac{1}{3}Fe_2O_3(s)+SO_3(g)$	$203.30+34.10\times10^{-3}T\lg T-297.19\times10^{-3}T$

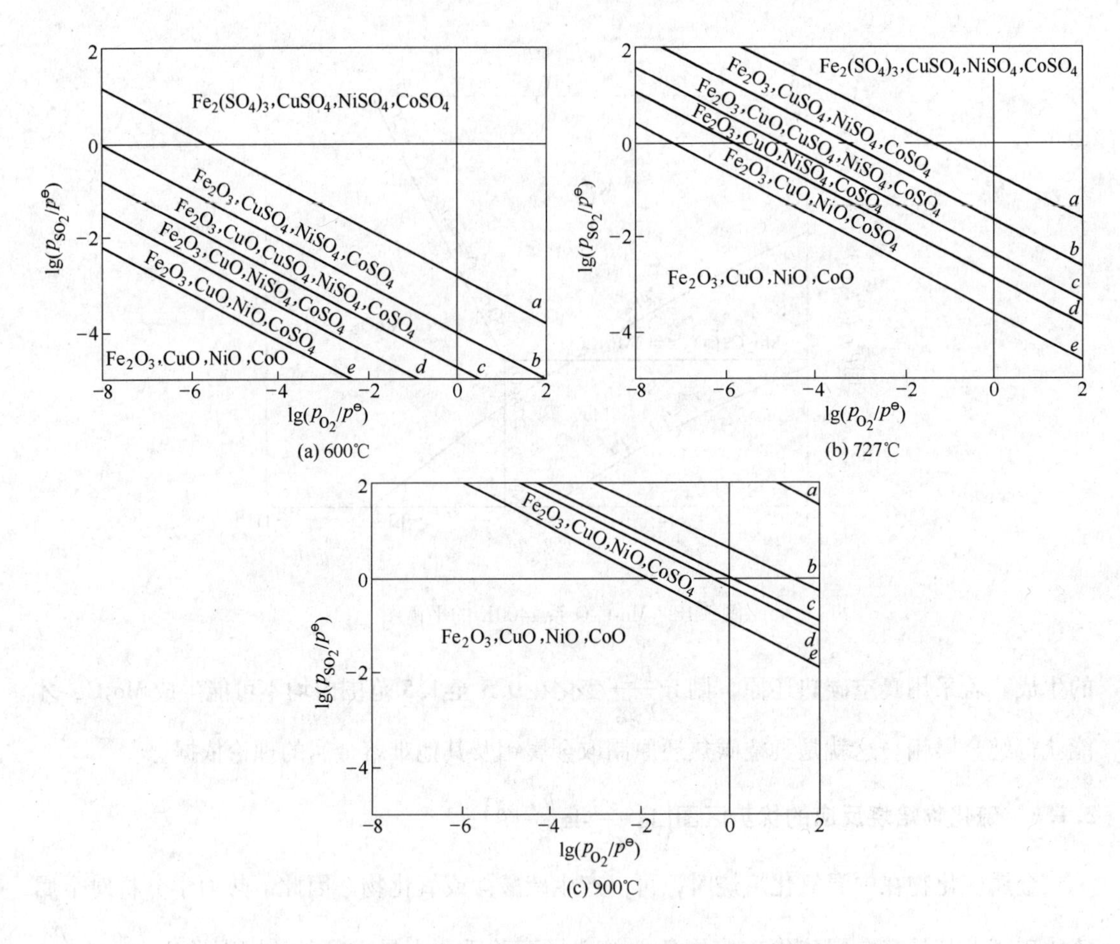

图 3-19 不同温度下 Cu、Ni、Co 多金属硫化矿硫酸化焙烧优势区图

由此表数据可以求出下面各硫酸盐分解反应的标准吉布斯自由能。

$$\frac{1}{3}Fe_2(SO_4)_3(s) = \frac{1}{3}Fe_2O_3(s) + SO_2(g) + \frac{1}{2}O_2(g) \tag{3-9a}$$

$$\Delta_r G_T^{\ominus} = 307.94 + 57.36 \times 10^{-3} T\lg T - 466.73 \times 10^{-3} T \quad kJ/mol$$

$$2CuSO_4(s) = CuO \cdot CuSO_4(s) + SO_2(g) + \frac{1}{2}O_2(g) \tag{3-9b}$$

$$\Delta_r G_T^{\ominus} = 321.29 + 44.85 \times 10^{-3} T\lg T - 423.09 \times 10^{-3} T \quad kJ/mol$$

$$CuO \cdot CuSO_4(s) = 2CuO(s) + SO_2(g) + \frac{1}{2}O_2(g) \tag{3-9c}$$

$$\Delta_r G_T^{\ominus} = 322.34 + 44.85 \times 10^{-3} T\lg T - 410.49 \times 10^{-3} T \quad kJ/mol$$

$$NiSO_4(s) = NiO(s) + SO_2(g) + \frac{1}{2}O_2(g) \tag{3-9d}$$

$$\Delta_r G_T^{\ominus} = 352.71 + 23.26 \times 10^{-3} T\lg T - 368.36 \times 10^{-3} T \quad kJ/mol$$

$$CoSO_4(s) = CoO(s) + SO_2(g) + \frac{1}{2}O_2(g) \tag{3-9e}$$

$$\Delta_r G_T^{\ominus} = 394.30 + 138.87 \times 10^{-3} T\lg T - 743.50 \times 10^{-3} T \quad \text{kJ/mol}$$

上述反应的平衡常数可表示为

$$\lg \frac{p_{CO_2}}{p^{\ominus}} = \lg K_p^{\ominus} - \frac{1}{2}\lg \frac{p_{O_2}}{p^{\ominus}}$$

由各反应的标准吉布斯自由能求出873K、1000K、1173K（即600℃、727℃、900℃）时的$\lg K_p^{\ominus}$，这样便可得到图3-19。由图可以看出，当$\frac{p_{SO_2}}{p^{\ominus}}$和$\frac{p_{O_2}}{p^{\ominus}}$值处于反应（3-9a）和(3-9b)两线（即$a$、$b$两线）之间，则焙烧产物为$Fe_2O_3(s)$、$CuSO_4(s)$、$NiSO_4(s)$、$CoSO_4(s)$；经水浸处理后，可使Fe与Cu、Ni、Co分离。通常焙烧是在大气气氛中进行的，对一般沸腾焙烧，气体中含$SO_2$10%～15%，而多膛焙烧炉含SO_2仅4%～6%。若取焙烧气体含$SO_2$3%～10%，且总压为0.1MPa，则SO_2在炉气中的分压为0.003～0.010MPa。因此，$\lg p_{SO_2}/p^{\ominus}$在－1.52～－1之间。若焙烧气体中残氧2%～3%，则$\lg p_{O_2}/p^{\ominus}$应在－1.69～－1.52之间。比较图3-19a、b、c可以得出：在满足上述条件下，达到除Fe目的，最适宜的选择性硫酸化焙烧温度为873～973K(600～700℃)。

此外，同理也可以绘制多反应体系的优势区图。例如，同时考虑温度的影响，可绘制三维的Me-S-O平衡图。下面以Ni-S-O系为例进行分析（参见图3-20）。已知各反应的热力学数据，列于表3-6。利用这些数据绘制出图3-20。此图的前视图为1150K时Ni-S-O系各化合物的平衡关系，而侧视图为1000～1150K范围内NiO(s)与$NiSO_4$(s)的平衡关系。

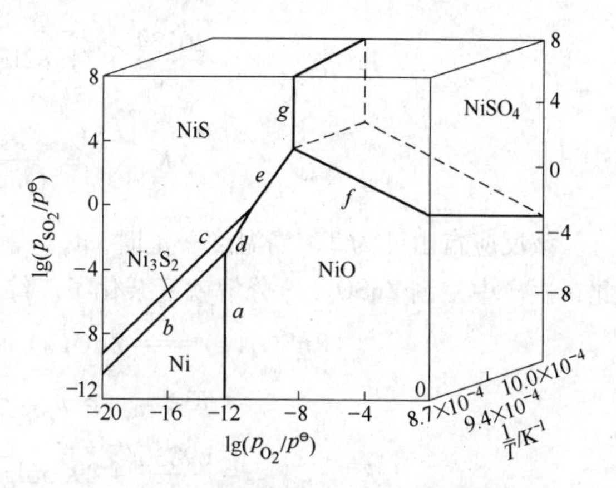

图3-20 Ni-S-O系的平衡关系图(1000～1150K)

表3-6 Ni-S-O系各反应的平衡常数

序 号	反 应	$\lg K^{\ominus}$ 1000K	$\lg K^{\ominus}$ 1150K
a	$Ni(s) + \frac{1}{2}O_2 = NiO(s)$	7.67	6.04
b	$Ni_3S_2(s) + 2O_2 = 3Ni(s) + 2SO_2$	21.39	18.73
c	$3NiS(s) + O_2 = Ni_3S_2(s) + SO_2$	12.23	10.50
d	$Ni_3S_2(s) + \frac{7}{2}O_2 = 3NiO(s) + 2SO_2$	44.40	36.85
e	$NiS(s) + \frac{3}{2}O_2 = NiO(s) + SO_2$	18.87	15.79
f	$NiO(s) + SO_2 + \frac{1}{2}O_2 = NiSO_4(s)$	2.72	0.52
g	$NiS(s) + 2O_2 = NiSO_4(s)$	21.60	16.31

最后，讨论硫化锌精矿焙烧的优势区图。

如果控制温度和气氛，获得 ZnO(s)、$ZnSO_4$(s)和($ZnO + ZnSO_4$)的混合物（即部分硫酸化焙烧）等焙烧产物。在工业焙烧体系中的反应有

$$ZnSO_4(s) \xlongequal{} ZnO(s) + SO_3(g) \tag{3-10}$$

$$\lg \frac{p_{SO_3}}{p^\ominus} = -\frac{49700}{T} + 17.54\lg T - 6.01 \times 10^{-3} T - 9.07$$

由相律得知，该反应自由度为1，$p_{SO_3} = f(T)$。$ZnSO_4$(s)的稳定性取决于 SO_3 的平衡分压 $p_{SO_3}/p^\ominus$ 与炉气中 SO_3 的分压 $p'_{SO_3}/p^\ominus$ 的变化关系。若 $p'_{SO_3} > p_{SO_3}$，则 $ZnSO_4$(s)稳定；反之，若 $p'_{SO_3} < p_{SO_3}$，则 $ZnSO_4$(s)分解；若 $p'_{SO_3} = p_{SO_3}$，则反应（3-10）处于平衡。

体系中还有反应

$$SO_3(g) \xlongequal{} SO_2(g) + 0.5O_2(g) \tag{3-11a}$$

$$\lg K^\ominus_{p(SO_3)} = -\frac{20134}{T} + 11.82\lg T - 9.56 \times 10^{-3} T - 9.33 \tag{3-11b}$$

$$K^\ominus_{p(SO_3)} = \frac{p_{SO_2} \cdot p_{O_2}^{0.5}}{(p^\ominus)^{0.5} \cdot p_{SO_3}} \tag{3-11c}$$

该反应自由度为3，当温度一定时，$K^\ominus_{p(SO_3)}$ 一定，但 p_{SO_3} 还随 p_{SO_2}、p_{O_2} 的变化而变，因此在生产中控制 $ZnSO_4$(s)分解就复杂化了。综合考虑反应（3-10）和反应（3-11），得到

$$ZnSO_4(s) \xlongequal{} ZnO(s) + SO_2(g) + 0.5O_2(g) \tag{3-12a}$$

$$K^\ominus_{p(ZnSO_4)} = p_{SO_2} \cdot p_{O_2}^{0.5}/(p^\ominus)^{1.5}$$

$$\lg K^\ominus_{p(ZnSO_4)} = -\frac{69836}{T} + 29.36\lg T - 15.57 \times 10^{-3} T - 18.40 \tag{3-12b}$$

该反应的自由度为2，当温度一定时，$p_{SO_2} = f(p_{O_2})$。若指定温度为1073K(800℃)，便可在优势区图上绘制反应（3-12a）线，见图3-21。根据等温方程 $\Delta_r G = RT\ln J - RT\ln K^\ominus_p$，在直线右上方 $(p_{SO_2} \cdot p_{O_2}^{0.5})/(p^\ominus)^{1.5} > K^\ominus_p$，$\Delta_r G > 0$，反应向左进行，生成 $ZnSO_4$(s)，所以直线右上方区域为 $ZnSO_4$(s)的稳定区。而直线的下方，$(p_{SO_2} \cdot p_{O_2}^{0.5})/(p^\ominus)^{1.5} < K^\ominus_p$，$ZnSO_4$(s)将分解，故此区域为ZnO(s)的稳定区。在直线上则为三相共存。由此可见，直线上方为硫酸化焙烧区，直线下方属死烧区，而在直线附近可以得到 $ZnSO_4$(s)与ZnO(s)的混合物。可见部分硫酸化焙烧范围窄，对炉气成分要求严格。若温度提高到 $T = 1273$K，由式（3-12b）可以算出 $\lg K^\ominus_{p(ZnSO_4)} = -0.4618$，

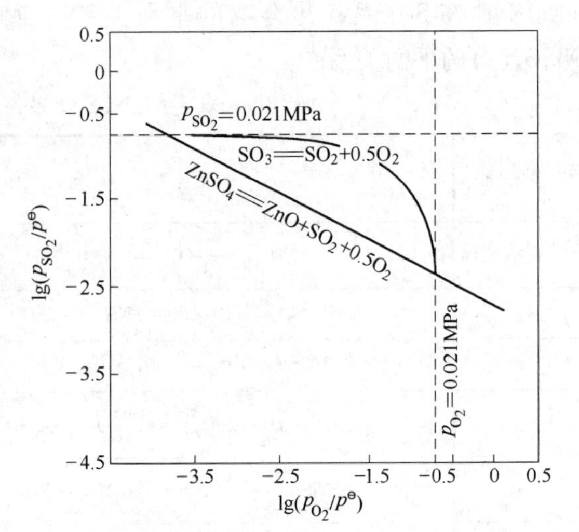

图3-21 ZnS焙烧时 $ZnSO_4$(s)生成与分解的等温平衡图（800℃优势区图）

$K^{\ominus}_{p(ZnSO_4)}=0.345$，与 $T=1073K$，$\lg K^{\ominus}_{p(ZnSO_4)}=-2.6823$，$K^{\ominus}_{p(ZnSO_4)}=2.08\times10^{-3}$ 相比，平衡常数上升，$(p_{SO_2}\cdot p_{O_2}^{0.5})$ 也应上升，直线将向上移动；显然，$ZnSO_4(s)$ 稳定区缩小，而 $ZnO(s)$ 稳定区增大。可见温度升高不利于硫酸化焙烧。图中两条虚线代表工业生产中采用大气气氛焙烧时，调节过剩空气系数以改变炉气成分，所能达到的最大极限。当采用富氧焙烧时，p_{O_2}、p_{SO_2} 的极限值将增大，即两条虚线将分别向右向上移动。

工业焙烧炉中还存在反应（3-11a）。因为是在大气气氛中焙烧，故有

$$p_{SO_3}+p_{SO_2}+p_{O_2}=0.021\text{MPa}$$

如果独立变量取 T 和 p_{O_2}，将

$$\frac{p_{SO_3}}{p^{\ominus}}=0.21-\frac{p_{SO_2}}{p^{\ominus}}-\frac{p_{O_2}}{p^{\ominus}}$$

代入式（3-11c），得

$$\frac{p_{SO_2}}{p^{\ominus}}=\frac{K^{\ominus}_{p(SO_3)}\cdot\left(0.21-\frac{p_{O_2}}{p^{\ominus}}\right)}{K^{\ominus}_{p(SO_3)}+\left(\frac{p_{O_2}}{p^{\ominus}}\right)^{0.5}}$$

取对数

$$\lg\frac{p_{SO_2}}{p^{\ominus}}=\lg K^{\ominus}_{p(SO_3)}+\lg\left(0.21-\frac{p_{O_2}}{p^{\ominus}}\right)-\lg\left[K^{\ominus}_{p(SO_3)}+\left(\frac{p_{O_2}}{p^{\ominus}}\right)^{0.5}\right]\tag{3-12c}$$

当 $T=1073K$ 时，由式（3-11b）求得

$$\lg K^{\ominus}_{p(SO_3)}=-0.6028;\quad K^{\ominus}_{p(SO_3)}=0.2495$$

将该数据代入式（3-12c），得

$$\lg\frac{p_{SO_2}}{p^{\ominus}}=-0.6028+\lg\left(0.21-\frac{p_{O_2}}{p^{\ominus}}\right)-\lg\left[0.2495+\left(\frac{p_{O_2}}{p^{\ominus}}\right)^{0.5}\right]\tag{3-12d}$$

根据式（3-12d）便可绘制出图3-21中的曲线。曲线左下方是工业采用在大气气氛中焙烧时，可能形成的气氛范围。若考虑生成 $ZnO(s)$、$ZnSO_4(s)$ 所耗去的氧，炉料中约8%的水以水蒸气进入炉气，以及碳酸盐分解产生的 CO_2 进入炉气等因素，则有

$$p_{SO_2}+p_{SO_3}+p_{O_2}=0.0138\text{MPa}$$

如果过剩空气为30%，则三个分压之和约为0.16MPa。这与实际生产中炉气成分接近。

由图3-21可以看到，在1073K(800℃)焙烧时，曲线左下方和直线右上方为 $ZnSO_4(s)$ 的稳定区。若焙烧温度升高，由于三者的分压变化不大，曲线向右上方移动很小，而直线明显向右上方移动，因而就缩小了 $ZnSO_4(s)$ 的稳定区。焙烧温度继续升高，在某一温度下，将出现直线与曲线相切，该温度称为生成 $ZnSO_4(s)$ 的边界温度。高于此温度，焙烧产物就是 $ZnO(s)$；低于此温度，方可生成 $ZnSO_4(s)$。

3.1.7 氧势-硫势图 $\left(\lg\frac{p_{O_2}}{p^{\ominus}}\text{-}\lg\frac{p_{S_2}}{p^{\ominus}}\text{图}\right)$

从金属硫化精矿到产出粗金属，要经过一系列的氧化过程。例如，在硫化铜精矿生产

粗铜的整个过程中，体系中的氧势增大，而硫势逐渐减小。因而常用氧势-硫势图来描述这一过程。它表示在一定温度下，金属及其化合物在 S_2-O_2 气氛下稳定的热力学条件。

首先讨论 1573K(1300℃)下，Cu-S-O 系的氧势-硫势图（参见图 3-22）。它表示白冰铜（主相为 Cu_2S）吹炼成泡铜以及泡铜火法精炼过程的热力学条件。

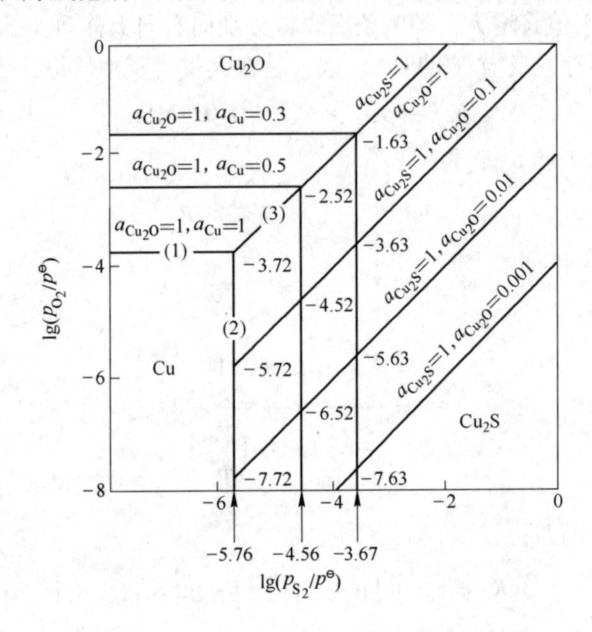

图 3-22　1573K 时 Cu-S-O 系的氧势-硫势图

金属铜稳定存在的氧势极限，即 Cu-Cu_2O 的平衡氧势。已知

$$4Cu(l) + O_2(g) = 2Cu_2O(l)$$

$$\Delta_r G_T^{\ominus} = -235.14 + 78.42 \times 10^{-3} T \quad kJ/mol$$

$$\Delta_r G_T^{\ominus} = -RT\ln \frac{a_{Cu_2O}^2}{a_{Cu}^4 \cdot (p_{O_2}/p^{\ominus})}$$

$$\lg \frac{p_{O_2}}{p^{\ominus}} = \frac{\Delta_r G_T^{\ominus}}{2.303RT} + 2\lg a_{Cu_2O} - 4\lg a_{Cu}$$

当 $T = 1573K$ 时，$\Delta_r G_T^{\ominus} = -111.79kJ/mol$

$$\lg \frac{p_{O_2}}{p^{\ominus}} = -3.71 + 2\lg a_{Cu_2O} - 4\lg a_{Cu}$$

对给定的 a_{Cu_2O}、a_{Cu} 值，可求出相应条件下 $\lg \frac{p_{O_2}}{p^{\ominus}}$，从而作出图 3-22 中（1）组平衡线。在线的上方 Cu_2O 稳定，下方为 Cu 稳定。可以看出，当铜的活度降低时（尚未形成独立相），铜的稳定区扩大，此时铜不易被氧化，而 Cu_2O 的稳定区缩小。

金属铜稳定存在的硫势极限，即 Cu-Cu_2S 的平衡硫势。已知

$$4Cu(l) + S_2(g) = 2Cu_2S(l)$$

$$\Delta_r G_T^\ominus = -213.05 + 25.10 \times 10^{-3} T \quad \text{kJ/mol}$$

当 $T = 1573\text{K}$ 时，$\lg K^\ominus = 5.76$，$\lg \dfrac{p_{S_2}}{p^\ominus} = -5.76 + 2\lg a_{Cu_2O} - 4\lg a_{Cu}$

对给出的 a_{Cu_2S}、a_{Cu} 值，可求出 $\lg \dfrac{p_{S_2}}{p^\ominus}$。据此作出图3-23中（2）组平衡线，在线的右边 Cu_2S 稳定，左边 Cu 稳定。同样，随铜活度降低（即未形成独立相），铜不易被硫化，从而使铜稳定区扩大，而 Cu_2S 稳定区缩小。

Cu_2S 和 Cu_2O 共存的氧势与硫势。已知

$$2Cu_2S(l) + O_2(g) = 2Cu_2O(l) + S_2(g)$$

$$\Delta_r G_T^\ominus = -22.09 + 53.14 \times 10^{-3} T \quad \text{kJ/mol}$$

当 $T = 1573\text{K}$ 时，$\lg K^\ominus = -2.04$

$$\lg K^\ominus = 2\lg a_{Cu_2O} + \lg \frac{p_{S_2}}{p^\ominus} - 2\lg a_{Cu_2S} - \lg \frac{p_{O_2}}{p^\ominus}$$

当白冰铜（Cu_2S）出现时，可认为 $a_{Cu_2S} = 1$，则

$$\lg \frac{p_{O_2}}{p^\ominus} = 2.04 + 2\lg a_{Cu_2O} + \lg \frac{p_{S_2}}{p^\ominus}$$

此时，对给定的 a_{Cu_2O} 值，便可计算 $\lg \dfrac{p_{O_2}}{p^\ominus} = f\left(\lg \dfrac{p_{S_2}}{p^\ominus}\right)$ 的关系。据此，便可绘制图3-22中（3）组平衡线。线左上方为 Cu_2O 稳定区，右下方为 Cu_2S 稳定区。可以看出，随着 Cu_2O 活度的降低（可认为 Cu_2O 与 Cu_2S 发生交互作用，即 $2Cu_2O(l) + Cu_2S(l) = 6Cu(l) + SO_2(g)$），其稳定区扩大，而 Cu_2S 稳定区缩小。从整个图3-23看，随着吹炼过程的进行，气氛中硫势降低，而氧势增加。若吹炼达到平衡，粗铜中不应含硫，而氧含量却达到饱和。随着气氛中硫势降低，Cu_2S 的氧化越来越难。在图中对应于 Cu_2S 稳定区扩大，这正是需要过吹的缘由。

再讨论一下在铜稳定区内的网状结构图（参见图3-23）。吹炼所得到的粗铜，再经火法精炼去除其中溶解的硫和氧，方可浇注成阳极板，用于生产电解铜。因此，研究Cu-S-O系中 $w[O]_\%$、$w[S]_\%$ 的平衡关系，是十分重要的。已知

$$\frac{1}{2}O_2(g) = [O] \tag{3-13a}$$

取 T、$w[O]_\%$ 为独立变量，则 $p_{O_2} = f(T, w[O]_\%)$

$$K_{[O]}^\ominus = \frac{a_{[O]}}{\left(\dfrac{p_{O_2}}{p^\ominus}\right)^{\frac{1}{2}}} \tag{3-13b}$$

$$\lg K_{[O]}^\ominus = \frac{16530}{T} - 2.44$$

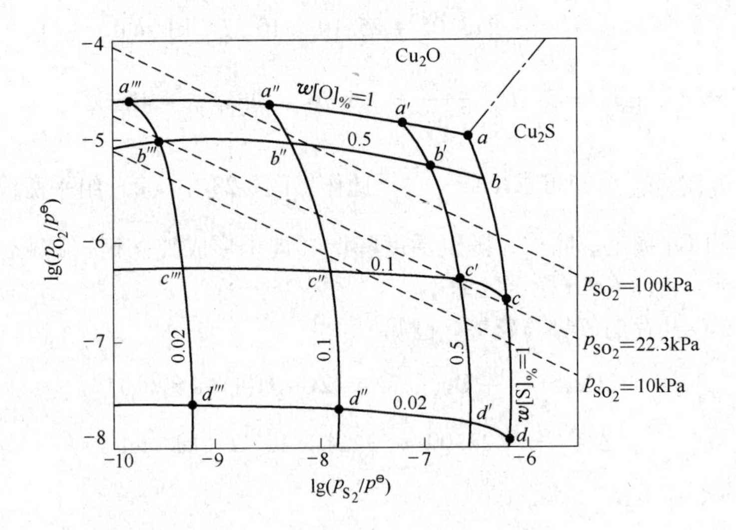

图 3-23　1200℃时 Cu-S-O 系铜稳定区内的网状结构图

由活度定义

$$a_{[O]} = f_{[O]} \cdot w[O]_{\%} = f_{[O]}^{[O]} \cdot f_{[O]}^{[S]} \cdot w[O]_{\%}$$

式中，$a_{[O]}$、$f_{[O]}$分别为铜液中氧的活度及活度系数。

由实验得到

$$\lg f_{[O]}^{[O]} = -\frac{311.3w[O]_{\%}}{T};\quad \lg f_{[O]}^{[S]} = -\frac{-242.6w[S]_{\%}}{T}$$

式（3-13b）取对数，并代入上述数据，得到

$$\frac{16530}{T} - 2.44 = -\frac{311.3w[O]_{\%}}{T} - \frac{242.6w[S]_{\%}}{T} + \lg w[O]_{\%} - \frac{1}{2}\lg\frac{p_{O_2}}{p^{\ominus}}$$

由此得到，在一定温度下，$\lg(p_{O_2}/p^{\ominus})$ 与熔体中 $w[O]_{\%}$ 的关系，

$$\frac{1}{2}\lg(p_{O_2}/p^{\ominus}) = \lg w[O]_{\%} - \frac{311.3w[O]_{\%}}{T} - \frac{242.6w[S]_{\%}}{T} - \frac{16530}{T} + 2.44 \tag{3-13c}$$

对反应

$$\frac{1}{2}S_2(g) \xlongequal{\quad} [S] \tag{3-14a}$$

$$K_{[S]}^{\ominus} = \frac{a_{[S]}}{\left(\frac{p_{S_2}}{p^{\ominus}}\right)^{\frac{1}{2}}} \tag{3-14b}$$

$$\lg K_{[S]}^{\ominus} = \frac{22760}{T} - 3.41$$

根据实验数据

$$\lg f_{[S]}^{[S]} = -\frac{281.6}{T}w[S]_{\%};\quad f_{[S]}^{[O]} = -\frac{485.2}{T}w[O]_{\%}$$

类似式(3-13b)的处理，最后得到，一定温度下，$\lg(p_{S_2}/p^{\ominus})$ 与熔体中 $w[S]_{\%}$ 的关系：

$$\frac{1}{2}\lg\frac{p_{S_2}}{p^{\ominus}} = \lg w[S]_{\%} - \frac{281.6w[S]_{\%}}{T} - \frac{485.2w[O]_{\%}}{T} - \frac{22760}{T} + 3.41 \qquad (3\text{-}14c)$$

当 $T=1473$K 时，根据式(3-13c)，在铜液中硫含量不变，只改变氧含量时，可算出 $\lg(p_{O_2}/p^{\ominus})$ 值；再根据式(3-14c)，保持铜液中氧含量不变，改变硫含量时，可求出 $\lg(p_{S_2}/p^{\ominus})$ 值。由此可以绘制铜稳定区内的网状结构图（图 3-23）。图中的虚线代表 SO_2-O_2-S_2 的平衡关系，其依据为

$$\frac{1}{2}S_2(g) + O_2(g) = SO_2(g) \qquad (3\text{-}15a)$$

$$\Delta_r G_T^{\ominus} = -362.33 + 71.96\times10^{-3}T \quad \text{kJ/mol}$$

$$\lg K_p^{\ominus} = \lg\frac{p_{SO_2}}{p^{\ominus}} - \frac{1}{2}\lg\frac{p_{S_2}}{p^{\ominus}} - \lg\frac{p_{O_2}}{p^{\ominus}} \qquad (3\text{-}15b)$$

当 $T=1473$K 时，$\lg K_p^{\ominus} = 9.09$

$$\lg\frac{p_{O_2}}{p^{\ominus}} = \lg\frac{p_{SO_2}}{p^{\ominus}} - \lg K_p^{\ominus} - \frac{1}{2}\lg\frac{p_{S_2}}{p^{\ominus}}$$

当假定 p_{SO_2} 为定值，温度一定，$\lg K_p^{\ominus}$ 也为定值，则

$$\lg\frac{p_{O_2}}{p^{\ominus}} = K' - \frac{1}{2}\lg\frac{p_{S_2}}{p^{\ominus}} \qquad (3\text{-}15c)$$

式中

$$K' = \lg\frac{p_{SO_2}}{p^{\ominus}} - \lg K_p^{\ominus}$$

由式(3-15c)可作出图 3-23 中的虚线。

由铜的网状结构图可以看出：

（1）在铜液中含氧量不变时，增加气相中的氧势，铜液中的硫含量下降；而当铜液中硫含量不变时，随着气氛中硫势的增加，铜液中氧含量下降。

（2）在火法精炼的氧化阶段，维持气氛中一定的 SO_2 分压，铜中硫可随氧势的增加而下降，但与此同时铜液中氧含量也相应增加。正是因为这个原因，在火法精炼第一阶段，鼓入空气脱硫，铜液中氧含量增加，因此才有火法精炼的第二阶段——还原脱氧。在氧势不变时，随着气氛中 SO_2 分压降低，铜液中硫含量可明显降低，而含氧量几乎不变。由此可见，氧化阶段应维持尽可能低的 SO_2 分压，这与工艺操作的实际相一致。

（3）在维持一定 SO_2 分压时，铜液中的氧可因硫势的增加而下降。随着 SO_2 分压的下降，铜液中硫含量保持不变，但氧含量随之下降。

3.1.8 电化学反应的电势 E-pH 图

在水溶液中进行矿物中金属的分离和提取，金属材料在介质中的腐蚀行为，以及湿化学法制备纳米金属粉、金属化学镀层和金属包覆及壳型材料，都与金属离子（配合离子）物质在水溶液中的稳定性密切相关，而这种稳定性与溶液中的电势、pH 值、组分浓度（活度）、温度和压力有关。电势-pH 图就是把水溶液中的基本反应作为电势、pH 值、活度（浓度）的函数，在指定温度和压力下，将电势与 pH 值关系表示在平面图上，用来表明反应自动进行的条件及物质在水溶液中稳定存在的区域，从而为湿法冶金的浸取、净化及沉淀，金属材料的腐蚀和防护，以及湿化学法制备高新技术用金属材料，提供选择工艺、确定和控制工艺参数的理论依据。

图 3-24 为分析含 UO_2 为主的铀矿，在 298K 浸取过程中 UO_2 的溶解行为的 E-pH 图。可以看出，在 pH 值低于 3.5 的 UO_2^{2+} 稳定区内，将发生反应

$$UO_2^{2+} + 2e^- \xlongequal{\quad} UO_2 \tag{3-16}$$

$$E = 0.220 + 0.0295\lg a_{UO_2^{2+}}$$

因此，可使浸出物质在酸性溶液中呈氧化态，从而使铀矿溶解。当存在氧化剂时，溶解的比例增大。

图 3-25 为研究铁在 25℃水中的腐蚀行为时，画出的 298K Fe-H_2O 系 E-pH 图。具体绘制过程是，铁在水溶液有下列离子反应

$$Fe^{2+} + 2e^- \xlongequal{\quad} Fe \tag{3-17}$$

$$\Delta_r G_{298}^{\ominus} = 84.94\text{kJ/mol}$$

由电化学得知

$$-nEF = \Delta_r G = \Delta G^{\ominus} + RT\ln\frac{1}{a_{Fe^{2+}}}$$

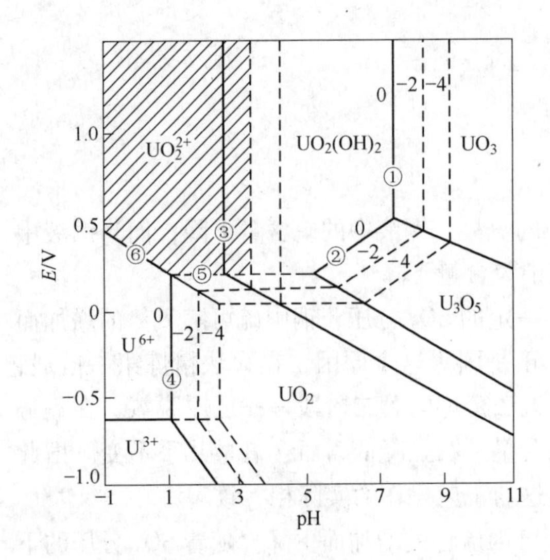

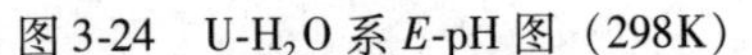
图 3-24 U-H_2O 系 E-pH 图（298K）

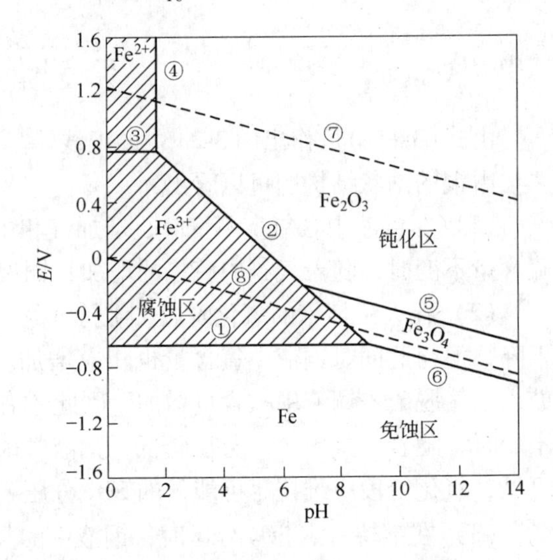

图 3-25 Fe-H_2O 系 E-pH 图（298K）

而 $$E = E^{\ominus} - \frac{RT}{2F}\ln\frac{1}{a_{Fe^{2+}}}$$

式中，F 为法拉第常数，$F = 96.48$J/V；n 为交换电子数；$E^{\ominus}$为标准电动势。

令 $a_{Fe^{2+}} = 10^{-5}$，将相关数据代入，得到 $E = -0.62$V，即图 3-25 中的线①。

$$Fe_2O_3(s) + 6H^+ + 2e^- = 2Fe^{2+} + 3H_2O \quad (3\text{-}18a)$$

$$\Delta_r G^{\ominus}_{298K} = -140.58\text{kJ/mol}$$

$$\Delta_r G = \Delta_r G^{\ominus} + RT\ln\frac{a^2_{Fe^{2+}}}{a^6_{H^+}}$$

代入有关数据，简化得

$$E = 1.08 - 0.177\text{pH} \quad (3\text{-}18b)$$

据式（3-18b）得到图 3-25 中的线②。

$$Fe^{3+} + 2e = Fe^{2+} \quad (3\text{-}19)$$

$$\Delta_r G^{\ominus}_{298K} = -74.48\text{kJ/mol}$$

当 $a_{Fe^{2+}} = a_{Fe^{3+}}$ 时，$E = 0.77$V，得到图 3-25 中的线③。

$$2Fe^{3+} + 3H_2O = Fe_2O_{3(s)} + 6H^+ \quad (3\text{-}20)$$

$$\Delta_r G^{\ominus}_{298K} = -79.50\text{kJ/mol}$$

依据平衡常数求出，当 $a_{Fe^{2+}} = 10^{-6}$ 时，pH = 1.8，由此得到图 3-25 中的线④。

$$3Fe_2O_3(s) + 2H^+ + 2e^- = 3Fe_3O_4(s) + H_2O \quad (3\text{-}21a)$$

$$\Delta_r G^{\ominus}_{298K} = -42.68\text{kJ/mol}$$

$$E = 0.221 - 0.0591\text{pH} \quad (3\text{-}21b)$$

由此得到图 3-25 中的线⑤。

$$Fe_3O_4(s) + 8H^+ + 8e^- = 3Fe(s) + 4H_2O \quad (3\text{-}22a)$$

$$\Delta_r G^{\ominus}_{298K} = -65.27\text{kJ/mol}$$

$$E = -0.0846 - 0.0591\text{pH} \quad (3\text{-}22b)$$

据此式可以绘出图 3-25 中的线⑥。

$$O_2 + 4H^+ + 4e^- = 2H_2O \quad (3\text{-}23a)$$

$$\Delta_r G^{\ominus}_{298K} = -474.38\text{kJ/mol}$$

$$E = 1.229 - 0.0591\text{pH} \quad (3\text{-}23b)$$

由此式绘制出图 3-25 中的线⑦。

$$2H^+ + 2e^- = H_2 \quad (3\text{-}24)$$

$$E = -0.0591\text{pH}$$

由 H^+ 的电极反应，绘制图 3-25 中的线⑧。

由图 3-25 可以看出：在线①以下的区域为免蚀区，Fe 不被腐蚀；阴影线区域为 Fe 的腐蚀区；线②、④的右方为钝化区；线⑧与①之间，Fe 在水中能溶解释放出 H_2。当 pH >

9.4 时，生成 Fe_3O_4 膜保护金属表面，而在线⑧与⑥之间不产生 H_2。通常金属材料的腐蚀是在非平衡条件下进行的，且介质中还含有多种离子，因此，描述金属材料的腐蚀过程要复杂得多。

综上所述，电势-pH 图中各类反应可概括为一个通式

$$pP + hH^+ + ne^- = rR + wH_2O \tag{3-25a}$$

$$\Delta_r G = \Delta_r G^\ominus + RT\ln \frac{a_R^r}{a_P^p \cdot a_{H^+}^h}$$

$$-nEF = -nE^\ominus F + 2.303R \times 298\left(\lg \frac{a_R^r}{a_P^p} - h\lg a_{H^+}\right)$$

整理得到

$$E = E^\ominus - \frac{0.0591}{n}\lg \frac{a_R^r}{a_P^p} - \frac{0.0591h}{n}\text{pH} \tag{3-25b}$$

对金属腐蚀，R、P 为离子，一般浓度一定，故 a_R^r、a_P^p 均为常数，且 $E^\ominus$ 也为常数。因而，式（3-25b）为一直线，其斜率 η 为

$$\eta = -\frac{0.0591h}{n} \tag{3-25c}$$

当式（3-25b）中，$n=0$，$\eta=\infty$，无电子参加的反应，反应与电势无关，只与 pH 值有关，图中 E-pH 为一垂线；当 $h=0$，$\eta=0$，没有 H^+ 参与的反应，反应与 pH 值无关，图中 E-pH 为一水平线。总之，按通式(3-25a)和式(3-25b)可绘制 298K 各类有关的 E-pH 图。

3.2 热力学参数状态图的绘制

3.2.1 绘制热力学参数状态图的原理

在不含化学反应体系中，相律为

$$f = 2 - \pi + N \tag{3-26a}$$

对有化学反应的体系，根据杜亥姆（Duhem）原理，相律具有类似的变量，如温度、压力（即上式中的 2 所代表的），每一相有 $N-1$ 个组分。在各相中含量平衡比值有 $\pi-1$ 个。此外，还要考虑平衡时，各组分间存在的独立化学反应数 r，则得到

$$f = 2 + (N-1)\pi - (\pi-1)N - r = 2 - \pi + N - r \tag{3-26b}$$

式中，f 为自由度。

例如对化学反应的 $\lg \frac{p_i}{p^\ominus}$-$\lg \frac{p_j}{p^\ominus}$ 图，当温度一定，则反应

$$K(s) + G_1(g) + G_2(g) = L(s) \tag{3-27}$$

的自由度为 1，故在各温度剖面下，状态图表现为诸线段的组合。

当体系为 M-X-Y 时，存在 π 个相，则可能发生 C_π^2 个反应，而每个反应满足

$$n_3\mathrm{K(s)} + n_1\mathrm{G_1(g)} + n_2\mathrm{G_2(g)} =\!=\!= \mathrm{L(s)} \tag{3-28}$$

由上式知，生成1mol L(s)需要$n_1$mol G_1，$n_2$mol G_2 和$n_3$mol K(s)。而1mol G_1 中含有α_1 个M，β_1 个X，γ_1 个Y；1mol G_2 中含有α_2 个M，β_2 个X，γ_2 个Y；1mol K(s)中含有α_3 个M，β_3 个X；γ_3 个Y；1mol L(s)中含有α_4 个M，β_4 个X，γ_4 个Y。于是有

$$\left.\begin{aligned} n_1\alpha_1 + n_2\alpha_2 + n_3\alpha_3 &= \alpha_4 \\ n_1\beta_1 + n_2\beta_2 + n_3\beta_3 &= \beta_4 \\ n_1\gamma_1 + n_2\gamma_2 + n_3\gamma_3 &= \gamma_4 \end{aligned}\right\} \tag{3-29}$$

解方程(3-29)，可求出化学计量系数。据此可设计出各类两相反应。

3.2.1.1 两相界线的确定

冶金和材料制备过程常见的气-固反应可简化为

$$\mathrm{K(s)} + n_1\mathrm{G_1(g)} + n_2\mathrm{G_2(g)} =\!=\!= \mathrm{L(s)} \tag{3-30a}$$

$$\frac{\Delta_r G^\ominus}{2.303RT} = n_2 \lg\frac{p_{G_2}}{p^\ominus} + n_1 \lg\frac{p_{G_1}}{p^\ominus} \tag{3-30b}$$

若取 $x = \lg(p_{G_1}/p^\ominus)$，$y = \lg(p_{G_2}/p^\ominus)$，则有

$$y = ax + b \tag{3-30c}$$

式中，

$$a = -\frac{n_1}{n_2};\ b = \frac{\Delta_r G^\ominus}{2.303n_2RT} \tag{3-30d}$$

当反应中 $n_2 = 0$，此时

$$x_0 = \frac{\Delta_r G^\ominus}{2.303n_1RT} \tag{3-30e}$$

由上述各式可以计算出各可能的两相界线。

3.2.1.2 三相点的确定

根据稳定相吉布斯自由能最小原理，可以证明其每个相角必小于180°（参见图3-26）。三相点相交可出现四种情况，见图3-27。以图中第（b）种情况为例证明，只有 IJL 三相点稳定。当p_{G_1}一定时，随着p_{G_2}减小，在界线ⓐ、ⓑ以下都将出现 K 相，故式(3-30d)中 $n_2<0$，截距 b 大者，$\Delta_r G^\ominus$值较小。因此，L 相较 K 相稳定。随着p_{G_2}增大，在界线ⓒ、ⓓ上将出现 K 相，故式(3-30d)中 $n_2>0$，则截距 b 小者，$\Delta_r G^\ominus$值较小。因此，L 相较 K 相稳定。应舍去 IJK 三相点，只保留 IJL 三相点。同理可以证得，在图中第（a）种情况下，保留两个三相点 KIJ 与 IJL；第（c）种情况 IJK 稳定，舍去不稳定的 IJL；第（d）种情况没有稳定的三相点。

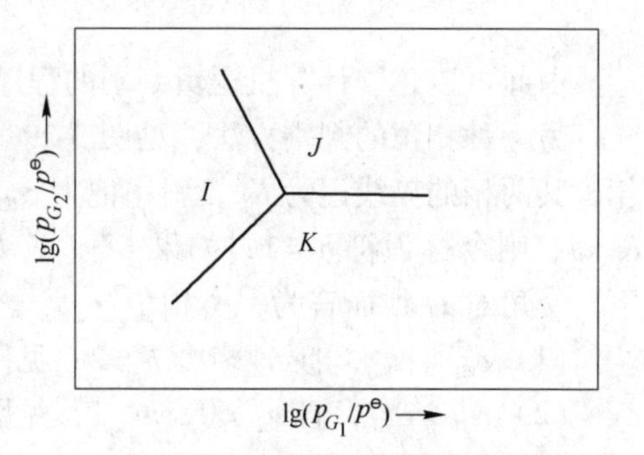

图3-26 三相点 IJK

3.2.1.3 相角归类判别方法

相角分两类：定义尖角向右（或向上）的为第一类相角（见图3-28a），而尖角向左（或向下）的为第二类相角（图3-28b）。令线上最右端的第一类相角的横坐标为 x_a，最左端的第二类相角的横坐标为 x_b，若 $x_a<x_b$，则保留两个三相点 a、b；若 $x_a>x_b$，则无稳定的三相点（见图3-28d）。图3-28（b）种情况，保留最右端的相角 a；图3-28(c)种情况，保留最左端的相角 b。

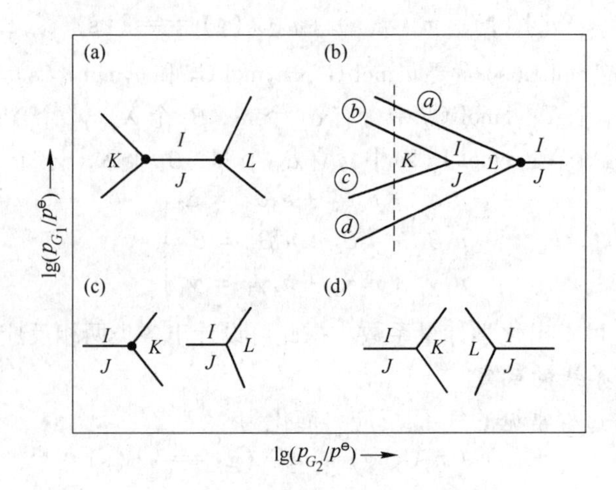

图 3-27　三相点相交的情况

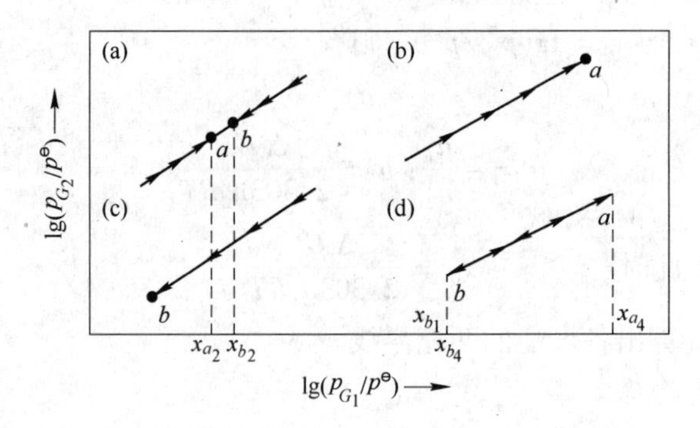

图 3-28　两类尖角

由此可以建立计算机逻辑判别的程序。

另一种相角的判别方法，见图 3-29。具体方法是：设反应（3-30a）中 K 相转变成 L 相，其两相的界线记为 KL，斜率记为 $\alpha_{KL} = -n_1/n_2$。若 IJ 线与 KL 线相交，如果 $K=I$ 或 $K=J$，则令标识符 $h=1$；如果 $L=I$ 或 $L=J$，则令标识符 $h=2$。于是，在以下四种情况下，交角对 IJ 线而言为一类相角：

（1）$\alpha_{IJ} > \alpha_{KL}$，且 $n_2 > 0$，$h=2$，见图 3-29（a）；

（2）$\alpha_{IJ} > \alpha_{KL}$，且 $n_2 < 0$，$h=1$，见图 3-29（b）；

（3）$\alpha_{IJ} < \alpha_{KL}$，且 $n_2 > 0$，$h=1$，见图 3-29（c）；

（4）$\alpha_{IJ} < \alpha_{KL}$，且 $n_2 > 0$，$h=2$，见图 3-29（d）。

而在以下四种情况下，交角对 IJ 线而言为二类相角：

（1）$\alpha_{IJ} > \alpha_{KL}$，且 $n_2 > 0$，$h=1$，见图 3-29（e）；

（2）$\alpha_{IJ} > \alpha_{KL}$，且 $n_2 < 0$，$h=2$，见图 3-29（f）；

（3）$\alpha_{IJ} < \alpha_{KL}$，且 $n_2 > 0$，$h=2$，见图 3-29（g）；

（4）$\alpha_{IJ} < \alpha_{KL}$，且 $n_2 > 0$，$h=1$，见图 3-29（h）。

根据物理化学原理可知，三相交点处，每个相角必须小于 180°。以此为原则处理矛盾平衡。

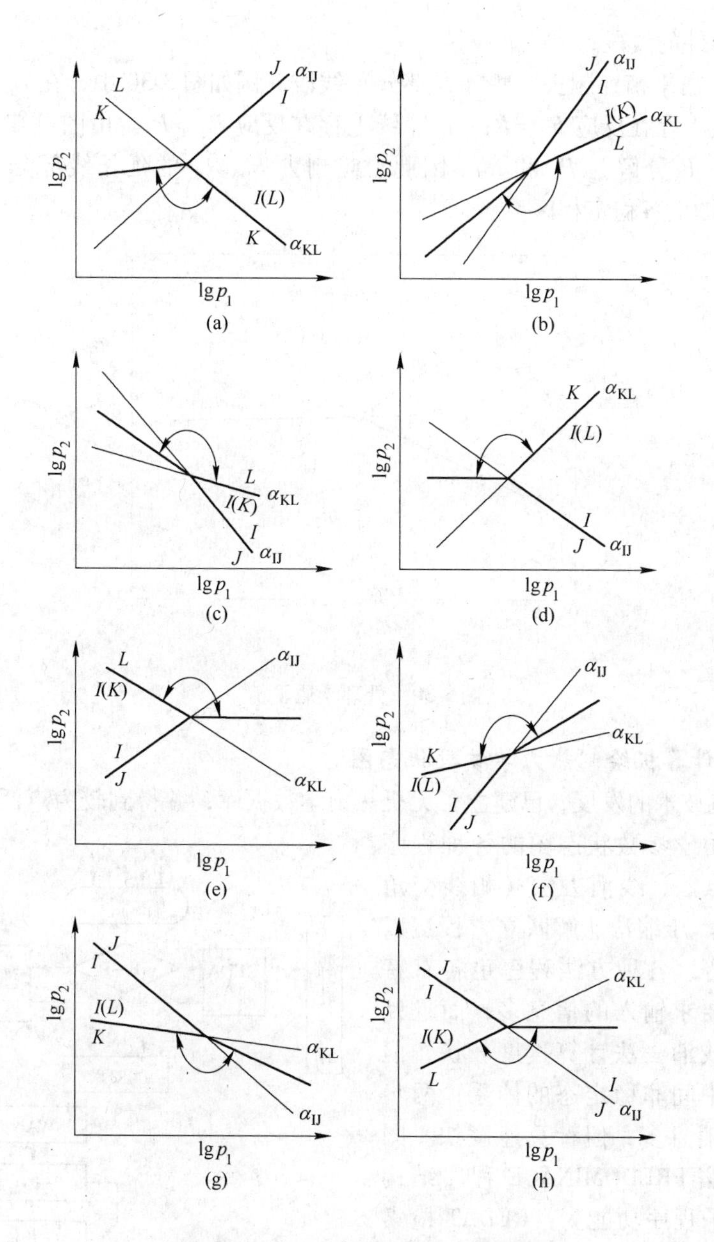

图 3-29　第一、二类相角判定示意图

3.2.2　热力学参数状态图绘制的方法

热力学参数状态图的绘制可以采用手工绘制方法，也可以采用计算机绘制方法。

3.2.2.1　手工绘制

手工绘制状态图的关键步骤为：

(1) 确定体系中可能发生的各类化学反应，并写出各个反应的平衡式；

(2) 利用参与反应的各组分的热力学数据，计算各反应的标准吉布斯自由能 $\Delta_r G^{\ominus}$；

(3) 由式(3-25b)、式(3-25c)或由式(3-30b) ~ 式(3-30e)等求斜率和截距，并绘制描

述各反应平衡条件的线段；

（4）处理矛盾平衡，删去一些（或部分）线段。例如图3-30中，在 L_1 线上存在反应 $R=P_1$；在 L_2 线上存在反应 $R_2=R$；在 L_3 线上存在反应 $R_2=P_1$。由图可知，当 $x<x_\varepsilon$，R 相稳定；$x>x_\varepsilon$，R 分解为 P_1 和 R_2。因此，应删去 L_1、L_2 的延长线部分（图中虚线部分），得到状态图上各稳定相区。

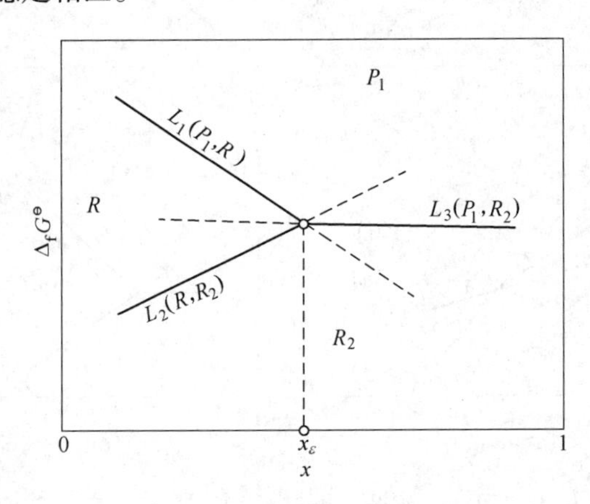

图3-30 处理矛盾平衡

3.2.2.2 计算机绘制热力学参数状态图

随着计算机技术的发展，已建立了无机热力学数据库，并得到较为广泛的应用。目前计算机绘制热力学参数状态图的各种程序较多，诸如逐点法、线消去法（相线交角特性）、两步法、压缩法、解联立方程法以及凸多边形法等。各种方法程序也各有特点，如逐点法要求输入的信息多，而且计算速度较慢；线消去法计算速度较快，但不适用于含有中间非稳定态的体系；两步法要求输入的信息多，但计算速度快。图3-31为线消去法 PREDOMINACE 程序结构框图。各主要子程序功能为：REDAT 检索无机热化学数据，WAN 设计体系可能的反应，配平化学计量系数，计算反应标准吉布斯自由能；COEF 配平每一个反应的化学计量系数；HGM 计算反应的标准吉布斯自由能；SINP 计算并输出所有反应的两相界线方程的系数；DEPT 计算并输出稳定三相点的坐标，两相界线与坐标点及各点优势区相名的坐标。DEPT 子程序是专为计算机绘制优势区图而设计的，其结构框图示于图3-32。

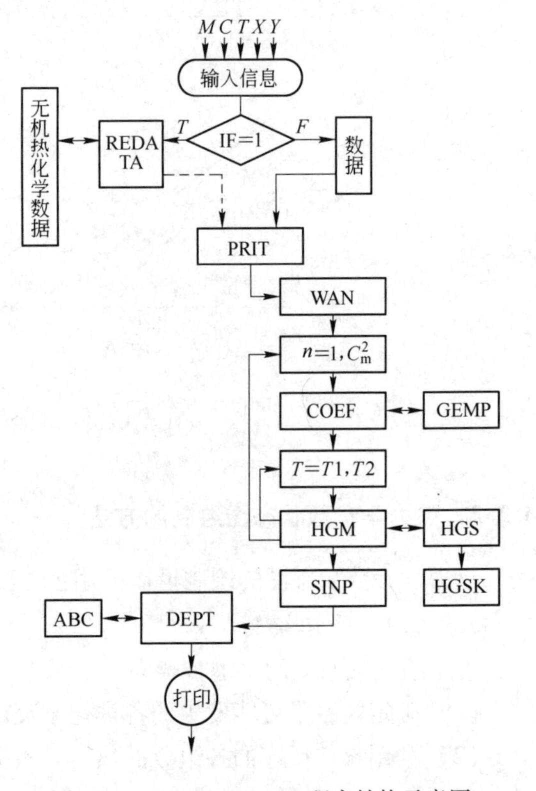

图3-31 PREDOMINACE 程序结构示意图

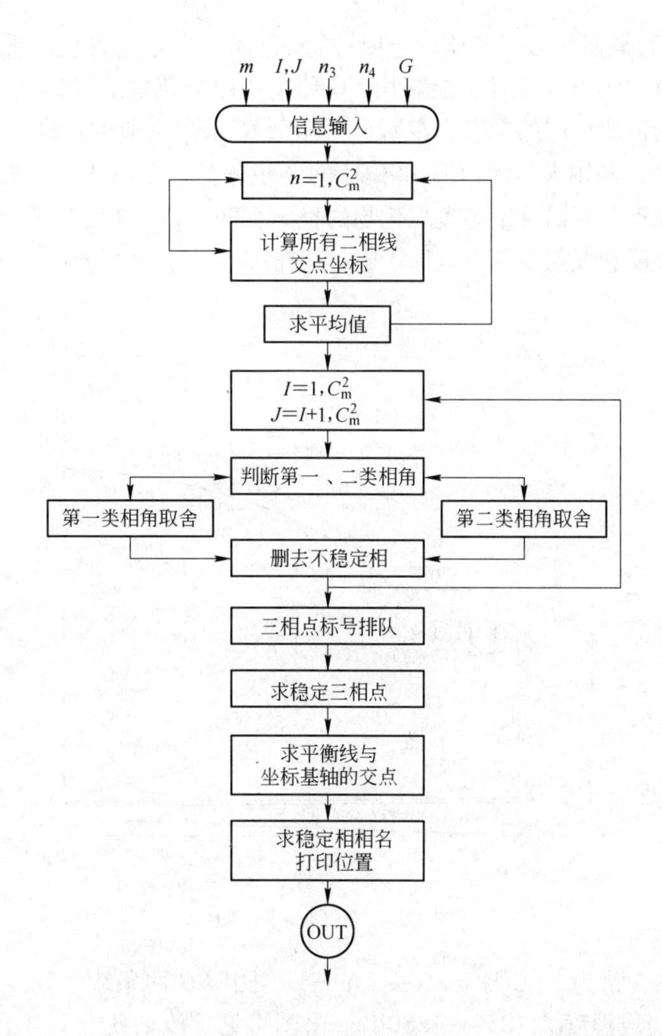

图 3-32　DEPT 子程序结构框图

3.3　热力学参数状态图应用实例

在进行热力学分析的过程中，可以用单一的热力学参数状态图，也可用两个状态图进行叠加，还可以用状态图结合相图进行体系的热力学分析。

3.3.1　直接利用热力学参数状态图分析汝窑天青釉呈色机理

我国宋代有五大名窑：汝、钧、官、哥、定。古籍有“汝窑为魁”的记载。汝窑天青釉自南宋失传，国内外陶瓷工作者对其进行了大量的研究。我国于 1988 年仿制成功，并通过轻工业部的鉴定。汝窑为石灰碱釉，其化学成分（质量比）为：SiO_2 67.20%，Al_2O_3 14.31%，Fe_2O_3 1.52%，CaO 9.42%，MgO 1.20%，K_2O 3.72%，Na_2O 2.00%，TiO_2 0.20%，MnO 0.11%以及 P_2O_5 0.31%。由釉的化学组成可以看出，其中变价元素有铁，钛，锰，可以判定铁为主要呈色元素，钛和锰为辅助呈色元素。文献中认为：由于在烧成过程中存在

$Fe_2O_3 \rightleftharpoons FeO$ 间的平衡，形成了 Fe^{2+}-O-Fe^{3+} 发色团，方呈天青色。现以隧道窑烧成为例，分析汝釉呈色的热力学条件，绘制用 CO-CO_2 还原氧化铁反应的热力学参数状态图。由各类铁氧化合物还原反应的标准吉布斯自由能 $\Delta_r G^{\ominus}$ 求出反应的标准平衡常数 $K^{\ominus}$，再由 $p_{CO} + p_{CO_2} = 0.1$MPa，利用 $K^{\ominus}$ 求出 CO 和 CO_2 的体积分数，见图 3-33。根据吉布斯自由能最低为稳定相的原理，可以确定各类氧化物的稳定相区。如 *cbd* 区为 FeO 的稳定相区，即在此区内所示的温度和气氛条件下，FeO 稳定存在。

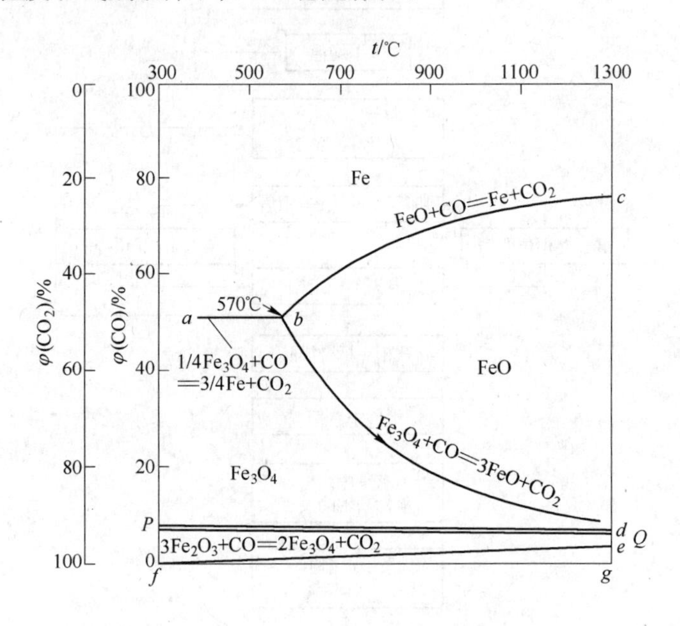

图 3-33　Fe-O-C 平衡图

隧道窑 CO 的含量为 $\varphi(CO) = 3\% \sim 7\%$，即图中 *PQ* 两条线之间。汝釉的软化点为 1160℃，汝瓷的烧成温度为 1250～1280℃。由图可见，汝釉处于 Fe_3O_4 的稳定区。发色团中 Fe^{2+}、Fe^{3+} 离子是由 Fe_3O_4 提供的。这说明了，当 CO 浓度高时，Fe^{3+} 浓度低，釉色应偏青；当 CO 浓度低时，Fe^{2+} 浓度低，釉色应偏黄。这与生产实践结果相一致。穆斯堡尔谱分析表明，汝窑天青釉中含四面体配位的 Fe^{2+}_{tet} 占 19.3%，它引起的吸收峰位置在远红外区 4000nm 处，对可见光区的吸收没有影响，因此，它对釉呈色也无影响；八面体配位的 Fe^{2+}_{oct} 占 67.7%，它引起的吸收光波长为 1051nm，在近红外区呈蓝色；四面体配位的 Fe^{3+}_{tet} 占 13.0%，它产生的吸收光谱峰在 280nm 处，当该峰加强时，釉泛黄色（参见图3-34）。这与汝瓷天青釉的吸收光谱分析结果（图 3-35）相吻合。图中 1000nm 附近的吸收峰，结合配位场理论分析可以确定是由 Fe^{2+} 在八面体配位所引起的。

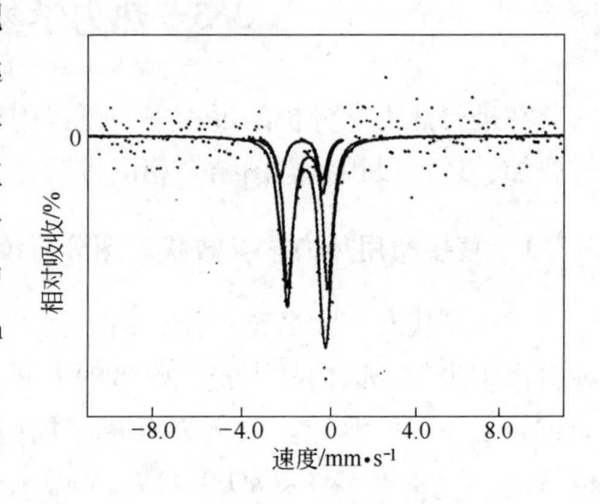

图 3-34　汝瓷天青釉的穆斯堡尔谱的计算机拟合曲线

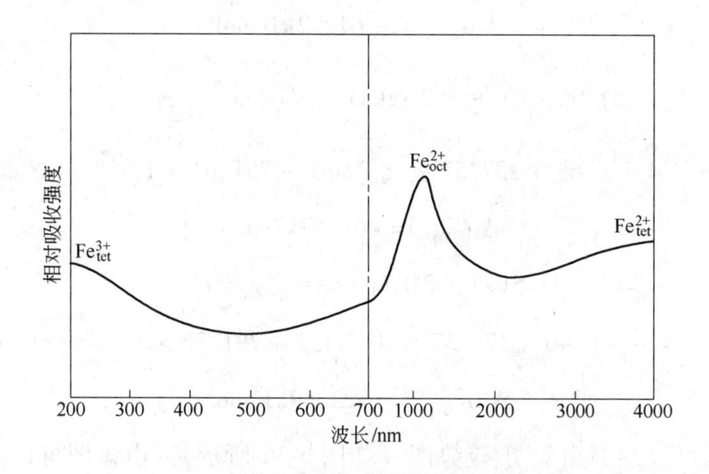

图 3-35 汝瓷天青釉的吸收光谱曲线

由上述分析可以看出，由热力学状态图分析得到的结论与实验研究结果和生产实践数据均相符。

3.3.2 利用热力学参数状态图结合相图选择 SO_2 传感器的固体电解质和参比电极材料

环境污染是人类面临的重要问题之一。冶金、化工等工业部门产生的 SO_2 严重污染环境，甚至会形成酸雨。为了监测并控制 SO_2 的排放，20 世纪 70 年代曾提出可用 K_2SO_4，Na_2SO_4 作为固体电解质，用 Ag/Ag_2SO_4 或 $MgO/MgSO_4$ 作为参比电极材料组成传感器，以便随时监测烟道煤气中 SO_2 的含量，进而实现用计算机控制排放。而实验证明，用上述材料组装的传感器，测量的电动势不稳定。

造成上述材料组装的传感器测量的电动势不稳定的原因何在？这里首先用热力学参数状态图分析一下上述各类材料的选择是否合理。烟道煤气的温度多为 773 ~ 873K，因此，应作 800K 时 Li-S-O，K-S-O，Na-S-O，Mg-S-O，Ag-S-O 等热力学参数状态图。为了简化分析，仅以 Li-S-O、Ag-S-O 两个状态图为例进行讨论。

从热力学手册中可以得到如下数据：

$$Ag_2SO_4(s) =\!=\!= 2Ag(s) + O_2(g) + SO_2(g) \tag{3-31}$$

$$\Delta_r G_T^\ominus = 404.34 + 127.57 \times 10^{-3} T\lg T - 679.65 \times 10^{-3} T \quad kJ/mol$$

$$\frac{1}{2}S_2(g) + O_2(g) =\!=\!= SO_2(g) \tag{3-32}$$

$$\Delta_r G_T^\ominus = -362.33 + 71.96 \times 10^{-3} T \quad kJ/mol$$

$$\Delta_r G_{800K}^\ominus = -304.76 kJ/mol$$

$$2Ag(s) + \frac{1}{2}S_2(g) =\!=\!= Ag_2S(s) \tag{3-33}$$

$$\Delta_r G_T^\ominus = -93.72 + 39.75 \times 10^{-3} T \quad kJ/mol$$

$$\Delta_r G^{\ominus}_{800K} = -61.92\text{kJ/mol}$$

$$Ag_2SO_4(s) = 2Ag(s) + 2O_2(g) + \frac{1}{2}S_2(g) \tag{3-34}$$

$$\Delta_r G^{\ominus}_T = 766.68 + 127.57 \times 10^{-3} T\lg T - 751.61 \times 10^{-3} T \quad \text{kJ/mol}$$

$$\Delta_r G^{\ominus}_{800K} = 461.67\text{kJ/mol}$$

$$Ag_2S(s) + 2O_2(g) = Ag_2SO_4(s) \tag{3-35}$$

$$\Delta_r G^{\ominus}_T = -860.40 - 127.57 \times 10^{-3} T\lg T + 791.36 \times 10^{-3} T \quad \text{kJ/mol}$$

$$\Delta_r G^{\ominus}_{800K} = -523.59\text{kJ/mol}$$

由上述数据可以绘制出氧势-硫势图（如图3-36所示）。由该图可以看到，当 $p_{O_2} < 10^{-12.08}$，$p_{SO_2} \leqslant 0.1\text{MPa}\left(即\lg\frac{p_{SO_2}}{p^{\ominus}} \leqslant 0\right)$时，Ag-$Ag_2SO_4$ 可以平衡共存，且在一定温度下，提供固定的 p_{SO_2}。因此，Ag/Ag_2SO_4 可以作为参比电极材料。

同理可作800K时Li-S-O的热力学参数状态图（图3-37）。由该图可以看出，在烟道煤气的成分范围内 $\lg\frac{p_{SO_2}}{p^{\ominus}} = 0 \sim 10$，$Li_2SO_4$ 是稳定的。同样可以证明：在该条件下，K_2SO_4、Na_2SO_4、$MgSO_4$、$CaSO_4$ 都是稳定的，均可作为固体电解质材料。另外，Li_2O、Li_2S 在烟道煤气条件下不是稳定相；同理可以证明 MgO、MgS；CaO、CaS；Na_2O、Na_2S；K_2O、K_2S 等在烟道煤气条件下均不是稳定相。由此可以判定选择 MgO/$MgSO_4$ 作为参比电极材料是错误的；MgO 的分解过程必将影响 p_{SO_2}，导致测量过程中电动势不稳定。

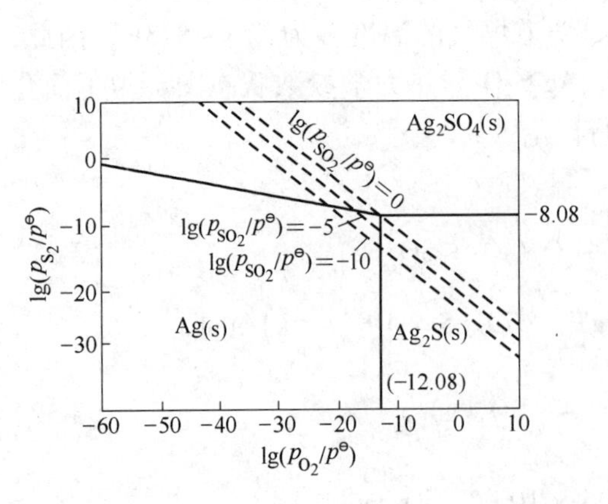

图3-36 800K时Ag-S-O状态图

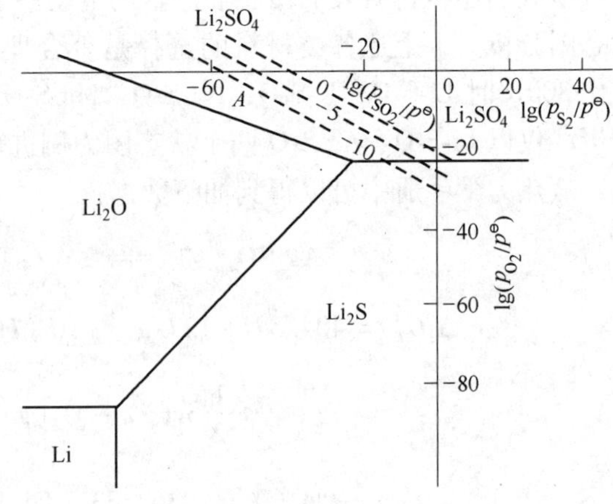

图3-37 800K时Li-S-O状态图

再结合相图进行分析，用 Ag/Ag_2SO_4 作参比电极材料，用 K_2SO_4、Na_2SO_4 作为固体电解质材料，组成 SO_2 传感器在测量过程中电动势不稳定的原因。从相图手册发现，碱金属硫酸盐与 Ag_2SO_4 构筑的二元相图中，均有生成有限固溶区的情况（图3-38），且溶解度随温度的变化而变化。因此在测量过程中，由于参比电极材料与固体电解质材料接触的表面会发生固溶反应，改变了 Ag_2SO_4 的活度，亦即改变了 p_{SO_2} 值，所以测得的电动势不稳定。

现以 Li_2SO_4-$AgSO_4$ 二元系（示于图 3-38）为例，分析如何选择恰当的固体电解质。在该二元系相图中，除存在 α-$Li_2SO_4^{(I)}$、α-$Ag_2SO_4^{(III)}$、$(Ag, Li)_2SO_4^{(II)}$ 三个单相固溶体外，还存在由它们构成的两个两相区Ⅰ+Ⅱ、Ⅱ+Ⅲ；而且发现在烟道煤气温度变化范围内，Ⅰ+Ⅱ区内的溶解度与温度无关。因此，可以在该相区内选择固体电解质材料，如 77% Li_2SO_4 和 23% $AgSO_4$ 可能是作为 SO_2 传感器的较满意的材料。实验证明，就是在Ⅰ+Ⅱ区内选取的材料，组装成的 SO_2 传感器，提供了稳定的电动势，满足了工业检测的需要。

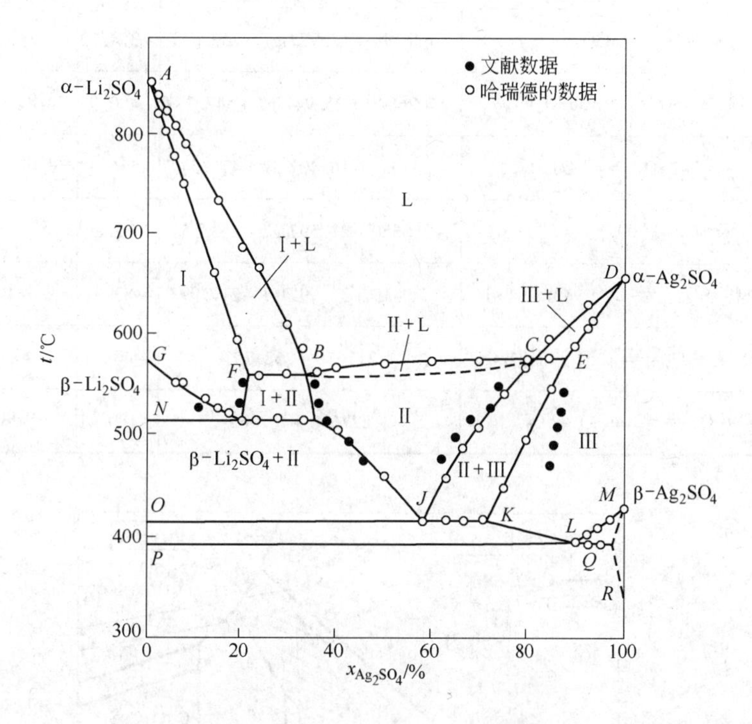

图 3-38 Li_2SO_4-Ag_2SO_4 二元系相图

3.3.3 利用热力学参数状态图的叠加分析复杂铜矿选择性氧化焙烧使铜、铁分离的热力学条件

有些复杂铜矿 CuS 与 FeS_2 共存，选择合理的氧化焙烧条件以使铜、铁分离，是至关重要的工艺之一。为此，根据有关的热力学参数和通常氧化焙烧的温度 1073K（800℃），作 1000K 下 Cu-S-O，Fe-S-O 热力学参数状态图，并进行分析。已知 Cu-S-O 的热力学参数，列于表 3-7，可以绘制 1000K 时的优势区图又称凯洛哥（Kellog）图（参见图 3-39 中黑粗线）。同理根据 Fe-S-O 系各反应的标准吉布斯自由能，可绘制其优势区图（图 3-39 中黑细线）。将两个优势区图叠加在一起，示于图 3-39。可以看出，铁氧化物的稳定区大于铜氧化物的稳定区。因此，在 1000K 下，把 p_{O_2}、p_{SO_2} 控制在阴影区内进行氧化焙烧，则 FeS_2 选择性氧化，而 Cu_2S 处于稳定相态，从而达到复杂铜矿中 Cu、Fe 分离的目的。

表 3-7 Cu-S-O 系平衡反应的标准吉布斯自由能

序号	反应	$\Delta G^{\ominus}/J\cdot mol^{-1}$	$G^{\ominus}_{1000}/kJ$	$\lg(p_{O_2}/p^{\ominus}) = f\lg(p_{SO_2}/p^{\ominus})$
①	$2Cu(s)+\frac{1}{2}O_2 = Cu_2O(s)$	$-165810+67.57T$	-95.23	-9.95
②	$Cu_2O(s)+\frac{1}{2}O_2 = 2CuO(s)$	$-142550+103.81T$	-37.45	-3.92
③	$2CuS(s)+O_2 = Cu_2S(s)+SO_2$	$-266230-40.04T$	-308.44	$-1.61+\lg(p_{SO_2}/p^{\ominus})$
④	$Cu_2S(s)+\frac{3}{2}O_2 = Cu_2O(s)+SO_2$	$-388990+9.54T\lg T+75.73T$	-284.64	$-9.91+0.67\lg(p_{SO_2}/p^{\ominus})$
⑤	$CuS(s)+2O_2 = CuSO_4(s)$	$-646140+12.97T\lg T+253.61T$	-354.72	-9.26
⑥	$Cu_2S(s)+3O_2+SO_2 = 2CuSO_4(s)$	$-1026040+25.94T\lg T+547.27T$	-400.95	$-6.98-0.33\lg(p_{SO_2}/p^{\ominus})$
⑦	$Cu_2O(s)+\frac{3}{2}O_2+2SO_2 = 2CuSO_4(s)$	$-637060+16.40T\lg T+471.54T$	-116.32	$-4.05-1.33\lg(p_{SO_2}/p^{\ominus})$
⑧	$CuO\cdot CuSO_4(s)+SO_2+\frac{1}{2}O_2 = 2CuSO_4(s)$	$-216650-21.59T\lg T+253.55T$	-32.80	$-3.43-2.0\lg(p_{SO_2}/p^{\ominus})$
⑨	$Cu_2O(s)+SO_2+O_2 = CuO\cdot CuSO_4(s)$	$-420410+37.99T\lg T+217.99T$	-83.51	$-4.36-\lg(p_{SO_2}/p^{\ominus})$
⑨	$2CuO(s)+SO_2+\frac{1}{2}O_2 = CuO\cdot CuSO_4(s)$	$-311650+262.76T$	-46.07	$-4.81-2.0\lg(p_{SO_2}/p^{\ominus})$
⑪	$Cu_2S(s)+O_2 = 2Cu(s)+SO_2$	$-227690+40.96T$	-189.41	$-9.90+\lg(p_{SO_2}/p^{\ominus})$

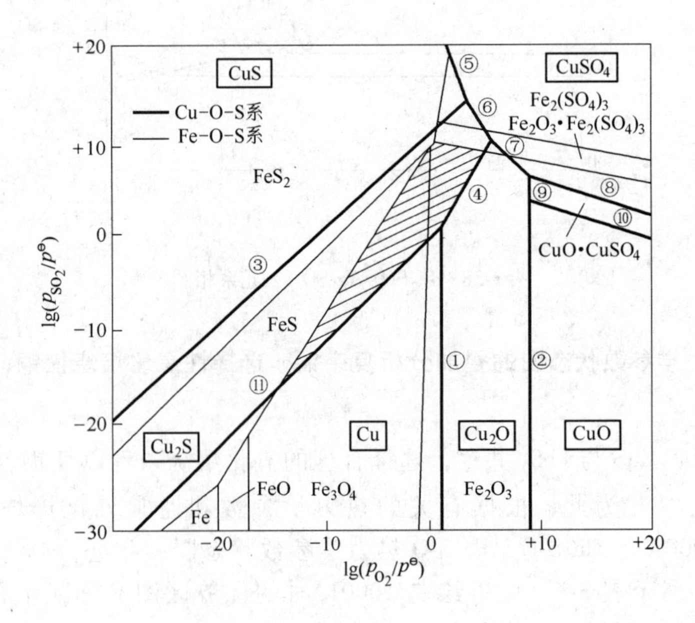

图 3-39 1000K Cu-S-O 与 Fe-S-O 系的优势区图

3.3.4 利用热力学参数状态图对制备 Si_3N_4 超细粉的热力学进行分析

Si_3N_4 超细粉也是制备各种氮化物陶瓷的主要原料。在制备精细陶瓷时，为了保证粉体原料的反应活性，希望其比表面积大；为了精确控制陶瓷的组成结构及性能，粉体原料应保证足够高的纯度及晶化率。制备 Si_3N_4 超细粉的方法有多种，如直接氮化、气相沉积、热分解及还原氮化等。自20世纪80年代末以来，不少陶瓷工作者研究了 SiO_2 碳热还原法氮化制备 Si_3N_4 粉料的工艺规律，提出由 SiO_2-C-N_2 系统合成 Si_3N_4 时，氮化温度以1400℃为宜，氮化基本完全，x_C/x_{SiO_2} 的摩尔比为5∶1时，产品收得率最高。SiO_2-C-N_2 体系中 SiO_2 碳热还原法的还原氮化反应为

$$SiO_2(s) + C(s) = SiO(g) + CO(g) \tag{3-36}$$

$$\Delta_r G_{(3-36)} = \Delta_r G^{\ominus}_{(3-36)} + RT\ln \frac{p_{SiO}p_{CO}}{(p^{\ominus})^2}$$

$$3SiO(g) + 2N_2(g) + 3C(s) = Si_3N_4(s) + 3CO(g) \tag{3-37}$$

$$\Delta_r G_{(3-37)} = \Delta_r G^{\ominus}_{(3-37)} + RT\ln \frac{p_{CO}^3(p^{\ominus})^2}{p_{SiO}^3 p_{N_2}^2}$$

即 SiO_2 是被碳直接还原生成中间产物 SiO 的。SiO_2 也可以被 CO 还原为 SiO，反应为

$$SiO_2(s) + CO(g) = SiO(g) + CO_2(g) \tag{3-38}$$

$$\Delta_r G_{(3-38)} = \Delta_r G^{\ominus}_{(3-38)} + RT\ln \frac{p_{CO_2}p_{SiO}}{p_{CO}p^{\ominus}}$$

由于反应体系中有大量过剩 C 存在，使快速平衡反应

$$CO_2(g) + C(s) = 2CO(g) \tag{3-39}$$

$$\Delta_r G_{(3-39)} = \Delta_r G^{\ominus}_{(3-39)} + RT\ln \frac{p_{CO}^2}{p_{CO_2}p^{\ominus}}$$

四个反应的 $\Delta_r G^{\ominus}$ 值列于表3-8。

表3-8 反应的标准吉布斯自由能变化 $\Delta_r G_T^{\ominus} = a + b\times10^{-3}T\ln T + c\times10^{-3}T$ kJ/mol

反应式	a	b	c
(3-36)	681.57	0.2697	-4.345
(3-37)	-824.67	-1.0513	6.596
(3-38)	535.97	0.2697	-2.600
(3-39)	145.60		-1.745

先假设反应(3-38)与反应(3-39)这两个反应同时处于热力学平衡，且满足条件

$$\Delta_r G_{(3-38)} = 0,\quad \Delta_r G_{(3-39)} = 0$$

由此可得 CO_2 的平衡分压与 SiO 的平衡分压关系式

$$\ln \frac{p_{CO_2}}{p^{\ominus}} = -\left(\frac{1}{RT}\right)\left(1217540 + 53.97T\ln T - 694.54T + 2RT\ln \frac{p_{SiO}}{p^{\ominus}}\right) \tag{3-40}$$

此处 $R = 8.314\text{J}/(\text{mol}\cdot\text{K})$。

文献中给出的 SiO 平衡蒸汽压与温度关系式

$$\ln \frac{p_{SiO}}{p^{\ominus}} = -\frac{16570}{T} + 1.75\ln T + 1.9 \tag{3-41}$$

代入式（3-40），可得图3-40中的实线。实线上方为满足生成 Si_3N_4 热力学条件的区域，下方为不满足生成 Si_3N_4 热力学条件的区域。然而在实际反应体系中，反应（3-39）比反应（3-38）快得多，即反应（3-39）处于热力学反应平衡，而反应（3-38）处于非平衡状态，且体系的气氛由反应（3-39）控制。

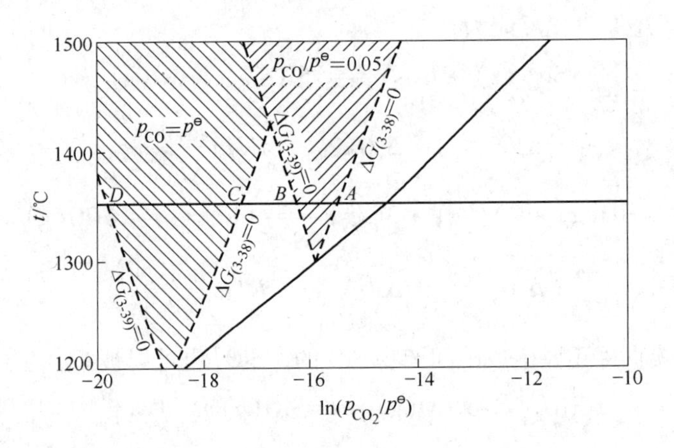

图3-40 $\ln\frac{p_{CO_2}}{p^\ominus}$与温度关系图

当 $p_{CO}/p^\ominus=0.05$ 及 $p_{CO}/p^\ominus=p_{tot}/p^\ominus(<0.05)$时，分别求解 $\Delta_rG_{(3-38)}=0$ 及 $\Delta_rG_{(3-39)}=0$，可得图3-40中两个满足生成 Si_3N_4 热力学条件的区域，即阴影部分。在1623K(1350℃)合成条件下，通常 $p_{CO}<5kPa$，因此 C 点是反应（3-38）的热力学平衡点，D 点是反应（3-39）的热力学平衡点。反应（3-38）的推动力，即吉布斯自由能变化为

$$\Delta_rG_{DC(T)} = RT\int_{p_{CO_2}^C}^{p_{CO_2}^D}\mathrm{d}\ln\frac{p_{CO_2}}{p^\ominus} = RT\ln\frac{p_{CO_2}^D}{p_{CO_2}^C} \tag{3-42}$$

由上式可得，$\Delta_rG_{DC}(1623K) < \Delta_rG_{BA}(1623K) = -10.52kJ/mol$，如此负的 Δ_rG 值使反应（3-38）向右进行，即有利于 SiO_2 超细粉体碳热还原氮化生成 Si_3N_4 超细粉体反应的进行。

3.3.5 利用多元热力学参数状态图对合成新型复合材料刚玉莫来石/ZrB_2 的可行性分析

从复合材料的物理性能匹配看，研制刚玉莫来石/ZrB_2 材料是合理的，然而其能否满足化学稳定，需进行热力学分析。利用FACT程序绘制 N_2 气氛、热压烧结温度1973K下的Si-Al-Zr-B-O-N多元热力学参数状态图，如图3-41所示。

由图可以看出：该体系共有23个相区，各相区的相组成分别为：①$9Al_2O_3\cdot2B_2O_3+Si(l)+ZrB_2$；②$AlB_{12}+Si(l)+ZrB_2$；③$Al_2O_3+Si_3N_4+ZrB_2$；④$AlN+Si_3N_4+ZrN$；⑤$AlN+Si_3N_4+ZrB_2$；⑥$AlB_{12}+SiO_2+ZrB_2$；⑦$9Al_2O_3\cdot2B_2O_3+3Al_2O_3\cdot2SiO_2+ZrB_2$；⑧$2Al_2O_3B_2O_3+SiB_{14}+ZrO_2$；⑨$2Al_2O_3\cdot B_2O_3+SiO_2+ZrB_2$；⑩$9Al_2O_3\cdot2B_2O_3+SiO_2+ZrB_2$；⑪$AlB_{12}+Si(l)+ZrB_2$；⑫$9Al_2O_3\cdot2B_2O_3+Si_3N_4+ZrB_2$；⑬$2Al_2O_3\cdot B_2O_3+SiO_2+ZrO_2$；⑭$AlB_{12}+SiB_{14}+ZrO_2$；⑮$AlB_{12}+SiB_{14}+ZrB_2$；等等。但找不到刚玉、莫来石、硼化锆三者稳定共存的相区。在二硼化锆稳定存在的条件下，可能合成的材料有：$Al_2O_3+Si_3N_4+ZrB_2$；$AlN+Si_3N_4+ZrB_2$；$AlB_{12}+SiO_2+ZrB_2$；$2Al_2O_3\cdot B_2O_3+SiO_2+ZrB_2$；$9Al_2O_3\cdot2B_2O_3+SiO_2+$

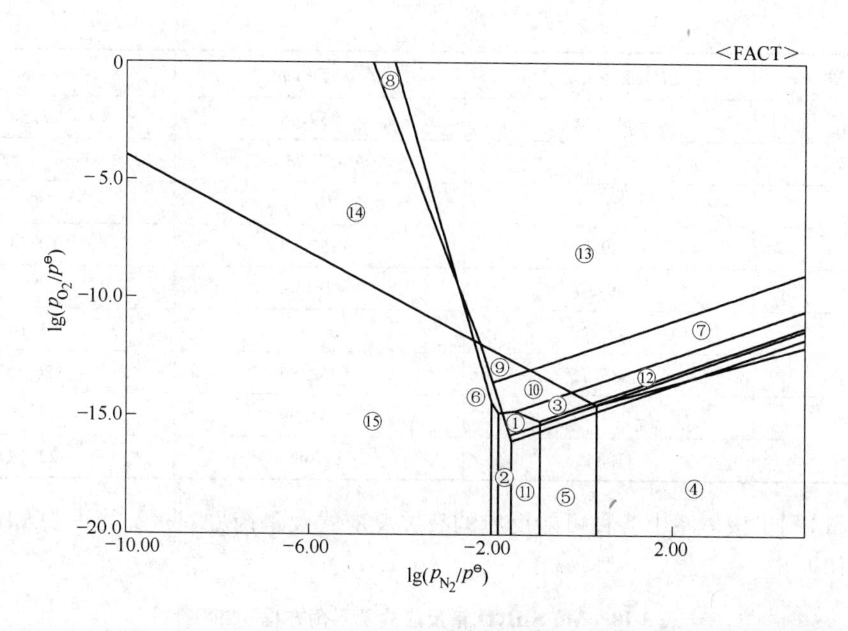

图 3-41　1973K 和 N_2 气氛下 Si-Al-Zr-B-O-N 的六元热力学参数状态图

ZrB_2；$9Al_2O_3 \cdot 2B_2O_3 + Si_3N_4 + ZrB_2$；$AlB_{12} + SiB_{14} + ZrB_2$。在莫来石稳定的条件下，只有 $9Al_2O_3 \cdot 2B_2O_3 + 3Al_2O_3 \cdot 2SiO_2 + ZrO_2$ 三相共存区。由上述分析可以判断，在 1973K、N_2 气氛下合成的刚玉莫来石/ZrB_2 高温复合材料为亚稳的复相材料，在高温下使用时将继续发生化学反应。

此例说明，研制一种新材料，要满足三个条件：物理性能匹配，热力学稳定，界面相容。而热力学稳定是关键。

本 章 例 题

例题 I　已知 Mo-S-H_2O 系在 298K 时有关热力学数据（见表 3-9），选定在 $T = 298K$，$p = 0.1MPa$ 及活度为 1 的条件下，试绘制出 Mo-S-H_2O 系的电势-pH 图，并予以初步分析。

表 3-9　Mo-S-H_2O 系热力学数据（298K）

物　质	$\Delta H^{\ominus}$/kJ · mol^{-1}	$\Delta G^{\ominus}$/kJ · mol^{-1}	$S^{\ominus}$/J · (mol · K)$^{-1}$
MoS_2	−275.3	−226.73	63.18
S^0	0	0	31.88
MoO_3	−754.75	−677.60	77.82
Mo	0	0	28.58
H_2O	−285.84	−237.19	69.94
H_2MoO_4	−1072.78	−949.77	150.62
$HMoO_4^-$		−893.70	

续表 3-9

物 质	$\Delta H^{\ominus}$/kJ · mol^{-1}	$\Delta G^{\ominus}$/kJ · mol^{-1}	$S^{\ominus}$/J · (mol · K)$^{-1}$
MoO_4^{2-}	-997.88	-859.48	58.58
Mo^{3+}		-57.74	
H^+	0	0	0
OH^-	-229.95	-157.29	10.54
H_2S	-39.30	-27.36	122.20
HS^-	-17.66	12.59	61.10
HSO_4^-	-885.75	-752.86	126.85
SO_4^{2-}	-907.51	-741.99	17.15
S^{2-}	41.84	83.68	22.18

解 (1)列出该体系中各种可能反应的有关反应式及平衡方程，计算电势-pH 的关系，示于表 3-10。

表 3-10 Mo-S-H_2O 系反应式及平衡方程（298K）

序号	反 应 式	平 衡 方 程
1	$MoS_2 + 4H^+ + 4e^- = Mo + 2H_2S$	$\varphi = -0.446 - 0.0591pH - \frac{0.0591}{3}\lg w[H_2S]$
2	$MoS_2 + 2H^+ + 4e^- = Mo + 2HS^-$	$\varphi = -0.653 - \frac{0.0591}{2}pH - \frac{0.0591}{3}\lg w[HS^-]$
3	$MoS_2 + 4e^- = Mo + 2S^{2-}$	$\varphi = -1.02 - \frac{0.0591}{2}\lg w[S^{2-}]$
4	$MoO_3 + 6H^+ + 3e^- = Mo^{3+} + 3H_2O$	$\varphi = -0.317 - 0.118pH - \frac{0.0591}{3}\lg w[Mo^{3+}]$
5	$Mo^{3+} + 2HSO_4^- + 14H^+ + 15e^- = MoS_2 + 8H_2O$	$\varphi = 0.387 - 0.055pH - \frac{0.0591}{15}\lg \frac{1}{w[HSO_4^-]^2 w[Mo^{3+}]}$
6	$MoO_3 + 2HSO_4^- + 20H^+ + 18e^- = MoS_2 + 11H_2O$	$\varphi = 0.376 - 0.066pH - \frac{0.0591}{18}\lg \frac{1}{w[HSO_4^-]^2}$
7	$MoO_3 + 2SO_4^{2-} + 22H^+ + 18e^- = MoS_2 + 11H_2O$	$\varphi = 0.388 - 0.072pH - \frac{0.0591}{18}\lg \frac{1}{w[SO_4^{2-}]^2}$
8	$HMoO_4^- + 2SO_4^{2-} + 23H^+ + 18e^- = MoS_2 + 12H_2O$	$\varphi = 0.400 - 0.075pH - \frac{0.0591}{18}\lg \frac{1}{w[HMoO_4^-]w[SO_4^{2-}]^2}$
9	$MoO_4^{2-} + 2SO_4^{2-} + 24H^+ + 18e^- = MoS_2 + 12H_2O$	$\varphi = 0.420 - 0.079pH - \frac{0.0591}{18}\lg \frac{1}{w[MoO_4^{2-}]w[SO_4^{2-}]^2}$
10	$S^0 + 2H^+ + 2e^- = H_2S$	$\varphi = 0.142 - 0.059pH - \frac{0.0591}{2}\lg w[H_2S]$
11	$S^0 + H^+ + 2e^- = HS^-$	$\varphi = -0.065 - \frac{0.0591}{2}pH - \frac{0.0591}{2}\lg w[HS^-]$
12	$HMoO_4^- = MoO_4^{2-} + H^+$	$pH = 6.00 + \lg \frac{w[MoO_4^{2-}]}{w[HMoO_4^-]}$

续表 3-10

编号	反应式	平衡方程
13	$MoO_3 + H_2O = HMoO_4^- + H^+$	$pH = 3.70 + \lg w[HMoO_4^-]$
14	$HSO_4^- = H^+ + SO_4^{2-}$	$pH = 1.91 + \lg \frac{w[SO_4^{2-}]}{w[HSO_4^-]}$
15	$H_2S = H^+ + HS^-$	$pH = 7.00 + \lg \frac{w[HS^-]}{w[H_2S]}$
16	$S^{2-} + H^+ = HS^-$	$pH = 12.47 + \lg \frac{w[HS^-]}{w[S^{2-}]}$

（2）根据表 3-10 及给定的条件求斜率和截距，处理矛盾平衡，绘制出 Mo-S-H_2S 系的电势-pH 图，示于图 3-42。为方便分析和比较，图中用虚线绘出相应各种硫离子稳定存在区域。图中（a）线和（b）线分别为氢电极和氧电极电势随 pH 的变化，即 $2H^+ + 2e^- = H_2$ 和 $O_2 + 4H^+ + 4e^- = 2H_2O$，在（a）线和（b）线之间为水的稳定区。

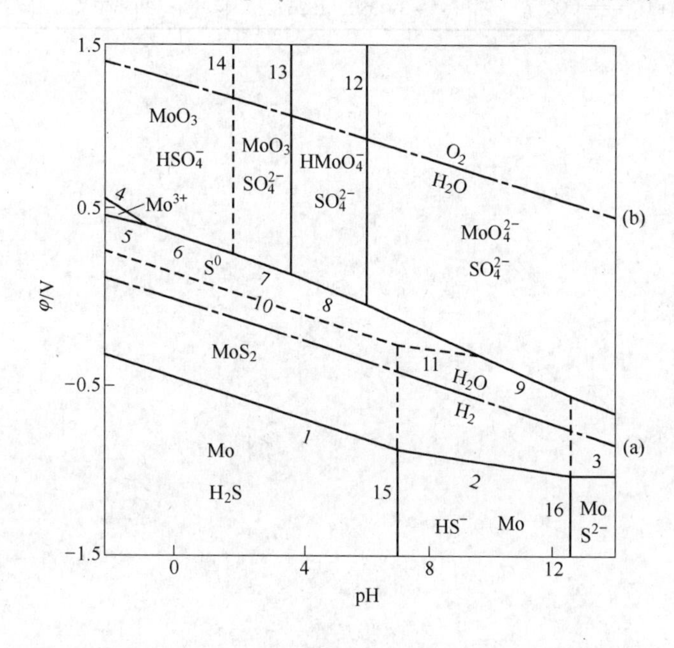

图 3-42　Mo-S-H_2O 系的电势-pH 图（298K，$a=1$）

（3）对图 3-42 进行分析。由图可以看出，Mo 在水溶液中主要存在形式不是金属阳离子，而是以含氧酸根阴离子形式存在。Mo 以正六价最稳定，而四价钼只能以配合离子的形式存在于水溶液中。在 pH >6.0 的条件下，钼在水溶液中的主要存在形式是 MoO_4^{2-}；当 pH <6.0 后，过渡为 $HMoO_4^-$；pH 值降低到 <3.7，则转变为 MoO_3。

金属 Mo 电极电势线位于氢电极电势线以下，即在水溶液中用氢还原得不到金属钼。

因为 MoS_2 是处在氧电极电势以下，位于水的稳定区内，所以在室温下，MoS_2 比其他金属硫化物稳定。若将 MoS_2 直接氧化浸取，则需要较强的氧化剂参与反应。在酸性水溶液中进行 MoS_2 氧化反应可表示为

$$MoS_2 + 8H_2O + 15OX \longrightarrow Mo^{3+} + 2HSO_4^- + 14H^+ + 15OX^-$$

$$MoS_2 + 11H_2O + 18OX \longrightarrow MoO_3 + 2SO_4^{2-} + 22H^+ + 18OX^-$$

以上两式中，OX 表示氧化剂。

由图还可知，Mo^{3+} 只在强酸性介质中出现，而且 Mo^{3+} 稳定存在的区域很窄。在一般酸性介质条件下浸取 MoS_2，钼主要转变成 MoO_3。

习　题

利用 CO/CO_2 混合气体，碳热还原 WO_2 以制取金属钨。试根据下列已知数据，用热力学参数状态图分析获得纯钨的条件。

序号	反　应	$\Delta G_T^{\ominus}$/J·mol^{-1}	$\Delta G_{1000}^{\ominus}$/J·mol^{-1}	$\Delta G_{1300}^{\ominus}$/J·mol^{-1}
1	$W(s) + O_2 = WO_2(s)$	$-579480 + 153.13T$	-426350	-380410
2	$W(s) + C(s) = WC(s)$	$-37660 + 1.67T$	-35980	-35480
3	$C(s) + \frac{1}{2}O_2 = CO(g)$	$-111960 - 87.86T$	-199830	-226190
4	$C(s) + O_2 = CO_2(g)$	$-394380 - 1.26T$	-395640	-396020

4 溶液(固溶体)热力学

冶金和材料制备过程中，溶液是最重要的研究对象之一。诸如金属和合金体系中的溶液和固溶体，熔渣、熔锍和熔盐等火法冶金中的高温熔体，萃取液、离子交换液、浸出液、净化液和电解液等湿法冶金中的溶液，以及材料制备过程中湿化学法涉及的溶胶、凝胶、水溶液、离子溶液体等液体和胶体。因此，对冶金和材料制备过程中溶液的热力学性质及化学反应随溶液成分和外界条件变化规律的研究，是冶金和材料科技工作者的重要课题之一。

凡由两种或两种以上物质组成的，其浓度可在一定范围内连续改变的均匀体系，称之为溶液。概括起来，溶液可分为气态溶液、液态溶液和固态溶液三类。在热力学研究中，溶液又分为理想溶液和非理想溶液（真实溶液）。

4.1 理 想 溶 液

在液态混合物中，凡任一组分在整个浓度范围内都符合拉乌尔定律（1887 年 Raoult 根据实验提出的）的溶液，称之为完全理想溶液（对于液态混合物，称之为理想液态混合物，简称理想混合物）。若溶剂仅在很小的范围内符合拉乌尔定律，此种溶液称之为部分理想溶液。凡在一定条件下，满足拉乌尔定律或亨利定律（1803 年 Henry 由实验总结出的）溶液，称为稀溶液。有关稀溶液的性质及两个定律，这里不再赘述。

理想溶液的热力学表达式为

$$\mu_i = \mu_i^{\ominus} + RT\ln x_i \tag{4-1}$$

式中，x_i 为组元 i 的摩尔分数。

因此，凡溶液的性质与式（4-1）相符合，称为理想溶液；若在整个浓度范围内式（4-1）均可适用，此类溶液称为完全理想溶液。

从微观上看，两种物质形成理想溶液时，同种和异种分子间作用力相同。从宏观上看，各组元混合形成溶液时没有体积变化，$\Delta_{mix}V=0$；混合过程不产生热效应，即没有吸热放热现象 $\Delta_{mix}H=0$；具有理想的混合熵。形成理想溶液时，组元的相对偏摩尔熵为

$$\Delta S_{i,m} = S_{i,m} - S_i^{\ominus} = -R\ln x_i \tag{4-2}$$

依此类推

$$\Delta S = S - S^{\ominus} = -Rn_1\ln x_1 - Rn_2\ln x_2 + \cdots = -R\sum_{i=1}^{k} n_i\ln x_i$$

$$\Delta S_m = S_m - S_m^{\ominus} = -Rx_1\ln x_1 - Rx_2\ln x_2 + \cdots = -R\sum_{i=1}^{k} x_i\ln x_i \tag{4-3}$$

由此可见，形成 n 个摩尔理想溶液的熵变，等于 n 个摩尔理想混合物的熵变。

形成理想溶液后，体系总吉布斯自由能和摩尔吉布斯自由能分别为

$$G = \sum_{i=1}^{k} n_i G_i^{\ominus} + RT\sum_{i=1}^{k} n_i \ln x_i$$

$$G_{\mathrm{m}} = \sum_{i=1}^{k} x_i G_i^{\ominus} + RT\sum_{i=1}^{k} x_i \ln x_i \tag{4-4}$$

吉布斯自由能变化为

$$\Delta G = RT\sum_{i=1}^{k} n_i \ln x_i$$

$$\Delta G_{\mathrm{m}} = RT\sum_{i=1}^{k} x_i \ln x_i \tag{4-5}$$

相对偏摩尔吉布斯自由能

$$\Delta G_{i,\mathrm{m}} = \Delta \mu_i = G_{i,\mathrm{m}} - G_i^{\ominus} = RT\ln x_i \tag{4-6}$$

应该提请注意的是：$\Delta_{\mathrm{mix}}V=0$ 和 $\Delta_{\mathrm{mix}}H=0$ 作为理想溶液的基本标志，是对相同体系而言，即气-气、液-液、固-固溶体。对于固-液体，或将固相熔化使之成为过冷液体，再与另一相混合为液-液溶液；或将液体凝固，而后使其与另一固体形成固-固溶液或固溶体，才可应用上述两种标志。因此，在对不同相体系吉布斯自由能变化进行计算时，必须对式（4-5）加以校正。

4.1.1 冶金和材料制备过程中遇到的理想溶液

根据理想溶液宏观和微观特征可以断定，只有化学性质及物理性质相似，方可形成理想溶液。由此可以推断冶金和材料制备过程中遇到的理想溶液有：

（1）金属元素的同位素及其化合物形成的溶液，如 Fe^{54} 和 Fe^{56}，$Fe^{54}O$ 和 $Fe^{56}O$ 等，属于完全理想溶液。

（2）同族和同一周期中相邻金属的合金以及它们的氧化物形成的固溶体和溶液，如 Ni-Cu，Au-Ag，Fe-Co，Fe-Mn，Fe-Cr，Mn-Cr，Au-Pt，Pb-Sn，Nb-Ta 等，还有 MgO-NiO，FeO-MnO，FeO-MgO 等，形成连续固溶体和液体溶液二元系。

（3）卤素同一种化合物形成二元熔盐溶液，如 $AgCl\text{-}PbCl_2$，$PbCl_2\text{-}LiCl$，AgBr-KBr，$TiCl_4\text{-}SiCl_4$ 等体系，属于完全理想溶液。

（4）在火法冶金和半导体制备过程中，常常遇到含杂质很少的熔体，其中作为溶剂的基本组元的性质往往符合拉乌尔定律，从而也符合理想溶液的性质。

综上所述，在冶金和材料制备过程中，有一些性质相似的组元形成的二元系或属于完全理想溶液，或在计算过程中可以近似认为是完全理想溶液。这类溶液虽为数不多，但它们却是真实溶液的极限状态。因此，它们是研究冶金和材料溶液热力学的一个比较标准。

4.1.2 理想溶液的依数性及其在冶金和材料中的应用

对理想溶液，由蒸气压引起的沸点上升、凝固点下降（或上升）以及渗透压等性质与溶质的浓度成正比。亦即这些性质直接由溶液中溶质的浓度或溶质分子的相对数目来决定；且只与溶剂的性质有关，而与溶质的本质无关。这就是理想溶液的依数性。

在冶金和材料制备方面应用这个依数性来计算的通常有如下两方面。

4.1.2.1 计算合金钢的凝固点

从合金钢的冶炼到浇注的过程中，其凝固点是重要的工艺参数之一。奇普曼（Chipman）假定铁基二元系为理想溶液，服从拉乌尔（Raoult）定律，求出了合金元素 i 每增加1%（质量比）时，铁的凝固点降低值为 ΔT_i。库巴舍夫斯基（Kubashewski）根据这些数据，给出了合金钢凝固点计算的经验公式

$$T_{fr} = 1809 - \sum_{i=1}^{n} \Delta T_i w[i]_{\%} \tag{4-7}$$

例如，已知 $\Delta T_C = 90$，$\Delta T_{Cr} = 1.8$，$\Delta T_{Ni} = 2.9$，$\Delta T_{Ti} = 17$。试计算 1Cr18Ni9Ti 奥氏体不锈钢的凝固点 T_{fr}。

通常 1Cr18NiTi 的成分（质量比）为 0.01% C、18% Cr、9% Ni、0.8% Ti。将有关数据代入式（4-7），得

$$T_{fr} = 1809 - (90 \times 0.01 + 1.8 \times 18 + 2.9 \times 9 + 17 \times 0.8) = 1809 - 73 = 1736(\mathrm{K})$$

如何求添加合金元素 i 后铁液的凝固点下降值 ΔT_i？

根据克-克（Clausius-Clapeyron）方程

$$\frac{\mathrm{d}\ln p}{\mathrm{d}T} = \frac{\Delta_{fus} H_m}{RT^2}$$

式中，$\Delta_{fus} H_m$ 为摩尔熔化焓。

积分得

$$\ln \frac{p_1^*}{p_1} = \frac{\Delta_{fus} H_m}{R}\left(\frac{T_1 - T_{M1}^*}{T_1 T_{M1}^*}\right) \tag{4-8}$$

式中，p_1^* 代表纯溶剂1的蒸气压；T_{M1}^* 为纯溶剂1的熔点温度。

由于假定铁基二元系服从拉乌尔定律

$$p_1 = p_1^* x_1$$

式中，x_1 代表溶液中1的摩尔分数。或写成

$$\ln \frac{p_1^*}{p} = -\ln x_1$$

代入式（4-8）得

$$\ln x_1 = -\frac{\Delta_{fus} H_1}{R}\left(\frac{T_1 - T_{M1}^*}{T_1 T_{M1}^*}\right) \tag{4-9}$$

因为

$$\ln x_1 = \ln(1 - x_2) \approx -x_2 \tag{4-10}$$

将式（4-10）代入式（4-9），得到

$$\Delta T \approx \frac{RT_{M1}^{*2}}{\Delta_{fus} H_1} x_2 \tag{4-11}$$

如果已知加入铁液中第二组元 i 的浓度，便可由式（4-11）求出 ΔT_i。

当向铁液中加入第二组元 i 后，存在有限固溶区，则同理可以推出铁的凝固点下降为

$$\Delta T_i = \frac{RT_{M1}^{*2}}{\Delta_{fus}H_1}(x_2^l - x_2^s) \tag{4-12}$$

对于理想溶液，溶质元素在固液两相的浓度比为常数

$$\frac{x_2^s}{x_2^l} = k; \quad \frac{x_2^s}{x_2^l} \approx \frac{w[i]_{\%}^s}{w[i]_{\%}^l} \tag{4-13}$$

所以有

$$\Delta T_i = \frac{RT_{M1}^{*2}x_2^l}{\Delta_{fus}H_1}(1 - k) \tag{4-14}$$

或

$$\Delta T_i = \frac{RT_{M1}^{*2} \cdot w[i]_{\%}^l \cdot A_{r1}}{100\Delta_{fus}H_1A_{ri}}(1 - k) \tag{4-15}$$

式中，$\Delta_{fus}H_1$ 为铁的熔化焓，等于15480J；T_{M1}^*为纯铁的熔点，1809K；R 为摩尔气体常数，8.314J/(mol·K)；A_{r1}和A_{ri}分别为铁液与组元 i 的相对原子质量；$w[i]_{\%}^l$为溶于铁液中 i 组元的质量百分数。

将有关数据代入式（4-15），得

$$\Delta T_i = \frac{1000(1 - k)w[i]_{\%}}{A_{ri}} \tag{4-16}$$

通过估算合金钢的凝固点，可以确定冶炼过程中的温度制度，控制出钢温度和浇注温度等。

4.1.2.2　利用理想溶液的蒸气压、沸点与成分关系分离提纯金属，以及回收低熔点有色金属

已知二元理想溶液满足拉乌尔定律

$$p_1 = p_1^* x_1; \quad p_2 = p_2^* x_2$$

和道尔顿（Dalton）分压定律

$$p_i = p_{tot}x'_i \tag{4-17}$$

式中，x'_i 是混合理想气体中 i 组分的摩尔分数（物质的量分数）；p_{tot}为体系总压。

可以得到

$$p_i = p_i^* x_i = p_{tot}x'_i \tag{4-18}$$

或写成

$$K_i = \frac{x'_i}{x_i} = \frac{p_i^*}{p_{tot}}$$

式中，K_i 为相平衡常数（又称分配常数或分配比值）。

于是，由式（4-18）得

$$\frac{x'_1}{x'_2} = \frac{x_1p_1^*}{x_2p_2^*} \tag{4-19}$$

因为$x'_1 + x'_2 = 1$；$x_1 + x_2 = 1$，所以若 $p_1^* > p_2^*$，则 $x'_1 > x'_2$；反之，则 $x'_2 > x'_1$。这说明，在混合液发生气化相变时，将发生易挥发的组元向气相富集，而难挥发的组元向液相

富集的过程。这就是冶金和化工工程中的蒸馏和精馏过程的基础。要使组元在相变过程中得到富集，一个重要条件就是控制体系的温度，使其处于两相共存区。因此，需要测定沸点成分图；或利用已知 $\Delta_l^g H_{m,i}^{\ominus}$（组元 i 在沸点 T_{bi}^* 时的摩尔蒸发焓）、$\Delta C_{p,m,i}$（组元 i 由液态变为气态摩尔热容的变化），根据两相平衡化学势相等来计算理想溶液的沸点组成图。

假设 1 为易挥发组元，2 为难挥发组元，并令 $\theta_1 = T - T_{b1}^*$，$\theta_2 = T_{b2}^* - T$，经过推导可以得到

$$\ln\frac{x'_1}{x_1} = \ln K_1 = \frac{\Delta_l^g H_{m,1}^{\ominus}}{RT_{b1}^*}\left(\frac{\theta_1}{T_{b1}^*}\right) - \left(\frac{\Delta_l^g H_{m,1}^{\ominus}}{RT_{b1}^*} - \frac{\Delta C_{p,m,1}}{2R}\right)\left(\frac{\theta_1}{T_{b1}^*}\right)^2 \tag{4-20}$$

$$\ln\frac{x'_2}{x_2} = \ln K_2 = -\frac{\Delta_l^g H_{m,2}^{\ominus}}{RT_{b2}^*}\left[\frac{(T_{b2}^* - T_{b1}^*) - \theta_1}{T_{b2}^*}\right] - \left(\frac{\Delta_l^g H_{m,2}^{\ominus}}{RT_{b2}^*} - \frac{\Delta C_{p,m,2}}{2R}\right) \times \left[\frac{(T_{b2}^* - T_{b1}^*) - \theta_1}{T_{b2}^*}\right]^2 \tag{4-21}$$

于是由式(4-20)和式(4-21)，通过 K 与 θ 的关系，便可作出二元完全理想溶液的沸点-组成图。

用蒸馏和精馏的方法分离混合物，提纯金属，回收低熔点金属等工艺，在稀有金属冶金、有色金属冶金以及半导体冶金中得到广泛的应用。蒸馏又称微分蒸馏，可作为粗分离的方法；而精馏可实现混合物的完全分离。下面以从生产金属钛的中间产物 $TiCl_4$（T_b = 1360℃）中去除 $SiCl_4$（T_b = 58℃）和焊锡中回收 Sn、Pb 为例，进行热力学分析和计算。

$TiCl_4$-$SiCl_4$ 系的沸点-组成图示于图 4-1。将组成为 x_a 的溶液（$w(SiCl_4)$ 约 35%），放入蒸馏塔（见图 4-2），从温度 T（约 55℃）开始加热，此时只存在液相。当混合液的温度到达 T_a（约为 92℃）时，开始生成蒸气，其组成为 x'_a（$w(SiCl_4)$ 约 83%）；$x'_a > x_a$，气相中富集 $SiCl_4$，但此时气相甚少。若继续加热到 T_c（约为 110℃），将有大量气相生成，其组成为 x'_c（$w(SiCl_4) \approx 70\%$），$x'_c > x_a$。当加热至 T_d（130℃）时，此时液相全部变成蒸气，蒸气量几乎是原混合液的量，其组成为

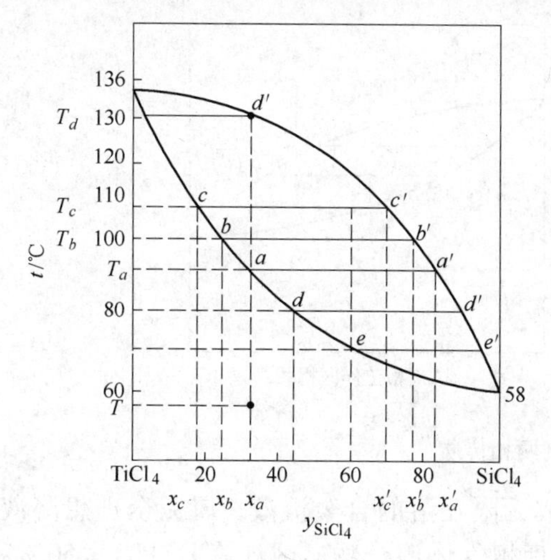

图 4-1 $TiCl_4$-$SiCl_4$ 系的沸点-组成图

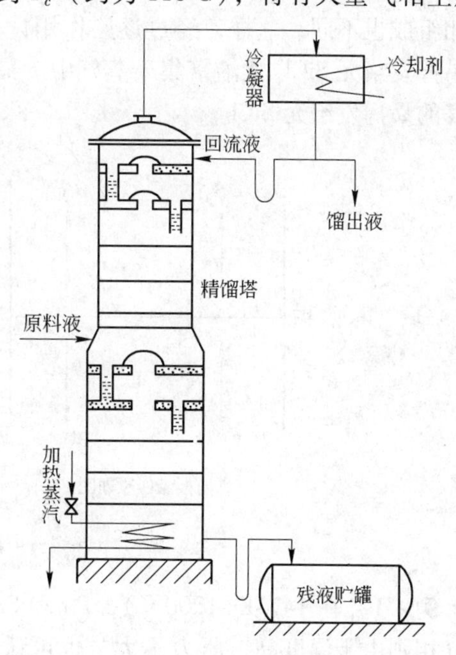

图 4-2 精馏塔示意图

x'_d，$x'_d = x_a$。显然，只有温度在气相线与液相线之间，才能达到混合液各组元分离的目的。如果是冷凝过程，则为上述过程的逆过程。很明显，也只有部分冷凝过程，才能达到分离混合物的目的。由上述可见，在一定压力和温度下，使塔中混合液气化，并将不断生成的蒸气引出并使之冷凝。随着过程的进行，塔中残液的易挥发组元 $SiCl_4$ 含量逐渐减少，液相将沿 a、b、c…向 $T^*_{TiCl_4}$变化；与此同时，混合液的沸点将不断提高，所生成的蒸气中易挥发组元的含量也随之递减。将其冷凝，所得的馏出液可按不同的组成范围，依次导入不同的接收器中。当塔内残液组成达到指定要求后，结束操作。这种逐次部分气化的操作过程，称为蒸馏。

精馏是将组成为 $x_a(w(SiCl_4) \approx 35\%)$ 的混合液加热，使之部分气化，如 $T_b = 100℃$，此时液相组成为 $x_b(w(SiCl_4) \approx 25\%)$，$x_b < x_a$，该点的气相组成为 $x'_b(w(SiCl_4) \approx 75\%)$。将此平衡的两相分开，液相再进行部分气化，升温至 $T_c = 110℃$，又分出组成为 $x_c(w(SiCl_4) \approx 16\%)$ 的液相及组成为 $x'_c(w(SiCl_4) \approx 70\%)$ 的气相。如此不断加热，使分出的液相不断进行部分气化，则液相组成及温度沿 a、b、c、…变化直至 T_{TiCl_4}，溶液中含难挥发组元 $TiCl_4$ 的浓度越来越高，从理论上最后可以得到纯组元 $TiCl_4$。同理，将溶液中蒸出的组成为 x_b 的蒸气部分冷凝到 $T_a = 92℃$，可得到组成为 x_a 的液相及组成为 x'_a 的气相；$x'_a > x'_b$。如此不断取出蒸气，使之部分冷凝，蒸气组成将沿着 a'、d'、e'…变化至 T_{TiCl_4}，蒸气中含易挥发组元 $SiCl_4$ 的浓度越来越高，理论上最后得到的是纯组元 $SiCl_4$。在工业生产中，以上过程是在精馏塔中连续进行的。塔内有多层塔板，其上有蒸气和液体的通路。塔底液体受热气化，产生蒸气上升并与板上冷凝回流的液体接触，两相作用后的液体又逐渐下流，而蒸气又继续上升。两相作用示于图 4-3。以 a 塔板为例，它接受上层溢流下来的溶液 d，及来自下层的蒸气 b'。该非平衡的两相混合后，达到热平衡，经传质又达到相平衡（x_a 和 x'_a）。新溶液流入下层，而新的气相升入上层。每层塔板反复作用，温度及平衡相组成也不同。这样，经过逐层作用，蒸气中难挥发组元 $TiCl_4$ 逐渐富集入液相，液相中易挥发组元 $SiCl_4$ 逐渐富集于蒸气中。最后，在塔底获得高纯度的 $TiCl_4$，在塔顶获得高纯度的易挥发组元 $SiCl_4$。

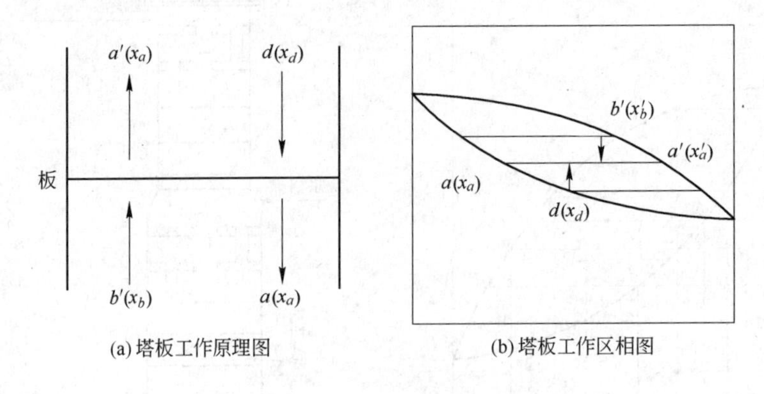

(a) 塔板工作原理图　　(b) 塔板工作区相图

图 4-3　塔板上两相传质

例 4-1　在 1473K(1200℃)，Pb 和 Sn 形成无限互溶的合金溶液，属完全理想溶液；蒸气相则由于温度高、压力不大，也可认为是理想气体混合物。试计算 $w(Pb) = 50\%$ 和 $w(Sn) = 50\%$ 的焊锡在该温度时的蒸气压，绘制沸点-组成图，求该合金的正常沸点，并计算与液相平衡的气相成分，讨论分离两种金属的可能性。

解 由 Pb-Sn 二元相图（图 4-4）可以看出，当温度高于 600.5K(327.5℃)时，Pb 和 Sn 形成无限互溶的合金溶液，可认为它们是理想溶液。

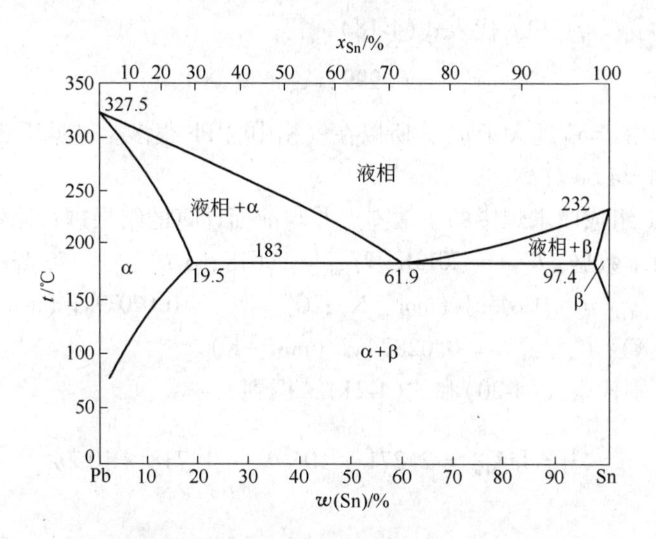

图 4-4 Pb-Sn 二元系相图

(1) 计算 1473K(1200℃)时，焊锡的蒸气压

首先，可算出焊锡的摩尔组成：$x_{Pb}=0.364$；$x_{Sn}=0.636$。查热力学数据表得知

$$\lg\left(\frac{p_{Pb}^*}{p^\ominus}\right)=-\frac{9190}{T}+7.45 \tag{4-22}$$

当 $T=1473$K 时，$p_{Pb}^*=2.146\times10^{-3}$MPa。

又查得

$$\lg\frac{p_{Sn}^*}{p^\ominus}=-\frac{14160}{T}+7.66 \tag{4-23}$$

当 $T=1473$K 时，

$$p_{Sn}^*=1.48\times10^{-6}\text{MPa}$$

根据拉乌尔定律

$$p_i=p_i^*x_i$$

得到 1473K 时

$$p_{Pb}=2.146\times10^{-3}\times0.364=7.812\times10^{-4}\text{MPa}$$

$$p_{Sn}=1.480\times10^{-6}\times0.636=9.413\times10^{-7}\text{MPa}$$

于是,焊锡的蒸气压

$$p=p_{Pb}+p_{Sn}=7.822\times10^{-4}\text{MPa}$$

(2) 计算焊锡的正常沸点

首先忽略锡的蒸气压，求焊锡的正常沸点 T_b。设焊锡熔点时熔体的蒸气压为 0.101325MPa，则铅的蒸气压为 0.101325/0.364 = 0.2784MPa。将该值代入式（4-22）得 $T_b=2227$K。

由式（4-23）求得当 $T=2227$K 时，锡的蒸气压为 2.693×10^{-3}MPa。显然，$2.693\times10^{-3}\times0.636=1.713\times10^{-3}$(MPa)为来自锡的超额数，故在计算 Pb 蒸气压时应以 0.099612MPa 代替 0.101325MPa。

于是 Pb 蒸气压为 0.099612/0.364 = 0.2737(MPa)，将该值代入式(4-22)得到，T_b = 2223K，此为该焊锡的正常沸点。

（3）计算 1473K(1200℃)时与液相平衡的气相组成

将前面求出的 p_{Pb}、p_{Sn}和 p 代入式(4-18)，得

$$x'_{Pb} = 0.999; x'_{Sn} = 0.001$$

该结果表明：由于 p_{Pb}^*远大于 p_{Sn}^*，所以在气相中含 Pb 很多。可见用蒸馏的方法能有效地使该焊锡中的 Pb 与 Sn 分离。

（4）绘制沸点-组成图求焊锡的正常沸点并与前面计算的结果进行比较

查得有关热力学数据：$T^*_{b,Pb}$ = 2013K；$T^*_{b,Sn}$ = 2963K；$\Delta_l^s H^\ominus_{m,Pb}$ = 176.15kJ/mol；$\Delta_l^s H^\ominus_{m,Sn}$ = 271.12kJ/mol；$C_{p,m,Pb(l)}$ = 0.02845kJ/(mol · K)；$C_{p,m,Pb(g)}$ = 0.02079kJ/(mol · K)；$C_{p,m,Sn(l)}$ = 0.03054kJ/(mol · K)；$C_{p,m,Sn(g)}$ = 0.02874kJ/(mol · K)。

将有关数据分别代入式(4-20)和式(4-21)，得到

$$\lg \frac{x'_{Pb}}{x_{Pb}} = \lg K_{Pb} = 2.271 \times 10^{-3}\theta_{Pb} - 1.718 \times 10^{-6}\theta_{Pb}^2$$

$$\lg \frac{x'_{Sn}}{x_{Sn}} = \lg K_{Sn} = -1.613 \times 10^{-3}(950 - \theta_{Pb}) - 0.550 \times 10^{-6}(950 - \theta_{Pb})^2$$

解此二次方程的结果，示于表 4-1。

表 4-1　溶液沸点与 K_i 的关系

θ_{Pb}	溶液的沸点 $T = 2013 + \theta_{Pb}$	$\lg K_i$		K_i	
		$\lg K_{Pb}$	$\lg K_{Sn}$	K_{Pb}	K_{Sn}
100	2113	0.2153	-1.7684	1.642	0.0171
200	2213	0.4071	-1.5191	2.584	0.0303
300	2313	0.5753	-1.2808	3.761	0.0524
400	2413	0.7199	-1.0535	5.247	0.0884
500	2513	0.8410	-0.8372	6.934	0.1455
600	2613	0.9385	-0.6319	8.680	0.2334
700	2713	1.0125	-0.4376	10.29	0.3651
800	2813	1.0649	-0.2543	11.61	0.5508
900	2913	1.0897	-0.0820	12.29	0.8280

由于 $x'_{Pb} = K_{Pb}x_{Pb}$；$x'_{Sn} = K_{Sn}x_{Sn}$，以及 $x_{Pb} + x_{Sn} = 1$；$x'_{Pb} + x'_{Sn} = 1$，由此可以导出

$$1 = K_{Pb}x_{Pb} + K_{Sn}(1 - x_{Pb}) = K_{Pb}x_{Pb} + K_{Sn} - K_{Sn}x_{Pb}$$

从而得到

$$x_{Pb} = (1 - K_{Sn})/(K_{Pb} - K_{Sn}) \tag{4-24a}$$

$$x'_{Pb} = (1 - K_{Sn})K_{Pb}/(K_{Pb} - K_{Sn}) \tag{4-24b}$$

利用表 4-1 数据，代入式(4-24a)和式(4-24b)，得到不同沸点下平衡的液相与气相组成，结果示于表 4-2。

表 4-2　溶液沸点与平衡的液相和气相组成

溶液的沸点/K	x_{Pb}	x'_{Pb}	溶液的沸点/K	x_{Pb}	x'_{Pb}
2113	0.605	0.994	2613	0.091	0.788
2213	0.379	0.970	2713	0.064	0.659
2313	0.255	0.961	2813	0.041	0.465
2413	0.177	0.927	2913	0.015	0.184
2513	0.126	0.873			

由表 4-2 便可绘制沸点-组成图。由图可以查出，当 $x_{Pb}=0.364$ 时溶液的正常沸点在 2213K 与 2313K 之间，且靠近 2213K，即与前面计算求出的 2223K 相一致。

该例题体现了完全理想溶液理论在冶金、材料制备和有价金属回收中的具体应用。

4.2　冶金和材料制备过程中常见的真实溶液

冶金和材料制备过程都是在多相、多组元系统中进行的。其中火法冶金和一些材料制备过程是在高温、多元熔体中进行的。在这些过程中，参与反应的物质有些是以溶液或熔体的形式存在。溶液结构十分复杂，除少数溶液外，各组元的性质与理想溶液有极大差别；都不服从拉乌尔定律或亨利定律。因此，这些过程中的真实溶液不能直接用理想溶液和稀溶液的热力学关系式表达它们的热力学性质。

4.2.1　活度的热力学定义和标准态

表示真实溶液中组元的热力学性质比较简便的方法是将真实溶液中的浓度乘以一个校正系数，从而使真实溶液化学势的形式与理想溶液化学势的表达式一致，即真实溶液中 i 组元的化学势可表示为

$$\mu_i = \mu_{i,(T,p)}^{\ominus} + RT\ln a_i \qquad (4\text{-}25)$$

式中，a_i 称为溶液 i 组元的“活度”，它是对真实溶液组元 i 浓度的修正，是个相对值，无量纲。

活度的概念是 1923 年路易斯（Lewis）和兰德尔（Randall）首先提出的。

引入活度概念，用活度代替浓度，使真实溶液中各组分的化学势表达式，在形式上与理想溶液中各组分的相同。这就使真实溶液和理想溶液的热力学公式和有关化学平衡的具体规律在形式统一起来（参见表 4-3），给解决冶金和材料制备过程中遇到的真实溶液中的一些热力学问题带来了方便。

表 4-3　理想溶液和真实溶液一些热力学公式比较

热力学公式	理 想 溶 液	真 实 溶 液
化学势	$\mu_i = \mu_{i(T,p)}^{\ominus} + RT\ln x_i$	$\mu_i = \mu_{i(T,p)}^{\ominus} + RT\ln a_i$ $a_i = \gamma_i x_i$
拉乌尔定律	$p_i = p_i^* x_i$	$p_i = p_i^* a_i$ $a_i = \gamma_i x_i$

续表 4-3

热力学公式	理 想 溶 液	真 实 溶 液
亨利定律	$p_i = k_i x_i$	$p_i = k_i a_i^{H}$ $a_i^{H} = \gamma_i^{H} x_i$
平衡常数	$K_{(T)} = \dfrac{\sum_i x_i^{\nu_i}}{\sum_j x_j^{\nu_j}}$	$K_{(T)} = \dfrac{\sum_i a_i^{\nu_i}}{\sum_j a_j^{\nu_j}}$

4.2.1.1　活度的热力学定义

活度是组元 i 在真实溶液中所表现出来的真实活动能力，又称为组元 i 的有效浓度。而活度系数 γ（或 f）实际上是浓度的校正系数，它反映了真实溶液中 i 组元加入后溶剂的实际蒸气压与按拉乌尔定律（或亨利定律）计算的蒸气压之间的偏差，当 γ（或 f）偏离 1 的程度越大，则真实溶液与理想溶液的偏差也越大。真实溶液若与拉乌尔定律（或亨利定律）相比较，其活度及活度系数可写为

$$a_i = \gamma x_i ;\quad a_i = f w(i)_{\%}$$

$$\gamma_i = \frac{a_i}{x_i} = \frac{p_i}{p_i^{*} x_i};\quad f_i = \frac{a_i}{w(i)_{\%}} = \frac{p_i}{p_i^{*} w(i)_{\%}}$$

由式（4-25）得知，$a_i = 1$ 的状态称为标准状态。

对某一个多组分的真实溶液，在任意一温度和压力下，i 组元的活度可定义为

$$(\mathrm{d}\mu_i)_{T,p} = (RT\mathrm{dln}a_i)_{T,p}$$

其积分表达式为

$$\mu_i = \mu_{i(T,p)}^{\ominus} + RT\ln a_i$$

式中，$\mu_{i(T,p)}^{\ominus}$ 为组元 i 的标准化学势，即组元 i 在标准态时的化学势；当 $a_i = 1$ 时，$\mu_{i(T,P)}^{\ominus} = \mu_i$，其值是随着选择的标准态不同而不同。如果选择纯物质为标准态，则 $\mu_{i(T,p)}^{\ominus}$ 就是该纯组元 i 的化学势，即 1mol 组元 i 的吉布斯自由能。它只是与温度、压力、物质的种类和聚集状态有关的积分常数，与浓度无关。

通常规定：某一个组元的标准态就是该组元的活度等于 1 的状态；活度系数等于 1 的状态，称为参考态。

应注意，活度或活度系数只能反映真实溶液对理想溶液所存在偏差的总结果，并不能阐明造成偏差的原因和偏差的本质。它仅是一个人为的概念，是从实际角度出发来解释和处理冶金和材料制备过程中遇到的溶液热力学问题的一个工具。而这一工具的应用，又取决于能否用实验或理论的方法获得有关活度或活度系数的数据。

4.2.1.2　活度的标准态

由于对真实溶液校正时，依据的定律不同（拉乌尔定律或亨利定律），以及表示溶液浓度使用的单位不同等原因，原则上活度标准态可有不同的选择。如：（1）以纯物质为标准态，以服从拉乌尔定律的理想溶液为参考态；（2）以纯物质而又服从亨利定律的假想状态为标准态，无限稀溶液作参考态；（3）以质量 1% 而又服从亨利定律的假想状态为标准态，无限稀溶液作参考态；（4）以摩尔 1% 而又服从亨利定律的假想状态为标准态，无限

稀溶液作参考态；(5) 饱和溶液为标准态；(6) 以组元 i 的无限稀溶液为标准态，浓度为质量1%或写为 $w(1\%)$；(7) 以组元 i 的无限稀溶液为标准态，浓度为 x_i 等。最常用的两种标准态为：以纯物质为标准态的溶液和以质量1%浓度或写为 $w(1\%)$ 为标准态的溶液。在计算溶液中组元的活度时，标准态的选择在一定程度上可以是任意的。但在标准态选择时，应考虑到对理想溶液和理想稀溶液，其活度应等于浓度。应注意：选择不同的标准态，活度的数值是不同的，但在一定条件下物质 i 的化学势 μ_i 却是唯一的，即 $\mu_i = \mu_{i(T,p)}^{\ominus} + RT\ln a_i$ 总是成立，不因选择的标准态不同而异，只是对不同标准态，a_i 和 $\mu_i^{\ominus}$ 有不同的数值。

A　以纯物质为标准态，以服从拉乌尔定律的理想溶液为参考态

$$a_i = \frac{p_i}{p_i^*} = \gamma_i x_i$$

当 i 为纯物质时，$x_i = 1$，$p_i^{re} = p_i^*$，$a_i = 1$。所以对溶剂来说，是以 $a_i = 1$ 的状态为标准态的，即

$$\lim_{x_i \to 1}\left(\frac{a_i}{x_i}\right) = 1 \tag{4-26}$$

在纯物质状态时 $\gamma_i = 1$，$a_i = x_i = 1$。

B　以纯物质而又服从亨利定律的假想状态为标准态，无限稀溶液作参考态

当 $i \to 0$ 时，溶质 i 服从亨利定律，p_i 与其浓度成正比，即

$$p_i = k_{x_i}\gamma_i x_i = k_{x_i} a_i$$

则
$$a_{x_i} = \frac{p_i}{p_i^{*\prime}} = \frac{p_i}{k_{(x_i=1)}}$$

式中，$p_i^{*\prime}$ 为假想纯物质 i 的蒸气压。

由图4-5可以看出，从原点作蒸气压的切线，即亨利定律的直线，其斜率 $p_i^{*\prime}$ 为假想纯物质 i 的蒸气压。该切线只在很稀的溶液中才与实际蒸气压曲线相重合，将其延至纯物质 i 与纵坐标相交，则交点的状态就是为标准状态，即纯物质而又服从亨利定律的假想状态，活度等于1。应该注意：假想的蒸气压不是真实的蒸气压；溶质活度等于1的实际溶液不是标准态。

$$\gamma_i' = \frac{a_{x_i}}{x_i} = \frac{p_i}{p_i^{*\prime}} = \frac{p_i}{k_{(x_i=1)}x_i} = \frac{p_i}{p_i^{H}}$$

式中，p_i^{H} 为无限稀溶液，服从亨利定律假想状态溶液的蒸气压，$p_i^{H} = k_{(\%i)}w[i]_{\%}$。

C　以质量1%而又服从亨利定律的假想状态为标准态，无限稀溶液作参考态

当用质量百分数 $w[i]_{\%}$ 表示浓度，对无限稀溶液服从亨利定律，$p_i^{H} = k_{(\%i)}w[i]_{\%}$。以 i 物质质量1%（或写为 $w[i]_{\%} = 1$）为标准态，则

$$a_{i(1\%)} = \frac{p_i}{k_{(1\%i)}} = f_{i(1\%)}w[i]_{\%}$$

式中，$f_{i(1\%)}$ 为物质 i 的活度系数。

对真实溶液，$p_i = k_{(\%i)}f_{i(\%i)}w[i]_{\%}$；$p_i = k_{(\%i)}a_{i(\%i)}$

于是
$$f_{i(1\%)} = \frac{a_{i(\%)}}{w[i]_{\%}} = \frac{p_i}{k_{(1\%i)}w[i]_{\%}} = \frac{p_i}{p_i^{H}}$$

当溶液处于标准态时，即 $w[i]_{\%}=1$ 时，$p_i = k_{(1\%)}$，此时 $a_{i(1\%)} = 1$，$f_{i(1\%)} = 1$。此为含 i 为1%而又服从亨利定律的假想状态，此时实际1%溶液的蒸气压未必与假想的1%溶液为标准态的蒸气压相同；只有在特殊情况下，它们的蒸气压相同，即1%的溶液也服从亨利定律时，则标准态就是真实的1%溶液。当它们的蒸气压不相同时，则具有溶质 i 活度等于1的实际溶液不能作为标准态。钢铁冶金中的溶液问题多采用 $w[i]=1\%$ 为标准态。

D 以 $x_i=1\%$ 而又服从亨利定律的假想状态为标准态，无限稀溶液作参考态

对于无限稀溶液 $p_i^{H} = k'_{\%x_i}x[i]_{\%}$

对实际溶液 $p_i = k'_{(\%x_i)}f_{(\%x_i)}x[i]_{\%}$；$p_i = k'_{(\%x_i)}a_{(\%x_i)}$

以 i 物质1%摩尔为标准态，则 $a_{(\%x_i)} = \dfrac{p_i}{k'_{(\%x_i)}} = f_{(\%x_i)}x[i]_{\%}$

式中，$f_{(\%x_i)}$ 为物质 i 的活度系数。

在有色冶金中的溶液问题多采用1%摩尔的标准态。

E 饱和溶液为标准态

当体系中存在有限溶解（固溶）的情况时，可选取饱和溶液作为标准态。

若溶质 i 在溶液中有一定的溶解度 x_i^{sol}，当溶解达到饱和时，纯溶质 i 与饱和溶液平衡

$$i \rightleftharpoons [i]_{sat}$$

所以纯物质 i 的吉布斯自由能与溶液中溶质 i 的化学势相等。此时，纯物质 i 与饱和溶液平衡，从而溶液中溶质 i 的饱和蒸气压 p_i^{sat} 与纯物质 i 的蒸气压平衡。因此，饱和溶液为标准态，实际上就是以纯物质为标准态。所以在饱和状态时，$a_i^{sat}=1$。因为 $a_i^{sat}=\gamma_i^{sat}x_i^{sat}$；$x_i^{sat}=1$，所以 $\gamma_i^{sat}=\dfrac{1}{x_i^{sat}}$。

由此可见：以饱和溶液为标准态，浓度为 x_i 的实际溶液中组元 i 的活度为

$$a_i^{sat} = \frac{p_i}{p_i^{sat}} = \frac{p_i}{p_i^{*}} = \gamma_i^{sat}x_i$$

式中，a_i^{sat} 为以饱和溶液为标准态时溶质 i 的活度；γ_i^{sat} 为以饱和溶液为标准态时溶质 i 的活度系数；p_i^{sat} 为 i 组元在其饱和溶液中的蒸气压；p_i^{*} 为纯组元的蒸气压。

从上面的讨论了解到：对于溶剂常用以拉乌尔定律为基础的纯物质为标准态；对溶质，常采用以纯物质服从亨利定律，或用1%而服从亨利定律的假想状态为标准态。此外，溶液热力学研究中对于溶质有时采用无限稀溶液为标准态。

F 以组元 i 的无限稀溶液为标准态，浓度采用质量百分数

在选择无限稀溶液为标准态时，以 $w[i]_{\%}\to 0$ 时的 $\left(\dfrac{p_i}{w[i]_{\%}}\right)_{(\%i)\to 0}$ 数值作为确定活度的基准，则活度用 $a_{i\%}$ 表示，则

$$a_{i\%} = \frac{p_i}{\left(\dfrac{p_i}{w[i]_{\%}}\right)_{(\%i)\to 0}}$$

如果从原点作蒸气压的切线，亦即服从亨利定律的直线，其斜率 $\left(\frac{p_i}{w[i]_{\%}}\right)_{(\%i)\to 0}$ 的值为亨利定律的常数 k'_i

$$k'_i = \left(\frac{p_i}{w[i]_{\%}}\right)_{(\%i)\to 0}$$

于是得到

$$a_{i\%} = \frac{p_i}{\left(\frac{p_i}{w[i]_{\%}}\right)_{(\%i)\to 0}} = \frac{p_i}{k'_i}$$

由此可见，以组元 i 的无限稀溶液为标准态，浓度用质量百分数计算得到的活度数值，与以质量1%而服从亨利定律的假想状态为标准态，两个不同标准态计算活度的方法和计算的结果完全相同。

G 以组元 i 的无限稀溶液为标准态，浓度用摩尔分数 x_i

在采用无限稀溶液为标准态，用摩尔分数表示浓度，当 $x_i\to 0$ 时，以 $\left(\frac{p_i}{x_i}\right)_{x_i\to 0}$ 的值作为确定活度的基准，于是活度用 a_i^{H} 表示为

$$a_i^{\mathrm{H}} = \frac{p_i}{\left(\frac{p_i}{x_i}\right)_{x_i\to 0}}$$

同样在蒸气压与组成图上，从原点作蒸气压曲线的切线，由切线斜率可以得到亨利常数 k_i

$$k_i = \left(\frac{p_i}{x_i}\right)_{x_i\to 0}$$

显然，以组元 i 的无限稀溶液为标准态浓度用摩尔分数 x_i 计算的活度值，与以纯物质且服从亨利定律假想的状态为标准态计算的活度值完全相同。

4.2.1.3 不同标准态的活度计算举例

例4-2 已知773K(500℃)时Cd-Pb系中Cd的浓度及蒸气分压如下

$w[\mathrm{Cd}]_{\%}$	1	10	20	30
x_{Cd}	0.0183	0.170	0.366	0.441
p_{Cd}/Pa	9.46×10	7.49×10^2	1.09×10^3	1.29×10^3
$w[\mathrm{Cd}]_{\%}$	40	50	90	100
x_{Cd}	0.551	0.648	0.943	1.00
p_{Cd}/Pa	1.39×10^3	1.46×10^3	1.77×10^3	1.85×10^3

试计算采用不同标准态时Cd的活度。

解 (1) 以质量1%Cd为标准态

$$a_{Cd,w(1\%Cd)} = \frac{p_{Cd}}{k_{w(1\%Cd)}}$$

当 $w[Cd]_{\%}=1$ 时，$k_{w(1\%Cd)}=9.46\times10$，$a_{Cd,w(1\%Cd)} = \frac{p_{Cd}}{9.46\times10} = \frac{9.46\times10}{9.46\times10} = 1$，$f_{Cd} = \frac{a_{Cd}}{w[Cd]_{\%}} = 1$

当 $w[Cd]_{\%}=10$ 时，$a_{Cd,w(1\%Cd)} = \frac{7.49\times10^2}{9.46\times10} = 7.92$，$f_{Cd} = \frac{7.92}{10} = 0.792$

同样可计算出其他浓度下 Cd 的活度，结果如下所示

$w[Cd]_{\%}$	1	10	20	30	40	50	90	100
a_{Cd}	1	7.92	11.52	13.64	14.69	15.43	18.71	19.56
f_{Cd}	1	0.792	0.576	0.455	0.367	0.309	0.208	0.196

（2）以 $x_{Cd}=1$ 的假想态 $p^{*}{}'_{Cd}$ 为标准态

当 $x_{Cd}=1$ 时，$p^{H}_{Cd} = p^{*}{}'_{Cd} = k_{(x_{Cd}=1)}$，所以以 $k_{(x_{Cd}=1)}$ 为标准态。

$$k_{(x_{Cd}=1)} = \frac{p_{Cd}}{x_{Cd}} = \frac{9.46\times10}{0.0183} = 5169$$

$$a_{Cd} = \frac{p_{Cd}}{k_{(x_{Cd}=1)}} = \frac{p_{Cd}}{5169}$$

当 $w[Cd]_{\%}=1$ 时，$x_{Cd}=0.0183$，$p_{Cd}=94.6\text{Pa}$

$$a_{Cd} = 94.6/5169 = 0.0183,\quad \gamma'_{Cd} = 0.0183/0.0183 = 1$$

当 $w[Cd]_{\%}=10$ 时，$x_{Cd}=0.170$，$p_{Cd}=7.49\times10^2\text{Pa}$

$$a_{Cd} = 749/5169 = 0.145,\quad \gamma'_{Cd} = 0.145/0.170 = 0.853$$

同理可以计算出其他浓度下 Cd 的活度，结果如下所示

$w[Cd]_{\%}$	1	10	20	30	40	50	90	100
a_{Cd}	0.0183	0.145	0.211	0.250	0.269	0.283	0.342	0.358
γ'_{Cd}	1	0.853	0.577	0.567	0.488	0.437	0.363	0.358

（3）以服从拉乌尔定律的纯 Cd 作标准态，也就是 p^{*}_{Cd} 作标准态

$$a_{Cd} = \frac{p_{Cd}}{p^{*}_{Cd}},\quad \gamma_{Cd} = \frac{a_{Cd}}{x_{Cd}}$$

已知 $p^{*}_{Cd} = 1.85\times10^3\text{Pa}$，故当 $w[Cd]_{\%}=1$ 时

$$a_{Cd} = 9.46\times10/1.85\times10^3 = 0.051,\quad \gamma_{Cd} = 0.051/0.0183 = 2.787$$

故当 $w[Cd]_{\%}=10$ 时，$a_{Cd}=7.94\times10^2/1.85\times10^3=0.405$，$\gamma_{Cd}=0.405/0.17=2.382$。

同样计算出其他浓度时的 a_{Cd} 和 γ_{Cd}，结果如下

$w[\mathrm{Cd}]_{\%}$	1	10	20	30	40	50	90	100
a_{Cd}	0.0501	0.405	0.589	0.697	0.751	0.789	0.957	1
γ_{Cd}	2.787	2.382	1.610	1.580	1.363	1.218	1.015	1

4.2.1.4　活度标准态的转换

A　以纯物质 $i(p_i^*)$ 为标准态转换为假想物质 $i(p^{*}_{i}{}')$ 为标准态

设这两个标准态的活度（参见图 4-5）分别为

$$a_i^{\mathrm{R}} = \frac{p_i}{p_i^*};\quad a_i^{\mathrm{H}} = \frac{p_i}{p_i^{*\prime}}$$

则
$$\frac{a_i^{\mathrm{R}}}{a_i^{\mathrm{H}}} = \frac{p_i^{*\prime}}{p_i^*} = \gamma_i^0$$

而
$$a_i^{\mathrm{R}} = \gamma_i x_i,\quad a_i^{\mathrm{H}} = \gamma'_i x_i$$

所以
$$\frac{a_i^{\mathrm{R}}}{a_i^{\mathrm{H}}} = \frac{\gamma_i}{\gamma'_i} = \gamma_i^0$$

或
$$a_i^{\mathrm{R}} = a_i^{\mathrm{H}}\gamma_i^0 \tag{4-27}$$

式中，γ_i^0 是物质 i 两种标准态活度系数的比值。

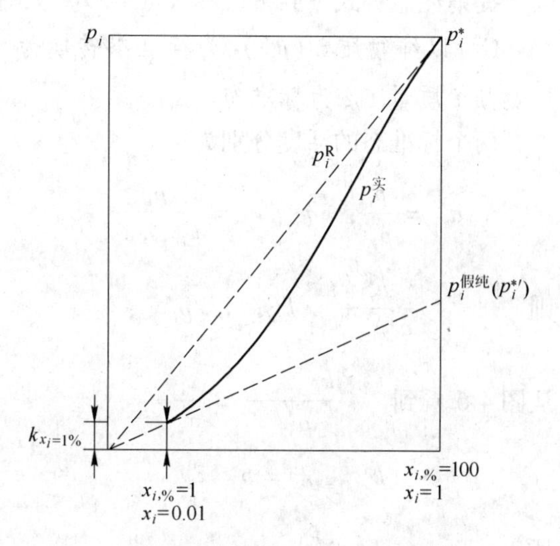

图 4-5　物质 i 的标准态（浓度为摩尔分数 x_i 或摩尔百分数 $x_{i,\%}$）

B　以纯物质 $i(p_i^*)$ 为标准态转换为以 1%(mol) 物质 i 为标准态

设摩尔百分数用 $x_{i,\%}$ 表示，以 $x_{i,\%}=1$ 为标准态的蒸气压为 $k_{x_i=1\%}$，于是

$$a_i^{\mathrm{R}} = \frac{p_i}{p_i^*};\quad a_{x(1\% i)}^{\mathrm{R}} = \frac{p_i}{k_{x_i=1\%}}$$

则
$$\frac{a_i^{\mathrm{R}}}{a_{x(1\% i)}} = \frac{k_{x_i=1\%}}{p_i^*}$$

将该式右边分子与分母各乘以 $p^{*}_{i}{}'$ 得

$$\frac{a_i^{\mathrm{R}}}{a_{x(1\% i)}} = \frac{p_i^{*\prime}}{p_i^*}\cdot\frac{k_{x_i=1\%}}{p_i^{*\prime}}$$

而
$$\frac{p_i^{*\prime}}{p_i^*} = \gamma_i^0;\quad \frac{k_{x_i=1\%}}{p_i^{*\prime}} = \frac{x_{i,\%=1}}{x_{i,\%=100}} = \frac{1}{100}$$

所以

$$\frac{a_i^{\mathrm{R}}}{a_{x(1\% i)}} = \gamma_i^0 \times \frac{1}{100}\quad 或\quad a_i^{\mathrm{R}} = a_{x(1\% i)}\gamma_i^0 \times \frac{1}{100} \tag{4-28}$$

因为
$$x_{i,\%} = 100x_i$$

所以
$$a_i^{\mathrm{R}} = a_{x(1\% i)}\cdot\gamma_i^0\cdot\left(\frac{x_i}{x_{i,\%}}\right)$$

$$a_i^R = \gamma_i x_i; \quad a_{x(1\%i)} = f_{x(1\%i)} \cdot x_{i,\%}$$

$$\gamma_i x_i = f_{x(1\%i)} \cdot x_{i,\%} \gamma_i^0 \left(\frac{x_i}{x_{i,\%}}\right)$$

因此

$$\gamma_i = f_{x(1\%i)} \cdot \gamma_i^0 \tag{4-29}$$

提请注意：式（4-28）和式（4-29）只有浓度为摩尔百分数时才是正确的。

C　以纯物质 i（p_i^*）为标准态转换为以物质 i 质量1%为标准态

两个标准态的活度分别为

$$a_i^R = \frac{p_i}{p_i^*}; \quad a_{w(1\%i)} = \frac{p_i}{k_{w(i)=1\%}}$$

则

$$\frac{a_i^R}{a_{w(1\%i)}} = k_{w(i)=1\%}/p_i^*$$

从图4-6看到

$$\frac{k_{w(i)=1\%}}{p_i^{*\prime}} = \frac{x_i^0}{x_i}$$

$$k_{w(i)=1\%} = p_i^{*\prime} x_i^0$$

所以

$$\frac{a_i^R}{a_{w(1\%i)}} = \frac{p_i^{*\prime}}{p_i^*} \cdot x_i^0 = \gamma_i^0 x_i^0$$

式中，x_i^0 为以质量1%的溶液为标准态时溶质 i 的摩尔分数。

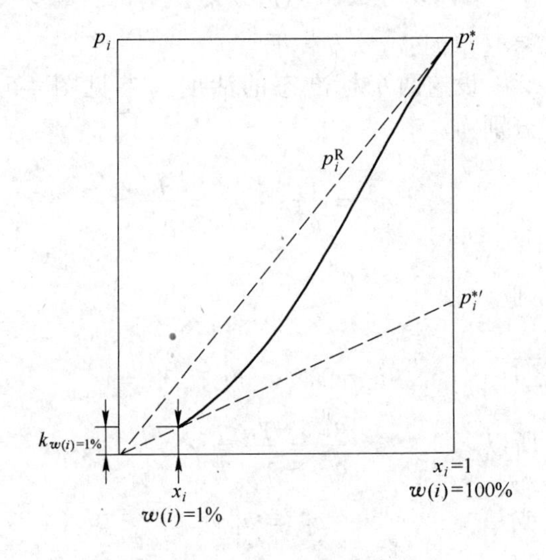

图4-6　溶质 i 的蒸气压
（浓度为摩尔分数 x_i 或质量百分数 $w[i]_\%$）

已知 $w[i]_\%$ 为溶质 i 的质量百分浓度；$M_{r(i)}$ 为溶质 i 的相对分子质量；$M_{r(1)}$ 为溶剂的相对分子质量。则 x_i 与 $w[i]_\%$ 的关系为

$$x_i = \frac{w[i]_\% M_{r(1)}}{w[i]_\% [M_{r(1)} - M_{r(i)}] + 100M_{r(i)}} \tag{4-30a}$$

当 $w[i]_\% = 1$ 时，

$$x_i^0 = \frac{M_{r(1)}}{(M_{r(1)} - M_{r(i)}) + 100M_{r(i)}}$$

因此，

$$a_i^R = a_{w(1\%i)} \gamma_i^0 \left(\frac{M_{r(1)}}{(M_{r(1)} - M_{r(i)}) + 100M_{r(i)}}\right)$$

当 $M_{r(i)} \approx M_{r(1)}$ 或 $100M_{r(i)} \gg (M_{r(1)} - M_{r(i)})$ 时，$(M_{r(1)} - M_{r(i)}) \approx 0$

即有

$$a_i^R = a_{w(1\%i)} \gamma_i^0 \left(\frac{M_{r(1)}}{100M_{r(i)}}\right) \tag{4-30b}$$

或

$$a_i^R = f_{w(1\%i)} w[i]_\% \gamma_i^0 \left(\frac{M_{r(1)}}{100M_{r(i)}}\right) \tag{4-30c}$$

由于

$$a_i^R = \gamma_i x_i; \quad a_{w(1\%i)} = f_{w(1\%i)} w[i]_\%$$

$$\frac{a_i^R}{a_{w(1\%,i)}} = \frac{r_i x_i}{f_{w(1\%i)}} = \gamma_i^0 \frac{M_{r(1)}}{(M_{r(1)} - M_{r(i)}) + 100M_{r(i)}}$$

所以 $$\frac{\gamma_i}{f_{w(1\%i)}} = \gamma_i^0 \frac{M_{r(1)}}{(M_{r(1)} - M_{r(i)}) + 100M_{r(i)}} \cdot \frac{w[i]_{\%}}{x_i} \tag{4-30d}$$

由式(4-30a)得 $$\frac{w[i]_{\%}}{x_i} = \frac{w[i]_{\%}(M_{r(1)} - M_{r(i)}) + 100M_{r(i)}}{M_{r(1)}} \tag{4-30e}$$

将式(4-30e)代入式(4-30d)，得

$$\frac{\gamma_i}{f_{w(1\%i)}} = \gamma_i^0 \frac{M_{r(1)}}{(M_{r(1)} - M_{r(i)}) + 100M_{r(i)}} \cdot \frac{w[i]_{\%}(M_{r(1)} - M_{r(i)}) + 100M_{r(i)}}{M_{r(1)}}$$

$$= \gamma_i^0 \frac{w[i]_{\%}\Delta M_r + 100M_{r(i)}}{\Delta M_r + 100M_{r(i)}}$$

式中，$\Delta M_r = M_{r(1)} - M_{r(i)}$

得到 $$\gamma_i = \gamma_i^0 f_{w(1\%i)} \left(\frac{w[i]_{\%}\Delta M_r + 100M_{r(i)}}{\Delta M_r + 100M_{r(i)}} \right) \tag{4-31}$$

当 $M_{r(i)} \approx M_{r(1)}$，$\Delta M_r \approx 0$ 时，

则 $$\gamma_i = \gamma_i^0 f_{w(1\%i)} \tag{4-32}$$

在服从亨利定律的范围内，$f_{w(1\%i)} = 1$，$\gamma_i = \gamma_i^0$；$a_i = \gamma_i x_i = \gamma_i^0 x_i$。

沿亨利定律线延伸到 $x_i = 1$ 时，$x_i = 1$；$a_i = \gamma_i^0$。亦即，i 若服从亨利定律直到 $x_i = 1$；在 $x_i = 1$ 时，以 p_i^* 为标准态的活度即为 γ_i^0。

D 活度标准态转换计算实例

例 4-3 已知 1873K 时，Sn 溶于铁液中形成 $x_{Sn} = 0.0002$ 的稀溶液，且服从亨利定律，并在此温度下 $\gamma_{Sn}^0 = 2.8$。求在下面各条件锡的活度：

（1）与拉乌尔定律比较，以纯锡为标准态的活度 a_{Sn}^R；

（2）与亨利定律比较，以摩尔 1% Sn 为标准态的活度 $a_{x(1\%Sn)}$；

（3）与亨利定律比较，以质量 1% Sn 为标准态的活度 $a_{w(1\%Sn)}$。

解 （1）以纯锡为标准态的活度

与拉乌尔定律比较 $a_{Sn}^R = \gamma_{Sn} x_{Sn}$；与亨利定律比较 $a_{Sn}^H = \gamma'_{Sn} x_{Sn}$

$$\frac{a_{Sn}^R}{a_{Sn}^H} = \frac{p_{Sn}}{p_{Sn}^*} \cdot \frac{p^{*\prime}_{Sn}}{p_{Sn}} = \frac{p^{*\prime}_{Sn}}{p^*} = \gamma_{Sn}^0$$

又因 $$\frac{a_{Sn}^R}{a_{Sn}^H} = \frac{\gamma_{Sn} x_{Sn}}{\gamma'_{Sn} x_{Sn}} = \frac{\gamma_{Sn}}{\gamma'_{Sn}}$$

根据已知条件 1873K 时 Sn 溶于铁液中形成稀溶液 $x_{Sn} = 0.0002$，且服从亨利定律，所以 $a_{Sn}^H = x_{Sn}$，$\gamma'_{Sn} = 1$。又因

$$\frac{a_{Sn}^R}{a_{Sn}^H} = \frac{\gamma_{Sn}}{\gamma'_{Sn}} = \frac{\gamma_{Sn}}{1} = \gamma_{Sn}^0$$

即 $$\gamma_{Sn} = \gamma_{Sn}^0$$

所以 $$a_{Sn}^R = \gamma_{Sn} x_{Sn} = \gamma_{Sn}^0 x_{Sn} = 2.8 \times 0.0002 = 0.00056$$

（2）与亨利定律比较，以摩尔 1% Sn 为标准态的活度

已知
$$a_{Sn}^{R} = a_{x(1\%Sn)}\gamma_{Sn}^{0}\frac{1}{100}$$

所以
$$a_{x(1\%Sn)} = \frac{100a_{Sn}^{R}}{\gamma_{Sn}^{0}} = \frac{100 \times 0.00056}{2.8} = 0.020$$

由已知条件知，在此浓度范围内服从亨利定律，故

$$f_{x(1\%Sn)} = \frac{a_{x(1\%Sn)}}{x_{Sn,\%}} = \frac{0.020}{0.00020} = 100$$

（3）与亨利定律比较，以质量1%Sn为标准态的活度

从式(4-30b)可知
$$a_{Sn}^{R} = a_{Sn_{w(1\%Sn)}}\gamma_{Sn}^{0}\left(\frac{A_{r(Fe)}}{100A_{r(Sn)}}\right)$$

$$a_{Sn_{w(1\%Sn)}} = \frac{100A_{r(Sn)}a_{Sn}^{R}}{A_{r(Fe)}\gamma_{Sn}^{0}} = 0.0425$$

式中，$A_{r(Fe)}$和$A_{r(Sn)}$分别为Fe和Sn的相对原子质量。

4.2.1.5 标准溶液吉布斯自由能与活度的标准态之间的关系

设有纯i物质溶解在溶液中，成为某种标准态的溶液$i_{纯} = [i]$。这时标准吉布斯自由能的改变为$\Delta G_i^{\ominus} = G_i - G_i^*$，式中$G_i$为任一标准态下溶液中$i$的标准吉布斯自由能，kJ/mol；$G_i^*$为在纯物质状态时$i$的摩尔吉布斯自由能，kJ/mol，亦即$i$的标准溶液；$\Delta G_i^{\ominus}$为物质$i$从以纯物质为标准态变为另一标准态时，摩尔吉布斯自由能的变化，kJ/mol；亦即i的标准溶解吉布斯自由能。

若物质i溶解到溶液中成为纯i的标准溶液，其标准溶解吉布斯自由能为零。而当物质i溶解成为假想纯标准态的标准溶液时

$$\Delta G_i^{\ominus} = G_i^{*\prime} - G_i^*$$

此处$G^*{}_i'$为在假想纯物质状态时i的摩尔吉布斯自由能，kJ/mol。

在同一浓度下，溶液中i的化学势相同（与选择的状态无关）

$$\mu_i^{H} = \mu_i^{\ominus,H} + RT\ln a_i^{H};\quad \mu_i^{R} = \mu_i^{\ominus,R} + RT\ln a_i^{R}$$

所以
$$\Delta G_i^{\ominus} = \mu_i^{\ominus,H} - \mu_i^{\ominus,R} = RT\ln\frac{a_i^{R}}{a_i^{H}} = RT\ln\gamma_i^0$$

即
$$\Delta G_i^{\ominus} = \Delta G_i^{\ominus,H} - \Delta G_i^{\ominus,R} = RT\ln\frac{a_i^{R}}{a_i^{H}} = RT\ln\gamma_i^0 \tag{4-33}$$

当选i溶解成质量$w(1\%)$的标准溶液时

$$\Delta G_i^{\ominus} = \Delta G_i^{\ominus,C} - \Delta G_i^*$$

设溶液中i的活度为a_i^{C}(即$a_{w(1\%i)}$)，标准吉布斯自由能为$\Delta G_i^{\ominus,C}$，于是

$$\mu_i^{C} = \mu_i^{\ominus,C} + RT\ln a_i^{C}$$

$$\mu_i^{R} = \mu_i^{\ominus,R} + RT\ln a_i^{R}$$

$$\Delta\mu_i^{\ominus} = \mu_i^{\ominus,C} - \mu_i^{\ominus,R} = RT\ln\frac{a_i^{R}}{a_i^{C}} = RT\frac{p_i^{C}}{p_i^*}$$

将分子和分母分别乘以 $p_i^{*\prime}$ 得

$$\mu_i^{\ominus,C} - \mu_i^{\ominus,R} = RT\frac{p_i^C}{p_i^*}\cdot\frac{p_i^{*\prime}}{p_i^{*\prime}} = RT\frac{p_i^C}{p_i^{*\prime}}\cdot\frac{p_i^{*\prime}}{p_i^*}$$

而
$$\frac{p_i^C}{p_i^{*\prime}} = \frac{x_i^0}{x_i} = \frac{x_i^0}{1};\quad \frac{p_i^{*\prime}}{p_i^*} = \gamma_i^0$$

于是
$$\mu_i^{\ominus,C} - \mu_i^{\ominus,R} = RT\ln\gamma_i^0 x_i^0$$

已知
$$x_i^0 = \frac{M_{r(1)}}{(M_{r(1)} - M_{r(i)}) + 100M_{r(i)}}$$

当 $M_{r(1)} - M_{r(i)} \approx 0$ 或 $100M_{r(i)} \gg (M_{r(1)} - M_{r(i)})$ 时，

$$x_i^0 = \frac{M_{r(1)}}{100M_{r(i)}}$$

所以
$$\mu_i^{\ominus,C} - \mu_i^{\ominus,R} = RT\ln\gamma_i^0\frac{M_{r(1)}}{(M_{r(1)} - M_{r(i)}) + 100M_{r(i)}}$$

或
$$\mu_i^{\ominus,C} - \mu_i^{\ominus,R} = RT\ln\gamma_i^0\frac{M_{r(1)}}{100M_{r(i)}} \tag{4-34}$$

即
$$\Delta G_i^{\ominus} = RT\ln\gamma_i^0\frac{M_{r(1)}}{(M_{r(1)} - M_{r(i)}) + 100M_{r(i)}}$$

或
$$\Delta G_i^{\ominus} = RT\ln\gamma_i^0\frac{M_{r(1)}}{100M_{r(i)}}$$

若溶剂是铁液，则上式可写成

$$\Delta G_i^{\ominus} = RT\ln\gamma_i^0\frac{0.5585}{M_{r(i)}} \tag{4-35}$$

4.2.2 活度的测量方法

熔体中组元的活度是对冶金及材料合成过程进行热力学分析的重要物理化学参数。因此，活度的测定一直受到冶金及材料科学工作者的重视。现将用得比较普遍而又相对可靠的测定方法分别给予简单介绍。

4.2.2.1 化学平衡法

化学平衡法是多年来一直沿用的经典方法。参加化学反应的溶液中，组元的活度可以通过平衡实验进行测定。例如 Fe 液中硫的活度的测定：设在一定温度下，使（$H_2 + H_2S$）混合气体与铁液反应

$$H_2(g) + [S] = H_2S(g)$$

$$K' = \frac{p_{H_2S}/p^{\ominus}}{p_{H_2}/p^{\ominus}}\cdot\frac{1}{w[S]_{\%}} = \frac{p_{H_2S}}{p_{H_2}}\cdot\frac{1}{w[S]_{\%}}$$

$$\frac{p_{H_2S}}{p_{H_2}} = K'w[S]_{\%}$$

式中，K'称为表观平衡常数。

该式适用于稀溶液的亨利定律。p_{H_2S}/p_{H_2}可以看做是气相中硫的蒸气压。

根据平衡实验，1873K（1600℃）时，p_{H_2S}/p_{H_2}与$w[S]_{\%}$的关系曲线示于图4-7。由图可以看出，p_{H_2S}/p_{H_2}与$w[S]_{\%}$的关系是一条曲线。当$w[S]_{\%} \leqslant 0.5$时，斜率K'是定值。当$w[S]_{\%} > 0.5$时，K'随$w[S]_{\%}$增大而变化。这说明K'不是真正的平衡常数。为此，应以活度a_S代替浓度$w[S]_{\%}$。设真平衡常数为$K^{\ominus}$，则

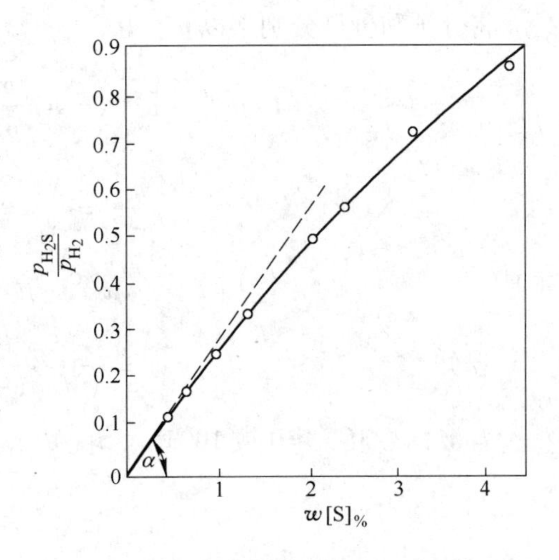

图4-7 1873K时Fe液含S量与p_{H_2S}/p_{H_2}的平衡关系

$$K^{\ominus} = \frac{p_{H_2S}/p^{\ominus}}{p_{H_2}/p^{\ominus}} \cdot \frac{1}{a_S} = \frac{p_{H_2S}}{p_{H_2} \cdot f_S w[S]_{\%}}$$

而
$$f_S = \frac{K'}{K^{\ominus}} = f'_S$$

所以
$$\frac{p_{H_2S}}{p_{H_2}} = K^{\ominus} a_S$$

当$w[S]_{\%} \leqslant 0.5$时，$K^{\ominus} = K'$，$a_S = w[S]_{\%}$，$f_S = 1$。

即
$$\lim_{w[S]_{\%} \to 0} \left(\frac{a_S}{w[S]_{\%}} \right) = 1$$

当$T = 1873\text{K}(1600℃)$时，$K' = 2.6 \times 10^{-3}$，亦即$K^{\ominus} = 2.6 \times 10^{-3}$。

当$w[S]_{\%} > 0.5$时
$$f'_S = \frac{K'}{K^{\ominus}} = \frac{K'}{2.6 \times 10^{-3}}$$

这时活度的参考态是无限稀溶液。从不同浓度的K'值即可计算出硫的活度系数及活度。

当Fe-S二元溶液中加入第三种元素，如Mn，由于Mn和S之间的相互作用，将会影响溶液中硫的活度系数；Mn对硫的活度的影响将通过f_S^{Mn}表现出来，该系数仍然可以通过平衡实验求出。

$$H_2(g) + [S]_{Mn} = H_2S(g)$$

$$K_0{}' = \frac{p_{H_2S}/p^{\ominus}}{p_{H_2}/p^{\ominus}} \cdot \frac{1}{w[S]_{\%,Mn}} = \frac{p_{H_2S}}{p_{H_2}} \cdot \frac{1}{w[S]_{\%,Mn}}$$

$$K_0^{\ominus} = \frac{p_{H_2S}}{p_{H_2}} \cdot \frac{1}{a_S} = \frac{p_{H_2S}}{p_{H_2} w[S]_{\%,Mn}} \cdot \frac{1}{f_S}$$

式中，$w[S]_{\%,Mn}$为含有第三组元Mn时的平衡硫浓度。

当
$$\lim_{\substack{w[S]_{\%} \to 0 \\ w[Mn]_{\%} \to 0}} \left(\frac{K'_0}{K_0^{\ominus}} \right) = 1$$

亦即
$$\lim_{\substack{w[S]_{\%} \to 0 \\ w[Mn]_{\%} \to 0}} \left(\frac{a_S}{w[S]_{\%,Mn}} \right) = 1; \quad f_S = \frac{K'_0}{K_0^{\ominus}}$$

比较二元系和三元系（Fe-S-Mn）溶液的活度系数

$$\frac{f_S}{f'_S}=\frac{K'_0/K_0^{\ominus}}{K'/K^{\ominus}}=\frac{K'_0}{K'}=f_S^{Mn}$$

因为在同一温度下，对于同一反应同一组元，不管熔体中有多少组元，如所取标准态相同，反应的平衡常数也相同，亦即 $K^{\ominus}=K_0^{\ominus}$。

从上式得 $$f_S=f'_S\cdot f_S^{Mn}$$

可见在三元系中，活度系数f_S由两部分组成，即二元系中硫自身的作用引起的活度系数f'_S和锰对硫的活度系数引起的影响f_S^{Mn}。广而言之，第三组元j对第二组元i活度的影响表现在f_i^j上。

4.2.2.2 固体电解质法测定熔体内组元的活度

A 测定方法

固体电解质法测定活度是20世纪70年代后发展起来的方法。固体电解质浓差电池可以用来测定钢液、铜液等金属和合金固溶体或溶液中的氧含量；测定熔渣组元的活度和熔渣的氧化性；测定化合物的标准生成吉布斯自由能。当前有关固体电解质研究最活跃的领域是制备高温燃料电池（SOFC），制作三效催化的汽车尾气净化器，以及用于治理环境或监测有害气体排放的SO_2传感器等。

固体电解质（为离子导体）氧浓差电池是由两个氧分压不同的半电池组成，即已知氧分压的参比电极和待测电极，从测量两极之间产生的电动势，可以求出活度及其他热力学参数量。氧浓差电池形式如下：

$$O_2(\mu_1)\parallel \text{固体电解质} \parallel O_2(\mu_2)$$

这里，$\mu_1(O_2)$和$\mu_2(O_2)$为氧化极和还原极的化学势，且$\mu_2>\mu_1$。$p_{O_2,1}$和$p_{O_2,2}$分别为氧化极和还原极氧的分压，且$p_{O_2,2}>p_{O_2,1}$。化学势是物质传递的推动力。氧从高化学势向低化学势传递，在电极和电解质界面发生电极反应，由此产生相应的电动势E，直至两极之间氧离子的转移建立起动态平衡。电极反应为

正极 $$O_2(p_{O_2,2})+4e^-\longrightarrow 2O^{2-} \tag{1}$$

负极 $$2O^{2-}\longrightarrow O_2(p_{O_2,1})+4e^- \tag{2}$$

电极总反应 $$O_2(p_{O_2,2})\longrightarrow O_2(p_{O_2,1})$$

$$\Delta_r G=G^{\ominus}+RT\ln\left(\frac{p_{O_2,1}}{p^{\ominus}}\right)-G^{\ominus}-RT\ln\left(\frac{p_{O_2,2}}{p^{\ominus}}\right)$$

$$=-RT\ln\left(\frac{p_{O_2,2}/p^{\ominus}}{p_{O_2,1}/p^{\ominus}}\right)=-RT\ln\left(\frac{p_{O_2,2}}{p_{O_2,1}}\right)$$

因为 $$\Delta_r G=-4FE$$

所以 $$E=\frac{RT}{4F}\ln\left(\frac{p_{O_2,2}}{p_{O_2,1}}\right)$$

式中，F为法拉第常数，96485.309C/mol；R为摩尔气体常数，8.314J/(mol·K)。

实验测出E和T，即可从已知的参比电极的$p_{O_2,1}$求出待测电极的$p_{O_2,2}$。

在温度很高和氧分压很低时，会出现部分电子导电，这时上式应修正为

$$E = \frac{RT}{F}\ln\left(\frac{p_{O_2,2}^{\frac{1}{4}} + p_{e'}^{\frac{1}{4}}}{p_{O_2,1}^{\frac{1}{4}} + p_{e'}^{\frac{1}{4}}}\right)$$

式中，$p_{e'}$为固体电解质的特征氧分压，可由实验测定。

因此，只要实验测出 E 及 T，即可从已知的 $p_{O_2,1}$ 求出待测电极的 $p_{O_2,2}$。

B 应用实例

应用氧浓差固体电解质电池测定铁液中氧、铌的活度及它们的相互作用系数。根据 Fe-Nb-O 系中铌与氧的平衡以及与铌、氧平衡的固相是 NbO_2，可以测量出铌在铁液中的活度。组成的实验电池为

$$Mo \mid Mo, MoO_2 \parallel ZrO_2(MgO) \parallel [Nb]NbO_2 \mid Mo \cdot ZrO_2(\text{金属陶瓷}), Mo$$

电极反应：

参比电极 $$MoO_2(s) = Mo(s) + O_2(g)$$

$$\Delta_r G^{\ominus}_{MoO_2} = 490.70 - 118.32 \times 10^{-3} T \quad kJ/mol$$

$$O_2 + 4e^- \longrightarrow 2O^{2-}$$

待测电极 $$2O^{2-} - 4e^- \longrightarrow O_2$$

$$O_2 = 2[O]$$

$$\Delta_r G^{\ominus}_{O_2} = -274.05 + 15.56 \times 10^{-3} T \quad kJ/mol$$

$$2[O] + [Nb] = NbO_2(s)$$

电池总反应为 $$MoO_2(s) + [Nb] = Mo(s) + NbO_2(s)$$

由上式得 MoO_2 的平衡氧分压为 $p_{O_2,MoO_2}/p^{\ominus} = e^{-\Delta_r G^{\ominus}_{MoO_2}/RT}$

并得到熔池内氧的活度为 $$a_{[O]} = \frac{p_{O_2,[O]}}{p^{\ominus}} \cdot e^{-\Delta_r G^{\ominus}_{O_2}/RT}$$

与熔池内的氧平衡的氧分压 $p_{O_2,[O]}$，可由实验测电动势 E 求出

$$E = \frac{RT}{F}\ln\frac{p_{O_2,MoO_2}/p^{\ominus}}{p_{O_2,[O]}/p^{\ominus}}$$

考虑电解质电子导电引起的误差，可用下面修正式（在 $a_{[O]} > 0.05$ 时可以不用修正）

$$E = \frac{RT}{F}\ln\frac{(p_{O_2,MoO_2}/p^{\ominus})^{\frac{1}{4}} + (p_{e'}/p^{\ominus})^{\frac{1}{4}}}{(p_{O_2,[O]}/p^{\ominus})^{\frac{1}{4}} + (p_{e'}/p^{\ominus})^{\frac{1}{4}}}$$

欲算出铌的活度 $a_{[Nb]}$，必须知道相应反应的 $\Delta_r G^{\ominus}$-T 关系式。用固体电解质氧浓差电池测出不同 $w[Nb]_{\%}$ 和温度 T 时氧的活度。方法是由 E 算出 $p_{O_2,[O]}$，再求 $a_{[O]}$。将不同温度（1823K、1853K，1873K）下所得 $a_{[O]}$ 及 $w[Nb]_{\%}$ 数据，作 $\lg a^2_{[O]} \cdot w[Nb]_{\%}$ 对 $w[Nb]_{\%}$ 图，将曲线延长到 $w[Nb]_{\%} \to 0$ 处，则得到不同温度下，[Nb] 氧化反应的平衡常数。以 $\lg(1/K^{\ominus})$ 对 T 进行回归分析，求得 $\lg(1/K^{\ominus})$ 对温度的关系式。从而得到 [Nb] 氧化反应的 $\Delta_r G^{\ominus}$-T 关系式

$$[Nb] + 2[O] \xlongequal{} NbO_2(s)$$

$$\Delta_r G^\ominus = -375.35 + 118.28 \times 10^{-3} T \quad kJ/mol$$

又因

$$Nb(s) + O_2(g) \xlongequal{} NbO_2(s)$$

$$\Delta_r G^\ominus = -783.66 + 166.9 \times 10^{-3} T \quad kJ/mol$$

还可得到

$$Nb(s) \xlongequal{} [Nb]_{w(1\%)}$$

$$\Delta_r G^\ominus = -134.27 + 33.05 \times 10^{-3} T \quad kJ/mol$$

$$Nb(s) \xlongequal{} Nb(l)$$

$$\Delta_r G^\ominus = 26.90 - 9.67 \times 10^{-3} T \quad kJ/mol$$

从而

$$Nb(l) \xlongequal{} [Nb]_{w(1\%)}$$

$$\Delta_r G^\ominus = -161.17 + 42.72 \times 10^{-3} T \quad kJ/mol$$

而

$$\gamma_{Nb}^0 = e^{\Delta_r G^\ominus / RT} \cdot \frac{A_{r(Nb)}}{0.5585}$$

当 $T = 1873K$ 时，$\gamma_{Nb}^0 = 0.92$。这与按正规溶液求出的 $\gamma_{Nb}^0 = 1$ 颇为接近。

从上述数据可以求出电池反应的 $\Delta_r G^\ominus$-T 关系式

$$MoO_2(s) \xlongequal{} Mo(s) + O_2(g)$$

$$\Delta_r G^\ominus = 490.70 - 118.3 \times 10^{-3} T \quad kJ/mol$$

$$O_2(g) \xlongequal{} 2[O]$$

$$\Delta_r G^\ominus = -274.05 + 15.86 \times 10^{-3} T \quad kJ/mol$$

$$2[O] + [Nb] \xlongequal{} NbO_2(s)$$

$$\Delta_r G^\ominus = -375.35 + 118.28 \times 10^{-3} T \quad kJ/mol$$

$$MoO_2(s) + [Nb] \xlongequal{} Mo(s) + NbO_2(s)$$

$$\Delta_r G^\ominus = -158.70 + 15.52 \times 10^{-3} T \quad kJ/mol$$

由上式得

$$K^\ominus = \frac{1}{a_{[Nb]}} = \frac{1}{f_{Nb} w[Nb]_{\%}}$$

同样还可求出 $a_{[Nb]}$ 及 f_{Nb}。

4.2.2.3 飞行时间质谱法测定活度

许多金属、非金属及其化合物在高温下蒸发，并分解为单质或缔合的分子。因此，用一般方法测得物质的蒸气压，实际上是多个物种（Species）蒸气的总压力，故计算时常采用相对分子质量（即各物种的平均相对分子质量）。为了直接而准确地分别测出各气态物种的蒸气压，只能应用克努森（Knudesen）泄流质谱（飞行质谱）法。飞行质谱仪可根据质量大小不同的离子飞过漂移空间到离子接收器时间的不同，区别离子的种类，并记下各种离子的离子流强度 I_i，从而确定气相中各物种的分压。

由克努森池泄流出的蒸气分子在高真空条件下的离子化室，以平均速度 $\overline{u_i} = \sqrt{\dfrac{8RT}{\pi M_i}}$ 运动。实践证明，离子流强度 I_i 与泄流速度 $v_i = a_i p_i \sqrt{\dfrac{M_i}{2\pi RT}}$ 和时间 τ 之积成正比。蒸气压 p_i 正比于离子流强度 I_i 和温度 T，即

$$\frac{p_i}{p^{\ominus}} = K_i I_i T$$

式中，K_i 为质谱常数，其值与仪器的几何因素有关，还与蒸气分子（或原子）的相对离子化截面积 σ_i（设氢原子的离子化截面积 $\sigma_H = 1$）和质谱仪的电子倍增器对该种离子的放大系数 S_i 成正比。

由此，可以得出下面关系

$$\frac{p_i}{p_0} = \frac{K_i I_i T}{K_0 I_0 T_0} = \frac{\sigma_i S_i T_i I_i}{\sigma_0 S_0 T_0 I_0}$$

式中，脚注“0”表示标准物质（在飞行质谱法中，以银作标准物质）；σ_0，S_0 及 σ_i、S_i 由文献数据和实验求出。

这样就可以由上式求出未知物质的蒸气压 p_i。对前式取对数并结合 $\lg\left(\dfrac{p_i}{p^{\ominus}}\right) = -\dfrac{A}{T} + B$ 关系式，得到

$$\lg(IT) = -\frac{A}{T} + B$$

由于溶液中组元的蒸气压，在一定温度下与凝聚相平衡，凝聚相中组元的活度可以用气相中组元的活度表示（取相同标准态时，两相的化学势相等）。因此，飞行质谱仪可以测出合金或熔体中组元的活度。

A　合金中组元的活度的测定

利用气相的分压比与粒子流强度比的关系，在实验中只要分别测量出纯元素 A 及合金中的 A 组元的粒子流比值，就可以得到合金中组元 A 的活度值（以纯物质为标准态）。对于合金中组元 A 在气相中可产生单原子物质和双原子物质 A_2 以及离子 A^+ 和 A_2^+，其活度可用克努森池测量离子流比来计算。合金中 A 的标准态为纯物质，则有下列关系

$$a_A = \frac{p_A}{p_A^*} = \frac{I_A}{I_A^*}; \qquad a_{A_2} = \frac{p_{A_2}}{p_{A_2}^*} = \frac{I_{A_2}}{I_{A_2}^*}$$

若气相中不是单一离子类型，则

$$a_A = \frac{p_{A_2}}{p_{A_2}^*} \cdot \frac{p_A}{p_A^*} = \frac{I_{A_2}}{I_{A_2}^*} \cdot \frac{I_A}{I_A^*}$$

即

$$a_A = \frac{I_{A_2} I_A}{I_{A_2}^* I_A^*}$$

由此式可知，如果能利用单个克努森池进行两次实验（一次测定纯 A 的离子流强度 I_A^*，一次测定合金中 A 的离子流强度 I_A）或双克努森池一次实验测出蒸气中单体 A 和二聚体 A_2 的离子流强度 I_A，I_{A_2}，I_A^*，$I_{A_2}^*$，就可以计算出合金中 A 的活度 a_A。有了 A 的活度，再利用吉布斯-杜亥姆方程计算出合金中组元 B 的活度 a_B。

B 熔渣中氧化物的活度测定

某些氧化物蒸发时，同凝聚相平衡的气相不是氧化物分子而是构成氧化物的原子，如 $CaO\text{-}MgO\text{-}Al_2O_3$ 熔体。在克努森池中，无论是熔体或是纯 CaO 和 MgO，气相与凝聚相间存在如下平衡

$$CaO \rightleftharpoons Ca(g) + O(g)$$

$$K_{CaO} = \frac{(p_{Ca}/p^{\ominus}) \cdot (p_O/p^{\ominus})}{a_{CaO}}$$

$$MgO \rightleftharpoons Mg(g) + O(g)$$

$$K_{MgO} = \frac{(p_{Mg}/p^{\ominus}) \cdot (p_O/p^{\ominus})}{a_{MgO}}$$

因纯氧化物的活度为1，因此，三元系中 CaO、MgO 的活度分别为

$$a_{CaO} = \frac{(p_{Ca} \cdot p_O)_{mix}}{(p_{Ca} \cdot p_O)_{pur}} = \frac{(I_{Ca}^{+} \cdot I_O^{+})_{mix}}{(I_{Ca}^{+} \cdot I_O^{+})_{pur}}$$

$$a_{MgO} = \frac{(p_{Mg} \cdot p_O)_{mix}}{(p_{Mg} \cdot p_O)_{pur}} = \frac{(I_{Mg}^{+} \cdot I_O^{+})_{mix}}{(I_{Mg}^{+} \cdot I_O^{+})_{pur}}$$

有了 CaO、MgO 的活度值，再利用吉布斯-杜亥姆方程，可求出 $CaO\text{-}MgO\text{-}Al_2O_3$ 熔体中 Al_2O_3 的活度 $a_{Al_2O_3}$。

4.2.3 活度的相互作用系数

多元溶液中其他组元 j 对某个组元 i 活度的影响，表现在对组元 i 活度系数的修正上。多元系活度系数根据选择的标准态不同分别以 f_i（以稀溶液为标准态）和 γ_i（以纯物质为标准态）表示；而活度的相互作用系数有两种：定浓度相互系数和定活度相互作用系数。

4.2.3.1 定浓度相互作用系数

在恒温恒压条件下，多组元溶液中组元 i 的活度系数除受自身浓度的影响外，还是溶液中除溶剂以外的所有组元浓度的函数。

$$\gamma_i = \varphi(x_j, x_k, \cdots, x_n)$$

在等温等压以及 $x_i \rightarrow 1$ 的条件下，将该式取对数并按泰勒（Taylor）级数展开

$$\ln\gamma_i = \ln\gamma_i^0 + \sum_{j=2}^{n} \frac{\partial \ln\gamma_i}{\partial x_j} \cdot x_j + \frac{1}{2}\sum_{j=2}^{n} \frac{\partial^2 \ln\gamma_i}{\partial x_j^2} \cdot x_j^2 + \cdots + \sum_{j,k=2}^{n-1}\sum_{k>j}^{n-1} \frac{\partial^2 \ln\gamma_i}{\partial x_j \partial x_k} \cdot x_j x_k + \cdots \tag{4-36}$$

若溶液为无限稀释溶液时，可忽略二次以上各项

$$\ln\gamma_i = \ln\gamma_i^0 + \left(\frac{\partial \ln\gamma_i}{\partial x_i}\right)x_i + \left(\frac{\partial \ln\gamma_i}{\partial x_j}\right)x_j + \left(\frac{\partial \ln\gamma_i}{\partial x_k}\right)x_k + \cdots$$

令

$$\varepsilon_i^{(i)} = \left(\frac{\partial \ln\gamma_i}{\partial x_i}\right)_{x_i}; \quad \varepsilon_i^{(j)} = \left(\frac{\partial \ln\gamma_i}{\partial x_j}\right)_{x_i}; \quad \varepsilon_i^{(k)} = \left(\frac{\partial \ln\gamma_i}{\partial x_k}\right)_{x_i}$$

则有

$$\ln\gamma_i = \ln\gamma_i^0 + \varepsilon_i^{(i)} \cdot x_i + \varepsilon_i^{(j)} \cdot x_j + \varepsilon_i^{(k)} \cdot x_k + \cdots \tag{4-37}$$

由上式知

$$x_i \varepsilon_i^j = \ln\gamma_i^j$$

所以
$$\gamma_i = \gamma_i^{(i)} \cdot \gamma_i^{(j)} \cdot \gamma_i^{(k)} \cdots$$

从而得
$$\ln\gamma_i = \varepsilon_i^{(i)} x_i + \varepsilon_i^{(j)} x_j + \varepsilon_i^{(k)} x_k + \cdots \tag{4-38}$$

在浓度较高时，$\ln\gamma_i$ 已不是浓度的一次函数（实际上是曲线）。为了更精确地计算，要保留二次项。对二次以上的高次项，可用卢佩斯（Lupis）法表示

$$\rho_i^j = \frac{1}{2}\left(\frac{\partial^2 \ln\gamma_i}{\partial x_j^2}\right)_{x_i}$$ 称为二级活度相互作用系数；

$$\rho_i^{j,k} = \left(\frac{\partial^2 \ln\gamma_i}{\partial x_j \partial x_k}\right)_{x_i}$$ 称为二级交叉活度相互作用系数；

而
$$\tau^i = \frac{1}{6}\left(\frac{\partial^3 \ln\gamma_i}{\partial x_j^3}\right)_{x_i, i\neq j}$$ 称为三级活度相互作用系数。

将它们代入式(4-36)，得

$$\ln\gamma_i = \ln\gamma_i^0 + \sum_{j=2}^{n} \varepsilon_i^j x_i + \sum_{j=2}^{n} \rho_i^j x_j^2 + \sum_{j=2}^{n} \tau_i^j x_i^3 + \sum_{j,k=2}^{n-1}\sum_{k>j}^{n} \rho_i^{j,k} x_j x_k \tag{4-39}$$

若以质量百分数表示组成，且溶液中组元 i 的活度采用质量1%为标准态，得到

$$\lg f_i = \lg f_i^0 + \sum_{j=2}^{n} \frac{\partial \lg f_i}{\partial w[j]_{\%}} w[j]_{\%} + \cdots + \frac{1}{2}\sum_{j=2}^{n} \frac{\partial^2 \lg f_i}{\partial w[j]_{\%}^2} w[j]_{\%}^2 + \sum_{j,k=2}^{n-1}\sum_{k>j}^{n} \frac{\partial^2 \lg f_i}{\partial w[j]_{\%} \partial w[k]_{\%}} \cdot w[j]_{\%} w[k]_{\%} + \cdots \tag{4-40}$$

忽略二次以上项
$$\lg f_i = \lg f_i^0 + \sum_{j=2}^{n} \frac{\partial \lg f_i}{\partial w[j]_{\%}} w[j]_{\%} \tag{4-41}$$

即

$$\lg f_i = \lg f_i^0 + \frac{\partial \lg f_i}{\partial w[i]_{\%}} w[i]_{\%} + \frac{\partial \lg f_i}{\partial w[j]_{\%}} w[j]_{\%} + \frac{\partial \lg f_i}{\partial w[k]_{\%}} w[k]_{\%} + \cdots$$

令
$$e_i^j = \left(\frac{\partial \lg f_i}{\partial w[j]_{\%}}\right)$$

对无限稀释溶液

$$\lg f_i = e_i^i w[i]_{\%} + e_i^j w[j]_{\%} + e_i^k w[k]_{\%} + \cdots \tag{4-42}$$

若 $w[i]_{\%}$ 和 $w[j]_{\%}$ 相对比较大，但对溶剂来说仍为稀溶液，此时还应考虑二次以上的项，二级活度相互作用系数和二级交叉活度相互作用系数为

$$\gamma_i^j = \frac{1}{2}\left(\frac{\partial^2 \ln f_i}{\partial w[j]_{\%}^2}\right)_{x_i}; \quad \gamma_i^{j,k} = \left(\frac{\partial^2 \ln f_i}{\partial w[j]_{\%} w[k]_{\%}}\right)_{x_i}$$

上述公式中，ε_i^j 和 e_i^j 为活度的定浓度相互作用系数（简称活度相互作用系数），与 i 的浓度无关。它们的物理含义为在溶液中组元 i 浓度不变的情况下，向溶液每加入一定量的另一组元 j 对组元 i 的活度系数的影响。

若溶液中组元 i 的活度以质量1%为标准态时，活度相互作用系数

$$e_i^j = \frac{\partial \lg f_i}{\partial w[j]_{\%}}$$

二阶活度相互作用系数 $\gamma_i^j = \dfrac{1}{2}\dfrac{\partial^2 \lg f_i}{\partial w[j]_{\%}^2}$

二阶活度交叉相互作用系数 $\gamma_i^{j,k} = \dfrac{\partial^2 \lg f_i}{\partial w[j]_{\%}\partial w[k]_{\%}}$

因此，对多元体系中组元 i 的活度系数可表示为

$$\lg f_i = e_i^i w[i]_{\%} + e_i^j w[j]_{\%} + e_i^k w[k]_{\%} + \cdots + \gamma_i^i w[i]_{\%}^2 + \gamma_i^k w[k]_{\%}^2 + \cdots + \gamma_i^{i,j} w[i]_{\%} w[j]_{\%} + \gamma_i^{i,k} w[i]_{\%} w[k]_{\%} + \gamma_i^{j,k} w[j]_{\%} w[k]_{\%} + \cdots \tag{4-43}$$

若溶液中组元 i 的活度以纯物质为标准态时，活度相互作用系数

$$e_i^j = \frac{\partial \ln\gamma_i}{\partial x_i}$$

二阶活度相互作用系数 $\rho_i^j = \dfrac{1}{2}\dfrac{\partial^2 \ln\gamma_i}{\partial x_i^2}$

二阶活度交互相互作用系数 $\rho_i^{j,k} = \dfrac{\partial^2 \ln\gamma_i}{\partial x_j \partial x_k}$

因此，对多元体系中组元 i 的活度系数可表示为

$$\ln\gamma_i = \ln\gamma^0 + e_i^i x_i + e_i^j x_j + e_i^k x_k + \cdots + \rho_i^i x_i^2 + \rho_i^j x_j^2 + \rho_i^k x_k^2 + \cdots + \rho_i^{i,j} x_i x_j + \rho_i^{i,k} x_i x_k + \rho_i^{j,k} x_j x_k + \cdots \tag{4-44}$$

通常活度相互作用系数 e_i^j 反映了组元 j 与 i 之间的作用力性质，在组元 j 与 i 之间亲和力比较强时，j 的加入加强了对组元 i 的牵制作用，使组元的活动能力下降，此时 e_i^j 为负值。组元 j 与 i 间亲和力越大，e_i^j 值越负。

活度相互作用系数之间存在如下关系。

（1）ε_i^j 与 ε_j^i 的倒易关系。已知溶液中组元 i 和 j 的标准态为纯物质且它们的吉布斯自由能为

$$G_{i,\mathrm{m}} = G_i^{\ominus} + RT\ln x_i + RT\ln\gamma_i$$

$$G_{j,\mathrm{m}} = G_j^{\ominus} + RT\ln x_j + RT\ln\gamma_j$$

根据恒温恒压下吉布斯-杜亥姆公式，溶液中组元化学势（吉布斯自由能）的关系 $\sum_i n_i d\mu_i = 0$，或 $\Sigma x_i d\mu_i = 0$，可以得到

$$\frac{\partial G_{i,\mathrm{m}}}{\partial n_j} = \frac{\partial G_{j,\mathrm{m}}}{\partial n_i}$$

$$\left(\frac{\partial \ln\gamma_i}{\partial n_j}\right) = \left(\frac{\partial \ln\gamma_j}{\partial n_i}\right);\quad \left(\frac{\partial \ln\gamma_i}{\partial x_j}\right) = \left(\frac{\partial \ln\gamma_j}{\partial x_i}\right)$$

所以

$$\varepsilon_i^j = \varepsilon_j^i \tag{4-45}$$

（2）e_i^j 与 e_j^i 的关系。若溶液中组元 i 和 j 采用质量 1% 为标准态时，同样可根据它们的吉布斯自由能，运用恒温恒压下的吉布斯-杜亥姆公式得到

$$\left(\frac{\partial \lg f_j}{\partial n_i}\right)=\left(\frac{\partial \lg f_i}{\partial n_j}\right)$$

若 $M_{r(1)}$ 是溶剂的相对分子质量，$M_{r(i)}$、$M_{r(j)}$ 分别是 i 和 j 的相对分子质量，$w[i]_{\%}$、$w[j]_{\%}$ 分别是 i 和 j 在溶液中的质量百分浓度，则由稀溶液得到

$$n_i\approx\frac{M_{r(1)}}{100M_{r(i)}}w[i]_{\%};\quad n_j\approx\frac{M_{r(1)}}{100M_{r(j)}}w[j]_{\%}$$

$$\mathrm{d}n_i=\frac{M_{r(1)}}{100M_{r(i)}}\mathrm{d}w[i]_{\%};\quad \mathrm{d}n_j=\frac{M_{r(1)}}{100M_{r(j)}}\mathrm{d}w[j]_{\%}$$

$$\frac{\partial \lg f_j}{\partial n_i}=\frac{\partial \lg f_j}{\dfrac{M_{r(1)}}{100M_{r(i)}}\partial w[i]_{\%}}=\frac{100M_{r(i)}}{M_{r(1)}}\cdot\frac{\partial \lg f_j}{\partial w[i]_{\%}}$$

$$\frac{\partial \lg f_i}{\partial n_j}=\frac{100M_{r(j)}}{M_{r(1)}}\cdot\frac{\partial \lg f_i}{\partial w[j]_{\%}}$$

所以

$$\frac{\partial \lg f_i}{\partial w[j]_{\%}}M_{r(j)}=\frac{\partial \lg f_j}{\partial w[i]_{\%}}M_{r(i)}$$

由

$$\frac{\partial \lg f_i}{\partial w[j]_{\%}}=e_i^j,\quad \frac{\partial \lg f_j}{\partial w[i]_{\%}}=e_j^i$$

从而得到简化的关系式

$$e_i^j=\frac{M_{r(i)}}{M_{r(j)}}e_j^i \tag{4-46}$$

由后面 ε_i^j 与 e_i^j 的转换关系的推导，可以得到准确的关系式

$$e_i^j=\frac{1}{230}\left[(230e_j^i-1)\frac{M_{r(i)}}{M_{r(j)}}+1\right]$$

（3）ε_i^j 与 e_i^j 的关系。在 1-i-j 三元系中，在恒温恒压条件下，同一物质同一浓度在不同标准状态下，其偏摩尔吉布斯自由能相同。只是采用不同标准态时，它们的标准吉布斯自由能 $G_i^{\ominus}$ 的值才不同。溶液中组元 i 的偏摩尔吉布斯自由能，以纯 i 为标准态时

$$G_{i,\mathrm{m}}=G_{i(T,p)}^{\ominus,\mathrm{R}}+RT\ln x_i\gamma_i$$

以 i 质量 1% 为标准态时

$$G_{i,\mathrm{m}}=G_{i(T,p)}^{\ominus,\mathrm{H}}+RT\ln f_i w[i]_{\%}$$

两式相等并取微分，整理后得

$$\mathrm{d}\ln\gamma_i=\mathrm{d}\ln f_i+\mathrm{d}\ln(w[i]_{\%}/x_i)$$

在 1-i-j 三元系中，对 $\ln f_i$ 就 $w[i]_{\%}$ 及 $w[j]_{\%}$ 取全微分

$$\mathrm{d}\ln f_i=\left(\frac{\partial \ln f_i}{\partial w[i]_{\%}}\right)\mathrm{d}w[i]_{\%}+\left(\frac{\partial \ln f_j}{\partial w[j]_{\%}}\right)\mathrm{d}w[j]_{\%}$$

所以

$$\mathrm{d}\ln\gamma_i=\left(\frac{\partial \ln f_i}{\partial w[i]_{\%}}\right)\mathrm{d}w[i]_{\%}+\left(\frac{\partial \ln f_i}{\partial w[j]_{\%}}\right)\mathrm{d}w[j]_{\%}+\mathrm{d}\ln(w[i]_{\%}/x_i)$$

$$=2.303\left(\frac{\partial \lg f_i}{\partial w[i]_{\%}}\right)\mathrm{d}w[i]_{\%}+2.303\left(\frac{\partial \lg f_i}{\partial w[j]_{\%}}\right)\mathrm{d}w[j]_{\%}+\mathrm{d}\ln(w[i]_{\%}/x_i)$$

在 $w[i]_{\%}\to 0$，$w[j]_{\%}\to 0$ 的条件下，等式两边除以 ∂x_j

$$\left(\frac{\partial \ln\gamma_i}{\partial x_j}\right)=2.303\left(\frac{\partial \lg f_i}{\partial w[i]_{\%}}\right)\left(\frac{\partial w[i]_{\%}}{\partial x_j}\right)_{x_i\to 0}+2.303\left(\frac{\partial \lg f_i}{\partial w[j]_{\%}}\right)\left(\frac{\partial w[j]_{\%}}{\partial x_j}\right)_{x_i\to 0}+\left(\frac{\partial \ln(w[i]_{\%}/x_i)}{\partial x_j}\right)_{x_i\to 0}$$

在定浓度下求 j 对 i 的影响，则 $w[i]_{\%}$ 为常数，即

$$\left(\frac{\partial \ln w[i]_{\%}}{\partial x_j}\right)_{x_i\to 0}=0$$

因此
$$\left(\frac{\partial \ln\gamma_i}{\partial x_j}\right)=2.303\left(\frac{\partial \lg f_i}{\partial w[j]_{\%}}\right)\left(\frac{\partial w[j]_{\%}}{\partial x_j}\right)_{x_i\to 0}+\left(\frac{\partial \ln(w[i]_{\%}/x_i)}{\partial x_j}\right)_{x_i\to 0}$$

即
$$\varepsilon_i^j=2.303e_i^j\left(\frac{\partial w[j]_{\%}}{\partial x_j}\right)_{x_i\to 0}+\left(\frac{\partial \ln(w[i]_{\%}/x_i)}{\partial x_j}\right)_{x_i\to 0}$$

在 $x_1\to 1$，$w[i]_{\%}$，$w[j]_{\%}$ 很小时，$\left(\frac{\partial w[j]_{\%}}{\partial x_j}\right)=100\frac{M_{r(j)}}{M_{r(1)}}$

于是
$$\varepsilon_i^j=230\frac{M_{r(j)}}{M_{r(1)}}e_i^j+\left(\frac{\partial \ln(w[i]_{\%}/x_i)}{\partial x_j}\right)_{x_i\to 0}$$

又可求得

$$\left(\frac{\partial \ln(w[i]_{\%}/x_i)}{\partial x_j}\right)_{x_i\to 0}=\frac{M_{r(1)}-M_{r(j)}}{M_{r(1)}}$$

因而
$$\varepsilon_i^j=230\frac{M_{r(j)}}{M_{r(1)}}e_i^j+\frac{M_{r(1)}-M_{r(j)}}{M_{r(1)}}$$

或者写成
$$e_i^j=\frac{1}{230}\left[(\varepsilon_i^j-1)\frac{M_{r(1)}}{M_{r(j)}}+1\right]\tag{4-47a}$$

当 $M_{r(1)}\gg(M_{r(1)}-M_{r(j)})$ 或 $M_{r(1)}\approx M_{r(j)}$ 时，得

$$\varepsilon_i^j=230\frac{M_{r(j)}}{M_{r(1)}}e_i^j\tag{4-47b}$$

将 $\varepsilon_i^j=\varepsilon_j^i$ 代入式（4-47a），得到 ε_j^i 与 e_i^j 的精确关系式

$$\varepsilon_j^i=230\frac{M_{r(j)}}{M_{r(1)}}e_i^j+\frac{M_{r(1)}-M_{r(j)}}{M_{r(1)}}$$

或写成

$$e_i^j=\frac{1}{230}\left[(\varepsilon_j^i-1)\frac{M_{r(1)}}{M_{r(j)}}+1\right]\tag{4-48}$$

（4）二次项相互作用系数间的关系。已知定浓度二级活度相互作用系数为

$$\rho_i^j=\frac{1}{2}\left(\frac{\partial^2\ln\gamma_i}{\partial x_j^2}\right)_{x_i};\quad \gamma_i^j=\frac{1}{2}\left(\frac{\partial^2\ln f_i}{\partial w[j]_{\%}^2}\right)_{x_i}$$

ρ_i^j 与 γ_i^j 之间的关系为

$$\rho_i^j = 230\frac{M_{r(i)}}{M_{r(1)}^2}[100M_{r(j)}\gamma_i^j + (M_{r(1)} - M_{r(j)})e_i^j] + \frac{1}{2}\left(\frac{M_{r(1)} - M_{r(j)}}{M_{r(1)}}\right)^2$$

$$\gamma_i^j = \frac{0.434\times10^{-2}}{M_{r(j)}^2}[M_{r(1)}^2\rho_i^j - M_{r(1)}(M_{r(1)} - M_{r(j)})\varepsilon_i^j + \frac{1}{2}(M_{r(1)} - M_{r(j)})^2]$$

$$\rho_i^{j,k} = \frac{230}{M_{r(1)}^2}[100M_{r(j)}M_{r(k)}\gamma_i^{j,k} + M_{r(j)}(M_{r(1)} - M_{r(k)})e_i^j + M_{r(k)}(M_{r(1)} - M_{r(j)})e_i^k] + \frac{(M_{r(1)} - M_{r(j)})(M_{r(1)} - M_{r(k)})}{M_{r(1)}^2}$$

$$\rho_i^{j,k} = \left(\frac{\partial^2\ln\gamma_i}{\partial x_j\partial x_k}\right)_{x_1\to1}$$

（5）超额偏摩尔焓（$H_{i,m}^E$）和熵（$S_{i,m}^E$）的相互作用系数。热力学中的偏摩尔数量的概念是，在恒温恒压及保持其他组元的数量不变的条件下，将1mol的 i 物质加入大量的溶液中所引起的体系性质的变化量；超额偏摩尔数量是组元 i 在给定的实际溶液中，偏摩尔数量的实际值与设想溶液是理想溶液（对组元 i 来说符合拉乌尔定律）时计算求得的偏摩尔数量值之间的差，超额用上标 E 表示。

对超额偏摩尔吉布斯自由能 $G_{i,m}^E$ 用泰勒公式展开，并忽略式中的二次项和高次项后，得到了超额偏摩尔吉布斯自由能与组成的线性关系

$$G_{i,m}^E = RT\ln\gamma_i = RT\ln\gamma_i^0 + RT\sum_{j=2}^{n}\varepsilon_i^j x_j \quad (a)$$

式中，$\varepsilon_i^j = \left(\frac{\partial\ln\gamma_i}{\partial x_j}\right)_{x_1\to1}$ 为超额偏摩尔吉布斯自由能相互作用系数。

由式（a）得到超额偏摩尔熵和焓的相互作用系数

$$\sigma_i^j = \left(\frac{\partial S_{i,m}^E}{\partial x_j}\right)_{x_1\to1};\quad \eta_i^j = \left(\frac{\partial H_{i,m}^E}{\partial x_j}\right)_{x_1\to1} \quad (b)$$

于是

$$S_{i,m}^E = S_{i,m}^{E,\ominus} + \sum_{j=2}^{n}\sigma_i^j x_j;\quad H_{i,m}^E = H_{i,m}^{E,\ominus} + \sum_{j=2}^{n}\eta_i^j x_j$$

因为 $G_{i,m}^E = H_{i,m}^E - TS_{i,m}^E$，从而得 $RT\varepsilon_i^j = \eta_i^j - T\sigma_i^j$ 或 $\varepsilon_i^j = \frac{\eta_i^j}{RT} - \frac{\sigma_i^j}{R}$。

超额偏摩尔吉布斯自由能、焓和熵相互作用系数都存在倒易关系，$\varepsilon_i^j = \varepsilon_j^i$；$\eta_i^j = \eta_j^i$；$\sigma_i^j = \sigma_j^i$。

但是，通常运用上述各式中会采用质量百分数和常用对数，此时 G_i^E/RT 与 $\lg f_i$ 之间不存在 $G_i^E = RT\ln\gamma_i = H_{i,m}^E - TS_{i,m}^E$ 的关系。为此，卢佩斯和埃略特（Elliot）提出

$$2.303RT\lg f_i = \boldsymbol{H}_{i,m}^E - \boldsymbol{TS}_{i,m}^E \quad (4\text{-}49)$$

以表征超额偏摩尔焓和熵相互作用系数的联系及它们对 f_i 的贡献。

由式

$$RT\ln(\gamma_i/\gamma_i^0) + RT\ln(x_1 + x_i M_{r(i)}/M_{r(1)}) = \boldsymbol{H}_{i,m}^E - T\boldsymbol{S}_{i,m}^E$$

得到 $$(H_{i,m}^E - H_{i,m}^{E,\ominus}) - T[(S_{i,m}^E - S_{i,m}^{E,\ominus})] - R\ln\left[x_1 + x_i\left(\frac{M_{r(i)}}{M_{r(1)}}\right)\right] = \boldsymbol{H}_{i,m}^E - T\boldsymbol{S}_{i,m}^E$$

从而
$$\left.\begin{aligned}\boldsymbol{H}_{i,m}^E &= H_{i,m}^E - H_{i,m}^{E,\ominus}\\ \boldsymbol{S}_{i,m}^E &= (S_{i,m}^E - S_{i,m}^{E,\ominus}) - R\ln\left[x_1 + x_i\left(\frac{M_{r(i)}}{M_{r(1)}}\right)\right]\end{aligned}\right\} \tag{4-50}$$

将 $\boldsymbol{H}_{i,m}^E$ 和 $\boldsymbol{S}_{i,m}^E$ 对 $w[i]_\%$ 用泰勒级数展开，则得

$$\boldsymbol{H}_{i,m}^E = \left(\frac{\partial \boldsymbol{H}_{i,m}^E}{\partial w[i]_\%}\right)_{w[i]_\%\to 0} w[i]_\% + \left(\frac{\partial \boldsymbol{H}_{i,m}^E}{\partial w[j]_\%}\right)_{w[i]_\%\to 0} w[j]_\% + \cdots +$$
$$\frac{1}{2}\left(\frac{\partial^2 \boldsymbol{H}_{i,m}^E}{\partial w[i]_\%^2}\right)_{w[i]_\%\to 0} w[i]_\%^2 + \frac{1}{2}\left(\frac{\partial^2 \boldsymbol{H}_{i,m}^E}{\partial w[j]_\%^2}\right)_{w[i]_\%\to 0} w[j]_\%^2 + \cdots$$

$$\boldsymbol{S}_{i,m}^E = \left(\frac{\partial \boldsymbol{S}_{i,m}^E}{\partial w[i]_\%}\right)_{w[i]_\%\to 0} w[i]_\% + \left(\frac{\partial \boldsymbol{S}_{i,m}^E}{\partial w[j]_\%}\right)_{w[i]_\%\to 0} w[j]_\% + \cdots +$$
$$\frac{1}{2}\left(\frac{\partial^2 \boldsymbol{S}_{i,m}^E}{\partial w[i]_\%^2}\right)_{w[i]_\%\to 0} w[i]_\%^2 + \frac{1}{2}\left(\frac{\partial^2 \boldsymbol{S}_{i,m}^E}{\partial w[j]_\%^2}\right)_{w[i]_\%\to 0} w[j]_\%^2 + \cdots$$

分别用 h_i^j 和 s_i^j 表示一级相互作用系数，即

$$h_i^j = \left(\frac{\partial \boldsymbol{H}_{i,m}^E}{\partial w[j]_\%}\right)_{w[i]_\%\to 0};\quad s_i^j = \left(\frac{\partial \boldsymbol{S}_{i,m}^E}{\partial w[j]_\%}\right)_{w[i]_\%\to 0}$$

其关系式可写为

$$h_j^i = \frac{M_{r(j)}}{M_{r(i)}} h_i^j;\quad s_j^i = \frac{M_{r(j)}}{M_{r(i)}} s_i^j + 100R\frac{M_{r(j)} - M_{r(i)}}{M_{r(i)}}$$

再由式（4-50），当 $x_i \to 0$ 时，得

$$\eta_i^j = 100\frac{M_{r(j)}}{M_{r(1)}} h_i^j;\quad \sigma_i^j = 100\frac{M_{r(j)}}{M_{r(1)}} s_i^j - R\frac{M_{r(1)} - M_{r(j)}}{M_{r(1)}} \tag{4-51}$$

微分式（4-49）即可得到超额偏摩尔吉布斯自由能，焓和熵的相互作用系数之间的关系式

$$e_i^j = (h_i^j/2.303RT) - (s_i^j/2.303R) \tag{4-52}$$

4.2.3.2 定活度的相互作用系数及其相互关系

定活度相互作用系数是指在二元系中组元 i 的活度不变时，加入第三组元 j 对组元 i 活度系数的影响，即

若 $a'_i = f'_i c'_i$；$a_i = f_i c_i$，因为 $a_i = a'_i$，则

$$\frac{f_i}{f'_i} = \frac{c'_i}{c_i} = f_i^j$$

或者 $a'_i = \gamma'_i x'_i$；$a_i = \gamma_i x_i$，则

$$\frac{\gamma_i}{\gamma'_i} = \frac{x'_i}{x_i} = \gamma_i^j$$

因为活度不变，f'_i 或 γ'_i 不变，所以

$$\partial \lg f_i^j = \partial \lg f_i; \quad \partial \lg \gamma_i^j = \partial \lg \gamma_i$$

于是定活度的相互作用系数的定义为

$$\omega_i^j = \left(\frac{\partial \ln \gamma_i}{\partial x_j}\right)_{a_i}; \quad O_i^j = \left(\frac{\partial \lg f_i}{\partial c_j}\right)_{a_i} \tag{4-53}$$

因为 $a_i = \gamma_i x_i = \text{const}; \quad a_{i(\%)} = f_i c_i = \text{const}$

所以 $\partial \ln \gamma_i = -\partial \ln x_i; \quad \partial \lg f_i = -\partial \lg c_i$

于是 $2.303 O_i^j = \left(\frac{\partial \ln f_i}{\partial c_j}\right)_{a_i} = -\left(\frac{\partial \ln c_i}{\partial c_j}\right)_{a_i}$

同理由 $\omega_i^j = \frac{\partial \ln x_i}{\partial x_j}$ 两边乘$\frac{\partial x_i}{\partial c_j}$，得到

$$\omega_i^j \left(\frac{\partial x_i}{\partial c_j}\right) = -\left(\frac{\partial \ln x_i}{\partial x_j}\right)\left(\frac{\partial x_i}{\partial c_j}\right)$$

当 $c_j \to 0$ 时，有 $\frac{\omega_i^j - 1}{M_{r(j)}} + \frac{1}{M_{r(1)}} = -\frac{1}{M_{r(1)}}\left(\frac{\partial c_i}{\partial c_j}\right)\left(1 + \frac{c_1}{c_i}\right)$

$$\left(\frac{\partial c_i}{\partial c_j}\right)_{\substack{a_i \\ c_j \to 0}} = \left(\frac{\partial \ln c_i}{\partial c_j}\right) \cdot c_i = -2.303 O_i^j \cdot c_i$$

$$\frac{\omega_i^j - 1}{M_{r(j)}} + \frac{1}{M_{r(1)}} = \frac{2.303 O_i^j \cdot c_i}{M_{r(1)}}\left(1 + \frac{c_1}{c_i}\right)$$

因为 $c_i \to 0$，$c_j \to 0$，所以

$$O_i^j \frac{2.303 \times 100}{M_{r(1)}} = \frac{\omega_i^j - 1}{M_{r(j)}} + \frac{1}{M_{r(1)}}$$

于是得到 O_i^j 与 ω_i^j 关系为

$$O_i^j = \frac{1}{230}\left[(\omega_i^j - 1)\frac{M_{r(1)}}{M_{r(j)}} + 1\right] \tag{4-54}$$

4.2.3.3 定浓度与定活度相互作用系数间的转换关系

设溶液中组元 i 的活度 $a_i = \gamma_i x_i = \text{const}$，则 $\partial \ln \gamma_i = -\partial \ln x_i$。加入 j 到饱和溶液中，其对溶液的作用由两部分组成：一是在 i 浓度不变时，j 本身对 i 的活度系数的影响；二是由于 i 溶解度的变化，带来的 i 的活度系数的改变。即

$$\mathrm{d}\ln \gamma_i = \left(\frac{\partial \ln \gamma_i}{\partial \ln x_i}\right)_{x_j \to 0} \mathrm{d}\ln x_i + \left(\frac{\partial \ln \gamma_i}{\partial x_i}\right)_{x_i} \mathrm{d}x_j$$

在活度不变下取偏导数，得

$$\left(\frac{\partial \ln \gamma_i}{\partial x_j}\right)_{a_i} = \left(\frac{\partial \ln \gamma_i}{\partial \ln x_i}\right)_{x_j \to 0}\left(\frac{\partial \ln \gamma_i}{\partial x_j}\right)_{a_i} + \left(\frac{\partial \ln \gamma_i}{\partial x_j}\right)_{x_i}$$

整理得

$$\varepsilon_i^j = \omega_i^j \left[1 + \left(\frac{\partial \ln \gamma_i}{\partial x_i} \right) x_i \right] \tag{4-55}$$

当 $x_i \approx 0$ 时， $\varepsilon_i^j = \omega_i^j$

同理可得， $e_{i,i\to 0}^j = O_i^j$

4.3 金属溶液（含固溶体）模型及其应用

火法冶金中涉及的溶液通常称冶金熔体，包括熔融金属、熔渣、熔锍及其熔盐熔体。材料制备过程涉及的溶液有玻璃熔体、溶胶-凝胶、电解液、电解质溶液、共沉淀溶液、高温液相烧结，以及其他湿化学制备过程中所涉及的各种溶液等。因此，组元在溶液中的性质对于冶金和材料制备过程具有十分重要的实践意义。为了反映溶液中组元的热力学性质，近年来，用统计学的方法建立了不同的溶液模型，并且提出了组元在溶液中热力学性质的表达式。

4.3.1 理想溶液模型

理想溶液的特征是溶质和溶剂相互混合时，宏观上没有体积变化，不产生热效应，严格遵守拉乌尔定律和亨利定律，满足 $\mu_i = \mu_{i,(T,P)}^{\ominus} + RT\ln x_i$。该式只从宏观上表达了组元在理想溶液中的性质，但不能表示宏观性质与质点微观状态之间的有机联系。溶液的宏观性质都是众多质点大量微观可几事件积累起来所产生的必然性表现。所以，以统计力学的方法研究溶液的性质，有助于深入了解溶液，揭示其本质。

理想溶液模型从溶液具有准结晶结构设想出发，认为溶液由含有 N_A 个 A 原子和 N_B 个 B 原子混合而成，并假设：

（1）原来的 A 和 B 结晶同 AB 混合结晶的晶格结构相同；

（2）两种原子的体积和相互作用力极其接近；

（3）A 和 B 在晶格结点之间可以相互交换，而不引起分子能态和系统总体的变化。由此，可以分别求出 A 和 B 晶体和 AB 混合结晶的配分函数。

对 A 原子来讲，原子的能级 $e_{a(i)}$ 和相应的简并度 $g_{a(i)}$。对 B 原子，则能级和相对应的简并度分别为 $e_{b(i)}$ 和 $g_{b(i)}$。按照麦克斯韦-玻耳兹曼理论，对 A 原子可以导出一组分布系数 $\bar{n}_{a(i)}$。对应于原子在能级间按最可几分布的微观状态数为

$$\Omega_{D(A)} = N_A! \prod_i \frac{(g_{a(i)})^{\bar{n}_{a(i)}}}{(\bar{n}_{a(i)})!}$$

同理对 B 原子

$$\Omega_{D(B)} = N_B! \prod_i \frac{(g_{b(i)})^{\bar{n}_{b(i)}}}{(\bar{n}_{b(i)})!}$$

混合物中原子的最可几分布的方式，数目为 $\Omega_{D(A)}\Omega_{D(B)}$。混合物晶体中任一结点的位置，既可以被 A 原子占据，也可以被 B 原子占据，而且混合是随机的，因而有 $(N_A + N_B)!/N_A!N_B!$ 种可以区别的排列方式。相应于能量最可几分布的混合晶体的配容数为

$$\Omega_{D_0} = \frac{(N_A + N_B)!}{N_A!N_B!}\Omega_{D(A)} \cdot \Omega_{D(B)}$$

因为 $S = k\ln\Omega_{D_0}$，$k = \frac{R}{L}$，L 为阿伏加德罗常数；R 为摩尔气体常数。所以

$$S = k\ln\frac{(N_A + N_B)!}{N_A!N_B!} + k\ln\Omega_{D(A)} + k\ln\Omega_{D(B)}$$

混合前 A、B 结晶的熵分别为

$$S_A = k\ln\Omega_{D(A)};\quad S_B = k\ln\Omega_{D(B)}$$

混合熵为

$$\Delta_{mix}S = k\ln\frac{(N_A + N_B)!}{N_A!N_B!}$$

应用斯特林公式得

$$\Delta_{mix}S = k[(N_A + N_B)\ln(N_A + N_B) - (N_A + N_B) - (N_A\ln N_A - N_A + N_B\ln N_B - N_B)]$$

$$= -k\left(N_A\ln\frac{N_A}{N_A + N_B} + N_B\ln\frac{N_B}{N_A + N_B}\right)$$

上式右边乘以并除以阿伏加德罗常数 L，变为

$$\Delta_{mix}S = -k(N_A\ln x_A + N_B\ln x_B)$$

将 $k = \frac{R}{L}$ 代入上式，得

$$\Delta_{mix}S = -R(n_A\ln x_A + n_B\ln x_B)$$

因而摩尔混合熵为

$$\Delta_{mix}S_m = -R(x_A\ln x_A + x_B\ln x_B)$$

对多元系混合晶体，摩尔混合熵为

$$\Delta_{mix}S_m = -R\Sigma x_i\ln x_i$$

混合系统的总能量不变，因此

$$\Delta E = \Delta u = 0,\quad \Delta_{mix}H_m = \Delta_{mix}u_m = 0$$

$$\Delta_{mix}G_m = RT(x_A\ln x_A + x_B\ln x_B) \quad 或 \quad \Delta_{mix}G_m = RT\Sigma x_i\ln x_i$$

自然界中理想溶液甚少，它只能作为判断实际溶液性质的一个参照体系。实际上有许多溶液在一定浓度范围内的一些性质很像理想溶液。理想溶液服从的规律比较简单，得到的公式作些修正就能用于实际系统。

4.3.2 正规溶液模型

4.3.2.1 正规溶液的定义与特征

1929 年，希尔布兰德通过大量实验提出了正规溶液（又称规则溶液）的概念。他定义“当组元从同组成的理想溶液转移到某个溶液时，其熵和总体积不变的溶液称为正规溶液。”按照这个定义，正规溶液的特征应是：

（1）溶液的摩尔混合焓不等于零，$\Delta_{mix}H_m \neq 0$；

（2）溶液的超额熵等于零，即 $\Delta_{mix}S^E = 0$ 或 $\Delta S^E = 0$，混合熵与理想溶液相同；

（3）溶液的超额自由能 G^E 与浓度无关，$RT\ln\gamma_i$ 不随温度改变；

（4）混合前后没有体积变化，即 $\Delta_{\text{mix}}V=0$。

4.3.2.2 准晶格模型及其基本假设

准晶格模型属正规溶液模型，是处理纯溶液和溶液的一种半经验和定性的溶液理论。其基本假设为：

（1）溶液具有准晶格结构，类似晶体质点规则排列，每个原子（或分子）有一定的配位数（z）；

（2）组元分子形状和大小相近，混合前后体积变化可忽略不计；

（3）组元分子（或原子）没有极性，只考虑最近邻原子的相互作用；

（4）原子（或分子）的动能由结点附近的平动能和原子内部的动能组成；

（5）混合时只有原子间成对作用，且相互作用能发生变化。

4.3.2.3 二元正规溶液的热力学性质

根据上述假设，可以从微观状态导出溶液的热力学量。设二元正规溶液由有 N_A 个 A 分子和 N_B 个 B 分子组成，溶液中共有 N_A+N_B 个结点。A 和 B 混合时能量发生变化；W_{AA}、W_{BB}、W_{AB}分别表示 A-A 对，B-B 对、A-B 对的相互作用能。若混合物中有两个位置 1 和 2，且混合是无序的，则 1 个 A 分子占有位置 1，1 个 B 分子占有位置 2 的几率分别为 $N_A/(N_A+N_B)$；$N_B/(N_A+N_B)$。1 个 A 分子占有位置 1 同时 1 个 B 分子占有位置 2 的几率为 $N_AN_B/(N_A+N_B)^2$；与此同时，B 占有位置 1，而 A 占有位置 2 的几率亦为 $N_AN_B/(N_A+N_B)^2$。这两个事件同时发生的几率为 $2N_AN_B/(N_A+N_B)^2$。在位置 1 和 2 上 A-A 对和 B-B 对出现的几率分别为：${N_A}^2/(N_A+N_B)^2$；${N_B}^2/(N_A+N_B)^2$。溶液中总的分子数为（N_A+N_B），平均最近邻数为 z，则整个溶液中近邻位置原子对的总数为$\frac{1}{2}z(N_A+N_B)$。混合物中 A-B 对的总数即为

$$N_{AB}=\frac{1}{2}z(N_A+N_B)\frac{N_AN_B}{(N_A+N_B)^2}\times 2=z\frac{N_AN_B}{N_A+N_B}$$

而 A-A 对的总数为 $$N_{AA}=\frac{1}{2}z\frac{N_A^2}{N_A+N_B}$$

B-B 对的总数为 $$N_{BB}=\frac{1}{2}z\frac{N_B^2}{N_A+N_B}$$

A　系统的能量变化

在混合前，纯 A 的 A-A 对数为$\frac{1}{2}zN_A$，纯 B 的 B-B 对数为$\frac{1}{2}zN_B$。混合后，溶液中有三个类型的原子对：A-A，B-B，A-B，数目分别为 N_{AA}、N_{BB}、N_{AB}。当所有分子都处于平衡位置时，溶液中总的分子相互作用能为

$$u_{AB}=N_{AA}\omega_{AA}+N_{BB}\omega_{BB}+N_{AB}\omega_{AB}$$

混合前系统的总能量为

$$u_{AB}^0=u_{AA}^0+u_{BB}^0=\frac{1}{2}zN_A\omega_{AA}+\frac{1}{2}zN_B\omega_{BB}$$

混合前后系统内能的变化为

$$\Delta_{mix}u = \frac{1}{2}z\frac{N_A N_B}{N_A + N_B}(2\omega_{AB} - \omega_{AA} - \omega_{BB})$$

设 $\omega = \omega_{AB} - \frac{1}{2}(\omega_{AA} + \omega_{BB})$，则

$$\Delta_{mix}u = z\omega L\frac{n_A n_B}{n_A + n_B}$$

式中，L 为阿伏加德罗常数，n 为摩尔数（物质的量）。

混合前后系统体积没有变化，即 $\Delta_{mix}V=0$

$$\Delta_{mix}H = \Delta_{mix}u = z\omega L\frac{n_A n_B}{n_A + n_B}$$

混合熵等于理想溶液的混合熵

$$\Delta_{mix}S = \Delta_{mix}S^{id} = -R(n_A\ln x_A + n_B\ln x_B) \tag{4-56}$$

于是

$$\Delta_{mix}G = z\omega L\frac{n_A n_B}{n_A + n_B} + RT(n_A\ln x_A + n_B\ln x_B)$$

对正规溶液

$$\begin{aligned}\Delta_{mix}G &= RT(n_A\ln a_A + n_B\ln a_B)\\ &= RT(n_A\ln\gamma_A + n_B\ln\gamma_B) + RT(n_A\ln x_A + n_B\ln x_B)\end{aligned} \tag{4-57}$$

溶液的超额热力学函数分别为

$$\begin{aligned}\Delta_{mix}H^E &= \Delta_{mix}H - \Delta_{mix}H^{id} = \Delta_{mix}H = z\omega L\frac{n_A n_B}{n_A + n_B}\\ \Delta_{mix}G^E &= \Delta_{mix}G - \Delta_{mix}H^{id} = RT(n_A\ln\gamma_A + n_B\ln\gamma_B)\\ \Delta_{mix}S^E &= \Delta_{mix}S - \Delta_{mix}S^{id} = 0\end{aligned} \tag{4-58}$$

又

$$\Delta_{mix}G^E = \Delta_{mix}H^E - T\Delta_{mix}S^E = \Delta_{mix}H^E$$

所以

$$\Delta_{mix}H^E = \Delta_{mix}G^E = RT(n_A\ln\gamma_A + n_B\ln\gamma_B)$$

从而

$$\Delta_{mix}G^E = z\omega L\frac{n_A n_B}{n_A + n_B}$$

B 二元正规溶液中活度与组成关系

溶液中活度系数 γ 与组成的关系

对 $\Delta_{mix}G^E$ 分别取 n_A、n_B 偏微分，得

$$\left(\frac{\partial\Delta_{mix}G^E}{\partial n_A}\right)_{T,p,n_B} = RT\ln\gamma_A = z\omega L\left(\frac{n_B}{n_A + n_B}\right)^2$$

所以

$$RT\ln\gamma_A = z\omega L x_B^2 \tag{4-59a}$$

亦即 A 的超额偏摩尔吉布斯自由能为

$$\Delta_{mix}G_{A,m}^E = RT\ln\gamma_A = z\omega L x_B^2 \tag{4-59b}$$

同理可得

$$RT\ln\gamma_B = z\omega L x_A^2 \tag{4-60a}$$

$$\Delta_{mix}G_{B,m}^E = RT\ln\gamma_B = z\omega L x_A^2 \tag{4-60b}$$

超额偏摩尔函数 $\Delta_{mix}S_{A,m}^{E} = (\partial\Delta_{mix}S/\partial n_A) = -R\ln x_A$

$$\Delta_{mix}S_{B,m}^{E} = -R\ln x_B$$

$$\Delta_{mix}H_{A,m}^{E} = RT\ln\gamma_A$$

$$\Delta_{mix}H_{B,m}^{E} = RT\ln\gamma_B$$

由式(4-59a)和式(4-60a)得

$$\ln\gamma_A = z\omega\frac{L}{RT}x_B^2 = z\omega\beta x_B^2,\quad \beta = \frac{L}{RT},\quad \ln\gamma_B = z\omega\beta x_A^2$$

令 $a_i = z\omega\beta$，则得到活度系数（γ_i）与组成（x_i）的关系

$$\left.\begin{aligned}\ln\gamma_A &= a_i x_B^2 = a_i(1-x_A)^2\\ \ln\gamma_B &= a_i x_A^2 = a_i(1-x_B)^2\end{aligned}\right\}\tag{4-61}$$

$$a_i = \frac{\ln\gamma_i}{(1-x_i)^2}\tag{4-62}$$

在一定温度下 a_i 是常数，与组成无关，对两组元数值相同，即 $a_A = a_B = z\omega\beta$。

从以上关系式可以看到，正规溶液有以下特性：

（1）偏摩尔混合焓和超额偏摩尔混合焓均与温度无关；

（2）$\ln\gamma_i$ 与 T 成反比关系

$$RT\ln\gamma_i = RT'\ln\gamma'_i = \omega(1-x_i)^2,\quad \ln\gamma'_i = \frac{T}{T'}\ln\gamma_i\tag{4-63}$$

（3）$\Delta_{mix}G_m/(RT)$，$\Delta_{mix}G_m^E$ 及 $\Delta_{mix}H_m$ 与组成呈抛物线关系

$$\left.\begin{aligned}\Delta_{mix}G_m/(RT) &= z\omega\beta(1-x_B)x_B + [(1-x_B)\ln(1-x_B) + x_B\ln x_B]\\ \Delta_{mix}G_m^E/(RT) &= z\omega\beta(1-x_B)x_B = z\omega\beta(x_B - x_B^2)\\ \Delta_{mix}H_m &= z\omega L(x_B - x_B^2)\end{aligned}\right.\tag{4-64}$$

在各个恒定温度下，x_B 从 0→1 时，以上各式皆呈抛物线关系，$z\omega\beta$（或 $z\omega L$）正负不同曲线凹向不同，且存在极值（参见图 4-8）。当 $\omega<0(z\omega\beta<0)$，表示异名质点间相互作用力大于同名质点的力，以上各式是负值，与理想溶液成负偏差，曲线呈向下凹形。当 $\omega>0(z\omega\beta>0)$，情况则相反，表示同名质点间的相互作用强于异名质点间，以上各式皆为正值，表明与理想溶液成正偏差。当 $z\omega\beta$ 增大到某个值（如 $z\omega\beta=3$）时，存在一个 MN 区域，溶液不稳定，分解成两个相，一个相含 A 高，另一相含 B 高。显然，MN 是两相吉布斯自由能的公切线(见图 4-8(b))。当 $\omega=0$，$z\omega\beta=0$，$\Delta_{mix}G_m = \Delta_{mix}G_m^{id}$，$\Delta_{mix}G^E = \Delta_{mix}H^E = 0$，溶液为理想溶液。

在恒温下对式（4-64）取 x_B 的一次偏导数，并令其等于零，得

$$\left(\frac{\partial\dfrac{\Delta_{mix}G_m^E}{RT}}{\partial x_B}\right)_T = \frac{z\omega\beta}{RT}(1-2x_B) = 0;\quad x_B = \frac{1}{2}$$

在 $x_B=0.5$ 处，$\Delta_{mix}G_m^E/(RT)$ 对 x_B 的曲线上有一个最高点。

从图 4-8（c）看到，$z\omega\beta=3$ 时出现了溶液分解成两个相 M 和 N 的现象。曲线上开始

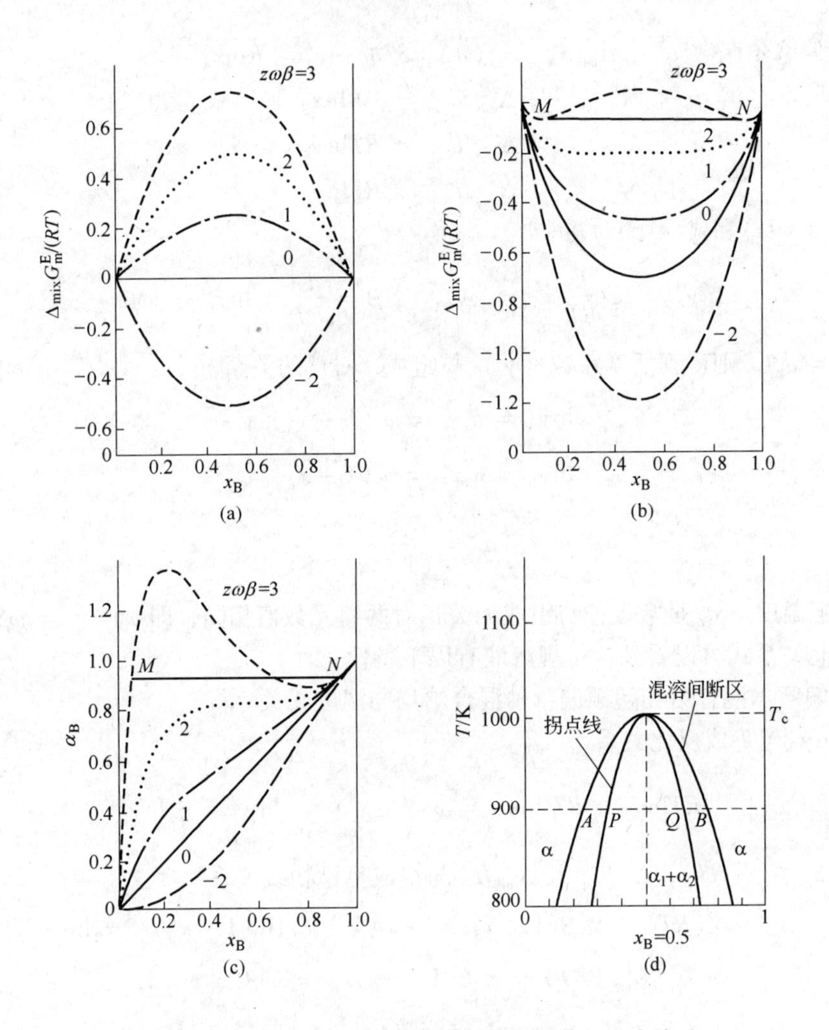

图 4-8　$z\omega\beta$ 不同时，正规溶液各热力学函数与组成关系

（$z\omega\beta=3$ 时，在 M 和 N 点间溶液不稳定）

出现分解成两相的拐点温度，称之为临界温度 T_c。

正规溶液的吉布斯自由能可表示为

$$_{reg}G_m = x_A G_A^* + x_B G_B^* + RT(x_A \ln x_A + x_B \ln x_B) + \omega x_A x_B$$

式中，G_A^* 和 G_B^* 是纯 A 和纯 B 的吉布斯自由能；ω 是溶液中原子的相互作用特性参数。

对上式取 x_B 微分，得

$$\frac{\partial_{reg}G_m}{\partial x_B} = (G_B^* - G_A^*) + RT(-\ln x_A + \ln x_B) + \omega(1 - 2x_B)$$

取 x_B 二次微分，得　$$\frac{\partial^2_{reg}G_m}{\partial x_B^2} = RT\left(\frac{1}{x_A} + \frac{1}{x_B}\right) - 2\omega$$

取 x_B 三次微分，得　$$\frac{\partial^3_{reg}G_m}{\partial x_B^3} = RT\left(\frac{1}{x_A^2} - \frac{1}{x_B^2}\right)$$

令二次微分式等于零，得 $x_A x_B = RT/(2\omega)$。该式是一条对称性抛物线。令三次微分式等于零，则得 $x_A = x_B = \dfrac{1}{2}$，从而得到临界（拐点）温度为 $T_c = \omega/(2R)$。

已有研究表明，只有同族元素形成的溶液才符合正规溶液的抛物线形状。如 Cd-Zn，Ga-In，Pb-Sn 等在整个组成范围内符合 $\Delta_{mix}H_m = \omega x_A x_B$ 关系。若组元不属于同族，积分混合焓曲线不对称。如 Zn-In、Zn-Sn、Zn-Bi 等。可是，也有同族元素形成的金属溶液如金-铜合金，在 1550K 时，$\Delta_{mix}H_m$ 就不是对称曲线，而且 $\Delta_{mix}S_m^E \neq 0$，$\Delta_{mix}G_m^E \neq \Delta_{mix}H_m$。产生这种情况的原因是 $z\omega$ 值不能反映溶液的真实情况。原子间的相互作用已超出了 z 个最近邻原子之外。

4.3.2.4 三元正规溶液

对三元正规溶液：设溶液由 N_A 个 A 原子、N_B 个 B 原子和 N_C 个 C 原子组成。溶液中共有$(N_A + N_B + N_C)$个原子，混合是无序的。同时设溶液中有两个位置：位置 1 和位置 2。位置 1 被一个 A 原子占据的概率为 $N_A/(N_A + N_B + N_C)$，被一个 B 原子占据的概率为 $N_B/(N_A + N_B + N_C)$，被一个 C 原子占据的概率为 $N_C/(N_A + N_B + N_C)$。位置同时被 A、B 占据的概率为 $2N_AN_B/(N_A + N_B + N_C)^2$；同时被 A、C 占据的概率为 $2N_AN_C/(N_A + N_B + N_C)^2$；同时被 C、B 占据的概率为 $2N_CN_B/(N_A + N_B + N_C)^2$。然而，在位置 1 和 2 上，A-A 对出现概率为 $N_A^2/(N_A + N_B + N_C)^2$；出现 B-B 对的概率为 $N_B^2/(N_A + N_B + N_C)^2$；出现 C-C 对的概率为 $N_C^2/(N_A + N_B + N_C)^2$。如果平均近邻（配位）数为 z，则整个溶液中原子对的总数为 $\dfrac{1}{2}z(N_A + N_B + N_C)$。混合物中 A-B 对的数目为 $N_{AB} = \dfrac{1}{2}z(N_A + N_B + N_C)2x_Ax_B$；A-C 对的数目为 $N_{AC} = \dfrac{1}{2}z(N_A + N_B + N_C)2x_Ax_C$；B-C 对的数目为 $N_{BC} = \dfrac{1}{2}z(N_A + N_B + N_C)2x_Bx_C$；A-A 对的数目为 $N_{AA} = \dfrac{1}{2}z(N_A + N_B + N_C)x_A^2$；B-B 对的数目为 $N_{BB} = \dfrac{1}{2}z(N_A + N_B + N_C)x_B^2$；C-C 对的数目为 $N_{CC} = \dfrac{1}{2}z(N_A + N_B + N_C)x_C^2$。而混合前纯 A 结晶内 A-A 对的数目为$\dfrac{1}{2}zN_A$；纯 B 结晶内 B-B 对的数目为$\dfrac{1}{2}zN_B$；纯 C 结晶内 C-C 对的数目为$\dfrac{1}{2}zN_C$。

当所有分子都处于平衡位置时，溶液中总的相互作用能为

$$u_{ABC} = N_{AA}\varepsilon_{AA} + N_{BB}\varepsilon_{BB} + N_{CC}\varepsilon_{CC} + N_{AB}\varepsilon_{AB} + N_{AC}\varepsilon_{AC} + N_{BC}\varepsilon_{BC}$$

混合前总的能量为

$$u_{ABC}^0 = \frac{1}{2}zN_A\varepsilon_{AA} + \frac{1}{2}zN_B\varepsilon_{BB} + \frac{1}{2}zN_C\varepsilon_{CC}$$

于是，混合前后内能的变化为

$$\Delta u_{ABC} = \frac{1}{2}zL[(2\varepsilon_{AB} - \varepsilon_{AA} - \varepsilon_{BB})x_Ax_B + (2\varepsilon_{AC} - \varepsilon_{AA} - \varepsilon_{CC})x_Ax_C + (2\varepsilon_{BC} - \varepsilon_{BB} - \varepsilon_{CC})x_Bx_C]$$

令

$$\omega_{AB} = \varepsilon_{AB} - \frac{1}{2}(\varepsilon_{AA} + \varepsilon_{BB});\quad \omega_{AC} = \varepsilon_{AC} - \frac{1}{2}(\varepsilon_{AA} + \varepsilon_{CC});\omega_{BC} = \varepsilon_{BC} - \frac{1}{2}(\varepsilon_{BB} + \varepsilon_{CC})$$

于是 $\Delta u_{ABC} = \Delta H_{ABC} = z\Sigma L(x_A x_B \omega_{AB} + x_A x_C \omega_{AC} + x_B x_C \omega_{BC})$

每摩尔混合能则为

$$\Delta_{mix} u_{ABC,m} = \Delta_{mix} H_m = z\omega_{AB} x_A x_B + z\omega_{AC} x_A x_C + z\omega_{BC} x_C x_B$$

设 $\omega = z\omega$，则

$$\Delta_{mix} u_m = \Delta_{mix} H_m = \omega_{AB} x_A x_B + \omega_{AC} x_A x_C + \omega_{BC} x_B x_C$$

$$\Delta_{mix} S_m = -R(x_A \ln x_A + x_B \ln x_B + x_C \ln x_C)$$

因而 $\Delta_{mix} G_m^E = \omega_{AB} x_A x_B + \omega_{AC} x_A x_C + \omega_{BC} x_B x_C + RT(x_A \ln x_A + x_B \ln x_B + x_C \ln x_C)$

$$\Delta_{mix} G_m^E = \Delta_{mix} H_m^E = \Delta_{mix} H_m = \omega_{AB} x_A x_B + \omega_{AC} x_A x_C + \omega_{BC} x_B x_C$$

$$\Delta_{mix} S_m^E = 0$$

4.3.3 溶液的准化学模型

一般认为，准化学模型在溶液中有一种类似于化学平衡的化学键之间的平衡

$$A - A + B - B = 2(A - B)$$

根据这种平衡，提出如下假设：

（1）原子只围绕平衡位置振动；

（2）只考虑化学键能，不考虑振动能及其他能量。过剩熵具有构型熵的性质，但与完全随机和最大无序完全不同；

（3）只考虑最近邻原子的影响，而且假定成对作用。溶液的能量等于原子间键能之和；

（4）A 和 B 原子大小不同，混合后原子体积没有发生变化。

1mol 溶液中含 N_A 个 A 原子和 N_B 个 B 原子，$N_A + N_B = L$（阿伏加德罗常数），则有

$$x_A = \frac{N_A}{N_A + N_B} = \frac{N_A}{L};\quad x_B = \frac{N_B}{N_A + N_B} = \frac{N_B}{L}$$

溶液中有三类原子键：A—A 键，每个键的键能为 E_{AA}；B—B 键，每个键的键能为 E_{BB}；A—B 键，每个键的键能为 E_{AB}。如果 1mol 溶液中有 P_{AA} 个 A—A 键，P_{BB} 个 B—B 键，P_{AB} 个 A—B 键，则溶液的能量为

$$E = P_{AA}E_{AA} + P_{BB}E_{BB} + P_{AB}E_{AB} \tag{4-65}$$

由式（4-65）可知，计算 E 时，应该先计算出 P_{AA}，P_{BB}，P_{AB} 的值。对 A 物质而言，若每个 A 原子的配位数为 z，即每个 A 原子有最近邻 A 原子 z 个，这样就有 z 个 A—A 键。N_A 个 A 原子就有 zN_A 个 A—A 键。但是，一个 A 原子只能构成一个 A—A 键。因此，A—A 键真实的数目为

$$p_{AA} = \frac{1}{2} z N_A$$

同样，对 B 物质，B—B 键的数目为 $p_{BB} = \frac{1}{2} z N_B$。$P_{AA}$ 个 A—A 键的能量为 $E_A = P_{AA}E_{AA} = \frac{1}{2} z N_A E_{AA}$。$P_{BB}$ 个 B—B 键的能量为 $E_B = P_{BB}E_{BB} = \frac{1}{2} z N_B E_{BB}$。

4.3.3.1 A和B混合时内能的变化$\Delta_{mix}E_m$的计算

在1mol溶液中，若有N_A个A原子（或分子）和N_B个B原子（或分子）互相混合，形成溶液。则A原子的最邻近可能为A原子，也可能为B原子；可能形成A—A键，也可能形成A—B键。同样，对B原子与其最近邻原子，可能形成B—B键，也可能形成A—B键。若以A原子为中心，N_A个A原子，配位数就应为zN_A个，其中有A—A和A—B两种键。若有P_{AB}个A—B键，就有P_{AB}个配位数。若有P_{AA}个A—A键，则有$2P_{AA}$个配位数。在zN_A个总配位数中包括两部分，即构成A—A键的配位数和构成A—B键的配位数，写为

$$zN_A = P_{AB} + 2P_{AA}$$

同样，对于B原子而言，则有

$$zN_B = P_{AB} + 2P_{BB}$$

由此得 $$P_{AA} = \frac{zN_A}{2} - \frac{P_{AB}}{2};\quad P_{BB} = \frac{zN_B}{2} - \frac{P_{AB}}{2}$$

代入式（4-65）得

$$E = \frac{1}{2}zN_AE_{AA} + \frac{1}{2}zN_BE_{BB} + P_{AB}\left[E_{AB} - \frac{1}{2}(E_{AA} + E_{BB})\right] \tag{4-66}$$

当纯A与纯B混合形成溶液后，系统能量变化为

$$\Delta_{mix}E_m = E - E_A - E_B$$

式中，E_A为N_A个纯A原子的能量；E_B为N_B个纯B原子的能量。

将有关能量值代入，则得到1mol溶液的混合内能

$$\Delta_{mix}E_m = P_{AB}\left[E_{AB} - \frac{1}{2}(E_{AA} + E_{BB})\right] \tag{4-67}$$

因为 $$\Delta_{mix}H_m = \Delta_{mix}u_m + P\Delta_{mix}V_m;\quad \Delta_{mix}u_m = \Delta_{mix}E_m;\quad \Delta_{mix}V_m = 0$$

所以

$$\Delta_{mix}H_m = \Delta_{mix}E_m = P_{AB}\left[E_{AB} - \frac{1}{2}(E_{AA} + E_{BB})\right] \tag{4-68}$$

由此可见：

（1）1mol溶液的混合焓$\Delta_{mix}H_m$的大小，决定于P_{AB}。

（2）若为理想溶液$\Delta_{mix}H_m = 0$，这时：$\Delta E = E_{AB} - \frac{1}{2}(E_{AA} + E_{BB})$。

（3）因E_{AA}、E_{BB}、E_{AB}皆为负值，所以若$|E_{AB}| > \left|\frac{E_{AA} + E_{BB}}{2}\right|$，则$\Delta_{mix}H_m < 0$，即溶液生成时放热，溶液与理想溶液成负偏差。若$|E_{AB}| < \left|\frac{E_{AA} + E_{BB}}{2}\right|$，则$\Delta_{mix}H_m > 0$；即溶液生成时吸热，与理想溶液成正偏差。

（4）若$|E_{AB}| = \left|\frac{E_{AA} + E_{BB}}{2}\right|$，$\Delta_{mix}H_m = 0$，表明溶液是理想溶液，A、B为无序混合，

$\Delta_{mix}S_m = -R\Sigma x_i \ln x_i$。

（5）在与理想溶液偏离不大时，将得到$|\Delta_{mix}H_m| \leqslant RT$。这时可近似认为，原子分布状态和理想溶液相同，即分布是无序的。

4.3.3.2　$|\Delta_{mix}H_m| \leqslant RT$ 时 P_{AB} 的计算

设1mol A、B晶格中有两个相邻的位置1和2。位置1被A原子占据的概率为$\frac{N_A}{L} = x_A$，L为阿伏加德罗常数。位置2被B原子占据的概率为x_B；1和2同时被A原子占据的概率为x_A^2；1和2同时被B原子占据的概率为x_B^2。位置1被A原子，位置2被B原子同时占据的概率为x_Ax_B；位置1被B原子，位置2被A原子同时占据的概率为x_Ax_B；1对相邻位置1和2同时被A、B原子占据的概率是$2x_Ax_B$。对1mol A、B结晶来说，L个原子总配位为zL，而原子对数目为$\frac{1}{2}zL$。因此，1mol A、B结晶，晶格位置对的数目为$\frac{1}{2}zL$。晶格位置对数目与键的数目的关系为

$$p_{AB} = \frac{1}{2}zL2x_Ax_B = zLx_Ax_B \tag{4-69}$$

$$P_{AA} = \frac{1}{2}zLx_A^2; \quad P_{BB} = \frac{1}{2}zLx_B^2$$

将式（4-69）代入式（4-68），得

$$\Delta_{mix}H_m = zLx_Ax_B\left[E_{AB} - \frac{1}{2}(E_{AA} + E_{BB})\right]$$

设

$$\Omega = zL\left[E_{AB} - \frac{1}{2}(E_{AA} + E_{BB})\right]$$

则得

$$\Delta_{mix}H_m = \Omega x_Ax_B \tag{4-70}$$

如前所述，$|\Delta_{mix}H_m| \leqslant RT$时，可认为溶液是无序混合。这样，准化学模型就相当于正规溶液模型，亦即

$$\Delta_{mix}H_m = \Delta_{mix}G_m^E = \Omega x_Ax_B = RTax_Ax_B \tag{4-71}$$

式中，$a = \frac{\Omega}{RT}$；$\Delta_{mix}G_m^E$是超额摩尔混合吉布斯自由能。

由$\Delta_{mix}H_m$可以求出组元A、B的偏摩尔焓

$$\Delta H_{A,m} = \Delta_{mix}H_m + x_B\left(\frac{\partial \Delta_{mix}H_m}{\partial x_A}\right)_{T,p} \tag{4-72}$$

对式（4-70）取x_A偏微分，得

$$\frac{\partial \Delta_{mix}H_m}{\partial x_A} = \Omega x_B + \Omega x_A\frac{\partial x_B}{\partial x_A} = \Omega(x_B - x_A)$$

代入式（4-72）得

$$\Delta H_{A,m} = \Omega x_B^2$$

同理得

$$\Delta H_{B,m} = \Omega x_A^2 \tag{4-73}$$

因为无序混合，所以

$$\Delta S_{A,m} = -R\ln x_A;\quad \Delta S_{B,m} = -R\ln x_B$$

于是

$$\left.\begin{aligned}\Delta G_{A,m} &= \Omega x_B^2 + RT\ln x_A \\ \Delta G_{B,m} &= \Omega x_A^2 + RT\ln x_B\end{aligned}\right\}\tag{4-74}$$

由 $\Delta G_{A,m} = RT\ln\gamma_A + RT\ln x_A$，得知

$$\left.\begin{aligned}RT\ln\gamma_A &= \Omega x_B^2;\quad RT\ln\gamma_B = \Omega x_A^2 \\ \text{或}\quad \ln\gamma_A &= a x_B^2;\quad \ln\gamma_B = x_A^2\end{aligned}\right\}\tag{4-75}$$

式中，$a = \dfrac{\Omega}{RT}$。

由式（4-75）可以看出，在恒温恒压下 x_B 或 x_A 一定时，γ_A 或 γ_B 决定于 Ω 值。而 Ω 值取决于 E_{AA}、E_{BB} 及 E_{AB}。当 $\Omega<0$，则 $\gamma_A<1$，与理想溶液成负偏差。当 $\Omega>0$，则 $\gamma_A>1$，与理想溶液成正偏差。再由亨利定律得知，若 $N_B\to1$ 时，$\ln\gamma_A\to\ln\gamma_A^0\to\dfrac{\Omega}{RT}$。这时，组元 B 服从拉乌尔定律，组元 A 服从亨利定律。

当 Ω 值增加时，即 $\dfrac{1}{2}(E_{AA}+E_{BB})$ 与 E_{AB} 有明显差异时，准化学模型对实际溶液的适用性减小。这时，不能假定 A 与 B 是无序混合。

4.4 熔渣（适用于熔融玻璃）模型及活度计算

众所周知，熔渣和熔融玻璃是个多组元系统，结构十分复杂。因此，在计算熔渣和熔融玻璃中组元的活度时，必须涉及熔渣和熔融玻璃的结构。一般来说熔渣结构理论有三种：

（1）分子理论。认为熔渣是由氧化物、硫化物及复杂化合物（如各种硅酸盐、磷酸盐、铝硅酸盐等）组成。

（2）离子理论。由固体渣的电学及电学性质，认为熔渣是由各种正负离子（包括简单的和复杂的离子）组成。

（3）分子-离子共存理论。认为熔渣中既有电中性的分子，也有带正或负电荷的离子，而且存在化学平衡关系，如 $MeSiO_4 = 2Me^{2+} + 2O^{2-} + SiO_2$。

根据这些不同的理论，提出了不同的活度计算方法。

4.4.1 焦姆金完全离子溶液理论

焦姆金（Темкин）从统计观点考察了理想溶液的混合熵 $\Delta_{mix}S^{id}$ 后，提出了完全离子溶液理论。众所周知，当两个纯液体组元 1、2 形成理想溶液时，系统的熵变是

$$\Delta_{mix}S^{id} = -R(n_1\ln x_1 + n_2\ln x_2)$$

式中，n_1 和 n_2 为组元 1 和 2 的物质的量；x_1、x_2 为组元 1 和 2 的摩尔分数。

熵与系统状态的热力学概率有关，即

$$S = k_B\ln\Omega$$

式中，k_B 是玻耳兹曼常数；Ω 是系统状态的热力学概率（热力学概率是实现某种状态的微观状态数）。

设溶液由 $n_1$mol 的组元 1 和 $n_2$mol 的组元 2 组成。它们的摩尔分数分别为 x_1 和 x_2；组元 1 和 2 的分子数目分别为 n_1L 和 n_2L（L 是阿伏加德罗常数）。设 S_1 为混合前系统的熵，S_2 为混合后系统的熵，则

$$S_1 = k_B\ln[n_1L]![n_2L]!;\quad S_2 = k_B\ln[(n_1+n_2)L]!$$

由斯特林公式 $\ln x! = x\ln x - x$ 和 $Lk_B = R$，$\dfrac{n_1}{n_1+n_2} = x_1$，$\dfrac{n_2}{n_1+n_2} = x_2$，得

$$\Delta S = R\left(n_1\ln\frac{n_1+n_2}{n_1} + n_2\ln\frac{n_1+n_2}{n_2}\right) = -R(n_1\ln x_1 + n_2\ln x_2)$$

所得结果与理想溶液完全一致。

焦姆金的完全离子溶液理论要点为：

（1）熔渣完全由离子组成；

（2）在溶液中与晶体一样，每个离子周围只被带相反电荷的离子所包围；

（3）同号离子与邻近离子的相互作用力完全相等；离子具有严格的近程排列；在计算系统的微观状态时，不计算阳离子与阴离子的相互交换数。

根据上述要点，形成完全离子溶液时，混合焓等于零，$\Delta_{mix}H=0$，即用一个正离子代替另一个正离子，或者用一个负离子代替另一个负离子时，都没有热效应发生。溶液的内能与焓等于各纯组元的内能与焓的和。完全离子溶液与理想溶液的区别在于，它由两个带不同符号电荷的理想溶液组成，即由正离子溶液与负离子溶液组成。例如，熔渣由 $n_1$mol 的 CaO，$n_2$mol 的 FeO，$n_3$mol 的 CaS 和 $n_4$mol 的 FeS 组成，这些化合物分别按下面反应分解

$$CaO = Ca^{2+} + O^{2-}\quad CaS = Ca^{2+} + S^{2-}$$

$$FeO = Fe^{2+} + O^{2-}\quad FeS = Fe^{2+} + S^{2-}$$

正离子总数为 $$\Sigma n_+ = n_1^{Ca^{2+}} + n_2^{Fe^{2+}} + n_3^{Ca^{2+}} + n_4^{Fe^{2+}}$$

负离子总数为 $$\Sigma n_- = n_1^{O^{2-}} + n_2^{O^{2-}} + n_3^{S^{2-}} + n_4^{S^{2-}}$$

所以，溶液中 Ca^{2+} 的物质的量为 n_1+n_3；Fe^{2+} 的物质的量为 n_2+n_4；O^{2-} 的物质的量为 n_1+n_2；S^{2-} 的物质的量为 n_3+n_4。对正离子来说，它的排列数即微观状态数为

$$\Omega_+ = \frac{[L(n_1+n_2+n_3+n_4)]!}{[L(n_1+n_3)]![L(n_2+n_4)]!}$$

对负离子 O^{2-} 和 S^{2-} 来说，它的微观状态数为

$$\Omega_- = \frac{[L(n_1+n_2+n_3+n_4)]!}{[L(n_1+n_2)]![L(n_3+n_4)]!}$$

在正负离子混合时，两种离子同时排列。这时的微观状态数，即热力学概率为 $\Omega = \Omega_+\Omega_-$。

在正负离子混合前，系统中质点的分布状态只有一种。两个正离子（或两个负离子）互相交换不能引起构形熵的改变。所以混合前系统的状态数，亦即概率只有 1 种。混合以

后的热力学概率为 $\Omega=\Omega_+\Omega_-$。所以混合前后系统的熵变为

$$\Delta_{mix}S = S_{混合后} - S_{混合前} = k_B\ln\Omega = k_B(\ln\Omega_+ + \ln\Omega_-)$$

将前面 Ω_+ 和 Ω_- 代入上式，且 CaS、CaO、FeO、FeS 的摩尔分数为 x_1、x_2、x_3、x_4：

而
$$x_1 = \frac{n_1}{n_1+n_2+n_3+n_4};\quad x_2 = \frac{n_2}{n_1+n_2+n_3+n_4}$$

$$x_3 = \frac{n_3}{n_1+n_2+n_3+n_4};\quad x_4 = \frac{n_4}{n_1+n_2+n_3+n_4}$$

再利用斯特林公式，将代入后的式子展开，得

$$\Delta_{mix}S = -n_1R\ln[(x_1+x_2)(x_1+x_3)] - n_2R\ln[(x_1+x_2)(x_2+x_4)] - n_3R\ln[(x_1+x_3)(x_3+x_4)] - n_4R\ln[(x_2+x_4)(x_3+x_4)] \tag{4-76}$$

又因
$$\Delta_{mix}G = \Delta_{mix}H - T\Delta_{mix}S$$

因为正负两类离子溶液相当于理想溶液，混合时没有热效应，$\Delta_{mix}H=0$，所以

$$\Delta_{mix}G = -T\Delta_{mix}S$$

$$\Delta_{mix}G = n_1RT\ln[(x_1+x_2)(x_1+x_3)] + n_2RT\ln[(x_1+x_2)(x_2+x_4)] + n_3RT\ln[(x_1+x_3)(x_3+x_4)] + n_4RT\ln[(x_2+x_4)(x_3+x_4)] \tag{4-77}$$

$$\Delta_{mix}G = n_1\Delta G_{1,m} + n_2\Delta G_{2,m} + n_3\Delta G_{3,m} + n_4\Delta G_{4,m} \tag{4-78}$$

式中，

$$\Delta G_{1,m} = RT\ln a_1;\quad \Delta G_{2,m} = RT\ln a_2$$
$$\Delta G_{3,m} = RT\ln a_3;\quad \Delta G_{4,m} = RT\ln a_4 \tag{4-79}$$

对照式(4-77)和式(4-78)，则得

$$RT\ln a_1 = RT\ln[(x_1+x_2)(x_1+x_3)];\quad RT\ln a_2 = RT\ln[(x_1+x_2)(x_2+x_4)]$$
$$RT\ln a_3 = RT\ln[(x_1+x_3)(x_3+x_4)];\quad RT\ln a_4 = RT\ln[(x_2+x_4)(x_3+x_4)]$$

整理上式，得

$$\left.\begin{aligned} a_1 &= (x_1+x_2)(x_1+x_3);\quad a_2 = (x_1+x_2)(x_2+x_4) \\ a_3 &= (x_1+x_3)(x_3+x_4);\quad a_4 = (x_2+x_4)(x_3+x_4) \end{aligned}\right\} \tag{4-80}$$

又因 CaO，FeO，CaS 和 FeS 完全解离成离子

Ca^{2+} 的摩尔离子分数为 $x_{Ca^{2+}} = x_1 + x_3 = \dfrac{n_1^{Ca^{2+}} + n_3^{Ca^{2+}}}{n_1^{Ca^{2+}} + n_2^{Fe^{2+}} + n_3^{Ca^{2+}} + n_4^{Fe^{2+}}}$

Fe^{2+} 的摩尔离子分数为 $x_{Fe^{2+}} = x_2 + x_4 = \dfrac{n_2^{Fe^{2+}} + n_4^{Fe^{2+}}}{n_1^{Ca^{2+}} + n_2^{Fe^{2+}} + n_3^{Ca^{2+}} + n_4^{Fe^{2+}}}$

O^{2-} 的摩尔离子分数为 $x_{O^{2-}} = x_1 + x_2 = \dfrac{n_1^{O^{2-}} + n_2^{O^{2-}}}{n_1^{O^{2-}} + n_2^{O^{2-}} + n_3^{S^{2-}} + n_4^{S^{2-}}}$

S^{2-} 的摩尔离子分数为 $x_{S^{2-}} = x_3 + x_4 = \dfrac{n_3^{S^{2-}} + n_4^{S^{2-}}}{n_1^{O^{2-}} + n_2^{O^{2-}} + n_3^{S^{2-}} + n_4^{S^{2-}}}$

将这些关系式代入式（4-80）中，得

$$a_1 = x_{O^{2-}}x_{Ca^{2+}};\quad a_2 = x_{O^{2-}}x_{Fe^{2+}};$$

$$a_3 = x_{S^{2-}}x_{Ca^{2+}};\quad a_4 = x_{S^{2-}}x_{Fe^{2+}}$$

亦即

$$\left.\begin{aligned} a_{CaO} &= x_{O^{2-}}x_{Ca^{2+}} \\ a_{FeO} &= x_{O^{2-}}x_{Fe^{2+}} \\ a_{CaS} &= x_{S^{2-}}x_{Ca^{2+}} \\ a_{FeS} &= x_{S^{2-}}x_{Fe^{2+}} \end{aligned}\right\} \tag{4-81}$$

由此可以求出熔渣中各组元的活度。

在熔渣中加入 SiO_2，将出现 SiO_4^{4-} 负离子及（SiO_2^{2-}）$_n$ 等离子。如果熔渣的碱度较高，特别是高碱度熔渣，渣中有过剩的 O^{2-}，可以使 SiO_2 完全变成 SiO_4^{4-}。

现在求 CaO-FeO-SiO_2 三元系中 FeO 的活度。

令 n_{CaO}、n_{FeO}、n_{SiO_2} 为相应物质的量，则 $n_{CaO}=n_{Ca^{2+}}$，$n_{FeO}=n_{Fe^{2+}}$，$n_{SiO_2}=n_{SiO_4^{4-}}$。如果 SiO_4^{4-} 是按下面的反应生成 $SiO_2+2O^{2-}═══SiO_4^{4-}$，则生成 1mol SiO_4^{4-} 要消耗 $2n_{SiO_2}$ 氧离子，故剩余的氧离子物质的量为 $n^{O^{2-}}=n_{CaO}+n_{FeO}-2n_{SiO_2}$，由此得正离子总数为

$$\Sigma n_+ = n^{Ca^{2+}} + n^{Fe^{2+}} = n_{CaO} + n_{FeO}$$

负离子总数为

$$\Sigma n_- = n^{O^{2-}} + n^{SiO_4^{4-}} = n_{CaO} + n_{FeO} - n_{SiO_2}$$

从而得到

$$a_{FeO} = x_{Fe^{2+}}x_{O^{2-}} = \frac{n^{Fe^{2+}}n^{O^{2-}}}{\Sigma n_+ \Sigma n_-} = \frac{n_{FeO}(n_{CaO} + n_{FeO} - 2n_{SiO_2})}{(n_{CaO} + n_{FeO})(n_{CaO} + n_{FeO} - n_{SiO_2})}$$

实验中发现，由完全离子溶液理论求得的 a_{FeO}，只适用于 SiO_2 质量浓度低于 10% 的高碱度熔渣。在酸性渣中，尤其对 SiO_2 质量浓度高于 50% 的熔渣，就必须考虑熔渣的性质对理想溶液的偏差。已知 a_{FeO} 为

$$a_{FeO} = x_{Fe^{2+}}\gamma_{Fe^{2+}}x_{O^{2-}}\gamma_{O^{2-}}$$

因为与理想溶液的偏差基本上是由 SiO_2 过多引起的，亦即影响 O^{2-} 的活度，对 Fe^{2+} 无明显影响，所以可以认为

$$\gamma_{Fe^{2+}} = 1,\quad a_{Fe^{2+}} = x_{Fe^{2+}}$$

于是

$$a_{FeO} = x_{Fe^{2+}}x_{O^{2-}}\gamma_{O^{2-}}$$

对于 SiO_2 质量浓度高于 10%，而低于 30% 的熔渣，认为渣中的负离子有 O^{2-} 和 SiO_4^{4-} 两种形式。氧离子的活度系数与 SiO_4^{4-} 浓度的关系由实验得到

$$\lg\gamma_{O^{2-}} = 1.53N_{SiO_2} - 1.7$$

还有研究者得到

$$\lg\gamma_{O^{2-}}\gamma_{Fe^{2+}} = \lg\gamma_{\pm}^2 - x_{SiO_2}(0.4 + 1.4x_{SiO_4^{4-}})$$

按照这两个式子得到的结果，在 $x_{SiO_2}\leqslant 0.6$ 时，即对高碱度熔渣（$x_{O^{2-}}=1-x_{SiO_2}\geqslant 0.4$

时），差别不大。

例 4-4 在某一温度下，已知熔渣成分（质量百分数,%）为

CaO	MgO	FeO	SiO_2	Fe_2O_3
19	4.56	33.624	0.96	10.24

且熔渣完全由离子组成，阳离子是 Ca^{2+}、Mg^{2+}、Fe^{2+}；阴离子是 SiO_4^{4-}、$Fe_2O_5^{4-}$ 及 O^{2-}。试求熔渣中 FeO 的活度。

解 因为 SiO_2 的质量浓度为 0.96%，因此 a_{FeO} 活度式不用加 $\gamma_{Fe^{2+}}$ 和 $\gamma_{O^{2-}}$ 修正，按完全离子溶液理论

$$CaO = Ca^{2+} + O^{2-};\quad MgO = Mg^{2+} + O^{2-};\quad FeO = Fe^{2+} + O^{2-}$$

所以 $$n_{Ca^{2+}} = n_{CaO} = 0.339;\quad n_{Mg^{2+}} = n_{MgO} = 0.114;\quad n_{Fe^{2+}} = n_{FeO} = 0.467$$

于是 $$n_{Ca^{2+}} + n_{Mg^{2+}} + n_{Fe^{2+}} = 0.339 + 0.114 + 0.467 = 0.920$$

所以 $$x_{Fe^{2+}} = \frac{n_{Fe^{2+}}}{n_{Ca^{2+}} + n_{Mg^{2+}} + n_{Fe^{2+}}} = \frac{0.467}{0.920} = 0.506$$

又因为 $$SiO_2 + 2O^{2-} = SiO_4^{4-};\quad Fe_2O_3 + 2O^{2-} = Fe_2O_5^{4-}$$

所以 $$n_{SiO_2} = n_{SiO_4^{4-}} = 0.016;\quad n_{Fe_2O_3} = n_{Fe_2O_5^{4-}} = 0.064$$

另外，提供 O^{2-} 的物质有 CaO、MgO、FeO，由它们的解离反应知

$$n_{O^{2-}} = n_{CaO} + n_{MgO} + n_{FeO} = 0.339 + 0.114 + 0.467 = 0.920$$

消耗 O^{2-} 的物质有 SiO_2、Fe_2O_3，由它们的离子化反应可知消耗的氧离子数为

$$2n_{SiO_2} + 2n_{Fe_2O_3} = 2 \times 0.016 + 2 \times 0.064 = 0.160$$

因此，剩余 O^{2-}：

$$n_{O^{2-},res} = n_{CaO} + n_{MgO} + n_{FeO} - 2n_{SiO_2} - 2n_{Fe_2O_3}$$

$$= 0.920 - 2 \times 0.016 - 2 \times 0.064 = 0.760$$

$$n_{SiO_4^{4-}} = n_{SiO_2} = 0.016;\quad n_{Fe_2O_5^{4-}} = n_{Fe_2O_3} = 0.064$$

所以 $$\Sigma n_- = n_{O^{2-},res} + n_{SiO_4^{4-}} + n_{Fe_2O_5^{4-}} = 0.760 + 0.016 + 0.064 = 0.840$$

于是 $$x_{O^{2-}} = \frac{n_{O^{2-}}}{n_{O^{2-},res} + n_{SiO_4^{4-}} + n_{Fe_2O_5^{4-}}} = \frac{0.760}{0.840} = 0.905$$

最后得到 $$a_{FeO} = x_{Fe^{2+}} x_{O^{2-}} = 0.506 \times 0.905 = 0.458$$

4.4.2 熔渣的马森模型

马森（Masson）认为，硅酸盐熔体是复杂的熔体，含有许多大小不等的聚合型硅酸盐阴离子，并且复杂阴离子之间存在化学平衡。在此基础上，马森对 MeO-SiO_2 二元熔体进行了研究分析，提出了计算 MeO 活度的公式。

设 MeO-SiO_2 系中 MeO 对 SiO_2 之比很高。这样，SiO_2 以最简单的离子形式出现，即 SiO_4^{4-} 阴离子。SiO_2 含量增加时，产生一系列聚合反应。首先是 SiO_4^{4-} 聚合，然后继续反

应形成线性和分枝状多离子键。同时，每步失去一个氧离子，即存在下面一系列反应

$$SiO_4^{4-} + SiO_4^{4-} = Si_2O_7^{6-} + O^{2-} \qquad (K_{1,1})$$

$$SiO_4^{4-} + Si_2O_7^{6-} = Si_3O_{10}^{8-} + O^{2-} \qquad (K_{1,2})$$

$$SiO_4^{4-} + Si_3O_{10}^{8-} = Si_4O_{13}^{10-} + O^{2-} \qquad (K_{1,3})$$

$$\vdots \qquad\qquad \vdots$$

它们的平衡常数分别是 $K_{1,1}$，$K_{1,2}$，$K_{1,3}$，…。

于是，这些复杂的硅氧阴离子的摩尔分数可用简单硅氧阴离子的摩尔分数表示

$$\left.\begin{aligned} x_{Si_2O_7^{6-}} &= \frac{K_{1,1}x_{SiO_4^{4-}}}{x_{O^{2-}}}x_{SiO_4^{4-}} \\ x_{Si_3O_{10}^{8-}} &= \frac{K_{1,2}x_{SiO_4^{4-}}}{x_{O^{2-}}}x_{Si_2O_7^{6-}} \\ x_{Si_4O_{13}^{10-}} &= \frac{K_{1,3}x_{SiO_4^{4-}}}{x_{O^{2-}}}x_{Si_3O_{10}^{8-}} \end{aligned}\right\} \tag{4-82}$$

假设 $K_{1,1}+K_{1,2}+K_{1,3}=K$，则硅酸盐阴离子分数的总和

$$\begin{aligned} \Sigma x_{(\text{硅酸盐离子})} &= x_{SiO_4^{4-}} + x_{Si_2O_7^{6-}} + x_{Si_3O_{10}^{8-}} + x_{Si_4O_{13}^{10-}} + \cdots \\ &= x_{SiO_4^{4-}} + \frac{Kx_{SiO_4^{4-}}}{x_{O^{2-}}}\left[\Sigma x_{(\text{硅酸盐离子})}\right] \end{aligned} \tag{4-83}$$

若硅酸盐和氧离子在熔体中都是独立阴离子，应用焦姆金的离子分数表达式，得

$$\Sigma x_{(\text{硅酸盐离子})} = 1 - x_{O^{2-}}$$

将上式代入式（4-83），整理后得

$$x_{SiO_4^{4-}} = \frac{1 - x_{O^{2-}}}{1 + K\left(\dfrac{1}{x_{O^{2-}}} - 1\right)} \tag{4-84}$$

根据式（4-84），如果知道系统的 K 值，就可以得知 $x_{SiO_4^{4-}}$ 和 $x_{O^{2-}}$ 的关系。设 $K=0$，1，2，3，…；画出 $x_{SiO_4^{4-}}$ 与 $x_{O^{2-}}$ 的关系（见图4-9）。由图可知，在 $K=0$ 时，SiO_4^{4-} 是熔体中唯一的硅酸盐离子。如果 K 值继续增大，$x_{SiO_4^{4-}}$ 减小（$x_{O^{2-}}$ 不变），曲线的最高点向 $x_{O^{2-}}$ 值增加方向移动。在 $K=1$ 时，曲线对称，在 $x_{O^{2-}} \approx 0.5$ 处有最高点。这时 $x_{SiO_4^{4-}}=0.25$，即硅酸盐有一半是以 SiO_4^{4-} 存在。

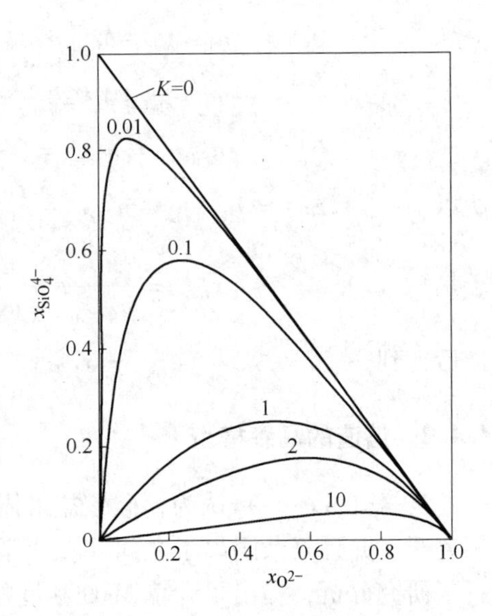

图4-9　不同 K 值时 $x_{SiO_4^{4-}}$ 与 $x_{O^{2-}}$ 的理论关系曲线

将式（4-84）与式（4-82）合并，可以得到各

种复杂阴离子同 O^{2-} 离子的摩尔分数关系曲线，如图 4-10 所示。用各种复杂阴离子的离子分数表示 SiO_2 的摩尔分数，即

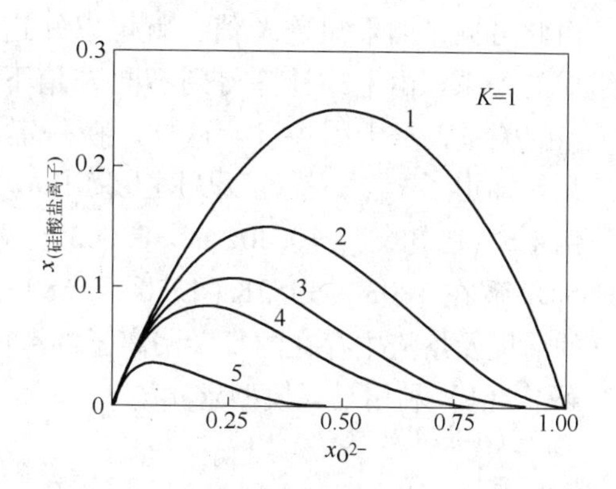

图 4-10 $K=1$ 时 $x_{O^{2-}}$ 与 $x_{SiO_4^{4-}}$（1）、$x_{Si_2O_7^{6-}}$（2）、$x_{Si_3O_{10}^{8-}}$（3）、$x_{Si_4O_{13}^{10-}}$（4）和 $x_{Si_{10}O_{31}^{22-}}$（5）的理论关系曲线

$$x_{SiO_2} = \frac{n_{SiO_2(硅酸盐离子)}}{n_{MeO} + n_{MeO(硅酸盐离子)} + n_{SiO_2(硅酸盐离子)}}$$

对 $MeO\text{-}SiO_2$ 二元系

$$x_{SiO_2} = \frac{x_{SiO_4^{4-}} + 2x_{Si_2O_7^{6-}} + 3x_{Si_3O_{10}^{8-}}}{x_{O^{2-}} + 3x_{SiO_4^{4-}} + 5x_{Si_2O_7^{6-}}}$$

从式（4-82）和有关反应式，得到

$$\left.\begin{aligned} x_{Si_2O_7^{6-}} &= \left(\frac{Kx_{SiO_4^{4-}}}{x_{O^{2-}}}\right)x_{SiO_4^{4-}} \\ x_{Si_3O_{10}^{8-}} &= \left(\frac{Kx_{SiO_4^{4-}}}{x_{O^{2-}}}\right)^2 x_{SiO_4^{4-}} \\ x_{Si_4O_{13}^{10-}} &= \left(\frac{Kx_{SiO_4^{4-}}}{x_{O^{2-}}}\right)^3 x_{SiO_4^{4-}} \end{aligned}\right\} \quad (4\text{-}85)$$

因此 $$x_{SiO_4^{4-}} + 2x_{Si_2O_7^{6-}} + 3x_{Si_3O_{10}^{8-}} + \cdots = x_{SiO_4^{4-}}\left[1 + 2\left(\frac{Kx_{SiO_4^{4-}}}{x_{O^{2-}}}\right) + 3\left(\frac{Kx_{SiO_4^{4-}}}{x_{O^{2-}}}\right) + \cdots\right] \quad (4\text{-}86)$$

由式（4-83）可以看出，$1 \geqslant \Sigma x_{(硅酸盐离子)} \geqslant x_{SiO_4^{4-}} \geqslant 0$，$(Kx_{SiO_4^{4-}}/x_{O^{2-}})^2 < 1$，故可求出式(4-86)的值

$$x_{SiO_4^{4-}} + 2x_{Si_2O_7^{6-}} + 3x_{Si_3O_{10}^{8-}} = \frac{x_{SiO_4^{4-}}}{(1 - Kx_{SiO_4^{4-}}/x_{O^{2-}})^2}$$

同理 $$x_{O^{2-}} + 3x_{SiO_4^{4-}} + 5x_{Si_2O_7^{6-}} = x_{O^{2-}} + \frac{x_{SiO_4^{4-}}(3 - Kx_{SiO_4^{4-}}/x_{O^{2-}})}{(1 - Kx_{SiO_4^{4-}}/x_{O^{2-}})^2}$$

这样 $$x_{SiO_2} = \frac{1}{3 + \dfrac{x_{O^{2-}}}{x_{SiO_4^{4-}}} + K\left[\dfrac{x_{SiO_4^{4-}}}{x_{O^{2-}}}(K-1) - 2\right]} \quad (4\text{-}87)$$

结合式(4-84)和式(4-87)，得到

$$x_{SiO_2} = \frac{1}{3 - K + \dfrac{x_{O^{2-}}}{1 - x_{O^{2-}}} + \dfrac{K(K-1)}{\left(\dfrac{x_{O^{2-}}}{1 - x_{O^{2-}}}\right) + K}} \quad (4\text{-}88)$$

用焦姆金活度式 $$a_{MeO} = x_{Me^{2+}}x_{O^{2-}}$$

对二元系，$x_{Me^{2+}} = 1$。从式（4-88）得

$$x_{SiO_2} = 1 - x_{MeO} = \frac{1}{3 - K + \dfrac{a_{MeO}}{1 - a_{MeO}} + \dfrac{K(K-1)}{\left(\dfrac{a_{MeO}}{1 - a_{MeO}}\right) + K}} \quad (4\text{-}89)$$

由此可见，如果知道 K 值，就可以知道 a_{MeO} 与组成的关系。由上式计算得到不同 K 值下 a_{MeO} 与 x_{MeO} 的关系，示于图4-11。这样，在一定 K 值下，只要知道了 x_{SiO_2}，就可以从图上读出 a_{MeO} 值。

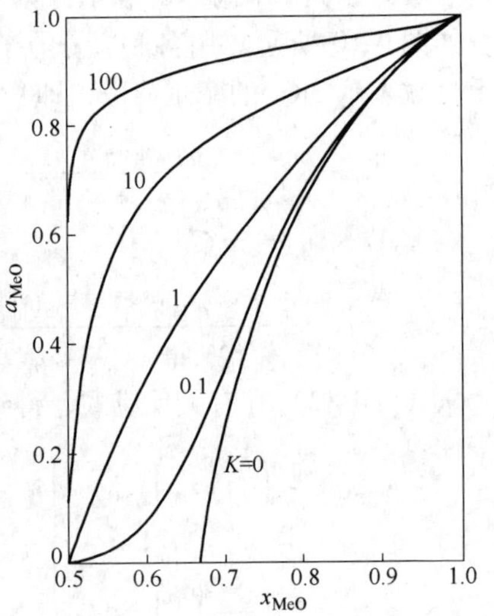

图4-11 不同 K 值时 a_{MeO} 与 x_{MeO} 的理论曲线

例4-5 已知 $x_{SiO_2}=0.30$，$K=0.003$。试计算 CaO-SiO$_2$ 系在 1803 ~ 1953K（1530 ~ 1680℃）时 CaO 的活度及熔渣中存在的复杂阴离子的浓度。

解 （1）利用马森模型求 a_{CaO}

由式(4-87)

$$x_{SiO_2}=1-x_{MeO}=\frac{1}{3-K+\dfrac{a_{MeO}}{1-a_{MeO}}+\dfrac{K(K-1)}{\left(\dfrac{a_{MeO}}{1-a_{MeO}}\right)+K}}$$

代入已知数据得

$$0.3=\frac{1}{3-0.003+\dfrac{a_{CaO}}{1-a_{CaO}}+\dfrac{0.003\times(0.003-1)}{\left(\dfrac{a_{CaO}}{1-a_{CaO}}\right)+0.003}}$$

整理上式，得

$$0.4006a_{CaO}^2-0.1036a_{CaO}+0.0012=0$$

解上述方程，得

$$a_{CaO}=0.33$$

（2）求其他复杂阴离子的浓度

因为 $a_{CaO}=x_{Ca^{2+}}x_{O^{2-}}$，而 $x_{Ca^{2+}}=1$，所以 $x_{O^{2-}}=a_{CaO}=0.33$

由

$$x_{SiO_4^{4-}}=\frac{1-x_{O^{2-}}}{1+K\left(\dfrac{1}{x_{O^{2-}}}-1\right)}$$

得

$$x_{SiO_4^{4-}}=\frac{1-0.33}{1+0.003\left(\dfrac{1}{0.33}-1\right)}=0.40$$

由

$$x_{Si_2O_7^{6-}}=\left(\frac{Kx_{SiO_4^{4-}}}{x_{O^{2-}}}\right)x_{SiO_4^{4-}}$$

得

$$x_{Si_2O_7^{6-}}=\left(\frac{0.003\times0.40}{0.33}\right)\times0.40=0.0015$$

由

$$x_{Si_3O_{10}^{8-}}=\left(\frac{Kx_{SiO_4^{4-}}}{x_{O^{2-}}}\right)^2x_{SiO_4^{4-}}$$

得

$$x_{Si_3O_{10}^{8-}}=5.18\times10^{-6}$$

4.5 活度计算与应用实例——稀土处理钢液的热力学计算与分析

为了提高钢材的质量，国内外许多学者研究了用钙或稀土元素处理钢液，发现它们不仅可以脱氧、脱硫，还可以去除砷、锡、铋、铅、镉等有害杂质，从而达到了净化钢液、净化晶界，改善杂质分布规律和夹杂物的形态，有效地提高了钢材的性能。

下面从热力学方面分析钢液中加入稀土元素脱氧、脱硫，去除杂质产物的生成的条件和顺序，作为应用活度计算的实例予以介绍。

稀土元素加入钢液中，会生成稀土夹杂物。它们生成的条件和顺序可以通过相同条件下的热力学计算和分析得到。特别要提请注意的是，在进行热力学分析时，一定要采用在同一标准态下，取1mol稀土为比较标准，计算相关组元的活度，然后计算各类稀土夹杂物的生成反应标准吉布斯自由能，并进行比较。生成稀土夹杂物的反应通式可写为

$$[\mathrm{RE}] + \frac{y}{x}[\mathrm{Imp}] = \frac{1}{x}(\mathrm{RE})_x(\mathrm{Imp})_y(\mathrm{s})$$

$$\Delta_r G^{\ominus} = A + BT$$

式中，[RE] 为溶解于钢液中的各种稀土金属元素；[Imp] 代表溶解在钢液中的各种杂质元素，诸如：[O]、[S]、[As]、[N]、[Sn]、[C] 等。

从文献中查出或用近似的方法（如哈伯-波恩热化学循环与晶格能计算等方法）求出生成稀土夹杂物反应的标准吉布斯自由能 $\Delta_r G^{\ominus}$ 二项式，然后再利用化学反应等温式计算实际条件下反应的吉布斯自由能 $\Delta_r G$

$$\Delta_r G = \Delta_r G^{\ominus} + RT\ln Q = \Delta_r G^{\ominus} + RT\ln \frac{a_{(\mathrm{RE})_x(\mathrm{Imp})_y}^{\frac{1}{x}}}{a_{[\mathrm{RE}]}\, a_{[\mathrm{Imp}]}^{\frac{y}{x}}}$$

式中，Q 为产物的活度积与反应物活度积之比。

由上式可知，计算实际条件下反应的吉布斯自由能 $\Delta_r G$，必须计算有关组元的活度。钢液中组元活度的计算公式为

$$a_i = f_i w[i]_{\%}$$

相应活度系数计算公式为

$$\lg f_i = \sum_{j=1}^{n} e_i^j w[j]_{\%}$$

式中，e_i^j 为钢液中 j 元素对 i 组元的相互作用系数。

现以我国某含砷铁矿冶炼低碳钢为例，对加入稀土后可能生成的夹杂物进行热力学计算和分析。已知钢液的化学成分（质量比）为：0.20% C；0.017% Si；0.45% Mn；0.067% P；0.044% S；0.03% Al；0.22% Cu；0.014% O；0.21% As；0.002% N；0.1% Sn；0.090% Ce。计算其在炼钢温度（1873K）下，能够生成哪些稀土夹杂物。

首先由已知钢液中各组元的活度相互作用系数（见表4-4），计算溶解于钢液中各组元的活度系数和活度，计算结果列入表4-5。

再由已知反应的标准吉布斯自由能和计算的活度数据，根据化学反应等温式计算实际条件下夹杂物生成的吉布斯自由能，计算结果示于表4-6。

表4-4 1873K 时钢液中各组元的活度相互作用系数

组元	O	C	Si	Mn	P	S	N	Al	Ce	As	Sn
O	-0.20	-0.45	-0.131	-0.021	0.07	-0.133	0.057	-3.9	-0.57	0.07	0.011
S	-0.27	0.11	0.063	-0.026	0.029	-0.28	0.01	0.035	-1.91	0.0041	

续表 4-4

组元	O	C	Si	Mn	P	S	N	Al	Ce	As	Sn
N	0.05	0.13	0.047	−0.02	0.045	0.007	0.0	−0.028		0.018	0.007
C	−0.34	0.14	0.08	−0.012	0.051	0.046	0.11	0.043		0.043	0.041
Al	−6.6	0.091	0.0056			0.03	−0.058	0.045	−0.43		
Ce	−5.03					−8.36		−2.25	−0.003		
As		0.25				0.0037	0.077			0.296	
Sn	−0.11	0.37	0.057		0.036	−0.028	0.027				0.0016

表 4-5 1873K 下溶解于钢液中各组元的活度系数和活度值

项目	f_i								a_i							
	f_O	f_S	f_N	f_{Al}	f_{Ce}	f_C	f_{As}	f_{Sn}	a_O	a_S	a_N	a_{Al}	a_{Ce}	a_C	a_{As}	a_{Sn}
加铈前	0.62	0.998	1.059	0.848		1.095	1.296	1.188	0.868×10^{-2}	4.39×10^{-2}	0.212×10^{-2}	2.54×10^{-2}		0.219	0.272	0.119
加铈后	0.55	0.672	1.059	0.776	0.312	1.059	1.296	1.188	0.77×10^{-2}	2.96×10^{-2}	0.212×10^{-2}	2.33×10^{-2}	2.8×10^{-2}	0.219	0.272	0.119

表 4-6 炼钢温度下（1873K）夹杂物生成的吉布斯自由能

反 应	$\Delta_r G^\ominus$/kJ·(mol[Ce])$^{-1}$	$\Delta_r G$/kJ·(mol[Ce])$^{-1}$	$\Delta_r G_{1873K}$ /kJ·mol^{-1}
$[Ce]+[N]═CeN(s)$	$-172.89+0.08109T$	$-172.89+0.16196T$	+130.46
$[Ce]+2[C]═CeC_2(s)$	$-131.00+0.1214T$	$-131.00+0.14526T$	+141.07
$[Ce]+1.5[C]═0.5Ce_2C_3(s)$	$-112.00+0.1029T$	$-112.00+0.12402T$	+120.29
$[Ce]+2[O]═CeO_2(s)$	$-852.72+0.24996T$	$-852.72+0.36057T$	+177.38
$[Ce]+1.5[O]═0.5Ce_2O_3(s)$	$-714.38+0.17974T$	$-714.38+0.27012T$	−208.45
$[Ce]+[O]+0.5[S]═0.5Ce_2O_2S(s)$	$-675.70+0.1655T$	$-675.70+0.25028T$	−206.92
$[Ce]+[Al]+3[O]═CeAlO_3(s)$	$-1366.46+0.3643T$	$-1366.46+0.54662T$	−342.65
$[Ce]+[S]═CeS(s)$	$-422.10+0.12038T$	$-422.10+0.17934T$	−86.20
$[Ce]+1.5[S]═0.5Ce_2S_3(s)$	$-536.42+0.16386T$	$-536.42+0.23745T$	−91.68
$[Ce]+4/3[S]═1/3Ce_3S_4(s)$	$-497.67+0.1463T$	$-497.67+0.21501T$	−94.96
$[Ce]+[As]═CeAs(s)$	$-302.04+0.2372T$	$-302.04+0.27772T$	+218.13
$[Ce]+0.5[S]+0.5[As]═0.5(CeAs\cdot CeS)(s)$	$-352.27+0.1793T$	$-352.27+0.22904T$	+76.72
$[Ce]+[O]+[F]═CeOF(s)$	$-904.30+0.2264T$	$-904.30+0.29655T$	−348.86
$[Ce]+0.5[Sn]═0.5Ce_2Sn(s)$	$-119.92+0.10244T$	$-119.92+0.11918T$	+103.30
$[Ce]+3[Sn]═CeSn_3(s)$	$-190.20+0.28001T$	$-190.20+0.31596T$	+401.60

由表中的计算结果可以看出，有三种稀土氧化物夹杂、三种稀土硫化物夹杂，以及氟氧化稀土夹杂物可以生成，而其他各种砷化物和锡化物夹杂均不能生成。

三种稀土氧化物夹杂和三种稀土硫化物夹杂，欲知哪种优先生成，要利用稀土夹杂物的标准吉布斯生成自由能数据，计算指定温度下稀土夹杂物的活度积。计算出的 1873K 稀土夹杂物的活度积示于表 4-7。利用这些数据进一步计算它们相互转换的热力学条件，来判断它们的生成顺序。

表 4-7 稀土夹杂物的活度积

反 应	1873K 时活度积 Π_i	反 应	1873K 时活度积 Π_i
$[Ce]+2[O]=\!=\!=CeO_2(s)$	$\Pi_{a1}=0.188\times10^{-10}$	$[Ce]+[S]=\!=\!=CeS(s)$	$\Pi_{a4}=0.328\times10^{-5}$
$[Ce]+1.5[O]=\!=\!=0.5Ce_2O_3(s)$	$\Pi_{a2}=0.291\times10^{-10}$	$[Ce]+4/3[S]=\!=\!=1/3Ce_3S_4(s)$	$\Pi_{a5}=0.578\times10^{-6}$
$[Ce]+[O]+0.5[S]=\!=\!=0.5Ce_2O_2S(s)$	$\Pi_{a3}=0.63\times10^{-10}$	$[Ce]+1.5[S]=\!=\!=0.5Ce_2S_3(s)$	$\Pi_{a6}=0.397\times10^{-6}$

(1)计算稀土氧化物夹杂 CeO_2 与 Ce_2O_3 相互转换的热力学条件。由反应

$$Ce_2O_3(s)+[O]=\!=\!=2CeO_2(s)$$

$$\Delta_r G^{\ominus}=RT\ln\frac{\Pi_{a1}^2}{\Pi_{a2}^2}$$

由化学反应等温方程式计算此反应的实际条件下的吉布斯自由能

$$\Delta_r G=\Delta_r G^{\ominus}+RT\ln\frac{1}{a_O}=RT\ln\frac{\Pi_{a1}^2}{a_O\Pi_{a2}^2}$$

当 $\Delta_r G<0$,即 $\frac{\Pi_{a1}^2}{a_O\Pi_{a2}^2}<1$ 或 $a_O>0.417$,才能生成 $CeO_2(s)$夹杂物。由表 4-5 知实验条件下,$a_O\ll0.417$,故不可能生成 $CeO_2(s)$夹杂。

(2)计算 Ce_2O_3 与 $Ce_2O_2S(s)$稀土夹杂相互转换的热力学条件。由反应

$$Ce_2O_3(s)+[S]=\!=\!=Ce_2O_2S(s)+[O]$$

$$\Delta_r G^{\ominus}=RT\ln\frac{\Pi_{a3}^2}{\Pi_{a2}^2}$$

于是

$$\Delta_r G=\Delta_r G^{\ominus}+RT\ln\frac{a_O}{a_S}=RT\ln\frac{a_O\Pi_{a3}^2}{a_S\Pi_{a2}^2}$$

当 $\Delta_r G<0$,即 $\frac{a_O\Pi_{a3}^2}{a_S\Pi_{a2}^2}<1$, $Ce_2O_2S(s)$能生成。由表 4-5 知,实验条件下$\frac{a_O}{a_S}<0.213$ 或写为 $a_O<0.213a_S$ 满足 $\Delta_r G<0$,显然 $Ce_2O_3(s)$夹杂能转换为 $Ce_2O_2S(s)$夹杂物。

(3) 计算稀土硫化物 $Ce_3S_4(s)$与 $CeS(s)$夹杂物转换的热力学条件。由反应

$$Ce_3S_4(s)=\!=\!=3CeS(s)+[S]$$

$$\Delta_r G^{\ominus}=RT\ln\frac{\Pi_{a4}^3}{\Pi_{a5}^3}$$

从而

$$\Delta_r G=RT\ln\frac{a_S\Pi_{a4}^3}{\Pi_{a5}^3}$$

当 $\Delta_r G<0$, $a_S<0.0055$,则生成 $CeS(s)$夹杂物。由表 4-5 知,实验条件下 $a_S\gg0.0055$,故不能生成 $CeS(s)$夹杂物。

由反应

$$3Ce_2S_3(s)=\!=\!=2Ce_3S_4(s)+[S]$$

$$\Delta_r G^{\ominus}=RT\ln\frac{\Pi_{a5}^6}{\Pi_{a6}^6}$$

于是

$$\Delta_r G=RT\ln\frac{a_S\Pi_{a5}^6}{\Pi_{a6}^6}$$

当 $\Delta_r G<0$, 即 $a_S<0.105$ 时,生成 $Ce_3S_4(s)$夹杂物。由表 4-5 可以看出,实验条件下

$a_S=0.0296$，满足生成 $Ce_3S_4(s)$ 夹杂物的热力学条件。

通过上述热力学计算和分析，得出实验条件下应该存在 $Ce_3S_4(s)$、$Ce_2O_2S(s)$、$CeAlO_3(s)$ 等稀土夹杂物。

最后，对稀土处理低碳含砷钢存在的稀土夹杂物类型用实验观测，验证上述热力学计算结果。实验验证中，采用非水电解质溶液电解法把夹杂物从钢中萃取分离出来，并在金相显微镜和 SEM 上进行观测和 EDS 分析，部分结果示于图 4-12。

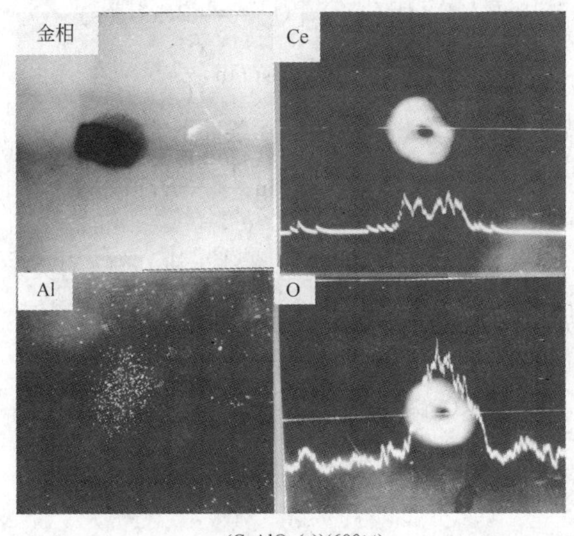

($CeAlO_3(s)$)(600×)

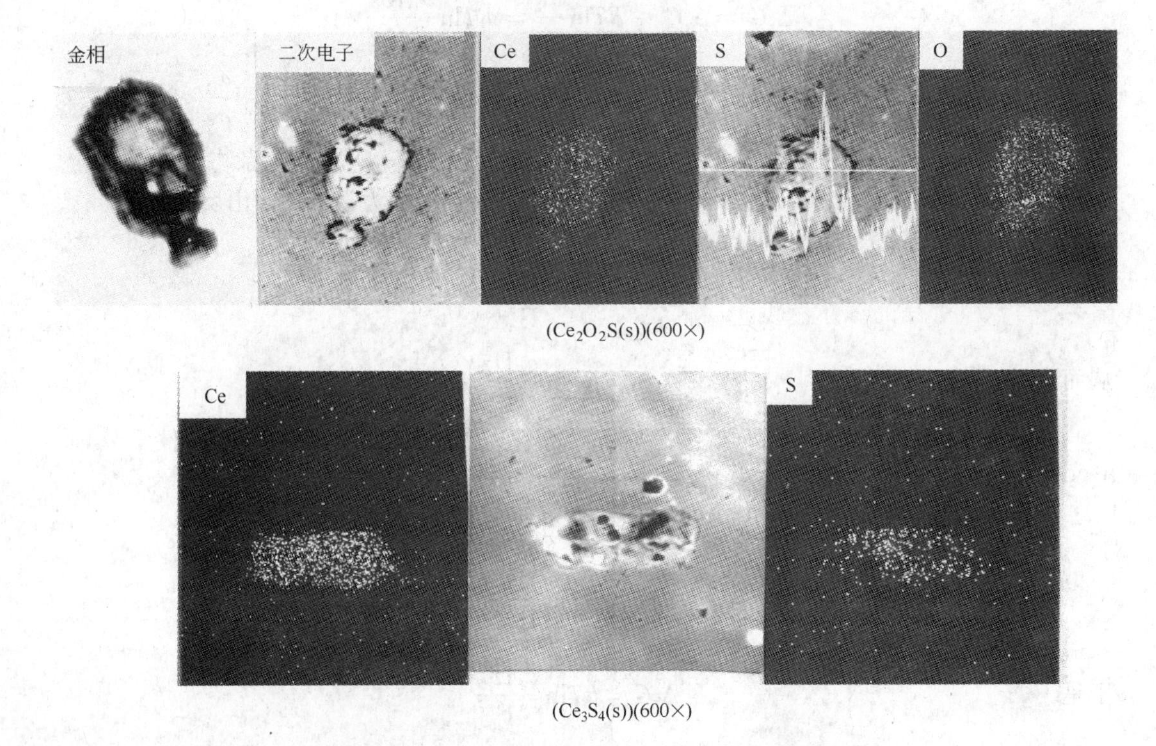

($Ce_2O_2S(s)$)(600×)

($Ce_3S_4(s)$)(600×)

图 4-12 含砷钢中稀土夹杂物的 SEM 形貌和 EDS 分析

至于稀土砷化物夹杂生成的热力学分析，需要由 Fe-As 相图提取砷的活度，计算 $\gamma^{\ominus}$ 等热力学参数，进一步计算生成砷化稀土（CeAs）夹杂和砷化稀土与硫化稀土复合砷化物夹杂（CeAs · CeS）的热力学条件。而对氟氧化稀土夹杂物（CeOF）生成的热力学分析，由于缺少热力学性质参数，需要用近似的方法进行估算，而后确定其生成的可能性。由于硫化锰夹杂物在高温下不稳定，因此对其生成的热力学分析计算，需考虑凝固过程硫的偏析，进而确定其生成的可能性。这些将在本书第 8 章有关金属中夹杂物形成的热力学分析章节给予介绍。

综上所述，含砷钢经过稀土处理，稀土先脱氧、脱硫，而后脱砷和锡等杂质，而且热力学计算可能存在的夹杂物的结果与实验观测的结果一致。

本 章 例 题

例题 I 实验测得 Cd-Mg 合金的摩尔体积，如表 4-8 所示。

表 4-8 Cd-Mg 合金的摩尔体积的实验值

$x_{Mg}/cm^3 \cdot mol^{-1}$	$V_{Cd\text{-}Mg}/cm^3 \cdot mol^{-1}$	$x_{Mg}/cm^3 \cdot mol^{-1}$	$V_{Cd\text{-}Mg}/cm^3 \cdot mol^{-1}$
0.1	13.05	0.6	12.77
0.2	12.91	0.7	12.88
0.3	12.74	0.8	13.07
0.4	12.65	0.9	13.31
0.5	12.65		

（1）求 $x_{Mg}=0.3$ 和 0.6 的合金中 Cd 和 Mg 的摩尔体积；（2）求不同合金溶液（视为理想溶液）的摩尔体积，并与实验值比较；（3）根据计算的结果说明 Cd-Mg 合金溶液的性质。

解 根据实验数据绘制 Cd-Mg 合金的摩尔体积对镁的摩尔浓度 x_{Mg} 图，见图 4-13。

（1）计算 $x_{Mg}=0.3$ 和 0.6 的合金中 Cd 和 Mg 的摩尔体积（图中 $V^{\ominus}$ 表示纯物质体积）。

在图 4-13 中，分别作 $x_{Mg}=0.3$ 和 0.6 的切线，并分别与 $x_{Mg}=0$ 和 $x_{Mg}=1.0$ 的纵坐标相交，交点即为 Cd 和 Mg 的摩尔体积；分别得到：$\overline{V}_{Mg=0.3}=11.89\ cm^3/mol$，$\overline{V}_{Mg=0.6}=13.18\ cm^3/mol$，$\overline{V}_{Cd=0.7}=13.10\ cm^3/mol$，$\overline{V}_{Cd=0.4}=12.05\ cm^3/mol$。

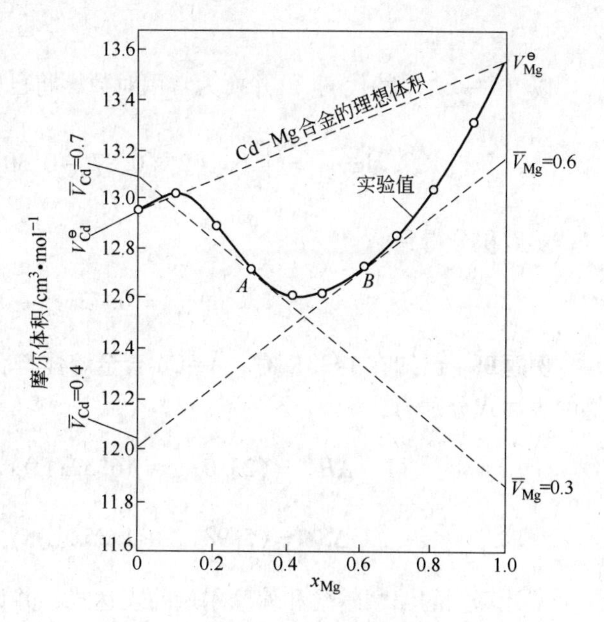

图 4-13 Cd-Mg 合金的摩尔体积对 x_{Mg} 图

（2）计算不同合金理想溶液的摩尔体积

已知对于理想溶液的体积满足

$$V_{alloy} = x_1 V_1^{\ominus} + x_2 V_2^{\ominus}$$

因此，其在Cd-Mg合金的摩尔体积对镁的摩尔浓度 x_{Mg} 图中呈现为一条直线。计算其与实验值之差 ΔV 结果示于表4-9中。

表4-9　Cd-Mg合金理想溶液的摩尔体积与实际摩尔体积之差

x_{Mg}	0.1	0.2	0.3	0.4	0.5	0.6	0.7	0.8	0.9
$\Delta V = V_{id} - V_{exp}/cm^3 \cdot mol^{-1}$	0	0.2	0.43	0.58	0.64	0.58	0.53	0.40	0.22

（3）根据计算的结果讨论Cd-Mg合金溶液的性质：

当 $x_{Mg}<0.1$ 时，Cd-Mg合金溶液符合理想溶液性质；当 $x_{Mg}>0.1$ 时，Cd-Mg合金溶液呈负偏差，即Cd和Mg质点间具有较大的结合力。

例题Ⅱ　已知一个组元的活度，用吉布斯-杜亥姆公式计算另一个组元的活度。已知Zn的活度系数在Cd-Zn二元合金系的整个成分范围内满足如下关系式

$$\lg\gamma_{Zn} = 0.87(1 - x_{Zn})^2 - 0.30(1 - x_{Zn})^3$$

试求Cd的活度系数与组成的关系式。

解　已知Zn的活度系数在整个成分范围内满足给定的关系式，因此可以用纯Cd为标准态来求Cd的活度系数。于是有：当 $x_{Zn}^* = 0$ 时，$x_{Cd}^* = 1$。

因此，依据吉布斯-杜亥姆方程，二元系有 $x_1 \mathrm{dln}a_1 = x_2 \mathrm{dln}a_2$，从而得到

$$\ln\gamma_{Cd} = -\int_0^{x_{Zn}} \frac{x_{Zn}}{x_{Cd}} \mathrm{dln}\gamma_{Zn}$$

以 $(1 - x_{Zn})$ 替代 x_{Cd}，并换为常用对数，将已知 $\lg\gamma_{Zn}$ 关系式代入，经过整理得

$$\lg\gamma_{Cd} = \int_0^{x_{Zn}} x_{Zn}[2 \times 0.87 - 0.30 \times 3(1 - x_{Zn})]\mathrm{d}x_{Zn}$$

然后积分得到

$$\lg\gamma_{Cd} = 0.42x_{Zn}^2 + 0.30x_{Zn}^3$$

例题Ⅲ　已知在1423K时，Ag-Cu合金熔体符合正规溶液性质，其摩尔超额焓和超额熵的表达式分别为：

$$\Delta H^E = (23.0x_{Cu} + 16.32x_{Ag})x_{Ag}x_{Cu} \quad \mathrm{kJ/mol}$$

$$\Delta S^E = (5.98x_{Cu} + 1.35x_{Ag})x_{Ag}x_{Cu} \quad \mathrm{J/(mol \cdot K)}$$

试计算铜的偏摩尔焓和偏摩尔熵的表达式，并计算在 $x_{Cu}=0.5$ 时，铜的活度 a_{Cu}。

解　根据正规溶液的性质有 $\Delta_{mix}H = \Delta H^E$

所以 $$\Delta H^{E} = \Delta_{mix}H = x_{Ag}H_{Ag}^{E} + x_{Cu}H_{Cu}^{E}$$

依据偏摩尔量的定义并代入已知数据，得

$$H_{Cu}^{E} = \Delta_{mix}H + x_{Ag}\frac{\partial \Delta H^{E}}{\partial x_{Cu}}$$

$$= (23.0x_{Cu} + 16.32x_{Ag})x_{Ag}x_{Cu} + x_{Ag}\frac{\partial(23.0x_{Cu} + 16.32x_{Ag})x_{Ag}x_{Cu}}{\partial x_{Cu}}$$

$$= (23.0x_{Cu} + 16.32x_{Ag})x_{Ag}x_{Cu} + (46.0x_{Cu}x_{Ag} - 23x_{Cu}^{2} - 32.64x_{Ag}x_{Cu} + 16.32x_{Ag}^{2})x_{Ag}$$

$$= 29.68x_{Ag}^{2}x_{Cu} + 16.32x_{Ag}^{3}$$

所以 $$H_{Cu}^{E} = (29680x_{Cu} + 16320x_{Ag})x_{Ag}^{2} \quad \text{J/mol}$$

同理可以计算铜的偏摩尔熵

$$S_{Cu}^{E} = \Delta S^{E} + x_{Ag}\frac{\partial \Delta S^{E}}{\partial x_{Cu}}$$

$$S_{Cu}^{E} = (5.98x_{Cu} + 1.35x_{Ag})x_{Ag}x_{Cu} + x_{Ag}\frac{\partial(5.98x_{Cu} + 1.35x_{Ag})x_{Ag}x_{Cu}}{\partial x_{Cu}}$$

$$= 5.98x_{Ag}x_{Cu}^{2} + 1.35x_{Ag}^{2}x_{Cu} + 11.96x_{Ag}^{2}x_{Cu} - 5.98x_{Ag}x_{Cu}^{2} - 2.7x_{Ag}^{2}x_{Cu} + 1.35x_{Ag}^{3}$$

$$= 10.61x_{Ag}^{2}x_{Cu} + 1.35x_{Ag}^{3}$$

所以 $$S_{Cu}^{E} = (10.61x_{Cu} + 1.35x_{Ag})x_{Ag}^{2} \quad \text{J/(mol·K)}$$

计算在 1423K 时，当 $x_{Cu} = 0.5$ 时，铜的活度 a_{Cu}。

由式 $$\mu_{i}^{E} = RT\ln\gamma_{i} = H_{i}^{E} - TS_{i}^{E}$$

$$\ln\gamma_{Cu} = \frac{1}{RT}H_{Cu}^{E} - \frac{1}{R}S_{Cu}^{E} = 0.306$$

于是得 $$\gamma_{Cu} = 1.358, \quad a_{Cu} = \gamma_{Cu}x_{Cu} = 1.358 \times 0.5 = 0.679$$

例题Ⅳ 碳溶解于 γ-Fe 的溶解焓为 $\Delta_{sol}H_{C}^{\gamma} = 44.685\text{kJ/mol}$，而碳溶解于 α-Fe 的溶解焓 $\Delta_{sol}H_{C}^{\alpha} = 83.68\text{kJ/mol}$；由 Fe-C 相图查得，在 1073K(800℃)固溶度曲线上相应碳的摩尔分数为：$x_{C}^{\alpha/(\alpha+\gamma)} = 0.0009$；$x_{C}^{\gamma/(\alpha+\gamma)} = 0.0142$，设 $\frac{\gamma_{Fe}^{\alpha}}{\gamma_{Fe}^{\gamma}} \approx 1$。试计算 Fe-C 合金奥氏体转变为相同成分的铁素体时吉布斯自由能变化。

解 根据恒温恒压下二元系摩尔吉布斯自由能与化学势的关系

$$G_{m} = x_{1}\mu_{1} + x_{2}\mu_{2}$$

于是有

$$G_{m}^{\gamma} = x_{Fe}^{\gamma}\mu_{Fe}^{\gamma} + x_{C}^{\gamma}\mu_{C}^{\gamma}$$

$$G_{m}^{\alpha} = x_{Fe}^{\alpha}\mu_{Fe}^{\alpha} + x_{C}^{\alpha}\mu_{C}^{a}$$

由于 $x_{C}^{\alpha} = x_{C}^{\gamma} = x_{C}$，$x_{Fe}^{\alpha} = x_{Fe}^{\gamma} = 1 - x_{C}$，所以

$$\Delta_{tr}G_{\gamma\to\alpha} = (1 - x_{C})(\mu_{Fe}^{\alpha} - \mu_{Fe}^{\gamma}) + x_{C}(\mu_{C}^{\alpha} - \mu_{C}^{\gamma})$$

而

$$\mu_{Fe}^{\alpha} = G_{Fe}^{\alpha *} + RT\ln a_{Fe}^{\alpha} = G_{Fe}^{\alpha *} + RT\ln\gamma_{Fe}^{\alpha} + RT\ln x_{Fe}^{\alpha}$$

同理

$$\mu_{Fe}^{\gamma} = G_{Fe}^{\gamma *} + RT\ln a_{Fe}^{\gamma} = G_{Fe}^{\gamma *} + RT\ln\gamma_{Fe}^{\gamma} + RT\ln x_{Fe}^{\gamma}$$

式中，$G_{Fe}^{\alpha *}$ 和 $G_{Fe}^{\gamma *}$ 分别为纯 α-Fe 和纯 γ-Fe 的吉布斯自由能。

由于

$$x_{Fe}^{\alpha} = x_{Fe}^{\gamma} = x_{Fe}$$

对碳有

$$\mu_{C}^{\alpha} = G_{C}^{*} + RT\ln a_{C}^{\alpha} = G_{C}^{*} + RT\ln\gamma_{C}^{\alpha} + RT\ln x_{C}^{\alpha}$$

$$\mu_{C}^{\gamma} = G_{C}^{*} + RT\ln a_{C}^{\gamma} = G_{C}^{*} + RT\ln\gamma_{C}^{\gamma} + RT\ln x_{C}^{\gamma}$$

式中，G_{C}^{*} 为纯石墨的吉布斯自由能。

所以

$$\Delta_{tr}G_{\gamma\to\alpha} = (1 - x_{C})\Delta_{tr}G_{Fe(\gamma\to\alpha)}^{*} + (1 - x_{C})RT\ln\frac{\gamma_{Fe}^{\alpha}}{\gamma_{Fe}^{\gamma}} + x_{C}RT\ln\frac{\gamma_{C}^{\alpha}}{\gamma_{C}^{\gamma}}$$

式中，$\Delta_{tr}G_{Fe(\gamma\to\alpha)}^{*}$ 可由数据库求出

$$\Delta_{tr}G_{Fe(\gamma\to\alpha)}^{*} = 1462.4 - 8.282T + 1.15T\ln T - 0.00064T^{2} \quad \text{J/mol}$$

因假设$\frac{\gamma_{Fe}^{\alpha}}{\gamma_{Fe}^{\gamma}}\approx 1$，因此上式第二项可以省略。利用吉布斯-亥姆霍兹方程

$$\frac{\partial\ln\gamma_{i}}{\partial\frac{1}{T}} = \frac{\Delta H_{i,m}}{R}$$

求$\frac{\gamma_{C}^{\alpha}}{\gamma_{C}^{\gamma}}$。

$$\frac{\partial\ln\gamma_{C}^{\alpha}}{\partial\frac{1}{T}} = \frac{\Delta H_{C,m}^{\alpha}}{R}$$

$$\frac{\partial\ln\gamma_{C}^{\gamma}}{\partial\frac{1}{T}} = \frac{\Delta H_{C,m}^{\gamma}}{R}$$

若 ΔH 与温度和浓度无关，则对上两式积分并相减，得

$$RT\ln\frac{\gamma_{C}^{\alpha}}{\gamma_{C}^{\gamma}} = \Delta H_{C}^{\alpha} - \Delta H_{C}^{\gamma} + RT\Delta I$$

式中，ΔI 为积分常数之差。

在 1073K 时，$\gamma_{Fe\text{-}C}$与 $\alpha_{Fe\text{-}C}$平衡，则有

$$\mu_{C}^{\gamma} = \mu_{C}^{\alpha}, \quad a_{C}^{\gamma} = a_{C}^{\alpha}$$

所以

$$\gamma_{C}^{\gamma}x_{C}^{\gamma/(\alpha+\gamma)} = \gamma_{C}^{\alpha}x_{C}^{\alpha/(\alpha+\gamma)}$$

于是

$$\frac{\gamma_{C}^{\alpha}}{\gamma_{C}^{\gamma}} = \frac{x_{C}^{\gamma/(\alpha+\gamma)}}{x_{C}^{\alpha/(\alpha+\gamma)}} = \frac{0.0142}{0.0009}$$

即 $T = 1073\text{K}$ 时，则得

$$RT\ln\frac{\gamma_{C}^{\alpha}}{\gamma_{C}^{\gamma}} = 24610$$

计算积分常数之差

$$RT\ln\frac{\gamma_{C}^{\alpha}}{\gamma_{C}^{\gamma}} = \Delta H_{C}^{\alpha} - \Delta H_{C}^{\gamma} + RT\Delta I = 83680 - 44685 + RT\Delta I$$

$$24610 = 38995 + 8921\Delta I$$

$$\Delta I = -1.61$$

所以

$$RT\ln\frac{\gamma_{C}^{\alpha}}{\gamma_{C}^{\gamma}} = 38995 - 13.39T$$

最后得到 Fe-C 合金从奥氏体转变为同成分的铁素体的自由能变化为

$$\Delta_{tr}G_{\gamma\to\alpha} = (1 - x_{C})(1462.4 - 8.282T + 1.15T\ln T - 0.00064T^{2}) + x_{C}^{\alpha}(38995 - 13.39T)\quad \text{J/mol}$$

习　题

4-1　$TiCl_4$-$SiCl_4$ 系的沸点组成图已知（见图4-1）。现含有60% $SiCl_4$（质量）的 $TiCl_4$-$SiCl_4$ 二元混合溶液1040g，在383K(110℃)下进行等温蒸馏。求产物的成分和质量。

4-2　已知 $PbCl_2$-AgCl 在液态完全互溶为理想溶液，且 $PbCl_2$ 与 AgCl 在固态完全不互溶，$PbCl_2$ 的平均熔化焓与温度的关系为

$$\Delta_{fus}H_{PbCl_2} = 222590 - 25.69(769 - T)\quad \text{J/mol}$$

式中，T 为低于769K 的任意温度。

氯化铅的熔点 $T_{M,PbCl_2} = 769\text{K}$。试求 $PbCl_2$-AgCl 二元系中靠 $PbCl_2$ 一端从769K 到610K 间的液相线。

4-3　液态钛在铁液中呈无限稀溶液（以1%为标准态），$\text{Ti(s)} = [\text{Ti}]_{1\%}$ 溶解吉布斯自由能为 $\Delta_{sol}G_{Ti}^{\ominus} = -54810 - 44.77T$ J/mol，在1873K(1600℃)时，求在同一温度下，以1%为标准态时 Ti 的活度系数。

4-4　固体 Ni 溶解在铁液中吉布斯自由能变化为

$$\text{Ni(s)} = [\text{Ni}]_{1\%}\quad \Delta_{sol}G_{Ni}^{\ominus} = 10670 - 48.6T\quad \text{J/mol}$$

已知 $T_{M,Ni} = 1728\text{K}$；$\Delta_{fus}H_{Ni}^{q} = 17154\text{J/mol}$；$A_{r,Ni} = 58.71$。求1873K(1600℃)时 γ_{Ni}^{0}的值。

4-5　规则溶液的摩尔混合焓 $\Delta_{mix}H_{m} = \omega x_{A}x_{B}$，此时称之为二元对称溶液（式中 ω 与组成无关）。试导出组元 A 和 B 摩尔焓的表达式。

4-6　Zn-Sn 液体溶液，在973K(700℃)时不同锌含量对应的蒸气压为

x_{Zn}	0.231	0.484	0.495	0.748	1.000
p_{Zn}/Pa	2.46×10^{3}	4.58×10^{3}	4.7×10^{3}	6.2×10^{3}	7.88×10^{3}

计算上述各成分下 Zn 的活度 a_{Zn}及 γ_{Zn}，并从 a_{Zn}-x_{Zn}，γ_{Zn}-x_{Zn}关系图上确定 Zn 为无限溶液时的 γ_{Zn}^{0}。

4-7　Fe-Si 溶液同纯固相 SiO_2 平衡，平衡氧分压为 $p_{O_2} = 8.15\times10^{-9}\text{Pa}$。

已知 $Si(s)+O_2(g)$══$SiO_2(s)$ $\Delta_r G^{\ominus}=-902070+173.64T$ J/mol

$$\gamma_{Si}^0=0.0016,\quad A_{r,Fe}=55.85,\quad A_{r,Si}=28$$

$$T_{M,Si}=1410℃,\quad \Delta_{fus}H_{m,Si}^{\ominus}=50626\text{J/mol}$$

求1873K(1600℃)时Si在不同标准态时的活度 a_{Si}：（1）固体硅；（2）液体硅；（3）摩尔1%为标准态；（4）质量1%为标准态。

4-8 Fe-CaO液体溶液中FeO的 $\Delta G_{FeO,m}$ 值（用纯FeO作标准态）如下

x_{FeO}	0.3	0.3	0.3	0.3
T/K	1873	1973	2073	2173
$\Delta G_{FeO,m}$/kJ·mol^{-1}	−35.27	−36.275	−37.24	−38.24

确定这些溶液是否是正规溶液，求1872K时 γ_{FeO} 值。(提示计算出参数 ω 的值)

4-9 对液体Ag-Cu溶液，混合熵与理想溶液相同，用下面关于铜的偏摩尔混合焓 $\Delta H_{Cu,m}$，确定溶液是正规溶液

x_{Cu}	0.1	0.2	0.3	0.4	0.5	0.6	0.7	0.8	0.9
$\Delta H_{Cu,m}$/J·mol^{-1}	1456	9580	6650	4855	3450	2345	1360	607	167

如确是正规溶液，求出最佳的 ω 值，并计算出1400K时Ag和Cu的活度。

4-10 在下面熔渣中计算MgO的活度（用焦姆金法）

	CaO	SiO_2	FeO	Fe_2O_3	MgO
$w(i)_{\%}$	29.63	22.96	32.40	4.50	9.19

设 $Fe_2O_3+3O^{2-}$══$2FeO_3^{3-}$；$n_{O^{2-}}=n_+-2n_{SiO_2}-3n_{Fe_2O_3}$。

4-11 据研究Mn-SiO_2 熔渣系的聚合平衡常数 K_{11} 在1873K(1600℃)时为0.25。计算MnO的活度 a_{MnO} 和 SiO_2 摩尔分数为0.05，0.10，…，0.65时，熔体内 SiO_4^{4-}，$Si_2O_7^{6-}$，…，$Si_5O_{16}^{12-}$ 的离子分数。绘制 x_i 对 x_{SiO_2} 的关系图，并对观察到的最大值的意义予以评述。

5 相图分析与计算

相图（又称状态图或平衡图）用以描述体系中相的关系，反映物质的相平衡规律，是冶金、材料、化工等诸多学科理论基础的重要组成部分，至今研究与应用仍十分活跃。随着科学技术的发展，传统的相图测定方法，诸如淬冷法、热分析、X 射线衍射、电化学法和热台显微镜法等不断改进，并出现了一些新技术、新方法，如高温射线衍射、扫描电镜（SEM）、透射电镜（TEM）、电子探针、质谱仪、穆斯堡尔谱（Mossbauer）以及红外吸收光谱和拉曼光谱等近代物理和化学技术的应用，使相分析技术飞跃发展，从而使实验相图的研究范围扩大，精度提高，促进了实验相图研究的发展。随着计算机技术的发展和应用面的拓展，20 世纪 60 年代末 70 年代初出现了将计算技术和热力学理论结合起来计算相图的研究，并得到不断发展，使相图计算研究发展成为一个新的学科分支。

虽然在各类物理化学与相图专著中对相图和相平衡理论都作了详细的论述，然而从教学上讲，如何把相图理论与科研实践、生产实际结合起来，是教好、学好相图的关键所在。为此，本章将介绍掌握相图的分析方法和计算原理，并通过应用实例的分析架起相图理论与实际应用的桥梁。

5.1 二元相图概述

相平衡体系必须遵守吉布斯相律，相律反映热力学平衡体系中独立组元数目 N 可以平衡共存的相的数目 π 和自由度（可以人为指定的独立变数的数目）f 之间存在的关系。

$$f = 2 - \pi + N$$

式中，2 表示体系的温度和压力两个热力学参数。

清楚掌握相律中的组元、相和自由度的概念，可以深入理解和熟练地应用相律。相律中的组元（指独立组元）是构成平衡体系中各项所需的最少的独立成分。应注意，组元数往往不等于体系中存在的物质（元素或化合物）的数目。相律中的相系指体系中具有相同物理性质的均匀部分，相与相之间有界面隔开，且可以用机械方法将它们分开。相律中的自由度是指一定条件下，一个处于平衡体系的所具有独立变量数目。这些独立变数可以在一定范围内，任意地和独立地变化，而不影响体系中共存相的数目及相的形态，即不会引起原有相的消失或新的相的产生。

依据相律，在二元系中最大自由度为3（当 $\pi=1$），共存相最多4 个（$f=0$）。要用图形完整地表示一个二元体系，需要三个坐标（温度 T、组成 x 和压力 p），才能够把所有可能的平衡状态表示出来。但是立体图总不如平面图方便，所以通常多用立体图的某个截面，以便用比较简单的平面图形来表示体系的平衡状态。对冶金和材料制备过程中，恒定压力体系或没有气体压力影响的液态和固态的凝聚体，最常用的是恒压截面图（等压图）。

当固定压力后得到等压相图，此时最大自由度为2，最多3相共存。自由度f为零，是个无变量体系，在相图中对应一个固定的点；自由度f等于1，是单变量体系，对应于相图中的一条线上的点；自由度f为2，是双变量体系，对应于相图中某个面上的点。

根据二元系两个组元在液态和固态的相互溶解度，可把相图分为5大类型：

（1）两个组元在液态时能完全互相溶解，而固态时则完全不溶解。即简单共熔（共晶）型二元系。

（2）两个组元在液态和固态都能完全相互溶解。即完全互溶（同晶）型二元系。

（3）两个组元在液态时能完全互相溶解，而在固态时只是部分相互溶解。即共熔（共晶）型及转熔（包晶）型二元系。

（4）两个组元生成化合物。即化合物型二元系。

（5）两个组元在液态部分互溶。即偏熔（偏晶）型二元系。

下面简单介绍各种类型二元系相图的形状和特点。

5.1.1　简单低共熔（共晶）型二元系

简单低共熔（共晶）型二元系的特点是，两个组元在液态时能以任何比例完全互溶，形成均匀的单相溶液；但在固态时却完全不互溶，只能以纯物质结晶出来。即体系中只能出现一种液相（两个组分的液态混合物）和两种固相（纯组分A和纯组分B）。在这类体系中，没有或不考虑气相的存在。常见的Cd-Bi、Sn-Zn、KBr-AgBr、CaF_2-Al_2O_3、B_2O_3-SiO_2、CaF_2-CaO、CaO-MgO、CaF_2-MgO、MnO-MnS等二元相图属此类体系。

图5-1所示为Cd-Bi简单低共熔（共晶）二元系。它由四个面，即液相L对应的面、L+Cd和L+Bi固液两相共存所对应的面及Cd+Bi共晶所对应的面；三条线，即共晶线*CED*、两条液相线*AE*、*BE*和一个共晶点*E*组成。液相线上的点均为固液两相平衡共存（L+Cd或L+Bi），其自由度$f=1$，是单变线，液相线也表示凝固温度与组成的关系；直线*CED*上的点均为三相平衡共存（L+Cd+Bi），自由度$f=0$，其中低共熔点*E*在*CED*直线上，当体系冷却时发生共晶反应为L$\Longrightarrow$Cd+Bi，直至液相全部结晶为Cd和Bi混合物。

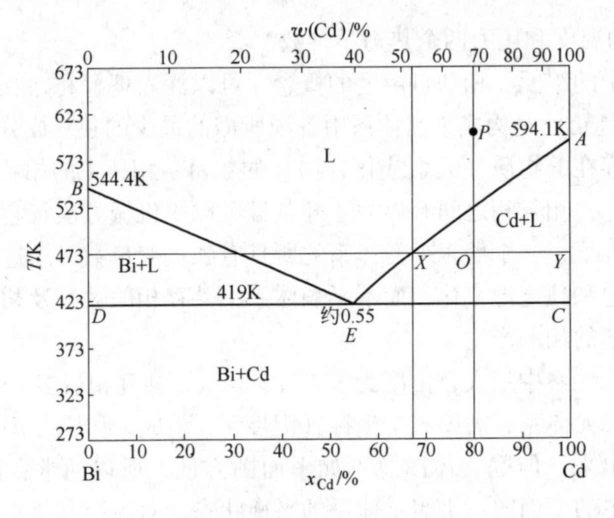

图5-1　Cd-Bi低共熔（共晶）型二元系相图

5.1.1.1 冷却（或加热）曲线（或称步冷曲线）

在恒定压力下进行实验测定冷却（或加热）曲线是最早测定实验相图的方法，也是绘制相图的基本方法之一。实验中用纯组元 A 和纯组元 B 配制成不同成分的样品，充分混匀后，称取适当重量，选择适宜的坩埚，置于高温炉恒温区，插入热电偶，通入保护气氛，加热至熔化后停止加热，然后保持一定冷却速度缓慢冷却，每隔一定时间记录样品冷却过程中温度随时间的变化。最后以温度为纵坐标时间为横坐标绘制温度(T)-时间(τ)曲线(称之为冷却曲线或步冷曲线)。随之根据实验得到不同成分的冷却曲线，如图 5-2(a)所示。

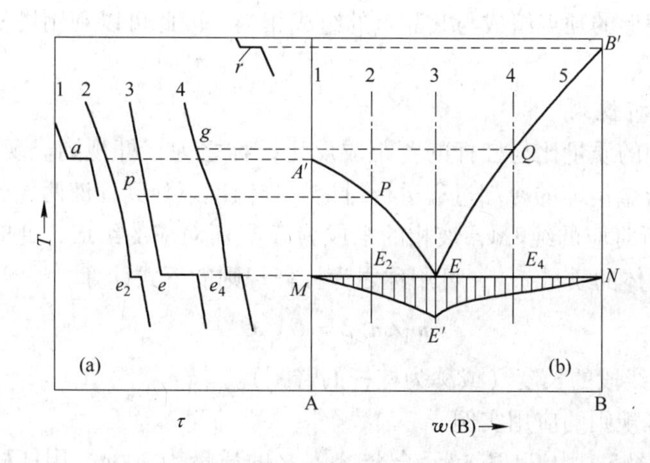

图 5-2 由冷却曲线绘制简单低共熔（共晶）型二元系相图

图 5-2(a)中曲线 1 为纯组元 A 的冷却曲线。A 熔体冷到 a 点时，开始析出 A 的晶体，并放出相变潜热，它可以抵消体系散热的损失。此时体系为两相平衡，恒压下自由度 $f=0$，故温度保持不变，冷却曲线上出现平台，直至全部凝固之后温度才继续下降。平台温度为纯 A 的熔点。之后为纯 A 的固态冷却曲线，将 a 点所在的平台线延长，交 A 的纵坐标于 A'。

图 5-2(a)中曲线 3 是低共熔物的冷却曲线。熔体冷却到 e 点时，同时析出 A 和 B 的晶体，自由度 $f=0$，故温度保持不变，冷却曲线上出现了平台。延长平台线交相应组元的纵坐标于 E（如图 5-2(b)所示）。E 点就是相图的最低共熔点，也称为共晶点。

试样 2 中组元 B 的含量低于低共熔混合物，称为亚低共熔混合物，熔体的温度降到 p 点时开始析出晶体 A，并放出相变潜热，冷却速度减慢，曲线出现弯曲，自由度 $f=1$，结晶的温度随着组成改变。冷却到 e_2 点时 A、B 的晶体同时析出，自由度为零，冷却曲线上出现温度平台，过 p 点引平行与横坐标的水平线交试样 2 组成相应的纵坐标于 P 点（液相点），低共熔温度相应于相图上的 E_2 点。同理分析样品 4 和样品 5 的冷却过程，得到相图上相应的点，将固液相平衡的点联结起来，便得到液相线 $A'PE$ 和液相线 $B'QE$，联结 E_2、E 和 E_4 等三相平衡点即得到共晶线 MN，于是得到的 A-B 二元简单共晶相图，见图5-2(b)。这就是冷却（或加热）法（也称热分析法）测定相图的基本过程。

5.1.1.2 塔曼三角形

用冷却曲线绘制相图时，共晶点由两条液相线的延长线的交点来确定。当熔体的组成接近低共熔物时，最初析出的固体 A 或 B 的量就逐渐减少，此时冷却曲线上的转折点也就很难准确观测出来。如果用延长线的方法必然会带来较大的误差，故常用塔曼三角形来确定共晶点。从图 5-2(a)的冷却曲线上可以看出：曲线 2、3 和 4 上都有与低共熔凝固过程相对应的温度平台，且平台的长短与各熔体中液态低共熔物凝固所需时间相当。在各样品的量相同的条件下，当熔体的组成接近共晶点 E 时，在析出 A 或 B 的晶体之后，剩余的低共熔物逐渐增多，平台也就增长，到达共晶点 E 时平台最长。而在纯 A、纯 B 的冷却曲线上则没有平台。如果在低共熔线 MN 的下面相应处作垂直线段，令其长度与相应冷却曲线上平台的长短相当，联结各线段的末端，即得到塔曼三角形 $ME'N$，见图 5-2(b)。由图可以看出，该三角形的顶点组成与共晶点的组成相当。因此可以利用塔曼三角形确定共晶点位置。

5.1.1.3 杠杆规则

平衡的两个相的质量比与杠杆的臂距成反比，称之为杠杆规则。现就图 5-1 Cd-Bi 二元相图中的 P 点合金熔体的冷却过程进行讨论。当温度下降到固液两相区中的 O 点时，其固相组成为 Y 点所对应的纯 Cd，液相的组成为 X 点所对应的组成，此时所剩液相的质量 m_1 和析出纯 Cd 晶体的质量 m_{Cd}，可用称之为杠杆规则的下式计算

$$m_1/m_{Cd} = OY/OX$$

式中，OX、OY 是线段的长度（或称为杠杆的臂距）。

下面给出杠杆规则的应用实例。

例 5-1 已知图 5-1 中 Cd-Bi 二元合金熔体 P 的质量为 200g，用杠杆规则计算冷却到 473K（200℃）时 Cd 的结晶质量。

解 设 m_{Cd}表示 Cd 的质量，m_1 表示冷却到 473K 时剩余熔体的质量，由杠杆规则知此时有 $m_{Cd}/m_1 = OX/OY$；且已知 $m_{Cd} + m_1 = 200$g；

从相图中量出线段长度，$OX = 13$mm，$OY = 23$mm，

从而计算得到 $m_{Cd} = 72.22$g。

5.1.2 含有中间化合物型二元系

若两个组元结合力很强，在互溶时对理想溶液会产生较大的负偏差，反映在相图上，大多数情况下会生成化合物。生成的化合物分为稳定化合物（同成分熔化化合物）和不稳定化合物（异成分熔化化合物）两种类型。化合物可以是一个，也可能是几个。它们与相邻的组元或化合物可能形成固溶体，也可能不互溶。

5.1.2.1 同成分熔化化合物的二元系

在二元系中，两组元形成稳定的化合物，且到熔点以下都是稳定的，化合物在熔化时有固定的熔点（凝固点），生成的液相组成与固态化合物的组成相同，称之为同成分熔化化合物，是一种稳定的化合物。如示于图 5-3 的 Mg-Cu 和 FeO-Al_2O_3 两二元系相图中，对应同成分熔化化合物的组成处有一最高点对应此化合物的熔点（凝固点），如图 5-3（a）中 Mg_2Cu 和 $MgCu_2$ 的熔点为 841K（568℃）和 1092K（819℃）；图 5-3（b）中铁铝尖晶石 FeO · Al_2O_3 的熔点为 2053K（1780℃）。值得注意的是，$MgCu_2$ 的固相区 β 不是一条垂线，表明 $MgCu_2$ 在固态时可以溶解一定浓度的 Mg 和 Cu，形成固溶体。

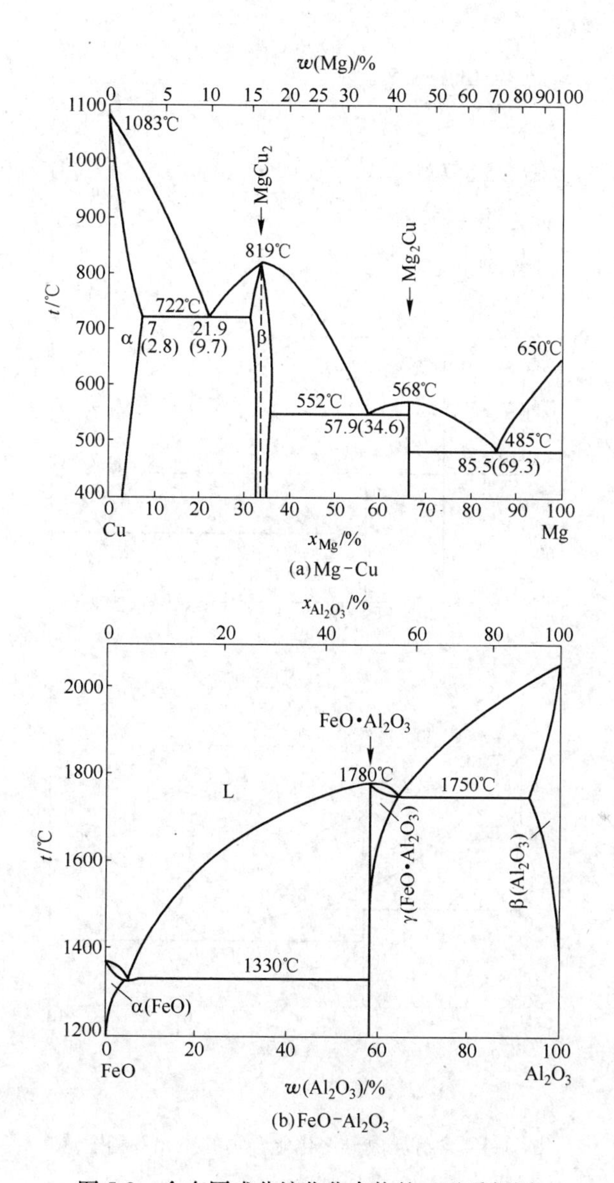

图 5-3 含有同成分熔化化合物的二元系相图

这类二元系可根据生成化合物的个数，把化合物看做是一个组元，从化合物的组成处将相图分开，分成为两个或多个简单的相图，使复杂相图分析简化。例如，可以把整个 Mg-Cu 二元相图看做是三个共熔型相图合并而成。类似简化分析相图方法在复杂相图分析中会经常遇到。

5.1.2.2 含异成分熔化化合物的二元系

二元系中 A，B 两组元所形成的固态化合物 C_1，在其熔点以下就分解成熔化物液相和一个固体物 C_2。C_2 可以是 A、B 或者是另一个新的化合物，因此熔化后，液相的组成和原来的固态化合物的组成不同，即固液异成分熔化，称为异成分熔化化合物。分解反应（转熔反应）可写成 $C_1(s) \rightleftharpoons C_2(s) + L(l)$，分解反应对应的温度称为异成分熔点（或转熔温度）。此类二元相图如图 5-4 所示。

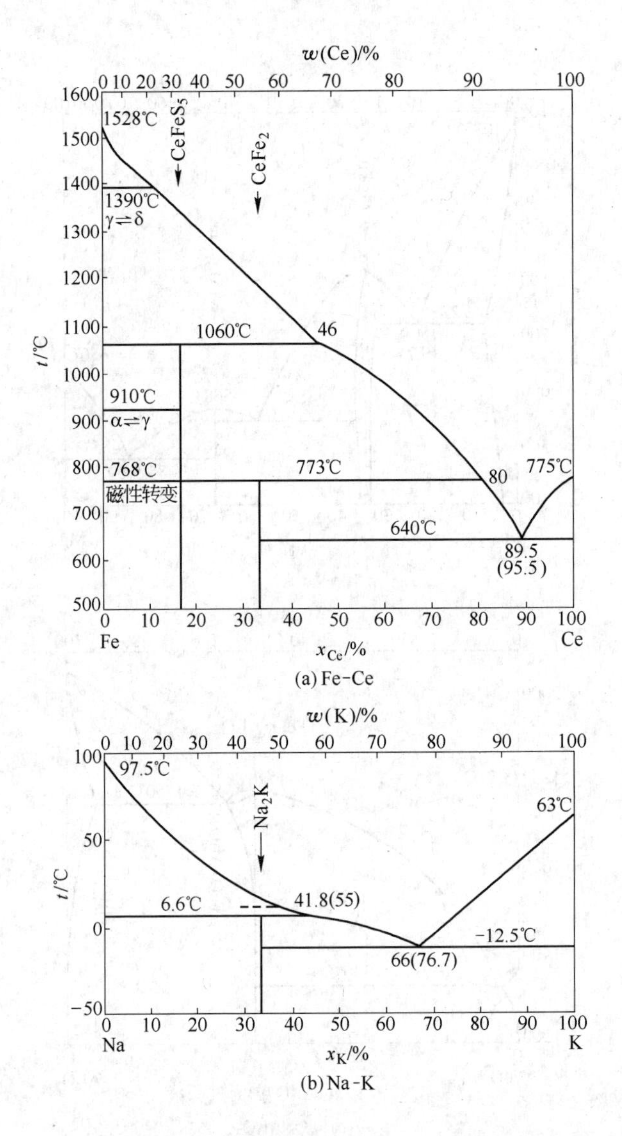

图 5-4 含有异成分熔化化合物的二元系相图

图 5-4(a)中含有两个异成分熔化化合物 Fe_5Ce 和 Fe_2Ce，图 5-4(b)中含有一个异成分熔化化合物 Na_2K。它们的特点是熔点隐藏在液固两相区内，固态化合物加热尚未到熔点前就开始分解，熔化后成分与固态化合物不同，故称为异成分熔化化合物（又称不稳定化合物)。在分解温度下，体系为三个平衡相，自由度为零；分解过程是在恒温固定成分下进行的，直到固态化合物完全分解完为止。下面讨论图 5-4(b)中 Na-K 二元系含 $x_K=40\%$ 熔体的结晶过程。当此熔体冷却到液相线时，Na 开始结晶析出，体系成为两相，熔体的组成沿液相线变化。当温度降至 279.6K（6.6℃）时，熔体与固态金属钠发生转熔反应

$$L + Na \longrightarrow Na_2K$$

此时体系为三相平衡，温度保持不变，直到 Na 消耗完，体系剩下熔体和 Na_2K。继续冷却时，熔体组成沿液相线变化，到 260.5K（-12.5℃）时熔体含 $x_K=66\%$，发生共晶

反应熔体同时析出 Na_2K 和 K：

$$L \rightleftharpoons Na_2K + K$$

体系为三相共存，温度保持不变，直到熔体全部结晶完毕。

含有异成分熔化化合物的体系有：Au-Bi、Au-Sb、$NaCl-MgCl_2$、$KCl-CaCl_2$、$NaCl-BaCl_2$、$CaO-SiO_2$ 等。

实际上多数二元系往往生成一个或几个化合物，既有同成分熔化化合物，又有异成分熔化化合物，如 Al-Ca、Ni-Nb、$CaO-Al_2O_3$、CaO-FeO、$CaO-SiO_2$、$MgO-SiO_2$、$MnO-SiO_2$ 等二元系。对此类复杂相图的分析，可采用将化合物分别看做是一组元将相图分成若干个简单二元系相图来降低分析难度。

总之，二元系中两组元生成的化合物，若是异成分熔化化合物，则是不稳定的，在低于熔点温度就分解了；若是同成分熔化化合物，一般来说是稳定的，但稳定程度因两组元不同而有差异，甚至有些在液态时就有部分解离。大量实验表明，液相线和固相线在化合物处的形状可以反映出化合物的稳定（解离）状况。液相线和固相线在化合物处的曲率半径越大，化合物在熔化时解离程度就越大。一般化合物液态解离程度大于固态解离程度。

5.1.3 含固溶体型二元系

含有固溶体的二元相图可分为液态和固态下完全互溶的连续固溶体（同晶型二元系），以及在液态下完全互溶，而在固态下部分互溶的有限固溶体两种类型。

5.1.3.1 不形成最高点或最低点的完全互溶型二元系

此类二元系的特点是在液态或固态两个组元都能以任意比例互相溶解，形成单相溶液。图 5-5(a)所示的 Cu-Ni 合金相图就属生成连续固溶体的二元系相图。图中上面的一条曲线为液相线，下面的一条曲线为固相线，曲线两端都连着纯金属的熔点。任何组成的合金冷却到液相线开始凝固，到固相线凝固完毕。凝固出的固溶体的组成与原有的熔体的组成不同，固相组成由冷却到的温度的等温线与固相线的交点决定。下面以 Cu-Ni 合金熔体的冷凝过程来说明此类二元系的特点。

图 5-5(a)中 a 点为含 $x_{Ni}=22\%$、1400℃的熔体，冷却到 1200℃（液相线 b 点）时，开始凝固，出现固液两相平衡。凝固出的固溶体组成为固相线 c 点对应的组成，$x_{Ni}=40\%$。此时熔体中 Ni 的相对含量减少，凝固点进一步下降，沿液相线到 d 点，与 d 平衡的固溶体组成为 e 点对应的组成。所以冷却过程中，熔体组成沿液相线的 b、d、f 变化，而固溶体组成沿 c、e、g 变化。当熔体冷却到 1130℃时，熔体完全凝固成组成为 g 的固溶体。由相图知，此时 g 的组成与原始熔体 a 的组成相同。若温度进一步下降，就进入单相固溶体的冷却过程。

当凝固出的固相是固溶体时，熔体的凝固点温度与组成的关系式为

$$\ln \frac{x_i^l}{x_i^s} = -\frac{\Delta_{fus}H_i}{R}\left(\frac{1}{T} - \frac{1}{T_{M,i}^*}\right) \tag{5-1}$$

对稀溶液，式(5-1)可简化成

$$\Delta T_i = (T_{M,i}^* - T) = \frac{R(T_{M,i}^*)^2}{\Delta_{fus}H_i}(x_i^l - x_i^s) \tag{5-2}$$

式中，i 表示二元系中的一个组元（A 或 B）；$T_{M,i}^*$ 表示纯组元 i 的熔点（凝固点）温度；T

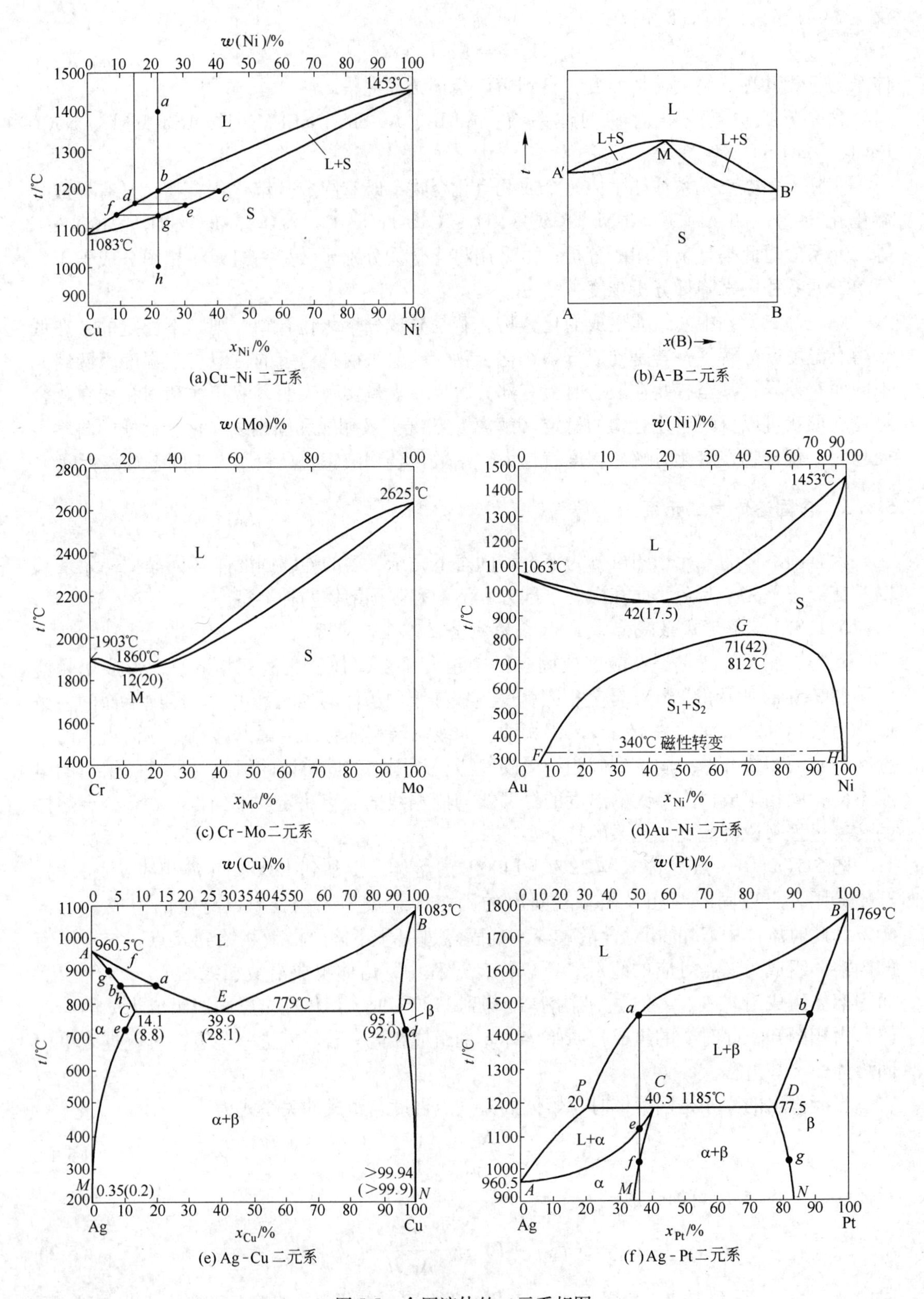

图 5-5 含固溶体的二元系相图

表示熔体的凝固点温度；$\Delta_{fus}H_i$ 表示组元 i 的熔化焓；x_i^l,x_i^s 分别表示组元 i 在温度 T(K)时平衡的液相和固相的组成，即熔体的组成为 x_i^l，在 T(K)时凝固析出的固溶体的组成为 x_i^s。

由图 5-5(a)可以看出，熔点较低的组元在液相中的含量比在固相中的高。人们也常利用这个特点区域熔炼提纯金属。

一般两个组元的性质比较相近，易生成连续固溶体，属于这一类的二元系还有 Si-Ge、Ag-Au、Cu-Pt、Bi-Sb，氧化物体系有 MgO-FeO、MgO-NiO、NiO-CoO、CoO-MgO、Al_2O_3-Cr_2O_3 等。

5.1.3.2 有最高点或最低点的互溶型二元系

图 5-5(b)表示含有一最高点的连续固溶体相图。图 5-5(c)、(d)是含最低点的 Cr-Mo 和 Au-Ni 连续固溶体二元系相图。它们的特点是有一个最高（低）点 M，此处液相线与固相线相切，切线的斜率为 $\frac{dT}{dx_B}=0$，M 点为极值点，液态溶液成分与固态溶液的相同，体系的自由度为零。即溶液在固定成分、固定温度下，结晶出与溶液相同成分的固溶体。如图 5-5(c)中，固定温度为 2133K（1860℃），固定成分为 $w(\mathrm{Mo})=20\%$（$x_{\mathrm{Mo}}=12\%$）。Au-Ni 相图与 Cr-Mo 相图不同之处在于：在连续固溶体的最低点以下存在一个溶解度间隙，即在 G 点（温度 1085K，812℃）开始分成 S_1 和 S_2 两个固溶体平衡，随温度降低溶解度分别沿 GF 和 GH 曲线变化；在 613K（340℃）时存在磁性转变（HF 线上）。

这里用热力学原理证明，对此类体系液相线与固相线相切时，切线的斜率为 $\frac{dT}{dx_B}=0$。在恒压恒温下，当体系达到平衡时，体系的自由能改变为零，于是对于液相和固相分别有

$$dG^l = S^l dT + x_A^l d\mu_A + x_B^l d\mu_B = 0$$

$$dG^s = S^s dT + x_A^s d\mu_A + x_B^s d\mu_B = 0$$

二式相减得到

$$-(S^l - S^s)\frac{dT}{dx_B} = \frac{\Delta_{fus}H}{T_M}\cdot\frac{dT}{dx_B} = (x_A^l - x_A^s)\frac{d\mu_A}{dx_B} + (x_B^l - x_B^s)\frac{d\mu_B}{dx_B}$$

由于 $x_A^l = x_A^s$，$x_B^l = x_B^s$，$-\Delta S = -(S^l - S^s) = \frac{\Delta_{fus}H}{T_M} \neq 0$

所以 $\frac{dT}{dx_B}=0$。

在分析讨论这类相图时，可以把此类相图看成是由两个完全互溶（不形成最高点或最低点）二元系 A-M 和 M-B 在 M 处合并而成 A-B 二元系（图 5-5(b)），方便分析讨论。

另外，构筑二元系的组元若存在同素异构体（即有晶型转变），则在相图的固相区会出现晶型转变曲线。因为在恒定压力下，纯物质的晶型的转变温度是恒定的，而对固溶体晶型转变温度则随组成变化而变化。有晶型转变完全互溶固溶体的相图类型有：不形成最高（低）点的连续晶型转变，如 La-Ce 二元系（图 5-6）；出现最低点的连续晶型转变，如 Ti-Zr，Zr-Nb 二元

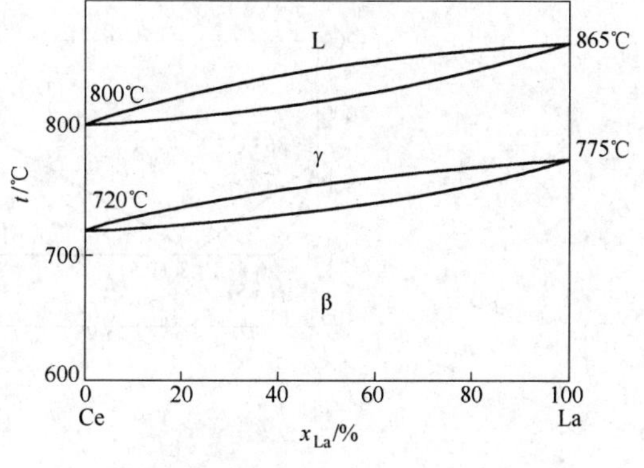

图 5-6 有连续晶型转变的 La-Ce 二元系相图

系（图5-7）。出现最高点的连续晶型转变的情况极少见。通常遇到的情况是高温晶型虽然完全互溶，但随温度降低溶解度下降，低温晶型就可能成为部分溶解或完全不溶解。

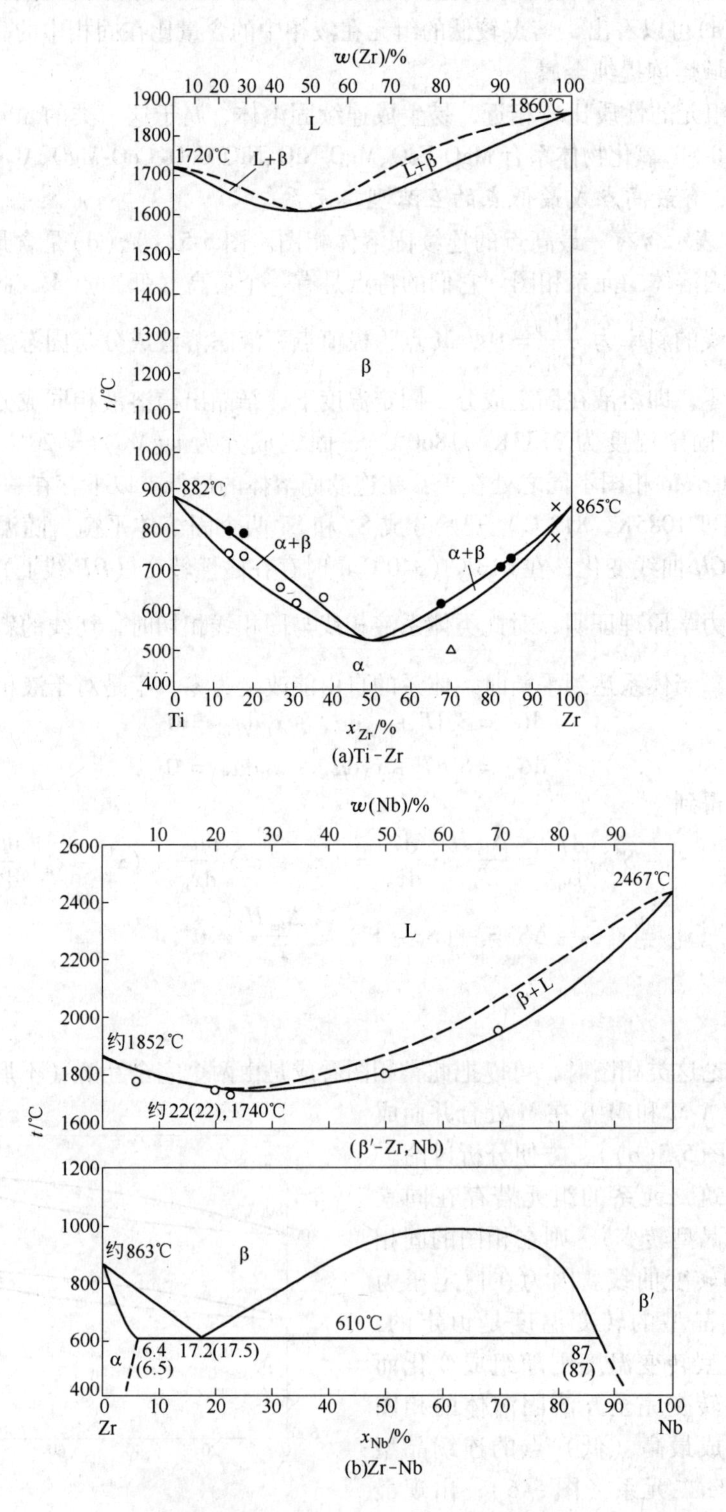

图5-7　有最低点连续晶型转变的Ti-Zr和Zr-Nb二元系相图

Zr-Nb二元系（图5-7b）就属于高温晶型完全互溶，而低温晶型仅部分互溶的相图类型。

5.1.3.3 液态完全互溶固态部分互溶型二元系

液态完全互溶，在固态部分互溶的二元系有两种类型，即低共熔（共晶）型和转熔（包晶）型。它们的区别在于，低共熔（共晶）型中的两个固溶体的凝固温度都是随着溶质浓度的增加而降低，所以有一个共熔（共晶）点。而转熔型却有一个固溶体的凝固温度随溶质浓度的增加而增加，因此没有低共熔（共晶）点。

图5-5(e)Ag-Cu是共熔（共晶）型的二元系，在两端有不连续的α（Ag中溶解少量Cu）和β（Cu中溶解少量Ag）固溶体。图中*AE*、*BE*分别为α和β的开始凝固析出的液相线，它们的交点*E*（1052K即779℃）为低共熔（共晶）点，共晶体是α+β固溶体；*ACEDB*为固相线，*CM*、*DN*分别为Ag和Cu在固态时的溶解度曲线。当图中含Cu为$x_{Cu}=20\%$的Ag-Cu熔体冷却到*a*点（1133K，860℃）时，开始出现α固溶体的析出，其组成对应于*b*点（$x_{Cu}=9\%$），此时$L_a+\alpha_b$固液两相平衡；继续冷却到1052K（779℃）时，发生共晶反应$L_E \rightarrow \alpha_C+\beta_D$，析出的固溶体是$\alpha_C(x_{Cu}=14.1\%)$和$\beta_D(x_{Cu}=95.1\%)$，此时平衡各相组成不变，直至液体全部转变为α+β的共晶体。在1052K（779℃）以后，继续冷却，仍是α和β两相平衡，但固态溶解度随温度下降而减小，α相的组成沿*CM*变化，β相的组成沿*DN*变化。在一定温度下，平衡的两相的相对量可按杠杆规则计算。

属这一类型的二元系有MgO-CaO、CaF_2-Al_2O_3、MgO-CuO、Cd-Zn、Pb-Sn、Pb-Sb、Ni-Cr、Fe-FeS、Cu_2S-FeS、Na_3AlF_6-Al_2O_3、$NaNO_3$-KNO_3、AgCl-$CuCl_2$等。其中Ni-Cr二元系相图是制备Ni-Cr电阻丝的理论依据。

图5-5(f)Ag-Pt是转熔型的二元系，在两侧有不连续的α（Ag中溶解少量Pt）和β（Pt中溶解少量Ag）固溶体生成；*AP*、*BP*分别为α和β的开始凝固析出的液相线，三相点*P*（对应温度为1458K，1185℃）处发生转熔过程（包晶反应）L+β→α，*P*点称为转熔（包晶）点；*ACDN*为固相线，*CM*、*DN*分别为Ag和Cu在固态时的溶解度曲线。当图中含Pt为$x_{Pt}=36\%$的合金熔体冷却到*a*点（1743K，1470℃）时，析出组成对应于*b*点的β固溶体；继续冷却，液相组成沿*aP*变化，固相组成沿*bD*变化。温度降到1458K（1185℃）时，熔体*P*点组成为$x_{Pt}=20\%$，固相*D*点组成为$\beta_D(x_{Pt}=77.5\%)$，发生包晶反应L+β→α，生成固溶体α，直至包晶反应完成，β消失。温度继续下降，熔体组成沿*PA*变化，α相沿*CA*变化；当达到*e*点时，熔体全部凝固为α固溶体；温度下降至*f*点时，体系中出现组成为*g*的β固溶体；继续冷却，α和β分别沿*fM*和*gN*线改变。

这一类型的体系有FeO-MnO、$MgSiO_3$-$MnSiO_3$、$CaSiO_3$-$MnSiO_3$、Cu-Co、Pt-Re、Pt-W、Hg-Cd、$AgNO_3$-$NaNO_3$、AgCl-LiCl等。

5.1.4 液态部分互溶——形成偏晶（又称偏熔）型二元系

当两个液态组元混合时，可出现完全互溶、完全不互溶和部分互溶三种情况。两个液态组元混合完全互溶情况在5.1.3.3节讨论过，完全不互溶的情况极少见，本节主要讨论部分互溶的情况。在部分互溶情况下，液态的两组元（A，B）分两层，一层是组元A在组元B中的饱和溶液，另一层则是组元B在组元A中的饱和溶液。研究液态溶液分成两个不相混合的液层（称之为分层）的体系，在冶金生产中有重要的意义，利用这种体系特点的一些工艺，已成为提取和提纯金属的有效手段。

图5-8所示的Pb-Zn二元系是典型的液态分层实例。由图可以看出，在773K（500℃）时，向液态铅中加入锌，开始只是锌溶于铅液中，溶液仍保持单相。直到铅液中锌的浓度达到a点（$w(Zn)=3.5\%$），铅液中开始出现第二个液相即富锌相，成分与b点（$w(Zn)=98\%$）对应。如果保持温度不变，继续向体系加入锌，体系总成分x_o由a向b移动，而两个液相的成分并不改变（仍保持a点和b点的成分），只是富锌液相的量不断增加，而富铅液相的量相对减少。两液相的量可用杠杆规则计算，直到总成分x_o到达b点。此后若再加入锌，富铅液相消失，体系又成为单一液相。随着温度的升高，铅在锌液中的溶解度（即沿dG线，称为分溶线）和锌在铅液中的溶解度（即沿cG线，称分溶线）均增加，两条线汇合于临界点G（也是最高点，临界温度1071K，$w(Pb)=55\%$）。在某一温度下的等温线与两条分溶线的交点，是两个平衡液相的成分代表点，这两个点的连线称结线（由于在这条线上发生偏晶反应，故又是偏晶反应线），两个平衡的液相称为共轭溶液。

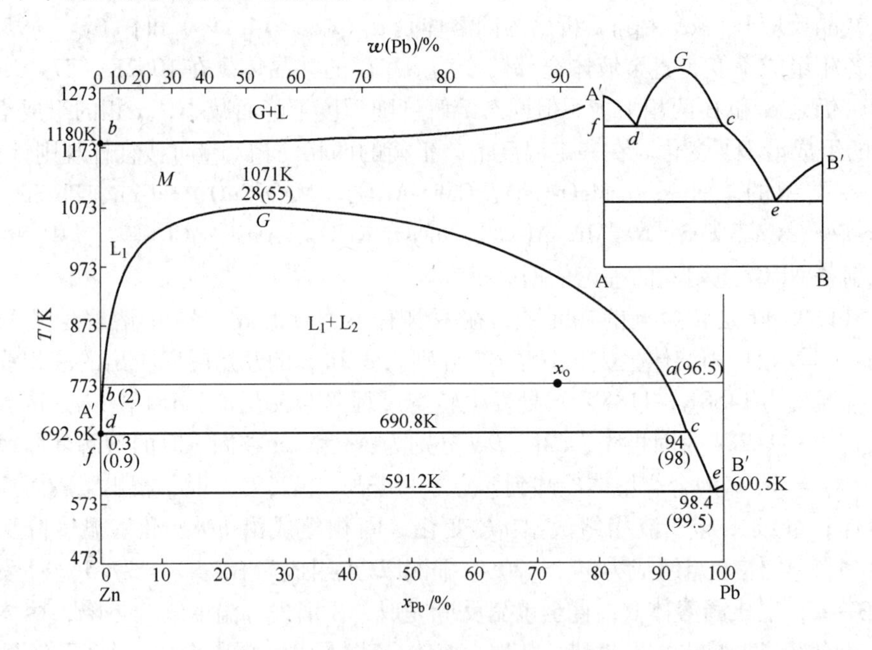

图5-8 形成偏晶型的Pb-Zn二元系相图

下面用图5-8中M点合金液（$w(Pb)=25\%$）的结晶过程，来认识这一类型相图的特点。当M点合金液冷却到1028K时，熔体开始分层，将其中一层称为锌液（$w(Pb)=25\%$），另一层称为铅液（$w(Pb)=82\%$）。熔体继续冷却到773K时，锌液成分变成$w(Pb)=2\%$，铅液成分变成$w(Pb)=96.5\%$，它们的质量可用杠杆规则计算。当冷却到690.8K时，发生偏晶反应，成分为$w(Pb)=0.9\%$的L_d锌液分解成纯固态锌和成分为$w(Pb)=98\%$的L_c铅液。这个反应在恒温、恒组成下进行直到组成为L_d的锌液完全耗尽，此时体系由固态锌和组成为L_c的铅液两相组成。若继续冷却，铅液成分沿ce线向e点靠近。当冷却到591.2K时，发生共晶反应，由铅液析出纯锌和纯铅，直到铅液全部消耗。之后的冷却，就是两个固相混合物的继续冷却。

图5-8右上角为两组元液态部分互溶、固态完全不互溶（可看做是分溶线与简单共熔相图的组合）类型的示意图。图中分溶线与组元A的液相线交于 c 及 d，在 fdc 线温度下，体系出现偏晶反应 $L_d \rightleftharpoons L_c + A$，此时体系处于三相平衡，自由度为零，表明反应是在恒温、定组成条件下进行直到有一相完全消失为止。

另一类液态有分层的二元相图，可以把它们看做是分溶线与共熔（共晶）型或包晶型相图组合。这种类型相图的特点是：液态两组元部分互溶，固态两组元也部分互溶。若分溶线与α固溶体的液相线相交，偏晶反应 $L_d \rightleftharpoons L_c + \alpha_f$，分溶线也可出现在β固溶体的液相线上。这时偏晶反应的产物是β固溶体。第三类液态有分层的二元相图，可以把它们看做是分溶线与含化合物型相图组合。这种类型相图的特点是：液态部分互溶，固态生成化合物。

此外，还有冶金体系中极少见到的分溶线与完全互溶型相图组合。它们的分析方法与第一类相同，不再赘述。

二元体系出现液态分层现象的相图有Ga-Hg、$Cu\text{-}Cu_2S$，以及一些含 SiO_2、Al_2O_3、B_2O_3 组元的氧化物体系等。

液态分层体系在冶金和材料制备过程中常作为提取金属或提纯金属的重要手段。例如，生产中利用 $Cu\text{-}Cu_2S$ 二元体系具有液态分层的性质，来吹炼冰铜，获得纯度高于98.5%的泡铜。经常遇到的体系有金属-硅酸盐、金属-熔锍、熔锍-硅酸盐等。

5.2　三元相图的基本类型

冶金和材料制备通常遇到的体系多是凝聚态体系，因此压力影响不大，可以把制备过程看做是在恒压条件下进行的。由相律知：三元系此时最大自由度为3，即体系的温度和两个组成的浓度才能决定体系的状态。因此比较直观并完整地表示三元系的相平衡关系，需要三个坐标的立体图（通常用垂直轴表示温度，用等边三角形底平面表示三个组元的浓度）。然而，立体图的绘制和使用均不方便。为此通常把立体图的平行与底面的等温截面，垂直投影到浓度三角形底平面上。等温面与立体图上的液相面的交线在底平面的投影就是等温线，从而使温度坐标能在平面图上表示出来。若需完整地了解整个三元系的相平衡关系，并对液相面以下的相变过程进行分析，则需要一系列的等温截面图和与底平面垂直截割的多温截面图（也称变温截面图）来获得更多信息。在冶金和材料科学中，用类似的方法获得等黏度、等表面张力、等活度、等比电阻图等各种具有重要应用价值的图，既直观，使用又方便。

三元系相图可分为共熔（共晶）型、完全互溶型、生成稳定化合物型、生成不稳定化合物型和有液相分层型五种基本类型，下面各节分别予以介绍。应该注意的是，文中涉及对三元系相图的分析，都是降温过程中的相平衡关系，图中的低共熔线通常用单箭头(→)标明；转熔线用双箭头(→→)标明。

5.2.1　共熔（共晶）型三元系

此类型的特点是，A、B、C三个组元在液态可以完全互溶，但在固态却完全不互溶，形成简单共熔型三元相图。图5-9(a)是此类三元系的立体图。如Cd、Sn、Pb三个组元在液态可以完全互溶，而在固态则完全不互溶，形成简单共熔（共晶）型三元相图。图5-9

(b)是它们形成的共熔型立体三元相图在浓度三角形上的投影图，得到的液相面、共熔线和低共熔点。Be_1Ee_3 为 Sn 的初晶面（即液相面），Ce_1Ee_2 为 Pb 的初晶面，Ae_2Ee_3 为 Cd 的初晶面；e_1E、e_2E、e_3E 为低共熔线；E 为三元共熔（共晶）点。

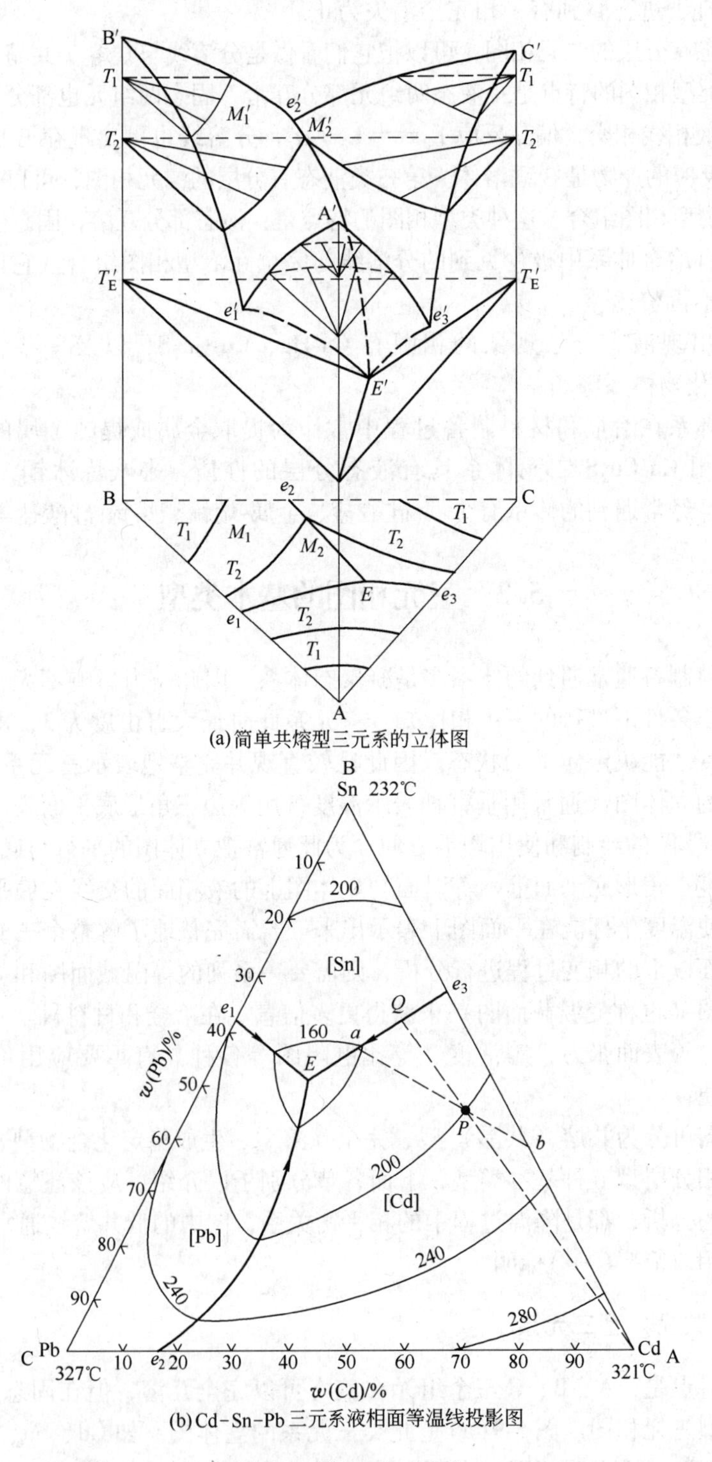

(a)简单共熔型三元系的立体图

(b)Cd-Sn-Pb三元系液相面等温线投影图

图 5-9 共熔型三元系

图5-10(a)为通过Zn顶点作的九个多温截面，而得到的Cd-Sn-Zn三元系的液相面等温线的投影图。图5-10(b)为其中的一个多温截面图。当然也可以作其他的多温截面图，如平行于浓度三角形一边的多温截面。反之，有了足够多的截面图，便可以作出三元系的立体图。在冶金熔盐电解铝过程中，电解质中Al_2O_3浓度与温度的关系，就需要通过Na_3AlF_6-AlF_3-Al_2O_3三元系中，过Al_2O_3顶点作多温截面图来进行分析。

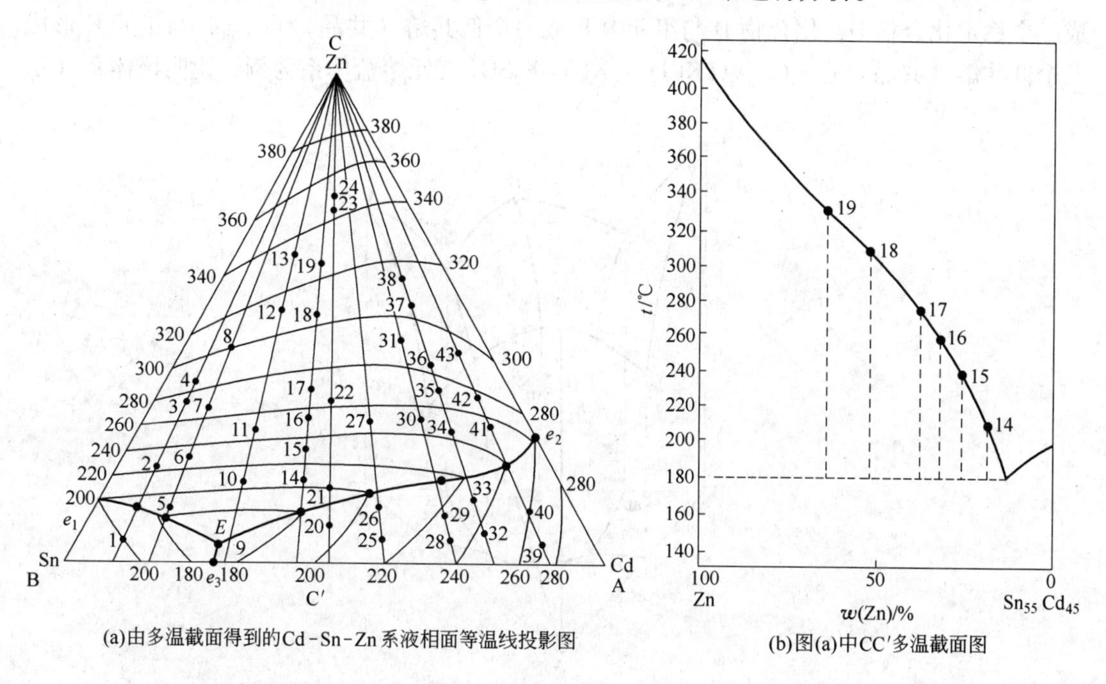

(a)由多温截面得到的Cd-Sn-Zn系液相面等温线投影图

(b)图(a)中CC′多温截面图

图5-10 Cd-Sn-Zn系液相面等温线投影图和多温截面图

现讨论Cd-Sn-Pb三元系熔体的结晶过程。以质量为W_P的200℃液态合金P为例，讨论其冷却过程中的变化。当图5-9(b)中P熔体冷却到Cd的初晶面时，组元Cd饱和，开始析出Cd的一次晶体（此时自由度为2）。继续冷却，液相成分沿PQ线变化。任意一平衡时刻的相组成可由杠杆规则来确定，如接近Q点时：液相量$W_1 = \dfrac{AP}{AQ}W_P$；固相量$W_{s(Cd)} = \dfrac{PQ}{AQ}W_P$。当到达低共熔线$e_3E$时，组元Cd与Sn同时析出（称二次结晶，自由度为1）。继续冷却，液相线成分沿Qa变化。当到达与160℃等温线相交的a点时，体系的相组成为：液相量$W_1 = \dfrac{bP}{ba}W_P$；固相量$W_s = \dfrac{Pa}{ba}W_P$。固相中Cd量$W_{Cd} = \dfrac{bB}{AB}W_s$；固相中Sn量$W_{Sn} = \dfrac{Ab}{AB}W_s$。

当继续冷却到E点时，组元Cd、Sn、Pb同时析出（四相共存，体系自由度为零）。此时，若继续冷却，体系温度与成分并不改变，直到液相全部消失，固相成分回到P点。

5.2.2 生成化合物的三元系

三个组元之间有化合物生成时，情况比较复杂：它们可以生成一个化合物，也可以生成多个化合物；可以生成二元化合物，也可以生成三元化合物；可以生成稳定化合物，也可以生成不稳定化合物。因此，含化合物的三元系的相图也比较复杂，这里仅就两种情况加以分析。

5.2.2.1 生成一个稳定的二元化合物的三元系

图 5-11(a)是生成一个稳定二元化合物的三元相图的立体图。图中组元 B 和 C 可以生成一个稳定化合物 D，化合物 D 与组元 B 形成一个低共熔（共晶）点 e_{DB}，与组元 C 形成一个低共熔（共晶）点 e_{DC}。以$(KCl)_2$-$(KF)_2$-K_2SO_4 三元熔盐体系为例，说明该体系（示

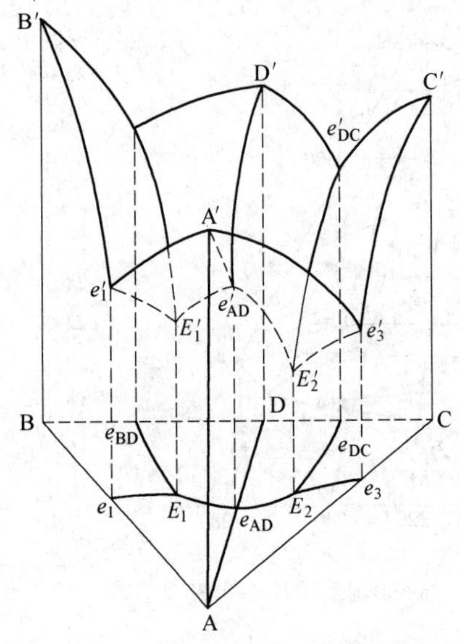

(a) 生成一个稳定二元化合物的三元系的立体图

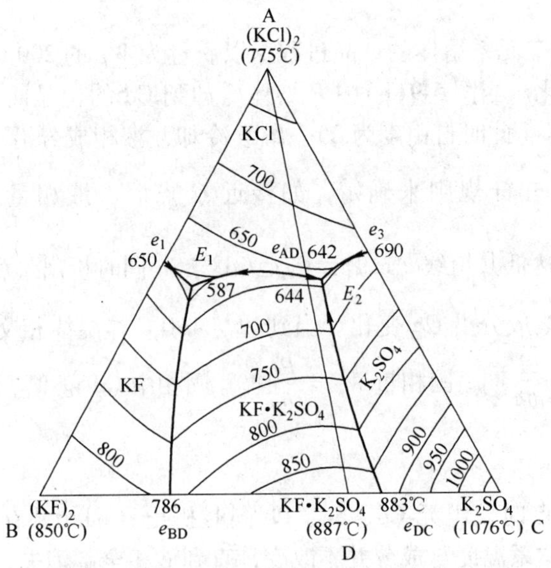

(b) 生成一个稳定二元化合物$KF \cdot K_2SO_4$的$(KCl)_2$-$(KF)_2$-K_2SO_4 三元系的投影图

图 5-11 生成一个稳定二元化合物的三元系相图

于图 5-11b）的特点是：整个三元熔盐系 A-B-C，亦即$(KCl)_2$-$(KF)_2$-K_2SO_4 可以用通过化合物（$KF \cdot K_2SO_4$）点 D 与其对面的顶点 A$(KCl)_2$ 所作的垂直多温截面，把原来的体系分为两个部分。即三角形 ADC 和 ABD，两个简单的共熔（共晶）三元系。这样可以用分析共熔（共晶）三元相图的方法对它们进行分析。这种把复杂三元系划分为几个类型比较简单的子三元系的方法，称为划分二次三角形法。

5.2.2.2 生成一个不稳定二元化合物的三元系

生成一个不稳定二元化合物的三元系相图的特征是，其不稳定化合物的代表点 D，位于它的初晶面之外。例如在 Sn-Pb-Bi 三元系中，Pb 与 Bi 生成一个二元不稳定的化合物 Pb_2Bi（见图 5-12）。不稳定化合物 Pb_2Bi 的代表点 D，位于它的初晶面 KPe_2E 之外。有些熔体在冷却过程中发生转熔反应。现以 Sn-Pb-Bi 三元系中熔体 M_1、M_2 为例进行分析。

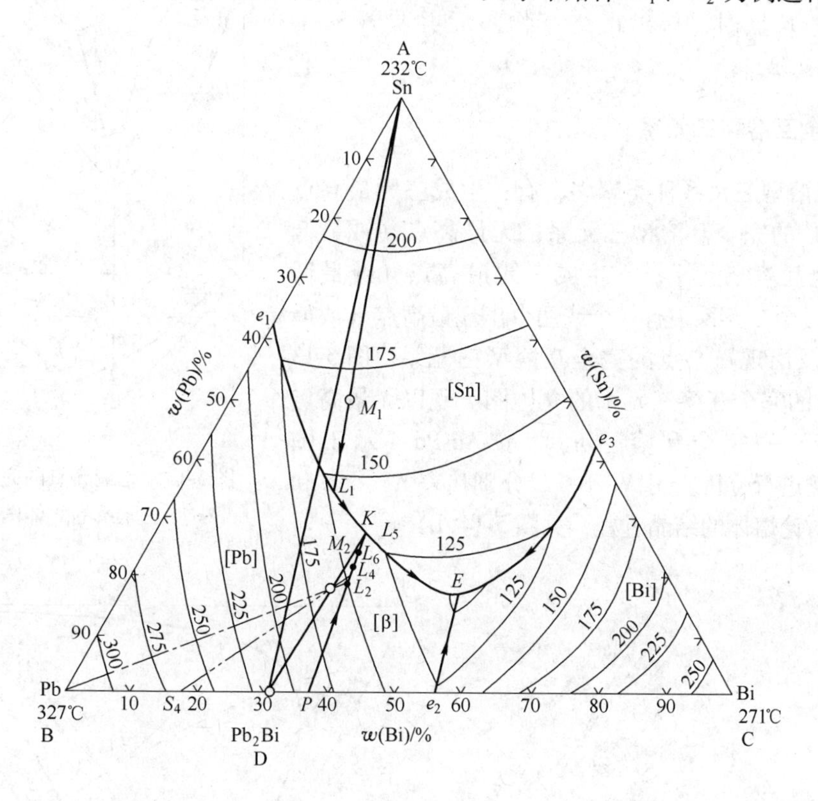

图 5-12 Sn-Pb-Bi 三元系

熔体 M_1 冷却时，首先析出 Sn，液相成分沿 AM_1 的延长线改变。当到达 L_1 点时，开始析出二元共晶（Sn + Pb）。此后，液相成分沿 e_1K 改变，在 K 点发生转熔反应，即 L_K + Pb $\rightleftharpoons$ Pb_2Bi + Sn。由于熔体 M_1 位于△ADC 中，故转熔反应要一直进行到 Pb 完全消耗完为止。此时，体系的相组成为 L_K、Pb、Pb_2Bi 三个相，其自由度为 1。于是残液 L_K 离开零变点 K，沿 KE 线改变，同时析出 Sn 与 Bi，直至到达 E 点析出三元共晶为止。熔体 M_1 冷却后的最终产物为 Sn + Pb_2Bi + Bi。

熔体 M_2 冷却时，首先析出组元 Pb，液相成分沿 BM_2 的延长线改变。当液相成分到达 L_2 点时，发生转熔反应，组元 Pb 又返溶入液相，同时结晶出化合物 Pb_2Bi，即有反应 L_2 +

Pb$\rightleftharpoons$$Pb_2Bi$。当温度继续下降，液相成分到达 L_4，相应固相成分为 S_4（即 L_4M_2 的延长线与BC边的交点）。运用杠杆规则可以确定：液相质量 $W_l = \frac{M_2S_4}{S_4L_4}W_{M_2}$；固相质量 $W_s = \frac{M_2L_4}{S_4L_4}W_{M_2}$。在固相中组元Pb的质量为 $W_{Pb} = \frac{S_4D}{BD}W_s$；而化合物 Pb_2Bi 的质量为 $W_{Pb_2Bi} = \frac{S_4B}{BD}W_s$。

随着温度继续下降，液相成分沿 PK 线逐渐接近 K 点，固相成分向D点靠拢；当液相成分到达 K 时，固相成分 S_4 与D重合，固相中Pb完全消耗完，转熔反应终止。此时，体系自由度为2。再继续冷却，则开始析出（Sn + Pb_2Bi），液相成分沿 KE 线改变，向 E 点靠近。当到达 E 点时，析出最终产物三元共晶（Sn + Pb_2Bi + Bi）。

5.2.3 完全互溶型三元系

完全互溶型三元系种类繁多，有：生成三元最高点（或最低点）的完全互溶型三元系；无最高点（或最低点）的完全互溶三元系；不生成三元最高点（或最低点），但在三个二元系中有一个或两个出现最高点（或最低点），以及出现鞍心点的完全互溶型三元系。图5-13为无最高点的完全互溶三元系的立体图。现以无最高点（或最低点）的完全互溶三元系 Ag-Au-Pd（示于图5-14a）为例进行分析。用A、B、C分别代表Ag、Au和Pd组元，讨论熔体的结晶过程，见图5-14(b)。

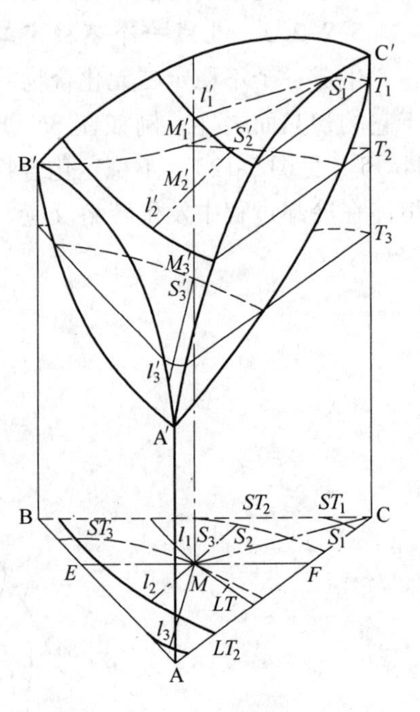

图5-13 无最高点的完全互溶三元系的立体图

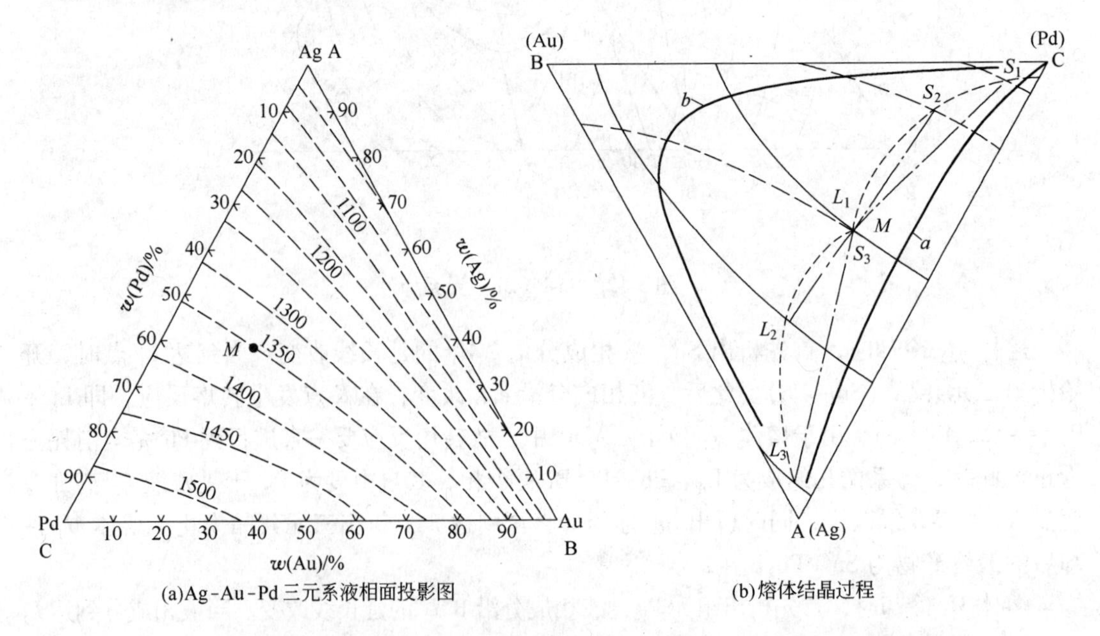

图5-14 无最高点或最低点的完全互溶型三元系液相面投影及结晶过程分析

当成分为 M 的熔体冷却到达液相面时，开始析出成分为 S_1 的固溶体。继续冷却，当到达液相面与固相面之间时，熔体分离为：成分为 S_2 的固相和成分为 L_2 的液相。固、液两相的质量可按杠杆规则计算。再继续冷却，当熔体达到固相面时，体系在该点结束结晶过程。凝固前的瞬时残液的成分为 L_3，析出固相成分为 S_3。把液相成分点 L_1、L_2、L_3 连起来，就得到熔体 M 在结晶过程中液相成分变化路径。其特征是：从高熔点组元 C(Pd) 开始向低熔点组元 A(Ag) 方向前进。当体系组元 B(Au) 含量较低时，曲线靠近 AC 边，如图中曲线 a 所示。当体系组元 B(Au) 含量较高时，曲线上部靠近 BC 边，而后折向靠近 AB 边，如图中曲线 b 所示。

以上是平衡结晶过程。在实际过程中，若降温较快，固相成分尚未到达平衡成分，新的固相就在原先固相晶粒上生长，于是就出现了层状结构。这种情况有时被用来制备层状材料。

5.2.4 有液相分层的三元系

有液相分层的三元系，又称偏熔-共熔型三元系，其分溶面可以出现在一个相区内，也可以出现在两个相区内。现以分溶面出现在一个相区内为例进行分析（参见图 5-15）。

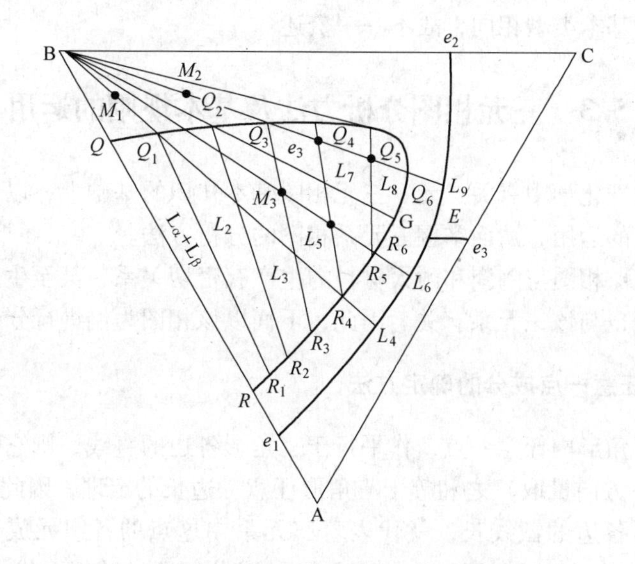

图 5-15 有液相分层的三元系结晶过程

若三元系中，在 A-B 二元系中出现液相分层；加入第三组元 C 后，分层区逐渐变小，以致消失。下面讨论图 5-15 中熔体 M_1、M_2 和 M_3 的结晶过程。

当熔体 M_1 冷却到达液相面时，开始析出组元 B，液相成分沿 BM_1 的延长线向远离 B 点方向变化。继续冷却，当液相成分到达偏晶反应面 Q_1 时，发生偏晶反应 $L_{\beta(Q_1)} \rightleftharpoons L_{\alpha(R_1)}+B$，此时液相为 L_β 和 L_α，其相应成分为 R_1 和 Q_1。继续冷却，固相 B 不断析出，同时两个液相的总成分不断沿 BM_1 的延长线向远离 B 点方向移动，经过 L_2、L_3，到达 R_4。液相线成分在点 L_2 时，结线三角形为 $\triangle BQ_2R_2$；在 L_3 点时为 $\triangle BQ_3R_3$，即 L_α 的成分分别为 R_2、R_3；L_β 的成分分别为 Q_2、Q_3。当液相总成分到达 R_4 时，结线三角形中 BR_4 边通

过体系总成分 M_1 点，表示液相 L_β 已消耗完，体系只剩下 L_α 与 B，故偏晶反应停止。再继续冷却，结晶过程与低共熔体系相同。最后冷却到 E 点，析出三元共晶（A+B+C）。

当熔体 M_2 冷却到达液相面时，开始析出 B，液相成分沿 BM_2 延长线向远离 B 方向变化。当液相成分达到 Q_3 时，开始偏晶反应；液相析出 B 与新液相 L_α，其成分由 R_3 点表示。继续冷却，继续析出 B，液相总成分沿 BM_2 的延长线经过 L_7、L_8 逐渐向点 Q_6 接近。熔体 M_2 与 M_1 不同之处在于：由于体系处于退化分层区，因而新产生的液相 L_α 的量，在液相总成分由 Q_3 向 Q_6 接近的过程中，先是增加，而后又减少，到 Q_6 点时 L_α 全部消耗完。此后，冷却过程与共熔型三元系相同，最后析出三元共晶（A+B+C）。

熔体 M_3 处于液相分层区，当冷却到分溶面时，熔体开始分层，分离出 L_α 和 L_β，其量可由杠杆规则算出。当熔体到达偏晶反应面时，开始偏晶反应，析出组元 B。继续冷却，再继续析出 B，两个液相的总成分沿 BM_3 的延长线向远离 B 的方向移动，经 L_5 向 R_5 点接近。当体系的总成分到达 R_5 时，结线三角形 $\triangle BQ_5R_5$ 的 BR_5 边通过体系总成分 M_3 点。由杠杆规则得知，L_β 已消耗完，偏晶反应终止。继续冷却，结晶过程与 M_1、M_2 熔体相类似，最终析出三元共晶（A+B+C）。

以上扼要介绍了三元系的四种基本类型和特点。由于三元系包含着三个二元系，而这三个二元系又可以有不同的类型，因此可以组合成多种复杂类型的三元系。由于它们的分析方法与上述四个基本类型相同，故不一一赘述。

5.3 三元相图分析方法及基本规则的运用

本节在普通物理化学中有关二元、三元相图基本知识的基础上，以一个复杂三元系为例，讨论基本规律的运用，从而掌握三元系相图的分析方法。

$MgO-Al_2O_3-SiO_2$ 相图与陶瓷和耐火材料的生产有密切关系，甚至生产具有高强度、高绝缘性的微晶玻璃也与该三元系有关。因此，下面以该相图为例进行分析（参见图 5-16）。

5.3.1 三元系内任意一点成分的确定方法

依据由等边三角形内任意一点，作平行于三角形各边的直线，则它们在每条边上所截的截线长（反时针方向量取）之和等于三角形任意一边长的定理，因此过这点的三条平行线截取浓度三角形各边的截线长，就代表着三元系中这点的各组元成分。例如，确定图 5-16中堇青石代表点（$2MgO \cdot 2Al_2O_3 \cdot 5SiO_2$）的成分。即过堇青石代表点作平行于 SiO_2-$MgO-Al_2O_3$ 浓度三角形各边的平行线交各边于 a、b 和 c 点，因此

$$\text{线段}(Al_2O_3\text{-}c) + \text{线段}(SiO_2\text{-}a) + \text{线段}(MgO\text{-}b)$$
$$= \text{边}(SiO_2\text{-}MgO) = \text{边}(SiO_2\text{-}Al_2O_3) = \text{边}(Al_2O_3\text{-}SiO_2) \quad (5\text{-}1)$$

由此可得，在堇青石中含 Al_2O_3 34.9%，SiO_2 51.4% 和 MgO 13.7%。

5.3.2 确定三元系混合物的组成方法

5.3.2.1 杠杆规则

杠杆规则指出：当一个混合物 R 分离出两个平衡的相 P 和 Q（它们可以是纯物质，也

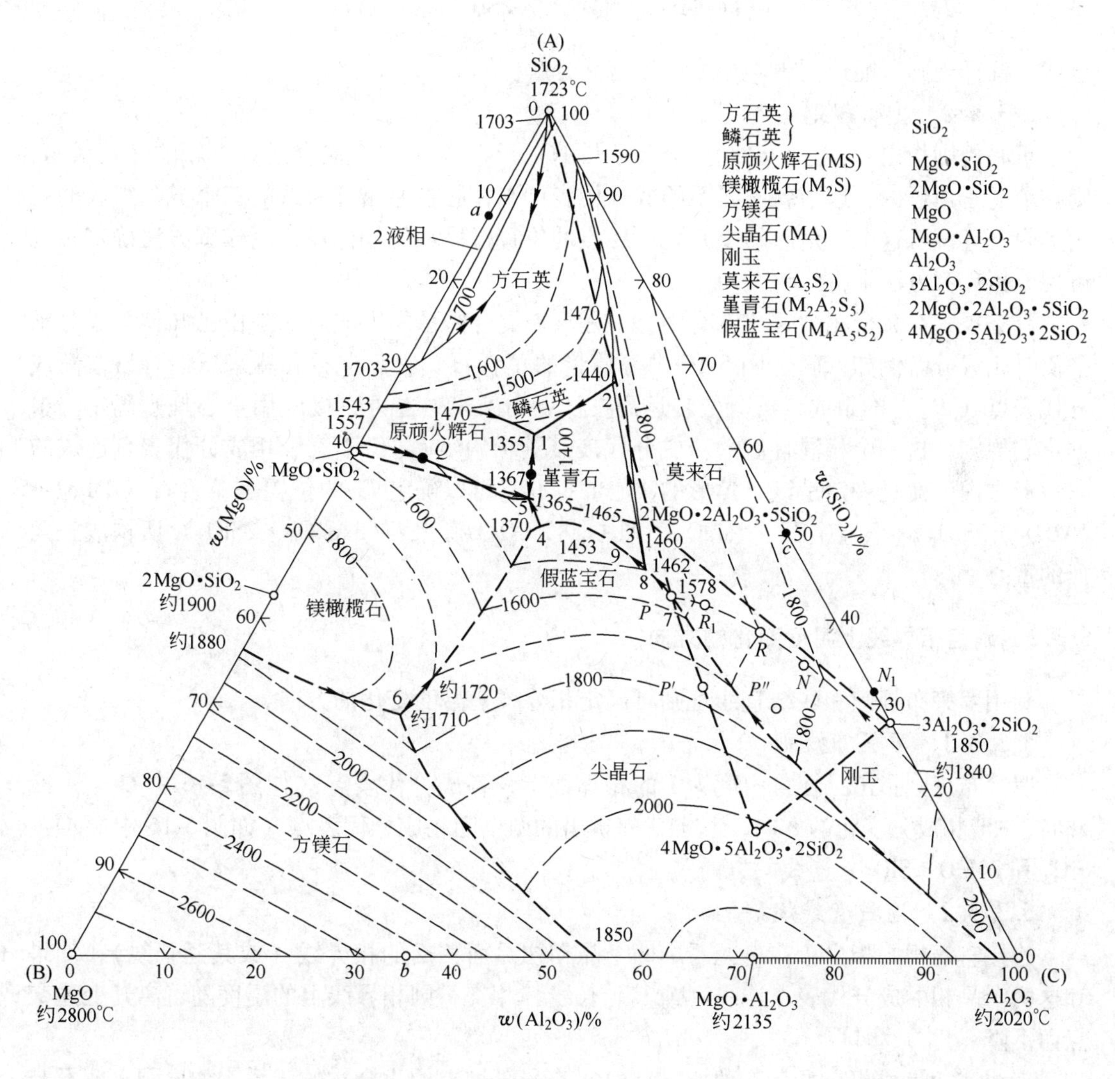

图 5-16 $MgO-Al_2O_3-SiO_2$ 三元系相图

可以是二元或三元混合物)，或者两个平衡的相 P 和 Q 混合成一个混合物，这两个混合物的成分代表点 P 和 Q 必和该混合物的成分代表点共线，且这两个平衡相的质量与它们分隔的线段的长度成反比。即

$$\frac{w_P}{w_Q}=\frac{QR}{PR}$$

连接这两个平衡的相成分点的直线 PQ 称之为结线。

例如，在确定图 5-16 中质量为 m 的堇青石与质量为 n 的假蓝宝石混合后，新成分的代表点（P）的组成时，就可利用杠杆规则，即“两相混合的质量比例，与联结两相组成点至新混合物组成点线段长度成反比”。可写为：

$$\frac{\text{线段}(2MgO \cdot 2Al_2O_3 \cdot 5SiO_2\text{-}P)}{\text{线段}(4MgO \cdot 5Al_2O_3 \cdot 2SiO_2\text{-}P)} = \frac{n}{m} \tag{5-2}$$

显然，杠杆规则只能适用于两个相的混合和分解。

5.3.2.2　重心规则

重心规则指出：若三个已知成分及质量的三元系 D、E、F 混合成一个新的三元系 M，则在浓度三角形内，这个新三元系的成分代表点 M，必在原始三元系的三个成分组成的三角形内，且位于这个三角形的重心处。M 点的位置可以利用杠杆规则用作图方法确定，也可用分析计算方法求得。

重心规则在分析相图时非常有用，一是求得混合体系的组成，二是由已知体系成分求平衡时相成分。例如，确定图 5-16 中等质量的堇青石、假蓝宝石和莫来石混合后，新成分代表点（P''）的组成，可分两步运用杠杆规则确定；也可直接应用重心规则确定。根据重心规则，这三个相混合后的新成分代表点（P''）应当位于三个相成分代表点连成的三角形之内，而且一定是该三角形的重心。据此，可以确定 P'' 的位置是堇青石（$2MgO \cdot 2Al_2O_3 \cdot 5SiO_2$）-假蓝宝石（$4MgO \cdot 5Al_2O_3 \cdot 2SiO_2$）-莫来石（$3Al_2O_3 \cdot 2SiO_2$）所构成三角形的重心。

5.3.3　确定相界线上温度变化的方向

利用罗策布规则和联结直线规则可确定相界线上温度变化的方向。

5.3.3.1　罗策布规则

罗策布规则指出：在自由度为 1 的相界线上，各成分代表点（如图 5-16 中 Q 点）冷却时，“液相成分变化的方向，一定背向析出的两个固相成分代表点（如图 5-16 中 $MgO \cdot SiO_2$ 和 $2MgO \cdot SiO_2$）连线的方向”。

5.3.3.2　连接直线规则

连接直线规则指出：在三元系中两个晶相初晶面相交的相界线（或其延长线），如果和这两个晶相的成分代表点连线（或其延长线）相交，则相界线上的温度随着离开上述交点而下降。

连线和相界线相交可有三种情况：（1）有异分熔点的化合物的体系，如原顽火辉石与镁橄榄石初晶面相交的相界线（如图5-17a 所示）；（2）堇青石与假蓝宝石初晶面相交的相界线（如图 5-17b 所示）；（3）有同分熔点化合物的体系，如镁橄榄石与尖晶石初晶面相交的相界线（如图 5-17c 所示）。

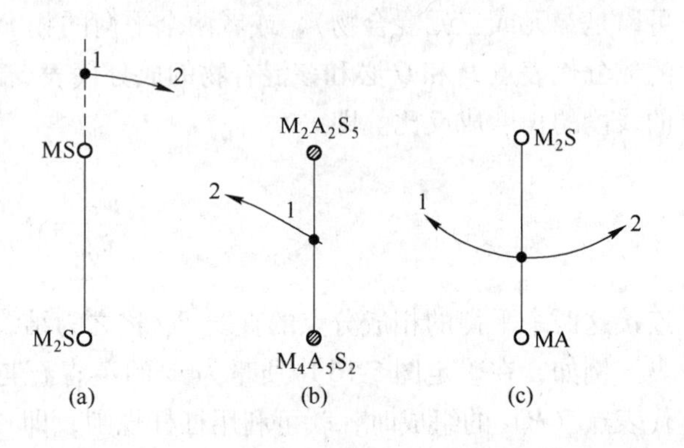

图 5-17　三元系连线与相界线相交的三种情况

5.3.4　判断相界线的性质

5.3.4.1　切线规则

切线规则指出：分界线上任意一点所代表的熔体，在结晶瞬间析出的固相成分，由该点的切线与相成分点连线的交点表示。若交点位于相成分点之间（如图5-18中交点 S_0、S_1 位于B、C之间），则这段相界线是低共熔线；若交点位于相成分连线的延长线上（如图5-18中交点 S_3 位于C、B延长线上），则这段相界线是转熔线。

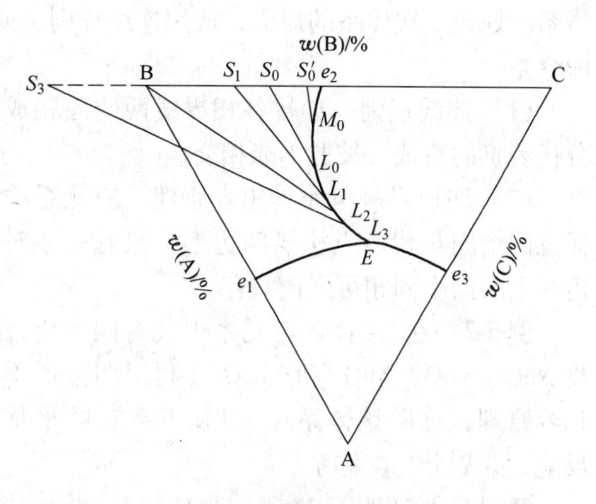

图5-18 切线规则示意图

利用切线规则可以确定液相在结晶瞬间所析出的固相成分，并可以判定相界线上各区段的性质。

5.3.4.2 相界线性质的判定

在图5-16中，通过 $3Al_2O_3 \cdot 2SiO_2$ 点作相界线 A_3S_2-N-P 的切线，切点为 N，根据切线规则知线段 A_3S_2-N 为转熔线，而线段 NP 为低共熔线。

过 A_3S_2-N-P 界线上任意一点（R）作切线，交直线 SiO_2-A_3S_2 于 N_1 点。若 N_1 点在 SiO_2 与 A_3S_2 之间，则 R 点在低共熔线上。若 N_1 在直线 SiO_2-A_3S_2 的延长线上，则为转熔点，且在转熔过程中 SiO_2 溶解。反之，若 N_1 点在直线 A_3S_2-SiO_2 的延长线上，则在转熔过程中 A_3S_2 溶解（见图5-19）。

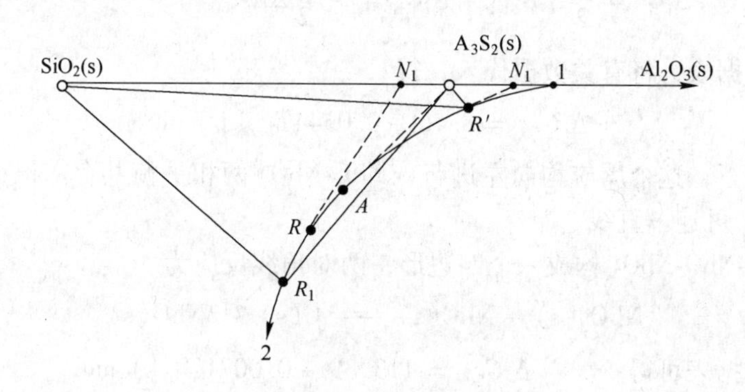

图5-19 相界线性质判定

5.3.4.3 另一种判断方法

利用相界线上任意一点 R 在冷却过程中析出两个固相（A_3S_2、SiO_2）与液相（L_{R_1}）

$$L_R \rightleftharpoons A_3S_2(s) + SiO_2(s) + L_{R_1} \tag{5-3}$$

构成结线三角形 $A_3S_2(s)$-$SiO_2(s)$-L_{R_1}。若 R 点在结线三角形之内，则 R 点在低共熔线上；若 R' 点在结线三角形之外，则 R' 点在转熔线上（见图5-19）。转熔反应为

$$L_{R'} + SiO_2(s) \longrightarrow A_3S_2(s) + L_{R_1'} \tag{5-4}$$

5.3.5 划分二次体系规则

一个复杂的三元系可以划分成若干个简单的三元系，划分出来的简单三元系称为二次

体系。划分二次体系的规则，或用连线规则，或用四边形对角线不相容原理。它们的具体内容是：

（1）连线规则　连接各相界线两侧固相成分代表点的直线，彼此不能相交。

（2）四边形对角线不相容原理　三元系中任意四个固相代表点构成四边形，只有一条对角线上的两个固相可平衡共存。

例 5-2　在 Nb-C-O 三元系中共有四个化合物 NbC，NbO，NbO_2 和 Nb_2O_5。利用四边形不相容原理，证明该体系在 298K 下存在的平衡反应，并划分二次体系。

解　只要证明 C-NbO_2，NbC-NbO_2 平衡共存，则二次体系即可画出，如图 5-20 所示。

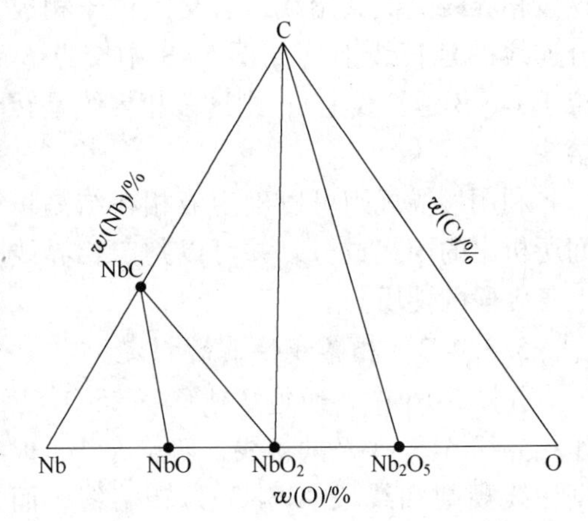

图 5-20　Nb-O-C 三元系二次体系划分

（1）C-Nb_2O_5-NbO_2-NbC 构成一个四边形，两对角线可用下面反应表示：

$$\frac{1}{2}C(s) + \frac{5}{2}NbO_2(s) = \frac{1}{2}NbC(s) + Nb_2O_5(s) \tag{5-5}$$

$$\Delta_r G^{\ominus} = \frac{1}{2}\Delta_f G^{\ominus}_{NbC} + \Delta_f G^{\ominus}_{Nb_2O_5} - \frac{5}{2}\Delta_f G^{\ominus}_{NbO_2}$$

查热力学数据表，将有关数据代入，得

$$\Delta_r G^{\ominus}_{5\text{-}5} = 8.16 + 0.0344T \quad \text{kJ/mol}$$

在任何温度下，这个反应均向左进行，即 C-NbO_2 两相平衡共存。根据四边形不相容原理知，C-NbO_2 可连一直线。

（2）C-NbC-NbO-NbO_2 构成一个四边形，两对角线反应为

$$NbO_2(s) + NbC(s) = C(s) + 2NbO(s) \tag{5-6}$$

由热力学数据表可得　　$\Delta_r G^{\ominus}_{5\text{-}6} = 113.39 + 0.0071T \quad \text{kJ/mol}$

可见这个反应在任意温度下都向左进行，即 NbO_2-NbC 平衡共存，可连一直线。

又从相平衡关系得知：C-Nb_2O_5，NbC-NbO 平衡共存，联结相应的直线，即完成了二次体系的划分。

5.3.6　零变点的判定

在三元系中，三条相界线的汇合点称为零变点，其自由度为零（$f=0$）。它可分为三种情况：

第一种情况是当三条相界线的冷却方向都指向一点，这点为三元低共熔点，其温度最低。图 5-16 中 1、5、6 点就属这种情况。其中 1 点的反应式为：

$$L \rightleftharpoons MS + S + M_2A_2S_5 \tag{5-7}$$

第二种情况是有两条相界线自零变点开始温度上升，另一条相界线离开这一点后，温度继续下降。通常称这点为双升点或单降点。图 5-16 中 2、3、4、7、9 点就属这类情况。

其中2点的反应式为

$$A_3S_2 + L \rightleftharpoons M_2A_2S_5 + S \tag{5-8}$$

第三种情况通常称为双转熔点或双降点，其特点是三条相界线中有一条从零变点起温度上升，另外两条进入这点后温度继续下降。图5-16中点8就属这种情况，其反应式为：

$$MA + A_3S_2 + L \rightleftharpoons M_4A_5S_2 \tag{5-9}$$

后两种情况的零变点又统称为三元转熔点。

掌握上述各规则，便可把任意复杂三元系划分成若干个简单的二次体系进行分析了。

5.4 相图的构筑与判定

5.4.1 相图构筑的基本原则

在构筑一个正确的三元相图过程中，应该遵从相区毗邻规则和相界线构筑规则。这样构成的相图才符合热力学原理。

5.4.1.1 相区毗邻规则

相图毗邻规则指出：只有相数差为1的相区，方可直接毗邻。对 n 元相图（包括立体图、平面图及截面图），某个区域内相的总数与邻接的区域内相的总数之间存在如下关系

$$R_1 = R - D^- + D^+ \geqslant 0 \tag{5-10}$$

式中，R_1 为邻接两个相区边界的维数；R 为相图的维数；D^- 为从一个相区进入邻接相区后消失的相数，D^+ 为从一个相区进入邻接相区后新出现的相数。

以Cd-Sn-Pb在1873K（1600℃）时的等温截面图为例进行分析，见图5-21。

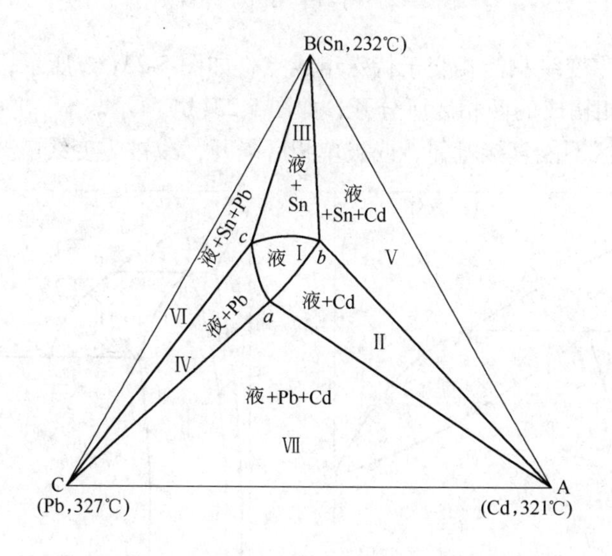

图5-21 相区毗邻规则

图中相区Ⅱ→Ⅴ，产生新的固相Sn，即 $D^+=1$。没有旧相消失，即 $D^-=0$。相图为二维，$R=2$。代入式（5-10），得 $R_1=1$。说明相区Ⅱ与Ⅴ之间边界是一维的，即边界为

一条线。

图中相区Ⅰ→Ⅴ，有固相 Sn 与 Cd 产生。即 $D^+=2$。没有旧相消失，即 $D^-=0$。相图为二维，即 $R=2$。代入式（5-10），得 $R_1=0$。说明相区Ⅰ与Ⅴ之间边界是零维，即边界为一个点。

提请注意，当把相区毗邻规则应用于有零变反应的相图时，应把零变相区视为“退化相区”，即分别由体、面、线退化为相应的面、线、点。

由相图毗邻规则，可以推论：

（1）两个单相区毗邻，只能是一个点，接触点必然落在极点上，而且这两个单相区一定是被含有这两个单相的两相区所分开。据此可判定图 5-22(a)构图正确，而图 5-22(b)构图不正确。图 5-22(b)中存在或接触点不在极点处，或两个单相区毗邻没有被含有这两个单相的两相区所分开的问题。

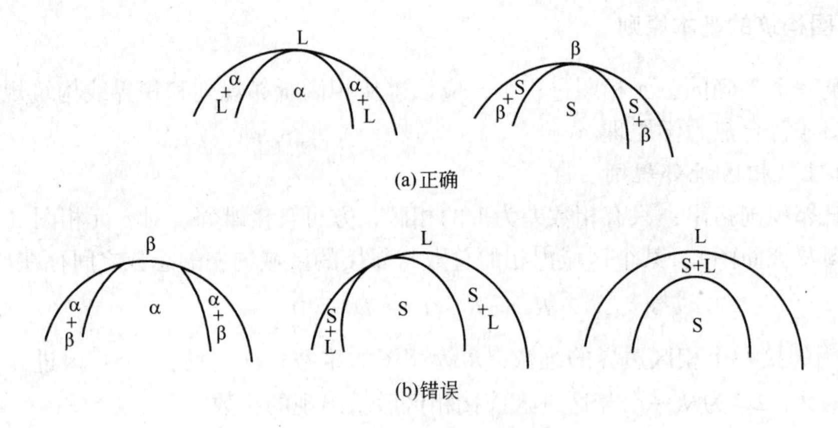

图 5-22 两个单相区毗邻规则

（2）单相区与零变线只能相交于特殊组成点，如图 5-23(a)所示；两个零变线必然被它们所公有的两个相构成的两相区所分开，如图 5-23(b)所示。

（3）两个两相区不能直接毗邻，或被单相区隔开，或被零变线隔开，见图 5-23(a)。

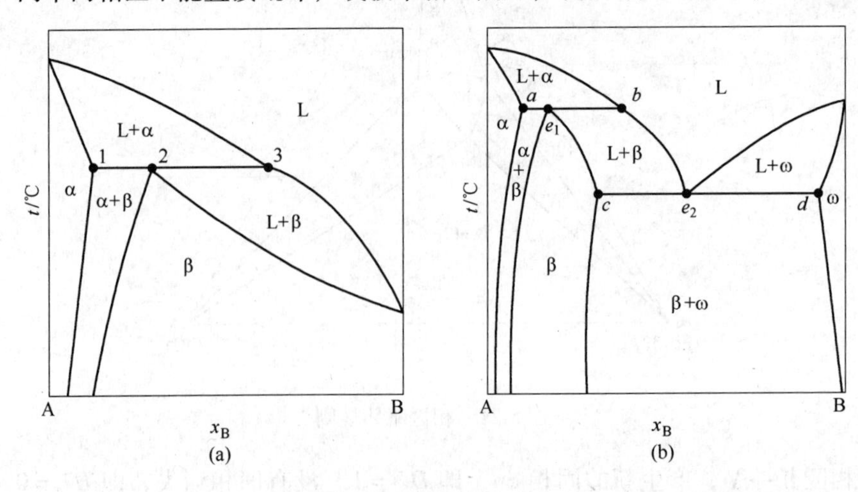

图 5-23 零变线毗邻规则

5.4.1.2 相界线构筑规则

相界线构筑规则指出：在三元系中，单相区与两相区邻接的相界线的延长线，必须分别进入两个两相区（如图5-24(b)所示），或同时进入一个三相区（如图5-24(a)所示）。单相区相界线的延长线的夹角应小于180°。如果相区邻接相界线的延长线一个进入两相区另一个进入三相区（如图5-24(c)所示），或两个都进入单相区（如图5-24(d)所示），这些相界线的构筑是错误的。

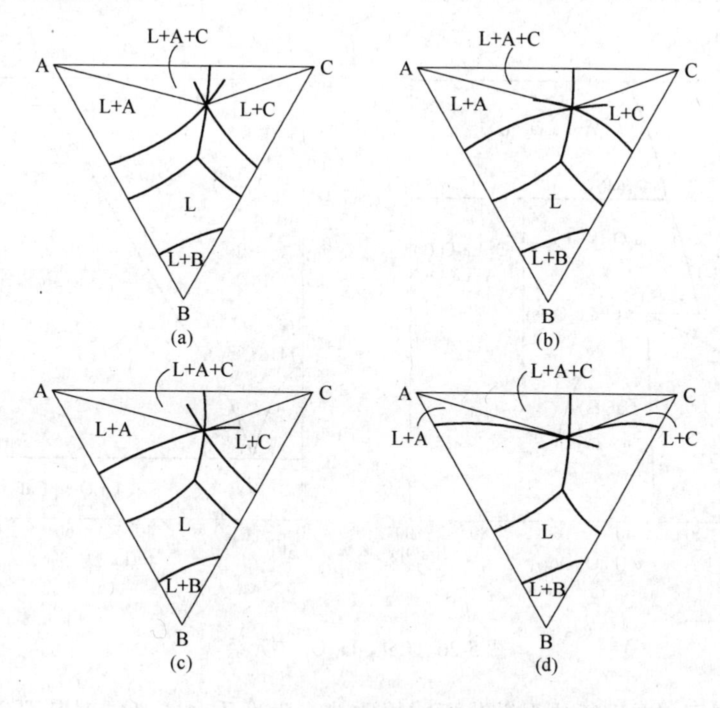

图5-24 三元系相界线构筑规则

由此可以推论：二元系中，单相区与两相区邻接的相界线的延长线必须进入两相区，不能进入单相区，即单相区两条边界线在该区内的交角小于180°，吉布斯自由能最小，这在热力学上才是稳定的，如图5-25(a)所示；反之，图5-25(b)所示相图的构

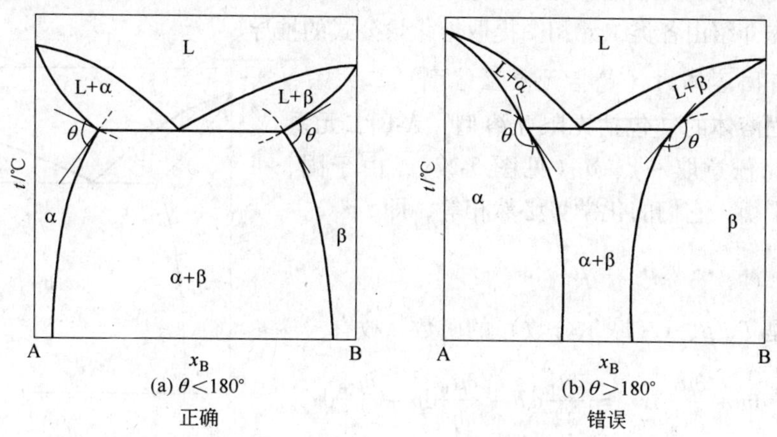

图5-25 二元系相界线构筑规则

筑就是错误的。

5.4.2 相图正误判定

相图是相平衡体系的几何表示法，因此相图与热力学数据密切相关。由热力学数据可以构筑相图，反之，已知可靠的相图可以由相图提取热力学数据。由于实验的误差，相图构筑有时会出现错误，如图 5-26(a)和图 5-26(b)同是 CaF_2-La_2O_3 二元系，却绘制出两幅完全不同的相图。

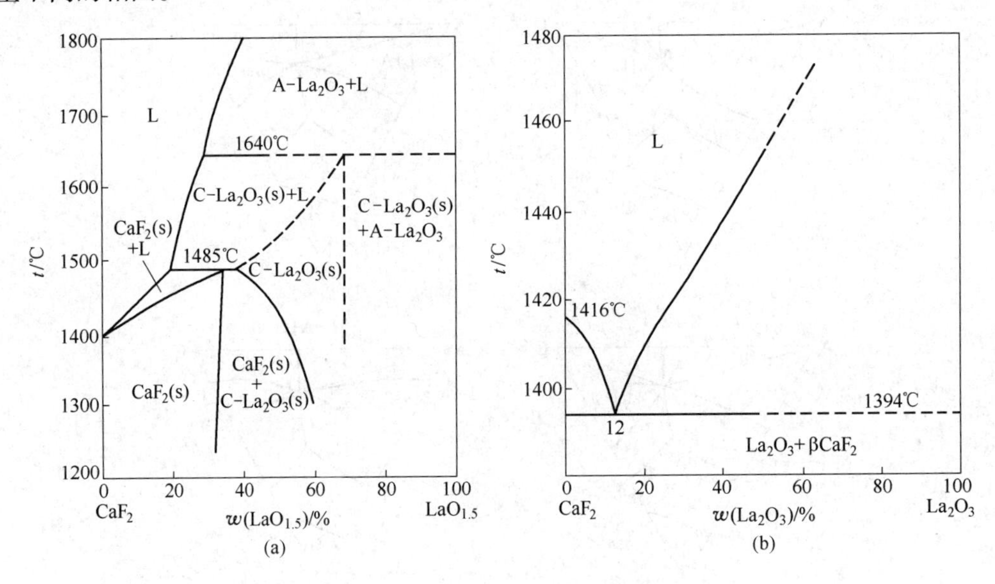

图 5-26 CaF_2-La_2O_3 二元系

因此，在利用相图进行热力学分析或提取热力学性质时，必须对其可靠性进行判定。如利用相图提取热力学性质，诸如熔化焓、活度等等，首先应从热力学理论上，对所选用相图的可靠性进行分析。

5.4.2.1 由相图提取熔化焓与实验值比较判定相图端部的可靠性

判定相图端部的可靠性，可以采用由相图提取熔化焓，将计算值与实验值比较的方法。下面首先介绍由各类二元相图提取熔化焓公式的推导。

A 含有固溶体的（包括无限互溶型）二元系

在含有固溶体的（包括无限互溶型）A-B 二元系的液相线上，任意取一点 M（见图 5-27），由于固、液两相处于平衡，它们的化学势必然相等，即

$$\mu_B^l = \mu_B^s$$

化学势是 T、p、x（摩尔分数）的函数，故有

$$\frac{\partial \mu_B^l}{\partial T}dT + \frac{\partial \mu_B^l}{\partial p}dp + \frac{\partial \mu_B^l}{\partial x_B^l}dx_B^l = \frac{\partial \mu_B^s}{\partial T}dT + \frac{\partial \mu_B^s}{\partial p}dp + \frac{\partial \mu_B^s}{\partial x_B^s}dx_B^s \tag{5-11}$$

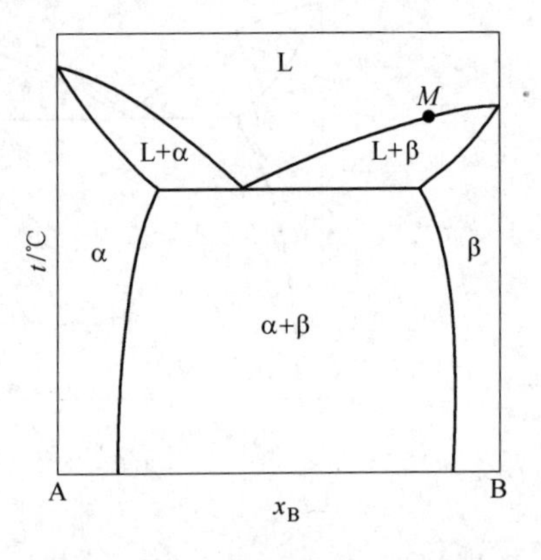

图 5-27 含有固溶体的 A-B 二元系

根据麦克斯威尔（Maxwell）公式，得知

$$\left.\begin{aligned}\left(\frac{\partial\mu_B^l}{\partial T}\right)_{p,x} &= -S_{B,m}^l \\ \left(\frac{\partial\mu_B^l}{\partial p}\right)_{T,x} &= V_{B,m}^l\end{aligned}\right\} \tag{5-12}$$

式中，$S_{B,m}^l$，$V_{B,m}^l$分别为偏摩尔熵与偏摩尔体积。

将式（5-12）代入式（5-11），得

$$-S_{B,m}^l dT + V_{B,m}^l dp + \frac{\partial\mu_B^l}{\partial x_B^l}dx_B^l = -S_{B,m}^s dT + V_{B,m}^s dp + \frac{\partial\mu_B^l}{\partial x_B^l}dx_B^l \tag{5-13}$$

对真实溶液组元的化学势为

$$\left.\begin{aligned}\mu_B^l &= \mu_B^{\ominus l} + RT\ln a_B^l \\ \mu_B^s &= \mu_B^{\ominus s} + RT\ln a_B^s\end{aligned}\right\} \tag{5-14}$$

式中，a_B^l，a_B^s 分别为组元 B 在液相及固相中的活度；$\mu_B^{\ominus l}$，$\mu_B^{\ominus s}$ 分别为组元 B 在液态及固态 T 和 $p=0.101325\text{MPa}$ 时的化学势。

将式（5-14）代入式（5-13），得

$$-S_{B,m}^l dT + V_{B,m}^l dp + RT\frac{\partial\ln a_B^l}{\partial x_B^l}dx_B^l = -S_{B,m}^s dT + V_{B,m}^s dp + RT\frac{\partial\ln a_B^s}{\partial x_B^s}dx_B^s \tag{5-15}$$

平衡相图一般是在恒压条件下绘制的，故 $dp=0$，式（5-15）简化为

$$S_{B,m}^l - S_{B,m}^s = RT\left(\frac{\partial\ln a_B^l}{\partial x_B^l}\frac{dx_B^l}{dT} - \frac{\partial\ln a_B^s}{\partial x_B^s}\frac{dx_B^s}{dT}\right) \tag{5-16}$$

另外，由化学势的定义有下面关系式

$$\left.\begin{aligned}\mu_B^l &= H_{B,m}^l - TS_{B,m}^l \\ \mu_B^s &= H_{B,m}^s - TS_{B,m}^s\end{aligned}\right\} \tag{5-17}$$

式中，$H_{B,m}$为 B 组元的偏摩尔焓。

根据固液平衡时化学势相等，由式（5-17）得

$$S_{B,m}^l - S_{B,m}^s = \frac{H_{B,m}^l - H_{B,m}^s}{T} = \frac{\Delta_{fus}H_{B,m}}{T} \tag{5-18}$$

式中，$H_{B,m}^l - H_{B,m}^s = \Delta_{fus}H_{B,m}$ 为在 T 温度下，1mol B 组元从固态变为液态时所吸收的熔化焓。

比较式（5-16）与式（5-18），得

$$\frac{\partial\ln a_B^l}{\partial x_B^l}\frac{dx_B^l}{dT} - \frac{\partial\ln a_B^s}{\partial x_B^s}\frac{dx_B^s}{dT} = \frac{\Delta_{fus}H_{B,m}}{RT^2} \tag{5-19}$$

当摩尔浓度 $x_B\to1$，则 $\Delta H_{B,m}\to\Delta_{fus}H_{m(B)}^*$（纯物质 B 的熔化焓），$T\to T_{M(B)}^*$（纯物质 B 的熔点），于是

$$\Delta_{fus}H_{m(B)}^* = RT_{M(B)}^{*2}\left(\frac{dx_B^l}{dT} - \frac{dx_B^s}{dT}\right)_{x_B\to1} \tag{5-20}$$

由此可见，在相图的端部分别作液相线与固相线的切线，求斜率，即可由相图提取纯物质的熔化焓。

B 简单低共熔二元系

由式（5-20），当固相为纯固体时，

$$\frac{\mathrm{d}x_{\mathrm{B}}^{\mathrm{s}}}{\mathrm{d}T}=0$$

于是得到

$$\Delta_{\mathrm{fus}}H_{\mathrm{m(B)}}^{*}=\frac{RT_{\mathrm{M(B)}}^{*2}}{\left(\frac{\mathrm{d}T}{\mathrm{d}x_{\mathrm{B}}^{\mathrm{l}}}\right)_{x_{\mathrm{B}}\to 1}} \tag{5-21}$$

C 退化共晶二元系

对退化共晶二元系，可以认为，当 $x_{\mathrm{B}}\to x_{\mathrm{B}(E)}$（共晶点组成）时，$T\to T_E$（共晶点温度），$x_{\mathrm{B}(E)}\to\varepsilon$（无限小），于是

$$H_{\mathrm{A,m}}^{\mathrm{l}}\approx H_{\mathrm{m(A)}}^{\mathrm{l}},\quad H^{\mathrm{l}}\approx H_{\mathrm{m(A)}}^{\mathrm{l}};\quad H_{\mathrm{A,m}}^{\mathrm{s}}\approx H_{\mathrm{m(A)}}^{\mathrm{s}},\quad H^{\mathrm{s}}\approx H_{\mathrm{m(A)}}^{\mathrm{s}}$$

所以

$$H_{\mathrm{m(A)}}^{\mathrm{l}}=x_{\mathrm{A}}^{\mathrm{l}}H_{\mathrm{A,m}}^{\mathrm{l}}+x_{\mathrm{B}}^{\mathrm{l}}H_{\mathrm{B,m}}^{\mathrm{l}}$$

$$H_{\mathrm{m(A)}}^{\mathrm{s}}=x_{\mathrm{A}}^{\mathrm{s}}H_{\mathrm{A,m}}^{\mathrm{s}}+x_{\mathrm{B}}^{\mathrm{s}}H_{\mathrm{B,m}}^{\mathrm{s}}$$

$$H_{\mathrm{B,m}}^{\mathrm{l}}-H_{\mathrm{B,m}}^{\mathrm{s}}=H_{\mathrm{m(A)}}^{\mathrm{l}}-H_{\mathrm{m(A)}}^{\mathrm{s}}=\Delta_{\mathrm{fus}}H_{\mathrm{m(A)}}$$

最后得到

$$\Delta_{\mathrm{fus}}H_{\mathrm{m(A)}}^{*}=\frac{RT_E^2}{x_{\mathrm{B}(E)}^{\mathrm{l}}\left(\frac{\mathrm{d}T}{\mathrm{d}x_{\mathrm{B}}^{\mathrm{l}}}\right)} \tag{5-22}$$

D 含稳定化合物的二元系

对如图5-28所示的含稳定化合物的二元系，在液相线上 T_{E_1}、$T_{\mathrm{M(A}_m\mathrm{B}_n)}$、$T_{E_2}$ 温度析出 $\mathrm{A}_m\mathrm{B}_n$ 的反应为

$$m\mathrm{A}\,(\mathrm{l})+n\mathrm{B}\,(\mathrm{l})=\!=\!=\mathrm{A}_m\mathrm{B}_n(\mathrm{s})$$

在 $T_{E_1}T_{\mathrm{M(A}_m\mathrm{B}_n)}$ 线上可以推导出

$$\Delta_{\mathrm{fus}}H_{\mathrm{m(A}_m\mathrm{B}_n)}=\frac{RT_{\mathrm{M(A}_m\mathrm{B}_n)}^{*2}}{\frac{n}{(m+n)^2}\left(\frac{\mathrm{d}T}{\mathrm{d}x_{\mathrm{B}}^{\mathrm{l}}}\right)} \tag{5-23}$$

在 $T_{\mathrm{M(A}_m\mathrm{B}_n)}T_{E_2}$ 线上，则可以推导出

$$\Delta_{\mathrm{fus}}H_{\mathrm{m(A}_m\mathrm{B}_n)}^{*}=\frac{-RT_{\mathrm{M(A}_m\mathrm{B}_n)}^{*2}}{\frac{m}{(m+n)^2}\left(\frac{\mathrm{d}T}{\mathrm{d}x_{\mathrm{B}}^{\mathrm{l}}}\right)} \tag{5-24}$$

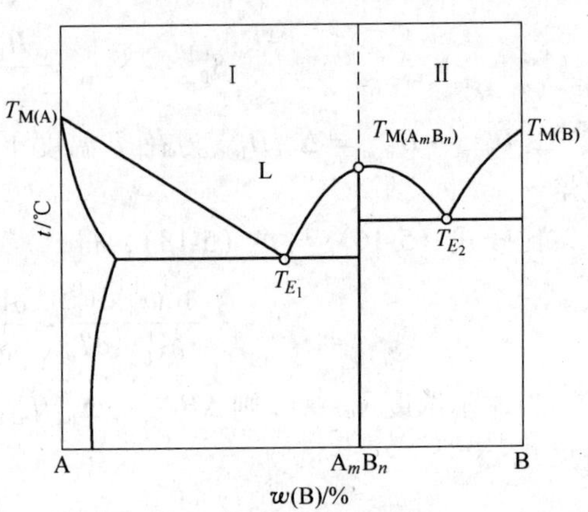

图5-28 含稳定化合物的二元系

由此可见，在任意二元相图上，当 $x_{\mathrm{A}}\to 1$ 时，用逐步逼近法求液相线和固相线的斜

率；或用数学方法求液相线与固相线的曲率中心，作通过纯组元A熔点的曲率半径的垂线，从而可以分别得到在纯组元A处与液相线，或固相线相切的切线。然后，再利用显微测长仪，分别求出 $\frac{dx_B^l}{dT}$、$\frac{dx_B^s}{dT}$，代入相应的公式，即可求得纯物质A的熔化焓。同理可以求出纯物质B或化合物 A_mB_n 的熔化焓。

E 由相图提取熔化焓的误差分析

大量客观事实证明，热力学性质都是连续的，通常不会出现突变或小范围内的急剧变化。因此，可以预料大多数相线也应具有此性质。另外，应当认为目前国内外文献中发表的相图，在纵坐标与横坐标的选取上是考虑了实验误差，作出了合理选择的。最后一点，在对相图的相线作切线时，不可避免会带来误差，切线角度的最大误差是 ±3°。由此可以计算由前面诸公式计算熔化焓的误差。

若液相线端点的切线与温度轴夹角的理想值为 α，实际测量值为 $(\alpha \pm \varepsilon)$。令实际作图测得的斜率为 η；ξ 为坐标常数，它代表单位长度横坐标与纵坐标的取值之比。于是得到：

对简单共晶系求熔化焓的误差计算公式为

$$\frac{\delta(\Delta_{fus}H^*_{m(A)})}{\Delta_{fus}H^*_{m(A)}} = 1 - \frac{\xi}{\eta}\tan\left[\arctan\left(\frac{\eta}{\xi}\right) - \varepsilon\right] \tag{5-25}$$

对含有固溶体相图求熔化焓的误差计算公式为

$$\frac{\delta(\Delta_{fus}H^*_{m(A)})}{\Delta_{fus}H^*_{m(A)}} = 1 - \frac{\xi}{\eta_s + \eta_l}\left\{\tan\left[\arctan\left(\frac{\eta_s}{\xi}\right) - \varepsilon\right] + \tan\left[\arctan\left(\frac{\eta_l}{\xi}\right) - \varepsilon\right]\right\} \tag{5-26}$$

式中，η_s，η_l 分别为实际测量固相线与液相线的斜率。

同理，可求出其他类型相图计算熔化焓的误差公式。

利用上述熔化焓法，对Pb-Sb二元系相图的端部进行判定。其结果如下：

项　目	计算值/kJ·mol⁻¹	实验值/kJ·mol⁻¹
$\Delta_{fus}H^*_{m(Pb)}$	4.577 ±0.5	4.812 ±0.1
$\Delta_{fus}H^*_{m(Sb)}$	45.714 ±7.6	39.748 ±0.8

由表中数值可以看出，考虑到计算的误差，计算值与实验值吻合。这证实了该二元系相图的端部构造合理。

5.4.2.2 利用氧势递增原理判定含多种氧化物体系相图中相区的可靠性

A 氧势递增原理

在任意M-O体系中（如图5-29所示），相邻氧化物的氧势随含氧量的增加而增加，其数学表达式为

$$RT\ln(p_{O_2}^{II}/p^{\ominus}) > RT\ln(p_{O_2}^{I}/p^{\ominus}) \tag{5-27}$$

具体地说，在M-O体系中（O表示气体），

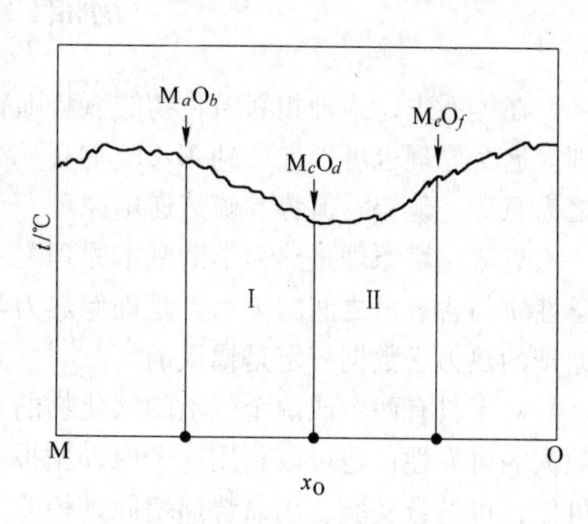

图5-29 M-O二元相图

有三个氧化物：M_aO_b、M_cO_d、M_eO_f，其中 a、b、c、d、e、f 为正整数，且 $\frac{b}{a}<\frac{d}{c}<\frac{f}{e}$，即三个氧化物含氧量是依次增加的。

在 $M_aO_b+M_cO_d$ 两相区（Ⅰ）内有平衡反应

$$cmM_aO_b+O_2(g)=\!=\!=amM_cO_d$$

式中，$m=2/(ad-bc)$

$$\Delta_rG_{\mathrm{I}}^{\ominus}=RT\ln\frac{p_{O_2}^{\mathrm{I}}}{p^{\ominus}} \tag{5-28}$$

在 $M_cO_d+M_eO_f$ 两相区（Ⅱ）内，存在平衡反应

$$enM_cO_d+O_2(g)=\!=\!=cnM_eO_f$$

式中，$n=2/(cf-ed)$

$$\Delta_rG_{\mathrm{II}}^{\ominus}=RT\ln\left(\frac{p_{O_2}^{\mathrm{II}}}{p^{\ominus}}\right) \tag{5-29}$$

式（5-29）－式（5-28），得

$$(am+en)M_cO_d=\!=\!=cmM_aO_b+cnM_eO_f$$

$$\Delta_rG^{\ominus}=\Delta_rG_{\mathrm{II}}^{\ominus}-\Delta_rG_{\mathrm{I}}^{\ominus}=RT\ln\left(\frac{p_{O_2}^{\mathrm{II}}}{p^{\ominus}}\right)-RT\ln\left(\frac{p_{O_2}^{\mathrm{I}}}{p^{\ominus}}\right) \tag{5-30}$$

如果 $\Delta_rG_{\mathrm{II}}^{\ominus}\leqslant\Delta_rG_{\mathrm{I}}^{\ominus}$，则 $\Delta_rG^{\ominus}\leqslant 0$。

若 $\Delta_rG^{\ominus}=0$，表示在 T 温度下，M_aO_b、M_cO_d、M_eO_f 三相平衡共存。但在二元系中，三相平衡共存只能在零变线上。因此，没在零变线上的 M_aO_b、M_cO_d、M_eO_f 三相平衡共存是违背了相律，故假定 $\Delta_rG^{\ominus}=0$ 是错误的。

若 $\Delta_rG^{\ominus}<0$，表明在 T 温度下，M_aO_b 与 M_eO_f 两相平衡共存。由相图得知，不存在它们平衡共存相区，故此假设 $\Delta_rG^{\ominus}<0$ 也是错误的。

由此得出，只可能有 $\Delta_rG^{\ominus}>0$ 的结论。即

$$RT\ln\left(\frac{p_{O_2}^{\mathrm{II}}}{p^{\ominus}}\right)>RT\ln\left(\frac{p_{O_2}^{\mathrm{I}}}{p^{\ominus}}\right)$$

在体系中，这种相邻氧化物的氧势随含氧量的增加而增加的原理，称之为氧势递增原理。这个原理也可以推广到 M-Cl、M-I、M-N，M-S 等含气体组元的二元体系中，相应称之为氯势、碘势、氮势、硫势递增原理。

氧势递增原理是热力学的基本原理之一。它指出了同一元素不同价态的氧化物的热力学性质与含氧量之间的关系，是确保热力学数据正确性的必要条件之一。违反了氧势递增原理的热力学数据一定是错误的。

对于具有两个或两个以上的氧化物的元素，可以用氧势递增原理检验其氧化物热力学数据的可靠性；也可以利用这个原理预报一些未知的热力学数据。反之，如果热力学数值可信，可结合实验，用氧势递增原理检验两相区存在的范围，验证相图部分区域构造的可靠性。

B 氧势递增原理应用的实例

下面用氧势递增原理判定 Mo-O 二元系热力学数据正误与有关两相区的范围为例，介绍如何在实际中应用这个原理。

由文献中查出 Mo-O 二元系在 1000K 时，MoO_2、Mo_4O_{11}、Mo_9O_{26} 及 MoO_3 的吉布斯自由能值并列入表 5-1。

表 5-1 1000K 下钼氧化物的标准吉布斯自由能值

反应	$\Delta_r G^{\ominus}_{1000K}$ /kJ · mol⁻¹	
	修正前	修正后
$Mo(s) + O_2(g) = MoO_2(s)$	-408.99	-408.99
$\frac{8}{11}Mo(s) + O_2(g) = \frac{2}{11}Mo_4O_{11}(s)$	-349.36	-349.36
$\frac{9}{13}Mo(s) + O_2(g) = \frac{1}{13}Mo_9O_{26}(s)$	-335.82	-340.20
$\frac{2}{3}Mo(s) + O_2(g) = \frac{2}{3}MoO_3(s)$	-329.28	-329.28

根据表 5-1，计算 1000K 下 Mo-O 体系中的平衡氧势，列入表 5-2。由表 5-2 可以看出，根据修正前的数据计算 Mo_4O_{11} 与 Mo_9O_{26} 的平衡氧势值大于 Mo_9O_{26} 与 MoO_3 的平衡氧势值。然而，Mo_4O_{11} 与 Mo_9O_{26} 的平均含氧量却小于 Mo_9O_{26} 与 MoO_3 的平均含氧量。这违背了氧势递增原理，说明了上述数据中至少有一个是错误的。根据氧势递增原理，或 $\Delta_r G^{\ominus}_{Mo_4O_{11}}$ 增大或 $\Delta_r G^{\ominus}_{Mo_9O_{26}}$ 减小。

表 5-2 1000K 下 Mo-O 体系中平衡氧势值

反应	$RT\ln(p_{O_2}/p^{\ominus})$ /kJ · mol⁻¹	
	修正前	修正后
$Mo(s) + O_2(g) = MoO_2(s)$	-408.99	-408.99
$\frac{8}{3}MoO_2(s) + O_2(g) = \frac{2}{3}Mo_4O_{11}(s)$	-190.37	-190.37
$\frac{18}{5}Mo_4O_{11}(s) + O_2(g) = \frac{8}{5}Mo_9O_{26}(s)$	-67.99	-159.00
$2Mo_9O_{26}(s) + O_2(g) = 18MoO_3(s)$	-159.03	-45.30

在相图中 Mo_9O_{26} 与 MoO_3 平衡共存的相区为 $x_O = 74.29\% \sim 75.00\%$；$Mo_4O_{11}$ 与 MoO_2 平衡共存的相区为 $x_O = 66.67\% \sim 73.33\%$。而修正前朱可夫斯基（Жуковский）的数据为

$$2Mo_9O_{26}(s) + O_2(g) = 18MoO_3(s) \qquad (773 \sim 1023K)$$

$$\Delta_r G^{\ominus} = -352.71 + 0.19372T \quad kJ/mol$$

如果拓宽 Mo_9O_{26} 与 MoO_3 平衡共存相区，便进入了 Mo_4O_{11} 与 Mo_9O_{26} 平衡共存相区。因此，可以认为他们测量的结果应是下面反应

$$\frac{18}{5}Mo_4O_{11}(s) + O_2(g) = \frac{8}{5}Mo_9O_{26}(s) \quad (773 \sim 1023K)$$

$$\Delta_r G^{\ominus} = -352.71 + 0.19372T \quad kJ/mol$$

于是，按这一反应对1000K 的 $\Delta_r G^{\ominus}$ 进行修正，得到表5-1、表5-2 中的修正值。这一结果，完全符合氧势递增原理。在用固体电解质电动势法测量 Mo_4O_{11} 的生成吉布斯自由能来验证时，得到

$$8MoO_2(s) + 3O_2(g) = 2Mo_4O_{11}(s) \quad (873 \sim 1073K)$$

$$\Delta_r G^{\ominus} = -722.74 + 0.01563T \quad kJ/mol$$

由此得到的值与表中修正值吻合，证实了修正后的热力学数据是可信的。

应注意的是，氧势、硫势、碘势、氯势、氟势、氮势递增原理等只适用于含有一个组元为气体的二元系。对于更多的不含气体组元的二元系和三元系，可以应用在此基础上提出的拟抛物线、拟抛物面等几何规则。

5.4.2.3 利用拟抛物线、拟抛物面等几何规则判定相图、热力数据的可靠性和预报热力学性质

A 拟抛物线和拟抛物面等几何规则

拟抛物线和拟抛物面等几何规则是根据吉布斯自由能最小法则——相稳定性原则，用几何的方法表明二元、三元等体系中化合物的吉布斯自由能与组成（组元摩尔分数）的关系。

a 二元系的拟抛物线规则

设在 A-B 二元体系中，存在三个稳定的化合物，其组成分别为：$x_{ij}(i = 1,2,3; j = 1(A),2(B))$，亦即第 i 个化合物中组元 j 的摩尔分数。将吉布斯自由能折合成1mol 组元粒子所对应的量 G_i^*。

如果配制某一合金，其量折合成组元粒子（原子或分子）时为1mol，对应的成分为 x_{31}，x_{32}。若配制的合金生成一化合物，且该化合物以稳定的单相存在，则其生成吉布斯自由能为 G_3^*；反之，若配制的合金生成一化合物不稳定，分解成为其他两个化合物，这两个化合物的生成吉布斯自由能分别为 G_1^* 和 G_2^*，如图5-30 所示。

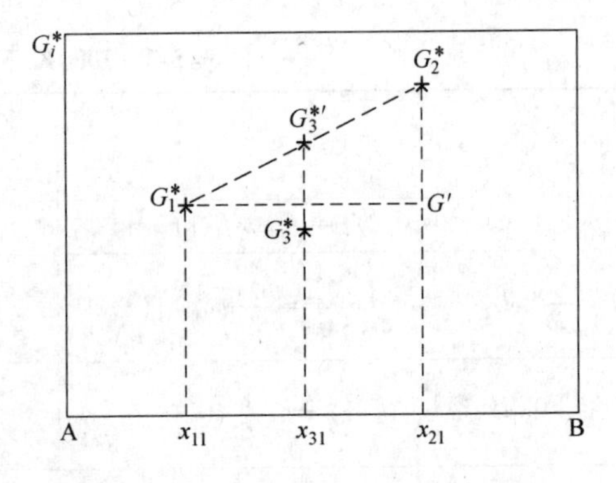

图5-30 二元系中 G_i^* 与组成关系示意图

于是有：$x_{21} > x_{31} > x_{11} > 0$

由图中 $\triangle G_1^* G_2^* G' \sim \triangle G_1^* G_3^* G_3^{*\prime}$ 相似三角形性质，得到

$$\frac{G_3^{*\prime} - G_1^*}{x_{31} - x_{11}} = \frac{G_2^* - G_1^*}{x_{21} - x_{11}}$$

整理得

$$G_3^{*\prime} = \frac{(x_{21} - x_{31})G_1^* + (x_{31} - x_{11})G_2^*}{x_{21} - x_{11}}$$

由稳定相的吉布斯自由能最小法则知

$$G_3^* < G_3^{*\prime}$$

因此有

$$G_3^* < \frac{(x_{21} - x_{31})G_1^* + (x_{31} - x_{11})G_2^*}{x_{21} - x_{11}}$$

或写成

$$G_3^* < \frac{G_1^* \begin{vmatrix} x_{21} & 1 \\ x_{31} & 1 \end{vmatrix} + G_2^* \begin{vmatrix} x_{31} & 1 \\ x_{11} & 1 \end{vmatrix}}{\begin{vmatrix} x_{21} & 1 \\ x_{11} & 1 \end{vmatrix}}$$

运用行列式性质可将上式写成行列式

$$(-1)^{2+1} \begin{vmatrix} G_1^* & x_{11} & 1 \\ G_2^* & x_{21} & 1 \\ G_3^* & x_{31} & 1 \end{vmatrix} > 0 \tag{5-31}$$

令

$$d = \begin{vmatrix} x_{21} & 1 \\ x_{11} & 1 \end{vmatrix}; \quad d_1 = \begin{vmatrix} x_{21} & 1 \\ x_{31} & 1 \end{vmatrix}; \quad d_2 = \begin{vmatrix} x_{31} & 1 \\ x_{11} & 1 \end{vmatrix}$$

于是有

$$G_3^* < \frac{G_1^* d_1 + G_2^* d_2}{d}$$

因是分解成 x_{11} 和 x_{21} 两个化合物，所以 $d \neq 0$。当 $d > 0$ 时，则

$$(-1)^{2+1} \begin{vmatrix} G_1^* & x_{11} & 1 \\ G_2^* & x_{21} & 1 \\ G_3^* & x_{31} & 1 \end{vmatrix} > 0$$

当 $d < 0$ 时，则

$$(-1)^{2+1} \begin{vmatrix} G_1^* & x_{11} & 1 \\ G_2^* & x_{21} & 1 \\ G_3^* & x_{31} & 1 \end{vmatrix} < 0$$

由此可见，二元系中各中间化合物的摩尔组元自由能 G_i^* 随成分的变化呈拟抛物线形，也就是二元系中各中间化合物的摩尔组元自由能 G_i^* 随成分的变化遵循拟抛物线规则。

b 三元系拟抛物面规则

设在 A-B-C 三元系中存在 4 个中间化合物 1、2、3 和 4，它们的成分分别为 x_{iA}，x_{iB}，x_{iC}（$i = 1, 2, 3, 4$），如图 5-31 所示。

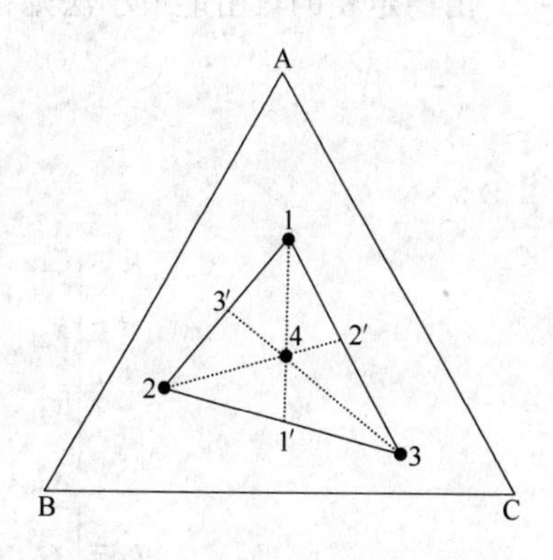

图 5-31 A-B-C 三元系中化合物分布的一般情况

设 1mol 组元粒子的化合物 4，可以分解为其他 3 个

化合物1、2和3，它们的含量折合成组元粒子的物质的量为 $m_i(i=1,2,3)$，于是有

$$m_1=\frac{S_{4\text{-}2\text{-}3}}{S_{1\text{-}2\text{-}3}}=\frac{L_{41'}}{L_{11'}}=\frac{\begin{vmatrix}x_{41} & x_{42} & 1\\ x_{21} & x_{22} & 1\\ x_{31} & x_{32} & 1\end{vmatrix}}{\begin{vmatrix}x_{11} & x_{12} & 1\\ x_{21} & x_{22} & 1\\ x_{31} & x_{32} & 1\end{vmatrix}} \tag{5-32}$$

式中，S 和 L 分别表示面积和线段的长度；下标分别表示三角形的顶点和线段的端点。

$$m_2=\frac{S_{4\text{-}3\text{-}1}}{S_{1\text{-}2\text{-}3}}=\frac{L_{42'}}{L_{11'}}=\frac{\begin{vmatrix}x_{41} & x_{42} & 1\\ x_{31} & x_{32} & 1\\ x_{11} & x_{12} & 1\end{vmatrix}}{\begin{vmatrix}x_{11} & x_{12} & 1\\ x_{21} & x_{22} & 1\\ x_{31} & x_{32} & 1\end{vmatrix}} \tag{5-33}$$

$$m_3=\frac{S_{4\text{-}1\text{-}2}}{S_{1\text{-}2\text{-}3}}=\frac{L_{43'}}{L_{33'}}=\frac{\begin{vmatrix}x_{41} & x_{42} & 1\\ x_{11} & x_{12} & 1\\ x_{21} & x_{22} & 1\end{vmatrix}}{\begin{vmatrix}x_{11} & x_{12} & 1\\ x_{21} & x_{22} & 1\\ x_{31} & x_{32} & 1\end{vmatrix}} \tag{5-34}$$

由三角形的性质，有

$$G_4^{*\prime}=\sum_{i=1}^{3}m_iG_i^*=m_1G_1^*+m_2G_2^*+m_3G_3^* \tag{5-35}$$

由稳定相的自由能最小法则，可得到

$$G_4^*<G_4^{*\prime}=\sum_{i=1}^{3}m_iG_i^* \tag{5-36}$$

当令

$$d=\begin{vmatrix}x_{11} & x_{12} & 1\\ x_{21} & x_{22} & 1\\ x_{31} & x_{32} & 1\end{vmatrix};\qquad d_1=\begin{vmatrix}x_{41} & x_{42} & 1\\ x_{21} & x_{22} & 1\\ x_{31} & x_{32} & 1\end{vmatrix};$$

$$d_2=\begin{vmatrix}x_{41} & x_{42} & 1\\ x_{31} & x_{32} & 1\\ x_{11} & x_{12} & 1\end{vmatrix};\qquad d_3=\begin{vmatrix}x_{41} & x_{42} & 1\\ x_{11} & x_{12} & 1\\ x_{21} & x_{22} & 1\end{vmatrix}$$

则 $m_1 = \dfrac{d_1}{d}$； $m_2 = \dfrac{d_2}{d}$； $m_3 = \dfrac{d_3}{d}$，代入式(5-36)，得

$$G_4^* < G_4^{*\prime} = \sum_{i=1}^{3} \frac{d_i}{d} G_i^*$$

或

$$G_4^* < \frac{1}{d}(d_1 G_1^* + d_2 G_2^* + d_3 G_3^*)$$

因化合物1、2和3是化合物4分解而成的，所以 $d \neq 0$。当 $d > 0$ 时

$$dG_4^* < d_1 G_1^* + d_2 G_2^* + d_3 G_3^*$$

运用行列式性质，将上式写成行列式形式

$$(-1)^{3+1} \begin{vmatrix} G_1^* & x_{11} & x_{12} & 1 \\ G_2^* & x_{21} & x_{22} & 1 \\ G_3^* & x_{31} & x_{32} & 1 \\ G_4^* & x_{41} & x_{42} & 1 \end{vmatrix} > 0 \tag{5-37a}$$

当 $d < 0$ 时，$dG_4^* > d_1 G_1^* + d_2 G_2^* + d_3 G_3^*$

$$(-1)^{3+1} \begin{vmatrix} G_1^* & x_{11} & x_{12} & 1 \\ G_2^* & x_{21} & x_{22} & 1 \\ G_3^* & x_{31} & x_{32} & 1 \\ G_4^* & x_{41} & x_{42} & 1 \end{vmatrix} < 0 \tag{5-37b}$$

式(5-36)或式(5-37)反映出在三元系中化合物摩尔吉布斯自由能 G_i^* 与组成三维空间上，描述代表 x_{4A}，x_{4B}，x_{4C}和 G_4^* 的点，应落在由点（x_{iA}，x_{iB}，x_{iC}，G_i^*）所构成的空间三角形的下方，即在连接各个化合物所构成向下凹的多面体上。这就是三元系中的拟抛物面规则。

c 多元系的几何规则

将上述规则推导推广到 n 元系中。在 n 元平衡体系中存在 $n+1$ 个中间化合物（化学计量的相），它们的成分是 $x_{i1}x_{i2}\cdots x_{in}$（$i=1, 2, 3, \cdots, n, n+1$），$x_{ij}$是第 i 个化合物中所含 j 组元的摩尔分数，它们的吉布斯自由能折合成一摩尔组元（原子或分子）所对应的量是 G_i^* 。若配制的合金的量折合成组元是1mol，其成分为 $x_{n+11}x_{n+12}\cdots x_{n+1n}$。若配制的合金以单质形式存在，其摩尔吉布斯自由能应为 G_{n+1}^*，不能以单质形式存在，即第 $n+1$ 个化合物不稳定，可分解成 n 个化合物。如果这 n 个化合物相应含有的量折合成组元的物质的量为 $m_i(i=1, 2, 3, \cdots, n)$，则 m_i 于成分之间应满足

$$\sum_{i=1}^{n} x_{ij} m_i = x_{n+1,\,j} (j = 1,2,3,\cdots,n)$$

$$x_{in} = 1 - \sum_{j=1}^{n-1} x_{ij}$$

令

$$d = \begin{vmatrix} x_{11} & x_{12} & \cdots & x_{1n-1} & 1 \\ x_{21} & x_{22} & \cdots & x_{2n-1} & 1 \\ \vdots & & & & \vdots \\ x_{n1} & x_{n2} & \cdots & x_{nn-1} & 1 \end{vmatrix}$$

$$d_i = \begin{vmatrix} x_{11} & x_{12} & \cdots & x_{1n-1} & 1 \\ x_{21} & x_{22} & \cdots & x_{2n-1} & 1 \\ x_{i-11} & x_{i-12} & \cdots & x_{i-1n-1} & 1 \\ x_{n+11} & x_{n+12} & \cdots & x_{n+1n-1} & 1 \\ x_{i+11} & x_{i+12} & \cdots & x_{i+1n-1} & 1 \\ \vdots & & & & \vdots \\ x_{n1} & x_{n2} & \cdots & x_{nn-1} & 1 \end{vmatrix} \quad (i = 1,2,3,\cdots,n)$$

$$m_i = \frac{d_i}{d}$$

因 $n+1$ 相是相图中的稳定相，根据稳定相的吉布斯自由能最小法则，有

$$G_{n+1}^* < \sum_{i=1}^{n} \frac{d_i}{d} G_i^*$$

当 $d>0$ 时

$$(-1)^{n+1} \begin{vmatrix} G_1^* & x_{11} & x_{12} & \cdots & x_{1n-1} & 1 \\ G_2^* & x_{21} & x_{22} & \cdots & x_{2n-1} & 1 \\ \vdots & & & & & \vdots \\ G_{n+1}^* & x_{n+11} & x_{n+12} & \cdots & x_{n+1n-1} & 1 \end{vmatrix} > 0 \quad (5\text{-}38a)$$

当 $d<0$ 时，

$$(-1)^{n+1} \begin{vmatrix} G_1^* & x_{11} & x_{12} & \cdots & x_{1n-1} & 1 \\ G_2^* & x_{21} & x_{22} & \cdots & x_{2n-1} & 1 \\ \vdots & & & & & \vdots \\ G_{n+1}^* & x_{n+11} & x_{n+12} & \cdots & x_{n+1n-1} & 1 \end{vmatrix} < 0 \quad (5\text{-}38b)$$

当定义化合物摩尔组元粒子标准生成吉布斯自由能 $\Delta_f G_i^{\ominus *}$ $(i = 1,2,3,\cdots,n+1)$ 总量相当于 1mol 组元粒子的稳定单质形成该化合物时的吉布斯自由能，则有

$$\Delta_f G_i^{\ominus *} = G_i^* - \sum_{j=1}^{n} x_{ij} G_j^{\ominus} \quad (i = 1,2,3,\cdots,n+1) \quad (5\text{-}39)$$

式中，$G_j^{\ominus}$ $(j = 1,2,3,\cdots,n)$ 可有两种情况：当组元为稳定单质时，$G_j^{\ominus}$ 为单质的摩尔吉布斯自由能；当组元为简单化合物（或复合化合物）时，则 $G_j^{\ominus}$ 为构成该化合物的各稳定单质（或简单化合物）的摩尔吉布斯自由能之和。

将式(5-39)代入式(5-38)便得到多元系中任意稳定相的判别式，或称之为几何规则。

当 $d > 0$ 时

$$(-1)^{n+1}\begin{vmatrix} \Delta_f G_1^{\ominus *} & x_{11} & x_{12} & \cdots & x_{1n-1} & 1 \\ \Delta_f G_2^{\ominus *} & x_{21} & x_{22} & \cdots & x_{2n-1} & 1 \\ \vdots & & & & & \vdots \\ \Delta_f G_{n+1}^{\ominus *} & x_{n+11} & x_{n+12} & \cdots & x_{n+1n-1} & 1 \end{vmatrix} > 0 \qquad (5\text{-}40a)$$

当 $d < 0$ 时

$$(-1)^{n+1}\begin{vmatrix} \Delta_f G_1^{\ominus *} & x_{11} & x_{12} & \cdots & x_{1n-1} & 1 \\ \Delta_f G_2^{\ominus *} & x_{21} & x_{22} & \cdots & x_{2n-1} & 1 \\ \vdots & & & & & \vdots \\ \Delta_f G_{n+1}^{\ominus *} & x_{n+11} & x_{n+12} & \cdots & x_{n+1n-1} & 1 \end{vmatrix} < 0 \qquad (5\text{-}40b)$$

应该指出，式（5-38a）及式（5-38b）与式（5-40a）及式（5-40b）是等价的，都表示 n 元系中任意稳定相的几何规则。

对于多元系，已经无法用几何图形表示任意稳定相的几何规则，但可以借助编制计算机程序来实现多元体系几何规则的计算。

d 拟抛物线、拟抛物面等几何规则的计算机程序

为了减少计算时间，编制了计算机程序，其框图示于图 5-32，计算机程序运行界面示于图 5-33。

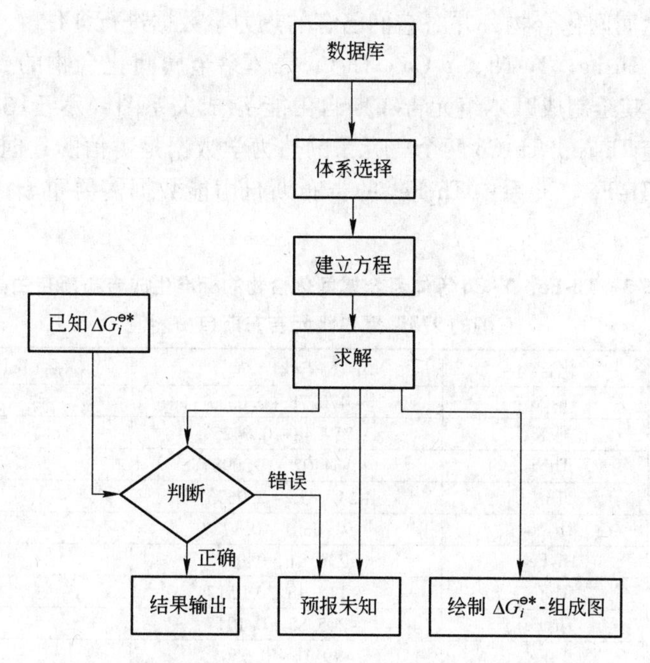

图 5-32 拟抛物线、拟抛物面等几何规则计算机程序框图

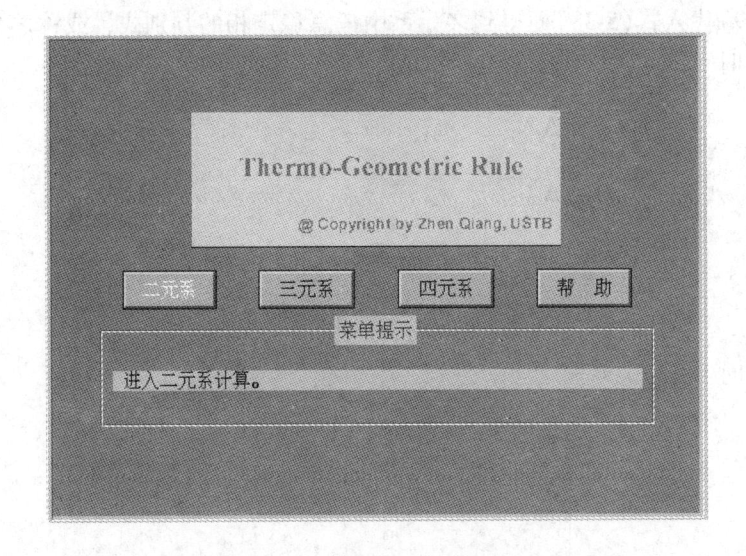

图 5-33 拟抛物线、拟抛物面等几何规则计算机程序运行界面

B 相图、热力学数据的可靠性判定和热力学性质的预报

利用拟抛物线、拟抛物面等几何规则，可判定相图、热力数据的可靠性和预报热力学性质。

a 检验化合物标准生成吉布斯自由能数据的可靠性

(1) 稀土金属间化合物热力学数据分析。稀土元素在结构和功能材料中得到广泛的应用，因而其金属间化合物的热力学数据对制备这些材料的工艺设计尤显重要。然而，由于稀土元素极为活泼，很易氧化，实验测定的数据可能误差较大，应用时需要进行评估。下面列举一些稀土金属间化合物，并对它们已有的热力学数据进行评估。

已知973K时Th-Fe、Th-Ni、Y-Co、Th-Co等体系金属间化合物的吉布斯自由能数据(列于表5-3)，将其绘制成摩尔组元吉布斯自由能-组成关系图（示于图5-34）。根据拟抛物线规则可以判定Th-Ni、Th-Co两个二元系的热力学数据是可信的，但在Y-Co二元系中Y_2Co_7，Y_9Co_7和Th-Fe二元系中Th_2Fe_7的吉布斯自由能数据需要重新测定或根据热力学原理进行预报。

表5-3 Th-Fe、Y-Co等体系金属间化合物的标准生成吉布斯自由能和它们的973K摩尔组元吉布斯自由能值

体 系	化合物	$\Delta_f G^{\ominus}$-T/kJ · mol^{-1}	$\Delta_f G^{\ominus *}_{973K}$/kJ · (mol component)$^{-1}$
Th-Ni	Th_2Ni_{17}	−470.78 + 0.035T	−22.986
	$ThNi_5$	−259.48 + 0.0425T	−36.355
	$ThNi_2$	−134.02 + 0.0098T	−41.495
	ThNi	−24.0815 − 0.0635T	−42.934
	Th_7Ni_3	−91.0601 − 0.172T	−25.842
Th-Fe	Th_2Fe_{17}	−236.81 + 0.095T	−7.599
	$ThFe_5$	−115.48 + 0.051T	−10.976
	Th_2Fe_7	−205.85 + 0.101T	−11.953
	$ThFe_3$	−99.16 + 0.050T	−12.628
	Th_7Fe_3	−50.63 − 0.017T	−6.717

续表 5-3

体　系	化合物	$\Delta_f G^\ominus$ -T /kJ · mol^{-1}	$\Delta_f G^{\ominus *}_{973K}$ /kJ · (mol component)$^{-1}$
Th-Co	Th_2Co_{17}	$-312.96+0.063T$	-13.245
	$ThCo_5$	$-179.08+0.053T$	-21.252
	ThCo	$-93.72+0.029T$	-32.752
	Th_7Co_3	$-280.75+0.033T$	-24.864
	Th_2Co_7	$-375.72+0.128T$	-27.908
Y-Co	Y_2Co_{17}	$-144.39-0.004T$	-7.804
	YCo_5	$-73.18+0.001T$	-12.035
	Y_2Co_7	$-155.23+0.012T$	-15.950
	YCo_3	$-77.38+0.006T$	-17.886
	YCo_2	$-68.27+0.007T$	-20.486
	Y_2Co_3	$-135.28+0.032T$	-20.829
	Y_9Co_7	$-416.23+0.115T$	-19.021
	Y_8Co_5	$-283.72+0.042T$	-18.681
	Y_3Co	$-63.20-0.003T$	-16.530

同样，对三元系也可以应用拟抛物面规则检验化合物标准生成吉布斯自由能数据的可靠性。

（2）赛隆体系热力学数据分析。赛隆作为高温结构陶瓷材料研究较多，而有关的热力学研究较少，只有少量的报道。如文献中报道了 X-Sialon 的标准生成吉布斯自由能与温度的关系式为

$$\Delta_f G^\ominus_{X\text{-Sialon}} = -23808.261 + 5.454T \quad kJ/mol$$

而制备赛隆及赛隆体系复合材料的化学设计，需要依据正确的赛隆热力学数据，因此需要对已有的相关热力学数据进行评估。下面就文献报道的 X-Sialon 的标准生成吉布斯自由能作为评估例子，说明如何运用拟抛物面规则。

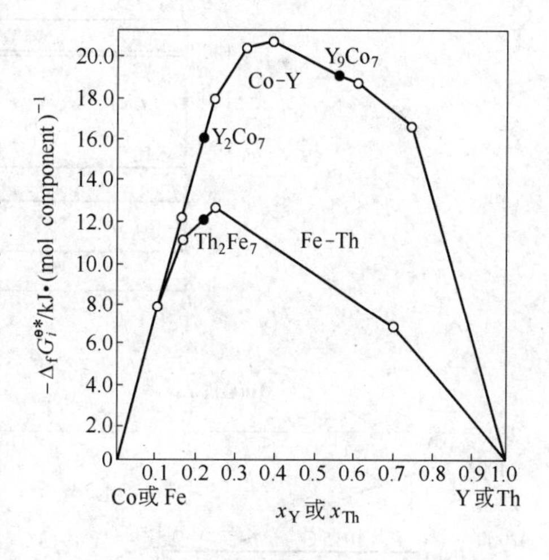

图 5-34　973K 时 Th-Fe、Y-Co 体系金属间化合物的摩尔组元吉布斯自由能-组成关系

将上述 X-Sialon 的标准生成吉布斯自由能与温度关系式换算成在 Al_2O_3-SiO_2-Si_3N_4 三元体系中的摩尔组元吉布斯自由能与温度的关系式

$$\Delta_f G^{\ominus *}_{X\text{-Sialon}} = -1400.486 + 0.321T \quad kJ/mol\ component$$

在 $T=1800K$ 时，$\Delta_f G^{\ominus *}_{X\text{-Sialon}} = -822.686$kJ/mol component。

将 Al_2O_3-SiO_2-Si_3N_4 体系 1800K 时已知的摩尔组元标准生成吉布斯自由能对组成作图，

则得到如图 5-35 所示的拟抛物面。从图中可以看出，X-Sialon 摩尔组元标准生成吉布斯自由能的值位于拟抛物面的下方，没有落在拟抛物面上。这违背了稳定相的自由能最小原理。因此，可以判定文献中给出的 X-Sialon 的标准生成吉布斯自由能与温度的关系式是不可靠的。

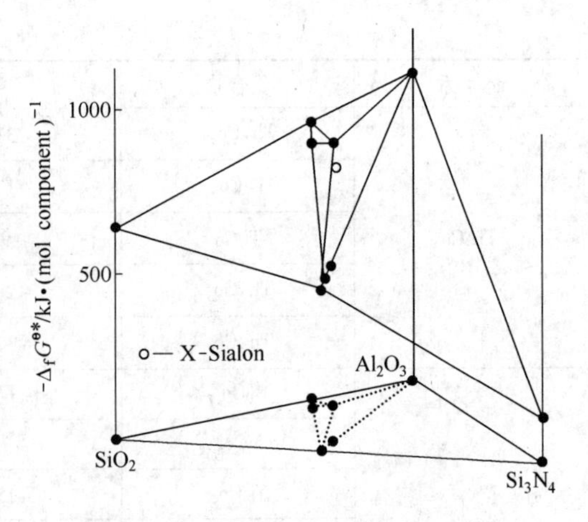

图 5-35 Al_2O_3-SiO_2-Si_3N_4 体系 1800K 时摩尔组元标准吉布斯自由能-组成关系

（3）分别用实验测定和拟抛物线规则验证 Fe-O、Mo-O 和 W-O 热力学数据的可靠性。由相图（参见图 5-36）得知：Fe-O 二元系有三个化合物，即 FeO、Fe_3O_4 和 Fe_2O_3；W-O 二元系有四个化合物，即 WO_2、$WO_{2.72}$（$W_{18}O_{49}$）、$WO_{2.90}$（$W_{20}O_{58}$）和 WO_3；Nb-O 二元系有三个化合物，即 NbO、NbO_2 和 Nb_2O_5。

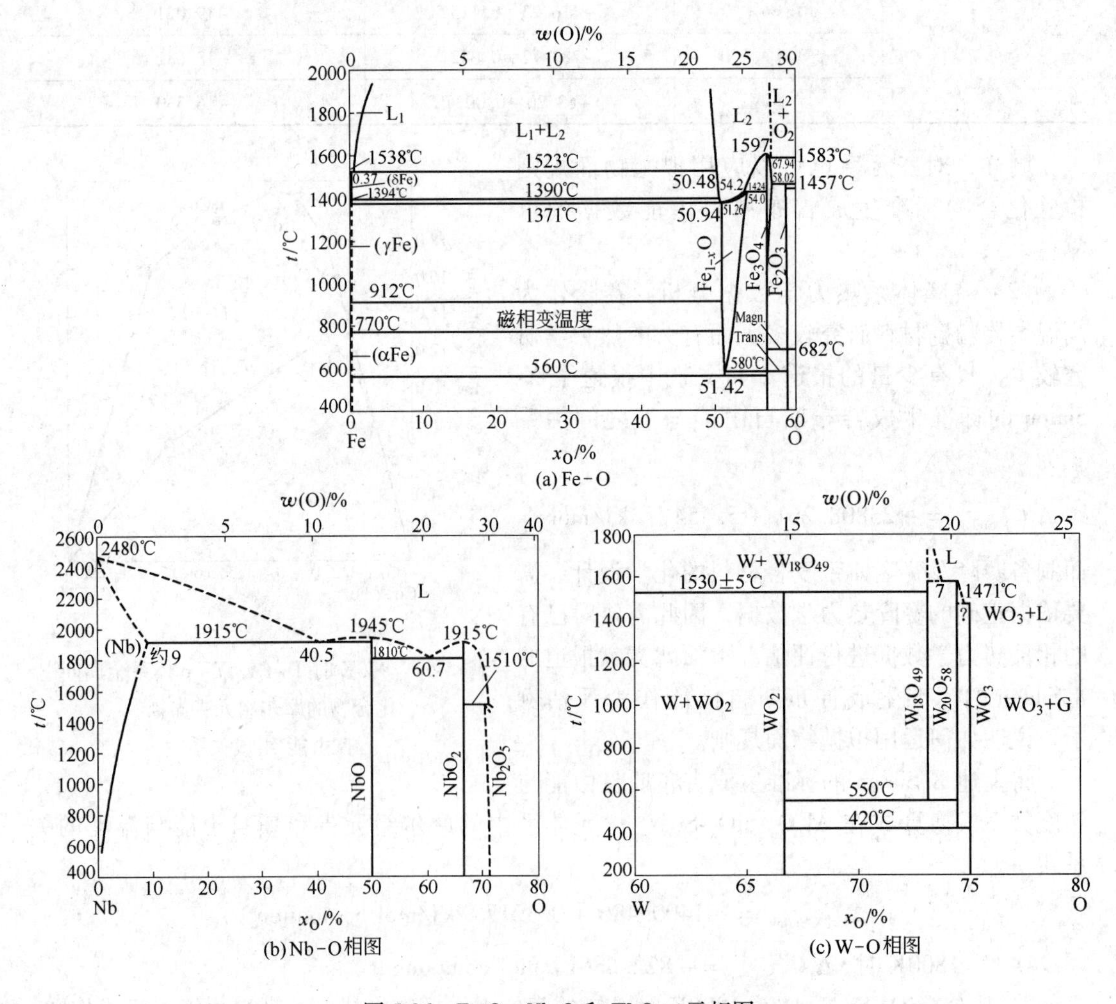

图 5-36 Fe-O、Nb-O 和 W-O 二元相图

由文献中的数据分别计算这些氧化物在1100K时的摩尔组元标准生成自由能，列于表5-4。根据表5-4绘制 $\Delta_f G_i^{\ominus *}$-x_i 图，示于图5-37。

表5-4 1100K时Fe-O、W-O和Nb-O系化合物的 $\Delta_f G_i^{\ominus *}$

项　目	FeO	Fe_3O_4	Fe_2O_3	
$\Delta_f G_i^{\ominus *}$/kJ·(mol component)$^{-1}$	−100.433	−108.567#	−107.508	
项　目	WO_2	$WO_{0.72}$	$WO_{2.90}$	WO_3
$\Delta_f G_i^{\ominus *}$/kJ·(mol component)$^{-1}$	−129.192#	−140.264	−140.344	−140.368
项　目	NbO	NbO_2	Nb_2O_5	
$\Delta_f G_i^{\ominus *}$/kJ·(mol component)$^{-1}$	−156.848	−197.253#	−203.334	

注：#表示此数据为作者实验测定。

表5-4中用固体电解质测定的 Fe_3O_4、WO_2 和 NbO_2 三个化合物的标准生成自由能与温度的关系为

$$\Delta_f G_{Fe_3O_4}^{\ominus} = -1097.67 + 0.307T \quad \text{kJ/mol}$$

$$\Delta_f G_{WO_2}^{\ominus} = -568.087 + 0.1641T \quad \text{kJ/mol}$$

$$\Delta_f G_{NbO_2}^{\ominus} = -759.178 + 0.1522T \quad \text{kJ/mol}$$

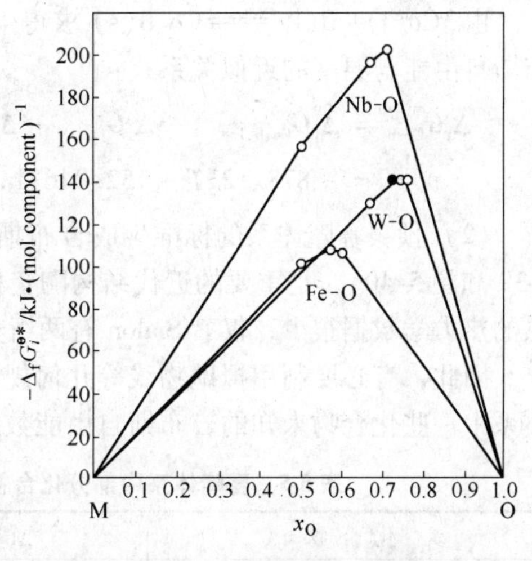

图5-37 Fe-O、W-O和Nb-O摩尔组元标准自由能与组成的关系

由图5-37可以看出，由上述各式及文献给出的数据计算1100K时Fe-O二元系、W-O二元系和Nb-O二元系的化合物的 $\Delta_f G_i^{\ominus *}$ 是符合拟抛物线规则的，表明这些数据是可信的。

b 由已知化合物的标准生成吉布斯自由能预报其他化合物未知的标准生成吉布斯自由能

（1）预报Co-B二元系中 Co_3B 的热力学数据。Co-B二元系有三个中间化合物，只有两个化合物 Co_2B、CoB的热力学数据是已知的。下面介绍如何利用拟抛物线规则预报第三个中间化合物 Co_3B 的热力学数据。

首先由文献查得的数据计算1383K时Co、Co_2B、CoB的摩尔组元标准吉布斯生成自由能，得到

$$\Delta_f G_{Co_2B}^{\ominus *} = -96.199\text{kJ/(mol component)}$$

$$\Delta_f G_{CoB}^{\ominus *} = -89.956\text{kJ/(mol component)}$$

然后作1383K摩尔组元吉布斯自由能与组成关系图，如图5-38所示。由图得到：$\Delta_f G_{Co_3B}^{\ominus *}$ 值的上限为

$$\Delta_f G_{Co_3B}^{\ominus *} < \frac{3}{4}\Delta_f G_{Co_2B}^{\ominus *} + \frac{1}{4}\Delta_f G_{Co}^{\ominus *} = -90.4690\text{kJ/(mol component)}$$

$\Delta_f G^{\ominus *}_{Co_3B}$ 值的下限为

$$\Delta_f G^{\ominus *}_{Co_3B} > \frac{1}{2}(3\Delta_f G^{\ominus *}_{Co_2B} - \Delta_f G^{\ominus *}_{CoB})$$

$$= -99.3205\text{kJ/(mol component)}$$

取上、下限的平均值得

$$\Delta_f G^{\ominus *}_{Co_3B} = -94.894\text{kJ/(mol component)}$$

所以 $\Delta_f G^{\ominus}_{Co_3B} = -94.894 \times 4 = -379.576\text{kJ/mol}$。

又由数据手册知

$$\Delta_f G^{\ominus}_{Co(l)} = 224.187T - 40.501T\ln T - 1553\ \text{J/mol}$$

$$\Delta_f G^{\ominus}_{B(l)} = 205.560T - 30.543T\ln T + 3418\ \text{J/mol}$$

由 $3Co(l) + B(l) \xlongequal{} Co_3B(s)$ 求得生成 Co_3B 吉布斯自由能与温度的近似关系式：

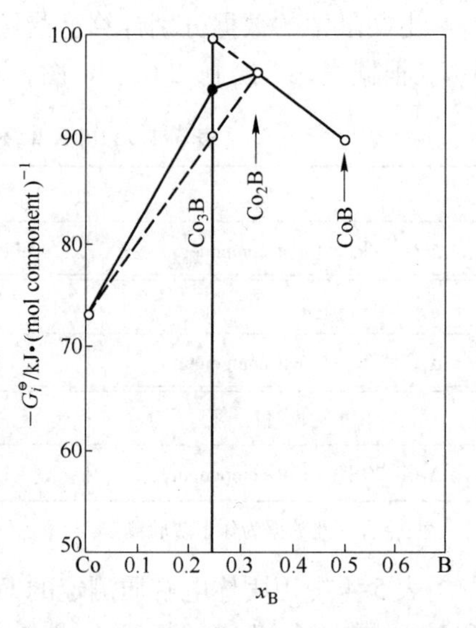

图 5-38　Co-B 二元系 1383K 时摩尔组元吉布斯自由能与组成的关系

$$\Delta_f G^{\ominus}_{Co_3B} = \Delta_f G^{\ominus}_{Co_3B,1383} - 3\Delta_f G^{\ominus}_{Co(l)} - \Delta_f G^{\ominus}_{B(l)}$$

$$= -878.121T + 152.046T\ln T - 378335\ \text{J/mol}$$

（2）预报赛隆体系的标准生成吉布斯自由能。赛隆是一个多元多化合物体系（见图 5-39 和图 5-40），是重要的近代结构陶瓷材料，国内外研究甚多，但至今报道有关赛隆体系的热力学数据很少，仅 β-Sialon 有两组热力学实验数据。

因此，有必要利用拟抛物线等几何规则，由已知化合物的吉布斯自由能数据预报赛隆体系中一些化合物未知的吉布斯自由能数据。已知数据示于表 5-5。

表 5-5　赛隆体系中部分化合物已知的吉布斯自由能与温度的关系式

化 合 物	$\Delta G^{\ominus}$-T/kJ·mol^{-1}	温度范围/K
Al_2O_3	$-1682.4 + 0.326T$	298 ~ 2100
$3Al_2O_3 \cdot 2SiO_2$	$-6835.9 + 1.29T$	298 ~ 2100
Al_7O_9N	$-5364.1 + 1.072T$	298 ~ 2100
AlN	$-323.0 + 0.113T$	298 ~ 2100
$Si_3Al_2O_2N_6$	$-2598.1 + 0.868T$	298 ~ 2100
$Si_3Al_3O_3N_6$	$-2967.7 + 0.863T$	298 ~ 2100
SiO_2	$-939.3 + 0.200T$	298 ~ 2100
β-Si_3N_4	$-924.5 + 0.449T$	298 ~ 2100
α-Si_3N_4	$-753.108 + 0.341T$	298 ~ 2100
Si_2N_2O	$-951.7 + 0.291T$	298 ~ 1873
CaO	$-781.031 + 0.1888T$	298 ~ 2100

利用拟抛物线（面）规则预报塞隆体系中一些化合物的吉布斯自由能与温度关系结果列于表 5-6，其中有：在 AlN-Al_2O_3 二元系中 Alon 的标准吉布斯自由能数据；在 Al_3O_3N-Si_3N_4 二元系中 β-Sialon 的标准吉布斯自由能数据；在 Al_2O_3-Si_2N_2O 二元系中 O′-Sialon 的

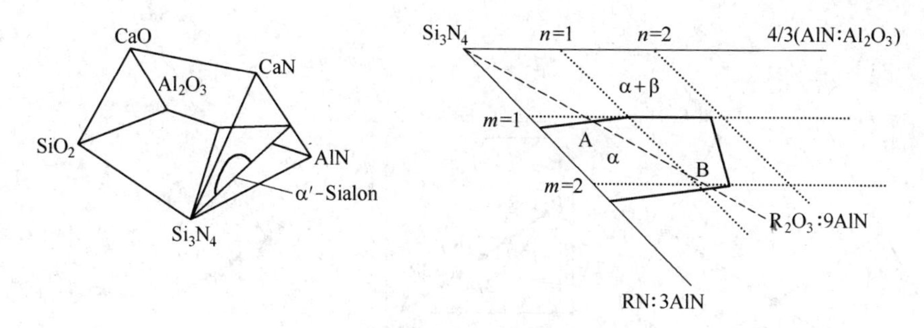

(a) Ca-Si-Al-O-N 五元系和 Ca-α-Sialon 相图

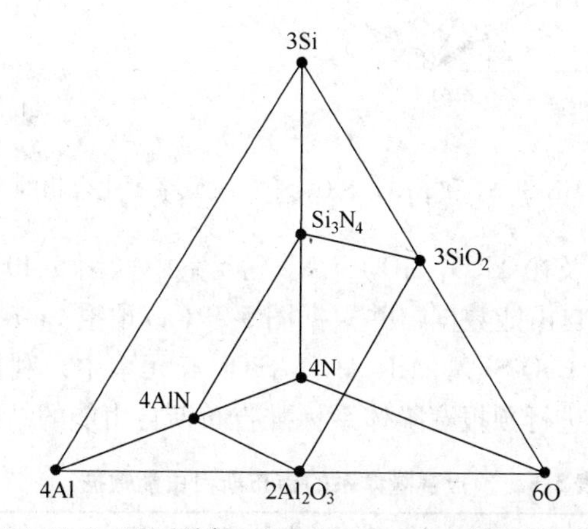

(b) Si-Al-O-N 四元系中 Si_3N_4-AlN-SiO_2-Al_2O_3 截面(经坐标变换)

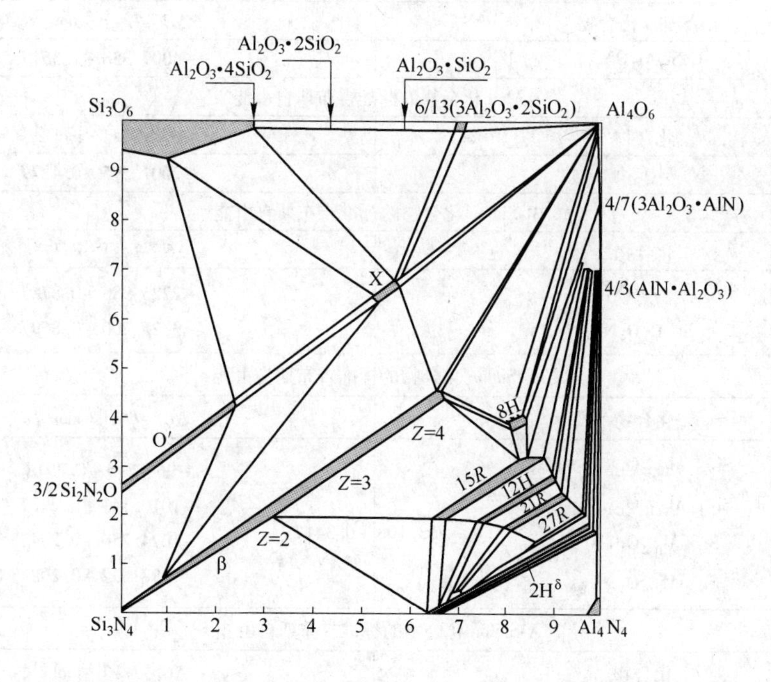

(c) Si-Al-O-N 四元系中1973K Si_3N_4-AlN-Al_2O_3-SiO_2 等温截面相图

图 5-39 赛隆体系相图

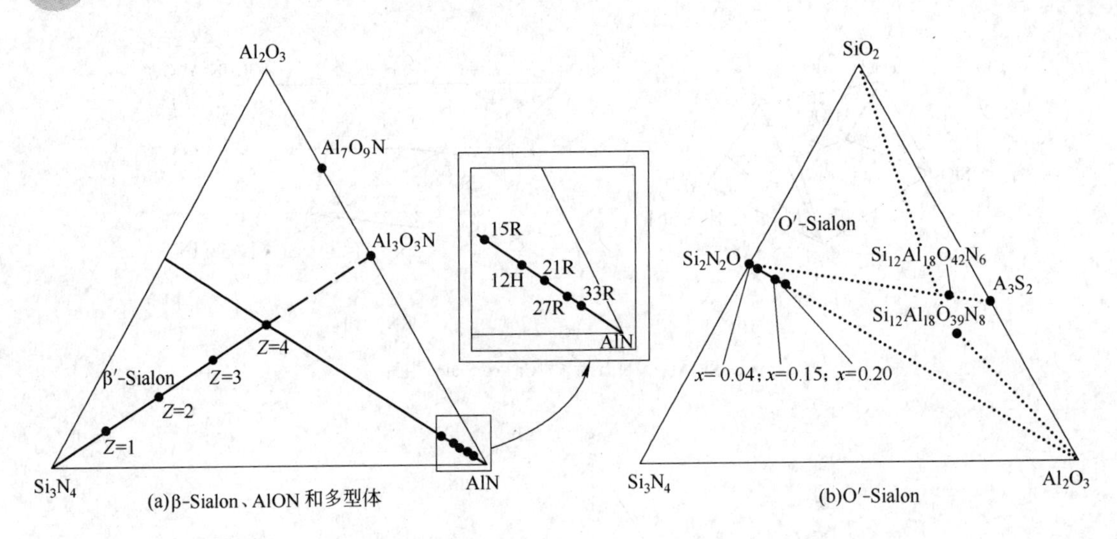

图 5-40 Al_2O_3-AlN-Si_3N_4 和 Al_2O_3-SiO_2-Si_3N 三元系中化合物的相对位置

标准吉布斯自由能数据，以及在 Al_2O_3-SiO_2-Si_3N_4 三元系中（图 5-40）利用拟抛物面规则预报 X-Sialon 的标准吉布斯自由能数据，并根据图 5-39(a)预报 Ca-α-Sialon 的标准吉布斯自由能数据。表中还列出在 CaO-Si_3N_4-AlN-Al_2O_3-SiO_2 五元系中，利用拟抛物线、拟抛物面等几何规则的计算机程序进行预报赛隆体系标准吉布斯自由能的结果。

表 5-6 预报赛隆体系的吉布斯自由能数据

Ca-α-Sialon 化合物的标准吉布斯自由能	
α-Sialon 化合物	$\Delta G^{\ominus}$-T/kJ · mol^{-1}
$CaSi_9Al_3ON_{15}$	$-4009.358+1.551T$
Alon 化合物的标准吉布斯自由能	
化合物	$\Delta G^{\ominus}$-T/kJ · mol^{-1}
Al_3O_3N	$-2001.295+0.427T$
β′-Sialon 化合物的标准吉布斯自由能	
化合物	$\Delta G^{\ominus}$-T/kJ · mol^{-1}
Si_5AlON_7	$-2225.985+0.878T$
$Si_2Al_4O_4N_4$	$-3325.200+0.859T$
O′-Sialon 化合物的标准吉布斯自由能	
化合物	$\Delta G^{\ominus}$-T/kJ · mol^{-1}
$Si_{1.96}Al_{0.04}O_{1.04}N_{1.96}$	$-966.295+0.291T$
$Si_{1.84}Al_{0.16}O_{1.16}N_{1.84}$	$-1010.141+0.293T$
$Si_{1.8}Al_{0.2}O_{1.2}N_{1.8}$	$-1024.756+0.294T$
$Si_{1.6}Al_{0.4}O_{1.4}N_{1.6}$	$-1097.832+0.298T$
X-Sialon 化合物的标准吉布斯自由能	
化合物	$\Delta G^{\ominus}$-T/kJ · mol^{-1}
$Si_{12}Al_{18}O_{39}N_8$	$-22438.3+4.633T$
$Si_{12}Al_{18}O_{42}N_6$	$-23298.12+4.676T$

续表 5-6

Sialon 多形体的标准吉布斯自由能	
化合物	$\Delta G^{\ominus}$-T/kJ · mol^{-1}
$SiAl_3O_2N_3$(8H)	$-1985.580+0.542T$
$SiAl_4O_2N_4$(15R)	$-2308.560+0.655T$
$SiAl_5O_2N_5$(12H)	$-2631.540+0.768T$
$SiAl_6O_2N_6$(21R)	$-2954.520+0.881T$
$SiAl_8O_2N_8$(27R)	$-3600.480+1.107T$
$SiAl_{10}O_2N_{10}Si$(33R)	$-4246.440+1.333T$

由于赛隆体系的相图尚不完整，有的体系还有分歧，加之实验测定的数据又很少，因此目前预报的数据相对误差较大。但随着实验研究的深入，实测的热力学数据增多，预报的结果将会越来越精确。

综上所述，拟抛物线、拟抛物面等几何规则可以用来评估相图中化合物的热力学数据、稳定性和相图的可靠性，以及由相图中已知化合物的热力学性质预报未知的热力学性质等。

5.5 相图计算原理与方法

早在1908年，冯 · 拉尔（Van Laar）实现了由热力学性质构筑相图的想法。到了20世纪70年代，由于计算机技术的发展，相图计算得到了长足的进步。库巴舍夫斯基（Kubaschewski）、巴瑞（Barin）、考夫曼（Kaufman）、伯恩斯坦（Bernstein）、希勒特（Hillert）、盖伊（Gaye）、卢佩斯（Lupis）、查尔特（Chart）、佩尔顿（Pelton）、汤姆普逊（Thompson）以及安塞拉（Ansara）等对相图计算这个学科分支的发展做出了突出的贡献。目前，国内外有相图计算数据库和程序库十余种，并可通过网络直接为用户提供服务。

实践证明，运用计算机并和实验相结合的方法获得相图，是个很好的方法。由热力学性质通过计算方法得到的相图，可以指导实验点的选择，大大减少了实验的工作量。特别是对于那些难以测定的相区，诸如熔点过高，超过2273K（2000℃）；反应速度慢，达到平衡的时间很长等，计算相图是很好的补充。计算相图节约了时间，节省了人力和物力，因而越来越受到科技工作者的重视。

5.5.1 二元相图计算

测定或计算相图的基本任务是求出各个温度下，体系达到平衡后各相的平衡成分；或在已知各相的平衡成分情况下，求出体系达到平衡时的温度。

根据热力学原理，体系在恒温恒压下达到平衡的一般条件是：或体系的总吉布斯自由能 G 达到最小值 G_{min}，即

$$\frac{\partial G}{\partial x_i}=0 \tag{5-41}$$

或组元在各相中的化学势相等，即

$$\mu_i^{\alpha} = \mu_i^{\beta} \tag{5-42}$$

根据上述原理，可通过下面两小节中描述的两条途径来确定各个温度下体系中各相的平衡组成。

5.5.1.1 利用平衡体系的总吉布斯自由能最小原理计算相图

由各个温度下吉布斯自由能-组成曲线，用几何作图方法作公切线，求出切点的组成。此组成就是该温度下各相的平衡组成。下面以 NiO-MgO 相图为例进行说明。

已知 NiO-MgO 无论在液态还是在固态都可以完全互溶，且熔点 $T^*_{M(NiO)} = 2233K$（1960℃）；熔化焓 $\Delta_{fus}H^*_{NiO} = 52.30kJ/mol$；$T^*_{M(MgO)} = 3073K$（2800℃）；$\Delta_{fus}H^*_{MgO} = 77.40kJ/mol$。由此计算得到熔化熵

$$\Delta_{fus}S_{NiO} = \frac{\Delta_{fus}H^*_{NiO}}{T^*_{M(NiO)}} = 0.0234kJ/(mol \cdot K)$$

$$\Delta_{fus}S_{MgO,m} = 0.0251kJ/(mol \cdot K)$$

如果忽略 ΔH，ΔS 随温度的变化，则熔化吉布斯自由能 $\Delta_{fus}G$

$$\Delta_{fus}G_{NiO} = \Delta_{fus}H_{NiO} - T\Delta_{fus}S_{NiO}$$

$$\Delta_{fus}G_{NiO} = 52.30 - 0.0234T = G^{\ominus}_{NiO(l)} - G^{\ominus}_{NiO(s)}$$

$$\Delta_{fus}G_{MgO} = 77.40 - 0.0251T = G^{\ominus}_{MgO(l)} - G^{\ominus}_{MgO(s)}$$

以纯液态 NiO 为 NiO 的标准态；纯固体 MgO 为 MgO 的标准态。于是，形成 1mol 固态理想溶液时，体系的吉布斯自由能

$$\begin{aligned} G_{(s)} &= x^s_{NiO}G^{\ominus}_{NiO(s)} + x^s_{MgO}G^{\ominus}_{MgO(s)} + RT(x^s_{NiO}\ln x^s_{NiO} + x^s_{MgO}\ln x^s_{MgO}) \\ &= RT(x^s_{NiO}\ln x^s_{NiO} + x^s_{MgO}\ln x^s_{MgO}) - 52.30x^s_{NiO} + 0.0234x^s_{NiO}T \end{aligned} \tag{5-43}$$

同理，形成 1mol 液态理想溶液时，体系的吉布斯自由能

$$G_{(l)} = RT(x^l_{NiO}\ln x^l_{NiO} + x^l_{MgO}\ln x^l_{MgO}) + 77.40x^l_{MgO} - 0.0251x^l_{MgO}T \tag{5-44}$$

把各个温度下不同的 x_{NiO}、x_{MgO} 值代入式(5-43)和式(5-44)，便可得到各个温度下液相和固相吉布斯自由能值和曲线。如表 5-7 和图 5-41 为 2600K 时液相和固相吉布斯自由能随成分变化的数值和曲线。

表 5-7 各相吉布斯自由能与组成的关系

x_{MgO}	x_{NiO}	G^l/kJ · mol^{-1}	G^s/kJ · mol^{-1}	x_{MgO}	x_{NiO}	G^l/kJ · mol^{-1}	G^s/kJ · mol^{-1}
0.0	1.0	0	+8.62	0.6	0.4	−7.16	−11.0
0.1	0.9	−5.73	+0.73	0.7	0.3	−4.13	−10.62
0.2	0.8	−8.39	−0.357	0.8	0.2	−1.11	−9.09
0.3	0.7	−9.31	−7.17	0.9	0.1	+4.64	−6.17
0.4	0.6	−9.59	−9.27	1.0	0.0	+12.97	0
0.5	0.5	−8.52	−10.67				

根据热力学原理，体系平衡的条件是：

$$G_{\mathrm{NiO}}^{\mathrm{s}} = G_{\mathrm{NiO}}^{\mathrm{l}}$$

$$G_{\mathrm{MgO}}^{\mathrm{s}} = G_{\mathrm{MgO}}^{\mathrm{l}}$$

因此，对图 5-39 中 $G(\mathrm{s})$ 及 $G(\mathrm{l})$ 曲线作公切线，得到切点成分 $x_{\mathrm{MgO}}^{\mathrm{l}}=0.3$，$x_{\mathrm{MgO}}^{\mathrm{s}}=0.5$，即为 2600K 时固、液两相的平衡组分。由此得到图 5-42 中 a、b 两个点，改变温度，重复上述计算，便可求出各个温度下液相线上与固相线上对应的成分点，从而绘出整个浓度范围内 NiO-MgO 相图（如图 5-42 所示）。

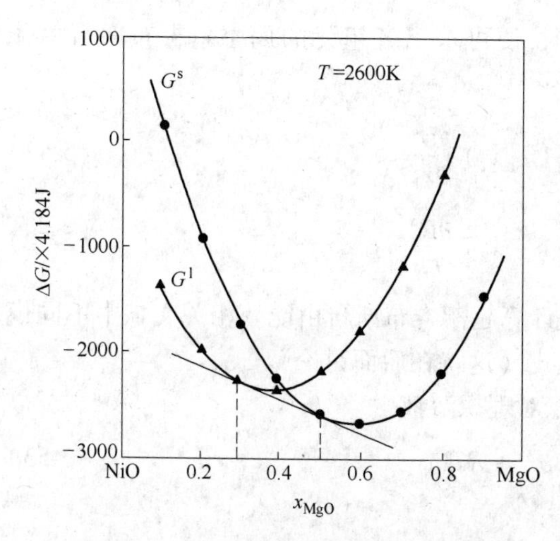

图 5-41 NiO-MgO 二元系 2600K 时固态与液态吉布斯自由能曲线

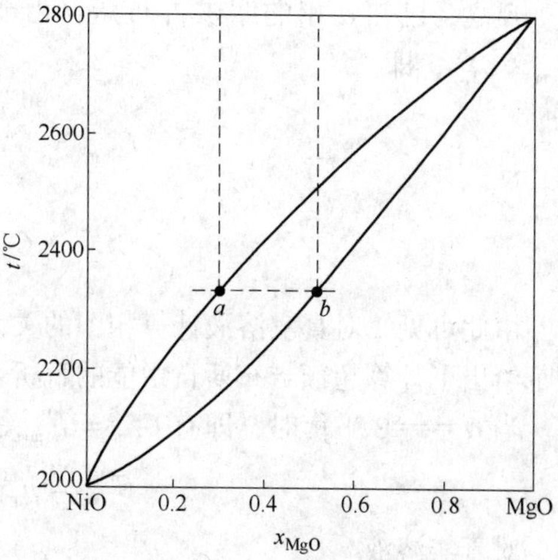

图 5-42 NiO-MgO 二元相图

5.5.1.2 利用化学势相等计算相图

在恒温、恒压条件下，体系达到平衡时，组元 i 在各平衡相中的化学势相等。例如 $\alpha \rightleftharpoons \beta$ 平衡时，则有 $\mu_i^{\alpha}=\mu_i^{\beta}$。对于由 1 和 2 组成的二元系，则由热力学理论可以表示为

$$\begin{aligned}\mu_1^{\alpha} &= G_1^{\alpha}\\ &= {}^{\alpha}G_1^{\ominus} + RT\ln a_1^{\alpha}\\ &= {}^{\alpha}G_1^{\ominus} + RT\ln x_1^{\alpha} + RT\ln\gamma_1^{\alpha}\end{aligned} \tag{5-45}$$

$$\begin{aligned}\mu_2^{\alpha} &= G_2^{\alpha}\\ &= {}^{\alpha}G_2^{\ominus} + RT\ln x_2^{\alpha} + RT\ln\gamma_2^{\alpha}\end{aligned} \tag{5-46}$$

由此，α 相的总摩尔吉布斯自由能 $G_{(\alpha)}^{\mathrm{re}}$ 为

$$\begin{aligned}G_{(\alpha)}^{\mathrm{re}} &= x_1^{\alpha}G_1^{\alpha} + x_2^{\alpha}G_2^{\alpha}\\ &= x_1^{\alpha}{}^{\alpha}G_1^{\ominus} + x_2^{\alpha}{}^{\alpha}G_2^{\ominus} + RT(x_1^{\alpha}\ln x_1^{\alpha} + x_2^{\alpha}\ln x_2^{\alpha}) + RT(x_1^{\alpha}\ln\gamma_1^{\alpha} + x_2^{\alpha}\ln\gamma_2^{\alpha})\end{aligned} \tag{5-47}$$

式中，${}^{\alpha}G_1^{\ominus}$、${}^{\alpha}G_2^{\ominus}$ 分别为 α 固溶体相中纯组元 1 和 2 的摩尔吉布斯自由能；γ_1^{α}、γ_2^{α} 分别为组元 1 和 2 在 α 相的活度系数；x_1^{α}、x_2^{α} 分别为组元 1 和 2 在 α 相中的摩尔分数。

若组元 1、2 在 α 相中形成理想溶液，则上式可简化成

$$G^{id}_{(\alpha)} = x_1^{\alpha\alpha}G_1^{\ominus} + x_2^{\alpha\alpha}G_2^{\ominus} + RT(x_1^{\alpha}\ln x_1^{\alpha} + x_2^{\alpha}\ln x_2^{\alpha}) \tag{5-48}$$

真实溶液的吉布斯自由能 $G^{re}_{(\alpha)}$ 与理想溶液的吉布斯自由能 $G^{id}_{(\alpha)}$ 之差，称为超额吉布斯自由能 G^{E}，即

$$\begin{aligned} G^{E}_{(\alpha)} &= G^{re}_{(\alpha)} - G^{id}_{(\alpha)} \\ &= RT(x_1^{\alpha}\ln\gamma_1^{\alpha} + x_2^{\alpha}\ln\gamma_2^{\alpha}) \end{aligned} \tag{5-49}$$

这样，真实溶液的摩尔吉布斯自由能可表示为

$$G^{re}_{(\alpha)} = x_1^{\alpha\alpha}G_1^{\ominus} + x_2^{\alpha\alpha}G_2^{\ominus} + RT(x_1^{\alpha}\ln x_1^{\alpha} + x_2^{\alpha}\ln x_2^{\alpha}) + G^{E}_{(\alpha)} \tag{5-50}$$

反之，已知 α 相的摩尔吉布斯自由能 G^{α}，便可求出各组元的偏摩尔吉布斯自由能 $G^{\alpha}_{1,m}$、$G^{\alpha}_{2,m}$，即

$$G^{\alpha}_{1,m} = G^{\alpha} + (1 - x_1)\frac{\partial G^{\alpha}}{\partial x_1} \tag{5-51}$$

$$G^{\alpha}_{2,m} = G^{\alpha} + (1 - x_2)\frac{\partial G^{\alpha}}{\partial x_2} \tag{5-52}$$

由此可见，对真实溶液计算相图的关键是计算超额吉布斯自由能。相关文献中不同模型都给出了计算超额吉布斯自由能的解析表达式（这将在后面讨论）。

当 $\alpha \rightleftharpoons \beta$ 平衡时，即有 $G^{\alpha}_{i,m} = G^{\beta}_{i,m}$ 关系。对理想溶液

$$G^{id}_{i,m} = \mu^{id}_{i,m} = \mu_i^{\ominus} + RT\ln x_i \tag{5-53}$$

对真实溶液

$$G^{re}_{i,m} = \mu_i = \mu_i^{\ominus} + RT\ln a_i = \mu_i^{\ominus} + RT\ln x_i + RT\ln\gamma_i \tag{5-54}$$

真实溶液与理想溶液的偏摩尔吉布斯自由能之差，称为超额偏摩尔吉布斯自由能 $G^{E}_{i,m}$。即有 $G^{E}_{i,m} = G^{re}_{i,m} - G^{id}_{i,m} = RT\ln\gamma_i$

组元 i 的 $G^{E}_{i(\alpha),m}$ 可由下式计算

$$G^{E}_{1(\alpha),m} = \left[\Omega_{1\text{-}2} - (1 - x_2)\frac{\partial\Omega_{1\text{-}2}}{\partial x_2}\right]x_2^2 \tag{5-55a}$$

$$G^{E}_{2(\alpha),m} = \left(\Omega_{1\text{-}2} + x_2\frac{\partial\Omega_{1\text{-}2}}{\partial x_2}\right)(1 - x_2)^2 \tag{5-55b}$$

式中，$\Omega_{1\text{-}2}$ 为交互作用系数。

将式（5-54）分别用于 α 和 β 相，整理得

$$({}^{\beta}\mu_i^{\ominus} - {}^{\alpha}\mu_i^{\ominus}) + (G^{E}_{i(\beta),m} - G^{E}_{i(\alpha),m}) = RT\ln\frac{x_i^{\alpha}}{x_i^{\beta}} \tag{5-56}$$

式中，$\mu_i^{\ominus}$ 为纯组元 i 的摩尔吉布斯自由能。

上式可改写成

$$({}^{\beta}G_i^{\ominus} - {}^{\alpha}G_i^{\ominus}) + (G^{E}_{i(\beta),m} - G^{E}_{i(\alpha),m}) = RT\ln\frac{x_i^{\alpha}}{x_i^{\beta}} \tag{5-57}$$

对理想溶液，超额偏摩尔吉布斯自由能等于零，上式可简化成

$$\frac{x_i^{\alpha}}{x_i^{\beta}} = \exp\left(\frac{{}^{\beta}G_i^{\ominus} - {}^{\alpha}G_i^{\ominus}}{RT}\right) \tag{5-58}$$

对于纯组元 i，固液平衡时有

$$G_{i(\mathrm{l})}^{\ominus} - G_{i(\mathrm{s})}^{\ominus} = \Delta_{\mathrm{fus}} G_{(i)} \tag{5-59}$$

式中，$\Delta_{\mathrm{fus}} G_{(i)}$ 为 i 组元的熔化吉布斯自由能。

仍以 NiO-MgO 体系为例进行分析，将已知数据代入式(5-58)，得到

$$\frac{x_{\mathrm{NiO}}^{\mathrm{s}}}{x_{\mathrm{NiO}}^{\mathrm{l}}} = \exp\left(\frac{52.30 - 0.0234T}{RT}\right) \tag{5-60a}$$

$$\frac{x_{\mathrm{MgO}}^{\mathrm{s}}}{x_{\mathrm{MgO}}^{\mathrm{l}}} = \exp\left(\frac{77.40 - 0.0251T}{RT}\right) \tag{5-60b}$$

式中，$R = 8.314 \times 10^{-3}\mathrm{kJ/(mol \cdot K)}$。

由此，在给定温度值后，解式(5-60a)和式(5-60b)联立方程，可以求出 x_{NiO}、x_{MgO} 的值。如果给定一系列的温度值，便可绘制出完整的 NiO-MgO 相图。

5.5.1.3　形成真实溶液的二元相图计算

计算形成真实溶液的二元相图的关键，在于求超额吉布斯自由能。不同的模型给出了不同的计算式。

A　溶液模型与超额吉布斯自由能的解析表达式

希尔德布兰德（Hildebrand）于 1929 年提出了正规溶液模型。用该模型将二元溶液的超额吉布斯自由能表示为

$$G^{\mathrm{E}} = \Omega_{1\text{-}2} x_1 x_2; \quad \Omega_{1\text{-}2} = zN\varphi \tag{5-61}$$

式中，z 为配位数；N 为原子总数；φ 为原子互换能；$\Omega_{1\text{-}2}$ 称为交互作用参数。对液态溶液，$\Omega_{1\text{-}2}$ 代表参数 L；对于 α（*fcc* 结构）、β（*bcc* 结构）、ε（*hcp* 结构）相结构固溶体，$\Omega_{1\text{-}2}$ 分别代表参数 A、B、E，这些数值可由相关数据表查到。

在正规溶液理论中，$\Omega_{1\text{-}2}$ 只与温度有关，不随成分而改变。$\Omega_{1\text{-}2}$ 的数值由实验确定，也可从理论上估算。

在正规溶液模型中，只考虑最近邻的配位原子间的相互作用，并认为原子排列是随机的，因此把交互作用参数 $\Omega_{1\text{-}2}$ 视为常数；而在亚正规溶液模型中，考虑了次近邻配位原子的影响，因而把 $\Omega_{1\text{-}2}$ 视为是成分的线性函数，即

$$G^{\mathrm{E}} = x_1 x_2 (Ax_1 + Bx_2) \tag{5-62}$$

式中，系数 A、B 与温度有关，由实验确定。

正规溶液理论认为原子排列是完全无规则的。而古根海姆（Guggenheim）提出的似化学模型则认为：既然异类原子间交换能 φ 不是零，那么原子间的混合就不可能是完全无规则的。他推导出

$$N_{1\text{-}2}^2 = (N_1 - N_{1\text{-}2})(N_2 - N_{1\text{-}2})\mathrm{e}^{-\frac{2\varphi}{zkT}} \tag{5-63}$$

式中，N_1、N_2 分别为溶液中组元 1 和 2 的原子总数；$N_{1\text{-}2}$ 为 1-2 原子对的总数。

由此对于二元系，有

$$\Delta G^{\mathrm{E}} = \frac{z}{2}RTx_1\ln\left(\frac{N_1 - NN_{1\text{-}2}}{Nx_1^2}\right) + \frac{z}{2}RTx_2\ln\left(\frac{N_2 - NN_{1\text{-}2}}{Nx_2^2}\right) \tag{5-64}$$

此外，还有亚晶格模型、缔合溶液模型、共形粒子溶液模型、中心原子模型等。由于模型的局限性，往往不能很好地符合实验结果，于是又出现了归纳实验数据并用解析式表示出来的一些经验表达式。诸如，马古利斯（Margules）用幂级数展开式表达超额吉布斯自由能，其经验式为

$$G^{\mathrm{E}} = x_1x_2\Omega_{1\text{-}2} \tag{5-65}$$

$$\Omega_{1\text{-}2} = A_0 + A_1x_2 + A_2x_2^2 + \cdots + A_nx_2^n = \sum_{i=0}^{n}A_ix_2^i \tag{5-66}$$

式中，系数 A_0，A_1，…，A_n 只是温度的函数。

雷德利奇（Redlich）及基斯特（Kister）的经验表达式为

$$G^{\mathrm{E}} = x_1x_2\sum_{i=0}^{n}B_i(x_1 - x_2)^i \tag{5-67}$$

式中，系数 B_0，B_1，…，B_n 也是温度的函数。

博雷利斯（Borelius）的表达式为

$$G^{\mathrm{E}} = x_1x_2\sum_{i=0}^{n}C_ix_1^{n-i}x_2^i \tag{5-68}$$

式中，系数 C_0，C_1，…，C_n 也是温度的函数。

勒让德（Legendre）多项式为

$$G^{\mathrm{E}} = x_1x_2[D_0 + D_1(2x_1 - 1) + D_2(6x_1^2 - 6x_1 + 1) + D_3(20x_1^3 - 30x_1^2 + 12x_1 - 1) + D_4(70x_1^4 - 140x_1^3 + 90x_1^2 - 20x_1 + 1) + \cdots] \tag{5-69}$$

当用对称法处理两个组元时，上式可修正为

$$G^{\mathrm{E}} = x_1x_2\Big[D_0 + D_1(x_1 - x_2) + D_2(x_1^2 - 4x_1x_2 + x_2^2) + D_3(x_1^3 - 9x_1^2x_2 + 9x_1x_2^2 - x_2^3) + \cdots + D_n\sum_{k=0}^{n}\frac{n!}{k!(n-k)!}x_1^{n-k}x_2^k(-1)^k\Big] \tag{5-70}$$

勒让德多项式的优点是增加的高次项对低次项的数值影响不大，甚至可以忽略其影响；同时，可以依据正交性，从一个已知参数确定另一个参数。其缺点是计算工作量大。

里拉（Hajra）提出了超额吉布斯自由能的指数函数表达式，即

$$G^{\mathrm{E}} = x_1x_2a_0e^{bx_1} \tag{5-71}$$

式中，a_0 为常数，取决于与理想溶液偏差的性质；b 为非对称性参数。

B　二元相图的数值计算方法

当体系达到平衡时，组元在各相中的化学势相等

$$\mu_i^{\alpha} = \mu_i^{\beta}$$

对二元系为

$$\mu_1^\alpha = \mu_1^\beta; \quad \mu_2^\alpha = \mu_2^\beta$$

即

$${}^\alpha G_1^\ominus + RT\ln x_1^\alpha + G_{1(\alpha),m}^E = {}^\beta G_1^\ominus + RT\ln x_1^\beta + G_{1(\beta),m}^E$$

$${}^\alpha G_2^\ominus + RT\ln x_2^\alpha + G_{2(\alpha),m}^E = {}^\beta G_2^\ominus + RT\ln x_2^\beta + G_{2(\beta),m}^E$$

于是

$$RT\ln x_1^\alpha - RT\ln x_1^\beta = {}^\beta G_1^\ominus - {}^\alpha G_1^\ominus + G_{1(\beta),m}^E - G_{1(\alpha),m}^E \tag{5-72a}$$

$$RT\ln x_2^\alpha - RT\ln x_2^\beta = {}^\beta G_2^\ominus - {}^\alpha G_2^\ominus + G_{2(\beta),m}^E - G_{2(\alpha),m}^E \tag{5-72b}$$

式中，$({}^\beta G_1^\ominus - {}^\alpha G_1^\ominus)$ 与 $({}^\beta G_2^\ominus - {}^\alpha G_2^\ominus)$ 分别为已知的组元 1、组元 2 由 α 相转变为 β 相的相变吉布斯自由能。

因此，由式(5-72)便可求出各温度下各相的平衡成分。下面讨论三种数值计算方法，并以牛顿-拉普森（Newton-Raphson）法为例计算 NiO-MgO 二元相图。

a　高斯-塞德尔（Gauss-Seidel）法

用 x_i 表示组元 i 在 α 相中的浓度，y_i 表示组元 i 在 β 相中的浓度，则式(5-72)可写为

$$\frac{x_1}{y_1} = \exp\left[\frac{({}^\beta G_1^\ominus - {}^\alpha G_1^\ominus) + (G_{1(\beta),m}^E - G_{1(\alpha),m}^E)}{RT}\right] = K_1 \tag{5-73a}$$

$$\frac{x_2}{y_2} = \exp\left[\frac{({}^\beta G_2^\ominus - {}^\alpha G_2^\ominus) + (G_{2(\beta),m}^E - G_{2(\alpha),m}^E)}{RT}\right] = K_2 \tag{5-73b}$$

由此得到

$$x_1 = (1 - y_2)K_1 \tag{5-74a}$$

$$y_2 = \frac{1 - x_1}{K_2} \tag{5-74b}$$

于是，利用此式便可计算某一温度下各相的平衡成分。计算步骤为：先选择适当的第 0 次近似值 ${}^0x_1$、${}^0y_2$ 为起始值，代入式（5-55a、b），计算 $G_{1(\beta),m}^E$ 与 $G_{1(\alpha),m}^E$；然后计算 ${}^0K_1$，将 ${}^0K_1$ 及 ${}^0y_2$ 代入式（5-74a），便得到第一次近似值 ${}^1x_1$；将 ${}^1x_1$、${}^0y_2$ 代入式（5-55a、b），算出 $G_{2(\beta),m}^E$ 与 $G_{2(\alpha),m}^E$，然后计算 ${}^0K_2$；再将 ${}^0K_2$ 及 ${}^1x_1$ 代入式(5-74b)，得到 y_2 的第一次近似值 ${}^1y_2$；再重复上述方法算出 ${}^2x_1$、${}^2y_2$。如此反复计算，直到 ${}^nx_1$、${}^ny_2$ 值基本不变为止。此时，${}^nx_1$、${}^ny_2$ 值就是该温度下 α 相及 β 相的平衡成分。改变温度，$({}^\beta G_1^\ominus - {}^\alpha G_1^\ominus)$、$({}^\beta G_2^\ominus - {}^\alpha G_2^\ominus)$ 和 $\Omega_{1\text{-}2}$ 都随之改变。重复上述计算，就可以算出各个温度下各个相的平衡成分，从而绘制出相图。高斯-塞德尔法计算机计算子程序见表 5-8。

表 5-8　高斯-塞德尔法子程序

0001C	EXACT SOLUTION OF TWO-PHASE EQUILIBRIUM IN BINARY SYSTEM
0002C	
0003C	GAUSS-SEIDEL METHOD
0004C	
0005	SUBROUTINE BZERO(A,B,X,Y,G1,G2,M6)
0006	DIMENSION A(6) , B(6)
0007	MG =0

续表 5-8

0008	TX = 1. - X
0009	TY = 1. - Y
0010	XOLD = X
0011	TYOLD = TY
0012	DO 100 ITER = 1, 50
0013	OA = OM (A, X, 0)
0014	OB = OM (B, Y, 0)
0015	OA_1 = OM (A, X, 1)
0016	OB_1 = OM (B, Y, 1)
0017	X = Y * EXP ((OB + OB1 * Y) * TY * TY - (OA + OA1 * X) * TX * TX - G2)
0018	TX = 1, - X
0019	TY = TX * EXP ((OA - OA1 * TX) * X * X - (OB - OB1 * TY) * Y * Y + G1)
0020	Y = 1, - TY
0021	1F (ABS (X - XOLD) - 1. E - 5) 10, 10, 70
0022	10 1F (ABS (TY-TYOLD) - 1. E - 5) 20, 20, 70
0023	20 1F (X) 90, 90, 30
0024	30 1F (TX) 90, 90, 40
0025	40 1F (Y) 90, 90, 50
0026	70 XOLD = X
0027	TYOLD = TY
0028	100 CONTINUE
0029	90 MG = -8
0030	RETURN
0031	50 MG = 8
0032	RETURE
0033	END

类似方法还有希勒特（Hillert）法。该方法是对下列二式进行反复计算。

$$y_1 = (1 - x_2)K_1 \tag{5-74a$'$}$$

$$x_2 = (1 - y_1)K_2 \tag{5-74b$'$}$$

根据 K 值大小可选其中一种，以使近似值很快收敛到根值。若 $K>1$，可用式(5-74a′)；若 $K<1$，宜选用式（5-74a）。

b 最速下降法

当体系达到平衡时，体系的总吉布斯自由能 G 应达到最小值 $G_{\min}$，即

$$G = x^{\alpha}G^{\alpha} + (1 - x^{\alpha})G^{\beta} \tag{5-75}$$

式中，$x^{\alpha} + x^{\beta} = 1$；$x^{\alpha}$、$x^{\beta}$ 分别为 α 相和 β 相的摩尔分数，又称相分离因子。

最速下降法就是利用式（5-75）求体系总吉布斯自由能达到最小时，各相的平衡成分。计算时，首先选择适当的近似值 x_2^α 和 x_2^β，作为 $a(x_2^\alpha、x_2^\beta)$ 点。然后，在该起点周围选取四个点（如图 5-43 所示），如 $b(^1x_2^\alpha+\varepsilon、^1x_2^\beta)$；$d(^1x_2^\alpha-\varepsilon、^1x_2^\beta)$；$c(^1x_2^\alpha、^1x_2^\beta+\varepsilon)$；$e(^1x_2^\alpha、^1x_2^\beta-\varepsilon)$。把这些点分别代入式（5-50），算出各点所对应的 G_a^α、G_a^β、G_b^α、G_b^β、G_c^α、G_c^β、G_d^α、G_d^β、G_e^α、G_e^β；再将这些值分别代入式（5-75），算出各点所对应的总吉布斯自由能 G_a、G_b、G_c、G_d、G_e。比较这些总吉布斯自由能值，从中选取最低值；假如 G_b 最低，则下次计算就以 b 为起点。即有 $^2x_2^\alpha={}^1x_1^\alpha+\varepsilon$，$^2x_2^\beta={}^1x_2^\beta$。同样，在 b 周围选取四个点，比较它们所对应的 G 值，从中选取 G 最低的点，作为第三次下降计算的起点。如此反复计算，直到第 m 次下降后 $^mx_2^\alpha$、$^mx_2^\beta$ 点周围没有更低的 G 值。然后，再减少 ε 值，进行与上述计算过程同样的搜索，直到 n 次后，使 ε 值小于规定的数值，且此对 $^nx_2^\alpha$、$^nx_2^\beta$ 点周围又无更低 G 值的点。于是 $^nx_2^\alpha$、$^nx_2^\beta$ 即为该温度下所对应的平衡成分。再计算不同温度下所对应的各相平衡成分，即可绘制出相图。

此方法的最大优点，是不需要对吉布斯自由能函数作多次微分运算，而且可以推广到多元系。

c　牛顿-拉普森（Newton-Raphson）迭代法

这种方法在相图计算中应用较为广泛，并可以推广到多元系，其原理如图 5-44 所示。

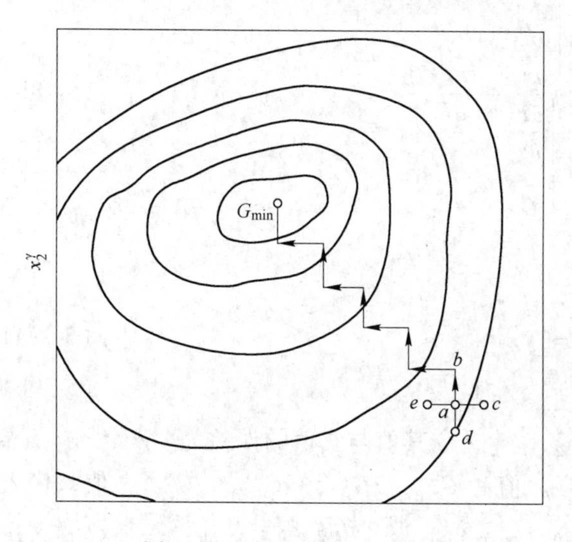

图 5-43　最速下降法示意图

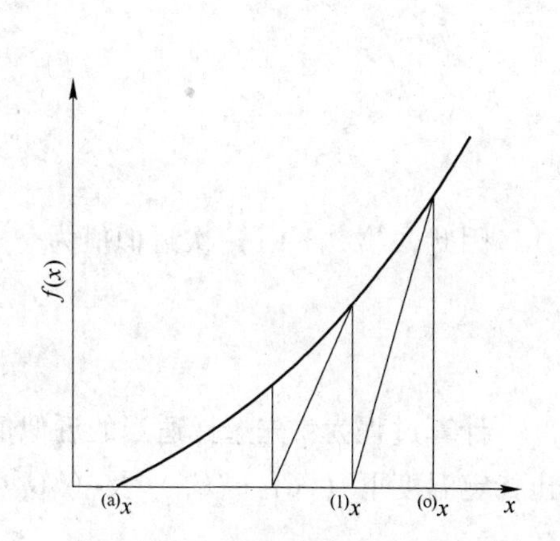

图 5-44　牛顿-拉普森迭代法原理图

用 x_i，y_i 分别代表组元 i 在 α、β 相中的浓度，选 x_2、y_2 为独立变量，把式(5-72)改写成

$$F_1(x_2,y_2)={}^\beta G_1^\ominus-{}^\alpha G_1^\ominus+G_{1(\beta),m}^E-G_{1(\alpha),m}^E+RT\ln\frac{y_1}{x_1}=0 \tag{5-76a}$$

$$F_2(x_2,y_2)={}^\beta G_2^\ominus-{}^\alpha G_2^\ominus+G_{2(\beta),m}^E-G_{2(\alpha),m}^E+RT\ln\frac{y_2}{x_2}=0 \tag{5-76b}$$

若该式的近似值 $^{(n)}x_2$，$^{(n)}y_2$ 与真值的误差为 $^{(n)}\varepsilon_1$，$^{(n)}\varepsilon_2$，将其代入上式得

$$F_1({}^{(n)}x_2+{}^{(n)}\varepsilon_1,{}^{(n)}y_2+{}^{(n)}\varepsilon_2)=0$$
$$F_2({}^{(n)}x_2+{}^{(n)}\varepsilon_1,{}^{(n)}y_2+{}^{(n)}\varepsilon_2)=0$$

用多变数泰勒公式展开，并忽略 ε 的高次项，得

$$F_1({}^{(n)}x_2, {}^{(n)}y_2) + {}^{(n)}\varepsilon_1 \frac{\partial F_1}{\partial x_2} + {}^{(n)}\varepsilon_2 \frac{\partial F_1}{\partial y_2} = 0 \tag{5-77a}$$

$$F_2({}^{(n)}x_2, {}^{(n)}y_2) + {}^{(n)}\varepsilon_1 \frac{\partial F_2}{\partial x_2} + {}^{(n)}\varepsilon_2 \frac{\partial F_2}{\partial y_2} = 0 \tag{5-77b}$$

解此方程组，得

$${}^{(n)}\varepsilon_1 = \frac{\begin{vmatrix} -F_1 & \dfrac{\partial F_1}{\partial y_2} \\ -F_2 & \dfrac{\partial F_2}{\partial y_2} \end{vmatrix}}{\begin{vmatrix} \dfrac{\partial F_1}{\partial x_2} & \dfrac{\partial F_1}{\partial y_2} \\ \dfrac{\partial F_2}{\partial x_2} & \dfrac{\partial F_2}{\partial y_2} \end{vmatrix}} \tag{5-78a}$$

$${}^{(n)}\varepsilon_2 = \frac{\begin{vmatrix} \dfrac{\partial F_1}{\partial x_2} & -F_1 \\ \dfrac{\partial F_2}{\partial x_2} & -F_2 \end{vmatrix}}{\begin{vmatrix} \dfrac{\partial F_1}{\partial x_2} & \dfrac{\partial F_1}{\partial y_2} \\ \dfrac{\partial F_2}{\partial x_2} & \dfrac{\partial F_2}{\partial y_2} \end{vmatrix}} \tag{5-78b}$$

因此，第 $(n+1)$ 次近似值为

$${}^{(n+1)}x_2 = {}^{(n)}x_2 + {}^{(n)}\varepsilon_1 \tag{5-79a}$$

$${}^{(n+1)}y_2 = {}^{(n)}y_2 + {}^{(n)}\varepsilon_2 \tag{5-79b}$$

计算过程为：先选择适当的近似值 ${}^{(0)}x_2$、${}^{(0)}y_2$，令其值与真值的误差为 ${}^{(0)}\varepsilon_1$、${}^{(0)}\varepsilon_2$，求出指定温度下（${}^{\beta}G_1^{\ominus} - {}^{\alpha}G_1^{\ominus}$）及（${}^{\beta}G_2^{\ominus} - {}^{\alpha}G_2^{\ominus}$）值和 $G_{1(\beta),m}^{E}$、$G_{1(\alpha),m}^{E}$、$G_{2(\beta),m}^{E}$、$G_{2(\alpha),m}^{E}$ 值，代入式(5-76)，算出 $F_1({}^{(0)}x_2, {}^{(0)}y_2)$、$F_2({}^{(0)}x_2, {}^{(0)}y_2)$ 和 $\frac{\partial F_1}{\partial x_2}$、$\frac{\partial F_1}{\partial y_2}$、$\frac{\partial F_2}{\partial x_2}$、$\frac{\partial F_2}{\partial y_2}$ 等值；再把这些值代入式(5-78)，求出 ${}^{(0)}\varepsilon_1$、${}^{(0)}\varepsilon_2$，得到第一次近似值，即 ${}^{(1)}x_2 = {}^{(0)}x_2 + {}^{(0)}\varepsilon_1$，${}^{(1)}y_2 = {}^{(0)}y_2 + {}^{(0)}\varepsilon_2$，并令其误差分别为 ${}^{(1)}\varepsilon_1$、${}^{(1)}\varepsilon_2$。用上述方法分别求出 ${}^{(1)}\varepsilon_1$、${}^{(1)}\varepsilon_2$，得到第二次近似值，即 ${}^{(2)}x_2 = {}^{(1)}x_2 + {}^{(1)}\varepsilon_1$，${}^{(2)}y_2 = {}^{(1)}y_2 + {}^{(1)}\varepsilon_2$。如此反复计算，直至第 n 次近似值 ${}^{(n)}x_2$、${}^{(n)}y_2$ 的误差 ${}^{(n)}\varepsilon_1$、${}^{(n)}\varepsilon_2$ 小于规定的数值为止。此时即求出了该温度下各相的平衡成分。改变温度，进行同样的计算，便可得到各温度下相应的各相的平衡成分，从而绘制出二元相图。

用牛顿-拉普森法计算 MgO-NiO 相图。根据式(5-77)，由已知数据得到两个方程

$$F_{NiO} = {}^{l}G_{NiO}^{\ominus} - {}^{s}G_{NiO}^{\ominus} + RT(\ln x_{NiO}^{l} - \ln x_{NiO}^{s}) = 0$$

或

$$F_{NiO} = 52.30 - 0.0234T + RT(\ln x_{NiO}^{l} - \ln x_{NiO}^{s}) = 0 \tag{5-80a}$$

$$F_{MgO} = {}^{l}G_{MgO}^{\ominus} - {}^{s}G_{MgO}^{\ominus} + RT(\ln x_{MgO}^{l} - \ln x_{MgO}^{s}) = 0$$

或

$$F_{MgO} = 77.40 - 0.0251T + RT(\ln x_{MgO}^{l} - \ln x_{MgO}^{s}) = 0 \tag{5-80b}$$

式中，$R = 8.314 \times 10^{-3}$kJ/(mol·K)。

当 $T = 2600$K 时，解式（5-80a）和式（5-80b）联立方程。设初次估计值为：${}^{(0)}x_{NiO}^{l} = 0.6$，${}^{(0)}x_{MgO}^{s} = 0.5$；令其误差分别为${}^{(1)}\varepsilon_1$、${}^{(1)}\varepsilon_2$。将初次估计值代入式(5-80a)和式(5-80b)，得

$$36.02\,{}^{(1)}\varepsilon_1 - 432.29\,{}^{(1)}\varepsilon_2 = 4.68 \tag{5-81a}$$

$$-54.04\,{}^{(1)}\varepsilon_1 - 432.29\,{}^{(1)}\varepsilon_2 = -7.31 \tag{5-81b}$$

解联立方程得

$${}^{(1)}\varepsilon_1 = 0.1316; \quad {}^{(1)}\varepsilon_2 = -0.00276$$

于是得到第一次估计值为

$${}^{(1)}x_{NiO}^{l} = 0.6 + 0.1316 = 0.7316$$

$${}^{(1)}x_{MgO}^{s} = 0.5 - 0.00276 = 0.49724$$

令它们的误差分别为${}^{(2)}\varepsilon_1$、${}^{(2)}\varepsilon_2$，按上述方法再次计算得到${}^{(2)}\varepsilon_1 = -0.0316$；${}^{(2)}\varepsilon_2 = -0.0328$。

这样得到第二次估计值为

$${}^{(2)}x_{NiO}^{l} = 0.7$$

$${}^{(2)}x_{MgO}^{s} = 0.47$$

令其误差为${}^{(3)}\varepsilon_1$、${}^{(3)}\varepsilon_2$，这样连续计算，直到${}^{(n)}\varepsilon$小于指定值。此时，${}^{(n)}x_{NiO}^{l} = 0.7$；${}^{(n)}x_{MgO}^{s} = 0.5$，即为2600K下两相的平衡成分。改变温度，重复上述计算，求出各温度下NiO^{l}与MgO^{s}的平衡成分，从而绘制出MgO-NiO二元相图（见图5-42）。

5.5.2 三元相图计算简介

三元相图的计算与二元系的一样，首先要给出吉布斯自由能函数、超额吉布斯自由能函数和化学势的解析表达式。

当体系中 n 个组元在恒温、恒压下，分离成 Φ 个平衡相，则体系的总摩尔吉布斯自由能为

$$G = G^{\ominus} + \sum_{\alpha=1}^{\Phi-1} P_a (G^{\alpha} - G^{\ominus}) \tag{5-82}$$

式中，P_a 为相分离因子；$\alpha = 1, 2, \cdots, \Phi - 1$，亦即 α 相在体系总分子数中所占分数。

如果 α 相中各组元的浓度分别为 $x_1^{a}, x_2^{a}, \cdots, x_n^{a}$，则 α 相的摩尔吉布斯自由能为

$$G_m^{\alpha} = \sum_{i=1}^{n} x_i^{\alpha} G_{m(i)}^{\alpha} + RT \sum_{i=1}^{n} x_i^{\alpha} \ln x_i^{\alpha} + G_{m,\alpha}^{E} \tag{5-83}$$

式中，$G_{m(i)}^{\alpha}$ 为纯组元 i 具有 α 相结构时的摩尔吉布斯自由能。

已知各相吉布斯自由能函数 G_{m}^{α}，则组元 i 在各相中的偏摩尔吉布斯自由能 $G_{i,\mathrm{m}}^{\alpha}$或化学势 μ_i^{α} 为

$$\mu_i^{\alpha} = G_{i,\mathrm{m}}^{\alpha} = G_{\mathrm{m}}^{\alpha} + \sum_{j=1}^{n-1} (\delta_{ij} - x_j) \frac{\partial G_{\mathrm{m}}^{\alpha}}{\partial x_j} \tag{5-84}$$

式中，当 $i = j$ 时，$\delta_{ij} = 1; i \neq j, \delta_{ij} = 0$。

三元多相体系达到平衡的热力学条件：或是恒温、恒压下，组元 i 在各相中的化学势相等，即

$$\mu_i^1 = \mu_i^2 = \cdots = \mu_i^{\varphi} \tag{5-85}$$

或是恒温、恒压下，体系的总吉布斯自由能达到最小值，即

$$\frac{\partial G}{\partial x_i} = 0 \tag{5-86}$$

解联立方程组式（5-85）或式（5-86），便可得到各相的平衡成分。这就是绘制三元相图的基本依据。

5.5.2.1 各种超额吉布斯自由能的表达式

选择超额吉布斯自由能的表达式是计算三元相图的关键。由于三元系热力学资料相对较少，目前获得超额吉布斯自由能的基本途径为：(1) 选择适当的表达式，用计算机拟合实验数据；(2) 选定物理模型，从理论上进行计算；(3) 由二元系热力学性质预报或估算三元系的数据。

由正规溶液模型得到三元系超额吉布斯自由能表达式为

$$G_{1\text{-}2\text{-}3}^{\mathrm{E}} = x_1 x_2 \Omega_{1\text{-}2} + x_2 x_3 \Omega_{2\text{-}3} + x_1 x_3 \Omega_{1\text{-}3} \tag{5-87}$$

由亚正规溶液模型得到三元系超额吉布斯自由能表达式为

$$G_{1\text{-}2\text{-}3}^{\mathrm{E}} = x_1 x_2 [{}^0C_{1\text{-}2} + {}^1C_{1\text{-}2}(x_1 - x_2)] + x_2 x_3 [{}^0C_{2\text{-}3} + {}^1C_{2\text{-}3}(x_2 - x_3)] + x_3 x_1 [{}^0C_{3\text{-}1} + {}^1C_{3\text{-}1}(x_3 - x_1)] \tag{5-88}$$

式中，${}^0C_{1\text{-}2} = \frac{1}{2}({}^0B_{1\text{-}2} + {}^1B_{1\text{-}2})$；${}^1C_{1\text{-}2} = \frac{1}{2}({}^0B_{1\text{-}2} - {}^1B_{1\text{-}2})$，其他类同。

而对共形离子溶液理论模型多用于互易盐体系。例如，对 AC-AD-BC-BD 体系，其超额吉布斯自由能可写成

$$G_{\mathrm{AC\text{-}AD\text{-}BD}}^{\mathrm{E}} = -x_{\mathrm{B}} x_{\mathrm{C}} \Delta_{\mathrm{r}} G_{\mathrm{m}}^{\ominus} + x_{\mathrm{A}} G_{\mathrm{AC\text{-}AD}}^{\mathrm{E}} + x_{\mathrm{B}} G_{\mathrm{BC\text{-}BD}}^{\mathrm{E}} + x_{\mathrm{C}} G_{\mathrm{AC\text{-}BC}}^{\mathrm{E}} + x_{\mathrm{D}} G_{\mathrm{AD\text{-}BD}}^{\mathrm{E}} + x_{\mathrm{A}} x_{\mathrm{B}} x_{\mathrm{C}} x_{\mathrm{D}} \lambda \tag{5-89}$$

式中，$\Delta_{\mathrm{r}} G_{\mathrm{m}}^{\ominus}$ 为交换反应 AD + BC ══ AC + BD 的标准摩尔吉布斯自由能变化；$G_{\mathrm{AC\text{-}AD}}^{\mathrm{E}}$ 为二元系 AC-AD 的超额吉布斯自由能；x_i 为组元 i 的离子分数；λ 为系数。

除了用理论模型计算超额吉布斯自由能外，还有不少学者提出了各种经验式。例如，马古利斯（Margules）超额吉布斯自由能的经验表达式

$$G_{123}^{\mathrm{E}} = x_1 x_2 (A_{12} x_1 + B_{12} x_2) + x_1 x_3 (A_{13} x_1 + B_{13} x_3) + x_2 x_3 (A_{23} x_2 + B_{23} x_3) + x_1 x_2 x_3 C \tag{5-90}$$

式中，A_{ij}、B_{ij} 只与温度有关与成分无关，它等于二元系无限稀溶液的偏摩尔超额吉布斯自由能；C 是一常数。

在这之后，又有人提出了几何法求超额摩尔吉布斯自由能。由于选择插值的点不同，也就产生了不同的方法，可分为对称法和非对称法。如果三个二元系取相同的权重因子，称其为对称法；反之，则为非对称法。

对称法中有科勒（Kohler）方程。科勒假定三元系中三个二元系均服从正规溶液理论，并取三个纯组元为标准态。由达肯（Darken）公式得到三元系超额吉布斯自由能的微分表达式，并沿 x_1/x_2、x_2/x_3、x_3/x_1 的路径积分，即从他选择的二元系的点进行插值，如图5-45(a)所示，便得到

$$G^{\mathrm{E}} = (x_1 + x_2)^2 G_{1\text{-}2}^{\mathrm{E}}\left(\frac{x_1}{x_1 + x_2}, \frac{x_2}{x_1 + x_2}\right) + (x_2 + x_3)^2 G_{2\text{-}3}^{\mathrm{E}}\left(\frac{x_2}{x_2 + x_3}, \frac{x_3}{x_2 + x_3}\right) + (x_3 + x_1)^2 G_{3\text{-}1}^{\mathrm{E}}\left(\frac{x_3}{x_3 + x_1}, \frac{x_1}{x_3 + x_1}\right) \tag{5-91}$$

此式称为科勒方程。它具有对称性。

科里内（Colinet）选择二元系的点进行插值，如图5-45(b)所示，得到三元系的超额吉布斯自由能 G^{E} 为

$$G^{\mathrm{E}} = \Sigma\left[\frac{\frac{x_2}{2}}{1 - x_1} G_{1\text{-}2}^{\mathrm{E}}(x_1, 1 - x_1) + \frac{\frac{x_1}{2}}{1 - x_2} G_{1\text{-}2}^{\mathrm{E}}(1 - x_2, x_2)\right] \tag{5-92}$$

姆加努（Muggianu）用图5-45(c)的方法选择了二元系的点进行插值，得到三元系的

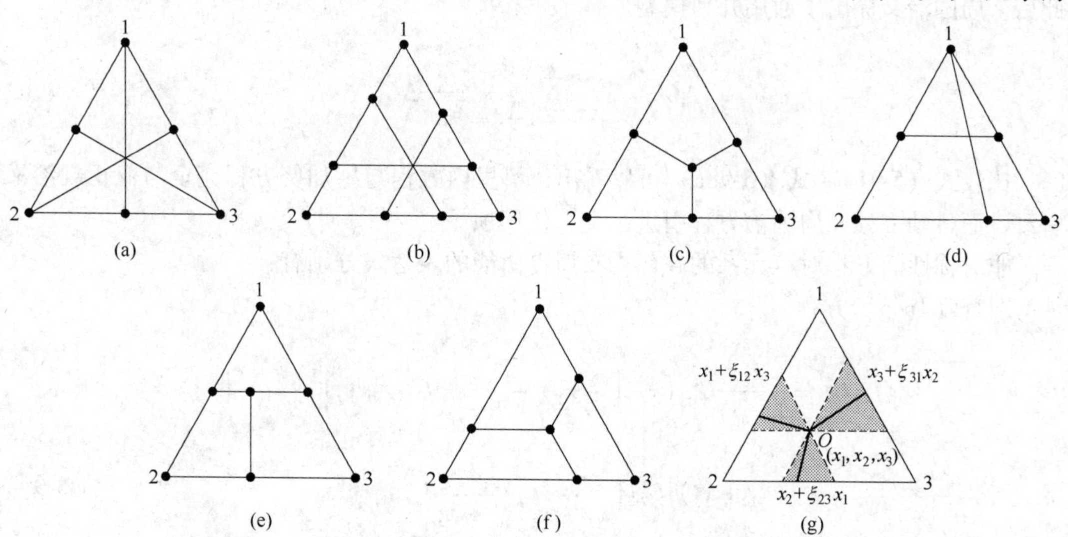

图5-45 几种几何模型的图示

（a）科勒模型；（b）科里内模型；（c）姆加努模型；（d）图普模型；（e）希勒特模型；（f）周国治模型；（g）通用几何模型及二元成分点和三元成分点的关系

G^{E} 为

$$G^{\mathrm{E}} = \Sigma \frac{x_1 x_2}{V_{12} V_{21}} G^{\mathrm{E}}_{1\text{-}2}(V_{12}, V_{21}) \tag{5-93}$$

式中，$V_{12} = \frac{1}{2}(1 + x_1, - x_2)$；$V_{21} = \frac{1}{2}(1 + x_2, - x_1)$。

周国治提出用图 5-45(f)的方法选择二元系的点进行插值，得到三元系的 G^{E} 为

$$G^{\mathrm{E}} = \Sigma \frac{x_2}{1 - x_1} G^{\mathrm{E}}_{12}[x_1, 1 - x_1] \tag{5-94}$$

如果三元系中三个二元系均符合正规溶液模型，则式(5-91)～式（5-94）均可还原成式(5-87)的形式，证实了上述方程在该条件下完全正确。如果三元系的三个二元系均满足亚正规溶液模型，则这四个方程变成如下形式：

科勒方程
$$G^{\mathrm{E}} = \Sigma x_1 x_2 \left[{}^0C_{12} + {}^1C_{12}\left(x_1 - x_2 + \frac{x_1 - x_2}{x_1 + x_2} x_3 \right) \right] \tag{5-95}$$

科里内方程
$$G^{\mathrm{E}} = \Sigma x_1 x_2 [{}^0C_{12} + {}^1C_{12}(x_1 - x_2)] \tag{5-96}$$

姆加努方程
$$G^{\mathrm{E}} = \Sigma x_1 x_2 [{}^0C_{12} + {}^1C_{12}(x_1 - x_2)] \tag{5-97}$$

周国治方程
$$G^{\mathrm{E}} = \Sigma x_1 x_2 [{}^0C_{12} + {}^1C_{12}(2x_1 - 1)] \tag{5-98a}$$

此后，周国治又提出了通用几何模型

$$\Delta G^{\mathrm{E}} = \sum_{i=1}^{n-1} \sum_{j=i+1}^{n} \frac{x_i x_j}{X_{i(ij)} X_{j(ij)}} \Delta G^{\mathrm{E}}_{ij} \tag{5-98b}$$

比较式（5-91）～式（5-98a）可以看出，科里内方程与姆加努方程完全与亚正规溶液一致，而科勒方程和周国治方程引进了交互作用项。

非对称性的方程对三元系的超额吉布斯自由能的表达式分别有：

图普（Toop）方程

$$G^{\mathrm{E}} = \frac{x_2}{1 - x_2} G^{\mathrm{E}}_{1\text{-}2}(x_1, 1 - x_1) + \frac{x_3}{1 - x_1} G^{\mathrm{E}}_{1\text{-}3}(x_1, 1 - x_1) + (x_2 + x_3)^2 G^{\mathrm{E}}_{2\text{-}3}\left(\frac{x_2}{x_2 + x_3}, \frac{x_3}{x_2 + x_3} \right) \tag{5-99}$$

希勒特（Hillert）方程

$$G^{\mathrm{E}} = \frac{x_2}{1 - x_1} G^{\mathrm{E}}_{1\text{-}2}(x_1, 1 - x_1) + \frac{x_3}{1 - x_1} G^{\mathrm{E}}_{1\text{-}3}(x_1, 1 - x_1) +$$

$$\frac{x_2x_3}{V_{23}V_{32}}G^{\mathrm{E}}_{2\text{-}3}(V_{23},V_{32}) \tag{5-100}$$

拜尼尔（Bonnier）方程

$$G^{\mathrm{E}}=\frac{x_2}{1-x_1}G^{\mathrm{E}}_{1\text{-}2}(x_1,1-x_1)+\frac{x_3}{1-x_1}G^{\mathrm{E}}_{1\text{-}3}(x_1,1-x_1)+$$

$$(1-x_1)G^{\mathrm{E}}_{2\text{-}3}\left(\frac{x_2}{x_2+x_3},\frac{x_3}{x_2+x_3}\right) \tag{5-101}$$

式（5-99）和式（5-100）认为1-2和1-3二元系相似，其权重因子相似。但它们对2-3二元系的插值点选取方式不同（见图5-45(d)和5-45(e)）。当三元系的三个二元系均服从正规溶液模型，则这两式结果相同。然而，当三个二元系均满足亚正规模型时，图普方程多了一项修正因子，计算较麻烦。

针对已有的几何模型存在的问题，诸如：所有的几何模型都假定了二元系成分点的选择与三元系无关；对称与不对称几何模型存在一定的缺陷，不对称组元需要人为选定，而不同的选择会导致不同的计算结果；三元系中的两个组元完全相同时，对称模型不能还原为二元系等。于是周国治引入了相似系数的概念，提出了通用几何模型。通用几何模型的计算公式推导如下。

根据预测三元系过剩自由能 G^{E} 的一般表达式

$$G^{\mathrm{E}}=w_{12}G^{\mathrm{E}}_{12}+w_{23}G^{\mathrm{E}}_{23}+w_{31}G^{\mathrm{E}}_{31}$$

首先定义一个称之为“偏差的平方和”的量 η_1

$$\eta_1=\int_0^1(\Delta G^{\mathrm{E}}_{12}-\Delta G^{\mathrm{E}}_{13})^2\mathrm{d}X_1$$

$$\eta_2=\int_0^1(\Delta G^{\mathrm{E}}_{21}-\Delta G^{\mathrm{E}}_{23})^2\mathrm{d}X_2$$

$$\eta_3=\int_0^1(\Delta G^{\mathrm{E}}_{31}-\Delta G^{\mathrm{E}}_{32})^2\mathrm{d}X_3$$

再引入相似系数 ξ_{ij}，三个二元系分别表示为

$$\xi_{12}=\frac{\eta_1}{\eta_1+\eta_2};\quad \xi_{23}=\frac{\eta_2}{\eta_2+\eta_3};\quad \xi_{31}=\frac{\eta_3}{\eta_3+\eta_1}$$

于是三个二元系的成分可表示为：

$$X_{1(12)}=x_1+\xi_{12}x_3;\quad X_{2(23)}=x_2+\xi_{23}x_1;\quad X_{3(31)}=x_3+\xi_{31}x_2$$

用雷德利奇-基斯特（Ridlich-Kister）多项式表示 $\Delta G^{\mathrm{E}}_{ij}$，有

$$\Delta G^{\mathrm{E}}_{ij}=X_iX_j\left[L^0_{ij}+L^1_{ij}(X_i-X_j)+L^2_{ij}(X_i-X_j)^2+\cdots+L^n_{ij}(X_i-X_j)^n\right]$$

式中，$L^0_{ij},L^1_{ij},\cdots,L^n_{ij}$ 是与温度有关的参数。

对大多数溶液，可取 $n=3$，于是得到

$$\int_0^1 (\Delta G_{ij}^{E} - \Delta G_{ik}^{E})^2 dX_i = \frac{1}{30}(L_{ij}^0 - L_{ik}^0)^2 + \frac{1}{210}(L_{ij}^1 - L_{ik}^1)^2 + \frac{1}{630}(L_{ij}^2 - L_{ik}^2)^2 + \frac{1}{1386}(L_{ij}^3 - L_{ik}^3)^2 + \frac{1}{105}(L_{ij}^0 - L_{ik}^0)(L_{ij}^2 - L_{ik}^2) + \frac{1}{315}(L_{ij}^1 - L_{ik}^1)(L_{ij}^3 - L_{ik}^3)$$

式中，i，j，k 代表三个组元。

把该式代入“偏差的平方和”的表达式和三元系过剩自由能 G^E 的一般表达式中，即可计算三元系的过剩自由能。

在多元体系中，ΔG_{ij}^{E} 可以表示成

$$\Delta G_{ij}^{E} = X_{i(ij)} X_{j(ij)} \sum_{\nu}^{n} L_{ij}^{\nu} (X_{i(ij)} - X_{j(ij)})^{\nu}$$

式中，ΔG_{ij}^{E} 为 i-j 二元系的超额混合吉布斯自由能；$X_{i(ij)}$ 和 $X_{j(ij)}$ 为 i-j 二元系中 i 和 j 组元的“摩尔分数”；L_{ij}^{ν} 为 i-j 二元系与温度有关的参数。

通用几何模型对多元体系的超额混合吉布斯自由能可由相关二元体系的热力学性质求出

$$\Delta G^{E} = \sum_{i=1}^{n-1} \sum_{j=i+1}^{n} \frac{x_i x_j}{X_{i(ij)} X_{j(ij)}} \Delta G_{ij}^{E} \tag{5-98b}$$

式中，ΔG^E 为多元体系的超额混合吉布斯自由能；x_i, x_j 为多元体系中各组元的摩尔分数；n 为组元数。

由 ΔG^E 式可以看出，通用模型二元系成分点的选择与三元系紧密相关。而在以往的几何模型中，二元系成分点是按某一种固定的方法进行选择的。如二元系 1-2 中 $X_{1(12)}$ 成分点的选择依赖于另两个二元系 2-3 和 3-1 的过剩自由能，当组元 2 与组元 3 完全相似时，$\eta_1 = 0, \xi_{12} = 0, X_{1(12)} = x_1, X_{1(12)}$ 取值最小；当组元 1 与组元 3 完全相似时，$\eta_2 = 0, \xi_{12} = 1$，$X_{1(12)} = x_1 + x_3, X_{1(12)}$ 取值最大。相似系数 ξ_{12} 表征了组元 3 与组元 1、2 的相似程度，$X_{1(12)}$ 的取值在 x_1 和 $x_1 + x_3$ 之间变动（见图 5-45(g)）。因此，二元系成分的取值将会根据实际三元系中组元间相互关系的不同而改变，当其中两个组元完全相同时，通用几何模型把三元系的过剩自由能的表达式还原为二元系的形式。通用几何模型将对称与不对称模型统一到一个模型中，有利于实现计算机化处理。

目前，超额吉布斯自由能的表达式发展趋势是使计算简化。G^E 表达式很多，但至今还不能从理论上去估计各种方程计算 G^E 的系统误差。因此，为了确定模型的使用范围及选择方程的可靠性，还必须将计算值与实验数据进行系统的比较。

5.5.2.2 三元相图计算与计算机程序框图

计算机计算相图的一般流程，见图 5-46。首先从文献中查询相关体系的热力学性质，并对其进行优化和评估，而后选择合理的热力学模型进行计算。

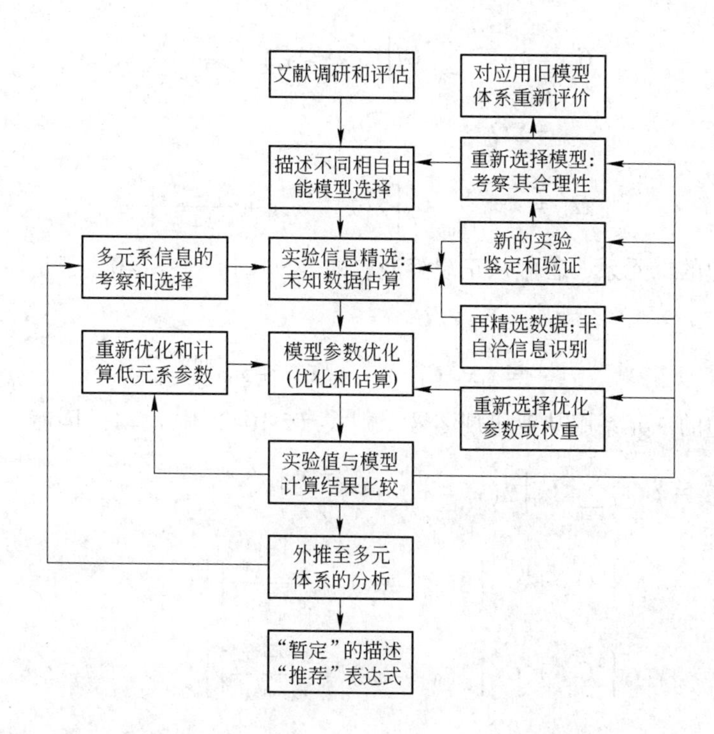

图 5-46 相图计算和热力学性质优化和评估流程图

首先，以采用周国治对称几何模型（见图 5-47）计算 $NaCl-BaCl_2-SrCl_2$ 三元熔盐相图为例，对三元相图的计算进行较详细的分析。

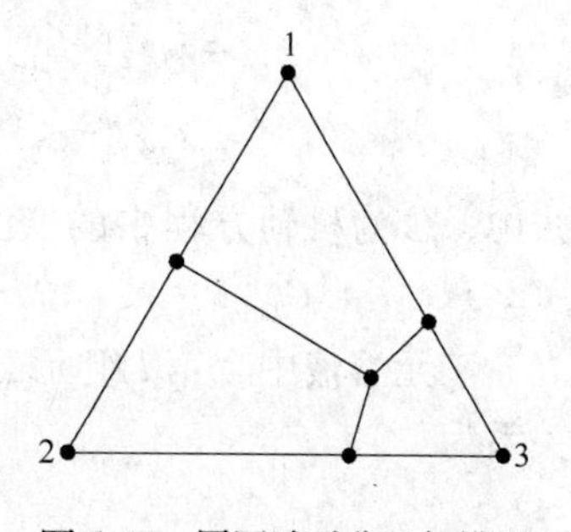

图 5-47 周国治对称几何模型

由几何模型得到超额摩尔吉布斯自由能的表达式为

$$G_m^E = \omega_{12} G_{12}^E(X_1, X_2) + \omega_{31} G_{31}^E(X_3, X_1) + \omega_{23} G_{23}^E(X_2, X_3) = \Sigma \omega_{ij} G_{ij}^E(X_i, X_j) \tag{5-102}$$

式中，$i, j = 1, 2, 3$，但 $i \neq j$；G_{ij}^E 为对应边二元系 i-j 的超额摩尔吉布斯自由能；ω 为 i-j 二元系的权重系数。

i-j 二元系成分点及权重系数（ω_{ij}）选取法：

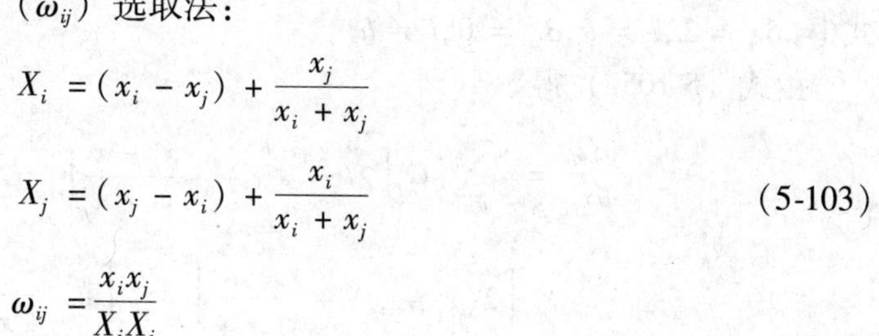

$$X_i = (x_i - x_j) + \frac{x_j}{x_i + x_j}$$

$$X_j = (x_j - x_i) + \frac{x_i}{x_i + x_j} \tag{5-103}$$

$$\omega_{ij} = \frac{x_i x_j}{X_i X_j}$$

由此得到

$$G_{ij}^E = X_i X_j \sum_{k=0}^{n} {}^k C_{ij} (X_i - X_j)^k \tag{5-104}$$

将式（5-103）、式（5-104）代入式（5-102），得

$$G^{\mathrm{E}}=\sum x_i x_j \sum_{k=0}^{n} {}^{k}C_{ij}\left[2(x_i-x_j)+\frac{x_j-x_i}{x_i+x_j}\right]^k$$

$$=\sum \Omega_{ij} \tag{5-105a}$$

其中 $$\Omega_{ij}=x_i x_j \sum_{k=0}^{n} {}^{k}C_{ij}\left[2(x_i-x_j)+\frac{x_j-x_i}{x_i+x_j}\right]^k$$

对于三个边的二元系，若服从正规溶液，式（5-104）中 $n=0$。于是

$$G^{\mathrm{E}}=\sum x_i x_j {}^{0}C_{ij}$$

$$=x_1x_2{}^{0}C_{12}+x_3x_1{}^{0}C_{31}+x_2x_3{}^{0}C_{23} \tag{5-105b}$$

如果三个边的二元系服从亚正规溶液，则式（5-104）中 $n=1$。因而

$$G^{\mathrm{E}}=\sum x_i x_j \sum_{k=0}^{1} {}^{k}C_{ij}\left[2(x_i-x_j)+\frac{x_j-x_i}{x_i+x_j}\right]^k$$

$$=x_1x_2\left\{{}^{0}C_{12}+{}^{1}C_{12}\left[2(x_1-x_2)+\frac{x_2-x_1}{x_1+x_2}\right]\right\}+$$

$$x_2x_3\left\{{}^{0}C_{23}+{}^{1}C_{23}\left[2(x_2-x_3)+\frac{x_3-x_2}{x_2+x_3}\right]\right\}+$$

$$x_3x_1\left\{{}^{0}C_{31}+{}^{1}C_{31}\left[2(x_3-x_1)+\frac{x_1-x_3}{x_1+x_3}\right]\right\}$$

$$=x_1x_2[{}^{0}C_{12}+{}^{1}C_{12}(x_1-x_2)]+x_2x_3[{}^{0}C_{23}+{}^{1}C_{23}(x_2-x_3)]+$$

$$x_3x_1[{}^{0}C_{31}+{}^{1}C_{31}(x_3-x_1)]-\Omega x_1x_2x_3 \tag{5-105c}$$

式中，Ω 为科勒方程中的交互作用系数，只是符号相反（科勒方程中 Ω 为负号），$\Omega={}^{1}C_{12}+{}^{1}C_{31}+{}^{1}C_{23}$。

三元溶液中，第 l 组元（$l=1,2,3$）的超额偏摩尔热力学性质与全摩尔热力学性质的关系为

$$G_l^{\mathrm{E}}=G^{\mathrm{E}}+\sum_{h=1}^{3}(\delta_{lh}-x_h)\frac{\partial G^{\mathrm{E}}}{\partial x_h} \tag{5-106}$$

式中，$\delta_{lh}=1, l=h; \delta_{lh}=0, l\neq h$。

由式（5-105a）得

$$\frac{\partial \Omega_{ij}}{\partial x_i}=x_j\sum_{k=0}^{n}{}^{k}C_{ij}\left[2(x_i-x_j)+\frac{x_j-x_i}{x_i+x_j}\right]^k+x_ix_j\sum_{k=0}^{n}2k\cdot{}^{k}C_{ij}\times$$

$$\left[2(x_i-x_j)+\frac{x_j-x_i}{x_i+x_j}\right]^{k-1}\cdot\left[1-\frac{x_j}{(x_i+x_j)^2}\right] \tag{5-107a}$$

$$\frac{\partial \Omega_{ij}}{\partial x_j}=x_i\sum_{k=0}^{n}{}^{k}C_{ij}\left[2(x_i-x_j)+\frac{x_j-x_i}{x_i+x_j}\right]^k+x_ix_j\sum_{k=0}^{n}2k\cdot{}^{k}C_{ij}\times$$

$$\left[2(x_i-x_j)+\frac{x_j-x_i}{x_i+x_j}\right]^{k-1}\cdot\left[-1+\frac{x_i}{(x_i+x_j)^2}\right] \tag{5-107b}$$

当 $\dfrac{\partial \Omega_{ij}}{\partial x_m} = 0, m = 1,2,3; m \neq i,j$ 时，将有关各式代入式(5-106)，得到

$$G_l^{\mathrm{E}} = \Sigma x_i x_j \sum_{k=0}^{n} {}^{k}C_{ij}\left[2(x_i - x_j) + \frac{x_j - x_i}{x_i + x_j}\right]^{k-1} \times$$

$$\left[2(k+1)(x_j - x_i) + \frac{x_i - x_j}{x_i + x_j}\right] + \sum \frac{\partial \Omega_{ij}}{\partial x_h} \tag{5-108}$$

式中，$i,j = 1,2,3$，但 $i \neq j; h = 1,2,3$。

利用式（5-105a）~式（5-108），再根据已知的纯组元的热力学性质（见表5-9），得到 $NaCl\text{-}SrCl_2$ 二元系的热力学性质为

$$G^{\mathrm{E}}_{(1073\mathrm{K})} = x_{SrCl_2}(1 - x_{SrCl_2})(-5.812 + 3.532 x_{SrCl_2})\ \mathrm{kJ/mol} \tag{5-109}$$

$$S^{\mathrm{E}} = 0.01 x_{SrCl_2}(1 - x_{SrCl_2})\ \mathrm{kJ/(mol \cdot K)} \tag{5-110}$$

表 5-9 组元的相变温度及相变吉布斯自由能 $\Delta_{tr}G^{\ominus} = a + bT + cT^2 + dT\ln T$ kJ/mol

化合物	相变反应	T_{tr}/K	a	b	c	d
NaCl	α→l	1074	7.735	0.20209	11.93×10^{-6}	-0.03183
$BaCl_2$	γ→α	1195	-19.904	0.28721	6.99×10^{-6}	-0.03936
	α→l	1235	256.261	-0.0696	0	0.0069
$SrCl_2$	β→α	1003	6.276	-0.00626	0	0
	α→l	1146	-10.002	0.20329	5.11×10^{-6}	-0.02845

$NaCl\text{-}BaCl_2$ 二元系的热力学性质为

$$G^{\mathrm{E}} = x_{BaCl_2}(1 - x_{BaCl_2})(0.57684 - 1.56332 x_{BaCl_2})\ \mathrm{kJ/mol} \tag{5-111}$$

$$S^{\mathrm{E}} = 0 \tag{5-112}$$

$BaCl_2\text{-}SrCl_2$ 二元系的热力学性质为

$${}^{\alpha}G_{\mathrm{m}}^{\mathrm{E}} = 1.350 x_{SrCl_2} x_{BaCl_2}\quad \mathrm{kJ/mol} \tag{5-113}$$

$${}^{\beta}G_{\mathrm{m}}^{\mathrm{E}} = 5.00 x_{SrCl_2} x_{BaCl_2}\quad \mathrm{kJ/mol} \tag{5-114}$$

$${}^{\gamma}G_{\mathrm{m}}^{\mathrm{E}} = 5.00 x_{SrCl_2} x_{BaCl_2}\quad \mathrm{kJ/mol} \tag{5-115}$$

$${}^{\beta}G^{\mathrm{E}}_{\mathrm{m}(BaCl_2)} - {}^{\gamma}G^{\mathrm{E}}_{\mathrm{m}(BaCl_2)} = 0.60\mathrm{kJ/mol} \tag{5-116}$$

$${}^{\gamma}G^{\mathrm{E}}_{\mathrm{m}(SrCl_2)} - {}^{\beta}G^{\mathrm{E}}_{\mathrm{m}(SrCl_2)} = 0.25\mathrm{kJ/mol} \tag{5-117}$$

由三个二元系的热力学性质预报 $NaCl\text{-}SrCl_2\text{-}BaCl_2$ 三元系的液相全摩尔超额吉布斯自由能及三个组元的偏摩尔超额吉布斯自由能的表达式，再根据相平衡原理求解非线性方程组。此过程在计算机上完成，其框图见图 5-48。计算结果如图 5-49 所示。由图可看出，

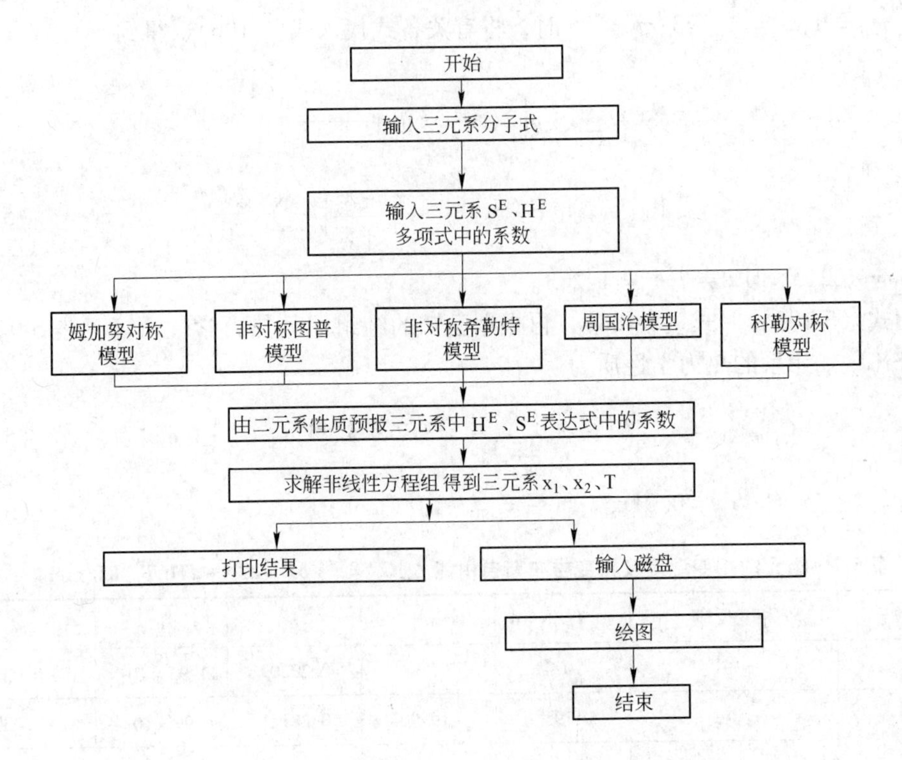

(a) 三元系相图绘制计算机程序框图

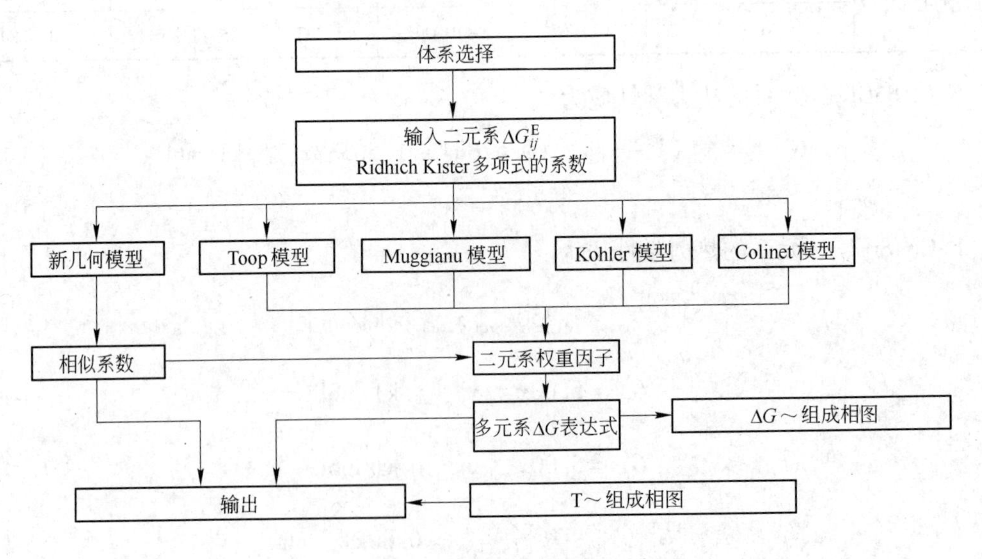

(b) 由二元系预测多元系相平衡计算机程序框图

图 5-48 计算机绘制相图程序框图

用周国治对称几何模型计算的 $NaCl$-$BaCl_2$-$SrCl_2$ 三元熔盐体系的液相面与 1914 年尔哈德（Erhard）实验测定的结果吻合很好。

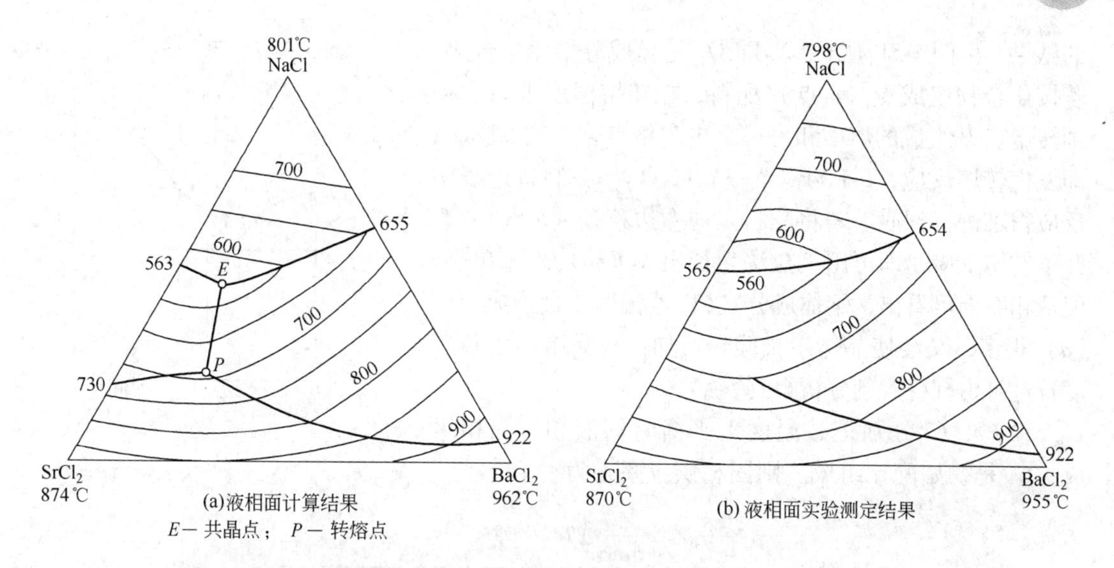

图 5-49 NaCl-$SrCl_2$-$BaCl_2$ 三元系液相面计算与实验结果比较

同理，采用 FACT 程序计算 BaO-CuO-Sm_2O_3 三元超导相图，其结果与实验测定的结果也完全吻合，见图 5-50。

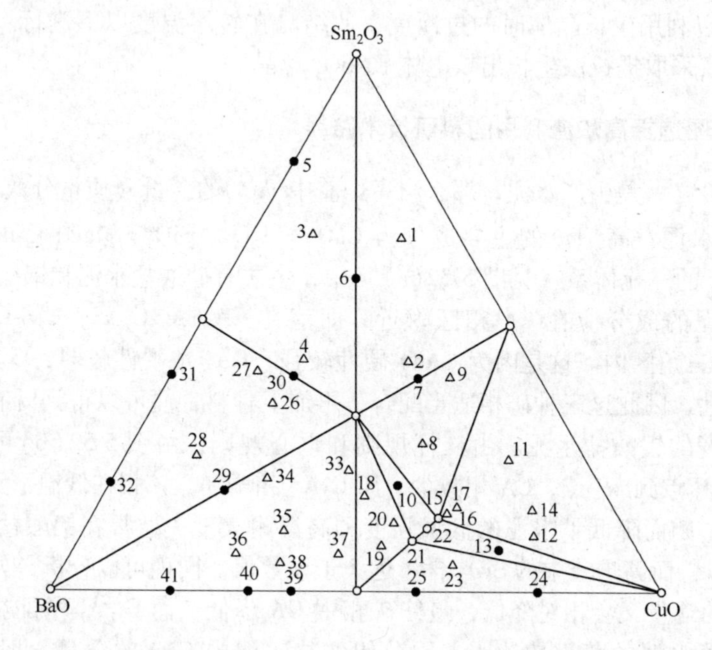

图 5-50 计算与实验测定的 1223K（950℃）空气中的 BaO-CuO-Sm_2O_3 三元超导相图

（实线为计算结果；△，●，○分别为三相、两相和单相区的实验点）

5.6 相图应用实例

5.6.1 利用二元相图分析钇铁石榴石（$Y_3Fe_5O_{12}$）单晶制备

早期用直拉法生长钇铁石榴石（$Y_3Fe_5O_{12}$）单晶，按化合物的组成配料，很难得到满意的结果。由图5-51看出，$Y_3Fe_5O_{12}$是异成分熔化化合物，若按化合物组成点（a点）配料，在转熔温度下只会得到转熔点P组成的熔体和另一个更高熔点化合物$YFeO_3$，即发生转熔反应，$L + YFeO_3 \rightarrow Y_3Fe_5O_{12}$，在制备过程中反应很难进行到底。若将配料点向左边移动（b点），避开了转熔反应，即可用直拉法生长出$Y_3Fe_5O_{12}$理想单晶。但从相图上可看出，熔体成分（b）若偏离化合物成分点（a）很多，又会使晶体生长缓慢。如何提高单晶生长速度？这可由杠杆规则分析得到答案。

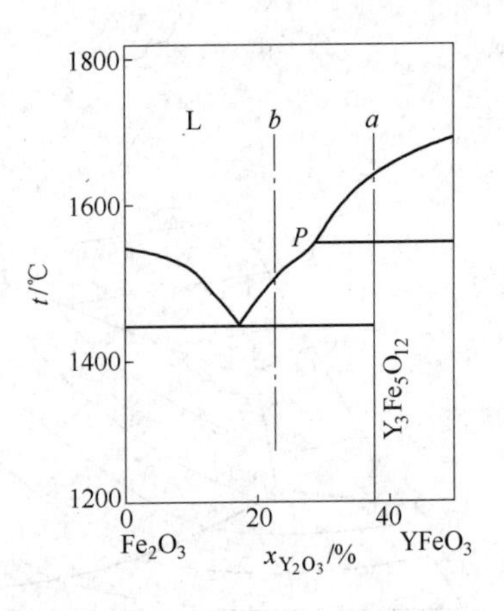

图5-51 Fe_2O_3-Y_2O_3体系相图（部分）

设C^l、C^s分别是某温度下平衡时的液相、固相组成，C^0是初始配比组成。则固相供应率S为

$$S = \frac{C^l - C^0}{C^l - C^s} = \frac{\frac{1}{\tan\alpha}\Delta T}{C^l - C^s} = \frac{\Delta T}{\Delta T + \tan\alpha(C^0 - C^s)}$$

式中，ΔT为生长晶体时的过冷度；tanα为液相线斜率。

由上式可看出：可在转熔点P和异组成化合物C^s之间配料，使熔体成分比较接近晶体成分C^s；可以利用生长晶体时的过冷度，使结晶在转熔温度以下进行。Fukuda等人就是依据此原理，采取提拉法生长出铁电体$KNbO_3$单晶。

5.6.2 依据相图选择高炉渣利用的科研技术路线

高炉渣用途之一是生产水泥，那么当高炉渣中TiO_2的含量（质量分数）高于20%时，能否用其生产水泥？高炉渣的主要成分为CaO、Al_2O_3、SiO_2、MgO、MnO、FeO等，在CaO-SiO_2-Al_2O_3的三元体系（见图5-52(a)）中，主要有硅酸盐水泥和铝酸盐水泥两种。

铝酸盐水泥的成分应在CA相区附近，即落在CA-CA_2-C_2AS，C_2S-C_2AS-CA或CA-C_2S-$C_{12}A_7$三个三角区内。这是因为CA水硬性较强，CA_2水硬性较弱，$C_{12}A_7$水硬性亦较弱，但有速凝性，因此这三种矿相适当配合，再加上骨料，便可以得到既有低温强度又有合理的凝固速度的铝酸盐水泥。由杠杆规则和重心规则，由图5-52(b)可以看出，随着SiO_2增加，由M点到M'点，CA相减少，而C_2AS相增加。该相在低温下无水硬性，而高温下又易熔化，因而降低了水泥的低温强度和高温耐火度。通常在铝酸盐水泥中SiO_2的含量不超过7%，而高炉渣中的SiO_2含量远大于该数值。同理可以分析，如果增加CaO含量，则Al_2O_3的含量又会相对降低，最终矿相中CA降低，而$C_{12}A_7$增加。该相虽具有速凝性，但降低了水泥的荷重软化点，因此铝酸盐水泥中CaO的含量一般控制在20%～40%范围内。综上所述，含TiO_2高乃至一般的高炉渣($w(Al_2O_3) \approx 14\%$，$w(SiO_2) \approx 34\%$)不宜用于生产铝酸盐水泥。

用高TiO_2的高炉渣能否生产硅酸盐水泥？硅酸盐水泥的成分应落在C_3S-C_2S-C_3A三角区内(见图5-52(c))，通常C_2S占20%；C_3A占2%～15%；$C_3S > 50\%$；此外，还有$C_{12}A_7$等。C_2S水硬性较弱，凝固较慢，但熔点很高；C_3A水硬性也较弱，但凝固较快；C_3S水硬性强，使硅酸盐水泥制品具有较高的低温强度。利用杠杆规则和重心规则可以看出，增加SiO_2使C_3S下降，对硅酸盐水泥的水硬性不利。综上分析，高炉渣中由于TiO_2

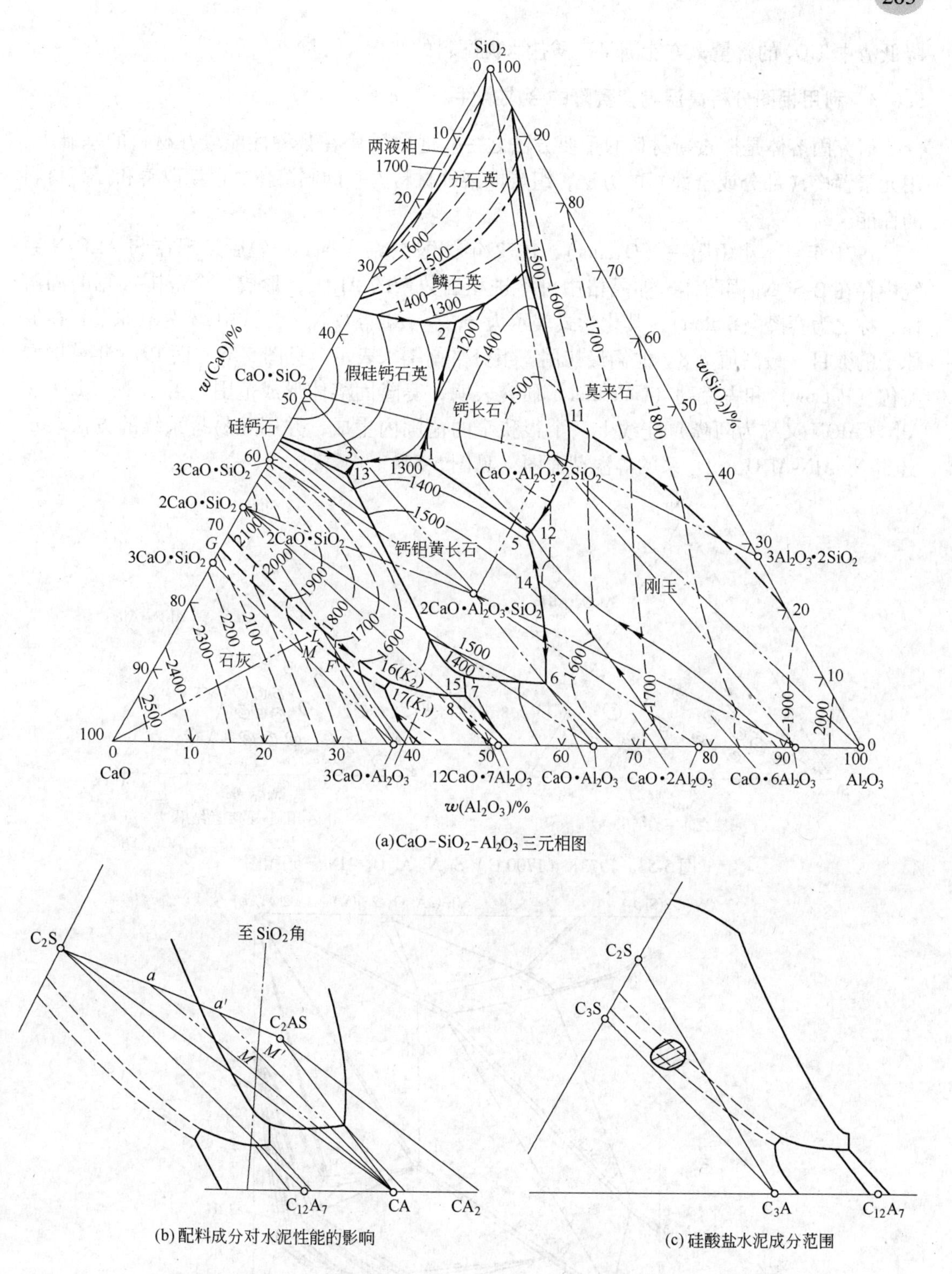

图 5-52　CaO-SiO_2-Al_2O_3 三元系与水泥配料成分分析

的增加，使 C_3S、C_3A 相降低，甚至消失。因此，如果拟选择高 TiO_2 高炉渣生产硅酸盐水泥，首要任务是提取出 TiO_2，诸如通过热处理使 TiO_2 析晶，或亚熔盐处理技术等，以期

降低渣中 TiO_2 的含量，方能满足硅酸盐水泥配料的要求。

5.6.3 利用相图分析高温陶瓷赛隆的合成条件

研究固溶体是探索新材料的重要方法之一。通常采用在某种性能较好材料的基础上，用元素置换（部分或全部）的方法，组成以某种材料为基的固溶体，以期改善和提高材料的性能。

1971 年日本小山阳一（Oyama），1972 年英国杰克（Jack）先后发现在 Si-Al-O-N 系统中存在 β-Si_3N_4 固溶体，即晶格中可溶进相当数量的 Al_2O_3，形成一个范围很宽的固溶体，称之为赛隆（Sialon），其化学式表示为 $Si_{6-0.75x}Al_{0.67x}O_xN_{8-x}$。式中，$x$ 为氧原子置换氮原子的数目，最高值为 8。他们最初用三组分平衡图来表示，见图 5-53。而 1975 年德国佩特佐（Petzow）和古克勒（Gouckler）研究表明，赛隆固溶体形成范围是沿 Si_3N_4-Al_2O_3 · AlN（AlON 又称为阿隆）连线上一个很狭窄的范围内生成，并用互易盐系统的方法表示出 Si_3N_4-AlN-Al_2O_3-SiO_2 系的等温截面图（见图 5-54）。

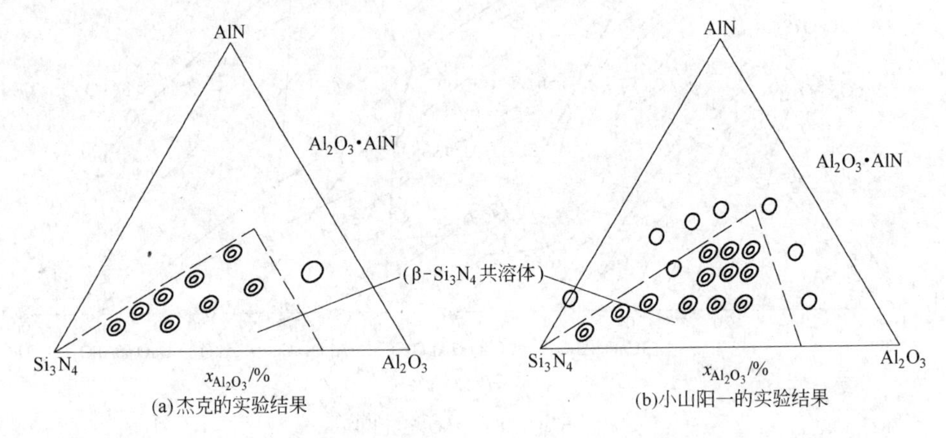

图 5-53 1973K（1700℃）Si_3N_4-Al_2O_3-AlN 三元相图

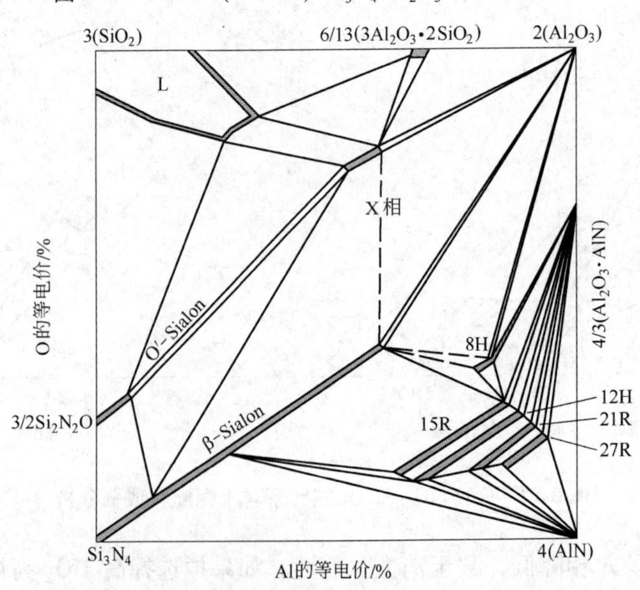

图 5-54 2023K（1750℃）Si_3N_4-AlN-Al_2O_3-SiO_2 互易盐系等温截面图

由此可知，赛隆（Sialon）是氮化硅固溶体的通称，可分为β-Sialon、α-Sialon、O-Sialon 和 Sialon 多型体等四种类型。前三种可分别简写为β′、α′和 O′。赛隆家族中最常见的是β′-Sialon。另外还有 O′-Sialon。当 Sialon 组成位于β′和 AlN 之间区域，有 6 种不同的相：8H、15R，12H，21R，27R 和 $2H^{\delta}$(33R)，统称之为 Sialon 多型体。因它们具有纤维锌矿型的 AlN 结构，故又称为 AlN 多型体。它们具有两种晶系，一种是六方，用 H 表示；另一种是斜方，用 R 表示。具有六方结构晶体的每一单位晶胞由两个基块组成，而斜方结构晶体的单位晶胞由 3 个基块组成。多形体的分子式为 M_mX_{m+1}。除此之外，在 Me-Si-Al-O-N 五元系中还存在α′-Sialon。赛隆种类的不同，性能也各有特点，是很有希望的近代高温结构陶瓷材料。因此，可以根据相图选择不同的赛隆，制备出具有不同性能的材料，如耐磨材料、“合金”材料、金属切削刀具材料以及耐腐蚀材料等。时至今日，Sialon 材料在工业生产中最成功的应用，是制作切削金属的刀具，刀尖处最高承受温度可达 1273K(1000℃)。材料科学工作者仍在不断努力开发为高新技术服务、具有优异性能的 Sialon 材料，如具有优良的耐热冲击性、高的高温强度和好的电绝缘性三者结合的 Sialon 材料，很适合制作焊接工具；具有优异的耐磨性的 Sialon 材料适合制作车辆底盘上的定位销。用 Sialon 材料制作模具的内衬和芯棒，可明显改进成品的光洁度和尺寸精度，并可采用更高的挤出速度。由于 Sialon 材料具有抗熔融金属腐蚀能力，故可用于制作浇铸和金属喷雾设备中的部件，也可作为拉制磷化镓单晶的坩埚材料等。

近年来，赛隆在钢铁工业用耐火材料方面也有所应用。如高炉用 Sialon 结合的 SiC 砖和内壁衬，以及 Sialon/Graphite 混合物的浸入式水口、O′-Sialon 与 ZrO_2 复合的浸入式水口和 O′-Sialon-SiC 滑板材料等。

现在利用相图分析赛隆合成的条件。由图 5-54 可以看出：

（1）β-Si_3N_4 生成β-Sialon 的固溶体范围相对较窄，且不在 Si_3N_4-Al_2O_3 的连线上。

（2）β-Sialon 在 Si_3N_4 和阿隆（AlON）的连线上，用这两种化合物可以合成出β-Sialon。基于多数研究者认为阿隆在 1873～1973K 温度以上才是稳定的，因此在 2023K 下由 Si_3N_4 和 AlON 合成β-Sialon 是正确的途径。由相图还可以看出，若配制组成落在 Si_3N_4-AlN·Al_2O_3 连线上，即图中的$\frac{4}{3}$(Al_2O_3·AlN)，控制工艺条件使烧结过程中出现的液相组成接近 X 相。在烧结结束后，液相基本能全固溶进 Si_3N_4 晶格中，最后得到单相的β-Sialon。如果工艺条件控制不当，X 相会在β-Sialon 晶粒边界析出，成为脆性相。高温下，会出现沿晶界滑移；常温下，会发生脆断。β-Sialon 的分子式为：$Si_{6-z}Al_zO_zN_{8-z}$，式中 z 表示 Si 被 Al 的取代量。z 值的变化范围为 0～4.2。

（3）严格控制制备条件参数，β-Sialon 可以由 Si_3N_4、Al_2O_3、AlN 反应得到，也可由 Si_3N_4、SiO_2、AlN 合成。

材料工作者对β-Sialon 材料进行了大量的研究，结果表明：

（1）β-Sialon 固溶体是通过液相烧结实现的，烧结结束时部分液相可固溶进入β氮化硅晶中，可减少 Si_3N_4 在正常制备条件下的挥发分解及晶粒长大；

（2）控制 Si_3N_4-Al_2O_3-AlN 系的组成，能得到高密度的单相（$z=2$）β-Sialon 烧结体；室温强度为(440±60)MPa，在 1673K(1400℃)时强度为(410±30)MPa；甚至室温抗弯强度达 1000MPa，1573K(1300℃)时保持在 700MPa；

（3）对 $z=1$ 的组成，能得到单相 β-Sialon，但致密化不充分；

（4）对 $z=3$，4 的组成，虽能接近理论密度，但得不到单相的 β-Sialon 烧结体。

硅和铝是地球上最丰富的金属元素，氧和氮又是组成大气的两种主要元素，所以 Sialon 的原始原料很丰富。但为进一步降低成本，开展以矿物原料为先驱原料合成的 β-Sialon 的研究是很有实用价值的。用矿物原料合成的 Sialon 材料，由于原料纯度差，主要用于制作耐火砖、炉衬等。

近十几年来，人们还研究了 Al-O-N、Si-B-O-N、Si-Y-O-N、Ti-Al-O-N、Mg-Al-O-N、RE-Si-Al-O-N 以及 Si-Al-Be-O-N 等体系的相图，可以预期以氮化物和氧化物为基的复合陶瓷将是一个极有前途的高温陶瓷材料的研究领域。

5.6.4 利用相图选择氧气顶吹转炉造渣路线

炼钢炉渣化学组成相当复杂，一般是由 9～10 个组元组成的多元体系。但是在吹炼过程中，约占 80% 的 $CaO+SiO_2+FeO_n$ 几乎不变，因而可以将复杂的多元系简化为 $CaO-SiO_2-FeO_n$ 伪三元系（见图 5-55），而其他一些次要组元可以按其性质归入这三个组元之中。

在开始吹炼的头几分钟内，由于熔池温度比较低，约为 1673K（1400℃），故所加入

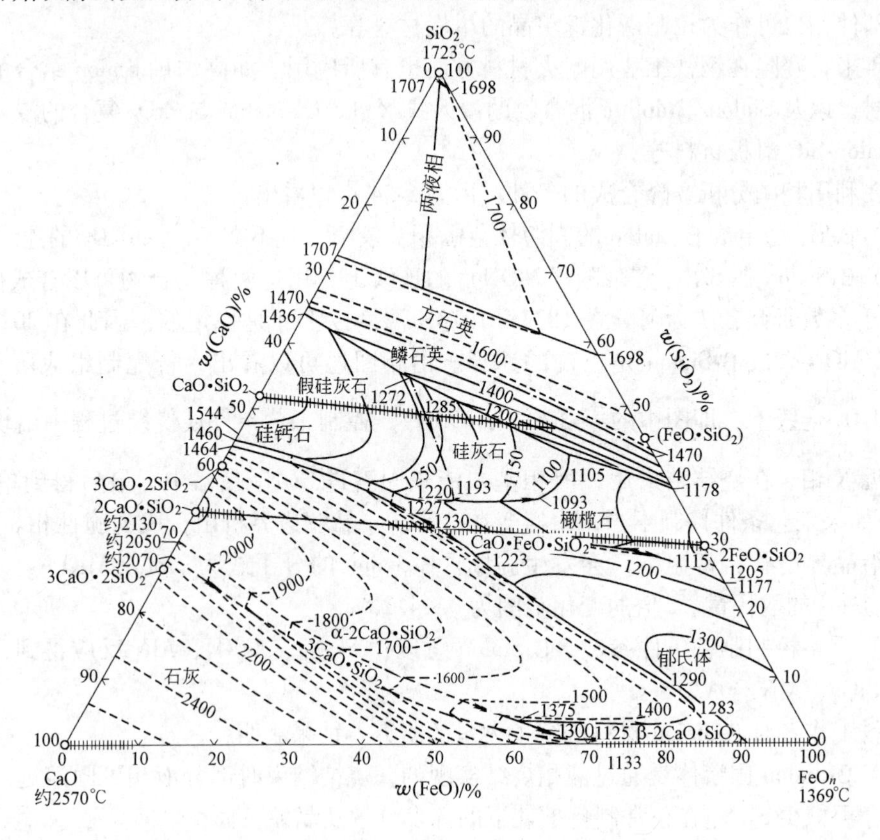

图 5-55　$CaO-FeO_n-SiO_2$ 伪三元相图

方石英、鳞石英（SiO_2）；假硅灰石（α-$CaO\cdot SiO_2$）；硅灰石（β-(Ca,Fe)O · SiO_2）；硅钙石（$3CaO\cdot 2SiO_2$）；橄榄石（2(Ca,Fe)O · SiO_2）；石灰（(Ca,Fe)O）；郁氏体（(Fe,Ca)O）

的第一批渣料中只有铁鳞熔化，石灰刚刚开始溶解。铁液中 Fe、Si、Mn 等元素由热力学条件所决定，将优先氧化，生成 FeO_n、SiO_2 和 MnO_2，形成了高氧化性的酸性初渣，图 5-56中的 *A* 区。

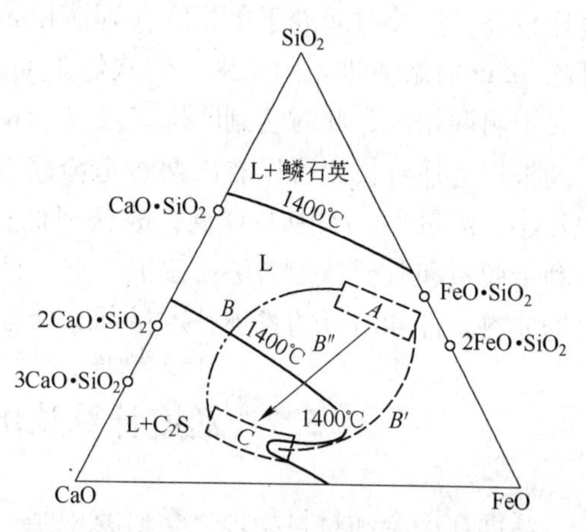

图 5-56　LD 初渣与终渣的成分范围

吹炼后期为了脱硫脱磷，要求终渣具有一定碱度，通常 $w(CaO)/w(SiO_2) = 3 \sim 5$。为保证终渣的流动性与氧化性，通常含 FeO_n 在 20% ~30%，这就决定了终渣的成分落在图 5-56 中的 *C* 区。

由图 5-56 可以看出，由初渣到终渣可以有三条路线，即 *ABC*、*AB′C*，*AB″C*，且由初渣到终渣必须经过 $L + C_2S$ 二相区。那么如何选择造渣路线呢?

从初渣到终渣成分，选择 *AB″C* 路线路径最短。要求吹炼过程中迅速升温，溶解部分石灰生成 C_2S 进入两相区。由于 C_2S 在 CaO 表面析出，使炉渣变得黏稠，冶金上称之为“返干现象”。与此同时，铁液中的 C-O 反应激烈。当温度迅速上升到 1773K（1500℃）以上，渣中若有 FeO 的积累，就会出现爆发式的 C-O 反应，大量炉渣夹带着液态金属从炉口喷射出来，通常称之为“喷溅现象”。这是非常危险的，应防止发生。显然这条造渣路线是不可取的。因此，吹炼过程中，必须选择好炉渣成分变化途径，以利于控制熔池温度和 C-O 反应进行的程度。通常选择 *ABC* 和 *AB′C* 两类造渣路线。

若铁水中 S、P 都比较低，炼钢过程中脱磷、脱硫任务不重。如在冶炼低碳钢时，就可以采用低枪位操作。这有利于缩短冶炼时间，降低消耗，提高炉龄。于是选择了 *ABC* 造渣路线（见图 5-57 中的 *AA* 线）。采用低枪位操作，脱 C 反应比较快，渣中氧化铁迅速降低，开吹 2min 后渣的成分即进入两相区。冶炼全程中渣较黏稠，因此渣对炉衬冲刷小，侵蚀也较小。由于渣量少，渣中 FeO 低，直到吹炼末期，渣中 FeO 才略有升高，故铁耗也低。

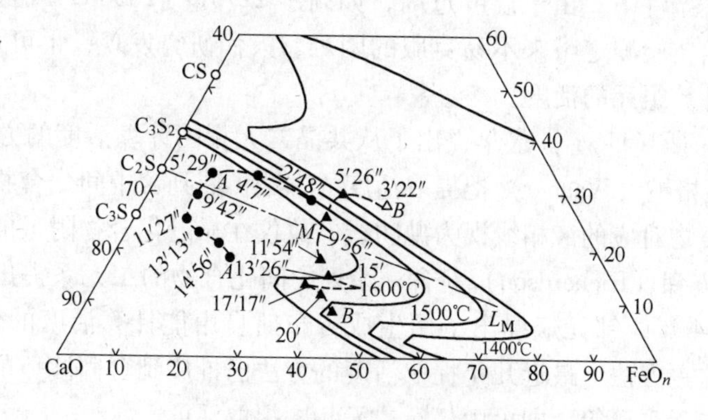

图 5-57　渣成分变化途径

若铁水中含 P 较高（如 0.35%），为了脱磷就要求冶炼前期渣碱度较高、氧化性较强、流动性好的熔渣。于是选择了图 5-57 中的 *BB* 路线。采用高枪位操作，使渣中 FeO 始终比较高。渣长时间处于单相区（即液相区），有利于石灰迅速溶解，有利于脱磷、脱硫。开吹 9min 后熔渣进入两相区。到吹炼末期，C-O 反应已减弱，渣中 FeO 再度上升，渣成分又走出两相区，此时达到吹炼终点 1913K（1640℃）。

根据上述分析，可以看出两种造渣路线各有优缺点：*AA* 线操作渣较黏稠，对炉衬侵蚀较小；渣量小，渣中 FeO 低，故铁损低；但对脱硫脱磷不利。*BB* 线操作渣流动性好，有利于脱磷和脱硫，但对炉衬侵蚀严重，且铁耗较高。因此，采用何种造渣技术路线，要根据原料条件和冶炼的各项技术指标综合考虑。

5.7 活度计算及由相图提取热力学参数

活度在冶金和材料物理化学研究中是一个很重要的参数。各类冶金和材料制备过程，尤其是火法冶金和高温制备过程，通常为高温、多相并伴有溶液参加的复杂反应。要判断冶金和材料制备过程反应进行的可能性，就必须利用活度来计算化学反应的吉布斯自由能和标准吉布斯自由能。诸如陶瓷材料的液相烧结，金属材料制备过程中合金元素的溶解，杂质元素的分离，冶金过程中脱磷、脱硫、去气、去夹杂等过程，都需要利用活度来计算相关反应的吉布斯自由能，判断反应进行的方向。

例如，炼钢过程中合金元素 i 在铁液中的溶解吉布斯自由能

$$i \Longrightarrow [i] \quad \Delta G_{\mathrm{m},i} = RT\ln\gamma^0 \frac{0.5585}{M_i} f x_i = \Delta G_{\mathrm{m}}^{\ominus} + RT\ln f x_i$$

式中，γ^0 是当溶质 $w[i]=0.01$ 时，依据拉乌尔定律计算的溶质的活度系数；M_i 为 i 物质相对分子质量；f 为采用无限稀或 1% 溶液为标准态的活度系数。

又如，含砷低碳钢加入稀土后生成（$RE_x \cdot As_y$）（RE_mS_n）产物的热力学计算，需要知道 a_{As} 等热力学参数。

活度可以用化学平衡法、固体电解质电化学电池法、飞行质谱法等诸多方法进行实验测定。然而在某些条件下，由于温度过高，如高于 2273K（2000℃）时，伴有元素挥发，坩埚反应等因素给实验测定带来不易克服的困难。人们研究发现，也可从已知二元相图，运用各种方法来计算组元的活度。

1923 年，路易斯（Lewis）最早提出了从共晶二元相图计算活度的方法。1940 年，豪夫（Hauffe）和瓦格纳（Wagner）把提取活度的方法扩展到含中间化合物的二元相图。然而，此法是把化合物对应的液相线视为抛物线，故仅在靠近化合物附近的计算结果较为正确。1953 年，理查森（Richardson）对含一系列中间化合物的二元系提出了一个近似的计算方法。直到 1964 年，邹元爔提出了用生成吉布斯自由能计算活度的较好方法。之后，周国治又发展了这一方法。最近几年提取活度的方法已推广到含固溶体的二元系，以及出现溶解度间隙的二元系等等，即可由任意二元相图提取活度。

任何复杂的二元相图，都可由以下四种平衡构成：纯组元与溶液间的平衡；溶液与溶液（含固溶体）间的平衡；中间化合物与溶液间的平衡；出现分层时的平衡。下面就根据这四种平衡来讨论由二元相图提取活度的方法。

5.7.1 由二元相图提取活度

5.7.1.1 纯组元与溶液间平衡（如简单的二元共晶相图）的活度计算方法

此类方法有：凝固点下降法、熔化吉布斯自由能法、由斜率截距求化学势法和熔化熵法等。

A 熔化吉布斯自由能法

对于任意共晶二元系，在液相上任意一温度下，溶液与析出的晶体相平衡。如果选择纯溶剂在液态时为标准态，则溶剂在溶液中的活度与在晶体中的活度相等，且它们的活度均小于1。

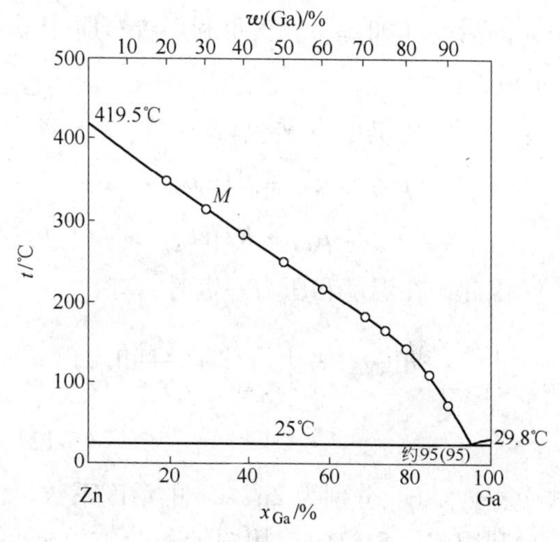

图 5-58 Ga-Zn 相图

以 Ga-Zn 二元系（示于图 5-58）为例进行讨论。对液相线上任意一点 M 有

$$G_{m,Zn(s)} = G_{m,Zn(l)}$$

$$G^{\ominus}_{m,Zn(s)} + RT\ln a_{Zn(s)} = G^{\ominus}_{m,Zn(l)} + RT\ln a_{Zn(l)}$$

如果以纯液态 Zn 为标准态，则

$$G^{\ominus}_{m,Zn(l)} + RT\ln a_{Zn(s)} = G^{\ominus}_{m,Zn(l)} + RT\ln a_{Zn(l)}$$

即有 $$a_{Zn(s)} = a_{Zn(l)}$$

固态 Zn 的吉布斯自由能由两部分组成，即

$$G_{m,Zn(s)} = G^{\ominus}_{m,Zn(l)} + RT\ln a_{Zn(s)}$$

或写为

$$-RT\ln a_{Zn(s)} = G^{\ominus}_{m,Zn(l)} - G_{m,Zn(s)}$$

等式右边是在 T 温度下，组元 Zn 的熔化吉布斯自由能 $\Delta_{fus}G_{m,Zn}$，即有

$$\Delta_{fus}G_{m,Zn} = \Delta_{fus}H_{m,Zn} - T\Delta_{fus}S_{m,Zn} \tag{5-118a}$$

于是

$$\ln a_{Zn(s)} = -\frac{\Delta_{fus}H_{m,Zn}}{RT} + \frac{\Delta_{fus}S_{m,Zn}}{R} \tag{5-118b}$$

如果已知 Zn 的熔化焓和热容的数据，便可计算其熔化吉布斯自由能 $\Delta_{fus}G_{m,Zn}$，进而计算出组元 Zn 的活度：

$$\lg a_{Zn(s)} = -\frac{448}{T} + 4.93\lg T - 0.98 \times 10^{-3}T - 12.67 \tag{5-119}$$

将液相线上各温度值代入式（5-119），即可得到液相线上各温度下 Zn 的活度值。再由相图读出各温度下对应的溶液成分 x_{Zn}，利用活度与温度的关系式：

$$R\frac{\mathrm{d}(\ln a_{\mathrm{Zn(s)}})}{\mathrm{d}\left(\frac{1}{T}\right)} = x_{\mathrm{Ga}}^{2}L_{\mathrm{Zn}}^{0} \tag{5-120}$$

式中，x_{Ga}为溶液中镓的摩尔分数；L_{Zn}^{0}为组元 Zn 的相对偏摩尔焓；R 为摩尔气体常数。

由式(5-120)可以计算出各温度下不同溶液成分中 Zn 的活度。在二元溶液中，已知一组元的活度（如 a_{Zn}），就可利用吉布斯-杜亥姆（Gibbs-Duhem）公式求出另一组元的活度（如 a_{Ga}）：

$$\gamma_{\mathrm{Zn}}\mathrm{d}\mu_{\mathrm{Zn}} + \gamma_{\mathrm{Ga}}\mathrm{d}\mu_{\mathrm{Ga}} = 0$$

$$\mu_{\mathrm{Zn}} = \mu_{\mathrm{Zn}}^{\ominus} + RT\ln a_{\mathrm{Zn}}$$

$$\mu_{\mathrm{Ga}} = \mu_{\mathrm{Ga}}^{\ominus} + RT\ln a_{\mathrm{Ga}}$$

因此，在温度和压力一定时，有

$$\int_{\gamma_{\mathrm{Ga}}=1}^{\gamma_{\mathrm{Ga}}=\gamma_{\mathrm{Ga}}}\mathrm{d}\lg\gamma_{\mathrm{Ga}} = \int_{\gamma_{\mathrm{Zn}}=0}^{\gamma_{\mathrm{Zn}}=\gamma_{\mathrm{Zn}}} -\frac{\gamma_{\mathrm{Zn}}}{\gamma_{\mathrm{Ga}}}\mathrm{d}\lg\gamma_{\mathrm{Zn}} \tag{5-121}$$

式中，γ_{Zn}，γ_{Ga}分别为 Zn、Ga 的活度系数。

利用式（5-121），用图解积分方法便可求出 γ_{Ga}。图 5-59 与表 5-10 为 750K 下按式（5-119）、式（5-120）和式（5-121）计算的结果，并与实验值进行了比较，相对误差小于 3.5%，两者吻合较好。由此可见，计算值可信，该方法可用。

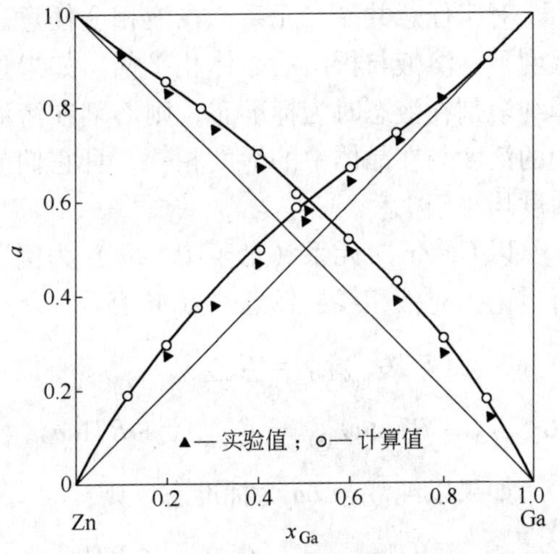

图 5-59　Ga、Zn 在液态 Ga-Zn 合金中的活度计算值与实验值比较

表 5-10　750K 下 Ga-Zn 二元系的活度计算值

T/K	x_{Ga}	$\ln a_{\mathrm{Zn}}$	T = 750K				
			γ_{Zn}	$\ln\gamma_{\mathrm{Zn}}$	γ_{Ga}	a_{Ga}	a_{Zn}
648	0.12	−0.0882	1.031	0.0304	1.568	0.182	0.911
620	0.20	−0.1483	1.064	0.0619	1.477	0.295	0.851
594	0.27	−0.2085	1.089	0.0845	1.388	0.375	0.794
553	0.40	−0.3135	1.157	0.1454	1.232	0.495	0.694
520	0.49	−0.4083	1.195	0.1783	1.188	0.577	0.614
494	0.60	−0.5242	1.288	0.2530	1.110	0.666	0.515
453	0.70	−0.6365	1.403	0.3388	1.059	0.739	0.424
410	0.80	−0.8157	1.543	0.4339	1.022	0.818	0.309
348	0.89	−1.1383	1.663	0.5089	1.006	0.898	0.178

B　凝固点下降法

采用纯溶剂液态时为标准态，对凝固点下降公式进行积分，得到

$$\frac{\mathrm{d}\ln a_{(\mathrm{s})}}{\mathrm{d}T} = \frac{\Delta H}{RT^{2}}$$

$$\ln a_{(s)} = -\frac{\Delta H}{R}\left(\frac{T_M^* - T}{TT_M^*}\right) \tag{5-122}$$

式中，T_M^* 为纯溶剂的凝固点温度；T 为液相线上任意一成分溶液的凝固点温度；ΔH 为相应温度下的熔化焓。

由于标准态相同，在液相线上的任意一点，溶液内溶剂的活度 $a_{(l)}$ 等于析出固体的活度 $a_{(s)}$。显然，式（5-122）只适用于含溶质很少的稀溶液中溶剂的活度计算。

1967 年，查尔斯（Charles）对式（5-122）进行了修正，使其适用于二元溶液中整个浓度范围内溶剂活度的计算。因为

$$\frac{d\Delta H}{dT} = \Delta C_p \tag{5-123a}$$

$$d\Delta S = \Delta C_p \frac{dT}{T} \tag{5-123b}$$

$$\Delta G = \Delta H - T\Delta S \tag{5-124}$$

$$\Delta C_{p(s\to l)} = A + BT + CT^{-2} \tag{5-125}$$

将式（5-125）代入式（5-123a）和式（5-123b）后积分，再代入式（5-124），得

$$\Delta_{fus}G_m = \left(\Delta_{fus}H_m^\ominus - AT_M - \frac{B}{2}T_{fus}^2 + \frac{C}{T_M}\right)T\left(\frac{1}{T} - \frac{1}{T_M}\right) + AT\ln\frac{T_M}{T} + \frac{B}{2T}(T_M - T) + \frac{CT}{2}\left(\frac{1}{T_M^2} - \frac{1}{T^2}\right)$$

整理得

$$\ln a_{(s)} = \frac{1}{19.14}\left[\left(-\Delta_{fus}H^\ominus + AT_M + \frac{B}{2}T_M^2 - \frac{C}{T_M}\right)\left(\frac{1}{T} - \frac{1}{T_M}\right) + A\ln\frac{T}{T_M} + \frac{B}{2}(T - T_M) + \frac{C}{2}\left(\frac{1}{T^2} - \frac{1}{T_M^2}\right)\right] \tag{5-126}$$

式中，$\Delta_{fus}H^\ominus$ 的单位为 J/mol。

以 Al-Sn 二元系（示于图 5-60）为例进行具体计算。

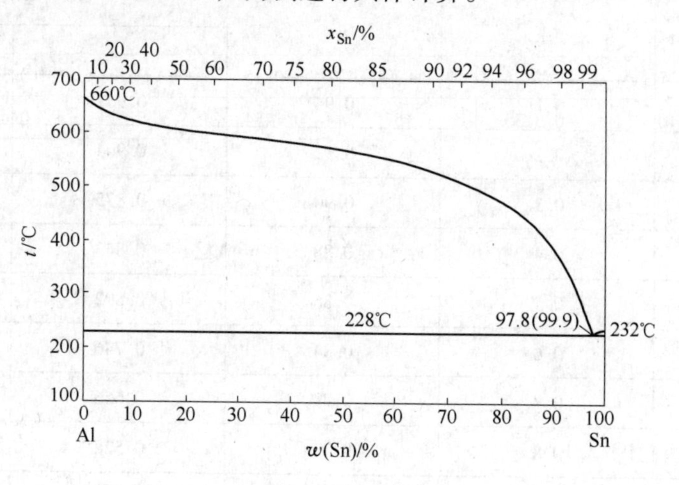

图 5-60　Al-Sn 相图

已知 $C_{p,\mathrm{Al(s)}} = 20.67 + 12.38 \times 10^{-3}T$ J/(mol·K)； $C_{p,\mathrm{Al(l)}} = 31.798$J/(mol·K)；于是

$$\Delta C_{p,\mathrm{Al(s \to l)}} = 11.13 - 12.38 \times 10^{-3}T \quad \mathrm{J/(mol \cdot K)}$$

$$\Delta_{\mathrm{fus}}H_{\mathrm{Al}}^{*} = 10460\mathrm{J/mol}; \quad T_{\mathrm{M}}^{*} = 933.25\mathrm{K}$$

将有关数据代入式（5-126），计算各温度下不同 Al-Sn 溶液中 Al 的活度。

依据正规溶液满足如下关系：

$$T_0 \ln\gamma_{\mathrm{Al}}(T_0, x) = T\ln\gamma_{\mathrm{Al}}(T, x) \tag{5-127}$$

式中，T_0、T 分别为某指定温度和沿液相线上的温度。

于是

$$RT\ln a_{\mathrm{Al}}(T, x) = RT\ln\gamma_{\mathrm{Al}}(T, x) + RT\ln x_{\mathrm{Al}}$$

将式（5-127）代入上式，得

$$RT\ln a_{\mathrm{Al}}(T, x) = RT_0\ln\gamma_{\mathrm{Al}}(T_0, x) + RT\ln x_{\mathrm{Al}}$$

等式右边同时加、减一项（$RT_0\ln x_{\mathrm{Al}}$），于是得到

$$\ln a_{\mathrm{Al}}(T_0, x) = \frac{T}{T_0}\ln a_{\mathrm{Al}}(T, x) - \frac{T - T_0}{T_0}\ln x_{\mathrm{Al}} \tag{5-128}$$

再根据正规溶液中活度与温度的关系式（5-128）计算 973K 下 Al 的活度。最后，利用吉布斯-杜亥姆方程求出 Sn 的活度值。计算结果示于表 5-11 和图 5-61。为比较，实验测量值也标画在图 5-61 中。

表 5-11　973K 下 Al-Sn 二元系各组元的活度

T/K	x_{Sn}	a_{Al}	T=973K	
			a_{Al}	a_{Sn}
893	0.1	0.94	0.937	0.419
877	0.2	0.92	0.904	0.545
866	0.3	0.90	0.875	0.596
855	0.4	0.88	0.843	0.641
844	0.5	0.86	0.802	0.682
824	0.6	0.84	0.746	0.724
792	0.7	0.79	0.656	0.775
745	0.8	0.71	0.528	0.826
662	0.9	0.58	0.330	0.903

C 熔化熵法

仍以 Al-Sn 二元系为例，说明如何用熔化熵法计算组元的活度值。

由式（5-118a）

$$\Delta_{fus}G_m = \Delta_{fus}H_{m,Al} - T\Delta_{fus}S_{m,Al}$$

得

$$RT\ln a_{Al} = -\Delta_{fus}G_{m,Al} = -\Delta_{fus}H_{m,Al} + T\Delta_{fus}S_{m,Al}$$

或写为

$$T\ln a_{Al} = -\frac{\Delta_{fus}H_{m,Al}}{R} + \frac{T\Delta_{fus}S_{m,Al}}{R}$$

对上式求导

$$d[T\ln\gamma_{Al}(T,x_{Al}) + \ln x_{Al}] = \frac{\Delta_{fus}S_{m,Al}}{R}dT \tag{5-129}$$

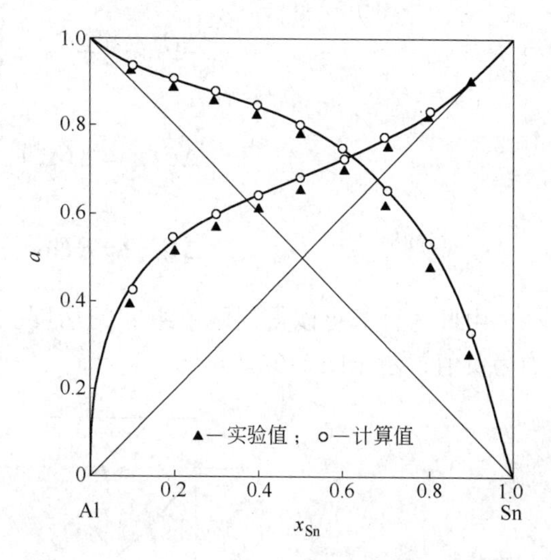

图 5-61 973K 下 Al、Sn 在 Al-Sn 合金中的活度计算值与实验值比较

积分上式，并根据正规溶液的关系式换算到指定温度 T_0

$$\ln\gamma_{Al}(T_0,x_{Al}) = \int_{T_{M,Al}}^{T}\frac{\Delta_{fus}S_{m,Al}}{RT_0}dT - \frac{T}{T_0}\ln x_{Al} \tag{5-130}$$

考虑 $\Delta_{fus}S_{m,Al}$ 随温度变化

$$\Delta_{fus}S_{m,Al} = \Delta_{fus}S_{m,Al}^{\ominus} + \int_{T_{M,Al}}^{T}\frac{\Delta C_{p,Al(s\to l)}}{T}dT \tag{5-131}$$

将式（5-131）代入式（5-130），得

$$\ln\gamma_{Al}(T_0,x_{Al}) = \frac{\Delta_{fus}S_{m,Al}^{\ominus}}{RT_0}(T - T_{M,Al}) + \int_{T_{M,Al}}^{T}d\frac{T}{T_0}\int_{T_{M,Al}}^{T}\frac{\Delta C_{p,Al}}{RT}dT - \frac{T}{T_0}\ln x_{Al} \tag{5-132}$$

而

$$\ln a_{Al}(T_0,x_{Al}) = \frac{\Delta_{fus}S_{m,Al}^{\ominus}}{RT_0}(T - T_{M,Al}) + \int_{T_{M,Al}}^{T}d\frac{T}{T_0}\int_{T_{M,Al}}^{T}\frac{\Delta C_{p,Al(s\to l)}}{RT}dT + \left(1 - \frac{T}{T_0}\right)\ln x_{Al} \tag{5-133}$$

由式（5-133）计算 973K 下 Al-Sn 二元系各组元的活度值与表 5-11 完全一致。

D 由斜率截距求化学势法

如果已知组元 1 和 2 组成的二元系的摩尔吉布斯自由能 ΔG_m，可用斜率截距法求出偏摩尔吉布斯自由能 $\Delta G_{1,m}$ 和 $\Delta G_{2,m}$，即

$$\Delta G_{1,\mathrm{m}} = \Delta G_{\mathrm{m}} - x_2 \frac{\partial \Delta G_{\mathrm{m}}}{\partial x_2}$$

$$\Delta G_{2,\mathrm{m}} = \Delta G_{\mathrm{m}} + (1 - x_2) \frac{\partial \Delta G_{\mathrm{m}}}{\partial x_2}$$

$$\Delta G_{1,\mathrm{m}} = RT\ln a_1 ; \quad \Delta G_{2,\mathrm{m}} = RT\ln a_2$$

由此，计算可以得到两个组元的活度。当以纯物质为标准态时，ΔG_{m}，$\Delta G_{1,\mathrm{m}}$，$\Delta G_{2,\mathrm{m}}$均为负值，示于图 5-62。

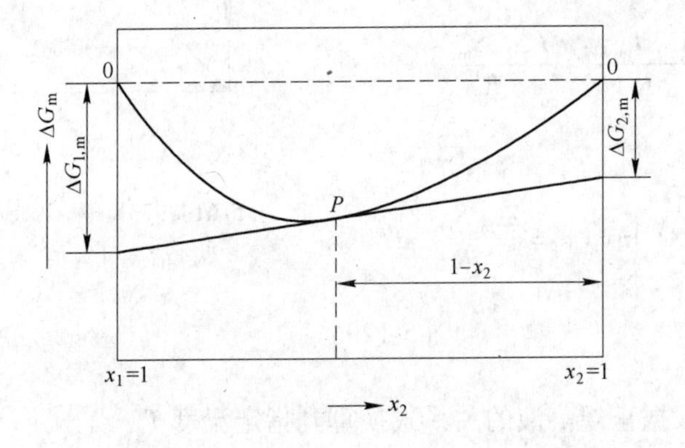

图 5-62　由全摩尔吉布斯自由能求偏摩尔吉布斯自由能

现以 $CaO-B_2O_3$ 二元系（图 5-63）为例，讨论各组元活度的计算。

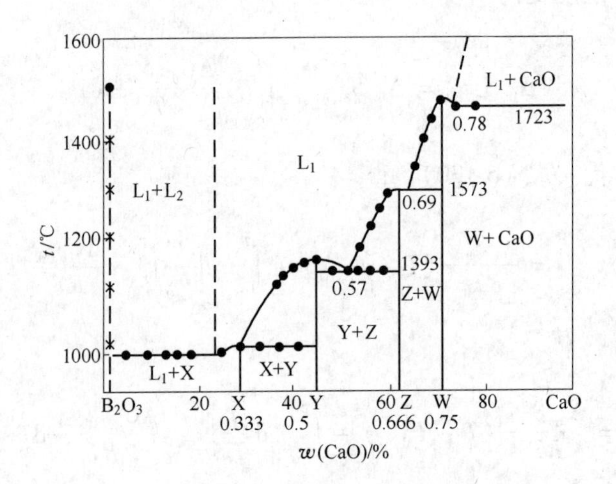

图 5-63　$CaO-B_2O_3$ 相图

X—$CaO \cdot 2B_2O_3$；Y—$CaO \cdot B_2O_3$；Z—$2CaO \cdot B_2O_3$；W—$3CaO \cdot B_2O_3$

选择图中 4 个化合物 X、Y、Z、W，以及 3 个共晶点，求出 1800K 时的 ΔG，绘于图 5-64 中。然后，由 $\Delta G_{\mathrm{CaO,m}}$和 $\Delta G_{\mathrm{B_2O_3,m}}$曲线，以固态 CaO 及液态 B_2O_3 为标准态，求出组元 CaO 和 B_2O_3 的活度值，结果示于图 5-65。该方法计算不够准确，且应用受到限制。

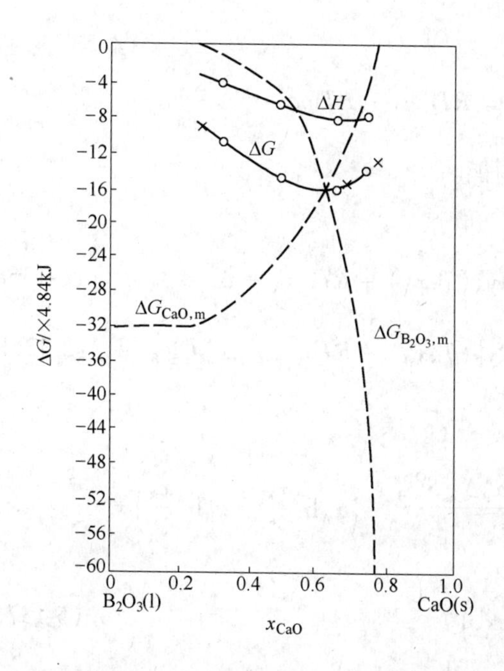

图 5-64　1800K 时 $CaO-B_2O_3$ 二元系中的 ΔG，$\Delta G_{CaO,m}$ 和 $\Delta G_{B_2O_3,m}$

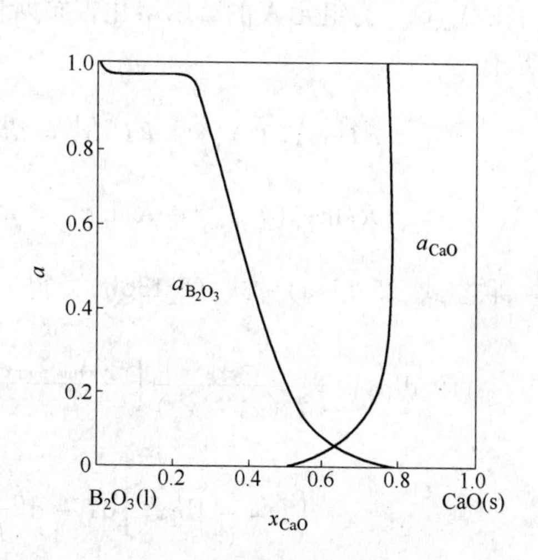

图 5-65　1800K 时 $CaO-B_2O_3$ 二元系组元的活度

5.7.1.2　液-液平衡二元系活度计算

以完全互溶型二元系为例进行分析，见图 5-66。

通常用两种方法计算活度，即凝固点下降法（与 5.7.1.1 节中 B 相同）和熔化熵法。下面介绍用熔化熵法求 T_0^l 和 T_0^s 温度下组元的活度和活度系数。

组元 A 和 B 在 T_0^l 和 T_0^s 温度下均应满足吉布斯-杜亥姆方程，于是

$$x_A^l \mathrm{d}\ln\gamma_A^l + x_B^l \mathrm{d}\ln\gamma_B^l = 0 \qquad (5\text{-}134a)$$

$$x_A^s \mathrm{d}\ln\gamma_A^s + x_B^s \mathrm{d}\ln\gamma_B^s = 0 \qquad (5\text{-}134b)$$

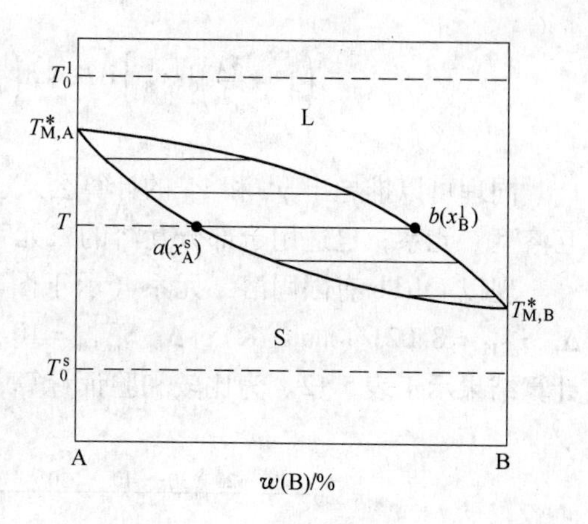

图 5-66　完全互溶型二元系

另外，在 T_0^l 和 T_0^s 温度下均服从正规溶液理论，于是

$$T_0^l \ln\gamma_A^l(T_0, x_A) = T\ln\gamma_A^l(T, x_A) \qquad (5\text{-}135a)$$

$$T_0^s \ln\gamma_A^s(T_0, x_A) = T\ln\gamma_A^s(T, x_A) \qquad (5\text{-}135b)$$

式中，T 为液相线的温度。

当存在液-固溶体平衡时，其化学势相等，即 $\mu^l = \mu^s$，而

$$\mu_A^l = \mu_A^{\ominus,l} + RT\ln a_A^l$$

$$\mu_A^s = \mu_A^{\ominus,s} + RT\ln a_A^s$$

因此

$$\mu_A^{\ominus,s} - \mu_A^{\ominus,l} = \Delta_{fus} G_{m,A} = RT\ln a_A^l - RT\ln a_A^s$$

式中，$\Delta_{fus} G_{m,A}$为组元 A 的摩尔熔化吉布斯自由能。

于是有

$$RT\ln\gamma_A^l(T,x_A) + RT\ln x_A^l = RT\ln\gamma_A^s(T,x_A) + RT\ln x_A^s - \Delta_{fus} G_{m,A} \tag{5-136a}$$

$$RT\ln\gamma_B^l(T,x_B) + RT\ln x_B^l = RT\ln\gamma_B^s(T,x_B) + RT\ln x_B^s - \Delta_{fus} G_{m,B} \tag{5-136b}$$

联立式（5-134a）~式（5-136b），得

$$\mathrm{d}\ln\gamma_A^l = \frac{-x_B^l}{T_0^l(x_B^s - x_B^l)}\left[\frac{x_A^s\Delta_{fus}S_{m,A}^{\ominus} + x_B^s\Delta_{fus}S_{m,B}^{\ominus}}{R} - \left(x_A^s\ln\frac{x_A^l}{x_A^s} + x_B^s\ln\frac{x_B^l}{x_B^s}\right) + \left(1 - \frac{x_B^s}{x_B^l}\right)\ln x_A^l\right]\mathrm{d}T - \mathrm{d}\left(\frac{T}{T_0^l}\ln x_A^l\right) \tag{5-137a}$$

$$\mathrm{d}\ln\gamma_B^l = \frac{-x_A^l}{T_0^l(x_A^s - x_A^l)}\left[\frac{x_A^s\Delta_{fus}S_{m,A}^{\ominus} + x_B^s\Delta_{fus}S_{m,B}^{\ominus}}{R} - \left(x_A^s\ln\frac{x_A^l}{x_A^s} + x_B^s\ln\frac{x_B^l}{x_B^s}\right) + \left(1 - \frac{x_A^s}{x_A^l}\right)\ln x_B^l\right]\mathrm{d}T - \mathrm{d}\left(\frac{T}{T_0^l}\ln x_B^l\right) \tag{5-137b}$$

同理可以推导出 γ_A^s 和 γ_B^s 的计算公式。式（5-137a）和式（5-137b）不仅适用于完全互溶型二元系，也适用于部分互溶的二元系活度的计算。

现以 Cd-Pb 有限固溶二元系（示于图 5-67）为例进行计算。在相图有限固溶区已知 $\Delta_{fus}S_{m,Pb}^{\ominus} = 8.02\text{J/(mol·K)}$；$\Delta_{fus}S_{m,Cd}^{\ominus} = 10.77\text{J/(mol·K)}$，计算在 773K 下各组元的活度。计算结果示于表 5-12。为比较和验证计算，将实验测定值与理论计算值一并标画在图 5-68

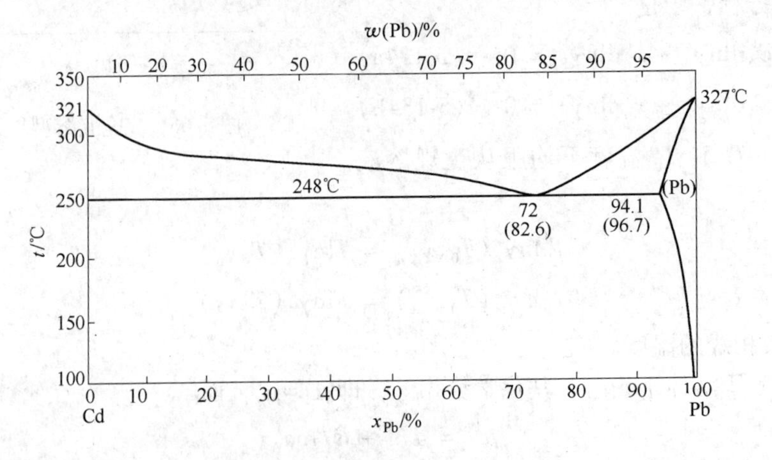

图 5-67　Cd-Pb 有限固溶二元系相图

中。由图可以看出，理论计算值与实验值在各个区域内均吻合很好。表明此计算值可信，方法可用。

表 5-12 Cd-Pb 二元系含固溶体区组元的活度

T/K	x_{Pb}		$T=773K$	
	$x_{Pb(l)}$	$x_{Pb(s)}$	a_{Cd}	a_{Pb}
521	0.720	0.941	0.584	0.786
535	0.800	0.950	0.480	0.832
564	0.900	0.969	0.283	0.909

5.7.1.3 出现溶解度间隙体系的活度计算

图 5-69 为一个有分层的二元系。图中 pcq 为分层曲线、c 为临界点。临界点左边为 α 相，右边为 β 相。在某一温度（T）下，当 α、β 两相达到热力学平衡时，其成分由分层线上 a_A^α、a_A^β 点来确定。在指定温度 T_0 下，α 和 β 相均满足吉布斯-杜亥姆方程，于是

$$x_A^\alpha \mathrm{d}\ln\gamma_A^\alpha + x_B^\alpha \mathrm{d}\ln\gamma_B^\alpha = 0,(T = T_0) \tag{5-138a}$$

$$x_A^\beta \mathrm{d}\ln\gamma_A^\beta + x_B^\beta \mathrm{d}\ln\gamma_B^\beta = 0,(T = T_0) \tag{5-138b}$$

式中，x_i^α，x_i^β 分别为 α 和 β 相中组元 i 的摩尔分数；γ_i^α，γ_i^β 分别为 α 和 β 相中组元 i 的活度系数。

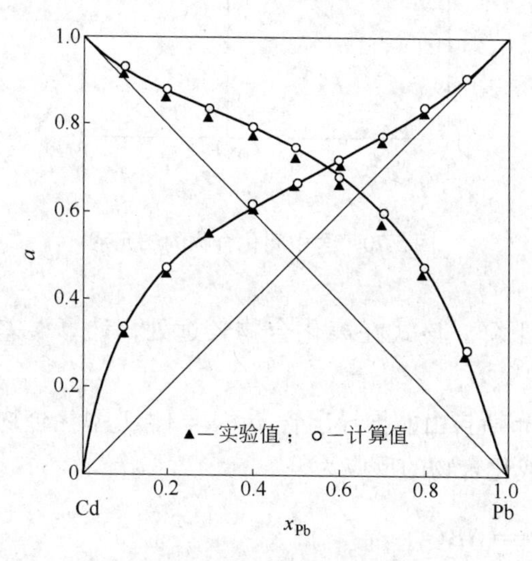

图 5-68 Cd-Pb 二元系活度

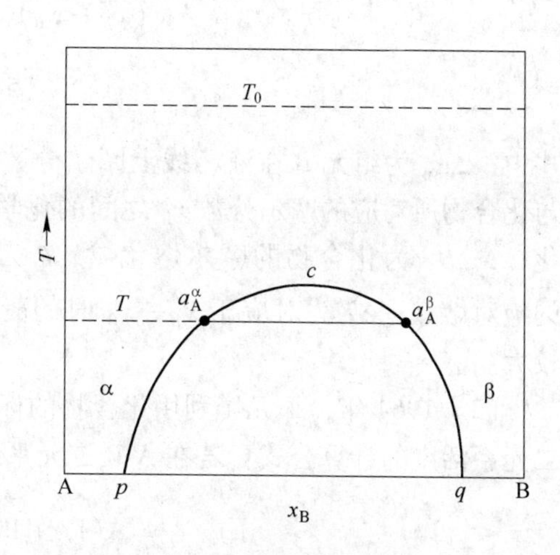

图 5-69 出现溶解度间隙的二元系

若溶液的活度系数与温度的关系服从正规溶液理论，则有

$$T_0\ln\gamma_i^\alpha(T_0) = T\ln\gamma_i^\alpha(T) \tag{5-139a}$$

$$T_0\ln\gamma_i^\beta(T_0) = T\ln\gamma_i^\beta(T) \tag{5-139b}$$

在分层曲线上对应的两个组元的活度相等，即

$$\frac{\gamma_A^\alpha(T)}{\gamma_A^\beta(T)} = \frac{x_A^\beta}{x_A^\alpha} \tag{5-140a}$$

$$\frac{\gamma_B^\alpha(T)}{\gamma_B^\beta(T)} = \frac{x_B^\beta}{x_B^\alpha} \tag{5-140b}$$

联立式(5-138a)～式(5-140b)，求得

$$\mathrm{d}\ln\gamma_A^\alpha = \frac{x_B^\beta(x_A^\alpha \ln x_A^\alpha + x_B^\alpha \ln x_B^\alpha) - x_B^\alpha(x_A^\beta \ln x_A^\beta + x_B^\beta \ln x_B^\beta)}{x_B^\beta - x_B^\alpha}\mathrm{d}\left(\frac{T}{T_0}\right) - \mathrm{d}\left(\frac{T}{T_0}\ln x_A^\alpha\right) \tag{5-141a}$$

$$\mathrm{d}\ln\gamma_B^\alpha = \frac{x_A^\beta(x_A^\alpha \ln x_A^\alpha + x_B^\alpha \ln x_B^\alpha) - x_A^\alpha(x_A^\beta \ln x_A^\beta + x_B^\beta \ln x_B^\beta)}{x_A^\beta - x_A^\alpha}\mathrm{d}\left(\frac{T}{T_0}\right) - \mathrm{d}\left(\frac{T}{T_0}\ln x_A^\alpha\right) \tag{5-141b}$$

同理可以推导出计算 T_0 温度下 β 相中组元 A、B 的活度系数公式。

5.7.1.4　含中间化合物二元系活度的计算

设 A-B 二元系中，组元 A 和 B 可生成稳定的化合物 A_mB_n，如图 5-70 所示。

(1) 1944 年，豪夫和瓦格纳首先从化学势变化入手，并假定液相线服从抛物线规律，推导出计算活度的公式

$$\Delta\mu_B = \frac{\Delta_{fus}H_m}{\theta}\left[\frac{x'_B\Delta T}{x'_B - x_B} + x_A\int_{x_A}^{x'_B}\frac{\Delta T}{(x'_B - x_B)^2}\mathrm{d}x'_B\right] \tag{5-142}$$

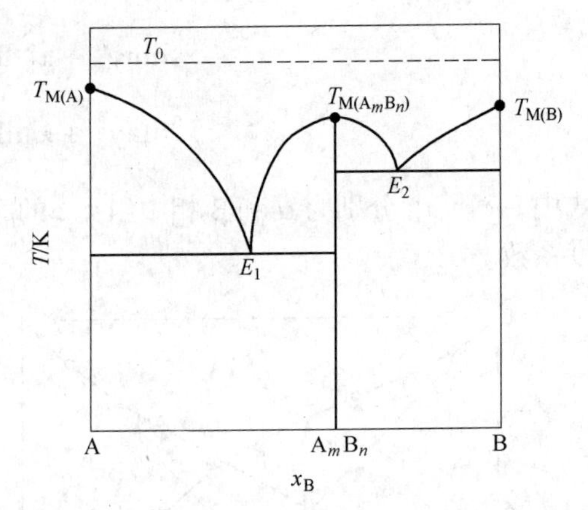

图 5-70　含中间化合物的二元系

式中，$\Delta\mu_B$ 为组元 B 在液相线上摩尔分数为 x'_B 与化合物所对应的摩尔分数 x_B 之间的化学势变化；$\Delta_{fus}H_m$ 为化合物的摩尔熔化焓；θ 为物质的绝对熔点；ΔT 为对应于 $x'_B \rightarrow x_B$ 时的凝固点下降。该式在离化合物较远处，计算误差较大。

(2) 1964 年，邹元爔利用化合物的标准吉布斯自由能推导出含 $m:n=1:1$ 型化合物二元系活度的计算公式：若在 A-B 二元系中生成化合物的反应为

$$A(l) + B(l) \xlongequal{} AB(s)$$

化合物的标准生成吉布斯自由能为

$$\Delta_f G_{AB}^\ominus = RT\ln a_A a_B \tag{5-143}$$

则

$$\lg\gamma_A\gamma_B = \frac{\Delta_f G_{AB}^\ominus}{2.303RT} - \lg x_A x_B \tag{5-144}$$

式中，x_A、x_B、γ_A、γ_B 分别为组元 A、B 的摩尔分数和活度系数；$\Delta_f G_{AB}^{\ominus}$为化合物 AB 的标准生成吉布斯自由能。

运用变通的吉布斯-杜亥姆公式

$$\lg\gamma_A = \int_{x_A=1}^{x_A} \frac{x_B}{x_B - x_A} \mathrm{d}\lg\gamma_A\gamma_B \tag{5-145}$$

将式（5-144）代入式（5-145），得

$$\lg\gamma_A = \int_{x_A=1}^{x_A} \frac{x_B}{x_B - x_A} \mathrm{d}\left(\frac{\Delta_f G_{AB}^{\ominus}}{19.14T} - \lg x_A x_B\right) \tag{5-146a}$$

$$\lg\gamma_B = \int_{x_B=1}^{x_B} \frac{x_A}{x_A - x_B} \mathrm{d}\left(\frac{\Delta_f G_{AB}^{\ominus}}{19.14T} - \lg x_A x_B\right) \tag{5-146b}$$

由式（5-146）可以看出，当 $x_A = x_B = 0.5$ 时，积分会出现无穷问题。

（3）1965 年，周国治提出了 θ 函数法，解决了上述方法中积分会出现无穷的问题，使其适用于任意型中间化合物（A_mB_n）的二元系活度计算。其公式推导如下：

若生成中间化合物的反应为

$$m\mathrm{A(l)} + n\mathrm{B(l)} = \!=\!= \mathrm{A}_m\mathrm{B}_n\mathrm{(s)}$$

化合物的标准生成吉布斯自由能为

$$\Delta_f G_{A_mB_n}^{\ominus} = RT\ln x_A^m x_B^n + RT_0\ln\gamma_A^m\gamma_B^n \tag{5-147}$$

式中，γ_A、γ_B 分别代表温度 T_0 下组元 A、B 的活度系数。

利用变通的吉布斯-杜亥姆公式

$$\mathrm{d}\ln\gamma_A = \frac{x_B}{m - (m+n)x_A} \mathrm{d}\ln\gamma_A^m\gamma_B^n \tag{5-148}$$

令

$$\theta = \frac{\ln\gamma_A^m\gamma_B^n - b}{[m - (m+n)x_A]^2} \tag{5-149}$$

式中，$b = (\ln\gamma_A^m\gamma_B^n)_{x_A = \frac{m}{m+n}}$ 或 $b = m \cdot n\int_0^1 \theta \mathrm{d}x_A$。

将 θ 代入式（5-148），积分得

$$\ln\gamma_A = (1 - x_A)[m - (m+n)x_A]\theta - m\int_{x_A=1}^{x_A} \theta \mathrm{d}x_A \tag{5-150a}$$

$$\ln\gamma_B = (1 - x_B)[n - (m+n)x_B]\theta - m\int_{x_B=1}^{x_B} \theta \mathrm{d}x_B \tag{5-150b}$$

求出活度系数之后，由活度系数就可计算出组元的活度值。

5.7.1.5 其他由相图提取活度的方法

20 世纪 80 年代后，我国学者陆续提出了标准生成熵法、化合物熔化熵法、标准生成焓法以及热容法等由相图提取活度的方法。下面逐一简单介绍。

A 标准生成熵法（$\Delta_f S^{\ominus}_{A_mB_n}$）

对式（5-147）微分并整理得

$$\mathrm{d}\ln\gamma_A^m\gamma_B^n = \frac{1}{RT_0}\left[-\Delta_f S^{\ominus}_{A_mB_n}\mathrm{d}T - R(m\ln x_A + n\ln x_B)\mathrm{d}T - RT\frac{mx_B - nx_A}{x_B}\mathrm{d}\ln x_A\right] \tag{5-151}$$

将式（5-148）代入上式，得

$$\mathrm{d}\ln\gamma_A = -\frac{1}{T_0(mx_B - nx_A)}\left[x_B\frac{\Delta_f S^{\ominus}_{A_mB_n}}{R} + m(x_A\ln x_A + x_B\ln x_B)\right]\mathrm{d}T - \mathrm{d}\left(\frac{T}{T_0}\ln x_A\right) \tag{5-152a}$$

同理对组元 B，有

$$\mathrm{d}\ln\gamma_B = -\frac{1}{T_0(mx_B - nx_A)}\left[x_A\frac{\Delta_f S^{\ominus}_{A_mB_n}}{R} + m(x_A\ln x_A + x_B\ln x_B)\right]\mathrm{d}T - \mathrm{d}\left(\frac{T}{T_0}\ln x_B\right) \tag{5-152b}$$

经积分得到组元的活度系数，而后即可计算出各组元的活度值。

B 化合物的熔化熵法（$\Delta_{fus} S^{\ominus}_{A_mB_n}$）

基于热力学性质之间的关系，以及由二元相图提取活度公式的推导，可以得到如下计算活度系数的公式

$$\mathrm{d}\ln\gamma_A = \frac{-1}{(1-y)T_0}\left\{\frac{\Delta_{fus} S^{\ominus}_{A_mB_n}}{R}y - [y\ln y + (1-y)\ln(1-y)]\right\}\mathrm{d}T - \mathrm{d}\left[\frac{T}{T_0}\ln(1-y)\right] \tag{5-153}$$

式中，$y = \dfrac{x_B}{m + (1-m-n)x_B}$。

同理，对 B 组元有

$$\mathrm{d}\ln\gamma_B = \frac{-1}{(1-z)T_0}\left\{\frac{\Delta_{fus} S^{\ominus}_{A_mB_n}}{R}z - [z\ln z + (1-z)\ln(1-z)]\right\}\mathrm{d}T - \mathrm{d}\left[\frac{T}{T_0}\ln(1-z)\right] \tag{5-154}$$

式中，$z = \dfrac{x_A}{m + (1-m-n)x_A}$。

对式（5-153）和式（5-154）积分，即可得到含化合物二元系 A、B 组元的活度系数，进而可计算出它们的活度值。

C 化合物的标准生成焓法（$\Delta_f H^{\ominus}_{A_mB_n}$）

热力学数据手册中有关化合物生成焓的数据相对较多，因此用已知二元系中间化合物生成焓的数据来计算各组元的活度，便显得更为重要。由化合物生成焓来计算各组元的活

度系数的公式推导如下：

将式（5-147）改写为

$$\frac{\Delta_f G^{\ominus}_{A_mB_n}}{T} = R(m\ln x_A + n\ln x_B) + \frac{RT_0}{T}(m\ln\gamma_A + n\ln\gamma_B) \tag{5-155}$$

对上式微分，得

$$\frac{\Delta_f H^{\ominus}_{A_mB_n}}{T^2}dT = R\left(\frac{m}{x_A} - \frac{n}{x_B}\right)dx_A + \frac{RT_0}{T}d\ln\gamma_A^m\gamma_B^n + RT_0\ln\gamma_A^m\gamma_B^n d\left(\frac{1}{T}\right) \tag{5-156}$$

将式（5-148）代入式（5-156），整理得

$$d\ln\gamma_A = \frac{-\Delta_f H^{\ominus}_{A_mB_n}x_B}{RT_0T[m-(m+n)x_A]}dT - \frac{T}{x_AT_0}dx_A + \frac{x_B}{T[m-(m+n)x_A]}\ln\gamma_A^m\gamma_B^n dT \tag{5-157}$$

由式（5-148）得

$$\ln\gamma_A^m\gamma_B^n = \int\frac{[m-(m+n)x_A]}{x_B}d\ln\gamma_A + C \tag{5-158}$$

式中，C 为积分常数。

将式（5-158）代入式（5-157），得

$$\begin{aligned} d\ln\gamma_A &= \frac{-\Delta_f H^{\ominus}_{A_mB_n}x_B}{RT_0T[m-(m+n)x_A]}dT - \frac{T}{x_AT_0}dx_A + \frac{x_B}{T[m-(m+n)x_A]} \times \\ &\quad \left[\int\frac{m-(m+n)x_A}{x_B}d\ln\gamma_A + C\right]dT \\ &= \left\{-\frac{\Delta_f H^{\ominus}_{A_mB_n}x_B}{RT_0T[m-(m+n)x_A]} - \frac{T}{x_AT_0}\frac{dx_A}{dT}\right\}dT + \\ &\quad \left\{\frac{x_B}{T[m-(m+n)x_A]}\int\frac{m-(m+n)x_A}{x_B}d\ln\gamma_A\right\}dT + \\ &\quad \frac{x_BC}{T[m-(m+n)x_A]}dT \end{aligned} \tag{5-159}$$

分离变量，积分得

$$\begin{aligned} d\ln\gamma_A &= \frac{x_B}{m-(m+n)x_A}\left[\int -\frac{\Delta_f H^{\ominus}_{A_mB_n}}{RT_0T^2}dT - \int\frac{m-(m+n)x_A}{x_A(1-x_A)T_0}dx_A\right]dT - \\ &\quad \left[\frac{x_B}{m-(m+n)x_A}\right]\frac{\Delta_f H^{\ominus}_{A_mB_n}}{RT_0T}dT - \frac{T}{x_AT_0}dx_A + \frac{C_1x_B}{m-(m+n)x_A}dT \end{aligned} \tag{5-160}$$

式中，C_1 为积分常数。

由此可见，已知 $\Delta_f H^{\ominus}_{A_mB_n}$ 及二元系中任意一组元的一个活度值，便可求出积分常数 C_1。于是利用式（5-160）即可计算含化合物的二元系各组元的活度系数和活度值。

D　利用化合物的热容计算二元系组元的活度

如果已知化合物的热容 $C_{p,A_mB_n} = a + bT + cT^{-2}$ 多项式，则化合物的标准生成焓与温度关系可表示为

$$\Delta_f H^{\ominus}_{A_mB_n} = A + BT + CT^2 + DT^{-1} \tag{5-161}$$

于是式（5-160）中的不定积分项可表示为

$$\int -\frac{\Delta_f H^{\ominus}_{A_mB_n}}{RT_0T^2}dT = \frac{A}{RT_0T} - \frac{B}{RT_0}\ln T - \frac{CT}{RT_0} + \frac{D}{2RT_0T^2} \tag{5-162}$$

$$\int \frac{m-(m+n)x_A}{x_A(1-x_A)T_0}dx_A = \frac{m}{T_0}\ln(1-x_A) + \frac{n}{T}\ln x_A \tag{5-163}$$

将式（5-161）、式（5-162）和式（5-163）代入式（5-160），得

$$\mathrm{d}\ln\gamma_A = \left[\frac{x_B}{m-(m+n)x_A}\right]\frac{1}{T_0}\left[-\frac{B}{R}(\ln T+1) - \frac{2CT}{R} - \frac{D}{2RT^2} - n\ln(1-x_A) - m\ln x_A + C_1\right]dT - T\mathrm{d}\ln x_A \tag{5-164a}$$

同理有

$$\mathrm{d}\ln\gamma_B = \left[\frac{x_A}{m-(m+n)x_A}\right]\frac{1}{T_0}\left[-\frac{B}{R}(\ln T+1) - \frac{2CT}{R} - \frac{D}{2RT^2} - n\ln(1-x_A) - m\ln x_A + C_1\right]dT - T\mathrm{d}\ln x_B \tag{5-164b}$$

由式（5-164）可以看出，欲求活度系数，首先要求出 B、C、D、C_1 四个常数。在热容多项式中，D 影响不大，通常可忽略不计，认为 $D=0$。因此，只要求出 B、C、C_1 三个常数，即可利用式（5-164）计算组元的活度系数和活度值。

在含化合物二元系中，可用凝固点下降法求出两个共晶点 E_1、E_2 的活度值；如果又已知 $\overline{E_1E_2}$ 线段上任意一点的活度值，便可求出积分常数 C_1。

现以 Au-Bi 二元系（如图 5-71 所示）为例计算组元 Au 和 Bi 的活度值。

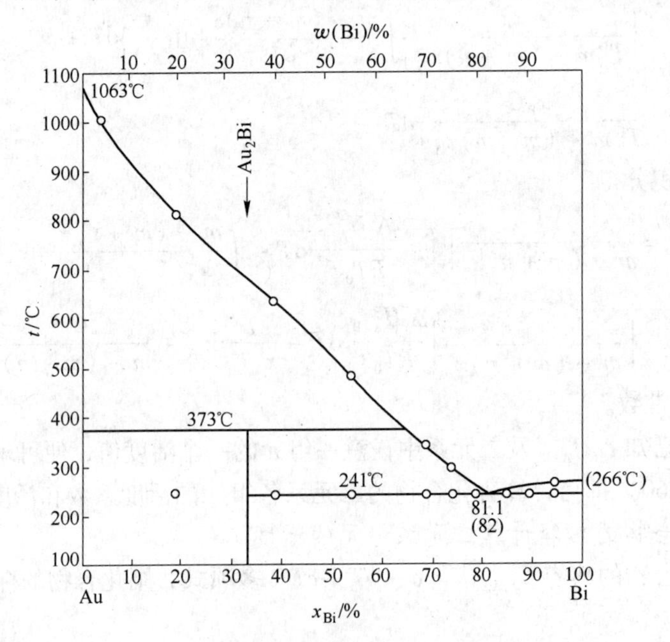

图 5-71　Au-Bi 二元相图

已知：

$$\Delta C_{p,\mathrm{Au(s\to l)}} = 5.61 - 5.19\times10^{-3}T \quad \mathrm{J/(mol\cdot K)};$$

$$\Delta_{\mathrm{fus}}H^{\ominus}_{\mathrm{Au}} = 12760\mathrm{J/mol};\quad T_{\mathrm{M,Au}} = 1336\mathrm{K};$$

$$\Delta C_{p,\mathrm{Bi(s\to l)}} = 1.21 - 16.44\times10^{-3}T + 21.13\times10^{5}T^{-2} \quad \mathrm{J/(mol\cdot K)};$$

$$\Delta_{\mathrm{fus}}H^{\ominus}_{\mathrm{Bi}} = 11300\mathrm{J/mol};\quad T_{\mathrm{M,Bi}} = 544\mathrm{K}。$$

另外，中间化合物的生成反应和标准生成焓为

$$2\mathrm{Au(s)} + \mathrm{Bi(s)} = \mathrm{Au_2Bi(s)} \quad \Delta_{\mathrm{f}}H^{\ominus} = 6350\mathrm{J/mol}$$

$$2\mathrm{Au(l)} + \mathrm{Bi(l)} = \mathrm{Au_2Bi(s)} \quad \Delta_{\mathrm{f}}H^{\ominus} = -30470\mathrm{J/mol}$$

利用计算机程序（其框图如图5-72所示），采用高斯积分，分别用标准生成熵法和标准生成焓法计算了 Au-Bi 二元系 973K 下各组元的活度，并与实验值进行比较，结果列于表5-13。由表看出，两种不同方法计算的活度值与实验值吻合较好。

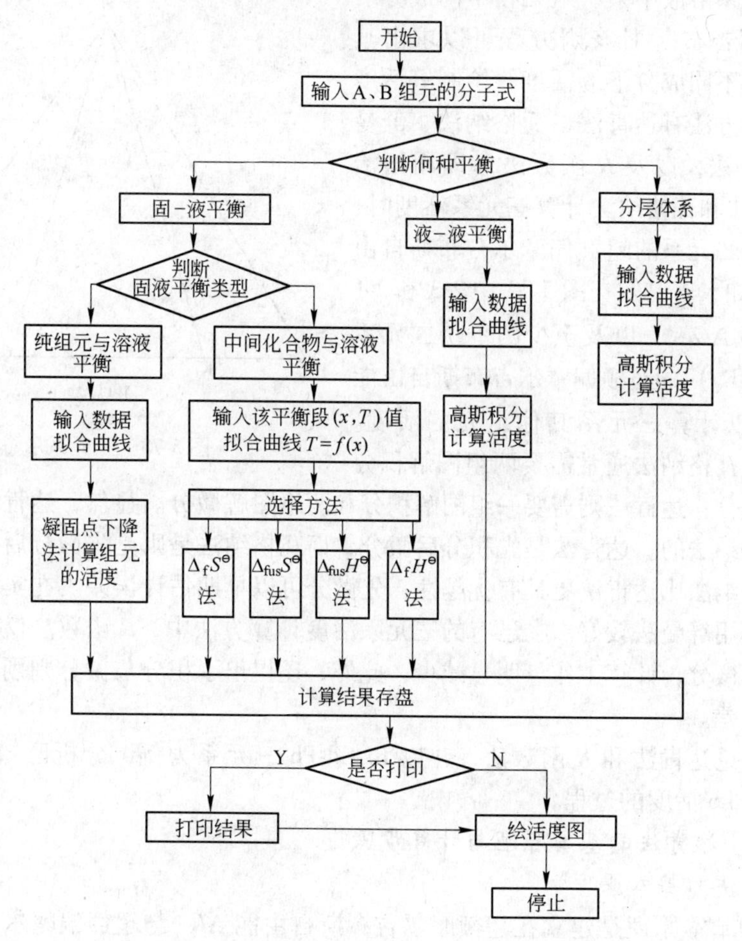

图5-72 由二元相图提取活度的计算机程序框图

表 5-13 在 973K 下用不同方法计算 Au-Bi 二元系各组元的活度与实验值比较

x_{Bi}	a_{Bi}			a_{Au}		
	$\Delta_f H^{\ominus}$法	$\Delta_f S^{\ominus}$法	实验值	$\Delta_f H^{\ominus}$法	$\Delta_f S^{\ominus}$法	实验值
0.1	0.082	0.077	—	0.855	0.858	—
0.2	0.177	0.178	—	0.751	0.749	—
0.3	0.269	0.266	0.275	0.655	0.656	0.656
0.4	0.360	0.353	0.370	0.560	0.564	0.559
0.5	0.456	0.451	0.470	0.462	0.461	0.461
0.6	0.561	0.561	0.573	0.358	0.354	0.361
0.7	0.679	0.677	0.680	0.249	0.250	0.263
0.8	0.785	0.783	0.786	0.158	0.160	0.169
0.9	0.892	0.892	0.894	0.090	0.070	0.079

5.7.2 三元系各组元活度的计算

已知三元系溶液中某一组元在不同成分下的活度，利用吉布斯-杜亥姆方程可以求出其他两个组元在不同成分下的活度，绘制等活度图。其经典的方法有达肯法、瓦格纳法、舒曼(Schuhmann)法，以及 R 函数法（即周国治法）。用达肯法和瓦格纳法计算三元系活度时，必须已知两个二元系的超额偏摩尔吉布斯自由能 $\Delta G_{2,m}^{E}$。例如，若已知在图 5-73 中 2-3 和 2-1 两个二元系的 $\Delta G_{2,m}^{E}$，以及至少两个伪二元系（如 2-K_1 和 2-K_2）的超额偏摩尔吉布斯自由能 $\Delta G_{2,m}^{E}$，才可以计算三元系其他组元的活度。计算过程中，瓦格纳法通常需要两组图解积分和两组图解微分；达肯法则需要一组图解积分和两组图解微分。显然，达肯法的计算工作量要小于瓦格纳法的。达肯法是先积分后微分，而瓦格纳法是则是先微分后积分。从这一点上看，瓦格纳法比达肯法更具有优越性：先微分可以早期估计误差。在实验数据相对较少的情况下，用舒曼法较好。在已有的三元系活度计算方法中，R 函数法仅有一次图解积分和一次图解微分，计算工作量明显减少；此外，还提出了积分与微分判别式，有利于早期发现计算误差。

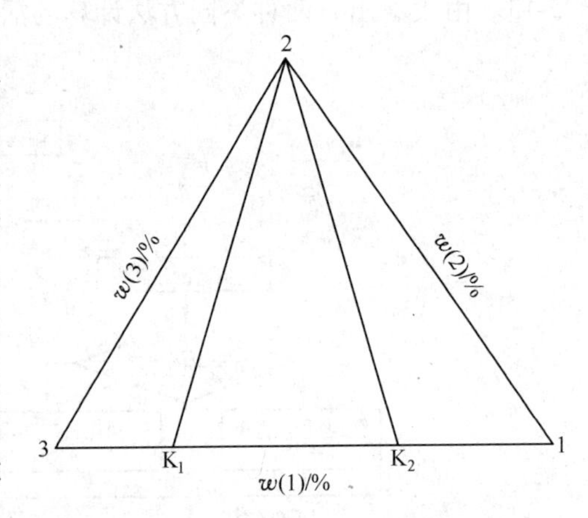

图 5-73 三元系示意图

本节仅讨论达肯法和 R 函数法，并以 Bi-Cd-Pb 三元系为例，分析已知组元 Cd 的活度，计算 Bi、Pb 活度的过程。

5.7.2.1 达肯法的基本原理与计算步骤

A 达肯法的基本原理

达肯法的基本原理是建立在超额摩尔吉布斯自由能 ΔG^{E} 与超额偏摩尔吉布斯自由能 $\Delta G_{i,m}^{E}$的关系，以及超额摩尔吉布斯自由能 ΔG^{E} 与摩尔分数 x 的关系的基础上的。

对任意二元系，存在如下关系

$$\Delta G_{i,\mathrm{m}}^{\mathrm{E}} = \Delta G_i^{\mathrm{E}} + (1 - x_2)\frac{\partial \Delta G_i^{\mathrm{E}}}{\partial x_2}$$

对 $K = \dfrac{x_1}{x_2} = \mathrm{const}$ 的二元系（或伪二元系），也应满足该关系

$$\Delta G_{i,\mathrm{m}}^{\mathrm{E}} = \Delta G_i^{\mathrm{E}} + (1 - x_2)\left(\frac{\partial \Delta G_i^{\mathrm{E}}}{\partial x_2}\right)_K \tag{5-165}$$

三元系溶液的超额摩尔吉布斯自由能可写为

$$\Delta G^{\mathrm{E}} = x_1 \Delta G_{1,\mathrm{m}}^{\mathrm{E}} + x_2 \Delta G_{2,\mathrm{m}}^{\mathrm{E}} + x_3 \Delta G_{3,\mathrm{m}}^{\mathrm{E}} \tag{5-166a}$$

在 $K = \dfrac{x_1}{x_3}$，对 x_2 取偏导

$$\left(\frac{\partial \Delta G^{\mathrm{E}}}{\partial x_2}\right)_K = x_1\left(\frac{\partial \Delta G_{1,\mathrm{m}}^{\mathrm{E}}}{\partial x_2}\right)_K + \Delta G_{1,\mathrm{m}}^{\mathrm{E}}\left(\frac{\partial x_1}{\partial x_2}\right)_K + \Delta G_{2,\mathrm{m}}^{\mathrm{E}} + x_2\left(\frac{\partial \Delta G_{2,\mathrm{m}}^{\mathrm{E}}}{\partial x_2}\right)_K + x_3\left(\frac{\partial \Delta G_{3,\mathrm{m}}^{E}}{\partial x_2}\right)_K + \Delta G_{3,\mathrm{m}}^{\mathrm{E}}\left(\frac{\partial x_3}{\partial x_2}\right)_K \tag{5-166b}$$

由吉布斯-杜亥姆方程

$$x_1 \mathrm{d}\Delta G_{1,\mathrm{m}}^{\mathrm{E}} + x_2 \mathrm{d}\Delta G_{2,\mathrm{m}}^{\mathrm{E}} + x_3 \mathrm{d}\Delta G_{3,\mathrm{m}}^{\mathrm{E}} = 0$$

得知

$$x_1\left(\frac{\partial \Delta G_{1,\mathrm{m}}^{\mathrm{E}}}{\partial x_2}\right)_K + x_2\left(\frac{\partial \Delta G_{2,\mathrm{m}}^{\mathrm{E}}}{\partial x_2}\right)_K + x_3\left(\frac{\partial \Delta G_{3,\mathrm{m}}^{\mathrm{E}}}{\partial x_2}\right)_K = 0$$

由此，式（5-166b）可写为

$$\left(\frac{\partial \Delta G^{\mathrm{E}}}{\partial x_2}\right)_K = \Delta G_{1,\mathrm{m}}^{\mathrm{E}}\left(\frac{\partial x_1}{\partial x_2}\right)_K + \Delta G_{2,\mathrm{m}}^{\mathrm{E}} + \Delta G_{3,\mathrm{m}}^{\mathrm{E}}\left(\frac{\partial x_3}{\partial x_2}\right)_K \tag{5-167}$$

由 $x_1 + x_2 + x_3 = 1$；$\dfrac{x_1}{x_3} = K$，得

$$\left(\frac{\partial x_1}{\partial x_2}\right)_K = -\frac{x_1}{1 - x_2} \tag{5-168a}$$

$$\left(\frac{\partial x_3}{\partial x_2}\right)_K = -\frac{x_3}{1 - x_2} \tag{5-168b}$$

将式（5-168）代入式（5-167），整理得

$$\Delta G_{2,\mathrm{m}}^{\mathrm{E}} = \Delta G^{\mathrm{E}} + (1 - x_2)\left(\frac{\partial \Delta G^{\mathrm{E}}}{\partial x_2}\right)_k \tag{5-165}$$

这证明了，对任意一伪二元系也满足式（5-165）的关系，即已知超额摩尔吉布斯自由能，可用斜率截距法求超额偏摩尔吉布斯自由能。

如何求三元系超额摩尔吉布斯自由能 ΔG^{E}？将式(5-165)两边同时乘以 $\dfrac{1}{(1 - x_2)^2}$，得

$$\frac{\Delta G_{2,m}^{E}}{(1-x_2)^2}=\frac{\partial}{\partial x_2}\left(\frac{\Delta G^{E}}{1-x_2}\right)_K$$

积分得

$$\frac{\Delta G^{E}}{1-x_2}-\lim_{x_2\to 1}\frac{\Delta G^{E}}{1-x_2}=\int_{x_2=1}^{x_2}\frac{\Delta G_{2,m}^{E}}{(1-x_2)^2}dx_2 \tag{5-169}$$

对左边第二项用洛比达法则（L'Hopital）求极限

$$\lim_{x_2\to 1}\left(\frac{\Delta G^{E}}{1-x_2}\right)_K=-\lim_{x_2\to 1}\left(\frac{\partial\Delta G^{E}}{\partial x_2}\right)_K$$

结合式（5-165），若采用纯物质为标准态，当 $x_2=1$，则 $\Delta G_{2,m}^{E}=0$。于是得到

$$(1-x_2)\lim_{x_2\to 1}\left(\frac{\Delta G^{E}}{1-x_2}\right)_K=(x_1\Delta G_{1,m}^{E}+x_3\Delta G_{3,m}^{E})_{x_2\to 1} \tag{5-170}$$

将式（5-169）代入式（5-170）中，有

$$\Delta G^{E}=(1-x_2)\left[\int_{x_2=1}^{x_2}\frac{\Delta G_{2,m}^{E}}{(1-x_2)^2}dx_2\right]_K+(x_1\Delta G_{1,m}^{E})_{x_2\to 1}+(x_3\Delta G_{3,m}^{E})_{x_2\to 1} \tag{5-171}$$

上式中，$\Delta G_{1,m}^{E}$实际上是1-2二元系中，当 $x_2=1$ 时的 $\Delta G_{1,m}^{E}$值；而 $\Delta G_{3,m}^{E}$实际为2-3二元系中，当 $x_2=1$ 时的 $\Delta G_{3,m}^{E}$值。对二元系的 $\Delta G_{i,m}^{E}$可用 α 函数进行计算，即

$$(\Delta G_{1,m}^{E})_{x_2=1}=\left[-\alpha_2 x_1 x_2-\int_{x_1=1}^{x_1}\alpha_2 dx_2\right]_{x_2=1} \tag{5-172}$$

式中，

$$\alpha_2=\frac{\Delta G_{2,m}^{E}}{(1-x_2)^2}$$

$x_2=1$，则 $x_1=0$，$x_3=0$，于是

$$(\Delta G_{1,m}^{E})_{x_2=1}=\left[\int_{x_2=1}^{0}\frac{\Delta G_{2,m}^{E}}{(1-x_2)^2}dx_2\right]_{x_2=1} \tag{5-172a}$$

同理

$$(\Delta G_{3,m}^{E})_{x_2=1}=\left[\int_{x_2=1}^{0}\frac{\Delta G_{2,m}^{E}}{(1-x_2)^2}dx_2\right]_{x_2=1} \tag{5-172b}$$

将式（5-172a，b）代入式（5-171），最后得到

$$\Delta G^{E}=(1-x_2)\left[\int_{x_2=1}^{x_2}\frac{\Delta G_{2,m}^{E}}{(1-x_2)^2}dx_2\right]_K-x_1\left[\int_{x_2=1}^{0}\frac{\Delta G_{2,m}^{E}}{(1-x_2)^2}dx_2\right]_{1\text{-}2}-x_3\left[\int_{x_2=1}^{0}\frac{\Delta G_{2,m}^{E}}{(1-x_2)^2}dx_2\right]_{2\text{-}3} \tag{5-173}$$

至此，若已知二元系1-2、2-3和 $\Delta G_{2,m}^{E}$值，以及自等边三角形顶点2到对边1-3若干伪二元系的 $\Delta G_{2,m}^{E}$值，便可利用式（5-173）求出三元系的 ΔG^{E}；然后，用式（5-165），利用斜率截距法求出 $\Delta G_{1,m}^{E}$和 $\Delta G_{2,m}^{E}$，即可利用 $\Delta G_{1,m}^{E}=RT\ln\gamma_1$ 和 $\Delta G_{3,m}^{E}=RT\ln\gamma_3$ 求出相应组元的活度值。

B　以 Cd-Pb-Bi 三元系为例进行活度计算

将已知的实验测得 Cd-Pb-Bi 三元系中 Cd 的活度列于表 5-14，同时绘制在等活度图 5-74上。下面用达肯法计算 773K 下 Pb 和 Bi 的活度，并一并绘制在等活度图 5-74 上。

表 5-14　在 773K 下浓差电池测得的 a_{Cd}

体　系	x_{Cd}	a_{Cd}	体　系	x_{Cd}	a_{Cd}
Cd-Pb 二元系	0.947	0.954	Cd-Bi 二元系	0.90	0.93
	0.881	0.906		0.80	0.82
	0.809	0.870		0.70	0.72
	0.691	0.814		0.60	0.58
	0.581	0.762		0.50	0.41
	0.504	0.723		0.40	0.32
	0.396	0.653		0.30	0.25
	0.294	0.566		0.20	0.19
	0.128	0.328		0.10	0.09
	0.104	0.281			
伪二元系 $x_{Bi}/x_{Pb}=K$ 1∶1.974	0.938	0.947	伪二元系 $x_{Bi}/x_{Pb}=K$ 2∶1	0.950	0.956
	0.812	0.858		0.822	0.857
	0.656	0.760		0.629	0.687
	0.420	0.590		0.429	0.509
	0.200	0.357		0.233	0.303
	0.110	0.217		0.118	0.166

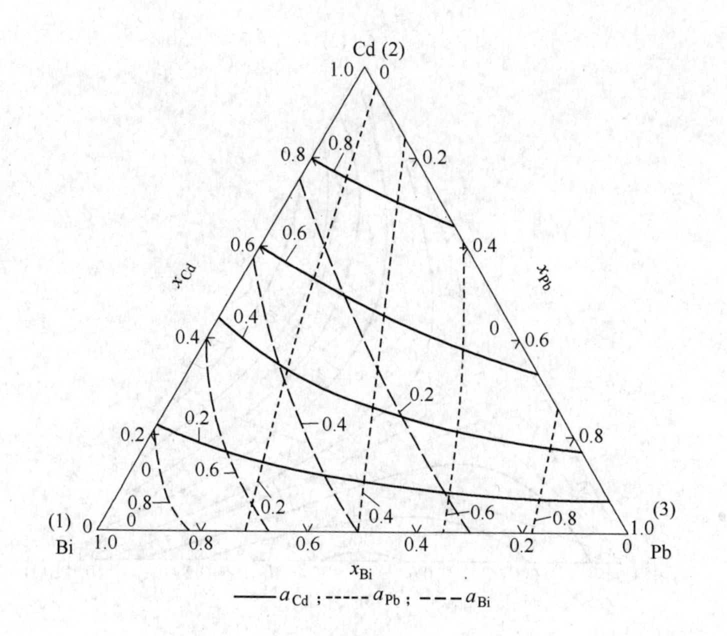

图 5-74　Cd-Bi-Pb 系各组元的等活度图

首先由已知条件计算并绘制$\frac{\Delta G^{\mathrm{E}}_{\mathrm{cd,m}}}{(1-x_{\mathrm{cd}})^2}$对 x_{Cd} 图（示于图 5-75），然后根据式(5-173)，用图解积分求 ΔG^{E}，并将其绘制在浓度三角形中（如图 5-76 所示）。再利用式(5-165)求 a_{Bi}，a_{Pb}。具体做法是，自组元 Bi 顶点向对边作 $\frac{x_{\mathrm{cd}}}{x_{\mathrm{pb}}}=K$ 的直线，如图 5-76 中的 Bi-J 和

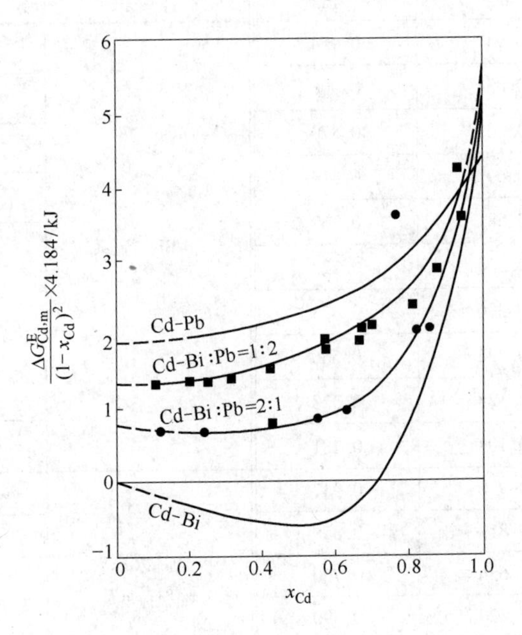

图 5-75　Cd-Bi-Pb 三元系中$\frac{\Delta G^{\mathrm{E}}_{\mathrm{Cd,m}}}{(1-x_{\mathrm{Cd}})^2}$-$x_{\mathrm{Cd}}$的曲线

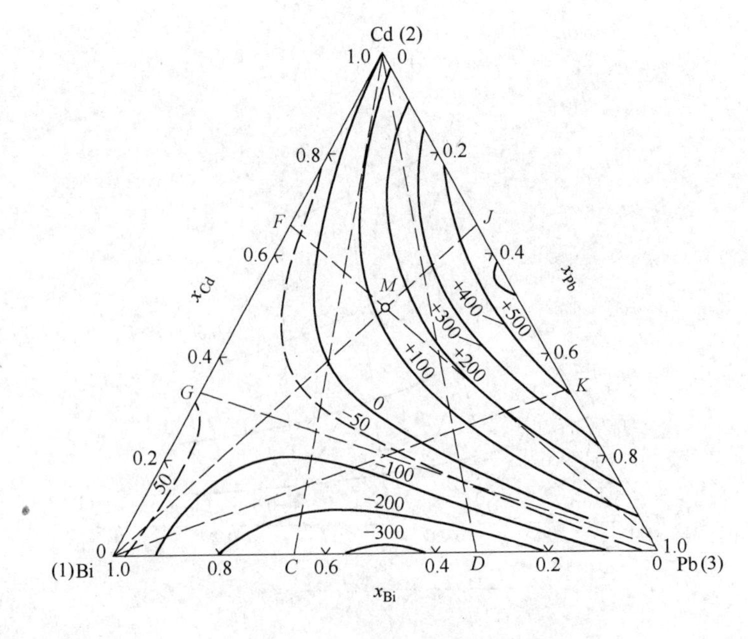

图 5-76　Cd-Bi-Pb 三元系等 ΔG^{E} 图

Bi-K 线；沿着这些直线作 ΔG^{E} 对 x_{Bi} 图。在不同 x_{Bi} 值处，作 ΔG^{E} 对 x_{Bi} 曲线的切线，此切线与左边纵坐标相交的截距，即代表该点的 $\Delta G^{\mathrm{E}}_{\mathrm{Bi,m}}$；然后由 $\Delta G^{\mathrm{E}}_{\mathrm{Bi,m}} = RT\ln\gamma_{\mathrm{Bi}}$ 求出组元 Bi 的活度系数，进而计算出 a_{Bi}；同理可以求出 $\Delta G^{\mathrm{E}}_{\mathrm{Pb,m}}$ 和 a_{Pb}；最后，在浓度三角形中绘制等活度线 a_{Bi} 与 a_{Pb}（见图 5-74）。

现以求图 5-76 中 M 点的 a_{Bi}、a_{Pb} 为例进行计算。在 Bi-J 线上作 ΔG^{E} 对 x_{Bi} 图（示于图 5-77）；在 M 点作该曲线的切线，在 $x_{\mathrm{Bi}} = 1$ 处（即为 $a_{\mathrm{Bi}} = 1$ 处）的截距 $a_{\mathrm{Bi}} = 1$ 即为 $\Delta G^{\mathrm{E}}_{\mathrm{Bi,m}}$。根据 $\Delta G^{\mathrm{E}}_{\mathrm{Bi,m}} = RT\ln\gamma_{\mathrm{Bi}}$，可以求出 M 点的 a_{Bi}。如果在 Pb-F 线上作 ΔG^{E} 对 x_{Pb} 图（如图 5-78 所示），再于 M 点作该曲线的切线，同理可以求出 M 点的 a_{Pb}。

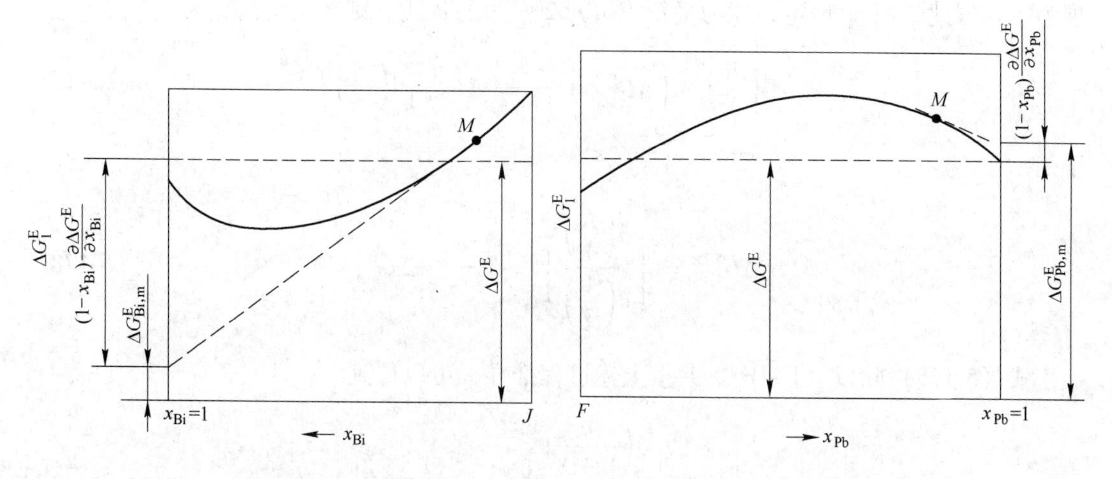

图 5-77 由 ΔG^{E} 求 $\Delta G^{\mathrm{E}}_{\mathrm{Bi,m}}$ 图

图 5-78 由 ΔG^{E} 求 $\Delta G^{\mathrm{E}}_{\mathrm{Pb,m}}$

5.7.2.2 R 函数法的原理与计算步骤

这里引入两个函数 R 与 Y，利用已知 $\Delta G^{\mathrm{E}}_{2,\mathrm{m}}$，一次图解积分求出 R 值；当 x_2 固定时，一次图解微分便可求出 $\Delta G^{\mathrm{E}}_{1,\mathrm{m}}$ 和 $\Delta G^{\mathrm{E}}_{2,\mathrm{m}}$。

定义

$$R = \frac{\Delta G^{\mathrm{E}}}{1 - x_2};\quad Y = \frac{x_3}{1 - x_2} \tag{5-174}$$

将 R 代入式（5-166a），得

$$R = \frac{x_1}{1 - x_2}\Delta G^{\mathrm{E}}_{1,\mathrm{m}} + \frac{x_2}{1 - x_2}\Delta G^{\mathrm{E}}_{2,\mathrm{m}} + \frac{x_3}{1 - x_2}\Delta G^{\mathrm{E}}_{3,\mathrm{m}}$$

将 Y 代入上式，得

$$R = (1 - Y)\Delta G^{\mathrm{E}}_{1,\mathrm{m}} + \frac{x_2}{1 - x_2}\Delta G^{\mathrm{E}}_{2,\mathrm{m}} + Y\Delta G^{\mathrm{E}}_{3,\mathrm{m}} \tag{5-175}$$

对上式除以 Y 并微分，得

$$\mathrm{d}\left(\frac{R}{Y}\right) = \mathrm{d}\left[\left(\frac{1}{Y} - 1\right)\Delta G^{\mathrm{E}}_{1,\mathrm{m}}\right] + \mathrm{d}\left(\frac{1}{Y}\frac{x_2}{1 - x_2}\Delta G^{\mathrm{E}}_{2,\mathrm{m}}\right) + \mathrm{d}\Delta G^{\mathrm{E}}_{3,\mathrm{m}}$$

$$= \frac{x_1}{x_3}\mathrm{d}\Delta G^{\mathrm{E}}_{1,\mathrm{m}} + \Delta G^{\mathrm{E}}_{1,\mathrm{m}}\mathrm{d}\left(\frac{1}{Y}\right) + \frac{x_2}{x_3}\mathrm{d}\Delta G^{\mathrm{E}}_{2,\mathrm{m}} + \Delta G^{\mathrm{E}}_{2,\mathrm{m}}\mathrm{d}\left(\frac{1}{Y}\frac{x_2}{1 - x_2}\right) + \mathrm{d}\Delta G^{\mathrm{E}}_{3,\mathrm{m}}$$

根据吉布斯-杜亥姆方程，上式可简化为

$$d\left(\frac{R}{Y}\right) = \Delta G_{2,m}^{E} d\left[\frac{x_2}{Y(1-x_2)}\right] + \Delta G_{1,m}^{E} d\left(\frac{1}{Y}\right)$$

或写为

$$d\left(\frac{R}{Y}\right) = \frac{1}{Y}\Delta G_{2,m}^{E}\frac{dx_2}{(1-x_2)^2} + \left[\Delta G_{1,m}^{E} + \frac{x_2}{1-x_2}\Delta G_{2,m}^{E}\right] d\left(\frac{1}{Y}\right) \tag{5-176}$$

由式（5-176）可以看出，当 x_2 恒定，等式右边第一项为零；当 Y 恒定，则右边第二项为零。据此，当 x_2 恒定，即为平行于组元 2 对边的各线，则上式可简化为

$$d\left(\frac{R}{Y}\right) = \left[\Delta G_{1,m}^{E} + \frac{x_2}{1-x_2}\Delta G_{2,m}^{E}\right] d\left(\frac{1}{Y}\right) \tag{5-177}$$

于是

$$\Delta G_{1,m}^{E} = \left[\frac{\partial\left(\frac{R}{Y}\right)}{\partial\left(\frac{1}{Y}\right)}\right]_{x_2} - \frac{x_2}{1-x_2}\Delta G_{2,m}^{E} \tag{5-178a}$$

式（5-175）除以（$1-Y$），并按上述过程推导，可以得到

$$\Delta G_{3,m}^{E} = \left[\frac{\partial\left(\frac{R}{1-Y}\right)}{\partial\left(\frac{1}{1-Y}\right)}\right]_{x_2} - \frac{x_2}{1-x_2}\Delta G_{2,m}^{E} \tag{5-178b}$$

由此可见，只要求出 R，用图解微分便可以得到第 1、3 组元的活度。如何求 R 函数的值？根据式（5-176），当 Y 恒定时，即为由组元 2 向对边的连线所构成的伪二元系，于是

$$d\left(\frac{R}{Y}\right) = \frac{1}{Y}\frac{\Delta G_{2,m}^{E}}{(1-x_2)^2}dx_2 \tag{5-179}$$

积分上式，得

$$R = R_0 + \int_{x_2=1}^{x_2}\frac{\Delta G_{2,m}^{E}}{(1-x_2)^2}dx_2 \tag{5-180}$$

式中，R_0 为 $x_2=1$ 时的 R 值。

由式（5-175）求 R_0

$$R_0 = \lim_{x_2\to 1}\left[(1-Y)\Delta G_{1,m}^{E}\right] + \lim_{x_2\to 1}\left[x_2(1-x_2)\frac{\Delta G_{2,m}^{E}}{(1-x_2)^2}\right] + \lim_{x_2\to 1}(Y\Delta G_{3,m}^{E})$$

由此得

$$R_0 = (1-Y)\Delta^0 G_{1,m(1\text{-}2)}^{E} + Y\Delta^0 G_{3,m(2\text{-}3)}^{E} \tag{5-181}$$

当 $x_2=1$，在三元系中 $x_1\to 0$，$x_3\to 0$。因此，$\Delta^0 G_{1,m(1\text{-}2)}^{E}$ 相当于 1-2 二元系的活度，而

$\Delta^0 G^{\mathrm{E}}_{3,\mathrm{m}(2\text{-}3)}$则相当于2-3二元系的活度。二元系的活度可用α函数来计算，即

$$\ln\gamma_1 = -\alpha_2 x_1 x_2 + \int_{x_2=0}^{x_2} \alpha_2 \mathrm{d}x_2$$

对1-2二元系有

$$\Delta^0 G^{\mathrm{E}}_{1,\mathrm{m}(1\text{-}2)} = \left[\int_0^1 \alpha_2 \mathrm{d}x_2\right]_{x_3=0} \tag{5-182a}$$

对2-3二元系有

$$\Delta^0 G^{\mathrm{E}}_{3,\mathrm{m}(2\text{-}3)} = \left[\int_0^1 \alpha_2 \mathrm{d}x_2\right]_{x_1=0} \tag{5-182b}$$

将式（5-182）代入式（5-180）得

$$R = (1-Y)\left[\int_0^1 \alpha_2 \mathrm{d}x_2\right]_{1\text{-}2} + Y\left[\int_0^1 \alpha_2 \mathrm{d}x_2\right]_{2\text{-}3} + \left[\int_1^{x_2} \alpha_2 \mathrm{d}x_2\right] \tag{5-183}$$

如何用一次图解微分求出$\Delta G^{\mathrm{E}}_{1,\mathrm{m}}$和$\Delta G^{\mathrm{E}}_{3,\mathrm{m}}$？对式（5-178a）和式（5-178b）进行变换

$$\Delta G^{\mathrm{E}}_{1,\mathrm{m}} = \left[\frac{\partial\left(\frac{R}{Y}\right)}{\partial\left(\frac{1}{Y}\right)}\right]_{x_2} - x_2(1-x_2)\alpha_2 \tag{5-184a}$$

$$\Delta G^{\mathrm{E}}_{3,\mathrm{m}} = \left[\frac{\partial\left(\frac{R}{1-Y}\right)}{\partial\left(\frac{1}{1-Y}\right)}\right]_{x_2} - x_2(1-x_2)\alpha_2 \tag{5-184b}$$

利用数学关系，式（5-184a）右边第一项可变为

$$\left[\frac{\partial\left(\frac{R}{Y}\right)}{\partial\left(\frac{1}{Y}\right)}\right]_{x_2} = R - Y\left(\frac{\partial R}{\partial Y}\right)_{x_2}$$

代入式（5-184a），得

$$\Delta G^{\mathrm{E}}_{1,\mathrm{m}} + x_2(1-x_2)\alpha_2 = R - Y\left(\frac{\partial R}{\partial Y}\right)_{x_2} \tag{5-185a}$$

同理对式（5-184b），得

$$\Delta G^{\mathrm{E}}_{3,\mathrm{m}} + x_2(1-x_2)\alpha_2 = R + (1-Y)\left(\frac{\partial R}{\partial Y}\right)_{x_2} \tag{5-185b}$$

综上所述，如在等x_2的各线上，取R为纵坐标，Y为横坐标，作R对Y的曲线（如图5-79所示）。在曲线上任意一点（M）作切线，则在$Y=0$一边的截距为$\Delta G^{\mathrm{E}}_{1,\mathrm{m}} + x_2(1-x_2)\alpha_2$，而在$Y=1$一边的截距为$\Delta G^{\mathrm{E}}_{3,\mathrm{m}} + x_2(1-x_2)\alpha_2$。因此，一次图解微分可以求出1、3组元在该点的活度。

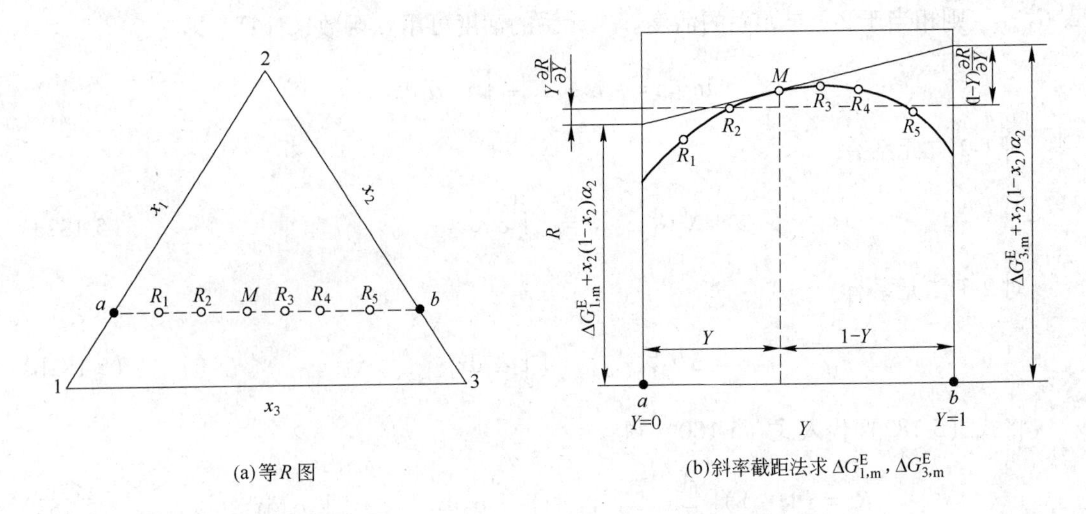

图 5-79 R 函数法图解微分求活度示意图

如何验证计算的结果呢？

图解积分求 R，包含了积分不准确与拟合曲线的误差。由式（5-180）可以导出积分判别式

$$\Delta G^{E}_{2,3} = R_0 + \int_1^0 \alpha_2 \mathrm{d}x_2 \tag{5-186}$$

即三元系积分的结果，可用已知二元系的超额摩尔吉布斯自由能来验证。

图解微分，作切线求活度同样带来了计算误差，由式(5-178a)与式(5-175)可以导出微分判别式

$$R_{Y=1(2\text{-}3)} - R_{Y=0(1\text{-}2)} = \int_{Y=0}^{Y=1} RT\ln\frac{\gamma_3}{\gamma_1}\mathrm{d}Y \tag{5-187a}$$

或写为

$$\Delta G^{E}_{Y=1(2\text{-}3)} - \Delta G^{E}_{Y=0(1\text{-}2)} = (1-x_2)\int_{Y=0}^{Y=1} RT\ln\frac{\gamma_3}{\gamma_1}\mathrm{d}Y \tag{5-187b}$$

即用已知二元系的超额摩尔吉布斯自由能来验证三元系中图解微分求得的 γ_1 与 γ_3 的可靠性。

5.7.2.3 三元系中两相区边界上活度计算

两相区边界可有以下四种情况（如图 5-80 所示），即有：液-液分层两相区边界；溶液与固溶体平衡两相区边界；溶液与二元或三元化合物平衡的两相区边界，以及溶液与纯物质平衡的两相区边界。

1973 年，考克森（Gokcen）对液-液平衡提出了两相区边界活度的计算方法（见图 5-80(a)）。若两相处于平衡，其化学势相等，即

$$\mu_i^{L_1} = \mu_i^{L_2}$$

当选择同一标准态时，则有

$$a_i^{L_1} = a_i^{L_2}$$

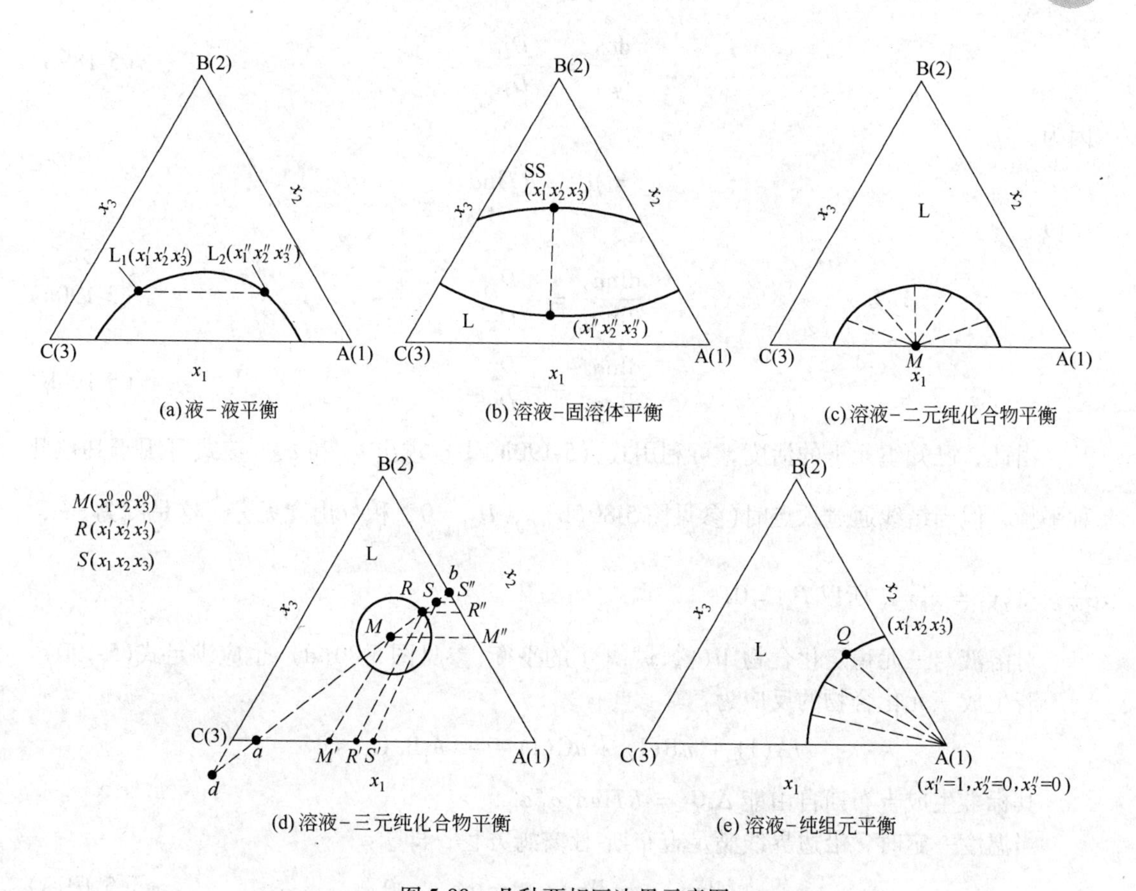

(a) 液-液平衡　(b) 溶液-固溶体平衡　(c) 溶液-二元纯化合物平衡

(d) 溶液-三元纯化合物平衡　(e) 溶液-纯组元平衡

图 5-80　几种两相区边界示意图

溶液 L_1，L_2 满足吉布斯-杜亥姆方程，于是

$$x'_1\mathrm{d}\mu'_1 + x'_2\mathrm{d}\mu'_2 + x'_3\mathrm{d}\mu'_3 = 0 \tag{5-188a}$$

$$x''_1\mathrm{d}\mu''_1 + x''_2\mathrm{d}\mu''_2 + x''_3\mathrm{d}\mu''_3 = 0 \tag{5-188b}$$

令

$$\mathrm{d}\mu'_1 = \mathrm{d}\mu''_1 = \mathrm{d}\mu_1;\quad \mathrm{d}\mu'_2 = \mathrm{d}\mu''_2 = \mathrm{d}\mu_2;\quad \mathrm{d}\mu'_3 = \mathrm{d}\mu''_3 = \mathrm{d}\mu_3$$

由式（5-188b）求出 $\mathrm{d}\mu''_3$，代入式（5-188a），得

$$x'_1\mathrm{d}\mu_1 + x'_2\mathrm{d}\mu_2 + x'_3\frac{x''_1\mathrm{d}\mu_1 - x''_2\mathrm{d}\mu_2}{x''_3} = 0$$

上式乘以 x''_3 并整理，得

$$\frac{\mathrm{d}\mu_2}{\mathrm{d}\mu_1} = \frac{-(x''_3x'_1 - x'_3x''_1)}{(x''_3x'_2 - x'_3x''_2)} = -\frac{\begin{vmatrix} x'_1 & x'_3 \\ x''_1 & x''_3 \end{vmatrix}}{\begin{vmatrix} x'_2 & x'_3 \\ x''_2 & x''_3 \end{vmatrix}} = -\frac{D_{13}}{D_{23}} \tag{5-189a}$$

同理可求得

$$\frac{\mathrm{d}\mu_3}{\mathrm{d}\mu_1} = -\frac{D_{21}}{D_{23}} \quad (5\text{-}189\mathrm{b})$$

因为

$$\mu_i = \mu_i^{\ominus} + RT\ln a_i$$

所以

$$\frac{\mathrm{dln}a_2}{\mathrm{dln}a_1} = -\frac{D_{13}}{D_{23}} \quad (5\text{-}190\mathrm{a})$$

$$\frac{\mathrm{dln}a_3}{\mathrm{dln}a_1} = -\frac{D_{21}}{D_{23}} \quad (5\text{-}190\mathrm{b})$$

由此，已知组元 1 的活度，可利用式（5-190a，b）求出 a_2 和 a_3。该式可用于其他几种平衡，但当结线通过顶点时(参见图 5-80(b))，$D_{23}=0$，积分出现无穷。这是因为 $\frac{x'_2}{x'_3}=\frac{x''_2}{x''_3}$，$x'_2x''_3 = x'_3x''_2$，所以 $D_{23}=0$。

对溶液与三元稳定化合物 $M(x_A^0, x_B^0, x_C^0)$ 的平衡(参见图 5-80(d))也应满足式(5-190)。

若生成三元化合物的反应为

$$l\mathrm{A(l)} + m\mathrm{B(l)} + n\mathrm{C(l)} \rightleftharpoons \mathrm{A}_l\mathrm{B}_m\mathrm{C}_n\mathrm{(s)}$$

其标准生成吉布斯自由能 $\Delta_f G^{\ominus} = RT\ln a_A^l a_B^m a_C^n$

当温度一定时，沿边界线满足吉布斯-杜亥姆方程，即

$$l\mathrm{dln}a_A + m\mathrm{dln}a_B + n\mathrm{dln}a_C = 0 \quad (5\text{-}191\mathrm{a})$$

$$x'_A\mathrm{dln}a_A + x'_B\mathrm{dln}a_B + x'_C\mathrm{dln}a_C = 0 \quad (5\text{-}191\mathrm{b})$$

或改写为

$$m\frac{\mathrm{dln}a_B}{\mathrm{dln}a_A} + n\frac{\mathrm{dln}a_C}{\mathrm{dln}a_A} = -l \quad (5\text{-}192\mathrm{a})$$

$$x'_B\frac{\mathrm{dln}a_B}{\mathrm{dln}a_A} + x'_C\frac{\mathrm{dln}a_C}{\mathrm{dln}a_A} = -x'_A \quad (5\text{-}192\mathrm{b})$$

解二元联立方程并整理，得

$$\frac{\mathrm{dln}a_B}{\mathrm{dln}a_A} = -\frac{\begin{vmatrix} x'_A & x'_C \\ l & n \end{vmatrix}}{\begin{vmatrix} x'_B & x'_C \\ m & n \end{vmatrix}} \quad (5\text{-}193\mathrm{a})$$

$$\frac{\mathrm{dln}a_C}{\mathrm{dln}a_A} = -\frac{\begin{vmatrix} x'_B & x'_A \\ m & l \end{vmatrix}}{\begin{vmatrix} x'_B & x'_C \\ m & n \end{vmatrix}} \quad (5\text{-}193\mathrm{b})$$

分子分母同除以（$l+m+n$），得

$$\frac{\mathrm{dln}a_{\mathrm{B}}}{\mathrm{dln}a_{\mathrm{A}}}=-\frac{\begin{vmatrix} x'_{\mathrm{A}} & x'_{\mathrm{C}} \\ \dfrac{l}{l+m+n} & \dfrac{n}{l+m+n} \end{vmatrix}}{\begin{vmatrix} x'_{\mathrm{B}} & x'_{\mathrm{C}} \\ \dfrac{m}{l+m+n} & \dfrac{n}{l+m+n} \end{vmatrix}} \tag{5-194}$$

令

$$x_{\mathrm{A}}^{0}=\frac{l}{l+m+n};\quad x_{\mathrm{B}}^{0}=\frac{m}{l+m+n};\quad x_{\mathrm{C}}^{0}=\frac{n}{l+m+n}$$

而 x_{A}^{0}，x_{B}^{0}，x_{C}^{0} 为三元化合物 $A_lB_mC_n$ 的成分组成点的摩尔分数，于是

$$\frac{\mathrm{dln}a_{\mathrm{B}}}{\mathrm{dln}a_{\mathrm{A}}}=-\frac{\begin{vmatrix} x'_{\mathrm{A}} & x'_{\mathrm{C}} \\ x_{\mathrm{A}}^{0} & x_{\mathrm{C}}^{0} \end{vmatrix}}{\begin{vmatrix} x'_{\mathrm{B}} & x'_{\mathrm{C}} \\ x_{\mathrm{B}}^{0} & x_{\mathrm{C}}^{0} \end{vmatrix}}=-\frac{D_{\mathrm{AC}}}{D_{\mathrm{BC}}} \tag{5-195a}$$

同理可推导出

$$\frac{\mathrm{dln}a_{\mathrm{C}}}{\mathrm{dln}a_{\mathrm{A}}}=-\frac{\begin{vmatrix} x'_{\mathrm{B}} & x'_{\mathrm{A}} \\ x_{\mathrm{B}}^{0} & x_{\mathrm{A}}^{0} \end{vmatrix}}{\begin{vmatrix} x'_{\mathrm{B}} & x'_{\mathrm{C}} \\ x_{\mathrm{B}}^{0} & x_{\mathrm{C}}^{0} \end{vmatrix}}=-\frac{D_{\mathrm{BA}}}{D_{\mathrm{BC}}} \tag{5-195b}$$

能否用结线上任意一点（s），或 A-B 二元系的 b 点，A-C 二元系的 a 点的组成来计算两相区边界上的活度？如果能证明下式成立，便证明了用结线上任意一点均可以计算两相区边界上的活度。

证明：

$$\frac{\mathrm{dln}a_{\mathrm{B}}}{\mathrm{dln}a_{\mathrm{A}}}=-\frac{\begin{vmatrix} x'_{\mathrm{A}} & x'_{\mathrm{C}} \\ x_{\mathrm{A}}^{0} & x_{\mathrm{C}}^{0} \end{vmatrix}}{\begin{vmatrix} x'_{\mathrm{B}} & x'_{\mathrm{C}} \\ x_{\mathrm{B}}^{0} & x_{\mathrm{C}}^{0} \end{vmatrix}}=-\frac{\begin{vmatrix} x_{\mathrm{A}} & x_{\mathrm{C}} \\ x_{\mathrm{A}}^{0} & x_{\mathrm{C}}^{0} \end{vmatrix}}{\begin{vmatrix} x_{\mathrm{B}} & x_{\mathrm{C}} \\ x_{\mathrm{B}}^{0} & x_{\mathrm{C}}^{0} \end{vmatrix}}=-\left(\frac{x_{\mathrm{A}}}{x_{\mathrm{B}}}\right)_{1\text{-}2} \tag{5-196}$$

根据行列式性质，对式（5-196）行列式进行数学变换（换列、两列相加、两行相加等），最后得到

$$\frac{\mathrm{dln}a_{\mathrm{B}}}{\mathrm{dln}a_{\mathrm{A}}}=-\frac{\begin{vmatrix} \dfrac{x'_{\mathrm{B}}-x_{\mathrm{B}}^{0}}{x'_{\mathrm{A}}-x_{\mathrm{A}}^{0}} & -1 \\ 1-x_{\mathrm{B}}^{0} & x_{\mathrm{B}}^{0} \end{vmatrix}}{\begin{vmatrix} \dfrac{x_{\mathrm{B}}-x_{\mathrm{B}}^{0}}{x_{\mathrm{A}}-x_{\mathrm{A}}^{0}} & -1 \\ x_{\mathrm{B}}^{0} & 1-x_{\mathrm{A}}^{0} \end{vmatrix}}=-\frac{\begin{vmatrix} \dfrac{x_{\mathrm{B}}-x_{\mathrm{B}}^{0}}{x_{\mathrm{A}}-x_{\mathrm{A}}^{0}} & -1 \\ 1-x_{\mathrm{B}}^{0} & x_{\mathrm{B}}^{0} \end{vmatrix}}{\begin{vmatrix} \dfrac{x_{\mathrm{B}}-x_{\mathrm{B}}^{0}}{x_{\mathrm{A}}-x_{\mathrm{A}}^{0}} & -1 \\ x_{\mathrm{B}}^{0} & 1-x_{\mathrm{A}}^{0} \end{vmatrix}} \tag{5-197}$$

只要证明

$$\frac{x_B' - x_B^0}{x_A' - x_A^0} = \frac{x_B - x_B^0}{x_A - x_A^0} \tag{5-198}$$

成立，则式（5-197）成立，即式（5-196）成立。

由图 5-80d 的几何关系，不难得出式(5-198)成立。于是，若取 A-B 二元系中 b 点来计算 R 点的活度，则

$$\frac{\mathrm{dln}a_B}{\mathrm{dln}a_A} = -\left(\frac{x_A}{x_B}\right)_{A\text{-}B} \tag{5-199a}$$

若取 A-C 二元系中 a 点来计算 R 点的活度，则

$$\frac{\mathrm{dln}a_C}{\mathrm{dln}a_A} = -\left(\frac{x_A}{x_C}\right)_{A\text{-}C} \tag{5-199b}$$

式中，$\left(\frac{x_A}{x_B}\right)_{A\text{-}B}$，$\left(\frac{x_A}{x_C}\right)_{A\text{-}C}$ 可由相图直接读出。这样，两相区边界上的活度计算便大大简化了。

本章例题

例题 I 已知：SiO_2-Si_3N_4 二元系相图（示于图 5-81）和相关的热力学数据：

$\Delta_{fus}H^{\ominus}_{SiO_2} = 14.146T - 9.455 \times 10^{-4}T^2 - 39.058 \times 10^5/T - 12932\text{J/mol}$；

$\Delta_{fus}S^{\ominus}_{SiO_2} = 14.146\ln T - 1.891 \times 10^{-3}T - 19.529 \times 10^5/T^2 - 98\text{J/(mol·K)}$；

$\Delta_{fus}H^{\ominus}_{Si_3N_4} = 73.743T - 0.0454T^2 - 6.535 \times 10^5/T + 9.03 \times 10^{-6}T^3 + 165674\text{J/mol}$；

$\Delta_{fus}S^{\ominus}_{Si_3N_4} = 73.743\ln T - 0.0907T - 3.268 \times 10^5/T^2 + 13.542 \times 10^{-6}T^2 - 355\text{J/(mol·K)}$。

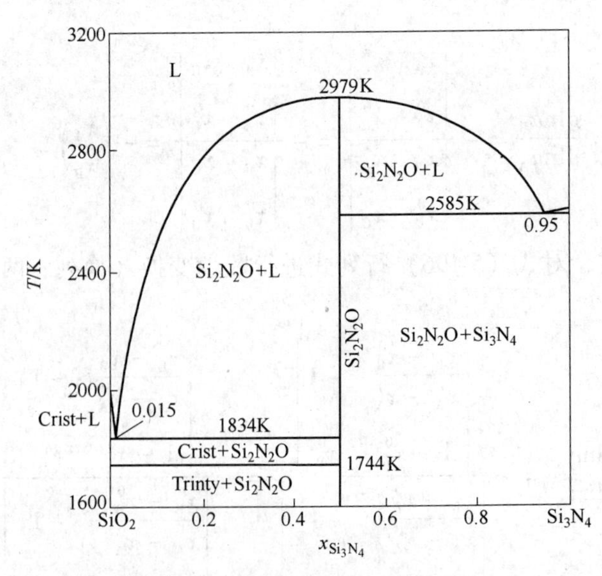

图 5-81 SiO_2-Si_3N_4 二元系相图

试求：（1）假定溶液服从正规溶液理论，用 θ 函数法计算 3200K 时各组元的活度；（2）3200K 时 Si_3N_4-SiO_2 系中 θ 与 x_{SiO_2}的关系；（3）计算在 $x_{SiO_2}=x_{Si_3N_4}=0.5$ 时不同温度下 Si_3N_4 和 SiO_2 的活度系数。

解 （1）计算 3200K 时各组元的活度和活度系数。当 SiO_2-Si_3N_4 二元系服从正规溶液理论时，其活度系数计算式

$$\ln\gamma_{SiO_2} = \frac{T}{T_0}\left(\int_{T_{M(SiO_2)}}^{T} \frac{\Delta_{fus}H_{SiO_2}^{\ominus}}{RT^2} - \ln x_{SiO_2}\right)$$

由已知数据计算得到

$$\Delta_{fus}G_{SiO_2}^{\ominus} = 112.576T + 0.916\times10^{-3}T^2 - 19.058\times10^5/T - 14.146T\ln T - 12932\text{J/mol}$$

$$\Delta_{fus}G_{Si_3N_4}^{\ominus} = 428.773T + 0.0453\times10^{-3}T^2 - 73.743T\ln T - 3.267\times10^5/T - 4.512\times10^{-6}T^3 + 165674\text{J/mol}$$

进而可以计算相关组元的活度系数和活度值。计算结果示于表 5-15。

表 5-15　计算 3200K 时各组元的活度和活度系数结果

x_{SiO_2}	γ_{SiO_2}	a_{SiO_2}	$\gamma_{Si_3N_4}$	$a_{Si_3N_4}$
0.05	1.343	0.067	1.018	0.967
0.10	0.637	0.064	1.082	0.974
0.15	0.448	0.067	1.135	0.965
0.20	0.358	0.072	1.194	0.55
0.25	0.305	0.076	1.251	0.938
0.30	0.273	0.082	1.305	0.914
0.35	0.264	0.092	1.326	0.862
0.40	0.261	0.104	1.335	0.801
0.45	0.282	0.127	1.414	0.778
0.50	0.267	0.134	1.486	0.743
0.55	0.276	0.152	1.543	0.694
0.60	0.295	0.177	1.688	0.675
0.65	0.318	0.207	1.915	0.670
0.70	0.342	0.240	2.231	0.669
0.75	0.376	0.282	2.874	0.719
0.80	0.423	0.338	4.344	0.869
0.85	0.490	0.417	8.840	1.326
0.90	0.593	0.533	35.588	3.559

（2）计算 3200K 时 Si_3N_4-SiO_2 系中 θ 与 x_{SiO_2}的关系。根据 θ 函数的定义

$$\theta = \frac{\ln\gamma_{SiO_2}^{m}\gamma_{Si_3N_4}^{n} - b}{[m-(m+n)x_{SiO_2}]^2}$$

式中，$b = (\ln\gamma_{SiO_2}^{m}\gamma_{Si_3N_4}^{n})x_{SiO_2} = \dfrac{m}{m+n}$；$m$ 和 n 分别为生成中间化合物组元 SiO_2 和组元 Si_3N_4 的化学计量系数。或 $b = mn\int_0^1 \theta dx_{SiO_2}$

计算 3200K 时 θ 函数值与 x_{SiO_2} 的关系。计算结果示于图 5-82。

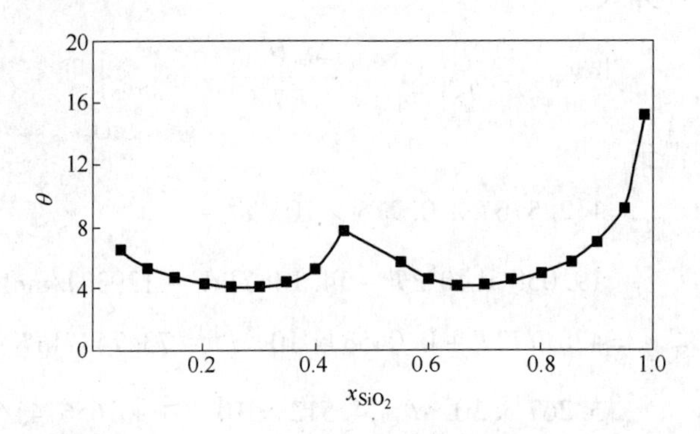

图 5-82　3200K 时 Si_3N_4-SiO_2 系中 θ 与 x_{SiO_2} 的关系

（3）对正规溶液满足 $T\ln\gamma_i(T) = T_0\ln\gamma_i$（$\gamma_i$ 为温度 T_0 下的活度系数），由此可以计算在 $x_{SiO_2} = x_{Si_3N_4} = 0.5$ 时，不同温度下 Si_3N_4-SiO_2 系 $\gamma_{Si_3N_4}$ 和 γ_{SiO_2} 的活度系数，计算结果列于表 5-16。

表 5-16　正规溶液中不同温度下在 $x_{SiO_2} = x_{Si_3N_4} = 0.5$ 时 γ_{SiO_2} 和 $\gamma_{Si_3N_4}$ 的活度系数

项　目	3200K	3000K	2800K	2600K	2400K	2200K	2000K	1834K
$\gamma_{Si_3N_4}$	1.486	1.525	1.573	1.627	1.696	1.779	1.885	1.996
γ_{SiO_2}	0.267	0.244	0.221	0.197	0.172	0.146	0.121	0.100

例题Ⅱ　利用通用几何模型，考勒（Kohler）、科里内和姆加努对称模型与图普非对称模型，计算 3200K 温度下 Al_2O_3-SiO_2-Si_3N_4 三元体系摩尔混合吉布斯自由能（选择任意一个模型计算 2600K 下的摩尔混合吉布斯自由能与 3200K 温度下的结果比较），并绘制它们与组成的关系图。

已知：该三元系的三个二元系 Al_2O_3-SiO_2，SiO_2-Si_3N_4，Si_3N_4-Al_2O_3 在 3200K 温度下的超额吉布斯自由能：

SiO_2-Si_3N_4(2-3)二元系的超额吉布斯自由能（J/mol）。

$$G_{2\text{-}3}^{E} = 352.056 - 31211.106x - 239494.759x^2 + 886999.364x^3 - 928180.453x^4 + 311585.218x^5$$

$$x = x_{Si_3N_4} \tag{5-200}$$

以及 Al_2O_3-SiO_2（1-2）和 Si_3N_4-Al_2O_3（3-1）二元系，由文献查得

$^0L_{AlO_{1.5}\cdot SiO_2} = 80121 - 30T$；　$^1L_{AlO_{1.5}\cdot SiO_2} = 96000 + 44T$；　$^0L_{AlO_{1.5}\cdot SiN_{4/3}} = -15000$

由雷德利奇-基斯特（Redlich-Kister）的经验式(式(5-67))可以求得 3200K 温度下的超额吉布斯自由能（J/mol）为：

Al_2O_3-SiO_2 二元系（1-2）

$$G_{1\text{-}2}^{E} = -165.253 - 113755.911x + 800626.976x^2 - 1651030x^3 + 1429480x^4 - 465169x^5 \quad x = x_{SiO_2} \tag{5-201}$$

Si_3N_4-Al_2O_3 二元系（3-1）

$$G_{3\text{-}1}^{E} = 1.456 - 5153.035x + 2857.630x^2 - 1306.125x^3 + 3596.922x^4 \quad x = x_{Al_2O_3} \tag{5-202}$$

解　（1）利用计算机程序（框图示于图5-48），根据二元系的超额吉布斯自由能，运用式（5-200）、式（5-201）和式（5-202），可以得到 Al_2O_3-SiO_2-Si_3N_4 三元体系各个子二元系在3200K温度下的超额吉布斯自由能与组成的关系图，结果示于图5-83～图5-85。

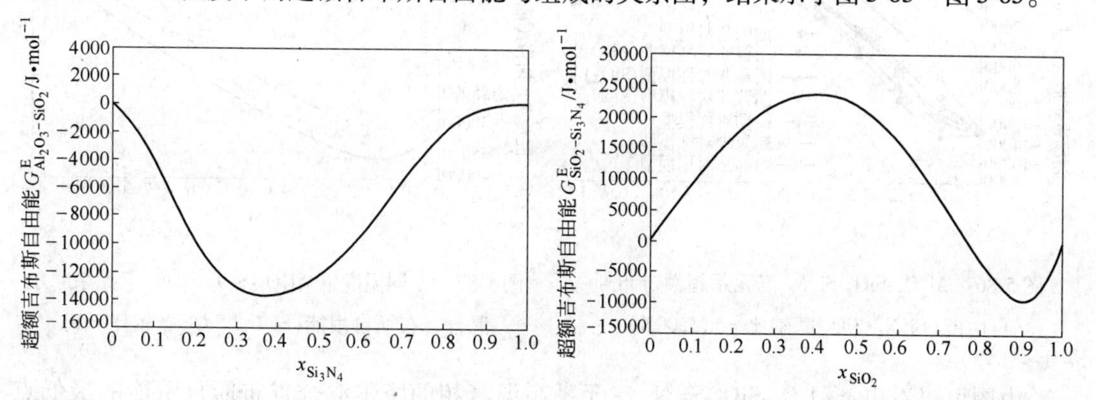

图5-83　Al_2O_3-SiO_2 二元体系超额吉布斯自由能　　图5-84　SiO_2-Si_3N_4 二元体系超额吉布斯自由能

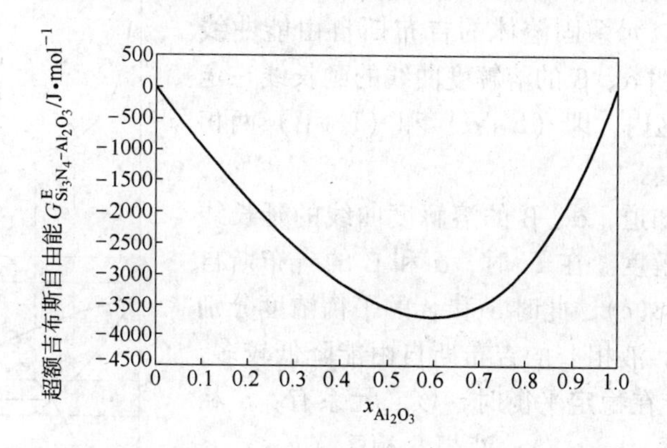

图5-85　Si_3N_4-Al_2O_3 二元体系超额吉布斯自由能

（2）计算2600K和3200K温度下的 Al_2O_3-SiO_2-Si_3N_4 三元系的超额吉布斯自由能。具体步骤如下：首先计算各组元的相似系数。根据通用几何模型中相似系数定义公式计算，各个组元之间的相似系数为 $\xi_{12}=0.3052$，$\xi_{23}=0.8547$，$\xi_{31}=0.2790$。这个结果表明：该体系是一个非对称体系，Si_3N_4 为非对称组元。这可能因为 Si_3N_4 是由共价键结合，而 SiO_2，Al_2O_3 由离子键结合，所以 Si_3N_4 表现出明显的非对称性；再依不同模型计算 Al_2O_3-SiO_2-Si_3N_4 三元系的超额吉布斯自由能。

图5-86给出了不同模型计算3200K温度时 Al_2O_3-SiO_2-Si_3N_4 三元系的超额吉布斯自由能。计算结果表明，各几何模型的结果有所不同。Toop模型选用不同组元作为非对称组

元，结果差别很大。当 Si_3N_4 为非对称组元时计算结果与通用几何模型吻合较好；而选择 SiO_2，Al_2O_3 时，产生较大的偏差。因为该体系是一个非对称体系，所以用几种对称几何模型计算时，也会引起一定的偏差。

计算 Si_3N_4/SiO_2 摩尔比 = 1 时，不同温度 Al_2O_3-SiO_2-Si_3N_4 三元系摩尔混合吉布斯自由能结果示于图 5-87。

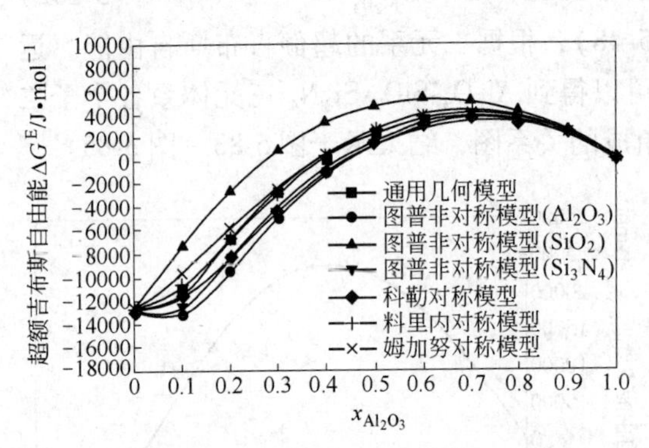

图 5-86 Al_2O_3-SiO_2-Si_3N_4 三元系超额吉布斯自由能（Si_3N_4/SiO_2 摩尔比 = 1，3200K）

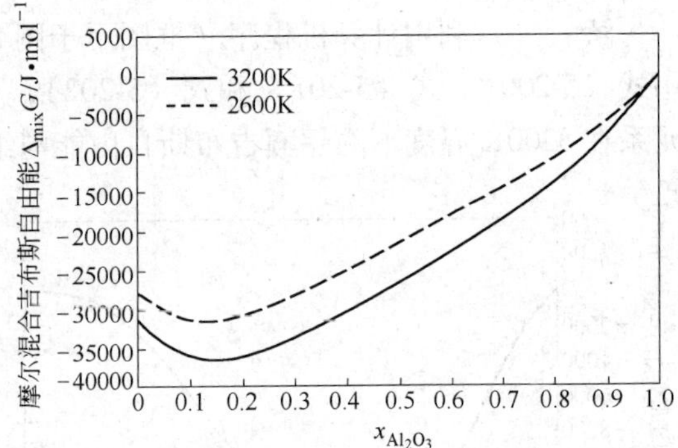

图 5-87 不同温度下 Al_2O_3-SiO_2-Si_3N_4 三元系摩尔混合吉布斯自由能（Si_3N_4/SiO_2 摩尔比 = 1）

由图可以看出：Al_2O_3-SiO_2-Si_3N_4 三元系高温液相的摩尔混合吉布斯自由能的最低点随温度的升高向着 Al_2O_3 含量增加的方向移动。

例题Ⅲ 根据二元系固溶体的吉布斯自由能曲线（示于图 5-88），证明 α、β 的溶解度曲线的延长线一定分别进入两个两相区内，即（L + α）和（L + β）两相区内。

解 首先应该知道，α、β 的溶解度曲线的延长线表示亚稳平衡的溶解度。在 T_1 时，α 和 β 的吉布斯自由能曲线示于图 5-88(c)，此时 α 和 β 的平衡浓度分别为 a 和 b；在 T_2 时，液相 L 的吉布斯自由能降低较多，如图 5-88(a)所示。在稳定平衡时，该二元系有：α 相区（$x_B < c$）；β 相区（$x_B > d$）；液相 L 相区（$g < x_B < h$）；以及两个两相区，即（L + α）两相区（$c < x_B < g$）和（L + β）两相区（$h < x_B < d$）。

α 和 β 的亚稳平衡（参见图 5-88a）的公切线 e-f 在 a、L 的平衡浓度 c-g 和 β、L 的平衡浓度 h-d 之上，因此 α 和 β 溶解度延伸至该温度时，亚稳平衡的浓度分别为 e 和 f 点，所以只要液相的吉布斯自由能曲线低于 e-f，则 e 点必定位于 c-g 之间，而 f 点则必定位于 h-d 之间。从而，证明了（α + β）两相区的界线（α 和 β 的溶解度曲线）的延长线必须进入（L + α）和（L + β）两相区内。

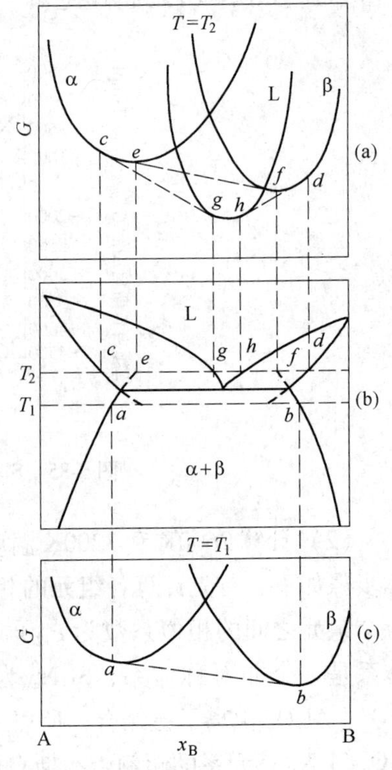

图 5-88 亚稳平衡(a)、两相稳定平衡(c)和对应相图中的浓度(b)

习　题

5-1　A与B构成二元相图，通过实验已知：组元A有三个晶型转变；组元B有两个晶型转变。且在该二元系中含有：两个共晶反应；两个包晶反应；一个共析反应；一个最大值；一个单相封闭区。实验值分别绘于图5-89。

试根据图上给出的点和线，绘出相边界并标出各相区。

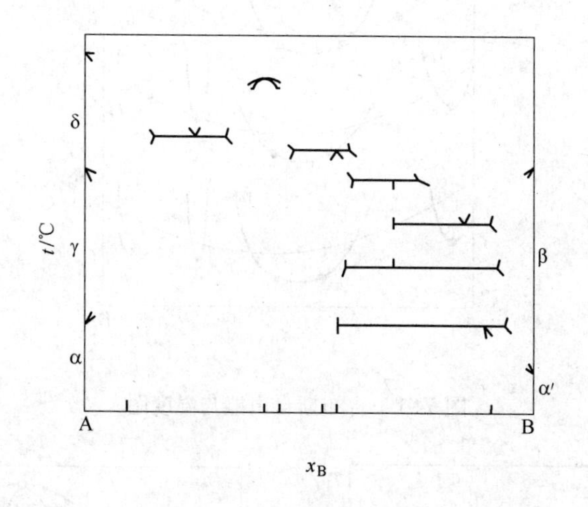

图5-89　A-B二元系

习题5-1答案见图5-90。

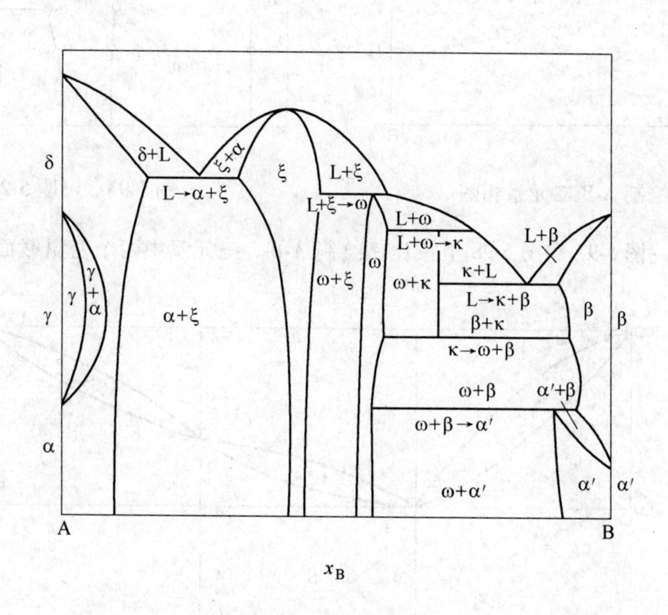

图5-90　习题5-1答案

5-2　在A-B二元系中，通过计算已知T_1至T_5五组吉布斯自由能-组成曲线示于图5-91。

试在图5-92上绘制温度-组成相图。

习题5-2答案见图5-93。

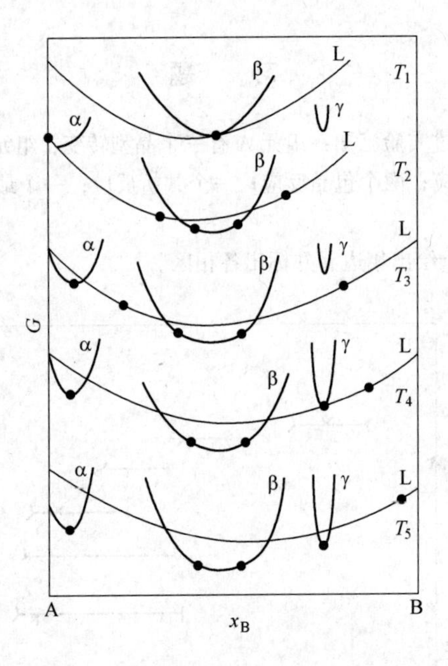

图 5-91 吉布斯自由能与温度图

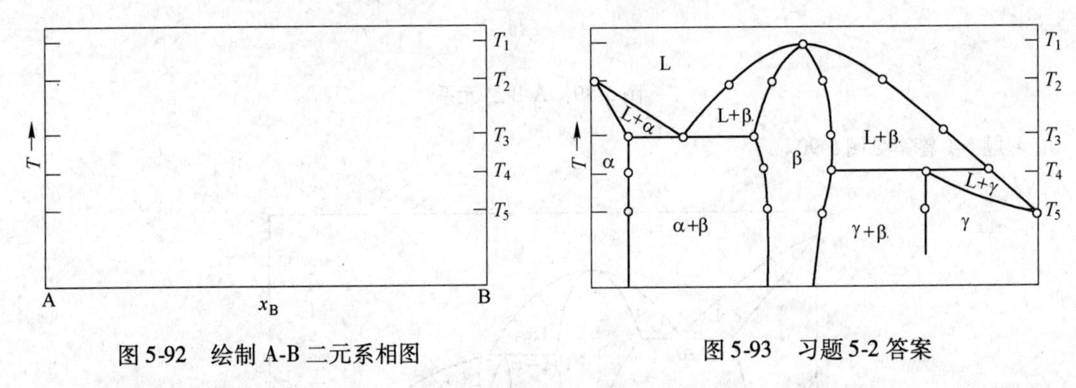

图 5-92 绘制 A-B 二元系相图

图 5-93 习题 5-2 答案

5-3 试利用图 5-94 ~ 图 5-97 在图 5-98 上按比例绘制 A-B-C 三元系中两个变温截面图：（1）70% C；（2）$A_{60}B_{50}$至 C。

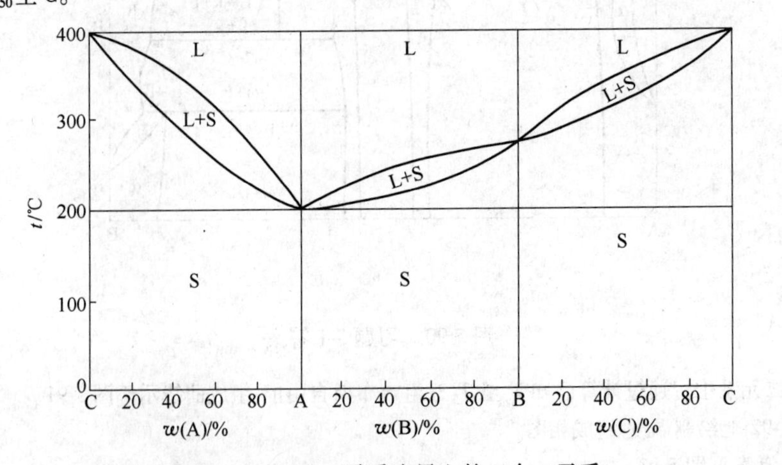

图 5-94 A-B-C 三元系边界上的三个二元系

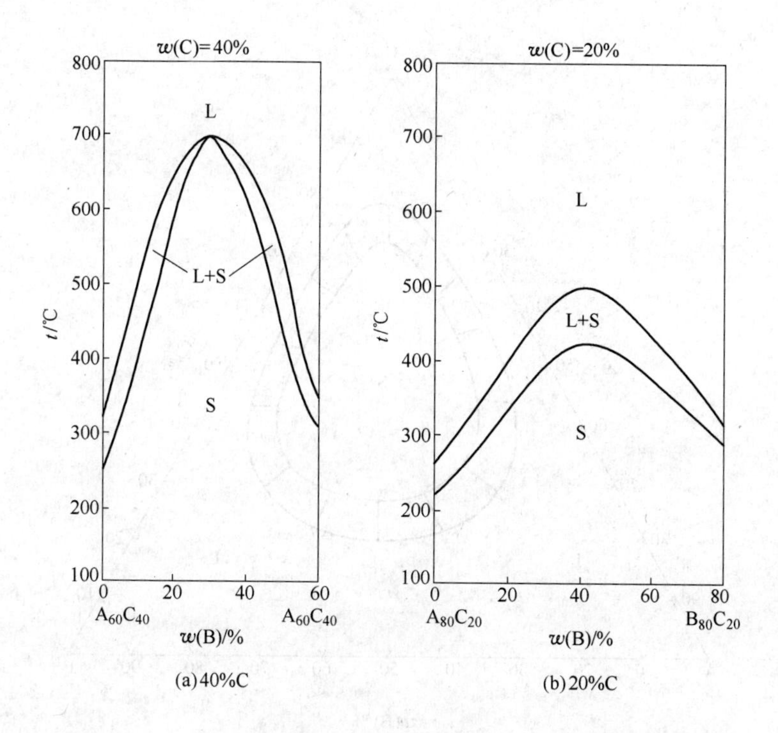

图 5-95　变温截面图

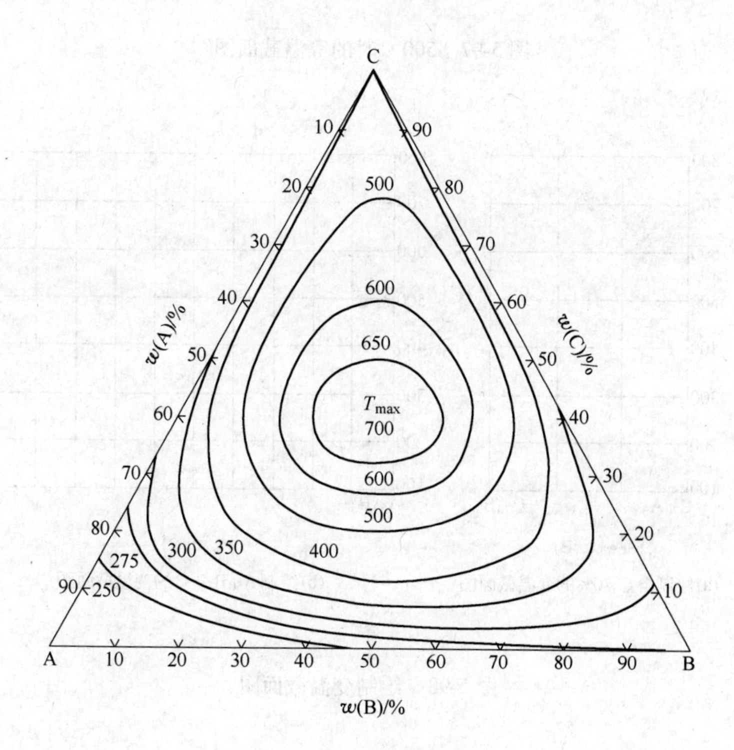

图 5-96　液相面投影图

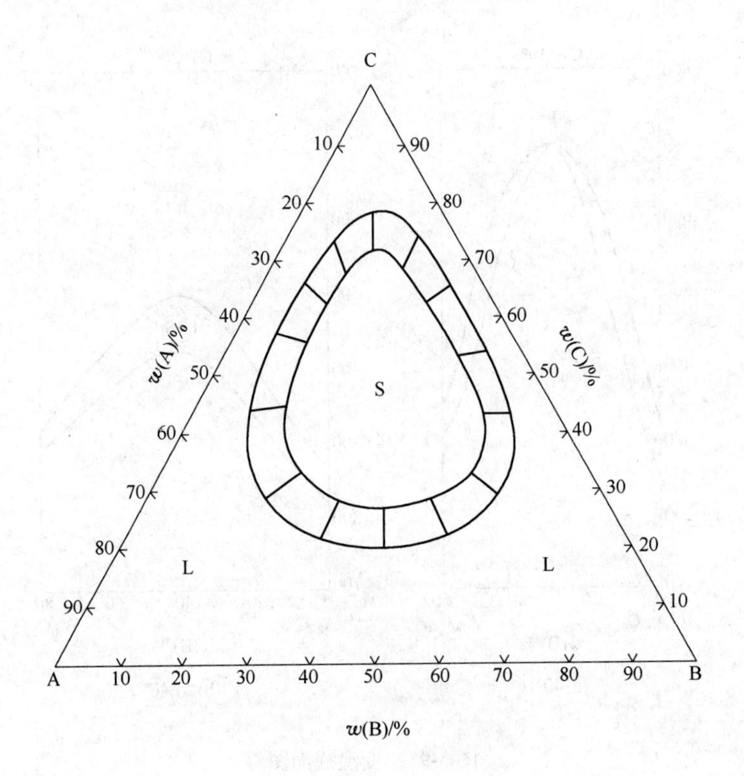

图 5-97 500℃时的等温截面图

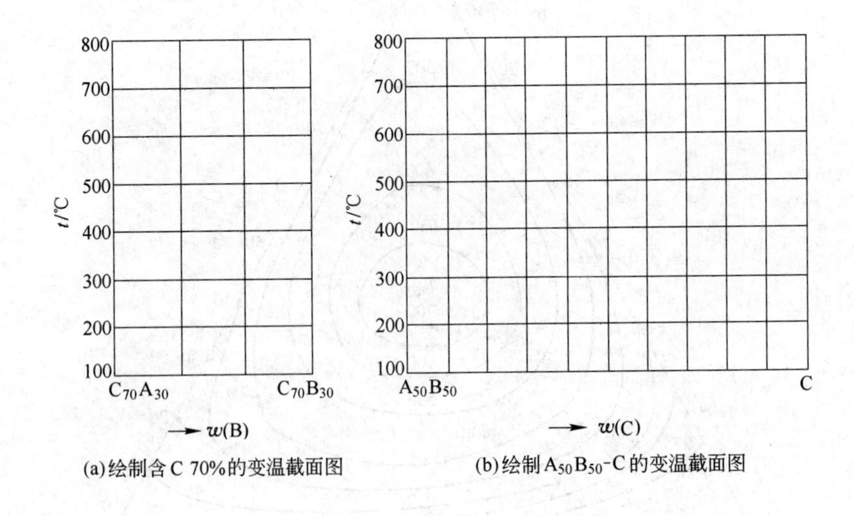

图 5-98 绘制变温截面图

习题 5-3 答案见图 5-99。

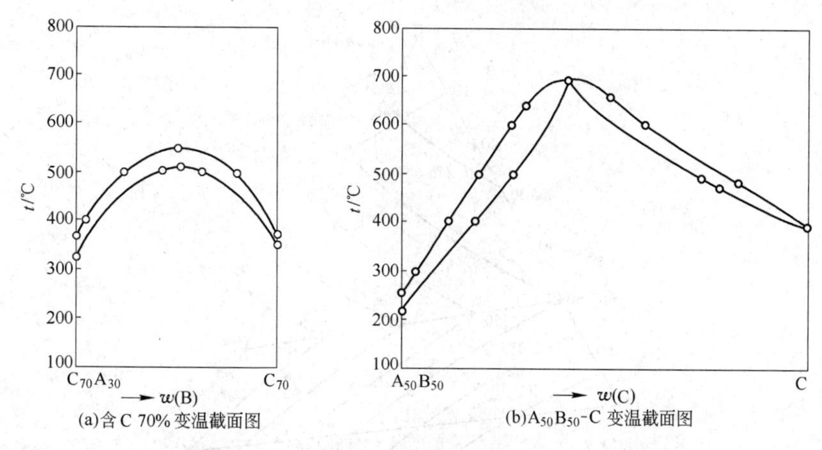

图5-99　习题5-3答案

5-4　试利用图5-100～图5-104绘制 w(B)=30%和 w(C)=65%两个变温截面图，辨别合金 L_1，L_2 有无沉淀硬化，并画出 L_3、L_4 的步冷曲线。

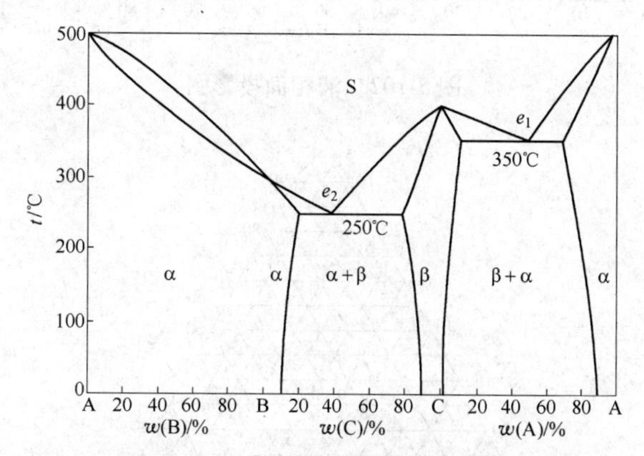

图5-100　A-B-C三元系边界上的三个二元系

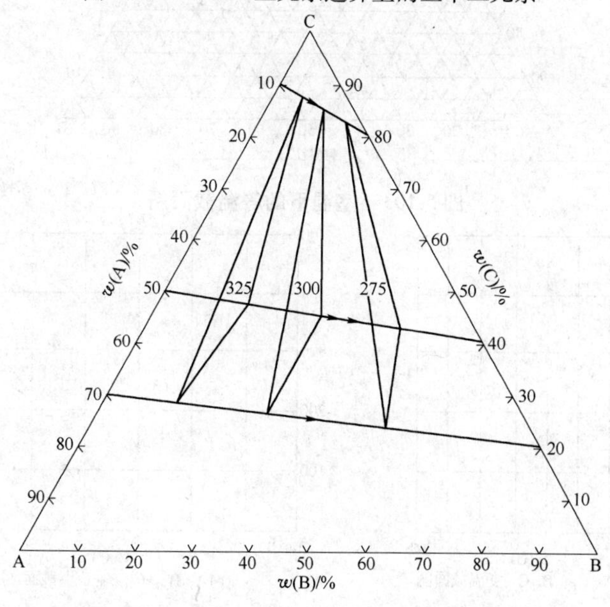

图5-101　A-B-C三元系中三个温度下的结线三角形

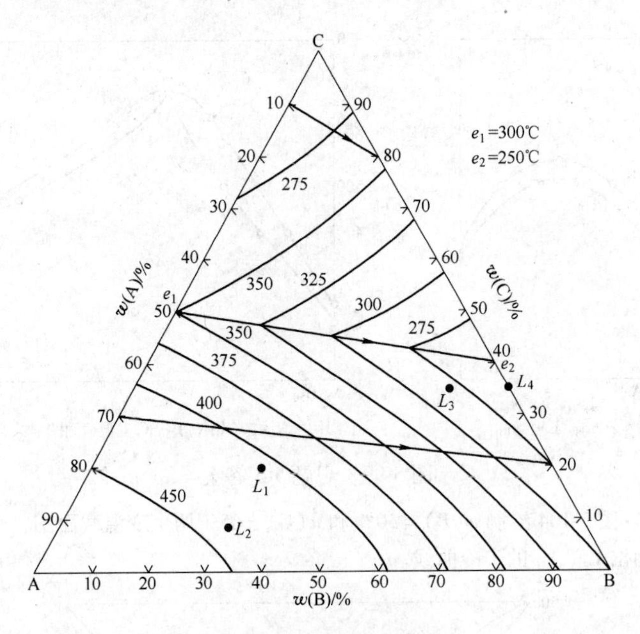

图 5-102 液相面投影图

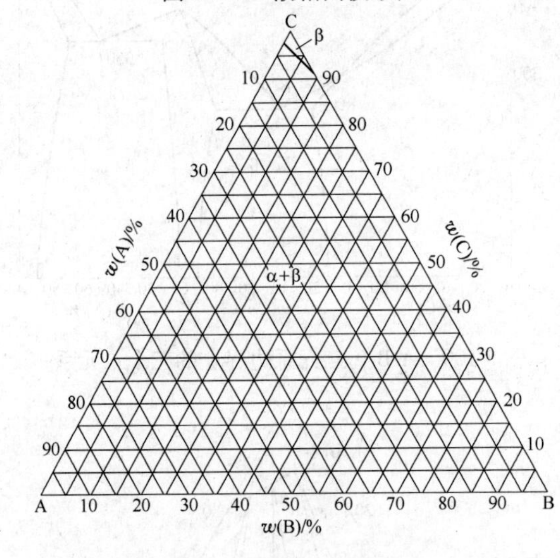

图 5-103 室温下的等温截面图

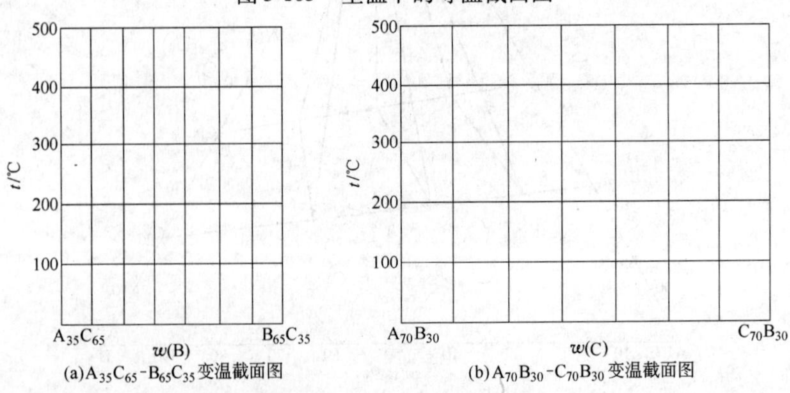

(a) $A_{35}C_{65}$-$B_{65}C_{35}$ 变温截面图　(b) $A_{70}B_{30}$-$C_{70}B_{30}$ 变温截面图

图 5-104 绘制变温截面图

习题 5-4 答案见图 5-105。

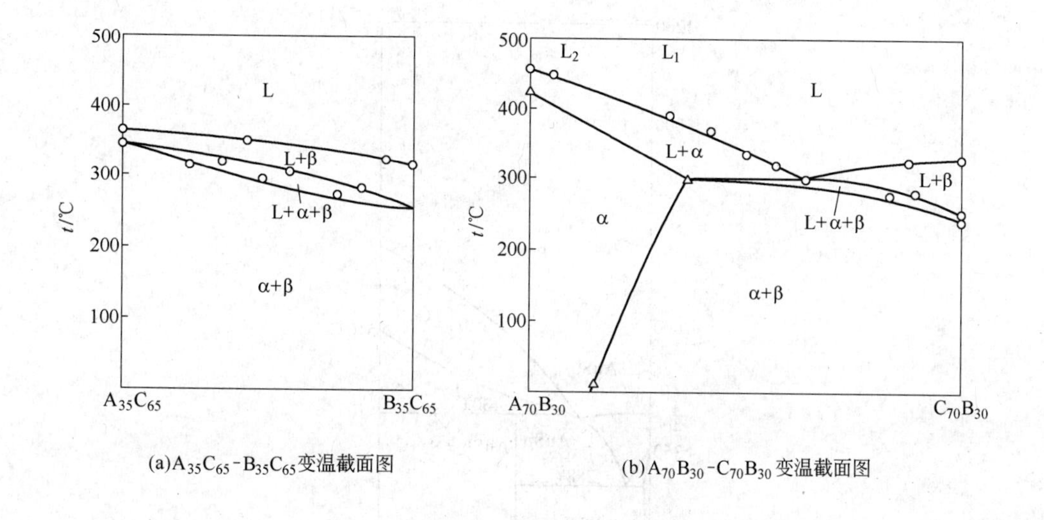

图 5-105　习题 5-4 答案

5-5　利用图 5-106 ~ 图 5-108 试在图 5-109 和图 5-110 上绘制

（1）Au-Sb-Ge 分别在 20℃ 和 500℃ 时的等温截面图（金的固溶体从 288℃ 垂直延伸到 20℃）；

（2）10% Ge 的变温截面图；

（3）画出合金分为 40% Sb，10% Ge 的铸态组织示意图。

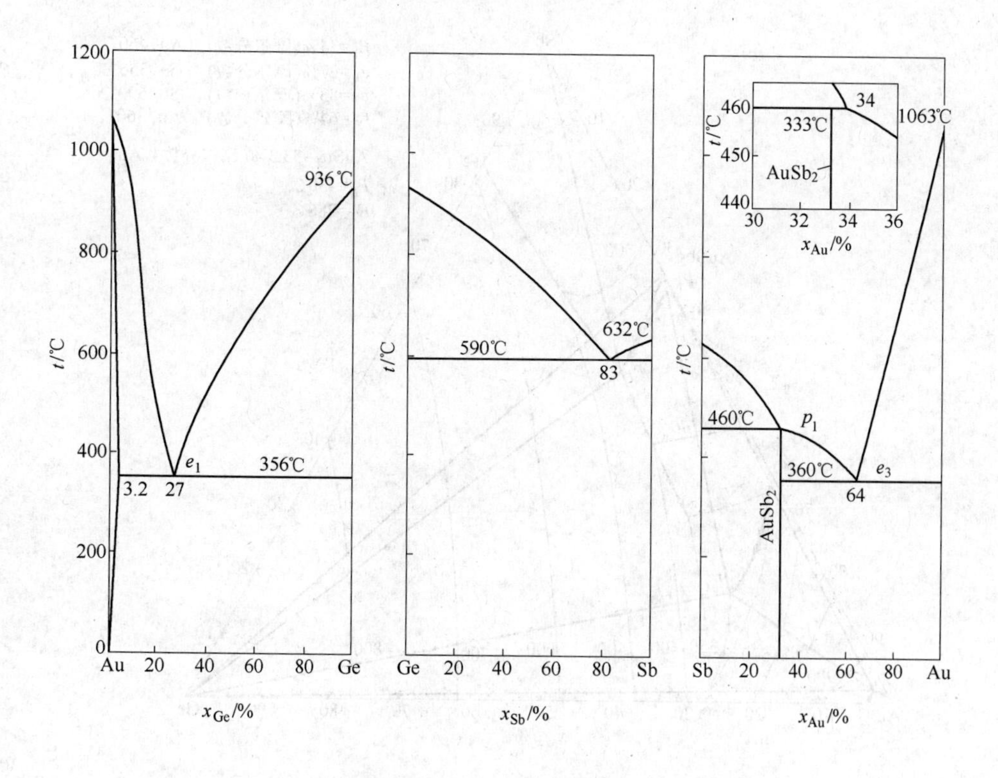

图 5-106　Au-Ge-Sb 三元系中边界上的三个二元系

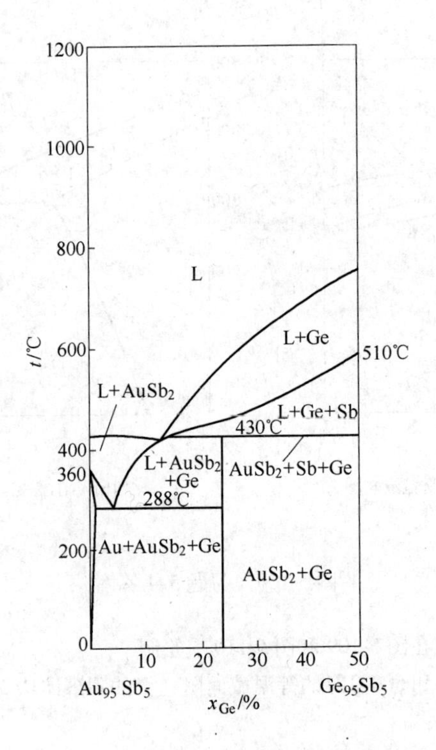

图 5-107 含 5% Sb 的变温截面图

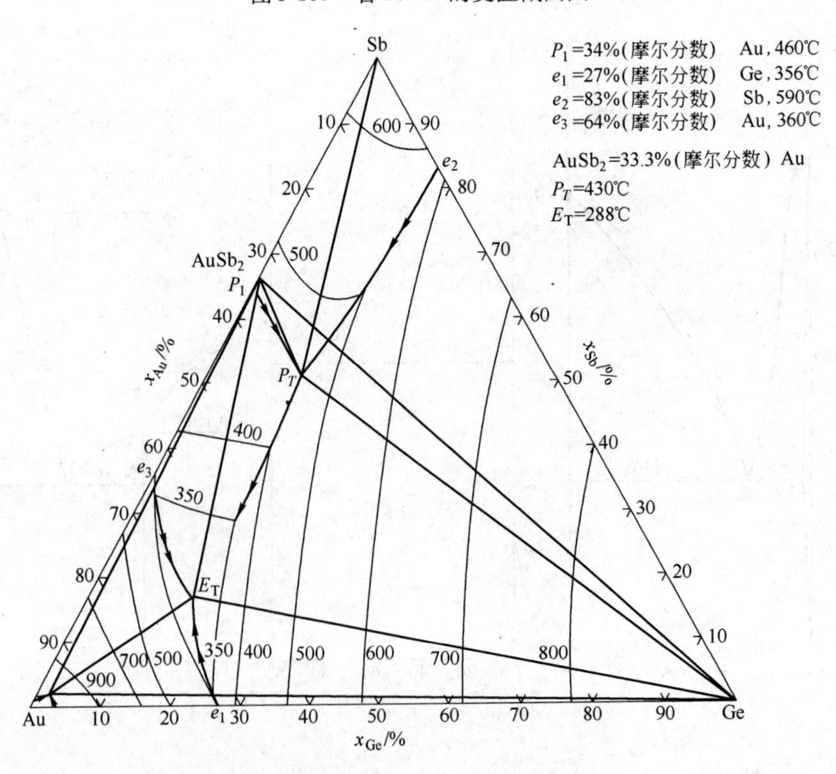

图 5-108 Au-Ge-Sb 三元系液相面投影图

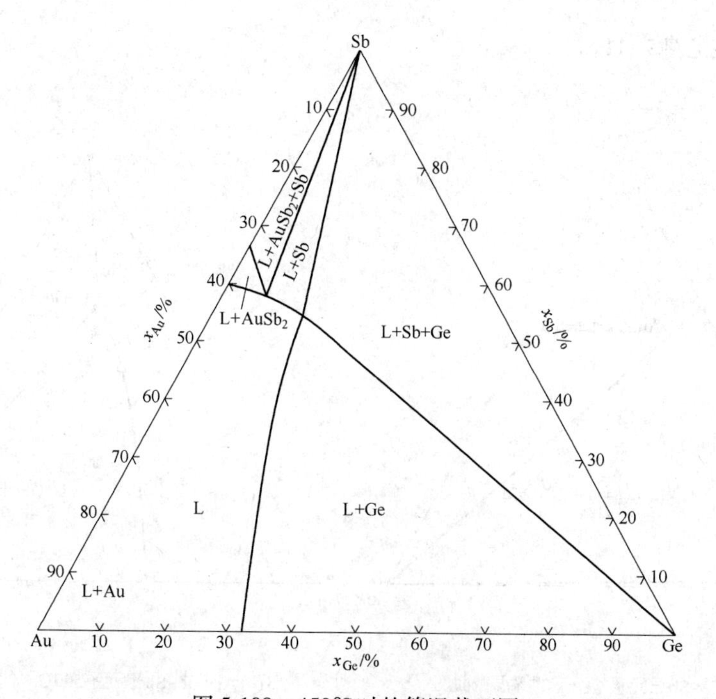

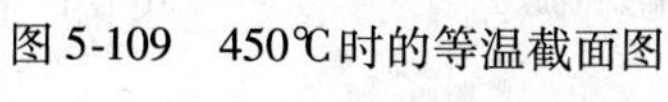

图 5-109 450℃时的等温截面图

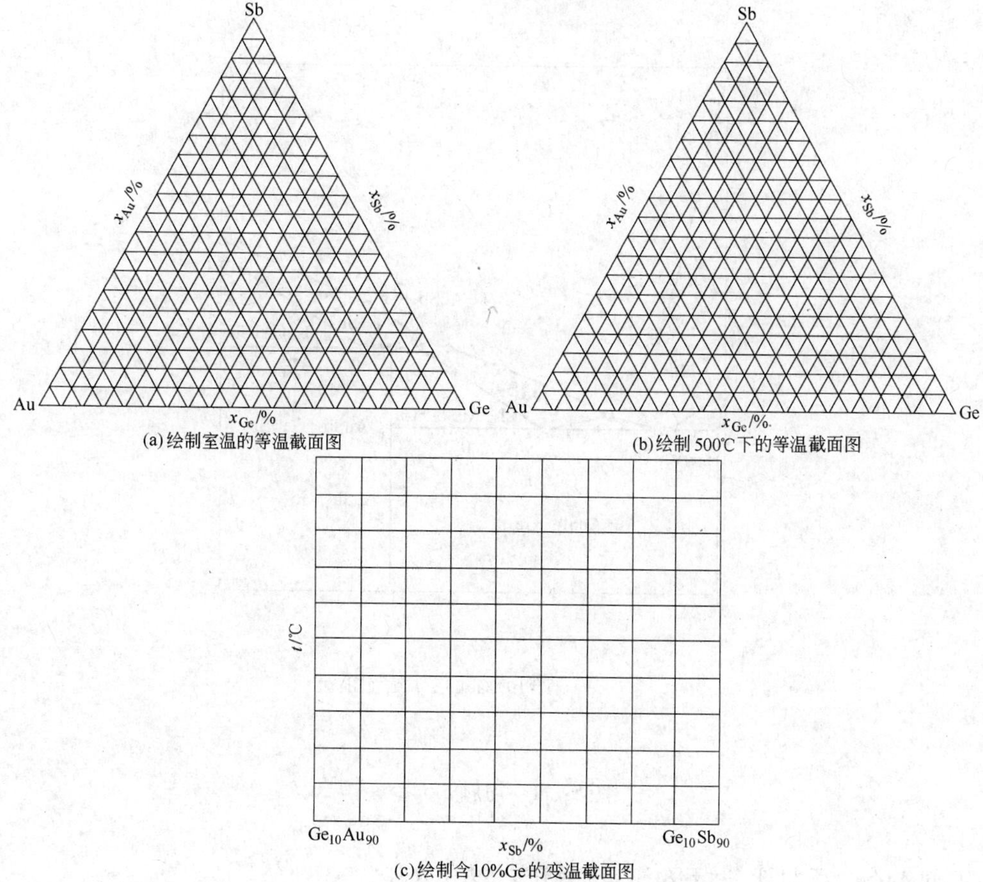

(a) 绘制室温的等温截面图

(b) 绘制 500℃下的等温截面图

(c) 绘制含10%Ge的变温截面图

图 5-110 Au-Ge-Sb 三元系截面图的绘制

习题5-5答案见图5-111。

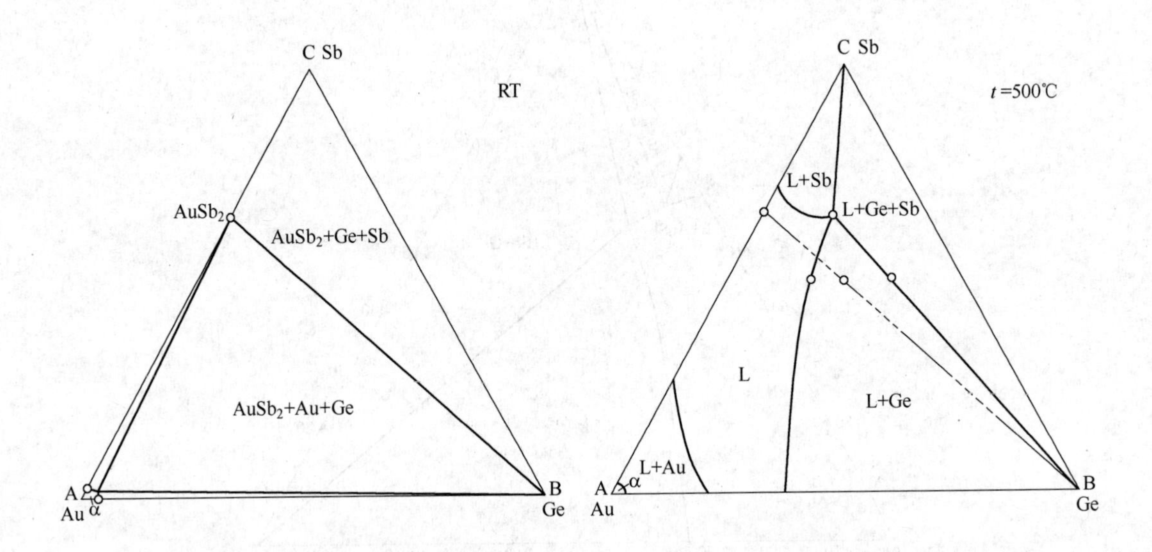

(a) Au-Ge-Sb三元系室温下的等温截面图 (b) Au-Ge-Sb三元系500℃下的等温截面图

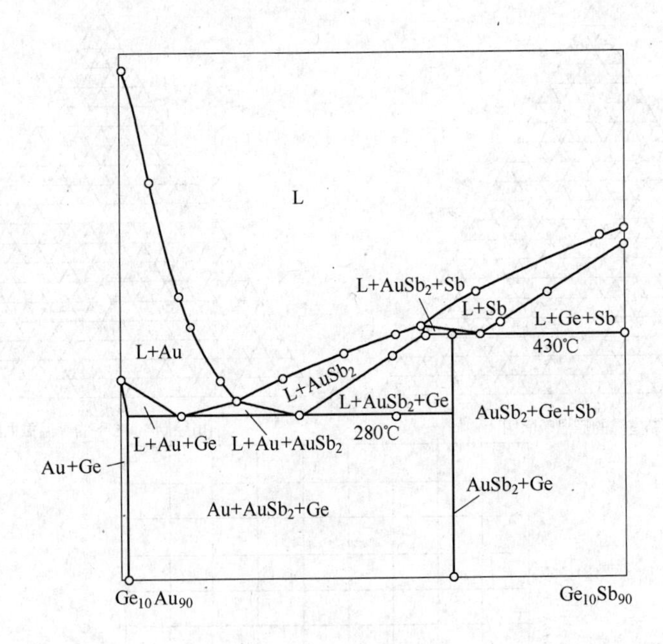

(c)含10%Ge的变温截面图

图5-111 习题5-5答案

5-6 已知Au-Sb二元相图（示于图5-112）及有关热力学数据；

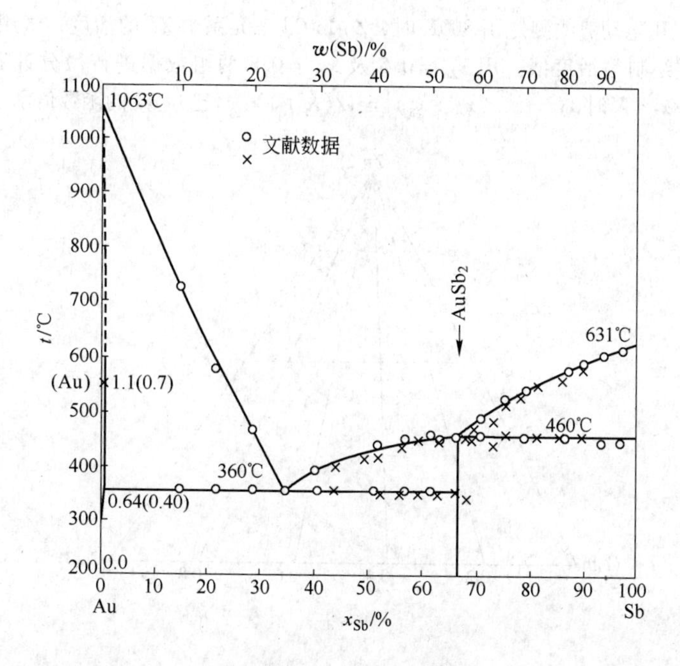

图 5-112　Au-Sb 相图

$C_{p,\mathrm{Sb(l)}} = 31.38\ \mathrm{J/(mol\cdot K)}$；　$S^{\ominus}_{298,\mathrm{Sb}} = 45.52\ \mathrm{J/(mol\cdot K)}$

$C_{p,\mathrm{Sb(s)}} = 23.05 + 7.28\times10^{-3}T\ \ \mathrm{J/(mol\cdot K)}$；　$\Delta_{\mathrm{fus}}H_{\mathrm{m,Sb}} = 19870\ \mathrm{J/mol}$

$T_{\mathrm{M,Sb}} = 904\mathrm{K}$；　$C_{p,\mathrm{Au(l)}} = 29.29\ \mathrm{J/(mol\cdot K)}$；　$S^{\ominus}_{298,\mathrm{Au}} = 47.36\ \mathrm{J/(mol\cdot K)}$；

$C_{p,\mathrm{Au(s)}} = 23.68 + 5.19\times10^{-3}T\ \ \mathrm{J/(mol\cdot K)}$；　$\Delta_{\mathrm{fus}}H_{\mathrm{m,Au}} = 12760\ \mathrm{J/mol}$；

$T_{\mathrm{M,Au}} = 1336\mathrm{K}$；　$\mathrm{Au(s)} + 2\mathrm{Sb(s)} =\!=\!= \mathrm{AuSb_{2(\beta)}}$；　$\Delta_{\mathrm{f}}H^{\ominus}_{\mathrm{AuSb_2}} = -9410\ \mathrm{J/mol}$

$\Delta_{\mathrm{f}}S^{\ominus}_{298,\mathrm{AuSb_2}} = 119.24\ \mathrm{J/(mol\cdot K)}$；　$C_{p,\mathrm{AuSb_2(s)}} = 71.63 + 19.41\times10^{-3}T\ \ \mathrm{J/(mol\cdot K)}$

试用标准生成熵法 $\Delta_{\mathrm{f}}S^{\ominus}$，结合凝固点下降法计算 1000K 下各组元的活度，填入表 5-17 中，并与 $\Delta_{\mathrm{f}}H^{\ominus}$ 法比较计算的误差。

表 5-17　1000K 下 Au-Sb 二元系各组元的活度值

x_{Sb}	a_{Sb}		a_{Au}	
	$\Delta_{\mathrm{f}}H^{\ominus}$法	$\Delta_{\mathrm{f}}S^{\ominus}$法	$\Delta_{\mathrm{f}}H^{\ominus}$法	$\Delta_{\mathrm{f}}S^{\ominus}$法
0.10	0.011		0.780	
0.20	0.051		0.594	
0.30	0.126		0.443	
0.40	0.216		0.424	
0.50	0.315		0.225	
0.60	0.462		0.147	
0.70	0.632		0.097	
0.80	0.780		0.052	
0.90	0.896		0.024	

5-7　莫塞（Moser）用电动势法测定了800K时，Zn-In-Cd三元系中Zn的活度，试用R函数法计算In、Cd的活度，并绘制等活度线。用$x_{Zn}=0.5$及$x_{Zn}=0.8$两组数据进行微分计算来检验（参见图5-113）。当$x_2/x_3=K$时，$y=x_3/(x_2+x_3)=1/(K+1)$，且已知α_{Zn}的函数值示于表5-18。

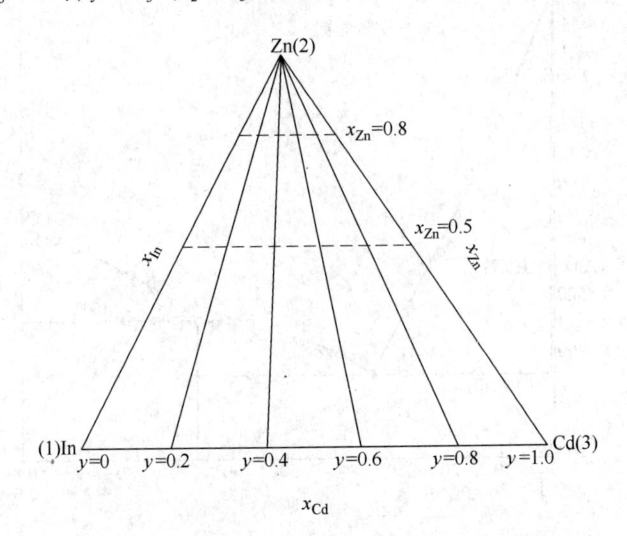

图5-113　Zn-In-Cd三元系中已知及求解的截面图

表5-18　800K下α_{Zn}的函数值

x_{Zn}	Zn-In二元系 $Y=0$	$x_{Zn}/x_{Cd}=4$; $Y=0.2$	$x_{Zn}/x_{Cd}=\frac{2}{3}$; $Y=0.6$	$x_{Zn}/x_{Cd}=\frac{3}{2}$; $Y=0.4$	$x_{Zn}/x_{Cd}=\frac{1}{4}$; $Y=0.8$	Zn-Cd二元系 $Y=1.0$
1.0	(31800)	(24600)	(14750)	(18400)	(12450)	(15350)
0.9	24700	20300	13530	16060	11800	13000
0.8	19250	16350	12350	14100	11150	11200
0.7	14733	13420	11260	12480	10460	9811
0.6	12131	11540	10300	11100	9820	8863
0.5	11064	10400	9500	10000	9160	8336
0.4	10122	9500	8800	9200	8600	8031
0.3	9367	8800	8350	8630	8200	7949
0.2	8636	8350	8200	8300	8100	7950
0.1	8074	8100	8050	8100	8000	7949
0.0	(7950)	(7950)	(7950)	(7950)	(7950)	(7950)

注：( ) 为外推值。

5-8　已知ZrO_2-CaO二元系相图（示于图5-114）和文献中检索到的热力学数据（列于表5-19）试用拟抛物线规则预报1513K下$CaZr_4O_9$摩尔组元标准吉布斯自由能及其与温度的关系式。

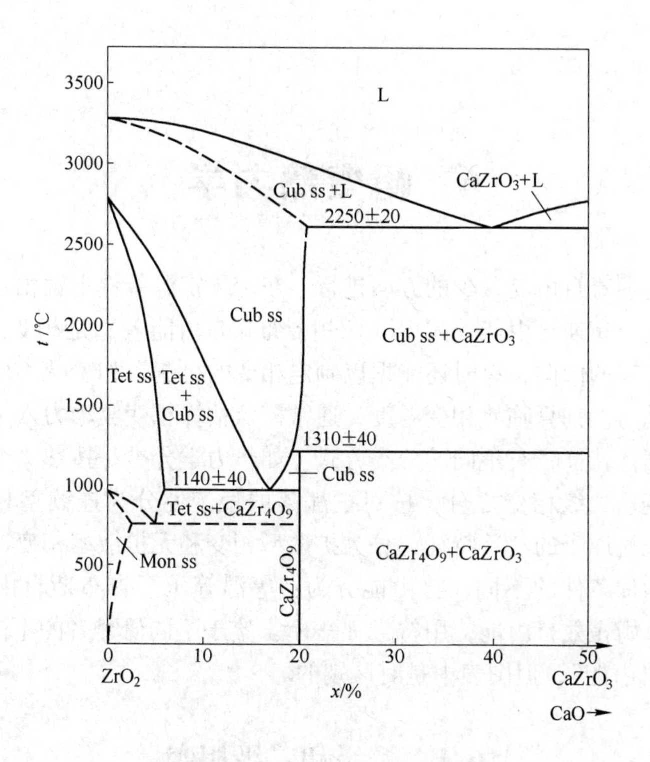

图 5-114　ZrO_2-CaO 二元系相图

表 5-19　ZrO_2-CaO 体系各相的成分及部分相的摩尔组元生成吉布斯自由能 $\Delta_f G_i^{\ominus *}$ （1513K）

i（物相）	x_{ZrO_2}	x_{CaO}	$\Delta_f G_i^{\ominus *}$ /kJ·(mol component)$^{-1}$
ZrO_2	1	0	−446.16
CaO	0	1	−405.81
$CaZrO_3$	0.5	0.5	−441.35

习题 5-8 答案：

在 1513K 下 $CaZr_4O_9$ 的摩尔组元标准生成吉布斯自由能 $\Delta_f G_{CaZr_4O_9}^{\ominus *}$ 为

$$\Delta_f G_{CaZr_4O_9}^{\ominus *} = -228.78\text{kJ/(mol component)}$$

其与温度关系式 $\Delta_f G_i^{\ominus *}$-T 为

$$\Delta_f G_{CaZr_4O_9}^{\ominus *} = -320.92 + 0.0609T \quad \text{kJ/(mol component)}$$

6 相变热力学

相变过程总是朝着自由能减少的方向进行。在定压定温条件下，由母相生成单位体积的新生相引起系统吉布斯自由能的减少（两相吉布斯自由能差）是相变的驱动力。相变驱动力的大小决定相变的倾向，有时还能据以判定相变的机制。相变热力学的基本内容是分析和计算相变驱动力。计算临界相变温度，通常需从估算相变驱动力入手。

根据相变的属性特征，有不同的分类方式。如热力学分类是按热力学参数改变的特征分类，有一级相变、二级相变之分；按对抗涨落的稳定性分为连续型相变和非连续型相变；根据新相生长时原子的迁移特征，分为扩散型相变和无扩散型相变，等等。

热力学体系中依条件的不同，自由能分为：等温等压下吉布斯自由能，用符号 G 表示；等温等容下亥姆霍兹自由能，用符号 F 表示。鉴于不同研究者的不同条件，本章在叙述时采用统称“自由能”，但图表中是有区别的。

6.1 一级和二级相变

本节涉及的相变分类是按热力学分类，可分为一级相变和二级相变。通常把气、液、固态或晶型转变称为一级相变；而把磁性转变和有序-无序转变称为二级相变。下面介绍如何根据热力学参数改变的特征来判别一级相变和二级相变。

6.1.1 一级相变

金属、合金以及其他无机材料的相变大多数属于一级相变，诸如气化过程，蒸发、升华、凝固、熔融过程，以及晶型转变等过程。

6.1.1.1 一级相变的热力学特征

一级相变的特点是，在相变过程中平衡两相的化学势相等，且伴有相变焓和体积改变。下面为此类相变的热力学分析。若材料发生 α 相转变为 β 相，两相平衡时，则有

$$\mu^{\alpha} = \mu^{\beta} \quad 或 \quad G^{\alpha} = G^{\beta} \tag{6-1}$$

因过程有相变潜热产生 $\Delta_{tr}H \neq 0$，即 $H^{\alpha} \neq H^{\beta}$ (6-2)

因 $\Delta S = \dfrac{\Delta H}{T}$，所以 $\Delta S \neq 0$，即 $S^{\alpha} \neq S^{\beta}$。

根据麦克斯韦尔公式 $\left(\dfrac{\partial G}{\partial p}\right)_T = V,\quad \left(\dfrac{\partial G}{\partial T}\right)_p = -S$

因此两相化学势的一级偏微分 $\left(\dfrac{\partial \mu^{\alpha}}{\partial p}\right)_T \neq \left(\dfrac{\partial \mu^{\beta}}{\partial p}\right)_T$

即 $V^{\alpha} \neq V^{\beta}$ 或 $\Delta V \neq 0$ (6-3)

$$\left(\frac{\partial \mu^{\alpha}}{\partial T}\right)_p \neq \left(\frac{\partial \mu^{\beta}}{\partial T}\right)_p$$

即
$$S^{\alpha} \neq S^{\beta} \quad 或 \quad \Delta S \neq 0 \tag{6-4}$$

综上分析可以看出，相变时化学势的一级偏微商所代表的性质发生突变，因此称此类相变为一级相变，以示区别于二级相变。

总之，一级相变的热力学特征是：

$$\mu^{\alpha} = \mu^{\beta} \quad 或 \quad G^{\alpha} = G^{\beta}$$

$$H^{\alpha} \neq H^{\beta}$$

$$S^{\alpha} \neq S^{\beta}, \quad 即 \quad \left(\frac{\partial \mu^{\alpha}}{\partial T}\right)_p \neq \left(\frac{\partial \mu^{\beta}}{\partial T}\right)_p$$

$$V^{\alpha} \neq V^{\beta}, \quad 即 \quad \left(\frac{\partial \mu^{\alpha}}{\partial p}\right)_T \neq \left(\frac{\partial \mu^{\beta}}{\partial p}\right)_T$$

因此，一级相变通常可用焓的突变即 $\Delta_{tr}H$（相变潜热的吸收或释放）来判断。

此外，对于一级相变，一般情况下两个平衡相的组成是不相同的。只有在一些特殊条件下（如在相图中具有最高点或最低点处），两个平衡相的组成才相同。通常一级相变有开始转变线和转变终了线，两个单相区一定被一个两相区分隔开来。

6.1.1.2　一级相变的压力与温度的关系

一级相变过程中压力与温度的关系由克拉贝龙-克劳修斯（Clapeyron-Clausius equation）方程表示，即 $\frac{dp}{dT} = \frac{\Delta H}{T\Delta V}$。

6.1.2　二级相变

金属、合金以及无机非金属材料中的磁性转变，有序-无序转变多为二级相变。应当特别指出：对某些合金在有些情况下属一级相变，凡合金的有序相或无序相之一的结构为密排结构，如面心立方或密排六方则为一级相变；而一些金属或无机材料在接近某一温度时，其电阻接近于零，这时材料由导体转变为超导体状态等，这类相变属二级相变。

6.1.2.1　二级相变的特征

二级相变的特征是：在转变过程中，平衡两相的化学势相等，且既没有相变焓，也没有体积变化发生，只是物质的热容（C_p）、膨胀系数（α）和压缩系数（κ）等有所变化。二级相变的热力学特征分析如下：若材料发生 α 相转变为 β 相，两相平衡时有

$$\mu^{\alpha} = \mu^{\beta} \quad 或 \quad G^{\alpha} = G^{\beta} \tag{6-5}$$

因为没有相变潜热发生

$$\Delta_{tr}H = 0, \quad 即 \quad H^{\alpha} = H^{\beta} \tag{6-6}$$

也没有体积变化

$$\Delta V = 0, \quad 即 \quad V^{\alpha} = V^{\beta} \tag{6-7}$$

所以化学势的一级偏微商相等
$$\left(\frac{\partial \mu^{\alpha}}{\partial p}\right)_T = \left(\frac{\partial \mu^{\beta}}{\partial p}\right)_T（即 V^{\alpha} = V^{\beta}）$$

亦有
$$\left(\frac{\partial \mu^{\alpha}}{\partial T}\right)_p = \left(\frac{\partial \mu^{\beta}}{\partial T}\right)_p（即 S^{\alpha} = S^{\beta}）$$

所以有

$$\Delta S = 0 \quad \text{或} \quad S^{\alpha} = S^{\beta} \tag{6-8}$$

因为 $$C_p = \left(\frac{\partial H}{\partial T}\right)_p = T\left(\frac{\partial S}{\partial T}\right)_p = -T\left[\frac{\partial}{\partial T}\left(\frac{\partial \mu}{\partial T}\right)_p\right]_p = -T\left(\frac{\partial^2 \mu}{\partial T^2}\right)_p$$

所以 $$\left(\frac{\partial^2 \mu^{\alpha}}{\partial T^2}\right)_p \neq \left(\frac{\partial^2 \mu^{\beta}}{\partial T^2}\right)_p \text{（即 } C_p^{\alpha} \neq C_p^{\beta}\text{）}$$

即热容不等，

$$\Delta C_p \neq 0 \quad \text{或} \quad C_p^{\alpha} \neq C_p^{\beta} \tag{6-9}$$

因为 $$\kappa = -\frac{1}{V}\left(\frac{\partial V}{\partial p}\right)_T = -\frac{1}{V}\left[\frac{\partial}{\partial p}\left(\frac{\partial \mu}{\partial p}\right)_T\right]_T = -\frac{1}{V}\left(\frac{\partial^2 \mu}{\partial p^2}\right)_T$$

所以

$$\left(\frac{\partial^2 \mu^{\alpha}}{\partial p^2}\right)_T \neq \left(\frac{\partial^2 \mu^{\beta}}{\partial p^2}\right)_T \text{（即 } \kappa^{\alpha} \neq \kappa^{\beta}\text{）} \tag{6-10}$$

即压缩系数不等，

$$\kappa^{\alpha} \neq \kappa^{\beta} \tag{6-11}$$

又因为 $$\alpha = \frac{1}{V}\left(\frac{\partial V}{\partial T}\right)_p = \frac{1}{V}\left[\frac{\partial}{\partial T}\left(\frac{\partial \mu}{\partial P}\right)_T\right]_p = \frac{1}{V}\left(\frac{\partial^2 \mu}{\partial T \partial p}\right)$$

所以有

$$\left(\frac{\partial^2 \mu^{\alpha}}{\partial T \partial p}\right) \neq \left(\frac{\partial^2 \mu^{\beta}}{\partial T \partial p}\right) \text{（即 } \alpha^{\alpha} \neq \alpha^{\beta}\text{）} \tag{6-12}$$

即膨胀系数不等，

$$\alpha^{\alpha} \neq \alpha^{\beta} \tag{6-13}$$

由此得到：发生相变时两相的化学势一级偏微商相等，而二级偏微商所代表的性质发生突变，因而称此类相变为二级相变，以区别于通常的相变（一级相变）。

二级相变的热力学特征是：

$$\mu^{\alpha} = \mu^{\beta} \quad \text{或} \quad G^{\alpha} = G^{\beta}$$

$$S^{\alpha} = S^{\beta}\text{，即} \quad \left(\frac{\partial \mu^{\alpha}}{\partial T}\right)_p = \left(\frac{\partial \mu^{\beta}}{\partial T}\right)_p$$

$$V^{\alpha} = V^{\beta}\text{，即} \quad \left(\frac{\partial \mu^{\alpha}}{\partial P}\right)_T = \left(\frac{\partial \mu^{\beta}}{\partial P}\right)_T$$

$$C_p^{\alpha} \neq C_p^{\beta}\text{，即} \quad \left(\frac{\partial^2 \mu^{\alpha}}{\partial T^2}\right)_p \neq \left(\frac{\partial^2 \mu^{\beta}}{\partial T^2}\right)_p$$

$$\kappa^{\alpha} \neq \kappa^{\beta}\text{，即} \quad \left(\frac{\partial^2 \mu^{\alpha}}{\partial p^2}\right)_T \neq \left(\frac{\partial^2 \mu^{\beta}}{\partial p^2}\right)_T$$

$$\alpha^{\alpha} \neq \alpha^{\beta}\text{，即} \quad \left[\frac{\partial}{\partial T}\left(\frac{\partial \mu^{\alpha}}{\partial p}\right)_T\right]_p \neq \left[\frac{\partial}{\partial T}\left(\frac{\partial \mu^{\beta}}{\partial p}\right)_T\right]_p$$

因此，通常可以由热容的突变即 ΔC_p 来判断二级相变。

因顺磁性转变为铁磁性属二级相变，只有一条转变线，即两个相区仅被一条线所分隔。因此，二级相变在任何情况下，两个平衡相的组成是相同的（这个特征在相图上可以看出，也可以用热力学定理予以证明）。

这里要特别指出：在没有外场作用的条件下，金属的超导性转变才具有二级相变的特征，即没有相变焓，而只有热容的变化。但实验结果表明，在磁场的作用下，相转变温度会随磁场的强度而改变，且转变时有相变焓，属一级相变。

6.1.2.2 二级相变的压力和温度的关系式

由于二级相变的 $\Delta H=0$ 和 $\Delta V=0$，因此克拉贝龙-克劳修斯方程 $\frac{dp}{dT}=\frac{\Delta H}{T\Delta V}$ 就不适用了。二级相变过程中压力和温度的关系式可从二级相变的特点出发分析得到。

对于 α 相转变为 β 相为二级相变时，在一定的 T 和 p 下，两相平衡时有

$$S^{\alpha}=S^{\beta}$$

在 $T+dT$ 和 $p+dp$ 下，有

$$S^{\alpha}+dS^{\alpha}=S^{\beta}+dS^{\beta}$$

式中，dS^{α} 和 dS^{β} 是由于温度改变 dT 和压力改变 dp 而引起 α 相和 β 相的熵变。

由上式得到

$$dS^{\alpha}=dS^{\beta} \quad \text{或} \quad TdS^{\alpha}=TdS^{\beta}$$

因熵 S 是温度 T 和压力 p 的函数，于是有

$$dS=\left(\frac{\partial S}{\partial T}\right)_p dT+\left(\frac{\partial S}{\partial p}\right)_T dp$$

已知

$$\left(\frac{\partial S}{\partial T}\right)_p=\frac{C_p}{T},\quad \left(\frac{\partial G}{\partial p}\right)_T=V,\quad \left(\frac{\partial G}{\partial T}\right)_p=-S$$

因为

$$\left[\frac{\partial}{\partial p}\left(\frac{\partial G}{\partial T}\right)_p\right]_T=\left[\frac{\partial}{\partial T}\left(\frac{\partial G}{\partial p}\right)_T\right]_p$$

所以

$$\left(\frac{\partial S}{\partial p}\right)_T=-\left(\frac{\partial V}{\partial T}\right)_p=-\alpha V$$

将上式已知数据代入，得

$$C_p^{\alpha}dT-TV^{\alpha}\alpha^{\alpha}dp=C_p^{\beta}dT-TV^{\beta}\alpha^{\beta}dp$$

因体积不变，即

$$V^{\alpha}=V^{\beta}=V$$

所以

$$\frac{dp}{dT}=\frac{C_p^{\beta}-C_p^{\alpha}}{TV(\alpha^{\beta}-\alpha^{\alpha})} \tag{6-14}$$

该式表示了二级相变与温度和压力的关系，其另一种表达形式为

$$\frac{dp}{dT}=\frac{\alpha^{\beta}-\alpha^{\alpha}}{\kappa^{\beta}-\kappa^{\alpha}} \tag{6-15}$$

式（6-14）或式（6-15）称为埃伦菲斯（Ehrenfest）方程，α 为膨胀系数；κ 为压缩系数。

综上所述，二级相变的特点为：二级相变无相变焓，无体积变化，两个相的组成相同，化学势相等，化学势的一级偏导也相等，但化学势的二级偏导不等，热容、膨胀系数、压缩系数不等，以及相变过程中压力与温度的关系遵从埃伦菲斯方程。

6.2 稳定相与亚稳相

相的稳定性是依其吉布斯自由能的大小来判定的。处于平衡态的具有一定的化学成分及晶体结构的材料（如合金、陶瓷），吉布斯自由能最低的相称为稳定相或平衡相。形成

稳定相所需相变的驱动力最大。

偏离平衡状态具有较高的吉布斯自由能的相称为非平衡相。非平衡相包括亚稳相和不稳定相。不稳定相相变时不需要外部环境提供能量，只借助于材料系统内出现的能量起伏（涨落）就可以自发转变成稳定相或亚稳相，以降低系统的吉布斯自由能。

亚稳相的吉布斯自由能介于不稳定相和稳定相之间，不可能在系统内部能量的起伏作用下发生相变，只有在外部环境提供足够大的能量时才能发生相变，变成稳定相或另一个吉布斯自由能较小的亚稳相。亚稳相转变成稳定相需要稳定化转变激活能来克服势垒。形成亚稳相的驱动力虽小于形成稳定相的，但形成的速度可以很快。因为相的形成除需驱动力外，还与应变能、表面能、形核以及新相与母相在化学成分上的差异大小等综合因素所决定的形核势垒高低有关，多数情况下，亚稳相的形核率远远大于稳定相的，从而导致亚稳相先于稳定相形成。

6.2.1　新相生成热力学

热力学可以指明系统中某一个新相的形成是否可能。新相生成的热力学给出了新相的形核、长大过程必须遵循的热力学条件。掌握新相生成的热力学，在分析确定材料制备和后续处理所需条件时会有所帮助。

在相变过程中，形成新相前往往会出现浓度涨落，生成核胚，而后成核、长大。出现的核胚，不管是稳定相的还是亚稳相的，只要符合热力学条件均能成核、长大，因而在相变过程中可能会形成一系列亚稳的新相。

6.2.1.1　新相生成的热力学分析

根据热力学原理，吉布斯自由能最低的相最为稳定，是稳定相。

由沃尔默（Volmer）成核理论知，系统中生成一个半径为 r 球形晶核胚引起体系吉布斯自由能的变化由两项组成：一项是由于出现半径为 r 球形晶粒核胚引起界面能的增加；另一项是体相自由能，即

$$\Delta G = 4\pi r^2\sigma + \frac{4}{3}\pi r^3 \Delta G_V \tag{6-16}$$

式中，ΔG_V 为体相自由能，表示单位体积内形成一个晶核胚引起体系吉布斯自由能的变化；σ 为界面能（比表面能、表面能）；r 为晶核胚半径。

考虑体相自由能与新生相（产物）生成吉布斯自由能的关系

$$\Delta G_V = \frac{\Delta_f G}{V_M};\quad V_M = \frac{M}{\rho}$$

式中，$\Delta_f G$ 为新生相（产物）生成吉布斯自由能；V_M 为新生相摩尔体积；ρ 为新生相密度；M 为新生相摩尔质量。所以

$$\Delta G = \frac{\rho}{M}\Delta_f G$$

代入式（6-16），得

$$\Delta G = 4\pi r^2\sigma + \frac{4}{3}\pi r^3 \Delta_f G\left(\frac{\rho}{M}\right) \tag{6-17}$$

式（6-17）中第一项与 r^2 成正比，对 ΔG 的贡献是正值，是形成新相核胚的能垒。第

二项则与 r^3 成正比，对 ΔG 的贡献是负值驱使形核。因此，当 r 很小时，由于新相生成的界面增加所需能量的增长快于新相引起体相自由能的下降；而 r 较大时，情况正相反。这样存在一个使体系吉布斯自由能最大的新相核胚临界半径 r^*，大于临界半径 r^* 的核胚才有可能继续长大（见图 6-1）。

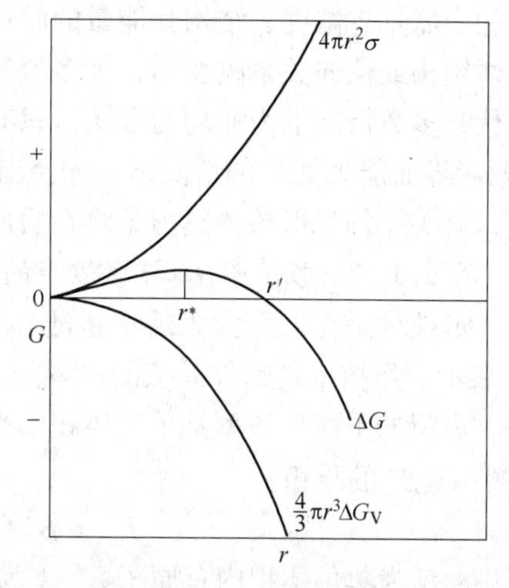

图 6-1　形成半径为 r 晶核时自由能的变化

6.2.1.2　核胚的临界半径 r^* 的计算

将式(6-17)对 r 微分，并令其等于零

$$\frac{d\Delta G}{dr} = 8\pi\sigma r + 4\pi r^2 \Delta_f G\left(\frac{\rho}{M}\right) = 0$$

经整理得到临界半径

$$r^* = -\frac{2\sigma M}{\rho\Delta_f G}$$

将上式代入式（6-17），整理后得到在临界半径下的最大自由能（称为形核自由能或形核功）

$$\Delta G^* = \frac{16\pi\sigma^3 M^2}{3\rho^2\Delta_f G^2}$$

其需借助形核时热激活的能量起伏(涨落)来供给。

A　临界半径 r^* 与过饱和度的关系

令 α 为溶质在溶液中的过饱和度，$\alpha = \frac{m'}{m}$，则新相生成吉布斯自由能

$$\Delta_f G = -RT\ln\alpha = RT\ln\frac{m}{m'}$$

在过饱和情况下，形成新相临界半径

$$r^* = -\frac{2\sigma M}{\rho\Delta_f G} = \frac{2\sigma M}{\rho RT\ln\alpha}$$

因此，由图 6-1 可以看出，在相变初期体系中均可能存半径在 $0\sim r^*$ 的新生相晶核胚，但由于表面作用这一范围的核胚形核自由能 ΔG 是正值，且随 r 的增大而增加，因此核胚不稳定，只有核胚长到大于临界半径 r^* 形核自由能 ΔG 才开始减小，核胚能留存下来成为新生相晶核。r^* 是新生相晶核的最小半径。图中 r'，是形核自由能 $\Delta G=0$ 时晶核半径，大于 r' 的晶核的形核自由能是负值，所以更稳定，可以长大成新相。

应该指出，在固体相变时，形核引起体系自由能改变的还有一项，是因核胚与母相之间形状不适配所引起的体积应变能 ΔG_g（为正值），其升高形核自由能。在此情况下，图 6-1 中体积自由能曲线 $\frac{4}{3}\pi r^3\Delta G_V$ 应为 $\left(\frac{4}{3}\pi r^3\Delta G_V + \Delta G_g\right)$。

B　均匀形核和非均匀形核

形核有均匀形核和非均匀形核之分。在母相整个体积内均匀形成新相核胚的称均匀形核。在一定基底上形核的称为非均匀形核（异质形核）。这种基底一般为外来质点或结构缺陷，它们使所需的形核功小于均匀形核的形核功。气→液相变中，一般以均匀形核为主；只有在由离子、外来固液为基底时才是非均匀形核。在液→固相变（凝固）过程中，

液相中需具有浓度、结构和能量的起伏，多数凝固过程为非均匀形核。在固态相变中具有晶体结构或位向关系改变的，大多数都需要形核过程。扩散形核需具有结构、浓度和能量起伏，多数情况下为非均匀形核，只有在驱动力很大或核胚晶体结构与基底结构十分相近（两者界面能很低）的情况下，才会出现均匀形核。本节讲述的形核热力学适用于均匀形核，有关非均匀形核的热力学将在后面章节中涉及。

6.2.1.3 形核率 J^* 与形核率的计算

形核率是在未经转变或成分间无相互影响的母相基体中单位体积形成核胚数，通常用 J^* 表示。形核率是临界晶核的通量。

虚拟的平衡形核率是单位体积中平衡的核胚数 C_n^* 和单个原子加入到这些核胚的速率（频率）β^* 的乘积：

$$J_{eq}^* = \beta^* C_n^* = \beta N \exp(-\Delta G^*/kT)$$

式中，N 为单位体积内总原子数；k 为玻耳兹曼常数。

真实的形核率是稳态的形核率。稳态临界形核率为

$$J_{ss}^* = \beta_{n^*} z C_{n^*} = \beta^* z N \exp(-\Delta G^*/kT)$$

式中，$\beta_{n^*} = \beta^*$ 为单原子加入临界核胚的速率；C_{n^*} 为临界核胚的平衡浓度；z 为非平衡因子（Zeldovich 非平衡因子），是将临界核胚的平衡浓度转换成真实的稳态浓度的因子。

$$z = \left[-\frac{1}{2\pi kT} \cdot \frac{\partial^2(\Delta G)}{\partial n^2}\right]_{n=n^*}^{1/2}$$

$$\beta^* = S^* D x_\alpha / a^4$$

式中，n 为核胚数；S^* 为核胚与基体界面的有效面积（供原子迁移的面积）与晶界（相界扩散）及临界核胚的形状有关；D 为体积扩散率；x_α 为母相中溶质 α 的摩尔分数；a 为点阵常数。

对球形核胚

$$S^* = 4\pi(r^*)^2; \quad \beta^* = \frac{4\pi(r^*)^2 D x_\alpha}{a^4}$$

由统计热力学可以推导出每秒每立方厘米母相中形核的频率（I）

$$I = A \exp\left(-\frac{\Delta G^* + E_D}{kT}\right)$$

式中，A 在一定温度范围内为一常数，$A = \frac{nkT}{h}$；n 为每立方厘米母相的物质的量；k 为玻耳兹曼常数；h 为普朗克常数；ΔG^* 为 1mol 物质在界面由母相向新相转移的活化能；E_D 为扩散活化能。

6.2.2 亚稳相生成热力学

在相变过程中，要从母相中产生新相，首先形成新相的核胚；固体结晶过程需要原子重排，形成新相的原子排列结构。这个过程需要高的能量，在没有足够的能量时，该过程进展缓慢，产生处于亚稳状态的亚稳相。对于体系无限小的变化，亚稳相是稳定的；但对于有限大的变动，亚稳相则是不稳定的。亚稳相的自由能对组成曲线必定位于稳定相的自由能对组成曲线之上。亚稳相在合金中普遍存在，而且在材料科学中具有重要的作用和地

位。铁基合金热处理的依据是 Fe-C 相图，实际上是 $Fe-Fe_3C$ 的亚稳相平衡图。

以材料的凝固过程为例，虽然自由能最低的相最为稳定，但系统中由于亚稳相的形成，会使体系的自由能下降，属自然发生的过程。因此，液态物质冷却过程中，只要在一个相的理论熔点以下，就会生成具有相对较高自由能的亚稳相，使体系的自由能下降，使凝固过程继续进行。图 6-2 所示为金属液相 L、稳定相 α、亚稳相 β、γ 和 δ 相的自由能随温度 T 变化曲线。由图可以看出，在温度下降凝固过程中，自由能高于金属液的亚稳相 δ 不可能生成。而当金属液过冷至 T_m^γ 时，从金属溶液中开始析出自由能较高的亚稳相 γ；当过冷至 T_m^β 时，开始析出亚稳相 β；当过冷至 T_m^α 时，则从金属溶液中析出自由能最低的稳定相 α。由于过程的每一步都能使系统的自由能降低，因此凝固过程中亚稳相和稳定相都有可能形成。在母相中，形成新的亚稳相的驱动力（两相自由能差值）大于形成稳定相的驱动力，就会形成亚稳相。

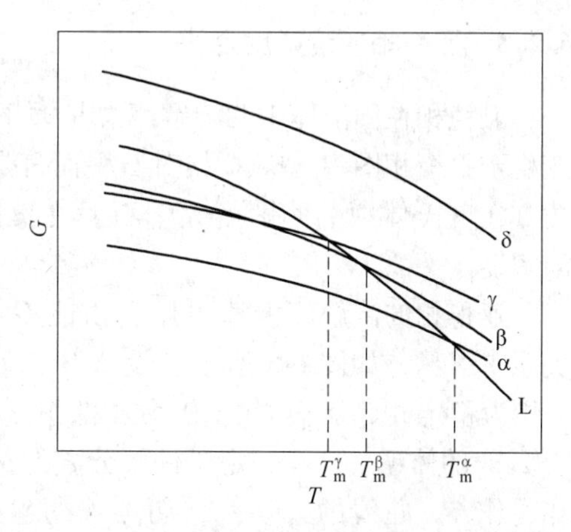

图 6-2 几个相单元系的自由能随温度变化

又如，当向组成为 x_α、自由能为 $G(x_\alpha)$ 的 α 合金中，加入 1mol 组成为 x 的材料，此时引起自由能的变化使之成为 $G(x,x_\alpha)$；由图 6-3 可以看出：$G(x,x_\alpha) > G(x_\alpha)$。显然，此时 α 合金中的浓度起伏引起体系自由能的升高，使核胚不可能持续存在。

在 A-B 二元系中，当平衡成分为 x_α 的 α 相和平衡成分为 x_β 的 β 相都为稳定相，若在 α 相中出现微量的浓度 x_γ 起伏，此时系统的自由能变化为

$$\Delta G = (1 - x_\gamma)(\mu_A^\beta - \mu_A^\alpha) + x_\gamma(\mu_B^\beta - \mu_B^\alpha)$$

由图 6-4 可以看出，微量的浓度 x_γ 起伏使体系的自由能减少。因此，x_γ 浓度的起伏可使核胚能持续存在并长大为新相。

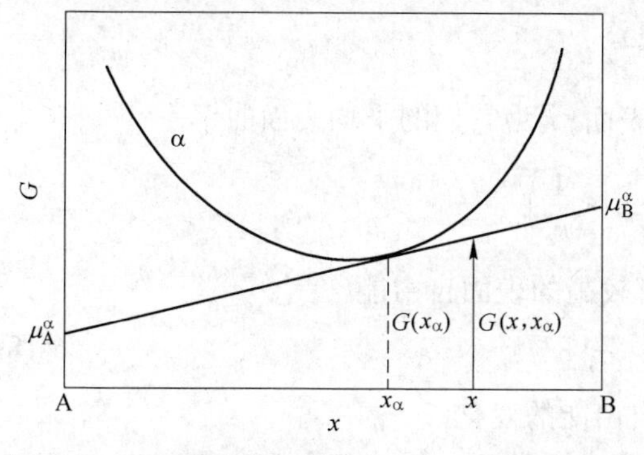

图 6-3 1mol 组成为 x 的材料加入 α 相中自由能变化

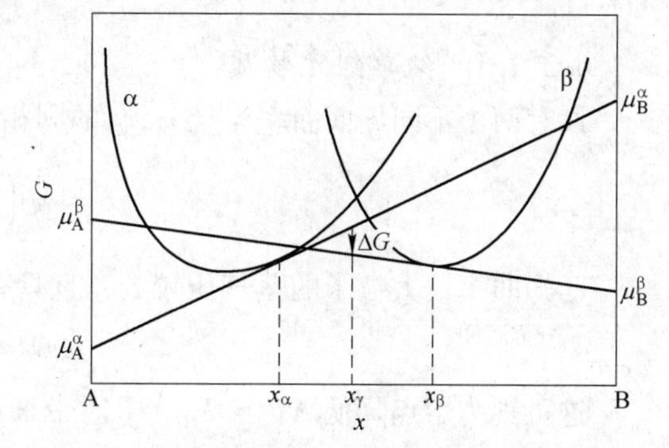

图 6-4 由 α 相转移 x_γ 至 β 相时的自由能变化

在材料的凝固过程中，在一定温度下金属的 α 和 β 相为稳定平衡相，若在母相 α 中出现对 γ 相而言很大的过饱和度的浓度起伏时，在 α 相中形成 γ 相的自由能变化大于在 α 相中形成 β 相的自由能变化，即 $\Delta G^{\alpha\text{-}\gamma} > \Delta G^{\alpha\text{-}\beta}$，此时形成 γ 亚稳相。

应该指出，上述对材料凝固过程的热力学分析也适用于固态相变过程。

6.2.3 亚稳相的溶解度定律

亚稳相在固溶体中的溶解度总是大于稳定相在相应固溶体中的溶解度。如在 $Fe\text{-}Fe_3C$ 亚稳定平衡相图中，Fe_3C 相对石墨而言是亚稳相，故其在奥氏体中的溶解度大于石墨在奥氏体中的溶解度。

亚稳相的溶解度定律可用自由能 G 与组成的关系来解释，如图 6-5 所示。设 A-B 二元系中 α、β 相为稳定相，而 β′相对 β 为亚稳相。对于总成分为 x_0 的体系，若在一定条件下分离为 α、β 两个相，作 G-x 曲线的公切线，切点 L 的坐标是 $x_{\alpha\beta}$，其为与 β 相平衡共存的 α 相的成分，即 β 相在 α 相中的溶解度。该体系总自由能 G_R 代表点为 R。

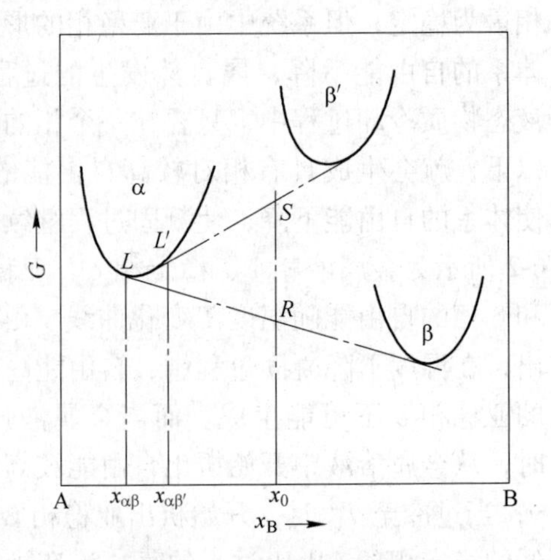

图 6-5 亚稳相溶解度定律

若体系分离为平衡共存的亚稳相 β′和 α 相，作它们的公切线，切点 L' 的坐标 $x_{\alpha\beta'}$，它是与亚稳相 β′相平衡共存的 α 相的成分，即亚稳相 β′在 α 相中的溶解度。该体系总自由能 G_S 代表点为 S。

由图 6-5 可以看出：亚稳平衡的总自由能 G_S 大于稳定平衡的总自由能 G_R；两条公切线与 α 相自由能曲线的切点为 L 和 L'，且 L' 点位于 L 点右边，即 $x_{\alpha\beta'} > x_{\alpha\beta}$，也就是 β′相在 α 相中的溶解度大于 β 相在 α 相中的溶解度。

亚稳相溶解度定律是普遍的规律。随着固溶体中饱和度的增加，亚稳相的数目增多。

6.3 凝固热力学

6.3.1 固相表面曲率对熔点的影响

6.3.1.1 纯单组元物质

设有两个不同界面曲率半径 r_1, r_2 的固相表面；$\bar{r}$ 为它们的平均表面曲率

$$\bar{r} = \frac{1}{2}\left(\frac{1}{r_1} + \frac{1}{r_2}\right)$$

已知曲率较大粒子的蒸气压较大，且具有较高的表面自由能

$$\Delta G = 2\sigma V\bar{r} \tag{6-18a}$$

这可视为熔点降低 $\Delta T = T_M - T$ 时带来自由能的变化。

当 $\Delta T = T_M - T$ 较小时，因 $\Delta G = \Delta H - T\Delta S = \Delta H - T\Delta H/T_M$，所以近似有

$$\Delta G = \frac{\Delta H \Delta T}{T_M} \tag{6-18b}$$

式中，ΔH 为相变潜热。

由式(6-18a)和式(6-18b)得

$$\Delta T = \frac{2\sigma V\bar{r}T_{\mathrm{M}}}{\Delta H} \tag{6-18c}$$

从式（6-18c）可以看出：当曲率 $\bar{r}$ 为正值时，如在凝固生成树枝晶的尖端，则 ΔT 为正值，即 $\Delta T = T_{\mathrm{M}} - T > 0$，即由固相曲率而引起熔点降低。所以，在凝固过程中，树枝晶易被熔化、断开，形成漂移的小晶体，成为结晶的核心。

6.3.1.2 合金

由于固相表面存在曲率使固相的化学势 $\Delta\mu_i^{\mathrm{s}}$ 增加，当曲率半径为 r 时，即

$$\Delta\mu_i^{\mathrm{s}} = 2V_{i,\mathrm{m}}^{\mathrm{s}}\sigma r \tag{6-19}$$

已知

$$\mu_i^{\mathrm{s}} = \mu_i^{\mathrm{s}*} + RT\ln x_i^{\mathrm{s}} + 2V_{i,\mathrm{m}}^{\mathrm{s}}\sigma r$$

$$\mu_i^{\mathrm{l}} = \mu_i^{\mathrm{l}*} + RT\ln x_i^{\mathrm{l}}$$

当固-液相平衡时，$\mu_i^{\mathrm{s}} = \mu_i^{\mathrm{l}}$，则

$$RT\ln\frac{x_i^{\mathrm{s}}}{x_i^{\mathrm{l}}} = \Delta\mu_{\mathrm{s}\to\mathrm{l}}^{*} - 2V_{i,\mathrm{m}}^{\mathrm{s}}\sigma r \tag{6-20}$$

设平衡分配系数为 $K = \frac{x_i^{\mathrm{s}}}{x_i^{\mathrm{l}}}$，对具有曲率固相的分配系数设为 K'，则

$$\ln\frac{x_i^{\mathrm{s}}}{x_i^{\mathrm{l}}} = \ln K' = \frac{\Delta\mu_{\mathrm{s}\to\mathrm{l}}^{*}}{RT} - \frac{2V_{i,\mathrm{m}}^{\mathrm{s}}\sigma r}{RT}$$

$$K' = \exp\frac{1}{RT}(\Delta\mu_{i,\mathrm{s}\to\mathrm{l}}^{*} - 2V_{i,\mathrm{m}}^{\mathrm{s}}\sigma r)$$

而

$$K = \exp\frac{\Delta\mu_{i,\mathrm{s}\to\mathrm{l}}^{*}}{RT}$$

所以

$$\frac{K'}{K} = \exp\left(\frac{-2V_{i,\mathrm{m}}^{\mathrm{s}}\sigma r}{RT}\right)$$

对稀溶液，$\frac{K'}{K}$ 值相对较小，可以认为

$$\frac{K'}{K} = 1 - \frac{2V_{i,\mathrm{m}}^{\mathrm{s}}\sigma r}{RT} \tag{6-21}$$

只有当曲率半径小于 10^{-6}cm 时，K' 和 K 才有较大差异。而通常凝固的曲率半径均远大于 10^{-6}cm，故可认为分配系数的比值与曲率半径无关。ΔT 不大时，可近似用式（6-18c）表述。因此，合金在凝固时出现固相的曲率，将引起液相线和固相线均匀地随 $\Delta T = T_{\mathrm{M}} - T$ 下移，如图 6-6 所示。

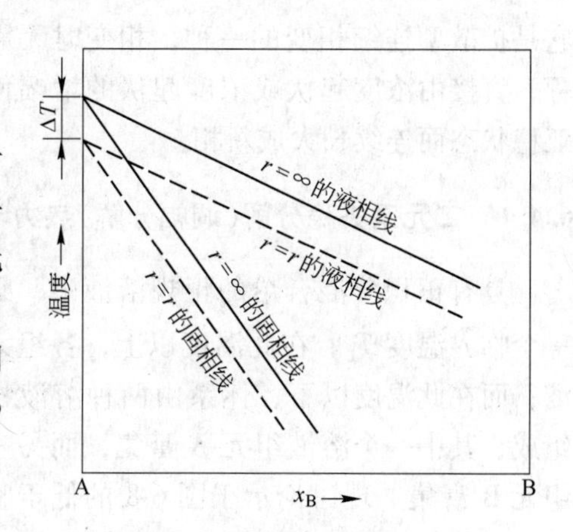

图 6-6 合金凝固时固相的曲率 1/r 对液相线和固相线的影响

6.3.2 压力对凝固过程的影响

根据热力学原理，对处于平衡的任意两相如

凝固过程中的液相 l 和固相 s，其压力与温度的关系，满足克拉贝龙（Clapeyron）方程，即

$$\frac{\mathrm{d}p}{\mathrm{d}T}=\frac{\Delta_{\mathrm{tr}}H}{T\Delta V}$$

式中，$\Delta_{\mathrm{tr}}H$ 为相变焓；ΔV 为相变前后体积变化，如液→固 $\Delta V=V^{\mathrm{l}}-V^{\mathrm{s}}$；$T$ 为相变温度。

具体对凝固过程，有 $$\frac{\mathrm{d}p}{\mathrm{d}T}=\frac{\Delta_{\mathrm{fus}}H}{T_{\mathrm{M}}(V^{\mathrm{l}}-V^{\mathrm{s}})}$$

对于液态金属，压力对熔点影响很小，约为 27K/MPa 数量级；只有在封闭系统液体中形成气泡时，气泡的消失将会产生很大的压力，甚至可使熔点升高几十度。由于压力升高使固相的化学势发生变化，

$$\Delta\mu_i^{\mathrm{s}}=V_{i,\mathrm{m}}^{\mathrm{s}}\Delta p \tag{6-22}$$

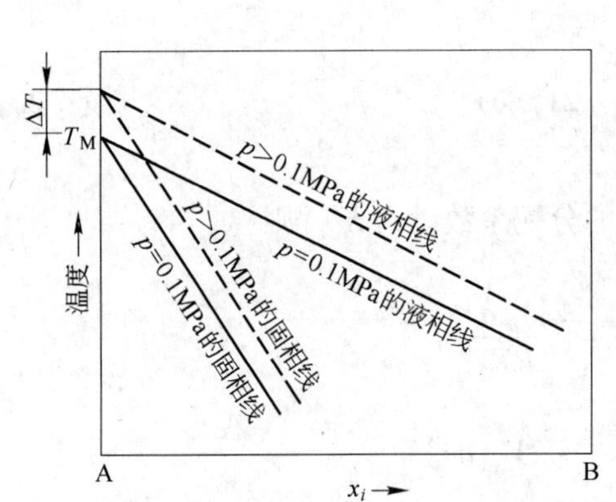

图 6-7　压力对液相线和固相线的影响

同时压力可以引起分配系数变化，偏离平衡分配系数 K 的数值，设其为 K''并可近似写成

$$\frac{K''}{K}=1-\frac{\Delta V_{i,\mathrm{m}}\Delta p}{RT} \tag{6-23}$$

式中，$\Delta V_{i,\mathrm{m}}$为溶质 i 在稀溶液中偏摩尔体积的改变。

对金属而言，通常只有当压力超过 10MPa 时，分配系数才有明显的变化；一般情况下，将分配系数视为常数。当在液体中形成气泡时，导致压力升高，此时合金的液相线和固相线的温度升高，参见图 6-7。

6.4　失稳（Spinodal）分解（调幅分解）热力学

失稳（Spinodal）分解中文文献中有不同称谓，有调幅分解、亚稳分解或增幅分解等。它是扩散型连续相变的一种，相变时无需形核过程，直接由浓度起伏或浓度起伏的增幅使母相呈亚稳状态而连续长大成新相。

6.4.1　二元系失稳分解（调幅分解）热力学条件

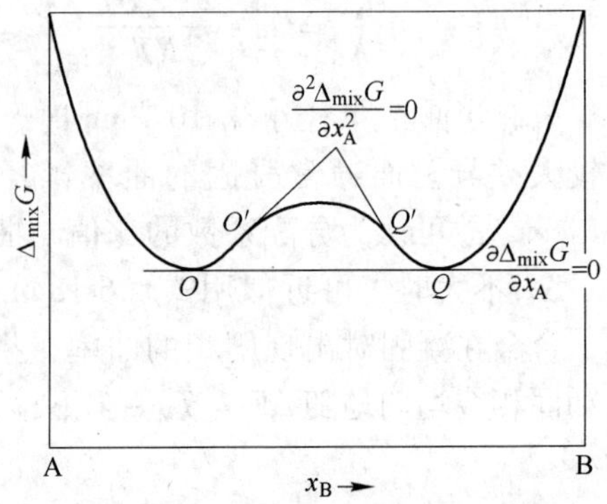

图 6-8　A-B 合金中低于临界温度时混合自由能对组成图

具有正积分混合焓的正规溶液中，必然存在一个临界温度 T_{c}。在此温度以上，各组元完全混溶；而在此温度以下，体系由两种溶液物理混合组成，其中一个溶液组元 A 富集，而另一个溶液组元 B 富集。现讨论示于图 6-8 的低于临界温度 T_{c} 的吉布斯混合自由能曲线。

如果固相混合焓值较大，则自由能-组成曲线

出现弯曲；当曲线出现驼峰，意味着自由能曲线的曲率由负值变为正值，则曲线上必将出现两个拐点 O 和 Q。即在这两种极限溶液的组成下，曲线的公切线的切点为 O 和 Q 两点，在这两点处，$\frac{\mathrm{d}\Delta_{\mathrm{mix}}G}{\mathrm{d}x_{\mathrm{A}}}=0$；而在点 O' 和 Q' 处 $\frac{\mathrm{d}^2\Delta_{\mathrm{mix}}G}{\mathrm{d}x_{\mathrm{A}}^2}=0$，称之为体系的失稳点（Spinodal point）；而在此两点之间（如曲线 $O'Q'$），为 $\frac{\mathrm{d}^2\Delta_{\mathrm{mix}}G}{\mathrm{d}x_{\mathrm{A}}^2}<0$ 的区域。因此，只要固溶体内发生微小的浓度起伏或偏析时，两种新相一旦出现，便会引起系统自由能下降。这个过程会自发进行下去，无须任何临界胚核。浓度起伏一旦开始，就会遍及整个系统直至达到平衡浓度。这一过程称之为失稳分解。

根据二元正规溶液的吉布斯自由能表达式，相界可写为

$$\frac{\partial\Delta G}{\partial x_{\mathrm{A}}}=\alpha(1-2x_{\mathrm{A}})+RT\ln\frac{x_{\mathrm{A}}}{1-x_{\mathrm{A}}}$$

$$\frac{RT}{\alpha}=(x_{\mathrm{B}}-x_{\mathrm{A}})\ln\frac{x_{\mathrm{A}}}{x_{\mathrm{B}}}$$

式中，α 为 α 函数；$\alpha_i=\frac{\ln\gamma_i}{(1-x_i)^2}=\frac{\lambda_{ij}}{RT}$；$\lambda_{ij}$ 为溶液中组元 i 和 j 的相互作用系数。

体系一旦开始出现不混溶相的临界温度 T_{c}，必然是出现等摩尔组成的温度。所以有

$$RT_{\mathrm{c}}=2\Delta H_{0.5}$$

在失稳分解组成下，即在失稳点有

$$\frac{\partial^2\Delta G}{\partial x_{\mathrm{A}}^2}=-2\alpha+RT\frac{1}{x_{\mathrm{A}}x_{\mathrm{B}}}=0$$

所以，沿着失稳分解曲线，有

$$x_{\mathrm{A}}x_{\mathrm{B}}=\frac{RT}{2\alpha}$$

现以 Au-Ni 二元系为例进行分析。Au-Ni 二元系（示于图 6-9(a)）具有不互溶区间（溶解度间隙区），当温度从高于 1100K（即 S 点以上）过冷至 800K 时，合金将发生脱溶分

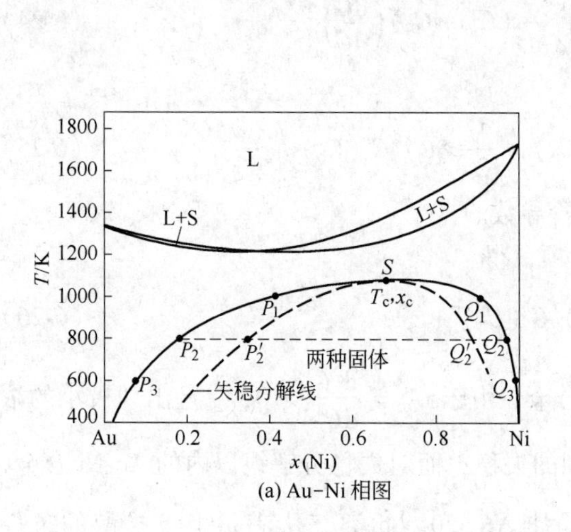

(a) Au-Ni 相图

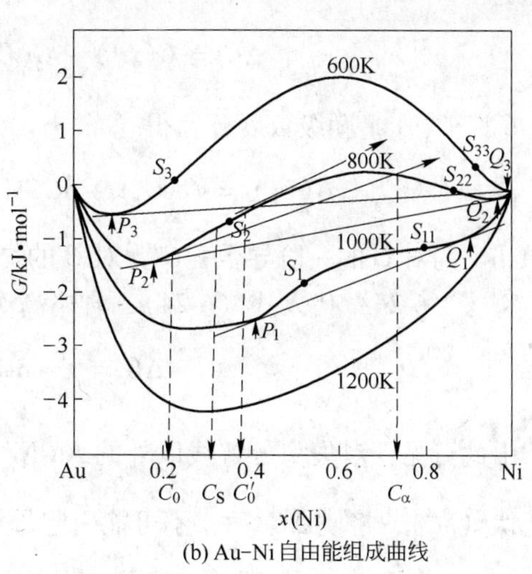

(b) Au-Ni 自由能组成曲线

图 6-9 Au-Ni 相图和自由能组成曲线

解，即：$\alpha \to \alpha' + \alpha''$，而 α' 和 α'' 的平衡浓度分别为 P_2 和 Q_2。

图 6-9(a)中的虚线表示失稳分解线。出现失稳分解，还可以理解为这两个组元的原子直径和价态差异较大，使固溶体的超额自由能大于零，即 $G^E > 0$。当 Au-Ni 二元溶液混合时，其自由能变化为

$$\Delta G = \Delta G^{id} + G^E$$

由于理想混合自由能为负值，且随温度下降而减少，因而使 Au-Ni 混合自由能出现驼峰，如图 6-9(b)所示。在 800K 自由能-组成曲线出现驼峰，公切点为 P_2 和 Q_2，拐点为 S_2 和 S_{22} 点。

图 6-9(a)中失稳分解线（虚线 $P'_2SQ'_2$）所包围的面积内出现失稳分解。在 800K 虚线上，P'_2 和 Q'_2 点 $\dfrac{d^2G}{dx_{Au}^2} = 0$，对应于图 6-9(b)中的 S_2 和 S_{22} 点。在 $S_2 - S_{22}$ 之外，$\dfrac{d^2G}{dx_{Au}^2} > 0$；而在 $S_2 - S_{22}$ 之内，$\dfrac{d^2G}{dx_{Au}^2} < 0$。成分在 P_2-P'_2 和 Q_2-Q'_2 之间的 Au-Ni 合金在 800K 时脱溶，按经典形核、长大过程进行，其相变驱动力可由切线原理求得。成分在 P'_2-Q'_2 之间的 Au-Ni 合金在 800K 时发生失稳分解，其相变驱动力计算方法如下：

设浓度为 C_0 的 Au-Ni 溶液中发生浓度为 C' 的起伏，$\delta C = C' - C_0$，对组元 Ni，其自由能变化为

$$[\mu_{Ni}(C') - \mu_{Ni}(C_0)]C'$$

对组元 Au，自由能变化则为

$$[\mu_{Au}(C') - \mu_{Au}(C_0)](1 - C')$$

因此，体系的总自由能变化为

$$\Delta G = [\mu_{Ni}(C') - \mu_{Ni}(C_0)]C' + [\mu_{Au}(C') - \mu_{Au}(C_0)](1 - C')$$

整理后得

$$\begin{aligned}\Delta G = {} & C'\mu_{Ni}(C') + (1 - C')\mu_{Au}(C') - C_0\mu_{Ni}(C_0) - \\ & (1 - C_0)\mu_{Au}(C_0) + (C_0 - C')[\mu_{Ni}(C_0) - \mu_{Au}(C_0)]\end{aligned}$$

或写为

$$\Delta G = G(C') - G(C_0) - (C' - C_0)\left(\frac{dG}{dC}\right)_{C_0} \tag{6-24}$$

G 以 C_0 作泰勒级数展开，得

$$G(C') = G(C_0) + \delta C G'(C_0) + \frac{1}{2}(\delta C)^2 G''(C_0) + \cdots \tag{6-25}$$

式中，G' 为对 C 的一阶导数；G'' 为对 C 的二阶导数。

将式（6-25）代入式（6-24），省略高次项，得

$$\Delta G = \frac{1}{2}(\delta C)^2 G''(C_0) + \cdots \tag{6-26}$$

由此可见：对失稳分解线以外的 Au-Ni 合金，由于 $G'' = \dfrac{d^2G}{dC^2} > 0$，一旦出现极小的浓度起伏（$\delta C$），将使 $\Delta G > 0$，不可能引起母相的失稳；而对失稳分解线以内的 Au-Ni 合金，由于 $G'' = \dfrac{d^2G}{dC^2} < 0$，发生任何小的起伏，均使 $\Delta G < 0$。此类起伏满足上坡扩散的条件

$\frac{d^2G}{dC^2}<0$，故使浓度不断增加，形成新相。

由图6-9(b)可以看出，在失稳分解线以内的Au-Ni合金，如成分为C_0'的合金中，若浓度发生任何很小的起伏，必将使ΔG下降；而在失稳分解线以外的Au-Ni合金，如成分为C_0的合金，若浓度发生任何很小的起伏，则必将使ΔG上升；只有当起伏浓度超过C_α时，才会形核、长大，发生脱溶分解。发生失稳分解时，起伏浓度随时间连续改变；波幅呈正弦分布的起伏，在$|\Delta G''|$大于一定值时，波幅才随时间的增加而增大。

对非均匀体系的自由能计算，卡赫恩（Cahn）用多变量泰勒级数展开，得

$$f(y,z,\cdots)=y\left(\frac{\partial f}{\partial y}\right)+z\left(\frac{\partial f}{\partial z}\right)+\cdots+\frac{1}{2}\left(y^2\frac{\partial^2 f}{\partial y^2}+z^2\frac{\partial^2 f}{\partial z^2}+2yz\frac{\partial^2 f}{\partial y\partial z}+\cdots\right)+\cdots$$

式中，y、z等变量为空间成分导数，如$\frac{dC}{dx}$，$\frac{d^2C}{dx^2}$，…。

对一维成分变化及小体积元的自由能，三次以上的项可忽略不计，则有

$$f=f(C)+L\frac{dC}{dx}+K_1\frac{d^2C}{dx^2}+K_2\left(\frac{dC}{dx}\right)^2 \tag{6-27}$$

式中，$L=\frac{\partial f}{\partial\frac{dC}{dx}}$；$K_1=\frac{\partial f}{\partial\frac{d^2C}{dx^2}}$；$K_2=x_2\frac{\partial^2 f}{\partial\left(\frac{dC}{dx}\right)^2}$；$f(C)$表示成分为$C$的均匀体积元的自由能。

对以中心对称的晶体，当轴的方向改变时，自由能不变，因此$L=0$。对截面积为A的体系，总表面自由能G_{tot}为

$$G_{tot}=A\int\left[f(C)+K_1\frac{d^2C}{dx^2}+K_2\left(\frac{dC}{dx}\right)^2\right]dx \tag{6-28}$$

将式（6-28）的第二项积分，得

$$\int K_1\left(\frac{d^2C}{dx^2}\right)dx\left(K_1\frac{dC}{dx}\right)_{surf}-\int\frac{dK_1}{dC}\left(\frac{dC}{dx}\right)^2dx$$

假定体系在表面为均匀态，则上式第一项为零；通常对于宏观体系，$\frac{dC}{dx}\neq 0$，此项也可以忽略，于是式（6-28）可写为

$$G_{tot}=A\int\left[f(C)+K\left(\frac{dC}{dx}\right)^2\right]dx \tag{6-29}$$

式中，K称为梯度能量系数，$K=K_2-\frac{dK_1}{dC}$。

当考虑共格应变能时，则式（6-29）中应包括弹性应变能项$\eta^2Y(C-C_0)^2$。设固体的点阵常数为a，则$\eta=\frac{1}{a}\frac{da}{dC}$；如果固溶体各向异性，则$Y=\frac{E}{1-\nu}$。式中，$E$为弹性模量；$C_0$为无应变时的平均成分；$\nu$为泊松比。这样式（6-29）可写成

$$G_{tot}=A\int\left[f(C)+\eta^2Y(C-C_0)^2+K\left(\frac{dC}{dx}\right)^2\right]dx \tag{6-30}$$

已知能量流J

$$J = -M\frac{\mathrm{d}}{\mathrm{d}x}\left(\frac{\mathrm{d}G}{\mathrm{d}C}\right)$$

式中，M 为原子迁移率。

将

$$\frac{\partial C}{\partial t} = \frac{M}{N_V}G''\left(\frac{\partial^2 C}{\partial x^2}\right) \tag{6-31}$$

与菲克（Fick）第二定律比较，得

$$M = \frac{N_V \tilde{D}}{G''}$$

式中，N_V 为单位体积内的原子数，$\frac{M}{N_V}$ 永远为正值。

将式（6-30）代入式（6-31），得

$$\frac{\partial C}{\partial t} = \tilde{D}\left[\left(1 + \frac{2\eta^2 Y}{G''}\right)\frac{\mathrm{d}^2 C}{\mathrm{d}x^2} - \frac{2K}{G''}\frac{\mathrm{d}^4 C}{\mathrm{d}x^4}\right] \tag{6-32}$$

此式为广义的菲克方程，其解即为失稳分解的成分分布曲线。其一般解的形式为

$$C - C_0 = \mathrm{e}^{R(\lambda)t}\cos\frac{2\pi}{\lambda}x \tag{6-33}$$

式中，λ 为调幅波波长；指数项 $R(\lambda)$ 表达式为

$$R(\lambda) = -M\frac{4\pi^2}{\lambda^2}\left(G'' + 2\eta^2 Y + \frac{8\pi^2 K}{\lambda^2}\right)$$

由式（6-33）可以看出，只有当 $R(\lambda) > 0$ 时，波幅才随时间的增长而增大。因 $2\eta^2 Y$ 和 $\frac{8\pi^2 K}{\lambda^2}$ 均为正值，故只有当 $|G''| > \left(2\eta^2 Y + \frac{8\pi^2 K}{\lambda^2}\right)$ 时，$R(\lambda)$ 方出现正值，才会发生失稳分解。因此将 $G'' = 0$ 的轨迹称为化学失稳分解线，而把 $G''(C) + 2\eta^2 Y = 0$ 的轨迹线称之为共格失稳分解线。当两相共格且具有应变能时，只有在共格失稳分解线温度以下才能进行失稳分解，波幅随时间的延长而增加，直到达到平衡浓度为止。

6.4.2 三元系失稳分解（调幅分解）热力学条件

对三元系乃至多元系发生失稳（Spinodal）分解的条件，学者们提出了不同的判据，诸如：有人提出以自由能对成分的旋度小于零作为多元系发生失稳分解的热力学条件；有的学者提出，若 m 组元的单相固溶体处于稳定的主要条件是，各组元的自由能二阶偏微分 G_{ij} 为元的 $m-1$ 阶矩阵行列式大于或等于零；也有学者提出三元系失稳分解的热力学条件与相中成分起伏方向的关系等。下面简单介绍三元系失稳分解的热力学判据的推导及与成分起伏方向的关系。

6.4.2.1 三元系存在浓度起伏的失稳分解热力学

设 A-B-C 三元系中各组分的摩尔浓度分别为：$x, y, (1-x-y)$ 或写为 $z = 1-x-y$；分解前为均匀的单相固溶体，成分为：x_0, y_0。若存在无限小的成分起伏 $\delta_x = x - x_0, \delta_y = y - y_0$ 时，引起体系自由能的变化为

$$\Delta G=[\mu_A(x,y)-\mu_A(x_0,y_0)]x+[\mu_B(x,y)-\mu_B(x_0,y_0)]y+$$
$$[\mu_C(x,y)-\mu_C(x_0,y_0)](1-x-y) \tag{6-34}$$

式中，

$$\mu_A(x,y)=G(x,y)+(1-x)\frac{\partial G}{\partial x}-y\frac{\partial G}{\partial y}$$

$$\mu_B(x,y)=G(x,y)-x\frac{\partial G}{\partial x}+(1-y)\frac{\partial G}{\partial y}$$

$$\mu_C(x,y)=G(x,y)-x\frac{\partial G}{\partial x}-y\frac{\partial G}{\partial y} \tag{6-35}$$

将式（6-35）代入式（6-34），得

$$\Delta G=G(x,y)-G(x_0,y_0)-G_x(x_0,y_0)\delta_x-G_y(x_0,y_0)\delta_y \tag{6-36}$$

式中，$G_x(x_0,y_0)$，$G_y(x_0,y_0)$ 是体系自由能在 (x_0,y_0) 处的一阶偏导。

将体系自由能 $G(x,y)$ 在 (x_0,y_0) 处作泰勒展开，并忽略 3 次以上的高次项，得

$$G(x,y)=G(x_0,y_0)+G_x(x_0,y_0)\delta_x+G_y(x_0,y_0)\delta_y+0.5[G_{xx}(x_0,y_0)(\delta_x)^2+$$
$$2G_{xy}(x_0,y_0)\delta_x\delta_y+G_{yy}(x_0,y_0)(\delta_y)^2] \tag{6-37}$$

式中，$G_{xx}(x_0,y_0)$，$G_{yy}(x_0,y_0)$，$G_{xy}(x_0,y_0)$ 为体系自由能在 (x_0,y_0) 处的二阶偏导。

将式（6-37）代入式（6-36），得

$$\Delta G=0.5[G_{xx}(\delta_x)^2+2G_{xy}\delta_x\delta_y+G_{yy}(\delta_y)^2] \tag{6-38}$$

当 $\Delta G<0$ 时，由于无限小的成分起伏将引起自由能下降，体系失稳，发生自发分解，故

$$G_{xx}(\delta_x)^2+2G_{xy}\delta_x\delta_y+G_{yy}(\delta_y)^2<0 \tag{6-39}$$

此式即为三元系失稳分解热力学判据。

当 $G_{xx}<0$，由式（6-39）得

$$\left(\frac{\delta_x}{\delta_y}\right)^2+\frac{2G_{xy}}{G_{xx}}\cdot\frac{\delta_x}{\delta_y}>-\frac{G_{xy}}{G_{xx}}$$

变换整理得

$$\left(\frac{\delta_x}{\delta_y}+\frac{G_{xy}}{G_{xx}}\right)^2>\left(\frac{G_{xy}^2-G_{xx}G_{xy}}{G_{xx}^2}\right)$$

依此来分析失稳分解与相中成分起伏方向的关系。

当 $G_{xx}<0,G_{xy}^2-G_{xx}G_{xy}<0$ 时，为不受成分起伏方向约束失稳分解，即任意方向的成分起伏均可发生自发分解。在 $G_{xx}<0,G_{xy}^2-G_{xx}G_{xy}>0$ 和 $G_{xx}>0,G_{xy}^2-G_{xx}G_{xy}>0$ 以及 $G_{xx}=0$ 三种情况下，由于都需成分起伏 $\frac{\delta_x}{\delta_y}$ 限制在一定范围内才能使 $\Delta G<0$，发生分解反应，所以称之为受成分起伏方向约束的失稳分解。

6.4.2.2 从三元系自由能曲面分析失稳分解热力学条件

若三元系 A、B、C 三组元形成正规溶液，两组元间的交互作用系数分别为：$\lambda_{A\text{-}B}$，$\lambda_{B\text{-}C}$，$\lambda_{A\text{-}C}$，则

$$G(x,y) = xG_A^{\ominus} + yG_B^{\ominus} + (1-x-y)G_C^{\ominus} + RT[x\ln x + y\ln y + (1-x-y)\ln(1-x-y)] + xy\lambda_{A\text{-}B} + y(1-x-y)\lambda_{B\text{-}C} + x(1-x-y)\lambda_{A\text{-}C} \tag{6-40}$$

式中，$G_A^{\ominus}$，$G_B^{\ominus}$，$G_C^{\ominus}$ 分别为三个组元的标准自由能。

假设 $\lambda_{ij}(i,j = x,y,z)$ 与温度和成分无关，则由式 6-40 求得自由能的二阶偏导

$$\begin{aligned} G_{xx} &= RT\left(\frac{1}{x} + \frac{1}{1-x-y}\right) - 2\lambda_{A\text{-}C} \\ G_{yy} &= RT\left(\frac{1}{y} + \frac{1}{1-x-y}\right) - 2\lambda_{B\text{-}C} \\ G_{xy} &= RT\left(\frac{1}{1-x-y}\right) - \lambda_{A\text{-}B} - \lambda_{B\text{-}C} - \lambda_{A\text{-}C} \end{aligned} \tag{6-41}$$

令 $G_{xx} = 0$，由式（6-41）可求出拐点在浓度三角形中的轨迹

$$y = -\frac{Mx^2 - Mx + 1}{Mx - 1}; \quad M = \frac{2\lambda_{A\text{-}C}}{RT} \tag{6-42}$$

对于任一三元系，只要求出组元间的交互作用系数 λ_{ij}，便可估计失稳区域的范围。对一个具体合金，还可应用计算机搜寻满足式（6-39）的所有可能的成分范围，作出给定温度下的失稳区，来判断此合金是否可能发生失稳分解。

现以 Cu(A)-Fe(B)-Ni(C) 三元系为例进行分析。首先根据 Cu-Fe、Ni-Fe 以及 Cu-Ni 相图和热力学数据，分别计算出组元之间交互作用系数。结果发现只有 Cu-Fe 交互作用系数较大，拐点内 $G_{yy} < 0$，其余 G_{xx},G_{zz} 均大于零，属有约束条件的失稳分解。预测失稳分解区示于图 6-10。

由图中自由能曲面可以看出成分起伏对失稳分解的约束情况：$f'Q'h'$ 为固溶体面，$v'Q'u'$ 所包围的区域内为失稳分解区。图 6-11 为前述预测与 Cu-Fe-Ni 三元系固溶度极限线和合金失稳分解成分的研究结果的比较。由此可见，计算值较为可靠，计算方法可用。

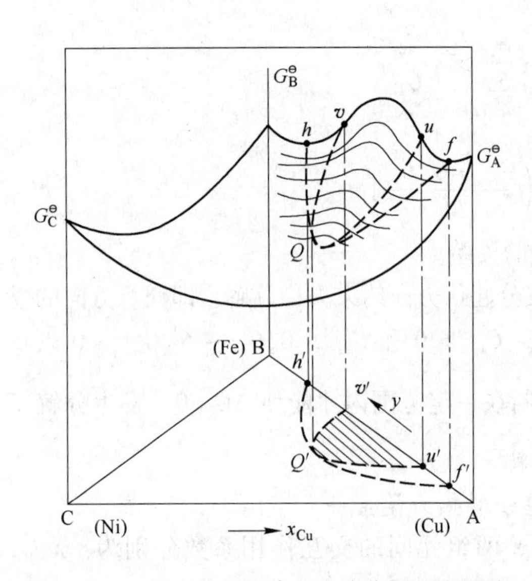

图 6-10　Cu-Fe-Ni 三元合金失稳分解区的预测

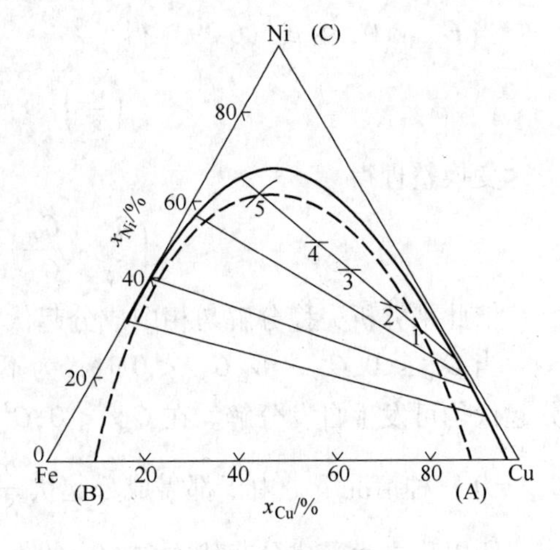

图 6-11　Cu-Fe-Ni 三元系在 873K（600℃）的等温截面图
----—失稳分解线计算值；——固相线；
1～5—成分代表点

6.5 马氏体相变热力学

人们最早只把钢中奥氏体转变成马氏体的相变称为马氏体相变。随着对马氏体相变特征认识的深入，相继发现一些金属和合金以及非金属材料（如 ZrO_2 系列陶瓷材料，$BaTiO_2$和 $PbTiO_2$ 等钙钛矿型氧化物）也具有马氏体相变。目前大多把具有马氏体相变基本特征的产物统称为马氏体。马氏体相变是一级、位移型非扩散相变，即马氏体的浓度与母体的浓度相等。相变时原子保持与相邻原子间的相对关系有规则地位移，使新相马氏体（M）与母相（P）始终保持一定的位相关系。相变以点阵切变方式进行，总切变可分解为引起相变区的形状变化的平行于惯习面的切变和引起体积变化的垂直于惯习面的膨胀（惯习面是指相变时形成新相马氏体的母相不应变、不转动的面）。马氏体在相变点 M_s 形核长大，因与通常界面控制生长不同，马氏体的相界面移动不依靠热激活的原子跳动，所以生长速度极快。相变过程中伴有体积变化，正转变和逆转变过程分别伴有放热和吸热效应，并且发生正转变与逆转变的温度不同，有热滞现象存在。

6.5.1 马氏体相变热力学概述

材料发生马氏体相变时，其自由能变化为

$$\Delta_{P\to M}G = \Delta G_{ch} + \Delta G_{nch} \tag{6-43}$$

式中，ΔG_{ch}为化学自由能；ΔG_{nch}为非化学自由能，即相变时需要克服的相变阻力，包括表面能和应变能。

例如，对 Fe-C 合金的马氏体相变，其自由能可表示为

$$\Delta_{\gamma\to M}G = \Delta_{\gamma\to\alpha}G + \Delta_{\alpha\to M}G \tag{6-44}$$

定义：温度 T_0 为 $\Delta_{\gamma\to\alpha}G=0$ 的温度；M_s 为 $\Delta_{\gamma\to M}G=0$ 的温度，即开始马氏体相变的温度。

因此，在 M_s 的温度下，$\Delta_{\gamma\to\alpha}G=\Delta_{\alpha\to M}G$；$\Delta_{\alpha\to M}G_{M_s}$ 称为临界相变驱动力，可用不同模型进行计算或估算。

6.5.2 金属和陶瓷材料的马氏体相变

6.5.2.1 Fe-C 合金的 T_0 和 M_s 计算

由热力学得知：

$$\begin{aligned} G_\alpha &= (1-x_C^\alpha)G_{Fe,m}^\alpha + x_C^\alpha G_{C,m}^\alpha \\ G_\gamma &= (1-x_C^\gamma)G_{Fe,m}^\gamma + x_C^\gamma G_{C,m}^\gamma \end{aligned} \tag{6-45}$$

在马氏体相变时，

$$x_C^\alpha = x_C^\gamma = x_C ;\quad x_{Fe}^\alpha = x_{Fe}^\gamma = x_{Fe} = 1 - x_C$$

因而

$$\Delta_{\gamma\to\alpha}G = (1-x_C)(G_{Fe,m}^\alpha - G_{Fe,m}^\gamma) + x_C(G_{C,m}^\alpha - G_{C,m}^\gamma) \tag{6-46}$$

而

$$G_{Fe,m}^\alpha = G_{Fe}^{\alpha *} + RT\ln a_{Fe}^\alpha = G_{Fe}^{\alpha *} + RT\ln\gamma_{Fe}^\alpha + RT\ln x_{Fe}^\alpha$$

$$G_{Fe,m}^{\gamma} = G_{Fe}^{\gamma *} + RT\ln a_{Fe}^{\gamma} = G_{Fe}^{\gamma *} + RT\ln\gamma_{Fe}^{\gamma} + RT\ln x_{Fe}^{\gamma} \tag{6-47}$$

式中，$G_{Fe}^{\gamma *}$为纯铁在 i 相（$i=\alpha,\ \gamma$）的自由能；γ^{i} 为 i 相的活度系数。

$$\begin{aligned} G_{C,m}^{\alpha} &= G_{C}^{\alpha} + RT\ln a_{C}^{\alpha} = G_{C}^{*} + RT\ln\gamma_{C}^{\alpha} + RT\ln x_{C}^{\alpha} \\ G_{C,m}^{\gamma} &= G_{C}^{\gamma} + RT\ln a_{C}^{\gamma} = G_{C}^{*} + RT\ln\gamma_{C}^{\gamma} + RT\ln x_{C}^{\gamma} \end{aligned} \tag{6-48}$$

式中，G_{C}^{*} 为纯石墨的自由能。

于是可以得到

$$\Delta_{\gamma\to\alpha}G = (1 - x_{C})\Delta_{\gamma\to\alpha}G_{Fe}^{*} + (1 - x_{C})RT\ln\frac{\gamma_{Fe}^{\alpha}}{\gamma_{Fe}^{\gamma}} + x_{C}RT\ln\frac{\gamma_{C}^{\alpha}}{\gamma_{C}^{\gamma}} \tag{6-49}$$

式中，$\Delta_{\gamma\to\alpha}G_{Fe}^{*}$为纯铁的 $\Delta_{\gamma\to\alpha}G$。

根据吉布斯-亥姆霍兹方程，得

$$\frac{\mathrm{d}\ln\gamma_{C}}{\mathrm{d}\frac{1}{T}} = \frac{\Delta H}{R} \tag{6-50}$$

对式（6-50）积分，得

$$\ln\gamma_{C}^{\alpha} = \frac{\Delta H_{C}^{\alpha}}{RT} + I_{1}$$

$$\ln\gamma_{C}^{\gamma} = \frac{\Delta H_{C}^{\gamma}}{RT} + I_{2}$$

式中，I_1 和 I_2 为积分常数。整理得

$$RT\ln\frac{\gamma_{C}^{\alpha}}{\gamma_{C}^{\gamma}} = \Delta H_{C}^{\alpha} - \Delta H_{C}^{\gamma} + RT\Delta I \tag{6-51}$$

设 Fe-C 相图中铁素体和奥氏体成平衡时的浓度分别为：$x_{C}^{\alpha/\alpha+\gamma}$ 和 $x_{C}^{\gamma/\gamma+\alpha}$；活度系数分别为：$\gamma_{C}^{\alpha}$ 和 γ_{C}^{γ}。于是$\frac{\gamma_{C}^{\alpha}}{\gamma_{C}^{\gamma}}$与 x_{C} 无关，在 γ-α 平衡时，有

$$\mu_{C}^{\alpha} = \mu_{C}^{\gamma},\quad G_{C,m}^{\alpha} = G_{C,m}^{\gamma}$$

$$RT\ln\gamma_{C}^{\gamma}x_{C}^{\gamma} = RT\ln\gamma_{C}^{\alpha}x_{C}^{\alpha}$$

$$\frac{\gamma_{C}^{\alpha}}{\gamma_{C}^{\gamma}} = \frac{x_{C}^{\gamma/\gamma+\alpha}}{x_{C}^{\alpha/\alpha+\gamma}}$$

由 Fe-C 相图中一定温度下的 $x_{C}^{\gamma/\gamma+\alpha}$ 和 $x_{C}^{\alpha/\alpha+\gamma}$ 值，求得 $RT\ln\frac{\gamma_{C}^{\alpha}}{\gamma_{C}^{\gamma}}$；由热力学数据表查得：$\Delta H_{C}^{\alpha}$ 和 ΔH_{C}^{γ}；根据不同模型（文献中各种模型很多，如正规溶液模型、中心原子模型、准晶格模型等等）计算 $\Delta_{\gamma\to\alpha}G_{Fe}$，再利用 $\Delta_{\gamma\to\alpha}G_{Fe}$即可计算 Fe-C 二元系的 T_0 和 M_s 温度。计算结果与实验的比较示于图 6-12。图中各种圈点为不同研究者实验测量值，各种直线为不同研究者的计算值。由图可以看出，计算 M_s 值与实

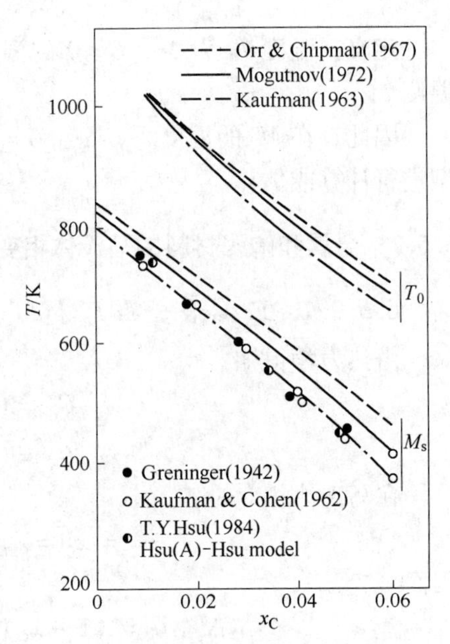

图 6-12 模型计算 Fe-C 二元系的 T_0 和 M_s 温度与实验测值的比较

测值吻合较好。

进一步推广到三元系，用正规溶液模型计算 M_s 温度，计算结果与实验测定的 M_s 温度符合也很好，参见图 6-13 和图 6-14。

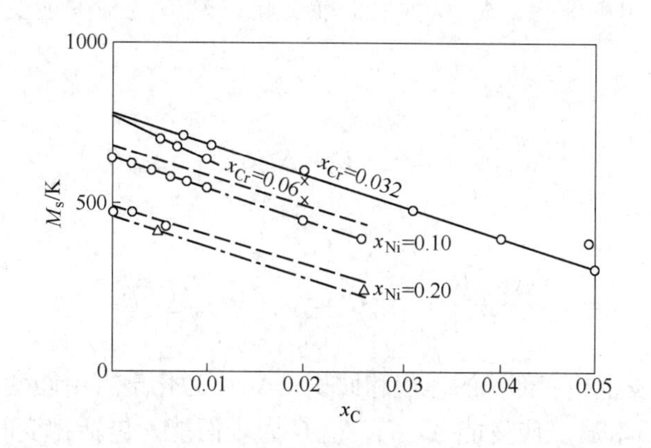

图 6-13　Fe-Ni-C 系和 Fe-Cr-C 系计算的 M_s 温度（直线）与实测值（圈点）比较

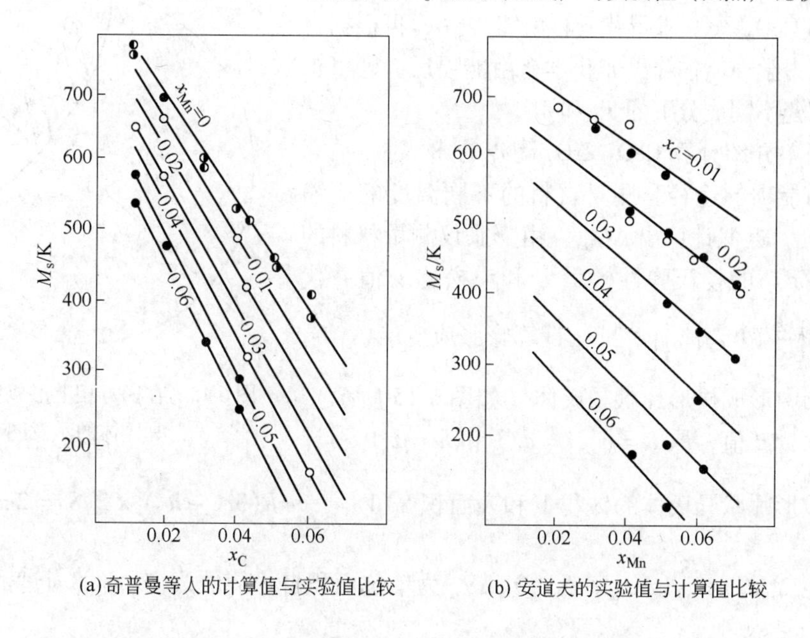

(a) 奇普曼等人的计算值与实验值比较　　(b) 安道夫的实验值与计算值比较

图 6-14　Fe-Mn-C 系的 M_s 温度计算值与实验值比较

6.5.2.2　氧化锆陶瓷的马氏体相变

ZrO_2 系陶瓷材料中 ZrO_2 由四方相转变为单斜相的相变，具有马氏体相变特征，相变时无扩散，有形变，有 3% ~5% 的体积膨胀，属马氏体相变。相变使 ZrO_2 陶瓷材料韧性增加，改善了力学性能。因此，相变的控制对含有 ZrO_2 的陶瓷材料的显微结构和性能十分重要。M_s 的预测也为材料的设计提供了数据。如何计算四方（t）相和单斜（m）相的吉布斯自由能值以及其 T_0 和 M_s 温度？

徐祖耀等人优化了 ZrO_2-CeO_2 相图，并计算了含 CeO_2（$x(CeO_2)=8\%$，10%，12%）的 ZrO_2 陶瓷材料中 t 相和 m 相的吉布斯自由能，以及 T_0 和 M_s 温度。氧化锆陶瓷中四方相转变为单斜马氏体相变的自由能变化可写为：

$$\Delta_{t\to M}G = \Delta_{t\to M}G_{ch} + \Delta_{sur}G + \Delta_{str}G + \Delta_{mic}G$$

式中，ΔG_{ch}为化学自由能变化；$\Delta_{sur}G$为表面能变化；$\Delta_{str}G$为应变能变化；$\Delta_{mic}G$为微裂纹形成能变化。

上式可改写为

$$\Delta_{t\to M}G = V(\Delta_{ch}G + \Delta_{str}G) + S\Delta_{sur}G$$

或

$$\frac{\Delta_{\gamma\to M}G}{V} = \Delta_{ch}G + \Delta_{str}G + \frac{S}{V}\Delta_{sur}G \tag{6-52}$$

式中，V和S分别为发生相变部位的体积和面积；$\Delta_{ch}G$为化学自由能变化；$\Delta_{str}G$为应变能，包括切变应变能$\Delta_{shr}G$和膨胀应变能$\Delta_{dil}G$；$\Delta_{sur}G$为表面能，包括相变时所需的表面自由能$\Delta\sigma_{\alpha}$和马氏体内孪晶界面能及微裂纹形成能$\Delta\sigma_{tw}$。

由相图CeO_2-ZrO_2求得化学自由能$\Delta_{ch}G$，再根据材料的物理和力学性能估算出非化学自由能项后，即可求出氧化锆陶瓷不同成分下的T_0和M_s。

下面简单介绍计算CeO_2-ZrO_2陶瓷的M_s时，估算非化学自由能项的途径。测量材料的不同温度的压缩屈服强度σ_y，近似计算出ΔG_{shr}。由膨胀仪测量材料的$\Delta V/V$，取ZrO_2的杨氏弹性模量E和泊松比ν值并代入$\Delta_{dil}G = \left[\frac{E}{9}(1-\nu)\right]\left(\frac{\Delta V}{V}\right)^2$，计算膨胀应变能$\Delta_{dil}G$。按在四方相中形成梭形片状马氏体（如图6-15所示），由形貌像测量d值，取$R=d$，$r=d/3$和$h=d/10$；计算相变的梭形片状马氏体的体积V和表面积S，$V = \frac{1}{6}\pi h(3r^2 + h^2)\times 2, S = 2\pi Rh\times 2$；再计算表面能$\Delta_{sur}G = \frac{S}{V}(\Delta\sigma_{\alpha} + \Delta\sigma_{tw}), \Delta\sigma_{\alpha}$为单位面积自由能的改变；取8个孪晶计算孪晶界能$\Delta\sigma_{tw} = \Gamma_{tw}[(n-1)(n+1)/6n] = 0.43\text{J/m}^2\times 7\times 9/(6\times 8) = 0.564\text{J/m}^2$。

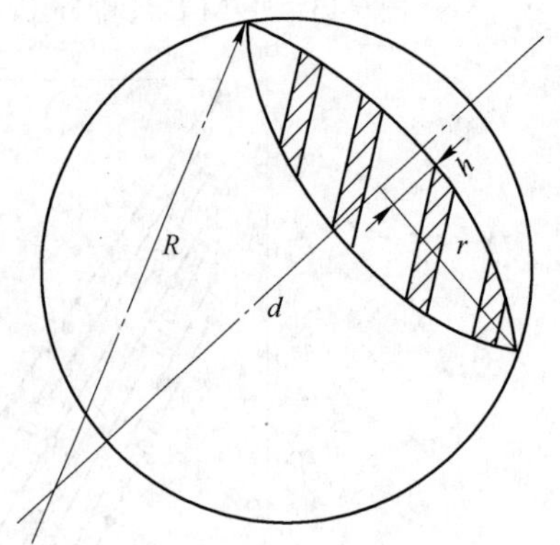

图6-15 在四方相上形成梭形片状马氏体的示意图

徐祖耀等人按此方法求得$x(CeO_2)=8\%$的ZrO_2陶瓷的$M_s=595\text{K}$，与实验测量值593K十分接近。

6.6 有序-无序转变热力学

6.6.1 有序-无序相变概述

有序-无序相变大多指固溶体内部组元原子间的相对分布由有序向无序，或由无序向有序的转变过程。一些二元系如Au-Cu、Cu-Pd、Ni-Pt、Cu-Zn、Fe-Co及Ni-Mn等存在负

的混合焓 $\Delta_{mix}H<0$，即溶液产生负偏差，表明异种原子的交互作用能高（亦即异种原子的吸引力较大）的情况，因而会形成有序相。因其在电子衍射中呈现超点阵结构图形，也有人称之为超点阵结构相。这些体系中，有序相存在一个临界温度 T_c，温度低于 T_c，每一组元的所有原子都占有固定的亚晶格位置，由无序相转变为有序相，属于二级相变。如 Cu-Zn 体系中，在 456℃以下存在 β′黄铜有序相。

材料的有序转变会伴有性能的变化，如电阻的下降，强度的增加，由顺磁性变为铁磁性（磁性材料）等。因此人们常利用这种转变来改变材料的性能。

图 6-16 ~ 图 6-18 为 Au-Cu、Cu-Pd 和 Ni-Pt 三个二元系的相图和它们的热力学性质与组成关系的曲线。

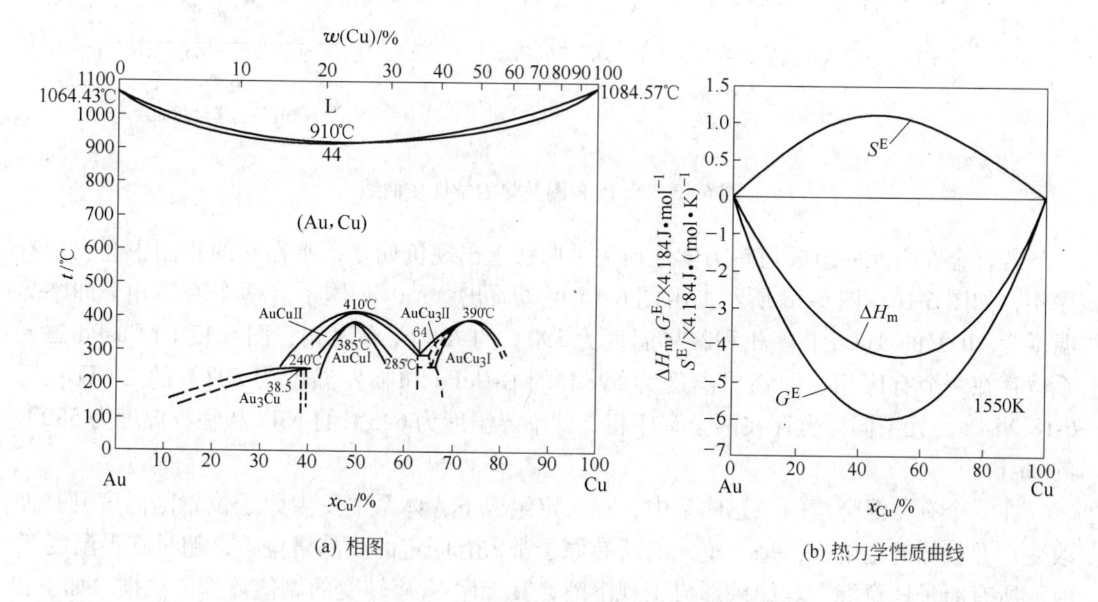

图 6-16　Au-Cu 相图及热力学性质曲线

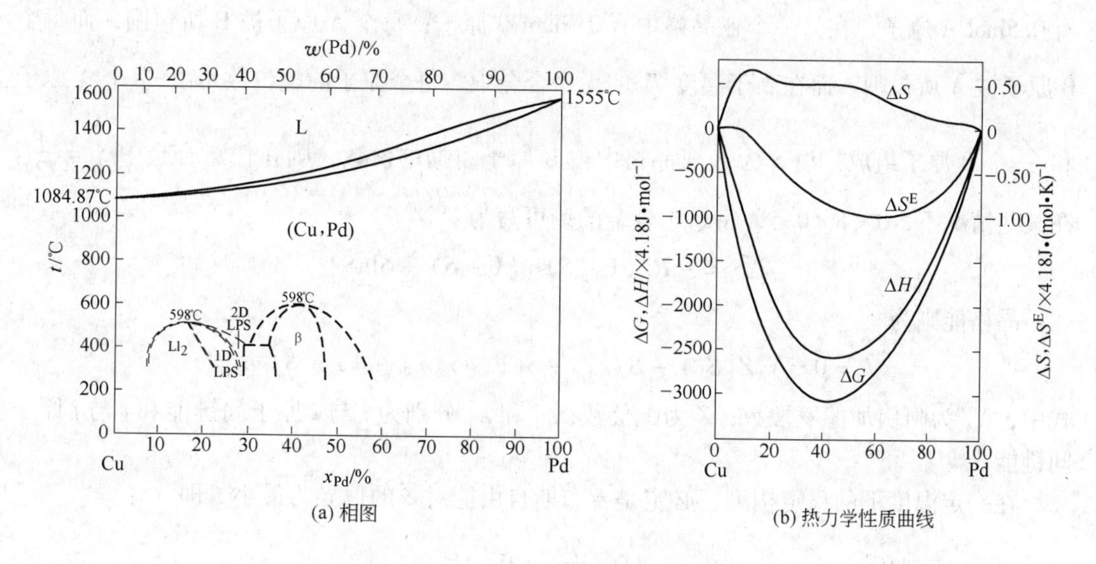

图 6-17　Cu-Pd 相图及热力学性质曲线

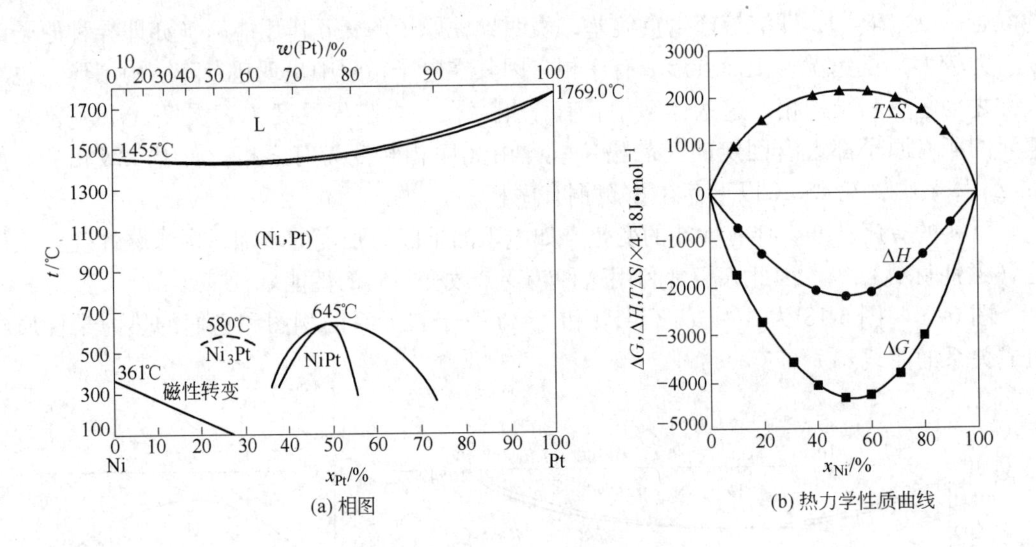

图 6-18 Ni-Pt 相图及热力学性质曲线

若合金在组元的组成与热力学性质关系曲线上出现负偏差，则在它的相图中会出现有序相，如图 6-16 ~ 图 6-18 所示。由图 6-16 可以看出：Au-Cu 体系有两个有序相，即临界温度为 410℃ 的 AuCu 有序相和临界温度为 390℃ 的 $AuCu_3$ 有序相；图 6-17 的 Cu-Pd 二元系也存在两个有序相，即临界温度为 598℃ 的 β-CuPd 和临界温度为 508℃ 的 Cu_3Pd；图 6-18 Ni-Pt 二元系同样也存在两个有序相，即临界温度为 645℃ 的 NiPt 和临界温度为 580℃ 的 Ni_3Pt。

在一个有负混合焓的二元体系中，在一定组成下，体系中发生原子位置随温度升高而改变。在较低的温度下，每一组元的所有原子都占有固定的亚晶格位置，超过临界温度 T_c 时，所有原子任意混合。如果形成正规溶液，其无序-有序转变的熵值计算方法推导如下：

设在低温下，即低于 T_c 温度，在由等原子组成的 1mol 有序合金中，在一个亚晶格中有 0.5mol A 原子，在另一个亚晶格中有 0.5mol B 原子；每个 A 原子被 B 所包围，而每个 B 原子被 A 所包围。而在高于温度 T_c 的无序合金中，每个原子的配位数是由 $\frac{Z}{2}$ 个 A 原子和 $\frac{Z}{2}$ 个 B 原子组成。设 S 为 A 亚晶格中被 B 原子占据的份数，则在任意合金中 $S=\frac{1}{2}$。在某些情况下，$0<S<0.5$，每摩尔合金的熵可写为

$$\Delta S = -R[(1-S)\ln(1-S) + S\ln S]$$

晶格能则为

$$U = 0.5N_AZ[S(1-S)\varepsilon_{AA} + S(1-S)\varepsilon_{BB} + (1-S)^2\varepsilon_{AB}]$$

式中，N_A 为阿伏加德罗常数；Z 为配位数；ε_{ii} 和 ε_{ij} 分别为 i 与 i 原子间键能和 i 与 j 原子间键能。

在一定温度下的稳定构型，必定是吉布斯自由能对 S 的偏导为最小，即

$$\frac{\partial G}{\partial S} = 0$$

亦即

$$\frac{1}{4}N_{\mathrm{A}}Z(1-2S)\left[\frac{\varepsilon_{\mathrm{AA}}+\varepsilon_{\mathrm{BB}}}{2}-\varepsilon_{\mathrm{AB}}\right]+RT\left(\ln\frac{S}{1-S}\right)=0 \tag{6-53}$$

温度高于 T_c，合金处于无规则状态。当 $T\to T_c$ 时，$S\to 0.5$，于是得到

$$(1-2S)\frac{T_c}{T}=\ln\frac{1-2S}{S} \tag{6-54}$$

由式(6-54)可以计算任意中间温度下的 S 值。

6.6.2 有序-无序相变驱动力计算

现以 Cu-Zn，Cu-Al，Cu-Zn-Al 合金中 β→β′有序化为例，讨论有序化的驱动力 $\Delta_{\beta\to\beta'}G$ 的计算。

β 相为体心立方，含 4 个亚点阵 a，b，c，d。设 j 亚点阵中发现 i 原子的概率为 P_{ij}，则有序相最近邻（1）和次近邻（2）各键的键数 $A_{ii'}$ 分别为：

$$A_{ii'}^{(1)}=mN_{\mathrm{A}}(P_{ia}P_{i'c}+P_{ia}P_{i'd}+P_{ib}P_{i'c}+P_{ib}P_{i'd}+P_{i'a}P_{ic}+P_{i'a}P_{id}+P_{i'b}P_{ic}+P_{i'a}P_{id})$$

$$A_{ii'}^{(2)}=1.5mN_{\mathrm{A}}(P_{ia}P_{i'b}+P_{i'a}P_{ib}+P_{ic}P_{i'd}+P_{i'c}P_{id}) \tag{6-55}$$

式中，i，i' = Cu，Zn，…；当 $i=i'$时，$m=0.5$；当 $i\neq i'$时，$m=1.0$。

若有序相变的内能变化近似等于键能的变化，考虑最近邻和次近邻原子的交互作用，则有

$$\Delta_{\beta\to\beta'}U=\sum_{i,i'}(\Delta A_{ii'}^{(1)}\varepsilon_{ii'}^{(1)}+\Delta A_{ii'}^{(2)}\varepsilon_{ii'}^{(2)}) \tag{6-56}$$

式中，$\varepsilon_{ii'}$ 为 i 与 i' 原子的键能。

Cu-Zn 合金中 β′为 B2 有序结构，$P_{\mathrm{Cua}}=P_{\mathrm{Cub}}\neq P_{\mathrm{Cuc}}=P_{\mathrm{Cud}}$，而 β 为无序结构 $P_{\mathrm{Cua}}=P_{\mathrm{Cub}}=P_{\mathrm{Cuc}}=P_{\mathrm{Cud}}=x_{\mathrm{Cu}}$。这里 P_{Cua}为 a 亚点阵中出现 Cu 原子的概率，其余类同。

广义讲，在二元系 A-B 中，$W_{\mathrm{AB}}=\Delta A_{\mathrm{AB}}\varepsilon_{\mathrm{AB}}$

根据 $\Delta G=\Delta U-T\Delta S$

引入原子交换能的概念及模型化处理，可以得到有序固溶体的自由能：

$$\Delta_{\beta\to\beta'}G=N_{\mathrm{A}}(3W_{\mathrm{AB}}^{(2)}-4W_{\mathrm{AB}}^{(1)})\eta^2-\frac{RT}{2\chi}\Big[2x_{\mathrm{A}}\ln x_{\mathrm{A}}+2x_{\mathrm{B}}\ln x_{\mathrm{B}}-(\eta+x_{\mathrm{A}})\ln(\eta+x_{\mathrm{A}})-$$

$$(x_{\mathrm{B}}-\eta)\ln(x_{\mathrm{B}}-\eta)-(\eta+x_{\mathrm{B}})\ln(\eta+x_{\mathrm{B}})-(x_{\mathrm{A}}-\eta)\ln(x_{\mathrm{A}}-\eta)\Big] \tag{6-57}$$

式中，$\eta=P_{\mathrm{Cua}}-x_{\mathrm{Cu}}$为有序度；$\chi$ 为短程有序修正因子；x_{A} 和 x_{B} 分别为组元 A 和 B 的摩尔分数；N_{A}为阿伏加德罗常数。

$\Delta_{\beta\to\beta'}U=N_{\mathrm{A}}(3W_{\mathrm{AB}}^{(2)}-4W_{\mathrm{AB}}^{(1)})\eta^2$ 忽略了短程有序作用。而式(6-57)引入了短程有序修正因子χ。对 Cu-Zn 合金$\chi=0.67$。

若令

$$\left.\frac{\partial^2\Delta_{\beta\to\beta'}G}{\partial\eta^2}\right|_{\eta=0}=0$$

则可以求出合金的有序化温度。按此方法求得 Cu-Zn 合金的有序化温度为

$$T_{\mathrm{C}}=2968.1x_{\mathrm{Cu}}x_{\mathrm{Zn}} \tag{6-58}$$

用式（6-58）计算 Cu-Zn 合金的结果与相图及实验值吻合较好，参见图 6-19。

若令
$$\frac{\partial \Delta_{\beta\to\beta'}G}{\partial \eta}=0$$

则可求得不同成分合金在一定温度下的热力学平衡的有序度。对不同成分 Cu-Zn 合金有序度的计算结果，示于图 6-20。

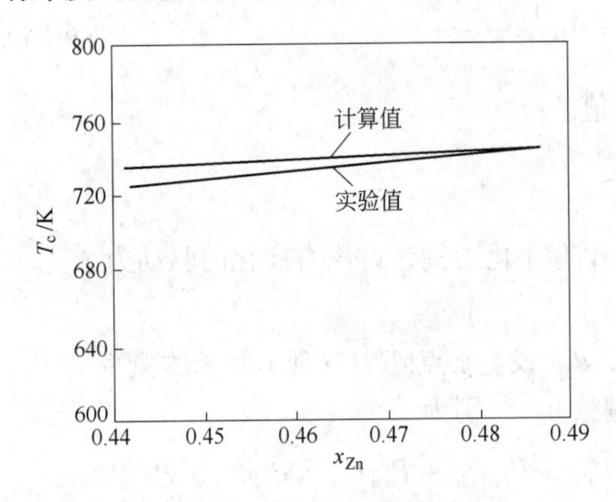

图 6-19 Cu-Zn 合金有序化温度 T_c 计算与实验结果比较

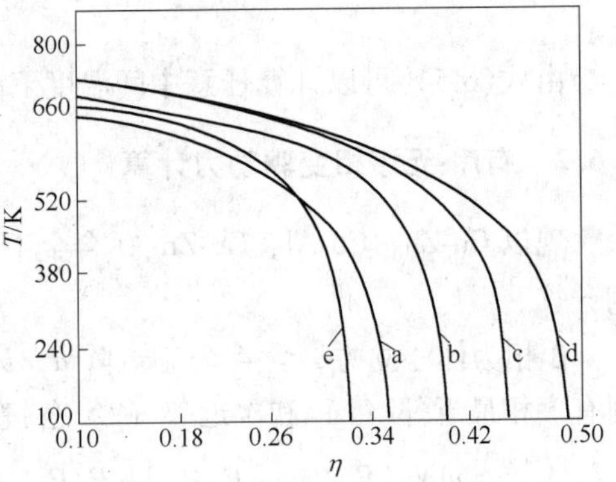

图 6-20 Cu-Zn 不同成分有序度与温度的关系

a—$x_{Zn}=0.35$；b—$x_{Zn}=0.40$；c—$x_{Zn}=0.45$；d—$x_{Zn}=0.50$；e—$x_{Zn}=0.35\sim0.65$

由图 6-20 得到 Cu-Zn 合金有序度与温度关系的近似式

$$\left(\frac{\eta}{\eta_{max}}\right)^2+\left(\frac{T}{700}\right)^5=1 \tag{6-59}$$

式中，η_{max} 为最大有序度，对 Cu-Zn 合金取 0.32。

对 Cu-Zn 合金已知 η_{max}、$\chi=0.67$，由式(6-59)和式(6-57)就可计算出合金由 β→β′有序化相变的驱动力。

同理，可以推广到三元合金（如 Cu-Zn-Al 三元合金）中 β→β′有序化驱动力的计算。首先按有序相所属晶型结构（B2 型，DO_3 型，$L2_1$ 型）计算有序相的 $\Delta_{\beta\to\beta'}U$，$\Delta_{\beta\to\beta'}S$。

计算中对短程有序校正因子 χ 取二元的权重值，如对 Cu-Zn-Al 三元合金为

$$\chi=\frac{0.67x_{Zn}+0.75x_{Al}}{1-x_{Cu}}$$

而后根据 $\Delta_{\beta\to\beta'}G=\Delta_{\beta\to\beta'}U-T\Delta_{\beta\to\beta'}S$ 的关系式，计算 $\Delta_{\beta\to\beta'}G$。

本章例题

例题 证明：由无序转变为有序相时，压缩系数 κ 将发生突变，具有不连续性，而体积和熵值在相变点是连续改变的。

解 当 $T=T_c$ 时，发生无序相（$i-1$）向有序相（i）的转变，根据二级相变热力学特征 $\Delta V=0$，$\Delta S=0$ 来进行证明。

已知体系的体积 V 是温度 T 和压力 p 函数，对其全微分，得

$$dV = \left(\frac{\partial V}{\partial T}\right)_p dT + \left(\frac{\partial V}{\partial p}\right)_T dp$$

若发生有序化相变后为 $dV_i = \left(\frac{\partial V_i}{\partial T}\right)_p dT + \left(\frac{\partial V_i}{\partial p}\right)_T dp$

而未发生有序化相变前为 $dV_{i-1} = \left(\frac{\partial V_{i-1}}{\partial T}\right)_p dT + \left(\frac{\partial V_{i-1}}{\partial p}\right)_T dp$

根据二级相变特征，相变时 $\Delta V = dV_i - dV_{i-1} = 0$

所以

$$\Delta V = \left[\left(\frac{\partial V_i}{\partial T}\right)_p - \left(\frac{\partial V_{i-1}}{\partial T}\right)_p\right]dT + \left[\left(\frac{\partial V_i}{\partial p}\right)_T - \left(\frac{\partial V_{i-1}}{\partial p}\right)_T\right]dp = 0$$

即

$$\Delta\left(\frac{\partial V}{\partial T}\right)_p dT + \Delta\left(\frac{\partial V}{\partial p}\right)_T dp = 0$$

因 $dT \neq 0$，所以用 dT 除以等式两边，得

$$\Delta\left(\frac{\partial V}{\partial T}\right)_p + \Delta\left(\frac{\partial V}{\partial p}\right)_T \frac{dp}{dT} = 0 \tag{1}$$

因体系的熵是温度 T 和压力 p 函数，对其全微分，得

$$dS = \left(\frac{\partial S}{\partial T}\right)_p dT + \left(\frac{\partial S}{\partial p}\right)_T dp$$

用 $\left(\frac{\partial S}{\partial T}\right)_p = \frac{C_p}{T}$ 和麦克斯韦（Maxwell）关系式 $\left(\frac{\partial S}{\partial p}\right)_T = -\left(\frac{\partial V}{\partial T}\right)_p$ 代入上式，得

$$dS = \frac{C_p}{T}dT - \left(\frac{\partial V}{\partial T}\right)_p dp$$

同样，在相变温度发生从无序相转变到有序相时，根据二级相变特征 $\Delta S = 0$，得到

$$\Delta S = \frac{\Delta C_p}{T}dT - \left[\Delta\left(\frac{\partial V}{\partial T}\right)_p\right]dp = 0$$

因 $dT \neq 0$，上式除以 dT，得

$$\frac{\Delta C_p}{T} - \Delta\left(\frac{\partial V}{\partial T}\right)_p \frac{dp}{dT} = 0 \tag{2}$$

因体系的压力是温度 T 和体积 V 的函数时，对其全微分，得

$$dp = \left(\frac{\partial p}{\partial T}\right)_V dT + \left(\frac{\partial p}{\partial V}\right)_T dV$$

同样，在相变温度发生从无序相转变到有序相时，$\Delta p = 0$，得到

$$\Delta p = \Delta\left(\frac{\partial p}{\partial T}\right)_V dT + \Delta\left(\frac{\partial p}{\partial V}\right)_T dV = 0$$

因 $dT \neq 0$，上式除以 dT，得

$$\Delta\left(\frac{\partial p}{\partial T}\right)_V + \Delta\left(\frac{\partial p}{\partial V}\right)_T \frac{dV}{dT} = 0 \tag{3}$$

因体系的熵是温度 T 和体积 V 的函数时，对其全微分，得

$$\mathrm{d}S = \left(\frac{\partial S}{\partial T}\right)_V \mathrm{d}T + \left(\frac{\partial S}{\partial V}\right)_T \mathrm{d}V$$

用 $\left(\frac{\partial S}{\partial T}\right)_V = \frac{C_V}{T}$ 和麦克斯韦（Maxwell）关系式 $\left(\frac{\partial S}{\partial V}\right)_T = \left(\frac{\partial p}{\partial T}\right)_V$，代入上式，得

$$\mathrm{d}S = \frac{C_V}{T}\mathrm{d}T + \left(\frac{\partial p}{\partial T}\right)_V \mathrm{d}V$$

同样，根据二级相变特征系统从 $i-1$ 时刻到 i 时刻的 $\Delta S = 0$，得到

$$\Delta S = \frac{\Delta C_V}{T}\mathrm{d}T + \Delta\left(\frac{\partial p}{\partial T}\right)_V \mathrm{d}V = 0$$

因 $\mathrm{d}T \neq 0$，上式除以 $\mathrm{d}T$，得

$$\frac{\Delta C_V}{T} + \Delta\left(\frac{\partial p}{\partial T}\right)_V \frac{\mathrm{d}V}{\mathrm{d}T} = 0 \tag{4}$$

由式（2）得

$$\Delta C_p = T\Delta\left(\frac{\partial V}{\partial T}\right)_p \frac{\mathrm{d}p}{\mathrm{d}T} \tag{5}$$

由式（1）得

$$\Delta\left(\frac{\partial V}{\partial T}\right)_p = -\Delta\left(\frac{\partial V}{\partial p}\right)_T \frac{\mathrm{d}p}{\mathrm{d}T} \tag{6}$$

将式（5）代入式（6），得

$$\Delta C_p = -T\Delta\left(\frac{\partial V}{\partial p}\right)_T \left(\frac{\mathrm{d}p}{\mathrm{d}T}\right)^2 \tag{7}$$

由式（4）得

$$\Delta C_V = -T\Delta\left(\frac{\partial p}{\partial T}\right)_V \frac{\mathrm{d}V}{\mathrm{d}T} \tag{8}$$

由式（3）得

$$\Delta\left(\frac{\partial p}{\partial T}\right)_V = -\Delta\left(\frac{\partial p}{\partial V}\right)_T \frac{\mathrm{d}V}{\mathrm{d}T} = -\frac{1}{\Delta\left(\frac{\partial V}{\partial p}\right)_T}\frac{\mathrm{d}V}{\mathrm{d}T} \tag{9}$$

将式（8）代入式（7），得

$$\Delta C_V = T\frac{1}{\Delta\left(\frac{\partial V}{\partial p}\right)_T}\left(\frac{\mathrm{d}V}{\mathrm{d}T}\right)^2 \tag{10}$$

式（1）和式（2）表明，由无序相转变为有序相时，C_p、膨胀系数和压缩系数 κ 有突变。

由式（1）、式（3）、式（7）和式（10）得

$$\Delta\left(\frac{\partial V}{\partial T}\right)_p = -\Delta\left(\frac{\partial V}{\partial p}\right)_T \frac{\mathrm{d}p}{\mathrm{d}T}$$

$$\Delta\left(\frac{\partial p}{\partial T}\right)_V = -\Delta\frac{1}{\left(\frac{\partial V}{\partial p}\right)_T}\frac{\mathrm{d}V}{\mathrm{d}T}$$

$$\Delta C_p = -T\Delta\left(\frac{\partial V}{\partial p}\right)_T\left(\frac{\mathrm{d}p}{\mathrm{d}T}\right)^2$$

$$\Delta C_V = T\Delta\frac{1}{\left(\frac{\partial V}{\partial p}\right)_T}\left(\frac{\mathrm{d}V}{\mathrm{d}T}\right)^2$$

因此，由$\left(\frac{\partial V}{\partial p}\right)_T$的不连续性得到$\Delta C_p$，$\Delta C_V$，$\left(\frac{\partial p}{\partial T}\right)_V$，$\left(\frac{\partial V}{\partial T}\right)_p$的不连续性，而且$\Delta C_p$的不连续性与$\kappa\left(-\frac{\partial V}{\partial p}\right)$同向。所以，当由有序相转变为无序相时，$\kappa$的值也发生突变，具有不连续性。

习　题

6-1　设Cu-Pb合金经偏晶反应后，富铜相凝固为第一相，晶粒之间的界面能为$\sigma_{1,1}$；尚遗留第二相为铅的液滴，第一相和第二相之间的界面能为$\sigma_{1,2}$，θ为二面角，见图6-21。

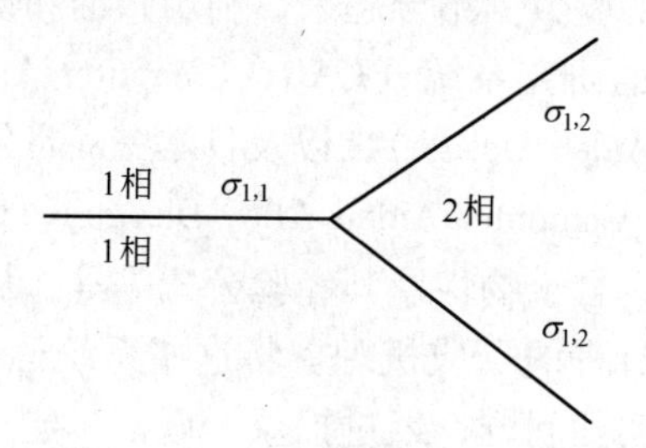

图6-21　相界面能量平衡

平衡时则有：

$$\cos\frac{\theta}{2} = \frac{\sigma_{1,1}}{2\sigma_{1,2}}$$

试分析随着界面能量比的增加，二面角θ增大，当θ由0°→180°时，第二相应逐渐接近于球形。（提示：可假定不同界面能之比，如假定$\sigma_{1,2} \geqslant 0.5\sigma_{1,1}$时，由上式求解二面角$\theta$。由此可以认识到通过改变界面能从而改变二面角，可以控制凝固后的平衡组织）。

6-2　Co、Co-14Ni和Co-3.5Cu都存在fcc(β)→hcp(ε)马氏体相变，已知计算马氏体相变自由能公式中的化学自由能$\Delta_{\beta\to\varepsilon}G_{ch}$与温度关系的近似式为

$$\Delta_{\beta\to\varepsilon}G_{ch} = \Delta_{\beta\to\varepsilon}H_{tr}(T_{tr})\frac{T_{tr}-T}{T}\quad \mathrm{J/mol}$$

试依据上述关系式计算583K时Co-3.5Cu合金马氏体相变化学驱动力。

7 无机热化学数据库及其应用

20 世纪 40 年代中期计算机的出现，促进了电子计算机科学、计算机信息处理技术及应用计算技术的迅速发展。随着材料科学的发展，20 世纪 50 年代提出了“材料设计”的思想，70 年代出现了“数据库”，到 80 年代逐渐成熟，并进入实用阶段。应用计算技术的科学型数据库的主要特征是，不仅存贮有大量的数据，而且备有针对各学科领域的程序系统。调用这个数据库系统，可以将存贮的大量科学数据进行各种类型的加工、计算，达到充分诠释现象、揭示本质以及预测规律的目的。从而减轻大量繁复的科学计算，实现用人工计算无法实现的许多设想，以及获得难以实现的极端条件实验的结果。数据库系统（DBS，Database System）的出现和应用，使材料学科与工程的发展进入了新阶段，将已有的大量数据和各种工艺参数录入计算机，通过数据库系统进行数据处理，设计新材料，确定其制备过程的条件参数。特别是数据库、知识库、程序库和人工智能等技术的发展，人们把物理化学理论和繁杂的实验数据结合起来，利用归纳和演绎结合的方式对新材料进行设计，于是出现了计算机辅助研究系统（CAR，Computer Aided Research）和计算机辅助设计系统（CAD，Computer Aided Design），以及日本三岛良绩和岩田修一等建立的计算机合金辅助设计系统（CAAD，Computer Aided Alloy Design）。CAAD 系统包括：各元素的基本物理化学数据、合金相图、合金物性及其经验公式等等，从而对材料的设计和制备工艺实现了定量控制，并能揭示过程的反应机理。将这些系统运用于材料设计及制备工艺时，通常做法是将材料领域中的实际问题，经过抽象、概括，建立模型（包括数学模型、物理模型和数学物理模型），再编制计算机程序或软件，利用计算机进行计算（参见图 7-1）。

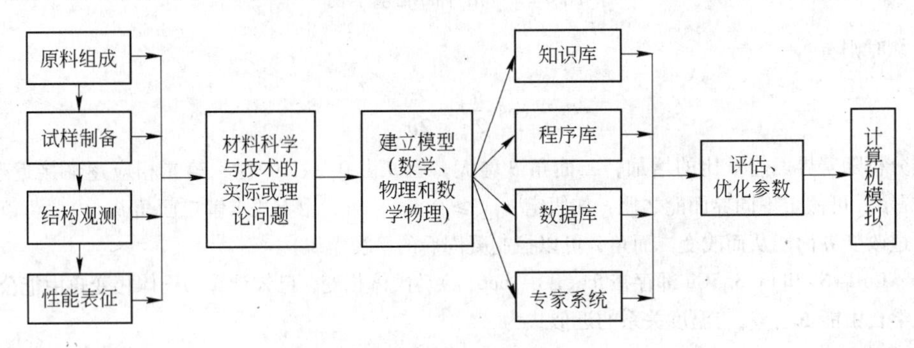

图 7-1 计算机材料设计应用示意图

在冶金与材料制备、化学化工、航天航空、石油等科学技术和产业部门，经常需要进行大量而又复杂的热化学和热力学的计算。于是建立了“冶金和材料热力学数据库”，元素或物质的热力学性质存储于电子计算机。在此基础上，根据热力学公式，用电子计算机进行演算，得到其他温度下的热力学数据或热力学函数。这种应用电子计算机存储大量物质的热力学性质，并能进行冶金和材料制备等热力学计算的系统，称为无机热化学数据库。

7.1 无机热化学数据库简介

无机热化学数据库属科学型数据库，由数据库、应用程序和计算机操作系统组成。

7.1.1 数据库

数据库的建立依靠化学、热力学数据信息系统（参见图 7-2）。数据库应包括三方面内容：

（1）程序系统，建立许多关于物质属性的基本规律计算程序；

（2）数据收集、整理、分类和存储。数据主要来源于贝伦（J. Barin）和可耐克（O. Knacke）1973 年出版的《无机物的热力学性质》一书，1977 年和 1982 年的补充版，以及下列文献。

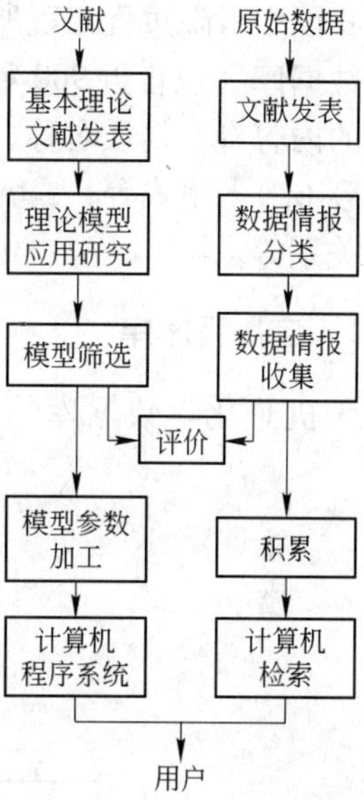

文献
基本理论文献发表
理论模型应用研究
模型筛选
模型参数加工
计算机程序系统
原始数据
文献发表
数据情报分类
数据情报收集
评价
积累
计算机检索
用户

图 7-2 热化学数据库信息系统

1. Knacke O, *et al.* Thermochemical Properties of Inorganic Substances, Berlin: Springer—Verlag, 1991
2. Jr. Chase M W, Davies C A, *et al.* ACS and AIP for National Bureau of Standard. JANAF (Journal of Army Navy Air Force) Thermochemical Tables, 3rd edition, USA: 1990
3. Barin I. Thermodynamic Data of Pure Substances, VCH, Weinheim, FRG, 1989; 2nd ed. VCH Weinheim, Germany: 1993
4. Kubaschewski O, Alocock C B, *et al.* Materials Thermochemistry, 6th edtion, Oxford, New York: Pergamon Press, 1993
5. Dinsdale A T. SGTE Data for Pure Elements, Calphad, 1991, 15(4): 317
6. Kaufman L ed. CALPHAD (International Journal, Calculation of Phase Diagram, or Computer Coupling of Phase Diagram and Thermochemistry), USA Massachusetts: Cambridge, 1977 ~ 1999
7. Massaski T B, Okamoto H. *et al.* Binary Alloy Phase Diagrams, 2nd edition Vol. (1-3), Ohio: ASM, Metals Park, 1990
8. Smith J F ed. J. of Phase Equilibria (The former journal name: Bulletin of Alloy Phase Diagrams), 1980 ~ 1990, USA: ASM International, 1991 ~ 1999
9. Gurvich L V, *et al.* Thermodynamic Properties of Individual Substances Vol. 1 ~ 5, 4th edition, New York: Hemisphere Publishing Corp., 1990
10. Christensen J J, *et al.* Hand Book of Heat of Mixing, New York: John Wiley & Sons, 1982
11. Wisniak J, *et al.* Mixing and Excess Thermodynamic Properties—A Literature Source Book, Amsterdam: Elsevier, 1978; Suppl. 1, (1982); Suppl. 2, 1986
12. Hultgren R, *et al.* Selected Values of Thermodynamic Properties of the Metals & Alloys, USA: J. Wiley & Sons Inc., 1973
13. Hultgren R, *et al.* Selected Values of Thermodynamic Properties of the Elements, Ohio: ASM, Metals Park, 1973
14. Hultgren R, *et al.* Selected Values of Binary Alloys, Ohio: ASM, Metals Park, 1973
15. Levin E M, Robbins C R, et al. Phase Diagrams for Ceramists, Columbus OH: Am Ceramic Soc. 1996

16. Villars P, Calvert D. Pearson's Handbook of Crystallographic Data for Intermetallic Phases, ASM, Metals Park, Ohio, USA, 1991
17. Агеев Н В, и др. Даграммы Состояния Металлических Систем, изд. Москва, 1997

（3）建立具有通用的数据库软件和操作系统的数据库软件。

我国中科院过程工程所早期建立的冶金热化学数据库，包括元素及化合物的数据库和离子数据库（包含近900种常见的离子和近300种水溶液中中性分子的热化学性质），可检索的内容有：物质名称、分子式，298K时生成焓 $\Delta_f H^{\ominus}_{298}$，熵 $S^{\ominus}_{298}$，相变焓 $\Delta_{tr}H$，以及定压热容 $C_{p,m}$ 多项式等；二元合金、三元合金、乃至五元合金的热力学性质及其与温度、组成的关系等。

7.1.2 应用程序库

无机热化学数据库的核心是程序库，图7-3是其总体结构（主程序）框图，部分

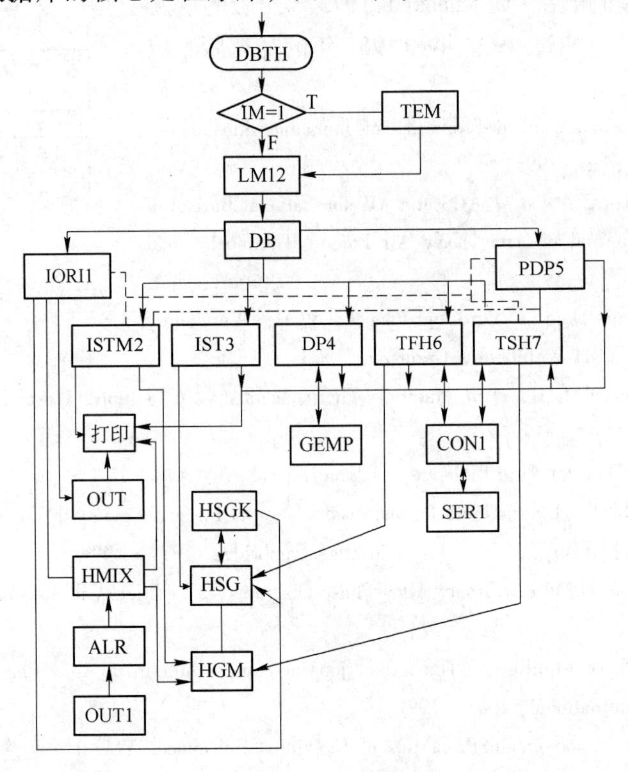

图7-3 主程序框图

图中各单元块作用

IORI1 选择数据；ISTM2 计算混合体系的 C_p、H、S、G、$K^{\ominus}$、$\lg K^{\ominus}$；IST3 计算单一无机物的 C_p、H、S、G、$K^{\ominus}$、$\lg K^{\ominus}$；DP4 由实验测得的 C_p 或 H 值，推算 C_p 多项式中的常数 A、B、C、D；TFH6 已知单一无机物的 H 值反算温度；PDP5 部分选用数据库，部分采用实验数据进行加工运算；TSH7 已知混合物的 H 值反算反应温度；DBTH 输入计算信息；DB 无机热化学数据库功能选择；CON1 改进两分法，适用于 C_p 不连续型函数；HSGK 计算单个物质每段 H、S、K、C_p、$\lg K^{\ominus}$ 值；HSG 计算单个物质整体的 H、S、G、$K^{\ominus}$、C_p、$\lg K^{\ominus}$ 值；HGM 计算混合物整体的 H、S、G、$K^{\ominus}$、C_p、$\lg K^{\ominus}$ 值；GEMP 高斯主元素消去法；OUT 数据输出格式；OUT1 数组输出格式

框图示于图7-4～图7-6。程序库中这些程序可以完成如下功能：挑选数据，计算混合物体系的定压摩尔热容 $C_{p,\mathrm{m}}$、摩尔焓 H_{m}、摩尔熵 S_{m}、摩尔吉布斯自由能 G_{m}、平衡常数 $K_p^{\ominus}$、$\lg K_p^{\ominus}$；计算单一无机物的 C_p、H、S、G、$K^{\ominus}$、$\lg K^{\ominus}$，由实验测得的 C_p，或由 H 值推算热容多项式中的 A、B、C、D 系数，部分选用数据库，部分采用实验数据进行加工处理，以及由 H 值推算温度等。检索和计算结果可根据需要以表格形式打印出来。

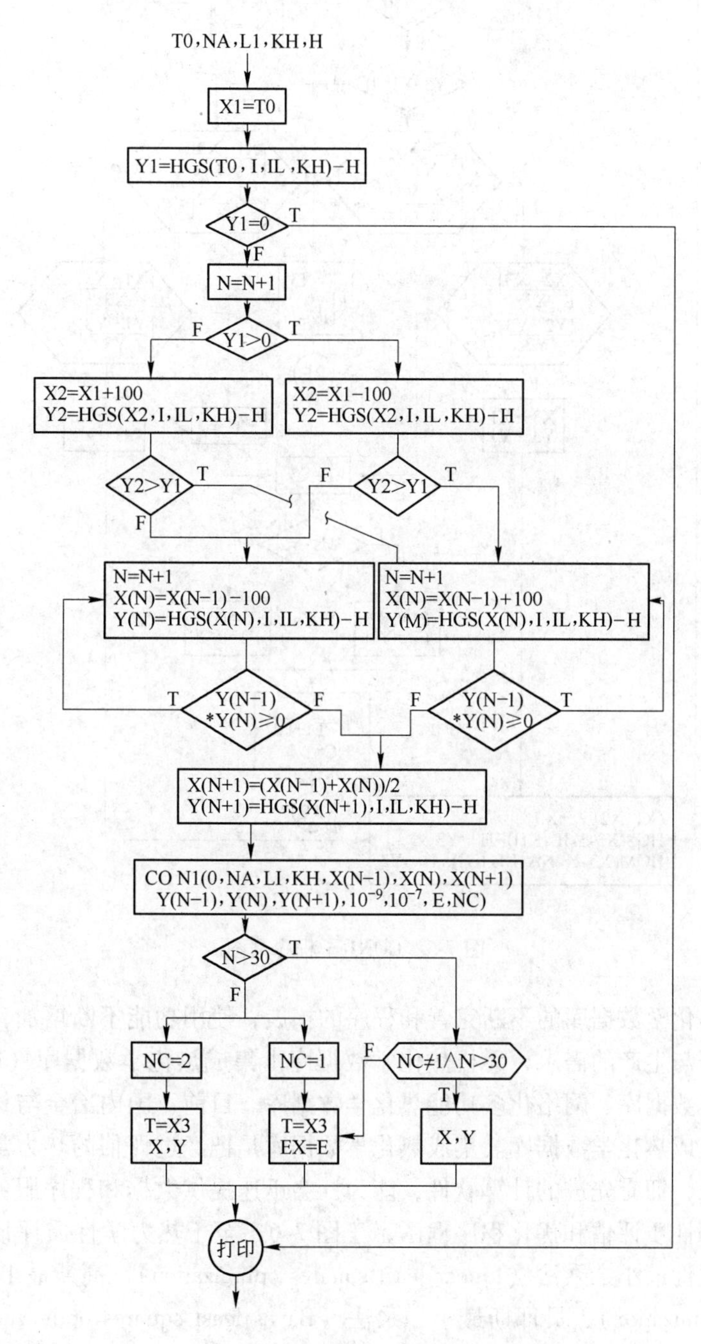

图7-4　THF6子程序框图

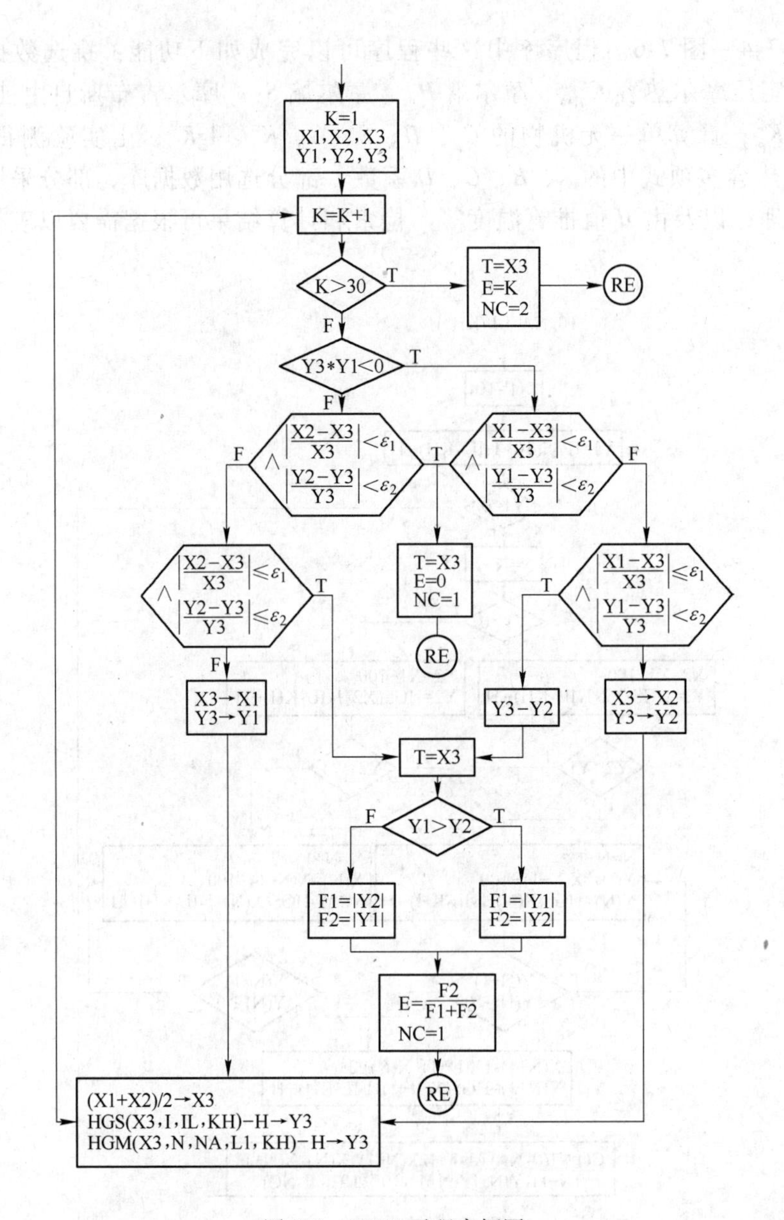

图 7-5　CON1 子程序框图

随着无机热化学数据库的不断完善和程序的扩展，使用功能不断增加，加之计算机技术的发展和科研与生产的需求，无机热化学数据库由集成热化学数据库（ITD）发展成网络化集成热化学数据库、网络化多功能热化学数据库。目前，国内冶金与材料热力学计算中仍主要采用集成热化学数据库。集成热化学数据库是把经过评估的热力学数据和相关参数数据耦合起来，拥有先进的计算软件，能为社会迅速提供数据和程序服务的数据库。该数据库中热力学性质评估和优化程序框图示于图 7-6，至于热力学性质评估和优化的方法很多，诸如：线性最小二乘法（Linear least squares optimization）、高斯最小二乘法（Gauss least squares optimization）、贝耶斯最小二乘法（Bayes least squares optimization）和强化最小二乘法（Robust least squares optimization）等，这里不再赘述。国内外有些研究院所实

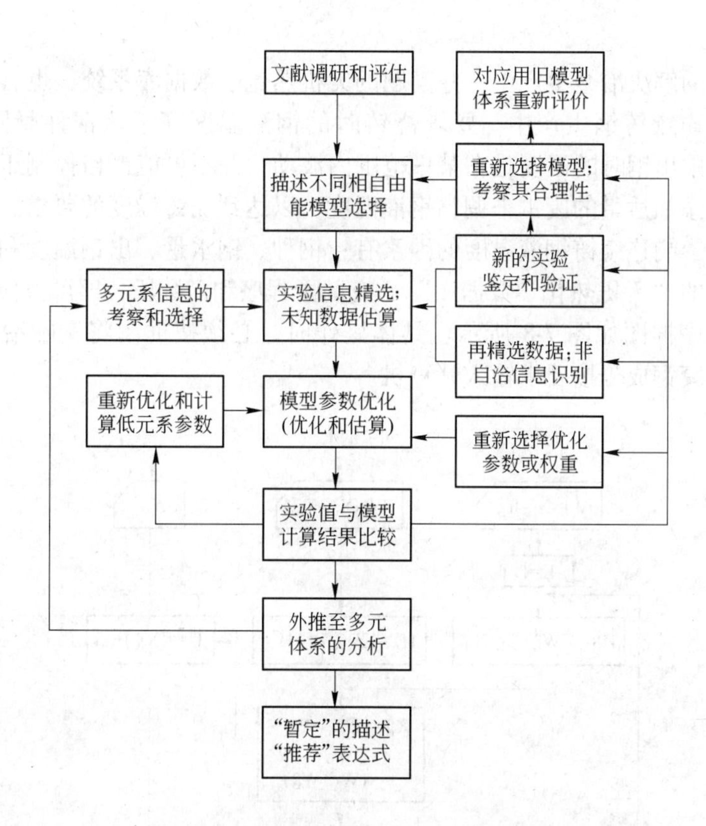

图 7-6　热力学数据评估和优化程序框图

现了网络化，可更简便、快捷地为科学研究和生产实践提供程序、数据及其相关信息。图 7-7 为网络化集成热化学数据库系统示意图。在该系统下，用户可以通过网络方便地进行查找和浏览任意温度、任意成分下化合物和溶液的热力学数据；存放和调用专用数据，进行热力学性质的优化和评估；计算蒸汽压、多元多相化学平衡、热平衡、物料平衡；计算化学反应的热力学性质变化；计算和绘制热力学参数状态图（包括相图）等。

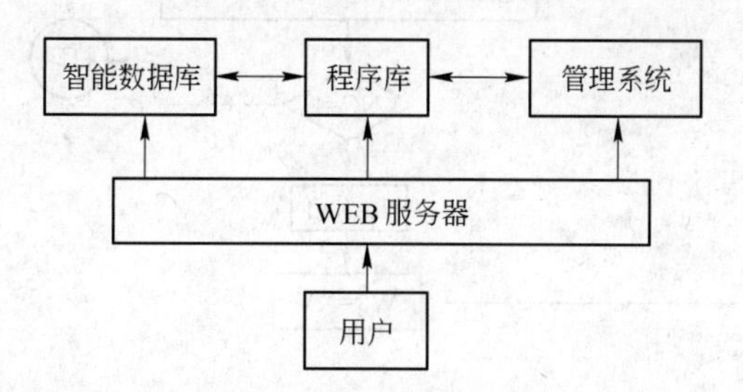

图 7-7　网络化集成热化学数据库系统示意图

7.1.3　计算机操作系统

无机热化学数据库计算机操作系统采用人机对话的方式调用数据，计算及打印结果。随着计算技术和计算机功能的发展，计算机操作系统也向更方便、易掌握的方向发展。但应指出，不同的无机热化学数据库都有各自的特点和操作系统，使用前应熟悉所用的数据库的操作系统。

已开发的帮助解决冶金生产中一些问题的无机热化学数据库系统，也有其自行的操作系统。例如，在连续铸钢生产中，要求浇铸时的钢液温度高于该钢种凝固点之上 20 ~ 60℃，实际生产中出钢时的温度是在某一范围内波动，并不可能严格控制于某一温度。因此，要往钢液中添加适量的废钢来调整钢液温度，以达到浇铸温度的要求。加多少废钢最为合适呢？已知影响连续铸钢液温度的因素有：钢种、钢水量、出钢温度和废钢成分。利用中科院过程所的“无机热化学数据库”已有的子程序和函数段，即可方便、迅速地计算出结果。计算程序框图如图 7-8 所示。具体操作时，必须按框图将实际冶炼钢种、钢水量、出钢温度和废钢成分按要求输入计算机。

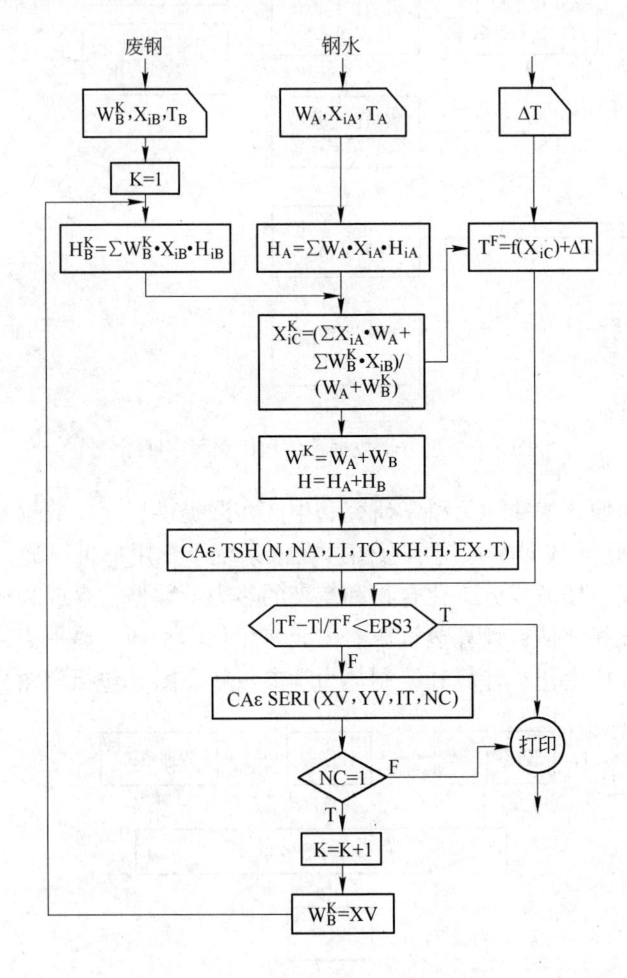

图 7-8　连续铸钢温度计算程序框图

7.2　无机热化学数据库的应用

无机热化学数据库属科学数据库，数据库系统的两大核心部分为数据系统和数据管理系统。国内外权威数据库一般都外延大，收录贮存的数据较齐全，收集的数据经过评估，数据准确、可信。另一核心部分是强大的数据库管理系统，利用热力学数据可以计算化学反应、热力学参数状态图、热平衡、多元多相平衡、相图、化合物的稳定性等等，用户界面友好，开发质量高。

7.2.1　国内外主要无机热化学数据库

国外无机热化学数据库研制和建立较早，如芬兰、美国、英国、加拿大、德国、法国、瑞典等都开发了自己的集成无机热化学数据库，有些数据库实现了网络化，在一定条件下可以在全世界各地相互调用，充分发挥出数据库信息共享的优势。国内虽然早已有一些单位开展了有关化学数据库的工作并有一些成果，如建立了无机热化学数据库（IT-DB）；非电解质汽液相平衡数据库（NEDB）；OCIRS 红外光谱检索系统；计算机辅助解释质谱图系统；X 射线粉末衍射数据库等。但与国外相比远不成熟。国内许多科研单位和高等院校根据自己熟识的情况，购买了相应的国外无机热化学数据库。

国外主要的集成无机热化学数据库的主要功能和特点及概况列于表 7-1 中。

表 7-1　国外主要集成无机热化学数据库

数据库名称	国　家	主要功能和特点	数据库概况
HSC	芬　兰	5 个应用程序，Windows 平台，使用方便；可用于化学反应、热平衡、工业绝热过程计算、多元多相平衡计算、热力学参数状态图绘制等	5000 多个无机化合物数据（元素、化合物等）
ChemSage	德　国	6 个应用程序模块，多元多相平衡计算、热化学计算、评估热力学数据、绘制优势区图等	SGTE 纯物质和化合物数据库，SGTE 溶液数据库等
THERMODATA	法国格伦勒布大学	4 个应用程序，有法语、德语和英语界面，可用于计算相图、活度、熔盐热力学和化学反应热力学等	30000 个精选无机化合物热力学数据库，合金相图和热化学数据库，熔盐相图和热化学数据库等
FACT	加拿大蒙特利尔大学等	13 个应用程序，用户界面友好，输入格式自由；可用于多元多相平衡计算、热力学参数状态图绘制、热力学数据的评估和优化、相图计算等	4000 个无机化合物数据，溶液数据库，包括熔盐、熔渣、熔锍、金属液、玻璃等体系数据库等，约 30000 个文献数据
MANLABS	美　国	二元和多元相图体系计算功能，以及 Thermo-Calc 所具有的功能	二元和多元相图程序，多元合金数据库，氧化物数据库，溶液数据库，还可挂接 Thermo-Calc 软件上
THERMO-CALC	瑞典皇家工学院	600 多个模块化子程序，其中最重要的 POLY-3 模块可计算各种相平衡和相图；TOP 模型参数优化程序	3500 个化合物（SGTE 纯物质数据），200 多个二元和多元系溶液和相图数据（SGTE 合金溶液），铁基合金数据库，熔盐数据库，半导体数据库等 5 个数据库
LTH：THERDAS	德国亚琛工业大学	4 个应用程序，可用于多元多相平衡计算电化学平衡、活度计算、热力学参数状态图绘制、热力学数据的评估和优化等	3500 个化合物（SGTE 纯物质数据），150 多个二元和三元系溶液和相图数据（SGTE 合金溶液），30000 个文献数据

续表 7-1

数据库名称	国　家	主要功能和特点	数据库概况
MTDATA	英国物理研究所	10个应用程序，可分四个等级操作，集成化软件包等；可用于多元多相平衡计算、热力学参数状态图绘制、热力学性质计算、热力学数据的评估和优化等、数据库管理等	3500 化合物（SGTE 纯物质数据），150 多个二元和多元系溶液数据（SGTE 合金溶液），高浓度水溶液、陶瓷、熔盐和熔渣等数据库
CSIRO	澳大利亚	计算相图，热力学数据预测，反应过程模拟等	9200 个化合物数据库，1400 个化合物蒸汽压数据库；溶液和浓溶液活度数据库等
Panda	美　国	使用方便，可计算化学平衡、热平衡，相平衡和相图计算，以及工业绝热过程计算等	约 5000 个无机化合物数据
Lukas	德国马科斯-普朗克冶金研究所	计算二元、三元相图，以及优化和绘图程序	含有纯组元、金属，及其化合物数据库

表 7-1 中的数据库系统均已投入使用，其中加拿大蒙特利尔大学的 FACT、瑞典皇家工学院的 THERMO-CALC 和英国物理研究所的 MTDATA 为世界三大无机热化学数据库，尤其是 THERMO-CALC 和 FACT 的功能较多，在国际上得到广泛的应用。无机热化学数据库应用非常广泛，不同的集成热化学数据库操作系统各不相同，使用数据库语言不尽相同，完成一定的功能所编程的流程图也不尽相同。利用任意一种无机热化学数据库，均可以查询物质的热力学性质参数，诸如：C_p 及其与温度的关系式等数据、焓变 $\Delta H(T)$、熵 $\Delta S(T)$、吉布斯自由能 $\Delta G(T)$ 或所存在的相及其温度范围，进而计算熔化焓、蒸发焓、相变焓和生成焓等等；利用已知的热力学数据库结合相关的计算程序还可以评估热力学数据，计算多元多相平衡，计算热力学参数状态图（含相图）等等。集成无机热化学数据库的优势在于：还可以利用专家系统筛选和评估数据，从而提高了热力学数据的准确性和可靠性；热力学性质的查询检索和计算简便快速，节约时间；可以替代复杂甚至条件苛刻难以实现的实验，从而节省了人力和物力，结果可信。

7.2.2　无机热化学数据库在冶金和材料制备领域的运用实例

无机热化学数据库在冶金和材料制备领域的运用将通过一些具体实例说明。

7.2.2.1　检索元素及化合物的热力学数据

在无机热化学数据库中的纯物质和化合物程序（COMPOUND）模块，可查询纯无机物质的热力学参数数据。例如，当需要检索 Fe、CaO 的热力学性质数据并打印时，进入数据库中的纯物质和化合物程序模块，输入分子式，便可得到有关 Fe、CaO 的热力学参数。在化合物程序模块的菜单中，可键入 C、H、S、G 或 D，即可得到所需要的热力学参数定压热容 C_p、焓变 $H(T)$、熵 $S(T)$、吉布斯自由能 $G(T)$ 或所存在相的名称及其温度范围。检索结果示于表 7-2 ~ 表 7-4。

表 7-2 计算机检索出铁的热力学数据

序 号	$H_{298}=0.0$	$S_{298}=6.52$		
	Phase	T_1	T_2	$\Delta_{tr}H/J\cdot mol^{-1}$
1	α-Fe	298.000	800.000	0.0
2		800.000	1000.000	0.0
3		1000.000	1042.000	0.0
4		1042.000	1060.000	0.0
5		1060.000	1184.000	900
6	γ-Fe	1184.000	1665.000	837
7	δ-Fe	1665.000	1809.000	13807
8	Fe(l)	1809.000	3135.000	

铁的热容 $C_p = A + B\times10^{-3}T + C\times10^{-6}T^2 + D\times10^5T^{-2} + E\times10^8T^{-3}$ J/(mol·K)。

表 7-3 铁的热容表达式中各常数随温度的变化值

C_p, Fe	A	B	C	D	E
1	6.734	-1.749	5.985	-0.692	0.0
2	-62.967	61.140	0.0	148.000	0.0
3	-153.419	166.429	0.0	0.0	0.0
4	465.066	-427.222	0.0	0.0	0.0
5	-134.305	79.862	0.0	696.012	0.0
6	5.734	1.998	0.0	0.0	0.0
7	5.888	2.367	0.0	0.0	0.0
8	11.000	0.0	0.0	0.0	0.0

表 7-4 由数据库检索出的不同温度下的 CaO 的热力学数据

CaO	T/K	C_p/J·(mol·K)$^{-1}$	S/J·(mol·K)$^{-1}$	H/kJ·mol^{-1}	G/kJ·mol^{-1}
	1000.00	53.446	99.433	-599.037	-698.469
	1100.00	54.019	104.554	-593.663	-708.672
	1200.00	54.562	109.277	-588.234	-719.367
	1300.00	55.086	113.665	-582.751	-730.517
	1400.00	55.594	117.766	-577.218	-742.090
Soiled	1500.00	56.092	121.619	-571.633	-754.062
	1600.00	56.581	125.255	-566.000	-766.407
	1700.00	57.064	128.699	-560.317	-779.106
	1800.00	57.542	131.975	-554.587	-792.141
	1900.00	58.015	135.099	-548.809	-805.496
	2000.00	58.486	138.086	-542.984	-819.156

7.2.2.2 计算化学反应热力学函数

根据研究体系针对计算对象，在计算机检索它们的热力学数据的基础上，调用反应程序（REACTION）模块，可以计算化学反应的热力学参数，如反应的标准平衡常数，反应的焓变和熵变等。

例 7-1 计算铁液中钙脱氧反应的标准平衡常数 $K^{\ominus}$。

已知钙在铁液中的溶解度很小，氧化反应产物以固体夹杂物形式存在铁液中，氧化反应为 $[Ca] + \frac{1}{2}O_2(g) = CaO(s)$。进入数据库，检索它们的热力学数据，然后调用反应程序模块，根据计算机屏幕上的提示输入反应物和产物及温度条件和要求等。计算结果示于表 7-5。

表 7-5 计算机求出的铁液中 $[Ca] + \frac{1}{2}O_2(g) = CaO(s)$ 化学反应的标准平衡常数 $K^{\ominus}$

T/K	$\lg K^{\ominus}$	T/K	$\lg K^{\ominus}$
1820.00	14.149	1940.00	13.040
1860.00	13.763	1980.00	12.700
1900.00	13.394	2000.00	12.536

例 7-2 计算铁还原反应 $FeO + CO(g) = Fe + CO_2(g)$ 的热力学性质。

进入数据库，在化合物程序（COMPOUND）模块中检索它们的热力学数据，然后调用反应程序模块，根据提示输入反应起始和终结条件和要求。计算结果如表 7-6 所示。

表 7-6 计算机算出的 $FeO + CO(g) = Fe + CO_2(g)$ 反应的热力学函数

REACTION: $FeO + CO(g) = Fe + CO_2(g)$					
T/K	ΔC_P/J·(mol·K)$^{-1}$	ΔS/J·(mol·K)$^{-1}$	ΔH/kJ·mol^{-1}	ΔG/kJ·mol^{-1}	$\lg K^{\ominus}$
1173.00	1.933	-23.104	-11.519	15.581	-0.694
1184.00	1.661	-23.066	-11.498	15.836	-0.699
TRANSF Fe					
1184.00	-5.874	-22.326	-10.598	15.836	-0.699
1223.00	-5.674	-22.514	-10.824	16.711	-0.714
1273.00	-5.414	-22.736	-11.100	17.845	-0.732
1323.00	-5.159	-22.941	-11.364	18.983	-0.750
1373.00	-4.904	-23.125	-11.615	20.138	-0.766
1423.00	-4.653	-23.297	-11.853	21.297	-0.782
1473.00	-4.402	-23.640	-12.079	22.468	-0.797
1523.00	-4.155	-23.598	-12.297	23.644	-0.811
1573.00	-3.908	-23.727	-12.498	24.828	-0.824
1623.00	-3.661	-23.845	-12.686	26.016	-0.837
1650.00	-3.527	-23.903	-12.782	26.660	-0.844
TRANSF Fe					
1650.00	-6.832	-38.484	-36.840	26.660	-0.844
1665.00	-6.627	-38.547	-36.941	27.238	-0.855
TRANSF Fe					
1665.00	-3.414	-38.045	-36.104	27.238	-0.855
1673.00	-3.293	-38.058	-36.133	27.543	-0.860
1723.00	-2.536	-38.146	-36.275	29.447	-0.893
1773.00	-1.778	-38.208	-36.384	31.355	-0.924
1809.00	-1.230	-38.238	-36.438	32.731	-0.945
TRANSF Fe					
1809.00	2.243	-30.606	-22.631	32.731	-0.945
1823.00	2.314	-30.589	-22.602	33.158	-0.950

例 7-3 检索 $MgCl_2$ 的 C_p 数据，并计算 $MgCl_2$ 的熔化焓、蒸发焓和生成焓。

进入热化学数据库中，调用化合物程序模块，输入 $MgCl_2$ 的分子式，便可得到如表 7-7所示的 $MgCl_2$ 的基本信息。然后在化合物程序模块的菜单中键入 C，可得到 $MgCl_2$ 的定压热容 C_p 数据，如表 7-8 所示。在菜单中键入 H，则可得到 $MgCl_2$ 在各温度范围的焓值，如表 7-9 所示。这里规定，在 298.15K 时，稳定单质的焓值为“零”。

表 7-7 $MgCl_2$ 的热力学性质

分子式：$MgCl_2$　　单位：J（总压 100kPa）

化合物：Magnesium Chloride（氯化镁）

摩尔质量：0.095211kg/mol

相	物 态	C_p 温度范围/K	密度/kg · m^{-3}	文 献
S_1	Solid	298.1 ~ 2000.0	2320	—
L_1	Liquid	298.1 ~ 660.0	2320	—
L_1	Liquid	660.0 ~ 2500.0	2320	—
G_1	Gas	298.1 ~ 6000.0	Ideal	128

相变焓：$\Delta_{tr}H$

$S_1 \rightarrow L_1$　$T = 987.00$K，　$\Delta H = 43095.000$ J/mol

表 7-8 $MgCl_2$ 的 C_p 表达式

分子式：$MgCl_2$　　单位：J（总压 100kPa）

化合物：Magnesium Chloride（氯化镁）

摩尔质量：0.095211kg/mol

$$C_p(T) = \sum_{i=1}^{8} C(i) \times T^{p(i)} \text{J/(mol·K)}$$

相	物 态	ΔH_{298}/J · mol^{-1}	S/J · (mol · K)$^{-1}$	$C(i)$	$p(i)$	$C(i)$	$p(i)$
S_1	Solid	-641616.0	89.6	54.58	0.0	0.21421E-01	1.0
				-1112119.22	-2.0	-0.23567E-05	2.0
				399.18	-0.5		
L_1	Liquid	-601680.1	129.2	193.41	0.0	-0.36201	1.0
				-3788503.94	-2.0	0.31998	2.0
L_1	Liquid	-606887.4	117.3	92.05	0.0		
G_1	Gas	-392459.0	276.9	62.36	0.0	-695753	-2.0
				67611239.30	-3.0		

注：$MgCl_2$ 液相第二个 C_p 是一个常数；气相 $MgCl_2$ 的 C_p 表达式为

$$C_p(G_1) = 62.36 - 695753T^{-2} + 67611239.30T^{-3} \text{J/(mol·K)}$$

表 7-9　$MgCl_2$ 在各温度范围时的焓值

分子式：$MgCl_2$

化合物：Magnesium Chloride（氯化镁）　　单位：J（总压 100kPa）

摩尔质量：0.095211kg/mol

S_1	-676336.85		+54.5843	T	+0.10710E-01	T+2.0
	+1112119.21	T-1.0	-0.78555E-06	T+3.0	+798.3534	T+0.5
L_1	-658788.29		+193.408	T	-0.18100	T+0.2
	+3788503.93	T-1.0	+0.10666E-03	T+0.3		
L_1	-634331.55		+92.0480	T		
G_1	-413006.15		+62.3641	T	+695753.73	T-1.0
	-33805619.67	T-2.0				

将计算机检索的上述热力学数据，用反应程序模块计算 $MgCl_2$ 的生成焓 $\Delta_f H_{MgCl_2}$ 和相变焓 $\Delta_{tr} H_{MgCl_2}$，结果如图 7-9 所示。

7.2.2.3　绘制热力学参数状态图

随着无机热化学数据库的完善和程序库的扩展，其功能逐渐增加。以物质的任意两个或三个热力学参数为坐标，均可绘制其稳定区相图，统称热力学参数状态图（又称广义相图）。电势-pH 图是热力学参数状态图的一种，它把体系中各种反应的平衡电势和溶液的 pH 值之间的函数关系绘制成图。人们可以从图中分析体系中可能发生的各种化学或电化学反应，及其相应的还原或氧化电势及溶液的 pH 值等条件，初步判定在给定条件下，化学反应或电化学反应进行的可能性。因此，电势-pH 图在材料腐蚀与防护、湿法冶金、化学镀、电化学、分析化学和无机化学等领域得到广泛应用。

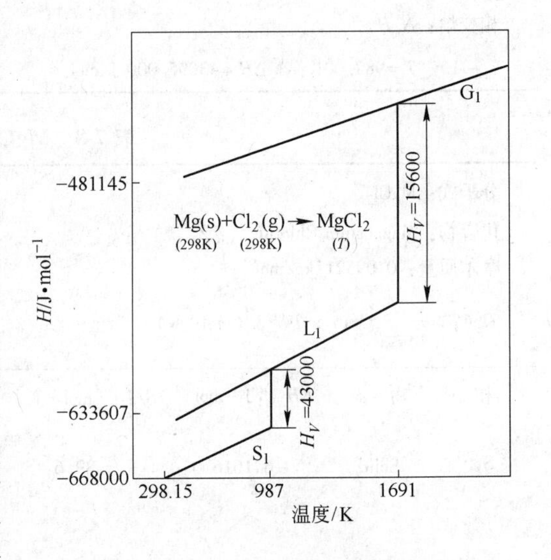

图 7-9　$MgCl_2$ 的生成焓 $\Delta_f H_{MgCl_2}$ 和相变焓 $\Delta_{tr} H_{MgCl_2}$

目前较好的热化学数据库除前面介绍的功能外，还可以计算反应生成物的最高温度；建立了计算机绘制热力学参数状态图的各种程序，绘制热力学参数状态图（包括电势-pH 图）；计算多元素化学平衡、成分与活度；计算并绘制二元、三元相图等等。下面以绘制电势-pH 图为例，介绍如何运用计算机绘制热力学参数状态图，用一些例子说明无机热化学数据库功能。

在建立的计算机绘制热力学参数状态图的各种程序中，通用的电势-pH 图计算机程序框图，如图 7-10 所示。计算机绘制电势-pH 图大致可分为五步：

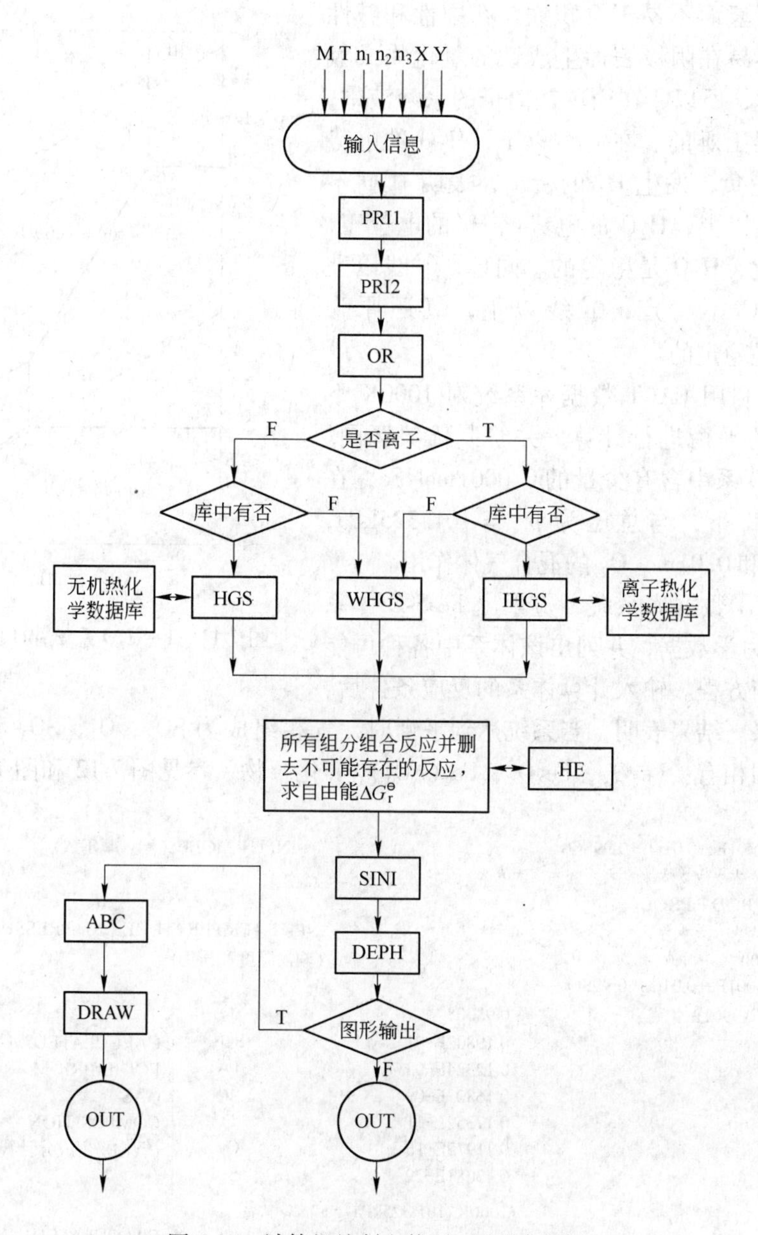

图 7-10 计算机绘制电势-pH 图程序框图

（1）确定体系中可能发生的各类反应以及每个反应的平衡方程式；

（2）利用参与反应各组元的热力学数据计算反应的标准自由能 $\Delta_r G_T^{\ominus}$，并求得标准电极电势 $\varphi^{\ominus}$；

（3）求出反应的电极电势与 pH 值的关系式；

（4）依据各组元的活度和气相分压，计算出指定条件下的电势与 pH 值的关系；

（5）根据相稳定区判定原理，最后得到指定条件下的电势-pH 图。

例 7-4 利用集成热化学数据库绘制 Fe-H_2O 系 φ -pH 图，并简单说明图中的线。

绘制的 298K 下 Fe-H_2O 系 φ -pH 图示于图 7-11。在图中线①之上，即在酸性溶液中，阴极上易于析氢而不易于沉积铁。在中性和碱性溶液中，又容易在阴极表面生成铁的氧化物或氢氧化物而钝化，所以，在简单铁离子的水溶液中，铁的沉积是很困难的。在ⓐ线以下，H_2O 的电势比氢的电势值负，发生 H_2 的析出，表明 H_2O 不稳定；在ⓐ线以上，H_2O 的电势比 H_2 的电位正，发生氢的氧化，H_2O 是稳定的。同理，ⓑ线以上析出 O_2，H_2O 不稳定；ⓑ线以下，氧还原为 OH^-，H_2O 是稳定的。

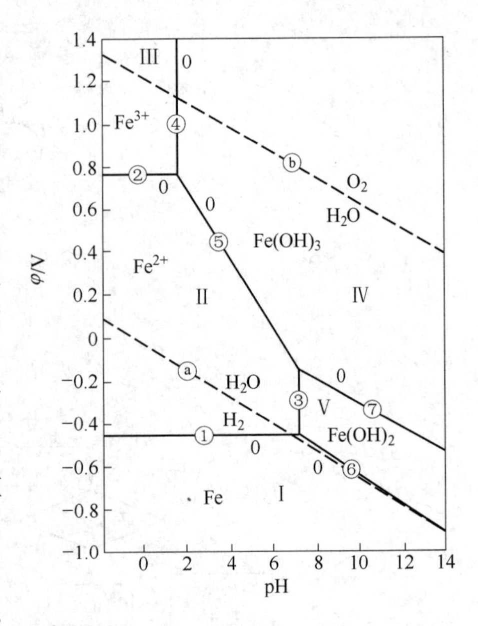

图 7-11　Fe-H_2O 系 φ-pH 图（298K）

例 7-5　利用 FACT 数据库系统对 1000K 下 Fe-S-O 体系的平衡进行计算，并绘制优势区图。计算的 Fe-S-O 系中含有少量的 0.0001mol Fe，在温度为 1000K 下，与总压为 p_{tot} = 101.325kPa，0.99mol SO_2 和 0.01mol O_2 的混合气体作用。

进入 FACT 数据库系统，检索出 Fe-S-O 体系 298K 有关热力学数据，并列出该体系中各种可能反应式及平衡方程。输入计算体系的反应条件后，显示计算结果。结果表明，当系统达到平衡时，气相组成为 SO_2、O_2、SO_3 和微量其他物质；平衡的固相有：Fe_2O_3、Fe_3O_4、$Fe_2(SO_4)_3$ 等化合物，参见图 7-12 和图 7-13。

0.0001Fe+0.01O_2+0.99SO_2　　　　INPUT MOLES(输入摩尔数)

＊＊＊＊＊＊＊＊＊＊＊＊＊＊＊＊＊＊

T PROD P PROD

＊＊＊＊＊＊＊＊＊＊＊＊＊＊＊＊＊＊　　　　INPUT TEMPERATURE AND PRESSURE (输入温度和压力)

1000　　1.0

0.0001Fe+0.01O_2+0.99SO_2=

0.99012 mol		0.98008	SO_2	
	+	0.19802E−01	SO_3	CALCULATED
	+	0.12324E−03	O_2	EQUILIBRIUM
	+	0.16803E−09	SO	GAS
	+	0.17352E−11	O	COMPOSITION
	+	0.11975E−16	O_3	(气相平衡成分计算值)
	+	0.43081E−22	S_2	
		(1000K，101.325kPa，gas)		
				CALCULATED
	+	0.50000E−04mol	Fe_2O_3	SOLIDPHASES AT
		(1000K，101.325kPa，solid)		EQUILIBRIUM
	+	0.00000 mol	$FeSO_4$	(固相平衡成分计算值)
	+	0.00000 mol	Fe_3O_4	
	+	0.00000 mol	$Fe_2(SO_4)_3$	
	+	……………………………		

图 7-12　FACT 数据库系统对 Fe-S-O 体系的平衡计算

图 7-13 为 1000K 下 Fe-S-O 体系的热力学参数状态图。图中表明，p_{SO_2}，p_{O_2} 的分压的大小直接影响纯固态铁的稳定区；只有当 p_{SO_2} = 101kPa，p_{O_2} = 0.93kPa 时，才有如下平衡

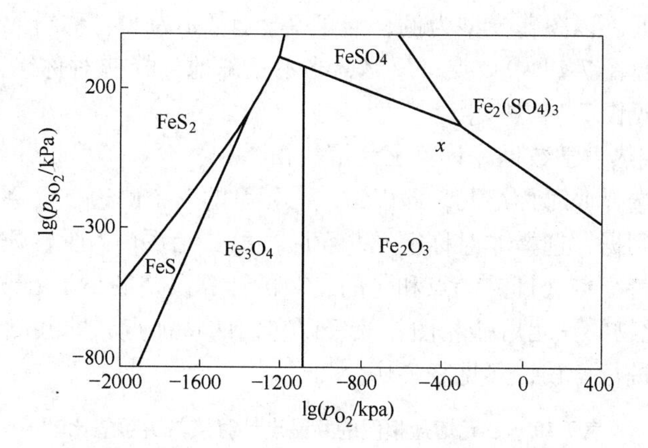

图 7-13 1000K 下 Fe-S-O 体系的热力学参数状态图

反应，即

$$Fe(s) + \frac{3}{4}O_2(g) \xlongequal{\quad} \frac{1}{2}Fe_2O_3(s)$$

$$Fe(s) + \frac{3}{2}O_2(g) + \frac{3}{2}SO_2(g) \xlongequal{\quad} \frac{1}{2}Fe_2(SO_4)_3(s)$$

此即为图 7-13 中的 x 点。

例 7-6 用不同模型由二元系的热力学性质计算三元系的热力学性质，如 Cu-Sb-Zn 和 Ag-Sb-Zn 合金的超额自由能。

计算结果示于图 7-14 和图 7-15。由图可以看出，如果非对称组元选择正确，图普（Toop model）模型计算的结果与实验吻合最好。

由此可见，由二元系的热力学性质计算三元系的热力学性质，关键是用热力学准则正

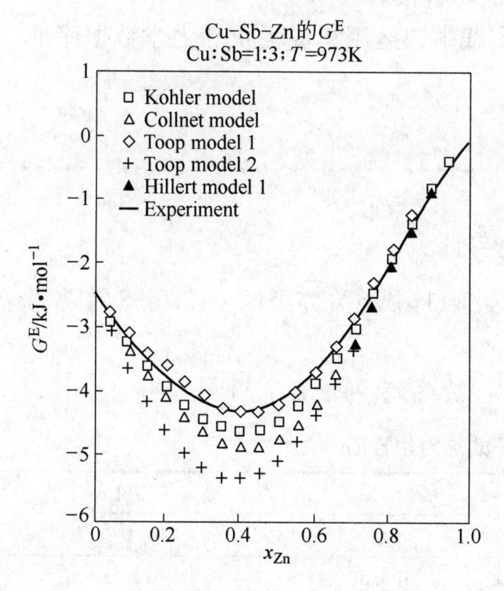

图 7-14 973K 下 Cu-Sb-Zn 三元系的超额自由能

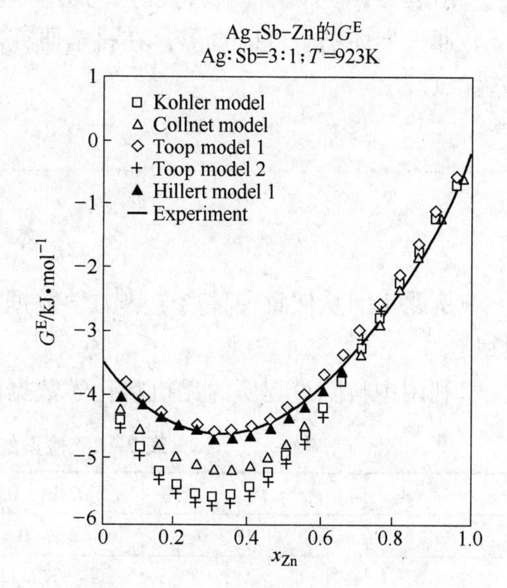

图 7-15 923K 下 Ag-Sb-Zn 三元系的超额自由能

确地选择非对称组元。以图普模型为例，当正确选择 Cu 为非对称组元时，计算结果与实验结果吻合很好，见图 7-14 中◇点；反之，当不正确地选择非对称组元 Sb，计算结果偏离实验值较大，参见图 7-14 中 + 点。

例 7-7 用集成热力学数据库计算三元熔盐相图。

用热力学准则选择非对称组元，即以组成三元系的三个侧边二元系热力学性质偏离理想溶液的程度作为判据，选择非对称组元。而后再由二元系热力学性质，用非对称模型计算三元相图时，其特征点（即共晶点和包晶点）的计算误差最小。由于计算体系较多，共有 10 个含稀土氯化物的三元熔盐相图，故仅以它们的特征点，即共晶点的温度和组成的计算结果与实验值进行比较，参见表 7-10。

表 7-10 三元熔盐相图的共晶点计算值与实验值比较

体 系	计 算 值			实 验 值		
	x_{RECl_3}/%	x_{CaCl_2}/%	t/℃	x_{RECl_3}/%	x_{CaCl_2}/%	t/℃
$LaCl_3$-$CaCl_2$-LiCl	14.5	30.0	445	—	—	—
$CeCl_3$-$CaCl_2$-LiCl	17.0	20.1	439	17.2	18.7	420
$PrCl_3$-$CaCl_2$-LiCl	23.0	19.0	430	27.0	23.0	420
$NdCl_3$-$CaCl_2$-LiCl	23.0	18.5	419	18.1	22.3	408
YCl_3-$CaCl_2$-LiCl	34.0	15.8	383	—	—	—
$LaCl_3$-$CaCl_2$-$MgCl_2$	19.2	45.8	582	—	—	—
$CeCl_3$-$CaCl_2$-$MgCl_2$	26.5	38.0	577	22.6	39.4	527
$PrCl_3$-$CaCl_2$-$MgCl_2$	26.0	41.5	560	26.0	39.4	546
$NdCl_3$-$CaCl_2$-$MgCl_2$	30.0	26.0	548	—	—	—
YCl_3-$CaCl_2$-$MgCl_2$	45.1	45.8	505	—	—	—

由表 7-10 可以看出，特征点的实验值与计算值吻合很好。

通过上述例子可以看出，在科学研究和生产实践中，运用集成无机热力学数据库的一些优点。

本 章 例 题

例题 I 从任意一种离子热力学数据库检索表 7-11 中相关离子的 *G*、*H*、*S* 等热力学性质。

利用中科院过程所的无机热化学数据库进行检索，结果列于表 7-11。

表 7-11 检索的一些离子的热力学性质

序 号	离 子	G/kJ · mol^{-1}	H/kJ · mol^{-1}	S/J · (mol · K)$^{-1}$
1	H^+	0	0	0
2	Ag^+	77.11	105.56	72.68
3	$AgCl_2^-$	−215.48	−245.18	231.38
4	Ba^{2+}	−560.66	−538.36	12.55

续表 7-11

序 号	离 子	$G/\text{kJ}\cdot\text{mol}^{-1}$	$H/\text{kJ}\cdot\text{mol}^{-1}$	$S/\text{J}\cdot(\text{mol}\cdot\text{K})^{-1}$
5	CO^{2+}	-54.39	-58.16	-122.97
6	CrO_4^{2-}	-727.85	-881.15	50.21
7	Fe^{2+}	-78.87	-89.12	-137.65
8	Fe^{3+}	-4.60	-48.53	-315.89
9	Pb^{2+}	-24.31	1.63	10.46
10	S^{2-}	92.47	35.82	-26.78
11	SO_4^{2-}	-741.99	-907.51	17.15
12	HS^-	12.97	-17.66	61.09
13	VO_4^-	-853.12	-882.41	200.83
14	ZrO^-	-840.57	-933.45	-300.83
15	$FeOH^-$	-277.40	-324.68	-29.29
16	$Cr_2O_7^{2-}$	-1301.22	-1490.34	261.92

例题Ⅱ 试用 FACT 程序绘制 $CaO\text{-}SiO_2$ 相图并与部分实验数据（给出的 $x_{SiO_2}=0.72\sim0.99$ 溶解度间隙的两液相平衡的温度数据）比较。

利用 FACT 程序提取有关数据，选择准化学模型，评估优化参数，利用自由能最小原理计算并绘制出 $CaO\text{-}SiO_2$ 相图，结果示于图 7-16（图中各种空心点为实验数据点）。由图可以看出，计算相图与实验点吻合较好。

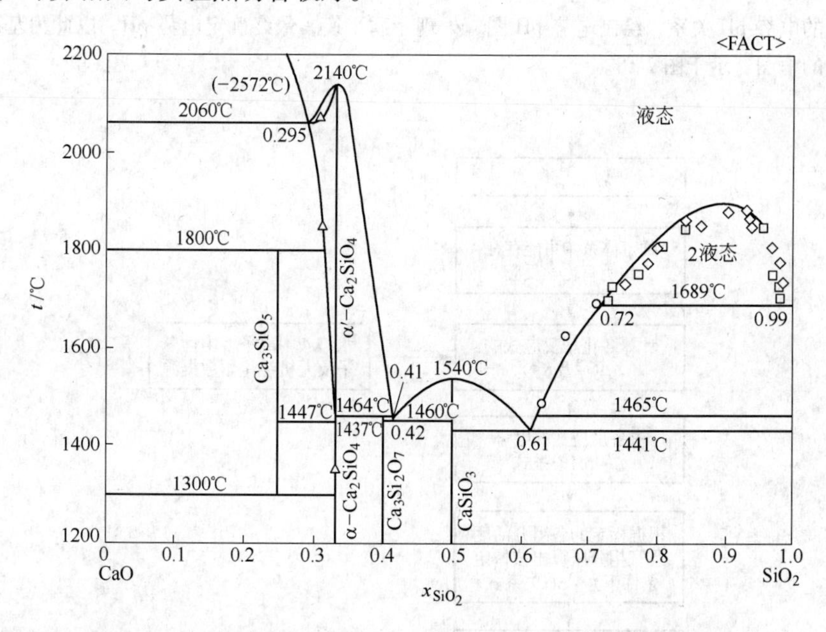

图 7-16 由优化参数计算的 $CaO\text{-}SiO_2$ 相图与部分实验点的比较

例题Ⅲ 在 Nb-Ni 二元系存在两个变组成金属间化合物，即 Ni_3Nb 和 Ni_6Nb_7，试以亚点阵模型计算绘制该二元系相图并与实验相图进行比较。

利用 Thermo-Calc 集成热化学数据库系统，选择亚点阵模型，计算出 Nb-Ni 二元系中化合物的超额自由能，优化数据，然后计算 Ni-Nb 二元相图，结果示于图 7-17。图中各种形状的图形点为实验数据点。由图可以看出，计算的相图与不同研究者的实验结果吻合很好。

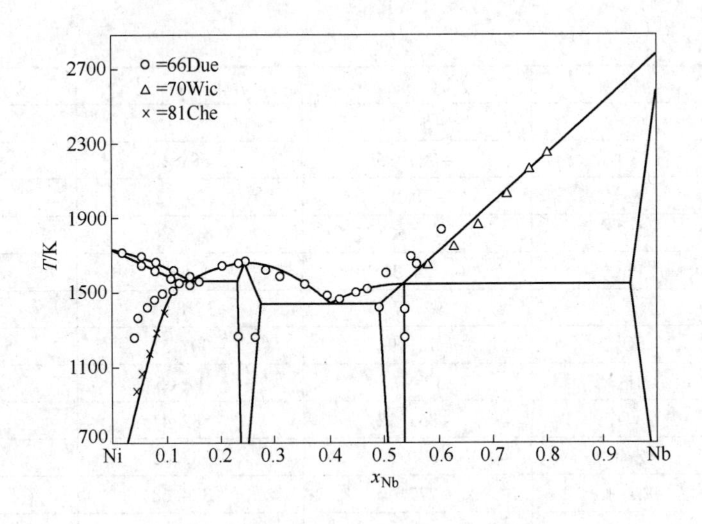

图 7-17 计算的 Ni-Nb 二元相图与不同实验结果的比较

习 题

7-1 利用计算机，根据本书中论述的热力学参数状态图绘制的原理，自行编制绘制电势-pH 图程序，并给出通用的电势-pH 图的计算机框图。

提示：电势-pH 图绘制的过程是：输入化学元素，设计可能出现的化学反应，配平反应，计算特定条件下的电势-pH 关系，绘制电势-pH 图，处理矛盾平衡，最终确定电势-pH。以此为基础编制计算机程序的框图，示于图 7-18。

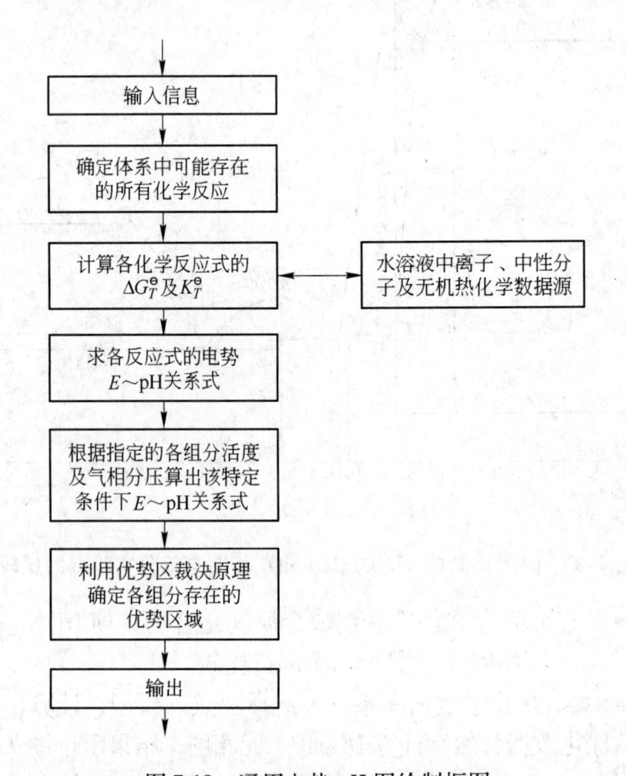

图 7-18 通用电势-pH 图绘制框图

8 冶金和材料热力学分析实例

尽管冶金与材料制备过程的特点是多元、多相，且工艺条件多样复杂，但一切化学反应能够进行的基本条件是热力学的可行。因此对冶金和材料制备过程进行热力学分析，是了解和掌握材料和冶金过程反应规律，选择、设计工艺参数，实现材料合成和开发新工艺的基本依据。本章通过几个冶金过程与材料合成的实例，介绍热力学在冶金与材料制备过程中的应用。

8.1 热力学在冶金过程中应用实例

8.1.1 选择性氧化（还原）理论在冶金过程中的应用

各元素的氧化服从热力学原理，遵从一定顺序；同理，各氧化物的还原也应遵从一定顺序。因此，在冶金过程中选择适当的温度和气氛，就可以实现选择性氧化或选择性还原。

8.1.1.1 奥氏体不锈钢冶炼脱碳保铬的热力学分析

奥氏体不锈钢是一种重要的金属材料，其特点是具有良好的抗晶间腐蚀能力。其含碳量越低，抗腐蚀能力越强。最常见的奥氏体不锈钢为1Cr18Ni9(Ti)，其在许多介质中有良好的耐腐蚀性，在低温下有很好的韧性和塑性，可用做低温压力容器。1Cr18Ni9不锈钢的规定成分为：$w(C) \leqslant 0.12\%$，$w(Cr) = 17\% \sim 19\%$，$w(Ni) = 8\% \sim 9.5\%$，$w(Mn) = 1\% \sim 2\%$，$w(S) \leqslant 0.02\%$，$w(P) \leqslant 0.035\%$。当 $w(C) \leqslant 0.08\%$ 时，为 0Cr18Ni9；当 $w(C) \leqslant 0.02\%$ 时，则为超低碳优质不锈钢。随着科学技术的发展，不锈钢冶炼工艺也得到改进和发展，从1926年至今经历了三个阶段。

从1926~1939年为第一阶段，采用“配料熔化法”，使用工业纯铁、纯镍、低碳铬铁及低碳废钢等各种低碳原料。按钢号要求配料，而后在电炉内熔化生产不锈钢。配料熔化法的主要问题是，不能使用不锈钢生产过程中产生的返回料。第二阶段，1939年美国提出了“返回吹氧法”，这是不锈钢冶炼史的一次革命。采用此法可以使用返回料，通过吹氧达到脱碳的目的。存在的问题是：吹氧时钢水中的 $w[Cr]$ 有 $2\% \sim 2.5\%$ 氧化，造成有价金属的损失。因此在氧化期后期需补加一定量的低碳铬铁。20世纪60年代进入第三阶段，出现“高碳真空吹炼法”，不锈钢冶炼进入新纪元。其特点是：不受原材料限制，且钢液中［Cr］的回收率可达 $97\% \sim 98\%$。目前出现的先进冶金技术中，各类炼钢炉均成为熔化设备，而熔化后进行炉外处理和合金化，出现了纯净钢、超纯净钢微合金化和超金属等先进钢铁材料。冶炼新方法、新工艺的出现，都涉及物理化学原理在生产实践中应用的问题。

A 奥氏体不锈钢冶炼工艺的热力学分析

从热力学上讲，奥氏体不锈钢冶炼的关键科学问题是如何控制碳和铬的氧化顺序问题。在同一条件下，依照元素对氧亲和力的大小决定它们的氧化或还原顺序，称之为选择性氧化或选择性还原的原理。下面利用这个原理分析钢液中［Cr］和［C］的氧化顺序，计算转化温度，用在不锈钢冶炼工艺中实现“脱碳保铬”。

a 在标准状态下铬和碳的氧化顺序

这里分别就铬和碳在非溶解和溶解在钢液状态下的氧化进行分析。

（1）在非溶解态的情况下，由埃林汉图可以看出，Cr_2O_3 和 CO 两条直线的相对位置随温度改变，且有一个交点，交点温度称之为转化温度（$T_{转}$）。低于交点温度，铬先氧化；反之，高于交点温度，则碳先氧化。根据两个氧化反应的吉布斯自由能变化可以计算转化温度，即

$$\frac{4}{3}Cr(s) + O_2(g) = \frac{2}{3}Cr_2O_3(s) \tag{8-1}$$

$$\Delta_r G^{\ominus}_{(8\text{-}1)} = -746840 + 173.22T \quad J/mol$$

$$2C(s) + O_2(g) = 2CO(g) \tag{8-2}$$

$$\Delta_r G^{\ominus}_{(8\text{-}2)} = -232630 - 167.78T \quad J/mol$$

式(8-1)和式(8-2)的交点，为两个反应的平衡温度，即转化温度。两式相减得到

$$\frac{2}{3}Cr_2O_3(s) + 2C(s) = \frac{4}{3}Cr(s) + 2CO(g) \tag{8-3}$$

$$\Delta_r G^{\ominus}_{(8\text{-}3)} = 514210 - 341.00T \quad J/mol$$

当 $\Delta_r G^{\ominus}_{(8\text{-}3)} = 0$ 时，则 $T_{转} = 1508K$。由此可见：在标准状态下，当温度高于 1508K（1235℃）时，碳先氧化（亦即 Cr_2O_3 被碳还原）；当温度低于 1508K 时，铬先氧化（CO 还原）。因此在电炉熔化期，温度较低，大量铬被氧化。

（2）在溶于钢液中的标准状态下，铬和碳处于溶解状态，即为［Cr］和［C］，与气相中的氧直接氧化，反应是

$$\frac{3}{2}[Cr] + O_2(g) = \frac{1}{2}Cr_3O_4(s) \tag{8-4}$$

$$\Delta_r G^{\ominus}_{(8\text{-}4)} = -746430 + 223.51T \quad J/mol$$

$$2[C] + O_2(g) = 2CO(g) \tag{8-5}$$

$$\Delta_r G^{\ominus}_{(8\text{-}5)} = -281170 - 84.18T \quad J/mol$$

两式相减得

$$2[C] + \frac{1}{2}Cr_3O_4(g) = \frac{3}{2}[Cr] + 2CO(g) \tag{8-6}$$

$$\Delta_r G^{\ominus}_{(8\text{-}6)} = 465260 - 307.79T \quad J/mol$$

当 $\Delta_r G^{\ominus}_{(8\text{-}6)} = 0$ 时，则 $T_{转} = 1512K$（1239℃）。即高于此温度碳开始氧化，低于该温度则铬被氧化。

b 在实际状态下铬和碳的氧化顺序

在非标准状态下，溶解在钢液中［Cr］和［C］的氧化顺序需用等温方程进行分析。当钢液中 $w[Cr] > 9\%$ 时，渣中铬的氧化物为 Cr_3O_4，用（Cr_3O_4）表示。冶炼不锈钢时有反应

$$\frac{3}{2}[\mathrm{Cr}] + 2\mathrm{CO(g)} = 2[\mathrm{C}] + \frac{1}{2}(\mathrm{Cr_3O_4}) \tag{8-7}$$

$$\Delta_r G^{\ominus}_{(8\text{-}7)} = -465260 + 307.69T \quad \mathrm{J/mol}$$

反应的等温方程

$$\Delta_r G_{(8\text{-}8)} = \Delta_r G^{\ominus}_{(8\text{-}7)} + RT\ln \frac{a_{\mathrm{C}}^2 \cdot a_{(\mathrm{Cr_3O_4})}^{1/2}}{a_{\mathrm{Cr}}^{3/2} \cdot (p_{\mathrm{CO}}/p^{\ominus})^2}$$

$$= \Delta_r G^{\ominus}_{(8\text{-}7)} + RT\ln \frac{f_{\mathrm{C}}^2 \cdot w[\mathrm{C}]_{\%}^2}{f_{\mathrm{Cr}}^{3/2} \cdot w[\mathrm{Cr}]_{\%}^{3/2} \cdot (p_{\mathrm{CO}}/p^{\ominus})^2} \tag{8-8}$$

显然，反应的吉布斯自由能与温度、碳和铬的含量、p_{CO}等有关。在冶炼过程中碳和铬的含量不同，它们的氧化顺序也就不同。

由式（8-8）计算转化温度。因为渣中的（$\mathrm{Cr_3O_4}$）处于饱和状态，所以其活度为1。又查得：

$$e_{\mathrm{C}}^{\mathrm{C}} = 0.14,\quad e_{\mathrm{Cr}}^{\mathrm{Cr}} = -0.0003,\quad e_{\mathrm{Ni}}^{\mathrm{Ni}} = 0.0009$$

$$e_{\mathrm{C}}^{\mathrm{Cr}} = -0.024,\quad e_{\mathrm{Cr}}^{\mathrm{C}} = -0.12,\quad e_{\mathrm{Cr}}^{\mathrm{Ni}} = 0.0002$$

$$e_{\mathrm{Ni}}^{\mathrm{C}} = 0.042,\quad e_{\mathrm{Ni}}^{\mathrm{Cr}} = -0.0003,\quad e_{\mathrm{C}}^{\mathrm{Ni}} = 0.012$$

于是可以计算f_C、f_{Cr}和f_{Ni}。

$$\lg f_{\mathrm{C}} = e_{\mathrm{C}}^{\mathrm{C}} \cdot w[\mathrm{C}]_{\%} + e_{\mathrm{C}}^{\mathrm{Cr}} \cdot w[\mathrm{Cr}]_{\%} + e_{\mathrm{C}}^{\mathrm{Ni}} \cdot w[\mathrm{Ni}]_{\%}$$

$$\lg f_{\mathrm{Cr}} = e_{\mathrm{Cr}}^{\mathrm{Cr}} \cdot w[\mathrm{Cr}]_{\%} + e_{\mathrm{Cr}}^{\mathrm{C}} \cdot w[\mathrm{C}]_{\%} + e_{\mathrm{Cr}}^{\mathrm{Ni}} \cdot w[\mathrm{Ni}]_{\%}$$

$$\lg f_{\mathrm{Ni}} = e_{\mathrm{Ni}}^{\mathrm{Ni}} \cdot w[\mathrm{Ni}]_{\%} + e_{\mathrm{Ni}}^{\mathrm{C}} \cdot w[\mathrm{C}]_{\%} + e_{\mathrm{Ni}}^{\mathrm{Cr}} \cdot w[\mathrm{Cr}]_{\%}$$

将有关数据代入上面各式求出f_{Ni}、f_{C}和f_{Cr}，然后由式(8-8)得到

$$\Delta_r G_{(8\text{-}9)} = -465260 + 307.69T + 19.14T\Big\{0.46w[\mathrm{C}]_{\%} - 0.0476w[\mathrm{Cr}]_{\%} + 0.0237w[\mathrm{Ni}]_{\%} + 2\lg w[\mathrm{C}]_{\%} - 1.5\lg w[\mathrm{Cr}]_{\%} - 2\lg\frac{p_{\mathrm{CO}}}{p^{\ominus}}\Big\} \tag{8-9}$$

令$\Delta_r G_{(8\text{-}9)}=0$，并将相应的数值代入式（8-9）可得到表8-1的结果。表中列有不同钢水成分及不同CO分压时反应$\Delta_r G$和[C]和[Cr]的氧化转化温度。炼钢时吹炼温度必须高于氧化转化温度，才能使钢水中的[C]氧化而[Cr]不氧化，从而达到脱碳保铬的目的。

表8-1 不同浓度[C]和[Cr]的氧化转化温度计算结果

实例	钢水成分 w/%			p_{CO}/Pa	$\Delta_r G/\mathrm{J\cdot mol^{-1}}$	氧化转化温度	
	[Cr]	[Ni]	[C]		$\Delta_r G^{\ominus} = -465260 + 307.69T$	t/℃	T/K
1	12	9	0.35	1×10^5	$-465260+255.36T$	1549	1822
2	12	9	0.10	1×10^5	$-465260+232.46T$	1728	2001
3	12	9	0.05	1×10^5	$-465260+220.50T$	1837	2110
4	10	9	0.05	1×10^5	$-465260+224.26T$	1802	2075
5	18	9	0.35	1×10^5	$-465260+245.57T$	1622	1895
6	18	9	0.10	1×10^5	$-465260+222.13T$	1822	2095

续表 8-1

实例	钢水成分 w/%			p_{CO}/Pa	$\Delta_r G$/J·mol^{-1}	氧化转化温度	
	[Cr]	[Ni]	[C]		$\Delta_r G^\ominus = -465260 + 307.69T$	t/℃	T/K
7	18	9	0.05	1×10^5	$-465260+210.00T$	1943	2216
8	18	9	0.35	6.7×10^4	$-465260+251.71T$	1575	1848
9	18	9	0.05	5×10^4	$-465260+221.50T$	1827	2100
10	18	9	0.05	2×10^4	$-465260+236.86T$	1691	1964
11	18	9	0.05	1×10^4	$-465260+248.28T$	1601	1874
12	18	9	0.02	5×10^3	$-465260+244.30T$	1631	1904
13	18	9	1.00	1×10^5	$-465260+268.24T$	1461	1734
14	18	9	4.50	1×10^5	$-465260+323.84T$	1164	1437

c　氧气或铁矿石氧化时钢水升降温的计算

（1）用氧气氧化 $w[Cr]=1\%$ 提高钢水温度的计算。对于反应

$$\frac{3}{2}[Cr] + O_2(g) = \frac{1}{2}Cr_3O_4(s)$$

$$\Delta_r G^\ominus = -746430 + 223.51T \quad J/mol$$

所以

$$\Delta_r H^\ominus = -746430 \ J/mol$$

即，在含 $w[Cr]=1\%$ 的钢水中，$\frac{3}{2}$mol 的［Cr］被 1mol 的 O_2 氧化生成$\frac{1}{2}$mol Cr_3O_4 时，产生的热量为 746.43 kJ/mol。

因为

$$\frac{3}{2}[Cr] = \frac{3}{2}\times 52 = 78 \ g$$

所以，78g 的 $w[Cr]$为 1% 的钢水中含 Fe 为

$$\frac{78\times 99}{55.85} = 138mol$$

吹入氧气的温度为室温，假定 Cr_3O_4 的热容与 Cr_2O_3 的热容相同，根据表 8-2 所给数据，可以求出钢水升高的温度 ΔT。

表 8-2　计算钢水升降温所需数据

物　质	M_i/kg·mol^{-1}	C_p/J·(mol·K)$^{-1}$	$H_T - H_{298}$/kJ·mol^{-1}
		1800K	1800K
Cr_3O_4	220×10^{-3}	—	—
Cr_2O_3	152×10^{-3}	131.80	
Fe_2O_3	159.7×10^{-3}	158.16	217.07
Cr	52×10^{-3}	45.10	—
Fe	55.85×10^{-3}	43.93	—
C	12×10^{-3}	24.89	30.67
CO	28×10^{-3}	35.94	—
O_2	32×10^{-3}	37.24	51.71

$$\Delta T = (746430 - 51710) \Big/ \left(138 \times 43.93 + \frac{1}{2} \times 131.8\right) = 113℃$$

即吹氧氧化 $w[Cr] = 1\%$ 时，可使钢水温度提高113℃。

（2）用氧气氧化 $w[C] = \mathbf{1\%}$ 提高钢水温度的计算。对于反应

$$2[C] + O_2(g) = 2CO(g)$$

$$\Delta_r G^{\ominus} = -281170 - 84.18T \quad J/mol$$

所以

$$\Delta_r H^{\ominus} = -281170 J/mol$$

24g 的含碳 $w[C] = \mathbf{1\%}$ 的钢水中含 Fe 为

$$\frac{24 \times 99}{55.85} = 42.6 mol$$

所以

$$\Delta T = \frac{281170 - 51710}{42.6 \times 43.93 + 2 \times 35.94} = 118℃$$

即氧化 $w[C] = \mathbf{0.1\%}$ 时，可使钢水温度提高 11.8℃。

（3）用铁矿石氧化 $w[Cr] = 1\%$ 提高钢水温度的计算。对于反应

$$\frac{2}{3}Fe_2O_3(s) + \frac{3}{2}[Cr] = \frac{4}{3}[Fe] + \frac{1}{2}Cr_3O_4(s)$$

$$\Delta_r G^{\ominus} = -202510 + 54.85T \quad J/mol$$

$$\Delta_r H^{\ominus} = -202510 J/mol$$

$$\Delta T = \frac{202510 - \frac{2}{3} \times 217070}{\left(138 + \frac{4}{3}\right) \times 43.93 + \frac{1}{2} \times 131.8} = 9℃$$

即用铁矿石氧化 $w[Cr] = 1\%$ 时，只能使钢水温度提高 9℃。

（4）用铁矿石氧化 $w[C] = \mathbf{1\%}$ 降低钢水温度的计算。对于反应

$$\frac{2}{3}Fe_2O_3(s) + 2[C] = \frac{4}{3}[Fe] + 2CO(g)$$

$$\Delta_r G^{\ominus} = 262760 - 252.00T \quad J/mol$$

所以

$$\Delta_r H^{\ominus} = 262760 J/mol$$

该反应是吸热反应，只能使钢水温度降低。

$$\Delta T = \left(-262760 - \frac{2}{3} \times 217070\right) \Big/ \left[\left(42.6 + \frac{4}{3}\right) \times 43.93 + 2 \times 35.94\right] = -204℃$$

即用铁矿石氧化 $w[C] = \mathbf{0.1\%}$ 时，可使钢水温度降低 20.4℃。

d 结果分析

（1）用铁矿石氧化对熔池温度的影响。当使用铁矿石作氧化剂时，每氧化 $w[Cr] = 1\%$ 只能使钢液温度提高 9℃。这远远抵消不了氧化 $w[C] = 0.1\%$ 使钢液降低 20.4℃ 的温度，致使熔池温度无法提高到脱碳保铬的转化温度，加入铁矿石只能大量氧化 [Cr] 而不能脱 [C]。所以，在吹氧发明之前，不能使用返回料。

（2）吹氧温度与碳含量的关系。从表8-1中实例1、2、3可以看出，熔池中的 $w[C]$ 从0.35%降到0.05%时，熔池温度必须从1822K升至2110K。为了实现脱碳保铬，吹炼温度必须高于氧化转化温度。要使熔池温度升高近290K，主要靠吹氧氧化钢液中的［Cr］来实现。因为每氧化 $w[Cr]=1\%$，可使钢水温度升高118K。因此需氧化 $w[Cr]=2\%\sim2.5\%$，才可使钢水温度升高236～295K。此外，$w[C]$ 从0.35%降至0.05%，氧化掉3%，也可使钢水升温约36K。所以，在使用返回料时，为达到脱碳保铬的目的，必须损失掉 $w[Cr]=2\%\sim2.5\%$，才能满足将 $w[C]$ 降至0.05%时，熔池温度升高290K所需要的热量。当钢液中 $w[C]$ 降到要求值后，再补加一部分低碳铬铁，使 $w[Cr]$ 达到钢号的要求。因此，返回吹氧法冶炼不锈钢时，必须用“吹氧提温”。

（3）铬和碳的氧化进程。根据式(8-7)可以计算出不同温度下 $w[Cr]$ 与 $w[C]$ 的平衡曲线

$$\frac{3}{4}[Cr]+CO(g)=\!=\!=[C]+\frac{1}{4}(Cr_3O_4)$$

$$\Delta_r G^{\ominus}=-232630+153.85T\quad J/mol$$

$$\lg K^{\ominus}=\frac{12150}{T}-8.035 \tag{8-10}$$

设 $w[Ni]=9\%$，$p_{CO}=1\times10^5Pa$，$a_{(Cr_3O_4)}=1$，则有

$$K=\frac{f_C w[C]_\% a_{(Cr_3O_4)}}{f_{Cr}^{3/4}w[Cr]_\%^{3/4}\frac{p_{CO}}{p^{\ominus}}}=\frac{f_C w[C]_\%}{f_{Cr}^{3/4}w[Cr]_\%^{3/4}}$$

$$\lg K=\lg f_C-\frac{3}{4}\lg f_{Cr}+\lg w[C]_\%-\frac{3}{4}\lg w[Cr]_\% \tag{8-10'}$$

$$\lg f_C=e_C^C w[C]_\%+e_C^{Cr}w[Cr]_\%+e_C^{Ni}w[Ni]_\%$$

$$\lg f_{Cr}=e_{Cr}^{Cr}w[Cr]_\%+e_{Cr}^{C}w[C]_\%+e_{Cr}^{Ni}w[Ni]_\%$$

已知

$$e_C^C=0.14,\qquad e_C^{Cr}=-0.024,\qquad e_C^{Ni}=0.012$$

$$e_{Cr}^{Cr}=-0.0003,\quad e_{Cr}^{Ni}=0.0002,\qquad e_{Cr}^{C}=-0.12$$

将上述数据及 $w[Ni]=9\%$ 代入式（8-10′），整理得

$$\lg K=\lg w[C]_\%-\frac{3}{4}\lg w[Cr]_\%+0.23w[C]_\%-0.022w[Cr]_\%+0.107 \tag{8-11}$$

在炼钢温度1873K下，由等温方程可得 $\Delta_r G=\Delta_r G^{\ominus}+RT\ln K$，由式(8-10)得 $\lg K^{\ominus}=-1.548$，代入式(8-11)得

$$0.23w[C]_\%+\lg w[C]_\%=0.022w[Cr]_\%+\frac{3}{4}\lg w[Cr]_\%-1.655 \tag{8-12}$$

根据式(8-12)，可以算出1873K时 $w[C]$ 和 $w[Cr]$ 平衡浓度，结果示于表8-3。

表 8-3 在 1873K 和 2073K 转化温度下 $w[C]$ 和 $w[Cr]$ 的平衡浓度比较

序 号	钢水成分，$w[i]/\%$			p_{CO}/Pa	转化温度/K
	Ni	C	Cr		
1	9.0	0.05	2.55	1×10^5	1873
2	9.0	0.05	10.10	1×10^5	2073
3	9.0	0.10	5.45	1×10^5	1873
4	9.0	0.10	16.50	1×10^5	2073
5	9.0	0.20	10.30	1×10^5	1873
6	9.0	0.20	24.60	1×10^5	2073
7	9.0	0.30	14.20	1×10^5	1873
8	9.0	0.30	30.20	1×10^5	2073
9	9.0	0.40	17.50	1×10^5	1873
10	9.0	0.50	20.40	1×10^5	1873

当温度 $T=2073K$ 时，$\lg K^{\ominus}=-2.174$，代入式（8-11）得

$$0.23w[C]_{\%}+\lg w[C]_{\%}=0.022w[Cr]_{\%}+\frac{3}{4}\lg w[Cr]_{\%}-2.281 \tag{8-13}$$

由式（8-12）和式（8-13）分别计算出 1873K（1600℃）和 2073K（1800℃）时 $w[C]$-$w[Cr]$ 的平衡曲线，如图 8-1 所示。

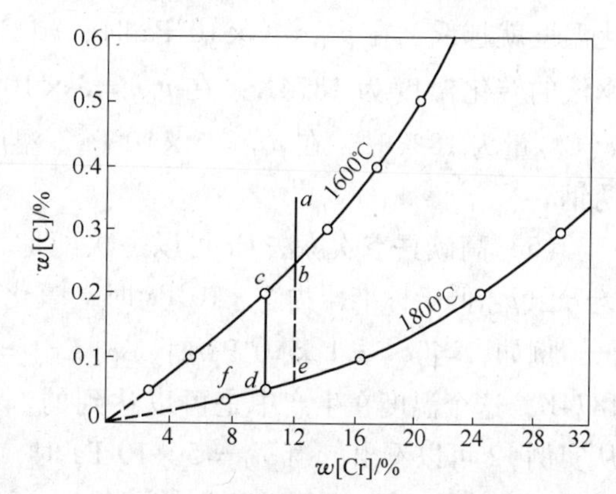

图 8-1 两个转化温度下 $w[C]$-$w[Cr]$ 的平衡曲线

图 8-1 中平衡线以上的区域，碳高于平衡浓度，是碳的氧化区；曲线下面的区域，铬的浓度高于平衡浓度，是铬的氧化区域。现应用此图对不锈钢氧化冶炼过程进行分析。若熔清后钢液成分为图上的 a 点，$w[C]$ 为 0.35%，$w[Cr]$ 为 12%，$w[Ni]$ 为 9%。在 1873K 时开始吹氧，$w[C]$ 显然高于平衡浓度，开始氧化，浓度沿 ab 方向下降；到达曲线 b 点，与 $w[Cr]=12\%$ 处于平衡状态。若此时有外来热源使钢液温度超过 1873K，$w[C]$ 将沿 be 方向继续下降。实际生产中，往往在碳焰开始上升时，即行断电切断外供热源。碳若继续氧化，铬亦氧化；碳和铬同时沿曲线 bc 方向氧化。在碳、铬氧化时，尤其是 $w[Cr]$ 的氧化放出大量的热量，钢水温度提高。当 $w[Cr]$ 从 12% 下降到 10%（c 点）时，温度升高 200K，达到 2073K。这时，碳沿 cd 下降，直到 d 点（$w[C]=0.05\%$），与 $w[Cr]=10\%$ 平衡。此后，如果仍无外供热量，碳和铬将沿 2073K 的平衡曲线 df 方向继续氧化。若 d 点已是碳的终点含量（0.05%），即停止吹氧，冶炼进入下一阶段（还原期）。上述分析说明，冶炼不锈钢时为达到脱碳保铬目的，必须提高熔池温度。

同样，依式（8-10）和式（8-11），可以计算如图 8-2 所示的任意温度下 $w[C]$-$w[Cr]$ 的平衡曲线。

由图 8-2 可以看出，冶炼不锈钢时，碳越低，则所需温度越高，尤其是 w[Cr]越高，保 Cr 脱 C 所需温度就越高。在电炉中，为了提高温度，不得不先氧化掉部分 Cr 进入渣中（即生成四氧化三铬）。虽在进入还原期之后，加入还原剂还可使这些（Cr_3O_4）还原，回收一部分铬，但最后仍有 w[Cr] = 8% ~ 12% 的铬损失进入渣中。

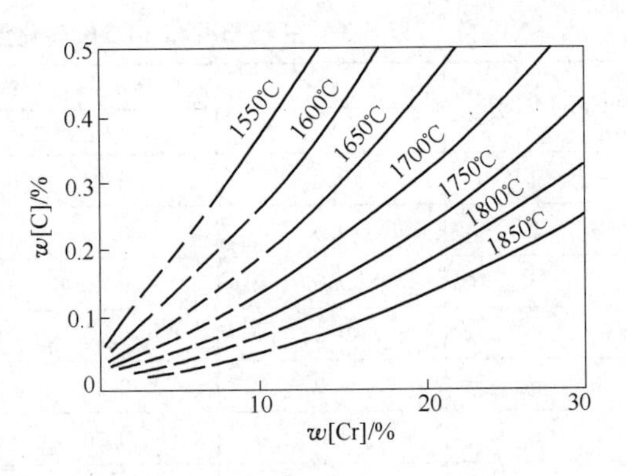

图 8-2　不同转化温度下 w[C]-w[Cr]的平衡曲线

（4）配铬量与转化温度及系统一氧化碳分压的关系。在返回吹氧法中，Cr 不能一次配足至成品钢的含量，如 1Cr18Ni9 钢 w[Cr] = 18%，而只能配到 12% ~ 13%。从图 8-2 可以看出，若 w[Cr]一次配足到 18%，那么当 w[C]为 0.35% 时，要保 Cr 去 C，开吹温度必须高于 1898K。当 w[C]降至 0.1% 时，吹炼温度必须高于 2073K。若使 w[C]继续降到 0.05% 时，吹炼温度必须高于 2218K。如此高的吹炼温度炉衬难以承受，实际工艺操作也不允许。因此，氧化转化温度太高是造成 Cr 不能一次配足的主要原因。此外，系统中 CO 参入反应。若降低 p_{CO}，转化温度必然降低（见表 8-1）。p_{CO}越低，转化温度就越低。在 $p_{CO} = 1 \times 10^4$Pa 时，w[Cr] = 18%，w[Ni] = 9%，w[C] = 0.05% 的钢液的转化温度为 1874K；在 $p_{CO} = 5 \times 10^3$Pa 时，转化温度为 1904K。由此可见，配 w(Cr)量为 18% 时，在 $p_{CO} = 5 \times 10^3$Pa，温度 1904K 下，即可冶炼出含碳为 0.02% 的不锈钢。

（5）高碳真空吹炼法 Cr 可以一次配足。从表 8-1 中实例 8 ~ 11 可以看出，当一氧化碳分压 p_{CO}低于标准压力 1×10^5Pa 时，氧化转化温度可降低。p_{CO}越低，氧化转化温度越低。例如，当 $p_{CO} = 1 \times 10^4$Pa 时，w[Cr] = 18%、w[C] = 0.05%，氧化转化温度只有 1874K，这个温度在生产中是可以达到的。为了吹炼超低碳不锈钢，如 w[C] = 0.02%，从实例 12 可以看出，当 $p_{CO} = 5 \times 10^3$Pa 时，氧化转化温度为 1904K，仍是可行的。因此，采用真空或半真空吹炼，可以将 Cr 一次配足。从表 8-1 中实例 13、14 还可以看出，[C] 含量越高，氧化转化温度越低。如实例 14，w[C] = 4.5%，$p_{CO} = 1 \times 10^5$Pa 时，氧化转化温度只有 1437K。所以，吹炼开始时，可以先在常压下吹氧脱碳。但当 [C] 下降到一定程度时，必须采用真空吹炼。

用前面的方法可以算出 $p_{CO} = 1 \times 10^4$Pa 和 $p_{CO} = 2 \times 10^4$Pa 时，w[C]与 w[Cr]的平衡关系曲线。将前人计算的这两个 CO 压力下的结果，绘制成图 8-3 和图 8-4 中 w[C]与 w[Cr]的平衡线。

从这两个图可以直观地看到，对某一定的平衡碳和铬，p_{CO}越低，转化温度越低，即吹氧温度也越低。因此，利用真空或半真空，可以用高碳金属料冶炼不锈钢。

8.1.1.2　钒钛磁铁矿火法冶炼雾化提钒过程中脱钒保碳的热力学分析

我国多金属共生铁矿较多，如含铌铁矿、钒钛磁铁矿等等。如何充分提取出有价金属，综合利用这些共生矿资源，是我国冶金工作者肩负的使命。

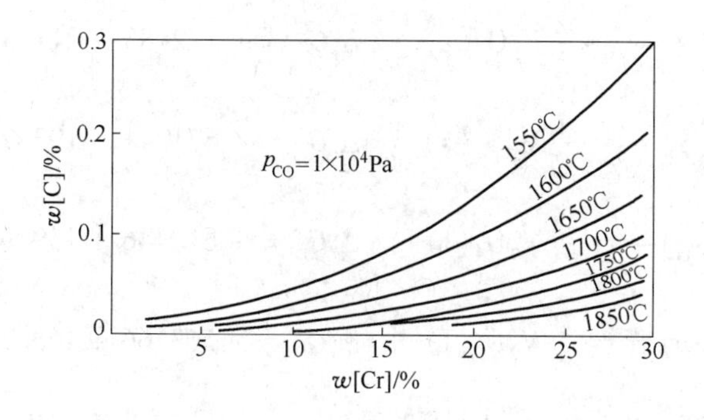

图 8-3 $p_{CO}=1\times10^4$ Pa 时不同温度下 w[C]-w[Cr] 的平衡曲线

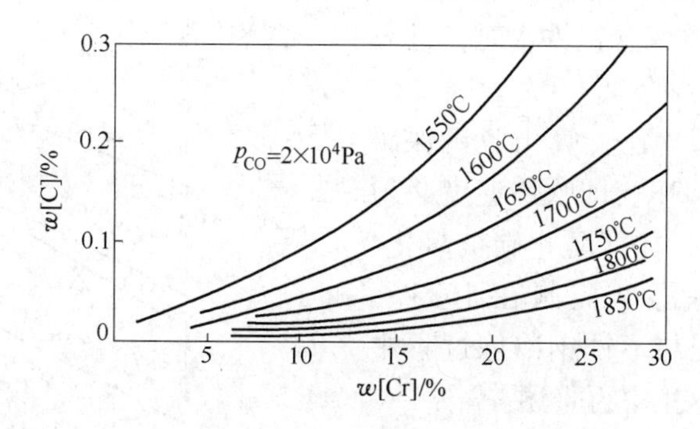

图 8-4 $p_{CO}=2\times10^4$ Pa 时不同温度下 w[C]-w[Cr] 的平衡曲线

现以钒钛磁铁矿火法处理为例，对雾化提钒进行热力学分析。现行的工艺是首先将原矿粉碎，经磁选分为铁精矿和钛精矿两部分，它们的成分及钛铁分离方法参见本书 5.2.2.2 节。

钒在矿石中以钒尖晶石[$FeO\cdot(Fe,V)_2O_3$]的形式存在，一般 $w(V_2O_5)$ 为 0.2% ~ 1.4%（若有 V_2O_3 存在，也折合成 V_2O_5 计算）。含钒矿石经烧结或制成球团后入高炉冶炼。在高炉中，75% ~80% 的氧化钒被还原成［V］进入铁水。含钒铁水再经吹氧或空气氧化成为钒渣，将铁与钒分离（称雾化提钒）。然后用湿法冶金方法从钒渣中提取 V_2O_5。脱钒后的铁水（称半钢）用于炼钢。

A 钒的选择性氧化-脱钒保碳热力学分析

目前，含钒铁水的吹炼主要采用雾化提钒工艺。将铁水罐中的铁水经中间罐倒入特制的雾化室中，铁水被从雾化器中喷出的高压氧气（或空气）流粉碎成细小的铁珠，使其表面积增大，造成很好的氧化动力学条件。铁水中的［V］被氧化进入渣相，而［C］留在铁水中。雾化提钒的关键是选择好适当的氧化转化温度，使铁水中钒氧化而碳不氧化，达到脱钒保碳目的，也利于半钢冶炼。

钒有五种氧化物：V_2O，VO（熔点 2350K），V_2O_3（熔点 2240K），V_2O_4（熔点 1820K），V_2O_5（熔点 947K）。在吹炼含钒铁水时，钒以何种氧化物形式进入渣相？首先计算钒氧化反应的标准吉布斯自由能：

$$2[V] + O_2(g) = 2VO(s) \qquad \Delta_r G^\ominus = -761906 + 239.99T \quad J/mol$$

$$\frac{4}{3}[V] + O_2(g) = \frac{2}{3}V_2O_3(s) \qquad \Delta_r G^{\ominus} = -772785 + 211.42T \quad J/mol$$

$$[V] + O_2(g) = \frac{1}{2}V_2O_4(s) \qquad \Delta_r G^{\ominus} = -671741 + 193.72T \quad J/mol$$

$$[V] + O_2(g) = \frac{1}{2}V_2O_4(l) \qquad \Delta_r G^{\ominus} = -610446 + 159.62T \quad J/mol$$

$$\frac{4}{5}[V] + O_2(g) = \frac{2}{5}V_2O_5(l) \qquad \Delta_r G^{\ominus} = -563166 + 163.39T \quad J/mol$$

作上述反应的标准自由能 $\Delta_r G^{\ominus}$ 与温度 T 关系图，如图 8-5 所示。由图可以看出，V_2O_3 最稳定。因此，吹炼含钒铁水时，进入熔渣的氧化物为 V_2O_3。

在本书 5.2.2.2 节中已计算出脱钒保碳的转化温度为 $T_{转} = 1683K$，即吹炼温度必须低于 1683K（1410℃），才能防止碳被氧化。在实际操作中，吹炼温度控制在 1623～1673K。具体控制过程与不锈钢冶炼过程中脱铬保碳分析相同，这里不再赘述。

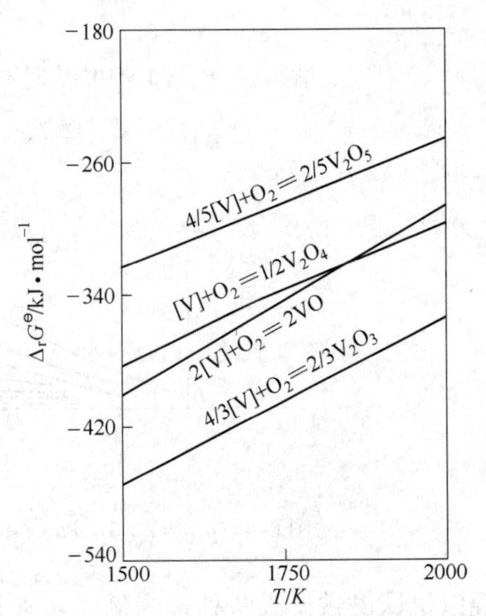

图 8-5 ［V］氧化反应的标准自由能与温度关系

B 从钒渣中提取五氧化二钒

将钒渣除铁后与钠盐（Na_2CO_3、Na_2SO_4）混合磨细、造球，在回转窑中进行钠化焙烧，使钒渣中的钒铁尖晶石氧化为 V_2O_5，并钠化生成钒酸钠。即发生

氧化反应 $$4(FeO \cdot V_2O_3) + 5O_2 = 2Fe_2O_3 + 4V_2O_5$$

钠化反应 $$Na_2CO_3 + V_2O_5 = Na_2O \cdot V_2O_5 + CO_2$$

焙烧后的钒渣在热水中浸出，得到钒酸钠水溶液，再用铵盐将钒沉淀出来，生成钒酸铵沉淀，即

$$6NaVO_3 + 2H_2SO_4 + (NH_4)_2SO_4 = (NH_4)_2H_2V_6O_{17}\downarrow + 3Na_2SO_4 + H_2O$$

钒酸铵沉淀经煅烧：$(NH_4)_2H_2V_6O_{17} = 3V_2O_5 + 2NH_3 + 2H_2O$，得到 V_2O_5 产品。

此外，我国有的铁矿与稀土和铌等诸多金属共生，火法冶炼过程中铌进入铁水。铌、钽、钒、钛、锆等金属在钢中作用相似，可细化晶粒，提高钢的强度、韧性以及抗蠕变能力，并能改善奥氏体不锈钢的抗晶界腐蚀性能等。对这种共生矿提取有价金属 Nb，同样可以利用选择性氧化原理分析含铌铁水雾化提铌工艺。

根据反应

$$[Nb] + 2CO(g) = \frac{1}{2}(Nb_2O_4) + 2[C] \tag{8-14}$$

$$\Delta_r G^{\ominus} = -525092 + 305T \quad J/mol$$

计算［C］和［Nb］的氧化转化为温度 1673K。低于该温度，铌氧化为（Nb_2O_4）进入渣相，达到脱铌保碳的目的。脱铌后的铁水用于半钢冶炼。

综上所述，由脱碳保铬和脱钒保碳等实例分析表明，在提取有价金属的一些冶炼过程中，采用选择性氧化、控制氧化转化温度，对提取冶金过程起着至关重要的作用。

8.1.2 选择性还原——从红土镍矿中提取钴和镍

世界上不少国家和地区（例如古巴、南非、加拿大、希腊、澳大利亚、阿尔巴尼亚、印尼等地）有丰富的红土镍矿资源。这些矿中除含 Fe 外，还含有数量不等的 Ni（占全球镍储量的 70%）、Co、Cr、Ti 等元素。Ni、Co、Cr 是有广泛用途的有色金属和重要的合金元素，因此在冶炼红土镍矿时，必须考虑有价金属的综合回收和利用问题。近年来，全球从红土镍矿中提取的金属镍占世界镍产量的 45%。国内外红土镍矿冶炼方法有火法和湿法两种。近年中科院过程工程研究所和北京矿冶研究总院共同提出的碱-酸双循环的绿色清洁工艺，即集成红土镍矿高效分解；碳化还原提取铬、铝，制备氧化铬和氧化铝产品；钴、镍选择性浸取，氢氧化钴和氢氧化镍均相沉淀；铁等杂质沉淀分离，以及碱酸介质再生循环利用等多项新技术于一体，是很有发展前景的新工艺。

根据理查森-杰弗斯图，这种矿不能直接进入高炉炼铁。因此，在炼铁前需进行选择性还原焙烧处理，将 Ni、Co 等易还原的金属与 Fe 分离。由焙砂提取 Ni、Co 处理方法也分火法和湿法两种。火法处理方法是将焙砂在电炉内熔炼成铁镍合金，然后在转炉内进行选择性氧化达到富 Ni 的目的。湿法处理方法是先氨浸，然后浸液处理，再氢还原。浸液过滤的残渣（铁精矿渣）进高炉炼铁。

8.1.2.1 红土镍矿中铁的还原热力学分析

红土镍矿的矿相组成也比较复杂，含有：磁铁矿 $w(Fe_3O_4)\approx 2\%$；赤铁矿 $w(Fe_2O_3)=35\%\sim45\%$；褐铁矿 $w(Fe_2O_3\cdot H_2O)=25\%\sim30\%$；黄铁矿 $w(FeS)\approx1\%$；蛇纹石 $w((Mg,Fe,Ni)_3(OH)_4Si_2O_5)=8\%\sim10\%$；方解石 $w(CaCO_3)=1\%\sim2\%$；硬尖晶石 $w((Mg,Fe)O\cdot(Cr,Al)_2O_3)=2.5\%\sim3\%$；黏土 $w((Fe,Al)_2(OH)_2Si_4O_{10}\cdot nH_2O)=8\%\sim12\%$；石英 $w(SiO_2)=1\%\sim10\%$；还有富含铁镁的橄榄石、闪石、辉石等矿物。红土镍矿的化学组成范围变化很大，具有代表性的化学组成，示于表 8-4。

表 8-4 红土镍矿的代表性化学成分 *w* %

Cr	Mn	Ni	Co	Fe	CaO	MgO	SiO_2	Al_2O_3	S
1.90 ~ 2.07	0.3 ~ 0.35	0.8 ~ 1.5	0.1 ~ 0.2	40 ~ 50	1.34 ~ 2.31	0.5 ~ 5	10 ~ 14	5.4 ~ 5.9	0.1 ~ 0.2
P_2O_5	TiO_2	Pb	Zn	Cu	As	Pt	Pd	H_2O	CO_2
约 0.2	0.23	0.004	0.027	0.005	0.002	4×10^{-7}	1×10^{-7}	4.5	1.5

红土镍矿的处理工艺归纳起来可以分为：火法、湿法（包括氨浸、酸浸、高压酸浸、堆浸、碱溶脱硅、酸碱双浸和微生物浸出）和火法湿法相结合的三种工艺，参见图 8-6。

在火法处理红土镍矿时，一般先将 Co、Ni 分离提取。在沸腾炉中进行“选择性的还原焙烧”，选择适当的还原温度和还原气相组成，控制还原条件使矿石中的 Fe_2O_3 还原为 FeO，但不能还原成 Fe，以便与还原成金属的 Co、Ni 等分离。

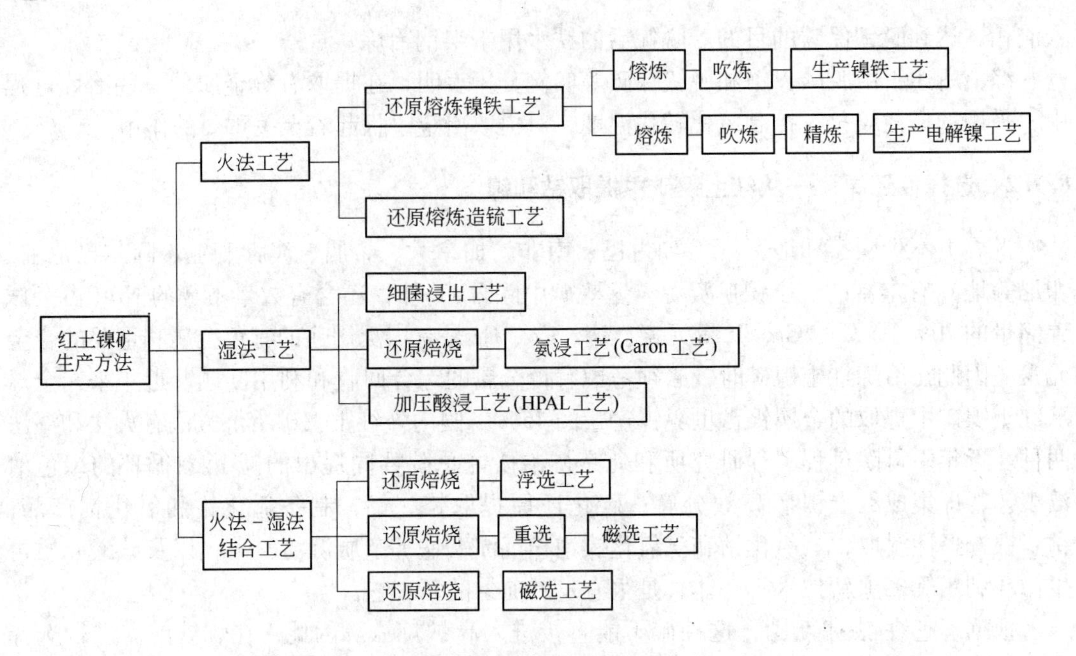

图 8-6 红土镍矿的现有主要处理工艺分类

A 铁氧化物还原热力学

由热力学数据可计算出铁氧化物还原反应的 $\Delta_r G^\ominus$，以此来分析 CO 气体还原氧化铁过程。已知

$$Fe_3O_4(s) + CO(g) = 3FeO(s) + CO_2(g) \tag{8-15}$$

$$\Delta_r G^\ominus_{(8\text{-}15)} = 33263 - 41.42T \quad \text{J/mol}$$

$$FeO(s) + CO(g) = Fe(s) + CO_2(g) \tag{8-16}$$

$$\Delta_r G^\ominus_{(8\text{-}16)} = -19456 + 21.34T \quad \text{J/mol}$$

$$\frac{1}{4}Fe_3O_4(s) + CO(g) = \frac{3}{4}Fe(s) + CO_2(g) \tag{8-17}$$

$$\Delta_r G^\ominus_{(8\text{-}17)} = -6276 + 6.49T \quad \text{J/mol}$$

由式(8-15)~式(8-17)可得三个反应的标准平衡常数与温度的关系为

$$\lg K^\ominus_{(8\text{-}15)} = -\frac{1737}{T} + 2.164 \tag{8-18}$$

$$\lg K^\ominus_{(8\text{-}16)} = \frac{1016}{T} - 1.115 \tag{8-19}$$

$$\lg K^\ominus_{(8\text{-}17)} = -\frac{328}{T} - 0.339 \tag{8-20}$$

再结合

$$\frac{p_{CO}}{p^\ominus} + \frac{p_{CO_2}}{p^\ominus} = 1 \tag{8-21}$$

的条件，即可分析氧化铁还原的条件（参见图 8-6）。由图 8-6 可以看出：温度高于 843K（570℃）以上，铁的逐级还原顺序为，$Fe_2O_3 \rightarrow Fe_3O_4 \rightarrow FeO \rightarrow Fe$；温度低于 843K（570℃）

以下，铁的逐级还原顺序为 $Fe_2O_3 \longrightarrow Fe_3O_4 \longrightarrow Fe$。

B Co、Ni、Cr 的还原热力学

由热力学数据可以计算出下述反应的 $\Delta_r G^\ominus$。

$$CoO(s) + CO(g) \xlongequal{\quad} Co(s) + CO_2(g)$$

$$\Delta_r G^\ominus = -40166 - 2.09T \quad J/mol$$

$$NiO(s) + CO(g) \xlongequal{\quad} Ni(s) + CO_2(g)$$

$$\Delta_r G^\ominus = -40585 - 0.418T \quad J/mol$$

$$\frac{1}{3}Cr_2O_3(s) + CO(g) \xlongequal{\quad} \frac{2}{3}Cr(s) + CO_2(g)$$

$$\Delta_r G^\ominus = 94140 - 1.255T \quad J/mol$$

由以上数据可以绘制出 CoO、NiO 及 Cr_2O_3 还原平衡图，并将其与氧化铁的还原平衡图放在一起，如图 8-7 所示。具体做法是，以 CoO 还原曲线为例，由反应

$$CoO(s) + CO(g) \xlongequal{\quad} Co(s) + CO_2(g)$$

$$\Delta_r G^\ominus = -40166 - 2.09T = -RT\ln\frac{\varphi(CO_2)}{\varphi(CO)}$$

由上式得 $\ln\frac{\varphi(CO_2)}{\varphi(CO)} = \frac{4831}{T} + 0.251$，依此式并结合式（8-21）计算得

T/K	773	973	1173	1373	1573
φ(CO)/%	0.15	0.54	1.25	2.25	3.48

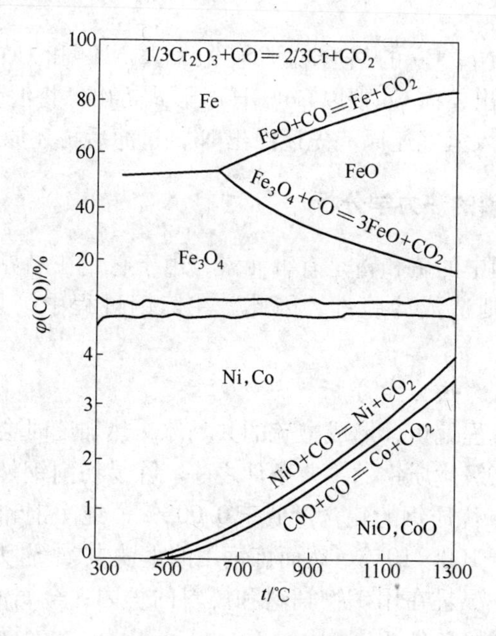

图 8-7　氧化物还原平衡图

从而画出图 8-7 中 CoO 还原平衡曲线。从图 8-7 可以清楚地看出，CoO 和 NiO 非常容易被还原，而 Cr_2O_3 不能被还原（见图最上端的一条横线）。

C 选择性还原条件的确定

参照图 8-7 可以看出，如果还原温度选在低于 843K（570℃），为了避免生成金属 Fe，$\varphi(CO_2)/\varphi(CO)$必须大于 1。如此低的温度不仅还原速度太慢，且生成物 Fe_3O_4 物中铁含量远低于 FeO 的铁含量。如果还原温度高于 1273K，则沸腾炉床筛板及管道钢件烧损严重，通常选择在 973 ~ 1073K 范围内。同时，为了避免生成金属铁，气相中 $\varphi(CO_2)/\varphi(CO)$不能小于 0.5。

生产中还原焙烧采用加热、还原两个沸腾炉。先利用“加热沸腾炉”传热快的特点，迅速将 <3mm 的矿石加热到 1053 ~ 1103K；然后将热矿石移送到充满还原气体的“还原沸腾炉”中进行还原。还原后的焙砂在惰性气体下冷却，还原后的 Fe 以 FeO 存在，而 Ni、Co 以金属态存在。

D 从还原后的焙砂中提取 Co 和 Ni

生产中一般采用湿法处理焙砂来提取 Co 和 Ni。其工艺主要分为两部分：

（1）氨浸。焙砂在高压空气（$1.5 \sim 5p^{\ominus}$）和 328 ~ 338K 下用氨水浸出，并通入 CO_2 气体。Ni 和 Co 生成络合物存在于溶液中，而过滤后的残渣（即铁精矿渣）用于炼铁。浸出反应为

$$Ni + \frac{1}{2}O_2 + (NH_4)_2CO_3 + 4NH_4OH = Ni(NH_3)_6CO_3 + 5H_2O$$

$$2Co + \frac{3}{2}O_2 + 3(NH_4)_2CO_3 + 6NH_4OH = [Co(NH_3)_6]_2(CO_3)_3 + 9H_2O$$

氨浸焙砂需有空气中的氧参加反应，才能有高的浸出率，对 Ni 可达 75% ~80%，对 Co 可达 40% ~60%。

（2）氢气还原。含 Ni、Co 的络合物滤液先蒸去 NH_3 和 CO_2，Ni 则以碱性碳酸镍 $NiCO_3 \cdot Ni(OH)_2$ 形式析出，而 Co 则以 $Co(OH)_3$ 形式析出。将混合的晶体用硫酸铵溶解，然后在一定的 pH 值下通入氢气还原。先还原出 Ni，过滤后再还原出 Co。

8.1.3 炼钢过程脱硫脱磷的热力学分析

除特殊的钢种外，钢中的硫和磷是有害元素，由于它们在晶界富集和偏析，硫造成热加工时的热脆性，而磷则造成冷脆性。因此，在炼钢过程中，必须完成脱硫和脱磷的任务。

8.1.3.1 钢液脱硫的热力学分析

钢液中的硫在凝固过程偏析，形成富硫的共晶体，热加工时会出现热脆现象。因此钢液脱硫是生产优质钢及高级优质钢的主要条件之一。除易切削钢外，一般钢种允许的硫含量为 0.015% ~0.045%，优质钢的硫含量低于 0.002%，纯净钢和超纯净钢对硫的含量要求更低，杂质总含量低于 100×10^{-6}。然而炼钢用的生铁中 $w[S]$为0.05% ~0.08%，已远高于钢种允许的硫含量，况且在用矿物辅料和燃料的炉内，金属液还可从炉气中吸收硫。因此，炼钢过程必须完成脱硫任务。

钢液中硫的来源主要有三：一是金属料，如生铁、废钢、矿石等。铁矿石一般都含有黄铁矿 FeS_2 成分，在高炉冶炼时硫以 FeS 形式进入生铁；二是熔剂，如石灰石可能含有石膏 $CaSO_4 \cdot 2H_2O$ 或无水石膏 $CaSO_4$，烧制石灰时，硫留在石灰内，随熔剂被带入高炉；

三是燃料，如焦炭中含有有机硫化合物及无机硫酸盐。

A 熔渣分子理论脱硫

目前实用的熔渣理论有分子理论、离子理论和分子离子共存理论。德国的申克（Shenk）最早提出了分子理论，并用其解释了熔渣脱硫机理。依此理论，脱硫步骤为：

在钢-渣界面上，钢水中的［FeS］按分配定律进入熔渣

$$[FeS] = (FeS)$$

渣中（FeS）与渣中单独存在的自由（CaO）结合为稳定的（CaS）：

$$(FeS) + (CaO) = (FeO) + (CaS)$$

所以，脱硫反应为

$$[FeS] + (CaO) = (FeO) + (CaS) \tag{8-22}$$

生产中常采用硫分配比$\frac{w(S)}{w[S]}$衡量熔渣的脱硫能力。分子理论给出了许多计算分配比的经验公式，如

$$\frac{w(S)}{w[S]} = 1.4 + 16[w(CaO) + w(MnO) - 2w(SiO_2) - 4w(P_2O_5) - w(Fe_2O_3) - 2w(Al_2O_3)]$$

就是一种。在氧气顶吹转炉中，$\frac{w(S)}{w[S]} \approx 5 \sim 16$，而高炉中$\frac{w(S)}{w[S]}$为20～80。可见，脱硫的任务主要在高炉中完成。用分子理论计算熔渣脱硫的结果，基本上能与生产实践相吻合。

B 熔渣的离子理论脱硫

离子理论认为，脱硫实质上是在熔渣-钢水界面上的电子传递作用。已知脱硫反应为

$$[FeS] + (CaO) = (FeO) + (CaS) \tag{8-23}$$

而氧在渣-钢界面上存在平衡

$$(FeO) = [FeO]$$

所以有

$$[FeS] + (CaO) = [FeO] + (CaS)$$

按离子形式表示为

$$Fe(l) + [S] + (Ca^{2+}) + (O^{2-}) = (Ca^{2+}) + (S^{2-}) + Fe(l) + [O]$$

即

$$[S] + (O^{2-}) = (S^{2-}) + [O]$$

此式可解释为

$$[S] + 2e^- = (S^{2-})$$

$$(O^{2-}) - 2e^- = [O]$$

所以脱硫是一个渣-钢界面上的电子传递过程。但是给出电子的不一定是O^{2-}离子，也可由铁原子来完成。即

$$Fe(l) - 2e^- = (Fe^{2+})$$

$$[S] + 2e^- = (S^{2-})$$

所以
$$Fe(l) + [S] = (Fe^{2+}) + (S^{2-}) \tag{8-24}$$

[S] 从铁水中得到 2 个电子后进入熔渣，Fe(l) 给出二个电子后进入熔渣。式(8-24) 即为 FeS 的分配平衡式。令 K_S 表示式（8-24）的平衡常数，则

$$K_S = \frac{a_{Fe^{2+}} a_{S^{2-}}}{a_{Fe(l)} a_{[S]}}$$

其中 $a_{Fe(l)} = 1$，所以有

$$K_S = \frac{\gamma_{Fe^{2+}} x_{Fe^{2+}} \gamma_{S^{2-}} x_{S^{2-}}}{f_S w[S]_{\%}}$$

移项后得
$$\frac{x_{S^{2-}}}{w[S]_{\%}} = \frac{K_S f_S}{\gamma_{Fe^{2+}} \gamma_{S^{2-}} x_{Fe^{2+}}}$$

将 $x_{S^{2-}}$ 转化为 $w(S)_{\%}$，因为

$$x_{S^{2-}} = \frac{n_{S^{2-}}}{\sum n^-}$$

若熔渣以 100g 计算，则

$$x_{S^{2-}} = \frac{\frac{w(S)_{\%}}{32}}{\sum n^-} = \frac{w(S)_{\%}}{32\sum n^-}$$

而
$$x_{Fe^{2+}} = \frac{n_{Fe^{2+}}}{\sum n^+}$$

所以

$$\frac{w(S)_{\%}}{w[S]_{\%}} = \frac{32 K_S f_S}{\gamma_{Fe^{2+}} \gamma_{S^{2-}}} \cdot \frac{\sum n^- \sum n^+}{n_{Fe^{2+}}} \tag{8-25}$$

式中，f_S 可用活度相互作用系数计算。一般对于生铁，$f_S = 5 \sim 6$，对于含碳较低的钢水，$f_S \approx 1$。

式(8-25) 中各项计算如下。

$$\sum n^+ = n_{CaO} + n_{MgO} + n_{MnO} + n_{FeO}$$

$$\sum n^- = \sum n^+ - n_{SiO_2} - n_{P_2O_5} - n_{Al_2O_3} - n_{Fe_2O_3} + n_S$$

由大量实验数据得经验式

$$\lg K_S = -\frac{3849}{T} - 2.42 \tag{8-26}$$

$$\lg \gamma_{Fe^{2+}} \gamma_{S^{2-}} = 1.53 \sum x_{SiO_4^{4-}} - 0.17 \tag{8-27}$$

式(8-27) 中 $\sum x_{SiO_4^{4-}}$ 代表所有络合阴离子的摩尔分数之和。即

$$\sum x_{SiO_4^{4-}} = \frac{n_{SiO_2} + 2n_{P_2O_5} + 2n_{Al_2O_3} + n_{Fe_2O_3}}{\sum n^-}$$

C 计算结果分析

从两种理论计算的结果可以看出，提高脱硫率的措施为“三高一低”，即提高熔渣的碱度、提高温度、增大渣量和降低 ΣFeO 含量。

a 提高熔渣的碱度

从分子理论看，式(8-22)中(CaO)高有利于反应向右进行。从离子理论看，式(8-25)中，碱度高即 Ca^{2+}、Mg^{2+}、Mn^{2+} 等阳离子浓度高，也就是 Σn^{+} 高，相应地 Σn^{-} 也高，式(8-25)中分子值增大，有利于脱硫；此外，碱度高则 $\Sigma x_{SiO_4^{4-}}$ 值就低，从式(8-27)看，$\gamma_{Fe^{2+}}\gamma_{S^{2-}}$ 值也低，式(8-25)中分母值变小，均有利于脱硫。但碱度高了还应注意熔渣的流动性问题，流动性不好，即使碱度高，对脱硫也不利。

b 提高温度

从式(8-26)看，温度升高则 K_S 变大，式(8-25)中分子值变大，有利于脱硫。从分子理论看，式(8-22)为吸热反应，温度升高有利于反应向右进行。此外，提高温度可促使石灰溶解及提高熔渣的流动性。所以，使用高温铁水及采用留渣操作，均可提高前期的脱硫效果。

c 增大渣量

炼钢过程脱硫率可用下式表示

$$\eta_S = \frac{w[S]_{铁水} - w[S]_{钢水}}{w[S]_{铁水}} \times 100\%$$

η_S 与渣量有关。表 8-5 列出一个计算例子，说明同样成分的熔渣（有相同的硫分配比），对于同样的铁水，因为渣量不同而有不同的脱硫率。

表 8-5 渣量对脱硫率的影响

项 目	1	2
渣量（kg/100kg 钢）	11.8	21.7
$w[S]_{铁水}/\%$	0.04	0.04
$w[S]_{钢水}/\%$	0.021	0.015
$w(S)/\%$	0.161	0.115
$\frac{w(S)}{w[S]_{钢水}}$	7.7	7.7
$\eta_S = \frac{w[S]_{铁水} - w[S]_{钢水}}{w[S]_{铁水}} \times 100\%$	47.5%	62.5%

从表 8-5 可以看出，加大渣量，则脱硫率得以提高。但渣量也不宜过大，过大造渣，存在原料增多、冶炼时间延长、钢材成本增加、侵蚀炉衬、吹炼时易产生喷溅等缺点。

d 降低 ΣFeO 含量

从分子理论看，式(8-22)中(FeO)低反应向右进行，有利于脱硫。从离子理论看，式(8-25)中(FeO)对 $\frac{\Sigma n^{+} \cdot \Sigma n^{-}}{\Sigma n_{Fe^{2+}}}$ 项起双重作用，因(FeO)在分子分母中都出现。ΣFeO 降低，分子分母都降低，而对分母的影响更大，所以可提高脱硫效果。但是为了使石灰溶解，熔渣中应有一定量的(FeO)，为了迅速造流动性好的初渣，ΣFeO 尚可高一些。但终渣中

ΣFeO 应少一些，以减少铁损。

此外，从式(8-25)还可以看出，提高铁液中硫的活度系数 f_S 有利于脱硫。计算表明，高炉中 f_S 大，脱硫效果好。而钢水中 f_S 小，脱硫效果相对差一些。例如，转炉中单渣操作可脱硫 40%，最高 60%；双渣留渣可达 70%。

为了更好地提高钢材质量，还应注意尽量选用低硫原料，并采用炉外脱硫，以及出钢后在钢包中进一步精炼脱硫等措施。

e 气化脱硫

由于硫对氧的亲和能力远远低于硅、锰、碳等元素，所以钢水中［S］与［O］反应

$$2[O] + [S] = SO_2(g)$$

［S］与氧气反应

$$[S] + \frac{1}{2}O_2(g) = SO_2(g)$$

都不能进行。研究表明，炼钢中存在一定比例的气化脱硫，且主要是通过熔渣内硫的气化实现的。即

$$(S^{2-}) + \frac{3}{2}O_2(g) = SO_2(g) + (O^{2-})$$

而熔渣内铁离子充当着氧传递的媒介

$$6(Fe^{2+}) + \frac{3}{2}O_2(g) = 6(Fe^{3+}) + 3(O^{2-})$$

当熔渣中碱度高时，意味着（O^{2-}）也高，对气化脱硫不利。所以应适当调整熔渣的碱度，促使气化脱硫，从而提高总的脱硫效率。气化脱硫量占铁水（或熔池）含硫量的 10%~50%。

8.1.3.2 钢液脱磷的热力学分析

磷可固溶在 α-Fe 中，固溶和富集在晶界的磷原子使铁素体在晶粒间的强度提高，从而产生脆性。因磷在钢中富集在铁素体晶界，产生“冷脆现象”，在**一般钢种**中磷是有害元素之一。钢中允许的最大磷含量 $w(P)$ 为 0.02%~0.05%，而对某些钢种则要求在 0.008%~0.015% 范围内。铁矿石中含有磷灰石 $Ca_5[(F,Cl)(PO_4)_3]$，在高炉冶炼时，它分解为 CaO 和 P_2O_5，而 P_2O_5 全部被还原，磷进入铁水。由相图可知，磷在铁中存在的形态为 Fe_2P 和 Fe_3P。所以，高炉冶炼过程中不可能脱磷。而在炼钢过程中，磷氧化为 P_2O_5 进入熔渣，然后与熔渣中的（CaO）结合，成为 $3CaO \cdot P_2O_5$ 或 $4CaO \cdot P_2O_5$。

A 脱磷是钢-渣界面反应

P_2O_5 是酸性氧化物，可与熔渣中碱性氧化物结合成为复合氧化物，如：

$$4(CaO) + 2[P] + 5[O] = (4CaO \cdot P_2O_5) \tag{8-28}$$

$$\Delta_r G^{\ominus}_{(8\text{-}28)} = -1528834 + 652.70T \quad \text{J/mol}$$

$$3(CaO) + 2[P] + 5[O] = (3CaO \cdot P_2O_5) \tag{8-29}$$

$$\Delta_r G^{\ominus}_{(8\text{-}29)} = -1486157 + 635.97T \quad \text{J/mol}$$

$$3(MgO) + 2[P] + 5[O] = (3MgO \cdot P_2O_5) \tag{8-30}$$

$$\Delta_r G^{\ominus}_{(8\text{-}30)} = -1269426 + 652.70T \quad \text{J/mol}$$

$$3(MnO) + 2[P] + 5[O] = (3MnO \cdot P_2O_5) \tag{8-31}$$

$$\Delta_r G^\ominus_{(8\text{-}31)} = -1245577 + 702.91T \quad J/mol$$

在渣-钢液-气三相交界点，也可进行直接氧化脱磷

$$3(CaO) + 2[P] + \frac{5}{2}O_2(g) = (3CaO \cdot P_2O_5) \tag{8-32}$$

$$\Delta_r G^\ominus_{(8\text{-}32)} = -2071917 + 612.53T \quad J/mol$$

在氧气顶吹转炉和电炉中，脱磷主要按式（8-29）进行。

B 脱磷反应的热力学分析

为简化计算，将式（8-29）两边的（CaO）去掉，得

$$2[P] + 5[O] = (P_2O_5) \tag{8-33}$$

$$\Delta_r G^\ominus_{(8\text{-}33)} = -632621 + 517.73T \quad J/mol$$

$$\Delta_r G_{(8\text{-}33)} = \Delta_r G^\ominus_{(8\text{-}33)} + RT\ln \frac{\gamma_{P_2O_5} x_{P_2O_5}}{f_P^2 w[P]_\%^2 f_O^5 w[O]_\%^5}$$

$$= -RT\ln K^\ominus + RT\ln Q = RT\ln \frac{Q}{K^\ominus}$$

若使式（8-33）的反应进行，$\Delta_r G_{(8\text{-}33)}$ 应小于零。即 $Q < K^\ominus$ 。

由
$$\Delta_r G^\ominus_{(8\text{-}33)} = -632621 + 517.73T = -RT\ln K^\ominus$$

得
$$\lg K^\ominus = \frac{33040}{T} - 27.04 \tag{8-34}$$

在炼钢温度下，$T = 1873K$ 时，得

$$K^\ominus = 4.4 \times 10^{-10}$$

所以，脱磷反应进行的条件是

$$Q < 4.4 \times 10^{-10}$$

即
$$\frac{\gamma_{P_2O_5} \cdot x_{P_2O_5}}{f_P^2 w[P]_\%^2 \cdot f_O^5 w[O]_\%^5} < 4.4 \times 10^{-10} \tag{8-35}$$

所以，若使式(8-33)反应进行，必须满足式(8-35)。

若钢水含磷 $w[P] = 0.02\%$，$w[O] = 0.1\%$，熔渣中 $x_{P_2O_5} = 0.01$（相当于 $w(P_2O_5) = 2.0\%$），$f_P \approx 1$，$f_O \approx 1$。则可得

$$\frac{\gamma_{P_2O_5} \times 0.01}{0.02^2 \times 0.1^5} < 4.4 \times 10^{-10}$$

由此
$$\gamma_{P_2O_5} < 1.8 \times 10^{-16}$$

这表明要想使 $w[P] = 0.02\%$ 的钢水继续脱磷，必须满足上式条件。根据 $\gamma_{P_2O_5}$ 的计算式

$$\lg\gamma_{P_2O_5} = -1.12(22x_{CaO} + 15x_{MgO} + 13x_{MnO} + 12x_{FeO} - 2x_{SiO_2}) - \frac{44600}{T} + 23.80 \tag{8-36}$$

在 $T = 1873K$ 时，后两项和为零。假设此时炉渣成分如下

$$x_{CaO} = 0.60 \quad x_{MgO} = 0.05 \quad x_{MnO} = 0.01$$

$$x_{FeO} = 0.15 \quad x_{SiO_2} = 0.18 \quad x_{P_2O_5} = 0.01$$

所以，
$$\lg\gamma_{P_2O_5} = -1.12(22 \times 0.6 + 15 \times 0.05 + 13 \times 0.01 + 12 \times 0.15 - 2 \times 0.18)$$
$$= -17.38$$

故
$$\gamma_{P_2O_5} = 4.17 \times 10^{-18} < 1.8 \times 10^{-16}$$

因此，上述熔渣对含磷0.02%的钢水仍可继续脱磷。

事实上，在碱性熔渣中，由于 P_2O_5 被一些强碱性氧化物强烈吸引住，结成稳定的磷酸盐化合物，P_2O_5 的活动能力很弱，$\gamma_{P_2O_5}$很小，脱磷可以进行。

C 计算结果分析

提高脱磷效率的措施为“三高一低”，即高碱度、高 ΣFeO、高渣量及低温。

(1) 高碱度。从式 (8-35) 看，$\gamma_{P_2O_5}$减小有利于脱磷。从式 (8-36) 看，$\gamma_{P_2O_5}$与熔渣组成及温度有关。增加熔渣中 CaO、MgO、MnO、FeO 含量，减少 SiO_2 含量，即提高熔渣碱度（一般碱度 R 为 3~4 为宜)，可使 $\gamma_{P_2O_5}$变小。

(2) 高渣量。与脱硫一样，脱磷率可写为 $\eta_P = \frac{w[P]_{铁水} - w[P]_{钢水}}{w[P]_{铁水}} \times 100\%$ 。同样可以证明，增加渣量可提高 η_P。中磷铁水采用双渣操作，或双渣留渣操作，目的就是为了提高渣量。

(3) 高 ΣFeO。从式 (8-35) 看，增加钢水中的 [O] 含量有利于脱磷。由于脱磷是渣-钢界面反应，而钢水中的 [O] 与渣中 (FeO) 存在一个分配平衡。所以渣中 (FeO) 高，即钢液中 [O] 高，有利于脱磷。

(4) 低温。从式 (8-34) 看，温度降低，式 (8-33) 反应的平衡常数 $K^{\ominus}$可提高，有利于脱磷。此外，从式 (8-36) 看，温度降低还可降低渣中 $\gamma_{P_2O_5}$，也有利于脱磷。

D 气化脱磷问题

炼钢过程中 [P] 被氧化成 P_2O_5，炼钢温度下 P_2O_5 是气体。能否采用气化脱磷方法，达到脱磷目的。根据热力学计算，反应

$$2[P] + 5[O] = P_2O_5(g)$$

$$\Delta_r G^{\ominus} = -632621 + 517.73T \quad J/mol$$

令 $\Delta_r G^{\ominus} = 0$，得到氧化温度 $T = 949℃$。即在标准状态下，温度高于 1222K (949℃) 时，此反应不能进行。在实际状况下，若 $w[P] = 1\%$，$w[O] = 0.1\%$，$p_{P_2O_5} = 10^{-4}p^{\ominus}$，$f_O \approx 1$，$f_P \approx 1$，则有

$$\Delta_r G = -632621 + 536.85T \quad J/mol$$

令 $\Delta_r G = 0$，得 $T = 905℃$。在实际状况下，气化脱磷也不能进行。同样，由于 [Fe] 比 [P] 更容易与 O_2 作用，所以吹氧气直接氧化 [P] 的反应 $2[P] + \frac{5}{2}O_2(g) = P_2O_5(g)$ 也很难进行。因此，在炼钢过程中，不存在氧化气化脱磷情况。

若气氛中有氢存在，氢能否与钢液中磷作用将磷脱除呢？现通过下面的热力学计算、分析寻求答案。由热力学数据计算反应

$$\frac{1}{2}P_2(g) + \frac{3}{2}H_2(g) = PH_3(g)$$

$$\Delta_r G^{\ominus} = -71550 + 108.20T \quad J/mol$$

$$\frac{1}{2}P_2(g) = [P]$$

$$\Delta_{sol} G^{\ominus} = -122170 - 19.25T \quad J/mol$$

两式相减得

$$\frac{3}{2}H_2(g) + [P] = PH_3(g)$$

$$\Delta_r G^{\ominus} = 50620 + 127.45T \quad J/mol$$

由此可知，在标准状态任何温度条件下，上述反应都不能进行。在非标准状态下，此反应的 $\Delta_r G$ 为

$$\Delta_r G = \Delta_r G^{\ominus} + RT\ln\frac{(p_{PH_3}/p^{\ominus})}{(p_{H_2}/p^{\ominus})^{\frac{3}{2}} f_P w[P]_{\%}}$$

设 $f_P \approx 1$，$w[P] \approx 1\%$，$p_{PH_3} \approx 10^{-4}p^{\ominus}$，$p_{H_2} \approx 10^{-4}p^{\ominus}$ 和 $T = 1873K$，并带入上式计算得 $\Delta_r G =$ 361059J/mol。由此得出，其他条件相同，即使 $PH_3(g)$ 的分压再降低至 $p_{PH_3} \approx 10^{-6}p^{\ominus}$，$\Delta_r G =$ 289334J/mol 仍是正值。表明在炼钢条件下，氢脱磷的反应不能进行。由上述等温方程式可以看出，当 $\frac{p_{PH_3}}{p_{H_2}}$ 很小很小时（即在很强的还原性气氛下 $p_{H_2} > 10^3 p^{\ominus}$），氢才可能脱磷。由于 $PH_3(g)$ 是剧毒物，若采用氢脱磷，必须随之采取在氧化性气氛中将 $PH_3(g)$ 氧化成 P_2O_5 和 H_2O 的措施，以使氢脱磷成为安全的工艺；20 世纪 80 年代初俄罗斯学者实验研究了氢脱磷，正是采用了将 $PH_3(g)$ 及时氧化的措施。

E 还原脱磷

在冶炼不锈钢和含 Si、Mn、Ti 等元素的合金钢时，随着返回料使用量的逐渐增大，原料中的磷含量也随之增加。若使用氧化法脱磷，将会导致 Cr 和易氧化元素 Si、Mn、Ti 等的烧损。采用还原脱磷方法，可避免这些元素的丢失。

a 还原脱磷的热力学条件

钢液中的［P］在氧化条件下可以生成溶于碱性熔渣的磷酸盐，而在强还原条件下，也可还原成溶于熔渣的磷化物，其反应如下

$$Ca(l) + \frac{2}{3}[P] + \frac{4}{3}O_2 = \frac{1}{3}(3CaO \cdot P_2O_5)$$

$$\Delta_r G^{\ominus} = -1307960 + 299.40T \quad J/mol$$

$$Ca(l) + \frac{2}{3}[P] = \frac{1}{3}(Ca_3P_2)$$

$$\Delta_r G^{\ominus} = -99150 + 34.96T \quad J/mol$$

两式相减并乘 3，得

$$(Ca_3P_2) + 4O_2 = (3CaO \cdot P_2O_5)$$

$$\Delta_r G^{\ominus} = -3626430 + 793.32T \quad J/mol$$

设 $a_{Ca_3P_2}=1$，$a_{3CaO\cdot P_2O_5}=1$，得

$$\Delta_r G^{\ominus} = -RT\ln\frac{1}{(p_{O_2}/p^{\ominus})^4} = 4RT\ln(p_{O_2}/p^{\ominus})$$

故

$$\lg(p_{O_2}/p^{\ominus}) = -\frac{47350}{T} + 10.36$$

由此式计算在炼钢温度1873K下，+5价和-3价的磷共存的氧分压 $p_{O_2}=1.2\times10^{-9}$ Pa。所以，当 $p_{O_2}>1.2\times10^{-9}$ Pa时，发生氧化脱磷反应，磷以+5价形式存在熔渣中；当 $p_{O_2}<1.2\times10^{-9}$ Pa时，发生还原脱磷反应，磷以-3价形式存在熔渣中。

b　常用的还原脱磷剂

常用的还原脱磷剂有金属Ca、Mg、B、RE以及含Ca的化合物和合金 CaC_2、CaSi等。为增加脱磷产物 Ca_3P_2 在渣中的稳定性，有时还需配入一定量的 CaF_2 或 $CaCl_2$ 等。

考察还原脱磷剂的脱磷反应的作用时，需根据热力学数据表计算脱磷反应的吉布斯自由能来分析。例如，分析还原脱磷剂中 CaC_2 的作用，先计算脱磷反应的标准吉布斯自由能，得

$$CaC_2(s) + \frac{2}{3}[P] = \frac{1}{3}(Ca_3P_2) + 2[C]$$

$$\Delta_r G^{\ominus} = -58019 - 81.11T \quad J/mol$$

在炼钢温度1873K下，$\Delta_r G^{\ominus}_{1873}=-209.94$ kJ/mol。由此可见，若用 CaC_2 进行还原脱磷，钢液会增碳，所以必须考虑脱磷后的钢液脱碳问题。此外，脱磷产生的[C]还能影响 CaC_2 的分解速度。实验发现，当 $w[C]<0.5\%$ 时，CaC_2 分解速度很快，而当 $w[C]>1\%$ 时，CaC_2 分解较慢，即有一个最佳碳含量问题。

又如对用CaSi脱磷反应的分析，其脱磷反应为

$$3CaSi(s) + 2[P] = (Ca_3P_2) + 3[Si]$$

$$\Delta_r G^{\ominus} = -532947 + 257.28T \quad J/mol$$

1873K时，$\Delta_r G^{\ominus}_{1873}=-510.62$ kJ/mol。由此可知，用CaSi脱磷可使钢液中硅增加。由于[Si]能提高磷的活度，所以反应产生的[Si]有利于还原脱磷。

除了钢液中的[C]、[Si]以外，钢液中的[Cr]、[Ni]以及熔渣的性质和钢液的温度也对还原脱磷有一定的影响。

目前还原脱磷在生产中尚未得到推广，主要是工艺上还存在一些问题。此外熔渣的处理也是一项很复杂的技术，因为渣中的 Ca_3P_2 与空气中的水气作用后，能放出剧毒的 PH_3 气体。

8.1.4　铜锍吹炼热力学

铜锍（冰铜）和镍锍（冰镍）统称为锍。铜锍的主要化学成分为FeS和 Cu_2S，镍锍的主要化学组成为FeS和 Ni_3S_2。两种硫化物可有不同的比例，它们互为理想溶液。

8.1.4.1　造锍和铜锍吹炼的热力学

铜的矿石主要是硫化物矿，如黄铜矿（$CuFeS_2$）、斑铜矿（Cu_5FeS_4）及辉铜矿（Cu_2S）

等。硫化矿炼铜多采用火法进行，工艺过程除了浮选、焙烧以外就是造锍和铜锍的吹炼过程。一步冶炼法和闪速熔炼是将各步融合在一个炉子中进行，避免了传统熔炼法的间断时间，提高了热能的利用率和生产效率。

A 造锍熔炼的热力学分析

造锍熔炼是将硫化物精矿、焙砂、返回料（包括转炉渣、粉尘等）及适量的熔剂，在一定的温度 1473 ~ 1573K（1200 ~ 1300℃）下在反射炉、鼓风炉或电炉中加热熔化，生成两个液相，即熔锍和熔渣。随后，熔锍在转炉内用空气或富氧空气吹炼成粗铜（又称泡铜 $w(\mathrm{Cu}) = 98\% \sim 99\%$）。而熔渣一般直接丢弃。

造锍熔炼的主要目的，是将铜进一步富集，同时收集矿石中的贵金属（Au，Ag 和铂族元素）及 Ni、Co，并去除一些有害元素，如 As、Sb、Pb、Se、Te 等。造锍熔炼主要反应有：

（1）热分解

$$2\mathrm{CuFeS_2(s)} = \mathrm{Cu_2S(l)} + 2\mathrm{FeS(l)} + \frac{1}{2}\mathrm{S_2(g)}$$

$$\Delta_r G^{\ominus} = 156900 - 114.62T \quad \mathrm{J/mol}$$

$$\mathrm{FeS_2(s)} = \mathrm{FeS(l)} + \frac{1}{2}\mathrm{S_2(g)}$$

$$\Delta_r G^{\ominus} = 214350 - 209.80T \quad \mathrm{J/mol}$$

$$2\mathrm{CuS(s)} = \mathrm{Cu_2S(l)} + \frac{1}{2}\mathrm{S_2(g)}$$

$$\Delta_r G^{\ominus} = 103750 - 119.35T \quad \mathrm{J/mol}$$

在反射炉熔炼生精矿时，高价硫化物的热分解对于脱硫起着重要作用。

（2）硫的氧化

$$\frac{1}{2}\mathrm{S_2(g)} + \mathrm{O_2(g)} = \mathrm{SO_2(g)}$$

$$\Delta_r G^{\ominus} = -360580 + 72.38T \quad \mathrm{J/mol}$$

（3）高价氧化铜的分解和还原

$$2\mathrm{CuO(s)} = \mathrm{Cu_2O(l)} + \frac{1}{2}\mathrm{O_2(g)}$$

$$\Delta_r G^{\ominus} = 188490 - 132.71T \quad \mathrm{J/mol}$$

$$2\mathrm{Cu_2O(l)} + 2\mathrm{FeS(l)} = 2\mathrm{Cu_2S(s)} + 2\mathrm{FeO(l)} \tag{8-37}$$

$$\Delta_r G^{\ominus} = -105440 - 85.48T \quad \mathrm{J/mol}$$

$$2\mathrm{Cu_2O(l)} + \mathrm{Cu_2S(l)} = 6\mathrm{Cu(l)} + \mathrm{SO_2(g)} \tag{8-38}$$

$$\Delta_r G^{\ominus} = 35980 - 58.58T \quad \mathrm{J/mol}$$

$$\mathrm{FeS(l)} + 2\mathrm{Cu(l)} = \mathrm{Cu_2S(l)} + \gamma\text{-}\mathrm{Fe} \tag{8-39}$$

$$\Delta_r G^{\ominus} = 22050 - 23.90T \quad \mathrm{J/mol}$$

（4）高价氧化铁的还原

$$3Fe_3O_4(s) + FeS(l) = 10FeO(l) + SO_2(g) \quad (8\text{-}40)$$

$$\Delta_r G^\ominus = 742240 - 427.69T \quad J/mol$$

$$\gamma\text{-}Fe + Fe_3O_4(s) = 4FeO(l)$$

$$\Delta_r G^\ominus = 153120 - 112.97T \quad J/mol$$

（5）造渣反应

$$\frac{2}{3}FeO(l) + \frac{1}{3}SiO_2(s) = \frac{1}{3}(2FeO \cdot SiO_2)(l)$$

$$\Delta_r G^\ominus = -4270 + 0.41T \quad J/mol$$

$$xCu_2S(l) + yFeS(l) = xCu_2S \cdot yFeS(l)$$

在造锍过程中一些反应的 $\Delta_r G^\ominus$-T 关系如图 8-8 所示。由图可以看出：

（1）所有反应中，硫的氧化趋势最大。但由于炉料中总会配有过量的硫，而使炉气气氛成为弱氧化性或接近中性。FeS 的存在使炉料中的 Cu_2O 及 Fe_3O_4 被还原；Cu_2O 变成 Cu_2S，保证了铜的进一步富集。

（2）在造锍熔炼温度 1473～1573K（1200～1300℃）下，式（8-37）反应进行的趋势

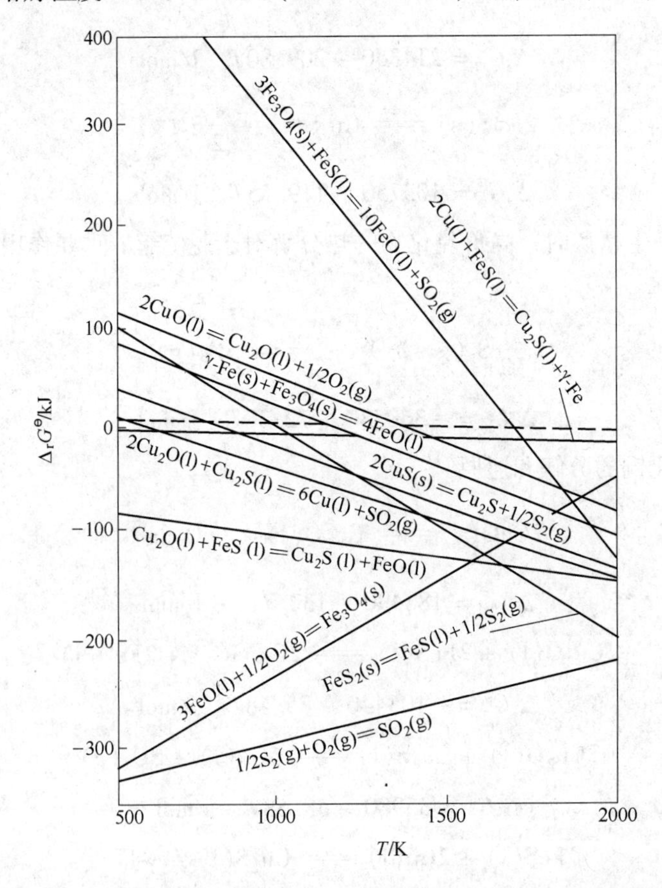

图 8-8　造锍过程中反应的标准吉布斯自由能变化 $\Delta_r G^\ominus$ 与温度 T 的关系

大于式（8-38）反应，使 Cu_2O 与 Cu_2S 的作用不可能生成金属 Cu。这就保证了铜以 Cu_2S 形式存在，有利于铜的富集及贵金属的收集，也有利于随后铜锍的吹炼过程。

（3）在造锍熔炼温度下，高价硫化铜和氧化铜很容易分解，分别在 870K（597℃）和 1415K（1142℃）生成 Cu_2O 与 Cu_2S，而 Cu_2O 最后仍然变成为 Cu_2S。

（4）在高温 1573K 以上（>1300℃），中性或弱氧化性气氛下，炉料中的 Fe_2O_3 或 Fe_3O_4 被 FeS 还原；如有过量的 SiO_2 存在时，还原程度更大（见表 8-6）。显然，随着温度升高，这两个反应进行程度增大，但两者相比，SiO_2 饱和时，Fe_3O_4 更容易还原。所以从热力学分析，在造锍熔炼中，Fe_3O_4 不应该存在。但是，由于 Fe_3O_4 在熔炼中有一定的溶解能力，又由于 Fe_3O_4 与 FeS 的反应速度很慢，因而铜锍中总会含有一些 Fe_3O_4。若熔炼系统不能保持较低氧势，将会生成较多的 Fe_3O_4，在炉子温度更低部分从铜锍或渣中析出成为固相，给熔炼操作带来麻烦：

1）Fe_3O_4 熔点为 1870K（1597℃），属于造锍温度会使熔体变稠，使铜锍与渣不易分离。

2）Fe_3O_4 密度高于铜锍和渣，易于沉淀在炉膛底部形成结瘤，减小熔池的有效容积。

3）Fe_3O_4 与其他氧化物如铬镁砖炉衬中的 Cr_2O_3 反应时，形成一种难熔的固体物质，其密度介于铜锍和渣之间，形成一个隔离层，使铜锍和渣不易分离。

表 8-6　反应在不同温度下平衡 SO_2 压力

反　应	p_{SO_2}/Pa					
	1223K	1323K	1423K	1473K	1573K	1623K
$3Fe_3O_4(s) + FeS(l) = 10FeO(l) + SO_2(g)$	4.37×10^{-5}	1.09×10^{-2}	1.25	10.5	4.93×10^{2}	2.83×10^{3}
$FeS(l) + 3Fe_3O_4(s) + 5SiO_2(s) = 5(2FeO\cdot SiO_2)(l) + SO_2(g)$	1.13×10^{-2}	1.75	1.33×10^{2}	9.33×10^{2}	3.15×10^{4}	1.56×10^{5}

为了防止反射炉内 Fe_3O_4 的析出，热力学分析和工艺实践表明，应采取以下操作措施：

（1）从图 8-8 可以看出，在标准条件下式(8-40)反应随温度变化很快；温度高于 1703K（1430℃）后，$\Delta_r G^\ominus$ 的负值急剧增大，提高反应温度，有利于 Fe_3O_4 的还原，使之进入渣相。

（2）增加渣中 SiO_2 的含量降低渣中 FeO 的活度，使 Fe_3O_4 更容易被 FeS 还原。

（3）降低炉气中的氧势，使气氛接近中性或弱氧化性。计算表明，在 1573K（1300℃）时，p_{SO_2}，p_{O_2}，p_{S_2} 分别为 10^5Pa，2.8×10^{-3}Pa，4.6×10^3Pa。

（4）减少装料中的返回转炉渣及焙砂的用量，这样可以减少 Fe_3O_4 的含量，从而减少 Fe_3O_4 给工艺操作带来的困难。

B　铜锍吹炼的热力学分析

铜锍的主要成分是 FeS 和 Cu_2S，以及少量的 Ni_3S_2。在转炉内，吹炼过程分为造渣期和造铜期。造渣期的目的在于完全去铁和部分除硫，主要反应自由能与温度的关系，示于图 8-9。

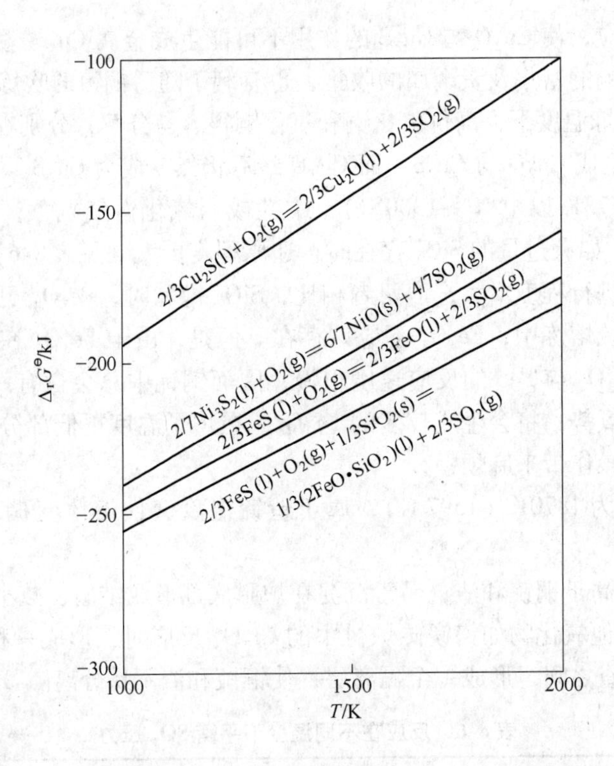

图 8-9 硫化物氧化反应的吉布斯自由能 $\Delta_r G^\ominus$ 与温度 T 的关系

去铁和除硫的主要反应有：

$$\frac{2}{3}FeS(l) + O_2(g) = \frac{2}{3}FeO(l) + \frac{2}{3}SO_2(g)$$

$$\Delta_r G^\ominus = -303340 + 52.70T \quad J/mol$$

或

$$\frac{2}{3}FeS(l) + O_2(g) + \frac{1}{3}SiO_2(s) = \frac{1}{3}(2FeO \cdot SiO_2)(l) + \frac{2}{3}SO_2(g)$$

$$\Delta_r G^\ominus = -307610 + 53.11T \quad J/mol$$

吹入的空气或纯氧也可能与 Cu_2S 和 Ni_3S_2 反应，即

$$\frac{2}{3}Cu_2S(s) + O_2(g) = \frac{2}{3}Cu_2O(l) + \frac{2}{3}SO_2(g) \tag{8-41}$$

$$\Delta_r G^\ominus = -268190 + 81.17T \quad J/mol$$

$$\frac{2}{7}Ni_3S_2(l) + O_2(g) = \frac{6}{7}NiO(s) + \frac{4}{7}SO_2(g)$$

$$\Delta_r G^\ominus = -337230 + 94.06T \quad J/mol$$

显然，当有 SiO_2 存在时，FeS 将首先进行氧化，以 $2FeO \cdot SiO_2$ 形式进入渣相。FeS 氧化时，难免有少量的 Cu_2S 氧化为 Cu_2O。它可以与 FeS 反应，也可能与 Cu_2S 反应。

$$2Cu_2O(l) + 2FeS(l) = 2Cu_2S(l) + 2FeO(l)$$

$$\Delta_r G^\ominus = -105440 + 85.48T \quad J/mol$$

$$2Cu_2O(l) + Cu_2S(l) = 6Cu(l) + SO_2(g) \tag{8-42}$$

$$\Delta_r G^{\ominus} = 35980 - 58.58T \quad J/mol$$

比较这两个反应的 $\Delta_r G^{\ominus}$-T 线，可以看到，在有 FeS 存在时，FeS 将置换 Cu_2O，使之成为 Cu_2S，而 Cu_2S 不可能与 Cu_2O 反应生成金属铜。式(8-42)只能在全部 FeS 氧化后方可进行。这就从理论上说明了，为什么吹炼铜锍必须分为两个阶段：第一阶段为造渣期，吹炼去铁；第二阶段为造铜期，吹炼成铜。

同样，对于 Ni_3S_2 也可以进行类似的分析和比较：

$$\frac{1}{2}Ni_3S_2(l) + 2NiO(s) = \frac{7}{2}Ni(s) + SO_2(g)$$

$$\Delta_r G^{\ominus} = 293840 - 166.52T \quad J/mol \tag{8-43}$$

$$2FeS(l) + 2NiO(s) = \frac{2}{3}Ni_3S_2(l) + 2FeO(l) + \frac{1}{3}S_2(g)$$

$$\Delta_r G^{\ominus} = 263170 - 243.76T \quad J/mol$$

硫化物与氧化物反应的 $\Delta_r G^{\ominus}$-T 关系（见图 8-10）表明，在转炉吹炼温度范围内，只要有 FeS 存在，就不可能产生金属铜和金属镍。对于镍锍熔体，在转炉吹炼温度下，只能够获得高镍锍（又称高冰镍）。所以，将铜锍吹炼成粗铜，只能在除铁以后的造铜期。造铜期的主要反应是式(8-41)和式(8-42)。比较式(8-43)和式(8-42)的 $\Delta_r G^{\ominus}$-T 关系可知，Cu_2S 和 Cu_2O，Ni_3O_2 和 NiO 的反应，两者开始进行的温度不同。在标准状态下，前者是 614K（314℃），后者是 1765K（1492℃）。在铜锍吹炼温度下，前者容易进行，后者不易进行。因此对于铜镍锍熔体，将铜吹炼出来后留下的镍锍继续吹炼得到高镍锍。随后在氧气斜吹转炉内高温下进一步吹炼，方能得到粗镍。

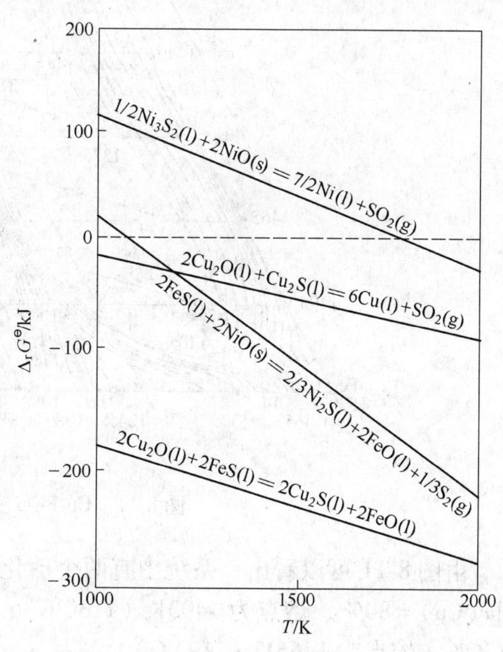

图 8-10　硫化物与氧化物反应的 $\Delta_r G^{\ominus}$-T 关系

当铜锍中 FeS 将近全部氧化，w(FeS) 低于 1% 时，造渣阶段结束。被磁性氧化铁饱和的液态铁橄榄石（$2FeO \cdot SiO_2$）熔渣，在造渣阶段分批倒出，留下的产物则为“白冰铜”（主相为 Cu_2S）。

造铜期的任务在于将熔体中剩余的硫除去，将白冰铜吹炼成泡铜，直到液体中出现铜的氧化物为止。造铜期反应主要是式(8-41)和式(8-42)的反应。这两个反应在造渣期接近结束时便开始进行，直到硫化物（Cu_2S）相消失，得到单一泡铜(w(S) = 1.2%)。

C　铜锍（Cu-Fe-S 系）热力学分析

造锍熔炼时系统由三个相组成，即气相（SO_2，S_2，O_2）、渣相和铜锍。在熔炼温度下，三相接近平衡状态。铜锍是造锍熔炼的主要产品，基本成分为 Cu_2S 和 FeS。还有少

量的 Ni_3S_2，Co_3S_2，以及贵金属（Au，Ag 及铂族元素）和一些有害杂质元素 As，Sb，Bi，Pb，Se，Te 等。此外还有质量分数约为 3% 的溶解氧以 Fe_3O_4 的形式存在。其中 Fe_3O_4 的含量决定于 FeS 的含量或者说铜锍的品位。FeS 可以溶解 Fe_3O_4，而 Cu_2S 不能溶解 Fe_3O_4。因此铜锍品位越高，Fe_3O_4 含量越低。杂质中锌以 ZnS 的形式存在，它的熔点高（1690℃），进入铜锍和渣，使两者黏度增大不易分离，造成铜的机械损失。因此常将配料中锌的含量控制在 $w(Zn) < 6\%$。

铜锍基本上是 Cu，Fe，S 组成的熔融体。三者合计约占总组成质量的 80% ~90%。因此，可以将铜锍近似的看作 Cu-Fe-S 三元系熔体。

a　Cu-Fe-S 三元系平衡相图

Cu-Fe-S 三元系的平衡情况如图 8-11 所示。

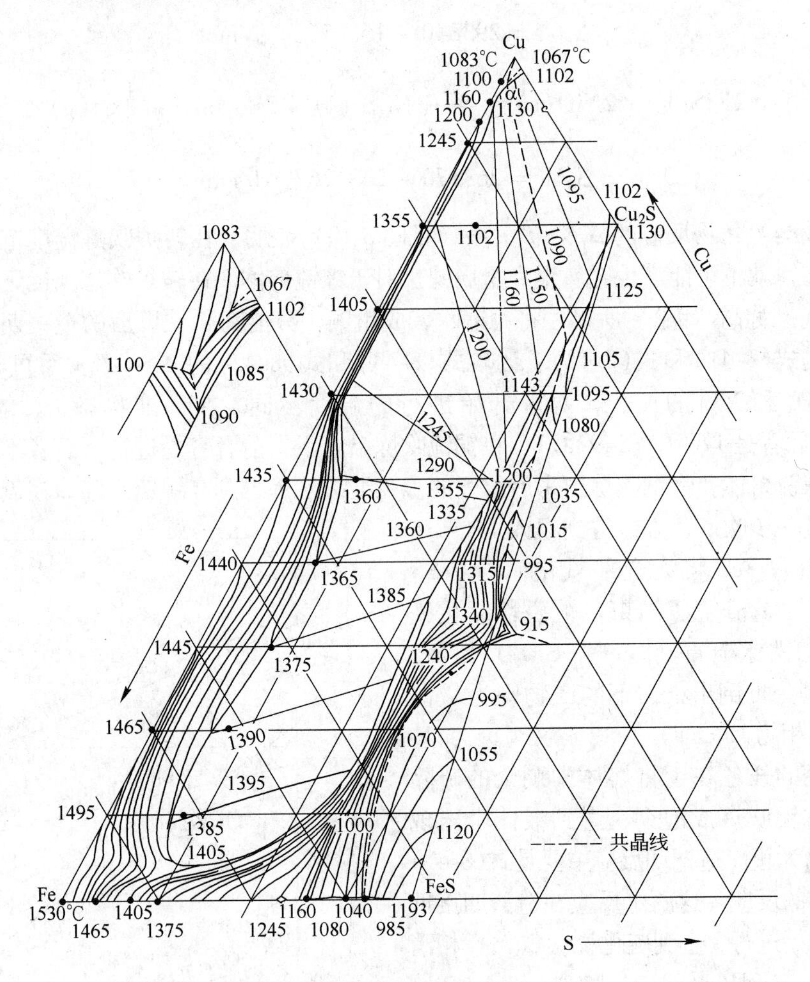

图 8-11　Cu-Fe-S 三元系液相线投影图

由图 8-11 可以看出，系统中有两个硫化物：Cu_2S 和 FeS。前者含硫 $w(S) = 20\%$，含铜 $w(Cu) = 80\%$，熔点为 1403K（1130℃）；而后者含硫 $w(S) = 36.4\%$，含铁 $w(Fe) = 63.6\%$，熔点为 1466K（1193℃）。

铜锍的实际含硫量比二者的混合物低。因为当硫含量趋近 Cu 及 Fe 的化学计量时，熔体上方硫的分压接近大气压力，在非封闭系统中硫将挥发逸出。所以，在实际造锍熔炼中，铜锍的实际组成处于 Cu_2S 和 FeS 连线的左边。Cu_2S-FeS 连线左边的一个明显特点，是存在一个向 Fe-S 边伸展的偏熔间断区。一般情况下，铜锍的组成集中在一个窄的三角形区域内。它的边界一边是 Cu_2S-FeS 连线，另一边是偏熔间断区的高锍曲线。超过 Cu_2S-FeS 连线时，硫将挥发逸出。所以，只有 Cu-Cu_2S-FeS-Fe 这个四边形部分才有实际意义（见图 8-12）。

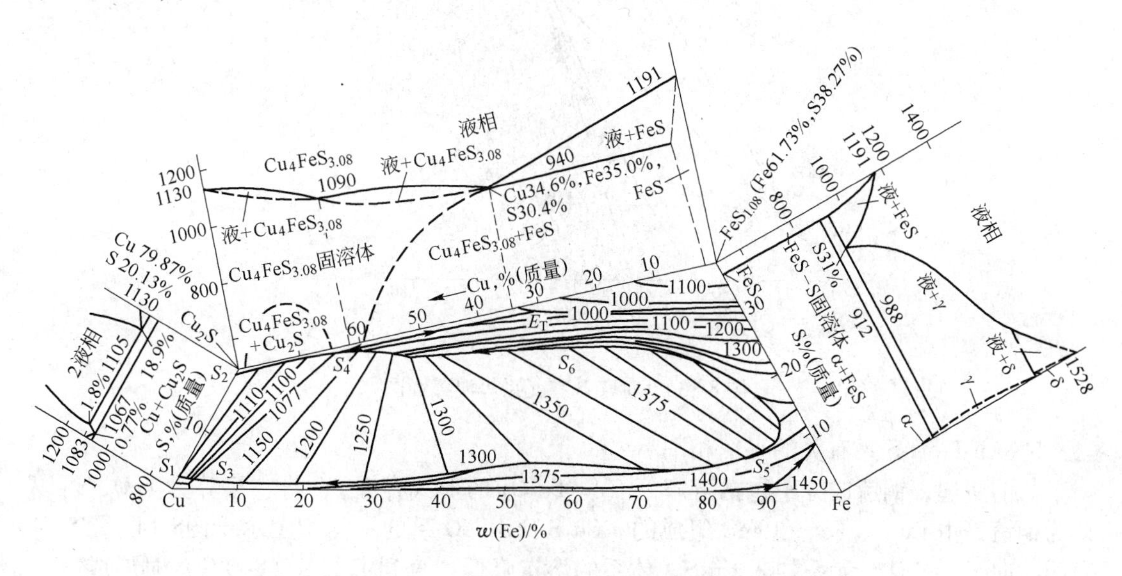

图 8-12 Cu-Cu_2S-$FeS_{1.08}$-Fe 系状态图

从图 8-12 可知，当硫不能满足 Cu_2S 及 FeS 的化学计量值时，出现两相区，在硫含量一定的条件下，两相区的宽度决定于铜和铁的摩尔比 x_{Cu}/x_{Fe}。这个比值越大，铜锍的品位越高，两相区越宽；反之则变窄，向 Fe-FeS 边靠近。分层的两个液相，一个是 Fe-Cu 合金饱和的铜锍相，一个是铜锍饱和的 Cu-Fe 合金相。在 Cu_2S-FeS 连线的下边及高硫液相线之间则是均匀的熔体。由纯 Cu_2S 和 FeS 组成，含硫量（质量）从 20.14% 到 36.4%。生产中铜锍含硫（质量）多在 24% ~26% 之间。在造锍熔炼中炉料含硫质量分数常在25% ~35%之间。因此生产出的铜锍成分位于均匀的液相区，参见图 8-13 中的★点所示。有研究发现，Cu-Fe-S 系均匀融熔区的组成范围随温度升高而扩大，这对造锍具有实际意义。由图 8-12 可以看出：

（1）随着温度的升高，两液相分层区的组成范围缩小，均匀熔锍区的组成范围扩大。表明温度升高，铜锍熔体可以在较大的组成范围内以均匀的液相存在，有利于熔炼反应的进行。

（2）温度升高，含硫量可以在较大的范围内变动而不致出现分层和析出铁的固溶体，从而可以避免含铁难熔物在炉底上沉积，有利于将铜锍组成控制在 Cu_2S-FeS 线与分层边界线之间。

（3）温度升高，两相共存区及三相区缩小，这就意味着温度升高，Fe 在铜锍中的溶解度升高，从而可以避免铜锍中析出铁的固溶体。

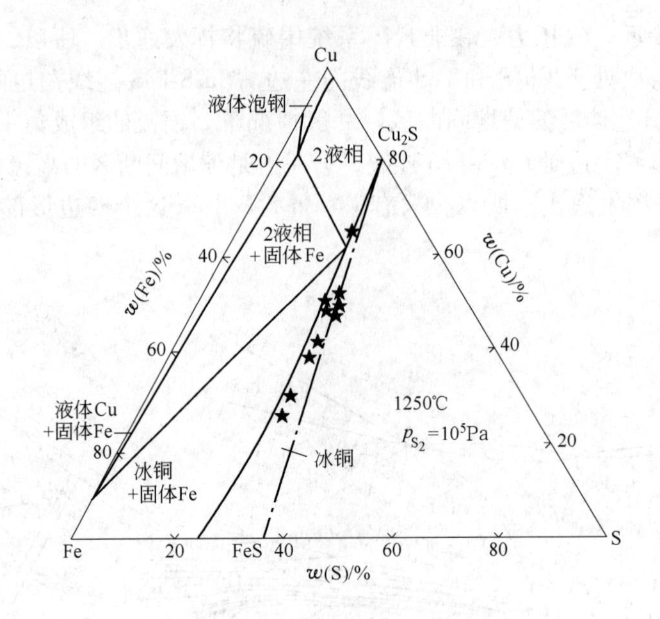

图 8-13 Cu-Fe-S 三元系等温截面图

b Cu-Fe-O-S 系有关的平衡相图

如前所述，铜锍成分中包括溶解氧（以 Fe_3O_4 的形式存在），将它换算为 FeO，可以认为铜锍是由 Cu_2S、FeS 和 FeO 组成的。Cu_2S-FeS-FeO 系的平衡相图示于图8-14。图8-14表明，向 FeS-FeO 二元系加入 Cu_2S，体系的熔点降低，直到 1113K（840℃）时形成三元共晶（E 点）；继续增加 Cu_2S，体系的熔点又升高。如图 8-14 中 QN 线所示，增加 Cu_2S 含量，熔体中 FeO 浓度降低；接近纯 Cu_2S 时，FeO 浓度几乎为零。

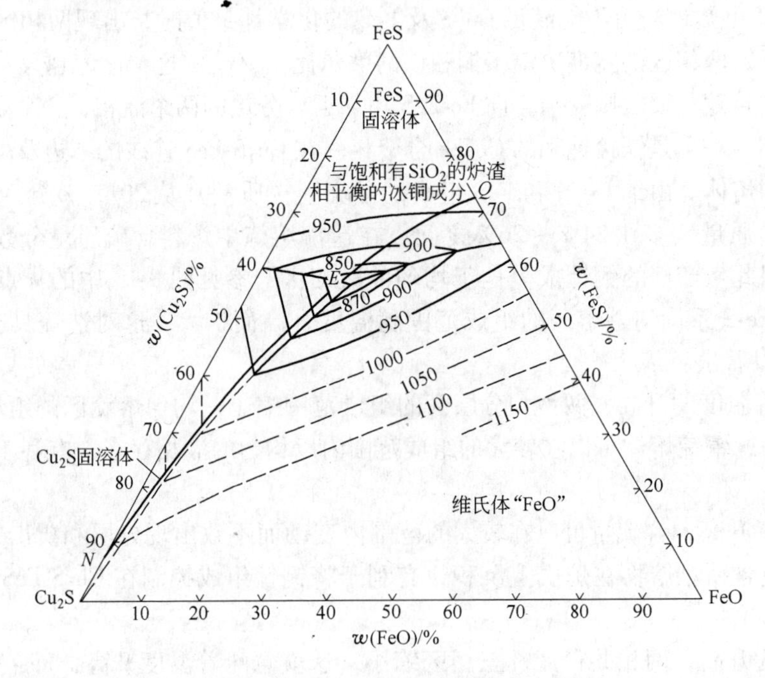

图 8-14 Cu_2S-FeS-FeO 系相图

若向氧硫化物熔体中加入 SiO_2 会出现偏晶间断区，参见图 8-15。图右面的虚线表示伸入四面体的偏晶间断区。A 和 C 点代表无 Cu_2S 存在时铜锍和渣被 SiO_2 和 Fe 所饱和。A—A'和 C—C'是随着 Cu_2S 的加入，A 和 C 点的移动线路。D 点是 FeO-FeS-SiO_2 面上的铜锍和渣偏晶间隔区的临界点。随着 Cu_2S 的加入，临界点沿着 D—D'线移动，形成铜锍（m）和熔渣（s）相。图中的 m_1-s_1，m_2-s_2 等一簇曲线，表示随着 SiO_2 活度的减小偏晶间断区位置的变化。这些线都很接近于四面体中 Cu_2S-FeS-FeO 面，表明铜锍中 Cu_2S/FeS 比值愈大，平衡渣相中硫化物和二氧化硅浓度愈低，则 FeO 浓度愈高。从该图可知，在一定的温度下，当体系达到平衡时，一定组成的熔渣同一定组成的铜锍处于平衡状态，从而可以讨论影响铜锍品位的各种因素。

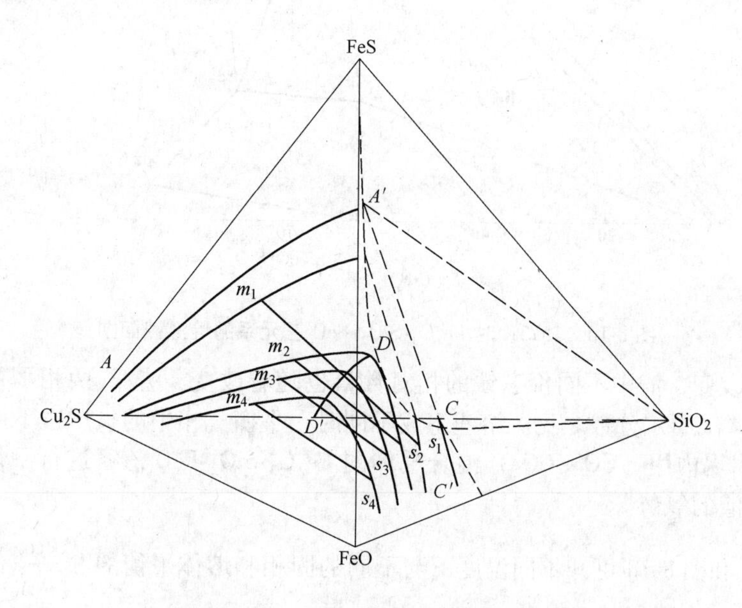

图 8-15　Cu_2S-FeS-FeO-SiO_2 四元系相图

m—铜锍；s—熔渣

D　熔渣

造锍熔炼和熔锍吹炼时的熔渣是炉料中的氧化物，熔炼中生成的氧化铁同加入的 SiO_2 熔剂形成铁橄榄石。根据实际炉渣成分，可以将冶炼熔渣近似地看做是 Fe_2O_3-SiO_2-FeO 三元系熔体（忽略次要成分 CaO，MgO，Al_2O_3 等的作用）。前人研究表明，1573K（1300℃）时 Fe_2O_3-SiO_2-FeO 三元系的等温截面图（图 8-16）中存在一个均匀的融熔液相区 $ABCD$，且 $ABCD$ 均匀熔融区的组成范围随着温度的升高而扩大。与该区相邻的是各固相的稳定区。$ABCD$ 区的各条边线为固相与熔体平衡共存，亦即为不同固相所饱和的组成线。A、B、C、D 各点在定温下是三组分四相（包括气相）体系，自由度为零。四条边线则为单变系。实际生产中转炉吹炼和连续炼铜的熔渣，因冶炼气氛中氧势较高硫势较低，造成 Fe_3O_4 含量较高，因而熔渣成分靠近 CD 边。但是反射炉熔渣 SiO_2 含量往往处于饱和状态，而且硫势较高，Fe_3O_4 含量较低，熔渣组成靠近 AD 边。AB 和 BC 两边的情况在实际生产过程中则极少见到，这里就不讨论了。

Fe_2O_3-SiO_2-FeO 系中铁有三种价态，Fe^0、Fe^{2+}、Fe^{3+}。价态的高低取决于平衡气相中

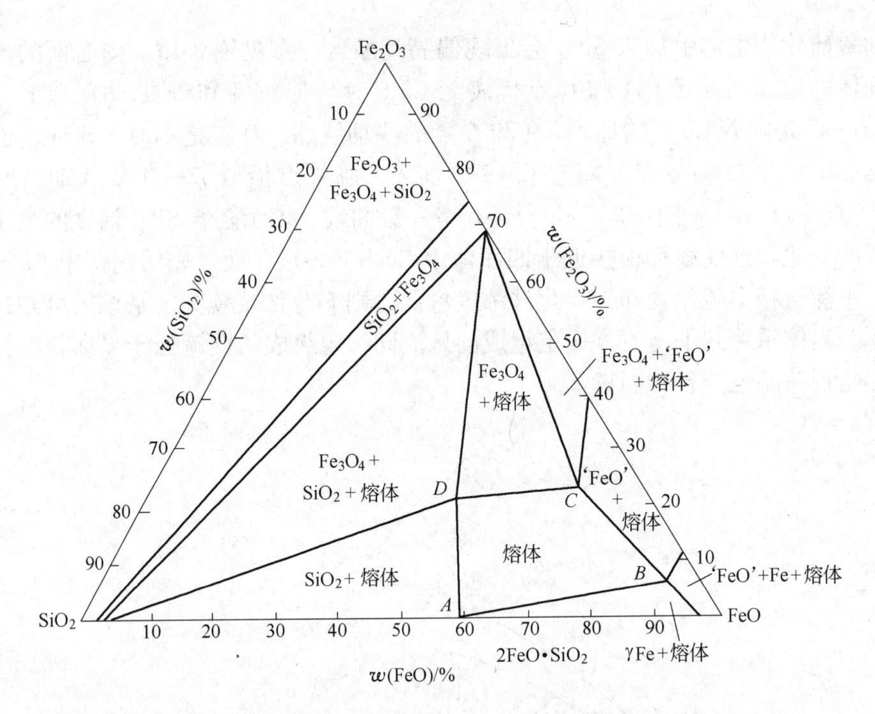

图 8-16 1573K 时 Fe_2O_3-SiO_2-FeO 三元系的等温截面图

的氧势。氧势改变，渣中不同价态铁的相对数量也随着改变。渣/气两相平衡时，熔渣的组成取决于 x_O/x_{Fe}摩尔分数之比。熔渣组成不同时，平衡气相中的氧压也不同（即氧势不同）。在纯铁坩埚内用（$CO + CO_2$）混合气体同 Fe_2O_3-SiO_2-FeO 渣系进行平衡实验，可以测出不同组成渣的氧势。

由图 8-17 和图 8-18 可知不同温度下与不同的固相和熔体平衡的 $\lg\frac{p_{CO_2}}{p_{CO}}$ 的值，从而求出 Fe_2O_3-SiO_2-FeO 系不同组成时的等氧压线，如图 8-19 所示。

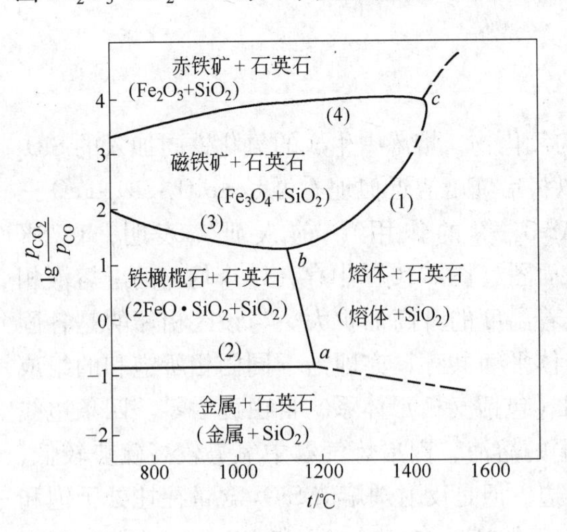

图 8-17 高 SiO_2 时 Fe_2O_3-SiO_2-FeO 系 $\lg\frac{p_{CO_2}}{p_{CO}}$-$T$ 的关系图

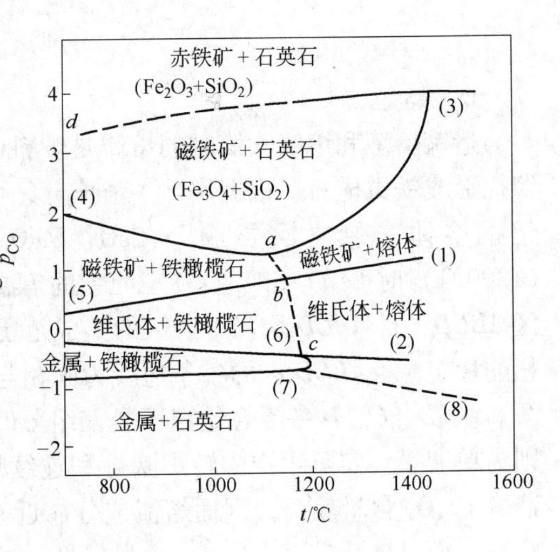

图 8-18 低 SiO_2 时 Fe_2O_3-SiO_2-FeO 系 $\lg\frac{p_{CO_2}}{p_{CO}}$-$T$ 的关系图

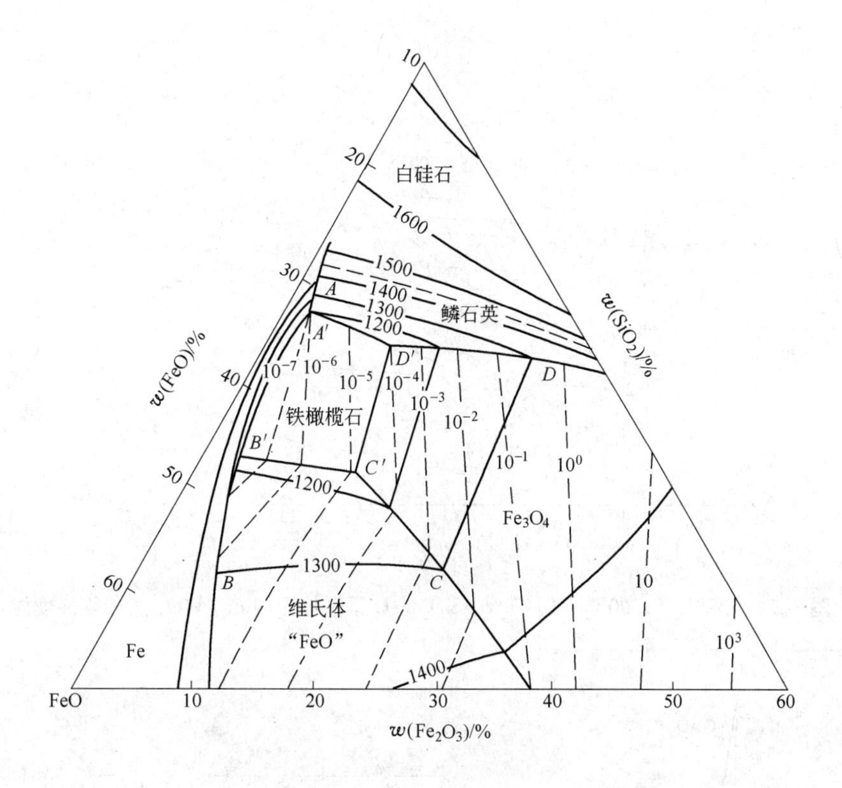

图 8-19 Fe_2O_3-SiO_2-FeO 系部分液相的等氧压线

在 Fe_2O_3-SiO_2-FeO 系相图 *ABCD* 熔融区，根据模型可以算出：*ABCD* 顶点的活度值；*AB* 边上的 a_{FeO}、a_{SiO_2}；*AD* 边上的 a_{FeO}、$a_{Fe_2O_3}$；*BC* 边上的 a_{FeO}、$a_{Fe_3O_4}$。*CD* 线为 Fe_3O_4 的饱和线，亦即 $a_{Fe_3O_4}=1$ 的等活度线。*CD* 线几乎与三角形底边平行，斜率可近似看做为零。从而也可以近似看做其他等 $a_{Fe_3O_4}$ 线的斜率也为零。这样就可以将 *AD* 和 *BC* 线上 $a_{Fe_3O_4}$ 相等的点用线连接，得到熔融区内 Fe_3O_4 的等活度线。从反应式(8-44)的平衡常数式

$$3FeO(l) + \frac{1}{2}O_2(g) = Fe_3O_4(s)$$

$$\Delta_r G^\ominus = -402500 + 169.83T \quad J/mol$$

$$K^\ominus = \frac{a_{Fe_3O_4}}{a_{FeO}(p_{O_2}/p^\ominus)^{\frac{1}{2}}} \tag{8-44}$$

可知，从熔融区的等 $a_{Fe_3O_4}$ 线与等压线的交点，可以求出 a_{FeO} 值。将 a_{FeO} 值相同的点连接起来，即可得到熔融区内的等 a_{FeO} 线（参见图 8-20）。而氧压与活度 a_{FeO} 的关系示于图 8-21。比较图 8-20 和图 8-21 可以看到，在 1573K（1300℃）时，两图中 *B* 点的 a_{FeO} 数值不同，原因在于所用 FeO 的熔化吉布斯自由能计算式不同。

按照舒曼的等活度线切线截距法，以前面求出的 *AB* 线上的 a_{SiO_2} 点为起点，可计算求出熔体区内 SiO_2 的等活度线，如图 8-22 中 a_{SiO_2} 线。再者，如同前面 Cu-Fe-O-S 有关平衡相图小节中所述，也可以将铜锍视为 Cu_2S-FeS-FeO 三元系，根据本田矢泽对此三元系的研究，计算出各组元的等活度线（见图 8-22）。

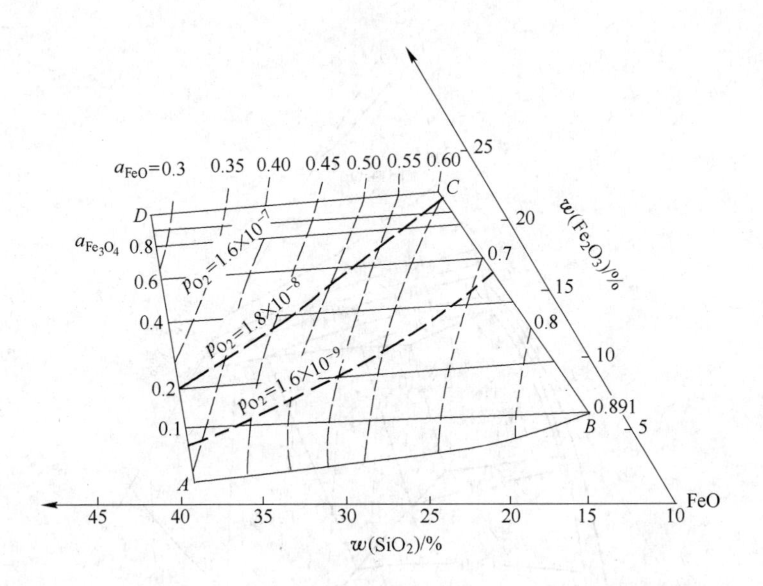

图 8-20　1573K（1300℃）时 Fe_2O_3-SiO_2-FeO 系熔体区内 a_{FeO} 和 $a_{Fe_3O_4}$ 的等活度线

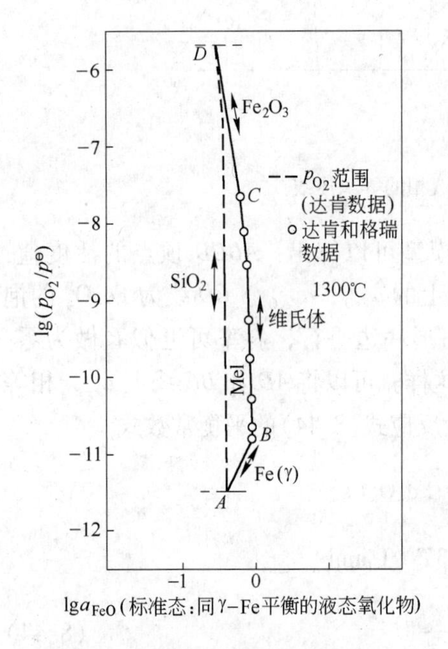

图 8-21　1573K（1300℃）时 Fe_2O_3-SiO_2-FeO 系氧压与活度 a_{FeO} 的关系

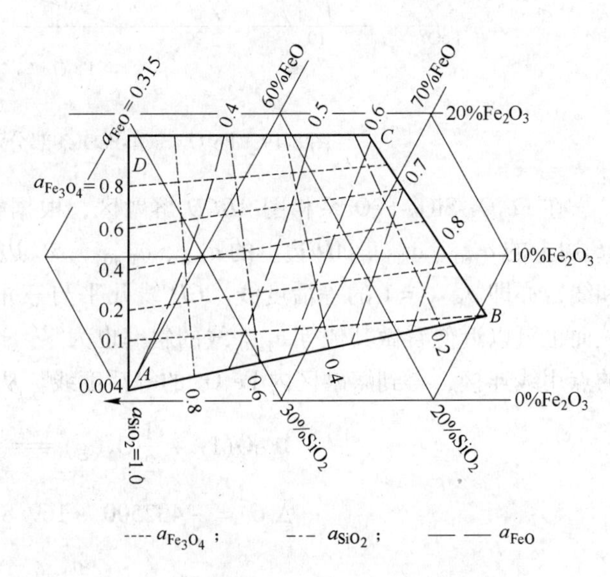

图 8-22　1523K（1250℃）Fe_2O_3-SiO_2-FeO 系 Fe_3O_4、SiO_2、FeO 的等活度线

按照图 8-20～图 8-22，可以计算出铜锍的品位和各种组分的活度或分压之间的关系（见图 8-23）。图中 QN 线表示增加 a_{Cu_2S}，熔体中 a_{FeO} 将降低，并逐渐趋近于零。

8.1.5　氯化冶金原理

利用金属氯化物的特性进行金属提取或精炼的过程，称为氯化冶金过程。该过程可采用火法冶金或湿法冶金提取方式，具体可分为氯化焙烧、氯化熔炼、氯化物的金属还原和氯化精炼四种方法类型。

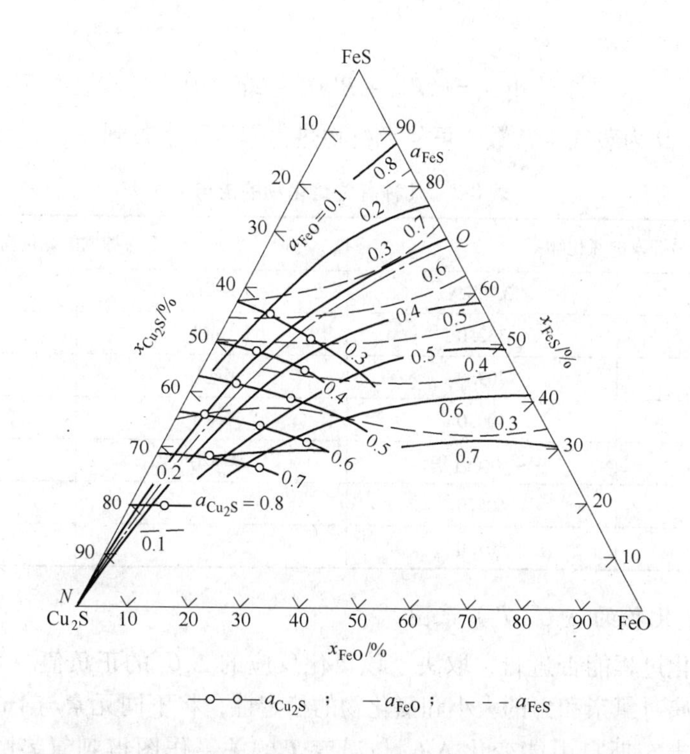

图 8-23 1473K（1200℃）时 Cu_2S-FeS-FeO 系的等活度线

氯化焙烧是将固体原料放在焙烧炉内与氯化剂反应，使原料中容易氯化的组元转化成氯化物。根据原料性质和后续处理方法的不同，此过程可分为氯化和氯化挥发两种方式。氯化熔炼是在氯化剂作用下使原料中要提取的金属呈熔融状态产出，用于熔盐电解金属。氯化物的金属还原是利用对氯亲和势大的金属，将氯化物中与氯亲和势较小的金属还原出来。氯化精炼是利用粗金属中对氯亲和势较大的金属杂质，在金属熔体通入氯气时生成氯化物进入浮渣中，使粗金属得以纯化的方法。

随着金属矿物资源的日渐枯竭，低品位复杂难处理矿物的利用日益受到重视，而氯化冶金是从这类矿提取金属的有效手段之一。低品位复杂铁矿中常伴有少量有色金属以及一些二次资源（如硫酸工业的残渣等），经氯化处理后，可以回收有色金属，氯化后的氧化铁渣也可作为炼铁原料。目前，一些难熔金属（如钛、锆、钽、铌等）多采用氯化冶金方法提取，但应重视解决氯化冶金所用的氯化剂及氯化冶金副产物所带来的环境问题。本节主要涉及火法氯化冶金的热力学问题。

8.1.5.1 氯化冶金原理

由于不同金属元素的氯化顺序以及所生成的氯化物的熔点、沸点及蒸气压等性质相差较大，因此在冶金生产中，常常利用氯化剂（如 Cl_2、HCl、NaCl、$CaCl_2$、$MgCl_2$ 等）来焙烧矿石，以达到金属相互间的分离或金属与脉石的分离；并利用金属氯化物在挥发性上的差异，来分离和提纯以及纯化金属。因此，在氯化冶金中常利用各种氯化物的不同挥发性达到多种金属矿分离不同金属的目的。

不同金属氯化物的沸点差异很大（如表 8-7 所示），而金属氯化物的蒸气压是衡量氯化物挥发趋势大小的一个热力学参数，氯化物的蒸气压与温度的关系通常用下面公式计算。

$$\lg p = AT^{-1} + B\lg T + CT + D$$

式中，A、B、C、D 为蒸气压常数，可从无机物热力学手册中查到。

表 8-7 几种有关氯化物的沸点 K

易挥发的氯化物		不易挥发的氯化物	
$SiCl_4$	334.29	$FeCl_2$	1285.0
SCl_2	332.0	CuCl	1763.0
$TiCl_4$	409.0	$MgCl_2$	1691.0
$VOCl_3$	400.0	NaCl	1738.0
$AlCl_3$	454.3（升华）	$CaCl_2$	2273.0
$FeCl_3$	605.0		
$ZrCl_4$	607.0		

8.1.5.2 氯化物的 $\Delta_r G^{\ominus}$-T 关系图

判定一个氯化过程能否进行，取决于该氯化反应的 $\Delta_r G^{\ominus}$ 的正负值。为便于比较在任意温度下各种金属对氯亲和力的大小和氯化物的稳定性，将不同元素与 1mol Cl_2 气反应生成氯化物的标准吉布斯自由能变化 $\Delta_r G^{\ominus}$ 与温度 T 的关系作图得到氯势图（参见第 3 章图 3-7）。由图可知：所有氯化物的 $\Delta_r G^{\ominus}$ 都是负值，且某一氯化物的 $\Delta_r G^{\ominus}$ 线越低，则该氯化物的 $\Delta_r G^{\ominus}$ 值越负，表明其越稳定、越难分解；在一指定温度下，氯化物 $\Delta_r G^{\ominus}$ 线较低的元素，可将位于其以上各元素的氯化物还原，夺得后者的氯而本身氧化成为氯化物；因为 $\frac{1}{2}CCl_4$ 的 $\Delta_r G^{\ominus}$ 线在最上面，表明其最不稳定，所以 C 不能作为还原剂还原其他金属氯化物；由于 2HCl 的 $\Delta_r G^{\ominus}$ 线在图的中上部，所以 H_2 可作为还原剂还原其线以上的氯化物。如 1600℃时，H_2 可还原 CCl_4、$NbCl_5$、$AsCl_3$、$NiCl_2$、$SnCl_4$、$FeCl_3$、CuCl、$CrCl_3$、$PbCl_2$ 及 $SiCl_4$ 等。

在火法氯化冶金中，也常用较活泼金属还原氯化物得到金属。例如，用 Na 和 Mg 作为还原剂，将 $TiCl_4$ 还原成金属 Ti。即

$$2Na(l) + \frac{1}{2}TiCl_4(g) = \frac{1}{2}Ti(s) + 2NaCl(l)$$

$$\Delta_r G^{\ominus} = -451035 + 130.96T \quad J/mol$$

$$Mg(l) + \frac{1}{2}TiCl_4(g) = \frac{1}{2}Ti(s) + MgCl_2(l)$$

$$\Delta_r G^{\ominus} = -231375 + 68.20T \quad J/mol$$

以上两个反应在标准状态下只要温度低于 3300K 均能进行，即表明在常温下钠和镁也可以将 $TiCl_4$ 还原成金属钛。

8.1.5.3 Cl_2 气与金属氧化物反应的 $\Delta_r G^{\ominus}$-T 关系图

因为有色金属矿石中很多元素是以氧化物形式存在，所以研究 Cl_2 气与金属氧化物反

应的 $\Delta_r G^\ominus$-T 关系图是氯化冶金的重要基础。图 8-24 为部分金属氧化物与 Cl_2 反应的 $\Delta_r G^\ominus$-T 关系图。由图可以看出，在标准状态下，有许多氧化物，例如 Nb_2O_5、SiO_2、Al_2O_3、Cr_2O_3、TiO_2、MgO、Fe_2O_3 等不能被 Cl_2 氯化，因为它们的氯化反应在通常温度下的 $\Delta_r G^\ominus$ 值大于零。

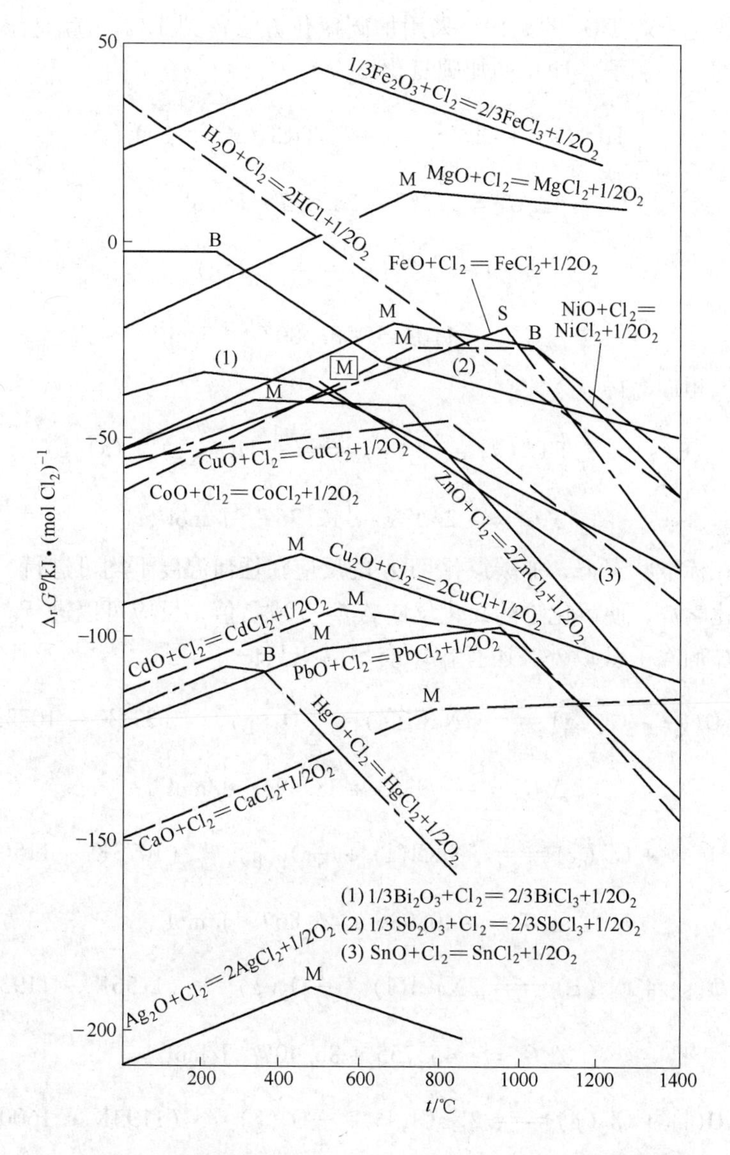

图 8-24 Cl_2 与氧化物反应的 $\Delta_r G^\ominus$-T 关系图（折合成 1mol Cl_2）

下面具体考察 TiO_2 的氯化反应

$$\frac{1}{2}TiO_2(s) + Cl_2(g) = \frac{1}{2}TiCl_4(g) + \frac{1}{2}O_2(g)$$

$$\Delta_r G^\ominus = 92257 - 28.87T \quad J/mol \qquad T = 3196K$$

这表明，在低于 3196K（2923℃）的温度下，Cl_2 不能氯化 TiO_2。若生产中欲采用 Cl_2

氯化高钛渣制取 $TiCl_4$，必须采取加入添加剂的措施。

8.1.5.4 添加剂的作用

由图 8-24 可以看出，一些氯化反应的 $\Delta_r G^\ominus$ 为正值，若使这些氧化物能被氯气氯化，必须采取使氯化反应能够进行的措施。通常采用的措施有两种，一种是加入添加剂，另一种是在真空下氯化。对 TiO_2 的氯化，采用加碳氯化方法得到 $TiCl_4$，就是添加剂方法在实际生产中运用的一个例子。TiO_2 的加碳氯化反应为

$$\frac{1}{2}TiO_2(s) + Cl_2(g) = \frac{1}{2}TiCl_4(g) + \frac{1}{2}O_2(g)$$

$$\Delta_r G^\ominus = 92257 - 28.87T \quad J/mol$$

$$C(s) + \frac{1}{2}O_2(g) = CO(g)$$

$$\Delta_r G^\ominus = -116315 - 83.89T \quad J/mol$$

两个反应式相加，得

$$C(s) + \frac{1}{2}TiO_2(s) + Cl_2(g) = \frac{1}{2}TiCl_4(g) + CO(g)$$

$$\Delta_r G^\ominus = -24058 - 112.76T \quad J/mol$$

这表明，在标准状态下，加碳氯化 TiO_2 的反应在任何温度下均可进行。加入的 C，降低了氧化物的化学势，使氧化物的氯化反应 $\Delta_r G^\ominus$ 变成负值，反应可以进行。

常用的添加剂除了 C 以外，还有 SO_2 或 SO_3。已知

$$Na_2O(s) + Cl_2(g) = 2NaCl(s) + \frac{1}{2}O_2(g) \qquad (371K \sim 1073K)$$

$$\Delta_r G^\ominus = -399363 + 38.49T \quad J/mol$$

$$Na_2O(s) + Cl_2(g) = 2NaCl(l) + \frac{1}{2}O_2(g) \qquad (1073K \sim 1156K)$$

$$\Delta_r G^\ominus = -408986 + 46.86T \quad J/mol$$

$$Na_2O(s) + Cl_2(g) = 2NaCl(l) + \frac{1}{2}O_2(g) \qquad (1156K \sim 1193K)$$

$$\Delta_r G^\ominus = -453755 + 86.40T \quad J/mol$$

$$Na_2O(l) + Cl_2(g) = 2NaCl(l) + \frac{1}{2}O_2(g) \qquad (1193K \sim 1600K)$$

$$\Delta_r G^\ominus = -306478 - 36.82T \quad J/mol$$

由各温度段 Na_2O 氯化反应的 $\Delta_r G^\ominus$ 负值都很大，表明这些生成 NaCl 反应的 $\Delta_r G^\ominus$ 负值很大，NaCl 很稳定，不可能用来氯化其他金属氧化物。然而，当氧化物矿加入少量硫化物一起焙烧时，产生 SO_2 或 SO_3 使 NaCl 分解产生 Cl_2 气，而 Cl_2 气又氯化了氧化物矿石。这种情况发生的反应为

$$2NaCl(s) + \frac{1}{2}O_2(g) = Na_2O(s) + Cl_2(g) \qquad (8\text{-}45)$$

$$\Delta_r G^\ominus = 399363 - 38.49T \quad \text{J/mol}$$

$$Na_2O(s) + SO_3(g) = Na_2SO_4(s)$$

$$\Delta_r G^\ominus = -575216 - 62.34T\lg T + 350.45T \quad \text{J/mol}$$

上面两式相加得

$$2NaCl(s) + SO_3(g) + \frac{1}{2}O_2(g) = Na_2SO_4(s) + Cl_2(g) \tag{8-46}$$

$$\Delta_r G^\ominus = -175853 - 62.34T\lg T + 311.96T \quad \text{J/mol}$$

又因为

$$SO_2(g) + \frac{1}{2}O_2(g) = SO_3(g)$$

$$\Delta_r G^\ominus = -93722 + 89.96T \quad \text{J/mol}$$

则此两式相加可得

$$2NaCl(s) + SO_2(g) + O_2(g) = Na_2SO_4(s) + Cl_2(g) \tag{8-47}$$

$$\Delta_r G^\ominus = -269576 - 62.34T\lg T + 401.92T \quad \text{J/mol}$$

由这些反应可以看出，即使在高温下，式(8-45)反应的 $\Delta_r G^\ominus$ 也是很大的正值，NaCl 分解出 Cl_2 的反应不能进行；而式(8-46)及式(8-47)两个反应的 $\Delta_r G^\ominus$ 均为负值。这说明在有 SO_2 或 SO_3 的参与下，NaCl 可以分解出 Cl_2。其原因是 SO_2 或 SO_3 与 Na_2O 可以生成稳定的硫酸盐，从而降低了 Na_2O 的化学势，使式(8-46)和式(8-47)的反应有利于向右进行，产生 Cl_2。

与 SO_2、SO_3 的作用类似，矿石中存在的 SiO_2 可以与 CaO、MgO、Na_2O 等作用，生成稳定的硅酸盐，减小了这些氧化物的化学势，从而增强了 $CaCl_2$、$MgCl_2$ 及 NaCl 的氯化作用。

8.1.5.5 几种常见的氯化剂

除 Cl_2 外，常见的氯化剂还有固体氯化剂 $CaCl_2$、$MgCl_2$、NaCl 以及气体氯化剂 HCl、CCl_4 等。

A $CaCl_2$ 的氯化作用

从图 8-24 可以看出，$CaO(s) + Cl_2(g) = CaCl_2(l) + \frac{1}{2}O_2(g)$ 的 $\Delta_r G^\ominus$ 线是在除 $T >$ 1450K PbO + Cl_2 反应之外最下面的一条。而其他氧化物的 $\Delta_r G^\ominus$ 线均在 $CaCl_2$ 的 $\Delta_r G^\ominus$ 线之上，即在标准状态下，这些氧化物均不能被 $CaCl_2$ 氯化。然而在工业生产中，$CaCl_2$ 又是一种常用的氯化剂。其原因是采取措施适当降低氯化物产物的分压，便可以使氯化反应进行。例如，用 $CaCl_2$ 氯化 MnO 时

$$MnO(s) + Cl_2(g) = MnCl_2(g) + \frac{1}{2}O_2(g)$$

$$\Delta_r G^\ominus = 67153 - 74.06T \quad \text{J/mol} \quad (1530\text{K} \sim 2000\text{K})$$

$$CaO(s) + Cl_2(g) = CaCl_2(l) + \frac{1}{2}O_2(g)$$

$$\Delta_r G^\ominus = -115060 \text{J/mol} \quad (1123\text{K} \sim 1755\text{K})$$

上式减下式，得

$$CaCl_2(l) + MnO(s) === MnCl_2(g) + CaO(s)$$

$$\Delta_r G^\ominus = 182213 - 74.06T \quad J/mol$$

当 $\Delta_r G^\ominus = 0$ 时，$T = 2460K$。即在标准状态、2460K 下，$CaCl_2$ 不能氯化 MnO。然而，由等温方程式 $\Delta_r G = \Delta_r G^\ominus + RT\ln\left(\frac{p_{MnCl_2}}{p^\ominus}\right)$，并假设氯化温度为 1600K，得

$$\Delta_r G = 182213 - 118496 + 30635\lg\left(\frac{p_{MnCl_2}}{p^\ominus}\right)$$

由此知，若使 $\Delta_r G < 0$，则应使 $p_{MnCl_2} < 832Pa$。因此，倘若燃烧废气或流动的载气中所含 $MnCl_2(g)$ 的体积分数 $\varphi(MnCl_2)$ 小于 0.8% 时，用 $CaCl_2$ 氯化 MnO 的反应是可以进行的。

在图 8-24 中，CaO 氯化反应 $\Delta_r G^\ominus$ 线以上且距离其不太远的氧化物，如 PbO、Cu_2O、ZnO、MnO 等，在工业条件下完全可以用 $CaCl_2$ 氯化。尤其是温度高达 1473K 以上时，有些氧化物氯化的 $\Delta_r G^\ominus$ 线斜率改变方向向下移，表明高温对这些氧化物的氯化更为有利。然而位于 CaO 氯化反应 $\Delta_r G^\ominus$ 线以上比较远的氧化物，如 Fe_2O_3、TiO_2、Cr_2O_3、Al_2O_3、SiO_2 及 Nb_2O_5 等，由于用 $CaCl_2$ 氯化反应的 $\Delta_r G^\ominus$ 正值太大，所以不能被 $CaCl_2$ 氯化。

工业上用黄铁矿为原料制造硫酸，焙烧剩下的烧渣中除了含很高的 Fe_2O_3 外，还含有少量的 Cu、Pb、Zn 及贵金属 Ag 等有用金属的氧化物。为综合回收有价元素，在送往炼铁厂前，必须对烧渣进行铁与有用金属的有效分离。工业上处理烧渣多采用高温选择性氯化挥发法，即用 $CaCl_2$ 作为氯化剂，将烧渣中的 Cu、Pb、Zn、Ag 等元素的氧化物转变为容易挥发的氯化物挥发回收，而 Fe 的氧化物不易被 $CaCl_2$ 氯化留在残渣中，作为炼铁原料。下面分析用 $CaCl_2$ 作为氯化剂分离烧渣中有色金属氧化物的依据。

从图 8-24 还可以看出，只有 Ag_2O 氯化反应的 $\Delta_r G^\ominus$ 线在 CaO 氯化反应的 $\Delta_r G^\ominus$ 线之下，所以在标准状态下，只有 $CaCl_2$ 可以氯化 Ag_2O。其反应为

$$Ag_2O(s) + CaCl_2(l) === 2AgCl(l) + CaO(s)$$

在 1273 温度下，反应的 $\Delta_r G^\ominus_{1273} = -88kJ/mol$。$\Delta_r G^\ominus$ 为负值，表明在 1273K 时，Ag_2O 可以被 $CaCl_2$ 氯化。

而 PbO、ZnO、CuO 等与前面分析用 $CaCl_2$ 作为氯化剂氯化 MnO 机理一样，因燃烧废气或载气流中的 p_{PbCl_2}、p_{ZnCl_2}、p_{CuCl} 实际值很小，所以这些氧化物也可以被 $CaCl_2$ 氯化。

由于图 8-24 中 Fe_2O_3 的氯化反应的 $\Delta_r G^\ominus$ 线在 CaO 氯化反应的 $\Delta_r G^\ominus$ 之上且距离比较远，计算用 $CaCl_2$ 氯化 Fe_2O_3 反应

$$\frac{1}{3}Fe_2O_3(s) + CaCl_2(l) === \frac{2}{3}FeCl_3(g) + CaO(s)$$

在 1273K 温度下

$$\Delta_r G^\ominus_{1273} = 146.43kJ/mol$$

计算结果也表明，在标准状态下，温度为 1273K 时，Fe_2O_3 不能被 $CaCl_2$ 氯化。这就是为什么通过高温选择性氯化，就可以使烧渣中 Fe_2O_3 与 Ag、Cu、Pb、Zn 等元素的氧化物有效分离，从而达到有价金属综合利用的目的。

B $MgCl_2$ 的氯化作用

从图 8-24 可以看出，很多氧化物氯化反应的 $\Delta_r G^\ominus$ 线在 MgO 氯化反应的 $\Delta_r G^\ominus$ 线之下。说明 $MgCl_2$ 对这些氧化物来讲是很好的氯化剂。由于在温度为 768K 时，下面两个反应的 $\Delta_r G^\ominus$ 线相交：

$$MgO(s) + Cl_2(g) = MgCl_2(g) + \frac{1}{2}O_2(g)$$

$$H_2O(g) + Cl_2(g) = 2HCl(g) + \frac{1}{2}O_2(g)$$

当温度高于 768K 时，在标准状态下，生成 HCl(g) 的反应更易进行，其反应为

$$H_2O(g) + MgCl_2(g) = 2HCl(g) + MgO(s)$$

$$\Delta_r G^\ominus = -94768 - 123.64T \quad J/mol \qquad (298 \sim 928K)$$

$$\Delta_r G^\ominus = -42049 + 24.48T \quad J/mol \qquad (928 \sim 987K)$$

$$\Delta_r G^\ominus = -59204 - 78.03T \quad J/mol \qquad (987 \sim 1376K)$$

$$\Delta_r G^\ominus = 28870 - 56.27T \quad J/mol \qquad (1376 \sim 1600K)$$

计算表明，在上述的任何温度段反应的 $\Delta_r G^\ominus < 0$。所以当 $MgCl_2$ 遇到载气中含有 H_2O 气时，会发生水解而失去氯化作用。由此看来，作为氯化剂，$CaCl_2$ 比 $MgCl_2$ 更好些。

C HCl 的氯化作用

用 HCl 作为氯化剂氯化金属氧化物 MO 的反应为

$$2HCl(g) + MO = MCl_2 + H_2O(g)$$

这里 MO 必须是在 $H_2O + Cl_2$ 反应的 $\Delta_r G^\ominus$ 线以下的任意一氧化物。同 $MgCl_2$ 一样，在图 8-24 中，凡位于 $H_2O + Cl_2$ 反应的 $\Delta_r G^\ominus$ 线以上的氧化物，其氯化产物遇水气均会发生水解。如

$$\frac{1}{2}TiCl_4(g) + H_2O(g) = 2HCl(g) + \frac{1}{2}TiO_2(s)$$

$$\Delta_r G^\ominus = -30962 - 40.38T \quad J/mol$$

这表明，$TiCl_4$ 在任何温度都易被水解。也就是说位于 $H_2O + Cl_2$ 反应的 $\Delta_r G^\ominus$ 线以上的氧化物，在标准状态下均不能被 HCl 气体氯化。

综上所述，使用添加剂及载气流，可以使许多氯化剂的作用得以增强。

8.1.5.6 氯化冶金

在冶金原料中，各种有色金属通常是以氧化物、硫化物或硅酸盐等复杂化合物形态存在。利用不同金属氧化物在与氯反应趋势上的差别，在氯化焙烧过程中，适当控制焙烧温度及气氛等条件，进行选择性氯化，从而达到分离有价金属的目的；然后再利用金属氯化物间挥发特性的差异，分离和提纯金属。这是有色金属冶金成熟的冶炼工艺，目前工业上被广泛采用。

现以从高钛渣提取金属钛为例说明氯化冶金工艺。利用浮选富集的钛精矿（含有金红石 TiO_2 及钛铁矿 $FeTiO_3$）在电弧炉中用焦炭还原，其中氧化铁还原为铁水，剩余的渣就

是高钛渣，其主要成分为 TiO_2，质量分数达 90% 以上。其他杂质主要有 SiO_2、Fe_2O_3、Al_2O_3、CaO、MgO，以及少量的 ZrO_2、V_2O_5 等。经氯化后，根据各种元素氯化物的沸点不同（参见表 8-7），采用蒸馏的方法，可以得到纯度为 99.9% 的 $TiCl_4$ 气体。然后用 Mg 还原 $TiCl_4$，得到金属 Ti。

当高钛渣在 1073 ~ 1173K 范围内与 Cl_2 气作用时，生成表 8-7 中所列两类氯化物。冷却后再分级蒸馏。分级蒸馏的目的是：在 343 ~ 373K 范围内蒸馏，因 $SiCl_4$、SCl_2 沸点低、先生成气体分离掉；而 $TiCl_4$ 与 $VOCl_3$ 沸点接近，需经两次蒸馏分离 V、Ti 氯化物。具体做法是先在 413K 下加铜丝蒸馏，加铜丝是为有下面的作用

$$2Cu(s) + VOCl_3(g) = CuO(s) + VCl_2(s) + CuCl(s)$$

Cu 丝与 $VOCl_3$ 反应生成的产物全是固体，由此可以去除 $VOCl_3$，留下来的蒸馏液再次在 413K 下精馏，就可得到纯度为 99.9% 的 $TiCl_4$。最后，将获得的 $TiCl_4$ 置入还原釜内，在 1073 ~ 1173K 下用金属 Mg 还原 $TiCl_4$，即可得到纯度为 99.5% ~ 99.7% 的金属钛。

目前氯化冶金工艺正面临着日益苛刻的环保要求，冶金科技工作者也在不懈地努力寻找从源头上避免污染环境的冶金新方法、新工艺，力求实现零污染、零排放。近来国内外冶金科技工作者正研究开发诸如微生物冶金、微波辅助冶金、超声波辅助冶金，以及氢代替碳和碳氢化合物作为还原剂的氢冶金等冶金新技术、新工艺。

8.1.6 金属中夹杂物形成的热力学分析

目前国内外生产纯净钢和超纯净钢，钢中杂质的总含量小于 100×10^{-6}，经微合金化后，夹杂物的尺寸明显变小（甚至小于 2 ~ 5nm）。因此在生产过程中，除须对钢液进行真空处理外，还必须采用钙或稀土元素以及其他新方法脱氧、脱硫，净化钢液、净化晶界，改善杂质分布规律和夹杂物的形态，才能更有效地提高钢材的性能。

从热力学上分析钙或稀土元素脱氧、脱硫等反应产物形成的夹杂，以稀土元素处理钢液为例，已在第 4 章活度计算中进行了分析和讨论，这里不再赘述。而由于在钢液凝固过程中元素偏析，还会产生新的夹杂物，以及用稀土元素去除钢液中的其他杂质的方法，将在本节中予以讨论。

A 凝固偏析

凝固过程中由于杂质元素在固-液两相的分配不同，从而形成化学偏析。基于溶液理论和热力学分析，金属液溶质杂质偏析的计算式为

对[Si]、[Mn]　　$C_l = C_0(1-g)^{k-1}$

对其他溶质　　$C_l = \dfrac{C_0}{1-g(1-k)}$

式中，C_0 为未凝固前金属液中所含溶质的浓度；C_l 为同一温度下金属液所含溶质的浓度；g 为凝固率，即某温度下析出固体的质量和溶液未开始凝固前质量之比，用分数表示，$(1-g)$ 表示在同一温度未凝固的金属液的质量分数；k 为偏析系数，又称平衡分配比：

$$k = \frac{C_s}{C_l}$$

这里，C_s 为某温度下凝固析出的固溶体所含溶质的浓度。

表8-8给出一些元素的偏析系数，供在热力学计算需考虑元素的偏析时使用。例如，含碳 $w[C]=0.2\%$ 的钢水凝固90%时析出γ-Fe，利用碳在钢液的偏析系数求未凝固的钢水的含碳量。因为钢液凝固析出γ-Fe，所以选碳的偏析系数 $k=0.35$，计算剩余钢液含碳量，$C_1=\frac{C_0}{1-g(1-k)}=\frac{0.2}{1-0.9\times0.65}=0.48$，所以剩余钢液含碳量为0.48%。

表8-8 元素的偏析系数

元素	C(δ-Fe)	C(γ-Fe)	N	S	As	Mn(δ-Fe)	Mn(γ-Fe)	O(δ-Fe)	O(γ-Fe)	Si	Cu
k	0.2	0.35	0.25	0.045	0.33	0.9	0.75	0.02	0.03	0.84	0.9

炼钢温度下，钢液脱硫时能否生成MnS夹杂。由热力学数据表查得有关数据并计算，得

$$[Mn]+[S] = MnS(s)$$

$$\Delta_r G^{\ominus}_{MnS(s)} = -158783+94.977T \quad J/mol$$

炼钢温度下（1873K）

$$\Delta_r G^{\ominus}_{MnS(s)} \gg 0$$

$$[Mn]+[S] = MnS(l)$$

$$\Delta_r G^{\ominus}_{MnS(l)} = -133051+80.709T \quad J/mol$$

炼钢温度下（1873K）

$$\Delta_r G^{\ominus}_{MnS(l)} \gg 0$$

计算结果表明，在炼钢温度下钢液中不能生成MnS。然而在凝固过程中，当 $T\leqslant$ 1672K（1398℃）时，生成MnS(s)反应的 $\Delta_r G^{\ominus}_{MnS(s)}\leqslant 0$。此时MnS(s)可以生成。在钢液凝固过程中，若考虑［S］的偏析，则 $\Delta_r G^{\ominus}_{MnS(s)}$ 负值会更大。这里不再给出具体计算过程了。

B 稀土砷化物夹杂物的热力学计算及实验验证

在第4章中已将钢液加入稀土元素，脱氧、脱硫生成稀土夹杂物的类型、条件和顺序的热力学计算和分析，作为活度计算与应用的实例给予了介绍。关于稀土元素在低碳含砷钢中去除杂质的作用，将在本小节中予以讨论，除分析稀土砷化物夹杂物生成热力学外，还将计算稀土氟氧化物夹杂物生成的条件，并实验验证。

a 稀土砷化物夹杂的热力学计算

由于在文献中缺少砷在铁液中的活度和溶解自由能的数据，于是根据Fe-As相图（参见图8-25），用熔化自由能法求出铁的活度及其活度系数；再用吉布斯-杜亥姆方程，并引入α函数对Fe摩尔浓度进行图解积分，求出 γ_{As}、γ^0_{As}、γ^{As}_{As}，而后计算砷在铁液中的溶解吉布斯自由能。

（1）用熔化自由能法求铁的活度和活度系数。选取纯液态δ-Fe为标准态，则固态δ-Fe铁的吉布斯自由能为

$$G_{(s)} = G^{\ominus}_{(l)} + RT\ln a'_{(s)}$$

所以

$$\Delta_{fus}G^{\ominus} = G_{(s)} - G^{\ominus}_{(l)} = -RT\ln a'_{(s)}$$

式中，$\Delta_{fus}G^{\ominus}$ 为标准熔化吉布斯自由能；$a'_{(s)}$ 为固态铁的活度。

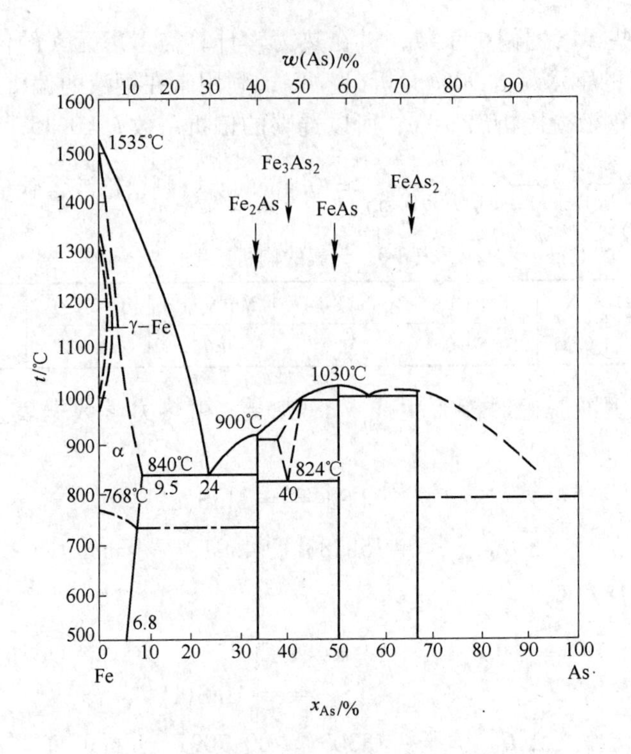

图 8-25 Fe-As 相图

已知 δ-Fe 的熔点为 1809K，熔化焓为 13.807kJ/mol，且此时 δ-Fe 在液态与固态时的热容差 $\Delta_{fus}C_p = C_{p(l)} - C_{p(s)} = 3.473\text{J/(mol} \cdot \text{K)}$，

由
$$\int_{\Delta H_0}^{\Delta H} \mathrm{d}\Delta H = \int_0^T \Delta C_p \mathrm{d}T \qquad \Delta H = \Delta H_0 + \Delta C_p T$$

且在 1809K　$\Delta H_0 = 13807\text{J/mol}, \Delta C_p = 3.473\text{J/(mol} \cdot \text{K)}$

所以
$$\Delta H = 7524 + 3.473T$$

又由
$$\Delta_{fus}S = \Delta C_p \ln T + I$$

在 1809K　$\Delta_{fus}S = 13807 \div 1809 = 7.632; \Delta C_p = 3.473\text{J/(mol} \cdot \text{K)}$

$$I = \Delta_{fus}S - \Delta C_p \ln T = -18.42$$

由已知的熔化熵 $\Delta_{fus}S$ 及热容求积分常数 I

所以
$$\Delta_{fus}S = 3.473\ln T - 18.42$$

$$\Delta_{fus}\Delta G^{\ominus} = G_{(s)} - G_{(l)}^{\ominus} = \Delta H - T\Delta S$$

将上面计算数据代入，得

$$\Delta_{fus}G^{\ominus} = 7524 + 21.893T - 3.473T\ln T$$

在液相线上，固态铁与溶液处于平衡，即

$$G_{(s)} = G_{(l),m}$$

式中，$G_{(l),m}$ 为溶液中溶剂铁的偏摩尔吉布斯自由能。

$$G^{\ominus}_{(l)} + RT\ln a'_{(s)} = G^{\ominus}_{(l)} + RT\ln a_{(l)}$$

所以，$a'_{(s)} = a_{(l)}$，即溶液内溶剂 Fe 的活度与固态 δ-Fe 的活度相等。

由于砷与铁形成 α 固溶体，因此实际上液态铁并非与纯固体平衡，而是与 α 固溶体平衡。又因砷在铁中固溶度相对较低，可近似地认为固溶体中铁的活度符合拉乌尔定律，即与固相线上铁的摩尔分数成正比，即

$$a_{(s)} = a'_{(s)} \cdot x'_{Fe}$$

式中，x'_{Fe}为固相线上铁的摩尔分数；$a'_{(s)}$为温度 T 时纯固溶体的活度。

于是熔化自由能可写为

$$\Delta_{fus}G^{\ominus} = -2.303RT\lg a'_{(s)} = -2.303RT\lg a_{(s)} + 2.303RT\lg x'_{Fe}$$

而
$$a_{(s)} = \gamma_{Fe} \cdot x_{Fe}$$

式中，x_{Fe}为液相线上铁的摩尔分数。

于是有

$$\lg\gamma_{Fe} = \lg a_{(s)} - \lg x_{Fe}$$

再将由熔化自由能与活度的关系式计算得到的表达式代入，得到

$$\lg\gamma_{Fe} = \frac{-\Delta_{fus}G^{\ominus}}{2.303RT} + \lg x'_{Fe} - \lg x_{Fe}$$

将已知的数据代入，得到

$$\lg a_{Fe} = 0.418\lg T - \frac{393}{T} - 1.14 + \lg x'_{Fe}$$

$$\lg\gamma_{Fe} = 0.418\lg T - \frac{393}{T} - 1.14 + \lg x'_{Fe} - \lg x_{Fe}$$

由此两个式子可以计算液相线温度下 Fe-As 二元系溶剂铁的活度和活度系数。

为计算其他温度下的 $\lg a_{Fe}$和 $\lg\gamma_{Fe}$，假定 Fe-As 为正规溶液，则满足

$$RT\ln\gamma_{Fe} = bx^2_{As}$$

式中，$b = (\Delta_{vap}H^{0.5}_{Fe} - \Delta_{vap}H^{0.5}_{As})^2$，为与温度无关的常数，因为 $\Delta_{vap}H_{Fe}$和 $\Delta_{vap}H_{As}$分别为铁和砷的气化焓，且不随温度改变。

当溶液成分一定时，$\ln\gamma_{Fe}$与 T 成反比，即已知液相线上铁的活度和活度系数，即可求出任何温度下铁的活度和活度系数。

（2）计算砷的活度系数。引入 α 函数，利用吉布斯-杜亥姆（Gibbs-Duhem）方程，由铁的活度系数可以计算出砷的活度和活度系数。将 α 函数 $\alpha_{Fe} = \frac{\lg\gamma_{Fe}}{(1 - x_{Fe})^2}$分部积分得到

$$\lg\gamma_{As} = -\alpha_{Fe}x_{Fe}x_{As} + \int_{x_{Fe}=0}^{x_{Fe}=1}\alpha_{Fe}\mathrm{d}x_{Fe}$$

当 $x_{Fe} \to 1$，$x_{As} \to 0$ 时，则 $\gamma_{As} \to \gamma^0_{As}$，即有

$$\lg\gamma^0_{As} = \int_0^1 \alpha_{Fe}\mathrm{d}x_{Fe}$$

由文献查得，在1573K，$x_{Fe}=0.76$时，$\gamma_{As}=0.12$。代入上面砷的活度系数计算公式，并换算到冶炼温度1873K时砷的活度系数，于是有

$$\lg\gamma_{As}=-1.13-\alpha_{Fe}x_{Fe}x_{As}+\int_{0.76}^{x_{Fe}}\alpha_{Fe}\mathrm{d}x_{Fe}$$

作α_{Fe}-x_{Fe}图（见图8-26），并用图解积分法求得$\int_{0.76}^{x_{Fe}}\alpha_{Fe}\mathrm{d}x_{Fe}$，再由上式计算$\gamma_{As}$。

作$\ln\gamma_{As}$-x_{As}的关系图（见图8-27），并外插到$x_{As}=0$处，得到$\gamma_{As}^{0}=0.0062$。

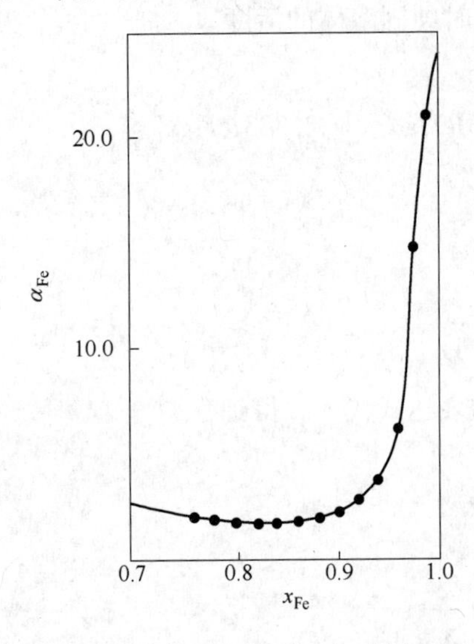

图8-26　Fe-As二元系α_{Fe}与x_{Fe}的关系

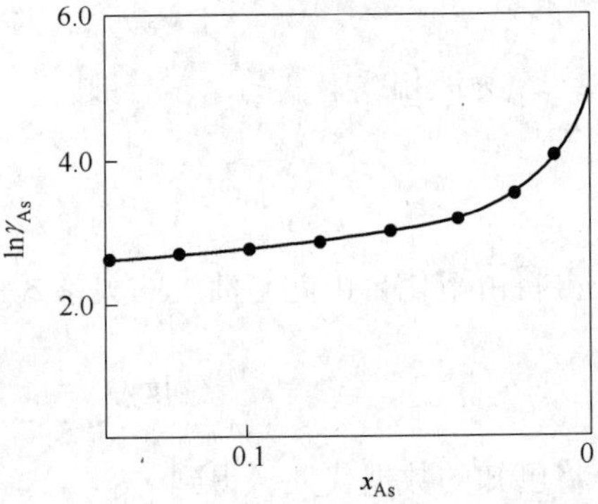

图8-27　$\ln\gamma_{As}$与x_{As}的关系

（3）砷在铁液中溶解吉布斯自由能与温度关系式。若已知γ_{As}^{0}的值，便可计算砷在铁液中的溶解吉布斯自由能。已知

$$0.5As_2(g)=\!=\!=[As]\qquad \Delta_{sol}G_{As}^{\ominus}=RT\ln\frac{\gamma_{As}^{0}A_{r,Fe}}{100A_{r,As}}$$

式中，$A_{r,Fe}$、$A_{r,As}$分别为铁和砷的相对原子质量。

在冶炼温度1873K下，$\Delta_{sol}G_{As}^{\ominus}=-155.4\ \mathrm{kJ/mol}[As]$。若砷在铁液中形成正规溶液，其熵变为

$$\Delta_{sol}S^{\ominus}=-R\ln x_{As}=-19.142\lg\frac{55.85}{100\times74.92}=0.0407\ \mathrm{kJ/(mol\cdot K)}$$

焓变为

$$\Delta_{sol}H^{\ominus}=19.142T\lg\gamma_{As}^{0}=-79.15\mathrm{kJ/mol}$$

于是得到砷的溶解吉布斯自由能与温度的关系式

$$\Delta_{sol}G_{As}^{\ominus}=-79.15-0.0407T\quad \mathrm{kJ/mol}$$

（4）计算砷的自相互作用系数。已知活度相互作用系数以无限稀溶液为标准态时$e_i^j=\left(\frac{\partial\ln f_i}{\partial w[j]_{\%}}\right)_{w[j]_{\%}}$；以纯物质为标准态时$\varepsilon_i^j=\left(\frac{\partial\ln\gamma_i}{\partial x_j}\right)_{x_j}$。由图8-27中曲线在$x_{As}\to0$处的斜率求出$\varepsilon_{As}^{As}$，再由$\varepsilon_{As}^{As}$与$e_{As}^{As}$的关系式求出$e_{As}^{As}=0.296$。

b　稀土砷化物生成热力学计算

在上面计算基础上，便可以讨论稀土砷化物夹杂生成的热力学条件。由于文献中缺乏 CeAs 的标准生成吉布斯自由能数据，于是采用晶体离子熵公式计算熵变，用绝对熵法计算其标准生成吉布斯自由能。

已知 CeAs 为 NaCl 型晶体结构，根据卡普金斯基（А. Ф. Капустинский）提出的单一气体离子熵与离子晶体熵的计算公式

$$S_c^i = \frac{3}{2}R\ln A_{r,i} - 1.5\frac{Z_i^2}{r_i}$$

式中，R 为摩尔气体常数；$A_{r,i}$ 为 i 元素的相对原子质量（$A_{r,Ce} = 140.12$，$A_{r,As} = 74.92$）；Z_i 为 i 离子的价数（$Z_{Ce^{3+}} = 3$，$Z_{As^{3-}} = 3$）；r_i 为 i 离子半径（用 $r_{As^{3-}} = 0.222\text{nm} \times 10$，$r_{Ce^{3+}} = 0.118\text{nm} \times 10$ 的数值代入）。

计算结果为

$$S_{298,Ce^{3+}}^{\ominus} = 0.0138\text{kJ/(mol·K)}$$

$$S_{298,As^{3-}}^{\ominus} = 0.0284\text{kJ/(mol·K)}$$

$$S_{298,As}^{\ominus} = 0.0352\text{kJ/(mol·K)}$$

$$S_{298,Ce}^{\ominus} = 0.064\text{kJ/(mol·K)}$$

所以　$\Delta_f S_{298,CeAs}^{\ominus} = S_{298,Ce^{3+}}^{\ominus} + S_{298,As^{3-}}^{q} - S_{298,Ce}^{\ominus} - S_{298,As}^{\ominus} = -0.057\text{kJ/(mol·K)}$

由文献查得　$\Delta_f H_{298,CeAs}^{\ominus} = -288.3\text{kJ/mol}$，于是反应 As(s) + Ce(s) ══ CeAs(s) 的标准生成吉布斯自由能为

$$\Delta_f G_{CeAs}^{\ominus} = \Delta_f H_{CeAs}^{\ominus} - \Delta_f S_{CeAs}^{\ominus} T = -288.3 + 0.057T \quad \text{kJ/mol}$$

已知

$$As(s) ══ 0.5As_2(g)$$

$$\Delta G^{\ominus} = 100.42 - 0.0845T \quad \text{kJ/mol}$$

$$Ce(s) ══ Ce(l)$$

$$\Delta G^{\ominus} = 9.21 - 0.0086T \quad \text{kJ/mol}$$

于是

$$0.5As_2(g) + Ce(l) ══ As(s) + Ce(s)$$

$$\Delta G^{\ominus} = -109.63 + 0.0931T \quad \text{kJ/mol}$$

根据已知的数据计算反应产物的标准生成吉布斯自由能

$$0.5As_2(g) + Ce(l) ══ CeAs(s)$$

$$\Delta_f G^{\ominus} = -397.93 + 0.1502T \quad \text{kJ/mol}$$

因溶解反应 $0.5As_2(g)$ ══ [As] 的溶解吉布斯自由能为

$$\Delta_{sol} G^{\ominus} = -79.15 - 0.0407T \quad \text{kJ/mol}$$

反应 Ce(l) ══ [Ce] 的溶解吉布斯自由能为

$$\Delta_{sol}G^{\ominus} = -16.74 - 0.0464T \quad kJ/mol$$

所以

$$[As] + [Ce] = CeAs(s)$$

$$\Delta_f G^{\ominus} = -302.04 + 0.2372T \quad kJ/mol$$

由此可以算出在冶炼温度1873K下，反应的 $\Delta G^{\ominus} = 142.2kJ/mol$，表明不可能生成CeAs夹杂物。然而，当 $T \leqslant 1273K$ 时，$\Delta G^{\ominus} \leqslant 0$，故在凝固过程中有可能有CeAs夹杂物生成并析出。

若硫化稀土和砷化稀土生成固溶体，且满足理想溶液的条件，即 $\Delta_{mix}H = 0$。取 $x_{CeAs} = 0.5, x_{CeS} = 0.5$，于是反应

$$CeS(s) + CeAs(s) = (CeAs \cdot CeS)_{ss}$$

$$\Delta_{mix}G^{\ominus} = 0.5RT\ln(x_{CeS} \cdot x_{CeAs}) = -5.76T \quad J/mol$$

查得

$$0.5S_2(g) = [S] \quad \Delta_{sol}G^{\ominus} = -135.0 + 0.0234T \quad kJ/mol$$

$$[Ce] + [S] = CeS(s)$$

$$\Delta G^{\ominus} = -402.5 + 0.1272T \quad kJ/mol$$

反应

$$2[Ce] + [S] + [As] = (CeAs \cdot CeS)_{ss}$$

$$\Delta G^{\ominus} = -704.54 + 0.3586T \quad kJ/mol$$

热力学计算表明：在冶炼温度1873K下，反应的 $\Delta G^{\ominus} = -32.88kJ/mol$，可以生成该复合夹杂物。

为验证热力学分析结果，在光学显微镜定性观测的基础上，进行SEM观测和EDS分析，发现了不规则块状的稀土砷化物与硫化物复合夹杂物的存在，结果示于图8-28。

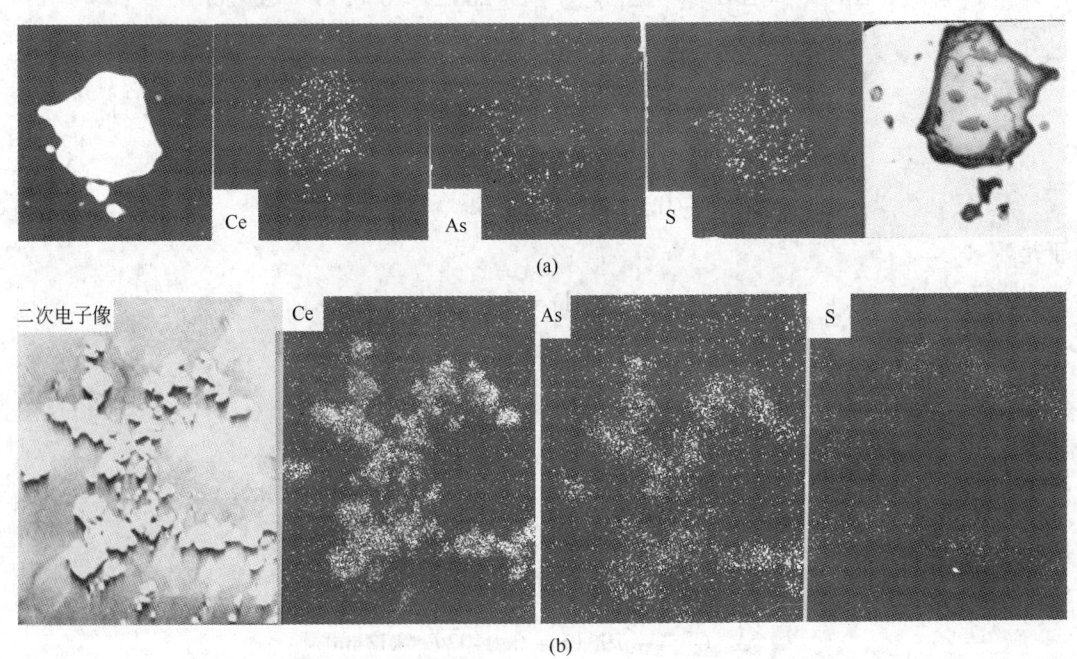

图8-28　稀土砷化物与稀土硫化物的复合夹杂物

C 氟氧化稀土夹杂物的热力学计算及实验验证

a 热力学计算

虽然人们于1941年合成了LaOF，其反应为

$$La(s) + 0.5O_2(g) + 0.5F_2(g) \longrightarrow LaOF(s)$$

但至今文献中没有它的热力学数据报道。因此，只能用近似的方法进行计算。本书第1章中介绍了键焓法、哈伯-波恩热化学循环计算法和哈伯-波恩热化学循环与菲勒曼点阵能计算法三种近似计算化合物标准生成焓的方法，并作为应用实例具体计算了LaOF的标准生成焓，计算结果在三级误差范围内吻合较好。有了化合物的标准生成焓和标准生成熵，利用绝对熵法，就可以得到化合物的标准生成吉布斯自由能计算式。

采用第1章中依据哈伯-波恩热化学循环与菲勒曼点阵能计算法求得的LaOF的标准生成焓 $\Delta_f H^{\ominus}_{298,LaOF} = -3276.91kJ/mol$，和第2章中根据卡普金斯基等人给出的单一气体离子熵公式计算的LaOF标准生成熵 $\Delta_f S^{\ominus}_{298,LaOF} = -201.24 \times 10^{-3}$ kJ/(mol·K)，用绝对熵法得到LaOF的标准生成吉布斯自由能与温度关系的二项式

$$\Delta_f G^{\ominus}_{LaOF} = \Delta_f H^{\ominus}_{298,LaOF} - T\Delta_f S^{\ominus}_{298,LaOF} = -3276.91 + 201.24 \times 10^{-3} T \quad kJ/mol$$

用此式计算温度1873K时LaOF的标准生成吉布斯自由能 $\Delta G^{\ominus}_{LaOF} = -2900kJ/mol$。这表明：在标准状态下，1873K时LaOF可以生成。

下面具体计算在实际条件下LaOF生成的吉布斯自由能。

若在温度1873K下电渣重熔铁铬铝合金，已知合金中 $w[La] = 0.030\%$，$w[O] = 0.002\%$，渣中含氟化钙，发生的反应为

$$[La] + 1.5[O] + 0.5CaF_2(l) \longrightarrow LaOF(s) + 0.5CaO(s) \tag{a}$$

已知，由第1章计算化合物生成焓三种近似方法计算LaOF的标准生成焓：

用键焓法 $\Delta_f H^{\ominus}_{298,LaOF} = -1445.02kJ/mol$；

用哈伯-波恩热循环法 $\Delta_f H^{\ominus}_{298,LaOF} = -3276.91kJ/mol$；

用哈伯-波恩热循环与菲勒曼点阵能法 $\Delta_f H^{\ominus}_{298,LaOF} = -2559.44kJ/mol$。

选用负值最少的LaOF的标准生成焓，进行反应（a）的吉布斯自由能的计算。已知

$$La(s) + 0.5O_2(g) + 0.5F_2(g) \longrightarrow LaOF(s)$$

$$\Delta_f G^{\ominus} = -1445.02 + 201.24 \times 10^{-3} T \quad kJ/mol$$

$$[La] \longrightarrow La(s)$$

$$\Delta_{sul} G^{\ominus} = 20.50 + 0.067T \quad kJ/mol$$

$$1.5[O] \longrightarrow \frac{3}{4}O_2(g)$$

$$\Delta_{sul} G^{\ominus} = 175.73 + 0.004T \quad kJ/mol$$

$$0.5CaF_2(l) \longrightarrow 0.5F_2(g) + 0.5Ca(g)$$

$$\Delta_f G^{\ominus} = 73.43 - 0.138T \quad kJ/mol$$

$$0.5Ca(g) + 0.25O_2(g) \longrightarrow 0.5CaO(s)$$

$$\Delta_f G^{\ominus} = -389.45 + 0.092T \quad kJ/mol$$

上述5个反应之和，即是反应（a）。因此可以由这5个反应的标准吉布斯自由能之和得到可生成 LaOF 的反应（a）的标准吉布斯自由能

$$\Delta_f G^{\ominus}_{(a)} = -1565.36 + 0.226T \quad \mathrm{kJ/mol}$$

根据化学反应等温方程计算实际条件下生成 LaOF 反应的吉布斯自由能为

$$\Delta_r G = \Delta_r G^{\ominus} + RT\ln \frac{a_{LaOF} a_{CaO}^{0.5}}{a_{[La]} a_{[O]}^{1.5} a_{CaF_2}^{0.5}} \tag{b}$$

因固态 LaOF、CaO 和 CaF_2 均为纯物质，以纯物质 i 作标准态，故 $a_{LaOF} = a_{CaO} = a_{CaF_2} = 1$。需要计算 La 和 O 的活度值。已知

$$a_{[La]} = f_{La}[La];\ \lg f_{La} = e_{La}^{La}[La] + e_{La}^{O}[O] = -0.01;\ f_{La} = 0.98$$

所以 $a_{[La]} = 2.9 \times 10^{-2}$；同理计算 O 的活度 $a_{[O]} = 6.8 \times 10^{-6}$。

将相关的数据代入等温方程式（b），于是得到

$$\Delta_r G_{(b)} = -1565.36 + 0.404T \quad \mathrm{kJ/mol}$$

在熔炼温度1873K下，$\Delta_r G_{1873,(b)} = -808.67$ kJ/mol。这表明：在实际熔炼条件下，生成 LaOF 夹杂物的反应能够发生，即 LaOF 夹杂物可以生成。

应当指出，采用上述三种方法得到的 LaOF 标准生成焓，计算实际条件下 LaOF 夹杂物生成反应的吉布斯自由能均为负值。这表明生成 LaOF 的反应（a）能够发生，在电渣重熔的含 La 的铁铬铝合金中，应有 LaOF 夹杂物出现。

b 实验验证

为验证热力学计算结果，采用 SEM、XRD 和离子探针观测和分析 1873K 电渣重熔的含 La 的铁铬铝合金，结果都发现了 LaOF 夹杂物。SEM 观察和分析的结果示于图 8-29。

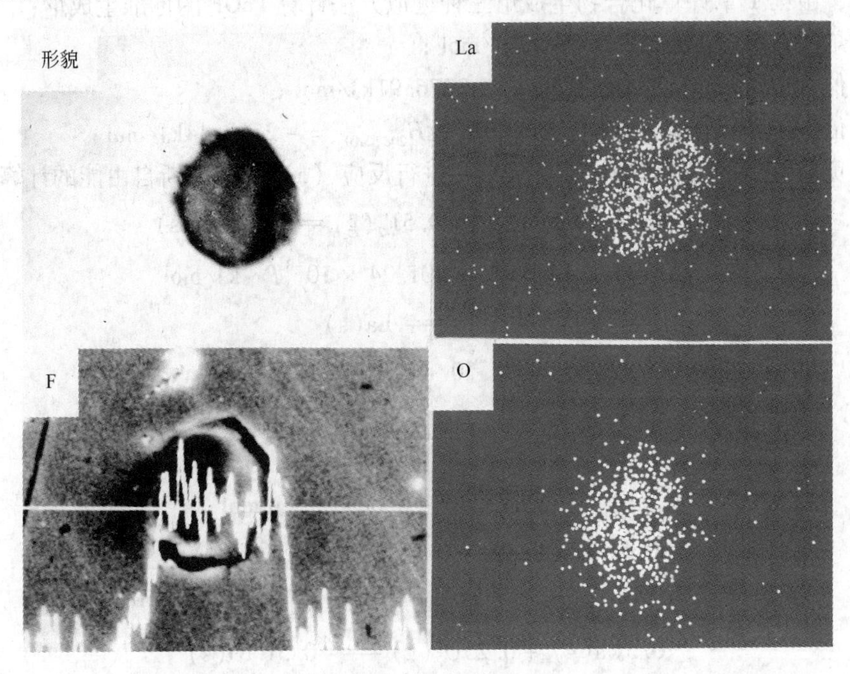

图 8-29 氟氧化镧夹杂物形貌和分析（850×）

从上面的计算与实验结果可以看出，正确的热力学计算与实验的结果吻合很好。

8.2 热力学在材料制备过程中应用实例

8.2.1 资源高效利用热力学分析

冶金工艺的改进、新技术的发展和应用，对耐火材料都提出了新的要求。传统的耐火材料已不能满足新技术的要求，因而逐渐将高技术陶瓷引入到耐火材料中，出现了氧化物复合、氧化物和氮化物复合等一系列新型耐火材料。为降低成本、节约能源，利用天然原料合成高性能氮氧化物材料成为高温耐火材料的发展方向之一。现以高岭石合成 O′-Sialon 和高炉渣合成 Ca-α-Sialon 为例，对合成工艺条件的确定进行热力学分析。

8.2.1.1 高岭石和锆英石合成 O′-Sialon 复合材料的热力学

在第5章中已介绍了 O′-Sialon 是 Si_3N_4-AlN-Al_2O_3-SiO_2 体系中的一个固溶体（$x = 0 \sim 0.2$），参见图5-39 和图5-40。由于文献中缺乏不同 x 值 O′-Sialon 的标准生成吉布斯自由能数据，故可利用拟抛物面规则进行预报。

A 预报不同 x 值 O′-Sialon 摩尔组元标准生成吉布斯自由能

O′-Sialon 化学式所代表的组成点落在 Si_2N_2O-$3SiO_2 \cdot 2Al_2O_3$-Si_3N_4 组成的三角形中，运用拟抛物面规则，利用表8-9 中已知的数据求出不同 x 值 O′-Sialon 相的摩尔组元标准生成吉布斯自由能数据。计算结果如下：

表 8-9 Si_3N_4-AlN-Al_2O_3-SiO_2 体系中已知化合物的摩尔组元标准生成吉布斯自由能 $\Delta_f G_i^{\ominus *}$（1800K）

物相 i	x_{SiO_2}	$x_{Si_3N_4}$	$x_{Al_2O_3}$	$\Delta_f G_i^{\ominus *}$/kJ·(mol component)$^{-1}$
Si_2N_2O	0.5	0.5	0	−422.50
$3Al_2O_3 \cdot 2SiO_2$	0.4	0.0	0.6	−902.78
Si_3N_4	0.0	1.0	0.0	−115.57

在1800K 下，不同 x 值 O′-Sialon 相的 $\Delta_f G_i^{\ominus *}$ 为

$$\Delta_f G^{\ominus *}_{Si_{1.96}Al_{0.04}O_{1.04}N_{1.96}} = -434.87 \text{ kJ/mol component}$$

$$\Delta_f G^{\ominus *}_{Si_{1.84}Al_{0.16}O_{1.16}N_{1.84}} = -470.02 \text{ kJ/mol component}$$

$$\Delta_f G^{\ominus *}_{Si_{1.8}Al_{0.2}O_{1.2}N_{1.8}} = -485.09 \text{ kJ/mol component}$$

$\Delta_f G_i^{\ominus *}$-T 的二项式为

$$\Delta_f G^{\ominus *}_{Si_{1.96}Al_{0.04}O_{1.04}N_{1.96}} = -684.773 + 0.140T \quad \text{kJ/mol component}$$

$$\Delta_f G^{\ominus *}_{Si_{1.84}Al_{0.16}O_{1.16}N_{1.84}} = -766.03 + 0.165T \quad \text{kJ/mol component}$$

$$\Delta_f G^{\ominus *}_{Si_{1.8}Al_{0.2}O_{1.2}N_{1.8}} = -795.18 + 0.173T \quad \text{kJ/mol component}$$

用碳热还原氮化法直接由高岭石合成 O′-Sialon 基复合材料制备过程中，涉及 Si-Al-O-N-C 和 Al-O-N-C 两个体系中的反应平衡问题。根据已知和预报的热力学数据计算这两个体系在高氧势和还原气氛下反应的平衡常数与温度的关系（列于表8-10），并绘制叠加的热力学参数状态图。

表 8-10 Si-O-C-N 和 Al-O-C-N 体系反应的平衡常数与温度的关系

	Si-O-C-N	
(1)	$SiO_2(s)+C(s)=SiC+O_2(g)$	$\lg\frac{p_{O_2}}{p^\ominus}=-\frac{43221}{T}+8.57$
(2)	$Si_3N_4(s)+3C(s)=3SiC(s)+2N_2(g)$	$\lg\frac{p_{N_2}}{p^\ominus}=-\frac{18455}{T}+11.21$
(3)	$4Si_3N_4(s)+3O_2(g)=6Si_2N_2O(s)+2N_2(g)$	$\lg\frac{p_{O_2}}{p^\ominus}=-\frac{4335}{T}-17.65+\lg\frac{p_{N_2}}{p^\ominus}$
(4)	$Si_3N_4(s)+3O_2(g)=3SiO_2(s)+2N_2(g)$	$\lg\frac{p_{O_2}}{p^\ominus}=-\frac{30918}{T}+1.10+\frac{2}{3}\lg\frac{p_{N_2}}{p^\ominus}$
(5)	$2Si_2N_2O(s)+4C(s)=4SiC(s)+O_2+2N_2(g)$	$\lg\frac{p_{O_2}}{p^\ominus}=-\frac{53548}{T}+12.22-2\lg\frac{p_{N_2}}{p^\ominus}$
(6)	$2Si_2N_2O(s)+3O_2(g)=4SiO_2(s)+2N_2(g)$	$\lg\frac{p_{O_2}}{p^\ominus}=-\frac{339779}{T}+7.35+\frac{2}{3}\lg\frac{p_{N_2}}{p^\ominus}$
(7)	$2SiO_2(s)+N_2(g)+3C(s)=Si_2N_2O(s)+3CO(g)$	$\lg\frac{p_{CO}}{p^\ominus}=-\frac{13767}{T}+8.06+\frac{1}{3}\lg\frac{p_{N_2}}{p^\ominus}$
(8)	$2Si_3N_4(s)+3CO(g)=3Si_2N_2O(s)+N_2(g)+3C(s)$	$\lg\frac{p_{CO}}{p^\ominus}=\frac{3955}{T}-4.44+\frac{1}{3}\lg\frac{p_{N_2}}{p^\ominus}$
(9)	$SiO_2(s)+3C(s)=SiC(s)+2CO(g)$	$\lg\frac{p_{CO}}{p^\ominus}=-\frac{15489}{T}+8.67$
(10)	$2SiC(s)+CO(g)+N_2(g)=Si_2N_2O(s)+3C(s)$	$\lg\frac{p_{CO}}{p^\ominus}=-\frac{20652}{T}+10.50-\lg\frac{p_{N_2}}{p^\ominus}$
(11)	$3SiO_2(s)+6C(s)+2N_2(g)=Si_3N_4(s)+6CO(g)$	$\lg\frac{p_{CO}}{p^\ominus}=-\frac{9337}{T}+4.94+\frac{1}{3}\lg\frac{p_{N_2}}{p^\ominus}$
	Al-O-C-N	
(12)	$4Al_3O_3N(s)+9C(s)=3Al_4C_3+6O_2(g)+2N_2(g)$	$\lg\frac{p_{O_2}}{p^\ominus}=-\frac{2802}{T}+12.41+\frac{1}{3}\lg\frac{p_{N_2}}{p^\ominus}$
(13)	$6AlN(s)+3O_2(g)=2Al_3O_3N(s)+2N_2(g)$	$\lg\frac{p_{O_2}}{p^\ominus}=-\frac{35945}{T}+3.06+\frac{2}{3}\lg\frac{p_{N_2}}{p^\ominus}$
(14)	$14AlN(s)+9O_2(g)=2Al_7O_9N(s)+6N_2(g)$	$\lg\frac{p_{O_2}}{p^\ominus}=-\frac{36267}{T}+3.95+\frac{2}{3}\lg\frac{p_{N_2}}{p^\ominus}$
(15)	$4Al_7O_9N(s)+3O_2(g)=14Al_2O_3+2N_2(g)$	$\lg\frac{p_{O_2}}{p^\ominus}=-\frac{36519}{T}+4.81+\frac{2}{3}\lg\frac{p_{N_2}}{p^\ominus}$
(16)	$Al_4C_3(s)+2N_2(g)=4AlN(s)+3C(s)$	$\lg\frac{p_{N_2}}{p^\ominus}=-\frac{26857}{T}+9.35$
(17)	$2Al_7O_9N(s)+3CO(g)=7Al_2O_3(s)+N_2(g)+3C(s)$	$\lg\frac{p_{CO}}{p^\ominus}=-12404/T+6.98+\frac{1}{3}\lg\frac{p_{N_2}}{p^\ominus}$
(18)	$7Al_3O_3N(s)+6CO(g)=3Al_7O_9N(s)+2N_2(g)+6C(s)$	$\lg\frac{p_{CO}}{p^\ominus}=-12278/T+6.55+\frac{1}{3}\lg\frac{p_{N_2}}{p^\ominus}$
(19)	$3AlN(s)+3CO(g)=Al_3O_3N(s)+N_2(g)+3C(s)$	$\lg\frac{p_{CO}}{p^\ominus}=-12117/T+6.11+\frac{1}{3}\lg\frac{p_{N_2}}{p^\ominus}$
(20)	$4Al_3O_3N(s)+21C(s)=3Al_4C_3(s)+12CO(g)+2N_2(g)$	$\lg\frac{p_{CO}}{p^\ominus}=-\frac{25545}{T}+10.78-\frac{1}{6}\lg\frac{p_{N_2}}{p^\ominus}$

在 $p_{N_2}=0.10\text{MPa}$ 的条件下，根据表 8-10 中的热力学关系式作图，得到 Si-O-C-N 和 Al-O-C-N 体系叠加的热力学参数状态图（见图 8-30），进而可以分析各稳定相区。

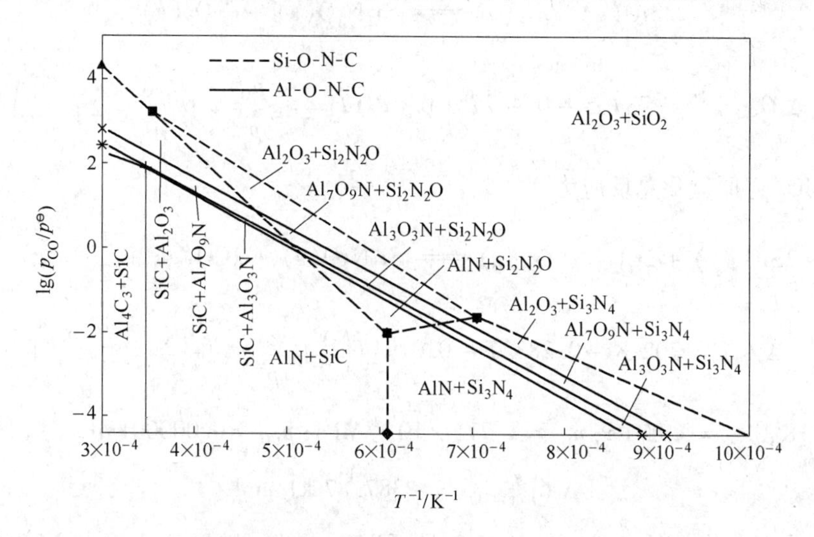

图 8-30　在还原气氛下 Si-O-C-N 体系和 Al-O-C-N 体系叠加热力学参数状态图（$p_{N_2}=0.1\text{MPa}$）

由图可以确定，在 $p_{N_2}=0.1\text{MPa}$ 时，O′-Sialon 稳定存在的温度、一氧化碳分压等具体条件。

B　合成反应的热力学分析

由高岭石合成 O′-Sialon 过程中的化学反应有：高岭石在加热到 450～550℃时，发生分解，排出结晶水，并形成偏高岭石，$Al_2O_3\cdot 2SiO_2\cdot 2H_2O \longrightarrow Al_2O_3\cdot 2SiO_2+2H_2O$。继续升高温度，偏高岭石分解为无定形的、高活性的 Al_2O_3 和 SiO_2。因此，生成 O′-Sialon 的过程如下：

（1）体系中的碳首先和 N_2 气带入的 O_2 发生反应

$$C(g)+\frac{1}{2}O_2(g) = CO(g)$$

$$\Delta_r G^{\ominus}=-112116-87.5T$$

因高岭石的还原氮化需通入高纯氮（为 99.999% 的氮），高纯氮中残余氧约为 $1.0\times10^{-6}\text{MPa}$。1773K 时，反应后体系中 CO 的分压与残存的 O_2 分压分别为

$$p_{O_2}=1.775\times10^{-26}\text{MPa}$$

$$p_{CO}=0.000001\text{MPa}$$

（2）碳和体系中 SiO_2 反应生成 SiO 和 CO

$$SiO_2(s)+C(s) = SiO(g)+CO(g)$$

$$\Delta_r G_{SiO}=720.15-0.3651T+0.0191T\left(\lg\frac{p_{SiO}}{p^{\ominus}}+\lg\frac{p_{CO}}{p^{\ominus}}\right)$$

(3) SiO(g)与 N_2(g)反应

$$2SiO(g) + N_2(g) \xlongequal{\quad} Si_2N_2O(s) + \frac{1}{2}O_2(g)$$

$$\Delta_r G_{Si_2N_2O} = -737.5 + 0.447T + 0.0191T\left(\frac{1}{2}\lg\frac{p_{O_2}}{p^{\ominus}} - \lg\frac{p_{N_2}}{p^{\ominus}} - 2\lg\frac{p_{SiO}}{p^{\ominus}}\right)$$

所以 SiO_2 还原氮化总反应为

$$2SiO_2(s) + 2C(s) + N_2(g) \xlongequal{\quad} Si_2N_2O(s) + 2CO(g) + \frac{1}{2}O_2(g)$$

$$\Delta_r G_{tot} = 702.8 - 0.2832T + 0.0191T\left(\frac{1}{2}\lg\frac{p_{O_2}}{p^{\ominus}} - \lg\frac{p_{N_2}}{p^{\ominus}} - 2\lg\frac{p_{CO}}{p^{\ominus}}\right)$$

在 1773K，$p_{N_2} = 0.1$MPa；$p_{O_2} = 1.775 \times 10^{-26}$MPa；$p_{CO} = 0.000001$MPa 时，有

$$\Delta_r G_{tot(1773)} = -387.87\ \text{kJ/mol}$$

显然，在反应烧结的条件下，Si_2N_2O 是可以生成的；进而 Si_2N_2O 固溶部分 Al_2O_3 生成 O′-Sialon，反应为

$$0.98Si_2N_2O + 0.02Al_2O_3 \xlongequal{\quad} Si_{1.96}Al_{0.04}O_{1.04}N_{1.96}$$

$$\Delta G^{\ominus}_{O'\text{-Sialon}} = 262146 - 185T - RT\ln 0.02\ \text{J/mol}$$

$$= 262146 - 152.5T\quad \text{J/mol}$$

$$0.92Si_2N_2O + 0.08Al_2O_3 \xlongequal{\quad} Si_{1.84}Al_{0.16}O_{1.16}N_{1.84}$$

$$\Delta G^{\ominus}_{O'\text{-Sialon}} = 225930 - 160T - RT\ln 0.08\ \text{J/mol}$$

$$= 225930 - 139T\quad \text{J/mol}$$

$$0.90Si_2N_2O + 0.1Al_2O_3 \xlongequal{\quad} Si_{1.8}Al_{0.2}O_{1.2}N_{1.8}$$

$$\Delta G^{\ominus}_{O'\text{-Sialon}} = 211785 - 152T - RT\ln 0.1\ \text{J/mol}$$

$$= 211785 - 132.9T\quad \text{J/mol}$$

综合上述分析，在 $T > 1719$K 时，不同 x 的 O′-Sialon 都可生成。O′-Sialon 的生成步骤为：(1) 高岭土分解为 Al_2O_3 及 SiO_2；(2) SiO_2 还原氮化生成 Si_2N_2O；(3) Al_2O_3 中的 Al、O 置换 Si_2N_2O 中的 Si、N。

高岭石的碳热还原氮化反应是一个复杂的过程。在碳热还原氮化过程中，Si_3N_4 形成温度较低，在 1723K (1450℃) 生成。超过这个温度，SiC 是稳定相。Si_3N_4 向 SiC 转变的理论温度计算为

$$Si_3N_4(s) + 3C(s) \xlongequal{\quad} 3SiC(s) + 2N_2(g)$$

$$\Delta_r G^{\ominus} = 153440 - 93.20T\quad \text{J/mol}$$

当 $\Delta_r G^{\ominus} = 0$ 时，$T = 1646$K(1373℃)。

总结上述计算结果得到：当温度相对较低，为1673K（1400℃）时，碳热还原的最终产物为O′-Sialon和Si_3N_4；当温度相对较高，为1773K（1500℃）时，最终产物为O′-Sialon和SiC；温度处于两者之间时，产物为O′-Sialon、Si_3N_4和SiC三相共存。由于是用天然原料合成的复合材料，初始原料不够纯，因此最终产物中不可避免地会有一定量的玻璃相存在。

C 实验验证

在实验过程中，用碳热还原氮化高岭石分别合成出了O′-Sialon-Si_3N_4、O′-Sialon-SiC-Si_3N_4和O′-Sialon-SiC等复合材料，它们的XRD图谱示于图8-31。

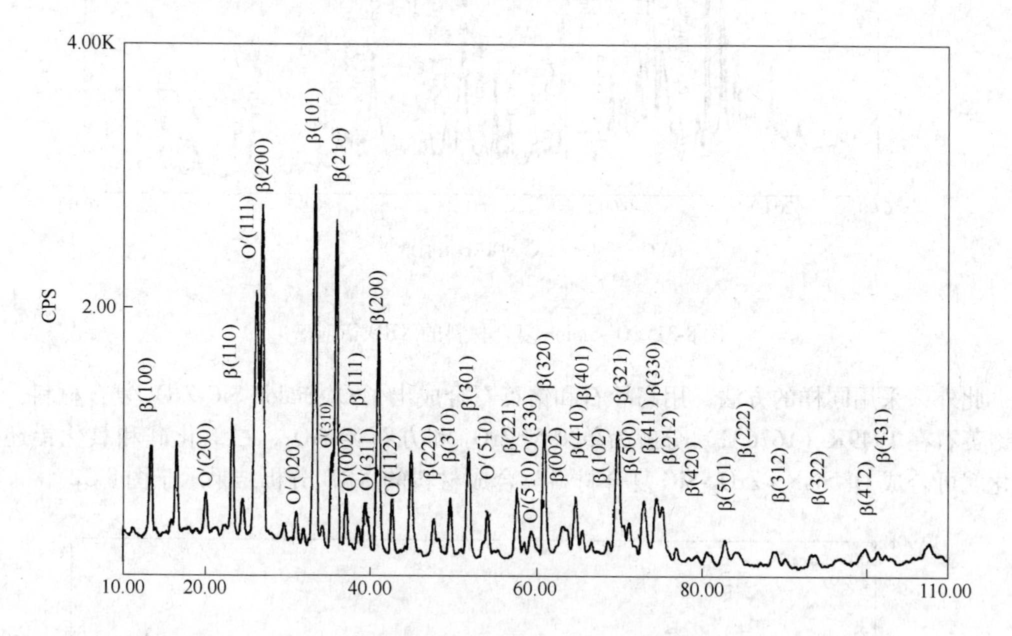

(a) O′-Sialon-Si_3N_4的XRD衍射谱

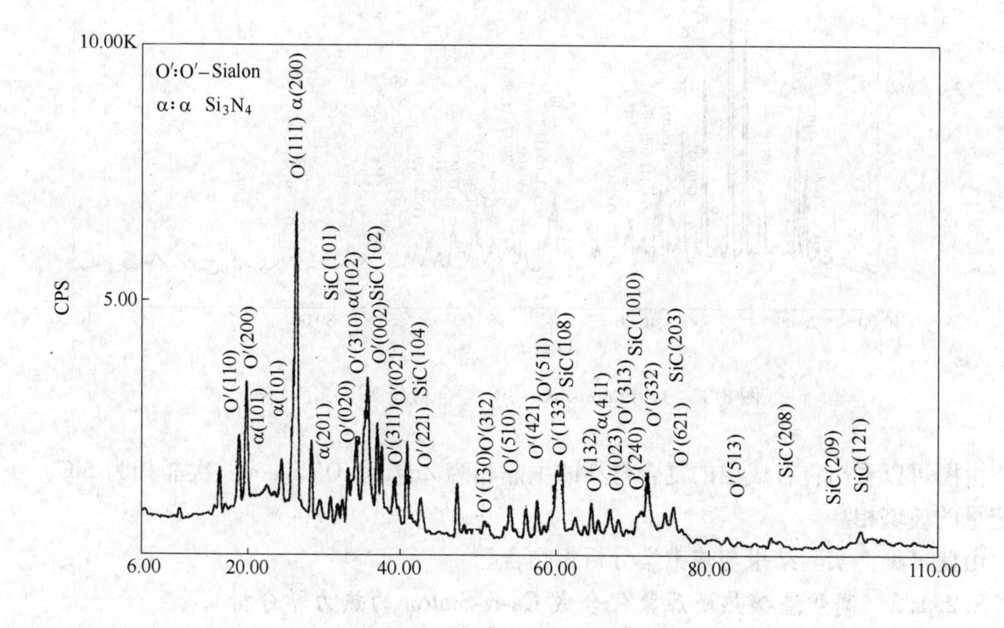

(b) O′-Sialon-Si_3N_4-SiC 的XRD衍射谱

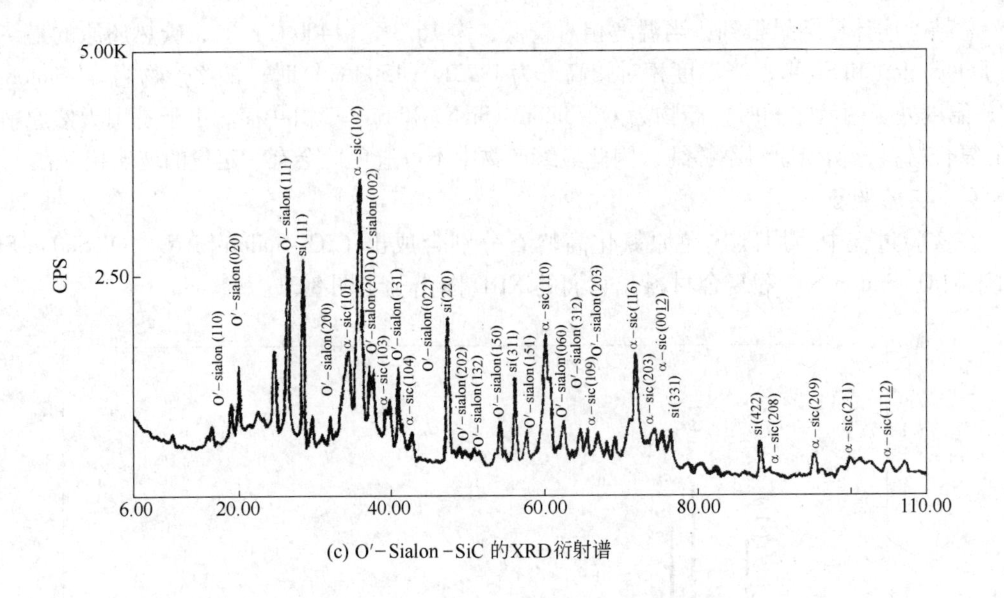

(c) O′-Sialon-SiC 的XRD衍射谱

图 8-31　O′-Sialon 复合材料的 XRD 衍射谱

此外，采用同样的方法，用高岭石和锆英石合成出了 O′-Sialon-SiC-ZrO_2 复合材料。因为锆英石在 1949K（1676℃）分解为单斜型 ZrO_2 和方石英 SiO_2，二氧化硅和氧化铝还原氮化就可合成 O′-Sialon-ZrO_2-SiC 复合材料。合成材料的 XRD 分析结果示于图 8-32。

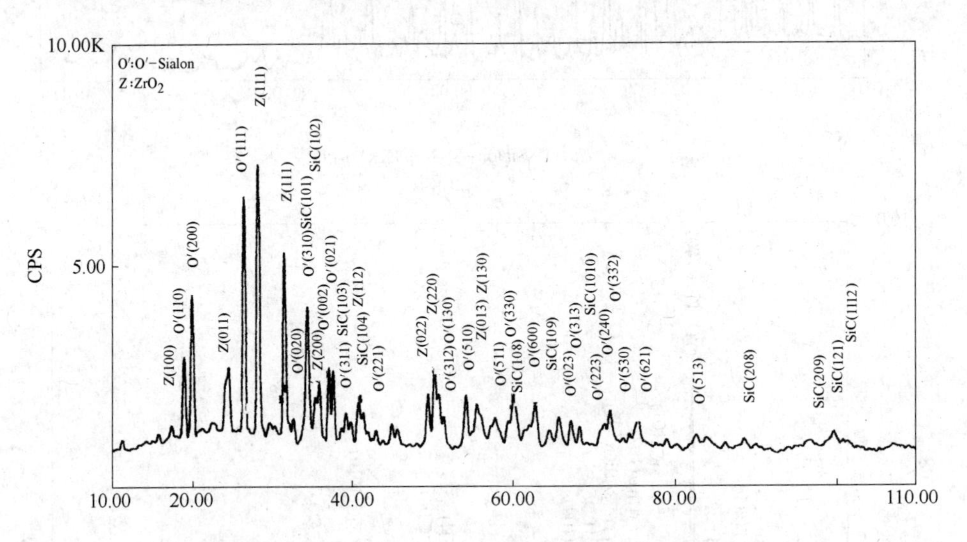

图 8-32　O′-Sialon-ZrO_2-SiC 复合材料 XRD 衍射谱

由图可以看出：合成出的复合材料的主晶相为 ZrO_2 和 O′-Sialon，次晶相为 SiC，还有一定量的玻璃相。

由此可见，实验结果与热力学分析相吻合。

8.2.1.2　高炉渣碳热还原氮化合成 Ca-α-Sialon 的热力学分析

人类面临着资源、能源日趋紧张和环境日益恶化等问题，因此二次资源再利用、固体废弃物的资源化以及提高其附加值等，已成为科技工作者所关心的重要问题。

目前固体废弃物，诸如尾矿、冶金烟尘、粉煤灰、煤矸石、冶金渣等不仅占用了土地，还污染了环境，亟待开发利用。近年来用煤矸石、矿渣等配料合成赛隆已逐步产业化。在冶金渣中，高炉渣利用相对较好，但还不足30%。

Ca-α-Sialon材料由于具有许多优良的性能，如高硬度、良好的耐磨性和耐侵蚀性，引起了材料工作者的广泛关注。通常是使用CaO或$CaCO_3$、Si_3N_4和AlN等纯原料常压或热压反应烧结制备Ca-α-Sialon，也有人使用SiO_2、Al_2O_3和$CaSiO_3$等纯原料碳热还原氮化制备Ca-α-Sialon。利用天然原料和固体废弃物合成Ca-α-Sialon是当今Ca-α-Sialon研究的热点之一。这里以高炉渣合成高附加值的Ca-α-Sialon复合材料为例，进行热力学分析。

A　Ca-α-Sialon的合成温度

当金属离子为Me^{p+}（Ca^{2+}、Y^{3+}等）时，α-Sialon的通式为$Me_xSi_{12-(m+n)}Al_{m+n}O_nN_{16-n}$，其中$x=m/p$，$p$为金属原子的化学价。由五元相图可知，在$Si_3N_4-\frac{4}{3}(AlN:Al_2O_3)-\frac{1}{2}Me_3N_2:3AlN$的平面上，存在一个α-Sialon的单相区以及α-β-Sialon共存的两相区，参见图5-39（a）。Ca-α-Sialon的表达式为$Ca_{m/2}Si_{12-(m+n)}Al_{m+n}O_nN_{16-n}$（$m\leqslant4$），通常用$m$和$n$表达Ca-α-Sialon中组元的计量系数，如$Ca_{0.75}Si_{9.5}Al_{2.5}O_1N_{15}$。根据单相Ca-α-Sialon的$m$和$n$的值，绘制了Ca-α-Sialon平面单相区和两相区图，示于图8-33。

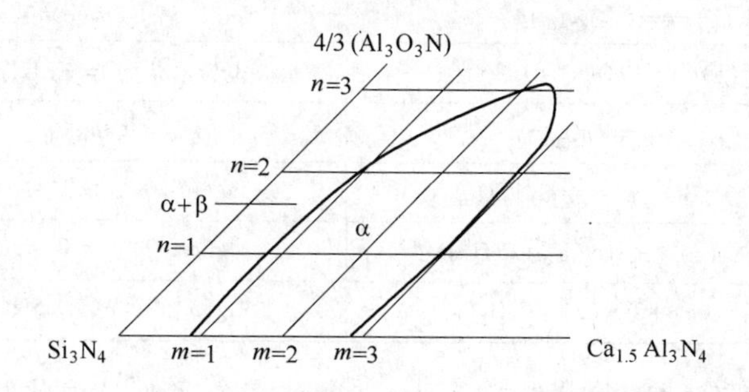

图8-33　Ca-α-Sialon平面单相区和两相区

由图可知，选择成分$Ca_{0.75}Si_{9.5}Al_{2.5}O_1N_{15}$，$m=1.5$，$n=1.0$，恰好处于单相区，可能获得单相Ca-α-Sialon材料。其反应式为

$$3CaO(s)+38SiO_2(s)+5Al_2O_3(s)+30N_2(g)+90C(s)=\!=\!=4Ca_{0.75}Si_{9.5}Al_{2.5}ON_{15}(s)+90CO(g)$$

根据本书第5章利用拟抛物线规则预报的Ca-α-Sialon的标准生成吉布斯自由能数据$\Delta_fG^\ominus_{Ca\text{-}\alpha\text{-}Sialon}=-4009.358+1.551T$ kJ/mol，计算出上述反应的吉布斯自由能

$$\Delta_rG^\ominus=19791.961-11.184T\quad kJ/mol$$

由此计算得到在标准状况下，温度高于1770K（1497℃）时，才能生成Ca-α-Sialon。

B　碳热还原氮化合成Ca-α-Sialon的气氛

为确定合成Ca-α-Sialon的气氛，利用文献中已有的热力学数据，计算1873K下Al-O-N、Si-O-N和Ca-O-N三个体系的凝聚相平衡分压（结果示于表8-11），并绘制出这三个体系叠加的热力学参数状态图（见图8-34）。

表 8-11 1873K 下 Al-O-N、Si-O-N、Ca-O-N 体系凝聚相及其平衡分压

化学反应	平衡分压
Al-O-N	
$2Al(l)+\frac{3}{2}O_2(g)=\!=\!=Al_2O_3(s)$	$\lg(p_{O_2}/p^\ominus)=-20$
$Al(l)+\frac{1}{2}N_2(g)=\!=\!=AlN(s)$	$\lg(p_{N_2}/p^\ominus)=-6.18$
$2Al_7O_9N(s)+\frac{3}{2}O_2(g)=\!=\!=7Al_2O_3(s)+N_2(g)$	$\lg(p_{O_2}/p^\ominus)=-15.43+\frac{2}{3}\lg(p_{N_2}/p^\ominus)$
$2Al_7O_9N(s)=\!=\!=14Al(l)+9O_2(g)+N_2(g)$	$\lg(p_{O_2}/p^\ominus)=-20.8-\frac{1}{9}\lg(p_{N_2}/p^\ominus)$
$Al_7O_9N(s)+3N_2(g)=\!=\!=7AlN(s)+\frac{9}{2}O_2(g)$	$\lg(p_{O_2}/p^\ominus)=-16+\frac{2}{3}\lg(p_{N_2}/p^\ominus)$
Si-O-N	
$SiO_2(s)=\!=\!=Si(l)+O_2(g)$	$\lg(p_{O_2}/p^\ominus)=-16.07$
$\beta\text{-}Si_3N_4(s)=\!=\!=3Si(l)+2N_2(g)$	$\lg(p_{N_2}/p^\ominus)=-1.16$
$2SiO_2(s)+N_2(g)=\!=\!=Si_2N_2O(s)+\frac{3}{2}O_2(g)$	$\lg(p_{O_2}/p^\ominus)=-13.86+\frac{2}{3}\lg(p_{N_2}/p^\ominus)$
$2\beta\text{-}Si_3N_4(s)+\frac{3}{2}O_2(g)=\!=\!=3Si_2N_2O(s)+N_2(g)$	$\lg(p_{O_2}/p^\ominus)=-19.58+\frac{2}{3}\lg(p_{N_2}/p^\ominus)$
$Si_2N_2O(s)=\!=\!=2Si(l)+N_2(g)+\frac{1}{2}O_2(g)$	$\lg(p_{O_2}/p^\ominus)=-22.68-2\lg(p_{N_2}/p^\ominus)$
Ca-O-N	
$Ca(l)+\frac{1}{2}O_2(g)=\!=\!=CaO(s)$	$\lg(p_{O_2}/p^\ominus)=-24.35$
$3Ca(l)+N_2(g)=\!=\!=Ca_3N_2(s)$	$\lg(p_{N_2}/p^\ominus)=-1.20$
$\frac{1}{3}Ca_3N_2(s)+\frac{1}{2}O_2(g)=\!=\!=CaO(s)+1/3N_2(g)$	$\lg(p_{O_2}/p^\ominus)=\frac{2}{3}\lg(p_{N_2}/p^\ominus)-23.56$
$CaO(s)+\frac{1}{2}O_2(g)=\!=\!=CaO_2(s)$	$\lg(p_{O_2}/p^\ominus)=3.22$
$\frac{1}{3}Ca_3N_2(s)+\frac{2}{3}N_2(g)+3O_2(g)=\!=\!=Ca(NO_3)_2(s)$	$\lg(p_{O_2}/p^\ominus)=\frac{2}{9}\lg(p_{N_2}/p^\ominus)+1.84$
$Ca(NO_3)_2(s)=\!=\!=N_2(g)+\frac{5}{2}O_2(g)+CaO(s)$	$\lg(p_{O_2}/p^\ominus)=0.4\lg(p_{N_2}/p^\ominus)-6.92$
$Ca(NO_3)_2(s)=\!=\!=N_2(g)+2O_2(g)+CaO_2(s)$	$\lg(p_{O_2}/p^\ominus)=0.5\lg(p_{N_2}/p^\ominus)-7.84$

图 8-34 中阴影部分满足合成 Ca-α-Sialon 所需的气氛条件。由此可知，若使用高纯氮

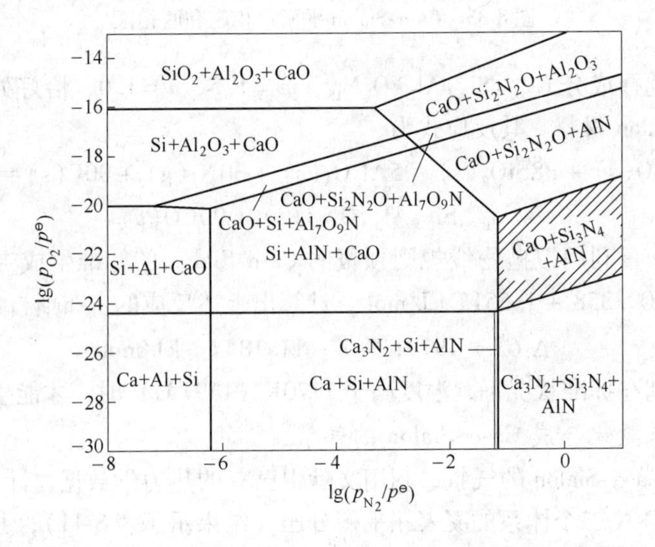

图 8-34 1873K 下 Al-O-N、Si-O-N、Ca-O-N 体系叠加的热力学参数状态图

气（氧分压 $p_{O_2}/p^\ominus = 10^{-6}$）常压合成 Ca-α-Sialon，$p_{N_2} = 0.1$MPa 时，氧分压需要控制在 $10^{-24} \sim 10^{-19}$范围内。为此可利用布都尔反应控制氧分压，使其落在所需的范围内。

C　碳热还原氮化合成 Ca-α-Sialon 过程中杂质元素的走向

由于高炉渣中除含有 Ca、Si、Al 和 O 等合成 Ca-α-Sialon 所需的元素外，还含有 Mg、Fe、K 和 Na 等杂质元素的氧化物。使用高炉渣合成 Ca-α-Sialon 材料时，不仅要考虑这些元素的存在对材料性能产生的影响，还要考虑重金属对环境的影响。因此，在烧结过程中，杂质的去向是人们普遍关注的重要问题。

为了解高炉渣中镁杂质元素在合成材料过程中的去向，利用有关热力学数据计算 Mg-O-N 体系的凝聚相平衡分压，结果示于表 8-12，并由此绘制出该体系的热力学参数状态图（见图 8-35）。

表 8-12　1873K 下 Mg-O-N 体系凝聚相及其平衡分压

化学反应	平衡分压
$3Mg(g) + N_2(g) \longrightarrow Mg_3N_2(s)$	$\lg(p_{N_2}/p^\ominus) = -1.74$
$Mg(g) + \frac{1}{2}O_2(g) \longrightarrow MgO(s)$	$\lg(p_{O_2}/p^\ominus) = -21.86$
$\frac{1}{3}Mg_3N_2(s) + \frac{1}{2}O_2(g) \longrightarrow 1/3N_2(g) + MgO(s)$	$\lg(p_{O_2}/p^\ominus) = -23.02 + \lg(p_{N_2}/p^\ominus)$

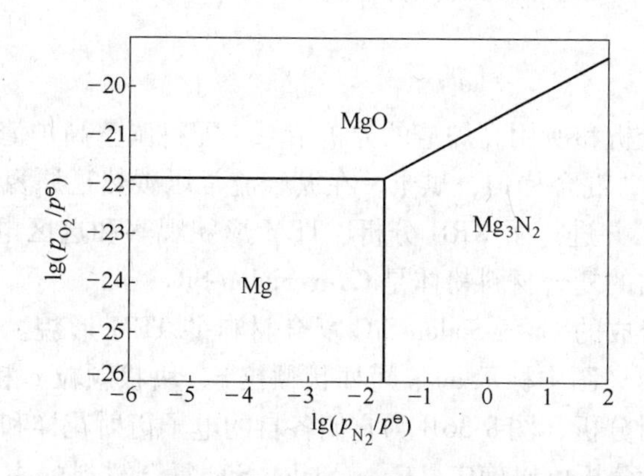

图 8-35　1873K 下 Mg-O-N 体系热力学参数状态图

从图 8-35 可以看出，在该实验条件下，Mg 元素以 MgO 或 Mg_3N_2 的形式存在。在合成反应过程中，Mg 元素固溶进入 Ca-α-Sialon 的晶格中，形成 Ca(Mg)-α-Sialon。

在反应烧结后期体系中，Fe 以液相 FeO 的形式存在。烧结过程中，杂质 FeO 与原料中未反应的 SiO_2 或 Al_2O_3 形成玻璃相。

探讨杂质 Na_2O 和 K_2O 的去向，先考察在碳热还原条件下它们能否被碳还原。由热力学数据手册查得有关数据，计算反应

$$Na_2O(l) = 2Na(g) + \frac{1}{2}O_2(g)$$

$$\Delta_r G_1^\ominus = 518.8 - 0.2347T \quad \text{kJ/mol}$$

$$C(s) + \frac{1}{2}O_2(g) = CO(g)$$

$$\Delta_r G_2^\ominus = -114.4 - 0.08577T \quad \text{kJ/mol}$$

两反应相加，得

$$Na_2O(l) + C(s) \xlongequal{\quad} 2Na(g) + CO(g)$$

$$\Delta_r G_3^\ominus = 404.4 - 0.32047T \quad kJ/mol$$

在1873K时，Na_2O被碳还原反应的$\Delta_r G_{3,1873}^\ominus = -195.84$ kJ/mol。

同样方法计算K_2O被碳还原反应的标准吉布斯自由能：

$$K_2O(s) + C \xlongequal{\quad} 2K(g) + CO(g)$$

$$\Delta_r G_4^\ominus = 373.3 - 0.33872T \quad kJ/mol$$

1873K时，$\Delta_r G_{4,1873}^\ominus = -261.12$ kJ/mol。

计算结果表明，1873K温度下杂质Na_2O和K_2O能被碳还原，生成Na(g)和K(g)，况且1154K时，K_2O发生分解。因此杂质Na_2O和K_2O还原分解为单质元素Na(g)和K(g)，并以气体的形式随氮气流排出反应器外，在空气中发生二次氧化生成各自稳定的氧化物。

用类似的热力学分析方法还可以讨论其他杂质的去向，这里不再赘述。

综上所述，利用评估和预报的热力学数据计算得到：在标准状态下，生成Ca-α-Sialon的温度应高于1770K（1497℃）；常压碳热还原氮化合成Ca-α-Sialon的气氛为：p_{N_2} = 0.1MPa，$p_{O_2}/p^\ominus$为$10^{-23} \sim 10^{-19}$。实验条件下，杂质MgO固溶进Ca-α-Sialon晶格中形成Ca(Mg)-α-Sialon，杂质FeO进入玻璃相；Na_2O和K_2O还原分解为Na(g)和K(g)，随氮气流排出系统外。

D　实验验证

根据上述热力学分析和所用高炉渣的分析结果，配料调整高炉渣的成分，将配好原料在无水乙醇中球磨24h，混合均匀，烘干，在氮气流常压碳热还原氮化制备出了Ca-α-Sialon-SiC复合材料粉体，并进行了XRD分析、TEM形貌观察和选区电子衍射及EDS分析。分析结果表明，制备出的复合材料粉体是Ca-α-Sialon-SiC。

图8-36A为常压合成的Ca-α-Sialon-SiC复合材料的TEM形貌。从图中可以看出，颗粒的形状有长柱状颗粒（图中标示a）、短柱状颗粒b、块状颗粒c和条形颗粒d。分别对它们进行选区电子衍射分析，图8-36B为它们各自的电子衍射花样和标定结果。

通过XRD和TEM分析可以确定，Ca-α-Sialon-SiC复合材料的主晶相为Ca-α-Sialon和SiC。对晶粒进行微区能谱分析时，发现一些短柱状和块状晶粒的能谱有镁峰出现，表明Ca-α-Sialon晶粒中有MgO固溶，形成Ca(Mg)-α-Sialon，验证了有关MgO元素走向的热力学分析结果。

此外，在TEM上观察也能偶见玻璃相的析晶（见图8-37），其电子选区衍射花样呈现多晶衍射环状，多晶环各晶面的间距与铁铝尖晶石的JCPDS卡片非常吻合（见表8-13）。该析晶区域的能谱分析结果表明析晶区含有Si、Al、Fe和Ca等元素。由多晶环标定和能谱分析结果可以确定该玻璃相析晶为铁铝尖晶石（$FeO \cdot Al_2O_3$），该结果与FeO走向的热力学分析吻合。

表8-13　电子衍射多晶环的标定

hkl	111	220	311	400	422	533，622	731，553
d_{JCPDS}	4.700	2.870	2.450	2.030	1.656	1.238	1.057
$d_{measure}$	4.669	2.863	2.436	2.043	1.648	1.237	1.057

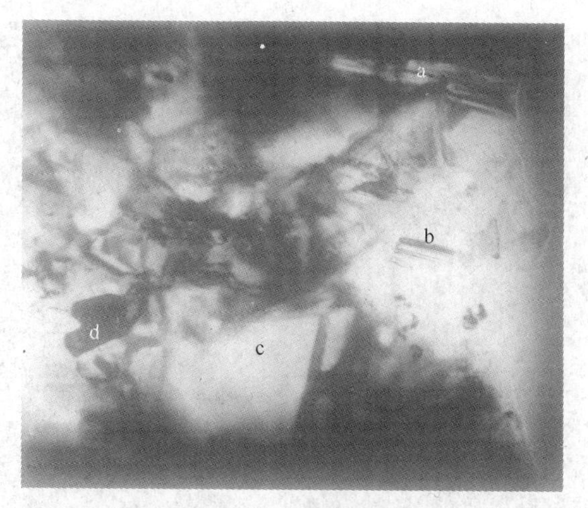

(A) 2023K (1750℃)反应烧结样品的 TEM 形貌(×20000)

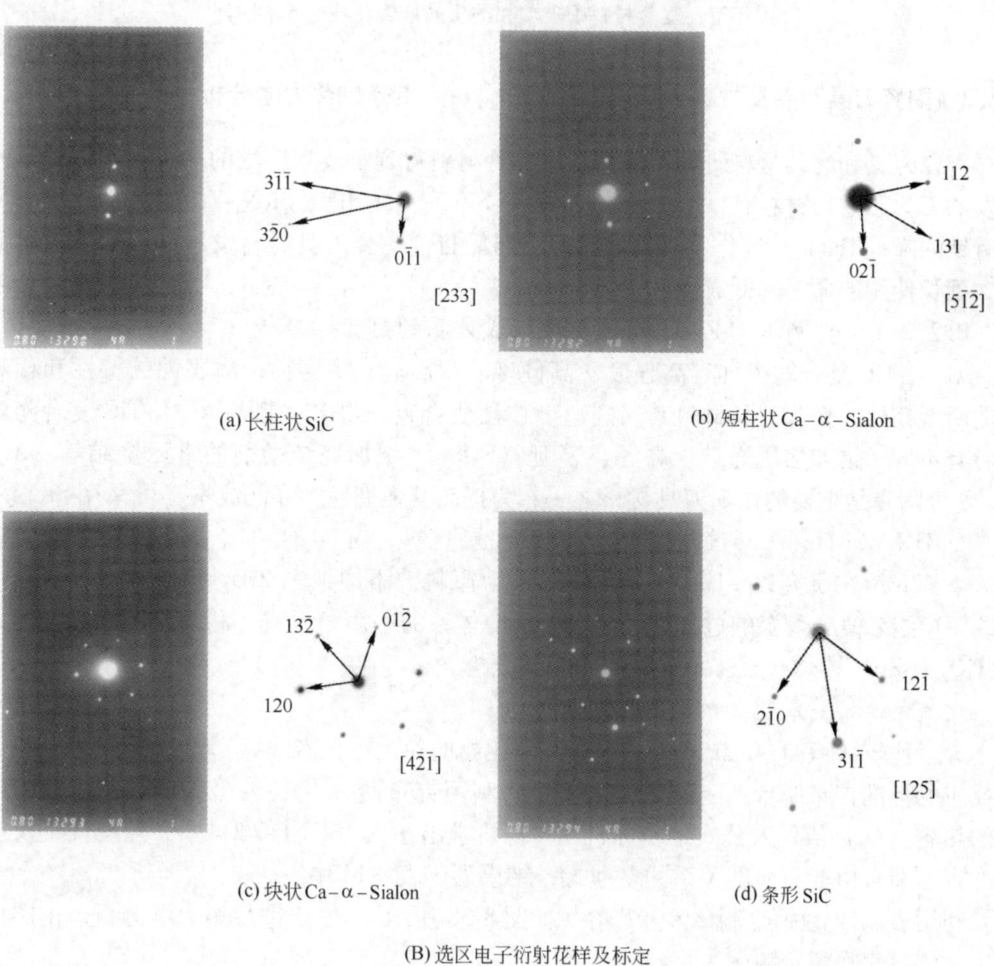

(a) 长柱状 SiC

(b) 短柱状 Ca-α-Sialon

(c) 块状 Ca-α-Sialon

(d) 条形 SiC

(B) 选区电子衍射花样及标定

图 8-36　Ca-α-Sialon-SiC 复合材料 TEM 形貌和选区电子衍射花样及标定

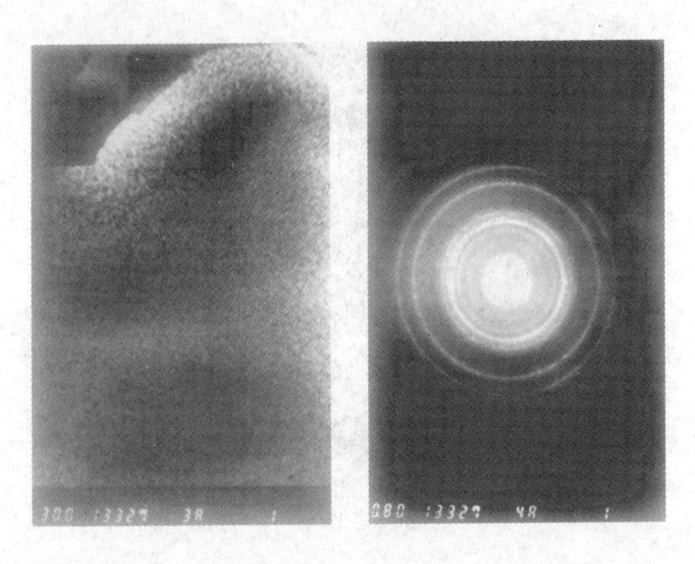

图 8-37 复合材料中玻璃相的析晶形貌及其电子衍射环

8.2.2 陶瓷刀具和磨具材料 Al_2O_3-TiC-ZrO_2(nm)制备的热力学分析

陶瓷刀具和磨具材料研究较多，其中一些材料得到了较为广泛的应用。国内外研制和开发的刀具和磨具材料有：Al_2O_3-TiC、Si_3N_4-SiC、Si_3N_4-BN、Si_3N_4-ZrO_2、Sialon-BN 等等，还有钛阿隆（Tialon）等作为刀具的涂层材料。目前陶瓷刀具材料发展方向之一是增韧补强，延长使用寿命，降低成本。

8.2.2.1 Al-TiO_2-C-ZrO_2(nm)燃烧合成体系的热力学分析

Al_2O_3-TiC 复合陶瓷具有高强度、高硬度、耐高温、耐磨损、耐腐蚀的特性和相对较高的断裂韧性，作为刀具材料其切削速度比硬质合金高得多。制备 Al_2O_3-TiC 复合陶瓷方法各有不同，诸如热压烧结、高温自蔓延（SHS）、添加烧结助剂的常压烧结等。Al_2O_3-TiC 复合陶瓷是重要的切削刀具材料之一，为提高其强韧性，降低成本，可采用 SiC 晶须，Si_3N_4，TiN，Ni-Mo，Co，微米级或纳米 ZrO_2 颗粒等，对 Al_2O_3-TiC 复合陶瓷进行增韧补强。下面介绍在研究以 Al、TiO_2 和 C 粉末为原料，添加纳米 ZrO_2 粒子燃烧合成 Al_2O_3-TiC-ZrO_2 纳米复合陶瓷的过程中，为了解反应体系的平衡相组成，利用相图计算技术，对 Al-TiO_2-C-ZrO_2 燃烧合成体系进行的热力学分析。

A 比较相关氧化物的热力学稳定性

为了比较 Al-TiO_2-C-ZrO_2 体系中相关氧化物的稳定性，需计算比较 1mol 的氧与相关元素反应的标准吉布斯自由能与温度的关系。利用吉布斯-亥姆霍兹公式，将反应式中各物质的热容（C_p）值代入公式中积分，用计算机求出在 Al-TiO_2-C-ZrO_2 系中可能发生反应的标准吉布斯自由能与温度关系的多项式，结果列于表 8-14 中。

利用表 8-14 数据绘制 $\Delta_r G^\ominus$ -T 图（如图 8-38 所示），便于进行热力学分析。由图可以看出，铝氧化物稳定顺序为：

$Al_2O_3(s) > Al_2O(g) > Al_2O_2(g) > AlO_2(g) > AlO(g)$。

在 $T < 2440K$ 的高温下，ZrO_2 较稳定，不会被 C 粉还原。

表 8-14 Al-TiO_2-C-ZrO_2 系各反应的标准吉布斯自由能与温度关系式

序号	反 应	$\Delta_r G^\ominus$-T/J · mol^{-1}	温度范围/K
1	$2Ti(s-a)+O_2 = 2TiO(s-a)$	$\Delta_r G^\ominus = -1048344 - 14.18T\ln T - 0.003T^2 + 694500/T + 302.15T$	298 ~ 1155
2	$2Ti(s-b)+O_2 = 2TiO(s-a)$	$\Delta_r G^\ominus = -1065148 - 18.84T\ln T - 0.005T^2 + 694500/T + 352.30T$	1155 ~ 1264
3	$2Ti(s-b)+O_2 = 2TiO(s-b)$	$\Delta_r G^\ominus = -1077214 - 43.35T\ln T + 0.002T^2 - 83700/T + 528.87T$	1264 ~ 1933
4	$2Ti(l)+O_2 = 2TiO(s-b)$	$\Delta_r G^\ominus = -1083232 - 11.88T\ln T - 0.006T^2 - 83700/T + 309.15T$	1933 ~ 2023
5	$2Ti(l)+O_2 = 2TiO(l)$	$\Delta_r G^\ominus = -931926 - 7.70T\ln T + 0.002T^2 - 83700/T + 185.73T$	2023 ~ 3000
6	$\frac{4}{3}Ti(s-a)+O_2 = \frac{2}{3}Ti_2O_3(s-a)$	$\Delta_r G^\ominus = -1036273 - 42.12T\ln T + 0.009T^2 + 1584316.63/T + 487.96T$	298 ~ 473
7	$\frac{4}{3}Ti(s-a)+O_2 = \frac{2}{3}Ti_2O_3(s-b)$	$\Delta_r G^\ominus = -1032740 - 37.24T\ln T + 0.007T^2 + 1339819.13/T + 452.39T$	473 ~ 1155
8	$\frac{4}{3}Ti(s-b)+O_2 = \frac{2}{3}Ti_2O_3(s-b)$	$\Delta_r G^\ominus = -1043941 - 40.34T\ln T + 0.006T^2 + 1339819.13/T + 485.80T$	1155 ~ 1933
9	$\frac{4}{3}Ti(l)+O_2 = \frac{2}{3}Ti_2O_3(s-b)$	$\Delta_r G^\ominus = -1047964 - 19.36T\ln T + 1339819.13/T + 339.32T$	1933 ~ 2112
10	$4/3Ti(l)+O_2 = 2/3Ti_2O_3(l)$	$\Delta_r G^\ominus = -981486 - 27.22T\ln T + 0.002T^2 - 83700/T + 364.52T$	2112 ~ 3000
11	$\frac{6}{5}Ti(s-a)+O_2 = \frac{2}{5}Ti_3O_5(s-a)$	$\Delta_r G^\ominus = -1000835 - 35.87T\ln T + 0.013T^2 + 1141380/T + 435.21T$	298 ~ 450
12	$\frac{6}{5}Ti(s-a)+O_2 = \frac{2}{5}Ti_3O_5(s-b)$	$\Delta_r G^\ominus = -982912 - 13.33T\ln T + 0.002T^2 - 84200/T + 269.06T$	450 ~ 1155
13	$\frac{6}{5}Ti(s-b)+O_2 = \frac{2}{5}Ti_3O_5(s-b)$	$\Delta_r G^\ominus = -992997 - 16.13T\ln T - 84200/T + 299.14T$	1155 ~ 1933
14	$\frac{6}{5}Ti(l)+O_2 = \frac{2}{5}Ti_3O_5(s-b)$	$\Delta_r G^\ominus = -996617 + 2.75T\ln T - 0.005T^2 - 84200/T + 167.32T$	1933 ~ 2047
15	$\frac{6}{5}Ti(l)+O_2 = \frac{2}{5}Ti_3O_5(l)$	$\Delta_r G^\ominus = -961914 - 21.09T\ln T + 0.002T^2 - 83700/T + 318.33T$	2047 ~ 3000
16	$Ti(s-a)+O_2 = TiO_2(s)$(锐钛矿)	$\Delta_r G^\ominus = -944572 - 22.92T\ln T + 0.007T^2 + 797650/T + 343.95T$	298 ~ 1155
17	$Ti(s-b)+O_2 = TiO_2(s)$(锐钛矿)	$\Delta_r G^\ominus = -952973 - 25.25T\ln T + 0.006T^2 + 797650/T + 369.02T$	1155 ~ 1933
18	$Ti(s-a)+O_2 = TiO_2(s)$(金红石)	$\Delta_r G^\ominus = -950593 - 10.74T\ln T + 0.002T^2 + 414200/T + 261.05T$	298 ~ 1155

续表 8-14

序号	反应	$\Delta_r G^{\ominus}$ -T/J·mol^{-1}	温度范围/K
19	$Ti(s-b)+O_2 = TiO_2(s)$(金红石)	$\Delta_r G^{\ominus} = -958997 - 13.07T\ln T + 414200/T + 286.09T$	1155~1933
20	$Ti(l)+O_2 = TiO_2(s)$(金红石)	$\Delta_r G^{\ominus} = -962006 + 2.67T\ln T - 0.004T^2 + 414200/T + 176.24T$	1933~2143
21	$Ti(l)+O_2 = TiO_2(l)$	$\Delta_r G^{\ominus} = -922103 - 22.34T\ln T + 0.002T^2 - 83700/T + 337.37T$	2143~3000
22	$4Al(s)+O_2 = 2Al_2O(g)$	$\Delta_r G^{\ominus} = -279581 + 39.22T\ln T - 0.03T^2 + 1946700/T - 416.30T$	298~933
23	$4Al(l)+O_2 = 2Al_2O(g)$	$\Delta_r G^{\ominus} = -314903 + 40.71T\ln T + 0.002T^2 + 2668100/T - 412.79T$	933~2000
24	$2Al(s)+O_2 = 2AlO(g)$	$\Delta_r G^{\ominus} = 186175 + 22.03T\ln T - 0.016T^2 + 15400/T - 314.74T$	298~933
25	$2Al(l)+O_2 = 2AlO(g)$	$\Delta_r G^{\ominus} = 167712 + 22.77T\ln T + 0.001T^2 + 376100/T - 309.68T$	933~2000
26	$2Al(s)+O_2 = Al_2O_2(g)$	$\Delta_r G^{\ominus} = -401288 + 29.05T\ln T - 0.025T^2 + 342400/T - 182.77T$	298~933
27	$2Al(l)+O_2 = Al_2O_2(g)$	$\Delta_r G^{\ominus} = -419755 + 29.79T\ln T - 0.009T^2 + 703100/T - 177.72T$	933~2000
28	$\frac{4}{3}Al(s)+O_2 = \frac{2}{3}Al_2O_3(s-a)$	$\Delta_r G^{\ominus} = -1121722 + 2.56T\ln T - 0.018T^2 + 645524.25/T + 208.20T$	298~800
29	$\frac{4}{3}Al(s)+O_2 = \frac{2}{3}Al_2O_3(s-b)$	$\Delta_r G^{\ominus} = -1128575 - 8.55T\ln T - 0.012T^2 + 1288051.13/T + 285.50T$	800~933
30	$\frac{4}{3}Al(l)+O_2 = \frac{2}{3}Al_2O_3(s-b)$	$\Delta_r G^{\ominus} = -1140887 - 8.06T\ln T - 0.001T^2 + 1528517.25/T + 288.85T$	933~2327
31	$\frac{4}{3}Al(l)+O_2 = \frac{2}{3}Al_2O_3(l)$	$\Delta_r G^{\ominus} = -1081747 - 24.29T\ln T + 0.002T^2 - 83700/T + 382.43T$	2327~2767
32	$Al(s)+O_2 = AlO_2(g)$	$\Delta_r G^{\ominus} = -185683 + 2.03T\ln T - 0.007T^2 + 262500/T - 19.72T$	298~933
33	$Al(l)+O_2 = AlO_2(g)$	$\Delta_r G^{\ominus} = -194909 + 2.41T\ln T + 0.001T^2 + 442850/T - 17.22T$	933~2000
34	$2Zr(s-a)+O_2 = 2ZrO(g)$	$\Delta_r G^{\ominus} = 123984 + 21.35T\ln T - 0.001T^2 - 83700/T - 315.08T$	298~1135
35	$2Zr(s-b)+O_2 = 2ZrO(g)$	$\Delta_r G^{\ominus} = 109808 + 23.88T\ln T - 0.008T^2 - 83700/T - 312.40T$	1135~2000
36	$2Zr(s-b)+O_2 = 2ZrO(g)$	$\Delta_r G^{\ominus} = 52212 - 41.72T\ln T + 0.01T^2 - 83700/T + 178.24T$	2000~2125

续表 8-14

序号	反 应	$\Delta_r G^\ominus$ -T/J · mol^{-1}	温度范围/K
37	$2Zr(l) + O_2 = 2ZrO(g)$	$\Delta_r G^\ominus = 32899 - 21.26T\ln T + 0.006T^2 - 83700/T + 40.38T$	2125 ~ 2500
38	$Zr(s-a) + O_2 = ZrO_2(s-a)$	$\Delta_r G^\ominus = -1106520 - 17.69T\ln T + 0.004T^2 + 619200/T + 316.54T$	298 ~ 1135
39	$Zr(s-b) + O_2 = ZrO_2(s-a)$	$\Delta_r G^\ominus = -1113601 - 16.43T\ln T + 0.001T^2 + 619200/T + 317.89T$	1135 ~ 1478
40	$Zr(s-b) + O_2 = ZrO_2(s-b)$	$\Delta_r G^\ominus = -1105664 - 21.28T\ln T + 0.004T^2 - 83700/T + 342.69T$	1478 ~ 2125
41	$Zr(l) + O_2 = ZrO_2(s-b)$	$\Delta_r G^\ominus = -1115320 - 11.05T\ln T + 0.002T^2 - 83700/T + 274.22T$	2125 ~ 2950
42	$2C(s) + O_2 = 2CO(g)$	$\Delta_r G^\ominus = -224801 - 26.64T\ln T + 0.037T^2 - 185800/T - 22.73T$	298 ~ 1100
43	$2C(s) + O_2 = 2CO(g)$	$\Delta_r G^\ominus = -196971 + 22.02T\ln T - 0.002T^2 - 3200400/T - 350.96T$	1100 ~ 2500
44	$C(s) + O_2 = CO_2(g)$	$\Delta_r G^\ominus = -398150 - 14.08T\ln T + 0.017T^2 + 269000/T + 85.02T$	298 ~ 1100
45	$C(s) + O_2 = CO_2(g)$	$\Delta_r G^\ominus = -384221 + 10.26T\ln T - 0.002T^2 - 1238300/T - 79.11T$	1100 ~ 2500

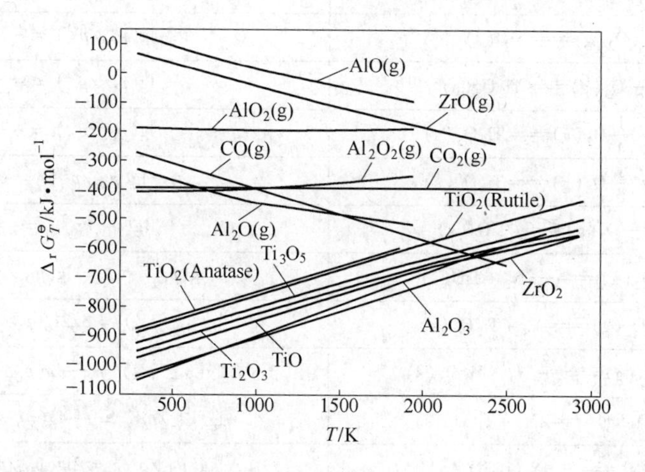

图 8-38 氧化物反应的标准吉布斯自由能 $\Delta_r G^\ominus$ 与温度 T 关系图

为了比较不同钛化物的稳定性，以 1mol 钛为标准，计算钛与铝、碳反应的标准吉布斯自由能与温度关系式，得到图 8-39。可以看出，TiC 高温下的稳定性要远大于金属间化合物 TiAl 和 $TiAl_3$。

B 计算平衡相组成

为确定 Al_2O_3-TiC-ZrO_2 纳米复合陶瓷的合成条件，需要计算 Al-TiO_2-C-ZrO_2 燃烧合成体系中凝聚相与气体分压和温度的关系。在本书第1章热化学在冶金与材料制备过程中应用实例中，计算了燃烧合成刀具材料 Al-TiO_2-C-ZrO_2(nm)体系不同氧化锆成分试样的绝热温度。计算结果表明，该体系的绝热燃烧温度约为2300K。因此计算2300K时 Al-O-N、Ti-O-N 和 Zr-O-N 三个体系与凝聚相平衡的气相分压，结果列于表8-15。

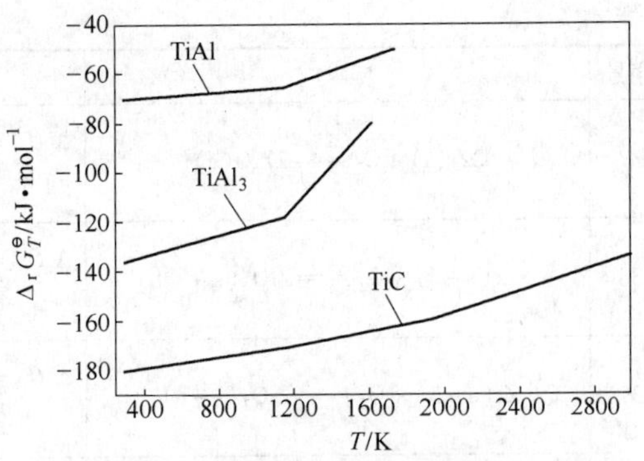

图8-39 钛化合物生成反应的标准吉布斯自由能 $\Delta_r G^\ominus$ 与温度 T 关系图

表8-15 2300K Al-O-N、Ti-O-N、Zr-O-N 平衡体系的氧分压和氮分压的关系

反 应	平 衡 分 压
Al-O-N	
$Al(l)+\frac{1}{2}N_2(g)=AlN(s)$	$\lg(p_{N_2}/p^\ominus)=-2.7$
$2Al(l)+\frac{3}{2}O_2(g)=Al_2O_3(s)$	$\lg(p_{O_2}/p^\ominus)=-14.2$
$2Al_7O_9N(s)+\frac{3}{2}O_2(g)=7Al_2O_3(s)+N_2$	$\lg(p_{N_2}/p^\ominus)=3/2\lg(p_{O_2}/p^\ominus)+17.6$
$\frac{7}{3}AlN(s)+\frac{3}{2}O_2(g)=1/3Al_7O_9N(s)+N_2$	$\lg(p_{N_2}/p^\ominus)=3/2\lg(p_{O_2}/p^\ominus)+18.8$
$14Al(l)+9O_2+N_2(g)=2Al_7O_9N(s)$	$\lg(p_{N_2}/p^\ominus)=-9\lg(p_{O_2}/p^\ominus)-131.6$
Ti-O-N	
$Ti(l)+\frac{1}{2}N_2(g)=TiN(s)$	$\lg(p_{N_2}/p^\ominus)=-5.5$
$Ti(l)+\frac{1}{2}O_2(g)=TiO(s)$	$\lg(p_{O_2}/p^\ominus)=-15.4$
$2TiO(s)+\frac{1}{2}O_2(g)=Ti_2O_3(s)$	$\lg(p_{O_2}/p^\ominus)=-11.0$
$\frac{3}{2}Ti_2O_3(s)+\frac{1}{4}O_2(g)=Ti_3O_5(s)$	$\lg(p_{O_2}/p^\ominus)=-10.4$
$\frac{4}{3}Ti_3O_5(s)+\frac{1}{6}O_2(g)=Ti_4O_7(s)$	$\lg(p_{O_2}/p^\ominus)=-7.7$
$Ti_4O_7(s)+\frac{1}{2}O_2(g)=4TiO_2(s)$	$\lg(p_{O_2}/p^\ominus)=-4.5$
$TiN(s)+\frac{1}{2}O_2(g)=\frac{1}{2}N_2+TiO(s)$	$\lg(p_{N_2}/p^\ominus)=\lg(p_{O_2}/p^\ominus)+9.9$
$2TiN(s)+\frac{3}{2}O_2(g)=N_2+Ti_2O_3(s)$	$\lg(p_{N_2}/p^\ominus)=3/2\lg(p_{O_2}/p^\ominus)+15.4$
$3TiN(s)+\frac{5}{2}O_2(g)=\frac{3}{2}N_2+Ti_3O_5(s)$	$\lg(p_{N_2}/p^\ominus)=\frac{5}{3}\lg(p_{O_2}/p^\ominus)+17.1$
$4TiN(s)+\frac{7}{2}O_2(g)=2N_2+Ti_4O_7(s)$	$\lg(p_{N_2}/p^\ominus)=\frac{7}{4}\lg(p_{O_2}/p^\ominus)+17.8$
$TiN(s)+O_2(g)=\frac{1}{2}N_2+TiO_2(s)$	$\lg(p_{N_2}/p^\ominus)=2\lg(p_{O_2}/p^\ominus)+18.9$
Zr-O-N	
$Zr(l)+\frac{1}{2}N_2(g)=ZrN(s)$	$\lg(p_{N_2}/p^\ominus)=-7.0$
$Zr(l)+O_2(g)=ZrO_2(s)$	$\lg(p_{O_2}/p^\ominus)=-15.3$
$ZrN(s)+O_2(g)=\frac{1}{2}N_2+ZrO_2(s)$	$\lg(p_{N_2}/p^\ominus)=2\lg(p_{O_2}/p^\ominus)+23.6$

根据表 8-15 中数据绘制 2300K 下 $\lg \frac{p_{O_2}}{p^\ominus}$-$\lg \frac{p_{N_2}}{p^\ominus}$ 热力学参数状态图，找到体系中 Al_2O_3、Ti_4O_7、C 和 ZrO_2 共存的相区，从而确定合成 Al_2O_3-TiC-ZrO_2 刀具材料的实验条件，即在 2300K 下，氧分压 p_{O_2} = 1Pa 和氮分压 p_{N_2} = 0.5Pa 。此外，还可计算 2300K 下 Al_2O_3、Ti_4O_7、C 和 ZrO_2 之间的反应趋势。计算结果列于表 8-16。由表中反应的标准吉布斯自由能负值大小，可以判断反应 2 优先发生。

表 8-16 碳还原三种氧化物的标准自由能计算结果

序号	反 应	$\Delta_r G^\ominus$ /kJ(T = 2300K)
1	$C(s) + \frac{2}{9}Al_2O_3(s) = \frac{1}{9}Al_4C_3(s) + \frac{2}{3}CO(g)$	−3.4
2	$C(s) + \frac{1}{11}Ti_4O_7(s) = \frac{4}{11}TiC(s) + \frac{7}{11}CO(g)$	−74.9
3	$C(s) + \frac{1}{3}ZrO_2(s) = \frac{1}{3}ZrC(s) + \frac{2}{3}CO(g)$	−41.0

C 利用 CALPHAD 方法分析平衡相组成

CALPHAD 方法主要是依据化学热力学原理和基本关系计算物质体系的广义平衡性质（属于状态函数的所有热力学变量）。这在本书第 7 章已有介绍。现以 Thermo-Calc 软件为工具，以 SGTE 纯物质数据库为基础，对燃烧合成反应进行热力学分析，为燃烧合成材料工艺提供指导。

a 热力学模型

热力学模型是对实际化合物和熔体相进行某些假定和近似后，得到的热力学特征函数表达式。在燃烧合成体系中涉及的物相有两类：一类是成分固定的相，如纯组元 C、Al 等和成分固定的化合物 Al_2O_3、ZrO_2、TiO_2 等，它们的吉布斯自由能只是温度和压力的函数。另一类是熔体和固溶体，其成分是在一定范围内变化的，它们的吉布斯自由能是温度、压力和成分的函数；以及变组成的化合物如 TiC，既有化合物的特征，又有熔体相的特征。

(1) 纯组元或成分固定化合物的热力学模型。纯组元或成分固定化合物的质量等压热容是温度的函数，不考虑磁和化学有序，德拜（Debye）温度以上，化合物和纯元素的质量等压热容 C_p 表达式为

$$C_p = m_3 + m_4 T + m_5 T^{-2} + m_6 T^2 + m_7 T^3$$

它们的 H 和 S 与 C_p 的关系为

$$H = H(T_0) + \int_{T_0}^{T} C_p \mathrm{d}T$$

$$S = S(T_0) + \int_{T_0}^{T} C_p / T \mathrm{d}T$$

令积分常数 $H(T_0) = m_1$、$S(T_0) = m_2$，根据关系式 $G = H - TS$，可得吉布斯自由能。这样便获得了具有相同系数的 C_p、H、S、G 的表达式

$$C_p = m_3 + m_4 T + m_5 T^{-2} + m_6 T^2 + m_7 T^3$$

$$H = m_1 + m_3 T + m_4 T^2/2 - m_5 T^{-1} + m_6 T^3/3 + m_7 T^4/4$$

$$S = m_2 + m_3\ln T + m_4 T - m_5 T^{-2}/2 + m_6 T^2/2 + m_7 T^3/3$$

$$G = m_1 - m_2 T + m_3 T(1 - \ln T) - m_4 T^2/2 - m_5 T^{-1}/2 - m_6 T^3/6 - m_7 T^4/12$$

与压力的关系取决于状态方程。通常情况下，气体被视为理想气体，压力的影响仅限于混合熵项 S_{mix}，$-R\ln(p/p^{\ominus})$。对凝聚相，可忽略压力的影响。而在高压下，凝聚相的热力学参数可视为压力的线性二阶导数。

（2）溶体的热力学模型。在多元系中，溶体相的摩尔吉布斯自由能可以表示为

$$G = \sum_{i=1}^{c} x_i G_i^* + RT\sum_{i=1}^{c} x_i \ln x_i + G^E \tag{8-48}$$

式中，G_i^* 是纯组元的摩尔吉布斯自由能；c 是体系的组元数；x_i 是摩尔化学式中组元 i 的摩尔分数；G^E 是合金溶体相的超额摩尔吉布斯自由能。式（8-48）右边第一项为机械混合项，第二项对应着理想溶体混合项，第三项为非理想溶体的超额摩尔吉布斯自由能。前两项之和是理想溶体的超额摩尔吉布斯自由能。超额摩尔吉布斯自由能项 G^E 是成分和温度的函数，描述溶体偏离理想态的程度。实际上如何确定 G 的表达式的关键在于要找到 G^E 的解析式。为此，除了从溶体的物理本质出发建立的规则溶液模型、亚规则溶液模型、准化学模型、亚点阵模型等物理模型外，还有从热力学的实际计算出发建立的各种数学模型，可以满足计算的需要。

（3）变组成化合物热力学模型。燃烧合成体系中存在一些成分在一定范围可变的化合物，最典型的为碳化钛。对这一类化合物，可用亚点阵模型来处理。

在 Al-TiO_2-C-ZrO_2 燃烧合成的体系中，所涉及的物相主要为难熔化合物相，它们之间的互溶度很小。除氧化钛、碳化钛和碳化锆外，其他化合物皆为成分固定的化合物。计算中所用的热力学模型为纯组元或成分固定化合物的热力学模型。所使用的数据库是以 SGTE（Scientific Group Thermodata Europe）纯物质中的数据为基础建立的。数据库中使用的参考态为“标准元素参考态”，系指纯元素在 0.1MPa 标准压力下、298K 时所对应的稳定态。燃烧合成 Al-TiO_2-C-ZrO_2 体系的计算中所考虑的物相为：

气相有 Al(g)、AlC(g)、AlC_2(g)、AlO(g)、AlO_2(g)、Al_2(g)、Al_2C_2(g)、Al_2O(g)、Al_2O_2(g)、Al_2O_3(g)、C(g)、CO(g)、CO_2(g)、C_2(g)、C_2O(g)、C_3(g)、C_3O_2(g)、C_4(g)、C_5(g)、O(g)、TiO(g)、ZrO(g)、O_2(g)、TiO_2(g)、ZrO_2(g)、O_3(g)、TiZr(g) Zr_2(g)等可视为理想溶体模型。

凝聚相（固相和液相）有 Al(s)、Al(l)、AlTi(s)、Al_2O_3(s)、Al_2O_3(l)、Al_2O_3(s,δ)、Al_2O_3(s,γ)、Al_2O_3(s,κ)、Al_2TiO_5(s)、Al_3Ti(s)、Al_4C_3(s)、C(s)、C(l)、C(s,diamond)、TiC(s)、TiC(l)、ZrC(s)、ZrC(l)、TiO(s,α)、TiO(s,β)、TiO_2(s,rutile$_1$)、TiO_2(s,rutile$_2$)、TiO_2(s,anatase)、ZrO_2(s)、ZrO_2(s_2)、ZrO_2(s_3)、ZrO_2(l)、Ti_2O_3(s)、Ti_2O_3(s_2)、Ti_2O_3(l)、Ti_3O_5(s)、Ti_3O_5(s_2)、Ti_3O_5(l)、Ti_4O_7(s)、Ti_4O_7(l)、Ti(s)、Ti(s_2)、Ti(l)、Zr(s)、Zr(s_2)、Zr(l)。

b　燃烧合成的相平衡计算原理和方法

燃烧合成体系是一个包括复杂化学反应在内的多元多相体系，以吉布斯自由能最小为判据，通过相平衡计算可以获得体系平衡时平衡相的含量及其相应的平衡成分。

设体系由 r 相组成，相 i 的摩尔数为 x_i，则体系的自由能 G 为

$$G = \sum_{i}^{r} x_i G_i$$

体系平衡时，在质量平衡条件下体系的自由能 G 最小，有

$$\sum_{k}^{sp} y_{ik}^{L} - L = 0$$

式中，i 为物相；L 为亚点阵；k 为物种；sp 为相 i 的物种数；y_{ik}^{L} 为物种 i 的亚点阵 L 中物种 k 的占位分数。

此式表明，所有相的亚点阵中，各组元的摩尔分数之和皆等于1，且有

$$\sum_{i}^{r} x_i \sum_{L}^{s} a_i^L \sum_{k}^{sp} b_{jk} y_{ik}^{L} - N_j = 0$$

式中，s 为物相 i 的亚点阵数；a_i^L 为相 i 中每个亚点阵具有的原子数；b_{jk} 为物种 k 化学式中含组元 j 的原子数；对于凝聚相 $b_{jk} = \delta_{jk}$（当 $j = k, \delta_{jk} = 1$；当 $j \neq k, \delta_{jk} = 0$）；$N_j$ 等于系统中 j 组元的摩尔数。

该式表明，所有相中含某组元之和应和该组元在系统中的总量相等。

在给定温度 T、压力 p 以及系统成分 N_j 的条件下，以系统自由能最小为判据，求平衡时相 i 的摩尔数 x_i 和物种 i 的亚点阵 L 中物种 k 的占位分数 y_{ik}^{L}，并根据拉格朗日(Lagrange)待定乘子法构成函数

$$L(x_i, y_{ik}^{K}) = \sum_{i}^{r} x_i G_i + \sum_{j}^{c} \mu_j \left[\sum_{i}^{r} x_i \sum_{L}^{s} a_i^L \sum_{k}^{sp} b_{jk} y_{ik}^{L} - N_j \right] + \sum_{i}^{r} \sum_{L}^{s} \lambda_i^L \left[\sum_{k}^{sp} y_{ik}^{L} - 1 \right] \tag{8-49}$$

式中，c 为组元数；λ_i^L 和 μ_j 为对应于式中 a 和 b 约束条件的拉格朗日乘子。

令上式对 x_i 和 y_{ik}^{L} 的一阶导数为0，则有：

$$G_i + \sum_{j}^{c} \mu_j \sum_{L}^{s} a_i^L \sum_{k}^{sp} b_{jk} y_{ik}^{L} = 0 \tag{8-50}$$

$$\sum_{i}^{r} \left[x_i \left(\frac{\partial G_i}{\partial y_{ik}^{L}} \right) + x_i \sum_{j}^{c} \mu_j \sum_{L}^{s} a_i^L \sum_{k}^{sp} b_{jk} + \lambda_i^L \right] = 0 \tag{8-51}$$

利用 Thermo-Calc 程序计算式(8-49)~式(8-51)，可求得 x_i 、y_{ik}^{L} 、λ_i^L 和 μ_j。

c　平衡相组成计算

利用 Thermo-Calc 程序对 Al-TiO_2-C-ZrO_2 燃烧合成体系进行热力学计算，原始配比为：0.4mol Al、0.30mol TiO_2(Anatase)，0.27mol C(Graphite)和0.03mol ZrO_2(ZrO_2 质量分数为10%)，计算得到体系的平衡组成如图 8-40 所示。图 8-40（b）为图8-40（a)的局部放大图。

图 8-40 中横坐标为温度 T，纵坐标为各相的摩尔数，除以每相单元分子中所含原子数即可得该相的摩尔分数。图的左上方标注出图中各线所代表的物相及其含量。如："2：T，NP(Al_2O_3_S)"的含义为：图中标注"2"的线为 Al_2O_3(S)相的摩尔数，在 $T<2300$K 时，平衡体系中 Al_2O_3(S)的摩尔数为0.97，因而 Al_2O_3(S)的摩尔分数为0.97/5 =0.194。可

以看出，在 $T<2300$K 时，平衡体系中 TiC(S)的摩尔数为 0.54，因而TiC(S)的摩尔分数为 0.54/2 =0.27。由两幅图可以看出，初始组成为 Al-TiO_2-C-10% ZrO_2 的燃烧合成反应体系，在 $T=2300$K 时，对应的稳定产物理论上应由 Al_2O_3、TiC、ZrO_2、AlTi 和 TiO 组成，其平衡关系为

$$0.40Al + 0.30TiO_2(Anatase) + 0.27C(Graphite) + 0.03ZrO_2 \rightleftharpoons$$
$$0.194Al_2O_3 + 0.27TiC + 0.03ZrO_2 + 0.12AlTi + 0.018TiO \tag{8-52}$$

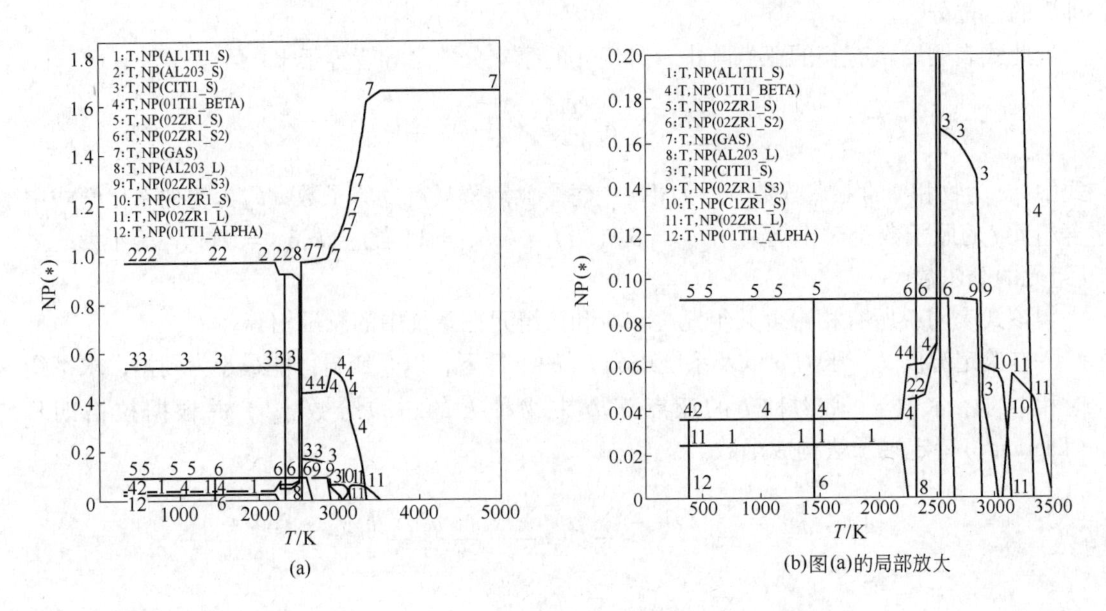

图 8-40 Al-TiO_2-C-10% ZrO_2 燃烧合成体系的计算相图

（纵坐标为凝聚相的摩尔组元数）

由图 8-40 可看出，Thermo-Calc 程序计算的平衡产物有：Al_2O_3、TiC、ZrO_2、AlTi 和 TiO 等相。应该指出，计算热力学参数状态图时，假设体系处于理想状态，未考虑反应物的配比、气氛和物质间的相互作用系数等对相组成的影响。而 Thermo-Calc 程序计算平衡产物时考虑了物质间的相互作用系数，计算结果与反应物的配比有关。

d 体系的气相组成

在体系中，碳的气相传输可以促进反应物间充分接触，使反应速度提高，大大提高转化率。由 Thermo-Calc 程序得出 Al-TiO_2-C-10ZrO_2 燃烧合成体系的气相组成，如图 8-41 所示，包括 Al_2O、CO、Al、TiO、Ti 和 O_2。因铝的熔点较低（933K），高温下会蒸发；碳又容易烧失，因此在燃烧过程会产生气相。在实际的燃烧合成反应中也观察到有气压升高的现象。

8.2.2.2 燃烧合成 Al_2O_3-TiC-ZrO_2 陶瓷粉末的实验验证

SHS 合成的 Al_2O_3-TiC-ZrO_2 样品分别用 XRD、SEM 和 TEM 进行分析和观测，并与热力学分析的结果进行比较。

A 燃烧合成 Al_2O_3-TiC-ZrO_2 陶瓷粉末的组成分析

将 Al-TiO_2-C-ZrO_2 体系的燃烧合成产物破碎研细后，进行 XRD 物相分析，并与 JCPDS

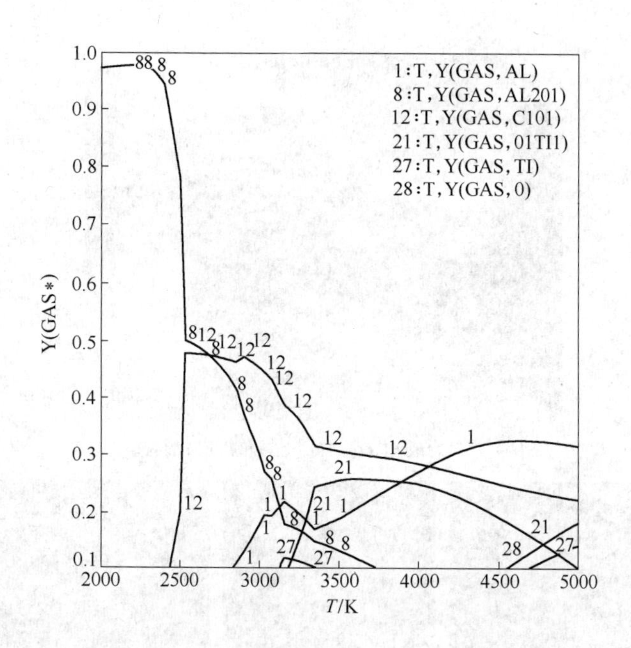

图 8-41 Al-TiO_2-C-10% ZrO_2 燃烧合成体系的气相组成

（纵坐标为气相组成）

卡片比对和标定。结果表明，燃烧产物中只有 Al_2O_3、TiC 和 ZrO_2，并未发现其他杂相存在。这与热力学分析的结果较为吻合。

B 燃烧合成 Al_2O_3-TiC-ZrO_2(nm)陶瓷粉末的显微形貌

对燃烧合成产物进行透射电镜显微形貌观测及选区电子衍射标定，结果示于图 8-42。由图可以看出，近球的大颗粒为 Al_2O_3，在 Al_2O_3 颗粒中分布的黑色区域为 TiC 和 ZrO_2。在 Al-TiO_2-C-ZrO_2(nm)体系的燃烧合成产物中，发现了少量已开始初晶化的非晶物质，如图 8-42（e）所示。由于燃烧合成过程进行得很快，反应不可能达到完全平衡，且来不及析晶。这应是非晶物质存在的主要原因。例如 AlTi 和 TiO 就可能处于非晶或微晶态。

综上所述，Al-TiO_2-C-ZrO_2(nm)体系的热力学计算表明，控制燃烧合成工艺参数可以制备 Al_2O_3-TiC-ZrO_2(nm)复合陶瓷粉体。Thermo-Calc 计算结果表明，在 $T=2300$K 燃烧合成时，Al-TiO_2-C-10% ZrO_2(nm)体系的凝聚相为：Al_2O_3、TiC、ZrO_2、AlTi 和 TiO 等。XRD 和 TEM 物相检测的结果表明，燃烧产物由 Al_2O_3、TiC、四方 ZrO_2 和少量的非晶所组成，热力学计算与实验结果基本吻合。

8.2.3 Ti-ZrO_2 梯度功能材料制备热力学分析

1984 年，日本科学家平井敏雄、新野正之等提出了梯度功能材料（Functionally Graded Materials，简称 FGMs）的概念，立即引起了世界各国的重视。它能满足宇航领域极端恶劣环境下对材料的要求，如高速航天飞机当速度超过 25 马赫时，飞行器表面温度高达 2273K，燃烧室壁内外温差超过 1273K，将产生极大的热应力。传统的方法是在金属表面进行高温热障涂层处理。然而，由于高温下涂层与金属两者膨胀系数差异很大，在界面处会产生很大的热应力，导致涂层剥落。梯度功能材料是在金属与陶瓷之间通过控制内部组

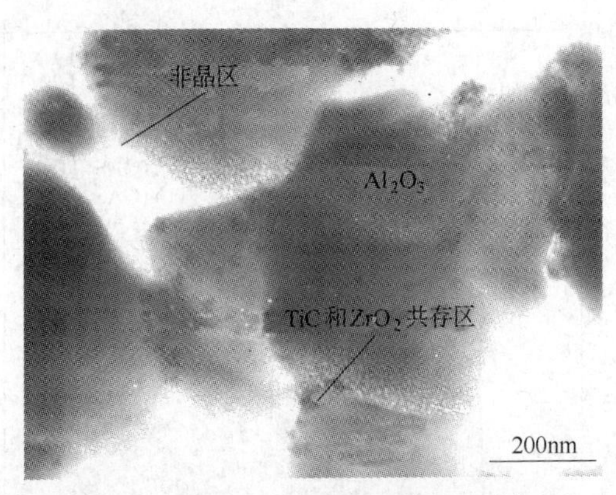

(A) 燃烧合成Al_2O_3-TiC-ZrO_2的TEM形貌

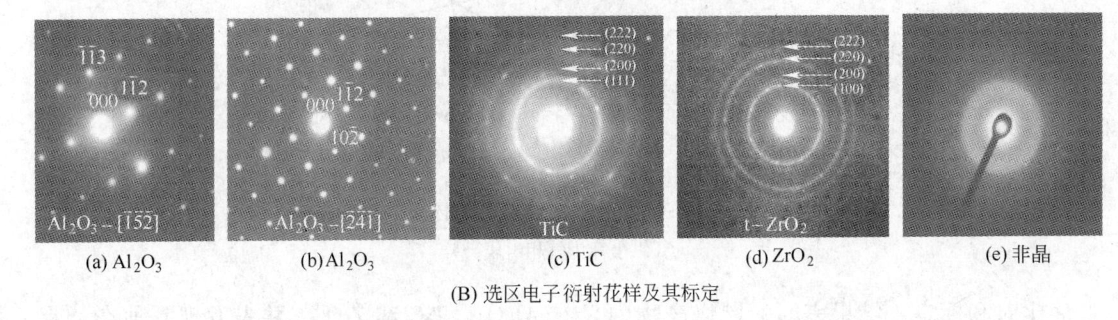

(a) Al_2O_3 (b) Al_2O_3 (c) TiC (d) ZrO_2 (e) 非晶

(B) 选区电子衍射花样及其标定

图 8-42 燃烧合成 Al_2O_3-TiC-ZrO_2 形貌和选区电子衍射标定

成和显微结构的连续变化，使界面物理匹配和化学相容性好，消除或缓解了界面热应力，使材料耐高温性能和力学性能得到提高。目前，梯度功能复合材料在航天、原子能等高技术领域得到较多的应用。

8.2.3.1 Zr-Ti-O 体系的热力学分析

陶瓷-金属复合材料的制备必须满足相间热力学相容性的要求。陶瓷-金属复合材料的化学稳定性是用热动力学平衡来判定的。为此，根据热力学的原理对 Ti-ZrO_2 体系合成的热力学条件及相界面之间的稳定性进行分析，为材料的合成工艺条件提供可靠的理论依据。为了计算 Ti-ZrO_2 系复合材料的相间热力学稳定性，首先要对文献中报道的两种不同的 Ti-O 相图进行评估；再根据拟抛物线规则预报国内外热力学数据库中尚缺乏的 Ti_2O 的标准生成吉布斯自由能，并评估 Ti-Zr-O 体系中各氧化物的稳定性；最终，确定 Ti-ZrO_2 复合材料合成的工艺条件。

A Ti-O 二元系相图评估

文献中报道了两幅不同的 Ti-O 二元系相图：一幅是瓦赫尔比克（Wahlbeek P. G）于 1966 年发表的相图，如图 8-43 所示；另一幅是穆拉伊（Murray J. L）和莱德特（Wriedt H. A）于 1987 年发表的相图，如图 8-44 所示。这两幅相图在低氧含量（氧的摩尔分数小于 40%）相区存在较大差异。在瓦赫尔比克的相图中，Ti_2O 在 2000K 以下能稳定存在；而在穆拉伊和莱德特的相图中，Ti_2O 在 873K 以下就能稳定存在。由于 Ti_2O 是相图中 Ti 的氧化物中氧势最低的，它能否在高温下稳定存在，对于 Ti-ZrO_2 体系的热力学稳定性评

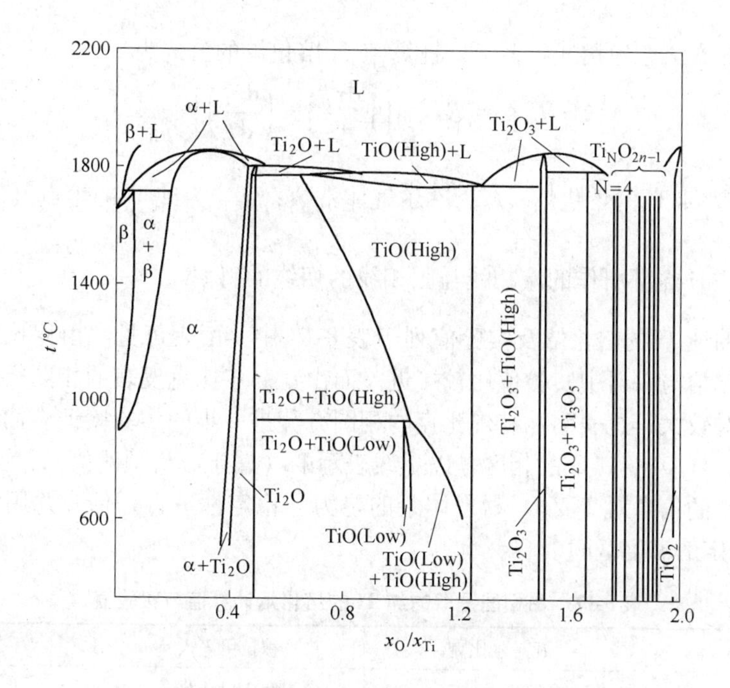

图 8-43　瓦赫尔比克的 Ti-O 二元系相图（1966）

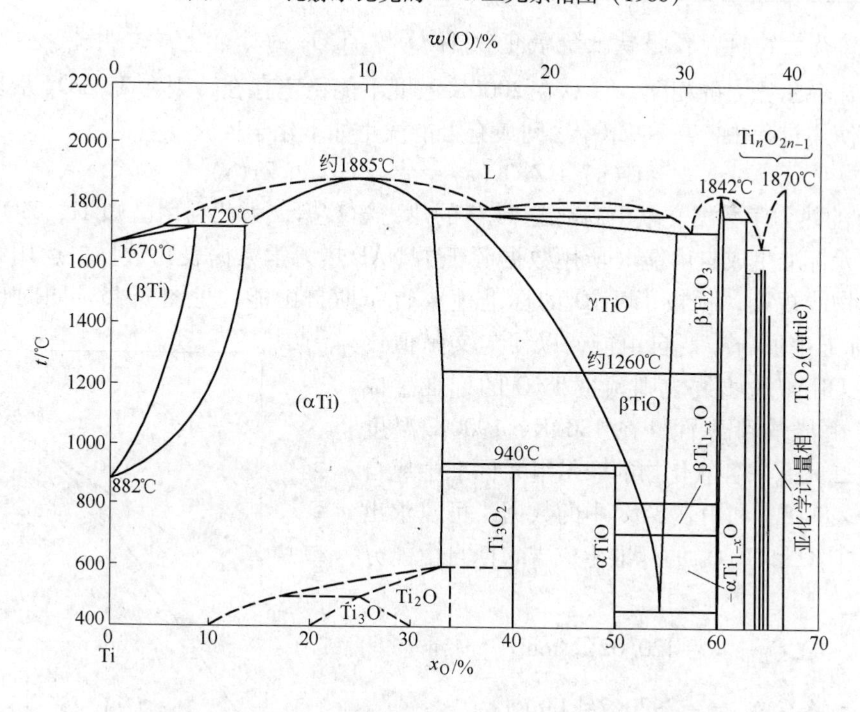

图 8-44　穆拉伊和莱德特的 Ti-O 二元系相图（1987）

估是十分重要的。为此首先验证这两种相图的可靠性，并分别采用两种相图提供的信息，对 $Ti\text{-}ZrO_2$ 体系的热力学稳定性进行评估。

为了初步判断两幅相图的可靠性，首先由相图提取纯 Ti 的熔化焓，以判断相图端部的可靠性。相图的左端属于含有固溶体的二元系，根据第 5 章中由相图提取熔化焓判定相

图端部可靠性的方法，运用式（5-20）计算纯 Ti 熔化焓的公式为

$$\Delta_{\mathrm{fus}}H_{\mathrm{m,Ti}}^{*} = RT_{\mathrm{M,Ti}}^{*}\left[\left(\frac{\mathrm{d}x_{\mathrm{Ti}}^{\mathrm{l}}}{\mathrm{d}T}\right)-\left(\frac{\mathrm{d}x_{\mathrm{Ti}}^{\mathrm{s}}}{\mathrm{d}T}\right)\right]_{x_{\mathrm{Ti}}\to 1}$$

式中，$\Delta_{\mathrm{fus}}H_{\mathrm{m,Ti}}^{*}$ 为纯 Ti 的熔化焓；R 为摩尔气体常数；$T_{\mathrm{M,Ti}}^{*}$ 为纯 Ti 的熔点（1943K）；$\frac{\mathrm{d}x_{\mathrm{Ti}}^{\mathrm{l}}}{\mathrm{d}T}$、$\frac{\mathrm{d}x_{\mathrm{Ti}}^{\mathrm{s}}}{\mathrm{d}T}$ 分别为通过 Ti 端部所作的液相线与固相线的切线的斜率。

计算得到的纯 Ti 的熔化焓及实验值列于表 8-17 中。由表可见，由穆拉伊和莱德特的相图提取的熔化焓与手册中实验值比较接近，而由瓦赫尔比克发表的相图提取的熔化焓与实验值误差相对较大，这表明瓦赫尔比克的相图有待进一步的实验验证。而在穆拉伊和莱德特的相图中，Ti_3O 和 Ti_2O 的相区是以虚线表示的（属于分析预测值），为此这里分别采用两幅相图提供的信息对 Ti-ZrO_2 材料体系的热力学稳定性进行评估，并用实验验证 Ti-O 相图中 Ti_2O 稳定的温度区间。

表 8-17　由相图提取的纯 Ti 的熔化焓计算值与实验值

相图种类	瓦赫尔比克	穆拉伊等人	手册的实验值
熔化焓/kJ · mol^{-1}	15. 02 ±0. 42	19. 21 ±0. 66	18. 619

B　拟抛物线规则预报钛低价氧化物 Ti_2O 和 Ti_5O_9 的标准生成自由能

依据瓦赫尔比克的相图，Ti_2O 在 2000K 温度下能稳定存在，则在 Ti-ZrO_2 系复合材料的合成和使用过程中，Ti 和 ZrO_2 之间最有可能发生如下化学反应

$$4\mathrm{Ti(s)} + \mathrm{ZrO_2(s)} = 2\mathrm{Ti_2O} + \mathrm{Zr(s)} \tag{8-53}$$

已有的热力学数据文献中尚缺乏 Ti_2O 的热力学数据，为此利用已知 Ti、TiO 和 Ti_2O_3 的摩尔组元标准生成自由能（所用数据源于 JANAF 热力学数据表）数据，运用第 5 章介绍的拟抛物线规则，预报了 Ti_2O 的标准生成吉布斯自由能，见图 8-45。同时也预报了 Ti_5O_9 的标准生成吉布斯自由能，以便与文献值比较来判定，用拟抛物线规则预报 Ti_2O 的标准生成吉布斯自由能的可靠性。在 1800K、1900K 温度下，Ti-O 二元系中各氧化物的摩尔组元标准生成自由能列于表8-18。利用表 8-18 中的数据，可以求出 **1800K** 下 Ti_2O 和 Ti_5O_9 的标准生成吉布斯自由能分别为

$$\Delta_{\mathrm{f}}G_{\mathrm{Ti_2O}}^{\ominus} = -420.02\mathrm{kJ/mol}$$

$$\Delta_{\mathrm{f}}G_{\mathrm{Ti_5O_9}}^{\ominus} = -2920.24\mathrm{kJ/mol}$$

由 FACT 热力学数据库查到的 Ti_5O_9 在 **1000K** 时的标准生成吉布斯自由能为 $\Delta_{\mathrm{f}}G_{\mathrm{Ti_5O_9}}^{\ominus} = -3552.41\mathrm{kJ/mol}$，而根据拟抛物线规则预报相应的值为：$\Delta_{\mathrm{f}}G_{\mathrm{Ti_5O_9}}^{\ominus} = -3543.70\mathrm{kJ/mol}$，两者的相对误差为0. 245%，预报值在误差允许范围之内。

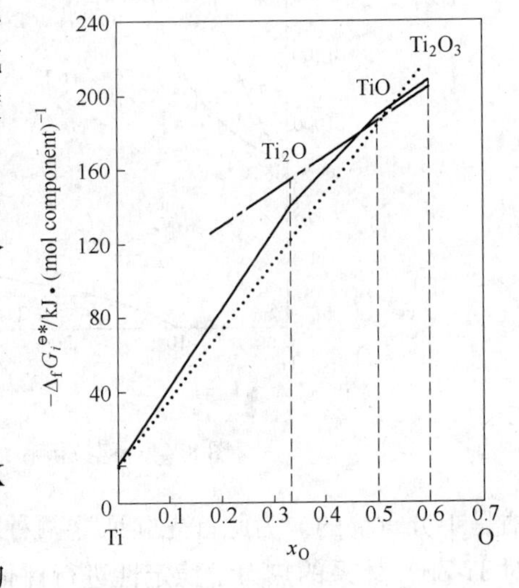

图 8-45　预报 Ti-O 二元系 Ti_2O 的摩尔组元标准生成吉布斯自由能 $\Delta_{\mathrm{f}}G_i^{\ominus *}$

表 8-18 Ti-O 二元系中各氧化物的摩尔组元标准生成吉布斯自由能 $\Delta_f G_i^{\ominus *}$

T/K	氧化物 $\Delta_f G_i^{\ominus *}$ /kJ·(mol component)$^{-1}$						
	Ti_2O	TiO	Ti_2O_3	Ti_3O_5	Ti_4O_7	Ti_5O_9	TiO_2
1800	−140.01 ±14.96	−187.88	−207.55	−209.82	−209.37	−208.5 ±0.22	−205.14
1900	−136.97 ±14.96	−183.77	−202.63	−204.79	−204.10	−203.0 ±0.19	−204.91

依据表 8-18 的数据，描绘 $\Delta_f G_i^{\ominus *}$-x_O 关系的图呈现出拟抛物线形状（见图 8-46）。这表明预报 Ti-O 二元系中的数据符合拟抛物线规则，是可信的。

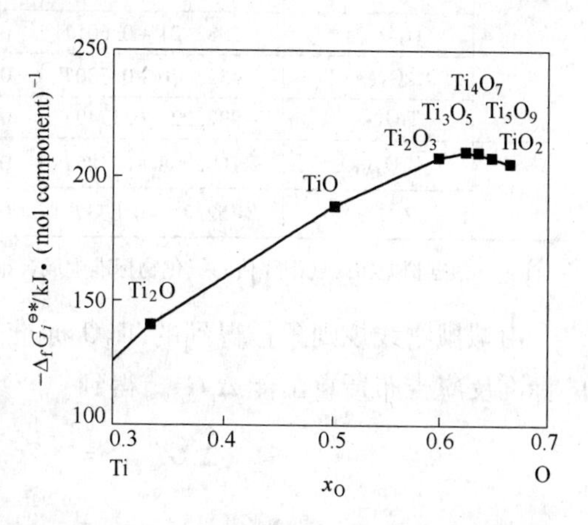

图 8-46 1800K 时 Ti-O 二元系中各氧化物 $\Delta_f G_i^{\ominus *}$-x_O 的关系

C Ti-Zr-O 体系各氧化物的稳定性分析

为评估 Ti-Zr-O 体系中各氧化物的稳定性，取 1mol O_2 生成的氧化物作为比较标准，绘制各氧化物的标准吉布斯生成自由能 $\Delta_f G^{\ominus}$（kJ/mol O_2）与温度 T 的关系图。表 8-19 列出了由 JANAF 热力学数据表拟合得到的各氧化物标准生成自由能与温度之间的关系式（温度范围 300～2000K）。图 8-47 为 Ti-Zr-O 体系中各氧化物的 $\Delta_f G^{\ominus}$-T 关系图，图中 α-TiO→β-TiO 的相变温度为 1265K，α-Ti_3O_5→β-Ti_3O_5 的相变温度为 450K，相变处于曲线的拐点位置。由图可见，Ti_2O 位于 ZrO_2 的下方，表明金属钛可以还原 ZrO_2 而生成 Ti_2O。

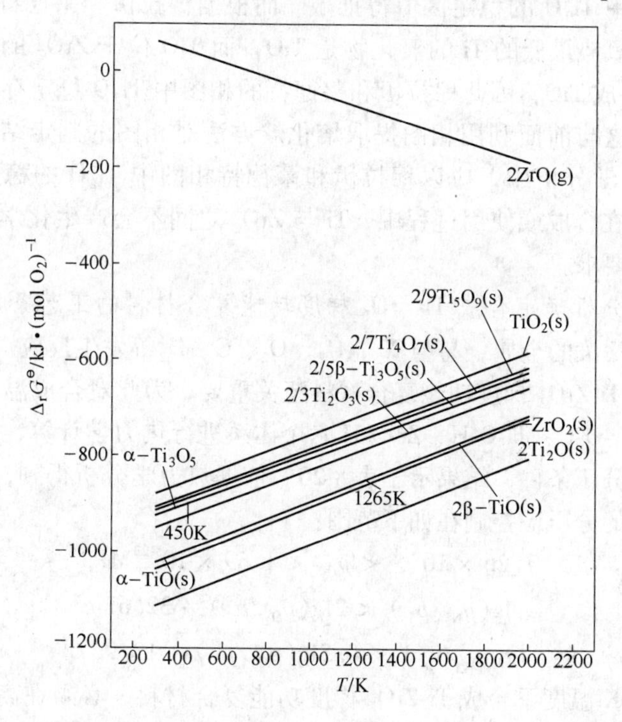

图 8-47 Ti-Zr-O 体系中各种氧化物的标准生成吉布斯自由能 $\Delta_f G^{\ominus}$与温度 T 的关系

表 8-19 一些化合物的标准生成吉布斯自由能与温度之间的关系（温度范围 300～2000K）

体 系	化合物	$\Delta_f G^\ominus$/kJ·mol^{-1}	R	SD	$\Delta_f G^{\ominus *}$/kJ·(mol component)$^{-1}$
Ti-O	$Ti_2O(s)^*$	$-584.20+0.091T$	0.99988	0.18004	-140.01(1800K)
	$TiO(s)$	$-534.62+0.089T$	0.99985	0.87464	-187.55(1800K)
	$Ti_2O_3(s)$	$-1504.71+0.261T$	0.99977	3.18552	-207.09(1800K)
	$Ti_3O_5(s)$	$-2431.43+0.419T$	0.99994	2.56418	-209.57(1800K)
	$Ti_4O_7(s)$	$-3382.21+0.601T$	0.99930	4.1913	-209.08(1800K)
	$Ti_5O_9(s)^*$	$-4323.70+0.780T$	0.99962	3.3215	-208.59(1800K)
	$TiO_2(s)$	$-932.22+0.1749T$	0.99919	4.02203	-205.78(1800K)
Zr-O	$ZrO_2(s)$	$-1092.38+0.185T$	0.99995	1.03523	-252.98(1800K)
	$ZrO(g)$	$+52.24-0.073T$	0.99995	1.03523	-39.26(1800K)

注：* 根据拟抛物线规则评估的氧化物标准生成吉布斯自由能数值。

由拟抛物线规则预报得到的 Ti_2O 标准生成吉布斯自由能数据，可以计算反应(8-53)的标准反应吉布斯自由能 $\Delta_r G^\ominus$，得到

$$\Delta_r G^\ominus_{(8\text{-}53)} = -76.023 - 0.00283T \quad \text{kJ/mol}$$

$$\Delta_r G^\ominus_{(8\text{-}53)(1800K)} = -81.117 < 0 \text{ kJ/mol}$$

由此可以推测，在 Ti-ZrO_2 复合材料的合成过程中，若依据瓦赫尔比克的相图，可能会发生 Ti、ZrO_2 之间的相界面化学反应而生成 Ti_2O 产物。但经实验验证，合成的 Ti-ZrO_2 复合材料中，Ti 和 ZrO_2 之间没有发生化学反应，表明在 1800K 下 Ti_2O 是不稳定的。显然瓦赫尔比克的相图中 Ti_2O 的稳定区值得推敲。而根据穆拉伊和莱德特的相图，1800K 温度下能稳定存在的氧势最低的 Ti 的氧化物是 TiO，而 TiO 位于 ZrO_2 的上方。这说明金属钛不能还原 ZrO_2 生成 TiO，因此穆拉伊和莱德特的相图中 Ti_2O 稳定存在的温度区间与实验结果吻合较好。这与前面利用相图提取熔化焓方法对相图的判定结果一致。因此，在 Ti-ZrO_2 体系的热力学分析中，应以穆拉伊和莱德特相图中 Ti_2O 的稳定区间为依据，即 Ti-ZrO_2系复合材料在合成或使用过程中，Ti 与 ZrO_2 之间不会产生化学反应，满足相界面之间化学稳定性的要求。

D 由热力学分析确定合成 Ti-ZrO_2 梯度功能复合材料的工艺条件

钛是一种非常活泼的金属，易与 N_2、H_2、O_2、C、H_2等发生反应。因此，合理选择烧结气氛，对于合成 Ti-ZrO_2 梯度功能复合材料至关重要。为此对合成温度条件下，Ti-O-N、Zr-O-N、Ti-O-C、Zr-O-C、Ti-O-H、Zr-O-H 六个体系进行热力学计算，并分析 1800K 时各相稳定存在的气相分压条件，结果示于表 8-20。依据热力学分析得到，1800K 时 Ti、ZrO_2 两相共存区内气相的分压应控制在如下范围：

$$7.26 \times 10^{-24} < p_{O_2} < 1.59 \times 10^{-23} \text{MPa}$$

$$\lg(p_{N_2}/p^\ominus) < 2\lg(p_{O_2}/p^\ominus) + 32.67$$

$$\lg(p_{H_2}/p^\ominus) < 0.5\lg(p_{O_2}/p^\ominus) + 13.96$$

所以，在 1800K 温度下合成 Ti-ZrO_2 梯度功能复合材料，必须在高纯氩气气氛中，并采用合适的埋粉、控制烧结气氛条件，方可满足两相共存的氧分压条件。

表 8-20 1800K 时 Ti，Zr 分别与 O-N、O-C 和 O-H 系各化学反应对应的平衡气体分压

Ti-O-N 体系	
$Ti(s)+0.5O_2(g)=\!=\!=TiO(s)$	$\lg(p_{O_2}/p^\ominus)=-21.80$
$2Ti(s)+1.5O_2(g)=\!=\!=Ti_2O_3(s)$	$\lg(p_{O_2}/p^\ominus)=-16.57$
$3Ti(s)+2.5O_2(g)=\!=\!=Ti_3O_5(s)$	$\lg(p_{O_2}/p^\ominus)=-14.24$
$4Ti(s)+3.5O_2(g)=\!=\!=Ti_4O_7(s)$	$\lg(p_{O_2}/p^\ominus)=-11.47$
$Ti(s)+O_2(g)=\!=\!=TiO_2(s)$	$\lg(p_{O_2}/p^\ominus)=-10.48$
$Ti(s)+0.5N_2(g)=\!=\!=TiN(s)$	$\lg(p_{N_2}/p^\ominus)=-28.00$
$TiN(s)+0.5O_2(g)=\!=\!=0.5N_2(g)+TiO(s)$	$\lg(p_{N_2}/p^\ominus)=\lg(p_{O_2}/p^\ominus)+12.00$
$2TiN(s)+1.5O_2(g)=\!=\!=N_2(g)+Ti_2O_3(s)$	$\lg(p_{N_2}/p^\ominus)=1.5\lg(p_{O_2}/p^\ominus)+20.28$
$3TiN(s)+2.5O_2(g)=\!=\!=1.5N_2(g)+Ti_3O_5(s)$	$\lg(p_{N_2}/p^\ominus)=5/3\lg(p_{O_2}/p^\ominus)+22.65$
$4TiN(s)+3.5O_2(g)=\!=\!=2.0N_2(g)+Ti_4O_7(s)$	$\lg(p_{N_2}/p^\ominus)=7/4\lg(p_{O_2}/p^\ominus)+23.61$
$TiN(s)+O_2(g)=\!=\!=0.5N_2(g)+TiO_2(s)$	$\lg(p_{N_2}/p^\ominus)=2\lg(p_{O_2}/p^\ominus)+26.23$
Zr-O-N 体系	
$Zr(s)+O_2(g)=\!=\!=ZrO_2(s)$	$\lg(p_{O_2}/p^\ominus)=-22.14$
$Zr(s)+0.5N_2(g)=\!=\!=ZrN(s)$	$\lg(p_{N_2}/p^\ominus)=-11.58$
$ZrN(s)+O_2(g)=\!=\!=0.5N_2(g)+ZrO_2(s)$	$\lg(p_{N_2}/p^\ominus)=2\lg(p_{O_2}/p^\ominus)+32.67$
Ti-O-C 体系	
$Ti(s)+CO(g)=\!=\!=0.5O_2(g)+TiC(s)$	$\lg(p_{CO}/p^\ominus)=-0.5\lg(p_{O_2}/p^\ominus)+3.10$
$TiC(s)+O_2(g)=\!=\!=CO(g)+TiO(s)$	$\lg(p_{CO}/p^\ominus)=\lg(p_{O_2}/p^\ominus)+13.99$
$2TiC(s)+2.5O_2(g)=\!=\!=2CO(g)+Ti_2O_3(s)$	$\lg(p_{CO}/p^\ominus)=1.25\lg(p_{O_2}/p^\ominus)+18.13$
$3TiC(s)+4O_2(g)=\!=\!=3CO(g)+Ti_3O_5(s)$	$\lg(p_{CO}/p^\ominus)=4/3\lg(p_{O_2}/p^\ominus)+19.32$
$4TiC(s)+5.5O_2(g)=\!=\!=4CO(g)+Ti_4O_7(s)$	$\lg(p_{CO}/p^\ominus)=11/8\lg(p_{O_2}/p^\ominus)+19.79$
$TiC(s)+1.5O_2(g)=\!=\!=CO(g)+TiO_2(s)$	$\lg(p_{CO}/p^\ominus)=1.5\lg(p_{O_2}/p^\ominus)+21.10$
Zr-O-C 体系	
$Zr(s)+4CO(g)=\!=\!=2O_2(g)+ZrC_4(s)$	$\lg(p_{CO}/p^\ominus)=0.5\lg(p_{O_2}/p^\ominus)-1.23$
$ZrC_4(s)+3O_2(g)=\!=\!=4CO(g)+ZrO_2(s)$	$\lg(p_{CO}/p^\ominus)=3/4\lg(p_{O_2}/p^\ominus)+4.30$
Ti-O-H 体系	
$Ti(s)+H_2(g)=\!=\!=TiH_2(s)$	$\lg(p_{H_2}/p^\ominus)=-3.075$
$TiH_2(s)+0.5O_2(g)=\!=\!=H_2(g)+TiO(s)$	$\lg(p_{H_2}/p^\ominus)=0.5\lg(p_{O_2}/p^\ominus)+13.96$
$2TiH_2(s)+1.5O_2(g)=\!=\!=2H_2(g)+Ti_2O_3(s)$	$\lg(p_{H_2}/p^\ominus)=3/4\lg(p_{O_2}/p^\ominus)+18.10$
$3TiH_2(s)+2.5O_2(g)=\!=\!=3H_2(g)+Ti_3O_5(s)$	$\lg(p_{H_2}/p^\ominus)=5/6\lg(p_{O_2}/p^\ominus)+19.29$
$4TiH_2(s)+3.5O_2(g)=\!=\!=4H_2(g)+Ti_4O_7(s)$	$\lg(p_{H_2}/p^\ominus)=7/8\lg(p_{O_2}/p^\ominus)+19.77$
$TiH_2(s)+O_2(g)=\!=\!=H_2(g)+TiO_2(s)$	$\lg(p_{H_2}/p^\ominus)=\lg(p_{O_2}/p^\ominus)+21.08$
Zr-O-H 体系	
$Zr(s)+H_2(g)=\!=\!=ZrH_2(s)$	$\lg(p_{H_2}/p^\ominus)=-2.168$
$ZrH_2(s)+O_2(g)=\!=\!=H_2(g)+ZrO_2(s)$	$\lg(p_{H_2}/p^\ominus)=\lg(p_{O_2}/p^\ominus)+24.29$

8.2.3.2 实验验证

梯度功能材料是由一系列组成梯度均质材料以一定的方式复合而成。对于金属-陶瓷体系的梯度功能复合材料而言，随着各梯度层中金属与陶瓷相的相对含量变化，对应的各梯度层材料的烧结工艺条件及物理性能也随之变化。为了确定制备 Ti-ZrO_2 梯度功能复合材料的最佳工艺参数，认知梯度层材料的物理性能，需先进行 Ti-ZrO_2 系各层组成的均质复合材料的合成、相结构和性能的研究。

研究各层均质材料时，先按列于表 8-21 中设计的 Ti-ZrO_2 系各梯度层组成配料比，将 ZrO_2 和 Ti 按体积比称重混合，再经球磨 5 小时后，用烘箱烘干，并压制成型。成型的样品采用恰当的埋粉条件及高纯氩气保护，在钼丝炉内常压烧结。烧结温度为 1550 ~ 1650℃，并控制气相的分压在前面计算得到的 Ti、ZrO_2 两相共存区内。对获得的各层均质材料都进行了 XRD 相结构分析和 TEM 形貌观察和显微结构分析。结果表明，在相同烧结条件下，随 Ti 含量的增加，四方氧化锆（t-ZrO_2）向单斜氧化锆（m-ZrO_2）转变的比例增大。大量的 TEM 观察和显微结构分析都没有发现 Ti/ZrO_2 界面附近有新相存在，表明 Ti/ZrO_2两相间未发生化学反应。这与前面的热力学分析结果相吻合。

表 8-21 Ti-ZrO_2 梯度功能复合材料各梯度层材料原始配料

层 数	ZrO_2		Ti		各层的总质量/g
	$w(ZrO_2)/\%$	质量/g	$w(Ti)/\%$	质量/g	
HC-2	87.5	105.88	12.5	11.28	117.16
HC-3	75.0	90.75	25.0	22.55	113.30
HC-4	62.5	75.63	37.5	33.83	109.46
HC-5	50.0	60.50	50.0	45.10	105.60
HC-6	37.5	45.38	62.5	56.38	101.76
HC-7	25.0	30.25	75.0	67.65	97.90

在研究常压烧结条件下合成具有系列梯度组成配比的 Ti-ZrO_2 系均质材料基础上，采用等厚梯度分布，每层厚度为 0.7 ~ 1.0mm，每层之间组元梯度值为 12.5%（以体积百分数计），制备 Ti-ZrO_2 多层梯度功能复合材料。将各层配料分别经 6 小时球磨，60℃的烘干，再经玛瑙研磨后，用 20MPa 压力压制成型。成型的各层样块按序排好，用 30MPa 压力压制在一起，成为梯度材料样品。最后，将压制好的样品放置在石墨坩埚中，在高纯氩气保护下热压烧结。烧结压力为 25MPa，1300 ~ 1400℃保温 2 小时。烧结时，从 1100℃开始加压，冷却至 700℃后缓慢卸压。采用加压烧结的目的是，克服烧结时 Ti/ZrO_2 间收缩率差异引起缺陷的问题，同时也可降低烧结温度。

热压烧结合成 Ti-ZrO_2 梯度功能复合材料力学性能优异，其沿厚度方向断面梯度层结构的 SEM 形貌及组成 Ti 和 Zr 的 K_α 线扫描结果如图 8-48 所示。图 8-49 为 Ti-ZrO_2 系复合材料中 Ti/m-ZrO_2 相界面的高分辨电镜照片，入射电子束平行于 $[\bar{1}2\bar{1}0]_{Ti}//[00\bar{1}]_{m\text{-}ZrO_2}$。照片中箭头表示 Ti/m-$ZrO_2$ 相界面，相界面为直接结合，相界面平直光滑，无界面中间相。这再次证明，ZrO_2/Ti 间没有发生化学反应与热力学分析的一致性。从图中还可看到，界面两侧 m-ZrO_2 的晶面.$(010)_{m\text{-}ZrO_2}$ 和 Ti 的晶面 $(0001)_{Ti}$之间的过渡是连续的，m-ZrO_2/Ti 的相界面也保持着良好的共格关系。

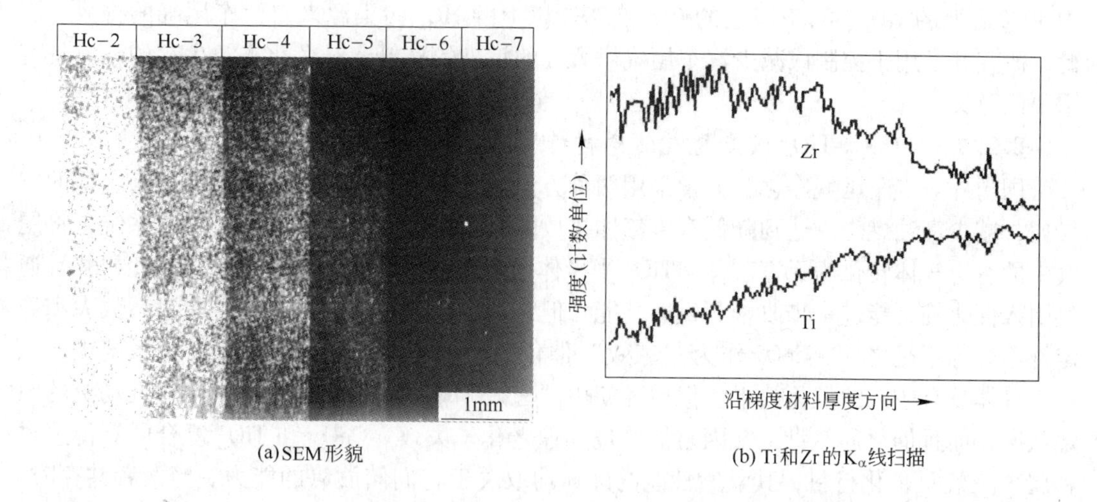

(a) SEM形貌 (b) Ti和Zr的K_α线扫描

图 8-48 Ti-ZrO_2 梯度材料沿厚度方向断面层结构的SEM形貌及组成 Ti 和 Zr 的 K_α 线扫描

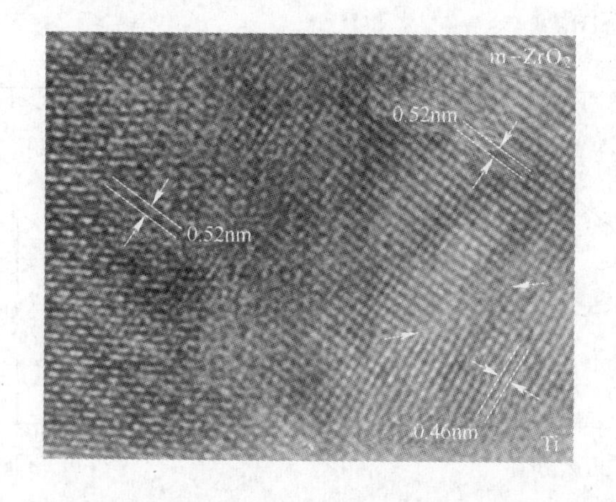

图 8-49 Ti-ZrO_2 系复合材料中 Ti/m-ZrO_2 相界面的高分辨电镜照片

（入射电子束平行于 $[\bar{1}2\bar{1}0]_{Ti}$// $[00\bar{1}]_{m\text{-}ZrO_2}$）

综上所述，本节利用热力学原理评估了两幅不同的 Ti-O 二元相图，并经实验验证，表明穆拉伊和莱德特的 Ti-O 相图中 Ti_2O 稳定区与实验结果吻合。分析了 Ti-Zr-O 体系中各氧化物的稳定性，表明在 Ti-ZrO_2 梯度功能复合材料的合成或使用过程中，Ti 与 ZrO_2 之间不会产生化学反应。确定了 1800K 温度条件下 Ti、ZrO_2 两相稳定共存区的 p_{O_2}, p_{N_2} 和 p_{H_2} 分压的条件。在此基础上，热压烧结制备出了 Ti-ZrO_2 梯度功能复合材料。合成出材料的 XRD、TEM 和 HRTEM 分析结果证实，在高温烧结过程中，ZrO_2/Ti 两相间没有化学反应发生。这与热力学分析的结果完全一致。

8.2.4 汽车尾气传感材料制备的热力学

汽车工业的迅速发展在给人们的生活带来快节奏的同时，也给人类的生存环境带来了严重污染和危害。据统计，汽车尾气排放的污染量是其他各种气体污染源的 3 倍。大城市中40%以上的NO_x、80%以上的CO和70%以上的HC_x污染源来自汽车尾气的排放。因此，研究开发用于控制或减少汽车尾气对大气的污染的材料，对净化人类生存的环境具有重要的意义。

8.2.4.1 CeO_2-TiO_2汽车尾气传感材料的热力学和缺陷的理论分析

国内外对汽车尾气净化，通常采用两种方法：一是利用汽车尾气传感器控制合适的空燃比，减少富油燃烧，达到降低有害气体排放的目的；二是采用“三效”催化系统，将尾气中的有害气体转化为无害气体。TiO_2半导体型氧敏传感器具有较好的氧敏特性，并且通过引入催化剂，能进一步改善其氧敏性能。但它本身也存在工作温度高、阻温系数大和稳定性不好等不足之处。CeO_2作为“三效”催化剂已用于汽车尾气的催化转化系统中，对有害气体具有较好的催化效果。但单独使用“三效”催化剂，并不能改善汽车发动机的燃烧状况，而且催化剂本身也会因富油燃烧加速老化、失效。CeO_2和TiO_2复合的氧传感材料属“三效”催化材料，其氧敏性能的好坏均取决于它们储放氧的能力。当两者共存时，哪种物质先失氧？是否会对复合材料的氧敏性能有决定性的影响？为此，通过热力学计算来判定CeO_2和TiO_2的失氧顺序。图8-50和图8-51分别为1523K时Ce-O-N体系和Ti-O-N体系的热力学参数状态图。

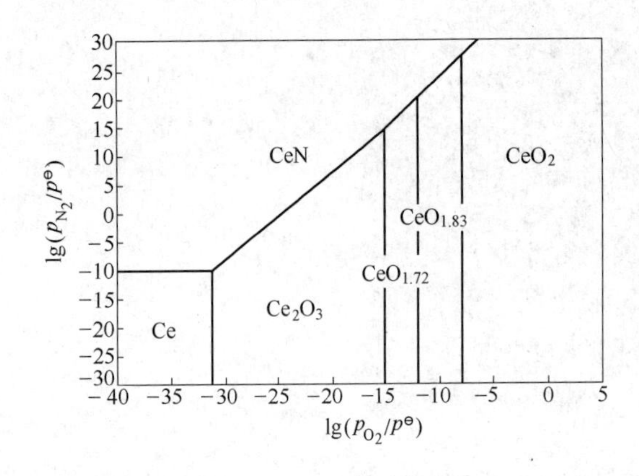

图8-50 1523K时Ce-O-N体系的热力学参数状态图

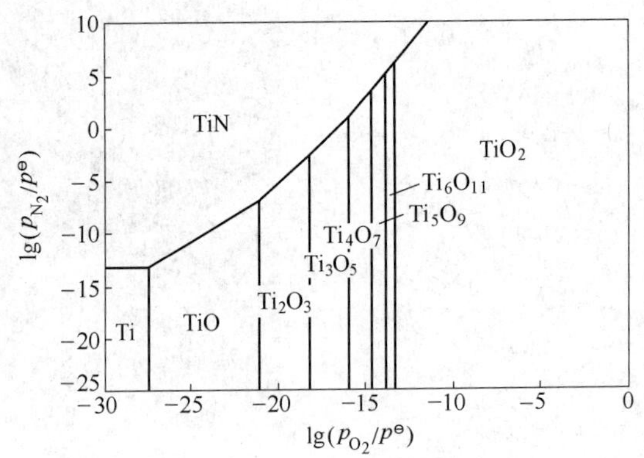

图8-51 1523K时Ti-O-N体系的热力学参数状态图

从图中可以看出，在相同温度下，随着氧压的降低，CeO_2首先失氧形成$CeO_{1.83}$。这就意味着随氧压的降低，复合材料中先产生Ce^{3+}。基于此，对Ce-Ti-O体系的化合物，诸如$Ce_2Ti_2O_7$、Ce_2TiO_5、$Ce_4Ti_9O_{24}$等的生成，可以分成两个步骤，即CeO_2首先失氧生成Ce^{3+}，然后生成的Ce^{3+}再与TiO_2反应。

由于CeO_2先产生Ce^{3+}，而Ce^{3+}可以取代TiO_2中的Ti^{4+}而形成氧离子空位，故在高温时，根据克鲁格-维恩克（Kröger-Vink）规则，复合材料中主要的缺陷反应如式(8-54)~式(8-58)所示。

$$O_O^{\times} = V_{\ddot{O}} + 2e^- + \frac{1}{2}O_2(g),\ K_V = [V_{\ddot{O}}]n_e^2 p_{O_2}^{\frac{1}{2}} \tag{8-54}$$

$$\frac{1}{2}O_2(g) + Ce_2O_3 \xrightarrow{TiO_2} 2Ce'_{Ti} + V_{\ddot{O}} + 4O_O^{\times},\ K_b = \frac{[Ce'_{Ti}]^2[V_{\ddot{O}}]}{a_{Ce_2O_3}} p_{O_2}^{-\frac{1}{2}} \tag{8-55}$$

$$\mathrm{Ce}'_{\mathrm{Ti}} + \mathrm{V}_{\ddot{\mathrm{O}}} = (\mathrm{Ce}'_{\mathrm{Ti}} \cdot \mathrm{V}_{\ddot{\mathrm{O}}}) \cdot K_{\mathrm{d}} = \frac{[(\mathrm{Ce}'_{\mathrm{Ti}} \cdot \mathrm{V}_{\ddot{\mathrm{O}}})^{\cdot}]}{[\mathrm{Ce}'_{\mathrm{Ti}}] \cdot [\mathrm{V}_{\ddot{\mathrm{O}}}]} \tag{8-56}$$

$$0 = \mathrm{e}^{-} + \mathrm{h}^{\cdot}, \qquad K_{\mathrm{i}} = \mathrm{np} \tag{8-57}$$

$$\mathrm{n} + [\mathrm{Ce}'_{\mathrm{Ti}}] = \mathrm{p} + [\mathrm{V}_{\ddot{\mathrm{O}}}] + [(\mathrm{Ce}'_{\mathrm{Ti}} \cdot \mathrm{V}_{\ddot{\mathrm{O}}})^{\cdot}] \tag{8-58}$$

式中，Ce'_{Ti}代表 Ce^{3+} 在 Ti^{4+} 亚晶格上；$O_O^{\times}$ 代表晶格氧原子；$V_{\ddot{O}}$ 表示氧离子空位；e^- 代表电子；$h^{\cdot}$ 代表空穴；n、p 分别代表 n 型和 p 型导电；n_e 表示电子浓度。

A　TiO_2 中掺入少量 CeO_2

当材料中掺入少量 CeO_2，此时［Ce'_{Ti}］不足以形成缺陷缔合，电中性条件可以近似写做：

$$[\mathrm{Ce}'_{\mathrm{Ti}}] \approx 2[\mathrm{V}_{\ddot{\mathrm{O}}}] \tag{8-59}$$

假设 $a_{Ce_2O_3} = 1$，由式（8-55）可以得到：

$$[\mathrm{V}_{\ddot{\mathrm{O}}}] = \left(\frac{1}{4}K_{\mathrm{b}}\right)^{\frac{1}{3}} p_{\mathrm{O}_2}^{\frac{1}{6}} \tag{8-60}$$

结合式(8-54)可得：

$$n_{\mathrm{e}} = \left[\frac{K_{\mathrm{V}}}{\left(\frac{1}{4}K_{\mathrm{b}}\right)^{1/3}}\right]^{\frac{1}{2}} p_{\mathrm{O}_2}^{-\frac{1}{3}} \tag{8-61}$$

考虑到 CeO_2 材料主要以电子电导为主，即：

$$\sigma \approx n_{\mathrm{e}} e \mu_{\mathrm{e}} \tag{8-62}$$

式中，σ 为电导；n_e 为电子浓度；μ_e 为电子迁移率。

式(8-62)简化后得

$$\sigma = \sigma_0 p_{\mathrm{O}_2}^{-\frac{1}{m}}$$

式中，m 为氧敏因子，$m=2(z+1)$；z 为氧空位电荷离解度，氧离子价为 −2。

如果以 $\ln(\sigma/\sigma^{\ominus})$ 对 $\ln(p_{O_2}/p^{\ominus})$ 作图，直线的斜率应接近 −1/3。

B　TiO_2 中掺入大量 CeO_2

当 TiO_2 中掺入大量 CeO_2，此时［Ce'_{Ti}］大到足以形成缺陷缔合时，电中性条件可近似写成

$$[\mathrm{Ce}'_{\mathrm{Ti}}] = [(\mathrm{Ce}'_{\mathrm{Ti}} \cdot \mathrm{V}_{\ddot{\mathrm{O}}})^{\cdot}] \tag{8-63}$$

结合式(8-54)和式(8-56)可以得到：

$$n_{\mathrm{e}} = (K_{\mathrm{V}} \cdot K_{\mathrm{d}})^{\frac{1}{2}} p_{\mathrm{O}_2}^{-\frac{1}{4}} \tag{8-64}$$

因此，以 $\ln(\sigma/\sigma^{\ominus})$ 对 $\ln(p_{O_2}/p^{\ominus})$ 作图，直线的斜率应接近 −1/4。

由上述推导可以看出，掺入 Ce^{3+} 使得 TiO_2 的氧敏因子 m 为 3 或 4，而纯 TiO_2 的氧敏因子 m 为 4 或 6，因此 Ce^{3+} 的掺入可以改善 TiO_2 材料的氧敏性能。但是，若掺入的 Ce^{3+} 量过大，则由于缺陷的缔合作用，使得材料的氧敏因子 m 降低到 4，材料的氧敏性能又有所降低。所以，只有适量的 Ce^{3+} 掺杂才能改善 TiO_2 的氧敏性能。

8.2.4.2 实验验证

实验流程如图8-52所示。实验用CeO_2粉为分析纯、TiO_2粉为光谱纯。充分混合好的粉末在200MPa压力下压成直径约10mm、厚度约1mm的圆片。压制的样品经烧结、抛光和烘干，然后在上下表面均匀涂抹上一层铂浆，在红外灯下烘干。经过这样处理的样品置入硅钼棒炉内缓慢升温至1073K焙烧1h。铂丝电极引线通过机械挤压的方式与铂浆紧密接触，组装成测量用的电池

$$(-)Pt \mid CeO_2 + TiO_2 \mid Pt(+)$$

用HP-4192A-LF型阻抗分析仪测量阻抗谱，分析氧敏性能。测量频率为5Hz～13MHz，温度范围为573～973K。

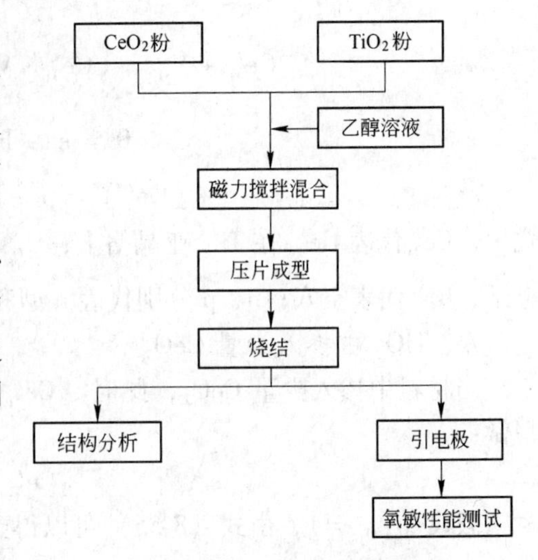

图8-52 CeO_2和TiO_2复合材料氧敏性能研究工艺流程图

A CeO_2含量对复合材料氧敏性能的影响

选择在空气气氛中1150℃烧结2h的四个样品进行测试分析，四个样品中CeO_2加入量如表8-22所示，相应的阻抗谱如图8-53所示。

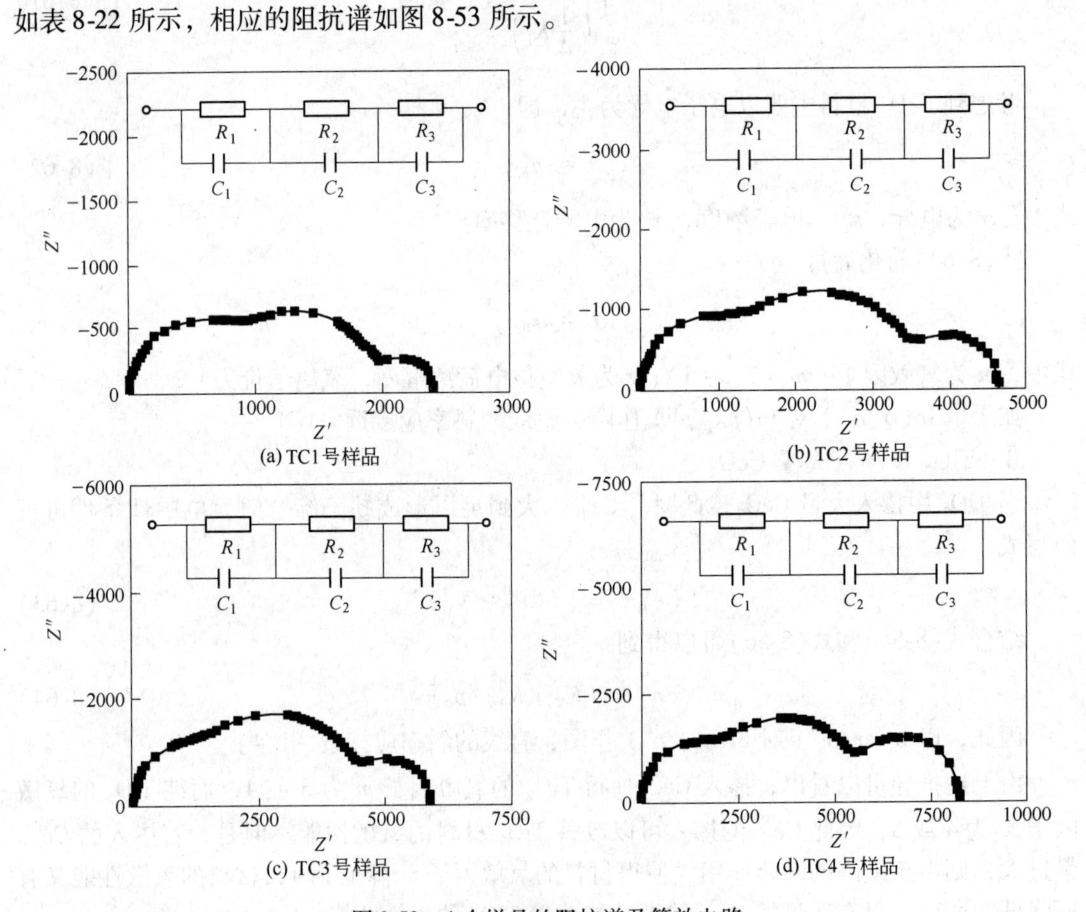

图8-53 4个样品的阻抗谱及等效电路

表 8-22 TiO_2 中掺入 CeO_2 组分配比表

样 品 号	TC1 号	TC2 号	TC3 号	TC4 号
$w(CeO_2)/\%$	5.00	10.00	30.00	50.00

从图中可以看出，随 CeO_2 含量的增加，材料的电阻率逐渐增大，其中晶界电阻率的增大尤其明显，如图 8-54 所示。因为加入的 CeO_2 呈球状或块状分布于棒状的 TiO_2 晶界处，增加了材料的晶界，使得材料的电阻率明显增大。

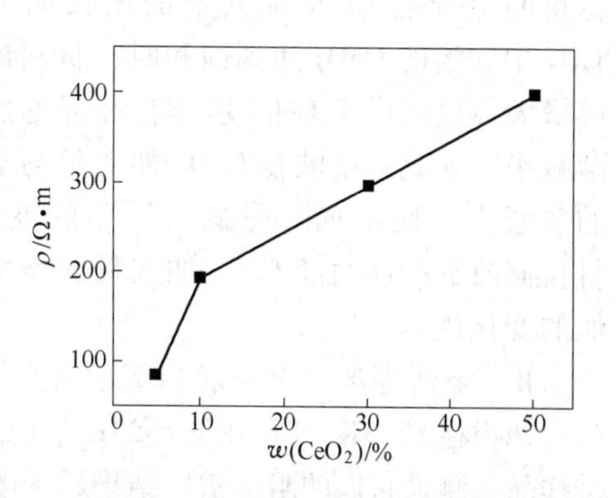

图 8-54 TiO_2-CeO_2 复合材料晶界电阻率与 CeO_2 含量的变化曲线

改变氧分压，研究材料的氧敏性能，在 500℃测出材料电阻率与氧分压的变化曲线，示于图 8-55。由图可以看出，随 CeO_2 加入量的增大，材料的氧敏因子 m 由 3.7 变为 2.8，后又增大为 3.5。这与缺陷理论分析的结果是一致的。

由图 8-56 可以看出，当 CeO_2 含量增大时，材料的氧敏因子 m 先减小后又增大，说明材料的氧敏性能随 CeO_2 加入量的增大呈现“先增后减”的变化规律。CeO_2 的加入有两个作用：一个作用是固溶于 TiO_2 形成氧离子空

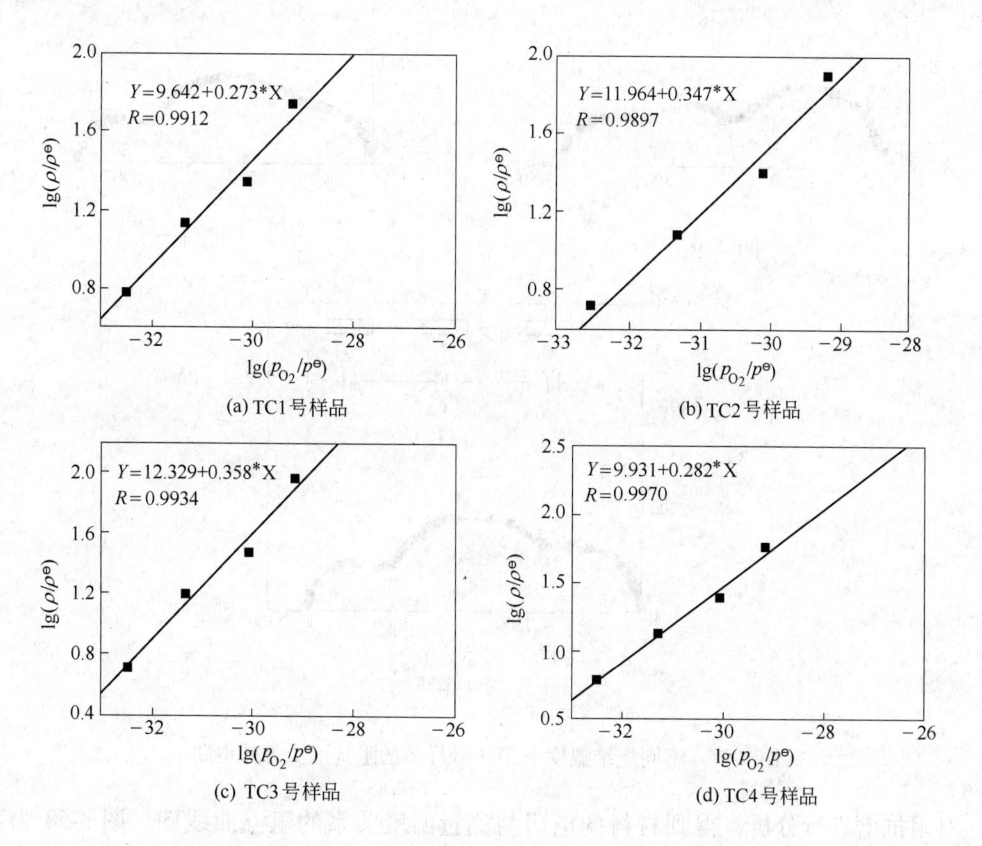

图 8-55 500℃时 4 个样品的 $\lg(\rho/\rho^{\ominus})$-$\lg(p_{O_2}/p^{\ominus})$ 关系曲线

位，对材料的电导有利；另一个作用则是填充在棒状的 TiO_2 晶粒周围，增大材料的晶界电阻，对材料的电导不利。当前一作用占主导地位时，材料的电导随 CeO_2 加入量的增大而增大，当 TiO_2 中固溶的 CeO_2 达到饱和时，材料的电导不再增大，反而由于 CeO_2 填充在晶界的影响而逐渐减小。因此，反映在 CeO_2 加入量与氧敏因子的曲线上，便出现“先减后增”的变化规律。材料储放氧的能力随 CeO_2 加入量的增大也有类似的变化规律。

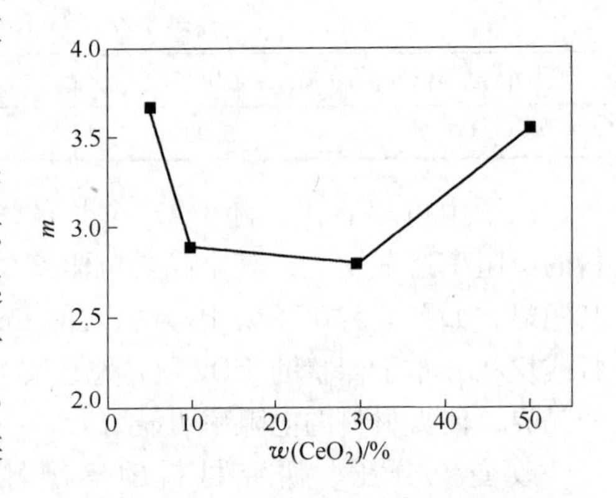

图 8-56 500℃时复合材料的氧敏因子与 CeO_2 加入量的关系曲线

B 烧结温度对复合材料氧敏性能的影响

选择在 1323K、1423K、1523K 下烧结的 TC3 号样品，测量它们的阻抗谱，结果示于图 8-57。

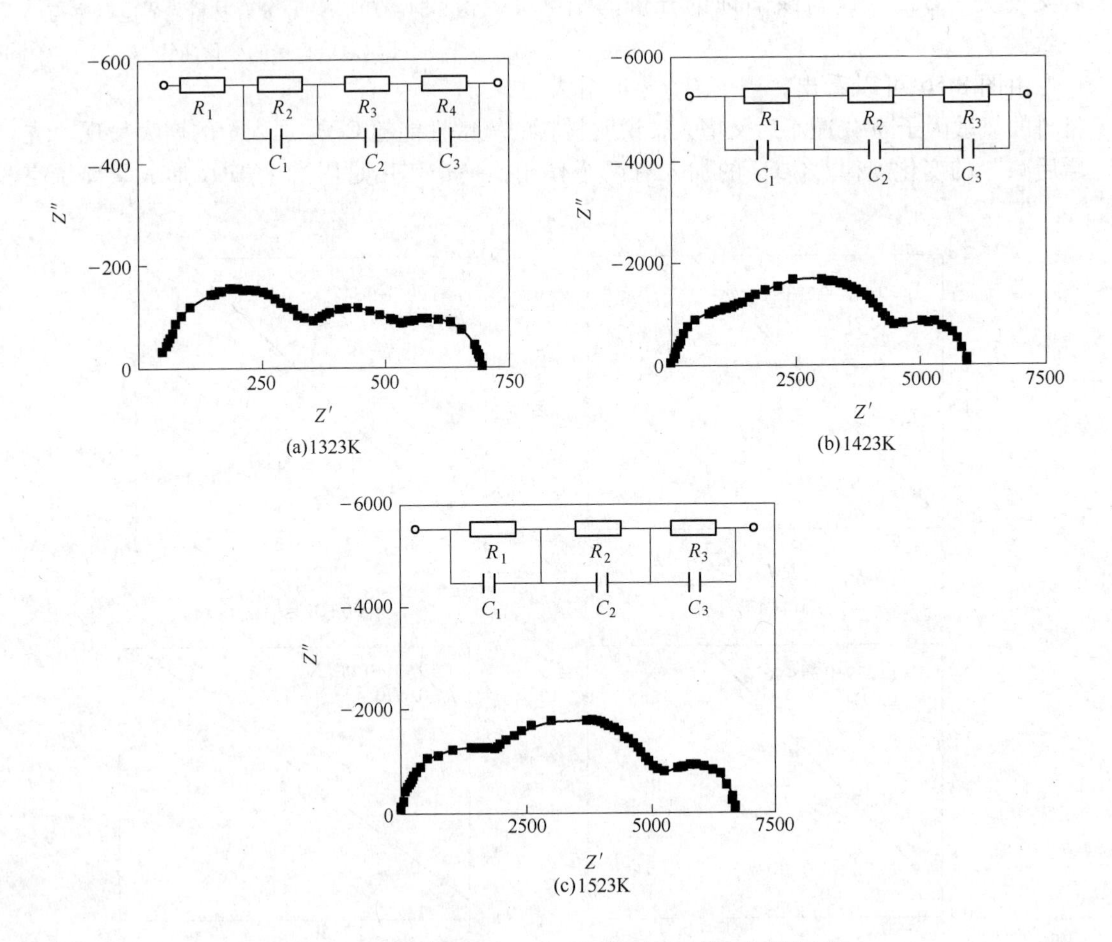

图 8-57 不同烧结温度下 TC3 号样品的阻抗谱及等效电路

对阻抗谱进行分析，得到材料的电阻与测量温度关系的阻温曲线图。图 8-58 为不同烧结温度样品的阻温曲线。

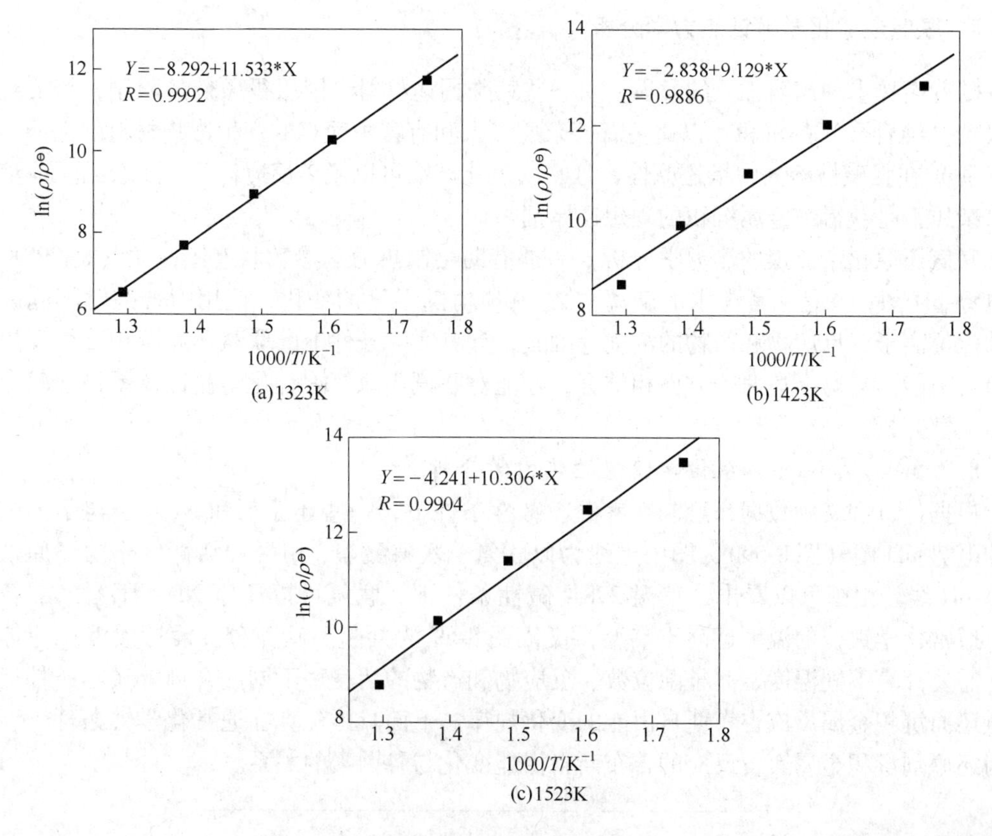

(a)1323K
(b)1423K
(c)1523K

图 8-58　不同温度下烧结 TC3 号样品的阻温曲线

由图 8-58 分析得出的电导表观活化能列于表 8-23 中。由表可以看出，材料电导的表观活化能随烧结温度先减小再增大，这主要是因为在低温下烧结材料很疏松，晶粒之间的间隙太大，对材料的电导不利；而烧结温度太高，则会生成 Ce-Ti-O 三元化合物。由热力学分析可知，这些化合物中的 Ce 都是三价的，这些 Ce^{3+} 即使在高氧压下也不会再氧化为 Ce^{4+}。也就是说与 TiO_2 反应的这部分 CeO_2 已经丧失了储放氧的能力，对材料的氧敏性能不利。因此，只有恰当的烧结温度才能获得氧敏性能优异的复合材料。

表 8-23　不同烧结温度的材料表观活化能

烧结温度/K	直线斜率	相关系数	表观活化能/eV
1323	11.533	0.9992	0.99
1423	9.129	0.9886	0.79
1523	10.306	0.9904	0.89

综上所述，由热力学分析可知 CeO_2 和 TiO_2 共存时，CeO_2 先失氧，部分 Ce^{4+} 变为 Ce^{3+}；由缺陷理论分析可知复合材料的氧敏因子为 3 或 4，实验中测得的氧敏因子为 2.8 和 3.7，与理论分析是一致的；随 CeO_2 加入量的增加，材料的氧敏因子先减小后又增大，这主要是由 CeO_2 在 TiO_2 中固溶和 CeO_2 在 TiO_2 晶界处富集的双重作用所引起的；随烧结温度的增加，在高温下形成了 Ce-Ti-O 三元化合物，使部分 CeO_2 失去储放氧的能力，导致材料的电导活化能增大。

8.2.5 联氨还原化学镀镍热力学分析

随着高技术和国防工业的发展，对一些特殊用途材料，因服役条件的限制，需要纯金属（或高纯合金）的沉积，以避免有害杂质带入和有害中间相的产生影响材料的性能。联氨（肼）在强碱性溶液中呈还原性，且它的氧化产物可以脱离反应体系，不会给反应溶液带来杂质，是获得纯金属沉积的理想还原剂。

联氨还原化学镀镍的热力学分析，一是借助绘制热力学参数状态图，尤其是298K下的电势-pH图；二是在考虑水的解离常数，pH值随温度的变化，使用配合剂时不同配位数的配位离子、反应物和产物的活度等因素，计算实际条件下的联氨还原沉积金属反应吉布斯自由能。只有上述两个方面相结合，才能对联氨还原氨配合化学镀镍体系进行较全面的热力学分析。

8.2.5.1 氨配合体系化学镀镍的热力学分析

根据计算和文献数据，绘制在室温、碱性条件下，一些还原剂和Ni离子与不同配合剂的电势-pH图（图8-59），图中虚线为以联氨、次磷酸盐、甲醛和活性氢作为还原剂的电势-pH线。由图可以看出，室温298K碱性条件下，联氨可以还原$Ni(NH_3)_n^{2+}$配合离子。通常化学镀镍的温度远高于室温，仅依图8-59的判断不够充分。设计镀液反应体系时，需要计算不同温度、离子配位数、反应物和产物的活度、不同配合剂等实际条件下的联氨还原沉积金属反应吉布斯自由能的变化规律。下面具体计算在通常化学镀条件下，联氨为还原剂沉积金属镀覆反应的吉布斯自由能变化与各因素的关系。

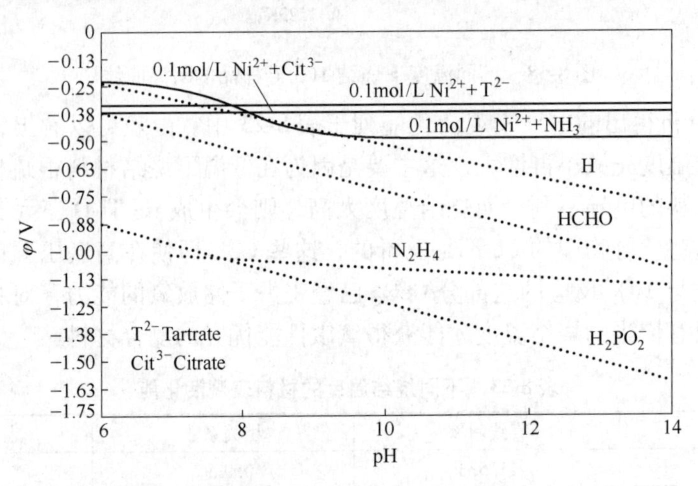

图8-59 碱性条件下不同配合离子和还原剂的电势-pH图（298K）

联氨为还原剂、氨为配合剂的沉积金属镍的反应为，Ni离子与配合剂氨生成配合离子

$$Ni^{2+} + nNH_3 \longrightarrow Ni(NH_3)_n^{2+} \qquad n = 1 \sim 6$$

联氨还原$Ni(NH_3)_n^{2+}$配合离子的总反应为

$$2Ni(NH_3)_n^{2+} + N_2H_4 + 4OH^- \longrightarrow N_2 + 4H_2O + 2Ni + 2nNH_3 \tag{8-65}$$

根据化学反应等温方程式$\Delta_r G = \Delta_r G^\ominus + RT\ln Q$，计算总反应（8-65）在实际条件下的反应吉布斯自由能$\Delta_r G_{(8\text{-}65)}$随温度、离子配位数、镍离子浓度和还原剂浓度等的变化规律。

$$\Delta_r G_{(8\text{-}65)} = \Delta_r G^{\ominus}_{(8\text{-}65)} + 2.303RT\lg \frac{p^{2n}_{NH_3} p_{N_2} a^4_{H_2O} a^2_{Ni}}{a_{N_2H_4} a^4_{OH^-} a^2_{Ni(NH_3)^{2+}_n} (p^{\ominus})^{2n+1}}$$

$$RT\lg Q = 2.303RT\lg \frac{p^{2n}_{NH_3} p_{N_2} a^4_{H_2O} a^2_{Ni}}{a_{N_2H_4} a^4_{OH^-} a^2_{Ni(NH_3)^{2+}_n} (p^{\ominus})^{2n+1}}$$

取化学镀一般工作温度 $T=343 \sim 353K$，$pH=8.0 \sim 10.0$，并认为溶液为稀溶液，溶液中反应物和产物的活度近似等于其浓度，即 $a_{N_2H_4} \approx c[N_2H_4] = 0.2 \sim 1.0$；$a_{Ni(NH_3)^{2+}_n} \approx c[Ni(NH_3)^{2+}_n] = 0.1$。已知室温下氨水的饱和蒸汽压为1.59kPa，由此估算氨和氮的分压，$p_{NH_3} = 1.59 \times 10^{-3}MPa, p_{N_2} = \frac{1}{2}p_{NH_3} = 7.95 \times 10^{-4}MPa$。考虑反应温度水的离子积常数和相应pH下的［$OH^-$］值，分别计算出pH=8和10，温度为343K和353K，联氨还原 $Ni(NH_3)^{2+}_n$ 配合离子总反应的 $RT\ln Q$ 与配位数 n 的关系。

当 $T=343K$，pH=8时，

$$\begin{aligned} RT\lg Q &= 2.303RT\lg \frac{p^{2n}_{NH_3} p_{N_2} a^4_{H_2O} a^2_{Ni}}{a_{N_2H_4} a^4_{OH^-} a^2_{Ni(NH_3)^{2+}_n} (p^{\ominus})^{2n+1}} \\ &= 2.303RT\left(\lg \frac{p^{2n}_{NH_3} \cdot p_{N_2} \cdot a^2_{Ni}}{a_{N_2H_4} \cdot a^2_{Ni(NH_3)^{2+}_n} \cdot (p^{\ominus})^{2n+1}} + \lg \frac{a^4_{H_2O}}{a^4_{OH^-}}\right) \\ &= 6.57(-5.6n + 18.1)\,kJ/mol \end{aligned}$$

同理得到其他温度和pH值下的 $RT\ln Q$ 与配位数 n 的关系：

$T = 343K, pH = 10$ 时，$RT\ln Q = 6.57(-5.6n + 10.1)\,kJ/mol$

$T = 353K, pH = 8$ 时，$RT\ln Q = 6.76(-5.6n + 17.3)\,kJ/mol$

$T = 353K, pH = 10$ 时，$RT\ln Q = 6.76(-5.6n + 9.3)\,kJ/mol$

依据不同氨配位数镍离子标准电极电势 $\varphi^{\ominus}$ 数据的两种来源，分别计算此四类实际条件下，联氨还原各配位数的 $Ni(NH_3)^{2+}_n$ 总反应吉布斯自由能 $\Delta_r G_{(8\text{-}65)}$。计算结果分别列入表8-24～表8-29。其中表8-24和表8-25为在343K，$c[N_2H_4]=0.2mol/L$ 或 $1.0mol/L$，pH值分别为8和10条件下，联氨还原各配位数 $Ni(NH_3)^{2+}_n$ 总反应吉布斯自由能 $\Delta_r G_{(8\text{-}65)}$；表8-26和表8-27为在353K，$c[N_2H_4]=0.2mol/L$ 或 $1.0mol/L$，pH值分别为8和10条件下，联氨还原各配位数 $Ni(NH_3)^{2+}_n$ 总反应吉布斯自由能 $\Delta_r G_{(8\text{-}65)}$；表8-28和表8-29分别列出在343～353K，pH=8～10，$c[N_2H_4]=0.2 \sim 1.0mol/L$ 条件下，依据傅崇说《冶金溶液理论与计算》书中 $\varphi^{\ominus}_{table}$ 数据表值和其给出的公式计算的 $\varphi^{\ominus}_{calc}$ 值，计算的联氨还原各配位数 $Ni(NH_3)^{2+}_n$ 总反应吉布斯自由能 $\Delta_r G_{(8\text{-}65)}$ 值。

表8-24　联氨还原各配位数 $Ni(NH_3)^{2+}_n$ 总反应吉布斯自由能 $\Delta_r G_{(8\text{-}65)}$

（343K，pH=8，$c[N_2H_4]=0.2mol/L$ 或 $1.0mol/L$）

n	$\Delta_r G_{(8\text{-}65)} = \Delta_r G^{\ominus}_{(8\text{-}65)} + RT\ln Q$/kJ·mol^{-1}		n	$\Delta_r G_{(8\text{-}65)} = \Delta_r G^{\ominus}_{(8\text{-}65)} + RT\ln Q$/kJ·mol^{-1}	
	$\Delta_r G_{table}$	$\Delta_r G_{calc}$		$\Delta_r G_{table}$	$\Delta_r G_{calc}$
1	−240.57(−234.66)	−248.87(−242.96)	4	−291.89(−285.98)	−307.64(−301.73)
2	−251.89(−245.97)	−263.28(−257.36)	5	−320.69(−314.28)	−336.94(−331.03)
3	−269.65(−263.08)	−283.43(−276.86)	6	−356.60(−350.68)	−373.43(−367.51)

注：括弧内为实验条件 $c[N_2H_4]=0.2mol/L$，其他相同。

表 8-25 联氨还原各配位数 $Ni(NH_3)_n^{2+}$ 总反应吉布斯自由能 $\Delta_r G_{(8\text{-}65)}$

（343K，pH = 10，$c[N_2H_4]$ = 0.2mol/L 或 1.0mol/L）

n	$\Delta_r G_{(8\text{-}65)} = \Delta_r G^{\ominus}_{(8\text{-}65)} + RT\ln Q$/kJ · mol^{-1}		n	$\Delta_r G_{(8\text{-}65)} = \Delta_r G^{\ominus}_{(8\text{-}65)} + RT\ln Q$/kJ · mol^{-1}	
	$\Delta_r G_{table}$	$\Delta_r G_{calc}$		$\Delta_r G_{table}$	$\Delta_r G_{calc}$
1	-293.13(-287.22)	-301.43(-295.52)	4	-344.45(-338.54)	-360.20(-354.29)
2	-304.45(-298.53)	-315.34(-309.92)	5	-372.75(-366.84)	-389.50(-383.59)
3	-321.55(-315.64)	-335.33(-329.42)	6	-409.16(-403.24)	-425.99(-420.70)

注：括弧内为实验条件 $c[N_2H_4]$ = 0.2mol/L，其他相同。

由表 8-24 可以看出：在 pH = 8，T = 343K，$c[N_2H_4]$ = 0.2mol/L 或 1.0mol/L 条件下，联氨还原各配位数 $Ni(NH_3)_n^{2+}$ 得到金属镍的反应吉布斯自由能落在 -235 ~ -373kJ/mol 之间。由表 8-25 可以看出，在 pH = 10，其他条件相同情况下，联氨还原各配位数 $Ni(NH_3)_n^{2+}$ 得到金属镍的总反应吉布斯自由能落在 -287 ~ -426kJ/mol 之间。热力学计算结果表明，在这些实验条件下，联氨还原 $Ni(NH_3)_n^{2+}$ 得到金属镍的总反应吉布斯自由能 $\Delta_r G \ll 0$，反应是可以进行的。

表 8-26 联氨还原各配位数 $Ni(NH_3)_n^{2+}$ 总反应吉布斯自由能 $\Delta_r G_{(8\text{-}65)}$

（353K，pH = 8，$c[N_2H_4]$ = 0.2mol/L 或 1.0mol/L）

n	$\Delta_r G_{(8\text{-}65)} = \Delta_r G^{\ominus}_{(8\text{-}65)} + RT\ln Q$/kJ · mol^{-1}		n	$\Delta_r G_{(8\text{-}65)} = \Delta_r G^{\ominus}_{(8\text{-}65)} + RT\ln Q$/kJ · mol^{-1}	
	$\Delta_r G_{table}$	$\Delta_r G_{calc}$		$\Delta_r G_{table}$	$\Delta_r G_{calc}$
1	-243.61(-237.50)	-251.91(-245.82)	4	-298.12(-292.03)	-313.87(-307.78)
2	-255.98(-249.90)	-267.37(-261.29)	5	-327.48(-321.40)	-344.23(-338.15)
3	-274.15(-268.07)	-287.93(-281.85)	6	-364.95(-358.86)	-381.78(-375.69)

注：括弧内为实验条件 $c[N_2H_4]$ = 0.2mol/L，其他相同。

由表 8-26 可以看出，在 pH = 8 和 10，T = 353K，$c[N_2H_4]$ = 0.2mol/L 或 1.0mol/L 条件下，联氨还原各配位数 $Ni(NH_3)_n^{2+}$ 得到金属镍的总反应吉布斯自由能落在一个区间内，在同一个配位值下，数据来源不同，反应吉布斯自由能最小值与最大值的平均差值为 12kJ/mol 左右；在整个配位值的范围内，总反应吉布斯自由能 $\Delta_r G$ 值分别落在 -238 ~ -382kJ/mol 和 -292 ~ -436kJ/mol 之间。由这些热力学计算结果得知，在相应的实验条件下联氨还原 $Ni(NH_3)_n^{2+}$ 得到金属镍的总反应吉布斯自由能 $\Delta_r G \ll 0$，反应是可以进行的。

表 8-27 联氨还原各配位数 $Ni(NH_3)_n^{2+}$ 总反应吉布斯自由能 $\Delta_r G_{(8\text{-}65)}$

（353K，pH = 10，$c[N_2H_4]$ = 0.2mol/L 或 1.0mol/L）

n	$\Delta_r G_{(8\text{-}65)} = \Delta_r G^{\ominus}_{(8\text{-}65)} + RT\ln Q$/kJ · mol^{-1}		n	$\Delta_r G_{(8\text{-}65)} = \Delta_r G^{\ominus}_{(8\text{-}65)} + RT\ln Q$/kJ · mol^{-1}	
	$\Delta_r G_{table}$	$\Delta_r G_{calc}$		$\Delta_r G_{table}$	$\Delta_r G_{calc}$
1	-297.69(-291.60)	-305.99(-299.90)	4	-352.20(-346.11)	-367.95(-361.86)
2	-310.06(-303.98)	-321.45(-315.37)	5	-381.56(-375.48)	-398.31(-392.23)
3	-328.23(-322.15)	-342.01(-335.93)	6	-419.03(-412.94)	-435.86(-429.77)

注：括弧内为实验条件 $c[N_2H_4]$ = 0.2mol/L，其他相同。

由上述各表中括弧内数据可以看出，在相同的条件下，将 $c[N_2H_4]=1.0mol/L$ 变为 $0.2mol/L$，反应（8-65）的吉布斯自由能值差别很少，即联氨的浓度对总反应吉布斯自由能的影响较小。

为更清晰比较在实际条件下，联氨还原各配位数 $Ni(NH_3)_n^{2+}$ 得到金属镍的总反应吉布斯自由能变化的总趋势，将上述计算结果按 $\varphi^\ominus$ 数据来源（文献表 $\varphi^\ominus_{table}$ 和公式计算 $\varphi^\ominus_{calc}$）汇总于表 8-28 和表 8-29。

表 8-28 由 $\varphi^\ominus_{table}$ 数据表值计算的各配位数总反应吉布斯自由能 $\Delta_r G_{(8-65)}$
（343～353K，pH=8～10，$c[N_2H_4]=0.2\sim1.0mol/L$）

n	343K，$\Delta_r G$/kJ·mol^{-1}				353K，$\Delta_r G$/kJ·mol^{-1}			
	pH=8，$c[N_2H_4]=1$	pH=8，$c[N_2H_4]=0.2$	pH=10，$c[N_2H_4]=1$	pH=10，$c[N_2H_4]=0.2$	pH=8，$c[N_2H_4]=1$	pH=8，$c[N_2H_4]=0.2$	pH=10，$c[N_2H_4]=1$	pH=10，$c[N_2H_4]=0.2$
1	-240.57	-234.66	-293.13	-287.22	-243.61	-237.50	-297.67	-291.60
2	-251.89	-245.97	-304.45	-298.53	-255.98	-249.90	-310.06	-303.98
3	-269.65	-263.08	-321.55	-315.64	-274.15	-268.07	-328.23	-322.15
4	-291.89	-285.98	-344.45	-338.54	-298.12	-292.03	-352.20	-346.11
5	-320.69	-314.28	-372.75	-366.84	-327.48	-321.40	-381.56	-375.48
6	-356.60	-350.68	-409.16	-403.24	-364.95	-358.86	-419.03	-412.94

表 8-29 由 $\varphi^\ominus_{calc}$ 值计算的各配位数总反应吉布斯自由能 $\Delta_r G_{(8-65)}$
（343～353K，pH=8～10，$c[N_2H_4]=0.2\sim1.0mol/L$）

n	343K，$\Delta_r G$/kJ·mol^{-1}				353K，$\Delta_r G$/kJ·mol^{-1}			
	pH=8，$c[N_2H_4]=1$	pH=8，$c[N_2H_4]=0.2$	pH=10，$c[N_2H_4]=1$	pH=10，$c[N_2H_4]=0.2$	pH=8，$c[N_2H_4]=1$	pH=8，$c[N_2H_4]=0.2$	pH=10，$c[N_2H_4]=1$	pH=10，$c[N_2H_4]=0.2$
1	-248.87	-242.96	-301.43	-295.52	-251.91	-245.82	-305.99	-299.90
2	-263.28	-257.36	-315.34	-309.92	-267.37	-261.29	-321.45	-315.37
3	-283.43	-276.86	-335.33	-329.42	-287.93	-281.85	-342.01	-335.93
4	-307.64	-301.73	-360.20	-354.29	-313.87	-307.78	-367.95	-361.86
5	-336.94	-331.03	-389.50	-383.59	-344.23	-338.15	-398.31	-392.23
6	-373.43	-367.51	-425.99	-420.70	-381.78	-375.69	-435.86	-429.77

由上述计算结果可以看出：考虑不同镍氨的配位数、不同温度下水的离子积常数、pH 值的不同和反应物及产物的活度值等，联氨还原氨配合镍离子 $Ni(NH_3)_n^{2+}$ 得到金属镍的总反应吉布斯自由能值也不相同。但当固定一些条件后，总反应吉布斯自由能 $\Delta_r G_{(8-65)}$ 的值落在一个相对稳定的区间之内，并可以得到如下结论：

（1）在一般化学镀工作温度范围 343～353K，pH=8～10，$c[Ni(NH_3)_n^{2+}]=0.1mol/L$ 条件下，联氨还原氨配合镍离子的总反应吉布斯自由能 $\Delta_r G \ll 0$，配位数 $n=1\sim6$，联氨还原总反应都可以进行。

（2）还原剂联氨的用量从 0.2mol/L 变到 1mol/L，对总反应吉布斯自由能 $\Delta_r G$ 的影响较小。

(3) pH 值增加，对总反应吉布斯自由能 $\Delta_r G$ 影响较大。要控制镀覆过程中 pH 值变化对还原总反应的影响，镀液配方中应加缓冲剂。缓冲剂的选择应考虑，既能缓冲镀覆过程中 pH 值的变化，又能提供一定的氨。

(4) 采用不同来源的数据，计算实际条件下总反应吉布斯自由能 $\Delta_r G$ 的数值略有差异，但它们与氨配位数 n 的关系变化趋势完全一致。

(5) 氨配位数对总反应自由能 $\Delta_r G$ 的影响基本呈线性关系。配位数 $n=1$ 时，总反应吉布斯自由能最高；配位数 $n=6$ 时，总反应吉布斯自由能最低。由此，镀液中应有足够量的氨，以满足形成高配位离子的需要，有利于镀液的稳定，也有利氨配合离子的还原。但要注意：还原剂的加入要缓，防止金属析出过快，以利控制镀层质量。

8.2.5.2　联氨还原化学镀镍实验验证

为验证前面热力学分析的在通常化学镀条件下，联氨还原氨配合化学镀镍体系可以实现纯金属镍的镀覆，下面以镍包覆氮化硼为例进行实验验证。

A　实验准备工作

实验用原材料为：分析纯 $NiSO_4 \cdot 6H_2O$；$N_2H_4 \cdot H_2O$ (50%)；$NH_3 \cdot H_2O$(≥25%)；$PdCl_2$；$(NH_4)_2SO_4$(添加剂)以及粒径为 47 ~ 147μm 的六方 BN 颗粒和去离子水。实验用反应容器放置在恒温水浴中，恒温水浴加热器的控制温度范围为(298 ~ 368) ± 1K。整个实验过程采用电磁搅拌。

实验前先将约 2g/L 的原始氮化硼颗粒分散悬浮在水溶液中，在 Zeta 电位仪上测量其表面 Zeta 电位，并与表面经十二烷基硫酸钠（SDS）表面活性剂处理的对比，测得六方氮化硼颗粒的等电位点在 pH = 2.76。在碱性环境下氮化硼颗粒表面带负电荷，有利于 Ni^{2+} 的表面沉积反应。而 SDS 在氮化硼表面的吸附可以更进一步降低 Zeta 电位。实验用的六方 BN 颗粒先经表面亲水化处理，并浸润在氯化钯溶液中，使其表面活化，然后自然风干备用。

B　镀覆实验步骤

镀覆实验的具体步骤是：先将 $NiSO_4 \cdot 6H_2O$ 和 $(NH_4)_2SO_4$ 溶解于水中，配制成 0.1mol/L 的 $NiSO_4$ 溶液，加入 1/3 总反应量的 $N_2H_4 \cdot H_2O$，搅拌并在恒温水浴中加热达到设定温度 343 ~ 353K，加入 $NH_3 \cdot H_2O$ 调溶液 pH 值到 8.0 ~ 10.0。待温度稳定后，加入一定量的已经活化的氮化硼颗粒，并随反应进程不断补加 $N_2H_4 \cdot H_2O$ 至最终反应计量。根据预实验结果，氮化硼颗粒的加入量为溶液中金属镍离子与基体的质量比为 1∶3，这样金属镍才可完全包覆 BN 表面。反应结束后，用重力沉淀法使固液分离。固体物经多次水洗后烘干，即得到镍包覆氮化硼颗粒。

C　镍包覆氮化硼复合颗粒的物相结构分析

为验证热力学的分析，对用联氨还原氨配合化学镀镍体系包覆 BN 颗粒实验的产物进行 X 射线衍射（XRD）和扫描电镜（SEM）观测和分析。

a　XRD 分析

XRD 分析包覆 BN 颗粒实验产物的结果示于图 8-60。

由图可以看出，实验得到的产物是由六方氮化硼和面心立方的金属镍构成的复合颗粒。

b　扫描电镜形貌观测和电子能量散射谱分析

将镀覆前的 BN 颗粒及镀覆实验获得的 Ni 包覆 BN 颗粒包埋在环氧树脂中，经磨抛后

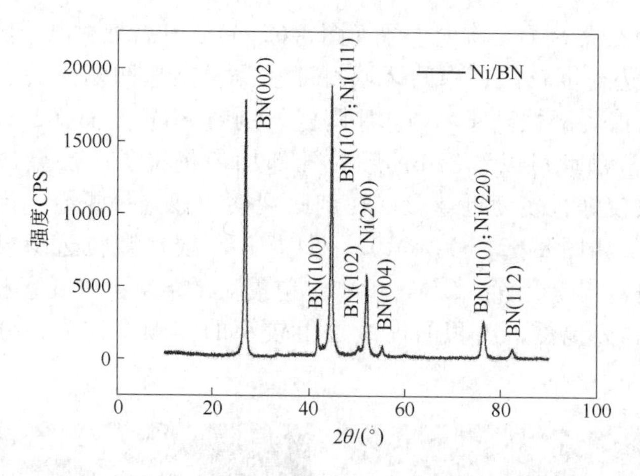

图 8-60　联氨还原氨配合体系化学镀镍得到 Ni/BN 复合粉末的 XRD 分析

制成颗粒剖面的 SEM 试样，用带有电子能量散射谱仪的扫描电镜（SEM）进行形貌观察和微区电子能量散射谱（EDS）分析，得到镀层表面及剖面的形貌和 Ni K_α 的分布。由图 8-61(a)和图 8-61(b)包覆前后 BN 颗粒形貌的二次电子像可以看出，包覆后颗粒的表面形态发生改变。EDS 分析结果表明包覆后表面成分为 Ni（见图 8-61(c)和图 8-61(d)）。另

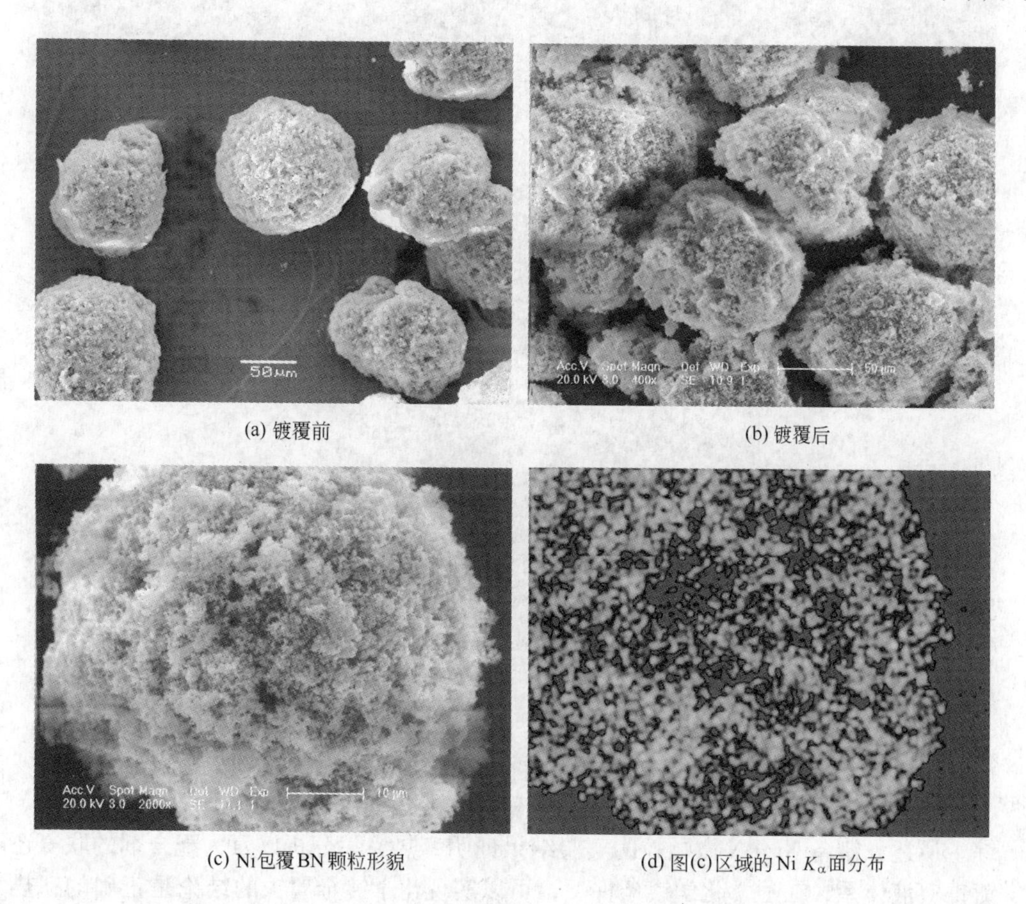

(a) 镀覆前　(b) 镀覆后

(c) Ni包覆BN颗粒形貌　(d) 图(c)区域的Ni K_α面分布

图 8-61　BN 颗粒表面镀覆金属镍前后的形貌对比和镀覆后的 EDS 分析

外，从包覆后BN颗粒的剖面二次电子像（图8-62(a)）和背散射电子像(图8-62(b)）可以看出：颗粒的周边衬度较白，中间区域衬度较深，且呈凹陷形貌。表明两部位有组成差异。由于金属镍耐磨性高于六方BN陶瓷，制备SEM剖面样品过程中，包覆颗粒中的BN磨蚀较多。由此可以看出BN颗粒外部均匀包覆了一层金属镍，包覆的颗粒在环氧树脂中分散较好，多为近球形。在剖面观察中任选一颗粒，沿贯穿颗粒的路径进行NiK_{α}线分析（如图8-62(c)所示）。图中NiK_{α}线在颗粒边缘衬度较白处出现峰形，表明颗粒周边富集镍元素。综合SEM对包覆后的BN颗粒观察和分析结果，表明BN颗粒完全被金属镍包覆，沉积的镍镀层由较小的镍颗粒构成，分布均匀，镀层较致密。

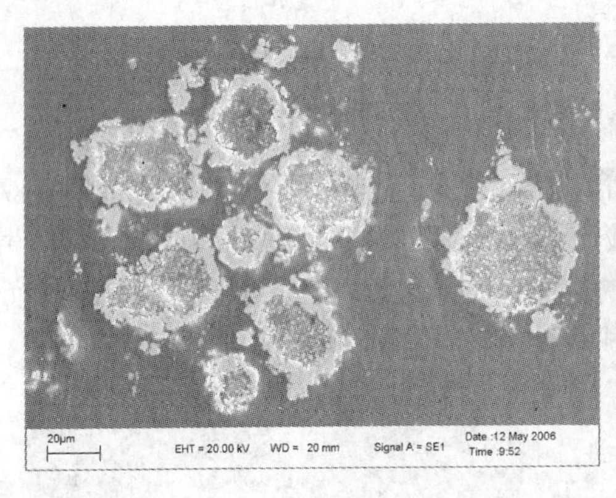

(a) Ni/BN颗粒的二次电子像

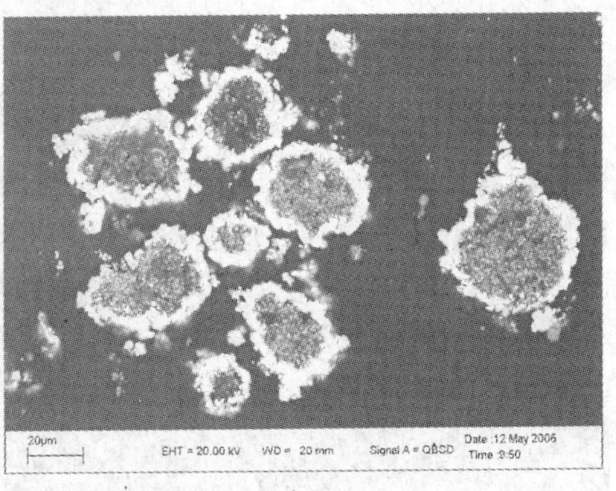

(b) Ni/BN颗粒的背散射电子像

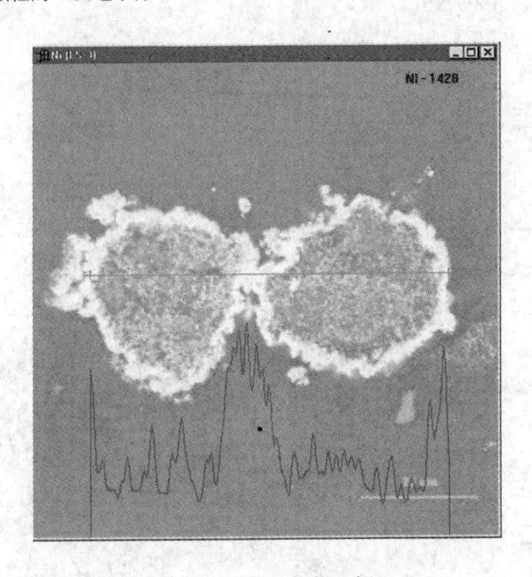

(c) Ni K_{α}线扫描分析

图8-62　Ni/BN颗粒的剖面形貌及NiK_{α}线扫描分析

综上所述，制备Ni/BN微颗粒的实验结果证明，热力学分析以氨为配合剂的联氨还原化学镀镍镀液体系，在通常化学镀条件下，可以实现化学镀金属镍的结论是正确的；热力学分析可以用来指导化学镀实践。

本章例题

例题Ⅰ 应用现有的热力学数据及本章的等活度图，可以对造锍或造铜阶段系统的平衡状态进行近似计算。设 $p_{SO_2}=10^5Pa$，$T=1573K$ 时，与渣和气相平衡的铜锍成分为：x_{FeS} 分别是0.75和0.25；x_{Cu_2S} 分别为0.25和0.75。求气相中氧和硫的平衡分压力 p_{O_2} 和 p_{S_2}。

已知：

$$3FeO(l)+\frac{1}{2}O_2(g)═══Fe_3O_4(s)$$

$$\Delta_rG^\ominus=-402.50+169.83\times10^{-3}T\quad kJ/mol \tag{1}$$

$$3Fe_3O_4(s)+FeS(l)═══10FeO(l)+SO_2(g)$$

$$\Delta_rG^\ominus=742.24-427.69\times10^{-3}T\quad kJ/mol \tag{2}$$

$$\frac{1}{2}S_2(g)+O_2(g)═══SO_2(g)$$

$$\Delta_rG^\ominus=-360.58+72.38\times10^{-3}T\quad kJ/mol \tag{3}$$

解：

（1）与该铜锍平衡的氧和硫的压力由文献可知，在图8-13中有★点表示的三角形区域内，FeS的活度特别是 Cu_2S 的活度与它们的摩尔分数相差不大，所以 $a_{FeS}\approx x_{FeS}$，$a_{Cu_2S}\approx x_{Cu_2S}$。与铜锍平衡的渣相，其中 a_{FeO} 可在图8-20的熔体边线 A 和 D 点之间取值。一般来讲，对反射炉渣在1573K时取 $a_{FeO}=0.5$。SO_2 分压可取 $p_{SO_2}=10^5Pa$。

由已知反应（2）求得

$$\lg K_2^\ominus=\frac{-38765}{T}+22.337$$

当 $T=1573K$ 时

$$\lg K_2^\ominus=-2.307,\ K_2^\ominus=4.93\times10^{-3}$$

$$K^\ominus=\frac{a_{FeO}^{10}p_{SO_2}/p^\ominus}{a_{Fe_3O_4}^3a_{FeS}}$$

所以

$$3\lg a_{Fe_3O_4}=10\lg a_{FeO}+\lg\frac{p_{SO_2}}{p^\ominus}-\lg a_{FeS}-\lg K_2^\ominus$$

由铜锍 $a_{FeS}\approx x_{FeS}=0.75$，可求得

$$\lg a_{Fe_3O_4}=-0.193;\ a_{Fe_3O_4}=0.641$$

从已知反应（1）求得

$$\lg K_1^\ominus=\frac{21021}{T}-8.870$$

当 $T=1573K$ 时，$\lg K_1^\ominus=4.494$

$$K_1^\ominus=\frac{a_{Fe_3O_4}}{a_{FeO}^3(p_{O_2}/p^\ominus)^{\frac{1}{2}}}$$

所以 $$\frac{1}{2}\lg(p_{O_2}/p^{\ominus}) = \lg a_{Fe_3O_4} - 3\lg a_{FeO} - \lg K_1^{\ominus}$$

代入各数值，得

$$\lg(p_{O_2}/p^{\ominus}) = -7.568;\ p_{O_2} = 2.704 \times 10^{-3}\text{Pa}$$

由已知反应（3）得

$$\lg K_3^{\ominus} = \frac{18832}{T} - 3.780$$

当 $T = 1573\text{K}$ 时，$\lg K_3^{\ominus} = 8.192$

$$K_3^{\ominus} = \frac{(p_{SO_2}/p^{\ominus})}{(p_{S_2}/p^{\ominus})^{\frac{1}{2}}(p_{O_2}/p^{\ominus})}$$

求得 $\lg(p_{SO_2}/p^{\ominus}) = -1.248;\ p_{S_2} = 5.65 \times 10^{-2}p^{\ominus} = 5.65 \times 10^{3}\ \text{Pa}$

采用同样计算路径，可以算出另一组铜锍（$x_{FeS} = 0.25$）的平衡 p_{O_2} 和 p_{S_2}。

（2）造铜锍阶段平衡 p_{O_2} 和 p_{S_2} 的计算。吹炼 Cu_2S 成铜时，转炉内有两个液相，即 Cu_2S 饱和的铜相和铜所饱和的 Cu_2S 相。由 Cu-Cu_2S 相图可以假设：$a_{Cu} = a_{Cu_2S} = 0.8$。

已知反应

$$2Cu(l) + \frac{1}{2}S_2(g) =\!=\!= Cu_2S(l) \tag{4}$$

$$\Delta_r G_4^{\ominus} = -144.67 + 46.65 \times 10^{-3}T\ \ \text{kJ/mol}$$

则 $$K_4^{\ominus} = \frac{a_{Cu_2S}}{a_{Cu}^2(p_{S_2}/p^{\ominus})^{\frac{1}{2}}}$$

$$\frac{1}{2}\lg(p_{S_2}/p^{\ominus}) = \lg a_{Cu_2S} - 2\lg a_{Cu} - \lg K_4^{\ominus}$$

代入有关数据，得

$$\lg K_4^{\ominus} = 2.368;\quad \lg\frac{p_{S_2}}{p^{\ominus}} = -4.542$$

$$p_{S_2} = 2.87 \times 10^{-5}p^{\ominus} = 2.87\ \text{Pa}$$

已知根据反应（3）计算 1573K 时，$\lg K_3^{\ominus} = 8.192$，于是有

$$\lg(p_{O_2}/p^{\ominus}) = \lg(p_{SO_2}/p^{\ominus}) - \frac{1}{2}\lg(p_{S_2}/p^{\ominus}) - \lg K_3^{\ominus}$$

$$\lg(p_{O_2}/p^{\ominus}) = -5.921;\qquad p_{O_2} = 1.2 \times 10^{-6}p^{\ominus} = 1.2 \times 10^{-1}\ \text{Pa}$$

（3）泡铜形成阶段的平衡 p_{S_2} 和 p_{O_2}。这时金属铜为 Cu_2O 所饱和，可以近似地假设 $a_{Cu} = a_{Cu_2O} = 0.9$。

已知

$$2Cu(l) + \frac{1}{2}O_2(g) =\!=\!= Cu_2O(l) \tag{5}$$

$$\Delta_r G_5^{\ominus} = -121.00 + 34.56 \times 10^{-3} T \quad \text{kJ/mol}$$

求得

$$\lg K_5^{\ominus} = 2.212$$

又由

$$\lg(p_{O_2}/p^{\ominus}) = 2\lg a_{Cu_2O} - 4\lg a_{Cu} - 2\lg K_5^{\ominus}$$

求得

$$p_{O_2} = 4.65 \times 10^{-5} p^{\ominus} = 4.65\text{Pa}$$

由已知反应（3）得

$$\lg(p_{S_2}/p^{\ominus}) = 2\lg p_{SO_2} - 2\lg(p_{O_2}/p^{\ominus}) - 2\lg K_3^{\ominus} = -7.720$$

于是

$$p_{S_2} = 1.91 \times 10^{-8} p^{\ominus} = 1.91 \times 10^{-3}\ \text{Pa}$$

例题Ⅱ 若铜锍品位为30% Cu，铜锍中 $x_{FeS}=0.75$，求不同熔炼温度时反射炉内最大和最小的 SO_2 分压。

已知例题Ⅰ中反应（2）

$$3Fe_3O_4(s) + FeS(l) = 10FeO(l) + SO_2(g)$$

$$\Delta_r G_2^{\ominus} = 742.24 - 427.69 \times 10^{-3} T \quad \text{kJ/mol}$$

$$\lg K_2^{\ominus} = \frac{-38765}{T} + 22.337$$

解：由平衡常数式得

$$p_{SO_2}/p^{\ominus} = \frac{a_{Fe_3O_4}^3}{a_{FeO}^{10}} a_{FeS} K_2^{\ominus}$$

对铜锍，可以看做理想溶液，$a_{FeS}=x_{FeS}=0.75$。不同温度下 $K_2^{\ominus}$ 值分别为：1473K 时，$K_2^{\ominus}=1.05\times10^{-4}$；1573K 时，$K_2^{\ominus}=4.93\times10^{-3}$；1673K 时，$K_2^{\ominus}=1.47\times10^{-1}$。从上式可知，在一定的温度和铜锍品位下，$p_{SO_2}$ 决定于 $\frac{a_{Fe_3O_4}^3}{a_{FeO}^{10}}$ 之比。比值最大时 p_{SO_2} 最大，反之则 p_{SO_2} 最小。

从图 8-20 和图 8-21 看出，在渣熔体区，组成在 D 点时，亦即渣为 SiO_2 和 Fe_3O_4 饱和时，系统的氧压最大。此时 $\frac{a_{Fe_3O_4}^3}{a_{FeO}^{10}}$ 之比最大。不同温度下 D 点的 a_{FeO} 不同：1473K 时，$a_{FeO}=0.29$；1573K 时，$a_{FeO}=0.28$；1673K 时，$a_{FeO}=0.18$。但在该点因为 Fe_3O_4 饱和，故 $a_{Fe_3O_4}=1$。将这些 a_{FeO} 值及 $a_{Fe_3O_4}=1$，$a_{FeS}=0.75$ 代入平衡常数式，可以算出最大 p_{SO_2}。而在熔体区的 A 点处，渣为 SiO_2 和 γ-Fe 饱和处，$a_{Fe_3O_4}$ 最小；所以 $\frac{a_{Fe_3O_4}^3}{a_{FeO}^{10}}$ 亦最小，这时与熔体平衡对应的气相中 SO_2 的压力（p_{SO_2}）也最小。

从式 $\frac{p_{SO_2}}{p^{\ominus}} = \frac{a_{Fe_3O_4}^3}{a_{FeO}^{10}} a_{FeS} K_2^{\ominus}$，可以算出不同温度下最大的 p_{SO_2}：

当 $T=1473$K 时，算得

$$\lg(p_{SO_2}/p^{\ominus}) = \lg K_2^{\ominus} + \lg a_{FeS} + 3\lg a_{Fe_3O_4} - 10\lg a_{FeO} = 1.271$$

$$p_{SO_2} = 1.87 \times 10^6 \text{Pa}$$

当 $T = 1573\text{K}$ 时， $p_{SO_2} = 1.28 \times 10^8 \text{Pa}$

当 $T = 1673\text{K}$ 时， $p_{SO_2} = 3.08 \times 10^{11} \text{Pa}$

比较三个温度下的 p_{SO_2} 可以看出，温度越高，SO_2 压力越大，这意味着反应进行得很快。实际生产中，低品位铜锍、熔渣组成并不处于图 8-16 和图 8-21 的 D 点。但为了铜锍与熔渣的分离，渣的组成应是 SiO_2 饱和，且 Fe_3O_4 浓度较低。

如何计算最低的 SO_2 压力？首先求不同温度时 A 点 $a_{Fe_3O_4}$ 和 a_{FeO} 的值。

根据
$$\lg a_{FeO} = \frac{300}{T} - 0.590$$

求出 1473K 时，$a_{FeO} = 0.411$；1573K 时，$a_{FeO} = 0.399$；1673K 时，$a_{FeO} = 0.388$。

由例题 I 中反应（1）

$$3FeO(l) + \frac{1}{2}O_2(g) =\!=\!= Fe_3O_4(s)$$

得：
$$\lg a_{Fe_3O_4} = \lg K_1^{\ominus} + 3\lg a_{FeO} + \frac{1}{2}\lg\frac{p_{O_2}}{p^{\ominus}}$$

和由反应
$$2CO(g) + O_2(g) =\!=\!= 2CO_2(g) \tag{6}$$

$$\lg\frac{p_{O_2}}{p^{\ominus}} = 2\lg\frac{p_{CO_2}}{p_{CO}} - \frac{29510}{T} + 9.092$$

求得 1473K 时，$\lg K_1^{\ominus} = 5.401$；1573K 时，$\lg K_1^{\ominus} = 4.494$；1673K 时，$\lg K_1^{\ominus} = 3.695$。

欲求 $a_{Fe_3O_4}$，需先求 $\lg(p_{CO_2}/p_{CO})$，再求 $\lg(p_{O_2}/p^{\ominus})$。已知渣为 SiO_2 及 γ-Fe 饱和时

$$\lg\frac{p_{CO_2}}{p_{CO}} = \frac{2940}{T} - 2.747$$

所以，1473K 时，$\lg p_{CO_2}/p_{CO} = -0.751$；1573K 时，$\lg p_{CO_2}/p_{CO} = -0.878$；1673K 时，$\lg p_{CO_2}/p_{CO} = -0.990$。

于是从已知反应式（6）求得：1473K 时，$\lg\frac{p_{O_2}}{p^{\ominus}} = -12.444$；1573K 时，$\lg\frac{p_{O_2}}{p^{\ominus}} = -11.424$；1673K 时，$\lg\frac{p_{O_2}}{p^{\ominus}} = -10.527$。

再根据前面计算各温度下的 $\lg K_1$、$\lg a_{FeO}$ 和 $\lg\frac{p_{O_2}}{p^{\ominus}}$ 的值，求出 $a_{Fe_3O_4}$ 的值。得到 1473K 时，$a_{Fe_3O_4} = 0.0105$；1573K 时，$a_{Fe_3O_4} = 0.00394$；1673K 时，$a_{Fe_3O_4} = 0.00158$。

最后求 p_{SO_2}。已知

$$\lg\frac{p_{SO_2}}{p^{\ominus}} = 3\lg a_{Fe_3O_4} - 10\lg a_{FeO} + \lg a_{FeS} + \lg K_2^{\ominus}$$

由此求得

1473K 时，$\lg(p_{SO_2}/p^{\ominus}) = -6.182$，$p_{SO_2} = 6.58 \times 10^{-7} p^{\ominus} = 6.58 \times 10^{-2}$ Pa；

1573*K* 时，　$\lg(p_{SO_2}/p^{\ominus}) = -5.657$，$p_{SO_2} = 2.203 \times 10^{-6} p^{\ominus} = 2.20 \times 10^{-1}$ Pa；

1673*K* 时，　$\lg(p_{SO_2}/p^{\ominus}) = -5.253$，$p_{SO_2} = 5.58 \times 10^{-6} p^{\ominus} = 5.58 \times 10^{-1}$ Pa。

由此可见，对于低品位铜锍，反射炉内 SO_2 分压最小为 $6.58 \times 10^{-2} \sim 5.58 \times 10^{-1}$Pa。

从以上计算可以看出，在生产一定品位的铜锍时，渣组成、平衡 SO_2 压力可以在很大的范围内改变。若烟道废气中 SO_2 含量高，就表明渣-铜锍反应很快。对于一定的铜锍渣系，p_{SO_2}随温度的升高而急剧增大。

例题Ⅲ　已知羟基磷灰石（hydroxyapatite，简称 HA）的分子式为 $Ca_{10}(PO_4)_6(OH)_2$，Ca/P 摩尔比 = 1.67，其晶体结构属于六方晶系；β-磷酸三钙（β-tricalcium phosphate，简称 β-TCP）的分子式为 β-$Ca_3(PO_4)_2$，Ca/P 摩尔比 = 1.5，其晶体结构也属于六方晶系。由 HA 和 β-TCP 共同组成的复相材料 HA/β-TCP 称双相钙磷陶瓷。为何近年来研究双相钙磷陶瓷作为骨组织修复材料？试利用计算机程序检索数据，绘制相关的热力学参数状态图，并对沉淀法制备 β-$Ca_3(PO_4)_2$ 粉体进行热力学分析。

解：

A　为何近年来研究双相钙磷陶瓷作为骨组织修复材料

HA 的不对称性大于 β-TCP，因此，HA 的极性也大于 β-TCP，并且在 HA 上存在羟基(—OH)，羟基上的氧有较大的电负性。由于这两方面的作用，使 HA 的 Ca 端带有较多的正电荷。人的体液中 BMP 等酸性蛋白质的羧基端(—COOH)带有较多的负电荷，所以在 HA 的 Ca 端与 BMP 羧基端间的静电作用下，可形成化学吸附。BMP 的吸附使 HA 具有很好的诱导成骨能力。此外，由于 HA 中羟基的存在，使得 HA 在与体液接触时能通过氢键作用在其表面形成吸附水层，从而降低 HA 与体液界面的界面能。这为材料与体液进一步的生化反应提供了有利的条件。而 β-TCP 是一种可降解的生物陶瓷，其降解途径包括溶解降解和细胞介导降解。早期以理化过程和溶解降解占优势，而后期以生物过程和细胞介导降解为主。参与降解吸收的细胞包括单核细胞、纤维细胞、巨噬细胞、破骨细胞和成骨细胞等。单核细胞和纤维细胞参与 β-TCP 晶体溶解，破骨细胞和成骨细胞参与材料的吸收，巨噬细胞可通过分泌 H^+ 和酸性酶使 β-TCP 溶解，或通过吞噬作用吸收 β-TCP 的微小颗粒。从理论上讲，β-TCP 是理想的骨组织工程支架材料，因为它在体内可被逐渐吸收并被新生骨组织所替代，达到安全、永久的骨重建。

根据 HA 和 β-TCP 两种材料的不同特点，近年来人们开展了由 HA 和 β-TCP 组成的双相钙磷陶瓷用做骨修复材料的研究工作。实验结果表明：这种双相钙磷陶瓷有更好的成骨效果，而且可通过改变 HA/β-TCP 的比例来控制降解速率，以使材料的吸收率与新骨的形成率相平衡。

以往 HA/β-TCP 的制备大多采用先分别合成 β-TCP 和 HA，然后再以机械混合的方法来制备双相粉末。这种制备方法很难做到双相粒子的均匀混合。目前材料工作者尝试用溶胶-凝胶法一步合成 HA/β-TCP 双相陶瓷粉末。

B　对沉淀法制备 β-$Ca_3(PO_4)_2$ 粉体进行热力学分析

首先采用热力学的方法分析 Ca-P-H_2O 中各沉淀相的相互转化情况，再确定沉淀法制备 β-$Ca_3(PO_4)_2$ 的工艺条件。借助计算机热力学分析的具体步骤：

（1）获得热力学参数数据。由 FACT 化合物数据库查得 Ca-P-H_2O 体系中各物质的标准生成吉布斯自由能，结果列于表8-30。

表8-30　Ca-P-H_2O 体系中各物质298K时的标准生成吉布斯自由能

物　质	$\Delta_f G^{\ominus}_{298K}$/J·mol^{-1}	物　质	$\Delta_f G^{\ominus}_{298K}$/J·mol^{-1}
Ca^{2+}	−526897	$Ca_2P_2O_7$	−3393250
H^+	0	$CaHPO_4 \cdot 2H_2O$	−2460067
H_2O	−306686	$Ca(H_2PO_4)_2 \cdot H_2O$	−3487134
$Ca_{10}(PO_4)_6(OH)_2$	−13736720	$Ca_8H_2(PO_4)_6 \cdot 5H_2O$	−12263000
β-$Ca_3(PO_4)_2$	−4187413	$Ca(OH)_2$	−1010947

（2）计算反应吉布斯自由能。运用表8-30中数据求得表8-31中Ca-P-H_2O体系的各反应在298K时的标准吉布斯自由能变化 $\Delta_r G^{\ominus}_{298K}$。利用范特霍夫等温式并令 $\Delta_r G_{298K}=0$，可导出298K时这些反应达到平衡时 $c[Ca^{2+}]$ 与pH值的关系。

表8-31　Ca-P-H_2O 系的反应及平衡条件

编号	反　应	$\Delta_r G^{\ominus}_{298K}$/J·mol^{-1}	平衡条件
1	$Ca_{10}(PO_4)_6(OH)_2 + 8H^+ = 4Ca^{2+} + 3Ca_2P_2O_7 + 5H_2O$	−84057	$\lg c[Ca^{2+}] = 3.68 - 2pH$
2	$Ca_{10}(PO_4)_6(OH)_2 + 8H^+ + 10H_2O = 4Ca^{2+} + 6CaHPO_4 \cdot 2H_2O$	−64500	$\lg c[Ca^{2+}] = 2.82 - 2pH$
3	$Ca_{10}(PO_4)_6(OH)_2 + 14H^+ + H_2O = 7Ca^{2+} + 3Ca(H_2PO_4)_2 \cdot H_2O$	−106343	$\lg c[Ca^{2+}] = 2.66 - 2pH$
4	$Ca_{10}(PO_4)_6(OH)_2 + 2H^+ = Ca^{2+} + 3\beta\text{-}Ca_3(PO_4)_2 + 2H_2O$	34215	—
5	$Ca_{10}(PO_4)_6(OH)_2 + 4H^+ + 3H_2O = 2Ca^{2+} + Ca_8H_2(PO_4)_6 \cdot 5H_2O$	1339817	—

当物质在水溶液中的浓度低于 10^{-6}mol/L时，可将该物质视为以沉淀物形式存在。而在此条件下，反应4和反应5的 $\Delta_r G_{298K}$ 在pH值从0~14的范围内均大于零，反应不能进行。

（3）绘制热力学参数状态图。根据表8-31中的平衡条件可绘制出 $\lg c[Ca^{2+}]$ 与pH值间的关系图，示于图8-63。由图可见，在 $c[Ca^{2+}] < 10^{-6}$mol/L时，只要pH>5.0的区域均是 $Ca_{10}(PO_4)_6(OH)_2$ 的稳定区，不存在β-$Ca_3(PO_4)_2$ 的稳定区。羟基磷灰石结构可以非化学计量的形式存在，即 $Ca_{10-x}(HPO_4)_x(PO_4)_{6-x}(OH)_{2-x}$，称为缺钙的羟基磷灰石(Calcium deficient hydroxyapatite)。当 $x=1$，可以获得组成为 $Ca_9(HPO_4)(PO_4)_5(OH)$ 磷灰石结构。当焙烧温度高于973K时，将发生如下相转变而生成β-TCP(β-$Ca_3(PO_4)_2$)：

$$Ca_9(HPO_4)(PO_4)_5(OH) \longrightarrow 3\beta\text{-}Ca_3(PO_4)_2 + H_2O \tag{8-66}$$

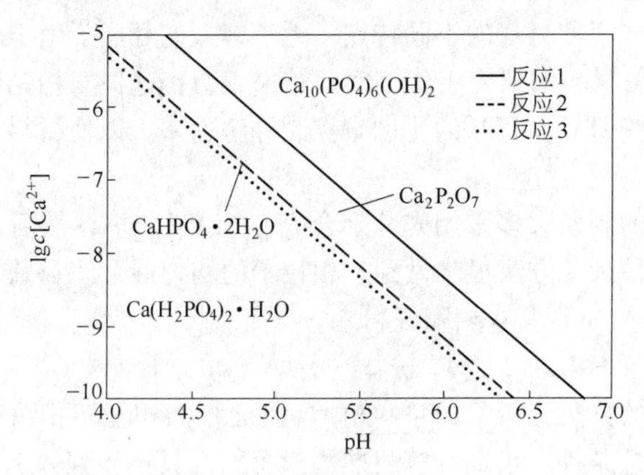

图8-63　Ca-P-H_2O 体系中 $\lg c[Ca^{2+}]$ 和pH值的关系

（4）分析讨论。由上述分析可以看出：在水溶液中不可能直接获得β-TCP即$\beta\text{-}Ca_3(PO_4)_2$，只能采取措施以保证钙磷比最小的缺钙羟基磷灰石$Ca_9(HPO_4)(PO_4)_5(OH)$沉淀生成，然后在焙烧阶段使之转化为$\beta\text{-}Ca_3(PO_4)_2$。由于随着$x$的增大，缺钙羟基磷灰石的碱性增大，故而，在保证羟基磷灰石结构稳定存在的前提下，控制较小的pH值有利于$Ca_9(HPO_4)(PO_4)_5(OH)$的生成，而控制较大的pH值有利于$Ca_{10}(PO_4)_6(OH)_2$（即HA）的生成。这样便可以确定制备β-TCP的工艺条件为：按Ca/P摩尔比=1.5配料，并控制pH值为5~6之间，而制备HA即$Ca_{10}(PO_4)_6(OH)_2$的工艺条件为：按Ca/P(摩尔比)=1.67配料，并控制pH值在10以上。

例题Ⅳ 工业上提纯金属（如Zr、Fe、Ni、V等纯金属）方法之一是化学迁移反应，诸如羰基法（高压合成，常压分解）、碘化法（真空低温合成和真空高温分解）等。其原理是在一定条件下使粗金属与某物质生成气态或易挥发的新化合物，而后在新条件下使新化合物分解，从而获得纯金属。试以制备纯锆为例，分析碘化法提纯锆的化学反应进行的热力学条件。已知反应

在523K下,由粗锆合成碘化锆

$$Zr(s) + 4I(g) \longrightarrow ZrI_4(g)$$

工业上在1573K~1773K温度区间使碘化锆分解

$$ZrI_4(g) \longrightarrow Zr(s) + 4I(g)$$

解： 检索相关反应的热力学数据，计算523K下的标准反应吉布斯自由能：

$$Zr(s) + 2I_2(g) === ZrI_4(g)$$

$$\Delta_r G^\ominus = -609.609 + 305.43 \times 10^{-3} T \quad kJ/mol$$

$$4I(g) === 2I_2(g)$$

$$\Delta_r G^\ominus = -302.085 + 202.09 \times 10^{-3} T \quad kJ/mol$$

$$ZrI_4(s) === ZrI_4(g)$$

$$\Delta_r G^\ominus = 122.173 - 175.73 \times 10^{-3} T \quad kJ/mol$$

于是

$$Zr(s) + 4I(g) \longrightarrow ZrI_4(g)$$

$$\Delta_r G^\ominus = -789.521 + 331.79 \times 10^{-3} T \quad kJ/mol$$

根据上式计算得知，在低于2380K下可以合成碘化锆，即满足523K下合成的条件；但要使碘化锆分解，温度必须高于2380K。这个温度条件超过了锆的熔点2125K，工业上很难实现。因此，只能考虑在真空下分解碘化锆的措施。

若反应容器内气相的压力为10^{-4}MPa，利用等温方程计算碘化锆的分解温度。

由反应的等温方程，并代入已知条件，得

$$\Delta_r G = \Delta_r G^\ominus + RT\ln \frac{p_{ZrI_4}/p^\ominus}{(p_I/p^\ominus)^4}$$

$$= \Delta_r G^\ominus + 19.1417T\lg \frac{10^{-3}}{10^{-12}}$$

$$= -789.521 + 504.07 \times 10^{-3} T \quad kJ/mol$$

令 $\Delta_r G=0$，得到碘化锆的分解温度为1566K，落在工业上碘化锆分解的1573～1773K温度区间内。这就是工业上采用较低温度生成 ZrI_4，然后转移到真空下较高温度分解得到高纯锆工艺的热力学依据。

思 考 题

8-1 什么是氧化转化温度或最低还原温度？试以雾化提铌为例说明氧化转化温度的应用。

8-2 当一个反应在标准状态下不能进行时，一般采取什么手段使之变得能够进行？结合冶金和材料制备过程举例进行分析。

8-3 从热力学角度分析用液态 $CaCl_2$ 作为氯化剂氯化 Cu_2O 的可能性，在什么条件下氧化亚铜氯化反应可以进行？

$$CaCl(l) + Cu_2O(l) \xlongequal{} 2CuCl(l) + CaO(s)$$

8-4 对几种炼钢脱氧方法，进行热力学分析。

8-5 从埃林汉图看，在标准状态下CO不能还原FeO；但在高炉冶炼中，CO还原FeO是可以进行的。试结合高炉生产实际并通过热力学计算加以解释。

8-6 举例说明热力学在冶金和材料制备中的应用。

8-7 “金属或非金属热还原法”制备纯金属或无机非金属材料的热力学原理是什么？试举例加以说明。

8-8 试简要总结说明材料制备过程热力学分析主要手段有哪些？

附　　录

附录1　单位转化表

按国标“GB 3102.8—86”物理化学和分子物理学的量和单位规定，均应采用国际单位制（SI）。为了方便读者，这里特别列出常用单位转换表。

单位转换表

量	厘米-克-秒单位制 c. g. s.			国际单位制 SI			转　换
	中名	英名	符号	中名	英名	符号	
能、功热量	卡 尔格	calorie erg	cal erg	焦耳 焦耳	joule joule	J J	1cal = 4. 184J $1erg = 10^{-7}J$
力	达因	dyne	dyn	牛顿	newton	N	$1dyn = 10^{-5}N$
压力（压强）	大气压	atmosphere bar torr	atm bar torr	帕（斯卡） 帕（斯卡） 帕（斯卡）	pascal pascal pascal	$Pa = N/m^2$ $Pa = N/m^2$ $Pa = N/m^2$	$1atm = 1.013 \times 10^5 N/m^2$ $1bar = 10^5 N/m^2$ $1torr = 133.32N/m^2$
浓度	克分子 分数	mole fraction	mol/L	浓度	mol-fraction	mol/m^3	$1mol/L = 10^3 mol/m^3$
表面张力	$\frac{达因}{厘米}$	dyne/cm	dyn/cm	$\frac{牛顿}{米}$	Newton/ meter	N/m	$1dyn/cm = 10^{-3} J/m^2$
黏度	泊 斯托克斯	Poise stokes	P St	$\frac{牛顿 \cdot 秒}{平方米}$ 平方米/秒	newton · sec $/m^2$	Pa · s m^2/s	$1poise = 1dyn \cdot s/cm^2$ $1poise = 0.1Pa \cdot s$ $1stokes = 1cm^2/s$ $1stokes = 10^{-4} m^2/s$
质量	克	gram	g	千克	kilogram	kg	$1g = 10^{-3}kg$
物质的量	克分子	gram-mole	g-mol	摩尔	mole	mol	1g-mol = 1mol
长度	埃	Astrom	Å		nanometer	nm	$1Å = 0.1nm = 10^{-10}m$
粒度	目	mesh	mesh		micron	μm	$\mu m \approx \frac{25.4 \times 1000}{2 \times 目数}$
电流密度	$\frac{安培}{厘米^2}$	$ampere/cm^2$	mp/cm^2	$\frac{安培}{米^2}$		A/m^2	$1amp/cm = 10^4 A/m^2$
扩散系数			cm^2/s			m^2/s	$1cm^2/s = 10^{-4} m^2/s$
传质系数			cm/s			m/s	$1cm/s = 10^{-2} m/s$

附录2　常用常数表

常　数	c.g.s. 单位	SI 单位
阿伏加德罗常数 L，N_A	6.02×10^{23} 分子/克分子	$6.02\times10^{23}\ mol^{-1}$
玻耳兹曼常数 k，k_B	3.3×10^{-24} 卡/度； 1.38×10^{-16} 尔格/度	1.38×10^{-23} J/K
法拉第常数 F	96487 库仑/克当量； 23061 卡/(伏・克当量)	96485.309C/mol
普朗克常数 h	1.584×10^{-34} 卡・秒； 6.626×10^{-27} 尔格・秒	6.626×10^{-34} J・s
摩尔气体常数 R	1.987 卡/(度・克分子)； 8.314×10^{7} 尔格/(度・克分子)； 82.07 厘米^3-大气压/(度・克分子)； 0.08207 公升-大气压/(度・克分子)	8.314 J/(mol・K)
理想气体 1 摩尔体积	22400 厘米^3（0℃，1 大气压）	$2.24\times10^{-2}\ m^3$ (273K，101325Pa)
$R\ln10$	4.575(R=1.987 卡/(度・克分子))	19.147 (R=8.314 J/(mol・K))

附录3　键　　焓

键焓，$\Delta H^{\ominus}(A\text{-}B)$/kJ・mol^{-1}

元素	H	C	N	O	F	Cl	Br	I	S	P	Si
H	436										
C	412	348(s)									
		612(d)									
		518(a)									
N	388	305(s)	163(s)								
		613(d)	409(d)								
		890(t)	945(t)								
O	463	360(s)	157(s)	146(s)							
		743(d)	452(d)	497(d)							
F	565	484	270	185	155						
Cl	431	338	200	203	254;242	239					
Br	366	276				219	193				
I	299	238				210	178	151			
S	338	259		386(d)		250	212		264		
P	322									172	
Si	318	241	374	425							176

注：(s)—单键；(d)—双键；(t)—三键；(a)—无定形键。

附录4　离子半径

离　子	半径/pm	离　子	半径/pm
Ag^{+}	126	K^{+}	138
Al^{3+}	53	Li^{+}	59
As^{5+}	49	Mg^{2+}	72
As^{3-}	222	Mn^{2+}	80
Au^{+}	137	Mn^{3+}	65
B^{3+}	12	Mn^{4+}	50
Ba^{2+}	136	Mo^{4+}	66
Be^{2+}	27	Mo^{6+}	62
Bi^{5+}	74	N^{3-}	171
Br^{-}	196	N^{5+}	11
C^{4+}	15	Na^{+}	102
C^{4-}	260	Ni^{2+}	69
Ca^{2+}	100	O^{2-}	140
Cd^{2+}	97	P^{5+}	34
Cl^{-}	181	P^{3-}	212
Co^{3+}	61	Pb^{2+}	121
Co^{2+}	72	Pb^{4+}	84
Cr^{3+}	61	Rb^{+}	149
Cr^{6+}	52	S^{2-}	184
Cs^{+}	170	S^{6+}	29
Cu^{+}	96	Sb^{3+}	90
Cu^{2+}	73	Sb^{5+}	62
F^{-}	133	Sc^{3+}	73
Fe^{2+}	63	Se^{2-}	198
Fe^{3+}	67	Si^{4+}	41
Ga^{3+}	62	Sn^{4+}	71
H^{-}	208	Sr^{2+}	116
Hg^{2+}	110	Te^{2-}	221
I^{-}	220	Ti^{2+}	80
I^{5+}	94	Ti^{4+}	60
I^{7+}	50	Tl^{3+}	88
In^{3+}	79	Zn^{2+}	75

附录5　一些物质的熔点、熔化焓、沸点、蒸发焓、转变点、转变焓

物　质	熔点/K	熔化焓 /kJ·mol^{-1}	沸点/K	蒸发焓/kJ·mol^{-1}	转变点/K	转变焓/kJ·mol^{-1}
Al	933	10.711	2767	290.775	—	—
α-Al_2O_3	2327	118.407	(3573)	—	—	—
Bi	544	11.297	1837	179.2	—	—
C_{gr}	4073	—	—	—	—	—
Ca	1112	8.535	1757	153.636	720	0.92
CaF_2	1691	29.706	2783	312.126	1424	4.770
$CaCl_2$	1045	28.451	2273	—	—	—
CaO	2888	79.496	3773	—	—	—
$CaSiO_3$	1817	56.066	—	—	1463	5.439
Ca_2SiO_4	2403	—	—	—	970；1710	1.841；14.184
Ca_3SiO_5	2343	—	—	—	—	—
Cd	594	6.192	1040	97.404	—	—
Ce	1071	5.460	3699	414.174	999	2.992
$CeCl_3$	1090	53.555	—	—	—	—
Ce_2O_3	1960	—	—	—	—	—
Co	1768	16.192	3201	376.602	700	0.452
Cr	2130	16.933	2945	344.260	—	—
Cu	1357	13.263	2848	304.357	—	—
Cu_2O	1509	56.819	—	—	—	—
Cu_2S	1403	10.878	—	—	376；623	3.849；0.837
Fe	1809	13.807	3135	349.573	1184；1665	0.90；0.837
$FeCl_3$	577	43.095	605	—	—	—
FeO	1650	24.058	—	—	—	—
Fe_3O_4	1870	138.072	—	—	866	—
Fe_2O_3	1730	—	分解	—	953；1053	0.669；—
Fe_3C	1500	51.463	分解	—	463	0.753
Fe_2SiO_4	1493	92.048	—	—	—	—
$FeTiO_3$	1743	90.793	分解	—	—	—
H_2O	273	6.016	373	41.11	—	—
La	1193	6.197	3730	413.722	550；1134	0.364；3.121
Mg	922	8.954	1363	127.399	—	—
$MgCl_2$	987	43.095	1691	156.231		
MgO	3098	77.404	3533	—	—	—

续附录5

物　质	熔点/K	熔化焓 /kJ · mol^{-1}	沸点/K	蒸发焓/kJ · mol^{-1}	转变点/K	转变焓/kJ · mol^{-1}
Mn	1517	12. 058	2335	226. 070	980；1360；1410	2. 226；2. 121；1. 879
MnO	2058	54. 392	分解	—	—	—
Mn_3O_4	1833	—	—	—	1445	20. 920
MnS	1803	26. 108	—	—	—	—
Mo	2892	27. 832	4919	589. 157	—	—
MoO_3	1068	48. 367	1428	—	—	—
MoS_2	1458	45. 606	—	—	—	—
N_2	63	0. 720	77	5. 581	36	0. 23
NaCl	1074	28. 158	1738	170. 4	—	—
Na_2O	1405	47. 698			1023；1243	1. 757；11. 924
NaOH	593	6. 360	1663	144. 348	566	6. 360
Na_2S	1251	26. 359	—	—	—	—
Na_2SiO_3	1362	51. 798	—	—	—	—
Nb	2740	26. 359	5007	683. 247	—	—
NbO	2218	54. 392	—	—	—	—
Nb_2O_5	1785	102. 926	—	—	1073；1423	—
Ni	1726	17. 472	3187	369. 251	—	—
NiO	2257	—	—	—	525；565	—
O_2	54	0. 445	90	6. 8	24；44	0. 0938；0. 7436
P	317	0. 657	550	—	—	—
Pb	601	4. 774	2026	177. 946	—	—
Pd	1825	17. 560	3237	357. 552	—	—
$PdCl_2$	952	18. 410	1608	—	—	—
Pt	2043	19. 665	4097	509. 611	—	—
S	388	1. 715	718	9. 623	—	—
Si	1685	50. 208	3492	384. 8	—	—
SiO_2（方石英）	1996	9. 581	—	—	543	1. 339
Ti	1933	18. 619	3575	426. 350	1155	4. 142
$TiCl_4$	249	9. 966	409	35. 773	—	—
Ti_2O_3	2112	110. 458	—	—	473	0. 879
Ti_3O_5	2047	138. 072	—	—	450	11. 757
TiO_2（金红石）	2143	66. 944	—	—	—	—
TiN	3223	62. 760	—	—	—	—
TiC	3290	71. 128	—	—	—	—
TiB_2	3193	100. 416	4250	—	—	—

续附录5

物 质	熔点/K	熔化焓/kJ·mol^{-1}	沸点/K	蒸发焓/kJ·mol^{-1}	转变点/K	转变焓/kJ·mol^{-1}
V	2175	20.928	3682	45.592	—	—
W	3680	35.397	5936	806.776	—	—
Zn	693	7.322	1180	115.332	—	—
ZnO	2243	—	—	—	—	—
Zr	2125	20.920	4777	590.488	—	—
ZrO_2	2950	87.027	4548	—	1478	5.941

附录6 某些物质的基本热力学数据

物 质	$\Delta_f H^\ominus_{298}$ /kJ·mol^{-1}	$-\Delta_f G^\ominus_{298}$ /kJ·mol^{-1}	$S^\ominus_{298}$ /J·(mol·K)$^{-1}$	$C_p = a + bT + c'T^{-2} + cT^2$/J·(mol·K)$^{-1}$				
				a	$b\times10^3$	$c'\times10^{-5}$	$c\times10^6$	温度范围/K
Ag(s)	0.00	0.00	42.70	23.82	5.117	0.0	0.0	298~600
				19.732	9.598	5.33	0.0	600~1234
AgCl(s)	-126.775	109.66	96.11	62.258	4.184	-11.297	—	298~728
Ag_2CO_3(s)	-505.427	12.24	167.4	79.37	108.156	—	—	298~493
Ag_2O(s)	-30.57	0.84	121.71	59.329	40.794	-4.184	—	298~500
Al(s)	0.00	0.00	28.32	31.376	-16.393	-3.607	20.753	298~933
$AlCl_3$(s)	-705.632	630.20	110.70	64.936	87.864	—	—	273~454
AlF_3(s)	-1510.424	1410.01	66.53	90.96	17.656	-18.774	0.0	298~500
				3.795	126.817	62.672	0.0	500~728
α-Al_2O_3	-1675.274	1674.43	50.99	103.85	26.267	-29.091	0.0	298~800
				102.52	9.192	-48.367	0.0	800~2327
As(s)	0.00	0.00	35.15	23.029	5.745	—	—	298~800
As_2O_3(s)	-652.70	576.66	122.70	35.02	203.30	—	—	273~548
β-B(s)	0.00	0.00	5.94	27.815	-0.699	-32.171	0.0	298~800
				21.372	4.720	-12.108	0.0	800~1500
				32.095	0.071	-96.751	0.0	1500~2450
B_2O_3(s)	-1270.43	1193.62	53.85	102.78	-84.902	-24.376	145.33	298~723
Ba(a)	0.00	0.00	67.78	-44.43	158.385	22.493	0.0	298~582
				653.06	-1028.6	0.0	0.0	582~600
				-72.79	131.424	107.474	0.0	600~700
				192.00	-129.93	-293.58	0.0	700~800
				-53.22	67.785	263.337	0.0	800~1002

续附录6

物　质	$\Delta_f H_{298}^{\ominus}$ /kJ·mol^{-1}	$-\Delta_f G_{298}^{\ominus}$ /kJ·mol^{-1}	$S_{298}^{\ominus}$ /J·(mol·K)$^{-1}$	$C_p = a + bT + c'T^{-2} + cT^2$/J·(mol·K)$^{-1}$				
				a	$b\times10^3$	$c'\times10^{-5}$	$c\times10^6$	温度范围/K
$BaCl_2$(s)	-859.394	809.57	123.60	71.128	13.975	—	—	298~1195
$BaCO_3$(s)	-1216.289	1136.13	112.10	86.902	48.953	-11.966	—	298~1079
BaO(s)	-553.543	523.74	70.29	53.304	4.351	-8.284	—	298~1270
Be(s)	0.00	0.00	9.54	20.698	6.945	-5.632	0.0	298~800
				17.468	9.887	0.0	0.0	800~1556
BeO(无定形)	-598.73	569.55	14.14	21.213	55.061	-8.661	-26.32	298~1000
				41.756	7.28	0.0	0.0	1000~2325
Bi(s)	0.00	0.00	56.53	11.849	30.468	4.105	—	298~544
Bi_2O_3(s)	-570.698	493.84	151.50	103.51	33.472	0.0	—	298~978
				146.44	0.0	0.0		978~1097
Br_2(g)	30.878	-3.166	245.30	37.363	0.460	-1.297	—	298~2000
Br_2(l)	0.00	0.00	152.20	71.546	—	—	—	273~334
C(石墨)	0.00	0.00	5.74	0.084	38.911	-1.464	-17.36	298~1100
				24.435	0.418	-31.631	0.0	1100~4073
C(金刚石)	1.883	-2.901	2.38	9.121	13.221	-6.192	—	298~1200
C_2H_2(g)	226.731	-20.923	200.80	43.597	31.631	-7.489	-6.276	298~2000
C_2H_4(g)	52.467	-68.407	219.20	32.635	59.831	—	—	298~1200
CH_4(g)	-74.81	50.749	186.30	12.426	76.693	1.423	-17.99	298~2000
C_6H_6(l)	-49.04	-124.45	13.20	136.1	—	—	—	298~沸点
C_2H_5OH(l)	-277.61	174.77	160.71	111.4	—	—	—	298~沸点
CO(g)	-110.541	137.12	197.60	28.409	4.10	-0.46	—	298~2500
CO_2(g)	-393.52	394.39	213.70	44.141	9.037	-8.535	—	298~2500
$COCl_2$(g)	-220.078	205.79	283.70	65.019	18.159	-11.129	-4.979	298~2000
α-Ca(s)	0.00	0.00	41.63	21.92	14.64	—	—	298~720
β-Ca	0.00	0.00	—	-0.377	41.279	0.0	0.0	720~1112
CaC_2(s)	59.41	64.53	70.29	68.62	11.88	-8.66	—	298~720
$CaCl_2$(s)	-795.797	755.87	113.80	71.881	12.719	-2.72	—	600~1045
$CaCO_3$(方解石)	1206.87	1127.32	88.00	104.5	21.92	-25.94	—	298~1200
α-CaF_2(s)	-1221.31	116.88	68.83	59.831	30.46	1.966	0.0	298~1424
β-CaF_2(s)				107.99	10.46	0.0	0.0	1424~1691
CaO(s)	-634.294	603.03	39.75	49.622	4.519	-6.945	—	298~2888
$Ca(OH)_2$(s)	-986.21	898.63	83.39	105.27	11.924	-18.954	—	298~1000
CaS(s)	-476.1139	471.05	56.48	45.187	7.74	—	—	273~2000
α-$CaSiO_3$(s)	1634.27	1559.93	82.00	111.46	15.062	-27.68	—	298~1463

续附录 6

物　质	$\Delta_f H_{298}^{\ominus}$ /kJ · mol^{-1}	$-\Delta_f G_{298}^{\ominus}$ /kJ · mol^{-1}	$S_{298}^{\ominus}$ /J · (mol · K)$^{-1}$	$C_p = a + bT + c'T^{-2} + cT^2$/J · (mol · K)$^{-1}$				
				a	$b \times 10^3$	$c' \times 10^{-5}$	$c \times 10^6$	温度范围/K
β-$CaSiO_3$(s)				133.89	0.0	0.0	—	1463 ~ 1817
β-Ca_2SiO_4(s)	-2305.082	2138.47	120.50	145.90	40.752	-26.196	—	298 ~ 970
γ-Ca_2SiO_4(s)				134.56	46.108	0.0	—	970 ~ 1710
δ-Ca_2SiO_4(s)				205.02	0.0	0.0	—	1710 ~ 2403
$CaSO_4$(s)	-1434.108	1334.84	160.70	70.208	98.742	—	—	298 ~ 1200
α-$Ca_3(PO_4)_2$(s)	-4117.056	3912.66	236.00	201.84	166.021	-20.92	—	298 ~ 1373
β-$Ca_3(PO_4)_2$(s)				330.54	0.0	0.0	—	1373 ~ 2003
$CaCO_3 \cdot MgCO_3$(s)	-2326.304	2152.59	118.00	156.19	80.50	-21.589	—	298 ~ 1200
Cd(s)	0.00	0.00	51.46	22.305	12.159	—	—	298 ~ 594
$CdCl_2$(s)	-391.622	344.25	115.50	66.944	32.217	—	—	298 ~ 841
CdO(s)	-259.408	226.09	54.81	48.242	6.381	-4.895	—	298 ~ 1500
CdS(s)	-149.369	145.09	69.04	53.974	3.766	—	—	298 ~ 1300
Cl_2 (s)	0.00	0.00	223.01	36.903	0.251	-2.845	—	298 ~ 3000
α-Co(s)	0.00	0.00	30.04	21.531	13.866	-0.774	—	298 ~ 700
β-Co(s)				4.443	30.003	25.23	—	700 ~ 1000
CoO(s)	-238.906	215.18	52.93	48.283	8.535	1.674	—	298 ~ 1800
Cr (s)	0.00	0.00	23.77	17.715	22.966	-0.377	-9.033	298 ~ 1000
				18.067	15.531	-16.698	0.0	1000 ~ 2130
$CrCl_3$(s)	-556.472	366.67	115.30	79.496	41.212	—	—	298 ~ 1218
Cr_2O_3(s)	-1129.68	1048.05	81.17	119.37	9.205	-15.648	—	298 ~ 1800
Cu(s)	0.00	0.00	33.35	24.853	3.787	-1.389	—	298 ~ 1357
$CuSO_4$(s)	-769.982	660.87	109.20	73.387	152.842	-12.301	-71.59	298 ~ 1073
CuO(s)	-155.854	120.85	42.59	43.806	16.736	-5.858	—	298 ~ 1359
CuS(s)	-48.534	48.91	66.53	44.35	11.046	—	—	273 ~ 1273
Cu_2O(s)	-170.289	147.56	92.93	56.568	29.288	—	—	298 ~ 1509
α-Cu_2S(s)	-79.496	86.14	120.90	81.588	—	—	—	298 ~ 376
β-Cu_2S(s)				97.278	—	—	—	376 ~ 623
γ-Cu_2S(s)				85.019	—	—	—	623 ~ 1403
F_2(g)	0.00	0.00	203.30	34.685	1.841	-3.347	—	298 ~ 2000
α-Fe(s)	0.00	0.00	27.15	28.175	-7.318	-2.895	-25.04	273 ~ 800
				-263.5	255.81	619.232	0.0	800 ~ 1000
				-641.9	696.339	0.0	0.0	1000 ~ 1042
				1946.3	-1787.5	0.0	0.0	1042 ~ 1060
				-561.9	334.143	2912.11	0.0	1060 ~ 1184
γ-Fe(s)				23.991	8.36	0.0	0.0	1184 ~ 1665
δ-Fe(s)				24.635	9.904	0.0	0.0	1665 ~ 1809
$FeCl_2$(s)	-342.251	303.49	120.10	79.245	8.703	-4.895	—	298 ~ 950
$FeCl_3$(s)	-399.405	334.03	142.30	62.342	115.06	—	—	298 ~ 577

续附录6

物质	$\Delta_f H^{\ominus}_{298}$ /kJ·mol^{-1}	$-\Delta_f G^{\ominus}_{298}$ /kJ·mol^{-1}	$S^{\ominus}_{298}$ /J·(mol·K)$^{-1}$	$C_p = a + bT + c'T^{-2} + cT^2$/J·(mol·K)$^{-1}$				
				a	$b\times10^3$	$c'\times10^{-5}$	$c\times10^6$	温度范围/K
$FeCO_3(s)$	-740.568	667.69	95.88	48.66	112.089	—	—	298~800
α-FeS(s)	-100.416	97.87	67.36	0.502	167.36	—	—	298~411
β-FeS(s)				72.802	—	—	—	411~598
γ-FeS(s)				51.045	9.958	—	—	598~1468
$FeS_2(s)$	-171.544	166.06	52.93	74.764	5.577	-12.74	—	298~1016
FeSi(s)	78.659	83.54	62.34	44.852	17.991	—	—	298~900
$FeTiO_3(s)$	-1235.46	1169.09	105.90	116.61	18.242	-20.041	—	298~1743
FeO(s)	-272.044	251.50	60.75	50.794	8.619	-3.305	—	298~1650
α-$Fe_2O_3(s)$	-825.503	743.72	87.44	98.282	77.822	-14.853	—	298~953
β-$Fe_2O_3(s)$				150.62	0.0	0.0	—	953~1053
γ-$Fe_2O_3(s)$				132.68	7.364	0.0	—	1053~1730
α-$Fe_3O_4(s)$	-1118.383	115.53	146.40	86.232	208.907	—	—	298~866
β-$Fe_3O_4(s)$				200.83	0.0	—	—	866~1870
$Fe_2SiO_4(s)$	-1466.341	1379.16	145.20	152.76	39.162	-28.033	—	298~1493
α-$Fe_3C(s)$	-22.594	-18.39	101.30	82.174	83.68	—	—	273~463
β-$Fe_3C(s)$				107.19	12.552	—	—	463~1500
Ga(s)	0.00	0.00	40.88	-51.47	260.939	—	—	298~303
Ge(s)	0.00	0.00	31.17	25.765	0.079	-2.163	—	298~600
				22.677	4.142	0.0	—	600~900
				19.853	7.355	0.0	—	900~1210
$H_2(g)$	0.00	0.00	130.60	27.28	3.264	0.502	—	298~3000
HCl(g)	-92.04	95.23	186.60	26.527	4.602	1.088	—	298~2000
$H_2O(g)$	-241.814	229.24	188.70	29.999	10.711	0.335	—	298~2500
$H_2O(l)$	-285.84	237.25	70.08	75.44	—	—	—	273~373
$H_2S(g)$	-20.502	33.37	205.70	29.372	15.397	—	—	298~1800
Hg(l)	0.00	0.00	76.02	30.378	-11.464	10.125	—	298~630
$Hg_2Cl_2(s)$	-264.847	210.48	192.50	99.119	23.221	-3.64	—	298~655
$HgCl_2(s)$	-230.12	184.07	144.50	69.998	20.251	-1.883	—	298~550
$I_2(s)$	0.00	0.00	116.14	-50.63	246.898	27.9494	—	298~387
$I_2(g)$	62.425	-19.37	260.60	37.405	0.544	-0.586	—	298~2000
In(s)	0.00	0.00	57.82	-9.004	77.333	11.268	—	298~430
K(s)	0.00	0.00	71.92	7.824	71.881	—	—	298~336
KCl(s)	-436.684	406.62	82.55	39.999	25.439	3.64	—	298~1044

续附录 6

物　质	$\Delta_f H^{\ominus}_{298}$ /kJ · mol^{-1}	$-\Delta_f G^{\ominus}_{298}$ /kJ · mol^{-1}	$S^{\ominus}_{298}$ /J · (mol · K)$^{-1}$	$C_p = a + bT + c'T^{-2} + cT^2$/J · (mol · K)$^{-1}$				
				a	$b\times10^3$	$c'\times10^{-5}$	$c\times10^6$	温度范围/K
α-La(s)	0.00	0.00	56.90	26.443	2.326	—	—	298 ~ 550
β-La(s)				17.656	15.033	3.904	—	550 ~ 1134
γ-La(s)				39.539	0.0	—	—	1134 ~ 1194
Li(s)	0.00	0.00	29.08	13.933	34.351	—	—	298 ~ 454
LiCl(s)	-408.233	384.05	59.30	41.38	23.389	—	—	298 ~ 883
Mg(s)	0.00	0.00	22.68	21.389	11.778	0.0	—	298 ~ 922
$MgCO_3$(s)	-1111.689	1012.68	65.69	77.906	57.739	-17.405	—	298 ~ 729
$MgCl_2$(s)	-641.407	591.90	89.54	79.078	5.941	-8.619	—	298 ~ 987
MgO(s)	-601.241	568.98	26.94	48.953	3.138	-11.422	—	298 ~ 3098
α_1-$MgSiO_3$(s)	-1548.917	1462.12	67.78	92.257	32.886	-17.866	—	298 ~ 903
α_2-$MgSiO_3$(s)				120.33	0.0	0.0	—	903 ~ 1258
α_3-$MgSiO_3$(s)				122.42	0.0	0.0	—	1258 ~ 1850
α-Mn(s)	0.00	0.00	32.01	20.744	18.728	0.0	—	298 ~ 600
				24.008	13.46	0.0	—	600 ~ 980
β-Mn(s)				33.434	4.247	0.0	—	980 ~ 1360
γ-Mn(s)				31.715	8.368	0.0	—	1360 ~ 1410
δ-Mn(s)				33.581	8.263	0.0	—	1410 ~ 1517
$MnCO_3$(s)	-894.958	817.62	85.77	92.006	38.911	-19.623	—	298 ~ 700
$MnCl_2$(s)	-481.997	441.23	118.20	75.479	13.221	-5.732	—	298 ~ 923
MnO(s)	-384.928	362.67	59.83	46.484	8.117	-3.682	—	298 ~ 1800
α-MnO_2(s)	-520.071	465.26	53.14	69.454	10.209	-16.234	—	298 ~ 523
β-MnO_2(s)				69.454	10.209	-16.234	—	523 ~ 780
Mo(s)	0.00	0.00	28.58	25.568	2.845	-2.184	0.0	298 ~ 700
				33.911	-11.912	-9.205	6.958	700 ~ 1500
				16.669	9.694	0.0	0.0	1500 ~ 2000
				206.35	-126.62	-1053.8	27.338	2000 ~ 2892
MoO_3(a)	745.17	668.19	77.82	75.186	32.635	-8.786	—	298 ~ 1068
N_2(g)	0.00	0.00	191.50	27.865	4.268	—	—	298 ~ 2500
NH_3(g)	-45.94	16.58	192.3	25.794	31.623	0.351	—	298 ~ 800
NH_3(g)				52.723	10.46	-63.727	—	800 ~ 2000
α_1-NH_4Cl(s)	-314.553	203.25	94.98	38.869	160.247	—	—	298 ~ 458
α_2-NH_4Cl(s)				34.644	111.713	—	—	458 ~ 793
NO(g)	90.291	-86.77	210.66	27.656	7.448	-0.167	-1.423	298 ~ 3000
NO_2(g)	33.095	-51.24	239.91	35.69	22.886	-4.686	-6.318	298 ~ 1500
				53.764	1.255	0.0	0.0	1500 ~ 3000
N_2O_4(g)	9.079	-97.63	304.26	128.32	1.59	-128.62	0.0	298 ~ 3000
Na(s)	0.00	0.00	51.17	14.77	44.225	—	—	298 ~ 371
NaCl(s)	-411.12	384.14	72.13	45.94	16.318	—	—	298 ~ 1074
α-NaOH(s)	-428.023	381.96	64.43	71.756	-110.88	0.0	235.77	298 ~ 566
β-NaOH(s)				85.981	0.0	0.0	0.0	566 ~ 593

续附录6

物　质	$\Delta_f H^{\ominus}_{298}$ /kJ·mol^{-1}	$-\Delta_f G^{\ominus}_{298}$ /kJ·mol^{-1}	$S^{\ominus}_{298}$ /J·(mol·K)$^{-1}$	$C_p = a + bT + c'T^{-2} + cT^2$/J·(mol·K)$^{-1}$				
				a	$b\times10^3$	$c'\times10^{-5}$	$c\times10^6$	温度范围/K
Na_2CO_3(s)	1130.77	1048.27	138.78	11.02	244.40	24.49	—	298 ~ 723
γ-Na_2O(s)	-417.982	379.30	75.06	66.191	43.848	-8.117	-14.06	298 ~ 1023
β-Na_2O(s)				66.191	43.848	-8.117	-14.06	1023 ~ 1243
α-Na_2O(s)				66.191	43.848	-8.117	-14.06	1243 ~ 1405
α_5-Na_2SO_4(s)	-1387.205	1269.57	149.62	82.299	154.348	—	—	298 ~ 522
α_1-Na_2SO_4(s)				145.02	54.601	—	—	522 ~ 980
δ-Na_2SO_4(s)				142.67	59.287	—	—	980 ~ 1157
Na_2SiO_3(s)	-1561.427	1437.02	113.76	130.29	40.166	-27.07	—	298 ~ 1362
α-Na_3AlF_6(s)	-3309.544	3140.50	238.49	172.27	158.452	—	—	298 ~ 838
β-Na_3AlF_6(s)				282.00	0.0	—	—	838 ~ 1153
γ-Na_3AlF_6(s)				355.64	0.0	—	—	1153 ~ 1285
Nb(s)	0.00	0.00	36.40	23.723	4.017	—	—	298 ~ 2740
Nb_2O_5(s)	-1902.046	1768.50	137.24	154.39	21.422	-25.522	—	298 ~ 1785
Ni(s)	0.00	0.00	29.88	19.083	23.497	0.0	0.0	298 ~ 500
				-251.2	356.439	259.454	0.0	500 ~ 631
				467.19	-678.74	0.0	0.0	631 ~ 640
				-385.7	404.225	654.532	0.0	640 ~ 700
				-10.87	54.668	56.476	-16.49	700 ~ 1400
				36.192	0.0	0.0	0.0	1400 ~ 1726
$NiCl_2$(s)	-305.432	258.98	97.70	73.22	13.221	-4.979	—	298 ~ 1260
α-NiO(s)	-248.58	220.47	38.07	-20.88	157.235	16.276	—	298 ~ 525
β-NiO(s)				58.074	0.0	0.0	—	525 ~ 565
γ-NiO(s)				46.777	8.452	0.0	—	565 ~ 1800
α-NiS(s)	-94.14	94.54	67.36	38.911	26.778	—	—	298 ~ 670
β-NiS(s)				38.932	26.752	—	—	670 ~ 900
O_2(g)	0.00	0.00	205.04	29.957	4.184	-1.674	—	298 ~ 3000
P(白)	0.00	-12.01	41.09	19.121	15.816	—	—	298 ~ 317
P(赤)	-17.447	0.00	22.80	16.949	14.891	—	—	298 ~ 870
P_4(g)	58.919	—	279.90	81.847	0.678	-13.443	—	298 ~ 2000
P_4O_{10}(s)	-2984.029	1422.26	135.98	70.04	451.872	—	—	298 ~ 843
Pb(s)	0.00	0.00	64.81	24.221	8.711	—	—	298 ~ 601
PbO(s)(红)	-219.283	188.87	65.27	41.422	15.313	—	—	298 ~ 762
PbO(s)(黄)				44.811	16.485	—	—	762 ~ 1158
PbO_2(s)	-274.47	212.48	76.57	63.216	31.016	-8.879	-13.99	298 ~ 1200

续附录 6

物　质	$\Delta_f H_{298}^{\ominus}$ /kJ·mol^{-1}	$-\Delta_f G_{298}^{\ominus}$ /kJ·mol^{-1}	$S_{298}^{\ominus}$ /J·(mol·K)$^{-1}$	$C_p = a + bT + c'T^{-2} + cT^2$/J·(mol·K)$^{-1}$				
				a	$b \times 10^3$	$c' \times 10^{-5}$	$c \times 10^6$	温度范围/K
PbS(s)	-98.324	98.78	91.21	46.735	9.205	—	—	298~1392
α-$PbSO_4$(s)	-920.092	811.62	148.53	45.857	129.704	17.573	—	298~1139
β-$PbSO_4$(s)				184.10	0.0	0.0	—	1139~1363
Rb(s)	0.00	0.00	75.73	3.515	92.399	—	—	298~313
S(菱形)	0.00	0.00	31.92	14.811	24.058	0.728	—	298~368
S(单斜)	0.3685	-0.249	38.03	68.354	-118.55	—	—	368~374
				13.682	29.966	—	—	374~388
S(g)	279.408	-238.50	167.78	22.008	-0.418	1.506	—	298~2000
S_2(g)	128.658	-72.40	228.07	36.484	0.669	-3.766	—	298~2000
SO_2(g)	-296.813	298.40	248.11	43.43	10.627	-5.941	—	298~1800
SO_3(g)	-395.765	371.06	256.6	57.153	27.322	-12.887	-7.699	298~2000
Sb(s)	0.00	0.00	45.52	30.472	-15.385	-2.0	17.937	298~904
Sb_2O_5(s)	-1007.507	829.34	125.10	89.956	154.808	—	—	298~500
Se(s)	0.00	0.00	41.97	17.891	25.104	—	—	273~493
Si(s)	0.00	0.00	18.82	22.803	3.849	-3.515	—	298~1685
SiC(s)	73.22	70.85	16.61	50.79	1.950	-49.20	8.2	298~3259
$SiCl_4$(l)	-687.64	620.33	41.36	146.44	—	—	—	298~334
$SiCl_4$(g)	653.88	587.05	341.97	101.46	6.862	-11.506	—	334~2000
α-SiO_2	-910.857	856.50	41.46	43.89	38.786	-9.665	—	298~847
β-SiO_2	-875.93	840.42	104.71	58.911	10.042	—	—	847~1696
SiO(g)	-100.416	127.28	211.46	29.79	8.242	-2.05	-2.259	298~2000
Sn(白)	0.00	0.00	51.55	21.594	18.096	—	—	298~505
Sn(灰)	-2.51	-4.53	44.77	18.49	26.36	—	—	298~505
$SnCl_2$(s)	-330.954	281.82	129.70	50.626	83.68	—	—	298~520
SnO(s)	-285.767	256.69	56.48	39.957	14.646	—	—	298~1273
$α_1$-SnO_2(s)	-580.739	519.86	52.3	73.889	10.042	-21.589	—	298~1500
$α_2$-SnO_2(s)				73.889	10.042	-21.589	—	298~1500
$α_3$-SnO_2(s)				73.889	10.042	-21.589	—	298~1500
α-Sr(s)	0.00	0.00	52.3	22.217	13.891	—	—	298~830
γ-Sr(s)				12.678	26.778			830~1041
$α_1$-$SrCl_2$(s)	-829.269	782.02	117.16	76.149	10.209	—	—	298~1003
$α_2$-$SrCl_2$(s)				76.149	10.209	—	—	1003~1146
SrO(s)	-592.036	573.40	54.39	50.752	5.272	-6.485	—	298~1800
SrO_2(s)	-633.458	593.90	54.39	73.973	18.41	—	—	298~600

续附录6

物　质	$\Delta_f H^{\ominus}_{298}$ /kJ · mol^{-1}	$-\Delta_f G^{\ominus}_{298}$ /kJ · mol^{-1}	$S^{\ominus}_{298}$ /J · (mol · K)$^{-1}$	$C_p = a + bT + c'T^{-2} + cT^2$/J · (mol · K)$^{-1}$				
				a	$b\times10^3$	$c'\times10^{-5}$	$c\times10^6$	温度范围/K
α-Th(s)	0.00	0.00	53.39	23.556	12.719	—	—	298 ~ 1636
β-Th(s)				46.024	0.0	—	—	1636 ~ 2028
α_1-$ThCl_4$(s)	-1190.348	1096.45	184.31	126.98	13.556	-9.121	—	298 ~ 679
α_2-$ThCl_4$(s)				126.98	13.556	-9.121	—	679 ~ 1043
ThO_2(s)	-1226.414	1169.19	65.27	69.287	9.339	-9.184	—	298 ~ 3493
α-Ti(s)	0.00	0.00	30.65	22.133	10.251	—	—	298 ~ 1155
β-Ti(s)				19.832	7.908	—	—	1155 ~ 1933
TiC(s)	-184.096	186.78	24.27	49.957	0.962	-14.77	1.883	298 ~ 3290
$TiCl_2$(s)	-515.469	465.91	87.36	68.362	18.025	-3.456	—	298 ~ 1581
$TiCl_4$(l)	-804.165	737.33	252.40	142.76	8.703	-0.167	—	298 ~ 409
$TiCl_4$(g)	-763.162	726.84	354.80	107.15	0.46	-10.544	—	298 ~ 2000
TiO_2(金红石)	-944.747	889.51	50.33	62.844	11.339	-9.958	—	298 ~ 2143
α-U(s)	0.00	0.00	51.46	27.393	-3.64	-0.958	27.271	298 ~ 941
β-U(s)				42.928	0.0	0.0	0.0	941 ~ 1048
γ-U(s)				38.284	0.0	0.0	0.0	1048 ~ 1405
V(s)	0.00	0.00	28.79	26.489	2.632	-2.113	—	298 ~ 600
				16.711	12.669	11.431	—	600 ~ 1400
				95.32	-50.459	-362.89	14.69	1400 ~ 2175
V_2O_5(s)	-1557.703	1549.02	130.96	194.72	-16.318	-55.312	—	298 ~ 943
W(s)	0.00	0.00	32.66	22.886	4.686	—	—	298 ~ 2500
				-211.9	64.224	5409.12	—	2500 ~ 3680
α_1-WO_3(s)	-842.909	764.14	75.90	87.655	16.15	-17.489	—	298 ~ 1050
α_2-WO_3(s)				80.919	16.359	0.0	—	1050 ~ 1745
Zn(s)	0.00	0.00	41.63	20.736	12.51	0.833	—	298 ~ 693
Zn(l)	—	—	—	31.38	—	—	—	693 ~ 1180
Zn(g)	—	—	—	20.786	—	—	—	1180 ~ 2000
ZnO(s)	-348.109	318.12	43.51	48.995	5.104	-9.121	—	298 ~ 1600
ZnS(s)(闪)	-201.669	196.96	57.74	50.877	5.188	-5.69	—	298 ~ 1293
ZnS(s)(纤)				58.576	0.0	0.0	—	1293 ~ 2103
α-Zr(s)	0.00	0.00	38.91	21.966	11.632	—	—	298 ~ 1135
β-Zr(s)				23.221	4.644	—	—	1135 ~ 2125
ZrC(s)	-196.648	193.27	33.32	51.087	3.389	-12.97	—	298 ~ 3500
$ZrCl_4$(s)	-979.767	889.03	173.01	124.97	14.142	-8.368	—	298 ~ 607
α-ZrO_2(s)	1094.12	1036.43	50.36	69.622	7.531	-14.058	—	298 ~ 1478
β-ZrO_2(s)				74.475	0.0	0.0	—	1478 ~ 2950

附录 7　氧化物的标准吉布斯自由能 $\Delta_r G^{\ominus}$

反　应	温度范围/K	$\Delta_r G^{\ominus}$/J·(mol O_2)$^{-1}$
$\frac{4}{3}Al(s)+O_2 = \frac{2}{3}Al_2O_3(s)$	298 ~ 932	$-1115450+209.20T$
$\frac{4}{3}Al(l)+O_2 = \frac{2}{3}Al_2O_3(s)$	932 ~ 2345	$-1120480+214.22T$
$\frac{4}{3}As(s)+O_2 = \frac{2}{3}As_2O_3(s)$	298 ~ 582	$-435140+178.66T$
$\frac{4}{3}As(s)+O_2 = \frac{2}{3}As_2O_3(l)$	582 ~ 734	$-364430+57.74T$
$\frac{4}{3}As(s)+O_2 = \frac{2}{3}As_2O_3(g)$	734 ~ 886	$-439740+161.08T$
$\frac{4}{3}As(g)+O_2 = \frac{2}{3}As_2O_3(g)$	886 ~ 2500	$-423420+142.67T$
$\frac{4}{3}B(s)+O_2 = \frac{2}{3}B_2O_3(s)$	298 ~ 723	$-838890+167.78T$
$\frac{4}{3}B(s)+O_2 = \frac{2}{3}B_2O_3(l)$	723 ~ 2313	$-830940+156.48T$
$2Ba(s)+O_2 = 2BaO(s)$	298 ~ 983	$-1108760+182.84T$
$2Ba(l)+O_2 = 2BaO(s)$	983 ~ 1895	$-1104580+179.08T$
$2Ba(g)+O_2 = 2BaO(s)$	1895 ~ 2191	$-1408330+339.32T$
$2Be(s)+O_2 = 2BeO(s)$	298 ~ 1556	$-1196620+199.16T$
$2Be(l)+O_2 = 2BeO(s)$	1556 ~ 2843	$-1150180+196.03T$
$2C$(石墨)$+O_2 = 2CO(s)$	298 ~ 3400	$-232630-167.78T$
C(石墨)$+O_2 = CO_2(g)$	298 ~ 3400	$-395390+0.08T$
$2Ca(s)+O_2 = 2CaO(s)$	298 ~ 1123	$-1267750+201.25T$
$2Ca(l)+O_2 = 2CaO(s)$	1123 ~ 1756	$-1279470+211.71T$
$2Ca(g)+O_2 = 2CaO(s)$	1756 ~ 2887	$-1557700+369.87T$
$\frac{4}{3}Ce(s)+O_2 = \frac{2}{3}Ce_2O_3(s)$	298 ~ 1077	$-1195370+189.12T$
$2Co(s)+O_2 = 2CoO(s)$	298 ~ 1768	$-477810+171.96T$
$2Co(l)+O_2 = 2CoO(s)$	1768 ~ 2078	$-519650+195.81T$
$\frac{4}{3}Cr(s)+O_2 = \frac{2}{3}Cr_2O_3(s)$	298 ~ 2176	$-746840+170.29T$
$4Cu(s)+O_2 = 2Cu_2O(s)$	298 ~ 1357	$-334720+144.77T$
$4Cu(l)+O_2 = 2Cu_2O(s)$	1357 ~ 1509	$-324680+137.65T$
$4Cu(l)+O_2 = 2Cu_2O(l)$	1509 ~ 2500	$-235140+78.24T$
$2Fe(s)+O_2 = 2FeO(s)$	298 ~ 1642	$-519230+125.10T$
$2Fe(s)+O_2 = 2FeO(l)$	1642 ~ 1809	$-441410+77.82T$
$2Fe(l)+O_2 = 2FeO(l)$	1809 ~ 2000	$-459400+87.45T$
$\frac{4}{3}Fe(s)+O_2 = \frac{2}{3}Fe_2O_3(s)$	298 ~ 1809	$-540570+170.29T$
$\frac{3}{2}Fe(s)+O_2 = \frac{1}{2}Fe_3O_4(s)$	198 ~ 1809	$-545590+156.48T$
$\frac{3}{2}Fe(l)+O_2 = \frac{1}{2}Fe_3O_4(s)$	1809 ~ 1867	$-589110+180.33T$

续附录7

反 应	温度范围/K	$\Delta_r G^{\ominus}$/J·(mol O_2)$^{-1}$
$2H_2 + O_2 = 2H_2O(g)$	298 ~ 3400	$-499150 + 114.22T$
$2Mg(s) + O_2 = 2MgO(s)$	298 ~ 923	$-119660 + 208.36T$
$2Mg(l) + O_2 = 2MgO(s)$	923 ~ 1376	$-1225910 + 240.16T$
$2Mg(g) + O_2 = 2MgO(s)$	1376 ~ 3125	$-1428840 + 387.44T$
$2Mn(s) + O_2 = 2MnO(s)$	298 ~ 1517	$-769860 + 148.95T$
$2Mn(l) + O_2 = 2MnO(s)$	1517 ~ 2054	$-803750 + 171.57T$
$\frac{2}{3}Mo(s) + O_2 = \frac{2}{3}MoO_3(s)$	298 ~ 1068	$-505080 + 168.62T$
$\frac{2}{3}Mo(s) + O_2 = \frac{2}{3}MoO_3(l)$	1068 ~ 1530	$-448110 + 117.5T$
$\frac{2}{3}Mo(s) + O_2 = \frac{2}{3}MoO_3(g)$	1530 ~ 2500	$-346850 + 51.88T$
$4Na(s) + O_2 = 2Na_2O(s)$	273 ~ 371	$-824250 + 236.81T$
$4Na(l) + O_2 = 2Na_2O(s)$	371 ~ 1156	$-843080 + 287.86T$
$4Na(g) + O_2 = 2Na_2O(s)$	1156 ~ 1193	$-902490 + 339.32T$
$4Na(g) + O_2 = 2Na_2O(l)$	1193 ~ 1600	$-1197040 + 585.76T$
$4Na(g) + O_2 = 2Na_2O(g)$	1600 ~ 2250	$-897890 + 399.15T$
$Nb(s) + O_2 = NbO_2(s)$	298 ~ 3043	$-786590 + 149.79T$
$2Ni(s) + O_2 = 2NiO(s)$	298 ~ 1725	$-476980 + 168.62T$
$2Ni(l) + O_2 = 2NiO(s)$	1725 ~ 2257	$-457310 + 157.32T$
$\frac{2}{5}P_2(g) + O_2 = \frac{2}{5}P_2O_5(s)$	298 ~ 631	$-594130 + 311.71T$
$\frac{2}{5}P_2(g) + O_2 = \frac{2}{5}P_2O_5(l)$	631 ~ 704	$-469860 + 114.64T$
$\frac{2}{5}P_2(g) + O_2 = \frac{2}{5}P_2O_5(g)$	704 ~ 2500	$-472790 + 118.83T$
$2Pb(s) + O_2 = 2PbO(s)$	298 ~ 601	$-435140 + 192.05T$
$2Pb(l) + O_2 = 2PbO(s)$	601 ~ 1159	$-425090 + 179.08T$
$2Pb(l) + O_2 = 2PbO(l)$	1159 ~ 1745	$-407940 + 164.01T$
$2Pb(l) + O_2 = 2PbO(g)$	1745 ~ 2016	$+40170 - 92.47T$
$\frac{1}{2}S_2(g) + O_2 = SO_2(g)$	298 ~ 3400	$-362330 + 71.96T$
$\frac{1}{3}S_2(g) + O_2 = \frac{2}{3}SO_3(g)$	298 ~ 2500	$-304600 + 107.95T$
$Si(s) + O_2 = SiO_2(s)$	298 ~ 1685	$-905840 + 175.73T$
$Si(l) + O_2 = SiO_2(s)$	1685 ~ 1696	$-866510 + 152.30T$
$Si(l) + O_2 = SiO_2(l)$	1696 ~ 2500	$-940150 + 195.81T$
$Sn(s) + O_2 = SnO_2(s)$	298 ~ 505	$-580740 + 205.43T$
$Sn(l) + O_2 = SnO_2(s)$	505 ~ 2140	$-584090 + 212.55T$

续附录7

反　应	温度范围/K	$\Delta_r G^\ominus$/J·(mol O_2)$^{-1}$
$Ti(s)+O_2 = TiO_2(s)$	298～1940	$-943490+179.08T$
$Ti(l)+O_2 = TiO_2(s)$	1940～2128	$-941820+178.24T$
$\frac{4}{3}V(s)+O_2 = \frac{2}{3}V_2O_3(s)$	298～2190	$-820900+165.27T$
$\frac{2}{3}W(s)+O_2 = \frac{2}{3}WO_3(s)$	298～1743	$-556470+158.57T$
$\frac{2}{3}W(s)+O_2 = \frac{2}{3}WO_3(l)$	1743～2100	$-484510+117.15T$
$2Zn(s)+O_2 = 2ZnO(s)$	298～693	$-694540+193.30T$
$2Zn(l)+O_2 = 2ZnO(s)$	693～1180	$-709610+241.64T$
$2Zn(g)+O_2 = 2ZnO(s)$	1180～2240	$-921740+394.55T$
$Zr(s)+O_2 = ZrO_2(s)$	298～2125	$-1096210+189.12T$

附录8　1500K以上氧化物的标准生成吉布斯自由能 $\Delta_f G^\ominus$

反　应	温度范围/K	$\Delta_f G^\ominus$/kJ·(mol 氧化物)$^{-1}$
$2Al(l)+\frac{1}{2}O_2 = Al_2O(g)$	1500～2000	$-196.65-0.055T$
$Al(l)+\frac{1}{2}O_2 = AlO(g)$	1500～2000	$14.64-0.056T$
$2Al(l)+\frac{3}{2}O_2 = Al_2O_3(g)$	1500～2000	$-1679.88+0.322T$
$B(s)+\frac{1}{2}O_2 = BO(g)$	1500～2000	$-69.04-0.081T$
$2B(s)+\frac{3}{2}O_2 = B_2O_3(s)$	1500～2000	$-1237.84+0.217T$
$Ba(l)+\frac{1}{2}O_2 = BaO(s)$	1500～1910	$-552.29+0.092T$
$Ba(g)+\frac{1}{2}O_2 = BaO(s)$	1910～2000	$-699.77+0.17T$
$Be(l)+\frac{1}{2}O_2 = BeO(s)$	1555～2000	$-601.45+0.097T$
$Ca(l)+\frac{1}{2}O_2 = CaO(s)$	1500～1765	$-639.52+0.108T$
$Ca(g)+\frac{1}{2}O_2 = CaO(s)$	1765～2000	$-7896.17+0.191T$
$C(s)+\frac{1}{2}O_2 = CO(g)$	1500～2000	$-117.99-0.084T$
$C(s)+O_2 = CO_2(g)$	1500～2000	$-396.46+0.0001T$
$2Ce(l)+\frac{3}{2}O_2 = Ce_2O_3(s)$	1500～2000	$-1826.32+0.337T$
$Ce(l)+O_2 = CeO_2(s)$	1500～2000	$-1029.26+0.214T$

续附录 8

反　应	温度范围/K	$\Delta_f G^\ominus$/kJ·(mol 氧化物)$^{-1}$
$Co(\gamma)+\frac{1}{2}O_2 = CoO(s)$	1500 ~ 1766	$-238.07+0.073T$
$Co(l)+\frac{1}{2}O_2 = CoO(s)$	1766 ~ 2000	$-253.13+0.082T$
$3Co(\gamma)+2O_2 = Co_3O_4(s)$	1500 ~ 1766	$-874.04+0.349T$
$2Cr(s)+\frac{3}{2}O_2 = Cr_2O_3(s)$	1500 ~ 2000	$-1131.98+0.257T$
$2Cu(l)+\frac{1}{2}O_2 = Cu_2O(s)$	1502 ~ 2000	$-146.23+0.06T$
$Cu(l)+\frac{1}{2}O_2 = CuO(s)$	1500 ~ 1720	$-167.36+0.096T$
$2Cu(l)+\frac{1}{2}O_2 = CuO(l)$	1720 ~ 2000	$-153.97+0.089T$
$Fe(\gamma)+\frac{1}{2}O_2 = FeO(s)$	1500 ~ 1650	$-261.92+0.064T$
$Fe(\delta)+\frac{1}{2}O_2 = FeO(l)$	1665 ~ 1809	$-229.49+0.044T$
$Fe(l)+\frac{1}{2}O_2 = FeO(l)$	1809 ~ 2000	$-238.07+0.049T$
$2Fe(\gamma)+\frac{3}{2}O_2 = Fe_2O_3(s)$	1500 ~ 1650	$-800.4+0.241T$
$2Fe(\delta)+\frac{3}{2}O_2 = Fe_2O_3(s)$	1665 ~ 1809	$-798.94+0.24T$
$3Fe(\gamma)+2O_2 = Fe_3O_4(s)$	1500 ~ 1650	$-1085.54+0.296T$
$3Fe(\delta)+2O_2 = Fe_3O_4(s)$	1665 ~ 1809	$-1085.96+0.297T$
$H_2+\frac{1}{2}O_2 = H_2O(g)$	1500 ~ 2000	$-251.88+0.058T$
$Mg(g)+\frac{1}{2}O_2 = MgO(l)$	1500 ~ 2000	$-731.15+0.205T$
$Mn(l)+\frac{1}{2}O_2 = MnO(s)$	1516 ~ 2000	$-408.15+0.089T$
$3Mn(l)+2O_2 = Mn_3O_4(s)$	1516 ~ 1833	$-1418.59+0.373T$
$Mo(s)+O_2 = MoO_2(s)$	1500 ~ 2000	$-547.27+0.143T$
$Mo(s)+\frac{3}{2}O_2 = MoO_3(s)$	1553 ~ 2000	$-476.14+0.054T$
$2Nb(s)+2O_2 = Nb_2O_4(s)$	1500 ~ 2000	$-1566.91+0.337T$
$2Nb(s)+\frac{5}{2}O_2 = Nb_2O_5(s)$	1500 ~ 1785	$-1866.9+0.408T$
$2Nb(s)+\frac{5}{2}O_2 = Nb_2O_5(l)$	1785 ~ 2000	$-1746.82+0.341T$
$Ni(s)+\frac{1}{2}O_2 = NiO(s)$	1500 ~ 1726	$-233.89+0.084T$
$Ni(l)+\frac{1}{2}O_2 = NiO(s)$	1726 ~ 2000	$-252.5+0.095T$
$\frac{1}{2}P_2(g)+\frac{1}{2}O_2 = PO(g)$	1500 ~ 2000	$-112.97+0.01T$
$2P_2(g)+5O_2 = P_4O_{10}(g)$	1500 ~ 2000	$-3140.93+0.965T$
$Si(l)+\frac{1}{2}O_2 = SiO(g)$	1686 ~ 2000	$-155.23-0.047T$
$Si(l)+O_2 = SiO_2$(β-方石英)	1686 ~ 1986	$-947.68+0.199T$

续附录 8

反　应	温度范围/K	$\Delta_f G^\ominus$/kJ·(mol 氧化物)$^{-1}$
$Si(l) + O_2 = SiO_2(l)$	1883 ~ 2000	$-936.38 + 0.193T$
$Sn(l) + \frac{1}{2}O_2 = SnO(s)$	1500 ~ 2000	$-282.84 + 0.103T$
$Sn(l) + \frac{1}{2}O_2 = SnO(g)$	1500 ~ 2000	$-28.45 - 0.043T$
$Sn(l) + O_2 = SnO_2(s)$	1500 ~ 1898	$-566.93 + 0.197T$
$Sn(l) + O_2 = SnO_2(l)$	1898 ~ 2000	$-513.17 + 0.169T$
$2Ta(s) + \frac{5}{2}O_2 = Ta_2O_5(s)$	1500 ~ 2000	$-1989.28 + 0.394T$
$Ti(s) + \frac{1}{2}O_2 = TiO(s)$	1500 ~ 1940	$-502.5 + 0.083T$
$Ti(s) + \frac{1}{2}O_2 = TiO(g)$	1500 ~ 1940	$26.36 - 0.076T$
$2Ti(s) + \frac{3}{2}O_2 = Ti_2O_3(s)$	1500 ~ 1940	$-1481.14 + 0.244T$
$3Ti(s) + \frac{5}{2}O_2 = Ti_3O_5(s)$	1500 ~ 1940	$-2416.26 + 0.409T$
$Ti(s) + O_2 = TiO_2(s)$	1500 ~ 1940	$-935.12 + 0.174T$
$W(s) + O_2 = WO_2(s)$	1500 ~ 2000	$-564.0 + 0.163T$
$W(s) + \frac{3}{2}O_2 = WO_3(s)$	1500 ~ 1743	$-814.0 + 0.228T$
$W(s) + \frac{3}{2}O_2 = WO_3(l)$	1743 ~ 2000	$-743.71 + 0.188T$
$V(s) + \frac{1}{2}O_2 = VO(s)$	1500 ~ 2000	$-401.66 + 0.074T$
$V(s) + \frac{1}{2}O_2 = VO(g)$	1500 ~ 2000	$196.65 - 0.074T$
$2V(s) + \frac{3}{2}O_2 = V_2O_3(s)$	1500 ~ 2000	$-1200.81 + 0.226T$
$2V(s) + 2O_2 = V_2O_4(s)$	1500 ~ 1818	$-1384.9 + 0.296T$
$2V(s) + 2O_2 = V_2O_4(l)$	1818 ~ 2000	$-1262.52 + 0.228T$
$2V(s) + \frac{5}{2}O_2 = V_2O_5(l)$	1500 ~ 2000	$-1449.76 + 0.317T$
$Zr(s) + O_2 = ZrO_2(s)$	1500 ~ 2000	$-1079.47 + 0.178T$

附录 9　某些化合物的标准吉布斯自由能变化 $\Delta_r G^\ominus$(kJ) $= A + BT$

反　应	A	B	温度范围/K
$4Ag(s) + S_2 = 2Ag_2S(s)$	−187.4	0.08	298 ~ 1115
$2Al(s) + N_2 = 2AlN(s)$	−603.8	0.195	298 ~ 932
$4Al(s) + 3C = Al_4C_3(s)$	−215.9	0.042	298 ~ 932

续附录9

反　应	A	B	温度范围/K
$4Al(l)+3C \Longrightarrow Al_4C_3(s)$	-266.5	0.096	932~2000
$2Ag(s)+Cl_2 \Longrightarrow 2AgCl(s)$	-251.0	0.107	298~728
$\frac{2}{3}Al(s)+Cl_2 \Longrightarrow \frac{2}{3}AlCl_3(s)$	-464.0	0.162	298~465
$\frac{2}{3}Al(s)+Cl_2 \Longrightarrow \frac{2}{3}AlCl_3(l)$	-455.2	0.144	465~500
$2B(s)+N_2 \Longrightarrow 2BN(s)$	-507.90	0.183	298~2300
C(石墨)$+S_2 \Longrightarrow CS_2(g)$	-12.97	-0.007	298~2500
$\frac{1}{2}C(s)+Cl_2 \Longrightarrow \frac{1}{2}CCl_4(s)$	-51.46	0.0665	298~2500
$C(s)+\frac{1}{2}O_2+Cl_2 \Longrightarrow COCl_2(g)$	-221.80	0.0393	298~2000
$2Ca(s)+S_2 \Longrightarrow 2CaS(s)$	-1083.2	0.191	298~673
$2Ca(l)+S_2 \Longrightarrow 2CaS(s)$	-1084.00	0.192	673~1124
$2Cd(s)+S_2 \Longrightarrow 2CdS(s)$	-439.3	0.181	298~594
$2Cd(l)+S_2 \Longrightarrow 2CdS(s)$	-451.00	0.201	594~1038
$4Cr(s)+N_2 \Longrightarrow 2Cr_2N(s)$	-184.10	0.1004	298~2176
$4Cu(s)+S_2 \Longrightarrow 2Cu_2S(s)$	-262.30	0.0611	298~1356
$2Cu(s)+S_2 \Longrightarrow 2CuS(s)$	-225.90	0.1435	298~900
$Cu(s)+Cl_2 \Longrightarrow CuCl_2(s)$	-200.40	0.1293	298~500
$2Fe(s)+S_2 \Longrightarrow 2FeS(s)$	-304.60	0.1569	298~1468
$2Fe(s)+S_2 \Longrightarrow 2FeS(l)$	-112.10	0.0259	1468~1809
$Fe(s)+S_2 \Longrightarrow FeS_2(s)$	-180.700	0.1866	298~1200
$8Fe(s)+N_2 \Longrightarrow 2Fe_4N(s)$	-242.70	0.1025	298~1809
$3Fe(s)+C(s) \Longrightarrow Fe_3C(s)$	26.69	-0.00241	463~1115
$3Fe(l)+C(s) \Longrightarrow Fe_3C(s)$	10.35	-0.0102	1809~2000
$2H_2+S_2 \Longrightarrow 2H_2S(g)$	-180.30	0.0987	298~2500
$3H_2+N_2 \Longrightarrow 2NH_3(g)$	-100.80	0.2284	298~2000
$H_2+Cl_2 \Longrightarrow 2HCl(g)$	-188.30	0.0121	298~2500
$Hg(l)+Cl_2 \Longrightarrow HgCl_2(s)$	-223.40	0.1552	298~550
$3Mg(s)+N_2 \Longrightarrow Mg_3N_2(s)$	-458.60	0.1987	298~923
$Mg(s)+Cl_2 \Longrightarrow MgCl_2(s)$	-631.80	0.1586	298~923
$Mg(l)+Cl_2 \Longrightarrow MgCl_2(s)$	-509.60	0.0264	923~987
$Mg(l)+Cl_2 \Longrightarrow MgCl_2(l)$	-610.90	0.1289	987~1376
$2Mn(s)+S_2 \Longrightarrow 2MnS(s)$	-535.60	0.1305	298~1517
$Mo(s)+S_2 \Longrightarrow MoS_2(s)$	-362.30	0.2038	298~1780
$4Na(l)+S_2 \Longrightarrow 2Na_2S(s)$	-880.30	0.2632	371~1156
$3Ni(s)+S_2 \Longrightarrow Ni_3S_2(s)$	-328.00	0.159	298~800
$2Pb(s)+S_2 \Longrightarrow 2PbS(s)$	-317.10	0.1577	298~600

续附录9

反 应	A	B	温度范围/K
$2Pb(l)+S_2 = 2PbS(s)$	-327.20	0.1745	600~1392
$\frac{3}{2}Si(s)+N_2 = \frac{1}{2}Si_3N_4(s)$	-376.60	0.1682	298~1680
$Si(s)+C(s) = SiC(s)$	-63.76	0.0072	1500~1686
$Si(l)+C(s) = SiC(s)$	-114.40	0.0372	1686~2000
$\frac{1}{2}Si(s)+Cl_2 = \frac{1}{2}SiCl_4(l)$	-307.10	0.0887	298~330
$\frac{1}{2}Si(s)+Cl_2 = \frac{1}{2}SiCl_4(g)$	-297.50	0.0594	330~1653
$2Ti(s)+N_2 = 2TiN(s)$	-671.50	0.1879	298~1940
$Ti(\alpha)+C(s) = TiC(s)$	-183.10	0.0101	298~1155
$Ti(\beta)+C(s) = TiC(s)$	-186.60	0.0132	1155~2000
$\frac{1}{2}Ti(s)+Cl_2 = \frac{1}{2}TiCl_4(l)$	-400.00	0.1105	298~409
$\frac{1}{2}Ti(s)+Cl_2 = \frac{1}{2}TiCl_4(g)$	379.50	0.0607	409~1940
$2V(s)+N_2 = 2VN(s)$	-348.50	0.1661	298~2190
$W(s)+C(s) = WC(s)$	-37.66	0.0017	298~2000
$Y(s)+\frac{3}{2}Cl_2 = YCl_3(s)$	-967.76	0.2272	298~994
$2Zn(s)+S_2 = 2ZnS(s)$	-487.90	0.1611	298~693
$Zn(l)+Cl_2 = ZnCl_2(l)$	-402.50	0.1314	693~1005
$Zr(s)+C(s) = ZrC(s)$	-184.50	0.0092	298~2200
$Zr(s)+2Cl_2 = ZrCl_4(g)$	-871.07	0.1163	609~2273

附录10 不同元素溶于铁液生成 $w[i]=1\%$ 溶液的标准溶解吉布斯自由能 $\Delta_{sol}G^{\ominus}$

元 素 i	$\Delta_{sol}G^{\ominus}=RT\ln\gamma_i^0\frac{0.5585}{M_i}$ /J·mol^{-1}	γ_i^0 (1873K)
Ag(l)	$82420-43.76T$	200
Al(l)	$-63180-27.91T$	0.029
B(s)	$-65270-21.55T$	0.022
C(石墨)	$22590-42.26T$	0.57
Ca(g)	$-39460+49.37T$	2240
Ce(l)	$-54390-46.02T$	0.032
Co(l)	$1000-38.74T$	1.07
Cr(l)	$-37.70T$	1.0

续附录10

元　素 i	$\Delta_{sol}G^{\ominus}=RT\ln\gamma_i^0\dfrac{0.5585}{M_i}$/J·mol^{-1}	γ_i^0 (1873K)
Cr(s)	$19250-46.86T$	1.14
Cu(l)	$33470-39.37T$	8.6
$\frac{1}{2}H_2$(g)	$36480+30.46T$	—
Mg(g)	$117400-31.40T$	91
Mn(l)	$4080-38.16T$	1.3
Mo(l)	$-42.80T$	1.0
Mo(s)	$27610-52.38T$	1.86
$\frac{1}{2}N_2$(g)	$3600+23.89T$	—
Nb(l)	$-42.68T$	1.0
Nb(s)	$23000-52.30T$	1.4
Ni(l)	$-23000-31.05T$	0.66
$\frac{1}{2}O_2$(g)	$-117150-2.89T$	—
$\frac{1}{2}P_2$(g)	$-122170-19.25T$	—
Pb(l)	$212550-106.27T$	1400
$\frac{1}{2}S_2$(g)	$-135060+23.43T$	—
Si(l)	$-131500-17.24T$	0.0013
Sn(l)	$15980-44.43T$	2.8
Ti(l)	$-40580-37.03T$	0.074
Ti(s)	$-25100-44.98T$	0.077
U(l)	$-56060-50.21T$	0.027
V(l)	$-42260-35.98T$	0.08
V(s)	$-20710-45.61T$	0.1
W(l)	$-48.12T$	1.0
W(s)	$31380-63.60T$	1.2
Zr(l)	$-80750-34.77T$	0.014
Zr(s)	$-64430-42.38T$	0.016

附录11 溶于铁液中1873K（1600℃）时各元素的 e_i^j

第二元素 i	第三元素 j										
	Ag	Al	As	Au	B	C	Ca	Ce	Co	Cr	Cu
Ag	(−0.04)	−0.08				0.22				(−0.01)	
Al	−0.017	0.045				0.091	−0.047				
As						0.25					
Au											
B					0.038	0.22					
C	0.028	0.043	0.043		0.24	0.14	−0.097		0.0076	−0.024	0.016
Ca		−0.072				−0.34	(−0.002)				
Ce											
Co						0.021			0.0022	−0.022	
Cr	(−0.002)					−0.12			−0.019	−0.0003	0.016
Cu						0.066				0.018	−0.023
H		0.013			0.05	0.06		0	0.0018	−0.0022	0.0005
La											
Mg						(0.15)					
Mn						−0.07					
Mo						−0.097				−0.0003	
N		−0.028	0.018		0.094	0.13			0.011	−0.047	0.099
Nb						−0.49					
Ni						0.042	−0.067			−0.0003	
O		−3.9		−0.005	−2.6	−0.45		−0.57	0.008	−0.04	−0.013
P						0.13				−0.03	0.024
Pb		0.021				0.066			0	0.02	−0.028
S		0.035	0.0041	0.0042	0.13	0.11			0.0026	−0.011	−0.0084
Sb											
Si		0.058			0.20	0.18	−0.067			−0.0003	0.014
Sn						0.37				0.015	
Ta						−0.37					
Ti										0.055	
U		0.059									
V						−0.34					
W						−0.15					
Zr											

第二元素 i	第三元素 j										
	H	La	Mg	Mn	Mo	N	Nb	Ni	O	P	Pb
Ag											
Al	0.24					−0.058			−6.6		0.0065
As						0.077					
Au									−0.11		
B	0.49					0.074			−1.8		
C	0.67		(0.07)	−0.012	0.0083	0.11	−0.06	0.012	−0.34	0.051	0.0079
Ca								−0.044			
Ce	−0.60								−5.03		
Co	−0.14					0.032			0.018		0.003
Cr	−0.33				0.0018	−0.19		0.0002	−0.14	−0.053	0.0083
Cu	−0.24					0.026			−0.065	0.044	−0.0056
H	0	−0.027		−0.0014	0.0022		−0.0023	0	−0.19	0.011	

续附录11

第二元素 i	第三元素 j										
	H	La	Mg	Mn	Mo	N	Nb	Ni	O	P	Pb
La	-4.3								-4.98		
Mg											
Mn	-0.31			0		-0.091			-0.083	-0.0035	-0.0029
Mo	-0.20					-0.10			-0.0007		0.0023
N				-0.02	-0.011	0	-0.06	0.01	0.05	0.045	
Nb	-0.61					-0.42	(0)		-0.83		
Ni	-0.25					0.028		0.0009	0.01	-0.0035	-0.0023
O	-3.1	-0.57		-0.021	0.0035	0.057	-0.14	0.006	-0.20	0.07	
P	0.21			0		0.094		0.0002	0.13	0.062	0.011
Pb				-0.023	0			-0.019		0.048	
S	0.12			-0.026	0.0027	0.01	-0.013	0	-0.27	0.029	-0.046
Sb						0.043			-0.20		
Si	0.64			0.002		0.09		0.005	-0.23	0.11	0.01
Sn	0.12					0.027			-0.11	0.036	0.35
Ta	-4.4					-0.47			-1.29		
Ti	-1.1					-1.8			-1.8		
U									-6.61		
V	-0.59					-0.35			-0.97		
W	0.088					-0.072			-0.052		0.0005
Zr						-4.1			-2.53		

第二元素 i	第三元素 j									
	S	Sb	Si	Sn	Ta	Ti	U	V	W	Zr
Ag										
Al	0.03		0.0056				0.011			
As	0.0037									
Au	0.0037									
B	0.048		0.078							
C	0.046		0.08	0.041	-0.021			-0.077	-0.0056	
Ca			-0.097							
Ce										
Co	0.0011									
Cr	-0.02		-0.0043	0.009		0.059				
Cu	-0.021		0.027							
H	0.008		0.027	0.0053	-0.02	-0.019		-0.0074	0.0048	
La										
Mg										
Mn	-0.048		-0.0002							
Mo	-0.0005									
N	0.007	0.0088	0.047	0.007	-0.032	-0.53		-0.093	-0.0015	-0.63

续附录11

第二元素 i	第三元素 j									
	S	Sb	Si	Sn	Ta	Ti	U	V	W	Zr
Nb	-0.047									
Ni	-0.0037		0.0057							
O	-0.133	-0.023	-0.131	-0.011	-0.11	-0.6	-0.44	-0.3	-0.0085	-0.44
P	0.028		0.12	0.013						
Pb	-0.32		0.048	0.057					0	
S	-0.028	0.0037	0.063	-0.0044	-0.0002	-0.072		-0.016	0.0097	-0.052
Sb	0.0019									
Si	0.056		0.11	0.017				0.025		
Sn	-0.028		0.057	0.0016						
Ta	-0.021				0.002					
Ti	-0.11					0.013				
U							0.013			
V	-0.028		0.042					0.015		
W	0.035									
Zr	-0.16									0.022

附录12　不同元素溶于铜液生成 $w[i]=1\%$ 溶液的标准溶解吉布斯自由能 $\Delta_{sol}G^{\ominus}$

元素 i	$\Delta_{sol}G^{\ominus}=RT\ln\gamma_i^0\frac{0.6354}{M_i}$ / J·mol⁻¹	γ_i^0（1473K）
Ag(l)	$16320-44.02T$	3.23
Al(l)	$-36110-57.91T$	0.0028
As(g)	$-39510-39.50T$	4.8×10^{-4}
Au(l)	$-19370-50.58T$	0.14
Bi(l)	$24940-63.18T$	1.25
C(石墨)	$35770+50.21T$	1.4×10^{5}
Ca(l)	$-92050-34.31T$	5.1×10^{-4}
Cd(g)	$-107530+53.14T$	15.6
Cd(l)	$-7780-42.68T$	0.53
Co(s)	$33470-37.66T$	15.4
Cr(s)	$46020-36.48T$	43
Fe(s)	$54270-47.45T$	24.1
Fe(l)	$38910-38.79T$	19.5
$\frac{1}{2}H_2(g)$	$43510+31.38T$	—
Mg(l)	$-36280-31.51T$	0.044
Mg(g)	$-168200+63.18T$	0.08

续附录12

元素 i	$\Delta_{sol}G^{\ominus}=RT\ln\gamma_i^0\dfrac{0.6354}{M_i}$ / J·mol^{-1}	γ_i^0（1473K）
Mn(s)	$6490-46.61T$	0.53
Mn(l)	$-8160-36.94T$	0.51
Ni(s)	$27410-48.12T$	2.66
Ni(l)	$9790-37.66T$	2.22
$\frac{1}{2}O_2(g)$	$-85350+18.54T$	—
Pb(l)	$36070-58.62T$	5.27
Pt(s)	$-42680-43.81T$	0.05
$\frac{1}{2}S_2(g)$	$-119660+25.23T$	—
Sb(l)	$-52300-43.51T$	0.014
Si(s)	$-12130-61.42T$	0.01
Si(l)	$-62760-31.38T$	0.006
Sn(l)	$-37240-43.51T$	0.048
V(s)	$117570-75.73T$	130
Zn(l)	$-23600-38.37T$	0.146

附录13　Cu-*i*-*j*系活度相互作用系数

j	Cu-H-j			Cu-O-j			Cu-S-j		
	e_H^j	e_j^H	t/℃	e_O^j	e_j^O	t/℃	e_S^j	e_j^S	t/℃
Ag	0.0006	−0.4	1225	0	−0.025	1100～1200			
				−0.005		1550			
Al	0.0058	1.4	1225						
Au	0.0003	−0.8	1225	0.015	0.14	1200～1550	0.012	0.053	1150～1200
Co	0.015	−1.1	1150	−0.32	−1.2	1200	−0.023	−0.046	1300～1500
				−0.0064		1550			
				−0.15		1600			
Cr	0.0092	−0.7	1550						
Fe	−0.015	−1.1	1150～1550	$-20000/T+10.8$	$-70000/T+37.7$	1200～1350	$-125/T+0.042$	$-248/T+0.08$	1300～1500
				−0.226		1550			
				−0.27		1600			
Mn	−0.006	−0.6	1150						
Ni	−0.026	−1.8	1150～1240	$-169/T+0.079$	$-621/T+0.292$	1200～1300	$-159/T+0.069$	$-290/T+0.122$	1300～1500
				−0.0029		1550			
				−0.035		1600			

续附录 13

j	Cu-H-j			Cu-O-j			Cu-S-j		
	e_H^j	e_j^H	t/℃	e_O^j	e_j^O	t/℃	e_S^j	e_j^S	t/℃
P	0.088	2.6	1150	$6230/T+3.43$	$-12100/T+6.63$	1150~1300			
Pb	0.031	5.5	1100	−0.007	−0.14	1100			
Pt	−0.0084	−2.5	1225	0.057 0.010	0.65	1200 1550	0.019	0.095	1200~1500
S	0.073	2.2	1150	−0.164	−0.33	1206			
Sb	0.031	3.2	1150						
Si	0.042	1.1	1150	−62	−110	1250	0.062	0.055	1200
Sn	0.016	1.4	1100~1300	−0.009	−0.09	1100			
Te	−0.012	−2.1	1150						
Zn	0.029	1.6	1150						

附录14 本书英文目录

Content of Thermodynamics of Metallurgy and Materials

附录15　本书俄文目录

Оглавление по книге《Термодинамика металлургии и материалов》

参 考 文 献

第1章

[1] 李文超．冶金热力学[M]．北京：冶金工业出版社，1995.
[2] 叶大伦．实用无机热力学数据手册（第2版）[M]．北京：冶金工业出版社，2002.
[3] 哈伯斯F，昆明工学院有色金属教研室译．提取冶金原理（一）[M]．北京：冶金工业出版社，1978.
[4] Knacke O，*et al.* Thermochemical Properties of Inorganic Substances. Berlin：Springer—Verlag，1991.

第2章

[1] 李文超．冶金热力学[M]．北京：冶金工业出版社，1995.
[2] Gaskell D. R. Introduction of Metallurgical Thermodynamics. 2nd Ed[M]. Hemispher Publishing Corporation，1981，272～300.
[3] 叶大伦．实用无机热力学数据手册（第2版）[M]．北京：冶金工业出版社，2002.
[4] Jr. Chase M. W，Davies C. A. *et al.* ACS and AIP for National Bureau of Standard. JANAF（Journal of Army Navy Air Force）Thermochemical Tables，3rd edition[M]. USA：1990.

第3章

[1] 李文超．冶金热力学[M]．北京：冶金工业出版社，1995.
[2] 李钒，夏定国，王习东．化学镀的物理化学基础与实验设计[M]．北京：冶金工业出版社，2011.
[3] 魏寿昆．冶金过程热力学[M]．上海：上海科学技术出版社，1980.
[4] Pourbaix M. Allas of Electrochemical Equilibria in Aqueous Solutions[M]. Oxford：Pergamon Oxford，1986.
[5] 李文超，文洪杰，杜雪岩．新型耐火材料理论基础——近代陶瓷复合材料的物理化学设计[M]．北京：地质出版社，2001.
[6] Kaufman L. CALPHAD（International Journal，Calculation of Phase Diagram，or Computer Coupling of Phase Diagram and Thermochemistry）[M]. USA Massachusetts：Cambridge，1977～1999.
[7] Barin I. Thermodynamic Data of Pure Substances[M]. Germany：VCH，Weinheim，FRG，1989；2nd ed. VCH Weinheim，1993.

第4章

[1] 李文超．冶金热力学[M]．北京：冶金工业出版社，1995.
[2] 魏寿昆．活度在冶金物理化学的应用（第一版）[M]．北京：中国工业出版社，1964.
[3] Guggenheim E. A. Thermodynamics，4th Ed[M]. North-Holland，Amsterdam：Publishing Company，1959.
[4] Wisniak J，*et al.* Mixing and Excess Thermodynamic Properties——A Literature Source Book[M]. Amsterdam：Elsevier，1978；Suppl. 1，(1982)；Suppl. 2，1986.
[5] K-C. Chou，W-C Li，F-S Li and M H He. Formalism of New Ternary Model Expressed in Terms of Binary Regular-Solution type Parameters[J]. CALPAHAD Vol. 20,1996，395.
[6] Wagner C. Thermodynamics of Alloys[M]. London，England：Addison-Wesley，1952.
[7] Smith J F. J. of Phase Equilibria[J].（The former journal name：Bulletin of Alloy Phase Diagrams)，1980～1990，USA：ASM International，1991～1999.

第5章

[1] 李文超. 冶金热力学[M]. 北京：冶金工业出版社，1995.
[2] 李文超，文洪杰，杜雪岩. 新型耐火材料理论基础——近代陶瓷复合材料的物理化学设计[M]. 北京：地质出版社，2001.
[3] 张圣弼，李道子. 相图——原理、计算在冶金中的应用[M]. 北京：冶金工业出版社，1986.
[4] Агеев Н В, *и ду.* Даграммы Состояния Металлических Систем[M]. Москва：изд. Москва，1997.
[5] Massaski T B，Okamoto H. *et al.* Binary Alloy Phase Diagrams[M]. 2nd edition Vol.（1-3），Ohio：ASM，Metals Park，1990.
[6] 邹元爔. 铟-锑和锡-锑的热力学数据与相图的关系[J]. 金属学报，1964，4，23.
[7] Hultgren R，*et al.* Selected Values of Binary Alloys[M]. Ohio：ASM，Metals Park，1973.
[8] 李兴康. 由二元相图提取活度的新方法及化合物稳定性规律的研究：博士学位论文. 北京：北京科技大学. 1993.

第6章

[1] Kubaschewski O，Alocock C. B. *et al.* Materials Thermochemistry. 6th edtion[M]. Oxford，New York：Pergamon Press，1993.
[2] 王崇琳. 相图理论及其应用[M]. 北京：高等教育出版社，2008.
[3] 徐祖耀，李麟. 材料热力学（第2版）[M]. 北京：科学出版社，2001.
[4] Villars P. Calvert D. Pearson's Handbook of Crystallographic Data for Intermetallic Phases[M]. Ohio：ASM，Metals Park，1991.

第7章

[1] 李文超. 冶金热力学[M]. 北京：冶金工业出版社，1995.
[2] 许志宏，王乐珊. 无机化学数据库[M]. 北京：科学出版社，1987.
[3] 乔芝郁，许志宏，等. 冶金和材料计算物理化学[M]. 北京：冶金工业出版社，1999.
[4] 李文超，文洪杰，杜雪岩. 新型耐火材料理论基础——近代陶瓷复合材料的物理化学设计[M]. 北京：地质出版社，2001.
[5] 李钒，夏定国，王习东. 化学镀的物理化学基础与实验设计[M]. 北京：冶金工业出版社，2011.

第8章

[1] 李文超. 冶金热力学[M]. 北京：冶金工业出版社，1995.
[2] 李钒，夏定国，王习东. 化学镀的物理化学基础与实验设计[M]. 北京：冶金工业出版社，2011.
[3] 魏寿昆. 冶金过程热力学[M]. 上海：上海科学技术出版社，1980.
[4] 刘纯鹏. 铜冶金物理化学[M]. 上海：上海科学技术出版社，1990.
[5] Levin E. M，Robbins C. R，*et al.* Phase Diagrams for Ceramists[M]. Columbus OH：Am Ceramic Soc. 1996.
[6] 李文超，钢中稀土夹杂物生成的热力学规律[J]. 钢铁，1986，21(3)，7~12.
[7] Haijun Zhang，Wenchao Li，Xiangchong Zhong. Production of O'-Sialon-SiC composites by carbon reduction-nitridation[J]. Journal of University of Science and Technology Beijing，1998，5(1)：26~31.
[8] 张海军，O'-Sialon-ZrO_2-SiC 复合材料的显微结构及高温性能的研究：[博士学位论文]. 北京：北京科技大学，1998.
[9] 郭宇艳，王福明，李文超，刘克明. Ca-α-Sialon 和 Y-α-Sialon 的制备. 引自张海军等编. 冶金与材料物

理化学研究[M]. 北京：冶金工业出版社，2006：179.

[10] Q. Dong，Q. Tang，W-C Li，D-Y Wu. Thermodynamic analysis of combustion synthesis of Al_2O_3-TiC-ZrO_2 nanoceramics[J]. J. Mater. Res.，2001，6(9)，2494 ~ 2498.

[11] 董倩 . Al_2O_3-TiC-ZrO_2（nm）纳米复合陶瓷的研究：［博士学位论文］，北京：北京科技大学，2001.

[12] Lidong Teng，Fuming Wang，Wenchao Li，Thermodynamics and Microstructure of Ti-ZrO_2 Metal-Ceramic Functionally Gradient Materials[J]. Materials Science and Engineering A，2000，293(1 ~ 2)：129 ~ 136.

[13] 滕立东，王福明，李文超 . ZrO_2-Ti 系复合材料热力学分析与显微结构研究[J]. 无机材料学报，2000,15(4)：600 ~ 606.

[14] 滕立东 . Ti-ZrO_2 系热障型梯度功能材料的化学设计与显微结构研究：[博士学位论文]，北京：北京科技大学，2002.

[15] Xueyan Du，Wenchao Li，Zhenxiang Liu，Kan Xie. X-ray Photoelectron Spectrascopy Investgation of Ceria Doped with Lanthanum Oxide[J] . Chinese Physics Letters，1999，16(5)：376.

[16] 杜雪岩 . TiO_2-CeO_2 复合氧敏感材料的研究：[博士学位论文]，北京：北京科技大学，2000.

[17] 刘克明 . 高炉渣碳热还原氮化合成 Ca-α-Sialon-SiC 复合材料的研究：[硕士学位论文]，北京：北京科技大学，2001.

附　　录

[1] Gale W. F and Totemeir T. C. Smithells Metals Reference Book，9Ed[M]. Oxford，UK；Waltham，Massachusetts，USA：Butterwoth-einema，2004.

[2] Barin I，Knacke O. Thermochemical Properties of Inorganic Substances [M] . New York：Springe-Verlag，1973.

[3] Knacke O，*et al*. Thermochemical Properties of Inorganic Substances[M]. Berlin：Springer—Verlag，1991.

[4] 叶大伦 . 实用无机热力学数据手册（第 2 版）[M]. 北京：冶金工业出版社，2002.

[5] Atkins P W. Physical Chemistry[M]. Oxford：Oxford University Press，1990.

[6] 梁英教，车荫昌 . 无机热力学数据手册[M]. 沈阳：东北大学出版社，1993.